Aichele / Schwegler / Zahradnik / Cihar

Der große Kosmos Tier- und Pflanzenführer

Über 1800 Farbzeichnungen

Franckh-Kosmos

1745 Farbzeichnungen von D. Čepická (76), K. Drchal (47), M. Golte-Bechtle (542), G. Gossner (69), S. Haag (40), K. Hísek (450), J. Malý (24), F. Severa (495) und W. Söllner (2).
104 Farbzeichnungen von M. Golte-Bechtle in den Bilderklärungen wichtiger Fachausdrücke und 286 SW-Zeichnungen von S. Haag.
15 doppelseitige Farbzeichnungen von M. Golte-Bechtle (14) und U. Müller (1).

Die Texte zu den doppelseitigen Farbzeichnungen verfaßte Dr. B. P. Kremer.

Umschlag von Jürgen Reichert, Stuttgart.

Dieses Buch ist die überarbeitete und ergänzte Fassung des bei Franckh-Kosmos erschienenen Titels: Goldener Kosmos-Tier- und Pflanzenführer, Stuttgart 1987

Die Deutsche Bibliothek – CIP-Einheitsaufnahme

Der **große Kosmos-Tier- und Pflanzenführer** / Aichele ... – Stuttgart : Franckh-Kosmos, 1992
ISBN 3-440-06364-X
NE: Aichele, Dietmar

ISBN 3-440-06364-X
Herstellung: Heiderose Stetter
Printed in Germany / Imprimé en Allemagne
Satz: G. Müller, Heilbronn
Druck und buchbinderische Verarbeitung: Richterdruck, Würzburg

Bestimmen mit dem Kosmos-Farbcode

Inhalt

Zu diesem Buch

Wie oft fragen wir uns: „Was blüht denn da?“, wenn wir im Frühling oder Sommer durch Feld und Flur streifen, wie oft fragen Kinder ihre Eltern: „Welcher Käfer ist das?“, wenn ein leuchtend gefärbtes Insekt über den Weg krabbelt.

Seien es Busch-Windröschen als erste Frühlingsboten im Auwald, blütenbesuchende Insekten auf bunten Sommerwiesen, Vögel in Wald und Garten oder Rehe beim Äsen in der Dämmerung – der aufmerksame Naturfreund wird von der Formenfülle der lebendigen Natur immer wieder aufs neue beeindruckt sein. Hier bietet „Der große Kosmos Tier- und Pflanzenführer“ mehr als ein Bestimmungsbuch allein: Doppelseitige Farbzeichnungen stellen wichtige und charakteristische Lebensräume mit ihren Bewohnern vor. Der an Zusammenhängen interessierte Leser lernt das gemeinsame Auftreten von Pflanzen und Tieren innerhalb eines bestimmten Lebensraumes verstehen, kann ihre gegenseitige Abhängigkeit, ihre Anforderungen an die Umgebung und ihre Schutzwürdigkeit erkennen.

Wer auf diese Weise sein Verständnis für die Natur vertieft, möchte Arten kennenlernen und diese den jeweiligen Gattungen, Familien, Ordnungen und Klassen zuordnen können.

Pflanzen machen uns hier die Bestimmung relativ leicht – sie sind im Gegensatz zu den meisten Tieren standorttreu, lassen sich in Ruhe betrachten und anhand des ausführlichen Schlüssels (S. 78–91) den entsprechenden Gruppen zuordnen.

Tiere hingegen erschweren eine rasche und eindeutige Bestimmung durch ihre Beweglichkeit – es sei denn, man hat z. B. gerade eine Schnecke oder eine Muschel vor sich. Hier ist vielmehr sorgfältige Beobachtung und Beharrlichkeit angesagt, denn der verantwortungsvolle Naturfreund wird nach Möglichkeit kein Tier einfangen oder in seiner Lebensweise beeinträchtigen.

So ist in diesem Fall der Bestimmungsschlüssel relativ knapp gehalten; er lehnt sich an die zoologische Systematik an. „Der große Kosmos Tier- und Pflanzenführer“ ermöglicht die Bestimmung sowohl der häufigen Pflanzen als auch der auffallenden Tiere – von Algen und Pilzen bis hin zu krautigen Blütenpflanzen und Bäumen, von „Würmern“ bis hin zu Vögeln und Säugetieren.

Alle Artbeschreibungen enthalten darüber hinaus Wissenswertes, beispielsweise über giftige und heilende Inhaltsstoffe, Nutzen und Schaden für den Menschen, Lebensweise und Verbreitung.

Die hervorragenden Farbzeichnungen tragen aufgrund ihrer Wirklichkeitstreue und der Exaktheit ihrer Ausführung wesentlich zu einem raschen und sicheren Bestimmungserfolg bei.

Ein so umfassender Naturführer kann keinen Anspruch auf Vollständigkeit erheben – er muß sich auf häufige, auffallende oder wichtige Arten beschränken. Wer an einer bestimmten Tier- oder Pflanzengruppe besonders interessiert ist, kann sich anhand spezieller Führer (beispielsweise für Moos- und Farnpflanzen, Pilze, Gräser, Blütenpflanzen, Insekten, Fische, Vögel etc.) in das jeweilige Gebiet einarbeiten. Die Literaturhinweise auf den Seiten 784 und 785 geben hierfür Anregungen.

Seevogelfelsen

Größere Vogelansammlungen sind im Binnenland eigentlich nur selten zu sehen. Am ehesten fallen sicher noch die umherziehenden Starenschwärme auf oder kleinere Scharen von Krähen, die sich im Winter zur Nachlese auf Wiesen und Feldern einfinden. Dann und wann machen auch Trupps von Bergfinken oder andere in Mengen auftretende Wintergäste auf sich aufmerksam.
An den Meeresküsten sind geradezu spektakuläre Vogelansammlungen dagegen nicht ungewöhnlich. Hunderttausende oder gar Millionen zählen die Vogelscharen, die während der Zugzeiten in den Wattengebieten der Nordsee einfallen oder dort sogar überwintern. Zeitweise kann man hier sämtliche Individuen bestimmter Arten auf einmal erleben. Aber nicht nur die Durchzügler oder Saisongäste unter den Vogelarten bestimmen mit ihren riesigen Scharen das Bild der Meeresküsten. Im Unterschied zum Binnenland sind auch die Brutkolonien immer sehr viel größer. Möwen und Seeschwalben besetzen zwar auch Brutkolonien an einigen Binnengewässern des norddeutschen Tieflandes, doch sind ihre Kolonien unmittelbar im Küstenraum meist um das Zehnfache größer und individuenreicher.

Etagenwohnung in der Klippe

Die großen Brutkolonien an Klippen und Felsen sind nun Vogelgemeinschaften, denen das Binnenland überhaupt nichts Vergleichbares an die Seite zu stellen hat. Mehrere hochspezialisierte Vogelarten bevorzugen nämlich als Brutplatz sehr unzugängliche, meist auch ziemlich hohe und steil zum Wasser abfallende Küstenfelsen. Fast alle hier brütenden Arten sind wirklich Seevögel – sie kommen nur zum Brüten und zur Aufzucht der Jungvögel in den felsigen Grenzsaum zwischen Festland und Meer, bleiben also selten mehr als drei Monate an der Küste. Die übrige Zeit des Jahres verbringen sie weit draußen auf den Hochseegebieten des Nordatlantik. Sie ruhen und schlafen dann sogar auf der Meeresoberfläche, denn die nächst erreichbare Küste ist ein paar hundert oder gar tausend Kilometer entfernt.
Große und von eindrucksvollen Vogelscharen besetzte Seevogelfelsen gibt es vor allem entlang der norwegischen Küste, in Schottland und Irland. Auch in Frankreich, dort allerdings nur in der Normandie und in der Bretagne, befinden sich Brutkolonien von Seevögeln an der Festlandküste und auf vorgelagerten Inseln. Deutschlands einziger Seevogelbrutfels ist die rote Buntsandsteininsel Helgoland.
Auf einem Seevogelfelsen sind die nutzbaren Brutplätze nicht beliebig zahlreich und schon gar nicht beliebig groß. Die Brutpaare müssen also eng zusammenrükken und außerdem auf raumgreifende Nestbauten verzichten. Meist begnügen sie sich mit einer kleinen Mulde oder Nische, die sie mit ein paar Tangfetzen zusätzlich auskleiden. Solange nur das Gelege im Nest liegt – es sind bei den meisten Seevogelarten nur zwei Eier und bei manchen sogar nur ein Ei –, reicht der vorhandene Platz noch aus. Nach dem Schlüpfen der Küken und mit dem Heranwachsen der Dunlinge wird es aber zunehmend

1
2
3

Am Seevogelfelsen. **1** Papageitaucher, **2** Baßtölpel, **3** Tordalk, **4** Eissturmvogel, **5** Trottellumme, **6** Dreizehenmöwe, **7** Kormoran.

eng. Dann kann sich oft nur noch ein Elternvogel am Nistplatz aufhalten, während der andere draußen auf Nahrungssuche geht.

Immer das gleiche Bild

Gewöhnlich finden sich an den Seevogelfelsen immer die gleichen charakteristischen Arten ein. Besonders zahlreich sind beispielsweise die Alken vertreten, neben dem Tordalk vor allem die Trottellummen. Sie ähneln im Aussehen den Pinguinen der Südhalbkugel und bewegen sich an Land recht unbeholfen, können aber sehr geschickt fliegen und noch besser schwimmen oder tauchen. Ihre Nahrung, meist kleinere Fische oder Garnelen, erjagen sie tauchend. Die Papageitaucher, die als einzige in kleinen Höhlen brüten, beherrschen sogar die Kunst, unter Wasser Sandaale zu fangen, obwohl sie schon ein halbes Dutzend davon aus dem Schnabel hängen haben. Dreizehenmöwen, die sich mit atemberaubend schmalen Sitz- oder Nistplätzen in den Klippenwänden begnügen, suchen ihre Nahrung dagegen schwimmend auf der Wasseroberfläche oder gleich an den benachbarten Stränden.
Ganz anders verfährt der elegante Baßtölpel – er stürzt sich aus dreißig oder vierzig Metern Höhe mit angelegten Flügeln stoßtauchend ins Wasser, um einen erspähten Beutefisch zu packen. Mit rund 1,70 m Spannweite ist er der größte Seevogel an den Küstenfelsen. Sitzend ist er fast so groß wie eine Gans. Wie diese Tiere in einer Kolonie von Tausenden Artgenossen eigentlich immer so treffsicher ihren Partner herausfinden, bleibt vorerst noch ein Rätsel. Gezielte Lockrufe können es wohl nicht ausschließlich sein, denn die verrauschen im lauten Gekreisch und Getöse der Kolonie. Baßtölpel suchen sich als Brutplatz bevorzugt die flachen Plateaus von Küstenklippen und Inselfelsen aus.

Der Sprung ins Leben

Außer der Aufteilung der spärlichen Nistplätze und der vorhandenen Nahrungsquellen müssen die Vögel vom Seevogelfelsen noch eine ganze Reihe weiterer Probleme bewältigen. Wie beispielsweise erlernen sie an ihren Massenquartieren das Fliegen? Die Trottellummen haben dazu eine nahezu einzigartige Vorgehensweise entwickelt. Sobald die Jungen einigermaßen kräftig, aber längst noch nicht flügge sind, springen sie – unterstützt von den Lockrufen ihrer Eltern – einfach von der Klippe auf das Wasser. Auch eine unsanfte Landung überstehen sie recht gut, denn ihr Skelett ist noch nicht verknöchert und kann den Aufprall wirksam abfedern. Erst Wochen später unternehmen die Jungvögel von der Wasserfläche aus ihre ersten Flugversuche. Anders gehen die jungen Dreizehenmöwen, Eissturmvögel oder Baßtölpel vor. Nach einigen Übungen mit Flügelschlagen werfen sie sich einfach in die Luft und sammeln im Aufwind vor der Klippe die ersten Segelerfahrungen.

Leben im Felswatt

Auf zwei große Bereiche verteilen sich die Lebensgemeinschaften der Meere: In den beinahe unermeßlich groß erscheinenden Freiwasserräumen halten sich die Schwarmwolken der winzigen oder größeren Schwimmer und Schweber auf, während eine nach Artenzahlen ungleich größere Gruppe von Meeresorganismen küstennah oder in großen Tiefen die Meeresböden besiedelt. Zumindest die in der Gezeitenzone oder knapp unterhalb der Niedrigwasserlinie siedelnden Arten sind der Beobachtung naturgemäß besonders leicht zugänglich. Zwischen einer Felsküste und einer Weichbodenküste mit ihren ausgedehnten Schlick- oder Sandwatten bestehen allerdings nicht nur erhebliche landschaftliche Unterschiede – die beiden Küstentypen weisen auch eine beinahe grundsätzlich verschiedene Besiedlung durch Meerespflanzen und -tiere auf.

Verkehrte Welt

Von festländischen Lebensräumen kennt man üblicherweise nur ortsfest im Boden verwurzelte Pflanzen und völlig frei bewegliche Tiere mit größeren Aktionsradien. Im Vergleich dazu bieten die Lebensgemeinschaften der Meeresbodenbesiedler ein völlig anderes Bild. Hier finden sich nämlich aus den unterschiedlichsten Verwandtschaftsgruppen festgewachsene Einzeltiere oder sogar Tierkolonien, die sich ein für allemal an einer bestimmten Stelle verankert haben. Andererseits leben im Meer seltsamerweise auch frei umherdriftende Pflanzen respektabler Abmessungen – Verhältnisse, wie man sie auf dem Festland nicht erwarten kann und auch in den stehenden Binnengewässern weitgehend vermissen wird.

Schon in der oberen Gezeitenzone treten sehr merkwürdige Lebewesen gleich in großer Menge auf: Es sind die millimeter- bis zentimetergroßen Seepocken, die jeden freien Fleck nutzen und sich so dicht ansiedeln, daß die Küstenfelsen oder Hafenmolen wie von einem grauweißen Band bedeckt erscheinen. Nach oben setzt dieses Siedlungsband ziemlich unvermittelt aus. In diesem Niveau liegt die mittlere Hochwasserlinie. Seepocken brauchen eben mindestens einmal täglich die Überflutung mit Meerwasser, auch wenn die Gezeiten sie zwischendurch für viele Stunden einfach an die Luft setzen. Unter Wasserbedeckung öffnen sie ihre Verschlußklappen und strecken gefiederte Fangärmchen vor, mit denen sie Nahrungsteilchen aus dem Wasser herauskämmen. Welche Partikelmengen der Flutstrom zur Ernährung der Seepocken heranschleppt, zeigt die lückenlose Besiedlung. Auch wenn man es ihnen nicht mehr ansieht, gehören die Seepocken zu den Krebsen. Bevor sie sich auf Gestein niederlassen und durch Abscheiden von Kalkplatten gleichsam mit ihrer Unterlage verwachsen, leben sie als Nauplius-Larve – exakt das gleiche Entwicklungsstadium, das auch Strandkrabben oder Taschenkrebse einmal durchlaufen mußten.

Mit allen Wassern gewaschen

Gerade die Gezeitenzone der Felsküsten zeichnet eine Besonderheit aus, die man in dieser Deutlichkeit in anderen Lebens-

1
2

Hartbodenbesiedler. 1 Entenmuschel, **2** Gemeine Seepocke, **3** Große Seepocke, **4** Gekerbte Seepocke, **5** Meerwarze, **6** Miesmuschel.

räumen kaum antrifft: Die aspektbestimmenden Lebewesen, die Seepocken ebenso wie die großen Tangarten, wachsen nicht völlig regellos nebeneinander, sondern verteilen sich auf ganz bestimmte, vertikal gegliederte Siedlungsgürtel. Zwischen der Hochwasserlinie und der Niedrigwassermarke halten sie sich bei der Auswahl ihres Wuchsplatzes offenbar an bestimmte Kriterien, die der Lebensraum vorgibt. Die am weitesten oben in der Gezeitenzone siedelnden Arten müssen gleichzeitig die besten Vorkehrungen gegen Austrocknung treffen und gegenüber schroffen Temperaturwechseln weitgehend unempfindlich sein. Daraus erklärt sich die so auffällige Staffelung, die ganz oben mit einem Gürtel aus grauen, gelben und schwarzen Flechten beginnt, dann in das breite Band der Seepocken übergeht und schließlich die Wohnzonen der kleinen und großen Tange einbezieht, die wohlgeordnet zur Dauerflutzone überleiten. Wenn jedes im Gezeitenrhythmus trockenfallende Felswatt dennoch ein wenig anders aussieht, liegt es nicht nur an den wechselnden Gesteinsformationen oder Neigungswinkeln, sondern häufig auch an der Ausrichtung zur Brandung. Offene, stark wellenexponierte Felsküstenabschnitte zeigen gewöhnlich ein anderes Besiedlungsschema als geschützte, wellenberuhigte Bereiche. Wo ständig die windgetriebenen Brecher auf die Felsen klatschen und ein laut tosendes, ruheloses Milieu schaffen, können nur relativ wenige Meeresorganismen Fuß fassen. Neben der felsenfest ausharrenden Sternseepocke und fest miteinander verketteten Miesmuscheln sind es nur wenige Tange, darunter die schwarzrote und auffallend knorpelig-zähe Kraussternalge. An Standorten mit durchweg geringerer Wellenenergie löst die Gemeine Seepocke die Sternseepocke ab, und vereinzelt wagen sich auch schon kleinere Inseln mit Blasen- oder Knotentang in die mittlere Gezeitenzone. Je dichter die Tangvegetation ausfällt und das Bild der trockengefallenen Küstenfelsen prägt, um so geschützter ist der betreffende felsige Strandabschnitt.

Leben in Lücken

Wer den ständigen Reibereien von Brandung und Wellenschlag entgehen möchte, muß – zumindest zeitweise – einfach von der Oberfläche verschwinden. Eine reich gegliederte Felsküste bietet Ritzen, Klüfte und Fugen genug, in die sich freibewegliche Tiere der Gezeitenzone zurückziehen können, um den Widrigkeiten ihres Lebensraumes nach Möglichkeit auszuweichen. In jedem sich anbietenden Winkel sitzen daher gleich dutzendweise die Strand- und Purpurschnecken. Hier unternehmen auch verschiedene Kleinalgen zaghafte Ansiedlungsversuche, soweit ihnen die Weidegänger unter den Schnecken dazu Gelegenheit geben. Und schließlich trifft man hier auch so manche Purpur- oder Wachsrose – Meeresorganismen, die wie Blumen aussehen, aber zu den Nesseltieren gehören.

Wiesen im Küstenland

Unmittelbar am Deich sehen die Pflanzenbestände im Verlandungsbereich fast noch genauso aus wie die grünen Wiesen des deichgeschützten Marschlandes. Vom Weg über die Deichkrone aus betrachtet ist zunächst noch kein nennenswerter Unterschied zu bemerken zwischen den außendeichs gelegenen Wiesenflächen, welche in Friesland Groden oder Heller heißen, und dem Binnendeichgrünland. Erst weiter unten bei den Prielen, durch die sich die Gezeitenströme bewegen und wo das Flutwasser auch regelmäßig über die Prielkanten steigt, breiten sich andere Pflanzen als auf den üblichen Futterwiesen oder Standweiden aus. Hier wachsen ziemlich derbe, dickblättrige, fleischige, stämmige Pflanzengestalten: Wir stehen in der Salzwiese, deren unterer Teil bei Hochwasser überflutet wird und somit noch ein Bestandteil der Gezeitenzone ist. Für echte Meerespflanzen vom Typ der größeren Algen oder Tange ist der weiche Wattboden kein sehr geeigneter Standort. Diesen Pflanzen fehlen ja Wurzeln, mit denen sie sich im Sediment festkrallen können. Auf Steinen, Molen oder Muschelbänken verankern sie sich wesentlich dauerhafter. Landpflanzen sind dagegen für die Durchwurzelung des Bodens sehr viel besser eingerichtet. Daher haben sie sich den Lebensraum der gezeitenbeeinflußten Vorländer und Verlandungsbereiche am Watt erobert und bauen hier flächendeckend meeresnahe Wiesen auf.

Ein Fall für Spezialisten

Allerdings ist dieser Lebensraum mit besonderen Problemen behaftet. Die regelmäßige Überflutung im Rhythmus der Gezeiten ist dabei noch nicht einmal der einschneidendste Faktor. Viel bedeutsamer ist das Salz des Meerwassers. Gewöhnlich reagieren Landpflanzen auf Versalzungen ihrer Standorte außerordentlich empflindlich mit Gewebeschädigungen oder Totalausfall. Die Schäden an Straßenbäumen, von winterlichen Streusalzeinsätzen hervorgerufen, sind ein deutlicher Hinweis. Pflanzen, die sich nun ausgerechnet in der Gezeitenzone der Weichbodenküste ansiedeln, müssen demnach mit dem Problem Meersalz irgendwie fertig werden. Tatsächlich verfügen diese Salzpflanzen oder Halophyten über besondere physiologische Vorkehrungen, die ihnen das Leben in der täglichen Salzflut der auflaufenden Gezeit erträglich gestalten. Weil hier nur ökologisch einzigartige Spezialisten ausharren, wird man in den gezeitenbeeinflußten Salzwiesen auch nur solche Arten finden, die in keiner anderen Wiese auftreten. Ganz weit draußen im Bereich des Niedrigwasserniveaus breiten sich beispielweise die eigenartigen Seegräser aus, die mit den Graspflanzen der üblichen Wirtschaftswiesen nicht einmal näher verwandt sind. Weiter landeinwärts schließen sich die ausgedehnten Fluren des Quellers an. Diese Pflanze zeigt besonders drastische Anpassungen an den Ökofaktor Salz – sie besitzt nicht einmal mehr Blätter, sondern entwickelt nur noch dicke, fleischige Stengel und Äste. Zur Mittelwasser- und Hochwasserlinie wird die Salzflur immer artenreicher und auch bunter. Milchkraut und Strand-Sode, Salz-Schuppenmiere,

7
1
2

Rastplatz für Durchzügler und Wintergäste. 1 Saatgans, **2** Kiebitz, **3** Uferschnepfe, **4** Großer Brachvogel, **5** Brandgänse, **6** Rotschenkel, **7** Kranich.

Strand-Wegerich, Dreizack, Strandnelke und Halligflieder beherrschen das Bild. An den Prielrändern können sogar richtige kleine Gebüsche aus hochwüchsigen Halophyten auftreten, überwiegend mit Keilmelde, Salz-Aster und Strand-Wermut. Oft kann sich diese bunte Gesellschaft aber gar nicht bis zur Vollblüte entwickeln, weil die Vorländer von Schafen beweidet werden und die Pflanzen unter Verbiß sehr kurz bleiben. In diesem Fall wurde die Salzwiese zur einfarbig grünen Salzweide, zur total „belämmerten" Nutzfläche.

Vogelparadies Küstenwiese

Viele Vogelarten, die in arktischen Regionen brüten, bleiben höchstens bis zur erfolgreichen Aufzucht ihrer Jungen im eigentlichen Brutgebiet. Wenn die Witterung zu wünschen übrigläßt oder die Nahrung knapp wird, suchen sie scharenweise die viel weiter südlich gelegenen Mauser- und Rastplätze auf. Schon im Spätsommer fallen im Küstengrünland an Nord- und Ostsee daher größere Vogelscharen ein. Watvögel oder Limikolen nennt man die arten- und invididuenreich auftretenden Schnepfen, Stelzenläufer, Strandläufer oder Regenpfeifer. Neben starengroßen Watvogelarten gibt es auch solche von Fasanengröße. Gemeinsame Merkmale sind lange Stelzbeine und ein besonders langer Schnabel. Außer den Limikolen gesellen sich auch noch andere Vogelgruppen hinzu, neben den zahlreichen Möwen auch Enten und vor allem Gänse. Viele halten sich im Grünland am Küstensaum auf. Nicht alle ziehen weiter; viele überwintern auch im Bereich der südlichen Nordsee. Auch im Winter sind die Schlickflächen des Watts, die angrenzenden Salzwiesen und das Wirtschaftsgrünland vor oder hinter den Deichen in der Marsch offenbar unerschöpfliche Nahrungsquellen. Eine große Zahl von Durchzüglern oder Dauergästen hält sich daher gerne nahe der Flutsäume auf. Der Gezeitenrhythmus diktiert ihnen den Zeitpunkt ihrer Mahlzeiten. Ringelgänse bevorzugen dabei vor allem die bei Ebbe freiliegenden Bestände des Zwerg-Seegrases, beweiden aber auch das Wirtschaftsgrünland. Sie gehören zu den schwärzlich gefiederten Gänse-Arten, die man ebenso wie die gesellig auftretenden Nonnengänse auch aus größerer Entfernung recht gut erkennen kann. Viel schwieriger ist die Artunterscheidung bei den grauen Gänsen wie Graugans, Saatgans, Bläßgans oder Kurzschnabelgans, zumal diese Vögel mitunter auch noch gemischte Trupps bilden.

Wichtig ist vor allem, daß die zur Zugrast, Mauser oder Überwinterung auf den Wattwiesen oder im Wirtschaftsgrünland eingefallenen Vogelarten ihre Ruhe haben. Jedes Störmanöver mit Auffliegen und Abstreichen zu einem anderen Ruheplatz kostet die Tiere nur unnötige Energie.

Nutzflächen, die nicht wie die Äcker oder Felder jedes Jahr neu bestellt werden, bezeichnen die modernen Landwirte als Dauer- oder Wirtschaftsgrünland. Zwei unterschiedliche Betriebsformen lassen sich dabei unterscheiden: Eine Wiese ist ein nutzbarer Pflanzenbestand, der in erster Linie der Heuernte dient, dazu im Jahr mehrmals geschnitten wird und demnach auch Futter- oder Mähwiese heißt.
Weiden liefern das Futter für die pflanzenfressenden Haustiere dagegen im Direktverfahren. Auf einer Standweide bleibt das Weidevieh den größten Teil des Jahres, wenn es die Witterung zuläßt. Bei einer Umtriebs- oder Rotationsweide wird die Grasfläche so unterteilt, daß die Weidetiere jeweils nur für wenige Tage auf einer bestimmten Parzelle verbleiben. Mitunter nutzt man solche Flächen auch wechselweise zur Beweidung und zum Futterschnitt: Mähweiden sind eine besonders rationell genutzte Grünlandform. Die Kombination von Biß und Schnitt in rascher Folge erlaubt den Pflanzen hier nur noch die Entwicklung von Blattmasse. Je intensiver eine solche Fläche genutzt wird, um so grüner ist sie während des größten Teils des Jahres. Nährstoffentnahme wird durch starke Düngergaben (oft mehr als nötig) ausgeglichen.

Vom Zauber der Vielfalt

Eine richtige Wiese steht dagegen schon bald nach dem Wiedererwachen der Natur im Frühjahr in voller Blüte. Jetzt zeigt sich auch, daß eine Wiese tatsächlich nicht nur eine besonders große Ansammlung von Grashalmen ist, sondern einen erstaunlichen Artenreichtum enthält und folglich auch entsprechend buntblumig aussehen kann.
Gegenüber dem jährlich umgebrochenen Ackerland zeichnet sich eine Wiese durch ziemlich stabile Verhältnisse aus. Auf Acker und Feld räumt der Landwirt nach dem Wachsen und Reifen der angebauten Nutzpflanzen jedesmal den gesamten Bestand ab und sorgt dafür, daß dort in der kommenden Saison im Wege des Fruchtwechsels wieder ganz andere Arten das Bild beherrschen. Länger als sechs oder allenfalls acht Monate besteht die Existenzgemeinschaft Acker daher nicht – für eine richtige, in sich vernetzte Lebensgemeinschaft ist dieser Rhythmus viel zu kurz.
Eine Wiese ist dagegen auf Dauerbetrieb eingerichtet und besteht so langfristig, daß sich hier artenreiche Lebensgemeinschaften mit vielerlei Beziehungen und Abhängigkeiten voneinander einfinden. Obwohl auch hier die Mahd in die Bestandsentwicklung einschneidet, bleibt das Artengefüge einer Wiese doch recht konstant. Zum einen liegt es daran, daß sich hier ohnehin nur solche Pflanzenarten zusammenfinden, die in den Bewirtschaftungsrhythmus von Mahd und Wachsenlassen optimal eingepaßt sind, und zum anderen ist der beachtliche Reichtum an verschiedenen Pflanzenarten natürlich auch besonders attraktiv für zahlreiche Kleintiere. Aus fast allen Verwandtschaftskreisen der Insekten kommen in den Wiesen vom Wurzelraum bis zu den Blumenetagen ganze Heere von Arten vor. Diesem Artenreichtum folgen verständlicherweise die insektenfressenden Vögel – nicht

Wiesenvielfalt. Feucht: **1** Kukkucks-Lichtnelke, **2** Wiesen-Schaumkraut, **3** Aurorafalter, **4** Sumpfdotterblume, **5** Grasfrosch. Frisch: **6** Wiesen-Kerbel, **7** Rote

Lichtnelke, **8** Weißklee, **9** Waffenfliege, **10** Maulwurf. Trocken: **11** Aufgeblasenes Leimkraut, **12** Wiesen-Rispengras, **13** Wiesen-Lein.

nur die wiesenbrütenden Arten, sondern auch solche aus den angrenzenden Lebensräumen. Selbstverständlich gehören zur Wiese auch etliche Kleinsäuger wie Mäuse, Wiesel und Igel.

Öfter mal was Neues

Auf Mähwiesen bleibt zum Herbst kaum trockenes, vergilbtes Pflanzenmaterial zurück. Nach der Schneeschmelze im zeitigen Frühjahr sieht das Wiesengelände daher grün und sogar erstaunlich saftig aus. Auf grasreichem Brachland, das nicht durch Mahd gestutzt wird, bildet die tote Pflanzenmasse eine dichte Deckschicht, durch die Licht und Wärme nicht besonders gut vordringen und neues Wachstum anregen können. Wiesen können daher viel eher und rascher in die neue Saison starten. Gegenüber den Gräsern zeigen einige Wiesenblumen schon bald einen deutlichen Entwicklungsvorsprung. Noch bevor die Blätter und Halme der Gräser sich sichtbar strecken, öffnen manche Blumen bereits ihre Blüten. Scharbockskraut, Wiesen-Primel oder Gänseblümchen gehören bestimmt zur ersten Garnitur. Bald folgt das unübersehbare Gelb des Löwenzahns, dem sich das Blaßlila des Wiesen-Schaumkrauts beimischt. Verhältnismäßig artenarme Wiesen zeigen dann ab Ende Mai nur noch eine fast reinweiße Blühwelle mit Labkraut, Wiesen-Kerbel und Margerite. In artenreicheren Beständen, vor allem in den Wiesen des Berglandes, ist eine dominante Blütenfarbe wegen der Vielfalt nicht mehr auszumachen.

Dauerfeucht und wechseltrocken

Intensiv genutzte und dazu auch sehr stark gedüngte Wiesen sehen fast alle gleich aus. Extensive Nutzung fördert dagegen den Artenreichtum und läßt auch die standörtlichen Unterschiede viel deutlicher hervortreten. Eine Feuchtwiese mit hoch anstehendem Grundwasser und eigenen Quellhorizonten trägt völlig andere Charakterarten als eine Hangwiese über porösem Kalkboden, die trotz reger Niederschläge überwiegend auf dem Trockenen lebt. Von den über tausend Gründlandbesiedlern unter den heimischen Pflanzenarten gibt es für alle Standorttypen von sehr naß bis ziemlich trocken auf jeden Fall die richtige Artengruppe. Etliche Pflanzenarten sind sogar ausgesprochene Zeigerarten, von deren Auftreten man unmittelbar auf die standörtlichen Bedingungen schließen kann. Eine Wiese, wie sie die Abbildung der Seiten 24 und 25 zeigt, kommt so in der Natur kaum vor. Auf der linken Bildhälfte zeigt sie nämlich einige Pflanzenarten, die bevorzugt auf sehr nassen oder zumindest feuchten Böden wachsen, während zur rechten Bildhälfte hin die Kennarten der frischen bis zunehmend trockeneren Böden dargestellt sind. Ganz entsprechend finden sich auch die abgebildeten Tierarten in ihrem jeweiligen Vorzugsbereich und nicht regellos in jeglichem Wiesengelände.

Streuobstwiesen

Mit ihren hochreichenden Baumkronen sind Wälder ein Lebensraum, der wohl am wirksamsten die dritte Dimension einbezieht und durchstrukturiert. Eine Wiese reicht auch mit ihren besonders hochwüchsigen Blühstauden nur wenig über die Ein-Meter-Marke hinaus. Die Baum-oder Obstwiese ist dagegen eine überaus gelungene Mischung aus beidem: Sie bietet ein in Tiefe und Höhe ungemein reich gestaffeltes Raumgefüge, in dem vermutlich vielerlei ökologische Ansprüche zufriedenzustellen sind.

In der traditionellen Kulturlandschaft grenzt die Feldflur oft nicht bis unmittelbar an die Dörfer oder Einzelhöfe. Den eigentlichen Siedlungraum umgibt zunächst einmal ein breiterer Gürtel bäuerlicher Gärten, von denen im günstigsten Fall jeder für sich bereits ein Muster an Vielfalt auf kleinstem Raum vorführt. An diesen Gürtel der hausnahen Nutzgärten schließt sich gewöhnlich ein lükkiger Kreis mit Obstbaumbeständen an. Erst dann geht das Siedlungs- und Gartenland über die Wirtschaftswege in die freie Feldflur über.

In Gegenden mit Erwerbsobstbau arbeitet man heute überwiegend mit Niederstammdichtpflanzungen – Obstgehölze, die auf schwachwüchsigen Unterlagen veredelt wurden und nicht einmal mehr eine mittelmäßige Krone entwickeln. Diese Reihenpflanzungen sind nach ökonomischen Gesichtspunkten ausgesprochen rationell, weil Pflegearbeiten, Auftrag von Behandlungsmitteln und Ernte sehr einfach durchzuführen sind.

Früher verwendete man dagegen hochstämmige, großkronige Obstbäume von mindestens 160 cm Stammhöhe. Man pflanzte diese Bäume in weiten Reihen oder verteilte sie ganz locker über das Kulturland, vor allem Wiesengelände. Wegen ihrer ungeordneten Verteilung nennt man solche Obstbaumbestände auch Streuobstwiesen. Hier konnte sich jeder Obstbaum zu einem vollwertigen Individuum mit großer, rundlicher Krone entwickeln und war als solches auch in der Landschaft erkennbar. Das dorfnahe Umland erhielt gerade durch seine Obstbaumgruppen markante Gesichtszüge, deren landschaftsästhetische Wirkung man nicht unterschätzen sollte. Der Unterschied einer obstbaumdurchsetzten Kulturlandschaft zur öden Einheitlichkeit landbaulicher Intensivkulturen könnte gar nicht größer ausfallen. Die Obst- oder Streuobstwiese bietet doch vom spektakulären Blühen im Frühjahr über das sommerliche Schattengrün bis zum herbstlichen Fruchtschmuck eine Menge erlebniswerter Akzente, die in der Agrarsteppe völlig fehlen.

Jeder Baum ein Lebensraum

Streuobstwiesen sehen aber nicht nur schön aus. Neben ihrer landschaftsgestaltenden Wirkung sind sie ungemein wertvolle und fast nicht zu ersetzende Lebensräume. Die Stockwerkfolge in einer solchen Obstwiese vom Wurzelhorizont der Gräser bis hinauf in die Kronenspitzen der Obstgehölze bietet zahlreiche Möglichkeiten der Ansiedlung und des Unterschlüpfens, so daß hier unerwartet viele Organismenarten ihre besonderen Biotopansprüche erfüllt sehen. Ne-

1
2
3

Streuobstwiese. 1 Gartenschläfer, **2** Brauner Bär, **3** Blindschleiche, **4** Spitzwegerich, **5** Gartenspitzmaus, **6** Taubenschwänzchen, **7** Weiße Taubnessel, **8** Raupen des Kleinen Fuchs an Brennessel, **9** Hahnenfuß.

ben den ständigen Bewohnern weist die klassische Streuobstwiese auch noch zahlreiche Besucher aus benachbarten Ökosystemen auf. Eine vollständige Auflistung aller hier auftretenden Arten würde etliche Dutzend Buchseiten füllen. Einige Beispiele mögen die Reichhaltigkeit daher stellvertretend für die umfangreichen Artenensembles ein wenig verdeutlichen.

In der Obstwiese leben unter anderem besonders viele Schmetterlinge. Hier kommen Flechteneule und Winkelspanner, Apfelbaumglasflügler und Pflaumenglucke, Abendpfauenauge und Schlehenzipfelfalter vor. Hier leben die Raupen des äußerst selten gewordenen Baumweißlings und des Großen Fuchs', der ebenfalls zu den besonders gefährdeten Arten der heimischen Falterfauna gehört.

Außer den Schmetterlingen teilen sich auch zahlreiche Käferarten den Lebensraum Obstwiese. An einem einzigen Obstbaum können Purpurbock und Junikäfer, Grünrüßler, Widderbock, Augenfleckbock, Prachtkäfer, Marienkäfer und Puppenräuber leben. Auch die übrigen Verwandtschaftsgruppen der unendlich artenreichen Insekten sind im Bereich der Obstgehölze vertreten. Von der Raubwanze bis zum Flechtling, von den Schwebfliegen bis zu den Faltenwespen, von der Gallmücke bis zur Gespinstmotte ernährt dieser Lebensraum die unterschiedlichsten Konsumentengruppen – die zahlreiche Spinnenverwandtschaft von der Raubmilbe bis zum Weberknecht noch gar nicht eingerechnet.

Paradies aus zweiter Hand

Mit dem Heer der Gliederfüßer und ihrer Entwicklungsstadien sind die Arteninventare aber keineswegs erschöpft. In der extensiv genutzten Obstwiese leben selbstverständlich auch zahlreiche Vogelarten. Brutvögel sind hier beispielsweise Meisen, Kleiber, Baumläufer, Gartenrotschwanz oder Grauschnäpper. Sie richten ihre Nester gerne in zurückfaulenden Astlöchern oder anderen Baumhöhlen ein. Frei im Geäst hängen die Nester von Buchfink, Grünling, Gelbspötter, Stieglitz oder Schwanzmeise. Am Boden, geschützt zwischen Hochstauden, brüten Rotkehlchen, Baumpieper, Zilpzalp, Gartengrasmücke oder Braunkehlchen. Den Insektenreichtum der Obstwiese schätzen außer den Vögeln natürlich auch verschiedene Fledermaus-Arten, während Siebenschläfer oder Haselmäuse eher zu den Gemischtköstlern gehören, die erst gegen Herbst auch ein wenig an der Fruchternte des Obstgartens teilhaben.

Schon immer haben die Ökologen besonders betont, daß die alten Streuobstwiesen zu den wenigen vom Menschen geschaffenen Lebensräumen gehören, die dem bedrohlichen Artenrückgang in der intensiv bewirtschafteten Agrarsteppe nach Kräften entgegenwirken können. Eine Streuobstwiese mit ihrem Baumbestand und ihrer nur wenig genutzten Krautflur ist sozusagen eine paradiesische Insel – ein wichtiger Trittstein im Gefüge der (oft viel zu wenigen) naturnahen, hier und dort verbliebenen Landschaftselemente, in denen sich folgerichtig gleich Dutzende von Arten der Roten Listen einfinden. Solche ökologisch ungemein wertvollen Inseln müssen der Kulturlandschaft unbedingt erhalten bleiben. So laßt uns denn – am besten gleich im Dutzend – ein paar Apfelbäumchen pflanzen.

Im Laubwald

Wälder sind in der Naturlandschaft Mitteleuropas die am weitesten verbreiteten Pflanzengesellschaften. Gäbe es keine wirtschaftenden, flächennutzenden Menschen, würde sich vom Tiefland bis ins Gebirge fast überall geschlossener Wald ausdehnen. Überwiegend wären es Laubwälder, denn Nadelbäume kommen bestandsbildend von Natur aus nur dort vor, wo Laubgehölze aus ökologischen Gründen nicht mehr mithalten können – beispielsweise in höheren Gebirgslagen mit ihren anhaltenden Kälteperioden und Schneebelastungen. Nur an Sonderstandorten der Niederungslandschaft wären beispielsweise Wald-Kiefern flächendeckend zu erwarten – etwa auf den trocken-warmen Sandböden der Oberrheinebene oder in der eiszeitlich überformten Landschaft Norddeutschlands.

Dieses Bild besteht heute nicht mehr, weil der Mensch durch Waldnutzung und Forstwirtschaft Flächenanteile und Artenzusammensetzung der Naturwälder erheblich verändert hat. Es bestand übrigens so, wie man sich die waldbedeckte Naturlandschaft vorstellt, auch nicht besonders lange, denn nach der letzten Eiszeit, die in Mitteleuropa erst vor etwa 12000 Jahren zu Ende ging, setzte die Waldentwicklung praktisch erst bei Null an. Mehrere Jahrtausende dauerte es, bis sich im Zuge der nacheiszeitlichen Wiedererwärmung aus der Flechten- und Zwergstrauchtundra zwischen nordischer und alpiner Vereisung über parkähnliche Zwischenstadien ein richtiger Waldbestand eingefunden hatte. Erst vor rund 2000 Jahren hatte die Rot-Buche, aus Westeuropa zuwandernd, Platz eins unter den wichtigen bestandsbildenden Waldbäumen erreicht. Kaum hatten sich die Rotbuchenwälder so richtig etabliert, lichteten die ersten großen Rodungswellen der Spätantike und des frühen Mittelalters die Bestände auch schon wieder auf. Dennoch ist Mitteleuropa bis heute ein Waldland geblieben. In den für die Landwirtschaft weniger geeigneten Mittelgebirgslagen liegt der Flächenanteil des Waldes auch heute noch bei mehr als fünfzig Prozent.

Artenreiche Lebensgemeinschaft

In manchen Forsten sieht man außer Baumstämmen sonst nicht sehr viel. Solche Bestände sind eher Stangenplantagen, auf die die Bezeichnung Wald wohl nicht recht zutrifft. Ein funktionstüchtiger Wald ist nämlich eine äußerst vielgliedrige Lebengemeinschaft, der man ihren Artenreichtum auch sofort ansieht. Ein eindrucksvolles Beispiel dafür ist ein Laubwald im Frühjahr.

Lange bevor sich das Kronendach der Bäume belaubt, ist am Waldboden das Pflanzenwachstum schon in vollem Gange. Weithin breiten sich üppige Blütenteppiche zu einem Zeitpunkt aus, wo in den angrenzenden Fluren fast noch Winterruhe herrscht. Ein Laubwald erlebt seine eindrucksvollste Blühwelle im Jahreslauf praktischerweise vor dem Laubaustrieb. In leuchtendem Gelb heben sich da auf sickerfeuchten Stellen oder entlang der kleinen Waldbäche die Blüten des Scharbockskrautes ab. Trockenere Stellen nehmen vor allem die in Massen auftreten-

Frühlingswald. 1 Zitronenfalter, 2 Waldmaus, 3 Hohler Lerchensporn, 4 Busch-Windröschen, 5 Wegschnecke, 6 Zwerg-Spitzmaus, 7 Scharbockskraut, 8 Waldhummel, 9 Lungenkraut, 10 Zaunkönig.

10
9
8
7

den Busch-Windröschen ein. In manchen Wäldern mischt sich auch noch eine gelbblühende Verwandte ein. Nur im südöstlichen Mitteleuropa bedecken intensiv blaublütige Leberblümchen den Waldboden. Weiter verbreitet sind dagegen die Lerchensporn-Arten, das hübsche Lungenkraut, das unscheinbare Moschuskraut oder die bunte Gesellschaft aus Wald-Veilchen, Gundermann und Sauerklee.

Die Frühblüher des Waldbodens sind allesamt ökologische Spezialisten. Sie haben ihren gesamten Entwicklungsrhythmus in eine Zeitspanne eingepaßt, wo es einerseits schon deutlich warm, andererseits am Waldboden aber noch nicht zu dunkel ist. Wenn die Frühlingssonne durch die noch lichten Baumkronen scheint, erwärmt sich der dunkle Waldboden relativ rasch und kann so die Entwicklung der Bodenpflanzen regelrecht anschieben. In kurzer Zeit sind daher Blattorgane und Blüten entfaltet. Fast alle Frühjahrsblüher nutzen dabei ihre eigenen Stoffreserven, die sie in unterirdischen Speicherorganen angehäuft haben. Zwiebeln wie bei Märzenbecher, Gelbstern oder Bärlauch und dicke Wurzelstöcke wie bei den Windröschen und beim Lungenkraut sind dabei gleichwertige Alternativen. Bei anderen Arten findet man auch Sproß- und Wurzelknollen. Die wenigen Wochen bis zur Verdunklung nach der Laubentfaltung in den Baumkronen müssen die Bodenpflanzen für den Abschluß ihrer Saisonentwicklung ebenso nutzen wie für die Wiederauffüllung der Reserveorgane.

Nur wenige Pflanzenarten können auch nach der Laubentfaltung im Waldesdunkel gedeihen, darunter beispielsweise Maiglöckchen, Schattenblume und ein paar Waldgräser. Sie alle enthalten in ihren Blättern so viel Chlorophyll, daß sie beinahe schwarz-grün aussehen – wo Licht ein Mangelfaktor ist, müssen sich die Pflanzen besonders anstrengen, das wenige verfügbare Licht für ihre Stoffproduktion zu nutzen.

Frühkonzerte im Geäst

In jedem artenreich bestückten Laubwald leben natürlich auch zahlreiche Tiere, aber man bekommt gewöhnlich nur sehr wenige davon zu sehen. Man müßte schon ganz still irgendwo verharren, um das heimliche Umherhuschen der Waldmäuse überhaupt zu registrieren. Einiges vom Artenreichtum kann man jedoch auf jeden Fall wahrnehmen – die Vogelwelt ist hier nämlich fast rund ums Jahr auch akustisch aktiv. Nicht zu überhören sind die Trupps umherziehender Meisen oder – besonders in Mischbeständen mit Nadelgehölzen – die Goldhähnchen. Überaus lautstark meldet sich dann und wann ein Zaunkönig, und auch die Rotkehlchen sind nicht nur im Frühjahr ziemlich sangesfreudig. Vielfältiger wird der Chor allerdings mit der Rückkehr der Zugvögel, wenn sich Mönchsgrasmücke, Waldbaumläufer, Waldlaubsänger, Fitis oder Fliegenschnäpper einmischen. Vor der Blattentfaltung ist der Laubwald ziemlich durchsichtig. Jetzt besteht die einzigartige Chance, die eifrigen Sänger auch tatsächlich einmal zu sehen. Später, wenn die Belaubung gleichsam den Vorhang zuzieht, kann man einen lärmenden Eichelhäher oder einen hämmernden Specht nicht ohne weiteres sehen.

Waldränder und Heckenzeilen

Zwei Faktoren prägen im wesentlichen das Erscheinungsbild der vom Menschen geschaffenen Kulturlandschaft: Neben dem natürlichen Relief mit seinen Höhenzügen, Taleinschnitten und Verebnungsflächen ist vor allem die Pflanzendecke mit ihren vielfältigen Erscheinungsformen ein äußerst wirksamer Gestaltungsfaktor der freien Landschaft. Das bunte Mosaik von Waldstücken, Grünlandflächen und Ackerfluren prägt den regionalen Charakter vieler Kulturlandschaften.
Bäume und Sträucher bilden nicht nur geschlossene Waldstücke, sondern finden sich in gelockerter Formation auch in der freien Flur. Zumindest war es so in den meisten landwirtschaftlichen genutzten Gebieten, bevor eine allzu wörtlich aufgefaßte Flurbereinigung die vielfältigen Strukturgefüge der traditionellen Kulturlandschaft zur öden Agrarsteppe verkommen ließ. Eine lebendige Landschaft braucht eben nicht nur Waldflächen und horizontweite Maisäcker, sondern auch Flurgehölze in Gestalt von Gebüschgruppen, Heckenzeilen oder Einzelbäumen. Solche Gehölzensembles, ob sie nun die Wege und Straßen begleiten oder die Parzellengrenzen zwischen den Äckern und Feldern nachzeichnen, sind unglaublich raumwirksame Kulissen, durch die eine Landschaft überhaupt erst gefällige Gesichtszüge erhält. Feldgehölze leisten aber noch viel mehr. Sie sind Verbindungselemente zwischen Wald und Flur, verzahnen also die großen Ökosysteme der naturnahen Landschaft miteinander und sind als solche ein außerordentlich bemerkenswerter Lebensraum.

Leben in Randgruppen

Wo der Wald endet und Mähwiese oder Hackfruchtacker beginnt, begegnen sich gleichsam zwei verschiedene Welten. Hier grenzen die Lebensräume ausgesprochener Waldbewohner an die Biotope von Wildpflanzen und Tieren der offenen Fluren. Außer den Bewohnern der jeweils benachbarten Wald- und Agrarökosysteme kommen hier aber auch noch Artengruppen vor, die sich in ihren Lebensraumansprüchen gerade auf die schmalen Grenzstreifen spezialisiert haben. Gegenseitige Versaumung ganz unterschiedlicher Ökosysteme drückt sich daher in besonderem Artenreichtum aus – ein Zusammenhang, der in der Ökologie schon seit geraumer Zeit als Rand- oder Saumeffekt bekannt ist.
Flurgehölze und Heckenzeilen sind Zwischenstationen von geschlossenem Wald und freier Feldmark. Ökologisch sind sie daher einem Waldrand unmittelbar vergleichbar. Man könnte die gemischten Busch- und Baumbestände oder die langgezogenen Heckenbänder sogar als einen in die Länge gestreckten Wald auffassen, der nur noch aus seinen zusammengerückten Rändern besteht und daher auf vergleichsweise kleinem Raum sehr viele artenfördernde Versaumungseffekte zuwege bringt. Um diese Wirkung gleichsam auch einmal quantitativ vor Augen zu haben, braucht man bei Neuschnee nur einmal durch die Fluren zu wandern und darauf zu achten, wohin die meisten Spuren von Hase und Reh, Marder und Fuchs, Wiesel und anderer Kleinsäuger führen. Die Erfah-

Waldrand. **1** Brombeere, **2** Heckenbraunelle, **3** Schnirkelschnecke, **4** Laufkäfer, **5** Zauneidechse, Weibchen, **6** Kriechender Günsel, **7** Große Sternmiere, **8** Dukatenfalter, **9** Heckenrose.

9
8
7
6
4
5

rung zeigt auch immer wieder, daß sich Rebhühner und Fasane, Dohlen und Krähen sowie das ganze Heer der kleineren Singvögel nicht nur winters am ehesten in den Randbereichen eines Waldes und vor allem in Flurhecken oder Gehölzrainen aufhalten. Eigentlich müßte man aus dieser Feststellung sogar die kritische Anfrage ableiten, wieviel freie Wirtschaftsfläche die Agrarlandschaft denn überhaupt zwischen den Gebüschen und Hekken verträgt, um ökologisch funktionsfähig zu bleiben. Eine Teilantwort erhält man, wenn man die durchschnittlichen Aktionsradien der beteiligten Tierarten berücksichtigt. Bei Fuchs und Steinmarder reichen sie weit über die 1000 m-Marke in die angrenzenden Wiesen oder Felder hinein – diese Tiere können folglich ohne weiteres Gehölze aufsuchen, die mehr als einen Kilometer auseinanderliegen. Bei Hermelin, Mauswiesel oder Igel reichen die Wege aber kaum einmal 300 m weit in offenes Gelände hinein. Je kleiner und relativ unbeweglicher eine Tierart ist, um so mehr wird sie sich bevorzugt am Waldrand oder nahe einem Flurgehölz aufhalten. Das Leben konzentriert sich also gleichsam im Wirkbereich solcher Saumbiotope.
Was auf den ersten Blick vielleicht gar nicht so deutlich wird, haben genauere Untersuchungen immer wieder dokumentiert: Bei den Waldrändern und den Heckensäumen geht es wirklich nicht nur um ein paar Dutzend, sondern tatsächlich um etliche hundert Arten. Rund 1000 verschiedene Kleintierarten, allen voran natürlich die besonders reichhaltig vertretenen Insekten, gehören zum festen Artenbestand dieser Lebensräume.

Die enorme Funktionsvielfalt eines Saumgehölzes zeigt sich noch eindrucksvoller, wenn man seine Bedeutung für einzelne Tiergruppen analysiert. Für viele Vogelarten sind insbesondere die größeren Heckengehölze mit Einzelbäumen eine wichtige Singwarte, Greife wie der Mäusebussard oder Insektenjäger wie der Neuntöter nutzen sie ebenfalls als Ansitze. Bei der Feldbearbeitung oder während der Wiesenmahd können viele Kleintiere der Nachbarräume (darunter Spinnen, Schmetterlinge, Laufkäfer oder Schwebfliegen) kurzfristig in die Hecken oder Randgebüsche ausweichen. Die meisten Feldkäfer nutzen die Bodenstreu unter den Flurgehölzen als Überwinterungsquartier. Hecken sind unentbehrliche Neststandorte von Wildbienen, Hummeln und Kleinvögeln. Sie bieten auch solchen Arten Nahrung oder zeitweiligen Unterschlupf, die hier gar nicht dauerhaft angesiedelt sind. Vor allem die ziehenden Singvögel wie Kernbeißer, Grasmücken, Zeisige und Drosseln suchen die Flurgehölze mit ihrem meist reichhaltigen Nahrungsangebot an Insekten und Früchten gerne auf.
Hecken und Gebüschzeilen in der freien Flur sind eine außerordentlich raumwirksame Lösung zur Verknüpfung zerstreut liegender Restlebensräume. Zusammen mit den Auengehölzen entlang den Gewässern bilden sie ein weitläufiges Netz, mit dem sich die unterschiedlichsten Lebensräume in Zusammenhang bringen lassen. Hecken und Waldsäume sind wichtige Verbreitungskorridore und völlig unentbehrliche Lebensadern der Kulturlandschaft.

Durch die Wälder, durch die Auen

Auen sind die je nach den Geländeverhältnissen schmalen oder auch breiteren Randstreifen, die die Fließgewässer uferseitig begleiten. In mancher Hinsicht gleichen diese Bereiche der Gezeitenzone an den Meeresküsten, denn auch hier treten ab und zu Hochwasser auf und greifen weit über die Uferpartien in die Nachbarräume. Sicher vollziehen sich diese Überschwemmungen nicht so mit der Präzision eines Uhrwerks wie bei den Gezeiten an der Meeresküste. Aber immerhin ist auch in den Auen der Binnengewässer eine gewisse Regelmäßigkeit nicht zu übersehen. Vor allem nach der Schneeschmelze im Frühjahr haben die Flüsse große Wassermengen zu transportieren und verlassen dann notgedrungen ihr Bett. Andere Hochwasserwellen treten eher unperiodisch auf, beispielsweise nach Zeiten reichlicher Niederschläge. Die Überflutungen, bei der ein ganzer Lebensraum unter Wasser versinkt, ist indessen für die Naturlandschaft keine besondere Katastrophe, sondern Bestandteil im Jahreslauf und bis zu einem gewissen Grade sogar notwendig. Schäden nimmt eigentlich immer nur die zivilisatorische Infrastruktur, die unpassenderweise in den amphibischen Bereich der Auen verlagert wird. Ein hochwasserführendes Fließgewässer hält sich nun einmal nicht an die Linearität menschlicher Technik.

Reste vom Urwald

Die in der Flußaue siedelnden Pflanzengemeinschaften sind indessen hervorragend an den Rhythmus von Überflutungen und Trockenphasen angepaßt. Selbstverständlich hält das so sehr schwankende Wasserregime unter den Arten, die hier Wurzeln schlagen, eine strenge Auslese und führt folgerichtig Ensembles zusammen, die in ihren Ansprüchen und Toleranzen allesamt recht ähnlich sind.
Es ist völlig klar, daß sich auf dem staunassen Auenboden gewöhnliche Waldbäume kaum behaupten können. Auen beherbergen daher eine ganz spezifische Gehölzvegetation mit Arten, die überflutungsfest sind, längere Trockenperioden ertragen und zudem auch gegen das Gezerre der Strömung hinreichend widerstandsfähig wirken. In der natürlichen, weitgehend unbeeinträchtigten Flußaue entwickeln sich daher charakteristische Waldformationen. Diese Auenwälder könnte man, soweit sie noch einigermaßen großflächig vorhanden sind, durchaus als Reste der europäischen Urwälder bezeichnen.
Unter ungestörten Bedingungen bauen sich am Uferrand eines größeren Fließgewässers in Abhängigkeit von Wasserbedekkung und durchschnittlichem Wasserstand Serien verschiedener Pflanzengesellschaften auf. Gewöhnlich besitzt eine Fließwasseraue im Unterschied zum stehenden Gewässer keine allzu ausgeprägte Röhrichtzone. Nur das schilfähnliche Rohr-Glanzgras entwickelt einen hochwüchsigen Saum, in dem sich sonst nur wenige weitere Kräuter einfinden. Das Bild der naturbelassenen Aue bestimmen daher ganz eindeutig die Gehölze. Der erste uferseitig siedelnde Gehölzgürtel ist das sogenannte Mandelweidengebüsch, in dem neben der namengebenden Mandel-Weide

1
2
3
4
9

Auwald. **1** Laubfrosch, **2** Schwarz-Erle, **3** Bittersüßer Nachtschatten, **4** Sumpfdotterblume, **5** Großer Eisvogel, **6** Kleiner Schillerfalter und Raupe, **7** Korb-Weide, **8** Pirol, **9** Schwarz-Pappel.

noch zwei weitere Arten mit sehr schmalen Blättern vorkommen, nämlich Korb-Weide und Purpur-Weide. Diese Strauchweiden stocken ungefähr in Höhe des Sommerhochwassers, werden also bei Winter- und Frühjahrshochwassern völlig überschwemmt. Sie sind gleichzeitig die flußseitige Mantelgesellschaft einer anderen Vegetationseinheit, die man als Baumweidenaue bezeichnet. Hier beherrschen nämlich recht hochwüchsige Bäume das Bild, neben der hübschen Bruch-Weide vor allem die großkronige Silber-Weide sowie die mächtige Schwarz-Pappel, die ausgesprochen imposante Baumgestalten entwickelt. Weidengebüsch und Baumweidenbestände bezeichnet man auch als Weichholzaue. Ihr Holz ist leicht und nicht sehr beständig.

In der ungestörten Auenlandschaft nähme die nächsthöhere Stufe eine Waldformation ein, die wegen ihrer Zusammensetzung aus sehr kräftigen, überdauernden Baumarten die Bezeichnung Hartholzaue erhielt. Sie stockt gewöhnlich nicht mehr auf den Überschwemmungssanden, sondern auf Auenlehm und wird dort eigentlich nur noch von Spitzenhochwassern erreicht. Dieser Auenwald ist ein Eichen-Ulmenwald. Hier sind Stiel-Eiche, Flatter-Ulme und Gemeine Esche neben vielen Begleitarten aus der heimischen Gehölzflora mit hohem Anteil vertreten. Typischerweise wachsen hier auch fast alle einheimischen Lianen. Der Efeu räkelt sich bis in die obersten Kronenbereiche hoch, während die Waldrebe mit ziemlich dichten Vorhängen sämtliche Bestandslücken schließt. Auf die Strauchregionen beschränkt bleiben der Wilde Hopfen und der Bittersüße Nachtschatten. Nur noch wenige Fundorte gibt es von der Wilden Weinrebe, deren Heimat die europäischen Auengebiete sind.

Ein Platz für Tiere

Auenwaldgebiete sind um so artenreicher, je mehr sich darin die standörtlichen Verhältnisse von Land und Wasser gegenseitig durchdringen. Ein flußbegleitendes Auengehölz von einiger Breite bietet an sich schon mancherlei Entfaltungsmöglichkeiten. Noch idealer gestaltet sich diese Welt aus Wald und Wasser, wenn vom Hauptstrom abgeschnittene Altarme und Totwasser sie durchziehen oder vom Saisonhochwasser immer einmal Auentümpel zurückbleiben. Dann bewohnen fast alle heimischen Lurcharten die Aue, darunter auch der perfekt getarnte Springfrosch oder der lackglänzende Laubfrosch, den es meist auf die Bäume treibt. In Auenwäldern brütet der Pirol auf Napfnestern, die weit oben in einer Astgabel hängen. Wo es steile Uferanrisse gibt, können sich der schmucke Eisvogel oder auch Uferschwalben ihre Brutröhren eingraben. Auf den sommerlich trockenfallenden Sand- und Kiesbänken finden sich Flußuferläufer, Flußregenpfeifer und einige andere Vogelarten ein, deren nächste Verwandte die Wattflächen am Meer bevölkern. Nicht befiedert, sondern farbprächtig beschuppt ist der Große Eisvogel, die größte mitteleuropäische Tagfalterart. Seine Raupen leben von den Blättern der Zitter-Pappel, ähnlich wie die Jugendstadien der beiden Schillerfalter-Arten. Der enorme Vorzug der Auenwälder, wenn es sie noch gibt und sie nicht hochwassersicheren Parkplätzen weichen mußten, ist ihre Abgeschiedenheit und Unzugänglichkeit, die Störmanöver weitgehend ausschließen.

Geköpfte Bäume

Die schweren, lehmigen Böden der flußbegleitenden Niederungslandschaft eignen sich oft nicht zum Ackern und Anbau von Feldfrüchten. Statt dessen hat sich auf diesen Flächen schon vor Jahrhunderten bäuerliche Grünlandwirtschaft entwickelt. Da die Wiesen und Weiden trotz vieler Entwässerungsgräben grundwassernahe Böden überziehen und überwiegend solche Standorte einnehmen, die in der Naturlandschaft eigentlich der Auenwald bestocken würde, siedeln sich an den weniger genutzten oder zugänglichen Stellen, vor allem auch entlang von Gräben oder Wasserlöchern, sehr oft die typischen Gehölze der Weichholzaue an, vor allem Strauch- und Baumweiden, aber auch Schwarz- und Zitter-Pappeln.
Irgendwann haben die Menschen beim Zurückstutzen der Pappeln und Weiden das enorme Regenerationsvermögen dieser Bäume entdeckt. Setzt man eine Silber-Weide oder eine Schwarz-Pappel bei der Holzernte auf den Stock, nimmt ihr also nur einen Teil der Krone, ohne sie vollends umzulegen, entwickeln sich an der Schnittstelle sehr rasch neue Triebe mit verstärktem Längenwachstum. Bald schon nutzte man die Stockausschläge auch planmäßig, um einerseits Futterlaub für die Weidetiere zu gewinnen, andererseits aber auch die technisch so vielseitig verwendbaren Ruten für Flecht- und Bindearbeiten zu erhalten. Zwei Betriebsformen sind dabei zu unterscheiden: Beim Schneiteln bleibt der Baumstamm weitgehend unverletzt, weil man nur die Äste entnimmt, während beim Köpfen der Stamm in 1 bis 4 Meter Höhe abgeschlagen wird. An der Verletzungsstelle und zumal bei häufiger Entnahme der langwüchsigen Stockausschläge verdicken sich die so behandelten Bäume kopfartig – sie werden zu Kopfbäumen. Bestände von Kopfbäumen sind stellenweise landschaftstypisch, beispielsweise im Münsterland und am Niederrhein oder in Mecklenburg und Thüringen. Hier und da begleiten Kopfbaumkulturen auch die Rebfluren der Weinbaugebiete, weil man dort die biegsamen Weidengerten zum Aufbinden der Weinreben schätzt.

Hohle Charakterköpfe mit Innenleben

Was zunächst einmal nach einer fürchterlichen Verstümmelung imposanter Baumgehölze aussieht, erweist sich bei genauerem Hinsehen als eine völlig unerwartete Bereicherung der Kulturlandschaft. Kopfbaumbestände sind nämlich unglaublich artenreiche Kleinlebensräume, in denen sich sonst in der freien Landschaft nur selten auftretende Arten geradezu konzentrieren. Alte Kopfbäume gehören mit Sicherheit zu den wenigen Anreicherungselementen, mit denen man im Nutzland die dringend benötigte Artenfülle gezielt fördern kann.
Der ökologische Wert alter Kopfbäume hängt sehr eng mit dem Umstand zusammen, daß die immer wieder zurechtgestutzten Kopfstämme mit der Zeit ganz hohl werden. Unter den Schnittstellen fault das freiliegende, gerade bei Pappeln und Weiden nicht allzu widerstandsfähige Holz weit in das Stamminnere zurück. Oft bleibt nur noch ein äuße-

Bewohner der Kopfbäume. 1 Braunes Langohr, **2** Stockente, **3** Wasserfledermaus, **4** Weidenmeise, **5** Weidenbohrer und Raupe, **6** Steinkauz, **7** Steinmarder.

5
6
5
4

rer Mantel mit dem wachstumsfähigen Kambium und einer abdeckenden Rindenschicht übrig. Pilze, vor allem Schwefelporlinge, leiten dieses raumschaffende Zerstörungswerk ein. In jedem Fall sind an der Zersiedlung des Totholzes aber auch die Larven zahlreicher Insektenarten beteiligt. Fingerdicke Gänge fressen hier beispielsweise die Raupen des Weidenbohrers. Kleinere Tunnel legen dagegen die Larven des Weidenbocks an. Mehr als 100 Käferarten leben in Weiden. Hinterlassene Gänge finden sofort Hummeln und Wildbienen als Nachmieter.

Wo die Hohlräume schon größer geworden sind, richten sich erstaunlicherweise auch eine ganze Reihe von Fledermäusen wohnlich ein. Zumindest während des Sommers nutzen sie die hervorragend getarnten Ast- und Stammhöhlen bizarrer Kopfbäume als Tagesversteck, mitunter aber auch zur Aufzucht ihres Nachwuchses. Wasser- und Fransenfledermaus finden sich hier ein, aber auch Braunes Langohr oder sogar der Abendsegler, eine der größten heimischen Arten. Die nachtaktiven Tiere finden gerade in Gewässernähe ein reiches Nahrungsangebot, wenn Eintags- oder Köcherfliegen, Mücken und zahllose andere Insekten ihre Larvenentwicklung im Wasser abgeschlossen haben und gleich scharenweise aufsteigen. Weniger gern gesehen sind in den Kopfbäumen Steinmarder, denn ihre Gefräßigkeit bringt für die übrigen Mitbewohner mancherlei Verluste mit sich – beispielsweise für den Siebenschläfer, der nicht nur Baumhöhlen in Streuobstwiesen bewohnt, sondern seine Schlafquartiere gelegentlich auch in hohle Kopfbäume verlegt.

Selbstverständlich ist auch die Vogelwelt im Wohnparadies Kopfbaum reichhaltig vertreten. Ein typischer Bewohner ist beispielsweise die Weidenmeise. Im weichen und morschen Holz von Kopfbäumen zimmert sie sich die Bruthöhle selbst oder richtet vorhandene Hohlräume passend zu. Die Zimmerarbeiten übernimmt fast immer das Weibchen. Im gleichen Biotop kann auch die Zwillingsart der Weidenmeise vorkommen, die außerordentlich ähnliche Sumpfmeise. Im Gelände sind die beiden Arten nicht einfach zu unterscheiden. Sumpfmeisen beziehen vor allem fertige Wohnhöhlen und zimmern nur wenig an den Ästen oder Stämmen herum. Nachmieter in vorhandenen Bruthöhlen sind auch der seltene Wendehals oder der Gartenrotschwanz, weil sie selbst keine Höhlen anlegen können.

Kopfbäume beherbergen erstaunlicherweise auch größere Vogelarten. Hohltauben, die in den aufgeräumten, totholzarmen Laubwäldern kaum noch Nistmöglichkeiten finden, weichen gerne in Kopfbaumbestände aus. Und nicht selten bewohnt auch der Steinkauz die Charakterbäume der Kopfweidenlandschaften.

Der Wind in den Weiden

Das vielfältige Lebensraumangebot von Kopfbäumen ist nur dann erhaltungsfähig, wenn regelmäßiger Pflegeschnitt die Astentwicklung unter Kontrolle hält. Hochragende Äste, in die der heftige Herbstwind fährt, entwickeln beachtliche Hebelkräfte und lassen den ausgehöhlten Stamm leicht auseinanderbrechen. Ebenso wichtig ist aber auch die Neuanpflanzung von Weiden, die man zu Kopfbäumen umformen kann. Viele selten gewordene Tierarten brauchen diese Kleinlebensräume nämlich dringend zum Überleben.

Laubstreu als Lebensraum

Zentnerweise sammelt sich jeden Herbst unter den Waldbäumen das Fallaub an. Bis zu vier Tonnen Bestandsabfall je Hektar gehen in einem mitteleuropäischen Laubfall in jedem Jahr zu Boden. Eigentlich müßte der Wald über die Jahrzehnte und Jahrhunderte hinweg unter seinem eigenen Abfall ersticken, gäbe es da nicht eine perfekte Abfallwirtschaft, welche die tote Biomasse schrittweise abbaut und dem Humusvorrat im Boden wieder zuführt. Was die Bäume und Waldsträucher dem Boden an mineralischen Nährstoffen entnehmen, kehrt über die Abfallverwertung zu einem großen Teil wieder in den Waldboden zurück. Besser können Ressourcennutzung und Stoffrecycling in einem Ökosystem eigentlich gar nicht funktionieren.

Kaum liegt in den Herbstwochen das bunte oder schon vertrocknete Fallaub am Waldboden, macht sich auch gleich ein ganzes Heer von Kleinlebewesen über diese Materialmasse her. Diese stoffabbauenden Organismen nennen die Ökologen Destruenten. Sie leben gleichsam von der Überschußproduktion und übernehmen die wichtige Aufgabe, die organischen Reste aus dem Grünen und Wachsen des Waldes in die Ausgangsbestandteile zu zerlegen, damit diese als Betriebsstoffe für neues Wachstum zur Verfügung stehen. Das nützliche Zerstörungswerk der Destruenten kann man recht gut beobachten. Frisch nach dem Blattfall liegt die Laubstreu am Waldboden noch einige Handbreit hoch. Im nachfolgenden Frühjahr ist sie dagegen schon sichtlich dünner geworden. Natürlich hat die winterliche Schneelast die Abfallhaufen etwas zusammengedrückt, aber sie sind durch die Abbautätigkeit der Destruenten auch objektiv weniger geworden. Dafür spricht eine weitere Beobachtung: Die Streu am Boden ist nämlich deutlich geschichtet. Ganz obenauf liegt das Wurfgut der letzten Wochen und Monate. Darunter folgt eine Lage mit modernden Blättern, deren Umrisse und Gewebe nur noch teilweise erkennbar sind. Noch tiefer befindet sich eine Schicht, in der keinerlei Blattstrukturen mehr erhalten sind, sondern alles nur noch aus feinem Gekrümel besteht.

Abbau auf Raten

Die Zersetzung des Bestandsabfalles vollzieht sich also ganz offensichtlich schrittweise und gleichsam in Raten. Zuerst rückt eine ganze Armada größerer und kleinerer Streubewohner an, die an den Blättern einfach herumnagen: Bodenasseln, Ringelwürmer, Felsenspringer, Ohrwürmer, Springschwänze und Hornmilben stellen die Akteure der ersten Kolonne. Sie verschaffen sich durch Fensterfraß Zugang zu den tiefer liegenden Blattgeweben und verzehren zunächst einmal die relativ weichen Teile. Zahlreiche Insektenlarven, darunter etwa die Jugendstadien von Haarmücken, Schnaken, Trauermükken oder Schnepfenfliegen, holen sich ebenfalls ihren Teil. Bald besteht das Blatt nur noch aus dem Skelett seiner größeren und kleineren Blattnerven. Sie bilden – im Gegenlicht betrachtet – besonders bizarre und formschöne Strukturen, die fast schon ein wenig an die verschlungene Ornamentik barocker Torgitter erin-

1
11
10
2
5
4
3

Leben in der Laubstreu. 1 Steinläufer, **2** Schmetterlings-Porling, **3** Nacktschnecke, **4** Erdsamtmilbe, **5** Waldregenwurm, **6** Assel, **7** Wolfsspinne, **8** Becherflechte, **9** Bandfüßer, **10** Klebriger Hörnling, **11** Weberknecht.

nern. Aber auch diese Gebilde sind nur natürliche Kleinkunstwerke auf Zeit. Bald kommen weitere Destruenten auch auf den Geschmack der ehemaligen Stoffleitbahnen der Blätter. Schnurfüßer, Saftkugler und andere Gliedertiere vollenden dann den mechanischen Abbau.

Die Skelettierung ist natürlich nicht das alleinige Werk der beißenden und kauenden Bewohner in der Laubstreu. In Wirklichkeit vollzieht sich die Zerlegung und Wiedergewinnung gebundener Stoffe wesentlich komplizierter. Sobald die Fallaubfresser mit ihrer Tätigkeit das gefallene Blatt genügend durchlöchert haben, treten auch die Mikroorganismen in Aktion. Fraßspuren zerstören zwar die Blattgewebe, vergrößern andererseits aber auch die angreifbare Oberfläche. Bakterien und Pilze haben dann um so leichteres Spiel. Wenn die Bodenmikroben beim Abbau mitmachen, ist eigentlich nicht mehr genau zu trennen zwischen der Aufnahme und Direktverwertung toter Blattsubstanz und dem gleichzeitigen (oder sogar überwiegenden) Verzehr der daran sitzenden Mikroorganismen. Mit Fadenwürmern und etlichen bodenlebenden Einzellern kommen in diesem Stadium auch zahlreiche Nahrungsspezialisten hinzu, die vorwiegend Bakterien fressen und damit nur indirekt in den Abbau eingreifen.

Solange nur Würmer, Asseln und Tausendfüßer die tote Laubstreu verspeisen, kann nur ein verhältnismäßig kleiner Teil der darin gebundenen Energie unmittelbar genutzt werden. Erst wenn alle Destruentenketten zusammenarbeiten, sind auch die sehr widerstandsfähigen Strukturstoffe der Blattsubstanz abbaubar. Am Ende bleiben wirklich nur noch feine Krümel übrig.

Fortgesetzter Nutzen

Auf allen Stufen der Abbauvorgänge schalten sich selbstverständlich auch räuberische Nutznießer ein und kontrollieren die blattzerlegenden Destruenten. Sie tragen dann ihrerseits erheblich zum Artenreichtum in der scheinbar so leblos daliegenden Laubstreu bei.

Spinnen, Raubmilben, Afterskorpione, Hundertfüßer, Ameisen, Käfer, Wanzen oder Schnecken hängen sich an die ohnehin schon unübersichtlichen Nahrungsnetze und verzweigen die Stoffflüsse, die beim frisch gefallenen Blatt begannen und beim Humus des Waldbodens vorerst enden. Pflanzenfresser vertilgen durchschnittlich nur etwa ein Fünftel der lebenden Blattsubstanz eines Waldbaumes. Der weitaus größte Teil der vom Baum aufgebauten Blattmasse wird zur Wiederverwertung erst dann so richtig nützlich, wenn er abgestorben ist und die verschiedenen Destruentenketten sowie die davon abhängigen räuberischen Arten beschäftigt. Wie sehr gerade die Untergrundarbeiter am Waldboden von den organischen Totstoffen profitieren, zeigen gewiß nicht nur die erstaunlichen Artenzahlen, sondern auch die beteiligten Individuendichten. Jede Handvoll Waldboden ist tatsächlich ein berstender Zoo mit Klein- und Kleinstlebewesen, in dem allein die Bakterien mehr Individuen stellen, als gegenwärtig Menschen auf der Erde leben.

Ernte im Herbstwald

Im letzten Septemberdrittel erreicht die Erde auf ihrer Bahn um die Sonne den Zeitpunkt der Tagundnachtgleiche – es ist der astronomische Termin des Herbstbeginns. Im Oktober sind die Tage bereits merklich kürzer als die Nächte. Obwohl die Tagestemperaturen zum Teil noch sehr angenehme Werte erreichen und fast noch ein wenig Spätsommeratmosphäre zaubern, haben die Lebewesen längst bemerkt, daß der Herbst eingezogen ist und somit die kalte Jahreszeit bevorsteht. Nicht die Durchschnittstemperaturen waren für diese Mitteilung das entscheidende Signal, sondern die abnehmende Tageslänge. Unabhängig vom tatsächlichen Witterungsverlauf richten sie sich darum auf den Winter ein. Die Bäume und Sträucher haben rechtzeitig ihre Blattorgane abgeschaltet, ziehen daraus die letzten noch verwertbaren Stoffe ab und lassen sie alsbald als Fallaub zu Boden sinken. Sichtbares Anzeichen dafür ist die prächtige Laubverfärbung, die unübersehbar das Ende der Sommersaison verkündet. Natürlich stellen sich in den Herbstwochen auch die Tiere auf die Verhältnisse in der ungünstigen Jahreszeit um. Ihre Geschäftigkeit ist oft recht unauffällig, aber einige Vorkehrungen kann man als aufmerksamer Beobachter dennoch wahrnehmen.

Verschiedene Strategien

Anpassen und Schützen wäre eine der vielen Möglichkeiten, wie sich die Lebewesen auf den Winter mit seinen Tieftemperaturen und seiner Nahrungsverknappung einrichten. Vermeidung solcher Probleme ist eine weitere Alternative. Tiere, die sich nicht einem strengen mitteleuropäischen Winter aussetzen wollen, müssen wohl ihre Wohnquartiere wechseln. Schon ab Mitte August haben sich darum die Saisongäste der Vogelfauna, allen voran die Singvögel, verabschiedet und die Reise in wärmere Überwinterungsgebiete begonnen. Eigentlich suchen sie jetzt ihre Stammheimat auf. Viele Zugvögel sind ja tropischen und subtropischen Ursprungs. Erst in der Nacheiszeit haben sie den sommerlichen Insektenreichtum nordischer Gebiete und damit potentielle Brutreviere entdeckt und erobert. Andere Arten der heimischen Vogelfauna haben ihr Zugverhalten in jüngerer Zeit verändert: Sie streifen nur noch über kurze Distanzen umher oder überwintern gleich an Ort und Stelle. Drosseln kann man heute in Stadt und Land während des ganzen Jahres beobachten.
Für einige Säugetiere wie Igel, Dachs oder die Fledermäuse ist die Zeit zwischen Herbst und Frühling eine einzige lange Nacht, die man am besten schlafend verbringt. Der Winterschlaf dieser Tiere unterscheidet sich ganz erheblich von einem gewöhnlichen Ruheschlaf zwischen zwei Aktivitätsphasen. Zum Winterschlaf stellen sie nämlich langfristig fast alle wichtigen Körperfunktionen um. Der Herzrhythmus verlangsamt sich auf ganz wenige Schläge in der Minute, der Atem steht fast still, und die Körpertemperaturen sinken fast auf die Umgebungswerte ab. In diesem Zustand der Ruhigstellung verbrauchen die winterschlafenden Tiere nur sehr wenig Energie. Daher können sie auch auf eine ständige Nahrungsauf-

Tiere rüsten für den Winter. 1 Waldmaus, **2** Schmetterlingsraupe, **3** Schmetterlingspuppe, **4** Engerling, **5** Molch, **6** Erdkröte, **7** Eichhörnchen, **8** Hermelin, **9** Eichelhäher.

7
6

nahme verzichten und lediglich die körpereigenen Stoffreserven aufzehren, die sie sich durch regelrechtes Schwelgen im Überfluß des Sommers zugelegt haben. Während des Winterschlafs arbeitet ihr gesamter Körper gleichsam auf Sparflamme, da sie zudem ihre sonst gleichwarme, ziemlich hohe Körpertemperatur auf recht niedrige Werte heruntergedrosselt haben. Während der winterlichen Ruhephase sind diese Tiere sozusagen wieder wechselwarm. Niedrige Außentemperaturen sind für sie daher sogar kräfteschonend. Sehr viel kritischer sind dagegen sehr milde Winter oder verfrühte Perioden mit frühlingshafter Witterung – die relativ zu hohen Temperaturen zwingen die ruhenden Tiere dann zu größerem Stoff- und Energieverbrauch.

Etliche Tiere halten keinen Winterschlaf und legen nicht einmal kürzere Ruheperioden ein. Ständig aktiv bleibt beispielsweise das Hermelin. Die nördlich der Alpen lebenden Tiere legen in den Herbstwochen durch sehr raschen Haarwechsel ein weißes Winterkleid an. Ausgenommen vom Haar- und Farbtausch bleibt nur die schwarze Schwanzspitze. Von seinem kleineren Verwandten, dem Mauswiesel, färben nur die in nördlichen Regionen lebenden Individuen auf ein weißes Wintergewand um, während die mitteleuropäische Population allenfalls ein wenig heller braun aussieht als im Sommer. Diese beiden Arten sind die einzigen auch außerhalb der Alpen vorkommenden Tiere, die sich farblich auf lang anhaltende Schneebedeckung ihres Lebensraumes einrichten. Sollte der Winter mild ausfallen und die Schneedecke ausbleiben, wirkt ihre weiße Tracht ziemlich deplaziert.

Bei den meisten Waldtieren vollzieht sich die Umstellung auf ein dichteres und zumeist auch längeres Winterfell ziemlich unauffällig. Ihr Erscheinungsbild bleibt im wesentlichen bestehen, von ein paar zu lichteren Tönen verschobenen Farbnuancen vielleicht abgesehen.

Vorsorge durch Sammeln

Viele Tiere verlassen in den Herbstwochen ihre Sommerquartiere. In den Gebüschen am Waldrand oder in größeren Feldgehölzen kann man nach dem Laubfall hier und da die Kugelnester der Zwergmaus finden, welche sie jetzt gegen ein gut gepolstertes Schlafnest im Waldboden eintauscht. Viele andere Kleinsäuger des Waldes, beispielsweise die Brand-, Gelbhals-, Wald- oder Rötelmaus, haben in ihren unterirdischen Winterquartieren rechtzeitig einen Teil von der reichen Ernte des Sommers beiseite gelegt und richtige Depots aus Grassaaten, Bucheckern, Eicheln und sogar Knospen oder Bodeninsekten eingerichtet. Dadurch werden sie zu Selbstversorgern und brauchen bei Kälte oder Schnee nicht eigens nach draußen zur Nahrungssuche.

Ähnliche Depots richten sich auch die Eichelhäher ein. Viele Verstecke finden sie jedoch nicht wieder oder räumen sie nicht alle komplett aus, so daß die verbliebenen Samen und Früchte zu einer wichtigen Starthilfe für künftige Gehölzbestände werden. Die in den Herbsttagen eingetragenen Eicheln beginnen sogar unmittelbar mit der Keimung, unterbrechen ihre Entwicklung dann aber bis zum nachfolgenden Frühjahr.

Bachläufe

Eine Wiese oder ein Waldstück sieht von allen Seiten ziemlich einheitlich aus. Bei einem kleineren oder größeren Fließgewässer verhält es sich damit völlig anders. Bäche haben einen ausgeprägten Lebenslauf. Auf ihrer Fließstrecke verändern sie ständig ihr Gesicht. Quellregion, Oberlauf, Mittelabschnitt und Mündungsregion unterscheiden sich erheblich voneinander, obwohl sie über den Wasserweg allesamt miteinander in Verbindung stehen.
Gleich hinter der Quellregion beginnt für einen Bach eine Art Hindernislauf. Geröllbrocken oder große Steine stehen im Weg und zwingen das Fließwasser zum Ausweichen und Umströmen. Unmerklich und sehr viel langsamer schieben sich aber auch die Gerölle des Bachbettes talwärts. Vor allem das rasch abfließende Hochwasser nach der Schneeschmelze im Frühjahr entwickelt beachtliche Schubkräfte.
Die typischen Pflanzen aus den randlichen Vegetationsgürteln eines stehenden Gewässers hätten in diesem ungestümen und rastlosen Lebensraum keine Chance. Daher treten hier auch keine Bachröhrichte auf. Nur wenige flutende Pflanzen mit stark zerschlitzten Blättern sind genügend biegsam und reißfest, um das Tauziehen mit der Strömung aufzunehmen. Der Flutende Hahnenfuß wäre ein Spezialist, der sich auch in einem rasch dahinfließenden Bach erfolgreich ansiedeln kann.
Auch die Tiere des Bachbetts müssen sich auf die zerrenden Strömungskräfte besonders wirksam einrichten. Manche Arten zeigen in dieser Hinsicht erstaunliche Anpassungsleistungen. Die extrem flach gebauten Larven verschiedener Eintagsfliegen drücken sich so fest an ihre Unterlage, daß die Strömung nahezu hemmungslos über sie hinweggehen kann. Die Larven der Lidmücken besitzen besondere Saugnäpfe und halten sich damit auf Bachsteinen so fest, daß selbst Strömungsgeschwindigkeiten um 3 m/s sie nicht von ihrem Sitzplatz wegtragen.
Strömungsmerkmale, Wassermengen, Geröllgrößen oder Zusammensetzung der Sedimente im Bachbett liefern allerhand verwertbare Merkmale für eine Untergliederung des Lebensraumes nach ökologischen Gesichtspunkten. Ebenso läßt sich ein Bachabschnitt aber auch nach den hier vorkommenden Lebewesen, den sogenannten Leitarten, kennzeichnen. Der schnellströmende Bergbach mit nacktem Gestein und größeren Blöcken im Bachbett entspricht der Forellenregion. Die Bachforelle ist hier neben der Elritze, Schmerle und Groppe der wichtigste Leitfisch. Zum Mittellauf hin wird die Forellenregion von der Äschenregion abgelöst. Im Unterlauf treten fast gar keine Steine, sondern nur noch Weichsedimente auf. Außerdem fließt das Wasser jetzt recht träge dahin. Der Bach hat hier, meist schon in Mündungsnähe, die Barbenregion erreicht. Neben der namengebenden Barbe leben hier als Leitfische auch Brachsen, Karausche und Barsch.

Alles kleine Fische

Obwohl Fische gleichsam die Charaktertiere aquatischer Lebensräume sind, wird man die meisten Arten in der Natur nicht

Bodenfische. **1** Schmerle, **2** Schlammpeitzger, **3** Gründling, **4** Steinbeißer, **5** Groppe, **6** Neunauge, **7** Neunaugen-Larve.

6
5
4

leicht beobachten können. Bodenerschütterungen oder plötzlichen Schatten auf der Wasseroberfläche verstehen die Fische fast immer als Warnsignale und halten sich in den Winkeln oder Nischen ihres Lebensraumes versteckt. Hinzu kommt, daß die heimische Fischfauna auch in den Fließgewässern oft stark verändert wurde. Dramatische Verschlechterungen der Wasserqualität durch Schadstoffeinleitung oder auch der rigorose Ausbau der Bäche zu öden Fließgerinnen in Röhren oder Betonhalbschalen brachten für viele Fische eine so akute Verknappung an geeignetem Lebensraum, daß viele Arten im Bestand stark gefährdet sind. Nur in sehr sauberen Mittelgebirgsbächen und dort gewöhnlich im Mittellauf ist die Groppe zu finden. Erst in der Dämmerung gehen die sehr plump wirkenden Bodenfische auf Nahrungssuche und machen sich dann über Insekten- und Amphibienlarven, Fischgelege und Jungfische anderer Arten her. Zum Laichen benötigen sie ein Bachbett mit weichem, feinkörnigem Grund. Nur hier kann das Männchen im Frühjahr eine Laichgrube anlegen, in die das Weibchen seine Eier entläßt. Bis zum Schlüpfen der Fischbrut übernimmt das Groppenmännchen die Bewachung des Geleges und reagiert während dieser Zeit auch gegenüber größeren Raubfischen ausgesprochen aggressiv.
Nur ungefähr fingerlang wird die Bachschmerle, ein bodenbewohnender Kleinfisch von sauberen Bächen mit Sand- und Kiesgrund. Nur in der Dämmerung kommen die Tiere aus ihren Verstecken hervor und machen Jagd auf Kleinkrebse. Noch zurückgezogener lebt der Steinbeißer. Tagsüber graben sich die Tiere in den Untergrund ein. Zum Ablaichen suchen die Weibchen Flachwasserbereiche auf und kleben ihre Eier hier einzeln an größere Steine oder Pflanzenstengel. Gesellig lebt dagegen der Gründling. Während des Sommers halten sich die kleinen Trupps im flachen Wasser auf, im Winter begeben sie sich in tiefere Bachkolke. Bevorzugter Lebensraum sind rasch fließende Bäche und dort die sauerstoffreiche Forellen- oder Äschenregion. Schlammpeitzger sind ebenfalls Bodenfische. Sie verfügen über die einzigartige Möglichkeit, bei Sauerstoffmangel nicht nur über die Kiemen, sondern auch über die stark durchblutete Darmwand zu atmen. Dazu schlucken sie an der Wasseroberfläche Luft, die anschließend den gesamten Darmkanal passiert.

Fisch-Vorläufer

Sehr merkwürdige Wesen sind die Bachneunaugen – keine Fische, sondern Vertreter der stammesgeschichtlich viel älteren Rundmäuler. Der Name rührt daher, daß der Kopf neben den Augen eine Nasen- und sieben Kiemenöffnungen trägt. Jahrelang lebt die blinde Neunaugenlarve im weichen Bachgrund. Erst kurz vor der Geschlechtsreife entwickeln sich die Augen. Gleichzeitig bildet sich der gesamte Verdauungstrakt zurück. Weit über 1000 Eier legt das Neunaugenweibchen im nachfolgenden Frühjahr auf seichten Sand- und Kiesbänken des Bachbetts ab. Die daraus schlüpfenden Larven ernähren sich von Mikroorganismen des Sediments, während ihre größeren Verwandten in Fluß und Meer räuberisch leben.

Kleingewässer im Gebirge

Gerade im Bergland ist rund um das Jahr eine ganze Menge Wasser unterwegs. Auf die Hochlagen der Alpen gehen in jedem Jahr etwa 2000 Liter Wasser auf jeden Quadratmeter nieder. In den Gipfelfluren der meisten Alpenmassive liegt die durchschnittliche Luftfeuchtigkeit ganzjährig sogar deutlich höher als an irgendeinem Teilgebiet der Nordseeküsten. Bis weit in den Hochsommer hinein hält zudem die Schneeschmelze an. Alpine Kleingewässer fallen daher so gut wie nie trocken.

Alpenbäche gibt es nicht nur in Gestalt tosender Wildwasser, die sich eventuell sogar im freien Fall über Steilstufen hinabstürzen und dabei zu feinen Wasservorhängen zerstauben. Alpenbäche können auch sehr still und fast unbemerkt fließen. Vor allem ihre Quelläste sind richtige stille Wasser. Wo das Schmelz- und Sickerwasser an sanfteren Hängen aus Quellhorizonten tritt, bilden sich kleine Tümpel und Kolke, oftmals eingerahmt von Niedermoorflecken und Seggensümpfen. Selbst in den breit und rasant dahinschießenden Alpenbächen gibt es überall Seichtstellen oder Nebenarme, die eher den Charakter eines stehenden Gewässers aufweisen.

Letztlich gehen alle alpinen Gewässer auf die landschaftsformende Arbeit der Eiszeiten zurück. Gletscher haben das Talsystem nach Kräften überformt und den Schmelzwasserströmen breitere und tiefere Rinnen hinterlassen. In den Hochfluren schufen sie die Becken vom größeren Karsee bis hin zu den flachen Beckenformen der Almtümpel. Da die Hochgebirgslandschaft zum Glück noch nicht so aufgeräumt und vereinheitlicht ist wie die Kulturlandschaft der Mittelgebirge und Niederungsgebiete, kann man hier oben die in das natürliche Relief eingelassenen Gewässer noch in großer Anzahl bewundern.

Die meisten alpinen Gewässer sind von Natur aus ziemlich nährstoffarm. Schließlich werden sie von Wasser gespeist, das noch keine allzu weiten Wege zurückgelegt und folglich auch keine Gelegenheit hatte, sich mit löslichen Teilen anzureichern. Nur in der unmittelbaren Umgebung von Almen mit ihrem durch die Nutztierhaltung erheblich größeren Nährstoffeintrag liegen abweichende Verhältnisse vor. Trotz ihrer ausgewiesenen Nährstoffarmut und der damit zusammenhängenden nur sehr geringen Primärproduktion sind diese Kleingewässer der Hochlagen bestimmt nicht leer oder gar tot. Fast immer finden sich darin die Larven von Köcherfliegen, Eintagsfliegen und Libellen, die in ihrer Jugend ja allesamt reine Wassertiere sind und erst als flugfähige Vollinsekten zu luftatmenden Landtieren werden. Wegen der durchweg geringen Wassertemperaturen dauert ihre Larvenentwicklung hier oben deutlich länger als in den sommerwarmen Kleingewässern der tieferen Lagen. Auch die etwas knapper ausfallende Nahrung bremst die Entwicklung. Trotz dieser eher ungünstig erscheinenden Rahmenbedingungen unternehmen aber auch noch weitere Artengruppen immer wieder Besiedlungsversuche in den Hochlagen. Hier lebt beispielsweise auch der auf sehr kleine Gewässer spezialisierte Alpen-Schnellschwimmkäfer oder der Glet-

Bergbach. **1** Kreuzhaft (Imago), **2** Alpensalamander, **3** Gelbbauchunke, **4** Kreuzhaft-Larve, **5** Binsenjungfer-Larve, **6** Binsenjungfer (Imago), **7** Moderlieschen, **8** Alpenmolch (vorne ♀, hinten ♂).

6
7
8

scherwasserfurchenkäfer. Wasserspinnen und -milben kommen hier ebenfalls vor. Einige dieser Tiere schleppen in ihrem dichten Haarpelz Luftbläschen mit in die Tiefe und decken daraus ihren Sauerstoffbedarf.

Tiere mit Doppelleben

Zeigen schon einige Insekten eine bemerkenswerte Zweiteilung ihrer Lebensspanne in eine wassergebundene Larven- und eine davon unabhängige Erwachsenenphase, so darf es nicht verwundern, daß auch ganz andere Tiergruppen im Wasser beginnen und dann erst auf dem Land weiterleben. In ihrer Individualentwicklung zeichnen sie so gleichsam den Weg des Lebens nach. Ganz und gar amphibisch leben sämtliche einheimischen Frosch- und Schwanzlurche, beispielsweise die dämmerungsaktive Gelbbauchunke. Sie kommt in den Alpen bis etwa 1800 m Höhe vor. Hier fällt ihre Paarungszeit oftmals erst in den Sommer. Den Berg- oder Alpenmolch kann man bei seinen Balzspielen dagegen auch tagsüber beobachten. Er sucht zur Paarung Gewässer bis in 2000 m Höhe auf. Manchmal schaffen seine wasserlebenden Larven die vollständige Entwicklung bis zum lungenatmenden Landtier gar nicht in einer Saison. In diesem Fall überwintern sie einfach am Gewässergrund und wachsen im nächsten Frühjahr weiter. Als wechselwarme Tiere, die sich in ihrer Körpertemperatur immer an die Umgebung anpassen, erleiden sie im kalten Wasser nicht einmal nennenswerte Stoff- oder Energieverluste. So herb ihr kühles Schicksal sich auf den ersten Blick ausnimmt, so praktisch ist die kräftesparende Steuerung aller Lebensvorgänge durch die Außentemperatur auf der anderen Seite auch. Bei dieser Molchart kann es übrigens vorkommen, daß sich die kiementragenden Larven überhaupt nicht mehr zum Lungenatmer verwandeln, sondern immer größer und in Larvengestalt sogar geschlechtsreif werden. Die Bewahrung der Larvenmerkmale bis zum Zeitpunkt der Fortpflanzungsfähigkeit nennt man Neotenie. Es ist durchaus wahrscheinlich, daß auch mit dieser Eigenart für den Alpenmolch gewisse Anpassungsvorteile verbunden sind, auch wenn sich diese nicht besonders klar abzeichnen.

Klein und schwarz

Eigentlich sieht man ihn nur relativ selten, obwohl er im Alpenraum gar nicht einmal besonders rar ist. Er hält sich gelegentlich in Gewässernähe auf, obwohl er die Almtümpel oder Bergbäche letztlich überhaupt nicht benötigt: Der pechschwarze Alpensalamander ist die einzige heimische Lurchart, bei der es kein freies Kaulquappenstadium gibt. Die Entwicklung des Nachwuchses ist ganz in die Leibeshöhle des Muttertieres verlagert worden. Nach zwei- bis vierjähriger Tragzeit werden jeweils zwei, bis zu 4 cm lange Junge geboren. Bis etwa 3000 m Höhe reicht der Lebensraum dieses überwiegend nachtaktiven Bewohners alpiner Matten und Zwergstrauchheiden. Seine schwarze Färbung dient mit Sicherheit der Aufbesserung der Wärmebilanz: Dunkle Körper fangen auch spärliche Sonnenstrahlen besser auf als helle.

Alpine Matten und Fluren

Unübersehbar zeigt die alpine Pflanzenwelt, daß sich mit zunehmender Höhe über dem Meeresspiegel auch das standörtliche Klima verändert. Gleicht die Durchschnittstemperatur auf etwa 1000 m Höhe durchaus noch mitteleuropäischen Gegebenheiten, nimmt das Temperaturgeschehen auf den Gipfelfluren schon eher arktische Züge an. Die Hochgebirge sind eben ein sehr komplexes Lebensraumgefüge, in dem man fast alle Jahreszeiten an einem einzigen Tag erleben kann. Folglich ist die Pflanzenwelt hier gleichsam etagenweise in verschiedene Höhenstufen eingeteilt. Eine der auffälligsten Trennlinien innerhalb der übereinander geschichteten Gürtel ist die Wald- bzw. Baumgrenze. Wo keine großwüchsigen Bäume mehr gedeihen können – in den Nordalpen etwa oberhalb 1200 m Höhe, in den Südalpen bis fast 1700 m – und auch die Krummholzbestände zunehmend lückiger werden, können sich allenfalls noch besonders angepaßte Zwergsträucher behaupten. Hier befindet sich der Übergang zur eigentlichen alpinen Stufe. Sie umfaßt mit ihren Rasen und Matten zum Teil natürliche, zum Teil auch wirtschaftsbedingte Wiesenstücke. Dieser Bereich ist der blumigste und farbenprächtigste Teillebensraum der Alpen. Die hier siedelnden Pflanzenarten sind hochgradig angepaßte Spezialisten, die sogar dort noch gedeihen können, wo nicht einmal mehr Zwerggehölze mithalten.

Verschiedene Gründe

Viele Faktoren sind gewöhnlich beteiligt, wenn es in einem bestimmten Lebensraum bei den beteiligten Organismen um die Zuweisung eines bestimmten Wuchsplatzes geht. Das Klima greift ein, die Nachbarschaft kontrolliert die aufkeimende Konkurrenz, und letztlich setzen auch die Bodenbedingungen einen verhältnismäßig engen Rahmen.

Boden ist auch in den Alpen die Endstation der natürlichen Verwitterung von Gestein. Die oberste Bodenschicht umfaßt gewöhnlich eine unterschiedlich dicke Streuschicht organischer Totstoffe – die Bestandsabfälle zurückliegender Wachstumsperioden. Darunter liegen die schon stärker zersetzten Reste mit den Mineralbestandteilen des Ausgangsgesteins. In Talnähe oder gar im Tiefland vollzieht sich die bodenbildende Gesteinsverwitterung immer unter der schon vorhandenen Bodendecke. Oberhalb der Waldgrenze im Hochgebirge findet die Verwitterung jedoch direkt am blanken Gestein statt. Die hier entstehenden Böden sind daher naturgemäß immer sehr viel flachgründiger.

Unterschiedliche Ausgangsgesteine liefern auch völlig verschiedene Bodentypen. Zwei grundverschiedene Entwicklungsreihen kommen in den Alpen häufig direkt nebeneinander vor, nämlich Kalkböden und Silikatböden.

Aus Kalkschlämmen und Kalkgehäusen bestimmter Meeresorganismen entstanden in geologischer Vergangenheit die massigen Kalkgesteine (Dolomite) der Nördlichen und Südlichen Kalkalpen. Bei der Verwitterung bilden sie besonders schroffe und scharfgratige Berggestalten. Die aus Kalkgestein entstandenen

Kalkpflanzen (links)/Silikatpflanzen (rechts). 1 Behaarte Alpenrose, **2** Rostrote Alpenrose, **3** Schweizer Mannsschild, **4** Vandellis Mannsschild, **5** Narzissenblütiges Windröschen, **6** Schwefel-Küchenschelle, **7** Sporn-Veilchen, **8** Pfennig-Veilchen, **9** Pracht-Primel, **10** Breitblättrige Primel, **11** Blaugrüner Steinbrech, **12** Moos-Steinbrech, **13** Stengelloser Enzian, **14** Breitblättriger Enzian.

2
12
10
8
6
4
14

Böden sind kalziumreiche, basisch reagierende Karbonatböden, in denen die Pflanzennährstoffe fest gebunden und für die Pflanzenwurzeln nicht immer gut erreichbar sind.
Silikatgesteine bestehen gewöhnlich aus kieselsaurem Material, sind ebenfalls aus den fossilen Resten kleiner Meeresorganismen oder auch auf vulkanischem Wege entstanden. Silikatberge sind in ihrer Formgebung meist sehr viel wuchtiger mit betont rundlichen Konturen. Silikatböden reagieren mehr oder weniger sauer, weil sie kalkarm oder völlig kalkfrei sein. Bei saurer Bodenreaktion sind die Pflanzennährstoffe im allgemeinen viel besser gelöst, können dabei aber auch leichter ausgeschwemmt und weggeführt werdon.
Entsprechend der enormen Gesteinsvielfalt der Alpen, die sich schon allein aus ihrem komplizierten Aufbau ergibt, kommen Kalk- und Silikatböden gebietsweise unmittelbar nebeneinander vor. In den Urgesteinsalpen gibt es immer wieder einmal Kalkinseln, und umgekehrt können silikatische Ausgangsgesteine auch den Kalkserien eingeschuppt sein.

Untergrund und Zeigerpflanzen

Auf die beachtlichen stofflichen Unterschiede der Böden reagieren viele Pflanzen recht sensibel. Folglich läßt sich eine typische Kalkflora klar gegen eine kennzeichnende Silikatflur abgrenzen. Das umseitige Bild zeigt auf der linken Hälfte eine Pflanzengemeinschaft alpiner Matten auf Kalkboden, rechts eine entsprechende Flur in den Urgesteins- oder Silikatalpen. Innerhalb bestimmter, in diesen Höhenregionen bestandsbildend vertretener Pflanzengattungen gibt es erstaunlicherweise immer wieder Arten, die einander relativ ähnlich sehen, sich aber auf saure oder basische Böden spezialisiert haben. So können sie sich also auf Böden unterschiedlicher chemischer Reaktion wechselseitig vertreten. Solche Artenpaare nennt man vikariierend.
Ein geradezu klassiches Beispiel dafür ist das Artenpaar Stengelloser Enzian (Kalk)/Breitblättriger Enzian (Silikat). Beide recht großblütigen Enzian-Arten sehen sich zunächst zum Verwechseln ähnlich. Aus der Nähe erkennt man dann aber doch recht gut die Unterscheidungsmerkmale: Nur beim Breitblättrigen Enzian, der silikatanzeigenden Art, kommen in der Kronröhre auch grünliche Kennstreifen vor. Seine Verwechslungsart ist nahezu rein blau. Einfacher ist da sicherlich die Unterscheidung von Rostroter Alpenrose auf Silikatböden und Behaarter Alpenrose auf Kalk. Für die Kennzeichnung der Bodenverhältnisse benötigt man also keine eingehende Bodenanalyse. Es genügt eigentlich ein genauerer Blick auf die Pflanzenarten vor Ort, um die Unterscheidung zwischen basisch und sauer sofort vornehmen zu können.

Vielfach läßt sich gar nicht genau angeben, wie groß oder wie klein eine Lebensraum sein darf, oder wie viele Organismen beisammen sein müssen, um eine Lebensgemeinschaft zu bilden. Eine Wiese oder ein Bergwald sind auf jeden Fall eine Lebensgemeinschaft, zu der aber gleich Hunderte verschiedener Arten gehören. Ein Moosrasen, der gerade in eine Streichholzschachtel paßt, erfüllt die Minimalkriterien aber ebenso gut. Absolutgrenzen sind kaum anzugeben, zumal sich die meisten Lebensräume und Artengefüge in Teilbereiche von relativer Selbständigkeit untergliedern lassen. Ein solches Teilgefüge sind beispielsweise auch die Äste der Bergwaldbäume. Sie bestehen nämlich nicht nur aus dem Holz und der Belaubung der betreffenden Baumart, sondern tragen einen dichtfilzigen Aufwuchs, der gleichsam den Boden unter den Füßen verloren hat und sich nur noch in höheren Regionen aufhält. Unabhängig von Art und Alter der Nadelbäume bewachsen abenteuerliche Gestalten Äste und Zweige. Ein wenig erinnern diese Aufwuchsgesellschaften an die ungleich üppigeren Epiphyten in der Kronenregion des tropischen Regenwaldes, wo es viele Arten schon allein aus Gründen der Raumkonkurrenz auf die Bäume treibt. Der Vergleich bietet sich auch noch in anderer Richtung an: Auch in den alpinen Bergwäldern leben die stamm-, ast- und zweigbewohnenden Lebewesen vor allem von der Wasserzufuhr durch die reichlich verfügbaren Niederschläge oder die feuchtebeladenen Nebelschwaden, die zumindest zeitweise durch den Wald ziehen.

Seltsame Doppelwesen

Zu den Bewohnern der Baumäste gehören auf jeden Fall die Flechten. Früher zählte man sie immer zusammen mit den Moosen, Farnen oder Blütenpflanzen auf und wies ihnen wie selbstverständlich einen Platz innerhalb des Pflanzenreichs zu. Heute gelten die Flechten dagegen als eine Sondergruppe von Lebewesen, die man nicht vorschnell irgendwo zuordnen kann.
Flechten sehen nicht nur völlig anders aus als die üblichen Vertreter des Pflanzenreichs, sondern sind auch gänzlich anders organisiert. Genaugenommen besteht eine Flechte nämlich immer aus zwei grundverschiedenen Organismen, die sich allerdings zu einer lebenslangen Partnerschaft zusammengefunden haben. Der weitgehend formbestimmende und den größten Massenanteil liefernde Teil einer Flechte ist ein Pilz, in unseren Breiten fast immer ein Vertreter der Schlauchpilze. Der kleinere, aber enorm wichtige Partner sind ein- oder wenigzellige Algen, die sich scharenweise im Inneren des Flechtenlagers aufhalten. Algen besitzen wie die grünen Landpflanzen die einzigartige Fähigkeit, aus Licht (Energie) und Luft (gasförmige Bausteine) komplizierte organische Stoffe herstellen zu können – ein komplizierter Ablauf, den man als Photosynthese bezeichnet. Den Flechtenalgen fällt also die unendlich wichtige Aufgabe der Primärproduktion und der stofflichen Versorgung der Gesamtgemeinschaft zu. Die Flechtenpilze verlassen sich voll und ganz auf die Produktionsleistung ihrer mikroskopisch kleinen Algenpartner

1
2
3
4

Hängende Gärten. **1** Wolfsflechte (Fuchsflechte), **2** Pflaumenflechte, **3** Lungenflechte, **4** Eselsflechte, **5** Bartflechte, **6** Bandflechte.

und sorgen ihrerseits für Wachstum und Stabilität des Artenkonsortiums. Im Grunde genommen läuft die Partnerschaft jedoch darauf hinaus, daß der Flechtenpilz die Schar der Flechtenalgen für sich arbeiten läßt. Flechten sind daher keine Pflanzen, sondern ernährungstechnisch besonders spezialisierte und raffinierte Pilze.

Bewundernswerte Leistungen

Gemeinsam schaffen Pilz und Alge einer Flechte Leistungen, die sie als getrennte Partner niemals zuwege bringen könnten. Es ist nicht nur die abenteuerliche Wuchsform, die weder nach Pilz noch nach Alge aussieht. Es ist auch nicht nur die Synthese flechtenspezifischer Inhaltsstoffe, die sonst in der Natur gar nicht vorkommen. Das bemerkenswerteste Ergebnis der Kooperation ist vielmehr die Besiedlung von Lebensräumen, die oftmals die Grenzen der Lebensentfaltung überhaupt darstellen.
Der Wuchsplatz Astgabel zeigt dieses Problem zwar nicht in aller Deutlichkeit, aber doch in den wichtigsten Konturen. Hier oben in der freien Luft gibt es keinen wirksamen Schutz gegen völlige Austrocknung im scharfen Wind oder bei intensiver Sonneneinstrahlung. Um hier zu bestehen, muß das Doppelwesen Flechte auch enorme Temperaturschwankungen ertragen können. Und schließlich ist die Betriebsgemeinschaft aus Flechtenpilz und Flechtenalge wirklich nur auf die Materialzufuhr von außen angewiesen. Alles, was sie an Baustoffen für den eigenen Bestand benötigen, entnehmen sie der Atmosphäre – der trockenen Luft ebenso wie den Niederschlägen. Manche Stoffe, die ihnen der Regen oder Schnee zuführt, bringen allerdings eine Menge Probleme. Obwohl Flechten so stabil gegen alle möglichen Temperaturextreme und Mangelzustände sind, vertragen sie die Schadstofffrachten der Luft überhaupt nicht. Längst haben saure Niederschläge und anderweitig abgasbelastete Luft auch im Gebirge ihre verheerende Wirkung begonnen. Flechten sind davon ebenfalls betroffen, obwohl es ihnen im Bergwald im Vergleich zu städtischen Standorten noch relativ gut ergeht.
Auch in den Bergwäldern der Alpen gibt es jetzt immer mehr kranke Bäume, die ihre älteren Nadeljahrgänge vorzeitig verlieren oder größere Totastmengen aufweisen. Auf die verlichteten Stellen rückt arten- und meist auch individuenreich die Flechtenflora vor, so daß die besonders kranken Bäume nicht selten den üppigsten Flechtenaufwuchs tragen. Da stellt sich selbstverständlich die Frage, ob der Bewuchs den ohnehin angeschlagenen Baum nicht noch zusätzlich schädigt, indem er ihm beispielsweise Nährstoffe entzieht. Flechten sind jedoch keine Baumwürger. Ihr verstärktes Auftreten auf vorgeschädigten Bäumen ist nicht Ursache, sondern Folgeerscheinung. Und Stoffe ziehen sie auch nicht ab. Dazu sind sie anatomisch gar nicht in der Lage.

Fachausdrücke im Bild

Pilze

Hutpilz

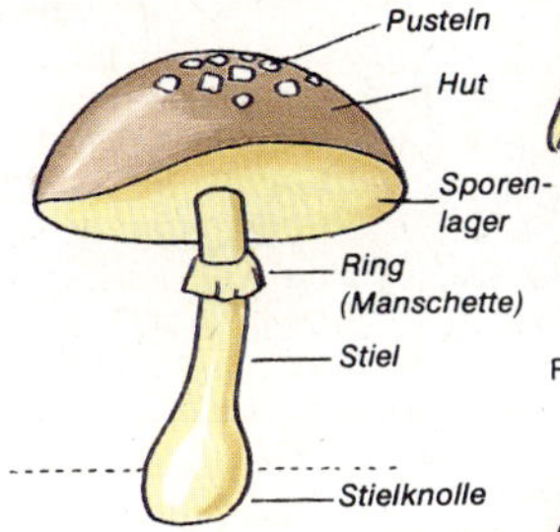

Blätterpilz

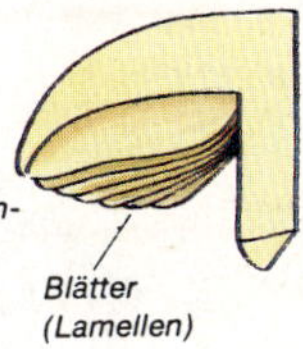

Röhrling

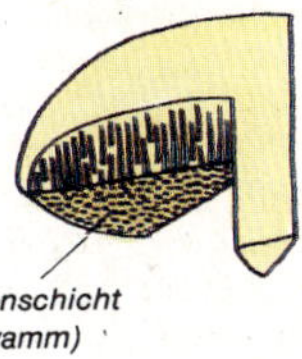

Lappiger Thallus (Lager)

Moos (Laubmoos)

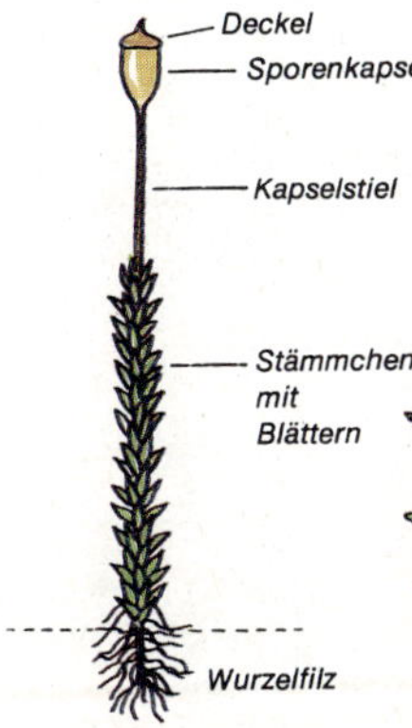

Farn

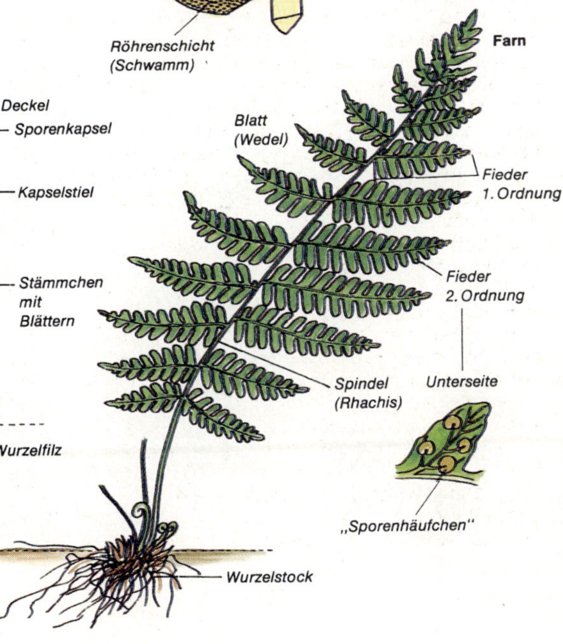

Fachausdrücke im Bild

Blütenpflanze

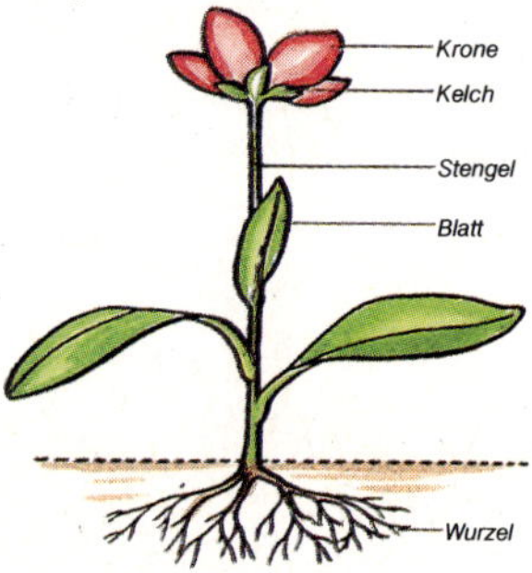

Blüte

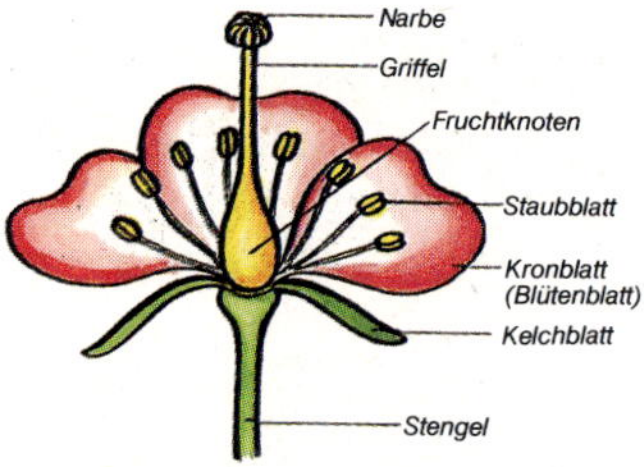

Sproßaufbau

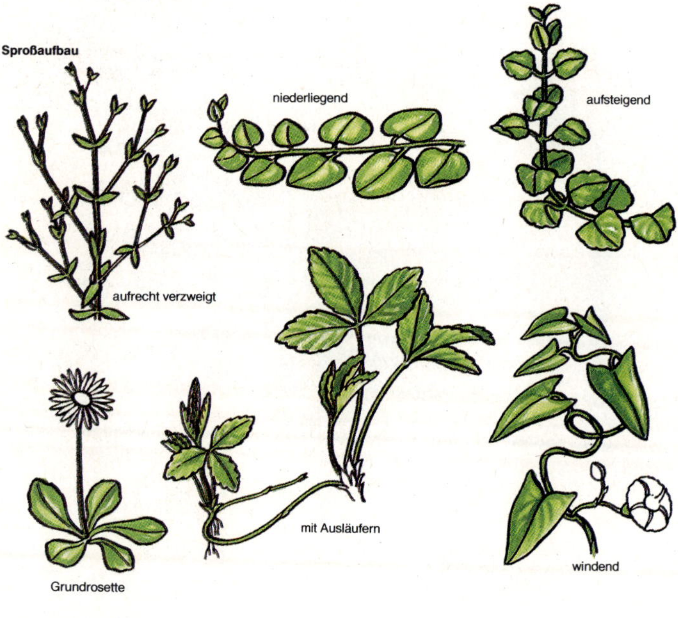

Fachausdrücke im Bild

Blütenkrone radiär

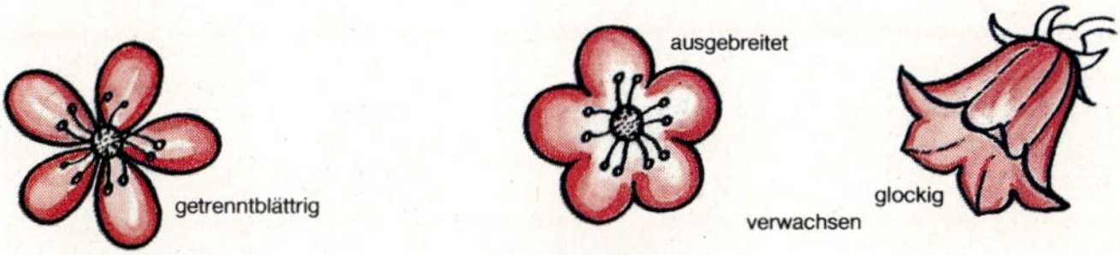

Blüten in Köpfchen

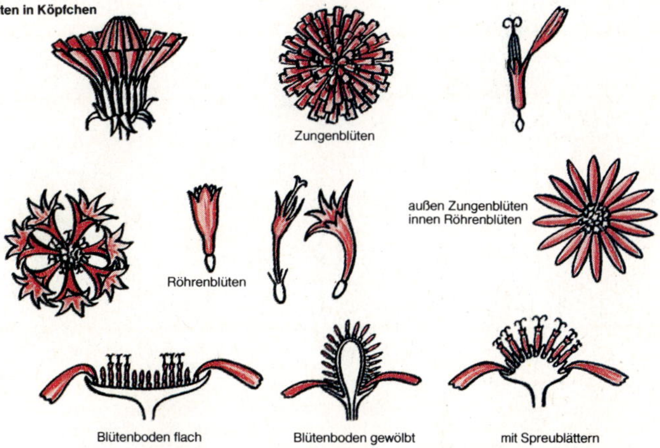

Blüten zweiseitig-symmetrisch

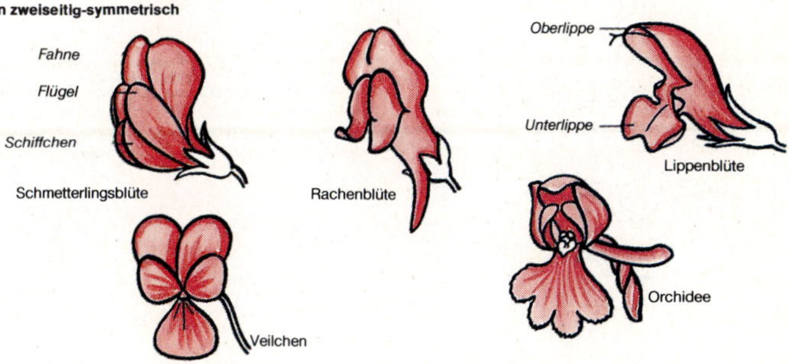

Fachausdrücke im Bild

Kelch

Blütenstände

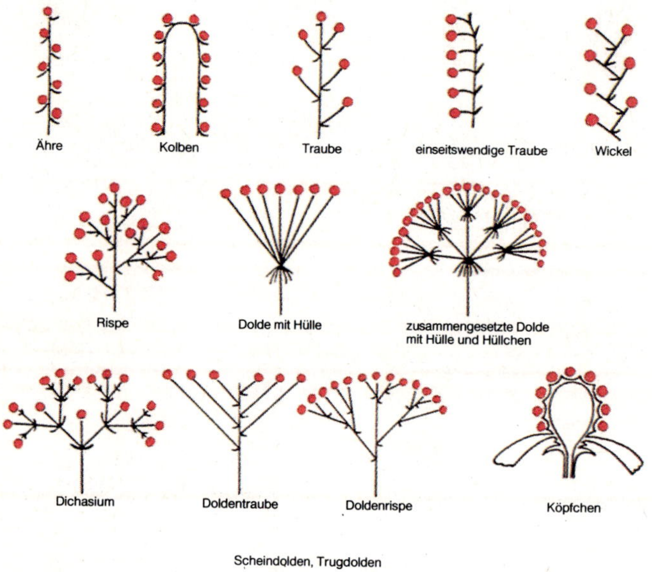

Fachausdrücke im Bild

Fachausdrücke im Bild

Blattspreite

unpaarig gefiedert — paarig gefiedert — doppelt gefiedert

Blattrand

ganzrandig — gesägt — doppelt gesägt — gezähnt

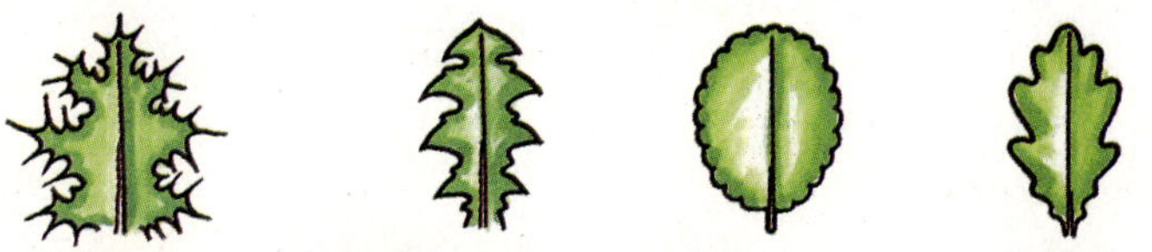

dornig gezähnt — schrotsägezähnig — gekerbt — gebuchtet

Nervatur

fiedernervig — netznervig — parallelnervig

Blattansatz

lang gestielt — sitzend — stengelumfassend — Nebenblätter zu Scheide verwachsen

Fachausdrücke im Bild

Blattstellung

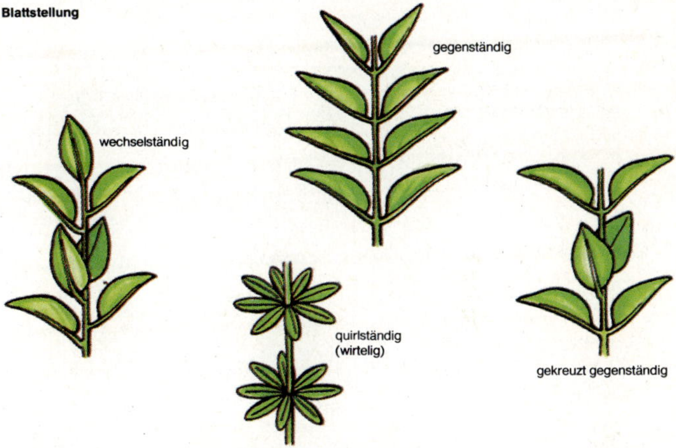

Unterirdische Pflanzenteile

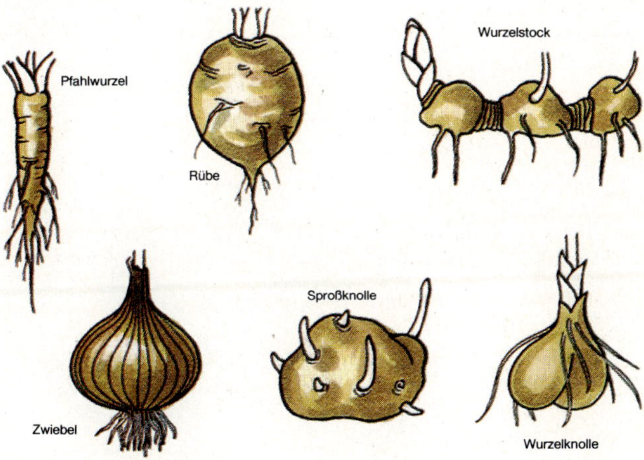

I Wasserpflanzen
untergetaucht oder auf der Wasseroberfläche schwimmend, höchstens den Blütentrieb darübergereckt. . . . . S. 80

II A) Lagerpflanzen
wenig gegliederte Körper

Staub, Pusteln,
Warzen oder Fäden
S. 96, 100, 110, 182

derbe Krusten oder
laubartige Lappen
S. 108, 110, 180–184

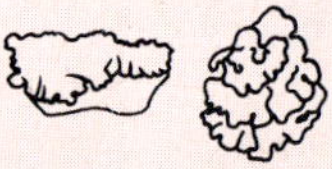

gallertige Lager,
lappig, schüssel-
oder gekröseartig
S. 96, 102, 108–114

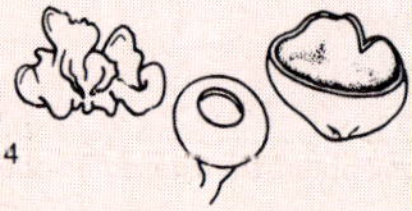

Konsolen, Teigfladen,
ungestielte Schirme
S. 100, 108, 120

Zweigartige Gebilde
S. 100, 112, 122, 180, 182

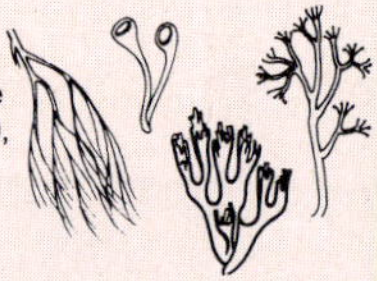

Knollen, Kugeln –
teils mit Anhängseln
S. 106, 112–116

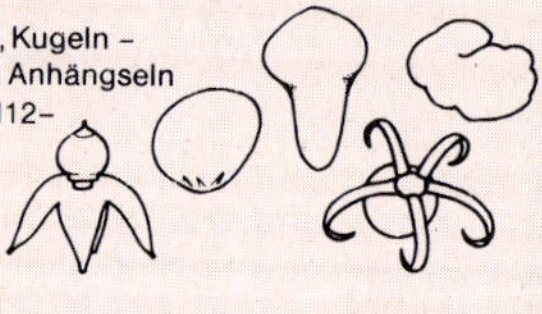

gestielte Köpfe oder Schirme (Hüte)
S. 81

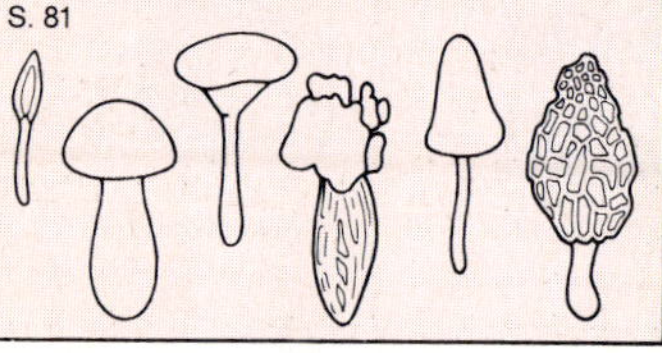

II B) Blütenlose Sproßpflanzen
deutlich in Stengel und Blatt gegliedert;
ohne echte Blüten, oft mit Sporenbehältern

dünne, niedere
Stämmchen,
oft in Polstern,
oft mit gestielten
Sporenkapseln
S. 184–190

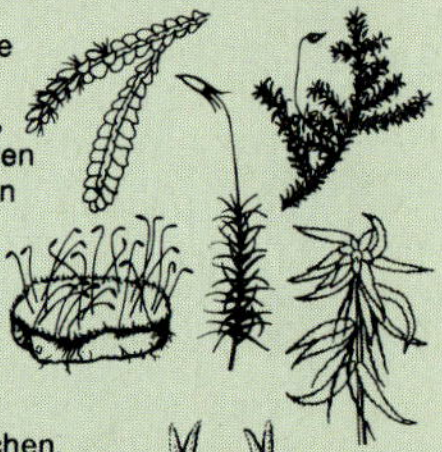

derbe Stämmchen,
oft weitkriechend,
Blätter
nadelartig
aber weich;
Sporenähren
S. 192

Stämmchen aus
ineinandergeschachtelten
Gliedern, Blätter nur
als Schuppenscheide;
Sporenähren
S. 194

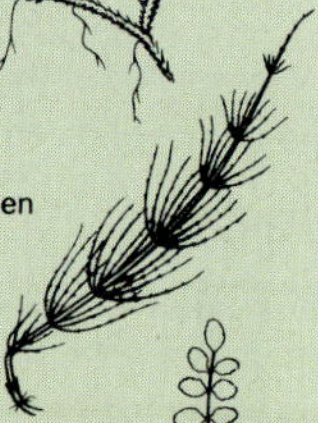

Stämmchen unterirdisch,
treibt große,
oft reich zerteilte
Blätter (Wedel);
unterseits mit
»Sporenhäufchen«
S. 196–200

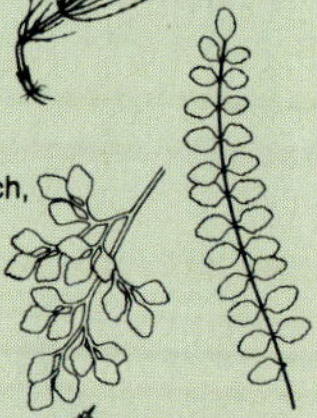

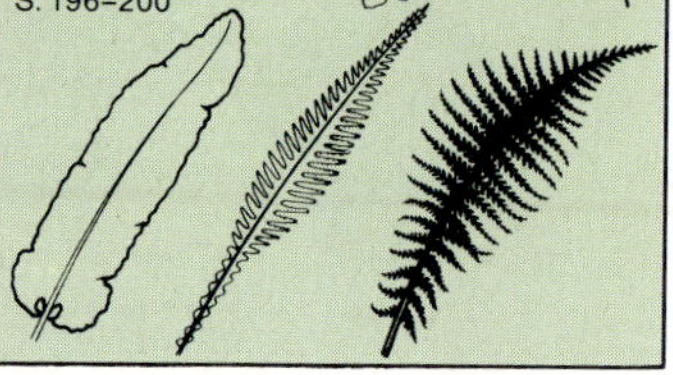

Bestimmungsschlüssel Pflanzen

II Landpflanzen
auf nasser oder trockener Erde (auch auf anderen Pflanzen wachsend), höchstens mit den unteren Teilen im Wasser

II C) Blütenpflanzen
in Stengel und Blatt (und Wurzel) gegliedert; echte Blüten mit Fruchtknoten und Staubblättern – hierher alle Holzgewächse und alle blattgrünfreien Pflanzen mit Schuppenblättern.

- Bäume, Sträucher, Zwergsträucher: Zweige holzig . . . . . . S. 82, 83
- krautige Pflanzen mit bogennervigen Blättern – hier alle mit rundlichen (schnittlauchartigen) oder grasartigen Blättern und alle mit Bodenblüten S. 84, 85

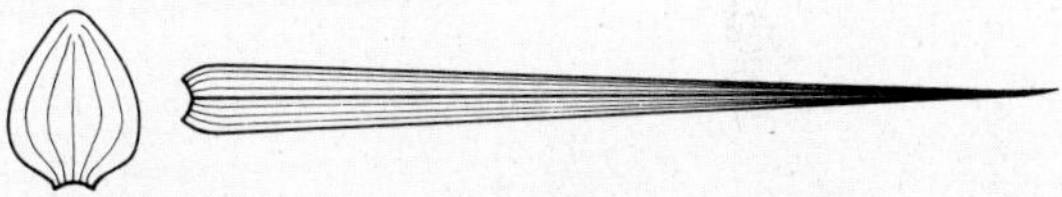

- krautige Pflanzen mit netznervigen (fieder- oder handnervigen) Blättern – hierher alle mit zusammengesetzten, gelappten, stark gesägten oder gekerbten Blättern

Blüten klein und unscheinbar oder groß, aber nicht in Kelch und Krone geschieden S. 86, 87

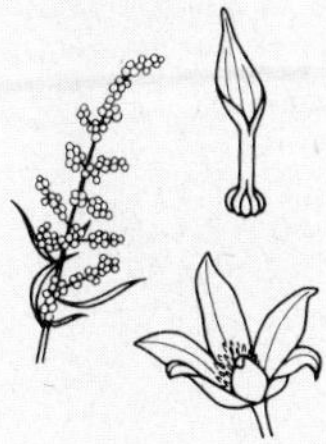

Blüten mit Kelch und zumindest am Grund verwachsener Krone (oft weit verwachsen) – hierher Pflanzen mit Blüten in Körbchen, die von einer gemeinsamen Hülle umgeben sind S. 88, 89

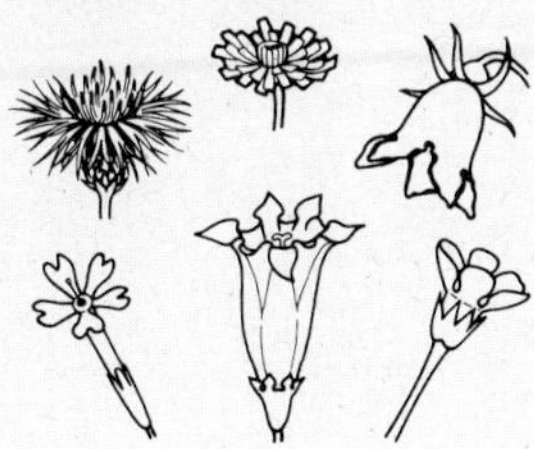

Blüten mit (gelegentlich röhrig verwachsenem) Kelch und stets freien (getrennten) Kronblättern S. 90, 91

Bestimmungsschlüssel Pflanzen

I Wasserpflanzen

– **Pflanzen des Meeres** . . . . **S. 98, 208, 256**

– **Süßwasserpflanzen stehender oder fließender Binnengewässer**

→ frei schwimmend oder schwebend

Watten aus dünnen Fäden S. 96

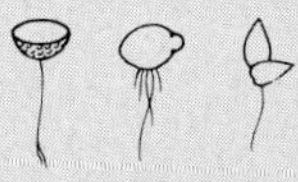

laubartige, kaum 1 cm große Glieder S. 226

Blätter zerschlitzt, mit Bläschen

S. 390

Blattrosetten Blätter breitlinealisch S. 210

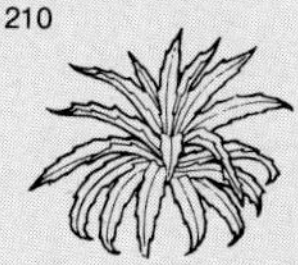

Blätter gestielt, rund-herzförmig S. 210

→ festgewachsen aber mit Schwimmblättern (auf der Wasserfläche), diese:

bogennervig, 6–12 cm

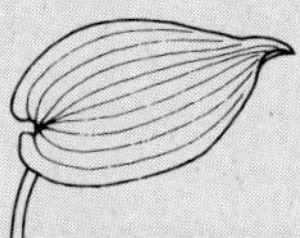

S. 206

fiedernervig, 10–50 cm

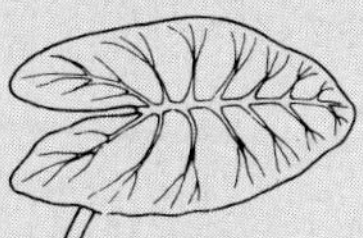

S. 268

gelappt, um 1 cm

S. 268

→ festgewachsen, untergetaucht oder langflutend

»Blätter« einfach, fädlich, büschelig oder quirlständig

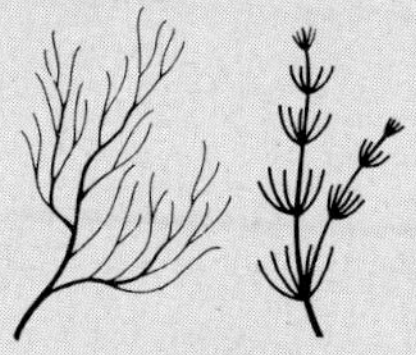

S. 96

Blätter mit flacher Spreite

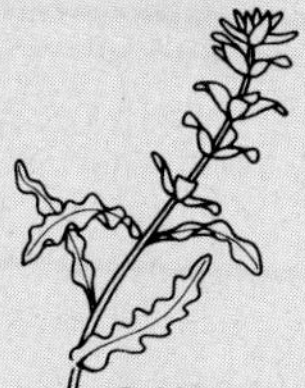

S. 206, 210

Blätter in fädige Zipfel zerschlitzt

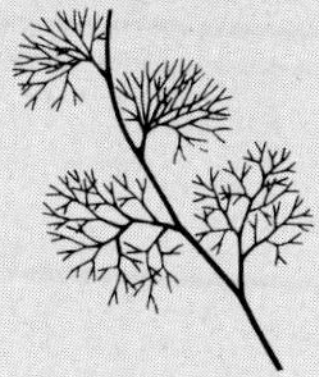

S. 268, 390

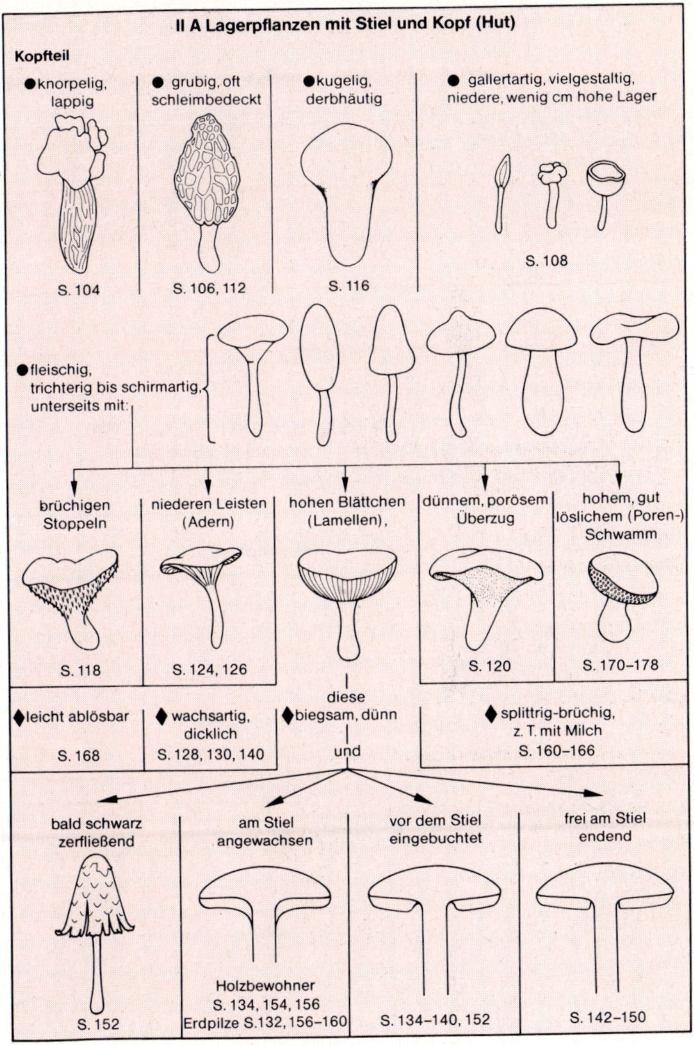
II A Lagerpflanzen mit Stiel und Kopf (Hut)
Kopfteil
● knorpelig, lappig
S. 104
● grubig, oft schleimbedeckt
S. 106, 112
● kugelig, derbhäutig
S. 116
● gallertartig, vielgestaltig, niedere, wenig cm hohe Lager
S. 108
● fleischig, trichterig bis schirmartig, unterseits mit:
brüchigen Stoppeln
S. 118
niederen Leisten (Adern)
S. 124, 126
hohen Blättchen (Lamellen),
dünnem, porösem Überzug
S. 120
hohem, gut löslichem (Poren-) Schwamm
S. 170–178
diese
◆ leicht ablösbar
S. 168
◆ wachsartig, dicklich
S. 128, 130, 140
◆ biegsam, dünn
und
◆ splittrig-brüchig, z. T. mit Milch
S. 160–166
bald schwarz zerfließend
S. 152
am Stiel angewachsen
Holzbewohner
S. 134, 154, 156
Erdpilze S. 132, 156–160
vor dem Stiel eingebuchtet
S. 134–140, 152
frei am Stiel endend
S. 142–150

II C 1 Holzgewächse (Bäume, Sträucher, Zwergsträucher)

✱ Blätter gegen- oder quirlständig

● zusammengesetzt
S. 272, 322, 356, 396

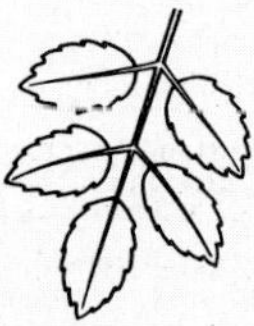

● gelappt S. 322, 396

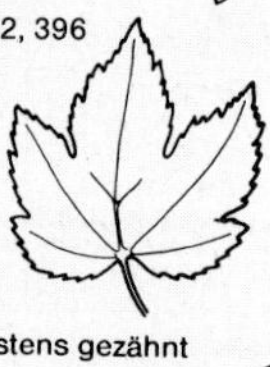

● einfach, höchstens gezähnt

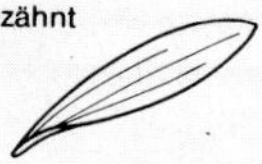

♦ kahl, derb-ledrig

Überpflanze (auf anderen wachsend)
S. 250

aufrechter Strauch
S. 320, 356

Kriechstrauch
S. 344, 362

♦ unterseits behaart, dünnlaubig
S. 340, 396

✱ Blätter wechselständig oder gebüschelt

dazu

► **gelappt**

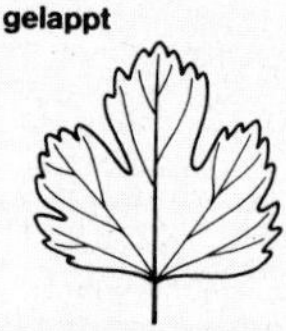

Baum S. 250

Strauch S. 248, 290

Kletterpflanze S. 340, 378

► **zusammengesetzt**

Blüten
strahlig-symmetrisch
S. 290, 298

Blüten zweiseitig
S. 300, 302, 310

II C 1 Holzgewächse (Bäume, Sträucher, Zwergsträucher)

✶ Blätter nadelig oder schuppenartig

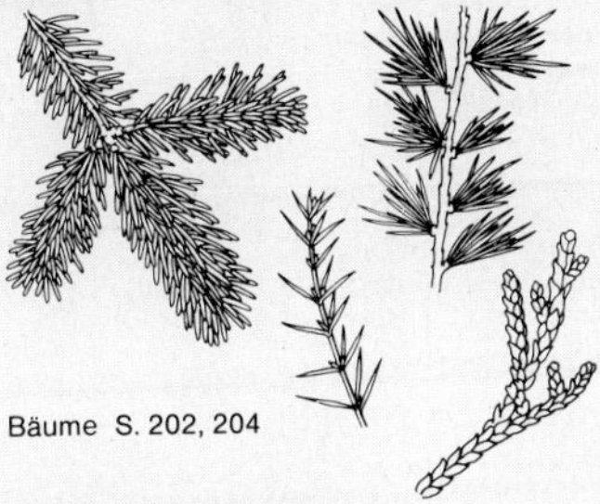

Bäume S. 202, 204

Sträucher, über ½ m hoch
S. 204, 300

Zwergsträucher, kaum 50 cm hoch
S. 340, 344, 348

✶ Blüten vor den Blättern

unscheinbar,
in Kätzchen
S. 246, 248

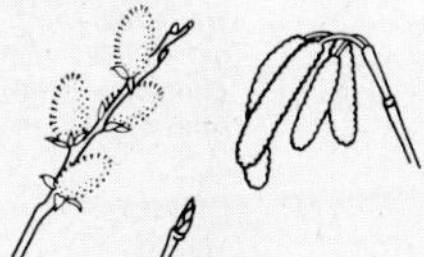

winzig,
rosa-braun-grün
in Büscheln
S. 250, 356

kaum 1 cm breit,
gelb (grün),
Dolden
S. 322, 340

groß, weiß oder rot
S. 298, 330

einfach, am Rand gesägt – gekerbt

Blüten unscheinbar
in Büscheln
oder Kätzchen
S. 246–250

Blüten in Dolden
mit Flugblatt
S. 324

Blüten weiß,
Kronblätter frei
S. 298

Blüten rot, grünlich;
Kronblätter am Grund
oder weit hinauf
verwachsen
S. 344, 346

einfach, ganzrandig

● Blätter ledrig-derb

Blüten zweiseitig S. 316

Blüten 4zipflig S. 330, 346

Blüten tief 5zipflig
S. 340–344

Blüten 5zipflig, weit verwachsen
S. 342–348

● Blätter dünnlaubig,
unten silberschülfrig S. 332

● Blätter dünnlaubig, sommergrün

Blüten in Kätzchen oder
Büscheln S. 246, 250

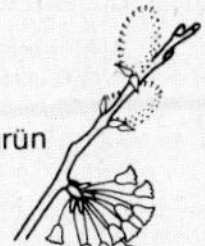

Schmetterlingsblüten S. 300

strahlige Blüten S. 330, 378

krugförmige Blüten S. 346

II C 2 Stengel krautig, Blätter parallelnervig (bogennervig)

Blüten auffällig:
weiß oder bunt,
selten braun oder grün,
dann aber groß
oder eigentümlich geformt

Blüten unscheinbar
(in Kolben)
doch mit auffälligem
Hüllblatt
S. 206, 226

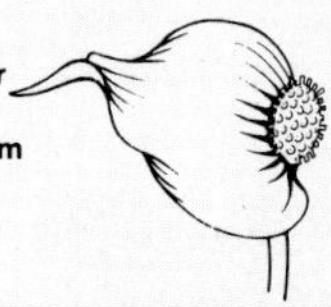

direkt aus der Erde brechend

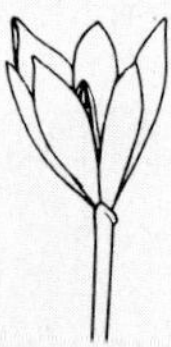

Frühling S. 236
Herbst S. 230

am Stengel,
strahlig-symmetrisch

am Stengel, zweiseitig
(Lippe; oft mit Sporn)

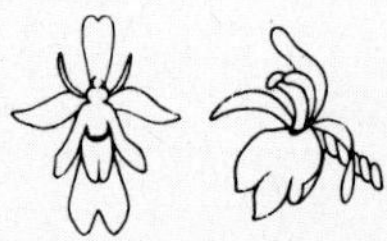

S. 238–244 (Orchideen)

Fruchtknoten unterständig

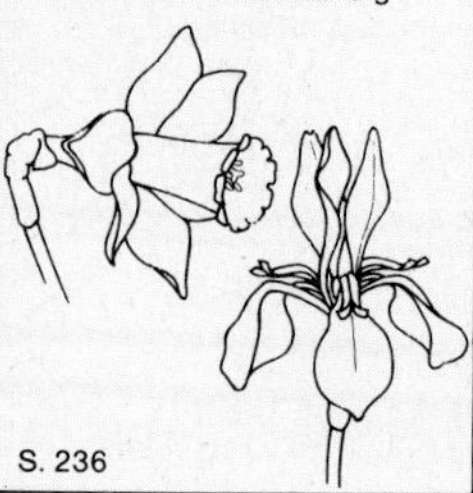

S. 236

Fruchtknoten oberständig

Blüte 3zählig
S. 208

Blüte 4zählig
S. 234, 358

Blüte 5zählig
S. 358, 360

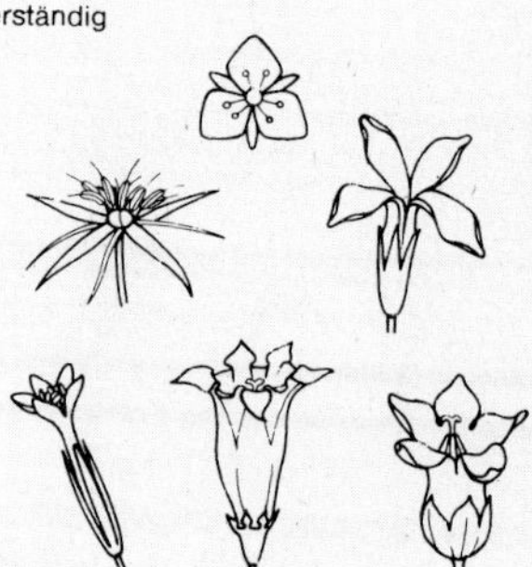

Blüte 6zählig

wenig verwachsen

S. 210, 228–232, 360

stark verwachsen

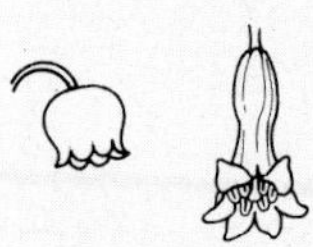

S. 232, 234

II C 2 Stengel krautig, Blätter parallelnervig (bogennervig)

Blüten unscheinbar, spelzig-trocken oder häutig, grün oder braun, selten weiß oder rot getönt, oft in Büscheln oder Ährchen

Halm dreikantig

S. 222–226 (Riedgräser)

Halm rundlich, ± glatt

Halm rundlich oder zweischneidig, mit Knoten

S. 212–220 (Süßgräser)

Blüten sitzend oder kurzgestielt

doppelter Kolben
S. 206

einfacher Kolben
S. 392

lockere Ährentraube
S. 208

viele igelige Köpfchen
S. 206

Blüten locker, langgestielt

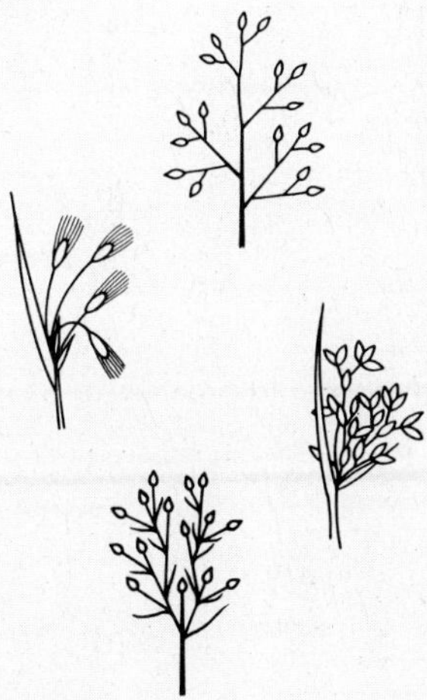

S. 216, 222, 228

II C 3 a Stengel krautig, Blätter netznervig, Blütenhülle einfach

Blüten groß, über 1 cm, einzeln oder gebüschelt, nie mit gemeinsamer Hülle

Blüten in Körbchen oder Köpfchen von gemeinsamer Hülle umgeben

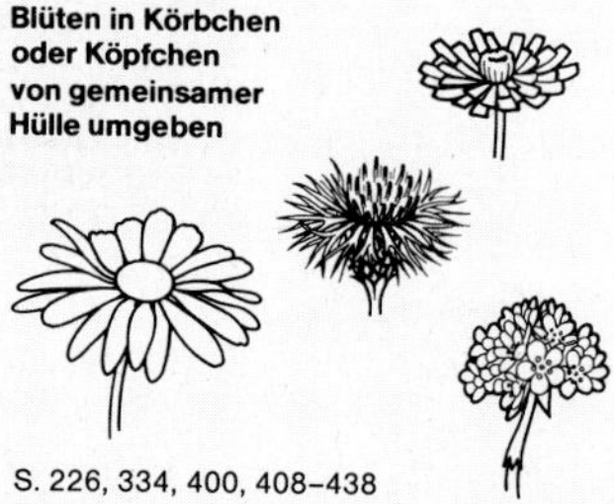

S. 226, 334, 400, 408–438

Blüten zweiseitig-symmetrisch

mit Sporn

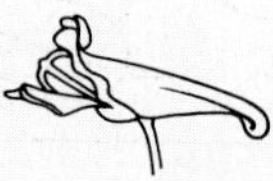

S. 278

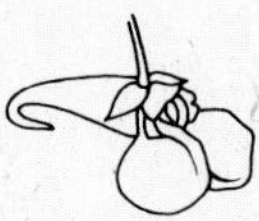

S. 320

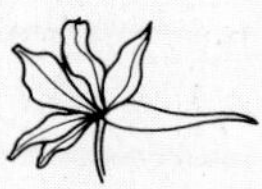

S. 270

ohne Sporn

S. 252

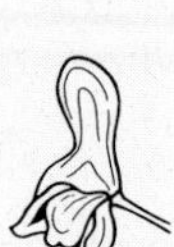

S. 272

Blüten strahlig symmetrisch

Blütenhülle verwachsen, 3- bis 6zipflig S. 252

Blütenhülle frei, 4blättrig

Pflanze mit Milchsaft S. 278

Pflanze ohne Milchsaft S. 234

Blütenhülle frei, 5- bis mehrblättrig

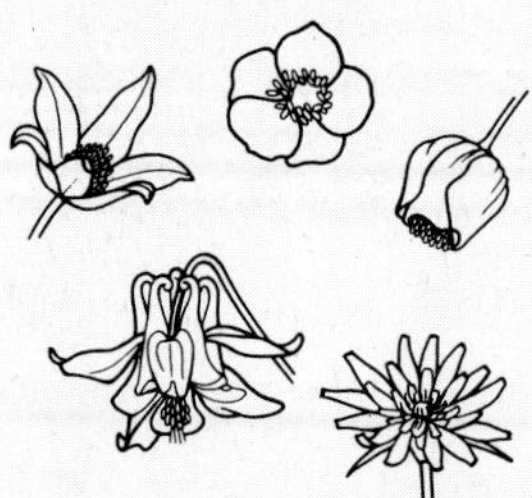

S. 270–276

II C 3 a Stengel krautig, Blätter netznervig, Blütenhülle einfach

**Blüten klein,
einzeln oder geknäuelt
(nie in gemeinsamer Hülle),
oft sehr unscheinbar.
Die Blätter sind:**

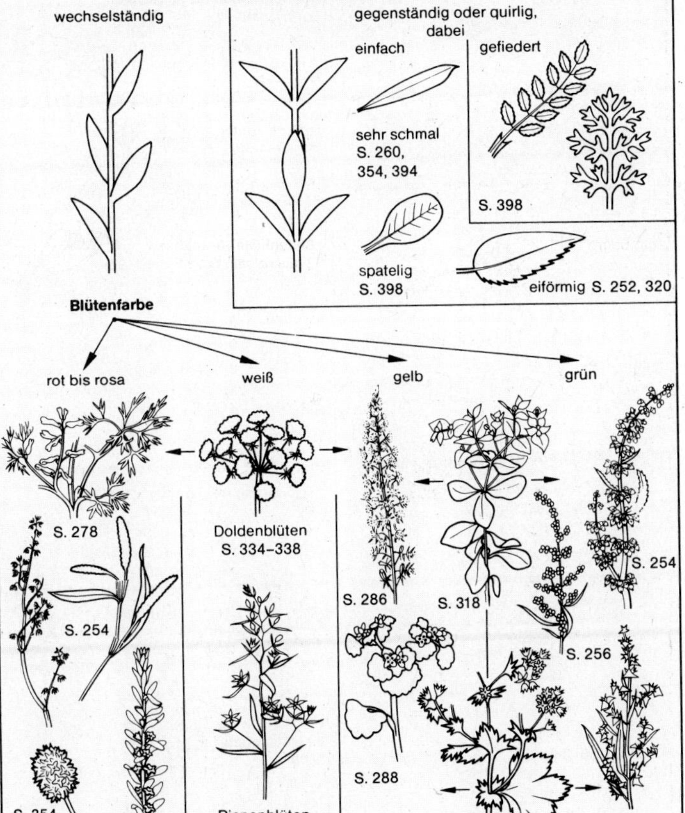

II C 3 b Stengel krautig, Blätter netznervig, Kelch und verwachsene Kronblätter

✶ Blüten frei, zweiseitig symmetrisch

- Schmetterlingsblüten
  S. 306

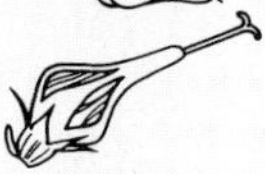

- Krallenblüten
  S. 406

- Sternblüten

gelb S. 380 | blau S. 382 | rot (violett) S. 366, 376

- Trichterblüten

rot, gelb S. 388 | blau S. 364

- Lippenblüten (auch Rachenblüten)

→ gespornt

Blätter zerteilt S. 270
Blätter einfach S. 380
Blätter dicklich, klebrig S. 390

↓ ungespornt

4teiliger Fruchtknoten
S. 368–376

Fruchtknoten einfach

Grüne Pflanzen S. 382–386 | Pflanze ohne Blattgrün S. 342, 388

✶ Blüten in Körbchen oder Köpfchen mit gemeinsamer Hülle

nur Zungenblüten
S. 430–436

nur Röhrenblüten
S. 408, 418–428

Zungen- und Röhrenblüten
S. 406–422

fädliche Blüten
S. 410–420

Stieltellerblüten
S. 356

geschlitzte Blüten
S. 406

Blüten lappig zweilippig
S. 400

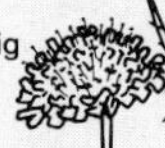

Blüten schmalzipflig
zweilippig S. 390

✶ Blüten frei, strahlig symmetrisch 4zipflig

nur Grundblätter
S. 392

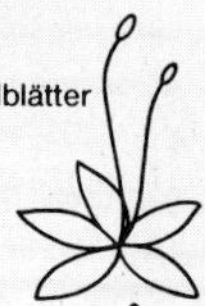

1 Hochblattquirl
S. 398

viele Blattquirle
S. 394

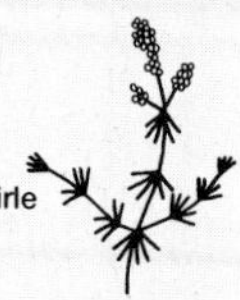

gegenständige Blätter
S. 358, 376, 382

Bestimmungsschlüssel Pflanzen

II C 3 b Stengel krautig, Blätter netznervig, Kelch und verwachsene Kronblätter

Blüten frei, strahlig symmetrisch 5- bis mehrzipflig

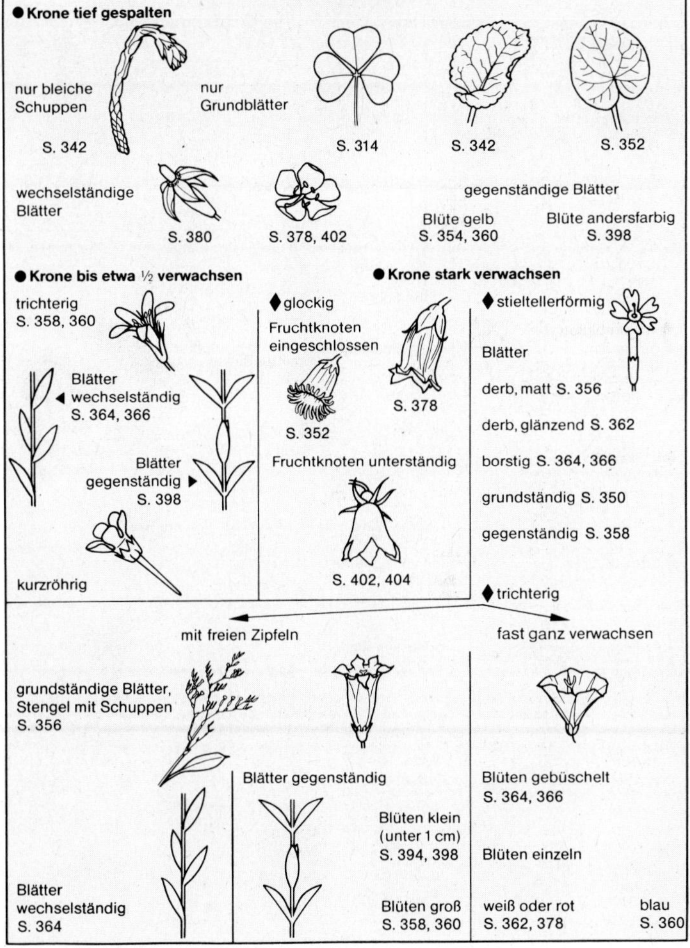

II C 3 c Stengel krautig, Blätter netznervig, Kelch und freie Kronblätter

Körbchen (mit Hülle) oder Doppeldolden

Schmale Blätter
S. 336, 356

Fiederblätter
S. 334–338

♦ helmartig
S. 272

♦ krallenartig
S. 406

♦ scheinstrahlig

4zählig
S. 332

5zählig
S. 316

6zählig
S. 286

Blüten zweiseitig, ohne gemeinsame Hülle

mit Sporn

S. 328

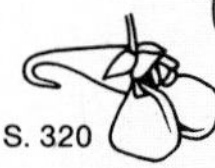

S. 320

S. 278

S. 270

ohne Sporn

♦ kreuzblümchenförmig
S. 316

♦ schmetterlingsartig

einfache Blätter
S. 300

dreiteilige Blätter
S. 302–308

Fiederblätter
S. 308–312

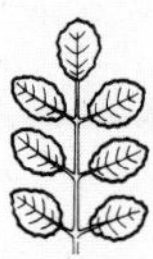

Blüten ohne

Blätter mit Milchsaft
(gelb oder weiß)

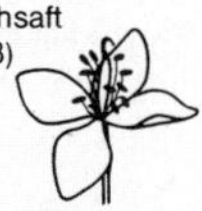

tiefgelappt
S. 278

ganzrandig
S. 318

ungeteilt, höchstens

♦ Blüten 4zählig

weiß,
Blätter
gegenständig
S. 258

rosa,
Blätter
gegenständig
S. 332

♦ Blüten 5zählig

rot oder weiß

Kelchblätter frei
S. 258, 260

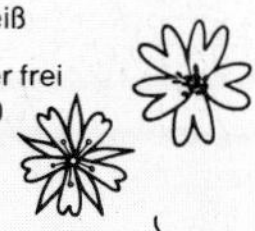

Kelch verwachsen
S. 258–266

♦ Blüten 6zählig

purpurn
S. 332

II C 3 c Stengel krautig, Blätter netznervig, Kelch und freie Kronblätter

gemeinsame Hülle, strahlig-symmetrisch, 4-, 5- oder vielzählig

Blätter dünn, gegen- oder quirlständig

Blätter dickfleischig, glatt

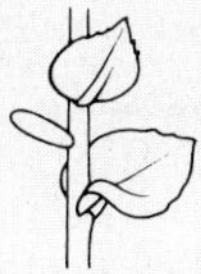

S. 286/288

Blätter dünn, wechsel- oder grundständig

Blätter dicklich, mit Stieldrüsen

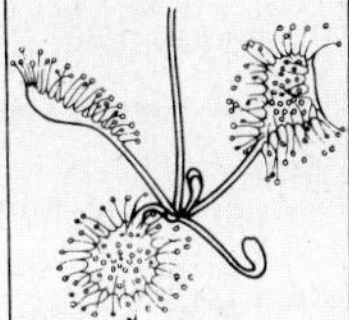

S. 286

gesägt

stark zerteilt

S. 314

weiß, Blätter quirlständig S. 394

gelb

3 Büschel Staubblätter S. 326

3 große, 2 kurze Kelchblätter S. 328

gelb, 5–6 schmale Kronzipfel S. 360

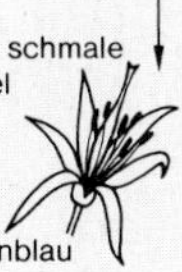

(weiß, reinblau S. 406

Zahl der Blütenblätter

4

dunkelrote Blütenköpfchen S. 296

Kreuzblüten (4 Kelchblätter, 4 Blütenblätter, 4 lange, 2 kurze Staubblätter, 1 Stempel) S. 280–284

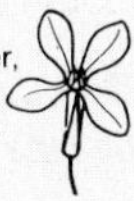

Blüten flach ausgebreitet

rot (bis rosa) S. 332

gelb

S. 292

S. 288

grünlich S. 234

5

Blüten aufrecht

S. 324

S. 288

S. 314

S. 288

S. 292–296

Blüten nickend

S. 342

rot S. 294
grün S. 270

S. 272

S. 316

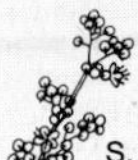

S. 296

S. 270, 274, 276

mehr als 5

Blatt:

abwechselnd große und kleine Fiedern S. 296

rundlich ganzrandig bis handförmig – – fiedrig zerschlitzt

S. 276

S. 274

S. 270, 274

S. 272

Stamm: Urtiere – *Protozoa*

- → Klasse: Geißeltiere – *Flagellata*
- → Klasse: Opaliniden – *Opalinida*
- → Klasse: Wurzelfüßer – *Rhizopoda*
- → Klasse: Wimpertiere – *Ciliata*
- → Klasse: Sporentiere – *Sporozoa*
- → Klasse: Scheinsporentiere – *Myxospora*

Stamm: Schwämme – *Porifera*

- → Klasse: Kalkschwämme – *Calcarea* **S. 440**
- → Klasse: Kieselschwämme – *Silicea* **S. 440**

Stamm: Nesseltiere – *Cnidaria*

- → Klasse: Hydroidpolypen und Saumquallen – *Hydrozoa* **S. 442**
- → Klasse: Schirm- oder Scheibenquallen – *Scyphozoa* **S. 442**
- → Klasse: Korallentiere – *Anthozoa* **S. 444**

Stamm: Nessellose Hohltiere – *Acnidaria* **S. 444**

Stamm: Plattwürmer – *Plathelminthes*

- → Klasse: Strudelwürmer – *Turbellaria* **S. 446**
- → Klasse: Saugwürmer – *Trematoda*
- → Klasse: Bandwürmer – *Cestoda*

Stamm: Kelchtiere – *Kamptozoa*

Stamm: Schnurwürmer – *Nemertini*

Stamm: Schlauchwürmer – *Nemathelminthes*

- → Klasse: Rädertiere – *Rotatoria*
- → Klasse: Kratzer – *Acanthocephala*
- → Klasse: Bauchhärlinge – *Gastrotricha*
- → Klasse: Fadenwürmer – *Nematoda* **S. 446**
- → Klasse: Saitenwürmer – *Nematomorpha*
- → Klasse: Hakenrüßler – *Kinorhyncha*

Stamm: Priapswürmer – *Priapulida* **S. 446**

Bestimmungsschlüssel Tiere

Stamm: Weichtiere – *Mollusca*
- → Klasse: Käferschnecken – *Polyplacophora* **S. 448**
- → Klasse: Wurmmollusken – *Aplacophora*
- → Klasse: Einschaler – *Monoplacophora*
- → Klasse: Schnecken – *Gastropoda* **S. 448**
- → Klasse: Grabfüßer – *Scaphopoda* **S. 466**
- → Klasse: Muscheln – *Bivalvia* **S. 466**
- → Klasse: Kopffüßer oder Tintenfische – *Cephalopoda* **S. 478**

Stamm: Spritz- oder Sternwürmer – *Sipunculidae*

Stamm: Igelwürmer – *Echiurida*

Stamm: Ringel- oder Gliederwürmer – *Annelida*
- → Klasse: Vielborster – *Polychaeta* **S. 480**
- → Klasse: Saugmünder – *Myzostomida*
- → Klasse: Gürtelwürmer – *Clitellata* **S. 480**

Stamm: Stummelfüßer – *Onychophora*

Stamm: Bärtierchen – *Tardigrada*

Stamm: Zungenwürmer – *Pentastomida*

Stamm: Gliederfüßer – *Arthropoda*
- → Unterstamm: Dreilapper – *Trilobitomorpha*
- → Unterstamm: Scherenhörnler – *Chelicerata*
  - → Klasse: Teilmünder – *Merostomata*
  - → Klasse: Spinnentiere – *Arachnida* **S. 484**
  - → Klasse: Asselspinnen – *Pantopoda*
- → Unterstamm: Kiemenatmer – *Branchiata*
  - → Klasse: Krebstiere – *Crustacea* **S. 490**
- → Unterstamm: Röhrenatmer – *Tracheata*
  - → Klasse: Zwergfüßer – *Symphyla*
  - → Klasse: Wenigfüßer – *Pauropoda*
  - → Klasse: Tausend- oder Doppelfüßer – *Diplopoda* **S. 494**
  - → Klasse: Hundertfüßer – *Chilopoda* **S. 494**
  - → Klasse: Insekten – *Insecta* **S. 496**

Bestimmungsschlüssel Tiere

- Stamm: Kranzfühler – *Tentaculata*
  - Klasse: Moostierchen – *Bryozoa* **S. 600**
  - Klasse: Hufeisenwürmer – *Phoronidea*
  - Klasse: Armfüßer – *Brachiopoda*
- Stamm: Kiemenlochtiere – *Branchiotremata* **S. 600**
- Stamm: Stachelhäuter – *Echinodermata*
  - Klasse: Seelilien – *Crinoidea*
  - Klasse: Seewalzen, Seegurken – *Holothurioidea* **S. 600**
  - Klasse: Seeigel – *Echinoidea* **S. 600**
  - Klasse: Seesterne – *Asteroidea* **S. 600**
  - Klasse: Schlangensterne – *Ophiuroidea* **S. 600**
- Stamm: Bartwürmer – *Pogonophora*
- Stamm: Pfeilwürmer – *Chaetognatha*
- Stamm: Chordatiere – *Chordata*
  - Unterstamm: Manteltiere – *Tunicata*
    - Klasse: Seescheiden – *Ascidia*
    - Klasse: Geschwänzte Manteltiere – *Appendicularia*
    - Klasse: Salpen – *Thaliacea*
  - Unterstamm: Schädellose – *Acrania*
  - Unterstamm: Wirbeltiere – *Vertebrata*
    - Klasse: Rundmäuler – *Cyclostomata* **S. 602**
    - Klasse: Knorpelfische – *Chondrichthyes* **S. 604**
    - Klasse: Knochenfische – *Osteichthyes* **S. 606**
    - Klasse: Lurche – *Amphibia* **S. 644**
    - Klasse: Kriechtiere – *Reptilia* **S. 650**
    - Klasse: Vögel – *Aves* **S. 664**
    - Klasse: Säugetiere – *Mammalia* **S. 750**

Bestimmungsteil

Erd- und Süßwasseralgen

1 Gallertalge, Zitteralge, Sternschneutzer – *Nostoc*
Es sind recht stattliche Lager, die man nach längeren Regenperioden vom Frühjahr bis zum Herbst auf Rasen, Wald- und (nicht zu stark bestreuten) Schotterwegen oft in Massen antrifft. Blaugrüne bis olivbraune, wellig gefaltete Gallerthäute von einigen Zentimetern Breite bergen Fäden aus kugeligen, nicht miteinander in Kontakt stehenden Blaualgenzellen. Die Blaualgen, mit den Bakterien verwandt, haben wie diese einen gegenüber allen anderen Organismen sehr ursprünglichen Zellbau – so fehlt ihnen zum Beispiel ein fester Zellkern. Man kann sie zu den Urpflanzen zählen.

2 Urkorn-Grünalge, Kugel-Grünalge – *Chlorococcum*
Grüne, locker mehlige, nicht schleimige Überzüge auf Erde, an Mauern und Bäumen, die man oft sehr leicht mit den Kleidern abstreift und sehr schwer wieder entfernen kann, werden von dieser einfach gebauten Grünalge gebildet. Es handelt sich dabei um Abertausende einzelliger, grüner, mikroskopisch kleiner Kügelchen, die eine hohe Vermehrungsrate besitzen und gegen Umwelteinflüsse sehr zäh sind. Nur Feuchtigkeit benötigen sie in ausreichendem Maße zum Gedeihen, und so markieren sie an den Bäumen, Holzwänden und Mauern stets die Wetterseite.

3 Astalge, Zweigfadenalge – *Cladophora*
Die büschelig verzweigte festgewachsene Grünalge kommt in mehreren Arten in Seen und – oft langflutend – in Fließgewässern jeder Größe vor. Die früher häufigste Art fiel im Frühjahr durch das tiefe, fast bläuliche Grün ihrer Büschel auf (sommers voll mit Stärke und gelblichgrün) – sie deutet auf reines Wasser hin. Andere Arten halten fast als letzte noch starker Wasserverunreinigung stand. Eine Besonderheit der ganzen Familie sind die Zellen, die stets mehrere Zellkerne enthalten (von denen jeder einen begrenzten Zellbereich „regiert").

4 Schlauchalge – *Vaucheria*
Früher zu den Grünalgen, heute zu den Gelbgrünalgen *(Xanthophyceae)* gerechnet, zählt die häufig auftretende Gattung zu den interessanten Untersuchungsobjekten der Mikroskopiker. Die sparsam verzweigten Fäden weisen überhaupt keine Querwände mehr auf, das ganze Individuum ist ein vielkerniges Gebilde. Nasse Erde, Ufer, Blumentöpfe und vor allem Furchen in den abgeernteten Getreidefeldern sind oft quadratdezimeterweit von dem grünen oder gelblichgrünen, dünnen und straffen Fadengeflecht der Schlauchalgenarten bedeckt. Allerdings kann man nur mit dem Mikroskop unterscheiden, ob nicht Moosvorkeime vorliegen (Querwände!).

5 Schraubenalge – *Spirogyra*
Die Jochalgen zeichnen sich durch besonders bizarre Formen aus. Die fädigen bilden zur Vermehrung Brücken zwischen den Einzelzellen der aneinanderliegenden Zellfäden aus (Joche!). Unter allen dürfte unsere Algengattung zu den bekanntesten zählen Im Mikroskop erkennt man über die ganze Fadenlänge hinweg ein schraubig gewundenes Blattgrünband. Die Arten sind in stehenden Gewässern (vom Wiesentümpel an) überaus häufig und bilden flottierende Watten, die besonders zur „Jochzeit" überaus schleimig sind. Der Einzelfaden ist unverzweigt.

6 Armleuchteralge – *Chara*
Sieht man zum ersten Male eine oft 20–30 cm hohe Unterwasserwiese aus dichtstehenden Armleuchteralgen – am Seeufer, in Wiesenmoortümpeln oder Gräben –, ist man geneigt, an eine Höhere Pflanze zu denken, vor allem, wenn man in den „Blattachseln" der regelmäßig quirlig-stockwerkartig aufgebauten Alge die kugeligen, grünlichen Eierbehälter entdeckt, die wie Früchtchen aussehen, und darüber die orangeroten Behälter für die männlichen Schwärmer, die Blütenknospen ähneln. Die oft kalkinkrustierten Pflanzen stehen innerhalb des Algensystems sehr isoliert.

Algen

Meeresalgen (Tange)

1 Meersalat – *Ulva lactuca*
Auffälliger Vertreter der relativ wenigen Salzwassergrünalgen. Die dünnen, salatblattähnlichen Lappen können bis über ½ m lang werden und sind mit einem schmalen Anfangsteil festgeheftet. Der Meersalat ist an seichten Stellen der europäischen Küsten überall häufig (schmale, lange Formen gehören zum Darmtang). Begeißelte Vermehrungssporen werden am Lappenrand gebildet; werden sie entlassen, erscheint der Saum heller gefärbt. Leicht im Salzwasseraquarium zu haltende Pflanze, die mancherorts als Salat verzehrt oder bei starker Anschwemmung zu Dünger verarbeitet wird.

2 Perltang, Gemeiner Knorpeltang – *Chondrus crispus*
Ledrig-knorpeliges, vielfach gegabeltes Pflänzchen von bandartig-flachem Wuchs, an den Enden aber oft gekräuselt. Wie alle Rotalgen mit roten Pigmenten gefärbt, die das tiefdringende Blaulicht absorbieren und zur Assimilation nutzbar machen können. Je nach Gewässertiefe purpurn, bräunlich, hellrot oder – im seichten Wasser – rein grün. Heilpflanze, getrocknet als Carrageen oder Irländisch Moos offizinell; wird auch zur Gewinnung von Polysacchariden industriell verwertet. Weniger verbreitet ist sein Gebrauch als Nahrungsmittel (mit Zucker eingekocht).

3 Purpurblatt, Nabel-Porphyra – *Porphyra umbilicalis*
Die meist tief rotbraune, seltener blaß- oder dunkelviolett gefärbte Rotalge ähnelt im Habitus sehr stark dem (stets grünen) Meersalat (s. oben) und gibt so ein gutes Beispiel für Konvergenz (Konvergenz: verwandtschaftlich nicht nahestehende Arten bilden durch Auslese unter gleichen Umweltbedingungen oft ähnliche Formen [analoge Formen]). Die Zerlappung ist aber meist stärker und geht auch sehr oft in die 3. Dimension. Die Pflanze kommt im Küstenbereich von Mittelmeer und Atlantik einschließlich Nordsee häufig vor und findet sich auch noch vereinzelt in der Ostsee.

4 Blasentang – *Fucus vesiculosus*
Die olivgrüne, bandartige, bis zu 1 m lange, gabelig verzweigte Braunalge ist das Urbild aller Tange schlechthin. Sie ist ungemein häufig, besiedelt die mittlere Gezeitenzone, die bei Ebbe oft trockenliegt und fällt deshalb jedem Wattwanderer auf. Untrügliches Kennzeichen sind (neben der „Mittelrippe") die ovalen, gasgefüllten Schwimmblasen, die meist auf gleicher Höhe, beidseits der Mittelrippe liegen. Heil- und Nutzpflanze: Man gewinnt aus den angeschwemmten Tanghaufen Dünger, Viehfutter und, nach Bearbeitung, Jod, Soda oder Alginsäure (Schleimstoff, verwendet in der Nahrungsmittel- und Kosmetikindustrie).

5 Sägetang – *Fucus serratus*
Diese Braunalge ist nicht ganz so häufig wie der mit ihr eng verwandte Blasentang, kommt aber in derselben Gezeitenzone – vielleicht im Mittel knapp unterhalb des Blasentangs – vor. Daraus erklärt sich der im Vergleich meist sichtbare tiefere Braunstich. Der gabelig verzweigte, bandartig flache Pflanzenkörper trägt in der Regel keinerlei Schwimmblasen und ist an seinen Rändern sägezähnig. Der Sägetang braucht zum Gedeihen fast ausschließlich felsigen Untergrund. Wo er in größeren Mengen angeschwemmt wird, kann er wie der Blasentang genutzt werden (s. o.).

6 Zuckertang – *Laminaria saccharina*
Allen Laminarien gemeinsam ist der runde bis daumendicke Stiel, der sich unten wurzelartig verzweigt und sich im Untergrund festkrallt, während er nach oben in den flachen, blattartigen Assimilationsteil übergeht. Der Stiel wurde früher getrocknet (als Quellstift) medizinisch zur Erweiterung von Wunden und zu Abtreibungen verwendet. Alle Laminarien, der unverzweigte Zuckertang wie auch die handförmig zerteilten Palmen- und Fingertange, wachsen in tieferen Zonen und werden, wo sie häufig sind, zur Herstellung von Jod, Alginsäure, Soda und Dünger genutzt.

4
2
6
1
5
3

Niedere Pilze
Klasse: Schleimpilze – Myxomycetes

1 Lohblüte – *Fuligo varians (Aethalium septicum)*
Vertreter der Schleimpilze, früher viel auf Gerberlohe (Eichenrinde), heute in immer stärkerem Ausmaße in Wäldern, über Moosen und Baumstubben, vor allem aber an Rindenhaufen, die vom maschinellen Baumstammschälen an Wegrändern zurückgelassen werden. Anfänglich zentimeterdicke, (weich-) teigig nach allen Seiten zerfließende, leuchtend gelbe Fladen von quadratzentimeter- bis quadratdezimetergroßem Umfang, später ockerbraun nachdunkelnd, mit körneliger Oberfläche und schaumig-fädigem, sporenerzeugendem Innengerüst. Pflanze sehr unklarer systematischer Stellung.

Klasse: Algenpilze – Phycomycetes

2 Falscher Hirtentäschelmehltau – *Peronospora candida*
Mehltaupilze sind Schmarotzerpflanzen, die ihre Wirte letztendlich mit einem weißen Fasergeflecht überziehen, das eifrig Vermehrungssporen produziert. Die befallenen Pflanzen sehen dann „wie mit Mehl bestäubt" aus. Vor allem im Herbst sieht man solche weiß bestäubten Pflanzenteile bei Rosen, Eichen, Doldengewächsen, Weinreben und vielen anderen Pflanzensorten. Für den Naturfreund ist die Unterscheidung in „Echten" und „Falschen" Mehltau belanglos. Der häufig auftretende Mehltau beim Hirtentäschel (s. S. 282) verändert etwas dessen Wuchsform. Er gehört zum „Falschen Mehltau".

Klasse: Schlauchpilze – Ascomycetes

3 Schimmelpilze – *Mucor* (Köpfchenschimmel) – *Aspergillus* (Gießkannenschimmel) – *Penicillium* (Pinselschimmel)
Die Schimmelpilze sind keine systematische, sondern eine ökologische Gruppe: Sie gehören verschiedenen Pilzklassen an. Allen gemeinsam ist ihre fädliche Grundstruktur und die Eigenart, auf organischen Resten (von Tieren und Pflanzen) zu wachsen und dort (verschiedengefärbte) Rasen zu bilden. Sie wandeln (tote) organische Substanz verschiedener Herkunft in arteigene Schimmelpilzsubstanz um und bilden eine Menge Vermehrungssporen. Ihre Konkurrenten sind vor allem die Bakterien, gegen die sie Abwehrstoffe entwickelt haben (Antibiotika, so z. B. der Pinselschimmel *Penicillium* das Penicillin).

4 Geweihförmiger Holzstiel – *Xylaria hypoxylon*
Häufig auf Baumstubben, auf alten Zweigen und liegengebliebenem Leseholz. Unverkennbarer Schlauchpilz der Unterklasse Perithecienpilze *(Pyrenomycetidae)*. Perithecien sind flaschenförmige, in den Pilzkörper eingesenkte Gebilde, die die Produkte der geschlechtlichen Fortpflanzung, die Sporenschläuche, bergen. Daneben gibt es auch noch ungeschlechtliche Sporenträger, die Konidien. Bei unserem Pilz liegen die Perithecien im unteren, schwarzen Teil, während die weißen Gabelenden Konidien tragen.

5 Pustelpilz – *Nectria*
Sehr häufig findet man auf totem Holz, vor allem auf der Rinde von Ästen der verschiedensten Laubholzarten in Menge rote Pusteln. Hier bilden sich die Konidien (s. o.) eines rindenbewohnenden Schlauchpilzes (Art: Zimtroter Pustelpilz). Später entstehen an gleicher Stelle die Perithecien (s. o.). Andere Pustelpilze bilden weiße Fruchtkörper, so vor allem der Gallen-Pustelpilz, der lebendes Holz befällt und dieses zu krebsartigen Wucherungen veranlaßt (Obstbaumkrebs).

6 Mutterkorn – *Claviceps purpurea*
Parasitiert in den Körnern verschiedener Grasarten, vor allem beim Pfeifengras (s. S. 216) und beim Roggen. Bildet dort über die Spelzen vorragende, holzige, schwarze „Sklerotien", vom Volk wegen der Größe als „Mutter" der übrigen Körner bezeichnet. Durch Alkaloide giftig. In der Heilkunde früher zur Abtreibung und als wehenförderndes Mittel verwendet. Gab im ungereinigten Getreide nach dem Mahlgang und Verbacken zu gebietsweisen „Epidemien" mit zahlreichen Todesfolgen Anlaß. Zu Boden gefallene Sklerotien treiben im folgenden Frühjahr aus und verbreiten neue Sporen.

2
5
4
6
3
1

Familie: Großbecherlinge – Pezizaceae

1 Leuchtender Prachtbecherling – *Plicariella fulgens (Caloscypha fulgens)*
Die Schlauchpilze sind unter den eßbaren Pilzen wenig vertreten. Die meisten Vertreter stellt noch die Ordnung der „Gedeckelten Scheibenpilze", *Pezizales* (S. 104, 106). Schlauchpilze zeichnen sich gegenüber den außensporentragenden Ständerpilzen dadurch aus, daß sie ihre (in der Regel 8) Sporen in einem schlauchförmigen Sporenbehälter entwickeln. Bei den Scheibenpilzen stehen diese Schläuche (Asci) dicht an dicht zusammen mit unfruchtbaren Fäden (Saftfäden, Paraphysen) aufrecht auf der Innenseite schüssel- oder becherförmig gestalteter Fruchtkörper von wenigen Millimetern Durchmesser bis zur stattlichen Breite von mehreren Zentimetern. Man nennt diese offenen, im Endzustand oft fast scheibenförmig ausgebreiteten Gebilde Apothecien („offene, freie Theke", dem Wortsinn nach verwandt mit Apotheke, womit man früher den Abstell- oder Vorratsraum für Heilkräuter bezeichnete). Bei den *Pezizales* öffnen sich die Asci in ihren Apothecien durch einen vorgebildeten Deckel an genau festgelegter Stelle und entlassen dort ihre Sporen. Hierher gehört die Familie der Großbecherlinge, die bei uns durch ein Dutzend oder noch mehr auffälliger Arten vertreten ist. Die eigentlichen Becherlinge zeigen einen konzentrischen, schüssel-, scheiben- oder krugbecherförmigen Bau ihres Fruchtkörpers. Neben olivfarbenen und beigen Farbtönen sind vor allem ein tiefes Braun, eine helleres oder intensives Violett und Rot in allen Schattierungen als Farben der recht dünnschichtigen Fruchtkörper von knorpeliger bis brüchig-wachsartiger Beschaffenheit häufig.
Der Leuchtende Prachtbecherling ist weniger häufig, erscheint aber als einer der ersten mit dem abtauenden Schnee im zeitigen Frühjahr. Er bevorzugt Bergwälder des südlichen Mitteleuropas, wo er vor allem in moosigen Nadelholzbeständen heimisch ist. Dort tritt er in günstigen Jahren in Massen auf, so daß sich das Sammeln des wohlschmeckenden Pilzes lohnt, obwohl er wegen seiner Brüchigkeit ein Transportproblem darstellt. Anfangs wächst der Fruchtkörper in olivbrauner Kugelgestalt heran, dann öffnet und erweitert er sich an seinem oberen Ende immer mehr, so daß das leuchtend orange- bis mennigerote Sporenlager frei sichtbar wird. Der ausgewachsene Becher mit seinem oft wellig-lappig zerschlissenen Rand hat einen Durchmesser von 2–3 cm, selten mehr. Wenn andere Becherlinge mit roter Sporenschicht auftreten, ist unser Pilz längst wieder verschwunden. Im Herbst erscheint der viel häufigere, 1–10 cm breite Orangerote Becherling (einzeln oft schon im Mai) in Wäldern und an Waldwegen zwischen Gräsern und Moosen. Fast alle Becherlinge sind eßbar. Eindringlich gewarnt werden muß vor dem Kronenbecherling *(Sarcosphaera eximia)* mit innen violett gefärbtem Sporenlager. Der 5–10 cm breite, recht dickfleischige Fruchtkörper wächst zunächst halbunterirdisch als Hohlkugel, die dann becherartig in einige dreieckige Lappen aufreißt, die den „Kronsaum" der Schüssel bilden. Das Gift dieses Nadelwaldbewohners ist fast so stark wie das des Knollenblätterpilzes, hat aber Ähnlichkeit mit dem der Lorcheln (S. 104). Durch Kochen (! und Abgießen des Kochwassers) wird es vermindert. Wenn man den Pilz nur kurz überbrüht und dann zu Salaten verarbeitet, wird er gefährlich.

2 Eselsohr – *Otidea onotica*
Die Ohrpilze sind mit den Becherlingen (s. oben) nahe verwandt. Sie zeichnen sich im allgemeinen durch einen stattlicheren Wuchs aus und sind meist an einer Seite in charakteristischer Weise bis zum Grunde gespalten, während die gegenüberliegende Seite durch stärkeres Wachstum verlängert ist: So kommt die bezeichnende Ohrform zustande. Die Farben der häufigsten Ohrlinge bewegen sich zwischen (orange)gelb und dunkelbraun. Das Eselsohr wird 4–8 cm hoch, ist außen gelblich, innen mehr orangerot gefärbt und wächst gesellig ab Juli in mullreichen (Laub-)Wäldern über Kalkgestein. Es zählt zu den guten Speisepilzen, wenn auch am einzelnen Exemplar recht wenig dran ist. Eher in Nadelwäldern findet sich das sehr ähnliche, etwas kleinere (2–5 cm hohe), mehr bräunliche und sehr schmackhafte Hasenohr *(Otidea leporina)*.

1

2

Familie: Lorchelpilze – Helvellaceae

1 Herbst-Lorchel, Krause Lorchel – *Helvella crispa*
Morcheln und Lorcheln sind innerhalb der Ordnung der Gedeckelten Scheibenpilze (s. vorige Seite) die Vertreter der Schlauchpilze, die in Hut und Stiel gegliedert sind. Dabei zeichnet sich jedoch die Herbst-Lorchel durch eine besonders bizarre Gestalt aus: Auf 1–10 cm hohem, 1–3 cm dickem, nach unten verbreitertem, längsrippiglängsgrubigem, knorpeligem Stiel, der weiß gefärbt und von Hohlräumen durchzogen ist, sitzt ein „Hut" aus mehreren, in Größe und Form recht unterschiedlichen, faltigen und krausgewellten, recht dünnen Lappen, cremefarben bis weißlich, oft umgeschlagen, im ganzen kaum über 5 cm breit. Die Oberfläche, die das Sporenlager darstellt, schimmert feinsilbrig. Wie bei allen Vertretern der Scheibenpilze (s. auch vorige und nachfolgende Seite) „explodieren" die Schläuche des Sporenlagers und senden sichtbare, zigarettenrauchähnliche Sporenwolken aus, wenn die Schicht Erschütterungen oder dem direkten Sonnenlicht ausgesetzt wird, auch, wenn man vorsichtig darüberreibt (Wärme!) oder die Pflanze in die Zimmerwärme holt.
Die Hauptwuchszeit des Pilzes ist September und Oktober, bis zu den ersten Frösten im November. Man findet ihn vorzugsweise in Laubwäldern und hier vor allem an Waldwegen. Er zählt zu den wohlschmeckenden Speisepilzen und zeichnet sich vor allem durch die sehr knorpelige, auch beim Kochen nicht erweichende Konsistenz seines Fleisches aus. Bei der Zubereitung sollte man auf allerlei Waldbewohner achten, die in den vielen äußeren und inneren Spalten und Höhlungen Unterschlupf gefunden haben. Sommer-und Herbstlorcheln sind ungefährlich, auch wenn ihr Hut, wie bei der grauschwarzen Gruben-Lorchel, düstere Farben aufweist. Bei den Frühlingslorcheln ist Vorsicht geboten: Die kieferbegleitende Früh-Lorchel sowie die nadel- und laubwaldbewohnende Riesen-Lorchel mit ocker- bis kastanienbraunem Hut enthalten Helvellasäure, die lange Zeit als das Lorchelgift angesehen wurde und die sich, da wasserlöslich, durch Abschütten des Kochwassers entfernen läßt. Neuere Forschungen haben aber ergeben, daß ein anderer Stoff (Gyromitrin) viel gefährlicher ist. Er enthält nicht nur das krebsfördernde Methylhydrazin, sondern wirkt auch (als Zellgift) leberzerstörend. Der schleichende Prozeß kann durch wiederholten Genuß von Lorchelgerichten beschleunigt werden. Kinder und Frauen scheinen empfindlicher auf das Gift zu reagieren, das sich weder durch Abbrühen noch bei einem Trocknungsprozeß ganz entfernen läßt.

2 Mützen-Lorchel, Bischofsmütze – *Gyromitra infula*
Diese Art der braunhütigen Lorcheln ist ohne Vorbehandlung eßbar, doch ist sie nur in sehr wenigen Gegenden wirklich häufig. Allerdings findet man zuweilen Prachtexemplare, von denen wenige Stücke zusammen schon über 1 kg wiegen.
Meist erscheint der zimt- bis kastanienbraune Hut durch vollkommen unregelmäßig angehäufte Lappen verschiedener Größe ohne jegliche Ordnung aufgebaut zu sein, man findet jedoch immer wieder Exemplare, bei denen die Form der Bischofsmütze klar angedeutet ist: zur Mitte hin eingesattelt, ragen nach 3 oder 4 Seiten tütenartig zugespitzte Lappen empor. Der ganze Hut kann bis 10 cm breit und mindestens ebenso hoch sein. Sein Fleisch ist mehr oder weniger wachsartig-brüchig.
Der meist gerade, seltener etwas gebogene Stiel hat eine wulstige, faltige und mehr oder weniger grubige Oberfläche. Er zeichnet sich durch eine weißliche bis rötlich- oder gelbviolette Farbe aus, ist 5–10 cm lang, 1–3 cm dick und zumindest im Alter hohl. Er ist von zähknorpeliger Konsistenz.
Gelegentlich findet man die Bischofsmütze schon im Mai, ihre Hauptzeit ist aber der Herbst. Sie wächst auf gut durchfeuchteten, grasigen oder moosigen, nicht zu stark beschatteten Stellen der Nadelwälder, seltener im krautreichen Laubwald, vorzugsweise in der Nähe von Feuerstellen oder an Holzlagerplätzen; gelegentlich besiedelt sie Baumstubben. Die giftigen, braunhütigen Lorcheln (s. oben) haben kürzere Stiele und stärker lappig unterteilte Hüte (Lappen in fast gehirnartige Windungen gelegt).

1

2

Familie: Morchelpilze – Morchellaceae

1 Rund-Morchel, Speise-Morchel – *Morchella esculenta*
Alle Morchelpilze Mitteleuropas sind eßbar, sie zählen sogar zu den wohlschmeckenden Speisepilzen. Kenner loben ihren zarten, aromatischen Geschmack, der sowohl Gerichten aus frisch zubereiteten Pilzen eigen ist, sich aber auch bei den leicht zu trocknenden Exemplaren fast ohne Einbuße erhält. Ältere Pilzkochbücher weisen darauf hin, daß ein Abbrühen vor der Zubereitung nicht nötig sei (wie bei manchen Lorcheln, s. S. 104), doch gab es nach neueren Erfahrungen auch Menschen, die nach dem Genuß gekochter, doch nicht abgebrühter Morcheln in einen leichten Rauschzustand verfielen. Ein Abbrühen ist daher ratsam. Morcheln sind innen hohl, sie tragen auf glattem, nur selten etwas faltigem, rundlichem Stiel einen kugeligen bis kegelförmig langgestreckten Hut, der mit zellenartigen, entfernt an Bienenwaben erinnernden Kammern bedeckt ist. Die Farbe schwankt zwischen Hellocker und Tiefbraun.
Die Rund-Morchel wird bis zu 20 cm hoch, ihr Hut ist dabei um 10 cm lang und etwa 6 cm breit. Sehr oft sind die Kanten der Kammerwände orange- bis rostrot überlaufen. Rund-Morcheln sind Frühjahrspilze, wenngleich man sie auch vereinzelt im Herbst findet. Ihre Haupterntezeit fällt in den April bis Mai. Sie zeigen eine besondere Vorliebe für Laubholz, besonders Eschen und Pappeln, und finden sich daher in Auwäldern und bachbegleitendem Gehölz, doch auch in Parkanlagen, an Waldwegen und -rändern.

2 Spitz-Morchel – *Morchella conica*
Der Hut ist nach Morchelart aus wabenartigen, recht regelmäßigen, langgestreckten Kammern gebildet, die mit der Sporenschicht überkleidet sind. Er ist deutlich langgestreckt und zugespitzt. Der knorrig erscheinende Stiel sieht wie mit kleiigem Mehl bestäubt aus (körnelige Oberflächenstruktur). Die Pflanze erscheint ab März (bis höchstens Anfang Mai) an Waldrändern, in Gebüschen, gerne auch an Brandstellen und bevorzugt sandige, kalkarme Böden. Sie wird um 5, gelegentlich bis zu 10 cm hoch und ist ein wohlschmeckender Speisepilz ohne jede Giftwirkung. Es soll aber auch gesagt sein, daß manche Pilzfeinschmekker Morcheln ablehnen, und zwar sowohl wegen ihres andersartigen Geschmackes als auch wegen ihrer Konsistenz und dem kaldaunenartigen Aussehen eines solchen Gerichtes.
Die sehr ähnliche und ebenso wohlschmeckende Grau-Morchel hat in der Farbe oft einen Graustich und bevorzugt vor allem kalkreichere Böden. Sie wird oft nur als ökologische Rasse der Spitz-Morchel betrachtet. Mehr unterscheidet sich die bis über 20 cm lange Hohe Morchel, mit ebenfalls körneligem Stiel und kegeligem Hut, die sich außer durch die Größe auch durch minderen Wohlgeschmack und durch eine spätere Erscheinungszeit hervortut. Sie ist allerdings sehr ergiebig. Ihr Hauptvorkommen liegt im höheren Bergland.

Familie: Edeltrüffeln – Terfeziaceae

3 Weiße Trüffel – *Choiromyces maeandriformis*
Mancher ist enttäuscht, wenn er zum ersten Male die Vertreterin der „Edeltrüffeln" entdeckt hat, die bei uns wohl am häufigsten vorkommt. Der Fruchtkörper, 4–10 cm im Durchmesser, selten bis kindskopfgroß, kartoffelähnlich, ragt ein wenig über den Erdboden heraus, ist also nicht ganz versteckt. Man trifft ihn in Laub-, besonders aber in (jüngeren) Nadelwäldern ab etwa Juli bis in den September hinein an. Oft entdeckt man nach dem ersten Fund viele weitere Exemplare. Das bandartig marmorierte Innenfleisch ist meist völlig geruchlos. Erst im Alter ist es aromatisch, dann ist aber meist der Pilzkörper mit Fraßstellen überdeckt; später wird der Geruch fast unerträglich widerlich. Gekocht als Würze oder als Gericht zubereitet, entfaltet aber der noch junge, duftlose und graufleischige Pilz die ganze Palette seines Wohlgeschmacks, wenn er auch nicht ganz an den der klassischen Speisetrüffel heranreicht, die, einer anderen Gattung zugehörend, fast nur in Frankreich und Italien gesammelt werden können. Vor Verwechslungen mit dem oberirdisch wachsenden giftigen Kartoffelbovist (S. 114), der sich innen schwarz färbt, ist zu warnen.

3

1

2

Ordnung: Ungedeckelte Scheibenpilze – Helotiales Familie: Erdzungen – Geoglossaceae

1 Grüne Erdzunge – *Microglossum viride*
Alle Erdzungen ähneln einander in der Form: Auf einem für die Gesamtgröße des Pilzes recht stattlichen runden Stiel sitzt ein keulenartiger, bei unserer Art ziemlich abgeflachter Hut. Die Pilze ähneln damit einigen Keulenpilzen, die aber zu ganz anderen Pilzgruppen zählen (Keulenpilze sind keine Schlauch- sondern Ständerpilze). Die 4–8 cm hohe Grüne Erdzunge erscheint ab Mitte August bis in den Oktober hinein in Laubwäldern. Sie ist nicht allzu häufig, wird aber auch gerne übersehen, obwohl der olivgrüne „Hut" auf dem oft einen Stich ins Türkisgrüne zeigenden Stiel sich gegen das braune Laub des Waldbodens schön abhebt, und die kleinen Fruchtkörper oft in ganzen Büscheln aus dem Boden brechen. Etwas niedriger sind andere Arten (Gattungen) von gleicher Form, aber schwarzer Farbe: die Klebrige Erdzunge im Moor, die Rauhhaarige in Berg- und Seggenwiesen.

2 Grüngelbes Gallertkäppchen – *Leotia gelatinosa (Leotia lubrica)*
Die kaum 5 cm hohen Pilzzwerge gehören in die Familie der Erdzungen. Sie zeichnen sich durch eine gallertartige (gelatinöse! wiss. Artname) Beschaffenheit ihres Fruchtkörperfleisches aus. Auf einem gelben, rauh punktierten, stämmigen, manchmal sich nach oben konisch verjüngenden, manchmal aber auch nach oben zu dicker werdenden Stiel sitzt das rundliche „Käppchen", meist etwas unregelmäßig geformt und höchstens 2 cm breit. Seine Farbe schwankt von Hellgelb bis Dunkelolivgrün. Die Pilze findet man zerstreut, aber an ihren Standorten sehr gesellig in Laubwäldern (äußerst selten auch in Nadelwaldungen) vom Hochsommer bis in den Herbst hinein. Sie sind zwar nicht giftig und auch nicht von unangenehmem Geschmack, eignen sich aber wegen ihrer Winzigkeit und auch wegen ihrer Beschaffenheit kaum für die menschliche Nahrung (höchstens als Salatpilz). Verwechslungen mit ebenfalls eßbaren verwandten Kreislingen, Spatelpilzen und Haubenpilzen können dem Anfänger leicht unterlaufen.

Familie: Zwergbecherlinge – Helotiaceae

3 Schwarzer Schmutzbecher – *Bulgaria polymorpha*
Überall dort, wo gefällte Eichenstämme eine Weile mitsamt ihrer Rinde gelagert werden (also vorzugsweise in der Eichenregion zwischen 200 und 500 m Meereshöhe), brechen aus der Borke die konsolartigen, schwarzbraunen, oben mit einer flachen, rundlichen und tiefschwarzen Scheibe abschließenden, 1–3 cm breiten (und oft etwas höheren) Fruchtkörper. Man findet sie in Massen und fast zu jeder Jahreszeit. Das Fruchtkörperfleisch ist von zähgallertartiger Beschaffenheit. Die (obere) Scheibe stellt das Sporenlager dar. Der Pilz ist zwar nicht giftig, doch auch nicht genießbar. Man beachte die einigermaßen beschreibbare Form der Einzelpilze! Ungeformte, gekröseartige, schwarze Gallertmassen (in der Form dem Zitterling, S. 112, ähnlich) gehören dagegen zum Drüsling, einem Ständerpilz.

Familie: Schmarotzerbecherlinge – Sclerotiniaceae

4 Anemonenbecherling, Anemonen-Schmarotzerbecherling – *Sclerotinia tuberosa*
Von März bis Mai kann man in den Kolonien der Busch-Windröschen, vor allem an Standorten mit hoher Bodenfeuchtigkeit, diesen 3–8 cm hohen Pilz finden. Er ist nicht gerade sehr häufig, doch fehlt er in keinem größeren Gebiet. Sein Fasergeflecht schmarotzt auf den Wurzelstöcken der Busch-Windröschen, (*Anemone nemorosa,* s. S. 274) und bildet nach reichlicher Nahrungsentnahme ein knotiges, schwarzes Dauergeflecht von 1–2 cm Durchmesser (ein „Sklerotium"). Ihm entspringen dann im Frühjahr 1– (ca.) 6 gestielte, rehbraune Fruchtkörper. Die Stiele tragen zunächst wohlgeformte, glattrandige, urnenförmige Becher, die sich im Verlauf der Sporenreife zu sehr flachen, am Rand mehr oder weniger stark gelappten Schüsseln erweitern. Ihr Durchmesser beträgt dann 1–3 cm.

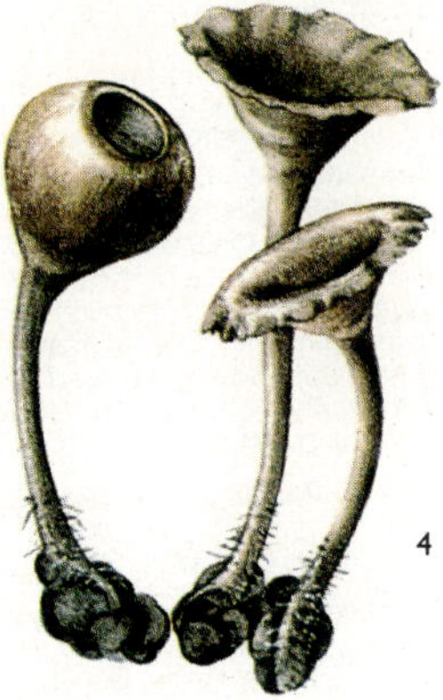

4

2

3

1

(Nutz-)Pflanzenparasiten aus den Klassen der Schlauch- und Ständerpilze

1 Moniliafäule – *Sclerotinia fructigena*
Häufig treten bei Äpfeln und Birnen an Faulstellen weiße Pusteln, oft in konzentrischen Kreisen auf. Die Ausbildung der Pusteln ist eine lichtabhängige Reaktion, so daß der Wechsel von Pusteln und pustelfreien Stellen den Tag-Nacht-Rhythmus dokumentiert. Der Pilz wächst, sich scheibenartig vergrößernd, von einem Ausgangspunkt aus. Er gehört zur selben Gattung wie der Anemonenbecherling (vorige Seite). Die Pusteln sind Konidien, eine ungeschlechtliche Vermehrungs(neben)form, erst im Frühjahr erscheinen auf den vertrockneten Früchten die Apothecien (s. S. 102).

2 Ahorn-Runzelschorf – *Rhytisma acerinum*
Dieser Schlauchpilz aus der Familie der Büschelschorfpilze *(Phacidiaceae)* schmarotzt auf den Blättern verschiedener Ahornarten. Schon im Spätsommer kann man auf den Spreiten helle Flecke erkennen, die sich dann bis zum Herbst zu rundlichen bis unregelmäßigen schwarzen Lagern mit gelbem Rand auswachsen. Sie überleben den Blattfall und die Winterkälte und bilden dann im Frühjahr die Fruchtschicht mit den vielen, leichten und weitschwebenden Sporen aus. Eng verwandte Arten verursachen die Kiefernschütte und den Weidenblattschorf.

3 Birnen-Gitterrost – *Gymnosporangium sabinae*
Häufig finden wir gegen den Herbst zu auf der Oberseite der Birnbaumblätter rote, zuweilen gelbgerandete Flecke. Auf der Unterseite ragen an diesen Stellen mehrere kegelige braune Warzen hervor. Es sind Lager mit Bechersporen. Wie jeder Rostpilz (Familie Schwarzrostpilze *Pucciniaceae*) entwickelt unsere Art mehrere hintereinanderfolgende Sporengenerationen, die nicht alle auf demselben Wirt parasitieren. So bildet sich die Wintersporengeneration des Birnen-Gitterrostes auf Wacholdergewächsen, vorzugsweise auf dem Sadebaum *(Juniperus sabinae!)*.

4 Erbsen-Rost – *Uromyces pisi*
Der Parasit (Familie Schwarzrostpilze, *Pucciniaceae*) befällt mit seiner Wintersporengeneration die Saat-Erbse, viel bekannter ist aber seine Bechersporengeneration, die nicht nur auf der Zypressen-Wolfsmilch schmarotzt, sondern diesen Zwischenwirt auch in seiner Vitalität schwer schädigt und Bauänderungen an ihm hervorruft (s. S. 318). In Wolfsmilchbeständen (oft auch bei der Mandel-Wolfsmilch) findet man häufig die Elendsgestalten, die sich durch rote Pusteln auf der Blattunterseite als infiziert erweisen.

5 Rispengras-Schwarzrost – *Puccinia poae*
Sehr viele Vertreter der Schwarzrostpilze *(Pucciniaceae)* schmarotzen auf Wildgräsern und Getreidearten (schwarze, oder – bei anderen Arten – rotbraune punktierte Streifen auf den Blättern). Als Zwischenwirt kommen bei den verschiedenen Arten sehr unterschiedliche Pflanzen für die stets als rostbraune Pusteln auftretende Bechersporengeneration in Betracht (Berberitze, Busch-Windröschen, Sauerklee, Pfefferminze, Geißfuß). Unsere Art, eine der häufigen, bildet die Bechersporen auf den Blättern des Huflattichs aus (s. S. 420).

6 Mais-Brand – *Ustilago zeae*
Die Familie der Brandpilze *(Ustilaginaceae)* stellt sehr viele Getreideschädlinge. Sie erzeugen in den Körnern eine Unmenge schwarzer Sporen (Brand!). Der Mais-Brand verbreitet sich derzeit epidemieartig, er erzeugt nicht nur an den Kolben, sondern auch an Halmen und Blättern des Maises beulenartige Geschwüre, die (jung in Mexiko angeblich als Delikatesse verzehrt) bald mit schwarzer Sporenmasse erfüllt sind. Eine Schädigung des Viehs wird vermutet, ist aber bislang noch nicht erwiesen. Bekämpfung durch Fruchtwechsel und Anbau resistenter Maissorten.

1
3
4
5
6
2

Klasse der Ständerpilze, Vertreter kleinerer Ordnungen

1 Schönhorn, Klebriger Hörnling – *Calocera viscosa*
Eine sehr häufige Art aus der Familie der Gallerttränenpilze *(Dacrymycetaceae)*, dessen Fruchtkörper allerdings nicht die weichgallertige (tränige) Beschaffenheit seiner Verwandten aufweist, sondern so korkig-zäh ist, daß er als ungenießbar bezeichnet werden muß. Seine sattdottergelbe bis leuchtend orangegelbe Färbung ist wirklich eine Pracht. So leuchtet er schon von weitem aus dem dunklen Nadelwald, wo er mit Vorliebe die Stubben und Wurzelwinkel besiedelt. Der Anfänger verwechselt ihn leicht mit einem kleinen Ziegenbart – in der Tat ist die Konvergenz im Bau dieser nicht sehr eng verwandten Pilze ganz erstaunlich. Das Schönhorn wird 3–8 cm hoch und ist meist etwas korallenartig verzweigt. Die Zweige fühlen sich klebrig-schlüpfrig an. Der Pilz erscheint schon im Sommer und hält häufig bis zum Winter durch.

2 Goldgelber Zitterling – *Tremella mesenterica*
Die Vertreter der Familie der Gallertpilze *(Tremellaceae)* zeichnen sich in überwiegender Mehrheit durch einen sehr ähnlichen Bau aus: Der gelatinöse bis knorpelig-gallertige, relativ dünnhäutige Fruchtkörper ist reichlappig verzweigt oder gehirnartig, beziehungsweise gekröseförmig gewunden (Mesenterium = Gekröse; s. Artname). Unter den meist schwarzen oder braunen Gestalten ist unsere Art schon von weitem auffällig. Die Farbe ist in der Regel goldgelb, doch kommen auch entschieden blassere Stücke häufig vor. Bei Trockenheit schwinden die Fruchtkörper zu einer fast braunroten, hornartigen Masse zusammen, bei Feuchtigkeit quellen sie wieder auf und können bis zu 5 cm breit und nicht viel weniger hoch werden. Man findet sie das ganze Jahr über, besonders aber zwischen den Herbst- und Frühjahrsregenzeiten, auf der Rinde abgefallener Laubholzäste. Da im modernen Forstbetrieb Fallholz und auch die Zweige geschlagener Bäume kaum einmal mehr abgeräumt werden, breitet sich der Pilz in den letzten Jahren ganz erstaunlich aus.

3 Gemeine Stinkmorchel – *Phallus impudicus*
Stinkmorcheln im Laub- und auch im Nadelwald sieht man meist zuerst nicht, man riecht sie. Der unverkennbare Aasgeruch verrät den Verursacher Dutzende von Metern weit: 10–15 cm hoch reckt sich das phallische Gebilde mit der schmierig-schleimigen Sporenmasse auf dem Hut. Mit seinem Gestank lockt es Aasfliegen und andere Insekten an, die sich mit der olivgrünen Sporenmasse beschmieren und so die Verbreitung dieses Vertreters aus der Familie Rutenpilze *(Phallaceae)* übernehmen. Am Ende ist die ockerbräunliche, grubig-wabige Hutoberfläche freigelegt, und so macht der Pilz seinem Volksnamen „Leichenfinger" alle Ehre. Doch nicht nur Schlechtes ist zu berichten: Alle Rutenpilze haben ein „Knospenstadium": Der Fruchtkörper der Stinkmorchel gleicht dann einem etwas rundlichen Ei und führt auch den Namen „Hexenei". Unter einer ledrigen Hülle befindet sich innerhalb einer Gallertschicht die festfleischige Stielknospe – ohne jeden Geruch. Feinschmecker schwärmen von panierten und gebratenen Hexeneierscheiben aus der französischen Küche.

4 Tintenfischpilz – *Anthurus muellerianus*
Die Familie der Gitterpilze ist eine exotische Gruppe aus südlichen Ländern. Der Tintenfischpilz wurde in den 20er Jahren, aus dem Elsaß kommend, bei uns eingeschleppt und ist in steter Ausbreitung begriffen. Sein Auftreten im Elsaß wird mit der Anwesenheit fremder Truppen während des 1. Weltkriegs in Verbindung gebracht, doch ist über die genaue Einwanderungsgeschichte wenig bekannt. Jedenfalls kann er im Hügel- und Bergland Westdeutschlands mancherorts als häufiger Laubwaldpilz bezeichnet werden. Er tritt im Sommer und Herbst oft sehr zahlreich auf. Sein Jugendstadium ist ein halb im Boden verstecktes graubläuliches „Ei", aus dem sich dann 4 bis 6 violett- bis orangerote, sehr luftig konstruierte Arme entfalten. Sie sind von Flocken der schwarzen Fruchtschicht bedeckt, die einen gewaltigen Aasgestank entwickeln. Wie bei der Stinkmorchel (s. o.) werden dadurch Aasinsekten angelockt, die für die Weiterverbreitung der Sporen sorgen.

4
2
1
3

Familie: Staubpilze, Weichboviste – Lycoperdaceae

1 Rotbrauner Erdstern – *Geastrum rufescens*
Die Erdsterne sind Vertreter der Staubpilze. Sie bilden unterirdische Kugeln, die von zwei derben Hüllen umgeben werden. Im Innern der zweiten Hülle wächst die Sporenmasse zur Reife. Die erste Hülle bricht auf. Durch Risse vom oberen Pol zum unteren Ende bilden sich mehrere Lappen, die sich nach außen krümmen und so den ganzen Fruchtkörper an die Erdoberfläche befördern. Zum Schluß reißt auch die zweite Hülle oben auf, und die staubfeinen Sporen treten nach außen, meist passiv durch Tritt oder Stoß, aber auch, wenn die zweite Hülle allmählich zusammenwelkt. Der nicht allzu häufige Rotbraune Erdstern ist der größte der heimischen Vertreter. Man findet seine bis über 10 cm breiten Fruchtkörper vom Sommer bis in den Herbst hinein in trockenen Wäldern aller Art. Die Außenhülle ist meist in mehr als 5 Lappen geteilt und von bräunlich-rötlicher Farbe. Ein besonderes Artkennzeichen ist die glatte Mündung des Austrittslochs der Sporen.

2 Gefranster Erdstern – *Geastrum fimbriatum*
Diese Art ist nicht ganz so selten wie die vorige, sie hat denselben Entwicklungsgang (s. o.), kommt aber fast ausschließlich im Nadelwald vor. Der Pilz wird nur etwa 5 – 8 cm breit, seine in 5 – 10 (15) Lappen gespaltene Außenhülle zeigt schmutzigweiße bis hellbräunliche Farbtöne. Die Mündung des Austrittslochs der Sporen an der Spitze der Innenhülle ist etwas kegelig vorgezogen und mit feinseidigen Fransen dicht besetzt (Name!). Auch bei diesem Erdstern sitzt die Innenhülle der Außenhülle meist dicht auf, während sie bei anderen Arten gestielt ist. Man findet den Gefransten Erdstern ab August bis in den Herbst hinein, ausgetrocknete Überständer kann man noch im Frühsommer des folgenden Jahres entdekken. Sehr ähnlich ist der zu den Hartbovisten gerechnete Wetterstern, der auf Sand in Nadelwäldern zerstreut vorkommt. Die Lappen seiner Außenhülle sind je nach Luftfeuchtigkeit zurückgerollt, flach ausgebreitet oder über die Innenkugel geschlagen.

Familie: Nestlinge – Nidulariaceae

3 Tiegel-Teuerling – *Cyathus crucibulum*
Die Nestlinge bilden becherartige Fruchtkörper aus, die bei den Teuerlingen anfänglich mit einer Deckelhaut verschlossen sind. In diesen Bechern (Nestern) befinden sich – wie Eier im Vogelnest – linsenförmige Körperchen aus Fasergeflecht, die Peridiolen, die der Vermehrung dienen (sie bilden die Sporenmasse). Die Zahl der Peridiolen im Becher, die mit Getreidekörnern oder Münzen gleichgesetzt wurden, sollten der abergläubischen Bevölkerung früherer Zeiten weissagen, wie der Ernteertrag oder die Geldeinnahmen des laufenden Jahres seien. Bei bevorstehenden Teuerungen sollten entsprechend wenig Peridiolen im Becher vorzufinden sein (Name!). Die als Speisepilze wertlosen, weil viel zu kleinen Exemplare sind ½ – 1 cm hoch, knapp 1 cm breit und erscheinen von Juli bis November an Holz, auf Sägemehl und an Baumstümpfen. Wie der Gestreifte Teuerling (Bechermembran heller, nicht gelblich[-orange] getönt) ist unsere Art sehr häufig, doch wird sie leicht übersehen.

Familie: Hartboviste – Sclerodermaceae

4 Kartoffelbovist – *Scleroderma*
Der Hartbovist kommt vor allem in zwei Formen vor, die meist Artrang haben: der Dünnschalige Kartoffelbovist, *Scleroderma verrucosum,* ein Laubwaldbewohner mit ockerbraunem, dunkelbraun kleingeschupptem Fruchtkörper von bis zu 4 cm Durchmesser und der häufige Dickschalige oder Gemeine Kartoffelbovist, *Scleroderma aurantium,* ein Kiefernbegleiter mit hellerem, bis zu 6 cm breitem Fruchtkörper, der vor allem in Sandgebieten zu finden ist. Beide ähneln den eßbaren Bovisten, sind aber sehr früh mit schwärzlichvioletter Sporenmasse erfüllt und auch durch ihre schuppige, nie reinweiße Außenhaut charakterisiert. Vom Verzehr ist abzuraten, da nach dem Genuß Vergiftungserscheinungen aufgetreten sind, die aber übereinstimmend als nicht tödlich geschildert werden (Schwindel, Magenverstimmungen).

4
2
3
1

Familie: Stäublinge – Lycoperdaceae

1 Flacher Stäubling, Niedergedrückter Stäubling – *Lycoperdon hiemale*
Etwa fünf der in Deutschland vorkommenden Stäublingsarten können mit Sicherheit nur durch mikroskopische Untersuchungen ihrer Sporen sauber bestimmt werden. Für den Pilzsammler ist diese Tatsache unwichtig, denn alle Stäublinge sind eßbar, solange ihre Innenschicht noch rein weiß ist; über den Geschmack eines Bovistgerichtes gehen allerdings die Meinungen auseinander, nicht zuletzt wegen der etwas watteartig-pappigen Konsistenz.
Die abgebildete Art bewohnt Wiesen und Wegraine und zeichnet sich durch kugelige bis kreiselförmige Fruchtkörper von etwa 5 cm Breite aus, die oben abgeflacht sind (Name!) und eine grobkörnelige Oberfläche besitzen. Die Fruchtkörper erscheinen oft in Massen, vor allem im Frühherbst. Verwechslungen mit anderen Bovisten oder auch ganz jungen Egerlingen (Champignons) können vorkommen, sind aber in bezug auf die Genießbarkeit belanglos. Alte Pilze, deren Sporenmasse im Innern schon gelbliche oder gar bräunliche Farbe zeigt, sind ungenießbar. Der Eier-Bovist hat eine glatte, splittrig abbrechende Oberhaut, der Hasen-Stäubling hat mehr birnförmig gestaltete Fruchtkörper. Andere ähnliche Arten besiedeln vor allem Wälder und Waldränder. Nicht allzu selten treffen wir auf den Riesenbovist oder Riesen-Stäubling, dessen Fruchtkörper von Männerfaustgröße bis über Kindskopfgröße, im günstigsten Fall mit einem Durchmesser bis zu 50 cm den Lokalzeitungen gegen Ende der Saure-Gurkenzeit wertvollen Füllstoff liefert. Auch er ist jung eßbar. In Scheiben geschnitten und gebraten, liefert er Pilzschnitzel für ganze Familien. Die Sporenreife beim Flachen Stäubling kündigt sich durch gelbliche Verfärbung der Innenschicht an, die bald ins Olivbraune übergeht. Zugleich wird das anfangs relativ feste Fleisch immer weicher und pulvriger. Bei Regenwetter schlägt die Farbe der Sporenschicht auf die Außenhülle durch, die sich allmählich hellbraun färbt. Sie bekommt zunächst am oberen Pol ein Loch, durch das die Sporen entweichen können, zerfällt dann mit zunehmendem Alter vollständig bis auf den langlebigen unteren Fruchtkörperteil, der als häutiger Becher lange erhalten bleibt.

2 Flaschen-Stäubling, Flaschenbovist – *Lycoperdon perlatum*
1–3 cm breit, aber bis über 8 cm hoch wird der Fruchtkörper dieses sehr häufigen, waldbewohnenden Stäublings. Seine namengebende (verkehrt-)flaschenförmige Gestalt kommt dadurch zustande, daß der rundliche Sporenkörper einem nicht ganz so dicken, sich aber nach oben zu etwas erweiternden Stielteil aufsitzt. Das Ganze ist überzogen von einer derben, körnelig warzigen Haut, von der sich die härtlichen Körnchen abreiben lassen. Er erscheint gesellig ab Mitte Juni und bildet bis November noch frische Fruchtkörper, die so lange gesammelt werden können, wie sich ihre Innenmasse noch nicht gelblich verfärbt hat – oder (in diesem speziellen Fall gültig) bis sich der Kopfteil vom Stielteil nicht mehr mit einem deutlich wahrnehmbaren Knall abbrechen läßt.
Im Alter verfärbt sich das Innere ins Olivbraune und trocknet zu staubfeinem Pulver aus, das durch eine Öffnung am oberen Pol des Fruchtkörpers ins Freie treten kann, explosionsartig unter Entwicklung einer eindrucksvollen Staubwolke, wenn dies durch Tritt oder Stoß veranlaßt wird („Stäubling"). Die Art der Ausstoßung hat zum Namen Bovist geführt, der Latinisierung des niederdeutschen Bofist, wobei „fist" nichts anderes als „Wind" bedeutet und das Präfix „bo" sich entweder von buffen = schwellen herleitet oder etwas mit „Bube" zu tun hat. Im wissenschaftlichen Gattungsnamen wird dasselbe Vergehen dem bösen Wolf angelastet (lycos, gr. = Wolf, perdonei, gr. = einen Wind lassen).
Die Hülle bleibt nach Ausstreuen des Sporenstaubes lange Zeit fast vollständig erhalten (s. oben). Der Sporenstaub ist nicht giftig, Kinder nehmen ihn oft als Pfefferersatz. In die Augen gebracht, kann er natürlich wie aller Staub zu Entzündungen führen. Verwechslungen mit dem verwandten Birnenbovist sind unbedenklich, junge Knollenblätterpilze erkennt man am Längsschnitt: Man sieht den Stiel und die Anlagen der Lamellen (Blätter).

1

2

Familie: Stachelpilze, Stoppelpilze – Hydnaceae

1 Semmelpilz, Stoppelpilz – *Hydnum repandum*
Die bekanntesten Stachelpilze sind aus Stiel und Hut aufgebaut. Ihr besonderes Kennzeichen ist die Hutunterseite: Die Sporenschicht überzieht weder Lamellen noch Röhren, sondern dichtstehende Zäpfchen, Zähnchen oder schmale Stachelchen, die relativ leicht abbrechen.
Der Semmelpilz ist der bekannteste und nutzbarste Vertreter der Familie. Seine Hutoberseite ist oft semmelfarben, zuweilen auch noch heller oder mit einem Stich ins Hellrote versehen. Der meist etwas bucklige Hut hat einen Durchmesser von normalerweise um 10 cm, es sind aber auch schon Breiten von über 25 cm gemessen worden. Er sitzt auf einem stämmigen, 4–8 cm hohen Stiel. Stiele und vor allem die Hüte benachbart stehender Exemplare verwachsen oft. Don Pilz findet man von Juli bis November im Laub- und Nadelwald oft in großen Mengen, es gibt aber auch Jahre, in denen er kaum auftaucht. An der Stoppelunterseite des Hutes ist er einwandfrei zu erkennen, wenn er auch von Ferne einen Pfifferling vortäuscht. In Nadelwäldern wächst eine kleinere, meist dunkler getönte Unterart. Sie ist aber durch gleitende Übergänge mit der Hauptart verbunden.
Semmelpilze sind ergiebige Speisepilze, die in den meisten Fällen ganz ohne Maden sind. Allerdings hat der Sammler einige Kleinigkeiten zu beachten: Das angeschnittene, erst reinweiße Fleisch läuft etwas gelblich an. Eine geringe Menge Saft beginnt dabei zu verharzen. Dieses Harz teilt sich samt Farbe und etwas strengem Geruch den Fingern mit. Der Geruch schwindet aber beim Braten. Semmelpilze eignen sich dafür besonders, während sie gekocht weder rein noch untergemischt schmecken. Die leicht abbrechenden Stachelchen der Hutunterseite verunreinigen andere Pilze. Man sollte entweder Semmelpilze (d.h. Bratpilze) sammeln oder Bratpilze und Kochpilze in besondere Behälter bringen. Ältere Stücke sind oft etwas bitterlich. Es wird empfohlen, entweder die Oberhaut zu schälen, die die meisten Bitterstoffe enthält, oder die Pilze abzukochen und das Kochwasser abzuschütten. Bei dem oft reichlichen Vorkommen empfiehlt es sich, nur die jüngeren Exemplare zu nehmen.

2 Habichtspilz – *Sarcodon imbricatus*
Auch dieser Pilz ist sicher zu identifizieren, wenn man ihn umdreht und die dichte, fast samtige Stachelbekleidung der Hutunterseite beachtet, die der Art auch noch Volksnamen wie Rehfellchen oder Hirschling eingebracht haben. Die Hutoberseite ist schuppig, andeutungsweise gesperbert wie ein Habichtsbalg. Der bis zu 30 cm breite Hut sitzt satt auf dem nur wenig über 5 cm hohen Stiel. Die Breite und die Bodennähe erinnern zusammen mit den federgleichen Schuppen auch an eine mit breitgespreiztem Gefieder hockende Glucke, und daraus erklärt sich ein weiterer, weitverbreiteter Volksname: „Waldhenne“.
Der gesellige Pilz ist ein treuer Kiefernbegleiter. Diesen Bäumen folgt er auf alle Böden, so daß man ihn nicht nur in Sandgebieten, sondern auch auf besseren Böden finden kann, wenn nur geschlossener Wald mit Kiefern vorhanden ist. Er erscheint ab August bis Oktober.
Sein Speisewert ist sehr umstritten. Abgesehen von der Tatsache, daß er gerne von Maden befallen ist, macht eine früh einsetzende Bitterkeit seine Verwendung problematisch. Neben der Empfehlung, nur junge Stücke zu sammeln, wird ein Abbrühen mit heißem Wasser angeraten. Der Bitterstoff soll auch durch Trocknen zerstört werden. Ansonsten wird der Pilz besonders auch wegen seines aromatischen Geschmacks und seiner Würzkraft geschätzt und vor allem als Suppenpilz empfohlen. Zu Pulver zermahlene Trockenpilze ergeben eine begehrte Pilzwürze.
Vielleicht rührt auch ein Teil des Verrufs als Bitterpilz von Verwechslungen mit dem verwandten Gallen-Stacheling her, der mehr gelbbraune Hutschuppen besitzt und einen schwärzlichgrün überlaufenen Stielanfang.
Diese Art ist wirklich abscheulich bitter.
Der Strubbelkopf hat nur von oben betrachtet Verwechslungsähnlichkeit. Im Umdrehen erkennt man aber an der Röhrenschicht der Hutunterseite sofort den Doppelgänger aus der Familie der Schuppenröhrlinge.

1

2

Familie: Porlinge – Polyporaceae

1 Kiefern-Braunblättling – *Gloeophyllum sepiarium (Lenzites sepiarium)*
Porlinge zeichnen sich dadurch aus, daß auf ihrer Fruchtkörperunterseite eine nichtablösbare Fruchtschicht aus kurzen Röhrchen entwickelt ist. Die vorgestellte Art ist ein Vertreter der kleinen, aber sehr häufig vorkommenden Gruppe von Porlingen, bei denen die Röhrenschicht in eine Art (nicht ablösbarer) Lamellen oder Leisten umgewandelt wurde. Alle anderen Eigenschaften passen dagegen zum Familienstandard.
Man findet den Kiefern-Braunblättling das ganze Jahr über zerstreut, im Herbst jedoch häufig, auf Kiefernholz, vorzugsweise an Baumstubben, aber auch auf Kieferbrettern, -balken und -latten (weshalb er auch den Namen Zaun-Blättling erhielt). Ein Stiel ist nicht ausgebildet, der Fruchtkörper sitzt seitlich konsolartig an, seltener wächst er auf einer horizontalen Fläche mehr oder weniger flachtrichterig. Die Fruchtkörpersubstanz ist von korkigzäher Beschaffenheit, die Oberfläche gezont, zottig-kurzhaarig und ockerfarben bis rostbraun, die Blätter sind bräunlich (Name!).

2 Schmetterlings-Tramete, Bunter Porling – *Trametes versicolor*
Eine der häufigsten Porlingsarten. Sie findet sich ganzjährig an altem Holz, vorzugsweise an den Stubben der verschiedenartigsten Laubhölzer. Der gesamte Fruchtkörper besteht aus einer Vielzahl dachig übereinandergestellter, halbkreis- bis nierenförmiger Einzelhüte. Diese sind dünn, lederzäh, am Rand wellig und oberseits gezont und fein samtig behaart. Die Zonen sind durch verschiedene Färbung oft noch deutlich voneinander abgehoben, die Tönung ist innen kräftiger als gegen den Rand zu. Mögliche Farben sind Weiß, Blaßgelb, Hellbraun, Grau, Schieferblau, Schwarzbraun, Rostrot (selten). Auf der Unterseite sitzt die kurze, cremefarbene bis ockergelbe, nicht ablösbare Röhrenschicht. Der einzelne Hut ist bei einer Dicke von weit weniger als ½ cm bis zu 10 cm breit und über 5 cm tief. Ganz alte Stücke sind oft ausgebleicht und von einer Beschaffenheit wie feinstes Ziegenleder. Die ledrige Beschaffenheit des Pilzfleisches stuft die Art in die Gruppe der ungenießbaren Pilze ein.

3 Striegelige Tramete, Striegeliger Lederporling – *Trametes hirsuta*
Auf Baumstümpfen und totem Holz von Laubbäumen finden wir das ganze Jahr über, doch besonders massenhaft im Herbst zwei Arten weißlicher, ungenießbarer Porlinge, die mit konsolartigem, ledrig-korkigem Fruchtkörper seitlich ansitzen. Oft stehen einige Exemplare dachig übereinander. Die Unterseite trägt die festsitzende Röhrenschicht, die Oberseite ist gezont, wulstig und mehr oder weniger stark samt- und striegelhaarig. Sie zeigt Farben von fast reinem Weiß bis Grauoliv, wenn nicht bei älteren Stücken einzellige Grün- oder Blaualgen eine Umfärbung vorgenommen haben.
Das eine ist die Gebuckelte Tramete, ihre Fruchtkörper sind oft einige Zentimeter dick, sitzen mit einem buckeligen Höcker an und werden bis zu 20 cm breit. Die Zonen sind meist mit kurzen Samthaaren besetzt, und nur zwischendurch kommt ein Ring längerer Samthaare (Striegelhaare). Die Striegelige Tramete ist oft dünner, meist kleiner, mehr ins Graue gefärbt und hat viele Striegelhaarzonen.

4 Schaf-Porling, Schafeuter – *Albatrellus ovinus*
Ein stämmiger Pilz, der meist in Gruppen oder in Kreisen, öfters mit verwachsenen Hüten, im Nadelwald des Berglandes und noch höherer Regionen zerstreut vorkommt. Die Hüte sind recht verschiedenartig geformt, oft verbogen, im Alter felderig aufgerissen, weißlich mit einem Stich nach Gelb oder Grau. Auf der Unterseite ist eine fest angewachsene, kurze Röhrenschicht, die am Stiel etwas herabläuft. Der Stiel endet nicht immer genau in der Hutmitte. Das wohlriechende Fleisch ist fest aber brüchig, die Bruchstellen sind nicht faserig (Apfelbruch) und laufen, wie auch Druckstellen, leicht gelb an. Der kalkliebende Pilz erscheint ab Juli und kommt bis in den Oktober hinein immer wieder neu. Er ist ein schmackhafter Speisepilz. Ein ungefährlicher Doppelgänger ist der Semmel-Porling, mit semmelgelber Hutoberseite und meist verzweigtem, mehrhütigem Stiel.

3
2
4
1

Familie: Keulenpilze – Clavariaceae

1 Bleicher Ziegenbart, Bauchweh-Koralle – *Ramaria (Clavaria) pallida*
Der kurze Strunk des Fruchtkörpers teilt sich schon weit unten in längliche, mehrfach verzweigte Ästchen, die am Ende in 2–3 kurze Spitzchen auslaufen. Das Sporenlager überzieht vor allem die Oberfläche dieser Endigungen, wobei durch die weitere Aufteilung eine Oberflächenvergrößerung erreicht wird. Im allgemeinen wächst diese Art mehr in die Höhe als in die Breite, ihre Durchschnittsgröße erreicht etwa die Maße einer Männerfaust. Anfangs sind die Zweige blaßockerfarben (pallidus, lat. = blaß, bleich) und die Spitzen lilarötlich angehaucht, im Alter nehmen alle Teile ein schmutziges Hellbraun an. Das reinweiße, nicht wäßrig marmorierte Fleisch riecht säuerlich, sein Geschmack ist bitter.
Der Pilz wächst gesellig, oft in Ringen oder Reihen in Nadel- oder Buchenwäldern (selten auch unter anderem Laubholz). Er wird vor allem im Frühherbst gefunden. Als Standorte werden Wälder bevorzugt, die über Kalkgestein stocken.
Diese Art muß als giftig bezeichnet werden, obwohl glaubwürdige Pilzsammler versichern, daß sie die Koralle ohne Beschwerden verspeisen. Bei sehr vielen Menschen löst aber der Verzehr schon nach 15–30 Minuten eine Reihe von Reaktionen aus, die je nach allergischer Veranlagung leichter oder sehr heftig verlaufen können: Erbrechen, kolikartige Leibschmerzen und Durchfall. Oft wird behauptet, die Giftwirkung der Zweigspitzen wäre besonders stark und man solle diese bei der Zubereitung abschneiden. Andere meinen, der Anfälligkeitsgrad gegen diese Koralle beruhe auf Veranlagung, und Dritte sprechen von lokalen Rassen mit geringerem Giftgehalt.
Die Korallen haben gegenüber den Hutpilzen alle einen Nachteil: Deren Hut mit seiner meist derben Haut schützt Sporenschicht und auch das Fleisch gegen Regenwasser. Dieses wird aber bei den Ziegenbärten in ihrem Gezweig festgehalten und durchdringt das Pilzfleisch. Es begünstigt die Zersetzung des Proteins in oft giftige, zumindest wenig bekömmliche Spalt- und Abbauprodukte.

2 Goldgelber Ziegenbart, Goldgelbe Koralle – *Ramaria (Clavaria) aurea*
Aus einem weißen, dicken Strunk entwickeln sich viele, zunächst sehr gedrungene, verzweigte Ästchen, die sich später strecken und zu jenem korallenartigen Aussehen führen, das diesen Pilzen ihren Namen gegeben hat (clava, lat. = Keule; ramus, lat. = Zweig, Ast). Bei der Goldgelben Koralle (aureus, lat. = golden) sind diese Ästchen zumindest in der Jugend bis in die Spitzen hinein gleichmäßgig goldgelb gefärbt. Andere, nicht ganz so bekömmliche oder wohlschmeckende Arten zeichnen sich durch hellere Farben aus, oder aber ihre Zweigenden sind andersfarbig getönt. Das sehr ähnliche, doch stets kleinere Schönhorn (Klebriger Hörnling, S. 112, ohne Speisewert) besitzt zwar auch durchgehend sattgelb gefärbte Zweige, jedoch keinen weißen Strunk. Im Alter geht aber die Farbe des Goldgelben Ziegenbartes ins Trübbraune über. Dann ist er nur noch sehr schlecht von Doppelgängern zu unterscheiden. Man sollte die Fruchtkörper, die oft breiter als hoch wachsen, sowieso nur jung für Speisezwecke sammeln, solange sie in allen Teilen frisch sind und keine Faulstellen zeigen. Allerdings sind sie jung oft tief im Moos oder im Laub versteckt und ragen gerade mit ihren noch krumpelig aussehenden Zweigenden ein wenig heraus. Da die Pilze aber oft in Reihen oder Kreisen wachsen, verraten die älteren, schon ungenießbaren Stücke den Standort der jüngeren. Das wäßrig durchzogene Fleisch ist weiß und riecht säuerlich, ein Geruch, der sich beim Kochen verliert. Man findet die Pilze vom Hochsommer bis zur Herbstmitte in Wäldern aller Art, besonders bei Buchen und Fichten. Sie sind gebietsweise, vor allem in Kalkgebieten, sehr häufig. Der Pilz gehört, zumindest jung, zu den wohlschmeckenden Korallenarten. Der Anfänger sei aber gerade vor den Korallenpilzen eindringlich gewarnt: Sie sind zwar nicht tödlich giftig, können jedoch sowohl unangenehme Verdauungsstörungen hervorrufen oder ungefährlich, aber durch Bitterstoffe fast ungenießbar sein. Nur wer die einzelnen Arten gut auseinanderhalten kann, erlebt bei den Ziegenbärten ungetrübte Gaumenfreunden.

1

2

Familie: Leistenpilze – Cantharellaceae

1 Herbsttrompete, Totentrompete – *Craterellus cornucopioides*
So düster wie sein Name ist auch die ganze Erscheinungsform des Pilzes, der oft in Massen vom Hochsommer bis zum Herbst in Laubwäldern zu finden ist. Nur selten trifft man ihn einmal in einem moosigen Fichten-Altholzbestand an. Er bevorzugt eindeutig gut zersetzten Laubmull unter Buchen, geht allerdings auch gerne in die sauren Laubholzvarianten bis hin zum Eichen-Birken-Wald.
Hinter der düsteren Maske verbirgt sich ein wertvoller Würzpilz, fleischarm zwar, aber deswegen leicht zu trocknen. Beim Dörren entwickelt er erst sein fruchtiges Aroma. Die zerstoßenen Trockenprodukte lassen sich in luftdicht schließenden Behältern lange aufbewahren. Trotz einer gewissen Zähigkeit lassen sich aus Frischpilzen auch schmackhafte Gemüse bereiten, wenn man sie nur klein schneidet. Dazuhin ist der Pilz leicht kenntlich, und alle seine „Verwechslungsmöglichkeiten" sind ebenfalls eßbar, wenn auch vielleicht nicht von derselben Qualität. Das Massenvorkommen erlaubt es auch, nur junge Stücke zu sammeln und die alten abgestandenen Fruchtkörper mit dem schwärzlichen, runzeligen Außenrand stehenzulassen. Bei feuchtem Wetter verwandelt sich die Farbe in ein sehr dunkles Blauschwarz.
Die Form des Pilzes gleicht einem Füllhorn (craterellus, lat. = kleiner Krater; cornucopioides, lat. = füllhornähnlich) oder auch einer Trompete. Die Farbe ist je nach Feuchtigkeit ein Graubraun bis fast Schwarz. Die Außenseite zeigt nicht einmal mehr Leisten, doch ist sie grob längsrunzelig. Sie trägt die Sporenschicht und ist durch die bald austretenden weißen Sporen heller grau getönt. Der Fruchtkörper verjüngt sich nach unten, am oberen Rand ist er umgeschlagen, später auch runzelig verbogen oder gelappt. Seine Höhe beträgt etwa 5–15 cm, die Breite zwischen 3 und 8 cm. Er ist bis unten hin hohl und nach längeren Regenperioden oft weit hinauf mit Wasser gefüllt. Beim Sammeln solcher Pilze sollte man den unteren Teil nicht mitnehmen.
Wenn der Pilz an der Unterseite dicke, gegabelte und entfernt stehende, doch miteinander verbundene Leisten trägt, dann liegt der ähnliche Ganzgraue Pfifferling *(Cantharellus cinereus)* vor. Er gehört zur gleichen Familie, ist etwas zierlicher und ebenfalls eßbar, allerdings viel seltener und fehlt weiten Gebieten.

2 Trompeten-Pfifferling – *Cantharellus tubaeformis*
Wer in schlechten Pilzjahren im Bergland sammelt, dem bleibt oft als letzte Rettung die Fichtenschonung oder das Stangenholz in der Mulde oder am Hang, wo oberflächlich austretendes Sickerwasser zu einer reichen Moosflora, eventuell schon mit dicken Polstern von Torfmoosen, geführt hat. Dort findet der Kenner dann meist noch in Mengen die Trompeten-Pfifferlinge. Allerdings muß es schon richtig Herbst geworden sein, bevor sie erscheinen.
Auf derbem, rundlichem oder sehr oft zusammengedrücktem, 2–10 cm hohem Stiel von sattgelber Farbe sitzt der feucht braune, trocken mehr grau-hellbraune Hut. Anfangs gewölbt, geht er bald in seine typische Flachtrichterform über. Nicht selten ist in der Trichtermitte ein kleines Loch. Der Rand ist meist unregelmäßig gewellt. Auf der Unterseite finden sich die etwas herablaufenden, netzig verwachsenen Leisten, die den Pilz als Pfifferling kennzeichnen. Sie färben sich durch die blaßgelben Sporen bald grau.
An dem einzelnen Pilz ist nicht viel dran, denn der Hut ist sehr dünnfleischig, und der derbe Stiel sollte nicht weit hinab mitgenommen werden. Durch das massenhafte Vorkommen kann man aber bis zum Schneefall manches Pilzgericht ernten. Die Pilze sind von angenehmem mildem Geschmack, doch wenig aromareich. Ihres dünnen Fleisches wegen lassen sie sich auch leicht dörren. Wenn man ihnen wenige Echte Pfifferlinge beimischen kann, eignen sie sich gut zum Eindünsten. Ein minderwertiger, doch immerhin eßbarer Doppelgänger ist der Duftende oder Starkriechende Leistling *(Cantharellus lutescens)*. Er bevorzugt ebenfalls den Nadelwald (mehr auf kalkigem, weniger auf sauer-sandigem Untergrund), sein Stiel ist jedoch deutlich orangegelb gefärbt. Sein Fleisch riecht stark süßlich aromatisch, bei älteren Exemplaren schon fast widerlich.

1

2

Familie: Leistenpilze – Cantharellaceae

1, 2 Echter Pfifferling – *Cantharellus cibarius*
Einer unserer bekanntesten Speisepilze. Dutzende Volksnamen beweisen seinen Bekannheitsgrad: Nach der Farbe heißt er Eierschwamm, Dotterpilz, Gelbling, Gehlchen und Galuschel, nach dem leicht pfeffrigen Geschmack eben Pfifferling, nach seinem Aprikosenduft Marillenschwamm, nach der Jugendform Nagerl, die ohrmuschelartige Einkremplung des ausgewachsenen Trichters brachte das Gelböhrchen, die Leisten den Leistling, daneben gibt es noch zahlreiche Kosenamen, die sich auf den kleinen, aber doch feisten Wuchs beziehen (auch auf den Waldstandort): Rehling, Reherl, Rehfüßchen. Seine Farbe kann von strohgelb (fahlweiß) bis tief dottergelb schwanken. Das Jugendstadium heißt auch „Kragenknopfstadium", später wird die kurzgestielte Trichterform erreicht (kantharos, gr. = trichterförmiger Becher, cantharellus ist die latinisierte Verkleinerungsform). Wichtig sind die Leisten: An der Hutunterseite sind keine Lamellen, sondern adrig verzweigte, niedere Stränge, die das Sporenlager tragen. Das unterscheidet die Träger von den normalen Blätterpilzen und bringt sie neuerdings in die Verwandtschaft der Korallen-, Stachel- und Keulenpilze. Das aromatisch riechende Fleisch ist weiß, zuweilen etwas gelblich, fest oder schwach faserig und hat roh einen fadlaugigen, ins Pfefferartige übergehenden Geschmack, der sich aber beim Kochen bis auf eine letzte, pikante Würznote auflöst. Maden finden sich selten, von Schnecken wird der Fruchtkörper verschmäht. Er geht überdies nur sehr schwer in Fäulnis über. Dies macht den Pfifferling zu einem der wertvollsten Marktpilze; allerdings hängt damit auch seine Schwerverdaulichkeit zusammen. Aroma und Vitaminreichtum gleichen aber diesen Mangel vor allem in heutiger Zeit weitgehend aus, wo es ja häufig darum geht, nicht zu viel an Nährstoffen zu sich zu nehmen. Eine Gefahr bleibt allerdings bestehen: Pfifferlinge faulen zwar selten, werden aber gelegentlich – vor allem an sehr feuchten Standorten – äußerlich von Schimmelpilzen befallen. Man hüte sich davor, Pilze mit einem kurzflaumig-filzigen Überzug noch verwerten zu wollen. Zumindest eine Magenverstimmung kann die Folge sein.
Die Redensart: „keinen Pfifferling wert", die den Wert eines Pfifferlings gleich Null setzt, gilt heutigentags nicht mehr. Pilzkundige stellen überall einen rapiden Rückgang in der Häufigkeit gerade dieses Pilzes fest, und in den Marktberichten hat der Erlös für ein Kilogramm Pfifferlinge schon eine stattliche Höhe erreicht. Da unser Pilz zu den leichtkenntlichen Arten zählt und da er außerdem einen exklusiven Geschmack besitzt, wird ihm natürlich intensiv nachgestellt. Von Juni bis Oktober, bei milder Witterung bis November ist Erntezeit. Der eigentliche Pilz ist nur der Fruchtkörper eines ausgedehnten, unterirdischen Fadengeflechtes, dem das Abernten so wenig schadet wie das Pflücken der Äpfel dem Baum. Wenn hier aber Äste abgerissen werden und dort Erde umgewühlt wird und dabei das zarte Fasergeflecht des Pilzes beschädigt wird, wenn die Pilze ausgerissen werden und das Fasergeflecht freigelegt wird, so daß es abstirbt, dann allerdings geht oft die ganze Pflanze zugrunde. Neben dem Pfifferling gibt es noch eine ganze Reihe weiterer schmackhafter Pilze, die ebenfalls leicht kenntlich sind und auf die man zum Schutz der Pfifferlingspopulationen ausweichen sollte.
Vom Pfifferling gibt es mehrere Varietäten, sowohl dem Bau als auch dem Standort nach. Zwei davon sind hier abgebildet. Der Typ der Art, die Normalform **1** (ssp. *cibarius* – cibaria, lat. = Speise) wird vor allem in Fichtenbeständen, und zwar sowohl Schonungen, Stangenwäldern wie moosreichen Altholzbeständen gefunden. Der Bleiche Pfifferling **2** (ssp. *pallidus*) ist von stattlicherem Wuchs und von sehr heller, fahlgelber Farbe. Er wächst vor allem in den Laub-, besonders den Buchenwäldern auf Kalkböden. Seltener sind dann noch der Weizen-Pfifferling (ssp. *albus*) mit fast reinweißem Hut und ebensolchen Leisten und die (Berg-)Form der montanen Buchen-Tannenwälder, der Violettschuppige Pfifferling (ssp. *amethysteus*), dessen schwefelgelber Hut mit feinen violetten Schüppchen bedeckt ist.

1

2

Familie: Wachsblättler – Hygrophoraceae

1 Frost-Schneckling Gelbblättriger Schneckling – *Hygrophorus hypothejus*
Dieser Schneckling zählt zu den wertvollen Speisepilzen. Er eignet sich für Suppen und ergibt auch schmackhafte Gemüse. Anfangs ist er zwar von einer dicken Schleimschicht bedeckt, doch verteilt sich diese beim Größerwerden etwas und fließt auch teilweise ab. Der Rest kann dann leicht abgeschabt werden.
Der dunkelbraune Hut ist anfangs kegelig gewölbt, wird aber bald flach und zum Schluß zumindest angedeutet trichterig. Er ist meist nur gegen 5 cm breit und blaßt gelegentlich nach Gelb oder Rötlichgelb aus. Seine Lamellen verfärben sich von Reinweiß nach Gelb und Orangerötlich. Das feste Fleisch verfärbt sich an der Luft ins Gelbliche. Es riecht nur ganz schwach und dann eher angenehm fruchtig. Der schlanke, 3 bis knapp 10 cm lange Stiel erreicht meist nur Bleistiftdicke. Der Frost-Schneckling ist gebietsweise sehr häufig, fehlt andererseits vor allem den Lehm- und Kalkgebieten oder kommt dort nur gelegentlich vor. Er besiedelt sandige Heiden mit viel Heidekraut und zeigt eine enge Bindung an Kiefern. Sein Hauptvorteil für die Pilzverwertung besteht darin, daß er erst nach den ersten Nachtfrösten in größeren Mengen erscheint und dann bis in den Winter hinein in Frost und Schnee ausharrt. So wird er kaum von Maden befallen.
Verwechslungen können mit anderen eßbaren Schnecklingen vorkommen, die allerdings fast durchweg früher erscheinen. Da ist vor allem der Olivgestiefelte, Olivbraungeschuppte oder Natternstielige Schneckling *(Hygrophorus olivaceoalbus)*, mit olivbraunem Hut, weißbleibenden Lamellen und graubraun genattertem Stiel, der von Juli bis November vorzugsweise unter Fichten gefunden werden kann. Auf der sauren Nadelstreu kommt er auch in Kalkgebieten gut durch, doch zieht er die Bergregion vor.

2 Verfärbender Schneckling, Starkriechender Schneckling – *Hygrophorus cossus*
Die Großgattung *Hygrophorus* wird heute von einigen Pilzsystematikern auf einige kleinere Gattungen aufgeteilt, wie das die Pilzsammler aus rein praktischen Gründen schon lange tun. Anderen Forschern erscheinen die Unterschiede zwar auffällig, aber in ihrer Zahl zu gering, als daß sie zur Trennung ausreichten. Alle diese Pilze haben farblose Sporen und ein Fleisch von weicher, wachsartiger Beschaffenheit sowie dicke, weit entfernt stehende Blätter. Der Kenner unterscheidet innerhalb dieser Gruppe die Saftlinge (S. 130) mit glasigem Hut und auffälligen Farben, die Ellerlinge mit feuchten, aber nicht klebrigen und die Schnecklinge mit zumindest in der Jugend schleimig-klebrigen Hüten. Die Gruppe der Schnecklinge stellt bei uns die meisten Vertreter. Eigentliche Giftpilze sind keine darunter, doch fallen einige Arten durch besonders unangenehmen Geruch und Geschmack auf und müssen daher als zumindest „für Speisezwecke ungeeignet“ deklariert werden. Zu diesen gehören der Verfärbende Schneckling und seine nähere Verwandtschaft. Er besitzt denselben Geruch wie die Raupe des Weidenbohrers (Schmetterling; *Cossus cossus*; Name!), die sich mit dieser Ausdünstung mögliche Feinde vom Leib hält. Auf schleimigem, nach oben dicker werdendem, etwa 5–10 cm langem Stiel sitzt ein anfangs weißer, aber bald vergilbender, schleimbedeckter, 4–8 cm breiter Hut. Die Fruchtkörper erscheinen schon im August und sind bis Oktober in mullreichen Wäldern mit guter Bodenzersetzung häufig anzutreffen. Bevorzugt werden aber Standorte unter Buchen.
Eine ganze Reihe anderer Schnecklinge können mit dieser Art verwechselt werden. Über ihren Wert als Speisepilz entscheidet lediglich die Intensität des Geruchs nach Weidenbohrerraupen. Da ist vor allem der als wohlschmeckend gerühmte Elfenbein-Schneckling (*Hygrophorus eburnus*; eburnus, lat. = elfenbeinern), auch nach seinem Hauptvorkommen Fichten-Schneckling genannt. Sein Hut bleibt reinweiß. Manche Autoren unterscheiden als eigene Art den stark riechenden Gelbrand-Schneckling (*Hygrophorus chrysaspis*; chrysaspis, gr. = Goldschild), dessen Hut sich intensiver gelb verfärben, an Trockenstellen des Randes sogar braunorange werden soll (siehe Abbildung, Pilz ganz links).

1

2

Familie: Wachsblättler – Hygrophoraceae

1 Schwärzender Saftling – *Hygrophorus conicus*

Hygrophorus ist in freier Übersetzung der Wasserträger (eigentlich: Feuchtigkeitsträger) und auch der deutsche Artname deutet auf das besonders saftige Fleisch der Vertreter dieser Gattung hin, die im übrigen meist nur in der offenen Landschaft, kaum im schattigen Walde zu finden sind. Die Hüte zeigen auffällige Farben und weisen die charakteristischen, dicken, entferntstehenden Lamellen auf, die wachsartig aussehen und der Familie den Namen gegeben haben.

Der Schwärzende Saftling hat einen kegeligen (konischen!), oft deutlich bespitzten Hut, der zunächst leuchtend gelbrot bis scharlachrot ist, im Alter dann ganz allmählich eine schwärzliche Farbe annimmt. Dasselbe geschieht beim Abpflücken oder spätestens beim Kochen. Der meist hohle Stiel ist zunächst etwas heller als der Hut gefärbt, macht dann aber auch dessen Umwandlung nach. Kenner unterscheiden zwei Arten, die sich aber äußerlich nur durch die Hutform unterscheiden. Oft kommen beide nebeneinander vor, so daß die Frage nach dem Artrang zumindest offen ist.

Unter den Saftlingen ist unsere Art noch eine der kräftigsten. Wir können von einer mittleren Hutbreite um 5 cm und einer fast ebensogroßen Stiellänge ausgehen. 10 cm werden nicht überschritten. Obwohl sie als guter Suppenpilz gilt, bringt sie deshalb nur geringe Erträge, wenn sie nicht gerade in Massenwuchs auftritt. Da die Fruchtkörper leicht brechen und zerdrückt werden können, müssen sie beim Einlegen in den Korb und beim Transport schonend behandelt werden. Verwechslungen können nur mit eßbaren Arten derselben Gattung eintreten.

Vom Sommer bis in den Herbst finden wir die Saftlinge auf Grasplätzen, Matten, Waldwiesen und Rasenstreifen neben den Wegen, auch in sehr lichten Parkanlagen und in Obstgärten. Niederschlagsreiches Klima fördert ihr Auftreten, weshalb sie vor allem im Bergland und in den Vorgebirgen häufig anzutreffen sind.

Familie: Gelbfüßler – Gomphidiaceae

2 Großer Gelbfuß, Schmierling, Kuhmaul – *Gomphidius glutinosus*

Eine dicke, zusammenhängende Schleimschicht überzieht den ganzen Pilz im Anfangsstadium. Beim weiteren Wachstum reißt sie dann auf, überdeckt aber zumindest die Hutoberseite vollständig. Sie ist fast farblos, zumindest durchscheinend und läßt sich bei genügender Vorsicht an einem Stück, sonst aber immerhin noch in wenigen großen Fetzen abschälen. Die Hutfarbe ist violett- bis schmutziggraubraun. Der anfangs gewölbte Schirm geht später in eine Kreiselform über. Die dikken, wachsartigen Lamellen laufen am Stiel hinab. Sie sind erst weißlich, dann von den Sporen grau bis schwarz verfärbt. Der weiße, 5–10 cm hohe Stiel ist von unten her chromgelb verfärbt. Diese Farbe teilt sich auch dem sonst weißen Fleisch mit, das im übrigen etwas wäßrig-weich ist. Meist befinden sich am oberen Stielende die Reste des früheren Schleimüberzuges als Wulst angehäuft, der durch die herabfallenden Sporen bald rußig bestäubt erscheint.

Das Kuhmaul finden wir vorzugsweise in Fichtenwäldern, und zwar besonders in Beständen mittleren Alters mit dichter Nadelstreu. Reine Laubwälder werden gemieden, die Vorkommen mit Nadelhölzern außer Fichten sind sehr selten. So ist dieser Pilz eigentlich ein Bergbewohner. Wenn er heute im Tief- und Hügelland auftritt, dann hängt das mit der weiten künstlichen Verbreitung der Fichten durch den Menschen zusammen. Man trifft ihn vom Sommer bis zum Herbst an, in manchen Jahren liefert er Massenernten.

Obwohl eßbar, wird der „Rotzer" seines unappetitlichen Aussehens wegen von vielen Pilzsammlern nicht beachtet. Andere loben ihn dagegen als einen der besten Speisepilze. Er ist auf jeden Fall, trotz seines weichen Fleisches, eine wertvolle Bereicherung von Mischpilzgerichten (die man allerdings nicht stundenlang kochen sollte, da er sonst sülzig zerfällt). Ein ganz großer Vorteil ist seine Unverwechselbarkeit. Höchstens nahe Verwandte, zum Beispiel der ebenfalls eßbare Kupferrote Gelbfuß, könnten aus Versehen mitgesammelt werden.

1

2

Familie: Hellblättler – Tricholomataceae

1 Weißer Gifttrichterling, Feld-Trichterling – *Clitocybe dealbata*
Ein gefährlicher Giftzwerg, der sehr viel Fliegenpilzgift (Muscarin) enthält und der in alten Pilzbüchern zuweilen als eßbar beschrieben wird. Er schmeckt angenehm mild, und sein Geruch nach Mehl macht ihn unverdächtig. Beim Auftreten von Vergiftungserscheinungen (Schwindelgefühlen) muß man sofort einen Arzt zuziehen und in der Zwischenzeit versuchen, den Magen des Erkrankten zu entleeren. Die fortgeschrittene Vergiftung äußert sich in schwerem Durchfall und einsetzendem Delirium. Vermutlich ist es nur der Kleinheit des Pilzes zu verdanken, daß bislang noch so wenige Vergiftungen durch ihn erfolgt sind.
Die Stielhöhe überschreitet selten 4 – 5 cm, und auch die Breite des Hutes schwankt nur zwischen 2 und 5 cm. Die Hutfarbe ist ein mattglänzendes, reines Weiß, das aber früh schon ins Schmutzigweiße bis Hellgelbliche hinüberaltert. Der anfängliche Buckelhut wird zum Trichter, dessen Rand bald kraus und wellig überhängt. Der dünne, etwa um ½ cm breite Stiel ist faserig, verjüngt sich nach oben zu kaum und bekommt im Alter eine schwach hellrosa Tönung. Die engstehenen, schmalen, erst blaßgelben dann schmutzigocker nachdunkelnden Lamellen laufen ein wenig am Stiel herab.
Der Weiße Gifttrichterling meidet den Wald. Er findet sich vom Hochsommer bis in den Herbst hinein auf Grasplätzen aller Art, besonders Nutzwiesen und Weiden. Er kommt in ganz Europa und auch in Nordamerika vor, doch ist er in manchen Gebieten nicht sehr häufig. Meist wächst er in Ringen, aber auch Wachstum in unregelmäßig verteilten Trupps kommt vor. Dort, wo die Fruchtkörper stehen, ist das Gras stets von satterem Grün.
Verwechslungen können am ehesten vorkommen mit dem meist kräftigeren Pflaumenrötling (Mehlräsling, Mehlpilz, Weißgrauer Moosling – *Clitopilus prunulus*), der in manchen Gegenden als ausgezeichneter Speisepilz gesammelt wird – in den allermeisten Fällen aber nur von wirklichen Pilzkennern. Er ist mehr am Waldrand und in lichten Wäldern zu finden, und seine Lamellen färben sich bald rot ein; die von ihm verursachten Geruchseindrücke sind individuell sehr verschieden – nach Gurken, Mehl oder Pflaumen (lat. = prunus). Nur große Unaufmerksamkeit kann zu Verwechslungen mit dem Nelken-Schwindling (S. 140) führen, der, an denselben Standorten vorkommend, sich durch eine Vielzahl von Merkmalen unterscheidet: Zähelastischer Stiel, weitstehende Lamellen und die deutliche Ockerfarbe des Hutes gehören zu den wichtigsten.

2 Mönchskopf, Ledergelber Riesentrichterling – *Clitocybe geotropa*
Man braucht tatsächlich nur wenig Phantasie, um beim Anblick des noch jungen Hutes an eine Tonsur zu denken. Ein rundlicher Buckel in der Mitte stellt den geschorenen Kopf dar, der verflachte Randteil mit dem bogig nach unten gezogenen Saum kann als Haarkranz gedeutet werden. Die Rippen auf der Oberseite signalisieren die geradegekämmten Haarsträhnen.
Während sich nun der Stiel auf 10 bis über 20 cm Höhe streckt, bleibt der Hut in fast derselben Form und in einer Breite von 2 – 6 cm lange erhalten. Erst in der Endphase des Wachstums macht er dem Namen Trichterling endlich Ehre und weitet sich zu einem hohen, 10 – 30 cm breiten Trichter – in dessen Mitte allerdings noch in den meisten Fällen der „Anfangsbuckel“ zu sehen ist. Der ganze Pilz ist dann ockerfarben, auch die Lamellen, die etwas am Stiel herablaufen. Das Innere ist weiß, das Hutfleisch sehr fest (bald aber zäh), das Stielfleisch locker, watteartig, sein Geruch angenehm aromatisch.
Man findet den Pilz vom Herbst bis in den Winter hinein in großen Ringen oder in Reihen in Wäldern aller Art über kalkhaltiger und saurer Unterlage, doch stets auf mullreichen Böden. Seine Standhaftigkeit auch gegenüber Frösten deutet gleichzeitig auf schwere Verdaulichkeit hin. Nur junge Pilze, noch in der Mönchskopfform, eignen sich vorbehaltlos zum Verzehr. Manche Menschen allerdings reagieren mit Verdauungsbeschwerden oder Immunreaktionen (Nesselausschlägen). Außerdem besteht die gefährliche Verwechslungsmöglichkeit mit dem Riesen-Rötling.

1

2

Familie: Hellblättler (Ritterlinge) – Tricholomataceae

1 Hallimasch – *Armillariella mellea*
In Waldgegenden gehört dieser Pilz oft zu den häufigsten Arten und tritt auch in schlechten (trockenen) Jahren noch massenhaft auf. Sein relativ zähfleischiger Hut kann alle Honigfarben zeigen (mel, mellis lat. = Honig) und geht in der Regel vom jugendlichen Gelb ins Rosabräunliche, später ins Graubraune und Braune über (oft zeigen die alten Hüte einen bläulichen Schimmelanflug). Er ist mit (abwischbaren) dunkleren Schüppchen besetzt, die gelegentlich vom Regen abgewaschen sein können. Der Stiel trägt über der Mitte einen häutigen, flockig-weißschuppigen Ring (armilla, lat. = Armband, Armspange, den Ring meinend). Die zunächst weißlichen Lamellen verfärben über Gelblichrot nach Braun, um beim Einsetzen der Sporenreife weißmehlig bestäubt zu erscheinen.
Der Pilz erscheint schon im Spätsommer, massenhaft aber im Herbst. Er bricht in dichten Büscheln aus Baumstubben, Bäumen und Wurzeln, scheinbar auch direkt aus dem Boden, doch stecken dann stets Baumwurzeln darunter. Meist erfolgt das Auswachsen fast gleichzeitig, so daß man in einem größeren Gebiet nahezu nur gleichaltrige Stücke antrifft. Das Pilzgeflecht durchwuchert vor allem totes Holz, doch können auch lebende Bäume (vor allem junge Kiefern und Fichten, gelegentlich Obsthölzer) von ihm befallen werden. Der Pilz zählt deshalb zu den Forstschädlingen, befällt aber nur solche Bäume, die in ihrer Lebenskraft geschwächt sind. Im Bast, dem Verjüngungsteil zwischen Rinde und Holz, bildet sich oft die sogenannte Rhizomorpha, das sind meterlange dunkelbraune Stränge, stricknadeldick, oft netzig miteinander verbunden. Sie werden vor allem als Vorratsspeicher angesehen, können aber durch die Erde zu Nachbarbäumen wachsen und diese infizieren. Sie haben den typischen seifig-zusammenziehenden Geschmack des rohen Pilzfleisches. Freigelegtes Pilzgeflecht (Abschrammen der Rinde) leuchtet im Dunkeln phosphoreszierend. Der rohe Pilz ist ungenießbar, der unangenehme Geschmack verliert sich jedoch beim Kochen, vor allem, wenn man nur junge Hüte einsammelt. Die zäh-holzigen Stiele werden nicht weich, man läßt sie am besten draußen. Der Wert des Hallimaschs ist umstritten: Ungenügend gekochte Stücke führten schon zum Erbrechen, beim längeren Kochen zieht die Speise Schleim, und „Pilzgeschmack" ist nur spärlich entwickelt. Andere sind von der reichlich zur Verfügung stehenden Ware angetan. Sie bereiten ein Gericht aus je einem Drittel würziger (z.B. Pfifferling) und geschmacksneutraler Pilze und dem Hallimasch.
Der exotisch klingende Name ist urgermanisch und setzt sich zusammen aus einer Ableitung des Stammes helan = verbergen, hehlen! (verwandt: Halle, Hülle, Hölle) und masche: Gewirke, Netz, Masche! also bezugnehmend auf das unter Rinde verborgene Pilzgeflecht.

2 Grünling, Echter oder Edel-Ritterling – *Tricholoma flavovirens*
Gelbreizker, Gänschen, Grünreizker, Sandgrünchen oder einfach Sandling sind weitere Volksnamen für diesen hochgeschätzten Speisepilz, wobei die Vielzahl seine Beliebtheit verrät. Die Namen beziehen sich einmal auf die gelbe, oft ins Grünliche spielende Farbe des leicht klebrigen Hutes und zum andern auf den Hauptstandort, die sandigen Kiefernwälder Norddeutschlands. Man findet ihn auch in sauren Heiden. Meist stehen ganze Trupps beieinander. Haupterntezeit ist der Herbst.
Lamellen und Stiel sind ebenfalls gelb, sogar das milde Fleisch zeigt einen hellen Gelbton. Die Güte des Pilzes, der zudem oft in Massen auftritt, ist über alle Zweifel erhaben, nur der kurze Stiel sorgt für die einzige Unannehmlichkeit: Die Pilze sind gerne stark versandet. Die Huthaut (die allerdings leicht abziehbar ist) bildet ein wahres Heftpflaster für Nadeln, Sand und Krumen, doch auch die Lamellen müssen oft, da vollkommen versandet, in der Küche ausgeschnitten werden.
Leider gibt es einige Verwechslungsmöglichkeiten mit minderwertigen, wertlosen oder gar giftverdächtigen Pilzen. Man achte zuerst auf die vor dem Stiel zu einem Graben eingebuchteten Lamellen, den klebrigen Hut, den schwachen, angenehmen Mehlgeruch und dann auf den milden Geschmack.

2

1

Familie: Hellblättler (Ritterlinge) – Tricholomataceae

1 Lilastiel, Lilastiel-Ritterling – *Rhodopaxillus personatus*
Mit dem Epitheton *personatus,* von lat. persona = Maske, werden von den Erstbeschreibern oft solche Formen belegt, die leicht mit anderen Arten zu verwechseln sind (also in deren Maske auftreten), oder die sehr variabel sind. Der Lilastiel kann oft für ein kräftiges Exemplar des Violetten Rötelritterlings gehalten werden – er ist im Durchschnitt, bei etwa gleicher Hutbreite (8–15 cm), im Stiel höher und dicker (5–10 cm hoch, 2–3 cm dick). Die Hutfarbe ist zu keiner Zeit violett, sondern stets fahlbraun bis graublaß. Nur der Stiel zeigt anfangs eine satte Lilafarbe (d.h. weniger blau- als rotviolett). Die Lamellen sind fast weiß (wäßrig-blaß) bis sehr hell bräunlich.
Man findet den Lilastiel im Spätherbst (und bis weit in den November hinein) vor allem auf Wiesen, Weiden und in Obstgärten, seltener in Bachgehölzen. Er bringt, in langen Reihen oder in Ringen wachsend, oft reichliche Ernten, auch wenn man auf die älteren, etwas herbsäuerlich schmeckenden Individuen verzichtet. Er ist nicht ganz so häufig wie der Violette Rötelritterling und fehlt vor allem auf Sandböden oft über weite Strecken.

2 Violetter Rötelritterling, Violetter Ritterling – *Rhodopaxillus nudus*
Von den eigentlichen Ritterlingen unterscheiden sich die Rötelritterlinge dadurch, daß sie anstelle weißlicher Sporen rötlich getönte erzeugen (Name!; rhodon, gr. = Rose, Rosenfarbe; paxillus, lat. = Pfahl, Pflock = stämmiger Pilz). Von Kennern wird der Violette Rötelritterling innerhalb seiner Sippschaft als der für Speisezwecke am besten geeignete erachtet und vor allem für das Einlegen in Essig empfohlen. Andere können sich mit dem fadsüßlichen, beinahe widerlichen Geruch und Geschmack nicht abfinden, die dem Pilz auch nach der Zubereitung noch, wenn auch nur sehr schwach, anhaften. So wird diese Art kaum zu einem gängigen Marktpilz werden, und das ist eigentlich schade. Denn einmal gibt es oft wahre Massenernten im Spätherbst, wenn das Angebot der übrigen Pilzarten schon etwas spärlicher wird, und zum anderen gehört der Violette Ritterling zu den wenigen Formen, bei denen schon die künstliche Zucht (in offenen Gartenbeeten) gelungen ist. Im übrigen leidet der Pilz wenig unter Madenbefall. Zudem ist sein Fleisch zwar recht zart, aber doch von so großer Festigkeit, daß es beim Kochen nicht zerfließt. Man findet die Fruchtkörper meist so ab etwa Ende September/Anfang Oktober gesellig in Reihen und Kreisen zwischen dem Fallaub im Mull der Laubwälder, in humusreichen Nadelwäldern, auch in Wiesen und Gärten, wenn nur der Boden eine gut zersetzte, milde und durchfeuchtete, aber nicht nasse Humusdecke aufweist.
Die jungen Pilze sind in allen Teilen schön blauviolett gefärbt. Dann aber geht der kahle, glatte Hut allmählich zu bräunlichen Farbtönen über, auch die Lamellen verfärben nach Rötlichbraun und das anfangs ebenfalls intensiv violette Fleisch zeigt blassere (grünlichgelbe bis bräunliche) Farben und sieht etwas wäßrig, oft auch ein wenig marmoriert aus. Sein schon erwähnter Geruch wird von manchen Autoren mit dem der Veilchenwurzel verglichen. Verwechslungen mit anderen Rötelritterlingen sind möglich, so vor allem mit dem oben beschriebenen Lilastiel. Sie sind ungefährlich, wenn auch die anderen Arten einen geringeren Wohlgeschmack besitzen. Der Lilastiel besiedelt vor allem die offenen Grasflächen, während der Violette Ritterling doch mehr den Wald bevorzugt. Doch können beide an denselben Standorten wachsen. Unaufmerksame Pilzsammler können allerdings an violette Arten der Schleierlinge geraten, die sich nicht nur durch die tief rostbraunen Lamellen zu erkennen geben, sondern auch durch den widerlich süßlich-karbidähnlichen Geruch. Sie können ein Pilzgericht verderben, da ihr Geschmack sehr bitter ist. Empfindliche Personen werden augenblicklich zum Erbrechen angeregt, weshalb die Schleierlinge, allen voran der häufige Liladickfuß, zur Kategorie der schwach giftigen Pilze gezählt werden müssen. Die Vergiftungsgefahr ist allerdings gering, da spätestens beim Zerschneiden nicht nur das safrangelbe Fleisch stutzig macht, sondern auch der intensiv auftretende ekelerregende Geruch eine Weiterverwendung verhindert.

1

2

Familie: Hellblättler (Ritterlinge) – Tricholomataceae

1 Tiger-Ritterling – *Tricholoma pardinum*
Gedrungen-kräftiger Pilz mit einer Hutbreite von etwa 6 – 10 cm bei einer Stielhöhe von 4 – 8 cm. Prachtexemplare mit den Maßen 12/10 cm sind nicht allzu selten. Die silbergraue, oft ins Violett spielende Hutoberseite trägt in der Regel breite, dunkelbraune bis graubraune Schuppen. Diese „Tigerung" gab dem Gewächs seinen Namen (pardus, lat. = Panther, Leo„pard"). Die Lamellen der Hutunterseite sind vor dem Stielansatz eingebuchtet, ihre Farbe ist ein Schmutzigweiß mit gelblichem oder grünlichem Einschlag. Vor allem in feuchter Umgebung ist ihre Schmalseite mit kleinen Wassertröpfchen besetzt. Diese finden sich auch am Stielende unterhalb der Lamellen. Das Fleisch ist weißlich, schmeckt mild und riecht angenehm nach Mehl. Wir haben es aber beim Tiger-Ritterling mit einem Giftpilz zu tun. Es sind zwar noch keine Todesfälle durch seinen Genuß bekannt geworden, doch verursacht er Darmstörungen, die nur langsam auskuriert werden können. Aus Süddeutschland und der Schweiz ist eine große Zahl von Vergiftungsfällen bekannt geworden. Das hängt mit dem häufigen Vorkommen des appetitlich aussehenden Pilzes zusammen, der in Laub- und Nadelwäldern vor allem in Kalkgebieten anzutreffen ist. Hier erscheint er im Spätsommer und oft bis in den Herbst hinein in kleinen Trupps und oft in großer Zahl. Es gibt eine Reihe eßbarer Verwandter, mit denen er verwechselt werden kann, vor allem, wenn seine charakteristischen Merkmale (breite Schuppen, Wasserperlen, kräftiger Wuchs) nur undeutlich ausgebildet sind. Auch der Mehlgeruch, der für einige eßbare Ritterlingsarten gilt, verleitet manchen Sammler zum Mitnehmen. Ritterlinge mit Hutschuppen und graubrauner Farbe sollten stets mit Vorsicht und Bedacht gesammelt werden, denn nicht alle sind Erdritterlinge (siehe unten).

2 Gilbender Erdritterling – *Tricholoma scalpturatum*
Innerhalb der artenreichen Gattung Ritterling wird eine Gruppe von Pilzen mit grauen bis schwärzlichen, schuppigen Hüten unter dem Namen „Erdritterlinge" ausgegliedert. Es handelt sich dabei weniger um eine streng taxonomisch umrissene Untergattung als um eine nach praktischen Gesichtspunkten zustandegekommene Gruppierung von Formen, die nach äußerlichen Merkmalen nicht leicht auseinanderzuhalten sind. Strenggenommen müßte hier auch der oben beschriebene Giftritterling eingereiht werden, dem öfters gerade die Sammler von Erdritterlingen zum Opfer fallen. Die Ritterlinge selbst zeichnen sich durch ihren weißen Sporenstaub aus. Er wird auf dünnen Lamellen erzeugt, deren Höhe kurz vor dem Stiel rasch schwindet, so daß rings um diesen eine Vertiefung entsteht, der „Graben der Ritterburg". Der Gilbende Erdritterling wird um die 5 cm hoch, und auch sein Hut erreicht im allgemeinen ein nur wenig größeres Maß als Durchmesser. Anfangs kegelig-glockig, spannt er oft fast waagrecht aus, ohne allerdings seinen Buckel in der Mitte ganz zu verlieren. Häufig reißt dabei der dünnfleischige Schirm radial ein. An solchen Rissen, doch auch am Stiel und den alternden Lamellen kann man die eintretende leichte Gelbtönung feststellen, die dem Pilz zu seinem Artnamen verholfen hat. Die Hutfarbe ist ein sehr helles Silbergrau, zuweilen mit violettem oder ockerfarbigem Stich. Die Schuppung ist sehr zierlich, daher fühlt sich die Hutoberseite samtig-filzig und trocken an. Das Fleisch schmeckt mild und hat den charakteristischen Mehlgeruch.
Die Art bevorzugt Nadelwälder auf kalkhaltigen Böden mit guter Humusgare. Sauren Rohhumus meidet sie. An geeigneten Standorten kommt sie oft in großen Massen vor und bildet dichtbestandene, ausgedehnte Hexenringe. Dort zieht sie auch unter Laubbäume und ein Stück vor den Waldrand in die angrenzenden Wiesen. Sie erscheint oft schon im Juni und hält bis zu den ersten Frösten durch. Leider kann sie nicht nur mit einer Reihe ähnlicher eßbarer Arten verwechselt werden, allen voran mit dem Mäusegrauen Erdritterling, der an fast denselben Standorten wächst, eine etwas dunklere Hutfarbe aufweist und nicht nach Mehl riecht. Die Gefahr der Verwechslung mit Formen des Tiger-Ritterlings (siehe oben), die keine ausgeprägten Hutschuppen entwickeln, ist sehr groß.

1

2

Familie: Hellblättler – Tricholomataceae

1 Nelken-Schwindling, Feld-Schwindling – *Marasmius oreades*
Die Schwindlinge zeichnen sich dadurch aus, daß sie bei Trockenheit „schwinden", das heißt zu einer hornartigen Masse zusammenschrumpeln; bei feuchtem Wetter entfalten sie sich wieder und leben weiter. Auf das Schwinden nimmt auch der Gattungsname Bezug (marasmos, gr. = welken, schwinden). Die allermeisten Vertreter der Sippe sind kleiner als unser Nelken-Schwindling und wachsen im Wald, während er die offenen Grastriften bevorzugt (wie die Bergnymphen, die Oreaden; Name!).
Auf dem steifen, 4 – 8 cm hohen und nur um ½ cm dicken, doch sehr zähen Stiel sitzt ein 2 – 6 cm breiter, kegelig-glockiger, später auch tellerförmig flacher oder sogar am Rand etwas aufgewölbter Hut. Seine Farbe ist blaßbraun bis rötlichocker und bleicht beim Trocknen aus. Im Alter erscheint ein sehr unregelmäßiges Wabenmuster aus dunkleren Linien. Die dicklichen, vor dem Stielansatz eingebuchteten Lamellen stehen sehr locker. Sie haben eine hellere Farbe als die Hutoberseite. Der Duft des frischen Pilzes wird sowohl mit dem nach Gewürznelken als auch mit dem der Nelkenblüten oder mit dem von frischem Holz umschrieben. Er ist auf jeden Fall aber angenehm und aromatisch, doch muß betont werden, daß auch winzige Mengen Blausäure (Bittermandel) austreten.
Man findet den Nelken-Schwindling vom Frühjahr bis in den Herbst hinein auf Grasplätzen aller Art, sehr selten auch in Wäldern, wo er meist frühere Grünlandnutzung anzeigt. Sehr oft bildet er lückenlose Hexenringe, wobei das Gras am Rand besonders prächtig gedeiht. Da oft sehr viele Exemplare beisammenstehen, lohnt sich das Einsammeln trotz des Umstandes, daß nur die (jungen) Hüte, nicht aber die zähen Stiele verwendet werden können. Mit dem Pilz lassen sich vor allem wohlschmeckende Suppen und würzige Soßen herstellen. Man merkt ihm an, daß er Mitglied einer berühmten Würzpilzgattung ist, zu der noch die waldbewohnenden Knoblauch-Schwindlinge gehören, die als Mousseron Eintritt in die Feine Küche gefunden haben.
Wenn man auf den Wiesenstandort, den steifen Stiel und die (auch jung) hellbräunliche Hutfarbe achtet, sind Verwechslungsmöglichkeiten kaum gegeben. Gefährlich ist der Weiße Gifttrichterling (S. 132), dessen Hut aber lange Zeit reinweiß ist und sich erst im Alter nach Gelblichweiß verfärbt. Er wächst ebenfalls in Hexenringen auf Wiesen und Weiden.

2 Blauer Lackpilz – *Laccaria amethystina*
Die Lackpilze bilden innerhalb der Hellblättler eine sehr eigenständige Gattung, wofür schon die tief violettblauen und nur bei der Sporenreife hell bestäubten Blätter der Hutunterseite ein Zeugnis ablegen. Sie sind sehr grob (dick) und stehen weit voneinander entfernt. Der Hut ist bei unserer Art, zumindest jung und feucht, von tiefvioletter Farbe, mit glatter Oberfläche, gleichmäßig gewölbt und in der Mitte eingedellt. Später kann er fast trichterig werden. Bei Trockenheit blaßt die Farbe bis ins Weißliche aus, so daß er von oben oft kaum mehr vom sehr nahe verwandten Roten Lackpilz (feucht fleischrot, trocken weißlich), *Laccaria laccata,* unterschieden werden kann. Bei beiden behalten aber die Lamellen ihre charakteristische Farbe bei. Der faserige, dünne Stiel wird in der Regel nur wenige Zentimeter bis 1 Dezimeter lang.
Der Pilz wächst sehr häufig in allen Waldtypen, im Mull, im Humus und an den Wegrändern. Seltener wagt er sich in Parkanlagen und Gärten, wo er auch schon in Laubmullböden erfolgreich gezogen wurde. Er ist sehr feuchtigkeitsbedürftig, fehlt zwar in trockenen Jahren nie ganz, kommt aber erst nach regenreichen Sommern in wahrer Massenentfaltung vor. Er tritt gelegentlich schon im Juni auf und hält bis in den Spätherbst aus.
Er ist wie der Rote Lackpilz eßbar, doch nur von mäßigem Wohlgeschmack; auch sind seine Stiele recht trockenfaserig, so daß man am besten nur das obere Drittel mitverwendet. Er ist leicht kenntlich und kaum zu verwechseln. Nur Rettich-Helmlinge (sehr minderwertige, wäßrige Küchenpilze) ähneln in Form und (beiden) Farben, geben sich aber durch helle, engstehende Lamellen und deutlichen Rettichgeruch leicht zu erkennen.

1

2

Familie: Freiblättler – Amanitaceae

1 Grüner Knollenblätterpilz, Grüner Wulstling – *Amanita phalloides*
Auf dieser Seite sind die gefährlichsten Pilze Mitteleuropas vereint. 90% aller tödlichen Pilzvergiftungen kommen auf ihr Konto. Die Gifte sind in kleinsten Mengen wirksam, schon ein pfenniggroßes Pilzstückchen kann einen Menschen töten. Da die Hauptwirkung erst 8–48 Stunden nach Einnahme der Mahlzeit eintritt, nützen sonst übliche Rettungsversuche, wie das Auspumpen des Magens, überhaupt nichts. Die Gifte beeinflussen die Zellatmung und den Informationsfluß zwischen Kern und Zellplasma, wirken im Endeffekt schädigend auf die Leber und zerstörend auf die Roten Blutkörperchen.
Leider sieht der Pilz recht appetitlich aus, riecht zumindest jung kaum und hat nach Aussagen Geretteter keinen unangenehmen Geschmack. Derzeit stellen landesunkundige und oft unserer Sprache kaum mächtige Gastarbeiterfamilien einen hohen Prozentsatz der jährlichen Vergiftungsfälle, doch sind aus den Hungerjahren erschrekkende Zahlen von Todesfällen unter der doch anscheinend aufgeklärten einheimischen Bevölkerung bekannt: 1918 starben in einem Ferienheim 31 Kinder, 1946 wurden innerhalb weniger Tage in Berlin über 50 Menschen Opfer von Knollenblätterpilzen.
Als Laie meide man alle Pilze mit Stielknolle, Stielmanschette und weißen Lamellen!
Der Kenner kann diese Giftpilze nicht nur sicher von Champignons, Täublingen und Ritterlingen unterscheiden, sondern auch von verwandten, ungiftigen Arten derselben Gattung. Ob er diese allerdings verzehrt, ist eine Frage der persönlichen Einschätzung in bezug auf die Sicherheit bei der Identifikation.
Hauptkennzeichen des Grünen Knollenblätterpilzes: Weiße, höchstens ganz leicht grünlich-gelbe Lamellen auf der Hutunterseite, die frei sind; das heißt, sie ziehen sich nicht bis ganz zum Stiel hin; Stielknolle in einer lappig gerandeten Scheide steckend; am Stiel eine weiße Manschette (Haut, die anfangs die Unterseite des Hutes bedeckt hat); Hutfarbe der Normalform: ganz jung weiß, bald aber olivgrün.
Der bis zu 15, meist aber nur um 10 cm breite Hut hat gelegentlich auf seiner Oberseite noch einige weiße Hautfetzen, die von der anfänglich alles umkleidenden Hülle stammen, deren Hauptanteil die Knollenscheide des ausgewachsenen Fruchtkörpers ist. Der schlanke Stiel ist selten reinweiß, meist grünlich gezont oder durch Zickzackstreifen „genattert". Das weiße, feste Fleisch ist meist madenfrei. Schnecken benagen den Pilz gerne: Man soll sich ja nicht darauf verlassen, daß Pilze, die von Tieren gefressen werden, für den Menschen ebenfalls ungiftig seien. Für das Erkennen von Giftpilzen gibt es kein allgemeingültiges Zeichen! Man muß sie einzeln ansprechen können.
Der Pilz erscheint ab Juli, in größeren Mengen meist erst ab August in Parkanlagen und in Laubwäldern, vorzugsweise im Eichengebiet. Gelegentlich sind einige Exemplare reinweiß. Eine Form, die heute meist als eigene Art angesprochen wird, ist der zumindest engverwandte Frühlings-Knollenblätterpilz, der, mit mehr südlicher Ausbreitungstendenz, im Frühjahr vereinzelt in Laubwäldern über Kalkboden anzutreffen ist. Manche halten ihn nur für eine Saison-Spielart des Grünen Knollenblätterpilzes.

2 Spitzhütiger Knollenblätterpilz, Kegelhütiger Knollenblätterpilz, Kegel-Wulstling – *Amanita virosa*
Er ist seltener als der Grüne Knollenblätterpilz, aber genauso gefährlich. Er besiedelt vor allem Nadelwälder auf sauren Böden. Er ist reinweiß, später mit einem Stich ins Gelbliche und vor allem durch seinen (spitz-)kegelig-glockigen Hut charakterisiert. Die Lamellen sind weiß und frei, der Stiel trägt eine Manschette und steckt mit seiner Knolle in der Scheide, die mit einem lappigen Hautrand abschließt; er scheint (des schmalen Hutes wegen) besonders hochgeschossen zu sein.
Gegen Knollenblätterpilzvergiftungen sind neuerdings wirksame Behandlungsstrategien entwickelt worden, vor allem auf der Basis der Verabreichung von Wirkstoff der Mariendistel (*Silybum marianum*). Je rascher die Vergiftung als solche erkannt und ein Arzt zugezogen wird, um so höher ist die Überlebenschance.

1
2

Familie: Freiblättler – Amanitaceae

1 Gelblicher Knollenblätterpilz, Zitronengelber Wulstling – *Amanita citrina*
Ein fast harmloser Vetter der giftigen Knollenblätterpilze. Er kommt häufig schon ab Ende August, bis in den November hinein ausdauernd, in Nadelwaldungen und sauren Heiden von den Niederungen bis in mittlere Höhenlagen vor. Der schlanke, glatte Stiel steckt mit seiner Fußknolle in einer häutigen, ziemlich glattrandigen Scheide. Die Haut, die im Jugendstadium die Hutunterseite abschließt, hängt später als stulpenartige Manschette im oberen Stieldrittel. In eine Höhe von 8–12 cm spreizt sich der anfangs glockige, bald aber sehr flach ausgebreitete Hut. Seine gelbliche Farbe kann bis zum reinen Weiß variieren. Die Oberseite ist von unregelmäßigen Hautfetzen bedeckt, die meist etwas dunkler gefärbt sind. Es handelt sich um die Überreste der Schutzhülle, die den Jungpilz vollkommen umschlossen hat. Sie können leicht abgewischt werden.
Auf der Hutunterseite stehen die reinweißen, später blassen Lamellen, die nicht bis an den Stiel heranreichen (freie Blätter!). Das weiche, weiße Fleisch riecht dumpf kartoffelartig. Schon allein dadurch lockt der Pilz nicht zum Verzehr; auch gekocht soll er wenig schmackhaft sein. Heutzutage wird er nur noch als unbekömmlich eingestuft: In geringen Mengen genossen soll er harmlos sein, nach dem Verzehr größerer Quantitäten sollen lediglich mehr oder minder heftige Verdauungsstörungen auftreten. Nur unachtsame Sammler verwechseln die weißen Formen, denen kein besonderer taxonomischer Wert zugesprochen wird, mit Champignons, die weder Knollenhülle noch Hüllrestfetzen auf dem Hut besitzen und die vor allem rötliche bis dunkelbraune Lamellen aufweisen. Eher zu verwechseln sind der Narzissengelbe Wulstling (mit vergänglicher Manschette, deutlich gerieftem Hutrand und weißlichen Hüllfetzen auf tief- bis ockergelbem Hut) sowie der auf S. 142 beschriebene Grüne Knollenblätterpilz, dessen Knollenscheide am Rand gelappt ist und der nicht nach Kartoffeln riecht. Der Grüne Knollenblätterpilz ist tödlich giftig!

2 Fliegenpilz – *Amanita muscaria*
Ein allbekannter und märchenträchtiger Waldpilz, wenn er auch nicht „das Männlein mit dem Purpurmäntlein“ ist, das „auf einem Bein im Walde steht“ (dies ist die Hagebutte) und wenn er auch Abarten (z. B. mit braunem Hut) und Standortmodifikationen aufweist (z. B. Hutfarbe bis zu hellem Orangegelb ausgewaschen), die nicht mit dem oft gemalten Glückssymbol übereinstimmen. Im Jugendzustand ist die Knollengestalt des Pilzes von einer Hülle umgeben, auf der die weißen Pusteln in konzentrischen Kreisen angeordnet sind. Während der erst glockige Hut immer größer wird und sich zuletzt flach ausbreitet, vermehren sich die Pusteln nicht, so daß immer mehr von der roten Hutfarbe sichtbar wird. Bei regelmäßigem Wachstum sind die Tupfen nachher sehr gleichmäßig über die Oberfläche verteilt. Das Fleisch direkt unter der Huthaut ist charakteristisch gelb verfärbt. Der weiße, massive oder hohle, bis über 20 cm lange und bis 3 cm dicke Stiel ist etwas flockigwarzig, trägt eine Manschette und endet unten in einer Knolle.
Der Fliegenpilz ist ungemein häufig und wächst besonders gern in Nadelwaldungen mittleren Alters über sauren Böden.
Er ist giftig – obwohl es Menschen gibt, die ihn vertragen (bzw. Gebiete, in denen er weniger Giftstoffe produziert). Früher hat man Hutstücke, in Milch gekocht oder mit Zucker bestreut, gegen Fliegen ausgelegt, doch wurden die Tiere öfters nur vorübergehend betäubt. Der Pilz enthält (in wechselnden Mengen) zwei Gifte, die sich möglicherweise bei ganz bestimmter Zusammensetzung in ihrer Wirkung gegenseitig ausschließen, die jedoch auch nacheinander wirken können: das erregende und Rauschzustände erzeugende Muscarin (bei sibirischen Völkerschaften oft als Rauschdroge verwendet) und das lähmende Muscaridin, auch Pilzatropin genannt, weil es eng mit dem Gift der Tollkirsche, dem Atropin, verwandt ist. Beide Gifte sollen durch Überbrühen der Pilze entfernt werden können. Wenn bei uns in Hungerzeiten wohl tonnenweise Fliegenpilze verzehrt worden sind, so kamen doch auch stets Vergiftungen vor, die gelegentlich sogar tödlich waren.

2

1

Familie: Freiblättler – Amanitaceae

1 Perlpilz, Rötender Wulstling – *Amanita rubescens*
Der Pilz liefert äußerst wohlschmekkende Gerichte und ist zudem in weiten Gebieten Deutschlands (zumindest in der Hügel- und Bergregion Süddeutschlands) der häufigste Großpilz im Sommer und Frühherbst. Leider ist er ein naher Verwandter der Knollenblätterpilze und relativ leicht mit dem giftigen Pantherpilz zu verwechseln, so daß er nur von wirklichen Kennern gesammelt werden sollte. Er ist in Farbe und Form sehr variabel, durch folgende Merkmale aber sicher anzusprechen: Das Fleisch, von angedeuteter rosa Verfärbung, rötet sich nach Verletzung (Schnitt, Bruchstelle) an der Luft langsam, aber deutlich. Oft sind am Pilz alte Fraßstellen oder Madengänge vorhanden, die stets dunkelweinrot umsäumt sind. Die Stielmanschette zeigt eine feine (Radial-)Riefung (bleibende Eindrücke der zuvor von ihr bedeckten Lamellen). Die Stielbasis ist nicht abgesetzt knollig, sondern eher konischzwiebelig angeschwollen und in mehreren Ringen schuppig gegürtet. Weitere Kennzeichen sind der hellrotbräunliche, fleischrote oder kupferrötliche Hut, der nur in seltenen Fällen auch einmal blaßrosa sein kann. Er ist mit abwischbaren (und – vom Regen – abwaschbaren) Pusteln bedeckt, die nie reinweiß sind, sondern bräunlich oder zumindest einen Stich ins Rötliche haben. Die reinweißen Blätter, die frei stehen oder am Stiel etwas angeheftet sind, werden mit zunehmendem Alter rot- bis braunfleckig.
Der Perlpilz ist so recht ein Pilz zum Selbersammeln. Einmal benötigt man dazu die richtigen Kenntnisse und zum zweiten eignet sich das Gewächs trotz seiner robust erscheinenden Maße (Hutbreite 5–15, Stielhöhe 8–15 cm) nicht gut zum Markthandel: das wäßrig-weiche Fleisch verträgt Lagerung und Druck sehr schlecht, und die zerquetschten Stellen werden durch die rötlichbraune Verfärbung bald unansehnlich. Die Wäßrigkeit des Fleisches ist auch die Ursache dafür, daß sich der Pilz nur sehr schlecht zum Trocknen eignet (als Frischgemüse hingegen ist er hervorragend).

2 Pantherpilz, Panther-Wulstling – *Amanita pantherina*
Dieser Geselle ist ein lebensgefährlicher Doppelgänger des Perlpilzes. Er enthält dieselben zwei Gifte wie der Fliegenpilz, doch anscheinend stets in einem so ungünstigen Mischungsverhältnis, daß sich die zeitlich verschieden einsetzende Wirkung eher durch den anderen Anteil noch verstärkt. Der einzige „Vorteil" in der Giftwirkung gegenüber den Knollenblätterpilzen besteht darin, daß sich die Vergiftung schon wenige Minuten nach dem Verspeisen, im Höchstfall spätestens nach ½ Stunde bemerkbar macht, so daß in den allermeisten Fällen ein Arzt noch rettend eingreifen kann – vorausgesetzt der Betroffene besitzt einen stabilen Kreislauf. Neben Magenbeschwerden mit Erbrechen und Schwindelgefühlen macht sich eine solche Pilzvergiftung wegen des mitwirkenden Atropins auch durch abnorme Pupillenerweiterung mit Sehstörungen und durch unkoordinierte Bewegungen bemerkbar.
Der Pantherpilz ist nicht allzu selten, er erscheint nur sehr unregelmäßig von Jahr zu Jahr. Er besiedelt die Nadelwälder des Berglands und der Mittelgebirgslagen (Tannen und Fichten), während er in den Niederungen auch in den Eichenwäldern, vor allem aber unter Kiefern zu finden ist.
Oberstes (doch nicht einziges und alleiniges!) Charakteristikum ist das „Bergsteigersöckchen": Der Wulst der Knollenscheide ist glatt und abgerundet, der Stiel steckt in der Knolle wie ein Bein im Bergstiefel; zwischen Stiel und Knolle ist ringsum eine schmale Furche. Daneben zeigt der blaß- bis umbrabraune Hut reinweiße Pusteln (selten ganz abgewaschen) und bis auf eine Abart einen gerieften Rand, wogegen die Manschette am Stiel stets ungerieft ist. Das feste, weiße Fleisch hat einen Geruch, der an einen schlecht gelüfteten Lagerkeller für Rettiche und Rüben erinnert.
Der eigentliche Doppelgänger des Pantherpilzes ist der eßbare Graue oder Gedrungene Wulstling (unscharf abgesetzte Knolle, ungeriefter Hutrand, feingeriefte Manschette, Hutfarbe mehr grau), den selbst erfahrene Pilzspezialisten nur ungern zu Speisezwecken mitnehmen.

1
2

Familie: Egerlinge – Agaricaceae

1 Riesen-Schirmling, Parasol – *Lepiotia procera (Macrolepiotia procera)*
Ein leicht kenntlicher und allbekannter Pilz, Prototyp aller Schirmpilze (Hutpilze mit schirmartig flach ausgebreitetem Hut), was sich auch in seinem Volksnamen ausdrückt, wobei „Parasol“ ebenfalls nichts anderes als „Sonnenschirm“ bedeutet. Der wissenschaftliche Gattungsname bezieht sich auf die dachziegelig angeordneten Hutschuppen (lepion, gr. = Schüppchen), während der Artname auf schlanken und hohen Wuchs verweist (procerus, lat. = schlank, hochgewachsen). In der Tat erreicht kaum ein anderer heimischer Pilz die Höhe dieses Schirmlings: Es wurden schon Stielhöhen über 40 cm und Hutbreiten bis zu 30 cm gemessen, der Durchschnitt liegt allerdings bei 20/20 cm. Sehr charakteristisch ist am ausgewachsenen Pilz der verschiebbare Ring, der im oberen Bereich des genatterten, schlanken und hohlen Stiels steht. Die Stielbasis ist knollig verdickt, doch ohne besondere Hülle. Der Schirm, anfänglich kugelig-eiförmig geschlossen (Paukenschlegelstadium), löst sich ausgewachsen sehr leicht vom Stiel und trägt auf seiner Unterseite dichtstehende, weiße, relativ dicke Blätter, die frei sind, also nicht am Stiel angewachsen. Das Fleisch des Hutes ist sehr zart, watteartig, von angenehmem Geruch und nußartigem Geschmack. Im Stiel wird es bald zähfaserig und dürr (und unverdaulich!).
Der Pilz zählt zu den guten Speisepilzen, sollte allerdings im Paukenschlegelzustand geerntet werden, wobei nur die Hüte Verwendung finden sollten, nicht das rohfaserhaltige Stielfleisch. Gerade aufgeschirmte Hüte ergeben, paniert, köstliche Pilzschnitzel, alte Stücke, sofern madenfrei, lassen sich zu Pilzwürze verarbeiten (Trocknen und Pulverisieren).
Leider kommt die häufig zu nennende Art sehr selten in größeren Rudeln vor. Sie ist vorzugsweise an die Kiefer gebunden und beansprucht für gutes Gedeihen außerdem Licht. Waldränder, Lichtungen, auch sehr kleine, sowie gelegentlich Äcker und Gärten bieten zusagende Standorte. Dort findet man den Pilz von Juli bis in den November hinein. Verwechslungsmöglichkeiten sind höchstens mit dem (untenstehenden) Safran-Schirmling gegeben, die aber keine Folgen haben, da dieser ebenfalls eßbar ist. Nur roh sollte man Pilze nicht genießen (abgesehen von Geschmacksproben an ganz kleinen Stückchen bei ganz speziellen Entscheidungen, wobei man das Zerkaute aber auch nicht schlucken soll). Für viele Menschen sind rohe Pilze einfach unbekömmlich. Das mag damit zusammenhängen, daß ihre Zellwände nicht, wie bei Pflanzen üblich, aus Zellulose aufgebaut sind, sondern aus Chitin, einem Stoff, der eher als Panzermaterial aus dem Insektenreich bekannt ist. Der chemische Unterschied zwischen Chitin und Zellulose ist zwar nicht so gewaltig, wie manchmal dargestellt wird (man kann Chitin als eine Art Zellulose mit stickstoffhaltigem Anhängsel auffassen), doch scheinen manche Menschen mit der Verwertung des Chitins Schwierigkeiten zu haben.

2 Safran-Schirmling, Rötender Schirmling – *Lepiotia rhacodes (Macrolepiotia rhacodes)*
In allen Teilen der kleinere Vetter des Riesen-Schirmlings. Hervorstechendes Merkmal ist neben der stets geringeren Höhe (Stiel durchschnittlich 10, Hut ebenfalls um 10 cm breit) die safrangelbe bis ziegelrote Verfärbung, die an Bruch- oder Schnittstellen innerhalb weniger Minuten auftritt.
Der Pilz ist seltener als der Riesen-Schirmling, doch an zusagenden Standorten – mehr im Nadel- als im Laubwald – oft in Massen anzutreffen. Er ist in seinem Vorkommen nicht an bestimmte Bäume gebunden, sondern an besondere Beschaffenheiten der oberen Bodenschicht, die für ihn aus schwer zersetzbarem Rohhumus bestehen sollte. Außerdem ist er sehr stark von Klimaschwankungen abhängig und bildet oft jahrelang keine Fruchtkörper aus, um dann wieder Massenernten zu liefern.
Seine Speisequalität ist über alle Zweifel erhaben. Es lassen sich bei ihm zumindest die oberen Stielteile mitverwerten. Nur sind Verwechslungen mit (sehr seltenen) kleineren Schirmlingen nicht ganz auszuschließen, die gefährlich giftig sein können. Sie zeichnen sich vor allem durch brüchiges Hutfleisch und ihre Kleinheit aus.

1

2

Familie: Egerlinge – Agaricaceae

1 Dünnfleischiger Anisegerling, Anis-Champignon – *Agaricus silvicola*
Silvicola, der Waldbewohner: Der Artname trifft ins Schwarze, denn in Laub- und Nadelwäldern aller Art, auf nicht allzu sauren Böden finden wir diese Art vom Frühling bis in den Herbst hinein, einzeln, in Gruppen oder gar in Kreisen. Beim Gattungsnamen stimmt in unserem speziellen Falle gar nichts. Egerling (Äckerling, vergleiche auch Egarte, die Brache aus Zeiten der Dreifelderwirtschaft), Champignon (von französisch champ, Feld – genauer aus champegnuel, altfranzösisch = Feldpilz) und *Agaricus* deuten alle auf Feld- und Wiesenstandorte hin. In der Tat finden wir die beliebtesten Speisepilze dieser Gattung auf Äckern und in Wiesen, doch bringt eben auch der Wald gute Ernten. Manche Menschen scheuen die weißhütigen Waldegerlinge aus Furcht vor Verwechslung mit den Knollenblätterpilzen. Ein untrügliches Kennzeichen sind die Lamellen, die sich vom anfänglichen Blaßrosa bis zum Schokoladenbraun verfärben. Knollenblätterpilze haben weißbleibende Lamellen. Bei unserer Art, bei der sich die Blätter relativ spät einfärben, kommt noch als Kennzeichen der deutliche Anisgeruch hinzu, sowie eine gelbe Verfärbung nach Berührung, auch nach Säurezugabe (Essig, s.u.). Andere Kennzeichen sind der Ring am Stiel und die Verdickung des Stielgrundes (keine echte Knolle), die unbescheidet ist. Der Hut ist ohne Pusteln, reinweiß oder angegilbt, mit glatter oder seidig feinschuppiger Oberfläche. Er ist ausgesprochen dünnfleischig.
Der Pilz ist ein guter Speisepilz, der sich besonders für Mischgerichte eignet, da sich der süßliche Anisgeruch beim Kochen nie ganz verliert. Daneben kann er auch in Essig konserviert werden oder als Pilzsalat Verwendung finden (nie roh!). Wenn man auf die Lamellenfarbe achtet, kann man ihn höchstens mit anderen Arten der Gattung verwechseln, die alle, bis auf den Gift-Egerling ungefährlich sind. Die dem Speisewert nach edleren Vertreter findet man, ohne Anisduft, im Freien. Es wurde in letzter Zeit viel Aufhebens um sie gemacht, da sie anscheinend in der Lage sind, Kadmium anzureichern, ein Element, das nicht ganz unbedenklich ist. Es ist aber sicher verfrüht, alle Egerlinge bis auf die käuflichen durch Pauschalurteile abzuqualifizieren, denn genau wie diese auf kadmiumfreien Böden gezogen werden, wachsen sicher auch im Freien viele Exemplare in kadmiumfreier Umgebung. Wem jedoch das Risiko zu groß erscheint, der greife nach der Dose, andere Sammler dieser begehrten Beute werden froh darüber sein.

2 Gift-Egerling, Blasser Tintenegerling – *Agaricus xanthodermus*
Nicht alle Egerlinge besitzen einen weißen Hut – es gibt sogar einige mit zimt- oder dattelbrauner Schirmoberseite, und nicht alle Egerlinge sind wohlschmeckend. Der „gefährlichste" unter ihnen ist der Gift-Egerling, der in zwei Spielarten auftritt, einmal weißhütig und dann dem Aussehen nach dem Anisegerling sehr ähnlich, zum anderen, als „Perlhuhnform", mit einem Hut, der dicht, fast gefiederartig mit rauchgrau-schwärzlichen Schüppchen bedeckt ist (wenn die Schüppchen eine mehr ins Braune gehende Farbe aufweisen, liegt die sehr seltene „Rebhuhnform" vor). Auch der weiße Hut bekommt später einen bräunlichgrauen Anflug. Bei Berührung oder Schnitt läuft das Fleisch sofort sattchromgelb an, vor allem im verdickten Stielende. Noch sicherer ist der eigenartige, widerliche Karbolgeruch, der am stärksten beim Zerreiben und beim Kochen auftritt. Mit „Karbol" ist der Geruch allerdings nur ungenau beschrieben, und zwar für die Menschen der heutigen Zeit. Die Älteren mögen sich an die violette Tinte ihrer Jugend (Eisengallustinte) zurückerinnern. Dieser Geruch gab dem Pilz auch seinen deutschen Namen.
Er schmeckt nicht gut, schadet aber in kleineren Mengen auch nicht sehr, während von Verdauungsstörungen nach dem Genuß größerer Quanten berichtet wurde (wobei bei dem schlechten Geruch der Verzehr wohl keinen Genuß bietet). Man ordnet den Gift-Egerling am besten in die Gruppe der unbekömmlichen Pilze ein.
Man findet ihn im Sommer und bis zur Herbstmitte im Gebüsch, an Waldrändern, in Parkanlagen und auf Heiden, zuweilen auch an Abfallplätzen, gerne über Kalkböden.

1

2

Familie: Rotblättler – Rhodophyllaceae

1 Riesen-Rötling, Gift-Rötling – *Rhodophyllus sinuatus*
Massiger Pilz mit bis zu 20 cm breitem, dickfleischigem, erst blaß ockerfarbenem, später gelblich-lederbraunem Hut. Die abgebildeten Exemplare gehören zu einer helleren Rasse. Lamellen derb, bauchig vorgewölbt, kurz vor dem Stielansatz niedriger geschwungen, dadurch einen „Burggraben" wie bei den Ritterlingen (s. S. 138) bildend. Sie sind erst gelblich-cremefarben, zuletzt fleischrötlich. Der 4–12 cm hohe Stiel kann schlank oder sehr stämmig wirken, es wurden Durchmesser zwischen 0,5 und 6 cm beschrieben. Er ist stark längsfaserig, innen mit flockigem Mark erfüllt oder (im Alter) hohl. Seine Farbe ist grauweiß. Das Fleisch riecht angenehm nach frischem Mehl, sein Geschmack wird als vorzüglich geschildert; doch 15–30 Minuten nach dem Genuß auch nur weniger Brocken erfolgt heftiges Erbrechen mit nachfolgendem Durchfall unter kolikartigen Schmerzen und tagelang andauernde Übelkeit mit Kopfweh. Die Patienten fühlen sich noch lange Zeit sehr erschöpft. Todesfälle sind noch keine bekannt geworden, doch wirkt sich so eine Vergiftung oft langfristig negativ auf die allgemeine Körperkonstitution aus. Der Pilz ist mancherorts häufig, erscheint schon im Mai und hält dann oft bis Anfang November durch. Er kommt in Laub- und Laubmischwäldern über schweren Böden gerne im Gefolge von Buchen vor und geht auch schon einmal in die angrenzenden Wiesen hinaus. Er ist der kräftigste einer ganzen Reihe eßbarer oder ungenießbarer bis giftiger Rötlinge, von denen sich viele durch ein frühes Erscheinen auszeichnen. Sie sind alle gekennzeichnet durch den Besitz fleischroter Sporen, die den Lamellen ihre Farbe geben.

Familie: Schwarzblättler – Coprinaceae

2 Schopf-Tintling – *Coprinus comatus*
Die Tintlinge stellen eine etwas anrüchige Gruppe meist kleinerer Pilze dar: Die meisten Vertreter gedeihen am besten auf Mist der verschiedensten Herkunft, wie das der wissenschaftliche Name schon ausdrückt (*Coprinus* = Mistling). Da sie leicht und billig zu halten sind, wurden manche Winzlinge der Gattung als Forschungsobjekte berühmt.
Der recht häufige Schopf-Tintling ist der große Vetter und gilt jung als sehr guter Speisepilz, kann aber seine Herkunft nicht immer verbergen. Man findet ihn häufig an nicht sehr appetitlichen Stellen, auf Schuttplätzen und Müllhalden, aus Komposthaufen sprießend, im Schmutz der Waldwegränder wachsend oder zu Massen aus überdüngten Wiesen brechend. Vornehme Standorte wie gepflegte Parkanlagen und sogar den Rasen am Haus meidet er aber keinesfalls.
Er ist an seiner Gestalt leicht kenntlich: Auf bis zu 20 cm langem, weißem und zartfaserigem Stiel sitzt der walzenförmige, schmalglockige Hut, dessen Oberhaut aus breiten, am Ende etwas bogig aufgewölbten Schuppen von weißer bis bräunlicher Farbe besteht. Zunächst ist der Hut unten durch eine Haut abgeschlossen, die später einen vergänglichen Ring bildet. Bis zu diesem Stadium ist der Pilz zu Speisezwecken zu gebrauchen. Wenn die Haut aufreißt, färben sich die weißen Blätter von unten nach oben rosa, um dann die schwarze Farbe der reifen Sporen anzunehmen. Der ganze Hut wird schwarz und zerfließt zu einer schmierigen, stinkenden Brühe, die abtropft, eventuell auch durch Aasinsekten weiterverbreitet wird; sie enthält in der Hauptsache Sporen. Tintlinge muß man deshalb nach dem Einsammeln rasch verarbeiten, denn schon nach einem Tag können die mit rosa Lamellen gesammelten Stücke zerfließen. Andererseits sprießen am selben Standort oft tagelang junge Pilze nach, so daß man mehrere Ernten einbringen kann.
Je nach der Höhe des Niederschlags findet man die ersten Exemplare schon Ende April und kann die letzten noch nach den ersten leichten Frösten, oft bis in den November hinein, bergen. Leider ist die Art nicht standorttreu. Verwechslungen mit anderen Pilzen sind fast unmöglich. Eine Abart, mit kürzerem, eiförmigem Hut und braun statt rosa verfärbenden Lamellen ist jedoch durch gleitende Übergänge mit dem Typ verbunden.

2

1

Familie: Dunkelblättler (Träuschlinge) – Strophariaceae

1 Rauchblättriger Schwefelkopf – *Hypholoma capnoides (Nematoloma capnoides)*
Schüpplinge und Schwefelköpfe sind (eng verwandte) Pilze, deren meiste Vertreter, gestielt und wohlbehütet, in Büscheln aus dem Holz lebender oder den Stubben abgesägter Bäume hervorbrechen. Das Stockschwämmchen (s. nächste Seite) gehört als taxonomischer Einzelgänger zur selben Verwandtschaft. Die Schüpplinge tragen kleine, dunkel gefärbte und etwas sparrig abstehende Schüppchen auf Hut und Stiel. Sie sind allesamt nur wenig als Speisepilze zu empfehlen. Da sie aber in Massen, zum Beispiel aus Obstbaumholz, hervorbrechen, hat es nicht an Versuchen gefehlt, sie trotz ihrer Herbheit und Zähigkeit für die Küche brauchbar zu machen. Sie sind nicht direkt giftig, doch kann vorheriges Abbrühen nicht schaden.
Anders die Schwefelköpfe. Es sind allesamt häufige Wald(baum)pilze mit unbeschupptem Hut und Stiel, und der erste Vertreter ist ein hervorragender Speisepilz, der sich besonders zur Herstellung von Suppen eignet, wobei, wie auch sonst, nur die Hüte und weniger die zähen Stiele verwertet werden sollten. Die anderen Arten sind nicht nur vor Bitterkeit ungenießbar, sondern manchmal sogar direkt giftig, so daß man gut daran tut, sich die wesentlichen Merkmale genau einzuprägen:
Der Rauch- oder auch Graublättrige Schwefelkopf ist vor allem durch seine Sporen- bzw. Lamellenfarbe zu erkennen. Die Hutoberseite kann als hell- bis honiggelb beschrieben werden, die Mitte ist meist (vor allem im Alter) leicht hellrostfarben (doch nie ziegelrot!). Die jung ganz blaßgelben Blätter nehmen zur Sporenreife den charakteristischen Graulilaton an, den man an dikken Zigarrenrauchschwaden sieht. Sie können dann noch bis Schwarzviolett verfärben. Leider ist im Waldesschatten die Lamellenfarbe nicht immer eindeutig auszumachen, und dann hilft eben doch nur das Kauen einer kleinen Probe. Bleibt der Geschmack mild (wird er nach einiger Zeit nicht bitter!), haben wir die rechte Art, die dann meist auch in der näheren Umgebung anzutreffen ist. Es soll allerdings schon vorgekommen sein, daß beide Arten gleichzeitig denselben Baumstubben besiedelten. Doch bleibt dies die Ausnahme.
Der Rauchblättrige Schwefelkopf tritt vor allem im Frühjahr und dann wieder im Herbst auf. Er besiedelt fast ausschließlich die Stümpfe von Fichten, seltener geht er an anderes Nadelholz, fast nie an Laubholz (Unterscheidungsmerkmal!).

2 Grünblättriger Schwefelkopf – *Hypholoma fasciculare (Nematoloma fasciculare)*
Die Schwefelköpfe sind alle weniger Schmarotzer an lebenden Bäumen als vielmehr Fäulnisbewohner an moderndem Holz, wobei sie durch ihre Lebenstätigkeit viel zur raschen Vermorschung der Stubben beitragen. Ihr Fadengeflecht durchwuchert das feste Holz, die Fruchtkörper entstehen unter der sich ablösenden Rindenschicht.
Der Grünblättrige Schwefelkopf ist kein Kostverächter. Er nimmt Laubholz geradesogut an wie Nadelholz, er geht auch aus dem Wald in die Obstgärten, und wenn er die Stubben zermorscht hat, befällt er auch noch die Wurzeln, so daß es manchmal scheint, er bräche aus der Erde. Man findet ihn, mit wechselnder Häufigkeit, oft das ganze Jahr hindurch.
Leider ist der so häufige und auch appetitlich schwefelgelb aussehende Pilz zumindest ungenießbar, denn er ist von einer auch durch Abkochen nicht zu beseitigenden Bitterkeit. Sein Genuß kann bei empfindlichen Personen zu Magenbeschwerden führen, doch ist die Bitterkeit das größere Übel vor der höchstens nur schwachen Giftwirkung.
Seine Lamellen verfärben sich grünlich, bekommen aber bei der Sporenreife einen schwärzlichen Beiton, man muß die Farbunterschiede zum Rauchblättrigen schon genau beachten. Eine kleine Kostprobe überzeugt. Ähnlich ist der Ziegelrote Schwefelkopf, mit ziegelrotem bis rotgeflecktem Hut und grünen bis grauen Lamellen, ebenfalls bitter und ungenießbar. Er wächst fast nur auf Laubholz. Man meide am besten alle Schwefelköpfe auf Laubholzstubben und untersuche die der Fichten auf Lamellenfarbe und Geschmack, wenn man sichergehen will.

1

2

Familie: Dunkelblättler – Strophariaceae

1 Stockschwämmchen, Stock-Schüppling – *Kuehneromyces mutabilis (Pholiota mutabilis)*
Das Stockschwämmchen ist einer der wenigen Speisepilze, dessen Kultur in letzter Zeit wirklich erfolgreich gelungen ist. Es ist auch im Wald (vorzugsweise auf Laubholzstümpfen, ausnahmsweise nur auf Nadelholz) einer unserer häufigsten Pilze und fast das ganze Jahr über, zumindest aber mit dem Frühling, anzutreffen. Da es meist in ganzen Büscheln und sehr gesellig wächst, kann man reiche Ernten einbringen, auch wenn man nur die besten (nicht zu alten und auch nicht die ganz jungen) Exemplare mitnimmt und den zähfaserigen Stiel beiseite läßt.
Der dünnfleischige Hut wird um die 5 cm breit. Er ist bräunlichgelb, in der Mitte fast fuchsig und hat eine dunklere (weil durchfeuchtete) Randzone (die Hygrophanie, das Nachdunkeln der Farbe im feuchten Zustand, ist eine für viele Pilzarten charakteristische Erscheinung). Der um 5 cm lange Stiel trägt die wesentlichen Identifizierungsmerkmale: einen kleinen häutigen Ring und überall dunkle, abstehende Schüppchen. Dies, sowie das büschelige Wachstum, das Vorkommen an den Baum„stöcken" (Name!) und der gelbfarbene, in der Mitte und am Rand dunkler gefärbte Hut charakterisieren den Pilz zur Genüge.
Das Fleisch riecht angenehm würzig (etwas „holzartig") und ist von mildem Geschmack. Der Pilz wird vor allem für Suppen sehr empfohlen, doch kann man ihn auch anderweitig, beispielsweise gebraten, gut verwenden. Verwechslungen mit anderen Pilzen sind kaum möglich, wenn man auf alle Merkmale achtet. Die ebenfalls büschelig auf Baumstümpfen wachsenden Schwefelköpfe (s. vorige Seite) besitzen einen glatten, nicht schuppigen Stiel; ein ebenfalls büschelig hervorbrechender Baumpilz trägt am Hutrand einen vergänglichen, faserigen Schleier und besitzt auch keinen Stielring: Der Wäßrige Saumpilz (*Psathyrella hydrophila*), der als guter Speisepilz gilt. Sein Stiel ist weiß, er wird deswegen auch Weißes Stockschwämmchen genannt. Die ungiftigen, aber minderwertigen Schüpplinge endlich, die allernächsten Verwandten, sind an ihrem Hut erkennbar, der samt dem Stiel mit Schüppchen bedeckt ist.

Familie: Schleierblättler – Cortinariaceae

2 Runzeliggeriefter Schleimfuß – *Cortinarius mucifluus*
Die Gattung *Cortinarius* (cortina, lat. = Haarschleier) umfaßt mindestens 200, in weitester (moderner) Fassung sogar über 400, zum Teil noch wenig erforschte Arten. Sie zeichnen sich durch rostbraune Sporen aus und den Schleier aus vielen zarten Fäden, der sich statt einer Haut bei jungen Exemplaren vom Stiel zum Hutrand zieht und so die Lamellen bedeckt.
Die 6 Untergattungen Wasserköpfe, Hautköpfe, Gürtelfüße, Dickfüße, Schleimköpfe und Schleimfüße sind untereinander verschieden durch Form, Beschaffenheit und Schleimüberzug von Stiel und Hut. Die Schleimfüße haben neben einem Schleimüberzug des Hutes auch eine schleimige Hülle um den Stiel. Ihr Schleier ist ebenfalls verschleimt. Unter den Schleimköpfen finden sich oft sehr ähnliche Formen, nur ist deren Stiel stets ohne Schleim und der Schleier trocken-spinnwebfaserig.
Unsere Art gehört zu den häufigeren Laubwaldbewohnern (in den Kieferngebieten Mittel- und Norddeutschlands ist der ähnliche, mehr fuchsrote Heide-Schleimfuß charakteristisch). Der weißliche Stiel ist meist violett angehaucht, die Oberfläche des Hutes ist schiefergrau bis ockergelb. Die anfangs graublassen Blätter verfärben sich zur Sporenreife rostrot.
Verwechslungen mit anderen Arten der Gattung sind leicht möglich, vor allem wenn man ausschließlich auf die Schleimhülle des Hutes und den Schleier achtet. Doch haben sich bislang alle untersuchten Schleimköpfe und Schleimfüße (und das sind die verbreiteten Arten) als ungiftig herausgestellt, manche sind bitter oder haben einen unangenehmen Geruch oder Geschmack. Gefährlich kann es werden, wenn man sich auf nur ein einziges Merkmal verläßt. Es gibt auch giftige Schleierlinge (Gift-Hautkopf); sie tragen zwar den Schleier, ihre Huthaut ist aber nie schleimig.

1

2

Familie: Schleierblättler – Cortinariaceae

1 Kegeliger Rißpilz – *Inocybe fastigiata*
Der Pilzsammler sollte die gesamte Gattung Rißpilz oder Faserkopf (*Inocybe*) tunlichst meiden. Charakteristisch für alle Arten, die zu den kleinen bis höchstens mittelgroßen Pilzen zählen, ist der anfangs kegelige Hut, dessen Spitze auch später die Aufschirmbewegung nicht mitmacht, so daß ein charakteristischer Buckel in der Hutmitte verbleibt. Das stark radialfaserige Fleisch reißt meist an mehreren Stellen zur Mitte zu auf. Die Oberfläche ist nie schleimbedeckt, sondern seidigglatt oder mit winzigen, glatten Schüppchen bedeckt. Nicht ganz so charakteristisch ist der hinfällige, dünne Faserschleier zwischen Hutrand und Stiel. Die Lamellen sind meist aschgrau bis olivfarben, verfärben aber bei einigen Arten auf Druck nach (Fuchs-)Rot.
Das Fleisch sehr vieler Arten hat den typischen „Inocybe-Geruch", der, widerlich-laugenartig, mit dem nach Sperma verglichen wird; andere, ebenfalls gefährliche Vertreter haben einen etwas abgestandenen, süßlichen Mostbirnenduft. Der Stiel trägt nie einen Ring, ist auch nie schleimig, dafür zumindest im obersten Teil fein weißflockig mehlig bestäubt und längsfaserig.
Sehr viele Rißpilze enthalten dasselbe Gift wie der Fliegenpilz, das Muscarin, und zwar ausschließlich und oft in großen Dosen. Die Vergiftungserscheinungen machen sich schon bald nach dem Genuß bemerkbar (30–120 Minuten). Sie beginnen mit vermehrtem Speichelfluß und Schweißausbrüchen. Dann folgen, bei auffälliger Gesichtsrötung, Schüttelfröste, Schwindel und Krämpfe, darauf, bei vollem Bewußtsein, Sprachstörungen, Verengung der Pupille bis zum Erblinden und krampfartige Entleerungen des Magen-Darm-Traktes. Nach weniger als einem halben Tag tritt der Tod ein, falls keine Gegenmaßnahmen ergriffen werden (Auspumpen des Magens, Gegengifte auf der Basis des Tollkirschengiftes Atropin). Wenn trotz der immensen Giftigkeit jährlich relativ wenig Vergiftungen durch Rißpilze gemeldet werden, hängt das vielleicht einmal mit der Kleinheit der Arten zusammen und andrerseits mit der Abneigung vieler „Pilzanfänger" gegen die zerrissenen Hüte und die nicht gerade appetitlichen Farben.
Unsere, ebenfalls sehr giftige Art gehört zu den größten. An besonders mullreichen Standorten werden die gelblichen, hell- bis braunockerfarbenen Hüte bis zu 10 cm breit. Der erst reinweiße, später braun verfärbende Stiel kann bis ebenfalls 10 cm hoch werden. Meist sind aber die Exemplare kleiner. Man findet sie in allen Waldarten, auch auf Rasen in Waldnähe (so an den Rändern der Waldstraßen) vom Sommer bis in den Herbst hinein. Der Pilz muß als häufig bezeichnet werden. Man kann ihn leicht mit anderen Arten verwechseln.

2 Erd-Faserkopf, Seiden-Rißpilz – *Inocybe geophylla*
Auf unserem Bild sind drei Formen der überaus häufigen Art gezeigt, die gewöhnlich nicht nebeneinanderstehen. Der Haupttyp zeichnet sich durch einen reinweißen, seidenschimmrigen Hut aus, wie ihn die linke Gruppe zeigt. Nicht selten ist auch die Farbvariation mit dem lilagetönten Hut (rechte Gruppe), während die gelbliche Variante seltener ist (mittlere Gruppe). Oft ist die gelbliche Verfärbung auch nur eine Alterserscheinung, vor allem, wenn die Stücke Frost abbekommen haben.
Der stets gebuckelte, wenig eingerissene Hut wird 2–4 (5) cm breit, sein weißer, schlanker, etwas gebogener Stiel ist 4–6, sehr selten bis zu 10 cm hoch. Die Blätter verfärben sich zu einem schmutziggrauen Olivbraun (erdgrau: Name!, auch: ge, geos, gr. = Erde, phyllon, gr. = Blatt). Das Fleisch hat den Inocybe-Geruch (s. oben). Der Pilz ist äußerst giftig.
Er ist sehr verbreitet und findet sich, selten im Sommer, vor allem aber im Herbst bis zu den ersten Frösten in Wäldern aller Art und gleich welchen Untergrundes auch in Parkanlagen, Gebüschen und auf offenen Rasen. Oft tritt er gleich in großen Mengen auf. Sie könnten bei sehr unbedachtem Sammeln mit Champignons verwechselt werden, doch spricht die ganze Pilzgestalt, der dünne, unberingte Stiel, die Lamellenfarbe und der Geruch dagegen. Es sind auch bis jetzt noch keine Vergiftungen durch diese Art bekannt geworden.

2

1

Familie: Sprödblättler – Russulaceae

1 Frauen-Täubling, Papageien-Täubling – *Russula cyanoxantha*
Alle Sprödblättler sind typische Baummykorrhizapilze, das heißt, ihr unterirdisches Fadengeflecht steht mit den Wurzeln der Bäume in einer Art Symbiose (die zuweilen Formen von Parasitismus annimmt): Durch das weitverzweigte Fasersystem erhalten die Bäume Wasser, die Pilze von den Bäumen vor allem gewisse Stoffwechselprodukte. Sehr oft sind die Pilze auf ganz bestimmte Partner spezialisiert, daneben spielt für ihr Vorkommen auch der Säuregrad des Bodens eine Rolle. Die enge Bindung der Sprödblättler an die Bäume bringt es mit sich, daß man Täublinge fast nur in Wäldern oder in unmittelbarer Nähe von Bäumen antrifft. Keine Art wächst aber direkt auf Holz. Der Frauen-Täubling gehört zu den Buchenbegleitern. Überall wo Buchen stehen, kann man ihn finden, er ist gebietsweise einer der häufigsten Vertreter seiner Gattung. Vor allem Kalk- und Kalklehmgebiete sagen ihm zu, bei Silikatuntergrund ist er teilweise selten. Seine Hauptzeit beginnt schon im Hochsommer und dauert bis zum Herbst.
Wenn er trotz seines sehr angenehmen Geschmacks dennoch nicht das Wohlgefallen aller Sammler erregt, ist dies einmal auf seine häufige Madigkeit und sein bald nicht mehr einladendes Äußeres zurückzuführen. Der doppelfarbene, in allen Schattierungen von Violett und Grün auftretende Hut zeigt zuweilen noch eine hellere Ausblassung oder radiale Streifungen. Er ist, kaum daß er aus dem Boden herausbricht, alsbald mit Fraßlöchern von Schnekken überdeckt und zeigt auch sonst häufig Nagespuren. Der Hut kann über 15 cm breit werden. Anfangs ist er meist halbkugelig, später flach bis trichterig. Seine weißen Blätter auf der Unterseite sind weich, etwas schmierig, so daß sie beim Darüberstreichen öfters miteinander verkleben. Durch die Beschaffenheit seiner Lamellen setzt sich der Papageien-Täubling in Gegensatz zu fast allen anderen Arten seiner Familie (Sprödblättler!), deren Blätter brüchig-spröd sind. Dafür zeigt sein Stiel wiederum die typischen Täublingsmerkmale: Er ist ringlos und besitzt ein nicht faseriges, mürbtrockenes Fleisch, das im Bruch „apfelartig" aussieht.

2 Brauner Ledertäubling – *Russula integra*
Innerhalb der Gattung bilden die Ledertäublinge eine besondere Gruppe. Ihre spröden, brüchigen Lamellen sind zunächst auch weiß, verfärben sich aber dann über Gelb nach Hellbraun (Ledergelb). Es sind allesamt gute Speisepilze, die allerdings beim Kochen wenig Eigengeschmack entwickeln. Ihr Fleisch schmeckt roh gekaut (kleine Probe!) mild, nußartig und ist ohne besonderen Geruch. Problematische Doppelgänger mit hellgelben Lamellen besitzen oft einen auffälligen Geruch oder sind zumindest bei der Geschmacksprobe scharf. Während die anderen Gruppenvertreter im Hut noch mehr Rot-(zuweilen auch Gelb-)-Töne aufweisen, ist der Braune Ledertäubling oberseits in der Regel purpurbraun bis reinbraun, doch genügt die Farbe keinesfalls als Erkennungsmerkmal. Die Hutoberseite ist in der Trockenheit glänzend, bei feuchter Witterung schmierig. Der aus halbkugeligen Anfangsformen flach oder trichterig aufschirmende Hut wird um die 10 cm breit und ist am Rand oft auffällig gerieft. Der stämmige Stiel ist meist reinweiß, selten mit rosa Flekken und besitzt eine feste Außenschicht, die ein schwammiges Mark umschließt. Oft kann man eine Art Längsadern an ihm erkennen.
Hauptfundort ist der Nadelwald, wo die ersten Vorboten schon im Frühsommer erscheinen und noch im Herbst reiche Ernten einzuholen sind, denn der Pilz wächst oft in großen Massen – allerdings ist auch er sehr oft von Maden befallen und sehr stark dem Tierfraß ausgesetzt. Vor allem in gesunden Fichtenbeständen über guten Böden trifft man ihn häufig an, während er dort, wo Sumpfwiesen („mit Gewalt") in Holzäcker umgewandelt werden sollen, kaum auftritt – er kann also als eine Art Zeiger für naturnahe Bestände von Fichte, doch auch von Kiefer, angesehen werden. Seine nächsten Verwandten, insgesamt vier Arten (Weißstieliger, Rotstieliger, Kurzstieliger und Kleinsporiger Ledertäubling), gedeihen mehr unter Eichen, Buchen und Tannen, doch alle bevorzugen Wälder, die über Kalk stocken.

1

2

Familie: Sprödblättler – Russulaceae

1 Spei-Täubling, Kirschroter Speitäubling – *Russula emetica*
Die Speitäublinge sind keine systematische Gruppe, sondern wurden allein aus praktischen Gesichtspunkten zusammengefaßt. Es handelt sich um meist rothütige, doch auch andersfarbige Täublinge, die scharf schmecken und wohl auch großenteils unbekömmlich sind. Ihre früher behauptete tödliche Giftigkeit muß allerdings ins Reich der Fabel verwiesen werden, und neuerdings hat sich sogar bei unserer Art herausgestellt, daß gerade dieser Pilz, gut durchgekocht, unter Umständen gegessen werden kann und sich nur bei empfindlichen Personen als „Speiteufel“ erweist (manche Ethnologen führen den Namen Täubling auf eben dies „Teuflinge“ zurück; siehe aber unten!). Dennoch ist für den Normalverbraucher vom Genuß abzuraten. Für das Sammeln von Täublingen und ihre Verwertung gelte folgendes: Es gehören nur Pilze ohne Milchsaft, ohne Stielring und mit spröden Lamellen dazu! Es sind nur solche Pilze genießbar, die bei der Geschmacksprobe (Kauen eines kleinen Lamellenstückchens) mild schmecken! Nur wirklich gute Pilzkenner sollten es auf die Ausnahmen absehen: So gibt es (s. vorige Seite) einmal Täublinge mit weichen Lamellen, zum andern sind manche Arten nur roh scharf und schmekken abgekocht sehr angenehm. Die Qualität der Täublinge für Speisezwekke ist bei alledem noch sehr umstritten, nicht jedermann lobt sie als besonders gute Mahlzeit. Andererseits sind sie in pilzarmen Jahren oft die einzigen auffälligen Vertreter der ganzen Klasse.
Der Kirschrote Speitäubling gehört mit seinem leuchtend hellroten, oft auch ausblassendem Hut zu den auffälligen Pilzen. Die Hutoberseite ist feucht schmierig, die Blätter der Unterseite sind weiß oder doch schmutzigweiß und nicht ganz so splitterig spröde wie bei manchen anderen Arten. Der weiße Stiel hat oft ein sehr schwammiges, wäßriges Fleisch, das nach Dörrobst duftet – aber scharf pfefferartig schmeckt.
Man findet die Art vom Sommer bis zum Herbst in feuchten Nadelwäldern oder, vor allem, im Buchenwald sehr häufig. Nach neueren Forschungen unterscheidet man die Nadelwaldform von einer Laubwaldform und einer speziellen Buchenform, deren Fleisch im Bruch gelblich anläuft.

2 Speise-Täubling – *Russula vesca*
Der Speise-Täubling ist nur eine der vielen eßbaren Täublingsarten, wenn er auch von Kennern als Speisepilz (neben dem Gefelderten Grüntäubling) innerhalb seiner Gattung besonders hoch geschätzt wird. Sein Kennzeichen ist ein flacher, in der Mitte meist trichterig vertiefter Hut, dessen scharfer Rand oft etwas von der Oberhaut entblößt ist, so daß die weißen, wenig spröden Lamellen vorsehen. Alte Lamellen sind oft rostrot punktiert. Die Hutfarbe ist hell- bis dunkelfleischrot, der stämmige Stiel ist weiß, gelegentlich schwach rostfleckig. Das Fleisch schmeckt mild und hat keinen besonderen Geruch, es ist sehr mürb. Man findet die Art von Juni bis Oktober in jeder Art von Wald, meist aber doch mehr auf sauren, sandigen Böden. Auch sie wird leider gerne von Maden befallen. Verwechslungen mit anderen Täublingen (es gibt über 100 Arten und über 300 besondere Formen) können vorkommen, für das Sammeln zu Speisezwecken muß man sich an die Regeln halten, die für das Einbringen von Täublingen gelten (s. oben). Vor dem Rohgenuß, der gerade für diesen Pilz immer wieder empfohlen wird, ist dringend abzuraten. Pilze sollten nie in größeren Mengen roh gegessen werden.
Die Gattung erhielt ihren Namen nach den vielen Rotfarben, die der Hut sehr vieler Arten, auch der unseren, aufweist (russus, lat. = rötlich). Die Herkunft des Wortes Täubling ist sehr unklar: manche leiten es von „Taube“ ab, weil innerhalb der Gattung auch taubengraue Arten auftreten, andere stellen eine Beziehung zu „Teufel“ her, wegen der Schärfe mancher Arten (s. oben), während dritte gerade das Gegenteil annehmen – die milden (= tauben) Arten hätten zum Gattungsnamen geführt. Die Artnamen der Pilze dieser Seite beziehen sich auf den Speisewert (vesca, lat. = eßbar), bzw. die angebliche Giftigkeit (emetica, lat. = giftig).

1

2

Familie: Sprödblättler – Russulaceae

1 Pfeffer-Milchling – *Lactarius piperatus*
Es ist schade, daß dieser mancherorts häufige und auch in großen Mengen auftretende, sehr ausgiebige Pilz so wenig wohlschmeckend ist. Er ist selten von Maden befallen und kommt auch in weniger guten Pilzjahren mit großer Regelmäßigkeit an seinen Standorten in Laub-(und Nadel)wald vor. Man findet ihn, oft in Reihen oder Ringen, von Juni bis Oktober. Aus den Ländern unserer östlichen und westlichen Nachbarn sind Zubereitungsvorschriften für diesen dort offenbar sehr geschätzten Milchling bekannt. Er soll nicht gekocht und, um die Milch nicht zu verlieren, möglichst grob zerteilt in heißem Fett gebraten werden. Das Braten würde die Schärfe nehmen, und das Gericht wäre von besonders exklusivem bitterlich-aromatischen Geschmack, zudem sehr gesund, da harntreibend und gegen Steinbildung aller Art bewährt. Wir können uns, wie fast alle reizkerverwöhnten Menschen, solchem Urteil nicht anschließen und möchten den Pilz als „gebraten eßbar" und „für Notzeiten gut geeignet" bezeichnen.
Der Hut ist glatt und weiß, im Alter auch gerunzelt, dann vor allem auch hellokker verfärbt und felderig aufgerissen. Er wird um 10 cm breit, kann aber auch 20 cm Durchmesser erreichen. Der Rand ist längere Zeit etwas nach innen gebogen, die Hutmitte schon sehr früh nabelig vertieft, zuletzt trichterig. Charakteristisch sind die weißen, sehr engstehenden, fein gegabelten Lamellen, die im Alter nach Gelb verfärben. Ein weiteres Charakteristikum ist die weiße, pfefferig scharfe Milch, die reichlich vorhanden ist. Bei einer Abart verfärbt sie an der Luft nach Graugrün (Grünender Pfeffer-Milchling).
Es gibt eine Reihe weißer Arten, mit denen der Pilz verwechselt werden könnte. Da sind die ebenfalls milchenden Erdschieber, der Milde und vor allem der Wollige (*Lactarius vellereus* var. *vellereus* et *velutinus*), die sich aber durch einen mit wolligem Filz bedeckten Hut unterscheiden und deren Lamellen nicht so dicht stehen – im Alter verkahlen sie etwas, vor allem in der Hutmitte. Der Letztere ist so scharf, daß er als völlig ungenießbar bezeichnet werden muß, obwohl er durch mehrmaliges Abkochen schließlich doch noch verzehrfähig gemacht werden könnte. Der Weiße Täubling, ein genießbarer, wenn auch nicht hervorragender Speisepilz, kann auf den ersten Blick ebenfalls für den Pfeffer-Milchling gehalten werden, doch enthält er keinerlei Milchsaft. Schließlich zeigen ganz junge Formen des Rosascheckigen Milchlings noch Ähnlichkeit. Sie bekommen aber bald rosa Flecken. Der Pilz ist ungenießbar.

2 Brätling, Birnen-Milchling – *Lactarius volemus*
Kastanienbrauner bis orange-fuchsroter Hut, samtig bereift, dazu die reichlich vorhandene weiße Milch, die sich an der Luft langsam braun verfärbt und ein nicht zu überriechender Duft, der sehr verdünnt an Weißdornblüte, in stärkerer Konzentration aber an Heringslake erinnert, dies alles kennzeichnet den beliebten Bratpilz. Sein Hut ist ohne konzentrische Muster (ungezont), erst flachgewölbt, am Rand etwas umgebogen, später flachschalig vertieft und oft mit einigen Radialrissen versehen. Sein Fleisch ist derb. Er wird 5–10, gelegentlich bis über 15 cm breit. Die hellgelben Lamellen werden im Alter braunfleckig. Der Stiel, von gleicher Farbe wie der Hut, ist meist sehr stämmig, öfters bauchig und wird in der Regel um 5 cm lang.
Den Brätling kann man ab Juli bis zum Herbstende in Wäldern aller Art finden, er ist gebietsweise nicht allzu häufig, während er andernorts als Massenpilz gilt. Es scheint, daß er in niederen Lagen mehr den Laubwald bevorzugt, andererseits in den Fichtenwäldern der Mittelgebirge ebenfalls häufig ist.
Verwechslungen kann es mit einigen ähnlichen, teils schärferen, teils milden Milchlingen geben, wenn man nicht auf den Heringsgeruch achtet, der sich beim Braten übrigens verliert. Der Brätling hat seine Liebhaber unter den Pilzfreunden, die ihn, wie Schnitzel paniert und gebraten, sehr empfehlen. Ob er allerdings wirklich der Beste ist (volemus, oskisch-lat. = der Größte, der Beste) sei dahingestellt. Man hüte sich auf jeden Fall vor dem Versuch, ihn zu Pilzgemüse verwerten zu wollen, weil er beim Kochen zu einer zähgallertigen Masse wird.

1

2

Familie: Sprödblättler – Russulaceae

1 Echter Reizker, Blut-Reizker, Wacholder-Milchling – *Lactarius deliciosus*
Als Reizker bezeichnet man die eßbaren, wohlschmeckenden Milchlinge mit farbiger Milch und ihre hellmilchenden Doppelgänger. Die moderne Taxonomie hat die alte Art in einen ganzen Artenschwarm aufgelöst, unterschieden nach Standort (bei verschiedenen Waldbäumen), Rotverfärbung der Milch beim Eintrocknen und Grünfleckigkeit. So gibt es heute die Blutreizker mit dunkelroter Milch und zwar als Fichten-, Tannen- und Kiefern-Blutreizker, dann einige Arten von (besonderen) Kiefernreizkern. Die abgebildete Art ist der „Spangrüne Kiefern-Blutreizker". Den Pilzsammler mag das nicht scheren, alle Reizker mit karotten- oder weinroter Milch sind eßbar und gleich bekömmlich. An den Namen der Formen mag er aber erkennen, daß er sie nur unter Nadelhölzern finden kann, im reinen Laubwald nicht, wohl aber vielleicht unter der einzigen eingesprengten Kiefer. Selbst der Wacholder auf den Heiden wird als Nadelholz angenommen. Der Pilz ist sehr unterschiedlich verbreitet, stellenweise ist er sehr häufig, dann wieder fehlt er über weite Strecken. Eine Vorliebe für besondere Böden kann bei ihm nicht nachgewiesen werden.
Der trichterige, orangerote Hut ist gezont, zuweilen grünspanfarbig gefleckt – auch alle Verletzungen, selbst die Madengänge laufen grün an. Seine Breite beträgt etwa 5–15 cm. Der Stiel ist hohl, höchstens ganz jung mit weißlichem Mark erfüllt. Das Fleisch ist brüchig und sehr reichlich mit Milch durchsetzt. Der untenstehende Birken-Reizker ist dem Echten nach dem Aussehen oft täuschend ähnlich, die rote Milch entscheidet aber sofort die Zugehörigkeit.
Der Echte Reizker wird gelegentlich als Essigpilz oder zu Suppen empfohlen, ganz ausgezeichnet aber schmeckt er gebraten. Man verwendet dazu die jüngeren Hüte, die man vorher noch paniert hat. Leider ist der Pilz oft madig; vor allem der Stiel und die großen Hüte sind oft befallen. Es gibt aber bei dem geselligen Vorkommen der Art genügend junge Exemplare, bei denen wenigstens der obere Teil noch unbewohnt ist. Hochsommer bis Spätherbst ist Erntezeit, oft bringen einige warme Tage nach Kälte einen Schub junger Pilze hervor, bei denen die Pilzmücken nicht so schnell mit dem Eierlegen nachkommen. Reizker leiden aber auch unter parasitischen Pilzen (nicht nur den üblichen Schimmelpilzen, die alte Stücke oft ganz überziehen), die die Lamellen verformen oder verkrusten lassen. Die Qualität soll darunter nicht leiden. Es ist erstaunlich, wie trotz der Milch, die ja zweifellos ein Abwehrmittel darstellen soll, diese Pilze von allen möglichen Tieren und Pflanzen befallen werden.

2 Birken-Reizker – *Lactarius torminosus*
Die weiße Milch, der blaß bis kräftig fleischrötliche, gezonte Hut und der zottig-wollige Rand sind die besonderen Kennzeichnen dieses Pilzes. Zumindest jung ist die ganze Hutoberseite zottig-wollig behaart. Die Lamellen sind gelblichweiß, höchstens schwach rosa getönt, das Fleisch ist weiß, die Milch brennend scharf, der Geruch schwach terpentinartig. Der trichterige, gezonte Hut, der brüchige, hohle Stiel können schon an einen Echten Reizker denken lassen. Selbst der Standort ist scheinbar derselbe. Während aber der Echte Reizker an die Kiefer oder den Wacholderstrauch gebunden ist, steht der Doppelgänger mit der Birke daneben in Symbiose. Der Pilz kommt überall vor, wo Birken wachsen, doch nirgendwo anders. Deshalb ist er auch im Norden Europas besonders häufig. Bei uns erscheint er zwischen August und Oktober. Er muß als ungenießbar bezeichnet werden. Für empfindliche Personen ist er sogar giftig. Doch ist aus den nordischen Ländern bekannt, daß man den Pilz nach Wässern, Abkochen und Abgießen des Kochwassers ohne Schaden verzehren kann.
Die Milchlinge sind bei uns zusammen mit den Täublingen (beides Großgattungen) die einzigen Vertreter der Familie Sprödblättler. Im Grunde genommen unterscheiden sich die beiden nur durch die Milch. So mag auch hier die Regel gelten, daß alle mild schmeckenden Milchlinge eßbar seien. Doch gehören mit Ausnahme des Echten Reizkers zu beiden Gattungen keine Edelpilze.

1

2

Familie: Kremplinge – Paxillaceae

1 Kahler Krempling, Empfindlicher Krempling – *Paxillus involutus*
Empfindlich wird der Pilz deswegen genannt, weil alle Druckstellen, besonders die an den olivgelben Lamellen, sofort dunkelbraun anlaufen. Im Alter entstehen oft dieselben Flecken; sie sind schmierig, was dem Pilz ein recht unappetitliches Aussehen gibt. Dazu trägt auch die recht trübe, gelbolivbraune Färbung des Hutes bei, der am Rand typisch eingerollt (eingekrempelt) und weichfilzig behaart ist. Seine anfänglich flachglockige Form geht in einen 6–10 (–20 cm) breiten Trichter mit flachem Rand über. Die Hutoberfläche verkahlt und wird bei Regen recht schmierig. Die Lamellen stehen sehr dicht, sind vorne zuweilen gegabelt und am Stielteil oft grobnetzig miteinander vermascht, so daß es aussieht, als trüge der Pilz hier eine Porenschicht. In der Tat zeigen die Kremplinge verwandtschaftliche Beziehungen zu den Röhrlingen (Familie *Boletaceae,* s. S. 170 ff.), so daß sie nicht zu den Blätterpilzen, sondern in die Ordnung der Röhrlingspilze gestellt werden. Typisch ist auch, daß sich ihre Lamellenschicht zusammenhängend vom Hutfleisch lösen läßt, was bei den echten Lamellenpilzen nicht gelingt, wohl aber bei der Schwammschicht der Röhrlinge.
Der stämmige, feste, zuweilen etwas knollige Stiel wird kaum über 5 cm lang. Er ist blaßbraun, zuweilen mit Rosastich und dunkelt im Alter (und beim Anfassen) nach. Das zarte und saftige Fleisch riecht etwas säuerlich, dabei nicht unangenehm, und hat zunächst eine blaßgelbe Farbe, läuft aber an der Luft braun an und verfärbt sich beim Kochen noch viel dunkler.
Der Kahle Krempling wächst, oft sehr gesellig in Reihen oder Ringen, vom Hochsommer bis in den Spätherbst in Wäldern aller Art, vorzugsweise aber in Nadelwäldern auf sauren Böden, doch auch in Gärten, Sumpfwiesen und Hochmooren. Er ist überall häufig. Er galt früher als mäßig giftig, sollte nicht roh genossen werden (was man sowieso mit keinem Pilz machen soll), wurde aber gebraten oder gekocht durchaus empfohlen, vor allem in kleinen Mengen, zum Beispiel als guter Würzpilz in Mischgemüsen. Schon immer aber hieß es, daß er bei empfindlichen Menschen Verdauungsstörungen hervorrufen könne. Auch wurde empfohlen, ihn zur Vorsicht abzukochen und das erste Kochwasser wegzuschütten. Seit neuestem aber weiß man, daß dieser Pilz ein sehr gefährliches, nierenschädigendes und blutzersetzendes Gift enthält, das sich durch Kochen weder ganz ausziehen noch zerstören läßt. Es wirkt sehr heimtückisch, dergestalt, daß es sich erst nach mehrmaligem Genuß (während einer Vegetationsperiode) einer Kremplingmahlzeit soweit potenziert hat, daß es zum sehr raschen Tod durch Nierenversagen führen kann.

2 Samtfuß-Krempling – *Paxillus atrotomentosus*
Ein äußerst schmucker, stattlicher und leicht kenntlicher Bewohner der Nadelholzstubben. Oft im dunkelsten, tiefsten Wald noch zu finden. Er erscheint auch in trockenen Jahren, denn er lebt in einer Art Symbiose mit der „toten" Baumwurzel, deren mechanischer Teil des Wassersaugsystems noch nach dem Absterben funktioniert. Er erscheint vom August an bis in den November hinein überall, wo Nadelholz wächst, tritt an den Stubben oft gesellig auf, wächst aber kaum einmal in wirklichen Massen.
Er ist charakterisiert durch seinen erst braunsamtigen, später verkahlenden, 8–20 cm breiten Hut mit eingerolltem Rand, der auf der Unterseite blaßgelbe, leicht ablösbare Lamellen trägt. Er sitzt exzentrisch auf dem dicken Stiel, der ein dunkelbraunsamtiges Filzfellchen trägt (atrotomentosus, lat. = schwarzsamtig).
Der Geruch des fast stets madenfreien, festen Fleisches ist schwach säuerlich, beim Kauen merkt man, daß es sehr wasserhaltig ist und dumpf unangenehm, dazu noch bitterlich schmeckt. Das Bittere verliert sich beim Abkochen, doch hat das Fleisch so gar keinen Eigengeschmack und ist auch schwer verdaulich. Man sollte den Pilz besser stehen lassen, zumal sich sein obenstehender Verwandter, dem zunächst auch Schwerverdaulichkeit nachgesagt wurde, als giftig erwiesen hat. Verwechslungen können nicht auftreten, wenn nur auf den samtigen Fuß geachtet wird.

1

2

Familie: Röhrlinge – Boletaceae

1 Schmerling, Körnchen-Röhrling – *Suillus granulatus*
Beide auf dieser Seite vorgestellten Röhrlinge können sich auf den ersten Blick täuschend ähnlich sehen. Form, Farbe und auch die Schmierigkeit des Hutes (Schmerling = Schmierling) gleichen sich; doch gibt es zwischen den beiden auch ein untrügliches Unterscheidungsmerkmal: der Stielring, der dem Schmerling fehlt und den der Butterpilz stets besitzt. Solange der Körnchen-Röhrling noch jung ist, besitzt er einen leicht eingeschlagenen Hutrand, und der ganze Schirm ist von einem rötlichbraunen Schleim überzogen. Vermutlich, und das gilt für alle schleimigen Pilze, verhindert eine solche Schicht das Vordringen gefräßiger Insekten und Schnecken bis zum Fleisch, es ist sogar denkbar, daß auch Nager durch einen solchen Belag abgehalten werden, denn man findet auf solchen Schleimlingen relativ wenig Fraßspuren. Da sich die frische Huthaut leicht abziehen läßt, bringt das Schleimproblem für den Sammler lediglich glitschige Finger. Solange die Porenschicht auf der Hutunterseite noch nicht reif ist, scheidet sie einige kleine, weißliche Milchtröpfchen aus. Dies geschieht meist bei feuchtem Wetter und ist mit der Guttation höherer Pflanzen (z. B. Frauenmantel, S. 294) zu vergleichen. Die Tröpfchen trocknen zu braunen Körnchen ein, man findet sie vor allem am oberen Teil des Stiels. Sie sind von fettiger Beschaffenheit. Der Name Körnchen-Röhrling bezieht sich auf dieses arteigene Merkmal. Die anfangs helle Porenschicht färbt sich im Alter olivgelb, dann hat auch der Hut typisch aufgeschirmt: Der Rand ist nach oben gehoben. In dem Zustand ist das vorher schon recht weiche Fleisch ziemlich schwammig (und meist madig). Da es leicht in Fäulnis übergeht, sollte man zu Speisezwecken nur junge Pilze sammeln.
Der Schmerling ist in seinem Vorkommen streng an die Kiefer gebunden. Wo sie auf nicht zu sauren, kalkhaltigen Böden stockt, kann man ihn finden. Oft erscheint er schon im Mai, seine Hauptzeit ist aber doch von Juli bis Oktober. Der Pilz ergibt gute Gerichte; man muß ihm beim Aufnehmen die Huthaut abziehen und sollte ihn nicht mit derberen Stücken zusammen transportieren. Manchen sagt die Weichheit des Fleisches und der milde Eigengeschmack des Pilzes allerdings nicht zu.

2 Butterpilz, Butter-Röhrling – *Suillus luteus*
In der Regel zeigt der Hut dieser Art ein viel dunkleres Braun als derjenige des Schmerlings, der sogar ockergelb aussehen kann. Doch gibt es fast übereinstimmende Formen, und beide Arten kommen sogar nebeneinander an denselben Standorten vor. Auch der Butterpilz ist kieferngebunden, wenn er auch eine größere ökologische Breite zeigt: Er besiedelt sowohl Sand- als auch Kalkböden und begleitet sämtliche Kiefernarten. So steigt er mit den Latschen im Gebirge bis zur Baumgrenze. Aufgrund seiner größeren Anpassungsfähigkeit ist er insgesamt gesehen viel häufiger als sein Vetter. Untrügliches Kennzeichen ist neben der braunen Hutfarbe der Ring am Stiel, ein Überrest der Haut, die am jungen Pilz die Röhrenschicht nach unten abschließt. Der schmierige, gewölbte Hut wird 4–10 cm breit, der Stiel 3–10 cm hoch. Der anfangs weißliche Ring, der manschettenartig überhängt, verfärbt sich braunviolett. Das buttergelbe Fleisch (Name!) ist sehr weich und soll beim Transport schonend behandelt werden. Es ist oft madenfrei. Wegen seiner Wäßrigkeit wird der Pilz zwar oft zum Braten empfohlen, doch sollte man ihn dazu (nach Abziehen der Huthaut und Kontrolle auf Madenfreiheit) nicht mehr waschen, sondern eher längere Zeit trocknen lassen: Man kann trotzdem erleben, daß die Bratpfanne vom ausgeschiedenen Wasser fast überläuft. Der Pilz ist wohlschmeckender als der Körnchen-Röhrling und erfreut sich allgemeiner Wertschätzung. In jeder Gegend hat er andere Volksnamen (teilweise gemeinsam mit der anderen Art): nach der schmierigen Huthaut Schmerling, Rotzer, Schmalzling, weil sie sich leicht abziehen läßt Schälpilz, wegen der Stielmanschette Ringpilz. Der Gattungsname *Suillus* geht auf eine alte Bezeichnung von Plinius zurück, sie leitet sich ab von sus, lat. = Schwein und bedeutet nichts anderes als Schweinepilz. Vielleicht meinte er aber nur die schmalzige Beschaffenheit der Huthaut oder das schmalzigwäßrige Fleisch.

1

2

Familie: Röhrlinge – Boletaceae

1 Rotkappe, Rothäubchen – *Leccinum testaceo-scabrum (Leccinum rufescens)*
Der Geschmack dieses vorzüglichen Speisepilzes ist über alle Zweifel erhaben. Beim Anschnitt läuft das weiße Fleisch schiefergrau-lila an, und beim Kochen schwärzt es sich dann vollends. Wenn man die Pilze aber nicht zu alt eingesammelt hat, so daß das Fleisch noch kernig fest ist, läßt sich das Gericht mit dem der besten anderen Speisepilze wohl messen. Geselliges Wachstum, wenig Tierfraßstellen, geringer Madenbefall, dazu die leichte Kenntlichkeit machen die Rotkappe zu einem der beliebtesten Pilze. Man kann von ihr zwei Sorten unterscheiden: Die hellere Art mit dem orangegelben bis gelbbraunen Hut kommt vor allem in Gesellschaft der Birke vor. Man findet sie aber auch in Buchen-Tannen-Wäldern, seltener im reinen Nadelwald, eher noch auf sandigen Heiden mit Besenheide *(Calluna)* und Heidelbeeren. Man nennt sie Birken-Rotkappe. Die Espen-Rotkappe dagegen hat einen orangefarbenen bis rotbraunen Schirm und gedeiht besonders bei der Zitter-Pappel (Espe), auch bei Hainbuchen. In die Verwandtschaft gehören noch einige Formen mit braunem Hut, wie der Birkenpilz und der Hainbuchen-Röhrling. Alles sind Rauhfüße, d.h. ihr Stiel ist mit dunklen, rauhen, oft nur pünktchenkleinen Schuppen übersät (der Gattungsname *Leccinum* läßt sich frei mit „aschebestäubt" übersetzen).
Für Rotkappen ganz charakteristisch ist der überlappende Hutsaum, der vor allem im Jugendstadium des Pilzes deutlich sichtbar ist. Der junge Hut sitzt zunächst einmal wie eine Verschlußkappe auf dem gleich dicken oder gar dickeren Stiel. Nach dem Aufschirmen wird die weißliche, sehr dünne Röhrenschicht sichtbar, die sich mächtig streckt, graugelblich wird und eine Dicke bis zu 4 cm erreichen kann. Sie ist nicht mit dem Stiel verwachsen und läßt sich sehr leicht vom Hut lösen. Der Hut selbst, dessen Oberfläche sich trocken feinfilzig anfühlt, bei Regenwetter aber etwas schmiert, erreicht einen Durchmesser bis zu 20 cm (meist aber 8–12 cm). Erscheinungszeit ist der Sommer und Herbst.

2 Maronenpilz, Braunhäubchen – *Xerocomus badius*
Der Pilz wächst nicht vorzugsweise im Lande Baden, der wissenschaftliche Artname leitet sich von lat. badius = braun ab. Damit wird auf die Hutfarbe abgehoben, die mit der Farbe von Früchten der Edel-Kastanie (den Maronen) übereinstimmt. Es ist ein Filzröhrling, sein Hut ist mit einem feinsamtigen Filzüberzug bedeckt (*Xerocomus* = Trockenschopf). Aber nur der „Nadelstreumaroni", der im Trockenen aufgewachsen ist – ein stämmiger, untersetzter Geselle – hat wirklich diesen trockenen Samthut. Der „Moosmaroni", langstieliger, schlanker Bewohner feuchterer Standorte, zeichnet sich durch eine hellere, schmierigglänzende Bedeckung aus. Beide sind aber nur Standortmodifikationen ein und derselben Art und durch Übergänge miteinander verbunden. Hauptcharakteristikum ist neben der Hutfarbe die dikke, schwammige Porenschicht, erst blaßgelb, später grünlichgelb, die auf Druck sofort blau anläuft. Eine langsamere und schwächere Blaufärbung zeigt auch das helle bis gelbliche Fleisch, das sich aber mit der Zeit wieder entfärbt.
Maronenpilze besiedeln vor allem Nadelwälder und zwar vorzugsweise solche, die auf sauren Sandböden stokken. Gelegentlich findet man sie auch im Laubwald. In manchen Jahren treten sie in kaum zu bergenden Massen auf. Beim Sammeln kann man bei älteren Exemplaren auf die leicht ablösbare Schwammschicht verzichten. Der Pilz gilt als vorzüglicher Speisepilz von ausgezeichnetem Wohlgeschmack, wenn er auch seines weichen Fleisches wegen nicht ganz an die Qualität des Steinpilzes heranreicht. Er eignet sich gut für alle Arten der Zubereitung.
Die ersten Pilze können schon im Juni erscheinen, Haupterntezeit ist aber doch der Frühherbst, obwohl bei milder Witterung noch im Dezember neue Fruchtkörper gefunden werden können. Bergwälder werden gegenüber den Wäldern der Niederungen eindeutig bevorzugt, doch findet man auch dort unter Kiefern oftmals reiche Beute. Der Maronispezialist weiß, daß er nach dem ersten Fund die Umgebung ruhig mustern muß, um alsbald immer neue der gut getarnten Pilze zu finden.

1

2

Familie: Röhrlinge – Boletaceae

1 Sand-Röhrling, Sandpilz – *Suillus variegatus*
Man kann zwar grundsätzlich davon ausgehen, daß Röhrlinge mit gelbem Porenschwamm unter dem Hut nicht giftig sind, doch findet man darunter immerhin einige ungenießbare, weil bittere (s. Dickfuß-Röhrling, S. 178), und bei den übrigen kann man schon Unterschiede im Wohlgeschmack herausfinden. Der Sandpilz ist einer der eßbaren, doch weniger schmackhaften der Röhrlingsfamilie, doch soll ihm nicht vergessen werden, daß er in zurückliegenden Hungerjahren Tausenden von Menschen willkommene Zunahrung gab. Er ist ein Massenpilz der sandigen Kiefernwälder, wo er vor allem im Oktober in Scharen auftritt, wobei die ersten Vorboten schon im Juni erscheinen und die letzten bis in den November hinein aushalten. Seine Bindung an die Kiefer ist obligatorisch, doch bevorzugt er vor allem saure, zum Teil dazu noch sumpfige Böden. Man kennt ihn auch aus dem Hochgebirge sowie aus Torfmooren (mit Latsche bzw. Birke).
Seinen Namen hat er nicht so sehr von seinem oft sandigen Standort, sondern wegen der „Sandkörner" auf seinem gelbgrauen bis braungelben Hut. Sie rühren von der noch etwas dunkler gefärbten obersten Huthaut her, die feinfilzig gebaut, schon früh in kleinste Schüppchen aufreißt. Diese bestehen aus niederen Härchenbüscheln, die abwischbar sind und bei Feuchtigkeit auch etwas verschmieren. Der Pilz ist ja ein Vertreter der Schmierröhrlinge, die sich durch schmierige Schirmoberseite auszeichnen.
Die (zweite) Oberhaut ist nicht abziehbar. Der Hut hat eine Breite von 6–15 cm und bleibt meist polsterartig gewölbt, wobei er zusammen mit der besonders dunkelolivfarbenen Porenschicht 2–4 cm dick wird. Die Porenschicht läuft bei Druck etwas blau an und läßt sich nicht ganz so leicht vom Hut trennen, wie man das von anderen Röhrlingen gewohnt ist. Der Stiel ist stämmig und festfleischig. Das gelbliche Fleisch läuft an der Luft meist etwas bläulich an, es riecht säuerlich. Verwechslungen mit ähnlichen Arten, die am selben Standort gedeihen, sind möglich (und ungefährlich), aber gänzlich auszuschließen, wenn man auf die Faserschüppchen des Hutes achtet. Ein Pilz derselben Gattung, der Kuh-Röhrling, ist etwas kleiner, heller, glatthütig und sehr elastisch. Die Poren seiner Schwammschicht sind auffallend weit. Beide Arten kommen oft zusammen vor. Im (Speise)Wert entsprechen sie sich etwa.

2 Rotfuß-Röhrling, Rotfuß – *Xerocomus chrysenteron*
Der mittelgroße, 3–7 cm breite Hut sitzt auf einem sehr schlanken Stiel. Anfänglich tief dunkelbraun, hellt er sich beim Aufschirmen zu Graubraun hin auf, wobei er sehr oft, vor allem am Rand, eine rissig-felderige Oberflächenstruktur erhält. Er ist mit feinsamtigem, feucht nicht schmierendem Filz überzogen. Die Röhrenschicht ist gelb, bei Druck nimmt sie öfters eine grünblaue Farbe an. Der nie netzig strukturierte Stiel ist zumindest am Grund, oft über die ganze Länge, schön rot gefärbt – nur bei der Herbstform können reingelbe Stiele auftreten. Charakteristisch ist die allmähliche Rotverfärbung des Hutfleisches, überall dort, wo Luft zutreten kann: an Fraßstellen und Wachstumsrissen. Der Pilz ist an keine besondere Baumart gebunden und erscheint zwischen Juni und November in Wäldern aller Art. Im Gebirge steigt er kaum über die untere Mittelgebirgszone. Oft wird er mit der Ziegenlippe (*Xerocomus subtomentosus*) verwechselt. Deren Röhrenmündungen sind leuchtend goldgelb, der Stiel und Verletzungen des Hutes nie rot.
Der Rotfuß wird als wohlschmeckender Speisepilz bezeichnet. Man kann nur die ganz jungen Exemplare empfehlen. Leider sind auch sie oft durch und durch madig. Mit den Herbstformen ist es etwas besser. Das Fleisch kann sehr schnell faulen, deshalb muß man die gesammelten Pilze besonders rasch verwerten. Oft kann man im Wald ältere Exemplare stehen sehen, die, innerlich ganz verwest, bei Berührung in sich zusammensinken. Gerne sind die Pilze auch von einem erst weißen, später goldgelb werdenden Schimmelgeflecht überzogen. Diese Watten gehören dem Goldschimmel, *Peckiella chrysosperma*. Die so befallenen Pilze – leider oft alle in einem ganzen Waldstück – dürfen auf keinen Fall verzehrt werden.

1

2

Familie: Röhrlinge – Boletaceae

1 Gallen-Röhrling – *Tylopilus felleus*
Dieser Röhrling ist der gallenbittere (fel, fellis, lat. = Galle) und für die meisten Menschen daher ungenießbare Doppelgänger des begehrten Steinpilzes. Es soll Leute geben, deren Geschmacksinn für die Bitterstoffe nicht empfänglich ist und die deshalb den völlig ungiftigen Pilz mit Genuß verspeisen. Da er meist in Jahren besonders häufig auftritt, in denen die Steinpilze rar sind, hat er bestimmt schon viele hoffnungsfreudige Sammler genarrt. Beim Altpilz ist die Unterscheidung keine Kunst. Der Gallen-Röhrling ist unser einziger Rosaporenröhrling, d. h. der einzige einheimische Pilz der Familie, dessen Schwammschicht auf der Hutunterseite eine rosa Farbe annimmt (an Druckstellen oft rostigrot). Dies und der pastellockerbraune Stiel mit einem grobmaschigen Adernetz kennzeichnen den Bitterling zur Genüge. Wer es nicht glaubt, mag ein kleines Stückchen kauen oder auch nur anlecken. Man muß nur warnen, wer es zu häufig macht, hat alsbald eine taube, unbrauchbare Zunge. Kostproben oder Übung lassen auch den jungen Gallen-Röhrling erkennen, dessen Porenschicht noch weißlich und dessen Stiel relativ glatt ist. Nur wer kühlen Herzens prüft, ist vor bitteren Überraschungen gefeit.
Der Pilz hat eine Vorliebe für Nadelwälder, wo er von (Mai) Juli bis Oktober auf kalkarmen Böden wächst. Wenn er auch nicht jedes Jahr erscheint, so ist er doch recht fundortstreu. Wenn der Frühsommer recht trocken war, bleibt der Pilz meist aus.

2 Steinpilz, Herrenpilz – *Boletus edulis*
Der Pilz der Pilze. Die Speise der Herren des Mittelalters, des Adels und der Geistlichkeit. Bolitos war im alten Griechenland der feste, kompakte Pilz, für die Römer wurde der Speisepilz zum boletus (s. wissenschaftlicher Name), daraus entstand bei uns über bolets und buliz das Wort Pilz.
Der Steinpilz ist fast unerreichbar im Geschmack, vielseitig verwendbar und gibt gut aus. In Steinpilzjahren ist er schon von einzelnen Sammlern zentnerweise eingebracht worden. Er ist einer der wichtigsten Marktpilze, relativ gut haltbar und kann auch auf jede mögliche Art zur Vorratshaltung verwendet werden. Der anfangs oft weißliche bis graubraune Hut kann hell- oder dunkelbraun werden. Er erreicht Breiten zwischen 10 und 20 cm, zuweilen auch das Doppelte und ist fast stets mehr oder weniger kugelig gewölbt, trocken ist er rauhsamtig, feucht leicht schmierig. Die Röhrenschicht ist anfangs weiß, später olivgelb und leicht ablösbar. Der stämmige Stiel ist weißlich bis hellbraun, ganz feinmaschig und wenig erhaben geadert. Er kann bis zu 5 cm dick und bis 15 cm hoch werden.
Steinpilze findet man ab Mai bis in den Herbst hinein in mehreren Unterarten (s. u.) auf verschiedenen Standorten, doch stets im Wald (Bindung an Bäume durch Mykorrhiza) und vorzugsweise auf kalkarmen, sauren, oft sandigen oder durch Nadelstreu oberflächlich versauerten lehmigen Böden. Alle paar Jahre gibt es Massenernten, dazwischen findet man ihn recht standortstreu, doch mäßig an meist sehr geheimgehaltenen Plätzen, die auch dem besten Mitpilzfreund nicht verraten und die nach ungeschriebenem Komment unter echten Pilzsammlern auch nicht erfragt werden.
Die wichtigsten Formen (heute oft als selbständige Arten geführt): der meist erst im Spätsommer erscheinende Fichten-Steinpilz (ssp. *edulis*), mit weißlichem, nur oben genetztem Stiel. In Fichtenwäldern auf sauren Böden häufig. Dann der Kiefern-Steinpilz (ssp. *pinicola*), mit runzligem rotbraunem Hut und dunkelbraunem, genetztem Stiel. In Nadelwäldern, im Tiefland vor allem unter Kiefern, im Bergland unter Fichten. Tritt schon im Sommer auf. Der Eichen- oder Sommer-Steinpilz (ssp. *reticulatus* = *B. aestivalis*) erscheint bei feuchtwarmem Wetter schon im Mai. Sein Stiel ist graubraun, stark von oben bis unten genetzt, sein Hut ebenfalls hellbraun bis graubraun und oft gefeldert. Man findet ihn im Laubwald, gern unter Eichen. Im Bergland wird er schon selten. Der Bronze-Steinpilz (Bronze-Röhrling, Schwarzer Steinpilz; ssp. *aereus*) ist ein seltener Südeuropäer. Er wächst vor allem im (warmen) Weinbaugebiet, wo man ihn besonders unter Eichen findet. Sein kupferbrauner Stiel trägt einen schwarzbraunen Hut.

1

2

Familie: Röhrlinge – Boletaceae

1 Dickfuß-Röhrling, Bitterpilz, Schönfuß-Röhrling – *Boletus calopus*
Ein farbenprächtiger Pilz. Der polsterartig gewölbte, graubraune bis hellgraue Hut, öfters mit einem schönen Muster der Riß-Felderung überzogen, sitzt auf einem stattlichen breitknolligen bis keuligen Stiel, der in Farbabstufungen vom purpurroten Grund bis zum sattgelben Ende prunkt. Darüber wirkt sich eine gleichmäßige grobmaschige Oberflächennetzstruktur. Zuweilen erscheinen an der Basis auch Brauntöne mit. Druckstellen verfärben sich zu (oft zurückgehender) grünblauer Marmorierung, ebenso Schnittflächen. Bei einer Stielhöhe von 6–15 cm (Dicke 2–6 cm) spannt der Hut 6–15 cm breit, bei besonderen Prachtexemplaren auch 20 cm. Die Röhren sind zunächst zitronengelb, dunkeln aber dann etwas nach. Das feste, rahmgelbe Fleisch riecht etwas säuerlich, aber durchaus nach „Pilz"; der Geschmack, bei soviel Schönheit, ist allerdings eine einzige Enttäuschung: Er ist widerlich und bitter zugleich. Durch Abkochen und Wegschütten des Kochwassers wird er anscheinend etwas gemildert, doch selbst dann ist der Pilz schwer verdaulich und für empfindliche Personen sogar unbekömmlich.
Dickfußröhrlinge sind nicht allzu häufig. Sie treten zwar oft in kleineren Trupps auf, doch liegen die Fundorte weit auseinander. Saurer Boden wird entschieden bevorzugt, obwohl auch eine Kalkbodenform bekannt ist. Diese wächst mehr in den (guten) Laubwäldern, während der Typ vorzugsweise im Nadelwald oder im Nadelmischwald (Tanne-Buche) anzutreffen ist. Er erscheint im Sommer und verschwindet schon bald wieder Mitte Herbst. Von Ferne ähnelt er sehr den Rotsporern (siehe unten) mit ihren kräftigen Farben, dem Hut nach kann er für einen Satanspilz gehalten werden. Die gelben Röhren (die relativ schwer vom Hut zu trennen sind) charakterisieren unsere Art jedoch eindeutig. Von den Pilzen mit gelben Röhren, z. B. von hellhütigen Steinpilzen, unterscheidet ihn die prächtige Stielfarbe (neben dem bitteren Geschmack), so daß er bei einiger Aufmerksamkeit eindeutig zu identifizieren ist.

2 Netzstieliger Hexenpilz, Netzstieliger Hexenröhrling – *Boletus luridus*
Die Rotsporer unter den Röhrlingen sind ein Kapitel für sich, an das sich erst Pilzsammler mit Erfahrung wagen sollten. Neben anderen, seltenen Arten kommen die Hexenpilze und der Satanspilz relativ häufig vor. Sie zeichnen sich dadurch aus, daß sich die (sichtbaren) Enden ihrer gelblichen Poren bald durch die auftretenden Sporen tiefrot verfärben. Eine Faustregel zur Unterscheidung von Satans- und Hexenpilz ist die, daß der „Satan" bei Verletzung langsam blau anläuft, die „Hexen" schlagartig (vor allem bei großer Luftfeuchtigkeit).
Der Netzstielige Hexenpilz ist nun vor allem durch seinen gelb und rot gefärbten Stiel charakterisiert, der mit einem erhabenen Adernetz überzogen ist. Wenn man die Porenschicht ablöst, kommt darunter der hell- bis orangerote Hutboden zum Vorschein. Die Poren am alten Hut sind nach Ausstreuung der Sporen wieder schmutziggelb gefärbt.
Unsere Art bevorzugt den Laubwald, der möglichst über kalkhaltigen Böden stocken sollte. Man findet sie vorzugsweise bei Buchen und Eichen. Dort und an kalkgeschotterten Waldwegen kann man sie zerstreut, vom Juni bis in den Oktober hinein, in kleinen Gruppen antreffen.
Alle Rotsporer sind als Speisepilze zunächst einmal kritisch, sie haben aber einen Anhängerkreis von Feinschmekkern, der sie über alles lobt. Zwar sind sie nicht so giftig, wie früher dargestellt, selbst der Satanspilz enthält nur wenig Gift. Es reicht aber zu schweren Verdauungsstörungen. Die Gifte sind aber alle thermolabil, das heißt, sie können durch gründliches Kochen zerstört werden. Bestimmte Menschen reagieren auch dann noch allergisch (unter solchen Gesichtspunkten müßten auch Eier, Erdbeeren und Spargel als giftig bezeichnet werden, weil auch sie bei manchen Allergien auslösen).
Für unsere Art gilt folgendes Giftsignalelement: Sie enthält ein Gift aus der Gruppe der Fliegenpilzgifte, das zusammen mit Alkohol individuell unterschiedlich wirkt, das aber durch intensives Kochen (100 °C/20 min) zerstört wird. In Deutschland selten, in Frankreich häufig als Speisepilze verwertet. Nie roh verzehren!

1

2

Strauch- und Blattflechten

Flechten sind Doppelwesen. Ein Pilz, bei den meisten heimischen Arten ein Schlauchpilz, lebt in Symbiose mit Blau- oder Grünalgen. Beide Partner, die auch getrennt leben können, bestimmen Bau (mehr der Pilz), Farbe (mehr die Alge) und Lebensweise. Die Vermehrung erfolgt nur ungeschlechtlich durch Soredien (von Pilzgeflecht umsponnene Algengruppen), manchmal auch nur durch Bruchstücke. Der Pilz kann sich noch allein geschlechtlich vermehren; in Apothecien (s. S. 102) bildet er seine Sporenschläuche aus. Beide Partner können zusammen Extremstandorte besiedeln, die für den einzelnen zu lebensfeindlich wären; beide Partner zusammen können auch Stoffe produzieren (Flechtenfarbstoff, Flechtensäure), die weder Pilz noch Alge allein herstellen können. Über Flechtenwuchsform siehe nächste Seite.

1 Rentierflechte – *Cladonia rangiferina*
Ausgedehnte Bestände auf mageren, unfruchtbaren Böden in Heiden und Kiefernwäldern. Der Thallus ist strauchartig verzweigt (klados, gr. = Zweig), wenige Zentimeter hoch, weißlichgrau bis blaugrau und sehr starr, trocken auch spröde. Die Stiele sterben unten allmählich ab, während sie oben immer weiterwachsen, deshalb kann man diese Erdflechten leicht vom Boden abheben. Die Sporenlager befinden sich an den sichelig gekrümmten Zweigenden.

2 Scharlachflechte – *Cladonia coccifera* (und andere)
Diese oft nur durch chemische Proben sicher zu unterscheidenden Flechten fallen dadurch auf, daß ihre Sporenlager am Ende der Thallusauswüchse durch den Farbstoff Rhodocladonsäure leuchtend rot gefärbt sind. Die Thallusauswüchse sind becherförmig oder nur stielartig, die Sporenlager pilzhutförmig. Die Tieflandrassen sind in der Farbe oft heller als die graugrünen bis gelblichen Bergformen.

3 Trompetenflechte, Becherflechte – *Cladonia pyxidata* (und andere)
Charakteristisch für diese Formen ist das krustenartige, blaugrüngraue Lager auf dem Boden, aus dem sich später becherförmige Gebilde (manchmal aufeinandergeschachtelt) erheben. Auf deren Rand entstehen, gestielt oder ungestielt, knöllchenartige, dunkelgefärbte Sporenlager (des Pilzes! s. oben). Die eigentliche Art trägt 1–4 cm hohe Becher und bevorzugt mageren, doch zumindest schwach kalkhaltigen Boden.

4 Waldflechte – *Cladonia arbuscula (Cladonia sylvatica)*
Gleicht der eng verwandten Rentierflechte und besiedelt ähnliche Standorte. Ihre Haupt„stiele" sind nach unten zu verdickt und gelblich(grün). Beide Flechten werden oft zur Herstellung von Modell-Landschaften verwendet (grün eingefärbt als Gebüsch oder Wald). Beide sind sehr bitter, werden aber vom Wild und, in der Tundra, vor allem von Rentieren in der (Winters-)-Not gefressen (deren Darminhalt soll von Lappen als Gemüse verwertet werden).

5 Schüsselflechte, Rinden-Schüsselflechte, Rindenflechte – *Parmelia physodes*
Überaus häufige Blattflechte (Laubflechte) mit graugrünem bis weißlichem Lager, das krustenartig und gelappt die Rinde der Waldbäume bedeckt. Dabei sind die Vertiefungen meist etwas dunkler, durch eingewaschenen Staub und Rindenabrieb oft schwärzlich gefärbt. Die rundlichen Apothecien der Gattung wurden mit der parma, dem Rundschild römischer Gladiatoren verglichen (Name!), sie sind auch die Schüsseln der deutschen Bezeichnung.

6 Schildflechte, Hundsflechte – *Peltigera canina* (und andere)
Diese Bodenflechte fällt durch stattliche Größe auf. Ihr grob gelappter Thallus hat oft mehrere Quadratdezimeter an Fläche. Er ist unterseits runzlig-netzig und grau gefärbt, oben meist glatt und auch feucht graubraun oder graugrün. Der Algenpartner ist die Blaualge *Nostoc* (Gallertalge, S. 96). Die Apothecien des Pilzes stehen am Rand der Lappen; sie wurden mit der pelta, dem halbmondförmigen griechischen Leichtschild verglichen (gero, lat. = ich trage).

1
6
5
4
2
3

Krusten-, Blatt- und Bartflechten

Aus praktischen Gründen teilt man die Flechten in 4 Gruppen ein, die sich in der Wuchsform unterscheiden. Diese Einteilung ist nicht nach systematischen Gesichtspunkten vorgenommen, nahe verwandte Arten haben oft andersartige Wuchsformen. Wir unterscheiden die Krustenflechten, deren Lager mit seiner Unterlage so fest verbunden ist, daß man es nicht im Ganzen abheben kann, die Blattflechten (oder Laubflechten), die sich locker der Unterlage anschmiegen und deshalb auch leicht abgehoben werden können, die aufrechten, stielartig wachsenden und oft verzweigten Strauchflechten, sowie die ebenfalls strauchigen, aber locker und lang herabhängenden Bartflechten. Über Flechtenbiologie siehe vorige Seite.

1 Schriftflechte – *Graphis scripta*
Auf glatten Rinden im luftfeuchten Lokalklima findet man diese Krustenflechte überall. Besonders befallen sind Eschen, die ja auch meist über nassem Grund stehen. Die Flechte bildet auf der Stammrinde pfennig- bis geldscheingroße hellgraue Flecke mit unruhiger Begrenzung. Darin brechen dann die länglichen und auch verzweigten, schwarzen Sporenlager auf, die an Runen oder eine exotische Schrift erinnern.

2 Landkartenflechte, Geographenflechte – *Rhizocarpon geographicum*
Vor allem dem Alpenwanderer mag diese farbenfrohe Flechte schon aufgefallen sein, die in den Urgebirgsalpen überall krustig das Gestein überzieht. Sie kommt auch in tieferen Lagen auf saurem Fels vor, doch ist sie ab etwa 600 m auffällig häufiger. Das ausgedehnte Lager ist gelb bis grüngelb und durch schwarze Linien netzig gemustert, dazwischen stehen noch bräunliche, runde Sporenlager. Es ähnelt wirklich einer Landkarte.

3 Gelbflechte, Wandflechte – *Xanthoria parietina*
Eine Blattflechte, nicht nur an Wänden und Mauern, sondern genauso häufig auf Rinde und Holz wie auf Gestein. Sie gehört zu den häufigsten Flechten und fällt durch ihre hell- bis dottergelbe Farbe leicht auf (xanthos, gr. = gelb). Meist findet man in der Mitte viele schüsselförmige Apothecien. Sie sind von gleicher Art wie die der Schüsselflechte (s. S. 180), doch unterscheiden sich beide sehr im Bau der Sporen.

4 Moosflechte, Isländisches Moos – *Cetraria islandica*
Diese Blattflechte vermittelt durch ihre breitlappigen, aber doch verzweigten und aufsteigenden Thalli zu den Strauchflechten. Sie sind im Schatten olivgrün, in der Sonne dunkelbraun, meist ½–1½ cm breit und vorne etwas umgerollt. Die länglichen Apothecien erinnern an den ovalen römischen Leichtschild, die cetra. Die Flechte war (nach Abschütten des Kochwassers mit den Bitterstoffen) schon Notnahrung und Heilmittel (Lichen islandica der Apotheken; enthält Schleim- und Bitterstoffe).

5 Falsche Pflaumenflechte – *Parmelia furfuracea (Pseudevernia furfuracea)*
Die Echte und die Falsche Pflaumenflechte sind beides Blattflechten, die schon zu den Bartflechten vermitteln. Der Thallus ist grau und weißlich, stark verzweigt, beinahe strauchig, 2–10 cm lang und dann schlaff herabhängend. Beide sind auf Bäumen und Sträuchern (nicht nur an Pflaumenbäumen) häufig und weit verbreitet. Die Echte Pflaumenflechte hat eine weiße, die Falsche eine schwarze Unterseite.

6 Bartflechten – *Usnea*
Die Gattung umfaßt mindestens 50 einander sehr ähnliche Arten. Die echten Bartflechten haben rundliche Zweige und kommen vor allem an den Bäumen vom Bergland bis in mittlere Gebirgslagen vor. Dort hängen sie wie alte, graue Bärte von Ästen. Im Tiefland gedeihen sie nur in luftfeuchtem Klima. Astflechten (*Ramalia*) haben bandartig breite Zweige. Die Apothecien sind groß und rundlich.

6
4
2
3
1
5

Klasse: Lebermoose – Hepaticae

1 Brunnenlebermoos – *Marchantia polymorpha*
Die Vielgestaltige (= polymorpha) ist nicht in Stämmchen und Blättchen gegliedert, sondern bildet ein bandförmig-lappiges, grünes Lager, einen Thallus. Er ist durch einen dunklen Mittelstreif gekennzeichnet und trägt meist schalenartige Brutbecher, in denen sich Brutkörperchen zur vegetativen Vermehrung befinden. Zweihäusig: Weibliche Sporenstände mit sternförmigen, männliche mit seicht gelapptem Schirm. Das Moos galt früher als Heilmittel gegen Leberleiden (Name!).

2 Beckenmoos, Salatmoos – *Pellia* spec.
Häufiges Moos sehr feuchter und meist schattiger Standorte, im Aussehen dem Brunnenlebermoos ähnlich, doch ohne Mittelstreif und Felderung, rein grün. Im Herbst viele kleine, gegabelte Brutsprosse an den Thallusenden. Sehr oft von salat-(lattich-)ähnlichem Wuchs, nur viel kleiner. Zwei schwer zu unterscheidende Arten auf Kalk- und sauren Böden.

3 Muschelmoos, Schiefmundmoos – *Plagiochila asplenoides*
Das Muschelmoos gehört zu den beblätterten Lebermoosen; ihre Blättchen sind mit breitem Grund am Stämmchen angewachsen. Bei dieser Art sind sie dazuhin muschelförmig gewölbt. Dies gibt den kleinen, 5–20 cm hohen Sprossen ein charakteristisches, elegantes Aussehen. Das Muschelmoos findet man häufig in Wäldern aller Art, wo der Boden genügend Feuchtigkeit hergibt und wo Beschattung die lichtbedürftigen Konkurrenten (Blütenpflanzen) zurückhält.

4 Dreilappiges Peitschenmoos – *Bazzania trilobata (Mastigobryum trilobatum)*
In den Niederungen recht selten, doch sehr häufig in sauren (sandigen) Bergwäldern bis in Mittelgebirgslage. Die gescheitelt stehenden, breit ansitzenden, dunkelgrünen Blättchen sind etwas eingebogen, so daß man die drei Zähnchen an ihrer Spitze nicht gleich erkennt. Auffällig am gegabelten, liegend-aufsteigenden, 5–15 cm langen Sproß sind stützwurzelähnliche Ästechen, die „Peitschen“.

5 Gemeines Bartkelchmoos, Streifenfarnähnliches Bartkelchmoos – *Calypogeia trichomanis*
Dieses Erdbodenmoos zeigt schön die „Oberschlächtigkeit“ der rundlichen, dunkelgrünen Blätter, die als Erkennungsmerkmal bei beblätterten Lebermoosen eine wichtige Rolle spielt: Wenn – von der Stengelspitze aus betrachtet – das hintere Blatt mit seinem Rand über den hinteren Rand des vorderen Blattes ragt, liegt Oberschlächtigkeit vor, wenn der hintere Rand des vorderen Blattes den vorderen des nachfolgenden bedeckt, Unterschlächtigkeit (hergeleitet vom Mühlrad).

6 Filzmoos, Haarkelchmoos – *Trichocolea tomentella*
Den wirklichen Bau dieses blaßgrünen Mooses, das auf dauerfeuchter, kalkfreier, aber ziemlich neutraler Erde wächst, erkennt man erst unter dem Mikroskop: Alle Blätter sind in dünne, haarfeine Zipfel gespalten. Makroskopisch sehen die kräftigen, 5–10 cm langen und um 2 mm breiten Sprosse deshalb wie filzhaarig aus. Wenn man das bis 1 000 m Höhe nicht allzu seltene Moos finden will, muß man Wassergräben, Bachschluchten und Quellmulden in Wäldern absuchen.

7 Blaugrünes Sternlebermoos – *Riccia glauca*
Im Herbst, wenn die Felder abgeerntet sind, lohnt sich oft ein Blick in die lehmige Brache, ehe sie umgepflügt wird. Häufig findet man dort das auffällige Sternlebermoos, das einer systematisch isoliert stehenden Gruppe angehört (Sporenkapseln in den Thallus eingesenkt). Die blaugrünen, rundlichen oder halbrunden Thalli sind radial gelappt und um 1 cm breit. Sie besiedeln die feuchtesten Stellen des Ackers.

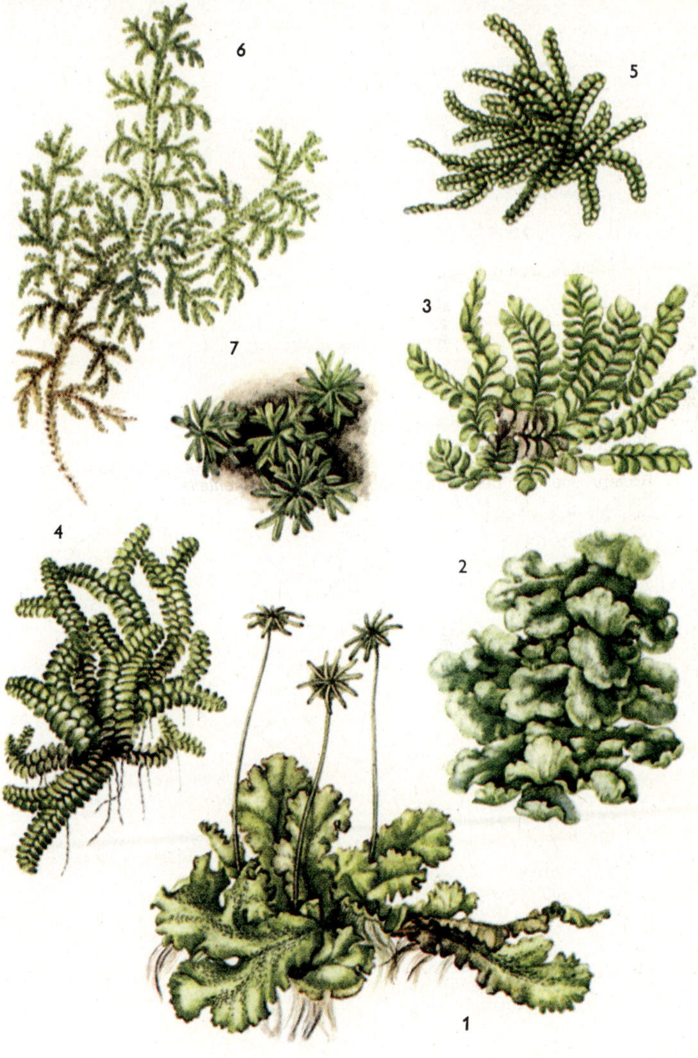
6
5
3
7
4
2
1

Klasse: Laubmoose – Musci (Astmoose – Pleurocarpi)

1 **Bäumchenmoos,** Leitermoos – *Climacium dendroides*
Der Wuchs dieses 4–10 cm hohen Sumpfwiesenbewohners ist in der Tat bäumchenartig. Am oberen Ende des eng anliegenden beblätterten Hauptstengels stehen viele Seitenästchen in einer „Krone" beieinander. Auch die langgestielten Sporenkapseln entspringen diesem Bereich. Wer etwas sorgfältig nachgräbt, wird allerdings erfahren, daß der „Hauptstengel" ein Seitenast eines unterirdisch kriechenden Stengels ist. Die Art geht derzeit immer mehr zurück, da sie sehr empfindlich gegen Düngung ist. Sie kann geradezu als Zeiger der nassen, kalk- und nährstoffarmen Wiese dienen, zumindest für die oberste Schicht.

2 **Schlafmoos,** Zypressen-Schlafmoos – *Hypnum cupressiforme*
Die glänzenden Blättchen dieses häufigen Waldmooses sind eiförmig mit eingekrümmter Spitze, dadurch erscheinen die Ästchen kätzchenförmig, und den Blättchen wird nachgesagt, sie schliefen (hypnos, gr. = Schlaf, vergl. auch Hypnose).
Je nachdem ob das Moos am Boden wächst und im unteren Bereich der Bäume und Stubben oder ob es die Stämme überzieht, tritt es in verschiedenen Formen auf: Die Erdform bildet dichte, freudig-grüne Rasen aus stark fiedrig verzweigten Moospflänzchen; die (mehr trockenstehende) Rindenform hat schlaff niederhängende, sehr dünne Stämmchen und Ästchen von gelblichgrüner bis bräunlicher Farbe und mattem Glanz. Am selben Baum können beide Formen ineinander übergehen.

3 **Etagenmoos,** Glänzendes Hainmoos – *Hylocomium splendens*
Mehrfach fiedrig verästeltes Moos von stockwerkartigem Aufbau, dessen rotrindige Stengelteile von gelblich bis olivgrün glänzenden Blättern dicht besetzt sind. Jeweils auf dem Rücken einer elegant übergebogenen Fieder entspringt der nächstjährige Trieb. Die gestielten Kapseln stehen wie bei allen Astmoosen „seitlich", das heißt an der Spitze ganz kurzer Seitenzweige. Das Moos ist in allen Wäldern saurer bis neutraler Standorte häufig und geht im Gebirge über die Baumgrenze.

4 **Grünstengelmoos,** Rauhstielmoos – *Scleropodium purum*
In „guten" Wäldern über Kalkuntergrund recht häufig. Dort bildet es ausgedehnte, lockere Rasen von charakteristisch bleich- bis gelbgrüner Farbe. Stengel grün, niederliegend bis aufsteigend, bis 15 cm lang, locker fiedrig verzweigt. Die glänzenden, eiförmigen Blättchen sind spiralig angeordnet und liegen dachziegelig an. Dadurch wirken die Zweige sehr kompakt und drehrund. Die langstieligen, sehr vereinzelt stehenden Kapseln erscheinen meist im Herbst.

5 **Rotstengelmoos** – *Pleurozium schreberi (Entodon schreberi)*
Weit verbreitetes Wald- und Heidemoos des sauren oder zumindest oberflächlich versauerten, zuweilen recht trockenen Bodens – das Gegenstück zum Grünstengelmoos, das bessere Böden anzeigt. Die dichten Rasen sind gelb- bis braungrün, die rotrindigen Stengel meist locker fiedrig beastet. Die glänzenden Blätter liegen ebenfalls dachziegelig an, die Zweigenden sind spitz (beim Grünstengelmoos abgestumpft). Die gestielten Kapseln erscheinen im Herbst.

6 **Großes Kranzmoos,** Dreieckblättriges Kranzmoos – *Rhytidiadelphus triquetrus*
Sehr häufiges, kräftiges und sparrig verästeltes Waldmoos, eines der bestgeeigneten für die Osternester. In dichten, 10 bis 20 cm hohen, etwas starr erscheinenden gelblich- bis hellgrünen Rasen besiedelt es schwach bis stärker saure Wälder, Heiden und Wiesen (dort meist niedriger) vom Tiefland bis in die Mattenregionen der Gebirge. Wie schon der Name sagt, wird es als Unterfüllung oder auch zur Zierde beim Kranzflechten verwendet. Zuweilen diente es auch als Verpackungs- und Polstermaterial.

3
5
6
4
1
2

Klasse: Laubmoose – Musci (Gipfelmoose – Acrocarpi)

1 Eiben-Spaltzahnmoos, Eibenblättriges Spaltzahnmoos – *Fissidens taxifolius*
Das in kleineren Räschen wachsende, meist dunkelgrüne Moos hat nicht die typische Gestalt eines Gipfelmooses. Seine unverzweigten Stengel liegen nieder oder steigen nur schwach auf und sind fast wie Lebermoose zweizeilig beblättert. Die gestielte Kapsel, meist im Herbst erscheinend, entspringt seitlich, wie bei den Astmoosen. So bilden die Spaltzahnmoose eine systematisch recht isolierte Gruppe. Unsere Art ist aber sehr häufig, vor allem im tiefen Waldesschatten.

2 Silber-Birnmoos – *Bryum argenteum*
In Pflasterritzen oder zwischen den Platten der Gartenwege, selbst im Riß des Zementbodens neben dem Swimming-pool, doch auch auf nackter Erde, Felsen, Mauern und Dächern, zwischen Schotter, Kies, Schlacken und Sand – doch nie im Wald – wird dieses Allerweltsmoos gefunden. Die Stengel dieses Winzlings sind nur um 1 cm lang, dicht anliegend dachziegelig beblättert und daher fast drehrund, doch sind die polsterförmigen Rasen eben durch diese Kleinheit und die weißlichgrüne, silbrigschimmernde Farbe hinlänglich identifizierbar.

3 Welliges Sternmoos, Wellenblättriges Sternmoos – *Mnium undulatum*
Bei dieser Art, die an feuchten Standorten im Wald sehr häufig angetroffen wird, gibt es deutliche Unterschiede zwischen den unfruchtbaren Stämmchen, die in lockeren Rasen als unverzweigte, übergebogene Wedel stehen und den aufrechten kapseltragenden, die an der Spitze, aus der 2–10 Kapselstiele entspringen, durch Nebenästchen bäumchenartig verzweigt sind. Charakteristisch sind die bis 1½ cm lang werdenden, zungenförmigen Blättchen mit deutlicher Mittelrippe, die stark querwellig sind (bei Trockenheit wie verwelkt, nach Wasserzugabe ausgebreitet, aber immer noch wellig).

4 Punktiertes Sternmoos – *Mnium punctatum*
Nicht ganz so häufig wie das Wellige Sternmoos, doch leicht kenntlich und an nassen, schattigen Waldstellen mit etwas saurem Untergrund regelmäßig zu finden (kalkmeidend!). Durch die aufrechten Stengel mit den nicht faltigen, satt- bis schwärzlichgrünen, rundlichen, um 1 cm langen Blätter mit deutlicher Mittelrippe leicht kenntlich. Typisch ist ein kurzer rötlicher Wurzelfilz am Stengel zwischen den Blättern. Die Kapsel entspringt meist einzeln mit langem Stiel aus der Spitze des unverzweigten Stämmchens (Winter bis Frühjahr).

5 Drehmoos – *Funaria hygrometrica*
Wer dieses Moos sicher finden will, muß alte Feuerstellen im Wald aufsuchen, wo es, außer in Mauerritzen, auf offener Erde und zwischen Wegplatten und Kopfsteinpflaster, sehr regelmäßig vorkommt. Die Pflanze mit dem kurzen, spiralig beblätterten Stengel ist berühmt, weil ihre Sporen die Keimfähigkeit bis zu 13 Jahren behalten und weil der oft etwas bogig gekrümmte Kapselstiel sich je nach Luftfeuchtigkeit (hygrometrisch; Name!) mehr oder weniger verdreht und dadurch die schief birnförmige Kapsel in Ausschüttstellung bringt oder auch nicht.

6 Polster-Kissenmoos, Gemeines Kissenmoos – *Grimmia pulvinata*
Man findet an Mauern häufig polsterartige Moosrasen von wenigen Zentimetern Durchmesser. Eine der allerhäufigsten Arten ist das Polster-Kissenmoos, das zwar basischen Untergrund bevorzugt, aber an Gestein aller Art anzutreffen ist. Die kuppelförmigen Pölsterchen sind durch bläulich- bis schwarzgrüne Farbe charakterisiert, über der, verursacht durch die weißen Glashaare an den Blattspitzen, ein silbergrauer Schimmer liegt. Vom zeitigen Frühjahr bis in den Herbst kann man auch die kurzgestielten Kapseln finden. Diese Fels- und Mauermoose leben vom Staubanflug und von der langsamen Zersetzung des Gesteins.

6
5
1
2
3
4

Klasse: Laubmoose – Musci

1 Besen-Gabelzahnmoos *Dicranum scoparium*
Die Stämmchen dieses leicht kenntlichen Gipfelmooses sind alle aufrecht, 5–10 cm lang, einfach oder weit unten gabelig verzweigt. Das Auffällige sind die sichelig gekrümmten, einseitswendigen Blättchen. Das Moos ist in allen Waldgebieten häufig, sein Verbreitungsschwerpunkt liegt in den mäßig sauren Waldtypen. Die meisten deutschen Namen der Moose sind reine Kunstnamen, Übersetzungen der wissenschaftlichen Namen (die sich oft auf Bezahnung, Form und Mündung der Kapsel beziehen), denn im Volk werden die vielen Arten kaum unterschieden.

2 Ordenskissen, Weißmoos *Leucobryum glaucum*
Typischer Säurezeiger auf Wald-, Heide- und Torfböden, oft an sehr trokkenen Standorten. Die kleinen oder sehr großen, kissenartig gewölbten, dichten Polster sind bei Nässe hellblaugrün, bei Trockenheit bläulichweiß, im Innern stets weißlich. Kapseln werden nur sehr selten ausgebildet, dagegen findet vegetative Vermehrung durch Polsterbruchstücke statt. Dieses Moos wird viel in der Kranzbinderei und zu Gestecken verwendet.

3 Schönes Widertonmoos, Wald-Bürstenmoos – *Polytrichum formosum (Polytrichum attenuatum)*
Das bekannteste Moos, da es als Paradebeispiel für jedes Schulbuch dient. Oft wird es dabei allerdings mit der gebietsweise sehr seltenen, unten beschriebenen Art verwechselt. Beide gehören zu einer zwar sehr verbreiteten, doch recht isoliert stehenden Gipfelmoosgruppe, bei der die Sporenkapsel nicht durch Zähne, sondern durch eine Haut verschlossen ist. Das Schöne Widertonmoos ist in (leicht sauren) Wäldern weit verbreitet.

4 Gemeines Widertonmoos, Goldenes Frauenhaar – *Polytrichum commune*
Bis 40 cm hoch kann der dunkel- bis blaugrün beblätterte Stengel werden, das Widertonmoos ist eines unserer höchsten Moose. Es gedeiht auf sauren, feuchten Waldböden, vorzugsweise im Fichtenwald. Seine Kapsel ist anfangs von einer haarigen, goldblonden Haube bedeckt (Name!). Die Sporen sind im Gegensatz zu den braunen der oberen Art grün. Beide Moose wurden früher gegen (wider) das „Antun“ durch böse Geister als Amulett getragen.

5 Welliges Katharinenmoos, Wellenblättriges Katharinenmoos – *Atrichium undulatum (Catharinaea undulata)*
In die Verwandtschaft der Widertonmoose gehört auch diese Art, die sich durch dünnere, deutlich querwellige Blätter unterscheidet. Sie ist in allen Waldgesellschaften auf nicht extrem sauren oder zu basischen Böden zu finden; von Herbst bis Frühjahr sieht man oft die rotbraunen, etwas gekrümmten, waagrecht auf rotem Stiel sitzenden Sporenkapseln.

6/7 Torfmoose, Bleichmoose – *Sphagnum*
Sie bilden eine besondere Gruppe innerhalb der Laubmoose, die gegen die anderen gut abgetrennt ist. Untereinander können sie aber nur durch Spezialisten unterschieden werden. Die grünlichen, gelblichen oder rötlichen Stämmchen mit quirlständigen Nebenzweigen und einem sternförmigen Gipfelzweigschopf bilden ausgedehnte Polster, die bei einigen Arten im Jahr um 3 cm höher wachsen können, wobei die unteren Teile langsam absterben und vertorfen. Interessant ist auch der Blattbau: Neben Blattgrünzellen finden sich größere, tote, mit Fasern ausgesteifte als Wasserbehälter, in die das Moos das 20- bis 30fache seines Trockengewichts an Wasser aufnehmen kann. Neben den obligatorischen Hochmoorbildnern finden wir in feuchten Wäldern, Heiden und in Mooren das Spitzblättrige Torfmoos, *Sphagnum acutifolium* (6) und das dickästigere Sumpf-Torfmoos oder Kahnblättrige Torfmoos, *Sphagnum palustre (Sphagnum cymbifolium)* (7).

6
4
3
7
1
5
2

Familie: Teufelsklauengewächse – Urostachydaceae

1 Tannen-Teufelsklaue, Tannen-Bärlapp – *Huperzia selago (Lycopodium selago)*
Die Ähnlichkeit der gegabelten Ästchen mit einem Zweig der Rottanne ist sehr groß, wenn auch die Sprosse nicht holzig und die Blättchen flach und weich sind. Der Vertreter eines uralten Geschlechtes, der nur noch selten auf sauren Böden der Nadelwälder zwischen etwa 500 m und der Baumgrenze zu finden ist, bedarf unseres besonderen Schutzes, denn er kann sich nur mühsam gegen die raschwüchsige Konkurrenz der „jungen" Blütenpflanzen halten. An seinen oberen Enden stehen öfters büschelige Brutäste waagrecht ab, die der ungeschlechtlichen Vermehrung dienen. Wenn sie abgefallen sind und auf zusagenden Boden gelangen, treiben sie etwa nach einem Jahr die erste Gabelung. Bevor sie Sporen erzeugen können, müssen sie mindestens 4 Jahre alt geworden sein. Dann sind sie 5–15 cm hoch (nach etwa 6–7 Jahren können sie die Extremhöhe 30 cm erreichen). Die Sporen keimen zu 1–2 cm großen, knollenförmigen Geschlechtspflanzen aus, die im Moder leben und erst nach 12 bis 15 Jahren fortpflanzungsfähig werden. Ihre befruchteten Eizellen wachsen dann zu einer neuen Sporenpflanze in etwa 5jähriger Wuchsperiode heran. Die Sporenbehälter stehen in den Achseln der oberen Stengelblätter.

Familie Bärlappgewächse – Lycopodiaceae

2 Sprossender Bärlapp, Schlangenmoos – *Lycopodium annotinum*
Die Bärlappgewächse unterscheiden sich von den Teufelsklauengewächsen nur dadurch, daß ihre Sporenbehälter in den Achseln besonders gestalteter Blätter stehen, die in ihrer Gesamtheit eine mehr oder weniger deutlich abgesetzte Sporenähre bilden. Im übrigen gilt das oben Gesagte auch für die Arten der Gattung Bärlapp. Der langkriechende Sprossende Bärlapp mit seinen aufsteigenden, 10–30 cm hohen Seitenästchen ist noch der häufigste. Seine gut abgegrenzte Sporenähre sitzt dem Astende unmittelbar auf. Er kommt vor allem in Fichtenwäldern auf sauren Böden sowie in Heiden vor. Mit der Fichte ist er aus seinen Bergwäldern öfters in die Ebenen verschleppt worden.

3 Keulen-Bärlapp, Wolfsklaue – *Lycopodium clavatum*
In Nadelwäldern, Heiden und sandreichen Magerrasen trifft man gelegentlich noch auf diesen Bärlapp, dessen Blättchen in ein weißes Glashaar auslaufen, so daß die Astenden ein weißes Pinselchen tragen. Die Sporenähren stehen auf besonderen, schuppig beblätterten, gelbgrünen Ästchen. Meist sind es zwei, gelegentlich auch nur eine, eher noch 3–5. Das ist dann die „Wolfsklaue", doch auch die „Bärentatze", denn „lappo", mittelhochdeutsch ist alles, was Hand, Tatze, Klaue oder Pfote als Begriff umschließt (lycos, gr. = Wolf; pus, podos, gr. = Fuß).
Gerade der Keulen-Bärlapp fand neben seiner Verwendung als Heilmittel früher als Amulett- und Zauberpflanze vielseitige Beachtung. Vor allem gegen Hexen und böse Nachtgeister sollte das Kraut gewachsen sein. Das Sporenpulver war lange Zeit (bis in unser Jahrhundert) bestes Wundpuder (für nässende Stellen) und fand außerdem als Blitzlichtpulver für Theatereffekte allgemeine Verwendung.

4 Sumpf-Bärlapp, Sumpf-Kleinbärlapp – *Lycopodiella inudata (Lycopodium inudatum)*
Moorbodenpflanze mit deutlich nördlich-atlantischer Ausbreitungstendenz. Sie gedeiht im luftfeuchten, sommerkühlen Klima am besten. Die kurzkriechenden Stengelchen sind 2–10 cm lang und tragen meist nur einen aufrechten Sporenzweig. Die Sporenähre ist nicht deutlich vom etwas dünneren Tragästchen abgesetzt.
Im Gegensatz zu den meisten Bärlappgewächsen, die humose Böden mit einem Vorrat sich zersetzender organischer Substanz benötigen, gedeiht diese Art auch auf nacktem, reinem Sandboden. Die gabelige Verzweigung, die gerade bei dieser Art an allen Sprossen und auch an den Wurzeln zu beobachten ist, dürfte eine sehr urtümliche Form der Oberflächenvergrößerung darstellen. Die Teilzweige sind beim gabeligen Typ weder differenziert noch spezialisiert.

2
4
1
3

Familie: Schachtelhalmgewächse – Equisetaceae

1 Acker-Schachtelhalm, Zinnkraut – *Equisetum arvense*
Der Acker-Schachtelhalm ist in den Feldern als lästiges Unkraut gefürchtet. Er besiedelt auch sonst unkrautige Stellen, Wegränder, verwahrloste Wiesen, Ödland und Bahnschotter und ist überall häufig. Wegen seines hohen Gehaltes an Kieselsäurekristallen (die feinsten reinem Sand entsprechen) wurde das grüne Kraut früher zum Scheuern von Geschirr (aus Zinn) benützt. Die Pflanze tritt jedes Jahr in zwei zeitlich und gestaltlich verschiedenen Formen auf. Im Frühjahr, schon bald nach der Schneeschmelze, erscheinen die hell(rötlich)braunen, gegliederten, aber unbeasteten Sprossen mit einer Sporenähre an der Spitze. Die einzelnen Glieder enden mit einer weitbauchigen Scheide aus verwachsenen Blattschuppen, in die der Anfang des nächsten Gliedes schachtelartig eingesteckt ist. Die Sporenträger der Ähre gleichen einbeinigen, sechseckigen Tischchen. Wenn diese Sporensprosse schon wieder verwelkt sind, erscheinen die grünen Assimilationssprosse, ebenfalls mit ineinanderverschachtelten Gliedern, allerdings mit kleineren Scheiden und vor allem mit quirlständigen, einfachen, gegliederten Ästchen.
Die Kieselsäure und ein geringer Saponingehalt spielen (beim Acker-Schachtelhalm und den verwandten Arten) in der Volksmedizin eine gewisse Rolle. Bei innerer Anwendung ist Vorsicht geboten, weil immer wieder Berichte auftauchen, die dem sehr leicht zu verwechselnden Sumpf-Schachtelhalm, dem Duwock, Giftigkeit nicht nur für das Vieh, sondern auch für den Menschen bescheinigen.

2 Wald-Schachtelhalm – *Equisetum sylvaticum*
Der zierlichste unserer heimischen Schachtelhalme. Die feinen, etwas übergebogenen Ästchen sind noch einmal quirlig verzweigt. Das gibt der oft sehr hellgrün gefärbten Pflanze ein äußerst feingliedriges Aussehen. Sie wächst gesellig, in feuchten, oft schattigen Wäldern auf kalkfreier Unterlage und ist vor allem in den Silikatgebieten mittlerer Höhenlage sehr häufig.
Die Sporenähre steht im Frühjahr an der Spitze bleicher, astloser Triebe, fällt dann nach der Sporenausschüttung ab, worauf die Sprossen ergrünen und sich beasten, so daß man sie von den übrigen unfruchtbaren nicht mehr unterscheiden kann. Diese Pflanze verdient am ehesten die Volksbezeichnung „Katzenwedel", mit der die Schachtelhalme mancherorts bedacht werden; auf sie paßt auch am besten der wissenschaftliche Gattungsname (von equus, lat. = Pferd und seta, lat. = Borste, frei übersetzt: „Pferdeschwanz").

3 Winter-Schachtelhalm – *Equisetum hiemale*
Der Winter-Schachtelhalm ist in seinem Aussehen das Gegenstück zur vorigen Art. Seine dunkelgrünen, überwinternden Stengel von 30–100 (150) cm Höhe sind meist astlos, sehr selten tragen die untersten Glieder einige wenige Ästchen. So gleicht die ganze düstere Pflanze den Binsen, mit denen sie im Volksmund auch oft verglichen wird. Charakteristisch ist der schwarze Saumring an den Scheiden der einzelnen Glieder. Das Gewächs tritt gesellig in größeren Trupps auf. Man findet es in Auwäldern und Gebüschen, seltener als Zeiger ehemaliger Bewaldung auch an offenen Stellen, stets aber auf nicht zu sauren, wasserzügigen oder grundwassernahen Böden. Es ist nicht allzu häufig.

4 Riesen-Schachtelhalm – *Equisetum telmateja (Equisetum maximum)*
Unter allen einheimischen Schachtelhalmen die stattlichste Form. Dabei ist es nicht einmal so sehr die Höhe, die zwar beinahe 2 m betragen kann, im allgemeinen aber doch nur um 20–60 cm schwankt, vielmehr die Dicke des Stengels (um 1 cm) und die Ausladung der Ästchen. Die Sprosse mit den Sporenähren erscheinen meist etwas früher, sind astlos und haben weiße Stengel, während die der sterilen Sprosse grünlichweiß sind. Es kommen aber häufig Zwischenformen vor.
Man findet die Art, oft sehr gesellig – doch nicht überall häufig, auf nassen, kalkhaltigen Böden. Im Vergleich zu seinen bis zu 30 m hohen Vorfahren (z. B. den Kalamiten) aus der Steinkohlezeit ist unser Riesen-Schachtelhalm allerdings ein kümmerlicher Zwerg.

1
2
3
4

Familie: Tüpfelfarngewächse – Polypodiaceae

1 Gemeiner Tüpfelfarn, Engelsüß – *Polypodium vulgare*
Dies ist der Typ für die ganze Familie der Tüpfelfarngewächse, die von einer modernen Systematik allerdings in viele Kleinfamilien zerschlagen wurde (alle vier Farne dieser Seite gehören dann zu einer jeweils anderen Familie). Aus praktischen Gründen und weil bei dieser Einteilung sicher noch nicht das letzte Wort gesprochen wurde, haben wir bei den Farnen die alte Gruppierung beibehalten und nicht diejenige übernommen, die vor allem die Stammesgeschichte berücksichtigt. Die Farne sind ein uraltes, aussterbendes Pflanzengeschlecht (in geologischen Zeiträumen betrachtet), von den vielen Familien sind nur noch jeweils wenige Arten übriggeblieben, so daß beinahe jede heutige (heimische) Gattung eine eigene Familie vertritt.
Die wintergrünen, 10–40 cm langen Wedel des Tüpfelfarns sind in der Blattspreite einfach fiederschnittig. Sie stehen einzeln am kriechenden Wurzelstock. Auf ihrer Unterseite tragen sie im Sommer und Herbst die „Tüpfel", runde, braunrote bis braune Häufchen aus Sporenbehältern mit einem Durchmesser von 1–3 mm. Der Wurzelstock enthält den Zucker Mannit und Wirkstoffe, die früher in der Medizin Verwendung fanden (Engel-„süß"!).

2 Rippenfarn – *Blechnum spicant*
Der Rippenfarn mit seinen wintergrünen Blattrosetten zeigt aus seiner stammesgeschichtlichen Entwicklung her ein Merkmal, wie es nur wenige heimische Farne, aber alle Blütenpflanzen besitzen: Arbeitsteilung zwischen vegetativen und reproduktiven Blättern. Bei den Blütenpflanzen haben wir Laubblätter, die assimilieren, und Blüten-, Staub- und Fruchtblätter für die Fortpflanzung. Die derben, dunkelgrün glänzenden Außenblätter des Farns, die rippenartig fiederteilig sind, besorgen die Photosynthese. Sie sind flach niedergebogen. Innen stehen, steif aufrecht, schmalrippige Wedel, die auf ihrer Unterseite die Sporenbehälter entwickeln. Man kann beide Blattsorten auf den ersten Blick voneinander unterscheiden. Bei den meisten anderen heimischen Farnen sind fruchtbare und unfruchtbare Wedel kaum voneinander geschieden. Wir finden den kalkfliehenden Farn auf sauren, gut durchfeuchteten Waldböden und Heiden.

3 Bruchfarn, Zerbrechlicher Blasenfarn – *Cystopteris fragilis*
Fragil, das heißt auffällig zerbrechlich, sind bei diesem Farn die Blattstiele, die im Gegensatz zu den sonst recht zähen Stengeln bei den anderen Farnarten weder Scher- noch Zugkräften viel Widerstand entgegensetzen. Der Farn ist auch sonst äußerst zart gebaut und fällt durch sein rasches Welken auf. Die oft hellgrün gefärbte Spreite ist zierlich doppelt bis (selten) dreifach gefiedert und im Umriß lanzettlich. Die Fiedern in der Blattmitte sind also am längsten, und die Länge der übrigen nimmt sowohl nach unten als auch gegen die Spitze zu regelmäßig ab. Das Erstaunliche ist, daß dieser so hinfällig und lebensuntüchtig wirkende Farn in allen Kontinenten recht häufig zu finden ist, in den Alpen steigt er bis nahezu 3000 m auf. Man findet ihn auf feuchten Felsen, Geröllhalden und nicht selten auch auf (der Nordseite von) Mauern. Er bevorzugt kalkreichen, zumindest aber basischen Untergrund.

4 Hirschzunge – *Phyllitis scolopendrium*
Das zwar derbe und wintergrüne, doch ungeteilte, lang zungenförmige Rosettenblatt mit dem herzförmigen Grund erinnert zunächst kaum an ein herkömmliches Farnblatt. Betrachtet man aber die Rückseite, dann beseitigen die länglichen „Sporenhäufchen" bald jeden Zweifel. Sie stehen an der Unterseite der 10–15 cm langen Blattspreite beidseits der Mittelrippe längs der etwas schräg nach oben ziehenden Seitenadern und erinnern in ihrer großen Zahl an die vielen Beine eines Tausendfüßers, eines Skolopenders (Artname!).
Der sehr seltene Farn wächst an seinen Standorten oft zu Tausenden, so daß manche Besucher vergessen, wie gefährdet er in seinem Fortbestand wirklich ist. Er bedarf des größten Schutzes. Die schatten- und feuchtigkeitsliebende, kalkstete Pflanze findet sich auf steinigen Waldböden, überrieselten Blockhalden, seltener auf feuchten Mauern oder an Brunnen.

4
3
2
1

Familie: Tüpfelfarngewächse – Polypodiaceae

1 Eichenfarn – *Gymnocarpium dryopteris (Dryopteris disjuncta)*
Die griechischen Heilkundigen unterschieden einen unter Eichen wachsenden Farn von der bei Buchen stehenden Art. Der Altmeister der Taxonomie, der Schwede Linné, übernahm diese Namen willkürlich unter Nichtbeachtung der Ökologie für zwei nördliche Arten, die in Griechenland höchstens Gebirgspflanzen sind (phegos, gr. = Buche – vergl. lat. fagus; drys, dryos, gr. = Eiche; pteris, gr. = Farn). Die deutschen Namen sind reine Übersetzungen und keine Volksnamen. Beide Farne kommen oft am gleichen Standort vor. Der Eichenfarn hat frischgrüne, 5–40 cm lange Wedel, die einzeln stehen. Die dreifach gefiederte Blattspreite ist wegen der Größe der beiden untersten Fiedern (jedes nahezu so groß wie der Rest der Spreite) im Umriß gleichseitig dreieckig. Die Sporenbehälter stehen auf der Unterseite der Blätter in Häufchen, die von keinem Schleier (dünnes Häutchen) bedeckt sind (gymnocarpium = Nacktfrucht, des fehlenden Schleiers wegen).

2 Buchenfarn – *Thelypteris phegopteris (Phegopteris polypodioides, Dryopteris phegopteris)*
Wegen des Namens siehe oben. Wie der gekürzte wissenschaftliche Namensauszug (die Synomymik) zeigt, wurde die Art schon von Gattung zu Gattung geschoben. Den schleierlosen Sporenhäufchen nach gehört sie zum Eichenfarn, doch ähnelt der Blattschnitt mehr den Wurmfarnen. Ein charakteristisches Merkmal weisen die hell- bis braungrünen, 10–40 cm langen, 1- bis 2fach gefiederten Blätter auf: Das unterste Fiederpaar hält die Richtung der übrigen nicht ein, es ist schwalbenschwanzartig nach unten gezogen oder im Sonnenlicht (selten) steil nach oben gestellt. Im übrigen kommen die sommergrünen Blätter stets einzeln hintereinander aus dem unterirdischen Wurzelstock, nie in Büscheln. Man trifft sie jedoch sehr gesellig, zu vielen beieinanderstehend an. Der Buchenfarn kommt wie der Eichenfarn in fast allen Gesellschaften der (guten) Edel-Laubwälder vor, wenn der Boden nur genügend feucht und nicht zu kalkhaltig ist. Mäßig sauren, beschatteten, nährstoffreichen Untergrund bevorzugt er.

3 Mauerraute – *Asplenium ruta-muraria*
Dieser sehr häufige Kleinfarn ist unverkennbar, wenn er im Aussehen auch stark veränderlich ist. Die Blättchen sind in der Regel nur 5–15, in den seltensten Fällen bis 30 cm lang und brechen in ganzen Büscheln aus Felsspalten, zwischen Gesteinsschutt und vor allem aus Mauerritzen hervor. Sonnige und kalkreiche Standorte werden bevorzugt, wobei als Kalkquelle oft Mörtel genügt, der die Sandsteinquader von Stadt- und Kirchenmauern verbindet. Die graugrüne (jung sattgrüne), ledrigderbe, winterharte Spreite ist doppelt bis dreifach gefiedert, die Endläppchen sind rautenförmig und zumindest vorne etwas gezähnt. Bergfelsen und Schutthänge des Gebirges sind ihre natürlichen Standorte, doch kommt sie viel häufiger an den künstlichen Felsen, den von Menschenhand geschaffenen Mauern in Dörfern und Städten vor. Hier allerdings wird sie in neuerer Zeit wieder zurückgedrängt, da Luftverschmutzung ihren überwinternden Blättern stärker schadet, als dies bei Pflanzen der Fall ist, die ihre verseuchten „Lungen" jeden Herbst abwerfen und im Frühjahr ersetzen.

4 Brauner Streifenfarn, Schwarzstieliger Streifenfarn – *Asplenium trichomanes*
Die Blätter stehen in Büscheln und sind einfach gefiedert. Der rotbraune bis schwarzglänzende Stiel geht in die ebenso gefärbte Hauptachse über, an der beidseits die länglichrunden, vorne gezähnten Fiederchen stehen. Sie sind bis zu 1 cm lang, werden gegen die Blattbasis zu kleiner und fallen öfters ab, so daß neben gutausgebildeten Blättern nur noch schwarze Stiele zu sehen sind. Das wird im Herbst besonders deutlich, denn die Blätter sind nur sommergrün.
Der Streifenfarn ist eine Felspflanze, die auch auf Mauern zieht, hier jedoch seltener vorkommt als an ihren Naturstandorten. Dabei spielt der Untergrund (kalkhaltiges oder saueres Gestein) keine auslesende Rolle, eher die Feuchtigkeit, denn allzu nasse Felsen meidet die Pflanze.

1
2
3
4

Familie: Tüpfelfarngewächse – Polypodiaceae

1 Dornfarn, Dorniger Wurmfarn – *Dryopteris carthusiana (Dr. spinulosa, Dr. austriaca, Dr. dilatata)*
Meist werden alle Farne als Wurmfarn bezeichnet, deren mehr oder minder stark mehrfach gefiederte Wedel büschelig-trichterig aus dem Boden wachsen. Der Fachmann unterscheidet mehrere ganz verschiedene Arten, und auch der Laie kann bei näherem Zusehen doch ganz erhebliche Unterschiede feststellen. Die Blätter unseres Farnes sind dreifach gefiedert, das heißt, von der Hauptachse des Blattes, der Spindel (Rhachis), gehen kräftige Seitenblättchen ab, die ihrerseits wieder auf beiden Seiten Blättchen, die Fiedern 2. Ordnung, tragen. Auch diese sind nochmals gefiedert, die Fiederchen 3. Ordnung endlich sind flächig, wenn auch mehr oder weniger tief gezähnt. Der Dornfarn gehört zu den häufigsten Waldfarnen, er ist mancherorts viel häufiger als der Wurmfarn (siehe unten). Im Gebirge steigt er bis zur Waldgrenze, oft aber auch darüber (2300 m). In der Norddeutschen Tiefebene dagegen fehlt er fast völlig.

2 Wurmfarn, Gemeiner Wurmfarn – *Dryopteris filix-mas (Aspidium filix-mas)*
Der Blattstiel ist kurz und wie die Rhachis mit braunen, häutigen Schuppen besetzt. Die Blätter kommen aus einem unterirdischen Wurzelstock und sind anfangs eingerollt. Sie entfalten sich über ein „Bischofsstabstadium". Ausgewachsen sind sie grob einfach bis doppelt gefiedert und 30–100 cm lang. Die Fiedern 2. Ordnung sind breit, meist gesägt und am Grund oft untereinander verbunden. Auf der Unterseite der inneren Wedel sitzen die „Sporenhäufchen", braune, rundliche Flecke. Sie bestehen aus mehreren winzigkleinen Sporenbehältern, die von einer Haut, dem Schleier, überdeckt sind. Der Farn ist also die Sporenpflanze. Die Geschlechtspflanze ist klein, ein unscheinbares und vergängliches grünes Häutchen, kaum fingernagelgroß, auf nasser Walderde.
Im Wurzelstock befinden sich giftige Phloroglucinverbindungen, die zwar Eingeweidewürmer abtöten, aber für den Patienten leber- und kreislaufschädigend wirken können. Man sollte also von Wurmkuren mit Wurmfarnextrakten absehen oder sie nur unter ärztlicher Kontrolle vornehmen.

3 Frauenfarn, Wald-Frauenfarn – *Athyrium filix-femina*
Zu einer Zeit, als man noch nicht viel über die Fortpflanzungsvorgänge bei Pflanzen wußte, nahm man an, daß der grobgefiederte Wurmfarn der Mann, diese Art, mit ihrer viel zierlicheren Fiederung aber das Weibchen unter den Farnen sei. Das erklärt sowohl die deutschen wie auch die wissenschaftlichen Artnamen (filix, lat. = Farn; mas, lat. = Mann; femina, lat. = Frau). Der Frauenfarn zeichnet sich meist durch ein viel helleres, freudigeres Grün seiner Wedel aus, die doppelt bis fast dreifach gefiedert sind.
Man trifft den Frauenfarn fast genauso häufig an wie Wurm- und Dornfarn, doch bevorzugt er in feuchten Wäldern die nicht allzu sauren Böden mit reichlichem Humus und Mineralien, die allerdings auch wieder nicht allzu kalkreich sein sollten. Im Gebirge tritt er eher aus dem Waldschatten (auf Bergweiden und Schutthänge) als in den Niederungen.

4 Adlerfarn – *Pteridium aquilinum*
Bis zu 2 m hoch können die Wedel werden, die nicht in gemeinsamen Büscheln, sondern einzeln, aber oft über große Flächen dicht an dicht aus dem Boden hervorkommen, der (zwischen Oberfläche und 1 m Tiefe) Sand enthalten muß. Die ganze Masse des bis 4fach gefiederten Blattes entsteht in einem Frühjahr, denn jeden Winter dorrt der Wedel bis zum Grund ab.
Der reine Blattstiel ist bis zu 1 m lang. Auf einem schräg geführten Querschnitt durch seinen unteren Teil kann man mit einiger Phantasie die aus den schwärzlichen Leitbündeln bestehende Figur eines Doppeladlers erkennen. Andere phantasiebegabte Menschen deuten die Figur als die Initialengruppe „J. C." und nennen die Pflanze deswegen Jesus-Christ-Wurz. Im Gegensatz zu allen wohltönenden Namen ist der Adlerfarn ein verjüngungshemmendes Forstunkraut. Das sollte aber niemanden verleiten, von sich aus der Forstverwaltung zu helfen: Zerstörende Eingriffe werden nach dem Naturschutzgesetz bestraft!

1

2

3

4

Familie: Eibengewächse – Taxaceae

1 Beeren-Eibe – *Taxus baccata*
Ein Nadelgewächs mit Beeren. Es wächst als Busch oder bis zu 15 m hoher Baum, selten wild – am ehesten noch in Gebirgswäldern –, häufig in Parks oder als Schnitthecke gepflanzt. Die Nadeln ähneln denen der Weißtanne, haben aber keine weißen Längsstreifen. Männliche und weibliche Blüten finden sich auf getrennten Individuen. Die Samen liegen zunächst frei (der Baum gehört zu den „Nackt"samern!), dann werden sie von dem roten Samenmantel umwachsen, der allerdings oben offen bleibt. Alle Teile sind durch Taxin tödlich giftig (besonders auch für Pferde), nur der Samenmantel enthält kein Gift. Vögel fressen ihn gerne.
Die Eibe liefert wertvolles, elastisches und nur wenig vermorschendes Schnitz- und Drechselholz, nur bringt der Baum wenig Holzertrag und mußte „besseren" Arten weichen. Gegenüber dem Mittelalter ist er stark zurückgegangen. Damals war Eibenholz der beste Werkstoff für Armbrüste.

Familie: Kieferngewächse – Pinaceae

2 Küsten-Douglasie, Douglastanne – *Pseudotsuga menziesii (Pseudotsuga taxifolia)*
Die Douglasie ist eine der wenigen nordamerikanischen Baumarten, die bei uns in größerem Ausmaß forstlich eingebracht wurde. Viele Arten sind in Mitteleuropa während der Eiszeit zugrunde gegangen, als die alpinen und die skandinavischen Gletscher aufeinanderzuwuchsen, während in Nordamerika der Fluchtweg (für die Samenverbreitung) längs des Felsengebirges nach Süden offen blieb. Man versprach sich durch die Korrektur der Natur in Europa zunächst sehr viel, wird doch die Douglasie in ihrer pazifischen Heimat rasch bis zu 100 m hoch. Bei uns bringt sie es nur auf 30 – 40 m und wird zudem von einer Krankheit, der Douglasienschütte, bedroht. Sie ist charakterisiert durch flache, 1 – 2 cm lange Nadeln ohne weiße Längsstreifen, die beim Zerreiben nach Zitrone duften. Sie stehen gescheitelt an den Zweigen auf dünnen, schrägen Stielchen.

3 Weiß-Tanne, Edel-Tanne – *Abies alba*
Wildwachsende Weiß-Tannen findet man vor allem in Bergwäldern. Im niederschlagsreichen Schwarzwald wuchsen die Holländertannen, die, bis in die Niederlande geflößt, Mastbäume der großen Segler gaben. Einige kann man dort heute noch bewundern: Stämme von 60 m Höhe und nahezu 10 m Umfang. Das leichte, gelbliche Holz hat keine Harzkanäle, diese befinden sich nur in der silbergrauen Rinde. Es wird als Werk- und Bauholz sehr geschätzt. Die Nadeln sitzen mit einer Scheibe am Zweig an und tragen auf ihrer Unterseite zwei weißliche Wachslängsstreifen. Sie sind dauerhafter als die der Fichte, weshalb die Weißtanne sich sowohl als Christbaum als auch als Deckreislieferant größerer Beliebtheit erfreut. Da sie aber höhere Standortansprüche stellt, ist sie nicht so häufig und daher auch teurer. Bei schlechten Böden und trockenem Klima leidet sie besonders stark unter Krankheiten, Tannenläusen und Misteln. Man geht deshalb bei ihrem Anbau mehr auf ihr natürliches Areal zurück.

4 Fichte, Rottanne – *Picea abies (Picea excelsa)*
Der einstige Gebirgsbaum ist heute überall häufiges Nutzholz geworden. Raschwüchsigkeit und Anspruchslosigkeit haben dazu verholfen. Sicheres Kennzeichen sind die vierkantigen Nadeln, die an den Zweigen meist nach zwei Seiten gescheitelt stehen. Der Baum wird bis zu 50 m hoch. Im engen Pflanzabstand sterben die unteren Zweige bald ab, es bleibt ein kurzer, spitzkegeliger Wipfel auf schlankem, hohem, rotbraunrindigem Stamm. Dieser kann durch Sturm leicht gestürzt werden, da ihn nur flaches, wenig ausgedehntes Wurzelwerk hält. Die langen „Tannen"zapfen (Fichtenzapfen!) hängen oft sehr dicht in den obersten Zweigen. Die holzigen Schuppen liegen bei Nässe eng an, bei Trockenheit spreizen sie ab, so daß die geflügelten Samen schraubend-wirbelnd herab- und wegfliegen. Der Baum liefert rötliches (Name!) Brenn-, Papier- und Bauholz, Weihnachtsbäume, Deck- und Schmuckreisig, Gerbrinde, Harz und aus den Nadeln Duftessenzen und medizinische Wirkstoffe.

1
2
3
4

Familie: Kieferngewächse – Pinaceae

1 Europäische Lärche – *Larix decidua*
Dieser bis 50 m hohe Nadelbaum ist ein Gebirgsbewohner, der durch Gärtner in Parkanlagen und durch Forstleute in die Wälder der Niederungen eingebracht wurde. Gegenüber den „üblichen" Nadelhölzern zeichnet er sich dadurch aus, daß er seine büschelig stehenden Nadeln nach einer charakteristischen Gelbocker-Verfärbung im Herbst abwirft – wohl eher ein Zugeständnis an die physiologische Trokkenheit des Winters (weil alles Wasser zu Eis erstarrt ist) als an den Schneedruck, denn die Zweige sind sehr biegsam, die jüngeren hängen herab. Die Lärche, die im Alpen-Karpatenzug in Höhen bis über 2000 m wächst, braucht zumindest sommers Wärme und Lufttrockenheit zum Gedeihen. Im wintermilden, aber sommerkühlen Seeklima kränkelt sie gerne. Wenn allerdings der Boden stark austrocknet, zeigt sie als eine der ersten Dürreschäden. Außerdem braucht sie Licht, weshalb sie oft an Waldwegrändern angepflanzt wird. Das Holz eignet sich gut für Schreinerarbeit.

2 Berg-Kiefer – *Pinus mugo (Pinus montana)*
Ein äußerst zäher Bewohner extremer Standorte, der wegen seines langsamen, aber sehr dichten Wuchses auch gerne in Gärten als Ziergehölz eingebracht wird. Die graue Rinde kontrastiert gefällig die paarweise stehenden, oft sichelig gebogenen, dunkelgrünen Nadeln von 1–5 cm Länge, die oft erst nach 10 Jahren abfallen. Im Gebirge wächst die Berg-Kiefer bis zur Baumgrenze als kleiner Baum, als Busch oder mit niedergestrecktem Hauptstamm und aufsteigenden Ästen. Man nennt sie dann Latsche, Legföhre oder auch Knie- oder Krummholz (wegen der oftmals verbogenen und knickig wachsenden Äste). Sie erträgt Eiseskälte, Schneedruck und Stürme und bildet den besten Schutz gegen Erosion des Bodens und Schneeabbrüche (Beginn der Lawinen). Im Hochmoor wächst sie kerzengerade als über 10 m hoher Baum, als Moorföhre oder Spirke auf sauren, mineralarmen Torfböden mit stauender Nässe. Das Latschenöl ist ein Destillat aus den Nadeln, das vor allem bei Erkältungskrankheiten Anwendung findet.

3 Gemeine Kiefer, Wald-Kiefer, Föhre, Forche, Forle – *Pinus sylvestris*
Sandige Böden von den Niederungen bis in mittlere Gebirgslagen bildeten im ganzen gemäßigten Eurasien die Heimat dieses bis zu 40 m hohen Baumes mit seiner dicken Pfahlwurzel und der unregelmäßig ausladenden Schirmkrone auf unten dickborkigem, oben aber, wie die Äste, mit rötlicher, abschilfernder Rinde überzogenem Stamm. Wegen der vielseitigen Verwendbarkeit des Holzes wurde die Kiefer weit über die Grenzen ihres Areals angebaut. Das Holz ist zwar harzreich und weich, doch widerstandsfähig gegen Feuchtigkeit. Es liefert nicht nur Brenn-, sondern auch Bau- und Werkmaterial. Man kann auch Harz, Pech, Teer und Terpentin aus ihm gewinnen. Die paarweise stehenden Nadeln enthalten Pinosolvin, ein bakterientötendes Mittel. Aus der zerfaserten Nadelstreu wurde „Waldwolle" gewonnen, ein Füllmaterial, das aber auch mit anderen Fasern zu „Gesundheitsflanell" versponnen wurde.

Familie: Zypressengewächse – Cupressaceae

4 Gemeiner Wacholder, Heide-Wacholder – *Juniperus communis*
Der aufrechte, säulenartig wachsende Strauch besiedelt Heiden, Trockenwälder und Trockengebüsche. Die meist in Dreierquirlen stehenden, bläulichgrünen Nadeln sind sehr starr und spitz. Wo Schafe weiden, fressen diese die noch weichen Jungtriebe begierig ab, der 1–3 m hohe Strauch (selten bis 12 m hoch) wächst dann zuerst so lange (langsam) in die Breite, bis sein Halbmesser mehr als die Länge eines Schafhalses erreicht, dann erst kann der Mittelteil in die Höhe treiben.
Die Sträucher sind entweder männlich oder weiblich. Aus den weiblichen Blüten entstehen (nach 2 Jahren) die blauen Wacholderbeeren, die getrocknet als appetitanregendes Gewürz Verwendung finden. Branntwein mit Wacholderzusatz gilt als besonders bekömmlich (Gin, Steinhäger). Die „Beeren" sind an sich Zapfen mit verwachsenen, fleischig gewordenen Schuppen.

3
4
2
1

Familie: Rohrkolbengewächse – Typhaceae

1 Breitblättriger Rohrkolben – *Typha latifolia*
Die dekorativen Blütenstände des Rohrkolbens sind unverwechselbar. Sie finden Verwendung bei der Kranzflechterei und zu Trockenbuketts. In der darstellenden Kunst werden sie gerne als Symbol für Wasser, Seeufer oder auch Sumpf genommen. Sie bestehen aus Hunderten von dichtsitzenden, nackten Blüten (ohne Blütenhülle), getrennt nach Geschlechtern. Die weiblichen bilden den unteren, dicken, braunsamtigen Kolben, der beständiger ist; direkt darüber sitzt bei unserer Art der hellere, männliche. Rohrkolben spielen bei der Verlandung eine wichtige Rolle.
Unsere Art ist in ganz Mitteleuropa noch am häufigsten. Sie dringt bis zu 1 m Wassertiefe vor und kann bis über 2 m hoch werden, wobei die steifen, 1–2 cm breiten, grasartigen, blaugrünen Blätter genauso hoch wachsen wie der Stengel mit den beiden Kolben, die erst im Hochsommer blühen.

Familie: Igelkolbengewächse – Sparganiaceae

2 Ästiger Igelkolben – *Sparganium erectum (Sparganium ramosum)*
Obwohl die Igelkolben recht häufig und auch eindeutig zu erkennen sind, werden sie unter den anderen Uferpflanzen doch leicht übersehen. Das hängt damit zusammen, daß sie mit 30–100 cm Höhe im Röhricht und Großseggen-Ried zu den niedrigwüchsigen Formen zählen und daß ihre igelartigen Blütenstände grün (bis gelbgrün) gefärbt sind. Die kleineren männlichen Blütenköpfe stehen zu mehreren an den Enden der etwas knickig aufrechten Zweige, darunter sitzen die weiblichen Köpfchen, die erst bei der Fruchtreife die Igelform bilden, die der Gattung den Namen gebracht hat. Die einzelnen „Igelstacheln", die Früchte, enthalten ein Schwimmgewebe und flottieren, wenn sie reif geworden sind und abfallen, zu neuen Ufern. Manche heften sich auch durch Vermittlung von Ko- und Adhäsionskräften des Wassers an das Gefieder von Schwimmvögeln und lassen sich so zu anderen geeigneten Wuchsorten fliegen.

Familie: Laichkrautgewächse – Potamogetonaceae

3 Krauses Laichkraut – *Potamogeton crispus*
In stehenden und trägfließenden Gewässern ist diese Art weit verbreitet. Sie lebt untergetaucht; ihre dicht mit wechselständigen, länglichen und am Rand charakteristisch gewellten (krausen) Blättern besetzte Hauptachse kann bis zu 2 m lang werden. Das Gewächs lebt im allgemeinen in einer Tiefe von ½–3 m, es wurde auch schon in 10 m Wassertiefe aufgefunden. Dort bleibt es allerdings steril, denn die an allen Zweigenden sich entwickelnden, gestielten Blütenähren werden zur Windbestäubung in der Zeit zwischen Mai und September aus dem Wasser gereckt. Nach erfolgter Befruchtung wachsen die Stiele wieder in das Wasser zurück. Das Laichkraut dient den Fischen als Versteck, auch für die abgelaichten Eier, und bietet den Pflanzenfressern Nahrung. Wichtiger aber ist, daß es durch Photosynthese das Wasser mit Sauerstoff anreichert und damit dessen Selbstreinigungskraft (Oxidierfähigkeit) erhöht. Die Art erträgt eine gewisse Wasserverschmutzung.

4 Schwimmendes Laichkraut – *Potamogeton natans*
Mit seinen elliptischen, bis zu 12 cm langen Schwimmblättern bedeckt dieses Laichkraut oft die ganze Wasserfläche kleinerer Teiche oder stiller Uferbuchten. Es besiedelt Gräben und stehende Gewässer bis zu einer Tiefe von über 1 m. Es besitzt auch „Unterwasserblätter", lange schmale, blattartig umgewandelte Blattstiele, doch ist es nicht gern gesehen. Die Schwimmblätter beschatten das Wasser und verhindern so seine Erwärmung, sie nehmen viel Licht weg, das Unterwasserpflanzen zur Photosynthese und zur Erzeugung von Sauerstoff nutzen könnten. Die Blattmasse liefert im Herbst eine große Menge organischer Substanzen, die abzubauen ist und viel Schlamm erzeugt. Gerade diese Art aber kommt von den Niederungen bis in mittlere Gebirge besonders häufig vor und läßt sich auch durch Ausjäten nicht wesentlich zurückdrängen, da der kriechende Wurzelstock fest im Schlamm verankert ist.

3
2
1
4

Familie: Dreizackgewächse – Juncaginaceae

1 Sumpf-Dreizack – *Triglochin palustre*
Vom Dreizack gibt es in Mitteleuropa nur zwei Arten, und beide sind in Gräben und auf Sumpfwiesen zu Hause, wobei sie die nassesten Stellen bevorzugen und oft zur Hälfte im Wasser stehen. Dabei sind dann die grasartigen Blätter meist untergetaucht, und nur der blattlose, bis zu 50 cm lange Halm mit der grünlichen Blütentraube ragt hervor. Die Blüten sind unscheinbar, die Narbe am Fruchtknoten bildet einen dreizackigen Stern, der auch an der kleinen, nicht ganz 1 cm langen Frucht zu sehen ist (tris, gr. = drei; glochis, glochinos, gr. = Pfeilspitze). Nur unser Sumpf-Dreizack trägt seinen Namen zu Recht. Der andere, der auf Salzwiesen wachsende Strand-Dreizack, ist eigentlich ein Sechszack, weil seine Narbe 6zipfelig ist. Im Gegensatz zur Salzart, die als Viehfutter geschätzt ist und in Notzeiten als Gemüse verwendet wurde, ist der Sumpf-Dreizack ohne Bedeutung.

Familie: Seegrasgewächse – Zosteraceae

2 Echtes Seegras – *Zostera marina*
Oft kopiert durch echte Gräser oder Riedgras, doch in seiner Qualität unerreicht, gewinnt man die untergetaucht wachsenden grasartigen Meerespflanzen auch heute noch in Massen auf den Seegrasbänken in Küstennähe. Getrocknetes Seegras dient als (billiges) Polstermaterial und zur Verpackung. Gelegentlich werden die durch Fluten an den Strand geworfenen Seegraswälle kompostiert oder direkt auf die Felder gebracht, zuweilen auch verbrannt, um mit der Asche zu düngen. Die langflutenden Blätter werden wenige Millimeter bis 1 cm breit und mehrere Dutzend Zentimenter lang. Die ganze Pflanze kann bis über 1 m lang werden und taucht bis zu 10 m Wassertiefe, wo sich dann große, träg wogende Seegraswiesen ausbreiten. Das Gewächs gehört nicht zu den Gräsern. Seine nackten Blüten stehen in kurzen Ähren, die bis zur Blühzeit ab Juni in den Blattachseln verborgen sind. Die Bestäubung erfolgt durch das Wasser.

Familie: Froschlöffelgewächse – Alismataceae

3 Gemeiner Froschlöffel – *Alisma plantago-aquatica*
Der in fast allen Gebieten der Welt vorkommende und bei uns an Gräben, Ufern und in Riedwiesen allgemein verbreitete Froschlöffel tritt je nach der Feuchtigkeit des Untergrunds in verschiedener Gestalt auf: Die Wasserform kann nur flutende, bandförmige Blätter besitzen, die Landform (stets auf feuchtem Untergrund!) hat Blätter von typischer Löffelgestalt (Name!). Manchmal werden die beiden Extremformen als zwei verschiedene Arten angesprochen, doch gibt es gleitende Übergänge zwischen ihnen. Gemeinsam ist der pyramidale Blütenstand, eine mehrfach quirlige Rispe auf blattlosem, 10 – 100 cm langem Schaft. Die Pflanze enthält scharfen Milchsaft, der früher in der Volksmedizin Verwendung fand, dem Giftwirkung, vor allem auf Vieh, nachgesagt wird, obwohl bis jetzt noch keine Giftstoffe gefunden wurden und zumindest Schafe und Ziegen die Blätter abweiden. Er ist zweifellos ein Abwehrmittel gegen Fraßschädlinge.

4 Pfeilkraut, Spitzes Pfeilkraut – *Sagittaria sagittifolia*
Das Pfeilkraut ist der Liebling der meisten Gartenteichbesitzer. Das machen die dekorativen Blätter, deren Spreite die Pfeilform besitzt, auf die alle Namen hindeuten (sagitta, lat. = Pfeil). Sie werden an der bis zu 1 m hohen Pflanze aber nur dann in der richtigen Form ausgebildet, wenn sie nicht zu tief im Wasser steht und nicht zu weit am Ufer hinauf. Das nährstoff- und schlammliebende Gewächs ist gegen Winterkälte zudem äußerst empfindlich, so daß es überhaupt nicht für Gartenanlagen empfohlen werden kann. Diese Empfindlichkeit bringt es auch mit sich, daß es an stehenden und langsam fließenden Gewässern in Norddeutschland viel eher anzutreffen ist als im Süden und daß es kaum je über 600 m Meereshöhe hinaussteigt. Im Normalwuchs sind die untersten Blätter bandartig und flutend, die nächsten schwimmen mit rundlicher Spreite, nach oben zu kommen dann die pfeilförmigen Spreiten, zuletzt an aufrechten Stielen. Die quirlige Rispe mit den großen Blüten überragt diese Blätter kaum.

2
4
3
1

Familie: Wasserlieschgewächse – Butomaceae

1 Doldige Schwanenblume, Wasserliesch – *Butomus umbellatus*
Die stattliche, weit über 1 m wachsende Schwanenblume ist eine Zierde der Ufer und Wassergräben. Aus dickem, kriechendem Wurzelstock erheben sich die grasartigen, dreikantigen Blätter in einer Grundrosette. Sie werden vom blattlosen Blütenschaft überragt, den eine Scheindolde aus langgestielten, sechszähligen, rosa Blüten mit violetter Aderung krönt. Die Schwanenblume ist in Mitteleuropa recht selten, weil sie ein Kontinentalklima mit heißen Sommern bevorzugt. So meidet sie auch Gebirgslagen. Sie wächst besonders gerne in nährstoff- und mineralreichem Schlamm. Ihre Blüten werden von Insekten bestäubt, und zwar reifen die Staubbeutel zuerst, so daß Selbstbestäubung vermieden wird. Versuche haben ergeben, daß die eigenen Pollen nicht in der Lage sind, ihre Samenanlagen zu befruchten: Die Schwanenblume ist selbststeril. Sie vermehrt sich ungeschlechtlich durch Bruchstücke des Wurzelstocks.

Familie: Froschbißgewächse – Hydrocharitaceae

2 Kanadische Wasserpest, Wassermyrthe – *Elodea canadensis (Anacharis, Helodea canadensis)*
Die nordamerikanische Pflanze war bis 1835 in Europa nicht bekannt. Ab der Mitte des letzten Jahrhunderts breitete sie sich, wahrscheinlich über Irland eingeschleppt und in verschiedenen botanischen Gärten kultiviert, zunächst sehr langsam, dann aber „epidemieartig“ in ganz Mitteleuropa so rasch aus, daß bald alle Flüsse und Bäche, doch auch viele Teiche und Seen von ihr dicht besetzt waren und dadurch Schiffahrt und Fischerei behindert wurden. Sie ist vegetativ ungemein vermehrungstüchtig, jedes kleine Stengelteil bewurzelt sich wieder und treibt bald neue Sprosse. Da sie bei uns nur sehr selten blüht und da von dieser zweihäusigen Pflanze fast nur weibliche Individuen anzutreffen sind, kann man annehmen, daß sie die ganze Ausbreitung auf vegetativem Wege geschafft hat. Seit etwa 1950 ist sie in starkem Rückgang begriffen, was wohl mit der zunehmend stärkeren Wasserverschmutzung zu tun hat. Vor allem aus vielen Fließgewässern ist sie verschwunden.

3 Aloëblättrige Krebsschere, Wasseraloë – *Stratiotes aloides*
Eine sehr eigentümliche Pflanze, die mit ihrer trichterförmigen Rosette aus bis zu 30 cm langen, am Rand und auf dem Rückenkiel scharf gezähnten Blättern tatsächlich an eine im Wasser untergetauchte kleine Aloë oder eine Bromeliazee erinnert. Die zweihäusige Pflanze vermehrt sich sehr intensiv durch Ausläufer, an deren Enden Tochterrosetten gebildet werden. So kann es vorkommen, daß in einem ganzen See nur Pflanzen eines Geschlechts anzutreffen sind. Die meiste Zeit des Jahres lebt die Krebsschere untergetaucht, nur zur Blütezeit, um den Monat Juni herum, schwebt sie dicht unterhalb des Wasserspiegels, so daß zumindest die Blattspitzen und die dreizähligen, weißen Blüten über die Oberfläche ragen. Im Süden Deutschlands trifft man das Gewächs nur sehr selten, in Norddeutschland kommt es zerstreut vor.

4 Gemeiner Froschbiß – *Hydrocharis morsus-ranae*
Der Froschbiß schwimmt frei im Wasser. Man findet ihn selten im Schwimmpflanzengürtel stehender Gewässer oder in stillen Uferbuchten von langsamen Fließgewässern. An seinen Standorten tritt er aber meist sehr gesellig auf. Er bevorzugt sommerwarmes, kalkarmes und zumindest teilweise beschattetes Wasser. Die Rosetten aus langgestielten Schwimmblättern treiben zahlreiche Ausläufer, an deren Enden dann neue Rosetten entstehen, so daß zuletzt ganze Kolonien miteinander verbundener Pflanzen auf der Wasseroberfläche schwimmen. Im Herbst aber bilden sich an den Ausläuferenden stärkehaltige Knospen, die abfallen und in den tieferen und damit wärmeren Wasserschichten überwintern, während die Schwimmrosetten absterben. Die Überwinterungsknospen entfalten sich im Frühjahr und tauchen als neue Pflanzen auf. Die Vermehrung erfolgt auch auf geschlechtlichem Weg über die weißen Blüten, die allerdings in Schattenlage oft nicht ausgebildet werden.

4
1
2
3

Familie: Gräser – Poaceae (Gramineae)

1 Gemeines Ruchgras – *Anthoxanthum odoratum*
Das Gemeine Ruchgras ist eines der frühest blühenden Gräser. Schon im April, spätestens im Mai kann man seine ährig zusammengezogene, eiförmige Rispe auf Wiesen, Rainen und an Wegrändern, sogar in lichten Wäldern entdecken. Die Rispe ist während der Blüte aufgelockert, danach schmal zusammengezogen, und während das Gros der Wiesengräser im Juni zu blühen beginnt, fällt das reifende Gras nun durch seine hellgelbbräunlichen Spelzen auf (anthos, gr. = Blüte; xanthos, gr. = gelb). Den deutschen Namen hat es von seinem intensiven Cumaringeruch (nach Waldmeister oder Heu). Es gilt zwar als gutes Futtergras, doch da es seinen Lebenslauf nicht nach den anderen Wirtschaftsgräsern richtet, ist es zur Heuernte kraft- und saftlos.

2 Waldhirse, Flattergras, Wald-Flattergras – *Milium effusum*
Dieses unverkennbare Gras wächst in schwachen, aber bis über 1 m hohen Büscheln auf lockeren, nährstoffreichen Mullböden und weist deshalb mit seinem Vorkommen die besten Waldböden aus. Es kommt von den Niederungen bis zur Waldgrenze vor, doch meist nur unter Laubhölzern. Die sehr locker aufgebaute Rispe mit den einblütigen, eiförmigen Ährchen hängt gelegentlich an der Spitze etwas über. Bei den flachen, hellgraugrünen (selten grünen) Blättern fällt die Spreitendrehung auf: Die Blattfläche ist – oft mehrfach – spiralig gewunden. Irgendein biologischer Nutzen läßt sich darin nicht erkennen.

3 Wiesen-Lieschgras, Timotheegras – *Phleum pratense*
Ein hochwertiges, winterfestes Futtergras, das auch gutes, nährstoffreiches Heu liefert. Es stammt aus Amerika und wurde erst 1765 durch Timothee Hansen nach England eingeführt. Heute hat es sich bei uns überall eingebürgert und wächst auch gerne an Ödstellen und in Unkrautgesellschaften. Einen Nachteil hat es: Es blüht erst sehr spät (meist Juli, August) und wird, wenn es anderen Grasarten untermischt wächst, viel zu früh geschnitten. Dagegen wird es, rein angebaut, sehr zur Kultivierung naßkalter, schwerer Moorböden empfohlen. Mit der nächsten Art wird es häufig verwechselt, doch liegt allein die Blütezeit (und damit das Erscheinen) 1–2 Monate auseinander. Die (Schein-)Ähre ist länglich-walzig, stumpf, nicht weichgrannig, und die stiefelknechtartig geformten Ährchen stehen fast waagrecht.

4 Wiesen-Fuchsschwanzgras – *Alopecurus pratensis*
Dieses Gras gilt als eines der besten Futtergräser, wenn es auch etwas hartes Heu liefert. Er erscheint schon sehr früh, im Mai oder Juni und gilt als sehr frosthart, auch gegenüber Spätfrösten. Außerdem übersteht es lange Schneebedeckung ohne Verluste. Es wird deswegen besonders auch für Bergwiesen empfohlen, da es mit seinem frühen Austrieb die kurze Vegetationszeit gut ausnützt. Oberhalb 1500 m, auf den Matten, kommt es allerdings genausowenig durch wie in den Niederungen auf trockenen Magerböden. Es verlangt eine ausreichende Düngung und genügend Feuchtigkeit im Frühjahr. Die dickwalzige (Schein-)Ähre besteht aus aufrechtgestellten, breiteiförmigen und flachen Ährchen, die eine weiche Granne tragen.

5 Acker-Fuchsschwanzgras – *Alopecurus myosurioides (Alopecurus agrestris)*
Bei der Benennung dieser Art war der Botaniker Hudson nicht ganz mit dem Gattungsnamen einig, der auch in der wissenschaftlichen Form Fuchsschwanz heißt (alopes, gr. = Fuchs; oyra, gr. = Schwanz). Die zwar um 7 cm lange, aber eben nur ½ cm dicke, nach beiden Seiten spitz verschmälerte Scheinähre war ihm dafür einfach zu dünn. So setzte er sein *myosurioides* dazu (mys, gr. = Maus; oides, gr. = ähnlich), und seit dieser Zeit haben wir den „Mausschwanzähnlichen Fuchsschwanz". Das Gras, das von den Niederungen bis in die untere Bergregion als Unkraut in Getreideäckern wächst, zeigt kalkarme, aber nährstoffreiche Lehm(=Acker-)-Böden an. In einer Zeit, in der die zweikeimblättrigen Unkräuter durch Wuchsmittel in den Kornfeldern vernichtet werden, kommt ihm ein besonderer Zeigerwert zu.

4
5
2
1
3

Familie: Gräser – Poaceae (Gramineae)

1 Land-Reitgras – *Calamagrostis epigejos*
Etwa im dritten Jahr nach einem Kahlschlag steht auf den Lichtungen das 1–1½ m hohe Gras so dicht, daß kaum eine andere Pflanze durchkommen kann. Das dauert 1–2 Jahre, dann wird es selbst durch die Himbeer- und Brombeersträucher verdrängt, die später von nachwachsenden Bäumchen unterdrückt werden. Danach ist für viele Jahrzehnte kein Platz mehr für das lichtbedürftige Gras, das auf andere Lichtungen, Waldränder und Wegsäume ausweichen muß.
Die blaßgrünen, stark zusammengezogenen, mächtigen Rispen auf den blaugrünen Sprossen erscheinen erst im Hochsommer, doch bis zum Frühjahr stehen die braunen Halme mit den ausgebleichten Blütenständen aufrecht. Darin gleichen sie dem Schilf, dem das Gras zunächst zugeordnet wurde, als Schilfgras, das auf dem Lande (epigeos) wächst. Auch der deutsche Name (Reitgras = Riedgras) und der später geschaffene Gattungsname (calamus, Schilfrohr und agrostis, Feldgras) deuten diese Mittelstellung an.

2 Strandhafer, Gemeiner Strandhafer, Helm – *Ammophila arenaria*
Kein Sandstrand an der Meeresküste ohne den Helm (von Halm), unser wichtigstes Gras zur Festlegung wandernder Dünen, das deswegen auch oft angepflanzt wird, selbst im Binnenland, wo es natürlicherweise gar nicht vorkommt (z.B. auf Flugsanddünen der unteren Oberrheinischen Tiefebene). Das nur 60–100 cm hohe Gras ist eng mit den Reitgräsern (s.o.) verwandt und bildet mit dem Land-Reitgras sogar einen fruchtbaren Bastard. Durch seine strohgelbe, ährig zusammengezogene, bis 15 cm lange Rispe ist es leicht kenntlich. Die Blätter sind fast stets zur Herabsetzung der Verdunstung eingerollt. Da es Sandüberschüttung gut erträgt, ist es zur Anpflanzung auf der Luvseite der Dünen hervorragend geeignet.

3 Wolliges Honiggras – *Holcus lanatus*
Mit seinen samtig behaarten Halmen und Blättern sowie mit seiner weichhaarigen, rötlich überlaufenen (auf der Schattenseite bleichen) Rispe ist dieses Horstgras leicht kenntlich. Es wächst vor allem auf Wiesen und stellt an den Kalkgehalt des Bodens keine Ansprüche, wenn nur Stickstoff vorhanden ist. Auf schwach sauren, feuchten bis nassen und dazu kühlen Böden von schwerer Beschaffenheit gedeiht es noch ausgezeichnet, kann also als Zeiger für weniger gute Böden angesehen werden. Da sein Futterwert nur gering ist und auch das Heu minderwertig, gilt es in besseren Wiesen als Unkraut. Seine Halme schmecken süßlich (Name!), doch raten wir, wegen einer möglichen und lebensgefährlichen Strahlenpilzinfektion, dies nicht nachkontrollieren zu wollen.

4 Rasen-Schmiele – *Deschampsia cespitosa*
Ein Gras, das in feuchten bis nassen Wiesen und Wäldern durch seine groben, fast bultartigen Horste auffällt. Die Blätter sind am Rand durch Kieselsäureeinlagerungen schneidend scharf und können beim Abreißen den Fingern tiefe Schnittwunden versetzen (Schneidegras). Die kleinen Ährchen an der weit ausgebreiteten Rispe sind – bei sonnigem Stand – schön weiß, gelb und violettbraun gescheckt. Der Landwirt in den Niederungen weiß über die Art nichts Gutes zu berichten: Sie ist kaum zu mähen, wird als Futter vom Vieh verschmäht und nimmt besseren Pflanzen Platz weg.

5 Glatthafer, Französisches Raygras – *Arrhenatherum elatius*
Der Glatthafer kennzeichnet die guten Wiesentypen; er gehört zu den besten Futtergräsern und wird deshalb nicht nur häufig ausgesät, sondern auch durch Zucht immer weiter verbessert. Die Wildformen sind zwar in ihrer natürlichen Umgebung oft ertragreicher als die eingeführten Sorten, die aber sind nicht so herb und werden deshalb als Grünfutter vom Vieh eher gefressen, während das Heu gleichwertig ist, da die Bitterstoffe beim Trocknen zerstört werden. Der Glatthafer ist sehr ertragreich und liefert 2–3 Schnitte pro Jahr, benötigt aber auch dafür gute Böden und Zusatzdüngung. Kennzeichnend sind die um 1 cm langen Ährchen der lockeren Rispe, die je 1 kurze und 1 lange Granne tragen (1½ Grannen).

2
1
4
5
3

Familie: Gräser – Poaceae (Gramineae)

1 Blaugras, Blaues Kopfgras – *Sesleria varia (Sesleria caerulea)*
Schon bald nach der Schneeschmelze, je nach Höhenlage im März oder erst im Mai, treiben aus den dichten, aus abgestorbenen braunen Blättern gebildeten Horsten die kopfartig zusammengezogenen, dunkelblauen und pergamentartig schimmernden Rispen auf 10–50 cm langen Halmen. Das kalkliebende Gras, im Norden selten und mit einer sumpfbewohnenden Unterart vertreten, kommt schon im ganzen Jurazug sehr häufig vor und wird in den Kalkalpen bis zu 2500 m das beherrschende Element einer Gesellschaft der Steinrasen und Schutthänge, die man nach ihm die Blaugrashalde nennt. Um auf den trockenen Standorten größere Verdunstungsverluste zu vermeiden, falten sich seine Blätter tagsüber meist längs zusammen.

2 Schilf, Rohr – *Phragmites australis (Phragmites communis)*
Mit ihrer Höhe von 1–4 m und der lockeren, bis 40 cm langen, bräunlichvioletten Rispe beherrscht diese Verlandungspflanze oft den Großteil des Röhrichtsaumes an Ufern stehender und fließender Gewässer. Allerdings ist sie etwas wärmebedürftig und steigt nur bis zu den untersten Gebirgslagen. Wo sie auf Äckern, in Wiesen oder in Wäldern wächst, zeigt sie oberflächennahes und bewegtes Grundwasser an. Die Halme werden vielseitig verwendet, nicht nur zum Dachdecken, sondern auch zur Herstellung von Rohrmatten, Zellulose, Gipsdecken, Mundstücken von Musikinstrumenten. Nicht zuletzt lassen sich aus ihnen Pfeile für die Bogen der Kinder, aber auch dekorative Trockensträuße herrichten. Die Blattscheiden sind um den Halm leicht drehbar, so daß nach Sturm die Blätter und Rispen nach einer Seite hin gekämmt sind.

3 Pfeifengras, Besenried, Benthalm – *Molinia caerulea*
Wer dieses horstig wachsende Gras mit der lockeren, aber sehr unregelmäßigen, schieferblauen bis violetten Rispe genauer ansieht, wird zunächst ein typisches Merkmal der echten Gräser vermissen: Dem 30–200 cm hohen Halm fehlen auf der ganzen Länge die Knoten. Erst wenn man den Stengel ganz aus der Erde zieht, findet man oberhalb einer zwiebeligen Endverdickung mehrere, einander eng genäherte Knoten. Weil der Halm so lang und glatt war, eignete er sich früher gut für das Putzen der damals üblichen langen Pfeifenrohre, was unserem Gras einen seiner Volksnamen verschaffte. Die zähen und zugleich geschmeidigen Halme wurden auch zu Besen verarbeitet und werden noch heute zum Aufbinden („Bent“halm) der Weinreben gesammelt.

4 Nickendes Perlgras – *Melica nutans*
Wie Perlen hintereinander aufgereiht erscheinen die glänzenden, meist violett bis braunpurpurn gescheckten, rundlich eiförmigen Ährchen, die in einer einseitswendigen, höchstens unten etwas rispig verzweigten Traube stehen. Das Gras blüht im Mai oder Juni in Laubwäldern und Gebüschen von den Niederungen, wo es in Norddeutschland allerdings nur zerstreut vorkommt, bis in mittlere Gebirgslagen. Es ist auf ein mäßige Beschattung angewiesen, auf abgeholzten Flächen verschwindet es sehr rasch. Dem Forstmann ist es ein Zeiger für gute Waldböden, und seine Anzeige gilt für mindestens ½ m Bodentiefe, denn so weit reicht sein dichtverfilztes Wurzelwerk hinab.

5 Zittergras – *Briza media*
Die herzförmigen Ährchen, die an den dünnen, zierlich verzweigten Rispenästchen hängen, sind meist weißlich und violett gescheckt, nur im Schatten rein grün. Sie sind es, die dieses Gras zu einem begehrten Straußgebinde machen und die auch zu beliebten Kinderspielen und Neckereien Anlaß geben. Selbst zum Wahrsagen wird das Gras herangezogen. Es wächst auf mineralreichen, doch nährstoffarmen und trockenen Böden, zeigt also mageren Untergrund an, wie er heutzutage im Zeichen ständiger Ertragssteigerungen nicht gern gesehen wird. Deshalb werden Bodenverbesserungsmaßnahmen ergriffen, und dies hat zur Folge, daß das früher ungemein häufige Gras zwar nicht selten, aber doch recht zerstreut anzutreffen ist.

4
5
3
1
2

Familie: Gräser – Poaceae (Gramineae)

1 Knäuelgras – *Dactylis glomerata*
Durch seinen einzigartigen Rispenbau sehr leicht kenntliches, allgemein verbreitetes Gras. Die Endzweigchen der langen Rispenäste sind stark verkürzt, so daß hier die Ährchen kopfig gehäuft – eben geknäuelt (= lat. glomertus) – stehen. Der Kenner spricht auch das sterile Gras sicher an, es gehört zu den wenigen, deren Halme unterwärts samt den umgebenden Blattscheiden zweischneidig flach zusammengedrückt sind.
Das Knäuelgras kommt in mehreren Formen von den Niederungen bis ins Gebirge vor und wird, da es ein ertrag- und nährstoffreiches Futtergras ist, auch oft angepflanzt. Als Lehm- und Stickstoffzeiger findet man es auch an Wegrändern und Schuttstellen. Eine Waldform mit bleichgrünen Ährchen unterscheidet sich stark vom üblichen Typus.

2 Kammgras, Wiesen-Kammgras – *Cynosurus cristatus*
Das Kammgras hat eine ährig zusammengezogene Rispe, die vor und nach der Blüte einseitswendige Ährchen trägt. Zur Blütezeit im Sommer sind diese locker gestellt und nach zwei Seiten gekämmt. Jedes fruchtbare Ährchen hat ein unfruchtbares beigesellt, das nur noch (bis zu 10) schmale, stachelspitzige Spelzen trägt. Das Gras, das auf (durch Tritt) verdichteten Böden gut wächst und direkte Düngung erträgt, ist besonders auf Weiden so häufig, daß es zur namengebenden Charakterart des Verbandes der Kammgras-Fettweiden (in mittleren Höhenlagen) gemacht wurde. Es ist nun aber beileibe kein besonders gutes Weidegras: Da die Blätter früh welken und die Halme sehr zäh sind, werden sie vom Vieh stehengelassen, und das Gras kann sich ungestört vermehren, ein klassisches Beispiel für negative Auslese.

3 Einjähriges Rispengras – *Poa annua*
Dieses kleine, 5–30 cm hohe und in schwachen Büscheln mit knickigen Halmen wachsende Gras ist ungemein lebenstüchtig. Man findet es fast auf der ganzen Welt, und es kann sich auch in sehr widriger Umgebung halten. Es wächst nicht nur in Wiesen, Höfen, Gärten, auf Äckern und Schuttplätzen sowie an Wegrändern, man findet es auch noch in den Ritzen des Straßenpflasters, zwischen den Randsteinen und dort, wo im Kandel oder in der Dachrinne ein wenig Erde und Sand zusammengeschwemmt wurde, selbst in den Astgabeln älterer Bäume wurde es schon entdeckt. Man kann es das ganze Jahr über blühend antreffen. Es ist stickstoffliebend und kann als Kulturbegleiter angesehen werden – nutzlos, aber stets menschliche Nähe anzeigend –, ein botanischer Haus-Sperling.

4 Riesen-Schwingel – *Festuca gigantea*
Der Riesen-Schwingel steht hier als ein Vertreter der artenreichen und sehr vielgestaltigen Gattung Schwingel, die ihre Vertreter in fast allen Biotopen hat. Manche gehören zu den am schwierigsten zu bestimmenden Pflanzen, weshalb man die Gattung schon als das „Kreuz der Botaniker" (crux botanicorum) bezeichnet hat. Unser Gras aber ist leicht kenntlich an den krallenartigen, zuweilen violett eingefärbten Öhrchen, die am Übergang von Blattspreite und Blattscheide beidseits den Stengel umfassen. Das ½–1½ m hohe Halbschattengewächs zeigt im Wald die grundwassernahen, nährstoffreichen und sehr schweren, zähdichten Tonböden (Gleiböden) an.

5 Aufrechte Trespe – *Bromus erectus*
Die Aufrechte Trespe ist das Charaktergras der Kalk-Magerrasen auf mehr oder minder trockenen Standorten („Mesobrometum" und „Brometum": Halbtrockenrasen und Trockenrasen mit „Bromus"). Sie kennzeichnet warme, stickstoffarme, mittelschwere und gut durchlüftete Böden, die bei geeigneter Bewässerung und Düngung beste Ackerböden ergeben. Bodenverbesserungsmaßnahmen schaden allerdings der düngerfeindlichen Trespe wenig, sie weicht an den nächsten Wegrand oder Ödlandhang aus, denn ihre Anpassungsfähigkeit ist groß. Schaden nehmen aber die vielen Mitbewohner des Brometums, Orchideen und andere seltene Pflanzen, die, nicht so wandelbar, heute stark existenzgefährdet sind.

5
3
4
2
1

Familie: Gräser – Poaceae (Gramineae)

1 Fieder-Zwenke – *Brachypodium pinnatum*
Die fiedrig an der Hauptachse sitzenden (oder kurz gestielten), schmalen, 2–4 cm langen, begrannten Ährchen charakterisieren die Art unverwechselbar. Sie ist in Norddeutschland recht selten, im Süden dagegen ungemein häufig. Ihre Standorte sind sonnige Raine und Halbtrockenrasen auf mageren, kalkhaltigen Böden. Im Wald wächst sie selten und meist nur steril. Mit ihren schlecht verwitternden Blättern überzieht sie im Frühjahr noch oft ganze Raine, so daß für andere Pflanzen kaum ein Durchkommen ist. Dazu kommt, daß ihr hartes Laub von Vieh und Wild nicht gern angenommen wird. Da sie mit ihrem tiefliegenden Wurzelstock das sinnlose und schädliche Abbrennen der Raine am besten übersteht, wird sie in ihrem Bestand durch diese Maßnahme (die verboten ist!) gefördert. So entsteht anstelle einer ausgewogenen Lebensgemeinschaft eine Monokultur der Zwenke.

2 Borstgras *Nardus stricta*
Auch ohne die schmale, einseitswendige Ähre ist die Art leicht kenntlich. Abgestorbene Blattscheiden umkleiden als „Strohtunika" die unteren Teile des dichten Horstes, darüber stehen die äußeren der graugrünen, borstigen Blätter waagrecht ab.
Das sandholde Gras wächst auf zumindest zeitweilig trockenen, rohhumussauren Magerböden als rechtes „Hungergras". Die unteren Teile verrotten kaum und bilden Trockentorf. Nur auf der grauen Düne wird die Pflanze als Bodenfestiger gern gesehen. Auf Berg- und Gebirgsweiden, wo seine Hauptentfaltung ist, gilt es als Unkraut, da es vom Vieh höchstens im Frühjahr gefressen wird. Sommers rupfen die Tiere die Horste aus und lassen sie dann liegen. Trotzdem wird es durch Beweidung sowie durch Trittverdichtung des Bodens und lange Schneebedeckung gegenüber besseren Weidegräsern begünstigt.

3 Ausdauernder Lolch, Englisches Raygras, Deutsches Weidelgras – *Lolium perenne*
Der Lolch kommt überall häufig auf Wiesen, Weiden und in den Zierrasen der Gärten vor. Außerdem besiedelt er gerne Wegränder und Trampelpfade. Vom Mai bis in den Oktober hinein kann er blühen. Die flachen Ährchen, die mit der Schmalseite an zwei Seiten der Ährenspindel ansitzen, machen ihn unverkennbar. Der Lolch ist unser wichtigstes Weidegras. Leider ist er etwas frostempfindlich, so daß er kaum für Mittelgebirgslagen taugt. In mildfeuchten Klimalagen ist er heute aber über den ganzen Erdball verschleppt als Kulturbegleiter anzutreffen.

4 Gemeine Quecke, Kriech-Quecke, Päde – *Agropyron repens*
Vom Meerstrand bis in die Voralpenregion auf Sand, Äckern (als sehr lästiges Unkraut), an Wegen und Hecken sowie in Gärten. Die kurzgrannigen Ährchen sitzen mit der breiten Seite an der Ährenspindel, die Ähre erinnert an Weizen (agropyron = wilder Weizen); diese Art gehört aber nicht zu den Stammformen unserer Kulturpflanze. Der zählebige, unterirdische Wurzelstock wurde früher als Heilmittel verwendet. Er treibt massenhaft Ausläufer, von denen auch Bruchstücke weiterwachsen können. Sie scheiden Hemmstoffe aus, die das Wachstum anderer Pflanzen beeinträchtigen und so die eigene Ausbreitung begünstigen.

5 Strandroggen, Blauer Helm – *Elymus arenarius*
Steifes, starres, blaubereiftes Gras mit weizenähnlicher Ähre auf den Dünen und Sandstellen der Meeresküstenregion. Binnenwärts seltener, in Süddeutschland nur vereinzelt und meist angepflanzt. Dieses Gras ist nicht so windtüchtig wie der Strandhafer (s. S. 214), es eignet sich dennoch hervorragend für die Dünenbefestigung, wenn es auf der Leeseite angepflanzt wird.
Die allseits mit dreiblütigen Ährchen besetzte, bis 30 cm lange Ähre (auf bis etwa 60 cm langem Halm) hat die Kulturpflanzenzüchter schon seit langem zu Kreuzungsversuchen mit der nahe verwandten Gerste animiert. Noch nicht erreichtes Ziel ist ein sehr genügsames Getreide mit wenig Stroh und vielen großen, mehlreichen Körnern.

3
1
4
2
5

Familie: Riedgrasgewächse, Sauergräser – Cyperaceae

1 Schmalblättriges Wollgras – *Eriophorum angustifolium (Eriophorum polystachon)*
Wer im März oder April am Bachrand oder auf Sumpfwiesen das Wollgras blühend findet, wird es als Laie kaum erkennen oder richtig zuordnen können. Die Dolde mit den 3–6, meist aufrecht stehenden, dicklichen, bläulichsilbrigen Ährchen paßt so gar nicht in das Bild, das man sich vom Wollgras macht. Erst im Sommer, zur Zeit der Heuernte, hebt sich dann der Halm bis gegen ½ m hoch und trägt an seiner Spitze, auf zierlich übergebogenen Stengelchen, die weißen Wolleböllchen. Nur kurze Zeit dauert die Pracht, dann trägt der Wind die Früchtchen mit den langen Flughaaren einzeln oder in Grüppchen davon – einem ungewissen Schicksal entgegen, denn obwohl sich heute noch Moore über hektargroße Flächen erstrecken, werden die Naßgebiete von Jahr zu Jahr mehr zurückgedrängt: zu „guten" Wiesen entwässert.

2 Gemeine Simse, Waldsimse – *Scirpus silvaticus*
Von den Niederungen bis ins höhere Bergland besiedelt dieses breitblättrige Sauergras mit der großen, doldig ausgebreiteten Ährchenrispe in Gruppen nasse Wiesenstücke, Waldsümpfe, Gräben und Teichränder. Vor allem auf nährstoffreichen, kalkarmen, grundwassernahen Standorten stellt es sich häufig ein. Die Simse gibt eine wertvolle Streu, ihre Blätter werden als Flechtmaterial geschätzt. „Simsen" und „Binsen", grasartige Pflanzen nasser Standorte, werden oft nicht näher unterschieden, und von Landstrich zu Landstrich wechseln die Bezeichnungen. Wir nennen die breitblättrigen Sauergräser Simsen, während wir zu den rundblättrigen Gewächsen Binsen sagen, doch ist diese Unterscheidung genauso willkürlich wie jede andere.

3 Zittergras-Segge, Waldhaar, Seegras – *Carex brizoides*
Wo ihr die Standortbedingungen zusagen, also auf nassen, kalkfreien, sehr schweren Böden, kommt es oft zu einer Massenvegetation dieser Segge, die für andere Pflanzen dann keinen Raum mehr läßt. In nassen Wiesen, an Wegen, vor allem aber auf jungen Lichtungen bilden da die mehr als ½ m langen, hellgrünen, schmalen Blätter ein charakteristisches Muster, an dem man den Bestand schon aus der Ferne erkennt. Immer ganze Blattbüschel bilden aus aufsteigendem Grund übergebogene und in malerisch schöne Wellen drapierte Locken. Die Schönheit ist grausam, unter den Locken kommt kein Jungbaum mehr hoch, der Forstmann sieht diese verjüngungshemmende Pflanze nicht gern. Früher wurden die Pflanzen durch ganze Kolonnen von Sammlern ausgerissen und nach Abbrühen und Trocknen als Polstermaterial anstelle des echten Seegrases verwendet. Heute werden aber nur noch ganz geringe Posten davon gebraucht („Alpengras").

4 Fuchs-Segge – *Carex vulpina*
Die Fuchs-Segge ist nicht gerade sehr selten, doch auch nicht die häufigste der „Gleichährigen Seggen". Sie ist aber so groß, daß man an ihr die charakteristischen Gruppenmerkmale gut erkennen kann. Die Ährchen, die auf dem dicken, um ½ m langen, scharf dreikantigen Halm sitzen, tragen unten weibliche und an der Spitze Staubbeutelblüten. Die Blüten sind also eingeschlechtig, die Ährchen aber „gleich", daß heißt, zusammengesetzt aus beiden Sorten dieser Spelzenblüten.
Die Pflanze, die nasse Wiesen und Waldwege besiedelt, bevorzugt nährstoffreiche, schwere Böden in niederen und mittleren Höhenlagen. Sie gibt gute Streu und wurde früher als Polster- und Packmaterial geschätzt.

5 Winkel-Segge, Entferntährige Segge – *Carex remota*
Von den Niederungen bis über 1000 m Meereshöhe findet man die leicht kenntliche Art an Waldbächen und nassen Waldwegen, vorzugsweise im Laubwald. Die schmalen Blattspreiten der lockerhorstig wachsenden Pflanze sind meist länger als die schlaffen Halme, die 4–9 kleine, blaßgrüne Ährchen tragen. Die obersten stehen oft etwas beieinander, die unteren aber sind weit auseinandergezogen und sitzen in den Achseln der Halmblätter.
Die Winkel-Segge ist eine Schattenpflanze und Zeiger für schwere, nährstoffreiche, nasse Böden (Gleiböden).

1
3
4
5
2

Familie: Riedgrasgewächse, Sauergräser – Cyperaceae

1 Blaugrüne Segge, Blau-Segge – *Carex flacca (Carex glauca)*
Von den rund 90 Seggenarten Deutschlands gehören beinahe ⅔ zu der Gruppe der „Verschiedenährigen Seggen". Diese zeichnen sich dadurch aus, daß ihre eingeschlechtigen Spelzenblüten sich nach Geschlechtern getrennt zu männlichen oder weiblichen Ährchen zusammensetzen. Meist stehen die Staubbeutelährchen an der Spitze des Stengels, die Fruchtährchen darunter.
So auch bei der ausläufertreibenden Blaugrünen Segge, die ihren Artnamen von den blaugrünen (lat. = glauca) Blättern und Halmen hat: 2–3 männliche Ährchen auf kurzen Stielen und darunter noch 2–3 weibliche Ährchen, dichtfrüchtig und dick, auf langen Stielen übergebogen hängend (flaccus, lat. = schlappohrig). Diese Art ist auf (wechsel)feuchten Böden sehr häufig.

2 Finger-Segge – *Carex digitata*
Eine der kleinen Laubwaldseggen von nur 10–30 cm Höhe, die im Gegensatz zu den meisten Vertretern ihrer Gattung nicht saure, feuchte Böden, sondern eher trockenen und sommerwarmen, dazu noch kalk- und nährstoffreichen Untergrund braucht. In kalkarmen Gebieten zieht sie sich auf dicke Laubmulldecken zurück, in Höhenlagen über 1000 m zeigt sie klimatisch besonders begünstigte Stellen an. Sie wächst in kleinen, dichten Horsten. Ihre Blattscheiden sind purpurrot, die dunkelgrüne Farbe der derben Blätter zeigt an, daß sie im Herbst nicht verdorren, sondern überwintern und in schneefreien Lagen die günstigen Lichtverhältnisse im entlaubten Wald zur Photosynthese nutzen. Die eingeschlechtigen Ährchen sind am Halmende in artcharakteristischer Weise fingerartig genähert.

3 Wald-Segge – *Carex sylvatica*
Die zuweilen bis über ½ m hoch werdende Segge ist eine treue Buchenbegleiterin, wiewohl sie auch andere Laubwälder und Gebüsche besiedelt. Wo aber Buchen stehen, kann man sie sicher finden. Sie gehört nicht zu den ausgesprochenen Trittpflanzen, da sie aber dichte Böden dem lockeren Mull vorzieht, wächst sie gerne an Waldpfaden und fällt uns deswegen auch eher auf. Den Schatten verläßt sie nie, in Kahlschlägen kümmert sie rasch. Alles an ihr scheint blaß und schlapp zu sein: Die lockeren Horste bestehen aus schlaffen, hellgrünen Blättern, aus denen sich die ebenfalls relativ schlaffen Halme meist nur schräg aufsteigend erheben. An ihrer Spitze steht ein dünnes Staubbeutelährchen (selten 2), darunter hängt eine Reihe blaßgrüner, armfrüchtiger und deswegen locker gebauter weiblicher Ährchen.

4 Haar-Segge, Behaarte Segge, Rauhe Segge – *Carex hirta*
Von der Küste bis in die Voralpenregion sehr häufige Segge, die leicht kenntlich ist und trotzdem oft übersehen wird. Bei der Hauptform sind Blattscheiden, Spreiten und die Früchtchen dicht behaart (selten sind die Spreiten, noch seltener auch die Scheiden kahl). Die Haar-Segge bevorzugt feste Sandböden, die lehmig und zeitweise trocken sein können, doch nicht stickstoffhaltig sein müssen. Nach diesem Signalelement kennt man auch schon ihren bevorzugten Aufenthalt: Weg- und Straßenränder, sowie Tretgesellschaften auf Trampelpfaden. Daneben findet man sie in (ungepflegten) Wiesen, an Uferböschungen und Rainen, hier oft im lichten Gebüsch. Sie blüht vom Frühling bis zum Sommer.

5 Blasen-Segge – *Carex vesicaria*
Alle Seggen sind dadurch charakterisiert, daß in den weiblichen Blüten ein besonderes Organ den Fruchtknoten umschließt und nur die zwei oder drei Narben nach außen durchläßt. Man nennt dieses Gebilde, das zunächst wie ein normaler Fruchtknoten aussieht, den „Schlauch" und nimmt an, daß es sich um das verwachsene Tragblatt der weiblichen Blüte handelt.
Bei den Uferbewohnern, zu denen die Blasen-Segge gerechnet werden kann (wenn sie auch nicht ausschließlich an Ufern wächst), hat der blasig aufgetriebene Schlauch der reifen Früchte die Aufgabe eines Schwimmorgans übernommen. Im Schlauch geborgen, flottieren die Früchte über das Wasser, bis sie an geeigneter Stelle stranden und auskeimen können.

3
1
2
5
4

Familie: Aronstabgewächse – Araceae

1 Echter Kalmus – *Acorus calamus*
Der seltene Kalmus mit dem seitenständigen Kolben ist unter den Pflanzen der Röhrichte ein Fremdling. Zur Zeit Alexanders des Großen wurde er aus Indien nach Kleinasien geschafft, aus Konstantinopel brachte ihn 1574 der kaiserliche Gesandte nach Wien, wo er erstmals im Botanischen Garten angepflanzt wurde. Der dicke, kriechende Wurzelstock enthält ätherische Öle, Bitter- und Gerbstoffe, deren magenstärkende (verdauungsanregende) Wirkung bald erkannt wurde, und so hat man die „Magenwurz" überall in den wärmeren Gebieten Deutschlands angebaut. Aus solchen Kulturen ist sie verwildert, wobei die Vermehrung nur vegetativ geschehen kann, da die Samen in unserem Klima nicht ausreifen.

2 Schlangenwurz, Drachenwurz, Schweinsohr – *Calla palustris*
Die Schlangenwurz ist sehr selten. Wo sie aber vorkommt, an Tümpeln, in schlammigen Gräben oder im Erlenbruch, da tritt sie sehr gesellig auf. Die weit ober- und unterirdisch kriechenden Grundachsen liegen dann wie Schlangen über- und beieinander. Einst gab es die Signaturlehre, die vom Grundsatz ausging, jede Pflanze sei dem Menschen nütze und verrate ihren Nutzen auch durch ein Zeichen. Zu dieser Zeit war es selbstverständlich, daß unsere Pflanze gegen Schlangenbiß helfen müsse. Dabei ist der Wurzelstock sogar durch Aroin giftig. Auch vor den roten Beeren muß gewarnt werden. Sie entstehen aus dem grünlichen Blütenkolben, der von einem weißen Hüllblatt gestützt wird.

3 Gefleckter Aronstab – *Arum maculatum*
Mit den grundständigen, pfeilförmigen Blättern und dem vom spitzzipfligen Hüllblatt umwickelten Blütenstand ist der Aronstab unverkennbar. Er besiedelt feuchte Laubwälder auf nährstoffreichen Böden in warmer Lage. Sein meist schon im April erscheinender Blütenstand ist eine Fliegenkesselfalle. Die Keule lockt durch Aasgeruch Fliegen an, die vom glatten Hüllblatt abrutschen und so in den Kessel gelangen. Ein Haarkranz verhindert das Zurückklettern. Wenn die Narben bestäubt sind, werden die Besucher noch mit Pollen eingepudert, dann verwelken Reusenhaare und Hüllblatt und der Weg ins Freie ist offen. Im Kessel ist es schön warm und es ist nektarhaltiges Wasser vorhanden, so daß die Entlassenen nicht scheuen, den nächsten Blütenstand anzusteuern. Giftig.

Familie: Wasserlinsengewächse – Lemnaceae

4 Dreifurchige Wasserlinse, Untergetauchte Wasserlinse – *Lemna trisulca*
Diese Wasserlinse findet sich zerstreut im Schwimmpflanzengürtel stehender Gewässer. Sie ist kaum gegliedert. Ihre Glieder sind unter 1 cm lang, lanzettförmig, meist untergetaucht und dann einnervig, mit einer Art Stielchen versehen und meist kreuzweise zusammenhängend. Schwimmende Sprosse sind dreinervig („furchig"!). Wasserlinsen können dem Wasser Spuren von Radium entnehmen und speichern, wobei sie vor allem im Frühjahr bis zu 650mal mehr enthalten können als ihre Umgebung.

5 Kleine Wasserlinse, Entenflott, Entengrütze, Entengrün – *Lemna minor*
Die stets auf dem Wasser schwimmenden, einwurzeligen, flachen, ovalen und um 2 mm breiten Glieder vermehren sich in günstigen Zeiten so rasch, daß sie binnen weniger Tage ganze Seen überziehen. Wind und Wellenschlag reißen sie dann zwar bald wieder auseinander, doch werden stille Buchten oder auch kleinere Weiher wochenlang durch sie beschattet. Sie werden oft an Entenküken verfüttert (Namen!).

6 Vielwurzelige Teichlinse – *Spirodela polyrrhiza*
Die Teichlinse, eng mit den Wasserlinsen verwandt, unterscheidet sich durch etwas größere, unterseits meist rötliche und ein ganzes Wurzelbüschel tragende Glieder. Man findet sie zerstreut im Schwimmpflanzengürtel stehender Gewässer, meist sehr gesellig. Wie die Wasserlinsen auch, kommt sie bei uns nur sehr selten zur Blüte, zudem sind die eingeschlechtlichen Blüten stark reduziert und in Spalten der Glieder halb versteckt.

6
4
2
1
5
3

Familie: Binsengewächse – Juncaceae

1 Flatter-Binse – *Juncus effusus*
Es gibt eine ganze Gruppe größerer Binsen, die ihren Blütenstand scheinbar an der Seite eines Halmes tragen. In Wirklichkeit steht er am Stengelende und wird von einem Tragblatt auf die Seite gedrückt. Da die Blätter dieser Binsen stielrund sind, sehen Halm und Tragblatt gleich aus. Die Flatter-Binse ist in nassen Wiesen und in lichteren Wäldern sehr häufig. Ihr „seitlicher" Blütenstand ist rispig aufgelockert, eben flatterig. Oft an denselben Standorten wächst auch die Knäuel-Binse, deren Rispe dicht knäuelig zusammengezogen ist. Bei lockerer Rispe und blaugrünen Blättern und Halmen liegt die ebenfalls häufige Blau-Binse vor. Alle diese Arten wachsen zwischen 30 und 100 cm hoch. Ihre unscheinbaren Blüten sind 6strahlig und deuten auf die Verwandtschaft mit den Liliengewächsen.

2 Kröten-Binse – *Juncus bufonius*
Die Kröten-Binse bildet an nassen Wegen, in feuchten Ackerfurchen oder an sonstigen offenen Stellen ihre schwachen, einjährigen Büschelchen von hell- bis graugrüner Farbe. Je nach Feuchtigkeit wächst sie 1 – 30 cm hoch und kommt oft dicht an dicht in zusammenhängenden Rasen vor. Obwohl nur grünlich mit weißem Saum, sind die einzelstehenden Blüten an der Pflanze sehr auffällig. Den Namen (bufo, lat. = Kröte) hat die Pflanze, weil sie an feuchten Orten wächst, wo sich auch Kröten aufhalten, doch ist es auch denkbar, daß die Samen mit Kröteneiern verglichen werden. In der Feuchtigkeit verschleimt die äußere Samenhaut, und die gallertigen Kügelchen mit dem dunklen Kern kleben sich an vorüberstreifende Menschen und Tiere an. So wurde diese Art weltweit verschleppt.

3 Haar-Hainsimse – *Luzula pilosa*
Die Hainsimsen haben 6zählige, sternförmig ausgebreitete Blüten mit spelzenartigen Blütenblättern wie ihre Verwandten, die Binsen, aber im Gegensatz zu diesen behaarte (und stets grasartig flache) Blätter. Sie besiedeln meist auch trockene Standorte. Die Haar-Hainsimse gehört zu den frühblühenden Arten. Sie wächst in Laub- und Nadelwäldern auf schwach feuchten, milden, lockeren und mineralreichen Böden. Ihr Blütenstand ist eine sehr verarmte, doldenartige Rispe mit kaum verzweigten, erst aufrecht stehenden, später zurückgeschlagenen Ästchen. Die zweite Stellung soll das Ausschütten der Samen erleichtern, die erste die Windbestäubung.

4 Schmalblättrige Hainsimse, Busch-Hainsimse – *Luzula albida (Luzula luzuloides, Luzula nemorosa)*
Diese Art blüht erst im Sommer und gedeiht – oft massenweise – in sauren Waldgesellschaften und Gebüschen, vom Tiefland bis gegen 1800 m. Sie bevorzugt trockene Standorte. Ihre büscheligen Blütenrispen sind meist weißlich, seltener braun oder rötlich. Auf Lichtungen dehnt sie sich sehr rasch aus, es genügt ihr aber auch der Halbschatten des Waldes. Gärtnereien empfehlen sie oft als „Gras" für Schattenlagen („Waldsame"). Wie bei allen Hainsimsen enthalten ihre Samen ein ölhaltiges Anhängsel, das von Ameisen gern gefressen wird (Ameisenbrötchen). Die Tiere verschleppen die Samen oft weit und lassen manchmal auch einige unterwegs liegen, auch beschädigen sie die Samen nicht, wenn sie das „Brötchen" abknabbern. Auf diese Weise erfolgt die Verbreitung der Pflanze.

5 Feld-Hainsimse, Hasenbrot, Triften-Hainsimse – *Luzula campestris*
Schon bald nach der Schneeschmelze blühen auf trockenen, kalkarmen Rainen, Magerrasen und Heiden die unscheinbaren Feld-Hainsimsen. Die Blüten sind zu kugelig-eiförmigen Ährchen zusammengefaßt, die zu 3 – 6 an der Spitze des nur 4 – 20 cm hohen Halmes eine Dolde bilden. Die gestielten, braunschwarzen Ährchen stehen erst aufrecht, später hängen sie bogig über. Sie sollen süßlich schmecken (Hasenbrot!).
Eine eng verwandte Art blüht etwas später im Jahr (etwa im Mai), ist kräftiger, oft bis knapp ½ m hoch und hat längliche Ährchen. Sie wächst bevorzugt in Wäldern, doch auch auf zeitweilig feuchten Wiesen. Die Feld-Hainsimse kann als Kosmopolit bezeichnet werden. Sie kommt von den Niederungen bis ins Hochgebirge (über 2300 m) in vielen Formen vor.

5
1
2
3
4

Familie: Liliengewächse – Liliaceae

1 Europäischer Beinbrech – *Narthecium ossifragum*
Im mittleren und südlichen Deutschland ist die Pflanze unbekannt. Sie braucht zum Gedeihen regenreiches und wintermildes Klima und kann deswegen geradezu als Zeigerpflanze für den atlantischen Klimabereich genommen werden. Auf Heiden und Mooren der Nord(west)deutschen Tiefebene wächst sie oft in ausgedehnten Beständen, und ihre Blüten verströmen an warmen Sommertagen einen aromatischen Duft. Ansonsten aber ist kaum Gutes zu berichten: Der Beinbrech ist giftverdächtig und ein Weideunkraut, da er vom Vieh nur ungern angenommen wird. Er soll die Knochen der Rinder brüchig machen, worauf sowohl der deutsche, als auch der wissenschaftliche Artname hinweisen (os, ossis, lat. = Knochen; frangere, lat. = brechen). In ihrem nordwestdeutschen Wuchsgebiet wird die Staude, wegen der Form ihrer Blätter „Schoosterknief" genannt, nach dem Kneif, dem Ledermesser der Schuster.

2 Weißer Germer – *Veratrum album*
Wenn die reichhaltigen Blütenrispen mit den 6strahligen, beidseits grünen oder innen strahlend weißen Blüten im Sommer erscheinen, ist der Germer eindeutig anzusprechen. Ohne Blüten aber ähnelt die oft weit über 1 m hohe Staude sehr dem Gelben Enzian (s. S. 360). Dann muß man auf die kurzflaumig behaarten, unangenehm riechenden und vor allem wechselständigen Blätter achten. Der Germer ist ein Bergbewohner. Er gedeiht vorzüglich auf Weiden, denn er wird wegen seiner Giftigkeit vom Vieh nicht gefressen. Er enthält Alkaloide, die in größeren Mengen lähmend wirken. In geringen Dosen üben sie eine starke Reizwirkung auf die freien Nervenendigungen in der Haut aus. So erzeugt schon $^1/_{50}$ mg von ihnen Niesreiz. Da sie als Fraßgifte sowohl gegen Warmblüter als auch auf Insekten wirken, hat man mit Germerextrakten schon Flöhe und Läuse bekämpft. Es ist aber von jeglichem Gebrauch des Germers in der Volksheilkunde abzuraten (auch als Niespulver), da die Gifte nur sehr schwer zu beherrschen sind.

3 Herbst-Zeitlose – *Colchicum autumnale*
„Sohn-vor-dem-Vater" wird diese Pflanze auch genannt, denn zum Frühjahr schiebt sich zwischen einigen großen, tulpenblattähnlichen Blättern eine große, dreikantige Fruchtkapsel heraus, die reift und nach dem Aufbrechen viele münzenartige Samen entläßt. Im Frühsommer schon ist der ganze Spuk vorbei, die Pflanze verdorrt und vergeht. Dann erscheinen gegen den Übergang Sommer/Herbst, meist nach dem 2. Wiesenschnitt, die zartlila bis rosafarbenen, 6blättrigen Blütenkelche auf enger Blütenröhre, ohne Blätter, direkt aus dem Boden brechend. Tief unter der Erde sitzt der Fruchtknoten, der nach Bestäubung über den Winter zur neuen Kapsel heranreift. Verbindungsglied für diesen Zyklus ist die unterirdische Zwiebel, die mit Nährstoffen gefüllt wird, wenn im Frühling die grünen Blätter assimilieren.
Die ganze Pflanze enthält das tödlich giftige Colchicin, das zwar schon als Gichtmittel Verwendung fand, andererseits noch giftig wirkte in der Milch von Ziegen, die von den Blättern gefressen hatten. Es wird in der Genetik dazu benutzt, die Chromosomenzahl von Pflanzen zu vervielfachen.

4 Ästige Graslilie – *Anthericum ramosum*
Die auffallende Pflanze erscheint auf lockeren, kalkhaltigen und besonnten Böden. Man findet sie im Früh- und Hochsommer blühend in Trockenrasen, Gebüschen und lichten Wäldern. Ihre Blüten erzeugen viel Nektar und werden von zahlreichen Insekten beflogen. Dennoch ist die Vermehrung nicht optimal, denn ihr Vorkommen ist sehr zerstreut. An Standorten, an denen man sie vermuten könnte, wird man sie oft vergeblich suchen. Dasselbe gilt für die Astlose Graslilie, die an ähnlichen, doch etwas kalkärmeren Stellen zu finden ist. Ihre etwas größeren, bis 5 cm breiten Blüten stehen am unverzweigten Hauptstengel. Auf sie trifft eher der Vergleich mit einem Halm zu (antherikos, gr. = Getreidehalm). Man sollte beiden Arten größtmögliche Schonung angedeihen lassen.

4
3
2
1

Familie: Liliengewächse – Liliaceae

1 Wald-Goldstern, Wald-Gelbstern – *Gagea lutea*
Schon im zeitigen Frühjahr, bevor noch die Bäume ausschlagen, erscheint in Auwäldern und feuchten Laubmischwäldern, vor allem aber auch in den bachbegleitenden Gehölzen diese zierliche Pflanze mit einem einzigen Grundblatt und dem doldigen Blütenstand auf unterwärts blattlosem Schaft. Die sechsstrahligen gelben Blütensterne entspringen an längeren Stielen zwischen zwei schmalen Hochblättern am Stengelende. Sie sind außen zunächst grün, später immerhin noch grünstreifig und produzieren so photosynthetisch Nährstoffe. Damit wird die kurze Vegetationszeit optimal ausgenützt, denn wenn sich im Mai die Bäume belauben, ist das Jahr für den Gelbstern schon fast vorüber. Ende Juni entdeckt man kaum noch Spuren von ihm, die Samen sind ausgeschüttet und zum Teil von Ameisen verschleppt, Blätter und Stengel „eingezogen", das heißt verdorrt, und nur unter der Erde wartet eine Zwiebel mit den diesjährigen Vorräten prall gefüllt auf das nächste Frühjahr, in dem aus ihr der Blütenstengel und das Laubblatt austreiben.

2 Bär-Lauch, Bären-Lauch – *Allium ursinum*
Auf nährstoffreichen, lockeren und grundwasserfeuchten Böden, an Waldhängen, in Auwäldern, Parkanlagen und Gebüschen treibt im Frühling der Bär-Lauch oft in solchen Massen aus, daß er mit seinen maiglöckchenartigen Blättern den Boden in riesigen Flächen bedeckt. Man riecht ihn dann schon von weitem: Der Knoblauchduft ist unverkennbar. Menschen, die diesen Geruch nicht mögen, werden auch nicht durch die weißen Blütensterne getröstet, die in vollen Dolden auf blattlosem Stiel von April bis Anfang Juni in verschwenderischer Fülle hervorbrechen. Andere Leute pflanzen die Art der Blüten wegen sogar in die Gärten, wo sie allerdings nur an sehr feuchten, halbschattigen Stellen gedeiht. Ihre ätherischen Öle mit Schwefelverbindungen kommen dem blutreinigenden Knoblauchöl sehr nahe, und deshalb wird die Pflanze auch als gesundes Gewürz verwendet. Sogar Bären (ursus, lat. = Bär) sollen sich nach ihrem Winterschlaf mit den Blättern der Pflanze purgieren.

3 Türkenbund-Lilie – *Lilium martagon*
Die hellpurpurnen Blüten mit den dunkleren Flecken nicken in lockerer Traube. Mit ihren sechs zurückgeschlagenen Blütenblättern ähneln sie einem Turban, einem „Türkenbund", wie diese Kopfbedeckung nach einem Teil ihrer Träger auch genannt wurde. Die dekorative Pflanze steht unter Naturschutz. Sie ist auf ihren Waldstandorten recht selten geworden. Nicht so sehr deshalb, weil sie von „Gartenfreunden" ausgegraben wird, sondern weil mancherorts die zahlreichen Rehe ihre Knospen als besondere Leckerbissen verzehren. Für Gartenliebhaber bietet der Handel Zuchtsorten an. Sie vermehren sich durch Brutzwiebeln. Die große, goldgelbe Hauptzwiebel soll man nicht verpflanzen, obwohl sie in der Lage ist, sich mittels besonderer Zugwurzeln auf eine zusagende Bodentiefe einzuregulieren. Dann aber braucht es Jahre, bis sie wieder einen Blütensproß treibt. Für diesen ist typisch, daß sich die Blätter in der Stengelmitte fast quirlig konzentrieren.

4 Weinbergs-Traubenhyazinthe – *Muscari racemosum (Muscari atlanticum)*
Das Heimatrecht dieser Südosteuropäerin bei uns ist sehr umstritten. Sie wächst zwar in wärmeren Lagen (Weinbaugebiet) oft in Halbtrockenrasen, an Weinbergsmauern und als Unkraut auf Hackfruchtäckern, doch wurde sie wohl überall zunächst in Gärten gezogen ist daraus verwildert. Die dichte Blütentraube mit den krugförmigen, tiefblauen, weißgesäumten Blüten und die frühe Blütezeit im April und Mai haben die Pflanze zu einem beliebten Gartenschmuck gemacht. Heutzutage werden auffälligere Formen verlangt, und selbst die neueren Zuchtrassen der Art tragen Blütenrispen anstelle von Trauben. Allerdings sind diese nur noch mit unfruchtbaren Blüten besetzt. Bei der Stammform, mit 10 – 30 Blüten, sind das die allerobersten. Sie stehen aufrecht und sind von hellerem Blau. Sie dienen als „Schauapparat" zur Anlockung der Bienen.

1
4
3
2

Familie: Liliengewächse – Liliaceae

1 Zweiblättrige Schattenblume – *Maianthemum bifolium*
Genauso selten, wie man vierblättrigen Klee findet, trifft man in oberflächlich versauerten Nadel- und Laubwäldern auch Schattenblümchen, die am Blütenstengel drei herzförmige, gestielte Blätter tragen. Die meisten haben, wie die Artnamen es aussagen, zwei wechselständige Stengelblätter, die allerdings zuweilen einander fast gegenständig genähert sind. Die vierzähligen weißen Blütchen in zierlicher, endständiger Traubenrispe duften angenehm. Es entstehen aus ihnen nach der Befruchtung rote Beeren. Diese sind, wie alle Pflanzenteile, giftig, und zwar handelt es sich um dieselben Herzgifte, wie sie auch das verwandte Maiglöckchen (s. unten) enthält.
Das Schattenblümchen wird als Bodendecker unter Gehölz (Schattenlage) in Gärten gepflanzt, da es mit seiner Höhe von 5–15 cm nicht sehr „aufträgt". Der Gartenbesitzer sollte sich aber über die Gefahr im klaren sein, die für Kinder von den Beeren ausgeht.

2 Vielblütige Weißwurz, Salomonsiegel – *Polygonatum multiflorum*
Im Halbschatten der auf besseren Böden stockenden Wälder entspringen aus langkriechendem Wurzelstock einzelne, fast farnwedelartige Blütenstengel von 30–90 cm Höhe. Die wechselständigen Blätter stehen zweireihig, zuweilen nach oben gerichtet, aus den Blattachseln hängen die langtrichterigen, weißen Blütchen einzeln oder in kleineren Büscheln nach unten. Bald nach der Blüte im Frühsommer stirbt der Stengel ab und hinterläßt auf dem Wurzelstock eine Wulstnarbe, die jahrelang zu sehen ist und vom Volk als Siegel Salomons gedeutet wurde. Der englische Botaniker Miller sah es nüchterner, er nannte die Pflanze die „Vielbucklige" (polys, gr. = viel, gony, gr. = Knoten, Buckel). Unter den Zaubergläubigen ging auch lange der Streit, ob sie oder die verwandte, aber seltenere Gemeine oder „Echte" Weißwurz die sagenhafte Springwurz sei, die Zugänge zu verborgenen Schatzkammern öffne. Wichtiger für uns ist, daß die Pflanze samt ihren erst roten, dann schwarzblauen Beeren dieselben Gifte wie das Maiglöckchen enthält (s. unten).

3 Maiglöckchen, Maiblume – *Convallaria majalis*
Der Maikünderin wird in Wäldern und auf Alpenmatten von Wanderern und Spaziergängern eifrig nachgestellt. Solange man sich ein Handsträußchen der weißen, 6zipfligen Glöckchen in einseitswendiger Traube pflückt, ist nichts einzuwenden. Denn die Pflanze vermehrt sich mit ihrem kriechenden Wurzelstock so sehr, daß sie oft in dichten Beständen wächst. Das Ausgraben der Pflanze ist verboten.
Alle Maiglöckchenliebhaber müssen aber wissen, daß die Pflanze Herzgifte enthält, ähnlich denen des Fingerhuts (Digitalis-Glycoside), die einmal in der Heilkunde Verwendung finden und deren Anwendung unbedingt dem Arzt überlassen werden muß, die aber zum andern schon tödliche Vergiftungen hervorgerufen haben. Sie sind wasserlöslich und gehen auch in das Blumenwasser der Vasen über. Schwere Vergiftungen sind (bei Kindern) schon durch den Verzehr der rotglänzenden Beeren oder durch Kauen der Blütenstiele bekannt geworden.

4 Vierblättrige Einbeere – *Paris quadrifolia*
Über einem Quirl aus meist vier breiteiförmigen Blättern erhebt sich im späten Frühjahr die gestielte, grüngelbliche Blüte, im Frühsommer dann die bittere und durch Saponine auch giftige, fast kirschgroße schwarze Beere. Auch die übrigen Pflanzenteile sind giftig, man lasse die Einbeere deshalb am besten an ihren zerstreuten Standorten in Laubwäldern und Weißtannenbeständen stehen. Sie zeigt nährstoffhaltige, grundfeuchte Lehmböden an.
Der Name Paris wurde von Leonhart Fuchs, einem der Väter der Botanik (1501–1566, Professor zu Tübingen) der Pflanze gegeben, weil sie die unter ihren Verwandten sehr seltene vierzählige Symmetrie (Gleichheit) aufweist (par, lat. = gleich). Spätere Autoren haben daraus eine Sache der griechischen Mythologie gemacht: Die Beere symbolisiere den Zankapfel der Eris, die vier Blätter die drei Göttinnen Aphrodite, Athene und Hera (alphabetische Reihenfolge) und den Trojaner Paris.

1
2
3
4

Familie: Amaryllisgewächse – Amaryllidaceae

1 Gelbe Narzisse, Osterglocke – *Narcissus pseudo-narcissus*
Die echte Osterglocke, gerade um Ostern herum in voller Blüte, trägt auf bläulichgrünem, 15–30 cm hohem Stengel eine bis 5 cm breite, 6teilige, hellgelbe Sternblüte, in deren Mitte sich eine weite, glockig-trichterige und dunkelgelbe Nebenkrone erhebt. Wegen dieser Nebenkrone wird die Art auch Trompeten-Narzisse genannt. Die ganze Blüte nickt schwach. So findet man die Pflanze vor allem auf Matten der Westalpen, in den Vogesen und den Bergwäldern zwischen Hunsrück und Hohem Venn. Es handelt sich um eine ausgesprochen westeuropäische Art. Seit Jahrzehnten aber wird sie als Zierpflanze gezüchtet, zu vielen Tausenden in Blumensträuße gebunden und auch in Gärten angepflanzt. Von dort verwildern immer wieder einige Sorten, so daß man die Pflanze öfters in freier Natur antrifft (vor allem an Bachufern). An ihren natürlichen Standorten ist sie ein Weideunkraut. Sie ist giftig und wird vom Vieh nicht gefressen, deshalb kann sie sich stark vermehren.

Familie: Schwertliliengewächse – Iridaceae

2 Frühlings-Krokus, Weißer Krokus, Weißer Safran – *Crocus albiflorus*
Kurz nach oder noch während der Schneeschmelze brechen (vor den grasartigen Blättern mit dem weißlichen Mittelstreif) an den seltenen Standorten zu Hunderten die weißen Blüten aus dem Boden. Immer sind auch einige violette oder violettstreifige untergemischt. Deren Anzahl wechselt von Jahr zu Jahr, doch sind es nur wenige Prozent. Man findet die Krokuswiesen in den Alpen (bis 2500 m Meereshöhe), seltener auf der Vorebene oder im Südschwarzwald.
Man darf die Alpenpflanze nicht mit dem Violetten Krokus – *Crocus neapolitanus* – verwechseln, der aus Südeuropa stammt und aus alten Kulturen verwildert ist (z. B. Zavelstein).
Beide Arten gehören (mit einer gelben) zu den Stammeltern der heutigen Garten-Krokusse, die vor allem auf größere Blütenkelche und satte Farben hin gezüchtet wurden. Die Narben einer anderen Art lieferten die im Altertum hochgeschätzte Heildroge Safran (gr. = krokus), die als Gewürz noch den Kuchen unserer Großmütter „gehl" machte (falls das Geld dafür vorhanden war).

3 Wasser-Schwertlilie, Gelbe Schwertlilie – *Iris pseudacorus*
Pseudacorus, der falsche Kalmus, heißt diese Art, deren Wurzelstock gelegentlich mit dem des an denselben Uferstandorten wachsenden Kalmus (s. S. 226) verwechselt wurde. Er ist aber ohne jedes Aroma und enthält dazu noch einen schwach giftigen, scharf schmeckenden Gerbstoff.
Im blühenden Zustand, vom Mai bis zum Juli, ist die Pflanze unverwechselbar. Die gelben Blüten zeigen den typischen Schwertlilienbau: Drei schmalgestielte, eiförmige äußere Blütenblätter hängen elegant nach außen über, drei schmale innere Blütenblätter stehen steif aufrecht und werden von den aufrechten, breiteren Narben überragt. Aus den zahlreichen Blüten entstehen dann die großen, walzenförmigen und überhängenden Fruchtkapseln, deren scheibenförmige Samen sowohl durch Wind (diskusartig segelnd) als auch durch Wasser (mit luftgefüllten Hohlräumen) verbreitet werden.

4 Sibirische Schwertlilie – *Iris sibirica*
Die Eurasierin besiedelt extensiv genutzte Moorwiesen und Uferstreifen, die keine Düngergaben erhalten und wenigstens im Frühjahr zeitweilig überschwemmt sind. Sie verträgt keine Heumahd. Wenn nur ein Streueschnitt im Spätsommer erfolgt, schadet ihr das nicht, da sie schon im Mai oder Juni blüht und bis zum August ihre Samen schon gereift sind.
Die blauvioletten Schwertlilienblüten (s. oben) duften angenehm. Die drei inneren Blütenblätter stehen aufrecht und sind länger als die deutlich schmäleren Narben. Die Adern der Blütenblätter sind intensiver gefärbt.
Die Pflanze erreicht in Mitteleuropa die Westgrenze ihres Areals. Nachdem bei uns bis etwa gegen 1960 ein steter Rückgang festzustellen war, kann seit dieser Zeit zumindest ein Stillstand bemerkt werden, da immer mehr Grenzertragsböden wegen mangelnder Rentabilität unbewirtschaftet bleiben.

4
1
3
2

Familie: Orchideengewächse – Orchidaceae

1 Rotbrauner Frauenschuh – *Cypripedium calceolus*
Nur sehr selten und auch nicht jedes Jahr erscheinend, findet man den Frauenschuh, den heimlichen Wunschtraum aller mitteleuropäischen Orchideenjäger. Am ehesten trifft man ihn noch im Gebirge bis zum Krummholzbereich, sonst in Wäldern, die auf kalkreichen Lehmböden stocken.
Die fünfzählige Blüte gehört mit einem Durchmesser bis zu 8 cm zu den größten, die unsere Flora zu bieten hat. Meist steht sie einzeln, seltener paarweise am 15–60 cm hohen Stengel. Fünf Blüten zusammen findet nur ein Sonntagskind. Die gelbe Blütenlippe, der „Schuh" (Kypris, Beiname der Venus, pedilon, gr. = Schuh; calceolus, lat. = Schühlein) wird von vier weiteren, bräunlichen, selten gelblichen Blütenblättern umkränzt.
Der Schuh ist eine raffinierte Fliegenkesselfalle. Insekten, durch den Glanz angelockt, können wegen der überwölbenden Wände den futterlosen Kessel nur kriechend verlassen. Der einzige Weg führt über die Narbenfläche und dann an den Staubbeuteln vorbei (Vermeidung von Selbstbestäubung).

2 Rotes Waldvögelein – *Cephalanthera rubra*
Mit einiger Phantasie kann man in den noch ungeöffneten, rosaroten bis leuchtend rotvioletten Blüten dieser Pflanze einen Vogelkopf erkennen. Man findet sie nicht allzu häufig auf Waldwiesen und in lichten Wäldern, fast stets auf leicht durchfeuchtetem bis trockenem, immer aber sehr lockerem Mull über kalkreichem Untergrund. Da sie etwas wärmebedürftig ist, steigt sie im Gebirge selten über 1200 m an und wird auch im Norden Deutschlands nur vereinzelt angetroffen. Ihre absolute Nordgrenze findet diese Pflanze in Dänemark und Südskandinavien, während ihr Hauptvorkommen in den Mittelmeerländern liegt.
Die um 2 cm langen Blüten werden vor allem von Bienen bestäubt, doch vermehrt sich die Pflanze auch intensiv vegetativ, indem sich an den kriechenden und verzweigten Grundachsen immer neue Stöcke bilden.

3 Weißes Waldvögelein, Bleiches, Großblütiges Waldvögelein – *Cephalanthera damasonium (Cephalanthera alba, Cephalanthera grandiflora)*
Wir finden dieses Waldvögelein nicht allzu selten auf lockeren, kalkhaltigen Böden, die nicht zu trocken sein dürfen, in Buchen- und Tannenwäldern, aber auch in Kiefernforsten. Nur äußerst selten verläßt es den (Halb-) Schatten des Waldes. Da es sehr wärmebedürftig ist, übersteigt es im Gebirge selten die 1000-Meter-Marke und kommt im Norden nur vereinzelt vor. Wie alle Arten seiner Gattung steht es unter vollkommenem Naturschutz, obwohl es noch zu den relativ häufigen Waldorchideen gerechnet werden kann. Seine Blütenfarbe ist weißlich bis hellgelb, doch nie reinweiß.
Die Verwandtschaft mit der nachfolgenden Art erweist sich durch den Bau der Blütenlippe, die bei allen Waldvögeleinarten zweigliedrig aufgebaut ist. Das vordere Glied dient den blütenbesuchenden Insekten als Landeplatz, das hintere Glied enthält den Nektar.

4 Breitblättrige Sitter, Breitblättrige Sumpfwurz, Sumpfstendel *Epipactis helleborine (Epipactis latifolia)*
Die Sumpfwurz gehört zu den wenigen Orchideen, deren Bestand in letzter Zeit eher zu- als abgenommen hat. Das läßt sich zum Teil dadurch erklären, daß ihre Waldstandorte, lockere, mull-, kalk- und nährstoffreiche Böden, in neuerer Zeit mehr Ruhe bekommen haben und nicht mehr so sehr von Reisig-, Holz-, Zapfen- und Bucheckernsammlern durchwühlt und auch nicht mehr durch Wegnehmen von Laubstreu gestört werden. Zum andern trägt auch die Unscheinbarkeit der Pflanze dazu bei, obwohl sie mit etwa ½ m Höhe beileibe kein Zwerg ist.
Wer aber die Sitterblüte genau anschaut, wird dennoch Schönheit finden. Fünf grünliche, äußere Blütenblätter bilden eine ebenmäßige, weit offene Schale, die nach unten von der zweigliedrigen, oft rötlich getönten Lippe abgeschlossen wird. Der hintere Lippenteil ist zum Nektarbecher vertieft, der vordere, herzförmige und etwas gewölbte, ist der Landeplatz für Hummeln und Faltenwespen. Er wird durch Drehung des Blütenstiels erst in die richtige Anflugstellung gebracht.

3
4
1
2

Familie: Orchideengewächse – Orchidaceae

1 Großes Zweiblatt – *Listera ovata*
Zwei große, eiförmige Blätter sitzen gegenständig etwa in halber Höhe des oft bis über 50 cm langen Stieles, der am oberen Ende eine vielblütige Traube trägt. Durch diese Merkmale ist das Große Zweiblatt unverwechselbar. Anfänglich erinnert die austreibende Pflanze etwas an einen Breit-Wegerich. Auch der Standort könnte manchmal passen: Das Zweiblatt wächst zerstreut in feuchten Wiesen, Gebüschen und Wäldern, geht aber auch häufig auf Trockenrasen und auch an Wegränder und Wegraine in Wald und Flur. Seine grünlichen Blüten sind aber kleine Kunstwerke: Auf gestieltem, eiförmigem Fruchtknoten bilden fünf muschelförmige Blütenblätter eine weit offene Haube, das sechste Blütenblatt ist zu einer schmalen, zweizipfligen, bis zu 1 cm langen Lippe umgeformt, in deren Mitte man deutlich eine Nektarrinne erkennt. Sie lockt die Bestäuber an, Schlupfwespchen und Käferchen.

2 Bräunliche Nestwurz, Vogelnest-Orchidee – *Neottia nidus-avis*
Tarnbraun erhebt sich der meist 10–30 cm hohe Blütensproß aus dem Laub des schattigen Waldes. Er besteht nur aus dem kräftigen Stengel, der vielblütigen Ähre und einigen ebenfalls hellbraunen Blattschuppen. Meistens stehen mehrere Pflanzen in einer Gruppe zusammen. Seltener findet man sie in Nadelwäldern oder in Gebüschen, doch muß der Boden stets kalk- und nährstoffhaltig sein. Die Nestwurz sieht aus wie ein Schmarotzer, ohne Blattgrün und mit einfachem Blattbau. In Wirklichkeit aber ist sie eine Moderpflanze, die, mit Pilzen in Symbiose stehend, die organischen Reste im Humus nutzt (sie gehört also – kreislaufbiologisch betrachtet – weder zu Produzenten noch Konsumenten, sondern zu den Destruenten). Bei dieser Aufgabe hilft ihr das verschlungene Geflecht aus dicklichen Wurzeln (bitte, nicht ausgraben!), das sie im Boden entwickelt hat und das zu ihrem Art- und Gattungsnamen geführt hat (neottia, gr. = Nest; nidus, lat. = Nest; avis, lat. = Vogel – also eine Tautologie).

3 Zweiblättrige Waldhyazinthe, Weißer Kuckuckstendel – *Platanthera bifolia*
Der 20–40 cm hohe Stengel trägt am Grund meist nur zwei länglich-eiförmige, grünglänzende Blätter. Die reichblütige Traube mit den großen, weißen Blüten duftet besonders in der Dämmerung intensiv (nach Maiglöckchen), was der Pflanze den Beinamen Hyazinthe eingebracht hat. Durch diesen Duft werden Nachtfalter, vor allem Schwärmer und Eulen angelockt, die mit ihrem Rüssel bis zur Spitze des waagrechten, bis 2 cm langen Sporns vordringen können, wo sich der Nektar befindet. Man kann ihn mit bloßem Auge durch die grünliche Spitze durchschimmern sehen, noch besser allerdings bei der nahe verwandten Grünlichen Waldhyazinthe, deren Blüten nicht ganz reinweiß sind und deren stumpfer Sporn herabgebogen ist. Hier steht dann der Nektar deutlich sichtbar oft bis zur Hälfte der krummen Röhre. Beide Waldhyazinthen sind sich im Blütenbau ziemlich ähnlich: Drei Blütenblätter neigen haubenartig zusammen, zwei stehen waagrecht nach beiden Seiten ab, und die zungenförmige Lippe hängt ungeteilt und bogig 1–1½ cm nach unten durch.

4 Große Händelwurz, Mücken-Händelwurz, Nacktdrüse – *Gymnadenia conopsea (Gymnadenia conopea)*
Die Händelwurz hat mit Streit nichts zu tun. Im Gegensatz zu den zweiteiligen Knollen der Knabenkräuter ist die ihre „hand"förmig gelappt. An der langen, vielblütigen Ähre sitzen die rosavioletten, sehr selten auch reinweißen Blümchen, klein und dicht und mit überaus langem, spitzem Sporn, so daß sie den Vater der Systematik, den Schweden Linné, an kleine Stechmücken erinnert haben (konops, gr. = Stechmücke). Ihm, der weite Expeditionen nach Lappland unternommen hat und sein schlechtes Latein damit entschuldigte, daß er lange Zeit unter barbarischen Völkern habe zubringen müssen, ist dabei ein orthographischer Schnitzer unterlaufen, als er die Pflanze, damals noch bei der Gattung Knabenkraut, *Orchis conopsea* nannte. Von humanistisch gebildeten Autoren wurde öfters nach *conopea* korrigiert.

3
1
2
4

Familie: Orchideengewächse – Orchidaceae

1 Fliegen-Ragwurz, Fliegenstendel – *Ophrys insectifera (Ophrys muscifera)*
Am gelblichgrünen, 10–40 cm hohen Stengel sitzen wenige, in Ausnahmefällen bis zu 20 Blüten von fliegenähnlicher Gestalt. Von den drei äußeren, grünen Blütenblättern stehen zwei nach den Seiten, das dritte nach oben ab. Die Lippe, braunrot mit bläulichem Maul, hat zwei seitliche Läppchen, die eine Art Flügel vortäuschen könnten, zwei weitere, rötlichbraune Blütenblätter sind eingerollt und können für fädige Fühler gehalten werden. Dazuhin ist die ganze Lippe samtig behaart (zusammen mit der Spornlosigkeit ein sicheres Kennzeichen der ganzen Gattung). Gelegentlich kommen gelblichgrüne Blüten vor.
Die Männchen bestimmter Hautflüglerarten lassen sich durch Form und Behaarung, vielleicht auch durch Duft ebenfalls täuschen. Sie fliegen die Unterlippe an und versuchen, sie zu begatten. Bei diesen Versuchen transportieren sie die Pollenpakete und tragen so zur Bestäubung bei.

2 Helm-Knabenkraut – *Orchis militaris*
Wer die wenigen Stellen noch kennt, der kann in den Kalkgebieten des südlichen Deutschlands zur Pfingstzeit durch ein fast knietiefes Meer von Helm-Knabenkräutern wandern. So muß es früher über weite Flächen hin ausgesehen haben, bis man daran ging, aus den Trockenrasen Ackerflächen herauszupflügen und die Geländemulden mit Schutt und Müll aufzufüllen. Vermutlich hat aber das Ausgraben der Knollen zum Rückgang beigetragen, denn auch diese Art wurde zur Salepgewinnung ausgebeutet. Salep wird als reizmildernder Schleimstoff medizinisch angewandt. Der Handel mit einheimischen Orchideenknollen ist heute verboten, die Arten fallen unter Naturschutz. Der Pflanzenfreund sollte den gesamten Orchideengewächsen seinen besonderen Schutz angedeihen lassen, auch wenn er sie an vereinzelten Orten noch in Massen antrifft, wie diese mit den weißlichen, helmartig zusammenneigenden äußeren Blütenblättern und der roten oder rotgepunkteten, vierzipfligen Lippe.

3 Stattliches Knabenkraut, Manns-Knabenkraut – *Orchis mascula*
Der Prototyp aller Orchideen, wenigstens dem Namen nach. Denn alle Bezeichnungen beziehen sich auf die Hodengestalt der zweiteiligen Wurzelknolle (orchis, gr. = Hoden) der „Knaben"kräuter. Zur Blütezeit entspringt der einen Knolle der Sproß, sie hat die Nährstoffe für das Austreiben enthalten und ist nun ziemlich schlaff; sie stirbt im Laufe des Jahres noch ab und vergeht. Die andere Knolle ist gerade im Aufbau begriffen, in sie werden die überschüssigen Nährstoffe aus der Photosynthesearbeit der Laubblätter gebracht, sie ist schon zur Blüte prall gefüllt. Außer den Nährstoffen enthält sie schon die Knospe des nächstjährigen Sprosses.
Die zahlreichen purpurrosafarbenen, dunklergefleckten Blüten besitzen eine breite, dreilappige Lippe mit walzigem, waagrecht abstehendem oder nach oben gebogenem Sporn. Von den fünf anderen Blütenblättern neigen im Gegensatz zur vorherigen Art nur drei zusammen, während zwei seitliche abgespreizt sind.

4 Blasses Knabenkraut, Bleiches Knabenkraut – *Orchis pallens*
Diese recht seltene und nur im Süden Deutschlands vorkommende Art zeigt, daß es unter den Knabenkräutern nicht nur rote und weiße Blütenfarben gibt. Die Blüte ist ähnlich gebaut wie die des Stattlichen Knabenkrauts, nur eben gelblich, und der Blütensporn steigt ziemlich steil nach oben an. Das ist bei den Arten dieser Gattung unbedenklich, da der Sporn nie Nektar enthält, also auch nicht auslaufen kann. Die bestäubenden Insekten können sich aber mit dem Rüssel nektarähnlichen Saft aus der Spornwand pressen. Bei dieser Gelegenheit müssen sie den Kopf fest gegen den Oberrand des Sporneingangs stemmen, um ein Widerlager zu haben. Damit zerreißen sie eine Schutzhaut, die sich über die Füßchen der gestielten Pollenpakete spannt, und diese kleben am Insektenkopf an. Beim Flug werden die Stielchen durch den „Fahrtwind" nach unten gebogen. In der Blüte sitzt unterhalb der Klebefüßchen die Narbe, und darauf werden nun beim nächsten Blumenbesuch die Pollenpäcken gestreift.

1
4
2
3

Familie: Orchideengewächse – Orchidaceae

1 Gefleckte Kuckucksblume, Geflecktes Knabenkraut – *Dactylorhiza maculata (Orchis maculata, Dactylorchis maculata)*
Man hat die Knabenkräuter mit handförmig geteilten Knollen in letzter Zeit von den „echten" mit zweiteiliger Knolle abgetrennt; deshalb die Namensvielfalt bei dieser Art. Man muß nun aber nicht jede Orchidee ausgraben, um zu erfahren, ob es sich um eine Kuckucksblume oder ein Knabenkraut handelt: Bei der neugebildeten Gattung sind wenigstens die untersten Tragblätter des Blütenstandes krautiggrün (nicht trockenhäutig), und der Stengel ist hoch hinauf beblättert.
Die Gefleckte Kuckucksblume wächst meist sehr gesellig in feuchten und trockenen Wiesen, im Wald, im Gebüsch und auf Heiden – sowohl über Kalk- als auch über Silikatböden. Diese große ökologische „Bandbreite" ist sicher ein Grund für die relative Häufigkeit. Gefleckt ist die Lippe der dichtstehenden, weißlichen bis rosafarbenen Blüten, gefleckt sind auch die Blätter, nur bei extremen Schattenformen sind die dunkelbraunen Flecke zuweilen nicht vorhanden (Ausnutzung der Photosynthesefläche).

2 Breitblättrige Kuckucksblume, Breitblättriges Knabenkraut – *Dactylorhiza majalis (Orchis latifolia, Dactylorchis latifolia, Orchis majalis)*
Nicht jede gefleckte Kuckucksblume ist eine Gefleckte Kuckucksblume. Die hier angeführte Art besitzt oft genauso schön gescheckte Blätter wie die obige, nur sind sie breiter und sowohl gegen den Grund als auch gegen die Spitze zu verschmälert, während die der Gefleckten Kuckucksblume fast vom Grund an gleichmäßig zur Spitze zu an Breite abnehmen. Dazu sind es meist über sechs Stengelblätter (bis 10), während bei dieser Art, die im allgemeinen auch etwas niedriger wächst, die durchschnittliche Blattzahl bei 4–5 liegt. Die Breitblättrige Kuckucksblume ist in Flachmooren und feuchten Wiesen zu finden. Sie ist nährstoffbedürftig und erträgt viel höhere Stickstoffgaben als ihre Verwandten; deshalb ist sie gegen Düngung viel widerstandsfähiger. Man kann sagen, daß sie noch keinem größeren Gebiet in Mitteleuropa fehlt, abgesehen vom Hochgebirge (wo sie nur in den südlichen Kalkalpen bis 2500 m ansteigt).

3 Steifblättrige Kuckucksblume, Fleischfarbenes Knabenkraut – *Dactylorhiza incarnata (Dactylorchis incarnata, Orchis incarnata, Orchis strictifolia)*
Diese Kuckucksblume hat stets ungefleckte Blätter (s. unten!), die aus breitem Grund sich bis zur Spitze gleichmäßig verschmälern und vorne kapuzenartig zusammengezogen sind. Sie kommt sehr zerstreut in nassen Wiesen und Flachmooren von den Niederungen bis in mittlere Gebirgslagen vor. Man findet sie in einer fleischfarbenen bis rosablütigen Varietät und in einer mit strohgelben bis hellgelben Blüten. Gelegentlich kommen beide miteinander vor, zuweilen ist auch die gelbe Rasse, die vielleicht etwas nassere Standorte besiedelt, häufiger – so im bayerischen Alpenvorland; im allgemeinen aber überwiegt der fleischrote Haupttyp. Nur ganz selten findet man weiße oder purpurrote Blüten. Die Art variiert auch sonst sehr stark, eine eng verwandte Form wird ihr oft zugeordnet, die Blutrote Kuckucksblume mit dunkleren Blüten und rotgefleckten (!) Blättern.

4 Bocks-Riemenzunge, Bocksorchis – *Himantoglossum hircinum*
Eine etwas anrüchige, doch sehr eigenartige Gestalt findet sich, sehr oft nur einzeln und auch jahrelang überhaupt nicht erscheinend, an einigen seltenen Orten im mittleren und südlichen Mitteleuropa. Im Mai oder Juni blüht an grasigen Berghängen, auf Magerrasen und an Rainen, zuweilen auch im Gebüschsaum die 30–90 cm hohe Riemenzunge. Die grünlichweißen Blüten riechen nach Bock und stehen in großer Zahl ungestielt auf ihren verdrehten unterständigen Fruchtknoten in einer verlängerten Ähre. Unter den helmförmig zusammenneigenden äußeren Blütenblättern ragt die kurz gespornte, bis zu 4 cm lange riemenartige Zunge heraus, die am Grund verbreitert und stumpf gezähnt ist, sich dann in drei Zipfel teilt, von denen der mittlere überaus lang geraten ist. Seine Spitze ist meist braunviolett gefärbt, und am anderen Ende kann man auch eine Fleckung erkennen.

2
4
3
1

Familie: Weidengewächse – Salicaceae

1 Zitter-Pappel, Espe – *Populus tremula*
Die langen Stiele der fast kreisrunden, stumpfgezähnten Blätter sind seitlich zusammengedrückt. So kommt es, daß das berühmte „Espenlaub" bei der kleinsten Luftbewegung zu zittern anfängt (Kippbewegung über die Schmalseite des Haltestiels). Dies bringt aber ein Versorgungsproblem: Die bewegten Blätter verdunsten viel Wasser. Der 10–25 cm hohe Baum besiedelt darum vorzugsweise lichte Wälder, Waldsäume und Gebüsche, die auf Böden stocken, bei denen neben einem gewissen Nährstoff- und Mineralreichtum auch die Wasserzufuhr ausreichend gesichert ist. Wo diese Voraussetzungen gegeben sind, kann der Baum als bodenaufbereitendes Pionierholz gepflanzt werden, das nicht nur den Boden verbessert, sondern ihn durch zahlreiche Wurzelbruten auch festigt, außerdem ein billiges und gutes Wildfutter abgibt und als schnellwüchsiges Weichholz dazuhin noch von hoher Qualität ist (innerhalb dieser Holzgüteklasse).

2 Silber-Weide – *Salix alba*
Diese Weide wächst meist zu einem buschig ausladenden, gegen 20 m hohen Baum aus. Wild findet man sie fast nur im Uferbereich kleiner und großer Fließgewässer. Sie fällt vor allem durch ihre schmalen, eiförmigen Blätter auf, die am Rand scharf gesägt und auf der Unterseite seidig behaart sind (anfangs auch auf der Oberseite). Wenn der Wind nur ein wenig die Blätter bewegt, kann man den Baum an seinem Silberglanz schon von weitem ansprechen.
Wie alle Weiden ist auch diese Art stark verbastardiert und wurde teils als Zierholz, teils als Nutzpflanze gezüchtet und gekreuzt. Da jeder abgerissene Zweig Wurzeln schlagen und neu austreiben kann, kommen viele Kreuzungsprodukte auch in der Natur vor. So läßt sich die einmal gelbe, dann wieder rotbraune Rinde der jungen Zweige erklären, so auch der Umstand, daß in weiten Gebieten (z. B. Mittlerer Neckar) mehr Bastarde als reine Arten anzutreffen sind.

3 Korb-Weide – *Salix viminalis*
Die Korb-Weide lieferte die besten Gerten für die Korbflechterei. Sie ist deshalb heute weit über die Grenzen ihres ursprünglichen Verbreitungsgebietes hinaus überall häufig anzutreffen. Ihre Kätzchen erscheinen kurz vor den großen, länglichen und unterseits behaarten Blättern. Sie werden bis zu 15 cm lang und sind durch den etwas eingerollten Blattrand charakterisiert. Die Art ist Uferstrauch im warm-gemäßigten Eurasien.
Um sie zu nutzen, wurde die ganze Krone alle paar Jahre rigoros beschnitten. Das ergab dann eine kopfige Verkrüppelung am Stammende, aus der lange, gerade Ruten hervorwuchsen, wie sie zum Flechten gebraucht werden konnten. Die „Kopfweide" ist keine besondere Art – alle Nutzweiden konnten so „gezogen" werden. Noch heute findet man häufig solche Kopfweiden, meist aber seit Jahrzehnten „verwahrlost". Da die Korb-Weide besonders anfällig für allerlei Schädlinge war, wurde versucht, sie mit anderen Arten zu verbessern.

4 Sal-Weide, Psalm-Weide – *Salix caprea*
Sie wächst meist als Strauch, seltener als kleiner Baum auf Kahlschlägen, an Waldrändern, in Gebüschen und in aufgelassenen Kiesgruben und Steinbrüchen. Sie ist sehr häufig. Meist erkennt man sie nicht, wenn sie ihre rundlichen, eiförmigen Blätter ausgetrieben hat, aber im März oder April kann sie jedes Kind ansprechen, wenn die Palmkätzchen aufbrechen, die silberhaarigen Blütenstände, die getrennt nach Geschlechtern auf verschiedenen Pflanzen stehen. Weiden liefern erste Bienennahrung, man soll deshalb die Palmzweige nicht pflücken („Palm" von Palmsonntag: um diese Zeit blühen die Kätzchen meist).
Alle Arten enthalten in der Rinde (zur Fraßabwehr) Gerbstoffe und bittere Salizylverbindungen, die schmerzstillend, schweiß- und harntreibend wirken (außerdem auch bakterientötend – Salizylsäure ist Konservierungsstoff). Salizyl ist natürlich von salix abgeleitet; so hießen die Weiden schon bei den Römern, ob dies von salus, lat. = Gesundheit oder aus dem indogermanischen sal = salzgrau kommt, ist umstritten.

2
4
1
3

Familie: Haselgewächse – Corylaceae

1 Weißbuche, Gemeine Hainbuche, Hagebuche – *Carpinus betulus*
Die Weißbuche ist in (schwach sauren) Wäldern des Hügellandes weit verbreitet, nur vereinzelt steigt sie über 800 m Meereshöhe an. Da sie sehr regenerationsfähig ist, wird sie gerne zu Schnitthecken angepflanzt. Sie wurzelt tief und lockert so den Boden weit hinab auf, durch ihre leicht zersetzliche Laubstreu trägt sie zu seiner Verbesserung bei. Ihr (im Gegensatz zur Rot-Buche) sehr helles Holz (Name!) ist als hartes Werkholz zur Herstellung von Holznägeln und -schrauben sehr geschätzt. Früher wurde es in der Wagnerei benutzt und, da es fäulnisbeständig ist, fand es im Mühlenbau Verwendung. Noch heute wird etwas besonders Starkes als „hagenbüchen" oder „hahnebüchen" bezeichnet (auch großer Unsinn). Die Blätter sind buchenähnlich, doch kann man sie leicht unterscheiden, wenn man nur auf den scharf doppelgesägten Rand achtet. In Parkanlagen gibt es Zierrassen mit veränderter Blattform und -farbe oder mit Hängezweigen (Trauerform).

2 Hasel, Gemeine Haselnuß – *Corylus avellana*
Der 2 – 4 m hohe Strauch ist wegen seiner Nüsse und der frühstäubenden, frühlingskündenden Hängekätzchen (Würstchen) sehr bekannt. Die Kätzchen werden schon im vorausgehenden Herbst fertig angelegt. Sie bestehen nur aus männlichen Blüten. Wer die weiblichen Blüten finden will, muß die kahlen Zweige genau mustern. Dann findet er „Knospen", aus denen die fädigen, roten Narben herausragen. Für die Windbestäubung bedarf es keiner lockenden Blütenhüllen, sie sollte aber abgeschlossen sein, wenn die großen windabweisenden Blätter mit eiförmiger Spreite und doppeltgesägtem Rand erscheinen.
Haselnußkerne sind sehr ölreich, ihr Joulewert übersteigt den von fettem Schweinefleisch. Sie bilden noch heute ein vielseitig verwendetes Nahrungsmittel, wenn sie auch nicht mehr von heimischen Sträuchern (im Wettlauf mit den Eichhörnchen) geerntet werden. Haselholz eignet sich für Stökke, Gerätestiele und Flechtwerk. Für manch einen darf auch die Wünschelrute nur aus Haselzweigen sein.

Familie: Birkengewächse – Betulaceae

3 Hänge-Birke, Warzen-Birke, Weiß-Birke – *Betula pendula (Betula verrucosa)*
Jung, als Strauch oder als kleines Bäumchen wird die Birke oft verkannt. Denn die Zweige sind anfangs mit brauner, glänzender Rinde überzogen (die mit zahlreichen Drüsenhöckerchen = Warzen (!) bedeckt ist). Erst im Alter entsteht das einmalige Weiß, das durch Einlagerung von Betulinkristallen erzeugt wird. Betulin ist ein harzähnlicher Stoff, fäulnishemmend und fraßschädlingsabweisend. Die oberste Rindenschicht löst sich allmählich in breiten, papierähnlichen Querstreifen ab (Birkenbast), die unteren Schichten furchen sich zuletzt längs zu schwarzer Borke auf (Stammgrund).
Um Anfang Mai herum blüht die Birke und schlägt fast gleichzeitig auch aus. Die Zweige mit den zu der Zeit noch hellgrünen, dreieckig-rautenförmigen Blättchen und den gelbbraunen, lang herabhängenden männlichen Kätzchen sind ein beliebter Maienschmuck. Die weiblichen Kätzchen (am gleichen Baum) sind unscheinbar, dünn, grünlich und etwas steif.

4 Schwarz-Erle – *Alnus glutinosa*
Die Schwarz-Erle wächst als Strauch oder als Baum bis zu 20 m Höhe. Mit ihrer schwarz-grauen Rinde und den trüb-dunkelgrünen, rundlichen und an der Spitze etwas ausgerandeten Blättern macht sie einen recht düsteren Eindruck. Sie steht im Gehölzsaum der Bäche, von etwa 1000 m Meereshöhe bis hinab in die Auwälder und kommt in der Tiefebene nicht nur bestandbildend in den Sümpfen der Dünentäler vor, sondern bildet auf saurem Flachmoortorf fast reine, oft quadratkilometergroße Bestände, den Erlenbruch (das Alnetum). Sie gedeiht, weil sie in Symbiose mit Bakterien lebt, die Luftstickstoff binden können.
Erlenholz ist weich und leicht spaltbar, im Anschnitt ist es weiß, verfärbt sich aber an der Luft rasch braunrot. Sein hoher Gerbsäuregehalt macht es widerstandsfähig gegen Fäulnis.

2
1
4
3

Familie: Buchengewächse – Fagaceae

1 Rot-Buche – *Fagus sylvatica (Fagus silvatica)*
Der Baum mit seinem mächtigen, weißgraurindigen, glatten Stamm wird bis über 300 Jahre alt und bis zu 40 m hoch. Er ist in West- und Mitteleuropa ein wichtiger Forstbaum, der aber sowohl an Untergrund wie auch an Klima hohe Ansprüche stellt. Er gedeiht nur auf nährstoff- und mineralreichen, nicht allzu sauren Böden und braucht sommerfeuchtes Klima mit mindestens 500 mm Jahresniederschlag. Da (spät-)frostempfindlich, steigt er im (regenreichen) Gebirge nur in milden Lagen bis gegen 1500 m. Die breiten, eiförmigen, fast ganzrandigen und außen fein gewimperten Blätter geben guten Mull und gaben früher gute Streu. Das rötliche Holz schwindet stark und fault leicht. Es kann deswegen nicht als Bauholz verwendet werden; da es aber sehr hart ist, nimmt man es zum Drechseln und Schnitzen. Die Bucheckern liefern gutes Öl, roh sollten sie nicht in größeren Mengen verzehrt werden., weil sie schwach giftig sind.

2 Stiel-Eiche, Sommer-Eiche – *Quercus robur (Quercus pedunculata)*
Gestielt sind bei dieser Art die Früchte, die Eicheln, mit einem 3 – 8 cm langen Stengel. Die bekannten, wellig gebuchteten Eichenblätter dagegen sind unter 1 cm lang gestielt. Bei der verwandten und durch Übergänge verbundenen Trauben-Eiche *(Quercus petraea)* ist es gerade umgekehrt: Blätter 1 – 3 cm, Eicheln höchstens 1 cm lang gestielt.
Beide Arten finden sich überaus häufig in den Wäldern der tieferen Lagen, bis etwa 600 m Meereshöhe (vereinzelt bis gegen 1000 m), wobei die Stieleiche gegenüber Bodenfeuchte und Kälte nicht ganz so empfindlich ist. Eichen können bis 50 m hoch werden und ein Alter von 600 – 700, im Extrem über 1000 Jahre erreichen. Das harte Holz gibt Baumaterial und Möbel sowie Fässer und Riemenböden. Die Rinde liefert Gerberlohe und gilt als gutes Mittel gegen Frostbeulen. Die Eicheln werden vom Wild und von Schweinen gern gefressen.

Familie: Mistelgewächse – Coranthaceae

3 Mistel, Vogel-Mistel – *Viscum album*
Die gabelästige, immergrüne Mistel ist ein Halbschmarotzer, der mit Senkwurzeln fest verankert auf den Ästen anderer Holzpflanzen lebt. Die weißlichen Beeren, die für den Menschen giftig sind, werden von Vögeln (vor allem Drosseln) ohne Schaden gefressen. Sie enthalten klebrigen Schleim (früher als Vogelleim verwendet). Wenn die Vögel, um den Schnabel zu säubern, diesen an Zweigen wetzen, schmieren sie auch einige Samen auf die Rinde, wodurch die Weiterverbreitung gesichert ist.
Bei uns gibt es drei Mistelrassen, die sich vor allem hinsichtlich ihrer Wirtsbäume unterscheiden: Die Laubholz-Mistel wächst sehr gerne auf Apfelbäumen, weicht aber in Gebieten mit intensiver Kernobstpflege auf Pappeln und andere Laubholzarten (über 30 verschiedene Hölzer) aus. Die Weißtannen-Mistel ist ein gewaltiger Forstschädling, der die Bäume sogar zum Absterben bringen kann. Sie geht sehr selten auf Fichten, wie auch die Kiefern-Mistel, eine bei uns seltene Rasse aus (Süd-)Osteuropa.

Familie: Ulmengewächse – Ulmaceae

4 Feld-Ulme, Rotrüster – *Ulmus minor (Ulmus carpinifolia, Ulmus campestris)*
Das Ulmenblatt ist unverkennbar, weil es unsymmetrisch ist, das heißt, die beiden Blatthälften fangen am kurzen Stiel in verschiedener Höhe an. Die glöckchenartigen Blüten brechen im März oder April in Büscheln aus dem Holz der unbelaubten Zweige. Aus ihnen entstehen flache, breit geflügelte Nüßchen, die gute Flugeigenschaften besitzen. Bei unserer Art sitzen die Samen exzentrisch im Flügelkreis. Die Feld- Ulme braucht nährstoffhaltigen und vor allem gut durchfeuchteten Boden. Sie erträgt gelegentliche Überschwemmungen gut, ist aber wärmebedürftig und kommt deshalb schon im höheren Bergland nicht mehr durch. Ihr Holz liefert wertvollen Werkstoff und Möbelfurniere, leider ist sie durch das Ulmensterben, eine seuchenartige Pilzkrankheit, stark bedroht.

4
3
1
2

Familie: Nesselgewächse – Urticaceae

1 Große Brennessel – *Urtica dioica*
Die überaus häufige Pflanze, die oft in Massenwuchs Ufer, Wegränder, Schuttstellen und feuchte Plätze in Wäldern überzieht, ist allgemein bekannt. Auch ohne die grünlichen, aus den Blattachseln hängenden Blütenrispen ist sie an den scharfgesägten, eiförmigen und gekreuzt gegenständigen Blättern leicht kenntlich. Berühmt-berüchtigt ist sie durch die vielen borstig-steifen Brennhaare. Jedes einzelne ist ein kleines Kunstwerk. Es steckt mit seinem ampullenartig angeschwollenen Fuß in einer warzenartigen Erhebung der (Blatt-)Oberhaut. Gegen die Spitze zu verjüngt sich das Haar und geht dann nach einer schiefen Dünnzone in ein schräg aufgesetztes Köpfchen über. Die Spitze ist mit Kieselsäure verstärkt, die übrige Wand des Haares mit Kalk. Wenn das Köpfchen berührt wird, bricht es ab, und die scharfe, schräg angeschnittene Spitze wird frei. Sie sticht ein, und das Natriumsalz der Ameisensäure, das Protein Histamin und der Nervenreizstoff Acetylcholin ergießen sich in die Wunde und erzeugen das Brennen und die Entzündung.

Familie: Sandelgewächse – Santalaceae

2 Pyrenäen-Vermeinkraut, Wiesen-Leinblatt, Bergflachs – *Thesium pyrenaicum (Thesium pratense)*
Die Sandelgewächse sind in Mitteleuropa nur mit wenigen Arten vertreten. Die Familie tritt in den Tropen mit Kräutern und Hölzern viel stärker in Erscheinung (Sandelholz). Die Blüten bei unserer Art sind klein und meist 5zählig. Typisch ist, daß unter jeder Blüte ein größeres und zwei kleinere, schmale Tragblätter stehen. Zur Fruchtzeit ist die Pflanze gelblich, und die Äste stehen waagrecht ab.
Die Art besiedelt Bergwiesen und Magerrasen, Gebüsche und lichte Trokkenwälder. Sie gilt als Säurezeiger. Unterirdisch zapft sie mit Saugwurzeln die Wurzeln anderer Arten an und entzieht diesen sekundäre Stoffwechselprodukte. Sie ist also ein Halbschmarotzer. Wie alle Vermeinkräuter ist sie bei uns selten, tritt an ihren Standorten aber meist gesellig auf. Vermeinen hieß im Oberdeutschen „berufen, beschreien“ = bezaubern, die Pflanze galt also als zauberkräftig.

Familie: Osterluzeigewächse – Aristolochiaceae

3 Haselwurz, Europäische Haselwurz, Braune Haselwurz – *Asarum europaeum*
Manch einer kennt die gestielten, nierenförmigen und dunkelgrün glänzenden Blätter der Haselwurz schon lange, hat aber die Pflanze noch nie blühen sehen. Dazu muß er im April oder Mai den Laubmull am Vorderende des kriechenden Wurzelstockes wegscharren. Dann kann er die nickende, krugförmige Blüte sehen. Sie ist um 1 cm lang, 3- oder 4zipflig, außen grünlich-, inner eher purpurbraun. Ihre Samen, die durch Ameisen verbreitet werden, erzeugt sie meist durch Selbstbestäubung, doch kann auch allerlei lichtscheues Kleingetier als Pollenüberträger in Betracht kommen, das die Blütenglocken als Unterschlupf benützt. Alle Teile riechen beim Zerreiben scharf pfeffrig: Die Haselwurz enthält ein ätherisches Öl, das die Zunge taub macht und in der Nase Niesreiz erzeugt. Bei Einnahme größerer Dosen kommt es zum Erbrechen (ase, gr. = Ekel). Giftig.

4 Aufrechte Osterluzei, Gemeine Osterluzei – *Aristolochia clematitis*
Die südmediterrane Art hat sich bei uns nur in Unkrautbeständen des (warmen) Weinbaugebietes eingebürgert, wo sie seit dem Mittelalter zerstreut anzutreffen ist. Sie bevorzugt nicht allzu trockene, nährstoff- und kalkreiche, lockere Böden. Die Giftstoffe der alten Heilpflanze sind noch nicht näher erforscht. In den Achseln der herz-eiförmigen, gestielten Blätter stehen in Gruppen eigenartig geformte Blüten. Sie sind aus kugeligem Grund langröhrig und enden mit einer tütenartigen Öffnung. Es handelt sich um raffinierte Fliegenkesselfallen. An der glatten Innenseite der Mündung rutschen kleine Fliegen bei der Landung ab und fallen in den kugeligen Kessel. Abwärts gerichtete Haare verhindern das Entkommen. Mit Pollen von anderen Blüten können die Insekten die Narben am Blütengrund bestäuben.

3
2
1
4

Familie: Knöterichgewächse – Polygonaceae

1 Krauser Ampfer – *Rumex crispus*
Unter den vielen heimischen Ampferarten ist diese eine der häufigsten und leicht kenntlich. Sie wird bis zu 1 m hoch, ihre großen, länglichen Blätter sind am Rand wellig-kraus. Alle Verzweigungen tragen Scheintrauben aus dichten Blütenquirlen. Die grünlichen, 6zähligen Blütchen erscheinen im Sommer und werden im Herbst zu braunen, dreikantigen Früchten. Diese enthalten stopfende Stoffe, im Gegensatz zur Wurzel, die abführend wirkt.
Der Krause Ampfer ist in Kalk- und Lehmgebieten der Niederungen und des Hügellandes weit verbreitet. Da wärmeliebend, ist er schon im Bergland seltener und ab 900 m kaum mehr anzutreffen. Er besiedelt Wiesen, Wegränder und Äcker und ist besonders in Unkrautbeständen auf stickstoffreichen, ungepflegten Böden zu Hause. Er zeigt Bodenfeuchte an und ist nur sehr schwer auszurotten, da er bis zu 3 m tief wurzeln kann.

2 Sauer-Ampfer, Großer Ampfer – *Rumex acetosa*
Die Art findet sich eher auf fetten als auf mageren Wiesen, sie kommt nur auf nicht zu trockenen Böden vor. Man kann sie als Frische- und Stickstoffzeiger benutzen. Ende Mai bis Anfang Juni, zur Hochblüte, bestimmt sie mit ihren rotbraunen Blütenrispen oft den Aspekt (die Farbe) der Wiesen. Ihre angenehm sauer schmeckenden Blätter werden oft zu Heilzwecken oder als Wildgemüse empfohlen. Sie enthalten zwar viel Vitamin C, doch auch die giftige Oxalsäure (Sauerkleesalz), so daß wohl der Nutzen durch den Schaden aufgehoben werden dürfte. Heutzutage kann man nicht genug vor Verzehr der Blätter warnen, denn oft haftet an ihnen noch Kunstdünger. Der Sauer-Ampfer ist windblütig, das heißt, daß je nach herrschender Windrichtung viele Blütenstaubkörner ohne Bestäubungserfolg verweht werden. Diesen Mangel macht die Pflanze durch übermäßig starke Pollenproduktion wett. Man hat für eine mittelgroße Ampferstaude etwa 400 000 000 Pollenkörner errechnet.

3 Schlangen-Knöterich, Wiesen-Knöterich – *Polygonum bistorta*
Der Schlangenknöterich wächst verbreitet in den feuchten Wiesen des Berglandes; in den Niederungen dagegen ist er recht selten. Er gilt als gute Stallfutterpflanze und bevorzugt nährstoffreiche, mäßig saure Böden mit genügender Feuchtigkeit. Überschwemmung im Frühjahr fördert eher sein Wachstum.
Am aufrechten, unverzweigten, 30–130 cm hohen Stengel steht eine dichte, 2–8 cm lange Scheinähre aus kleinen, rosafarbenen Blüten, die von unten nach oben erblühen.
Der Wurzelstock ist ein- bis zweimal S-förmig gekrümmt (bis, lat. = doppelt; tortus, lat. = gedreht, gekrümmt). Wegen der Schlangengestalt galt im Mittelalter die Pflanze als Heilmittel gegen Schlangenbiß, dabei enthält der Wurzelstock lediglich Gerbstoffe. Deswegen verfärbt er sich an der Luft gelblich. Von Bedeutung ist die Pflanze nur als Bienenweide. Da sie viel lösliche Kieselsäure enthält, wird sie vom Vieh auf der Weide meist nicht angerührt.

4 Pfeffer-Knöterich, Wasserpfeffer – *Polygonum hydropiper*
Der Pfeffer-Knöterich gehört zu einer Gruppe siedlungsnah wachsender Knötericharten, ohne daß man ihn direkt als Unkraut bezeichnen kann. Man findet ihn eher an Gräben, Ufern und in Quellfluren, doch auch auf feuchten oder nassen Wald- und Feldwegen, stets aber an stickstoffreichen Stellen. Obwohl er selber kaum über 50 cm hoch wächst, reicht seine Wurzel bis über 1 m in die Tiefe. Dies ist um so erstaunlicher, als es sich um ein einjähriges Kraut handelt, das aus Samen jedes Jahr heranwächst und nach der Blüte abstirbt. Sein Stengel ist oft reich verästelt, und alle Äste tragen am Ende lockere, schmale Seitenähren von rosafarbenen oder weißen Blütchen. Ein artcharakteristisches Kennzeichen ist der scharfe Geschmack der Blätter (Name!), der die Zunge bald taub macht. Obwohl als Wildgewürz empfohlen, sollte man Vorsicht walten lassen, denn die Wirkstoffe sind zumindest schwach giftig. Nicht so charakteristisch ist ein bis pfenniggroßer, oft hufeisenartiger schwarzbrauner Fleck in der Blattmitte.

1
2
4
3

Familie: Gänsefußgewächse – Chenopodiaceae

1 Weißer Gänsefuß – *Chenopodium album*
Der Weiße Gänsefuß ist sehr vielgestaltig und weit verbreitet. Das einjährige Kraut findet sich in Unkrautbeständen auf (Hackfrucht-)Äckern, in Gärten und an Schuttstellen aller Art. Oft tritt es als eines der ersten auf nackter Erde (Baustellen, Erdauffüllplätze) auf und überzieht in Massen weite Flächen. Dabei kann es je nach Feuchtigkeit und Nährstoffreichtum der Wuchsstelle 20 – 200 cm Höhe erreichen.
Der Blütenstand ist aus grünlichen Blütenknäueln ährig oder rispig aufgebaut. Zumindest die Blüten sind weißmehlig bestäubt, in der Regel sind es auch die Blätter, die dadurch ein blaugraues Aussehen erhalten. Das „Mehl" sind weiße, kugelige Härchen, die leicht abbrechen und auch vom Regen fortgeschwemmt werden können, so daß ältere Blätter oft kahl erscheinen. Die Pflanze wird vom Vieh gern gefressen, früher hat man aus ihr einen Wildspinat bereitet, oder aus ihren Samen Brotmehlzusatz gemahlen. Die Samen wurden auch in Mengen unter den Überresten steinzeitlicher Lager entdeckt, so daß anzunehmen ist, daß sie den Menschen dieser Zeit zur Nahrung dienten.

2 Dorf-Gänsefuß – *Chenopodium bonus-henricus*
Der „Gute Heinrich" (= bonus henricus) war früher der „Heinrich", der Fürst des Heimes, der Schutzpatron der Gehöfte. Mehrjährig und düngerliebend, wächst er auch heute noch vorzugsweise in den Dörfern, auf Angern und rings um die Höfe. Von den Weilern in den Niederungen bis zu den Sennhütten im Gebirge zeigt er die Nähe menschlicher Behausungen an.
„Gut" war die Pflanze, weil sie nicht nur Futter für das Kleinvieh lieferte und das Kraut, auf Wunden und Verstauchungen aufgelegt, kühlende Linderung brachte, sondern vor allem, weil die im zeitigen Frühjahr sprossenden Triebe nach Hungerwintern ein vitaminreiches Gemüse lieferten. Erst der Spinat, ebenfalls ein Gänsefußgewächs, der (von den Arabern) im 15. Jahrhundert bei uns eingeführt wurde, beendete die Gemüsevorherrschaft der Gänsefüße und Melden mit ihren bemehlten oder schuppig-schülfrigen Blättern.

3 Spieß-Melde, Spießblättrige Melde – *Atriplex hastata*
Die Melden unterscheiden sich auf den ersten Blick kaum von den Gänsefüßen. Auch die Spieß-Melde mit den zumindest unterwärts dreieckig-spießförmigen Blättern und der aus Blütenknäueln zusammengesetzten Ährenrispe könnte leicht für eine Art von Gänsefuß gehalten werden. Sie ist ebenfalls mehlig bestäubt (melta ist althochdeutsch und bedeutet „mehlig") und wächst in Unkrautgesellschaften der Äcker, Wegränder und Meeresstrände.
Während aber ein Gänsefuß mehrheitlich zwittrige Blüten besitzt, sind sie bei den Melden nur eingeschlechtig, gelegentlich auch nach Geschlechtern getrennt auf verschiedenen Pflanzen verteilt. Es gibt hier also männliche und weibliche Melden. Die Stempelblüten sind mit je zwei dreieckigen Vorblättern versehen, die sich zur Fruchtreife sehr vergrößern. Sie dienen als Flugorgane bei der Windverbreitung.

4 Gemeiner Queller, Glasschmalz – *Salicornia europaea (Salicornia herbacea)*
Die einjährige Pflanze kommt nur auf kochsalzhaltigen Böden, also vor allem im Schlickwatt der Küsten vor. Ihr armleuchterartig verzweigter Stengel zeigt keine deutlichen Blätter. Er ist von glasig-knorpeliger Beschaffenheit (Glasschmalz!; auch „Salicornia" verweist einmal auf den Salzstandort, zum anderen auf die „hornige" Beschaffenheit). Die Pflanze muß nicht immer grün, sie kann auch gelblich oder rot überlaufen sein. Die Blüten sind unscheinbar grünlich.
Von allen Blütenpflanzen erträgt der Queller den höchsten Salzgehalt und Meerwasserüberflutung. So kann er noch weit draußen im Watt wachsen. Häufig wird er bei der Landgewinnung großflächig angepflanzt. Die „Quellerbeete" fördern den Schlickabsatz, indem sie die Transportkraft des anlaufenden Wassers mindern und allerlei Schweb- und Rollmaterial bei sich festhalten. Außerdem produzieren sie Pflanzenmaterial (der Stengel wird zwischen 20 und 40 cm lang), das dann nach einem Jahr verwest.

4
3
1
2

Familie: Nelkengewächse – Caryophyllaceae

1 Vogel-Sternmiere, Vogelmiere, Hühnerdarm – *Stellaria media*
Mancher mag schon achtlos an dem Grünzeug vorbeigegangen sein, das mit niederliegenden bis aufsteigenden Stengeln und gegenständigen, eiförmigen Blättern in Unkrautbeständen auf Hackfruchtäckern, in Gärten und an Schuttstellen ganze Platten bildet. Wer genauer hinschaut, sieht, daß die darmartig (Name!) langkriechenden, oft über ½ m messenden Stengel nur in einer Längsreihe behaart sind, ein sicheres Kennzeichen für diese Art. Wer auch noch öfter hinsieht, kann feststellen, daß die Pflanze praktisch das ganze Jahr über blüht und fruchtet. Dieses Unkraut, das seit Urzeiten („Archäophyt") die Äcker der Menschen besiedelt, ist ungemein lebenstüchtig. Es wird schon seit Jahrtausenden bekämpft und läßt sich einfach nicht ausrotten. Wer die Pingeligkeit der Orchideen kennt, muß diesem ungeliebten Kraut Achtung zollen. Früher war es als Heilpflanze (es enthält Saponine) geschätzt. Seine Triebe werden gern von Hühnern gefressen, sie wurden auch als Futter für Stubenvögel gesammelt (Name!).

2 Echte Sternmiere, Große Sternmiere – *Stellaria holostea*
Die großen, 5zähligen Blüten haben weiße, tiefgespaltene Kronblätter, die im hellen Tageslicht sternförmig abspreizen (stella, lat. = Stern). Die ausdauernde Pflanze wächst in lockeren Horsten und blüht von Mai bis Juni in lichten, warmen Laubwäldern, an Waldsäumen und in Gebüschen von den Tieflagern bis in die obere Bergregion. Besonders auf sandigen und etwas lehmigen Böden ist sie sehr häufig. Sie charakterisiert vor allem die Gesellschaft der (collinen) Eichen-Hainbuchen-Wälder und ist über ganz West-Eurasien und Nordafrika verbreitet. An den Meeresküsten findet man sie auch in den etwas feuchteren Dünentälern, sehr selten kann man sie in den Astgabeln von Ufergehölzen als Epiphyt antreffen.
Die starr abspreizenden, gegenständigen Blätter geben den einzelnen Stengeln im Verband den nötigen Halt. Auffällig ist die Brüchigkeit der Stengel.

3 Gemeines Hornkraut – *Cerastium fontanum (Cerastium vulgatum, Cerastium caespitosum)*
Im Gegensatz zu den Sternmieren sind die fünf Blütenblätter beim Hornkraut höchstens bis ⅓ der Länge eingeschnitten. Der Name der Gattung wird von den hornartig gebogenen Früchtchen hergeleitet, wie man sie auch bei unserer Art sieht.
Die Unterscheidung von einigen nahe verwandten Arten ist nicht ganz einfach, zumal das Gemeine Hornkraut je nach Standort in vielerlei Gestalt auftreten kann, doch gehört es, wie der deutsche Name es schon ausdrückt, zu den all„gemein" verbreiteten Pflanzen und wird deswegen am häufigsten angetroffen. Man findet es vom Tiefland bis gegen 2500 m auf frischen (= nicht zu feuchten), aber auch nicht zu trokkenen Wiesen, gelegentlich auch in Unkrautgesellschaften auf Äckern oder an Wegrändern, im Alpenbereich auf Viehmatten und Magerrasen. Eine Riesenform, die mit 60 cm gut doppelt so lang wächst und deren Blätter auch über 2 cm lang werden, besiedelt Bachufer und Bachgehölz.

4 Liegendes Mastkraut, Liegender Knebel – *Sagina procumbens*
Der Name ist für diesen Winzling von 2–5 cm Höhe reine Übertreibung (sagina, lat. = Viehmastfutter), die Pflanze hat auch nie als Viehfutter eine Rolle gespielt, man muß annehmen, daß Linné diesen Namen aus Ironie gegeben hat. Der fadendünne, niedergestreckte, 5–15 cm lange Stengel richtet sich am Ende etwas auf. Er ist mit ebenfalls fast fädigen, gegenständigen Blättern besetzt. Die um ½ cm breiten Blüten sind 4zählig, zuweilen gefüllt, das heißt, die Staubblätter und gelegentlich auch die Fruchtblätter sind ebenfalls in weiße Kronblätter umgewandelt. Andererseits kommt es auch vor, daß keine Kronblätter ausgebildet sind (wie beim verwandten, aufrechtwachsenden Kronblattlosen Mastkraut).
Die Pflanze liebt nasse, verdichtete Lehmböden mit reichlichem Nährstoffgehalt. Man findet sie aber nicht nur in Quellfluren und auf Uferbänken, wo sie Polster bildet, sondern auch auf Äkkern, in Sandgruben, auf Trampelpfaden und zwischen den Fugen der Pflastersteine und den Rissen im Straßenkandel.

3
4
2
1

Familie: Nelkengewächse – Caryophyllaceae

1 Dreinervige Nabelmiere, Rippen-Nabelmiere – *Moehringia trinervia*
Die Pflanze, die Linné zu Ehren seines Zeitgenossen, des Botanikers und Arztes Paul Heinrich Möhring benannte, wird an ihren Standorten in Laub- und Nadelwäldern sehr wenig beachtet, obwohl sie oft in ganzen Rudeln wächst und fast jedes der meist niederliegenden und reich verzierten Exemplare eine Fläche von der Größe mehrerer Hände abdeckt. Sie ähnelt der Vogelmiere, doch ist ihr ringsum kurzflaumiger Stengel ein sicheres Unterscheidungsmerkmal.
Die kleinen Blüten sind ganz unscheinbar, vor allem, weil die zarten, weißen Kronblätter höchstens halb so lang sind wie die breiten, hautrandigen Kelchblätter. Wer sich näher mit der Pflanze befaßt, deren Blätter drei oder fünf bogennervige Adern aufweisen, mag sich nicht wundern, wenn er immer wieder Exemplare mit 4zähligen statt 5zähligen Blüten findet. Gerade bei den mierenartigen unter den Nelkengewächsen ist die 5-Zähligkeit der Blüte nicht scharf fixiert.

2 Salzmiere, Fettmiere, Strand-Salzmiere – *Honckenya peploides*
Die Standorte der Salzmiere, Dünen, Sandstrand und loser Feinkies, können nur von Pflanzen besiedelt werden, die sich der dort herrschenden Trokkenheit angepaßt haben. Oft geschieht dies durch Sukkulenz, Ausbildung besonderer Wasserspeichergewebe und zwar entweder im Stamm (wie bei den Kakteen – deren Verwandtschaft zu den Nelkengewächsen in dieser Beziehung rein zufällig ist) oder wie hier, in den Blättern (Blattsukkulenz).
Ihr Stengel, 10 – 30 cm lang, ist reich verzweigt und steigt aus kriechender Stellung an den Enden auf. Die dicklichen, meist gelbgrünen Blätter stehen dichtgedrängt gegenständig. Die Pflanze erträgt auf den Dünen Sandüberschüttung und stößt immer wieder zum Licht durch. Trotz ihrer großen, bis zu 1 cm breiten und nektarabsondernden Blüten wird sie an ihren windigen Standorten kaum von Insekten angeflogen. Sie vermehrt sich meist durch Wind- oder Selbstbestäubung.

3 Einjähriger Knäuel, Grüner Knäuel – *Scleranthus annuus*
Die Blüten dieses sand- und säureliebenden Ackerunkrautes bestehen nur aus den grünen, schmal weißberandeten Kelchblättern und stehen in Knäueln in den Blattachseln oder an den Zweigenden. Die Pflanze ist 2 – 20 cm hoch und trägt gegenständige oder gebüschelte, lineal-pfriemliche Blätter. Sie ist sehr formenreich und findet sich von den Dünen der Küste bis zu den Steingrustriften der Kieselgebirge in über 1500 m Höhe. Ihre Hauptvorkommen liegen aber doch in den Getreidefeldern, wo man sie vom Frühjahr bis zum Umbruch des Bodens blühend antreffen kann. Sie entwickelt ein ausgedehntes Wurzelwerk, das über 20 cm tief reichen kann. Der Kelch umwächst die reifende Frucht und bildet mit ihr zusammen eine Verbreitungseinheit: Zur Fruchtreife spreizen die Kelchblattzipfel nach außen und bilden so Kletthaken, die sich im Fell vorüberstreifender Tiere verfangen; wenn sie dann verdorren, fällt die Scheinfrucht ab.

4 Mauer-Gipskraut, Acker-Gipskraut – *Gypsophila muralis*
Das kleine, nur 5 – 15 cm hohe, einjährige Kräutlein ist in vielen Gegenden unbekannt, andernorts dagegen ungemein häufig. Es benötigt zum Gedeihen ein nicht zu kaltes Klima, Sand und viel Feuchtigkeit. Es meidet schon die kühlen Höhen über 800 m. Man findet es auf sandig-lehmigen Äckern (in den feuchteren Fahrrinnen), auf nassen Wegen und im Schlamm von Gräben und trockengelegten Teichen.
Bei diesem Gewächs stimmen weder der Art- noch der Gattungsname (gypsos, gr. = Gips; philos, gr. = Freund; muralis = an Mauern wachsend, von lat. murus = Mauer). Trotzdem ist die Pflanze gültig und den internationalen Regeln gerecht benannt. Der Name kann, muß aber nicht eine Eigenschaft seines Trägers benennen. Er dient lediglich als (allen bekannte und von allen so angewandte) Bezeichnung einer ganz bestimmten Individuengruppe. Das ist wie bei der menschlichen Namengebung, wo der einzelne Mensch in seinen Eigenschaften auch nicht den Aussagen seines Vor- und Familiennamens entsprechen muß (wohl aber kann).

3
1
4
2

Familie: Nelkengewächse – Caryophyllaceae

1 Heide-Nelke – *Dianthus deltoides*
Die Nelken täuschen dem oberflächlichen Betrachter eine Blüte mit verwachsenen Blütenblättern vor, weil ihr röhrig verwachsener Kelch die fünf freien, langgestielten Blütenblätter weit hinauf zusammenhält. Erst wo die Blütenblattstiele („Nägel") sich zur rundlich-eiförmigen „Platte" verbreitern, hört der Kelch auf. In der Vollblüte stehen die fünf Platten waagrecht ausgebreitet ab: Die Blüte hat eine Gestalt wie ein Flachkopfnagel, und das ergab den Namen für die Pflanze: Nägelein, Näglein, Nälglein, Nelke.
Bei der Heide-Nelke sind die Blüten einzeln und langgestielt; die Platte der Blütenblätter ist gezähnt, auf ihrer purpurroten bis rotlilafarbenen Grundfläche heben sich ein dunklerer Querstreifen und eine Gruppe hellerer Punkte ab. Die Punkte sollen die Figur eines Dreiecks, eines griechischen Deltas (4. Buchstabe des griechischen Alphabets) bilden, worauf Linné bei der Wahl des Artnamens hinweisen wollte. Die kalkscheue Pflanze wächst sehr zerstreut auf sandigen Magerrasen und Heiden und blüht im Sommer.

2 Büschel-Nelke, Rauhe Nelke – *Dianthus armeria*
Die Büschel-Nelke hat, eine große Besonderheit bei den einheimischen Nelken, rauh behaarte Stengel und Blätter. Die Blüten stehen zu mehreren gebüschelt am Stengelende; die üblicherweise trockenhäutigen Schuppen am Grund des Kelches sind bei dieser Art krautig, schmallanzettförmig (und behaart) und so lang wie die Kelchröhre, sie verstärken den büscheligen Eindruck des Gesamtblütenstandes. In diesem grünen Gewirr fallen zur Blütezeit im Juni oder Juli die hell-schmutzigroten Blumen trotz ihrer geringen Größe besonders auf. Dennoch erhalten sie nur spärlichen Besuch von Tagfaltern. Das mag auch am Standort liegen, denn die nur 20–50 cm hohe Pflanze siedelt bevorzugt an Gebüsch- und Heckenrändern, an Waldsäumen und zwischen hohen Unkrautstauden an Weinbergsrainen – hier beginnt für die Falter eine einschneidende Beschränkung ihres Freiflugraumes (zugleich Fluchtraum).

3 Karthäuser-Nelke – *Dianthus carthusianorum*
Ein etwas müßiger Streit herrscht darüber, ob der Artname zu Ehren der Gebrüder Johann und Friedrich Karthäuser, Botaniker und Zeitgenossen Linnés, gegeben wurde, oder aber deswegen, weil sich die Karthäusermönche in ihren Klostergärten dieser Nelke besonders angenommen haben. Es ist bekannt, daß sie aus der formenreichen Pflanze eine gefüllte und stark duftende Gartenspielart entwickelt und unter dem Namen „Oculi Christi" (Christusäuglein) verbreitet haben. Auch heute noch werden Zierrassen, besonders für Einfassungen von Sonnenbeeten empfohlen, in den Gärtnereien zum Kauf angeboten.
Die Form, die bei uns noch am häufigsten wild auftritt, ist die Tieflandrasse (bis gegen 1000 m), die sich auf mageren, kalkreichen Trockenrasen findet und zwar im Süden zerstreut, in Norddeutschland eher selten. Ihre 2–3 cm breiten, purpurroten Blüten stehen meist zu 5–8 in einem endständigen Büschel, der Kelch und die kurzen Kelchschuppen sind oft dunkelbraunrot.

4 Pracht-Nelke – *Dianthus superbus*
Die lilafarbenen, zuweilen auch ins Rosa spielenden Blütenblätter sind bis über die Mitte fein federartig zerschlitzt, was der ganzen Pflanze ein prachtvolles Aussehen verleiht (suberbus, lat. = prächtig). Dazu kommt noch ein feiner Wohlgeruch, so daß diese Art wirklich eine würdige Vertreterin der „Blumen des Zeus" ist (anthos, gr. = Blume; Dios, gr. = Genetiv von Zeus). Im Gegensatz zu allen anderen heimischen Vertretern der Gattung bevorzugt die Pracht-Nelke nicht den trockenen, sondern eher den feuchten und dazu meist kalkfreien Boden. Man findet sie in feuchten Wiesen und in Laub- und Laubmischwäldern, gerne bei Eichen sowie an Waldsäumen und in Naturmatten des Gebirges (bis über 2000 m). Die Blütezeit hängt vom Standort ab. Die Rasse der Sumpfwiesen, knapp ½ cm hoch, blüht schon im Juli und August; die Waldform, meist über ½ m hoch und reich verzweigt, kommt erst im Herbst (September/Oktober) zur Blüte. Im August blüht die niedere, einköpfige Gebirgsrasse.

2
3
4
1

Familie: Nelkengewächse – Caryophyllaceae

1 Stengelloses Leimkraut – *Silene acaulis*
Man muß schon ins Hochgebirge steigen, wenn man die Art in ihrer ganzen Blütenpracht erleben will, denn in den Steingärten des Tieflandes kümmert sie nur dahin. In Höhen aber zwischen 2000 und 3000 m überzieht sie mit ihren tiefwurzelnden, 1–4 cm hohen Flachpolstern Steinrasen, Geröllhänge und Felsen. Je nach Höhenlage Ende Juni bis Ende August schmücken sich die dunkelgrünen Kissen mit leuchtendroten, 5zähligen Blütensternen, die einzeln an den Zweigenden sitzen. Das Stengellose Leimkraut kommt – an den Standorten untereinandergemischt – in drei verschiedenen Geschlechtstypen vor. Einmal gibt es Polster mit rein weiblichen und solche mit rein männlichen Blüten. Daneben können dann aber auch Pflanzen mit Zwitterblüten stehen (gelegentlich sind auch eingeschlechtige Blüten beiderlei Geschlechts auf demselben Kissen). In den einzelnen Massiven haben sich Rassen herausgebildet, die sich in der Blütenfarbe und in der Dichte und Höhe der Polsterbildung unterscheiden.

2 Taubenkropf-Leimkraut, Aufgeblasenes Leimkraut, Gemeines Leimkraut – *Silene vulgaris (Silene cucubalus, Silene inflata)*
Das Auffallendste an dieser kahlen, blaugrünen, 20–50 cm hoch wachsenden Pflanze ist der krugförmige, „aufgeblasene" Blütenkelch mit genau 20 rötlichen oder grünlichen Längsnerven, die durch Queradern untereinander netzig verbunden sind. Die weißlichen bis rosafarbenen, vorne eingeschnittenen Blütenblätter fallen weniger auf. Die Pflanze ist nicht gerade gemein, fehlt aber auch keinem kleineren Gebiet. An Böschungen, Wegen, auf Hügeln, Rainen und Wiesen, aber auch in lichten Wäldern, über Geröll und am Strand kann man Formen des Taubenkropfkrautes entdecken. In den Wiesen gilt es als gutes, milchförderndes Viehfutter, sonst als wertvolle Bienenweide (die Blüten werden auch von Nachtfaltern besucht). Die jungen Triebe ergeben Salat und Gemüse, doch ist der Genuß wegen eines gewissen Saponingehaltes der Pflanze nicht ganz unbedenklich. Mit den bis zu 1 m tief reichenden Wurzeln schließt die Staude den Boden für die nachfolgenden Gewächse weit hinab auf.

3 Kuckucks-Lichtnelke, Kranzrade – *Lychnis flos-cuculi*
Um den Mai herum, wenn der Kuckuck schreit, prägt die Lichtnelke mit ihren fleischfarbenen Blüten das Aussehen der feuchten Wiesen und Flachmoore. In den „normalen" Wiesen zeigt sie, oft rudelweise Flecken bildend, die feuchtesten Stellen an. Dann kann man sie noch in feuchten Gebüschen und Wäldern antreffen, wo sie selbst den Kenner zunächst etwas verwirrt, da sie mit blaßrosa Blüten, grünlichem Kelch und wirklich dürftigem Blütenstand recht fremdartig anmutet. Sicheres Kennzeichen sind aber auch hier die fünf tief-4zipfligen Blütenblätter.
Dem Bauern gilt die Pflanze nicht viel, da sie nur minderwertiges Futter liefert und zum andern verbesserungsbedürftige Böden anzeigt. Leider hält sich diese Art im Garten nicht, doch gibt es von nah verwandten Formen Zierrassen, so zum Beispiel die „Brennende Liebe", die scharlachrote Chalzedonische Lichtnelke. Oft findet man an den Wildpflanzen „Kuckucks-Speichel" (s. S. 280).

4 Gemeine Pechnelke, Pech-Lichtnelke – *Lychnis viscaria (Viscaria vulgaris)*
Bei dieser Art ist die Leimproduktion unter den Stengelknoten besonders stark (auch die Kuckucks-Lichtnelke ist unterhalb der Knoten etwas klebrig). Man kann zumindest unter den oberen Knoten die schwärzlichen Kleberinge deutlich sehen. Sie haben die Aufgabe, hochkriechende Schadinsekten abzuhalten. Gegen solche Fraßschädlinge enthalten alle Teile auch noch Saponine. Die Bestäuber, Tagfalter und Bienen, werden dagegen von den leuchtendpurpurroten Blüten in dichter, fast quirliger Rispe schon von weitem angelockt. Dennoch zählt die Pechnelke zu den gefährdeten Arten, die seit dem letzten Jahrhundert bei uns in stetem Rückgang begriffen ist. Dies hängt aber damit zusammen, daß ihre Standorte, saure, sandige Heiden, Trockenrasen und Trockengehölze, in immer stärkeren Maße intensiver Nutzung zugeführt werden.

2
3
1
4

Familie: Nelkengewächse – Caryophyllaceae

1 Weiße Nachtnelke, Weißes Leimkraut – *Silene alba (Melandrium album)*
Die Blüten dieses weichflaumigen, oberwärts oft drüsig-klebrigen Krautes öffnen sich erst in der Dämmerung vollständig. Die Art gehört zu den Nachtblühern. Abend- und Nachtschmetterlinge sind die Bestäuber. Sie werden durch den angenehmen Duft angelockt, den die Blumen abends in verstärktem Maße entwickeln. Die Blüte enthält entweder nur Staubgefäße oder nur einen Stempel. Die verschiedenen Geschlechter zeigen äußerlich Unterschiede, und zwar sind die weiblichen Blüten öfters kleiner und besitzen stets einen 20rippigen Kelch, während die Kronblätter der männlichen Blüten oftmals länger, aber etwas schmäler sind. Der Kelch dieser Blüten ist nur 10rippig. Die Blüten stehen getrennt auf verschiedenen Pflanzen. Eigenartig ist die Tatsache, daß ein Brandpilz, der weibliche Blüten befällt, die Bildung von Staubblättern anregen kann (in denen er dann Sporenlager bildet). Dabei wird allerdings die ganze Blüte unfruchtbar.

2 Rote Lichtnelke, Rotes Leimkraut – *Silene dioica (Melandrium rubrum, Melandrium diurnum)*
Im Gegensatz zur vorigen Art, der weißblütigen „Nacht"nelke, ist die „Licht"-nelke ein Tagblüher, der von langrüsseligen Hummeln und Tagfaltern bestäubt wird. Die Blüten sind geruchlos, Anlockungsmittel ist das Lichtsignal, das von den hellpurpurfarbenen Blüten ausgeht. Kurzrüsselige Hummeln, die auf normalem Weg nicht zur Futterquelle gelangen können, beißen sich oft ein Loch in den Kelchgrund und betätigen sich als Honigdiebe, ohne Bestäuberdienste zu verrichten. Dabei lassen sie sich keineswegs von der klebrig-drüsigen Behaarung des aufgeblasenen Kelches abhalten.
Blütentypen und Aufbau stimmen mit denen der verwandten Weißen Nachtnelke überein (s.o.), doch kommen Zwitterblüten etwas häufiger vor (nicht nur pilzinduzierte). Die Standorte beider Arten sind ebenfalls sehr ähnlich, doch besetzt die Rote Lichtnelke eindeutig die feuchteren Stellen.

3 Echtes Seifenkraut, Gebräuchliches Seifenkraut – *Saponaria officinalis*
Aus alten Kulturen verwildert, hat sich das mediterrane Seifenkraut heute überall in den Flußauen eingebürgert und ist stromaufwärts bis in die Bachtäler vorgedrungen. Wo allerdings der Untergrund wenig Kalk enthält oder die Lage zu rauh ist (etwa ab dem oberen Bergland), da macht es sich rar. Andererseits hält es sich im „guten" Gebiet nicht nur streng an die Wasserläufe, sondern breitet sich beidseits des Tales an Hängen, Schuttstellen, Wegrändern und Dorfstraßen, aufgelassenen Steinbrüchen und sogar im Feldraingebüsch aus.
Die Pflanze enthält reichlich Saponine. Zum einen ist sie deswegen noch heute eine (leicht giftige!) volksmedizinische Heilpflanze (Wurzel und Laub). Zum andern erzeugen die Saponine im Wasser (gerieben) Schaum, der Schmutzteilchen aufnehmen kann, ohne die anderen Wirkungsweisen der Seife zu entwickeln. Wurzelschrot wurde früher als milder Ersatz für Seife genommen (sehr schonend, aber nur geringe Reinigungswirkung!).

4 Rotes Seifenkraut, Kleines Seifenkraut – *Saponaria ocymoides*
Eine Verbreitungskarte des Roten Seifenkrautes zeichnet sehr fein das Flußsystem der Alpen nach (mit einem weißen Fleck im Nordosten von den Salzburger Alpen bis in die Steiermark). Die Alpenpflanze, die nur selten über 1800 m klettert, ist auf Geröll, Legföhrenhängen, an sonnigen Felshängen und an Straßen- und Bahnböschungen sehr häufig anzutreffen, vor allem wenn der Untergrund aus Kalkgestein besteht. Die Gebirgspflanze aus Spanien und dem Apennin ist seit einem Jahrhundert aus ihrem Vorposten in den Südalpen auf dem Vormarsch nach Norden und hat schon vor 50 Jahren in den bayerischen Alpen und am Bodensee die Nordgrenze der Alpen erreicht. Sie wird aus dem Jura, dem Bayerischen Wald und anderen Mittelgebirgen gemeldet, doch ist nicht sicher, ob die derzeitige Ausbreitung noch natürlich ist. Denn die rotblühenden Polster sind inzwischen beliebte Steingartengewächse geworden, die im Tiefland schon die Müllhalden besiedeln.

2
4
3
1

Familie: Seerosengewächse – Nymphaeaceae

1 Weiße Teichrose, Seerose – *Nymphaea alba*
„Seerosen" erkennt man auf den ersten Blick: Blüten wie Blätter schwimmen auf dem Wasser. Sind die Blüten weiß, vielblättrig und groß, handelt es sich um eine Art der Gattung Seerose. Die Weiße Seerose trifft man in Mitteleuropa noch am häufigsten. Sicher kenntlich ist sie an ihren gelben Narben. Die sehr seltene, ähnliche Glänzende Seerose besitzt rote Narben. Seerosen dringen in stehendem oder langsam fließendem Wasser bis in Tiefen von fast 3 m vor. Dort bilden sie häufig Gürtel vor dem Schilf. An ihnen brechen sich Wellen. Grobe Schwebteilchen setzen sich zwischen den zähen Stengeln der Blätter und Blüten ab. Die Blühzeit reicht vom frühen bis in den späten Sommer.
Wiewohl die Seerosen örtlich in Beständen auftreten, stehen sie dennoch unter Schutz, denn ihre Lebensräume sind gefährdet, und deswegen werden die Arten immer seltener. Sie sind zumindest schwach giftig.

2 Große Mummel, Gelbe Teichrose, Nixenblume – *Nuphar lutea*
Ab etwa Juni bis in den Spätsommer blühen die Mummeln. Dann kann man sie von den Seerosen leicht unterscheiden, da ihre Blüten gelb und beträchtlich kleiner sind. Allein anhand der Blätter ist dies zwar auch möglich, doch muß man dabei die Enden der Hauptnerven genau betrachten: Bei den Teichrosen sind die Seitennerven unverbunden.
Wo es Mummeln im Vorfeld des Schilfes noch zahlreich im Gürtel der „Großblättrigen Schwimmpflanzen" gibt, handelt es sich fast ausschließlich um die Große Mummel. Die Kleine Teichrose ist fast überall ausgestorben. Ihre Blüten erreichen nur selten 3 cm im Durchmesser, die der Großen unterschreiten 4 cm kaum. Mummeln kommen zwar oft zusammen mit Seerosen vor, bevorzugen indessen etwas kühleres Wasser und ertragen Nährstoffarmut verhältnismäßig gut. Daher sind sie in sauren Moorseen oft häufiger als die etwas anspruchsvollere Seerose. Sie dringen bis etwa 3 m Wassertiefe vor. Geschützt.

Familie: Hahnenfußgewächse – Ranunculaceae

3 Flutender Hahnenfuß, Flutender Wasserhahnenfuß – *Ranunculus fluitans*
Im Gegensatz zu verwandten Arten von Hahnenfüßen kommt der Flutende Wasserhahnenfuß nur in fließenden Gewässern vor. Dort bildet er bis 6 m lange „Krautbetten" oder bärtige „Schwaden", die vom späten Frühjahr bis in den Hochsommer hinein meist dicht mit weißen Blüten bestanden sind. Die Blüten erreichen 1–2 cm im Durchmesser und haben meist fünf Blütenblätter; selten sind sie halb gefüllt. Der Flutende Hahnenfuß ist an seinen Lebensraum trefflich angepaßt: Seine fein aufgeteilten Blätter, die bis 15 cm lang werden können, verschaffen ihm eine große Oberfläche, durch die Nährstoffe ebenso aufgenommen werden wie Kohlenstoffverbindungen für die Photosynthese; andererseits entweicht durch sie der bei diesem Vorgang freigewordene Sauerstoff ins Wasser.

4 Gemeiner Wasser-Hahnenfuß, Wasser-Froschkraut – *Ranunculus aquatilis*
Der Gemeine Wasserhahnenfuß kann plötzlich in kleinsten Wasserflächen neu auftreten, in deren Umgebung er jahrelang gefehlt hatte. Da naturbelassene Tümpel immer seltener werden, geht die Art fast überall zurück.
Hinzu kommt ein anderes Problem: Offensichtlich gibt es zwei Rassen von Hahnenfüßen, die im Wasser leben, weiße Blüten und stets Schwimmblätter haben, die meist in fünf Lappen zerteilt sind. Eine großblütige Rasse mit mehr als 30 Staubgefäßen und einem Blütendurchmesser von wenigstens 2 cm findet man in weiten Teilen Mitteleuropas überhaupt nicht mehr. Viele Botaniker nennen sie Schildblättrigen Wasser-Hahnenfuß (*Ranunculus peltatus*). Der Gemeine Wasserhahnenfuß hat jedoch in der Regel erheblich kleinere und staubblätterärmere Blüten. Er blüht nicht allzu lange, meist in der zweiten Hälfte des Hochsommers. Andererseits wird er mindestens 10 cm hoch und, rechnet man den Unterwasserstengel mit, gelegentlich bis 50 cm lang. Er bevorzugt stehende Gewässer.

2
3
4
1

Familie: Hahnenfußgewächse – Ranunculaceae

1 Sumpf–Dotterblume – *Caltha palustris*
Wer die Sumpf-Dotterblume einmal bewußt gesehen hat, vergißt sie nicht so leicht wieder: Es gibt kaum andere Blütenpflanzen mit fünf Blütenblättern, die so sattgelb blühen – und zwar vom späten Frühjahr bis zum Sommeranfang –, deren Blüten so fettig glänzen und die obendrein breitflächige Blätter besitzen, deren Rand nur schwach gekerbt ist. Zudem kommt die Sumpf-Dotterblume, und hier trifft ihr deutscher Name zu, ausschließlich an sehr feuchten oder ausgesprochen nassen Stellen in Wiesen, Gräben und Auwäldern vor, sie wächst buschig, freistehend eher niedrig.
Zumindest früher hat man die Sumpf-Dotterblume für Wildsalate (Blätter) oder als Würze (Knospen als Kapernersatz) für die menschliche Ernährung genutzt. Davon sollte man besser absehen. Je nach Standort enthält die Pflanze in ihren Teilen das Gift Protoanemonin. Auf diesen Stoff kann man den scharfen Geschmack, den man beim Kauen bemerkt, zurückführen, desgleichen Schleimhautreizungen, über die schon berichtet worden ist.

2 Europäische Trollblume – *Trollius europaeus*
Wo es – wie in manchen Mittelgebirgen oder in den Alpen – örtlich noch feuchte Wiesen über humosem Boden gibt, auf denen große Bestände der Trollblume im ausgehenden Spätfrühling oder zu Sommerbeginn blühen, da begreift man, warum sie zu den begehrtesten „Straußblumen“ zählte. Meist versteht der Betrachter nicht, weswegen die oft halbmeterhohe Blume nicht gepflückt, sondern geschützt werden soll, zumal doch kurz darauf die Heumahd erfolgt.
In der Tat ließe sich darüber streiten, ob der Art durch Pflücken die Ausrottung droht. Ganz sicher aber durch Ausgraben und insbesondere Vernichten ihrer Wuchsorte. Sie gehören nicht zu den ertragreichen Wiesen. Umgekehrt wächst die Trollblume auf solchen nicht, weil sie eine kräftige Düngung, wie sie viele Gräser mit guter Wüchsigkeit lohnen, nicht lange erträgt. Ebenso schadet ihr Drainage. Bemerkenswerterweise liegt ihr Verbreitungsschwerpunkt nicht im niederschlagsreichen Tiefland, sondern in den Teilen Europas mit kühleren Frühjahrstemperaturen. Sie ist schwach giftig.

3 Stinkende Nieswurz – *Helleborus foetidus*
Die Stinkende Nieswurz fällt an ihren Wuchsorten, die meist in trockeneren und wärmeren Gebüschen und lichten Laubwäldern liegen, trotz ihrer frühen Blütezeit in der ersten Frühlingshälfte nicht durch die Blüten auf, obschon diese mit ihren lebendig geaderten Blättern und ihrem oft kräftig purpurroten Unterrand einen eigenen Reiz entfalten. Vielmehr ist es die sonstige Kahlheit und Blütenarmut, die einen die grünen und oft bis mehr als einen halben Meter hohen Stauden bemerken läßt. Da sieht man denn auch den Unterschied im Grün der Blätter, die aus dem Vorjahr stammen, überwintert haben und die ausgesprochen lederig wirken, und den gelbgrünen, erst neu gebildeten Sproßteilen.
Die Ostgrenze der Art, die luftfeuchtes Klima braucht, verläuft etwa vom Schweizer Jura über die westliche Frankenalb, die Rhön bis zum Solling. Die Stinkende Nieswurz ist giftig.

4 Feld-Rittersporn – *Consolida regalis (Delphinium consolida)*
Vor noch nicht zwei Jahrzehnten, ehe man auf Getreideäckern mit Herbiziden „Unkräuter“ niederzuhalten begann, gehörte der Feld-Rittersporn mit seinen unverwechselbaren, mal mehr blauen, mal mehr violetten Blüten auf kalkigen Lehmböden zum Bild des Getreideackers schlechthin. Vom ausgehenden Frühjahr bis zum Schnitt des Getreides stand er in Blüte und säumte, da er nur bis etwa 50 cm hoch wird, vor allem die Ränder der Getreidefelder. Heute sucht man ihn an seinen ehemaligen Hauptstandorten oftmals vergebens. Statt dessen findet man ihn auf Schuttplätzen, an Wegrändern, ja selbst an stillgelegten Eisenbahnstrekken. Dort kann er überdauern, weil er seine Wurzeln bis zu einem halben Meter in die Tiefe treiben und so Trockenzeiten im Hochsommer überstehen kann. Früher schrieb man ihm Heilkräfte zu, worauf auch „consolida“ = lat.: heile zusammen, hindeutet. Die Pflanze ist schwach giftig.

1
4
2
3

Familie: Hahnenfußgewächse – Ranunculaceae

1 Wolfs-Eisenhut – *Aconitum vulparia (A. lycoctonum)*
Dank seiner blaßgelben, hochhelmigen Blüten, die in meist dichten Trauben oder Rispen stehen, und der handförmig geteilten Blätter ist der Wolfs-Eisenhut im Grunde unverwechselbar. Zwar kann man innerhalb der Art verschiedene Sippen gestaltlich voneinander unterscheiden, benennt sie zuweilen auch; doch sind die Ähnlichkeiten größer als die Unterschiede.
Den Wolfs-Eisenhut findet man vor allem in feuchten Wäldern. Im Tiefland ist er sehr selten, fehlt auch stellenweise; in den Mittelgebirgen an möglichen Standorten immerhin anzutreffen, wenngleich noch immer selten, und nur in den Alpen und in ihrem Vorland zerstreut. Dort geht er oberhalb der Waldgrenze auch in Hochstaudenfluren und ins bachbegleitende Gestrüpp.
Der Wolfs-Eisenhut, der übrigens gesetzlichen Schutz genießt, ist stark giftig. Darauf verweist auch sein Name (vulpes, lat. = Fuchs): Das Gift wurde früher zum Vergiften von Ködern für Raubwild benutzt.

2 Wald-Akelei – *Aquilegia vulgaris*
Außerhalb der Alpen kann man die Wald-Akelei wohl kaum mit andersartigen Pflanzen verwechseln. Leider aber trifft man sie wild nur selten an, wenngleich dann sehr oft in kleineren Beständen. Manche von ihnen, vor allem im Tiefland, aber auch in Skandinavien, England oder Westeuropa, sind möglicherweise aus Kulturen verwildert. Denn die bis 60 cm hohe Pflanze wird auch noch heute in der Wildform oder ihr nahestehenden Sippen gelegentlich als Zierstaude angepflanzt. Um der Entnahme von natürlichen Standorten vorzubeugen, wodurch der Bestand der Art gefährdet werden könnte, hat man sie gesetzlich geschützt.
In dem Namen „Akelei“ steckt die indogermanische Sprachwurzel „ak“, was spitz oder scharf bedeutet. Damit weist man auf den auffälligen Sporn hin, der die „Blütenblätter“ auszeichnet. Obwohl man ihre Inhaltsstoffe noch nicht genau kennt, kann man die Akelei schwach giftig nennen.

3 Sommer-Adonisröschen – *Adonis aestivalis*
Obwohl das Sommer-Adonisröschen meist nur um 30 cm Höhe erreicht, selten bis zu einem halben Meter aufwächst, und obgleich seine Blüten nur Durchmesser um 2,5 – 3 cm erreichen, übersieht man es kaum, wenn es vom späten Frühjahr bis in den frühen Hochsommer in Blüte steht. Allerdings trifft man es in Mitteleuropa immer seltener an; denn es war eines der Getreideunkräuter, die, ehedem gemein, durch den Einsatz von Herbiziden vielerorts praktisch ausgelöscht worden sind. Vereinzelt findet es auf Ödland einen Wuchsort.
Die Blätter sind außerordentlich fein mehrfach gefiedert. Von einer ähnlichen Art – dem Flammenden Adonisröschen – kann man es sicher nur an den Früchten unterscheiden; doch gilt für dessen Vorkommen dasselbe: Es wird zunehmend eingeschränkt. Übrigens war das Flammende Adonisröschen fast überall in Europa seltener als das Sommer-Adonisröschen. Unschwer erkennt man in dem Gattungsnamen den Hinweis auf den „schönen Adonis“ der griechischen Sage. Das Sommer-Adonisröschen ist eindeutig, wenngleich individuell möglicherweise nur schwach giftig.

4 Weiße Waldrebe – *Clematis vitalba*
Die Weiße Waldrebe ist eine der wenigen mitteleuropäischen Lianen. In dichtem Gewirr durchzieht sie Büsche am Waldrand ebenso wie sie – dann meist locker – bis etwa 25 Meter an Bäumen emporklimmt. Fast noch mehr als zur Zeit ihrer Blüte zu Sommerbeginn fällt sie im Herbst oder Winter auf, und zwar wegen ihrer weißwolligen Fruchtstände, in denen zahlreiche „geschwänzte“ Früchte beieinanderstehen.
Bemerkenswerterweise klettert die Weiße Waldrebe durch das „Ranken“ ihrer Blattstiele: Sie umschlingen die Zweige und Äste der Pflanze, die dem aufstrebenden Gewächs Halt geben. Besonders gut gedeihen Weiße Waldreben in freistehenden Gebüschen auf ehemaligen Schuttplätzen, weil dort der Boden in der Regel besonders reich an Stickstoffsalzen ist. An günstigen Standorten sollen sie ein Alter von rund vierzig Jahren erreichen. Giftig.

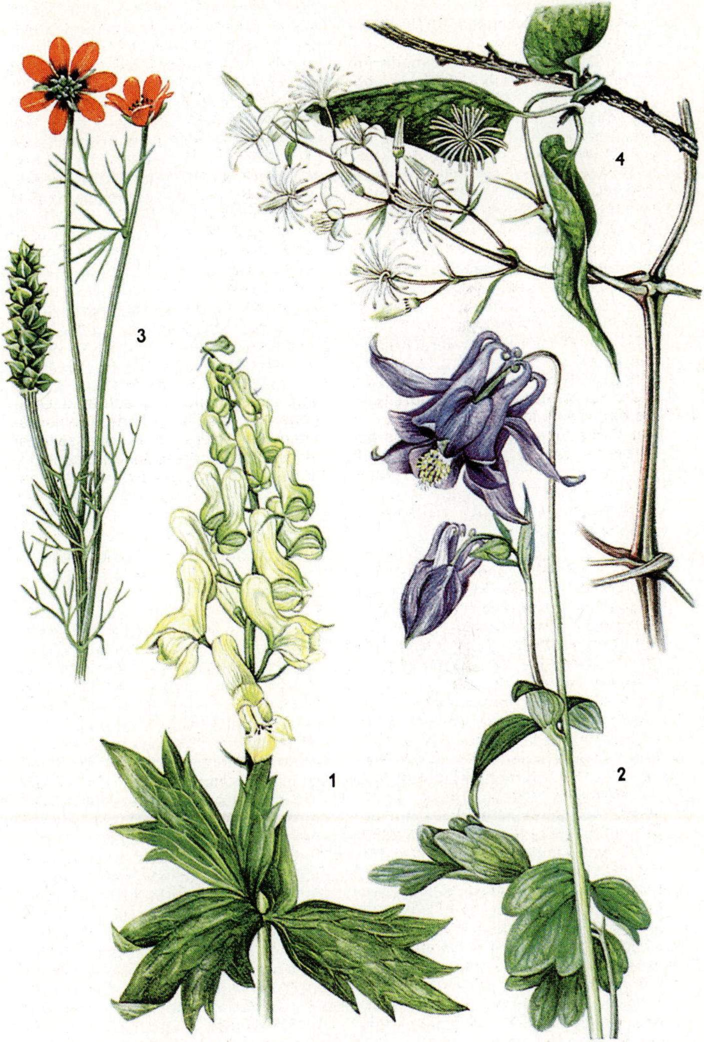
4
3
1
2

Familie: Hahnenfußgewächse – Ranunculaceae

1 Echte Küchenschelle – *Pulsatilla vulgaris*
Zum auffälligsten Blütenschmuck im zeitigen Frühjahr gehört in Mitteleuropa zweifellos die Küchenschelle. Sie kommt fast ausschließlich auf ziemlich trockenen, ungenutzten Rasen und an warmen Waldrändern auf kalkhaltigem Boden vor, sofern dort das Gras nicht zu hochwüchsig ist. Ihre Blätter bleiben bodennah in mehr oder minder großen buschigen Rosetten, und die Fruchtstände werden kaum 40 cm hoch. Standorte dieser Art waren schon immer selten. Heutzutage sind sie häufig genutzt. Das bedeutet in der Regel das „Aus" für die Küchenschelle, da sie Düngung, Mahd und andere Kulturmaßnahmen nicht erträgt. Zu Recht genießt sie daher in Deutschland gesetzlichen Schutz. Dennoch geht sie immer mehr zurück. Ursprünglich bedeutete ihr Namen wohl „Kuhschelle", hat also mit Küche nichts zu tun. Die Pflanze ist giftig.

2 Gelbes Windröschen – *Anemone ranunculoides*
Das Gelbe Windröschen braucht zum guten Gedeihen mullreichen und feuchten Boden, dem Kalk nicht fehlen sollte. Halbschatten zieht es voller Besonnung vor. Deshalb findet man es im Frühjahr vor allem in feuchten Wäldern, aber auch in ufernahen Gebüschen. Obwohl es nur 15–30 cm hoch wird, fällt es um diese Jahreszeit auf, zumal es an seinen Standorten meist in kleineren Beständen vorkommt. Wer schon Pflanzenkenntnisse besitzt, erkennt die Art sofort an dem typischen Hochblattquirl als Anemone; doch wundert er sich dann über die häufige Zweiblütigkeit, die man in der Gattung sonst nicht antrifft. Hat er überdies einen Überblick über die Pflanzen Europas, erstaunt ihn der scheinbare Gegensatz zwischen dem feuchten Boden, den das Gelbe Windröschen braucht, und seinem Fehlen vor allem in Westeuropa. So kommt es in England nur eingeschleppt vor. Die naheliegendste Erklärung: Es braucht im Spätfrühling und Frühsommer viel Wärme, die es bei den geringeren Temperaturgegensätzen in Meeresnähe seltener findet. Giftig.

3 Busch-Windröschen – *Anemone nemorosa*
Das Busch-Windröschen gehört wohl zu den bekanntesten Pflanzen in Europa. Das liegt sowohl an der Blütezeit im Frühjahr, die beginnt, ehe die Bäume ausschlagen, und die mehrere Wochen andauert, als auch an seinem massenweisen Auftreten. Was es braucht, ist mullreicher Boden und Beschattung nach der Blütezeit. Daher findet man es in Laub-, Misch- und Nadelwäldern ebenso wie in lichten Gebüschen oder auf hochgelegenen, feuchten Wiesen. In Wäldern kann es über Hunderte von Quadratmetern einen dichten Blütenteppich bilden.
In der Regel sind die Blüten reinweiß und besitzen sechs Blütenblätter; doch findet man nach einigem Suchen sicherlich überall Pflanzen mit abweichender Blütenblattzahl und mehr oder minder intensiv rötlich-violett überlaufenen Blütenblättern. Der Name „Wind"röschen ist nicht zwingend verständlich. Er soll auf ein rasches Abfallen der Blütenblätter verweisen, eine Eigenschaft, die beim Busch-Windröschen jedenfalls nicht sehr ausgeprägt ist. Es ist giftig.

4 Leberblümchen – *Hepatica nobilis*
Es gibt seltene Pflanzen, die an ihren Standorten gleichwohl in größeren Beständen vorkommen. Zu ihnen gehört das Leberblümchen, das diesem Umstand den gesetzlichen Schutz verdankt, den es in Deutschland genießt. Es braucht zum Gedeihen mullreichen, feuchten und recht nährstoffhaltigen Boden in Laubwäldern. Da es im zeitigen Frühjahr blüht, fällt es auf. An seinen dreilappigen Blättern ist es ebenso leicht kenntlich wie an seinen blauen oder blauvioletten Blüten. Den lappigen Blättern verdankt es übrigens seinen Namen: Man erblickte in diesem Merkmal einen Hinweis auf den lappigen Bau der Leber und glaubte, die Pflanze enthalte leberwirksame Stoffe. Leider täuschte man sich da. Vielmehr ist das Leberblümchen schwach giftig. Bemerkenswert hingegen sind die Blüten. Sie sind meist nur eine Woche offen. Durch Öffnen und Schließen als Folge von ungleichem Wachstum der Blütenblätter verlängern diese sich auf nahezu das Doppelte der Länge, die sie beim Aufblühen besaßen.

4
2
1
3

Familie: Hahnenfußgewächse – Ranunculaceae

1 Scharbockskraut – *Ranunculus ficaria (Ficaria verna)*
Noch vor wenigen hundert Jahren gehörte das Scharbockskraut zu den Pflanzen, die sich höchster Wertschätzung erfreuten: Es war – wohl zufällig gefunden – eine der wirksamsten Waffen gegen den gefürchteten Skorbut oder Scharbock, eine Krankheit, die als Folge von Vitamin-C-Mangel auftritt, wie wir heute wissen. Sobald es seine ersten Blätter aus dem Erdreich schob, also vor der Blüte im zeitigen Frühjahr, wurden sie zu einem Wildsalat gepflückt und vermochten wegen ihres hohen Gehalts an Vitamin C die Krankheitserscheinungen rasch zu beheben. Glücklicherweise kommt das Scharbockskraut fast überall in Mitteleuropa auf feuchten, nährstoffreichen Wald- und Wiesenböden häufig und meist in kleineren Beständen vor. Die unterirdischen Organe der Pflanze enthalten immer, die Blätter etwa ab dem Aufblühen der Blüten die Gifte Protoanemonin und Anemonin, die allerdings für viele Menschen brennend scharf schmecken und so vor unüberlegtem Genuß warnen.

2 Brennender Hahnenfuß – *Ranunculus flammula*
Der merkwürdige Name verweist auf den Gehalt der Pflanze an den Giften Protoanemonin und Anemonin. Jedenfalls hat er nichts mit der goldgelben Blütenfarbe oder den ganzrandigen Blättern zu tun, die innerhalb der Gattung selten sind. Freilich kommt die Art, die ähnliche Blätter hat, in Mitteleuropa an ähnlichen Stellen, nämlich an sehr feuchten Orten oder im Röhricht ebenfalls vor. Es handelt sich um den Zungen-Hahnfuß *(Ranunculus lingua)*. Man kann ihn leicht vom Brennenden Hahnenfuß unterscheiden: Seine Blüten haben einen Durchmesser von 2,5 – 4 cm, beim Brennenden Hahnenfuß erreichen sie gerade 2 cm. Wegen des hohen Giftgehalts vermag er, auf der Haut zerrieben, gelegentlich Rötungen oder gar Schwellungen hervorrufen. Deswegen wurde er früher als Gegenmittel gegen Gicht verwendet. Man hat dies heute nicht nur wegen der Wirkungslosigkeit aufgegeben, sondern auch weil diese „Heilmethode" durchaus nicht unbedenklich ist. Der Brennende Hahnenfuß blüht im Hochsommer bis in den frühen Herbst und wird bis zu ½ m lang.

3 Kriechender Hahnenfuß – *Ranunculus repens*
Der Kriechende Hahnenfuß braucht feuchte, lehmige Böden, denen Stickstoffsalze möglichst nicht fehlen sollten; sind sie reichlich vorhanden, gedeiht er besonders gut. Doch vermag er auch noch auf verhältnismäßig wenig mit Humus durchsetztem Boden durchzukommen. Die Pflanze kann ihre Wurzeln bis zu 50 cm in die Tiefe treiben und fördert so die Bodenlockerung. An ihren Wuchsorten ist der Boden für die meisten Pflanzenarten zu fest. Infolgedessen leistet der Kriechende Hahnenfuß auf solch „rohen" Böden Pionierarbeit. Wo er sonst auftritt, ist das Gleichgewicht im Bodenhaushalt eher gestört, und zwar entweder in Richtung Verdichtung oder Vernässung, oft beides zusammen. Kennzeichnend sind die oberirdischen Ausläufer, die an den Blattansätzen wurzeln. Dieses „Kriechen" ist also zu Recht namengebend geworden. Der Kriechende Hahnenfuß enthält etwas Protoanemonin und Anemonin und ist schwach giftig.

4 Scharfer Hahnenfuß – *Ranunculus acris (Ranunculus acer)*
Der Scharfe Hahnenfuß ist die Art der Gattung, die jedermann als „den" Hahnenfuß kennt, obwohl die Unterscheidung gegenüber ähnlichen Arten der Gattung gar nicht immer so einfach ist. Allerdings: Wo im späten Frühling oder Frühsommer ganze Wiesen dicht von „Hahnenfüßen" gelb gefärbt werden, da handelt es sich mit hoher Sicherheit um den Scharfen Hahnenfuß. Typisch für ihn ist neben der Mehrblütigkeit des Stengels die Ähnlichkeit der Stengelblätter mit den Grundblättern. Beide sind handförmig tief geteilt. Haare – zumindest solche, die abstehen und zottig wirken – fehlen der Pflanze. Betrachtet man die Blütenstiele ganz genau, so sind sie rund und ohne Furchen. Der Scharfe Hahnenfuß bleibt auf Weiden oft in ganzen Inseln stehen. Die Kühe verschmähen ihn wegen des scharf schmeckenden Giftes Anemonin. Beim Trocknen von Heu geht der scharfe Geschmack verloren.

3
2
4
1

Familie: Mohngewächse – Papaveraceae

1 Schöllkraut – *Chelidonium majus*
In der Volksheilkunde hat das Schöllkraut einen weitverbreiteten Ruf als „unfehlbares" Mittel gegen Warzen. Um genau zu sein: Dieser Ruf wird dem orangegelben Milchsaft zugeschrieben, den die Blätter vor allem am Ansatz zu den unterirdischen Organen führen. Man muß diesen Ruf anzweifeln. Zwar enthält die Pflanze rund zehn Alkaloide, von denen zumindest einige recht giftig sind. Indessen taugen weder sie noch der Milchsaft als Ganzes zum Warzenvertreiben; weit eher ist er ein sicheres Kennzeichen für die Art. Das Schöllkraut blüht vom Frühjahr bis ins Spätjahr und wächst bis zu 1 m hoch, es ist in Mauerritzen ebenso zu Hause wie an lichten Waldstellen.
Immer wieder werden erfolgreiche „Warzenbekämpfungen" mit Hilfe des Schöllkrauts gemeldet. Es spricht aber vieles dafür, daß hier Autosuggestion wirksamer gewesen ist als irgendein Inhaltsstoff der Pflanze.

2 Klatsch-Mohn – *Papaver rhoeas*
Vom späten Frühling bis in den Hochsommer hinein gehört der Klatsch-Mohn zu den auffälligsten Pflanzen in Mitteleuropa. Schließlich besitzt er – im Regelfall – leuchtendrote Blüten, die ausgebreitet immerhin 5 – 8 cm im Durchmesser erreichen können und die am Grunde meist einen schwarzen Fleck tragen. Einst gehörte der Klatsch-Mohn zu den charakteristischen Getreideunkräutern. Er kam wahrscheinlich mit dem Getreideanbau nach Mitteleuropa. Heute findet man die Pflanze weit häufiger auf Schuttplätzen oder an Wegrändern, da sie den derzeit gebrauchten Unkrautvertilgungsmitteln nicht widersteht. Im südlichen Europa leben ähnliche Arten, die nur Kenner rasch und sicher unterscheiden können. Selten werden sie auch verschleppt und halten sich dann kürzere Zeit auch in kälteren Klimaten. Bemerkenswert sind die Abwärtskrümmungen der Knospen. Erst mit dem Öffnen der Blüten richtet sich der Stiel unmittelbar unter den Blütenblättern auf. Der Klatsch-Mohn enthält ein zumindest schwaches Gift.

3 Hohler Lerchensporn – *Corydalis cava*
An warmen Stellen mit lockerem, nährstoffreichem, mullhaltigen und nicht zu trockenem Boden findet man dann und wann in Gebüschen, aufgelassenen Weinbergen oder in lichten Laubwäldern im zeitigen Frühjahr eine gespornte Pflanze, die meist in größeren Beständen auftritt und deren Blütenfarbe man schwer beschreiben kann: Nicht nur, weil einem für das trübe Rot ein angemessener Vergleich fehlt, sondern weil es Pflanzen im Bestand gibt, die eher violett, rosa, gelb oder reinweiß blühen. Sind die Blütentrauben aufrecht, die Hochblätter, die unter den Blüten sitzen, ungeteilt, dann hat man den Hohlen Lerchensporn vor sich, der 15 – 30 cm hoch werden kann; andernfalls eine noch seltenere verwandte Art der Gattung. „Hohl" bezieht sich auf die unterirdische Knolle. In ihr erkennt man Hohlräume. Pflücken lohnt nicht, da der Hohle Lerchensporn rasch welkt. Übrigens ist er giftig. Obschon er keinen gesetzlichen Schutz genießt, sollte man seine Bestände erhalten, wo es sie noch gibt; denn sie werden durch „Kultivierung" immer seltener.

4 Echter Erdrauch – *Fumaria officinalis*
In Gärten und auf Äckern – vor allem solchen, die nicht mit Getreide bepflanzt sind – trifft man vom Frühjahr bis in den Herbst den Echten Erdrauch. Er liebt Lehmböden, wird aber nur 15 – 30 cm hoch und fällt deshalb flüchtigen Beobachtern selbst da nicht auf, wo er in größerer Individuenzahl, aber lockerem Bestand vorkommt. Deshalb ist die Deutung des Namens mehr als zweifelhaft, die wegen der graugrünen Blätter den Boden „rauchig" überdeckt sehen möchte. Wahrscheinlicher ist es, daß man schon einen den Römern vertrauten Namen auf die Gattung übertragen hat. Die „römische" Pflanze soll – ins Auge gebracht – Tränenfluß ausgelöst haben. Tatsächlich enthält der Erdrauch ein schwaches Gift, das aber die Tränendrüsen nicht reizt. Vermutlich wurde wie in anderen Fällen ein altgewohnter Name unzulässig auf eine mitteleuropäische Pflanze übertragen, obschon manche Arten der Gattung schwerpunktmäßig im Mittelmeergebiet beheimatet sind.

4
3
1
2

Familie: Kreuzblütengewächse – Brassicaceae (Cruciferae)

1 Knoblauchsrauke – *Alliaria officinalis*
Kreuzblütengewächse haben ihren Namen, weil ihre vier Blütenblätter über Kreuz stehen. Viele Arten von ihnen bereiten bei der Bestimmung selbst Fachleuten Schwierigkeiten. Eine rühmenswerte Ausnahme ist die Knoblauchsrauke. Sie blüht im Spätfrühling bis zum Frühsommer, und wiewohl sie bis zu einem Meter aufschießen kann, so fällt sie durch ihre Blüte sicherlich nicht auf. Wohl aber, wenn man absichtlich oder unabsichtlich ihre Blätter zerreibt, dann entfaltet sich oft durchdringender Knoblauchgeruch. Das kommt von den Senfölen, die in der Pflanze enthalten sind.
An Gebüschen, Waldrändern, aber auch auf Schuttplätzen, Wegrändern und an Bahndämmen bildet sie oft größere Bestände, vor allem, wenn der Boden reichlich Nähr- und insbesondere Stickstoffsalze enthält. Obwohl sie zu den alten Volksheilpflanzen gehört, wird sie kaum mehr verwendet, weil andere Pflanzen ähnliche oder gleiche Stoffe enthalten.

2 Wiesen-Schaumkraut – *Cardamine pratensis*
Das Wiesen-Schaumkraut prägt im Frühling das Gesicht der feuchten Wiesen. Sie sehen dann zuweilen aus, als überzöge sie ein zartlila Schleier. Überdies findet man die Pflanze in feuchten Laub- und Mischwäldern, ja selbst an lichten Stellen von Nadelforsten kann sie noch vorkommen. Die Blütenfarbe kann von Reinweiß über Rosa bis zu intensiv Lila variieren. Am sichersten erkennt man die Art an den rosettig stehenden Grundblättern, bei denen das Endblättchen in der Regel deutlich vergrößert ist und oft doppelt so groß wird wie die eirundlichen Fiederblättchen seitlich an der Mittelrippe. Namengebend für die Pflanze ist das häufige Vorkommen von Larven der Schaumzikade an ihren Stengeln. Diese saugen aus den Leitungsbahnen nährstoffhaltigen Saft, der durch Gase speichelartig aufgetrieben wird und in dieser Form vermutlich für die Jungtiere einen Schutz gegen Gefressenwerden darstellt. Allerdings ist die Schaumzikade nicht auf das Wiesen-Schaumkraut als Wirtspflanze angewiesen. Man findet den „Kuckucksspeichel" auch an anderen Pflanzen.

3 Bitteres Schaumkraut – *Cardamine amara*
Das Bittere Schaumkraut wird oft verwechselt, und zwar mit der Brunnenkresse, der es bis auf eine Eigenheit außerordentlich ähneln kann: Zur Blütezeit – in der zweiten Frühlingshälfte – sieht man deutlich die purpurvioletten Staubgefäße, die bei der Brunnenkresse stets gelb sind. Außerdem haben die Stengelblätter meist 4 – 5 Fiederpaare, die der Brunnenkresse hingegen nur 3. Auch der Stengel ist beim Bitteren Schaumkraut wenigstens teilweise mit Mark gefüllt, bei der Brunnenkresse indessen hohl. Will man die Blätter zu einem Wildsalat bereiten, der einem früh im Jahr reichlich Vitamin C liefern soll, dann ist ein Irrtum nicht weiter schlimm. Auch das Bittere Schaumkraut enthält diesen lebensnotwendigen Stoff in beträchtlicher Menge. Allerdings daneben auch einen Bitterstoff, dem es seinen Namen verdankt. Offensichtlich schadet dieser aber nicht.

4 Brunnenkresse – *Nasturtium officinale*
Die Brunnenkresse beginnt gegen Frühjahrsende zu blühen; ihre Blütezeit erstreckt sich bis in den Spätsommer, ja Frühherbst hinein. Sie bleibt meist etwas niedriger als das Bittere Schaumkraut und erreicht nur selten Höhen um ½ m. Ihre Standorte sind durchweg feucht, ja naß. Sie besiedelt fast ausschließlich Quellen, Gräben, Bäche oder kleinere Flüsse mit kühlem und nicht zu veschmutztem Wasser; sie geht durchaus an sandige oder kiesige Ufer, die gelegentlich überschwemmt werden. Zwar kann sie fast alle diese Standorte mit dem Bitteren Schaumkraut teilen, doch ist die Brunnenkresse die lichtliebendere und kälteverträglichere der beiden Arten. Sie gehört zu den bekanntesten Wildsalatpflanzen und enthält in beträchtlicher Menge Vitamin C. Allerdings sind ihre möglichen Wuchsorte in den letzten Jahrzehnten immer weniger geworden: Wiesen wurden drainiert, Bäche und Flüsse begradigt und nicht zuletzt verschmutzt.

1
2
3
4

Familie: Kreuzblütengewächse – Brassicaceae (Cruciferae)

1 Ausdauerndes Silberblatt – *Lunaria rediviva*
Es gibt nur wenige Pflanzen, bei denen man noch vor der Blüte Teile der Frucht besonders schön findet. Das Silberblatt gehört dazu. Seinen Namen verdankt es nämlich nicht etwa silberglänzenden Blättern, sondern der glänzenden Scheidewand, die die Fächer der Schotenfrucht voneinander trennt und die stehenbleibt, nachdem die Samen ausgefallen sind. Die Pflanze, die um 1 m hoch wird und vom späten Frühjahr bis in den Hochsommer hinein blüht, ist in Mitteleuropa selten. Sie bevorzugt kalkhaltige Steinschuttböden und braucht reichlich Luftfeuchtigkeit. Im Tiefland nördlich der Mittelgebirge fehlt sie, kommt aber andererseits in einem abgeschlossenen Gebiet in Südschweden und auf einigen Ostseeinseln vor, desgleichen in Südeuropa. Gelegentlich sieht man in Bauerngärten noch eine verwandte Art angepflanzt, das Garten-Silberblatt *(Lunaria annua)*. Bei ihm sind die Schoten und die verbleibenden Trennwände rundlich.

2 Hungerblümchen – *Erophila verna*
Das Hungerblümchen hat seinen Namen recht treffend nach seinen Standortansprüchen bekommen: Obschon es auch auf nährstoffreichen Böden wächst, setzt es sich gegenüber seinen Konkurrenten nur auf eher magerem Untergrund durch. Das hängt sicher mit seiner Kleinheit zusammen. Selbst „aufgeschossene" Blütenstände überragen selten 10 cm, und die kleinen Blätter liegen in flacher Rosette dem Boden an. Wo Nachbarpflanzen zu dicht auf ihnen stehen, bekommen sie infolgedessen zu wenig Licht; dann geht selbst das Hungerblümchen zugrunde. Obgleich es zu den Arten gehört, die bei uns im Frühling am zeitigsten erblühen, fiele es mit seinen unscheinbaren Blüten kaum jemandem auf, stünde es nicht auf so kargem Untergrund. Den Fachleuten macht die Art zu schaffen. Kaum ist sie aufgeblüht, befruchten sich in der Regel die Blüten selbst. Ein Austausch von Erbgut zwischen benachbarten oder gar weiter voneinander wachsenden Individuen ist daher nicht möglich. Vielmehr erzeugen alle mit ihren Samen gewissermaßen Kopien ihrer selbst. Infolgedessen gibt es innerhalb der Art Gruppen, die unter sich außerordentlich ähnlich sind, abgrenzbar hingegen gegenüber anderen derselben Art.

3 Hirtentäschel – *Capsella bursa-pastoris*
Das Hirtentäschel zählt zu den bekanntesten Unkräutern überhaupt, nicht weil es durch Größe (es wird selten höher als 40 cm) oder Blütenpracht (die Blüten messen nur wenige Millimeter im Durchmesser) auffiele, sondern weil es auf Äckern und in Gärten kaum irgendwo fehlt und überdies Schutt, Wege und Dämme aller Art besiedelt. Es stellt an den Boden eigentlich nur den Anspruch, Stickstoffsalze in nicht zu geringer Menge zu enthalten. Die Vielfalt im Wuchsort und die Blühperiode vom zeitigen Frühjahr bis in den späten Herbst bedingt eine Vielfalt im Äußeren: in der Rosettenbildung wie im Blattzuschnitt. Ein Merkmal bleibt indessen stets unverändert: Die namengebende Frucht, ein auf der Spitze stehendes Schötchen, das an der Oberkante schwach eingebuchtet ist und oberhalb der Schötchentrennwand meist einen Griffelrest erkennen läßt. Weißlich „überlaufene" Pflanzen sind nicht selten. Ein Pilz hat sie befallen. Unter seinem Einfluß sind Gestaltsveränderungen möglich (s. S. 100).

4 Acker-Hellerkraut – *Thlaspi arvensis*
Von den Hellerkräutern gibt es in Mitteleuropa etwa ein halbes Dutzend Arten. Von allen ist das Acker-Hellerkraut am häufigsten. Man erkennt es nicht nur an seinen münzähnlichen Schötchen, die der Gattung den Namen gegeben haben, sondern vermag es gegen verwandte Arten auch zu unterscheiden durch den Lauchgeruch, den man an zerriebenen Blättern wahrnehmen kann, sowie an dem kahlen Stengel. Vor allem hat keine Art, die auf Äckern wächst, einen kahlen Stengel. Die anderen Verwandten gedeihen in Rasen. Ähnlich wie das Hirtentäschel blüht auch das Acker-Hellerkraut vom Frühjahr bis in den späten Herbst. Der Lauchgeruch ist typisch für die Senföle, die die Pflanze enthält und die ihr überdies einen scharfen Geschmack verleihen.

2
3
4
1

Familie: Kreuzblütengewächse – Brassicaceae (Cruciferae)

1 Acker-Senf – *Sinapis arvensis*
Alle Pflanzen brauchen, um den Konkurrenzkampf bestehen zu können, „Tricks", die ihnen das Überleben sichern. Einen besonders wirksamen besitzt offensichtlich der Acker-Senf. Wie sonst könnte er sich als Unkraut nicht nur gegen andere Pflanzen durchsetzen, sondern sogar den Bekämpfungsmaßnahmen der Landwirte widerstehen? Schließlich ist er das Ackerunkraut, das trotz Herbiziden noch immer in Massenbeständen auftritt, obgleich es sichtlich durch sie geschädigt wird. Woran liegt das? Sicher wirkt folgendes zusammen: Die Pflanze, die um 50 cm hoch werden kann, blüht vom späten Frühjahr bis zum späten Herbst. Dank ihres Verzweigens bildet sie viele Blüten aus. Aus ihnen entstehen zahlreiche Schotenfrüchte. Angeblich soll eine einzige Pflanze um 25000 Samen erzeugen können. Zwar fallen diese nicht weit von der Mutterpflanze zu Boden, doch vermögen sie ihre Keimfähigkeit sehr lange beizubehalten, sicher 25 Jahre, wenn nicht ein halbes Jahrhundert. Durch Umpflügen und zeitweiliges Trockenliegen werden die Samen kaum geschädigt; denn sie keimen nur im Dunkeln – also wenn sie vom Boden bedeckt sind – und obendrein am besten bei Temperaturen, die deutlich über 10 °C liegen. In der warmen Jahreszeit bricht man den Boden aber nicht mehr um und schützt so die empfindlichen Keimlinge.

2 Hederich *Raphanus raphanistrum*
Im Gegensatz zum Ackersenf hat der Hederich stets aufrechte Kelchblätter, während die des Acker-Senfs waagrecht abstehen. Außerdem stellt der Hederich andere Bodenansprüche. Er gedeiht am besten auf schwach sauren Böden. Auch ist bei ihm die Blütenfarbe anders. Meist blüht er weiß, und seine Blüten sind dann violett geadert. Doch gibt es auch gelbblühende Pflanzen. Für sie ist eine hellgelbe Färbung typisch. Ihre Blütenblätter sind dunkler gelb geadert. Der Hederich blüht meist nur vom frühen bis in den späten Sommer und wird gut einen halben Meter hoch. Seine Schoten sind zwischen den Samen eingeschnürt. Einiges spricht dafür, daß er die Wildform des Rettichs ist. Sicher ist er aber mit diesem verwandt. Bei allem Verständnis für die Bekämpfung von Unkräutern sollte man daran denken: Unsere Kulturpflanzen stammen von Wildpflanzen ab. Rotten wir sie aus, verarmt nicht nur das Florenbild. Wir berauben uns züchterischer Möglichkeiten, die wir irgendwann brauchen könnten.

3 Meersenf – *Cakile maritima*
Was auf nackten Sand – wie er am Meeresstrand vorkommt – gedeiht und womöglich an Orten, die bei Hochwasser überflutet werden können und daher kochsalzhaltig sein müssen, das erweckt immer die Aufmerksamkeit all jener, die Pflanzen überhaupt wahrnehmen. Zu diesen Pflanzen gehört der Meersenf. Er liebt Außendünen und wächst auf ihnen in dichteren oder lokkeren Büschen. Seine hellvioletten oder blaßrosa Blüten stehen meist zahlreich an den Stengelenden und messen meist mehr als 5 mm im Durchmesser. Überdies duften sie angenehm. Weniger angenehm ist der Geschmack der Pflanze: salzig und scharf. Schließlich enthält sie wie viele ihrer Verwandten Senföle. Trotz dieser Eigenheit hat man in Zeiten, in denen man sich Vitamin C nicht anders beschaffen konnte, den Meersenf als Salatpflanze genutzt.

4 Meerkohl – *Crambe maritima*
Wer diese Pflanze finden will, muß sie an der Ostseeküste von Schleswig-Holstein, an der südwestschwedischen Küste oder an der französischen und englischen Kanalküste suchen. Sie ist nicht nur bemerkenswert, weil sie in der Vordüne wächst und wesentlich höher werden kann als 50 cm und Büsche mit mehr als 1 m Durchmesser bildet, sondern weil sie eine mögliche Gemüsepflanze darstellt. Daß sie dies nicht überall geworden ist, mag nicht zuletzt an ihren Bodenansprüchen liegen. Küstennah wird sie in England örtlich noch heute angebaut. Abgedunkelt gezogene und daher vergeilte Triebe schmecken ähnlich zart wie Blumenkohl. Trotz ihrer zahlreichen Blüten (etwa 1 cm im Durchmesser) und ihrer beträchtlichen Fähigkeit, Samen in großer Zahl zu bilden, ist die Art in Europa bedroht.

3
4
2
1

Familie: Resedengewächse – Resedaceae

1 Gelbe Resede – *Reseda lutea*
Bahnschotter, Dämme, Wegränder, Schuttplätze und trockene, oft steinige Rasen – das sind die Standorte, an denen man die Gelbe Resede in Mitteleuropa antrifft. Sie blüht unscheinbar hellgelb, und zwar vom späten Frühjahr bis in den frühen Herbst, wächst in Büschen und wird gut einen halben Meter hoch. Zum Gedeihen braucht sie Kalk im Untergrund und einen nicht so sonnenarmen Stand. Mit großer Wahrscheinlichkeit ist die Art ursprünglich in Südosteuropa zu Hause. Wie und wann sie von dort hier eingewandert ist, liegt im unklaren. Genutzt jedenfalls hat man sie im Gegensatz zur Färber-Resede *(Reseda luteola)* nie, obwohl auch die Gelbe Resede Flavone enthält, die arzneilich nicht uninteressant sind.

Familie: Sonnentaugewächse – Droseraceae

2 Rundblättriger Sonnentau – *Drosera rotundifolia*
„Fleischfressende" Pflanzen haben wie keine andere Pflanzengruppe mit Besonderheiten in ihrer Nahrungsaufnahme die Aufmerksamkeit der Menschen auf sich gezogen. Der Rundblättrige Sonnentau ist wohl der bekannteste Vertreter dieser Gruppe in Mitteleuropa. Er wächst auf Hochmooren, und zwar meist in Torfmoosrasen. Hier sind insbesondere stickstoffhaltige Nährstoffe Mangelware. Deshalb beschafft sich der Rundblättrige Sonnentau den lebensnotwendigen Stickstoff, indem er Kleintiere, Insekten zumeist, fängt und verdaut. Die kaum fingernagelgroßen Blätter sind von „Tentakeln" umstanden, Fortsätzen, deren köpfchenartiges Ende eine klebrige Flüssigkeit ausscheidet. Sie enthält ein eiweißverdauendes Ferment. Kleinsttiere werden durch diesen Klebstoff festgehalten und verdaut. Hierbei treten auch Krümmungen der Tentakel und der Blattfläche auf. Sie beruhen auf langsamem, einseitigem Wachstum. Zweckmäßigerweise liegen die Blätter des Rundblättrigen Sonnentaus dem Untergrund mehr oder minder dicht in einer Rosette an. Der Blütenstand wird nur 10–20 cm hoch. Die Blüten sind unscheinbar und im Hochsommer geöffnet. Die Pflanze genießt gesetzlichen Schutz. Vor allem sollte man ihre Wuchsorte in ihrem Zustand belassen.

Familie: Dickblattgewächse – Crassulaceae

3 Große Fetthenne *Sedum telephium*
Die Blätter der Fetthenne sind dickfleischig, saftig und erscheinen dick, fett; auch ein gewisser speckiger Glanz ist ihnen eigen. Natürlich sind sie nicht fetthaltig. Trotz dieser Blätter fällt die Fetthenne an ihren Standorten nicht sehr auf. Vielerorts ist sie selten. Bestände bildet sie eigentlich nie. Sie wird zwischen 20 und 50 cm hoch und blüht vom Frühsommer bis in den Frühherbst. Eigenartigerweise gibt es zwei Sippen, die sich in der Blütenfarbe unterscheiden: eine gelblichblühende und eine purpurrotblühende. Schon die Römer schrieben der Pflanze Heilkräfte zu und kultivierten sie. Auch heute noch kann man sie in Gärten antreffen. Allerdings stehen wir einer arzneilichen Wirkung mißtrauisch gegenüber: Wirkstoffe mit zweifelsfrei heilenden Eigenschaften konnte man nicht finden.

4 Scharfer Mauerpfeffer – *Sedum acre*
Wenn Botaniker Pflanzen in eine Gattung stellen, die im Volksmund verschiedene Namen führen, so gibt es dafür meistens einen Grund. „Mauerpfeffer" haben zwar wie „Fetthennen" dickfleischige Blätter, doch wachsen sie meist an steinigen Stellen, im Gebirge oder in Mauerritzen. Musterbeispiel für die Mauerpfeffer kann der Scharfe Mauerpfeffer sein. Ihn findet man außerhalb der Alpen in der Tat in Mauerritzen, noch häufiger aber zwischen Schotter, Kies, ja sogar auf Sand. Kaut man ihn – und das sollte man mit Vorsicht tun und das Gekaute keinesfalls schlucken –, dann verspürt man nach einiger Zeit auf der Zunge ein scharfes Brennen. Das kommt von einem giftigen Alkaloid, das merkwürdigerweise bei verwandten Arten zu fehlen scheint. Sein Vorhandensein ist infolgedessen schon ein gutes Erkennungsmerkmal Er wird 5–15 cm hoch, bildet Polster und hat gelbe Blüten.

1
2
3
4

Familie: Dickblattgewächse – Crassulaceae

1 Spinnweben-Hauswurz – *Sempervivum arachnoideum*
Außerhalb der Alpen, genauer der Alpenketten mit kalkarmem Gestein, trifft man die Spinnweben-Hauswurz höchstens in Steingärten an, in denen sie allerdings meist nicht die Schönheit erreicht wie an ihren natürlichen Standorten. Nicht nur deshalb, sondern weil die Pflanze auch gesetzlichen Schutz genießt, steht zu hoffen, daß die Gartenpflanzen aus Gärtnereien stammen. „Schön“ ist die Rosette aus den dickfleischigen Blättern, die am Naturstandort über und über mit weißen Haaren überzogen sind. Sie entstehen aus Drüsenabsonderungen, die unter Windeinwirkung miteinander verkleben. Dichte Gespinste solcher Art reflektieren Licht, verhindern zu starke Erwärmung und Luftbewegung unmittelbar über der Blattfläche und damit letztlich eine zu starke Verdunstung durch die Blätter. Obwohl tief in Felsspalten wurzelnd, kann sich die Spinnweben-Hauswurz unnötigen Wasserverlust tatsächlich nicht „leisten“. Ihre Rosetten werden bis zu 5 cm im Durchmesser bei zumindest halbkugeligem Wuchs. Dies beeindruckt weniger (ebenso die im Sommer geöffneten zahlreichen roten Blüten auf rund 10 cm hohem Blütenstandsstiel) als die zahlreichen Tochterrosetten. Von starken Stürmen oder Steinschlag werden sie losgerissen, kugeln bergab, bis sie liegenbleiben. Egal welche Lage sie einnehmen: Sie treiben Wurzeln, die sich zur Erde krümmen und die Rosette in eine „angemessene“ Lage ziehen.

Familie: Steinbrechgewäche – Saxifragaceae

2 Knöllchen-Steinbrech *Saxifraga granulata*
Anders als viele seiner Verwandten kommt der Knöllchen-Steinbrech nicht in Gebirgen vor. Seine Heimat sind magere Wiesen, die auf schwach sauren Lehmböden stocken und in denen die Luftfeuchtigkeit nicht allzu gering sein sollte. Wo es solche Bedingungen im Grünland – noch! – gibt, ist er dann nicht selten, fällt aber nicht auf, obschon er 30 cm Höhe erreicht und im Frühsommer meist mehrere Blüten von rund 1 cm Durchmesser trägt. Wie kommt er zu seinem Namen! „Steinbrech“ bezieht sich mit hoher Wahrscheinlichkeit nicht auf den Standort, den viele Arten der Gattung in Felsritzen einnehmen, sondern auf die frühere Verwendung der Pflanze gegen Blasensteine, eine Beziehung, die uns heute völlig fremd geworden ist, zumal die Inhaltsstoffe der Pflanze eine derartige Wirkung nicht haben. Anschaulicher ist für uns hinsichtlich der Namengebung der Standort in Felsritzen, wo andere Arten der Gattung vorkommen. „Knöllchen“ hat die Pflanze am Wurzelstock. Es sind Brutzwiebeln, die neben den Samen der Vermehrung dienen.

3 Wechselblättriges Milzkraut – *Chrysosplenium alternifolium*
Dieses Pflänzchen, das kaum 10–15 cm Höhe erreicht und gelbgrün blüht, darf man mit Recht unscheinbar nennen. Trotzdem fällt es auf, weil es schon im zeitigsten Frühjahr erblüht und erst mit Sommerbeginn verblüht. Es kommt an Naßstellen in Laubwäldern, an Quellen und kleineren, sauberen Bächen im Uferbereich vor. Im Gegensatz zu einer verwandten Art, dem Gegenblättrigen Milzkraut *(Chrysosplenium oppositifolium)*, an dessen vierkantigem Stengel die Blätter gegenständig stehen, besitzt es wechselständige Blätter und einen dreikantigen Stengel. Früher verwendete man die Pflanze zu Heilzwekken. Man hat jedoch keine Stoffe in ihr gefunden, denen eine arzneiliche Wirkung zukommt.

4 Sumpf-Herzblatt – *Parnassia palustris*
Trotz seiner Seltenheit gehört das Sumpf-Herzblatt zu den Pflanzen, die man kaum verkennen oder verwechseln kann: Es wächst an quelligen Stellen und hat eine unverwechselbare Blattform. Die herzförmige Einbuchtung am Blattgrund und der Standort standen zu gleichen Teilen Pate für den Volksnamen. Die Blüte erreicht 1–2 cm im Durchmesser und ist vom Spätsommer bis in den Herbst geöffnet. Obwohl sie weiß blüht, bemerkt man sie schon von weitem, weil sie einzeln oft auf 20–45 cm hohen Stielen steht. Die fünf Staubblätter reifen nacheinander. In der Reifungsfolge strecken sie sich.

1
2
3
4

Familie: Rosengewächse – Rosaceae

1 Eberesche – *Sorbus aucuparia*
Die „Eber"esche hat nichts mit Ebern, männlichen Schweinen also, zu tun. In der Vorsilbe steckt vielmehr die gleiche Wortwurzel wie in „Aber"glaube. Das soll heißen, es handle sich nicht um das Echte und Rechte, sondern um etwas Ähnliches. Die Eberesche ist – trotz der Ähnlichkeit der Blätter – eben keine Esche. Im späten Frühling zeigen dies überdeutlich die doldig-rispigen Blütenstände, im Herbst die Früchte, die bei der Wildform rot, bei vielen Gartensorten gelbrot sind. Wild ist die Eberesche nicht allzu selten in feuchten Wäldern und dort auf Schlagflächen oder ehemaligen Windwürfen anzutreffen. Dort wird sie selten höher als 15 m. Gartenformen werden der Beeren wegen angebaut. Sie enthalten in unterschiedlichem Maße Vitamin C und Provitamin A. Daneben kommt jedoch auch Parasorbinsäure vor, die zumindest in größerer Menge giftig ist.

2 Eingriffliger Weißdorn – *Crataegus monogyna*
Viele Volksnamen für Pflanzen haben es an sich, daß sie etwas Typisches der Pflanze herausheben. Der Weißdorn gehört hier zu den Ausnahmen. Dieser Name konnte sich im Volke wohl nur halten, weil die verwandte Schlehe *(Prunus spinosa),* die ebenfalls zu den Rosenwächsen gehört, Dornen von durchschnittlich dunklerer Farbe hat als eben die Angehörigen der Gattung „Weißdorn". Wollte man allein darauf jedoch eine Unterscheidung aufbauen, täte man sich schwer. Schlehen blühen, ehe die Bäume ausschlagen, Weißdorn wenigstens 14 Tage später. Von der Gattung kommen zwei Arten in Mitteleuropa wild vor, die man sicher nur an der Anzahl der Griffel unterscheiden kann. Der Eingrifflige Weißdorn hat auch immer die tiefer gelappten Blätter. Beide Arten bilden Büsche, die 5 m Höhe erreichen können. Sie sind auf Steinriegeln und an Waldrändern anzutreffen. Auch werden sie als Hecken gepflanzt, da sie Schnitt recht gut vertragen.

3 Himbeere – *Rubus idaeus*
Die Himbeere braucht man nicht vorzustellen. Jedes Kind kennt und schätzt sie. Die zahllosen Kultursorten stammen von der Pflanze ab, die in feuchten Wäldern, an Waldrändern und auf Schlägen oftmals bestandsbildend auftritt, sofern der Boden genügend Nährsalze, insbesondere Stickstoffsalze enthält. Die Wildformen werden zwischen 50 cm und 120 cm hoch. Ihre „Beeren" gelten als besonders aromatisch. Jedenfalls enthalten sie reichlich Vitamin C und organische Säuren. Mit der Bezeichnung „Beere" ist es allerdings so eine Sache. Der Botaniker versteht darunter eine fleischige Frucht, die aus einem Fruchtknoten hervorgegangen ist. Die Himbeerblüten enthalten jedoch mehrere Fruchtknoten, und jeder von ihnen bildet eine Beere. Das gesamte Gebilde ist also eine „Sammelfrucht". Da schon die Wildform ein lange Blühperiode zwischen Spätfrühjahr und Hochsommer hat, konnte man dies züchterisch nutzen, um mehrfach tragende Garten-Himbeeren auszulesen.

4 Brombeere – *Rubus fruticosus*
Brombeeren sind nicht nur für den, der die Sammelfrüchte pflücken will, eine stachelig-kratzende Angelegenheit, sondern auch für die Botaniker. Sie können sich mit guten Gründen auf den Standpunkt stellen, „die" Brombeere gäbe es überhaupt nicht. Wie dies? Wer die Wildformen aufmerksam betrachtet, findet nicht nur Unterschiede in der Wuchsform – fast kriechend, fast rankend, fast aufrecht –, sondern auch eine weite Blühspanne, die fast den ganzen Sommer andauert, Längen zwischen 1 – 2 m, Früchte, denen Wohlgeschmack nicht abzusprechen ist wie solche, die man nur fad nennen kann. Ursache für all dies ist unter anderem die Fortpflanzungsweise der Brombeeren: Bei ihnen entwickeln sich Samen und damit Früchte häufig ohne Befruchtung. Ein Austausch von Erbgut findet daher gar nicht oder doch sehr selten statt. Einmal durch zufällige Erbänderung erworbene Eigenschaften – mögen sie „gut" oder „schlecht" sein – werden infolgedessen den jeweiligen Nachkommen weitergegeben, verknüpft zum Teil mit äußeren Besonderheiten der Pflanzen. Daher gibt es auch in der Natur zahlreiche Sippen, die nur Spezialisten sicher unterscheiden können.

1
2
3
4

Familie: Rosengewächse – Rosaceae

1 Erdbeer-Fingerkraut – *Potentilla sterilis (P. fragariastrum)*
Das Erdbeer-Fingerkraut gehört zu den Pflanzen in Europa, die von vielen übersehen werden, obschon es häufig ist und kaum irgendwo fehlt. Zwar liebt es eher sauren als basischen Untergrund, meidet ihn aber nicht, vor allem wenn Kalk schon etwas aus ihm ausgewaschen ist. Es gedeiht in Wäldern ebenso wie an Wegrändern, auf Dämmen und Rainen. Allerdings wird es kaum 5–10 cm hoch. Seine um 1 cm im Durchmesser erreichenden Blüten fallen im April oder Mai – der Blütezeit – vielleicht auch deswegen nicht auf, weil es zu dieser Jahreszeit auffälliger blühende Gewächse gibt. Andererseits wird es auf den ersten Blick sicherlich oft mit der Erdbeere verwechselt, der es im Erscheinungsbild auch gleicht. Will man eine sichere Unterscheidung, muß man schon genau hinsehen: Beim Erdbeer-Fingerkraut berühren sich die fünf Blätter der Blüte nie, und an den dreiteiligen Blättern ist der Zahn über der Mittelrippe meist deutlich kleiner als die beiden Nachbarzähne. Spätestens wer Wochen später „Erdbeeren" holen will, wo er zuvor die Blüten gesehen hatte, wird den Irrtum alsdann gewahr. Auf dieses „Nicht-Früchte-Tragen" verweist der Artname „sterilis".

2 Gänse-Fingerkraut *Potentilla anserina*
Zuweilen wundert man sich, wenn auf begangenen Pfaden noch Pflanzen gedeihen. Sie müssen nämlich nicht nur die Belastung durch Tritt aushalten, sondern den als Folgewirkung verdichteten Boden durchwurzeln können, in dem oftmals Luft Mangelware ist. Zu diesen Pflanzen, die überdies Feuchtigkeit ertragen, ja wollen, die ihrerseits im Boden die Luftführung zusätzlich beeinträchtigt, gehört das Gänse-Fingerkraut. An seinen gefiederten, silbrig behaarten Blättern, seinen einzelnen, goldgelben Blüten, die man vom späten Frühjahr bis in den Hochsommer hinein sehen kann, erkennt man es leicht und zweifelsfrei. Es bleibt meist niedrig und reckt seine Blätter nur, wo es zwischen hochwachsenden Pflanzen steht, bis fast ½ m aufwärts. Unbestritten gedeiht es am besten, wo der Boden reichlich Stickstoffsalze enthält. Ufernahe Rasen, zu Großvaters Zeiten oft als Gänseweiden genutzt, bieten Trittverdichtung, Feuchtigkeit und Nährstoffreichtum. Möglicherweise ist das unbestritten häufige Vorkommen auf solchem Gelände namengebend gewesen.

3 Blutwurz *Potentilla erecta*
Wahrscheinlich ist die Blutwurz die Art ihrer Gattung, die noch am häufigsten gekannt wird, obschon gerade sie in manchem untypisch ist. So hat sie normalerweise nur vier Blütenblätter, wohingegen die übrigen Fingerkräuter fünf und einige sogar mehr besitzen. Das hängt nicht nur mit ihrer weiten Verbreitung zusammen: dem Vorkommen in Wäldern, Heiden, Wiesen, auf Rainen, in Sümpfen und Mooren. Weit eher dürfte der Grund in der früher üblichen Wertschätzung als Heilpflanze liegen. Sie enthält in beträchtlichen Mengen Gerbstoffe, die in der Tat bei kleineren Wunden die Blutgerinnung fördern. Daß man dies entdeckte, geht wohl auf den Glauben zurück, es müsse an den Pflanzen Eigenschaften geben, die auf ihre Brauchbarkeit hinweisen. Da die Blutwurz in ihrem Wurzelstock den Farbstoff Tormentillrot enthält, sah man in ihm diesen Hinweis. Will man die Gerbstoffwirkung der Blutwurz indessen wirklich nutzen, dann gäbe es hierfür Anwendungen, die bedeutender als das Stillen von Bagatellverletzungen sind.

4 Frühlings-Fingerkraut *Potentilla verna (P. tabernaemontani)*
Das Frühlings-Fingerkraut gehört zu den am frühesten blühenden Arten in Mitteleuropa. Es erreicht zwar nur um 10 cm Höhe, bildet aber auf warmen Trockenrasen, an Wegrainen, Mauern und auf Gesteinsschutthalden, die allesamt etwas Kalk führen sollten und sonnig sein müssen, dichte und vielblütige Polster. Seine Blätter sind 5- bis 7teilig, und diese in der Gattung häufige Unterteilungsart hat ihr den deutschen Gattungsnamen gegeben. Das Frühlings-Fingerkraut kommt in Mitteleuropa in mehreren Kleinrassen vor, die sich in der Stärke der Blattbehaarung unterscheiden. Meist ist sie um so stärker und dichter, je trockener der Standort ist.

4
3
2
1

Familie: Rosengewächse – Rosaceae

1 Wald-Erdbeere *Fragaria vesca*
Noch im Mittelalter galt die Erdbeere als Sinnbild der Verlockung. Wenigstens malte sie Hieronymus Bosch in dieser Weise. Sicher sind wir seitdem hinsichtlich der Gaumengenüsse verwöhnter geworden. Andererseits trifft man in der Tat wildwachsende Erdbeeren von durchaus verschiedenem Geschmack. In Mitteleuropa kommen nämlich drei verschiedene Arten der Gattung wild vor. Selbst Fachleute tun sich schwer, sie auseinanderzuhalten. Die würzigsten Scheinfrüchte – die eigentlichen Früchtchen sind die „Körnchen" – hat die seltene Zimterdbeere, die nährstoffreichen Boden an warmen und zugleich feuchten Waldrändern und Gebüschen will. Sie wurde noch vor wenigen Jahrzehnten da und dort in Gärten gezogen. Die Knack-Erdbeere, die sonnige, trockene Gebüsche oder Rasen bevorzugt, schmeckt fade. Das kann man von den Scheinfrüchten der Wald-Erdbeere nicht sagen. Woran erkennt man nun die Art? Die Pflanzen werden 10–15 cm hoch und blühen im Spätfrühling oder Frühsommer. Die Haare an den Blütenstielen stehen aufrecht ab oder liegen fast an. Außerdem sind die Blätter auf ihrer Oberseite nicht seidig behaart.

2 Frauenmantel – *Alchemilla vulgaris*
Wer diese Pflanze an einem sonnigen und warmen Nachmittag findet, fragt erstaunt, wie sie zu dem anschaulichen Volksnamen kommt, der doch immerhin Schönheit auszeichnen sollte. Nichts an den gelbgrünen Blüten, die man von Mai bis in den Oktober hinein auffinden kann, verdiente eine solche Auszeichnung, stehen sie nun – wie üblich – auf etwa 10 cm hohem Stiel oder zwischen Gräsern auf einem, der nahe an ½ m heranreicht. Und die Blätter erscheinen mit ihren vielen Zähnen großflächig, überhangartig, aber doch keineswegs grazil. Das Urteil lautet sicher ganz anders, sieht man sie frühmorgens, wenn der „Tau" auf den Gewächsen liegt. Genaugenommen muß es gar nicht zur Taubildung kommen. Es genügen luftfeuchte Nächte. Dann scheidet die Pflanze nämlich durch „Wasserspalten" an den Blattzähnen Flüssigkeit aus, die dort in kleinen Tröpfchen hängenbleibt, ja nicht selten liegt noch ein großer Tropfen in der Nähe des Stielansatzes. Im ersten Sonnenlicht funkelt nun das Blatt gleich einem Mantel, der am Rand mit Edelsteinen oder Flitter besetzt ist. Jetzt versteht man wohl die anspruchsvolle Benennung.

3 Bach-Nelkenwurz – *Geum rivale*
Diese Art trifft man an feuchten Stellen sowohl in Wiesen, Flachmooren und in lichten Auwäldern recht häufig an. Wer sie einmal offenen Auges gesehen hat, wird sie nicht mit anderen Pflanzen unserer Flora verwechseln, so typisch ist die Gestalt der Blüte. Sucht er in einem größeren Bestand, so wird er nicht selten auf „Anomalien" stoßen. Sie betreffen die obersten Blätter am Stengel ebenso wie die Blüte selbst. Oft ist sie „durchwachsen": Aus einer teilangelegten Blüte wächst eine Gipfelblüte heraus. Selbst gefüllte Blüten sind nicht allzu selten. Was diese „Mißbildungen" verursacht, weiß man nicht genau. Möglicherweise spielen erbliche Eigenschaften eine Rolle. Dafür könnte sprechen, daß Sonderformen oft gehäuft nebeneinander, ja am gleichen Wurzelstock auftreten können. Letzterer duftet übrigens nach Gewürznelkenöl, weil er das schwach giftige ätherische Öl Eugenol enthält.

4 Echte Nelkenwurz – *Geum urbanum*
Das dem Lateinischen entstammende Wort „urbanum" weist darauf hin, daß die Pflanze ortsnah, ja selbst in Siedlungen vorkommt. Wo der Boden stickstoffhaltig genug ist, kommt das öfters vor. Dennoch liegt ihr Verbreitungsschwerpunkt eindeutig in und an Wäldern an Orten, in denen neben reichlich Nährsalzen auch Feuchtigkeit vorhanden ist. Dort blüht sie auf 20–50 cm hohem Stiel unscheinbar vom Sommerbeginn bis in den Herbst hinein, obwohl ihre Blüten 1–2 cm im Durchmesser erreichen können. Neben dem schwach giftigen ätherischen Öl Eugenol enthält ihr Wurzelstock auch noch Gerbstoffe. Dies hat ihn zu einer früher viel benutzten Heilpflanze gemacht. In Notzeiten hat man den gemahlenen Wurzelstock sogar schon als Ersatz für Gewürznelken verwendet.

1
2
3
4

Familie: Rosengewächse – Rosaceae

1 Odermennig – *Agrimonia eupatoria*
Die Blühperiode des Odermennigs dauert vom frühen bis in den späten Sommer. Die Blütentraube wächst während dieser Zeit noch und kann am Ende zusammen mit dem beblätterten Stengel länger als 1 m werden. An der Traubenachse stehen die Blüten waagrecht oder eher etwas aufrecht ab. Die Früchte hingegen nicken deutlich. Genau genommen handelt es sich um Scheinfrüchte, weil bei ihrer Bildung noch anderes Gewebe als das des Fruchtknotens beteiligt war. Bemerkenswert sind die hakig eingekrümmten Haare an der „Frucht"oberseite. Durch sie verfängt sich das Gebilde im Fell vorüberstreichender Tiere und natürlich auch an den Kleidern von Spaziergängern. Diese „Klettverbreitung" sichert der Art die Besiedlung neuer, geeigneter Standorte. Die Pflanze enthält vor allem in den Blättern Gerbstoffe und wurde daher früher als Heilpflanze genutzt.

2 Großen Wiesenknopf – *Sanguisorba officinalis*
An den feuchtesten Stellen von Mähwiesen, aber auch in Flachmooren fällt der Große Wiesenknopf während des ganzen Sommers wegen seiner tief braunroten Blütenstände auf; denn eine solche Blütenfarbe ist bei einheimischen Gewächsen sehr selten. Andererseits tritt der Große Wiesenknopf meist in Beständen auf, sofern er überhaupt Bedingungen vorfindet, die ihm einigermaßen zusagen. Dann kann er durchaus die stattliche Höhe von 1,5 m erreichen. Betrachtet man nur die unscheinbaren Blüten, erkennt man die Verwandtschaft nur schwer. Die unpaarig gefiederten Blätter hingegen kommen bei den Rosengewächsen nicht allzu selten vor. Trotz der wenig lockenden Blüten werden diese von Insekten bestäubt. Bei Rosengewächsen hält man dies ohnedies für selbstverständlich. Andererseits ist der nächste Verwandte des Großen Wiesenknopfs in unserer Pflanzenwelt, der Kleine Wiesenknopf *(Sanguisorba minor)*, den man auf Trockenrasen über kalkhaltigen Böden da und dort antreffen kann, bei der Bestäubung auf den Wind angewiesen.

3 Geißbart – *Aruncus sylvestris (A. vulgaris, A. dioicus)*
Betrachtet man bei manchen Pflanzen nur die Blütenanzahl und danach die Anzahl der erzeugten Samen je Pflanze, dann vermag man den Widerspruch kaum zu erklären zwischen überreicher Samenbildung und Seltenheit des Vorkommens. Zu diesen Arten gehört der Geißbart. Bei ihm stehen im Frühsommer in einer Rispe Hunderte von Blüten, und er erzeugt je blühender Pflanze Hunderttausende, ja Millionen von Samen. Sie sind so klein, daß rund 10000 auf 1 Gramm gehen. Deshalb können sie durch den Wind leicht verweht werden. Dem kommt entgegen, daß die Pflanze meist 1–2 m hoch wird. Warum also ist sie so selten, daß sie gesetzlichen Schutz genießt? Eine Ursache sind sicherlich ihre Standortansprüche. Sie will humusreichen, feuchten und etwas steinigen Waldboden und möglichst Halbschatten. Ein anderer Grund liegt sicher in der Kleinheit der Samen selbst. Wo sollen in ihnen so viel Nährstoffe gespeichert sein, daß der Keimling Notzeiten übersteht?

4 Mädesüß – *Filipendula ulmaria*
Wo das Mädesüß in größerer Anzahl auftritt, da kann man mit Sicherheit sagen: Dort ist der Boden zumindest feucht, wenn nicht naß, ganz gleich, ob das nun Wiesen, Laubwälder oder Flachmoore sind. Leicht zu erkennen ist die Pflanze während ihrer Blühperiode, die vom späten Frühling bis in den Spätsommer hinein dauert. In einer doldenartigen Rispe stehen zahlreiche Blüten zusammen. Eigentümlich ist der starke, süßliche Geruch, den nicht alle Menschen als angenehm empfinden. Trotz dieser auffallenden Eigenheiten sollte man einen raschen Blick auf die Blätter werfen: Sie müssen gefiedert sein und dürfen nicht mehr als 2–5 Fiederchenpaare besitzen. Sind es mehr, dann hat man es mit dem selteneren, aber örtlich durchaus ohne langes Suchen aufzufindenden Kleinen Mädesüß *(Filipendula vulgaris = F. hexapetala)* zu tun, dessen gefiederte Blätter 8–30 Paare von Fiederblättchen aufweisen. Beide Pflanzen sind übrigens schwach giftig. Zu Zeiten, in denen noch „Met" gebraut wurde, sollen vor allem die Knollen des „Met"süß dem Getränk zugesetzt worden sein.

1
2
3
4

Familie: Rosengewächse – Rosaceae

1 Hecken-Rose – *Rosa canina*
„Keine Rose ohne Stacheln". Zugegeben, das klingt nicht. Aber botanisch ist es richtiger als das gebräuchliche „ohne Dornen". „Dornen" vermag der Fachmann nach Stellung und Bildung immer auf Zweige, Blätter, Nebenblätter oder – selten – auf Wurzeln zurückzuführen. „Stacheln" hingegen sind Gebilde, bei deren Zustandekommen neben Hautschichten auch noch andere Gewebe mitwirken und die in die weitgefaßten Begriffe von Zweig, Blatt oder Wurzel nicht passen. Heimische Wildrosen gibt es rund zwei Dutzend. Die meisten von ihnen lassen sich gar nicht leicht identifizieren. Auch die Hecken-Rose wird oft verwechselt. Sie blüht fast nur im Juni, wird 1 – 3 m hoch, ihre Blüten duften nicht oder ganz schwach, und ihre Kelchzipfel sind nach dem Verblühen zurückgeschlagen. An Waldrändern und Gebüschen auf lockerem Boden ist sie außerhalb der Alpen fast überall die häufigste „Hecken"rose. Ihre Hagebutten enthalten Vitamin C und Provitamin A.

2 Trauben-Kirsche – *Prunus padus*
Bei Kirschen ist man gewohnt, daß die Blüten groß sind und zu wenigen beieinanderstehen. Nicht so bei der Trauben-Kirsche. Bei ihr erreichen sie nur ca. 1 cm Durchmesser, und 10 – 20 von ihnen sind zu einer hängenden Traube vereint, die sich während der Blütezeit im Mai langsam verlängert. Die Blüten duften stark. Die Früchte, die man im Sommer findet, sind schwarz. Traubenkirschen kommen wild als Büsche oder Bäume mit Höhen zwischen 2 – 15 m in feuchten Wäldern und an Ufern vor. Sie bevorzugen nährstoffreichen, lehmigen Boden. Vor allem an Hochwasserdämmen werden sie nicht selten nahe der Dammkrone angepflanzt. Bei solchen eingebrachten Pflanzen muß man beim Ansprechen der Art trotz ihrer scheinbar untrüblichen Merkmale sehr vorsichtig sein; denn neuerdings wird als Bodenfestiger immer häufiger die aus Nordamerika stammende Späte Traubenkirsche *(Prunus serotina)* ausgebracht. Bei ihr stehen zumindest anfangs der Blütezeit die Trauben mehr oder minder aufrecht ab. Außerdem haben ihre Früchte einen glatten Stein und keinen grubigen, wie die heimische Trauben-Kirsche. Will man dieses Merkmal sicher erkennen, muß man schon eine Lupe zu Hilfe nehmen.

3 Vogel-Kirsche – *Prunus avium*
„Vogel" in Verbindung mit einem Pflanzennamen weist nicht unbedingt auf einen Wert für den Menschen hin; eher ist das Gegenteil richtig. Bei der Vogel-Kirsche wäre es aber falsch, in ihren Früchten nur Vogelfutter zu sehen. In ihrer Wildform wächst sie in Mitteleuropa auf lehmigen, nährstoffreichen und eher feuchten Böden an lichten Waldstellen und nahe dem Waldrand. Dort kann sie als Baum Höhen von 15 – 25 m erreichen und fällt vor allem während ihrer Blühperiode im April und Mai auf. Vermutlich haben schon unsere Vorfahren in der Eisenzeit entdeckt, daß die Früchte gut schmecken. Sicher haben die Römer Kirschen in Kultur genommen. Heute gibt es zahlreiche Kultursorten, die letztendlich auf die „Vogel-Kirsche" zurückgehen. Allerdings unterscheiden sich deren Früchte in vielen Merkmalen von den Früchten der Wildform, nicht zuletzt im Geschmack, ein Umstand, der uns veranlaßt, die Kultursorten „Süß"-Kirschen zu nennen.

4 Schlehe – *Prunus spinosa*
Wer einmal versucht hat, ein Schlehengebüsch zu durchdringen, wünscht es sicher zum Teufel. Es dürfte ihm kaum gelungen sein, es sei denn, er hat mit üblen Kratzern der spitzen Sproßdornen bezahlt. Gleichwohl wollen Vogelfreunde Schlehen als Feldgehölz nicht missen, vor allem wo es auf sonst nicht nutzbaren Riegeln aus Lesesteinen zwischen Äckern oder auf mageren Böden im Gebüschmantel von Wäldern vorkommt. In gleich gutem Ansehen steht die Pflanze bei den Imkern; denn im März und April – in Monaten, in denen Bienen noch keine übergroße Auswahl haben – sind die 1 – 3 m hohen und über und über mit weißen Blüten bedeckten Büsche eine gute Bienenweide. Dennoch hat die Pflanze auch ihre Tücken: Wo Grenzertragsböden in Schlehennähe aufgegeben worden sind, ergreift sie von diesen alsbald Besitz und ist schon nach wenigen Jahren nur noch mit Mühe zu beseitigen.

2
3
1
4

Familie: Schmetterlingsblütengewächse – Fabaceae (Leguminosae)

1 Gaspeldorn – *Ulex europaeus*
Die Heimat dieser ginsterartigen Pflanze ist Westeuropa, dort sind es die Gegenden, in denen die Luftfeuchtigkeit hoch und der Boden sauer ist. Daher dringt sie im Süden Mitteleuropas nur örtlich im Südschwarzwald auf das Ostufer des Rheins vor; hingegen besiedelt sie die küstennahen Heiden in Nordwestdeutschland, wenngleich sie dort kaum häufig ist. Im Unterschied zu ähnlich aussehenden Arten aus anderen Gattungen stehen beim Gaspeldorn die Blüten stets einzeln in den Blattachseln; sie werden wenigstens 2 cm lang. Wo es der Pflanze zusagt, erreicht sie Höhen von 50 – 120 cm. „Dornig“ sind hier die dünnadligen Blätter mit ihrer stechenden Spitze. Am Ansatz der Zweige sind sie oft dreiteilig.

2 Pfeil-Kleinginster, Flügel-Ginster – *Genistella sagittalis (Genista sagittalis)*
Da wächst eine Pflanze in Büschen, die 15 – 25 cm hoch werden. Im späten Frühjahr oder im Frühsommer trägt sie kopfig gehäuft gelbe Blüten und hat keine Blätter (oder doch nur einzelne), statt dessen aber breite, fast blattartige Stengel. In der Tat sind in Mitteleuropa Pflanzen mit so extremer Anpassung an Trockenheit, hervorgerufen durch überstarke Sonnenbestrahlung, sehr selten. Der Pfeil-Kleinginster besiedelt denn auch fast ausschließlich trockene, etwas saure Hänge, die nur lückig bewachsen sind; er geht aber auch auf sandige Heiden, an Wald- und Wegränder. Die verbreiterten Stengelflügel erzeugen genügend organische Substanz, von der die Pflanze auskömmlich leben kann. Sie sind um so kräftiger ausgebildet, je stärker Besonnung und Trockenheit auf die Pflanze einwirken. Deshalb findet man beblätterte Exemplare auch an verhältnismäßig schattigen und feuchten Stellen, sofern sie dort überhaupt noch unter Wildbedingungen konkurrenzfähig sind.

3 Deutscher Ginster – *Genista germanica*
Auf Heiden, in lichten, trockenen Wäldern oder auf sauren Wegrainen trifft man die Pflanze im Mai oder Juni blühend an. Sie bildet Büsche, die 30 – 60 cm hoch werden und deren Stengel mindestens in Bodennähe dornig sind, nicht hingegen unterhalb der traubigen Blütenstände. Die Blätter werden 1 – 2 cm lang und sind behaart. Leider muß man – will man bei der Bestimmung sichergehen – an der Blüte die Länge des Schiffchens (unterstes, gekieltes Blütenblatt) mit der Länge der Fahne vergleichen (Fahne = oberstes Blütenblatt): Das Schiffchen muß eindeutig länger als die Fahne sein. Der Deutsche Ginster ist im Tiefland mit hoher Luftfeuchtigkeit sehr selten und fehlt dort auch größeren Gebieten. Sein Verbreitungsschwerpunkt liegt in Südosteuropa. Zumindest seine Samen enthalten giftige Alkaloide.

4 Besenginster – *Sarothamnus scoparius*
Eigentlich sollte man nur an verhältnismäßig wenigen Stellen in Mitteleuropa noch Aussicht haben, den Besenginster anzusehen. Dazu würden saure Böden in niederschlagsreichen Gebieten des Schwarzwaldes gehören und sandige Heiden und Wälder im Nordwesten Deutschlands. Jedenfalls sollte es sich durchweg um Gegenden handeln, in denen die Pflanze winters entweder von Schnee bedeckt und so vor Frösten sicher ist, oder in denen schärfere Fröste schon gar nicht auftreten. Der Grund für die verhältnismäßige Seltenheit wäre die Eignung der „Ruten“ zum Binden von Besen, weshalb man die Pflanze oft dort ausgerottet hat, wo sie ursprünglich wild vorkam. Dennoch kann man sie in Wäldern fast überall antreffen, wo der Boden wenigstens oberflächlich versauert ist, sofern das Winterklima ein Überleben zuläßt. Die Forstleute haben nämlich erkannt, daß vor allem stickstoffarme Böden durch den Besenginster verbessert werden können: Er beherbergt als „Symbionten“ in seinen Wurzeln Bakterien, die den Luftstickstoff zu binden vermögen. Weil oftmals Besenginstersamen an denselben Stellen gesammelt wird wie Samen von Nutzholz auch, kommt es immer wieder vor, daß einzelne Pflanzen verschleppt werden und unvermutet da auftauchen, wo man sie gar nicht erwartet. An ihren großen Blüten und ihren fünfkantigen Zweigen ist die Art kenntlich.

4
1
3
2

Familie: Schmetterlingsblütengewächse – Fabaceae (Leguminosae)

1 Dornige Hauhechel – *Ononis spinosa*
Die Dornige Hauhechel, die um ½ m hoch werden kann, erträgt Mahd gar nicht und setzt sich vor allem auf Weiden durch, wo sie dank ihrer Bewehrung einen gewissen Fraßschutz hat. Vermutlich will das uns heute schwer verständliche Wort auf ein Werkzeug verweisen, mit dem man früher Flachsfasern und Hanf „kämmte". Wo sie vorkommt – in trockeneren Rasen, auf Weiden oder an Wegrainen – ist sie den ganzen Sommer über eine der schönsten Blütenpflanzen, nimmt man sich nur die Mühe, sie einmal genauer anzusehen. Man wird dann auch gewahr, daß bei aller Ähnlichkeit nicht nur der Bedornungsgrad von Pflanze zu Pflanze wechselt, sondern daß Jungpflanzen oft dornenlos sind, weswegen sie von Schafen durchaus gerne gefressen werden. Ja, in Notzeiten des Mittelalters haben sich die Menschen aus Hauhechelblüten sogar Salat bereitet. Beigetragen haben mag hierfür auch die damals weitverbreitete Nutzung der Pflanze zu Heilzwecken. Sie enthält ätherische Öle, denen eine harntreibende Wirkung nicht abgesprochen werden kann.

2 Blaue Luzerne – *Medicago sativa*
In manchen Gegenden Süddeutschlands ist die Luzerne unter dem Namen „Ewiger Klee" bekannter als unter ihrer korrekten Bezeichnung. Er weist nicht nur auf die Verwandtschaft mit Kleearten hin, sondern auch auf ihre Nutzung als ihnen gleichwertige Futterpflanze, ja auf ihre diesbezügliche Überlegenheit, zumindest Besonderheit, trotz jahrelangen Abmähens immer wieder auszutreiben. Je nachdem, wie lange man sie wachsen läßt, erreicht sie Höhen von 50 – 80 cm, wobei natürlich der Nährstoffgehalt des Bodens eine nicht unwesentliche Rolle spielt. Andererseits führt sie dem Boden – wie alle Schmetterlingsblütengewächse – dank der symbiontisch in den Wurzeln lebenden stickstoffbindenden Bakterien – indirekt Stickstoffsalze zu. Wegen ihrer Bodenansprüche und aus arbeitstechnischen Gründen hat sie ihre ehemalige Bedeutung als Futterpflanze verloren. Dagegen trifft man sie in ihrem ehemaligen Anbaugebiet – und das ist fast ganz Mitteleuropa – verwildert an Standorten an, die ihr zusagen. Meist steht sie dann an trockenen Rainen und Wegrändern, häufig in Nachbarschaft mit der Sichel-Luzerne, mit der sie sich kreuzt.

3 Sichel-Luzerne – *Medicago falcata*
Alle Fachleute sind sich einig: Die Sichel-Luzerne ist in Mitteleuropa seit alters heimisch. Sie kommt vor allem in Gegenden mit kalkhaltigem Boden vor und besiedelt dort Wald- und Wegränder und – falls es sie noch gibt – wenig genutzte, trockene Rasen. Trotz ihrer stattlichen Büsche, die flächig wachsen können (und dann manchmal nur 10 cm hoch werden) oder aber buschig bis 50 cm in die Höhe, übersieht man sie in ihrer Blühperiode zwischen Spätfrühling und Frühsommer nicht selten. Die Blüten sind trotz (oder wegen) ihrer gelben Färbung zu dieser Jahreszeit nicht auffällig genug. Dabei zeigen sie häufig Bemerkenswertes: Wo zugleich verwildert die Blaue Luzerne wächst, sind Bastarde häufig. Ihre Blütenfarbe geht dann von hellem Blau über Grünlichgelb zu Schmutziggrün in allen nur denkbaren Abstufungen. Gerade diese leichte Mischbarkeit der beiden „Arten" läßt immer wieder Zweifel daran aufkommen, ob es berechtigt ist, hier von „Arten" zu reden. Vielleicht müßte man die beiden Luzernen besser als Angehörige einer sehr vielgestaltigen Art ansehen.

4 Hopfen-Schneckenklee – *Medicago lupulina*
Es ist das Schicksal dieser Pflanze, übersehen oder womöglich verkannt zu werden. Dabei fehlt sie in Mitteleuropa auf leidlich nährstoffreichen Böden kaum einer Rasengesellschaft, und manchem Zierrasen gereicht sie durchaus nicht zur Zierde. Ihre kleinen Blütenköpfchen haben stets mehr als 10 Blüten, 50 kommen schon mal vor. Anders bei ihrem „Doppelgänger", dem Faden-Klee *(Trifolium dubium)*, bei dem im Köpfchen nur 5 – 10 Blüten stehen. In Grenzfällen wird die Entscheidung schwer, weil beide ähnliche Standorte bevorzugen. Ein recht verläßliches Kennzeichen für den Hopfen-Schneckenklee ist dann noch das „Spitzchen" am Ende der Teilblätter.

4
3
2
1

Familie: Schmetterlingsblütengewächse – Fabaceae (Leguminosae)

1 Weißer Steinklee – *Medicago albus*
Zwischen Bahnschotter, an Dämmen und Rainen, Wegen und Waldrändern wird man den Weißen Steinklee kaum irgendwo vergeblich suchen, wo der Boden kalkhaltig und einigermaßen nährstoffreich ist. Kaum zu glauben, daß diese Pflanze Mitteleuropa möglicherweise erst vor etwa 500 Jahren besiedelt hat. Sicher liegt ihr ursprüngliches Verbreitungsgebiet in Südosteuropa, Osteuropa und im Mittelmeergebiet. Warum und wann sie genau zu uns kam, liegt im dunkeln. Genutzt hat man sie wohl nicht. Mindestens wäre dies nicht problemlos gewesen. Wer die Pflanze preßt und trocknet, dem wird der Duft nach Waldmeister nicht verborgen bleiben. Er kommt von Cumarin, das die frische Pflanze gebunden enthält und das beim Trocknen frei wird. Feucht geschnitten, bildet dieser Stoff im absterbenden Weißen Steinklee eine Verbindung, die die Blutgerinnung hemmt. Fressen Rinder solch feuchtes Heu, dann können sie an verhältnismäßig geringfügigen Wunden verbluten. Andererseits sind ausgewachsene Pflanzen – sie erreichen meist 1 m Höhe oder mehr – schon so zäh, daß sie ohnedies von weidenden Tieren meist verschmäht werden.

2 Echter Steinklee, Gelber Steinklee – *Melilotus officinalis*
Mit den deutschen Namen wird man nicht glücklich, gleich welchen man wählt. „Echt" ist der Weiße Steinklee ebenso wie der Echte, wenn damit nichts weiter gesagt sein soll, als daß er zur Gattung Steinklee gehöre; und gelbblühende Arten gibt es ursprünglich wild in Mitteleuropa wenigstens zwei, von denen allerdings eine, der Hohe Steinklee *(Melilotus altissima)*, ebenso selten ist wie zwei eingeschleppte Arten, die ebenfalls zumindest blaßgelb blühen. „Echt" ist hier die Eindeutschung von „officinalis", und so nennt man die Pflanze, die man arzneilich nutzt. Das hat man des Cumaringehaltes wegen tatsächlich früher getan. Ob der Echte Steinklee eine wirksame Arznei gegen das war, wogegen man ihn brauchte, ist mehr als fraglich. Vom seltenen Hohen Steinklee kann man ihn übrigens nur durch mühsames Vergleichen von Blütenbestandteilen sicher unterscheiden.

3 Hasen-Klee – *Trifolium arvense*
Hervorstechendstes Merkmal dieses Klees sind weder die weißrötlichen Blütchen – die haben andere Arten auch – noch das walzenförmige Köpfchen: Es ist die dichte Silberbehaarung dieses Köpfchens, die durch die langen Kelchhaare gebildet wird. Diese Eigenschaft stand gewiß bei dem Volksnamen Pate. Zugegebenermaßen fühlen sich die Blütenköpfchen fellartig an. Im Gegensatz zu manch anderer Art der Gattung sieht man den Hasen–Klee nicht übermäßig gern. Er wächst auf trockenen Rasen mit saurem Untergrund, lückig bewachsenem Sand, aber auch auf Äckern. Vom Vieh wird die Pflanze ihrer Härte wegen meist verschmäht. Überdies ist ihr Gehalt an verwertbaren Nährstoffen auch ziemlich gering. Früher verwendete man den Hasen-Klee in der Volksheilkunde, vermutlich mit zweifelhaftem Erfolg; denn man hat in ihm keine Inhaltsstoffe gefunden, die eine solche Anwendung rechtfertigen könnten.

4 Persischer Klee – *Trifolium resupinatum*
Noch etwa ein Jahrzehnt nach dem 2. Weltkrieg hätte man diese aus dem Mittelmeergebiet stammende Pflanze gewißlich in keinem Buch berücksichtigt, das die heimische Pflanzenwelt zum Inhalt hat und sich nicht ausdrücklich an Fachleute wendet. Daß dem heute anders ist, hängt mit Fortschritten in der Futterpflanzenzucht zusammen. Erst in den letzten Jahrzehnten ist es nämlich gelungen, aus Wildformen eine Rasse zu züchten, die im mitteleuropäischen Klima gedeiht und die zugleich eine hohe Wuchsleistung aufweist, wenngleich das so erzeugte, als Viehfutter nutzbare Pflanzengewebe recht wasserhaltig ist. Dennoch verdrängt diese Kleeart mehr und mehr die Luzerne. Vielerorts ist ihre Wüchsigkeit so gut, daß sie an Wildstandorten erfolgreich konkurriert. Man findet sie vor allem an Wegrändern, Rainen und auf Schuttplätzen. Einzelpflanzen sind leicht daran kenntlich, daß die Fahne „verkehrt", nämlich nach unten steht. Äcker, die mit Persischem Klee bestanden sind, riecht man meist, so stark duften sie nach Honig.

2
3
4
1

Familie: Schmetterlingsblütengewächse – Fabaceae (Leguminosae)

1 Feld-Klee – *Trifolium campestre*
Von den Klee-Arten mit gelben Blüten ist der Feld-Klee der häufigste, wenngleich er auf sehr nährstoffarmen Böden in der Regel fehlt und hinsichtlich seiner Bodenansprüche als eher wählerisch gelten darf. Er will lockere und nährstoffreiche, meist auch kalkhaltige Böden, die im übrigen nicht allzu kühl sein und nach Möglichkeit nicht regelmäßig gedüngt werden sollten. Daher findet man ihn vorwiegend in trockenen Rasen, an Bahndämmen und Wegrainen. Kenntlich ist der Feld-Klee am eindeutigsten an dem Endblättchen, das auffallend länger gestielt ist als die beiden Seitenblättchen. Nach der Blüte, die vom frühen bis in den späten Sommer anhält, ist typisch, daß die vertrockneten Blütenblätter an der Frucht verbleiben. So wird ein Verwehen durch den Wind ermöglicht.

2 Weiß-Klee – *Trifolium repens*
Diese Art braucht man kaum jemandem vorzustellen, der einen Rasen besitzt oder der je in einem Schwimmbad auf der Liegewiese gelegen hat: Was da Klee-Blätter hat und meist reinweiße Schmetterlingsblüten in einem Köpfchen, die von Mai bis Herbstbeginn geöffnet sein können, die gerne von Bienen beflogen werden (sehr zum Ärger für „Barfüßer", die auf solchen Rasen gelegentlich einen Stich in die Fußsohle abbekommen), was da niederliegende und wurzelnde Stengel hat, oft in so dichtem Netz, daß Graswuchs unterdrückt wird: Das ist der Weiß-Klee. Was macht ihn zu diesem ungeliebten Gast gerade in Zier- oder Nutzrasen, die betreten werden wollen? Seine Widerstandsfähigkeit gegen Tritt zum Beispiel. Wird ein wurzelndes Stengelstück von der ursprünglichen Hauptpflanze abgetrennt, was schadet das schon? Damit ist ja aus einem „Individuum" ein zweites geworden, eine Vermehrung hat durch die Beschädigung stattgefunden. Andererseits faßt der Weiß-Klee selbst in verdichteten Böden noch Wurzel, wenn sie nur genügend Stickstoffsalze enthalten, die er übrigens indirekt wie andere Schmetterlingsgewächse auch noch anreichert. Da er auf betretenen Rasen kaum längere Zeit ferngehalten werden kann, hat man aus der Not vielfach schon die Tugend gemacht, ihn gerade den Samenmischungen für „Strapazierrasen" gleich beizugeben.

3 Rot-Klee – *Trifolium pratense*
Spätestens seit der Mensch den Wald in Mitteleuropa gerodet hat, ist hier der Rot-Klee auf Wiesen heimisch. Soweit wir wissen, wird er in Deutschland seit dem 11. Jahrhundert als Futterpflanze angebaut. Unter diesen schreibt man ihm dieselbe Bedeutung zu wie dem Weizen unter den Getreiden. Wirklich durchgesetzt hat sich der Anbau von Rot-Klee jedoch erst im 18. Jahrhundert, als die Beweidung der Brache in der damaligen Dreifelderwirtschaft immer mehr zurückging. An ihre Stelle trat im Sommer die Stallfütterung mit Rot-Klee. Besondere Verdienste um die allgemeine Einführung des Rot-Klees als Futterpflanze machte sich J.C. Schubart aus Würschnitz bei Zeitz in Sachsen, der dafür im Jahre 1780 von Josef II. als „Edler von Kleefeld" geadelt wurde. Auch in Fettwiesen versucht man, wo möglich, die Art einzubringen, zumal sie in verschiedener Hinsicht – auch durch die Tiefe, in die sie ihre Wurzeln vortreiben kann – zur Bodenverbesserung beiträgt.

4 Zickzack-Klee – *Trifolium medium*
Namengebend für die Art ist der häufig zickzackförmig geknickte Stengel. Doch handelt es sich bei dieser Besonderheit um kein sicheres Artkennzeichen. Will man beim Erkennen sichergehen, muß man sich schon die Mühe machen und aus dem 2–3 cm langen Köpfchen eine einzelne Blüte mit der Pinzette herausholen. Sie darf kaum gestielt, ihr Kelch muß – mit Ausnahme seiner Zähne – kahl sein und überdies 10 Nerven aufweisen. Um dies alles festzustellen, braucht es neben einer Lupe auch noch Geduld.
Wer lernen will, Pflanzen sicher anzusprechen, sollte sie in diesem Fall aufbringen. Denn der Zickzack-Klee ist häufig, vor allem auf trockenen Wiesen und Rasen, aber auch in lichten Wäldern und Gebüschen. Vor allem dort wird er nicht selten mit dem Rot-Klee verwechselt.

4
3
2
1

Familie: Schmetterlingsblütengewächse – Fabaceae (Leguminosae)

1 Wundklee – *Anthyllis vulneraria*
Man braucht keine überschießende Phantasie, um anhand des Namens in der Pflanze eine alte Heilpflanze zu erkennen. Obschon man in ihr keine Inhaltsstoffe gefunden hat, die für die Wundpflege eine Bedeutung haben könnten (die Saponine, die sie führt, sind in dieser Hinsicht wirkungslos), ist der Art ihr Volksname geblieben. Auffällig ist ihre große Vielgestaltigkeit. So verwundert es nicht, daß manche Sippen schon im späten Frühjahr, andere noch im Frühherbst blühen, manche kaum 10 cm Höhe erreichen, andere gut 30 cm. Schließlich trifft es für manche Individuen zu, nennt man ihre Blütenfarbe hellgelb; andere sind ausgesprochen goldgelb, ja braungelb oder haben rötliche Töne wenigstens in einem Teil der Blüten. So vielgestaltig in allen Pflanzenteilen die Angehörigen dieser Art auch sind: Eines haben sie immer – ein auffällig vergrößertes Endblättchen an den gefiederten Blättern, die untersten Blätter sind zuweilen ungeteilt.

2 Hornklee – *Lotus corniculatus*
Diese Pflanze trifft man auf trockenen Standorten: trockenen Rasen, nicht allzu feuchten Wiesen, an Wegrainen, ja gelegentlich zwischen Schotter vom Spätfrühling bis in den Frühherbst blühend an. Man übersieht sie aber häufig, obschon sie 10–30 cm hoch werden kann und Blüten mit einer Länge um 1 cm besitzt, von denen 3–6 in einem lockeren Köpfchen beieinander stehen. Oft ist ihre Fahne, gelegentlich auch das Schiffchen an seiner Spitze rot angelaufen. Auf den trockenen Standorten vermag der Hornklee zu gedeihen, weil er seine Wurzeln über 1 m in die Tiefe vorantreiben kann, wo er fast immer noch genügend Feuchtigkeit vorfindet. Seine grünen Teile enthalten ziemlich viel Eiweiß und gelten daher als gutes Viehfutter.

3 Spargelerbse – *Tetragonolobus maritimus (Lotus siliquosus)*
Wo immer die Spargelerbse auch wächst, ist es zumindest zeitweise feucht und gelegentlich sogar überschwemmt. Gleichwohl sollten an ihrem Standort Nährsalze nicht gerade Mangelware sein. In dieser Hinsicht hat sie eine ziemlich seltene Besonderheit: Sie erträgt im Boden eine hohe Konzentration löslicher Bestandteile. Diese müssen durchaus nicht von ihr genutzt werden können. So kommt sie auch durch, wo Kochsalz so reichlich vorhanden ist, daß viele Pflanzen dort nicht mehr wachsen. Andererseits findet man sie noch im Oberlauf mancher Alpenflüsse an Uferstellen mit tonigem Boden. Kenntlich ist die Spargelerbse leicht an ihren stets einzelnen Blüten, die ausgesprochen hellgelb sind und 2–3 cm lang werden. Ihre Blätter und Stengel sind eigentümlich bläulichgrün. Je nach Standort trifft man sie vom späten Frühjahr bis in den Hochsommer hinein blühend an; sie wird selten höher als 40 cm.

4 Hufeisenklee *Hippocrepis comosa*
Die Früchte der Schmetterlingsblütengewächse sind Hülsen, mehr oder minder gestreckte Samenbehälter, die aus einem Fruchtblatt gebildet werden, ganz im Gegensatz zu den äußerlich ähnlichen Schoten der Kreuzblütengewächse, die stets aus zwei Fruchtblättern entstehen und daher eine Scheidewand besitzen. Dieses charakteristische Merkmal hat früher den Namen „Hülsenfrüchtler" für die Familie abgegeben, als deren Angehörige wir Erbse und Bohne sicherlich in der Schule kennengelernt haben. Ihre Hülsen – lang und gerade – prägen denn auch weithin das Bild dieser Frucht. Nicht zu Recht, wie wir meinen. Denn die Formenmannigfaltigkeit unter den Hülsen ist außerordentlich groß. Beim Hufeisenklee ist die Hülse gebogen wie ein Hufeisen. Daher der sonst kaum verständliche Name.
Steht die Pflanze in Felsspalten, Steinbrüchen oder schütteren Rasen – wobei der Untergrund immer kalkhaltig sein muß –, dann fällt sie auf blanker Erde oder blankem Fels zur Blütezeit im Spätfrühjahr bis in den Hochsommer auf, obwohl sie nur 10–30 cm hoch wird und nur 4–8 Blüten von kaum Zentimeterlänge in ihren Köpfchen stehen. Die Art ist an ihren gefiederten Blättern mit 9–15 Teilblättchen und ihrem saftigen Grün, das zuweilen rötlich überlaufen ist, auch blütenlos einigermaßen gut kenntlich.

4
1
3
2

Familie: Schmetterlingsblütengewächse – Fabaceae (Leguminosae)

1 Süßholz-Tragant – *Astragalus glyciphyllos*
Beim Süßholz-Tragant schmecken (wie es der wissenschaftliche Artname treffend sagt) vor allem die Blätter süßlich und nicht, wie bei vielen Pflanzen aus der weiteren Verwandtschaft, bitter. Er gedeiht am besten in lichten Wäldern und Gebüschen, wobei er etwas kalkhaltigen Lehmboden und warmen Stand bevorzugt. Infolgedessen kommt er meist einzeln an seinen Wuchsorten vor, fällt aber auf, weil er 50–130 cm lange Stiele ausbildet, die allerdings mehr bodennah wachsen und nur an den Enden aufgebogen sind. Seine Blätter haben 11–31 Teilblättchen und werden über 20 cm lang. Die in einer köpfchenartigen Traube angeordneten, gelblichen Blüten fallen im Sommer nicht auf, wenngleich sie meist deutlich größer als 1 cm sind. Den Süßholz-Tragant hat man früher vielfach als Heilpflanze genutzt.

2 Robinie – *Robinia pseudacacia*
Dem wissenschaftlichen Gattungsnamen sieht man an, daß durch ihn jemand geehrt werden soll. Durchaus nichts Ungewöhnliches in der wissenschaftlichen Namensgebung. Viele bedeutende Biologen wurden so „verewigt". Hier ist es aber ein wenig anders. Da führte im Jahre 1601 der Franzose J. Robin aus dem Osten Nordamerikas eine Pflanze ein, die er und andere für eine „Akazie" hielten. Schließlich steckte damals die Pflanzensystematik in den Kinderschuhen. Aber Robins Landsmann, J. P. de Tournefort, der von 1656–1708 lebte, merkte bald, der eingeführte Baum könne keine „echte" Akazie sein, weil er dieser gegenüber zu große Unterschiede im Blütenbau zeigte. Was tat es? Der Baum erwies sich als recht robust und war bereits im 17. Jahrhundert über den größten Teil Europas verbreitet worden. Er liebt nährstoffreiche, lockere Böden, durchwurzelt sie stark und festigt sie dadurch vor allem an Hängen. Weil er „industriefest" ist, wie wir das heute nennen, wurde er an vielen Bahneinschnitten als Böschungsfestiger angepflanzt. Selbst an Tunneleingängen kam er im Zeitalter der Dampflokomotive gut durch. Auch die Bienenzüchter haben ihm da und dort Wuchsorte geschaffen, weil seine Blüten nektarreich sind, wenngleich die Blühperiode fast nur auf den Monat Juni beschränkt ist. Forstleute hat das Holz nicht zu locken vermocht, weil es nichts hat, womit es einheimische Arten überträfe. Doch sah man in dem Baum einen Konkurrenten für Dorflinde, Roßkastanie und andere Siedlungsbäume, zumal die Robinie Schnitt gut erträgt.

3 Kronwicke – *Coronilla varia*
Im eigentlichen Tiefland wird man die Kronwicke nur ausnahmsweise antreffen, wohl aber auf trockenen Rasen und an Wegrainen, sofern der Boden einigermaßen nährstoffreich, möglichst etwas kalkhaltig und vor allem warm ist. Da fällt sie den ganzen Sommer durch ihre Reichblütigkeit auf. 10–20 Blüten, die 1–1,5 cm lang werden, stehen in einem Blütenstand, der allerdings meist unter 50 cm über den Untergrund erhoben wird. Über die Stengellänge sagt dies wenig, da die Stengel flach wachsen und sich erst an den Enden aufbiegen: Sie werden oft erheblich länger als 1 m, eine Einzelpflanze vermag somit mit ihren zahlreichen Stengeln eine respektable Fläche zu bedecken. Wo sie einmal Fuß gefaßt hat, setzt sie sich nicht zuletzt wegen ihrer beträchtlichen Giftigkeit durch, die für sie einen gewissen Fraßschutz bedeutet.

4 Esparsette – *Onobrychis viciifolia*
Ob die Esparsette schon seit langer Zeit in Mitteleuropa wild vorkommt, darüber mag man sich streiten. Hierfür spricht eine gewisse Formenmannigfaltigkeit. Andererseits ist urkundlich belegt, daß man sie zwischen dem 15. und 16. Jahrhundert wohl zunächst in Frankreich als eiweißreiches Viehfutter in Kultur genommen hat. Heute wird sie kaum mehr angebaut, weil ihre Produktionskraft verglichen mit anderen Lieferanten eiweißreichen Futters zu gering ist. Auf mageren, kalkreichen Böden trifft man sie indessen fast überall an, sei es an Wegrainen oder Waldsäumen, auf ungenutzten Weiden oder mäßig hoch gelegenen alpinen Matten.

2
3
4
1

Familie: Schmetterlingsblütengewächse – Fabaceae (Leguminosae)

1 Zaun-Wicke – *Vicia sepium*
Sowohl der wissenschaftliche als auch der deutsche Name verweisen auf einen bevorzugten Wuchsort der Pflanze: Gebüschsäume, Waldränder und lichte Waldstellen. Doch kommt sie auch an Wegen und auf Wiesen vor. Sie blüht vom späten Frühjahr bis Sommerende und wird immerhin unter günstigen Bedingungen 30 – 60 cm hoch. Diese will sie durchaus: Vor allem Nährstoffe, besonders Stickstoffsalze im Boden. Gerade, wo Laub verwest, findet sie diese, und selbstverständlich auch in gedüngten Wiesen. Dort sieht man sie nicht ungern. Denn sie liefert ein eiweißreiches Futter. Es wäre durchaus überlegenswert, ob und unter welchen Bedingungen es sich lohnen könnte, sie Wiesensaatgut beizumischen. Wie viele ihrer Verwandten hat sie aber verhältnismäßig große Samen und wäre – selbst wenn man die Anzucht saatgutliefernder Pflanzen lohnend gestalten könnte – von nur geringer „Ausgiebigkeit".

2 Vogel-Wicke – *Vicia cracca*
Vom frühen Sommer bis in den späten Herbst fällt die Pflanze durch den Reichtum an Blüten auf, die in einem Blütenstand stehen: selten sind es nur etwa 10, häufiger 30 oder mehr. Sie werden um 1 cm lang, und obwohl sie recht dicht stehen, kommt durch ihre Anzahl ein ansehnlich langer Blütenstand zustande. Die Blätter mit ihren 16 – 20 schmalen Teilblättchen fallen dadurch auf, daß sie in Ranken enden. Mit ihrer Hilfe klimmt die oft über einen Meter lange, aber dünnstengelige Pflanze an anderen, standfesteren empor, sei das nun Getreide oder seien es Brennesseln. Wo beide gedeihen, nämlich auf eher tiefgründigen, nährstoffreichen und oft lehmigen Böden, kommt auch die Vogel-Wicke durch. Ihr Name ist durchaus herabsetzend gemeint: Die Vogel-Wicke ist die für den Menschen nicht genießbare, den Vögeln überlassene Wicke.

3 Erdnuß-Platterbse – *Lathyrus tuberosus*
Ein rotes Schmetterlingsblütengewächs in Getreidefeldern, das zu blühen anfängt, wenn die Halme ihre Endhöhe etwa erreicht haben. Wie viele Getreideunkräuter geht sie auch auf Schutt; doch dort kann es ähnlich aussehende, seltenere Arten ebenfalls geben. Mit der Erdnuß-Platterbse hat es in gewisser Weise eine besondere Bewandtnis. Schließlich stellt sie Anforderungen an den Untergrund, die nicht überall gegeben sind: Sie will reichlich Nährstoffe und vor allem Kalk. Wo letzterer fehlt, braucht man sie infolgedessen nicht zu suchen. Zudem liebt sie durchaus Wärme. Das schloß sie vom Tiefland seit je praktisch aus, ebenso von den Gebieten Mitteleuropas mit kalkarmen oder kalkfreien Böden. Doch wo sie vorkam, war sie früher eben eines unter den viel zahlreicheren, typischeren Unkräutern, wie Klatsch-Mohn, Rittersporn, Kornblume. Heute jedoch fällt sie auf, obschon sie wahrscheinlich nur relativ zunimmt. Sie keimt nämlich recht spät im Jahr. Deswegen werden ihre Jungpflanzen üblicherweise von den Herbiziden, die Unkräuter zum Absterben bringen, noch nicht erfaßt. Rasch rankt sie sich mit ihren Blättern ans Licht und bildet in Getreideäckern oft ausgedehnte Nester. Vor allem wenn das Getreide schon gelb wird, fallen diese mit ihrem saftigen Grün schon von weitem auf.

4 Frühlings-Platterbse – *Lathyrus vernus*
Etliche Platterbsen-Arten zeigen einen beachtlichen Wechsel in ihrer Blütenfärbung, unter anderem auch die Frühlings-Platterbse: Sie blühen rot auf, werden dann violett, schließlich blau und im Welken fahlblau oder gar weiß. Das hängt mit einem Wechsel des Säuregrads im Zellsaft zusammen, in dem der Farbstoff gelöst ist. Nicht er ändert sich, sondern seine Fähigkeit, Licht bestimmter Wellenlänge zurückzuwerfen.
Die Frühlings-Platterbse erkennt man an ihrem vierkantigen Stengel, dem breite, flügelartige Leisten fehlen und an ihren unterseits grasgrünen, gefiederten Blättern, bei denen die Fiederblättchen eiförmig sind und der Blattstiel statt in einem Endblättchen in einem Spitzchen endet.

1
4
3
2

Familie: Sauerkleegewächse – Oxalidaceae

1 Wald-Sauerklee – *Oxalis acetosella*
Trotz der Ähnlichkeit in der Blattform ist der Sauerklee mit Klee-Arten nicht näher verwandt. Das zeigt schon die 5blättrige weiße Blüte mit ihren violetten Adern, die man um die Zeit sehen kann, in der die Laubbäume ausschlagen. Wälder sind auch der Lebensraum des Wald-Sauerklees. Er besiedelt in ihnen ausgesprochen schattige Stellen und bildet deswegen selbst in älteren Fichtenforsten zuweilen ausgedehnte Bestände. Er liebt humusreichen und eher sauren Boden. Die Schattenverträglichkeit beruht auf der hohen Ausnutzungsfähigkeit der Lichtenergie für chemische Vorgänge, die im Blatt ablaufen.
Selbst wenn der Sauerklee nur 1 % des Lichts erhält, das man im Freien bei unbedecktem Himmel messen kann, erzeugt er noch so viel Nahrungssubstanz, wie er in 24 Stunden verbraucht. Er muß also selbst unter so extrem ungünstigen Bedingungen noch keine Reserven angreifen. Andererseits erreicht er seine volle Produktionsleistung schon bei 10 % des vollen Tageslichts. Bekommt er mehr Licht, dann beeinträchtigt dies sein Gedeihen. Als „Gegenmaßnahme" vermag er dann die Teilblättchen abzusenken, bis sie fast senkrecht nach unten hängen. Die Blätter enthalten Oxalsäure und Oxalate und schmecken deswegen sauer. Gerade diese Verbindungen werden von vielen Menschen zumindest in größerer Menge schlecht vertragen, und Nierenkranke sollten sie ganz meiden. Daher darf man Wald-Sauerklee als schwach giftig einstufen.

Familie: Storchschnabelgewächse – Geraniaceae

2 Blutroter Storchschnabel *Geranium sanguineum*
Vielleicht sollte man heute besser die Frucht eines „Storchschnabels" vorzeigen, die man bei irgendeinem Vertreter der Gattung wohl überall finden kann, um damit zu erklären, wie denn der Schnabel des bei uns fast ausgestorbenen Storches ausgesehen hat. Er war ja für den Pflanzennamen Taufpate, nicht umgekehrt die Frucht der Pflanze für den Vogel. Mit dem Namen Blutroter Storchschnabel führt man wahrscheinlich auch anders in die Irre: Er wurde vermutlich nicht seiner Blütenfarbe wegen so genannt, sondern weil er im Wurzelstock Gerbstoffe enthält, die früher als blutstillendes Mittel verwendet wurden. Die Art gehört zu den selteneren der Gattung. Sie ist wärmeliebend und kommt außer in trockenen, ungenutzten Rasen in lichten Trockenwäldern und Gebüschen vor. Kenntlich ist sie an den stets einzelstehenden Blüten, die im Frühsommer erscheinen, sowie an den Blättern.

3 Wiesen-Storchschnabel – *Geranium pratense*
Von allen Arten der Gattung ist sie wohl die bekannteste: Sie blüht vom frühen Sommer bis in den Herbst, und wo sie auf Wiesen oder grasigen Wegrändern vorkommt, bildet sie meist größere Bestände. Mit ihren Blüten, die 2,5 – 4 cm im Durchmesser erreichen, gehört sie schließlich zu den Pflanzen unserer Flora mit den auffälligsten und größten Blüten. Für Kenner ist beachtenswert, daß die Knospen erst aufrecht stehen und dann nicken. Geht die Blüte auf, richtet sich auch die sich öffnende Knospe auf. Nach der Bestäubung krümmen sich die Blütenstiele wieder abwärts. Die Bewegungen werden durch ungleiches Wachstum an den Flanken der Stiele verursacht.

4 Ruprechtskraut, Stinkender Storchschnabel – *Geranium robertianum*
Bereits die Blattgestalt macht das Ruprechtskraut unter seinen Verwandten unverwechselbar: Es besteht aus drei völlig getrennten Teilblättchen, die ihrerseits wiederum stark fiederteilig sind. Die Blüten stehen wie bei vielen Arten der Gattung immer zu zweien beieinander. Wegen ihrer Kleinheit sind sie unscheinbar, doch vom frühen Sommer bis in den Spätherbst trifft man geöffnete Blüten an.
Wenn die Luftfeuchtigkeit nicht zu niedrig ist, kommt das Ruprechtskraut an allen möglichen Standorten nicht allzu selten vor. Wertvoll und gern gesehen ist es auf Gesteinsschutthalden, die es festigt. Es enthält ätherische Öle, Gerbstoffe und einen noch nicht näher bekannten Bitterstoff. Daher wurde es früher als Heilpflanze verwendet.

1
4
3
2

Familie: Rautengewächse – Rutaceae

1 Diptam – *Dictamnus albus*
Der Diptam genießt gesetzlichen Schutz; zu Recht, denn er kommt in Mitteleuropa nur an vereinzelten Standorten vor. Sein Hauptverbreitungsgebiet liegt im Mittelmeergebiet und im warmen Südosteuropa. Hier wie dort besiedelt er kalkreichen, steinigen, lockeren Boden, der viel Wärme erhalten sollte, andererseits aber nicht voll der Sonne ausgesetzt sein darf – wenigstens nicht während des ganzen Tages. Daher findet man die seltene Pflanze vor allem in und an trockenen Gebüschen, an Waldrändern und auf Lichtungen in Trockenwäldern. Die Pflanze blüht im Mai und Juni. Ihre Blüten duften nach Zitrone. Sehr sicher kann man dies deswegen nicht feststellen, weil die Blätter, die übrigens unpaarig gefiedert und deutlich durchscheinend punktiert sind, an warmen Tagen so viel ätherisches Öl verdunsten, daß die Luft nicht nur von dessen Aroma „geschwängert" ist, sondern mit ihr regelrecht ein brennbares Gemisch bildet. Von der Entflammbarkeit dieses Gasgemischs kommt der örtlich geläufige Name „Brennender Busch". Diese ätherischen Öle, aber auch Saponine und giftige Alkaloide machten den Diptam vor allem im Mittelalter zu einer viel benutzten Heilpflanze. Man zog ihn, wo immer möglich, in Gärten. Möglicherweise ist der eine oder andere Standort der Pflanze entstanden, indem sie aus einer solchen Gartenkultur verwilderte. Als Zierpflanze ist sie außer Mode gekommen.

Familie: Kreuzblümchengewächse – Polygalaceae

2 Zwergbuchs, Buchsblättrige Kreuzblume – *Polygala chamaebuxus (Chamaebuxus alpestris)*
Dieser kaum eine Hand hohe, immergrüne Zwergstrauch gehört trotz seiner wenigen Blüten zu den Glanzstücken und nicht nur zu den Raritäten unserer Flora. Die Blüten können nämlich fast weißgelb, reingelb, braungelb oder tieforange sein, und Kombinationen dieser Töne sind eher die Regel als die Ausnahme. Der Verbreitungsschwerpunkt der Art liegt sicher in den Alpen und im Mittelmeergebiet, und auch dort ist sie selten, selbst wo ihr die Bedingungen zusagen.
Sie braucht krümeligen, lockeren und kalkhaltigen Boden; zuweilen genügen ihr Felsspalten, die damit angefüllt sind. Meist jedoch besiedelt sie Waldränder, Trockenwälder, trockene Gebüsche und trockene Rasen und Matten. In den kalkhaltigen Mittelgebirgen trifft man sie da und dort noch an. Obwohl sie keinen gesetzlichen Schutz genießt, sollte man sie und ihre Standorte sorgsam schonen.

3 Bitteres Kreuzblümchen – *Polygala amara*
Mit den Kreuzblümchen-Arten haben auch Fachleute „ihr Kreuz". Sie ähneln sich nicht nur, sondern treten oft sowohl mit rosaroten als auch mit blauen Blüten auf. So das Bittere Kreuzblümchen, bei dem in weiten Gegenden die blaßblaue Form häufiger zu sein scheint. Einen Vorteil vor den anderen Arten der Gattung hinsichtlich der Erkennbarkeit hat es indessen: Seine Blätter schmecken nach längerem Kauen bitter. Obwohl man den Bitterstoff bis heute nicht näher kennt, hat man die Pflanze früher zuweilen als Heilpflanze verwendet. Sie blüht im Mai und Juni, wird kaum 15 cm hoch und fällt trotz ihrer rund 10 Blüten pro Stengel wegen der Kleinheit kaum auf.

4 Gemeines Kreuzblümchen – *Polygala vulgaris*
Wo Aberglaube im Spiel ist, scheint man Mühe nicht zu scheuen. Der dem Griechischen entstammende Name deutet darauf hin. Er bedeutet nämlich etwa: „viel Milch". Früher glaubte man, die Pflanze fördere, wie andere Arten der Gattung auch, dem Futter beigemischt, die Milchleistung der Kühe. Deshalb sammelte man sie zuweilen und gab sie Kühen zu fressen. Das war sicherlich mühsam. Die kaum mehr als 20 cm erreichenden Pflänzchen fallen nämlich mit ihren meist blauen Blüten kaum auf und bilden vor allem in Wiesen, in denen sie vorkommen, nie Bestände. Auch wo sie zahlreich sind, wachsen sie immer sehr verstreut, und man muß schon aufpassen, wenn man viele ergattern möchte. Das Gemeine Kreuzblümchen kann nur mit viel Übung sicher von anderen, ähnlichen Arten der Gattung unterschieden werden.

1
3
4
2

Familie: Wolfsmilchgewäche – Euphorbiaceae

1 Sonnwend-Wolfsmilch – *Euphorbia helioscopia*
Zuweilen wundert man sich, wenn man zwar durchaus häufige, aber ebensowenig auffallende wie nutzbare Pflanzen betrachtet und hört, welche ins einzelne gehende Beachtung sie schon vor Jahrhunderten gefunden haben. Mit gutem Grund darf man zu dieser Gruppe von Pflanzen die Sonnwend-Wolfsmilch rechnen. Sie kannte mit Sicherheit schon Plinius, der 23–79 n. Chr. lebte. Und bereits ihm war aufgefallen, daß dieses unscheinbare Unkraut aller Hackkulturen seinen Blütenstand nach der Sonne dreht. Auf diese Eigenheit beziehen sich sowohl der deutsche wie auch der wissenschaftliche Artname (helios, gr. = Sonne; skopein, gr. = schauen). Kenntlich ist die Art an ihren meist 5 (seltener nur 4) Strahlen in der Trugdolde und den querovalen, gelben Drüsen im Hüllbecher. Wie alle Wolfsmilch-Arten führt auch die Sonnwend-Wolfsmilch weißen Milchsaft. Sie ist giftig.

2 Süße Wolfsmilch – *Euphorbia dulcis*
Von den zahlreichen Wolfsmilch-Arten kommen nur wenige ausschließlich in Wäldern vor. Die Süße Wolfsmilch gehört zu ihnen. Sie ist unscheinbar und, weil grünlich „blühend", auch zur Blühperiode im Mai und Juni nicht auffällig, obwohl sie 10–50 cm hoch wird. Obschon sie außer reinen und überdies dichten Nadelforsten nahezu alle Wälder besiedelt, die einigermaßen nährstoffreichen, wenigstens etwas kalkhaltigen und nicht zu trockenen, mullreichen Boden haben, wird sie vielfach übersehen, auch wenn man neben ihr steht. Auf „Wolfsmilch" kommt man, wenn man den weißen Milchsaft aus abgerissenen Pflanzenteilen quellen sieht; sicher auf die Art, wenn man die Blätter wechselständig vorfindet und die querovalen Drüsen in Farben von Gelb, Grün oder Rötlich sieht. Wie alle Wolfsmilch-Arten ist auch sie giftig.

3 Zypressen-Wolfsmilch – *Euphorbia cyparissias*
Es wäre müßig zu streiten, ob diese Art innerhalb der Gattung in Mitteleuropa am häufigsten ist oder ob sie eine der in Hackkulturen auftretenden Arten überflügelt. Jedenfalls fehlt sie trockenen Rasen, Wegrainen, Dämmen und Waldrändern fast nirgends in Mitteleuropa, und übrigens ist sie dank ihrer nadelartigen Blätter, ihres gattungstypischen „Blütenstands" (sie blüht im späten Frühjahr bis zum Frühsommer) und ihres Milchsafts nicht zu verwechseln. Eine entfernt ähnliche und seltene Art hat Blätter, die breiter als 3 mm sind, ein Maß, das die Zypressen-Wolfsmilch nicht erreicht. Natürlich ist auch sie giftig, und deswegen wird sie von Weidetieren nicht gefressen. Andererseits ist sie erstaunlicherweise die einzige Futterpflanze für die Raupen des Wolfsmilchschwärmers.
Noch erstaunlicher ist eine andere Eigenheit, die man auf Anhieb gar nicht als solche der Zypressen-Wolfsmilch erkennt. Meist bildet die Pflanze an ihren Wuchsorten Bestände. Sucht man mit etwas Geduld, wird man unter den „typischen„ Pflanzen rasch solche finden, die zwar auch Milchsaft haben, aber die selbst zur Blütezeit nicht blühen. Auch ist ihre Wuchsform anders: Die Blätter kurz und dicklich, die Pflanze unverzweigt, Stengel und Blätter sind auffallend gelbgrün. Des Rätsels Lösung? Es handelt sich um eine erkrankte Zypressen-Wolfsmilch. Sie wurde vom Erbsenrost befallen (s. S. 110). Ein Blick auf die Blattunterseite zeigt es sofort: Dort sieht man meist zahlreiche rote Pusteln. Wodurch der Gestaltwandel und die Änderung im Blühverhalten zustande kommen, ist noch unbekannt.

4 Kleine Wolfsmilch – *Euphorbia exigua*
Auf kalkhaltigen Böden kann man die Art in Gärten, auf Schuttplätzen, aber auch auf Wegen und an Dämmen antreffen – und übersehen. Zwar wird sie 5–25 cm hoch, doch wirkt sie wegen ihrer schmalen und spitz zulaufenden Blätter ausgesprochen zierlich. Sie steht vom späten Frühjahr bis in den Frühherbst in Blüte. Wer schon einen Blick dafür hat, erkennt an dem eigentümlichen Blütenstand sofort die Gattung. Der Milchsaft, der aus einem gepflückten Stengel quillt, bestätigt die Diagnose. Obschon kaum jemand auf den Gedanken kommen dürfte, den Milchsaft zu kosten, sei sicherheitshalber darauf hingewiesen, daß er giftig ist.

4
3
1
2

Familie: Wolfsmilchgewächse – Euphorbiaceae

1 Wald-Bingelkraut *Mercurialis perennis*
Pflanzen, bei denen wie beim Bingelkraut „männliche" Exemplare neben „weiblichen" vorkommen, unterscheidbar dadurch, daß die einen nur Staubblätter in ihren Blüten, die anderen nur Narben und Fruchtknoten tragen, nennt man zweihäusig. Sie sind in der Pflanzenwelt nicht allzu häufig. In mull- und nährstoffreichen Laub- und Mischwäldern, die auf oft etwas steinigem Boden stocken, bedeckt es zuweilen in Massenbeständen den Boden und fällt vor allem im Frühjahr auf, wenn Grün oder blühende Pflanzen dort noch selten sind. Zwar blüht es um den Blattaustrieb, doch besticht es mit seinen grünlichen, kleinen, unscheinbaren Blüten weniger als durch seine 10–30 cm hohen Bestände. Gerade die Trennung in männliche und weibliche Pflanzen hat die Pflanze indirekt berühmt gemacht. Nachdem man fast zwei Jahrhunderte hindurch allerlei Spekulationen über die Geschlechtlichkeit der Pflanzen angestellt hatte, gelang es dem Tübinger Professor der Medizin und Direkter des damaligen Botanischen Gartens der Universität, R. J. Camerarius, durch Versuche, u. a. am Bingelkraut, die Geschlechtlichkeit der Pflanzen nachzuweisen. Es muß dies um 1690 gewesen sein. Obschon das Wald-Bingelkraut nicht wie die Wolfsmilch-Arten Milchsaft führt, ist es doch giftig.

Familie: Buchsbaumgewächse – Buxaceae

2 Buchsbaum – *Buxus sempervirens*
Liebhaber von Drechselarbeiten, seien es wertvolle Schachfiguren oder sehr passable Pfeifenköpfe, sollten dieses Gewächs eigentlich als „Rohstofflieferant" kennen. Den meisten indessen ist es als Ziergehölz aus Parks und Gärten bekannt, wo es mit seinen immergrünen Blättern, einzeln, zu Hecken gepflanzt oder in fast widernatürliche Schnittformen gebracht, kaum irgendwo fehlt, wo die Winter nicht gar zu grimmig sind. In Mitteleuropa ist es wohl nur in Baden und an der Mosel wild, sonst gelegentlich verwildert oder ausgepflanzt. Buchse wachsen buschig oder als niederer Baum. Wie alt sie werden, ist umstritten. Stammstücke von 5 cm Dicke aus Frankreich wiesen rund 100 Jahresringe auf. Die Drechslerware, die meist aus Kleinasien stammt, hat dagegen meist 10 cm Stammdicke. Der Buchsbaum ist giftig.

Familie: Spindelstrauchgewächse – Celastraceae

3 Pfaffenhütlein – *Euonymus europaea*
Blühend kennt diesen 1–3 m hohen Strauch kaum jemand, fruchtend ist er wohl jedermann schon aufgefallen. Im Herbst klappen die fleischigen Samenmäntel zu einer Form auf, die dem Barett eines katholischen Priesters gar nicht so unähnlich ist. Auch an den jungen, vierkantigen Zweigen ist die Pflanze nichtblühend recht gut zu identifizieren. Man findet sie wild in Laub- und Mischwäldern auf lehmigen, eher feuchtem Boden. Sie geht auch ins uferbegleitende Gesträuch und wird – außer als robuste Zierpflanze – nicht selten ufernah gepflanzt. Vor allem in den Samen ist ein sehr giftiger Bitterstoff enthalten.

Familie: Springkrautgewächse – Balsaminaceae

4 Echtes Springkraut – *Impatiens noli-tangere*
Obschon durch den ganzen Spätsommer bis in den Frühherbst in den Blattachseln wenigstens 1–3 cm lange, gespornte Blüten hängen, die reizvoll rot gepunktet sind, fällt die Pflanze weniger durch sie auf als durch ihr glasiges Aussehen und insbesondere durch ihre eigenartigen Früchte, denen sie auch ihren Namen verdankt. In ihnen steht eine zentrale Säule unter hoher Gewebespannung. Bei Berührung oder Erschütterung trennen sich bei der reifen Frucht die Fruchtblätter voneinander und schleudern die Samen aus, die auf diese Weise mehrere Meter weit geworfen werden können. Deshalb wächst das Springkraut meist auch in ziemlich dichten Beständen, vorzugsweise in feuchten Wäldern oder in ufernahen Gebüschen, denn es liebt Schatten. Es ist schwach giftig.

1
2
4
3

Familie: Ahorngewächse – Aceraceae

1 Berg-Ahorn – *Acer pseudoplatanus*
In der freien Natur fällt dieser Baum meist nicht auf, weil er „Schluchtwälder" als Wuchsort bevorzugt; steile, steinige Täler also, deren Flanken bewaldet sind, obschon der Untergrund dort meist felsig-schuttig und von Sickerwasser durchzogen ist.
Seine mehr als handtellergroßen Blätter sind 5teilig, die Lappen laufen jedoch nie in eine ausgezogene Spitze aus. Zur Blütezeit im Spätfrühling hängen die unscheinbaren gelbgrünen Blüten in langer Traube. Früher wurde das Holz für Drechslerarbeiten wie auch als Brennholz sehr geschätzt. Heute hat es noch eine gewisse Bedeutung als Möbelholz. Ausgewachsene Bäume von rund 80–100 Jahren, die je nach Stand 10–30 m hoch werden können, bleiben, zwischen anderen stehend, bis in den Kronenbereich astrein.

2 Spitz-Ahorn – *Acer platanoides*
Wer einen großblättrigen Baum in der Stadt antrifft, bei dem die 5- bis 7lappigen Blätter in eine lange Spitze ausmünden und der auch ohne Schnitt eine fast regelmäßige runde oder doch querovale Krone besitzt, der hat einen Spitz-Ahorn vor sich. Von ihm gibt es neben der gerade beschriebenen Gartenform noch zahlreiche andere. Gleichwohl ist er einer der in Mitteleuropa wild vorkommenden Waldbäume. Allerdings ist er nirgends häufig. Er braucht feuchten, nährstoffreichen, lockeren und eher tiefgründigen als flachen oder gar felsigen Boden. Seine Wuchsorte sollten einigermaßen warm sein. Dennoch geht er in Schluchtwäldern (wo er Südhänge bevorzugt) und auch in Auwälder. Da und dort hat man ihn auch forstlich angepflanzt, obschon sein Holz weniger feinfaserig ist als das des Berg-Ahorns und daher schlechter verwertet werden kann. Zur Blütezeit kann man beide Arten recht gut voneinander unterscheiden: Im Mai oder Anfang Juni treibt der Spitz-Ahorn meist aufrechtstehende, doldige Blütenstände aus.

3 Feld-Ahorn – *Acer campestre*
Vom Feld-Ahorn trifft man häufiger buschig wachsende Exemplare als Bäume. So oder so werden sie nur 3–15 m hoch, ausgewachsen aber immerhin um 150 Jahre alt. Kenntlich ist die Art an ihren Blättern, die stets kleiner als 10 cm sind und nur 3–5 ausgesprochen stumpfe Lappen besitzen. Auffallend ist auch die korkige Rinde an älteren Zweigen. Als Forstholz ist die Art von untergeordneter Bedeutung. Doch kann sie als Windschutz im Gebüschmantel trockener Wälder oder als Vogelschutzgehölz auf steinigen und nicht nutzbaren Orten kaum überschätzt werden. Da sie Schnitt erträgt, eignet sie sich auch für robuste Heckeneinfriedungen. Gegenüber anderen Schnitthecken hat sie den Vorteil, daß man sie verhältnismäßig hoch wachsen lassen kann.

Familie: Roßkastaniengewächse – Hippocastanaceae

4 Roßkastanie – *Aesculus hippocastanum*
Noch sind Roßkastanien aus dem Bild unserer Dörfe und Städte als Alleebäume kaum wegzudenken, und weil man sie gelegentlich – wenn auch vereinzelt – in Wäldern antrifft, kommt kaum jemand auf den Gedanken, sie habe irgendwann in unserer Heimat gefehlt. Und trotzdem ist die Roßkastanie kein einheimischer Baum. Er ist in Südosteuropa zu Hause. Vermutlich hat um 1576 Charles de L'Ecluse, der unter seinem latinisierten Namen Clusius besser bekannt ist, in Wien das erste Exemplar im dortigen Botanischen Garten ausgepflanzt. Doch bereits im 18. Jahrhundert dürfte man sie überall in Mitteleuropa gekannt haben und pflanzte sie fortan zur Zierde im Stadtgebiet und als Wildfutterlieferant in Wäldern aus.
Heutzutage ist sie allerdings in Siedlungen wegen ihrer Salzunverträglichkeit, ja ihrer Umweltempfindlichkeit überhaupt, vielerorts bedroht. Sie weist eine Besonderheit auf: Unbestäubte Roßkastanienblüten besitzen ein gelbes Saftmal, bestäubte ein rotes. Offensichtlich wird dieses „Signal" von den bestäubenden Insekten gelernt. Es wurde berichtet, daß rotmalige Blüten wesentlich seltener beflogen werden als solche mit gelbem Saftmal. Der Grund fürs rasche Lernen? Bestäubte Blüten sondern praktisch keinen Nektar mehr ab.

1

4

2

3

Familie: Lindengewächse – Tiliaceae

1 Sommer-Linde – *Tilia platyphyllos*
Die Sommer-Linde ist „die" Dorflinde. Heute muß man das sehr wörtlich nehmen! Denn sie verträgt Luftverunreinigungen, wie sie in Städten leider häufig vorkommen, ausgesprochen schlecht. Wild findet man sie vor allem in Schluchtwäldern auf nährstoffreichem, lockerem und daher oft etwas steinigem Lehmboden. Wo sie gut gedeihen soll, darf die Luftfeuchtigkeit nicht gar zu niedrig werden. Deshalb ist sie an ihren natürlichen Standorten wohl nie sehr häufig gewesen. Trotzdem hat man sie seit alters gepflanzt, oft an herausragenden Geländepunkten. Sehr alte Exemplare können bis zu 40 m hoch werden und einen riesigen Stammumfang bekommen. Die ältesten schätzt man auf rund 1000 Jahre! Doch sind auch schon halb so alte Bäume wahre Riesen und erhaltenswert. Kenntlich ist die Sommer-Linde nicht ohne weiteres. Die schiefherzförmigen Blätter tragen unterseits in den Nervenwinkeln ein weißes „Bärtchen" kurzer Haare.

2 Winter-Linde – *Tilia cordata*
Auch die Winter-Linde wurde häufig an denselben Stellen angepflanzt wie die Sommer-Linde. Kein Wunder: Wild kommt sie an fast entsprechenden Standorten vor. Im Gegensatz zur Sommer-Linde sind bei ihr die „Bärtchen" in den Winkeln der Blattadern auf der Blattunterseite rotbraun. Obwohl die Winter-Linde etwas robuster ist, erträgt auch sie Streusalz im Boden und verunreinigte Luft schlecht. Gleichwohl gibt es auch von ihr noch jahrhundertealte Baumriesen, die allerdings mehr in die Breite als in die Höhe wachsen und 30 m selten überschreiten. Freistehend fallen sie indes schon von weitem auf. Die Gründe fürs Anpflanzen waren sicher stets vielfältig: Nutzung der Blüten als Tee, aber auch als Bienenweide. Während die Sommer-Linde in der Blüte während der ersten Juni-Hälfte nur 2 – 5 Blüten in einem kleinen, doldenartigen Blütenstand hat, trägt die Winter-Linde, die rund 14 Tage später und bis in den Juli hinein blüht, meist 5 – 11 Blüten zusammen. Bei gleich großen Bäumen – nimmt man es nicht allzu genau – kommt dies einer Verdoppelung des Nektarertrags fast gleich. Vielleicht hängt es damit zusammen, daß die Winter-Linde im Mittelalter „als des Heiligen Römischen Reiches Bienenweide" unter allerhöchstem Bann stand. Lindenblütenhonig bekommt unzweifelhaft einen Beigeschmack des sehr geschätzten ätherischen Öls und wird daher von Liebhabern noch heute teuer bezahlt.

Familie: Malvengewächse – Malvaceae

3 Spitzblättrige Malve – *Malva alcea*
Die Heimat der Spitzblättrigen Malve ist sicher das östliche Mittelmeergebiet und das weitere Umland des Schwarzen Meeres. Von dort gelangte sie im Gefolge der Besiedlung Mitteleuropas an ihre Standorte in diesem Gebiet. Sie liebt nämlich nährstoff-, insbesondere stickstoffreiche, etwas kalkhaltige, lockere Böden, wie man sie in Siedlungsnähe nicht allzuselten antrifft. Das hängt möglicherweise auch damit zusammen, daß man sie früher ihrer Schleimstoffe wegen als Arzneipflanze in Gärten zog, aus denen sie verwildert sein könnte. Doch ist dies sicher nicht der einzige Grund für ihr Vorhandensein in Mitteleuropa. Kenntlich ist sie an den hellroten, duftlosen Blüten, die 3 – 5 cm im Durchmesser erreichen können, und daran, daß auch ihre obersten Blätter bis zum Grunde 5- bis 7teilig sind.

4 Weg-Malve – *Malva neglecta*
„Neclecta" kommt aus dem Lateinischen und bedeutet „vernachlässigt". Hinsichtlich des Gebrauchs als Volksheilmittel, wie man dies auch mit der Spitzblättrigen Malve getan hat, trifft diese Bezeichnung nicht zu. Sie bringt nur zum Ausdruck, gegenüber den anderen Malven-Arten sei die Weg-Malve mit ihrem niedrigen Wuchs – sie wird kaum einmal 30 cm hoch – und ihren vergleichsweise kleinen und nur blaßrosafarbenen Blüten „schlecht weggekommen". Auf stickstoffreichem Boden fehlt sie den dort wachsenden Unkrautbeständen kaum. Sie geht in Pflasterritzen ebenso wie auf Bahngelände, auf ehemalige Kompostlagerstätten oder auf das, was heutzutage von Dorfangern und Gänseweiden übriggeblieben ist. Gekannt hat man sie daher wohl zu allen Zeiten.

1
2
3
4

Familie: Hartheugewächse – Hypericaceae

1 Niederliegendes Hartheu – *Hypericum humifusum*
Unbestritten gehört das Niederliegende Hartheu mit seinem niederliegenden, kahlen Stengel, der deutlich zweikantig und hohl ist, zu den am leichtesten kenntlichen Arten der Gattung, doch trifft man es nicht überall an. Kalkböden z. B. meidet es. Der Untergrund, auf dem es gedeihen soll, muß feucht sein. Dann geht es auf Hackkulturen ebenso wie auf Waldboden, wo es allerdings lichte Stellen bevorzugt. Je freier es auf dem sonst „nackten" Boden wächst, desto eher fällt es mit seinen kleinen Blüten und seinem etwa handlangen Kriechstengel zumindest während der Blühperiode im Sommer auf. In dichtem Pflanzenbestand übersieht man es dagegen leicht.

2 Rauhes Hartheu – *Hypericum hirsutum*
An den lichten Stellen feuchter Wälder mit lehmigem und etwas kalkhaltigem Boden trifft man diese Art verhältnismäßig häufig an. An ihrer unübersehbaren Behaarung kennt man sie leicht. Die „Blattpunkte" sind Behälter für ätherische Öle, nicht etwa für Wasser oder Luft. An beides könnte man denken, weil starke Behaarung typischer für Pflanzen ist, die auf trockenen Standorten wachsen – und daher viel Wasser verlieren können oder verbrauchen –, als für solche an feuchten Wuchsorten. Ein biologischer „Sinn" des Haarwuchses ist auf den ersten Blick nicht erkennbar. Merkwürdigerweise fehlt Behaarung gerade jenen Arten, die am widerstandsfähigsten gegen Trockenheit sind.

3 Tüpfel-Hartheu – *Hypericum perforatum*
Diese auch als „Johanniskraut" bekannte Art ist sicher in Mitteleuropa am häufigsten. Man findet sie in allen Wald- und Forsttypen an lichten Stellen, am Waldsaum, in Gebüschen, aber auch auf mageren Wiesen, Heiden, trockenen Rasen und selbst noch auf nicht zu hoch gelegenen alpinen Matten. Der Name Johanniskraut verweist auf den Aufblühzeitpunkt Ende Juni (24. Juni = Johannistag). Die Blühperiode dauert aber bis in den Herbst hinein an. Die Pflanze fällt weniger wegen ihrer Höhe (um 50 cm) auf, als dadurch, daß sie oft kleinere Bestände bildet. Früher spielte die Pflanze im Volksaberglauben eine beträchtliche Rolle. Zerquetscht man nämlich ihre Blüten, so verfärben sie sich rot. Darin sah man ein Symbol für Blut. In den Blütenblättern ist kristallisiert der rote Farbstoff Hypericin enthalten. Er ist verantwortlich für die „Lichtkrankheit", die bei Tieren auftritt, die Johanniskrautblüten gefressen haben. Nur wenn sie im Licht bleiben, kommt es zu schweren, ja tödlichen Vergiftungserscheinungen. Auch als Heilpflanze erfreute sich das Tüpfel-Hartheu eines guten Rufes. Unter anderem wurde es als fördernd für die Wundheilung betrachtet. Sofern es diese Wirkung wirklich geben sollte, wäre noch zu klären, ob dabei Hypericin eine Rolle spielt oder mehr die Gerbstoffe, die in der Pflanze in fast allen Organen enthalten sind. Über mögliche Wirkungen des ätherischen Öls, das auch in anderen Arten der Gattung auftritt, ist wenig Verläßliches bekannt.

4 Schönes Hartheu – *Hypericum pulchrum*
Vermutlich kam die Art zu ihrem Namen, weil die Blütenblätter, die meist ausgesprochen goldgelb sind, am Rand schwarzrote Punkte tragen. Daran und an dem runden, kahlen Stengel ist die Art gut kenntlich. Sie kommt vorzugsweise auf kalkarmen oder kalkfreien Böden vor, die sandig oder lehmig sein können. In der Regel besiedelt sie lichte Stellen in Wäldern oder an Waldrändern. Möglicherweise erträgt die Art größere oder länger anhaltende Lufttrockenheit nicht. Darauf weist ihr Verbreitungsschwerpunkt in Osteuropa ebenso hin wie das Erlöschen ihres Vorkommens nördlich des Erzgebirges grob entlang dem Elbelauf.

2
4
3
1

Familie: Zistrosengewächse – Cistaceae

1 Gelbes Sonnenröschen – *Helianthemum nummularium*
Das Gelbe Sonnenröschen kommt in Mitteleuropa in mehreren Rassen vor, die sich voneinander z. B. in der Blütengröße oder im Grade der Behaarung unterscheiden. Sicher können sie nur Spezialisten erkennen. Mit der Vielfalt im Äußeren geht auch eine Vielfalt der Besiedlungsmöglichkeiten einher. Doch läßt sich allgemein sagen: Trokkene Rasen, Wegraine oder Gerölle werden eher besiedelt als Trockenstellen an Flachmooren. Auch hat man auf kalkhaltigem Untergrund eher das Glück, bei sonst gleichen Voraussetzungen Vertreter der Art anzutreffen. Hat man sie einmal wachen Auges betrachtet, wird man sie künftig kaum mehr verwechseln. In den wenigblütigen Blütenständen nicken die Knospen. Dann sieht man an den Kelchblättern, die sie umschließen, deutlich rötliche Streifen. Bei voller Sonne sind Blüten vom Sommer bis in den Frühherbst hinein offen. Je heller es ist, desto deutlicher spreizen die Staubblätter nach außen. Sie stehen nicht in Bündeln, wie wir das bei den Hartheu-Arten beobachten können.

Familie: Veilchengewächse – Violaceae

2 Acker-Stiefmütterchen – *Viola tricolor*
Der Name „Stiefmütterchen" spiegelt die rege Phantasie unserer Vorfahren wider. Eine Erklärung, warum die Pflanze zu ihrem Namen gekommen sei, will wissen, das unterste Blütenblatt stelle die Stiefmutter dar. Da die angrenzenden Blütenblätter meist die gleiche Farbe haben wie das unterste, sollen sie die „leiblichen" Töchter sein, die von der Mutter „bevorzugt" würden. Die farblich häufig abweichenden beiden oberen Blütenblätter hingegen seien die „Stieftöchter". Auch andere Deutungen werden für den immerhin merkwürdigen Namen gegeben. Da er um 400 Jahre alt sein dürfte – schriftlich wird er schon 1600 erwähnt – wird man die Namengebung kaum mehr zweifelsfrei klären können. Sachlich hat es ohnedies gewisse Haken. Die Art ist nämlich außerordentlich vielgestaltig, und die Verschiedenfarbigkeit der einzelnen Blütenblätter muß gar nicht unbedingt ausgeprägt sein: Alle können – von strichförmigen Saftmalen abgesehen und einem intensiver gefärbten Blütenschlund – mehr oder minder gleich gefärbt und dann meist sehr hellgelb sein. Andererseits kommen Formen mit kräftig violett gefärbten oberen Blütenblättern vor. Acker-Stiefmütterchen findet man vor allem in Hackkulturen, aber auch auf Schotter oder an Wegrändern, seltener auf alpinen Matten oder Schutthalden. Vielfach zog man sie früher in Gärten als Heilpflanze und wendete sie gegen alle möglichen Beschwerden an. Obschon man vor allem in der Wurzel Saponine gefunden hat, steht man heute den berichteten Heilerfolgen äußerst skeptisch gegenüber.

3 Wald-Veilchen – *Viola sylvestris*
Vom zeitigen Frühjahr bis zum Abschluß des Laubaustriebs trifft man diese „Art" in fast allen einigermaßen lichten Wäldern reichlich an, wenngleich sie kaum irgendwo geschlossene Bestände bildet. Gegenüber anderen Arten erkennt man sie an den meist über 2 cm langen Blättern, von denen einige an den kahlen Blütenstielen sitzen. Unscharf ist bei dieser Pflanze nur der Artbegriff. Auf eher sauren Böden überwiegen Formen mit dickem, oft weißlichem Sporn, auf mehr kalkhaltigen solche mit dünnem, blauvioletten Sporn. Daher hat man auch schon zwischen zwei Arten unterschieden. In vielen Gebieten gibt es aber alle Übergänge zwischen den Extremen.

4 Rauhes Veilchen – *Viola hirta*
Diese Veilchen-Art trifft man vorwiegend in lichten und eher trockenen Wäldern und Gebüschen an, doch geht sie auch auf entsprechende Wiesen. Wo der Boden wenigstens etwas kalkhaltig ist, wird man sie kaum vergeblich suchen. Da sie im April und Mai blüht, fällt sie trotz ihres niedrigen Wuchses von kaum 10 cm auf, zumal an einem Wurzelstock meist mehrere, blattlose, lang gestielte Blüten stehen. Ihre Blätter sind dreieckig oder länglich-eiförmig und behaart. Obwohl auch bei anderen Veilchen-Arten die Samen durch Ameisen verschleppt werden, scheint dies doch beim Rauhen Veilchen besonders häufig vorzukommen.

3
1
2
4

Familie: Seidelbastgewächse – Thymelaeaceae

1 Lorbeer-Seidelbast – *Daphne laureola*
Diese in Westeuropas Laubwäldern beheimatete Pflanze erreicht in Südbaden die Nordostgrenze ihres Verbreitungsgebiets. Sie braucht, damit sie gedeihen kann, nährstoff- und kalkreichen, warmen Boden, der eher trocken als feucht sein sollte. Frost erträgt sie schlecht. In den meisten Gebieten, in denen sie vorkommt, genießt sie gesetzlichen Schutz. Kenntlich ist die Art leicht an den immergrünen Blättern und den grünlichgelben Blüten, die zwischen März und Mai geöffnet sind. Als Früchte findet man schwarze Beeren. Wie ihr mitteleuropäischer Verwandter, dem sie im Höhenwachstum gleichkommt, ist sie ziemlich giftig!

2 Gemeiner Seidelbast – *Daphne mezereum*
Obschon diese Pflanze gesetzlich geschützt ist, kennt sie wohl jedermann, nicht zuletzt, weil sie fast mit der Schneeschmelze zu blühen beginnt und noch im April blühend angetroffen werden kann. Auch scheinen die sehr stark duftenden Blüten direkt den holzigen Zweigen zu entspringen, ehe noch die Blätter sich entfaltet haben. Von ihnen sieht man während der Blühperiode meist nur eine mehr oder minder entfaltete, endständige, grüne Knospe oder ein gipfelständiges Blattbüschel. Diese Eigenschaften lassen den Gemeinen Seidelbast als erwünschte Gartenpflanze erscheinen. Daher wird sie von vielen Versandgärtnereien angeboten. Sie will aber einen eher schattigen oder wenigstens halbschattigen Stand und nicht zu trockenen Boden. Bedenklich ist auch ihre Giftigkeit, zumal ihre leuchtendroten Beeren auf Kinder eine nicht zu unterschätzende Lockwirkung ausüben. Vergiftungen sind schon mehrfach vorgekommen, leider auch schon mit tödlichem Ausgang. Gartenbesitzer müssen sich der Gefahr bewußt sein, desgleichen alle, die sie zu recht fragwürdigen Heilzwecken gebrauchen wollen; abzuraten ist auch von äußerlicher Anwendung.

3 Rosmarin-Seidelbast – *Daphne cneorum*
Wer diese Pflanze in freier Natur im April oder Mai an einem ihrer nur noch wenigen Standorte gesehen hat, wird verstehen, warum man sie gesetzlich schützt. Sie zählt zu den Kleinodien der Pflanzenwelt. Wegen ihrer Wuchsform in polsterähnlichem Verband, ihren immergrünen Blättern und ihrer Blütenfülle reizt es zugegebenermaßen, sie in Steingärten einzubringen. Wo man sie in Versandgärtnereien erwerben kann, mag man den risikoreichen Versuch wagen. Bekommt sie keinen zumindest schwach kalkhaltigen, humosen und doch eher nährstoffarmen Boden in sommerwarmer Lage, so geht sie unweigerlich zugrunde. Zahllose Naturstandorte wurden so durch Ausgraben in den letzten 100 Jahren nachweislich vernichtet, andere durch „Kulturmaßnahmen". Deshalb hat man, wo immer möglich, größere Standorte meist als Naturschutzgebiete ausgewiesen. Wie seine Verwandten, so ist auch der Rosmarin-Seidelbast giftig.

4 Steinrösl – *Daphne striata*
Außerhalb der Alpen wird man diesen reizvollen Zwergstrauch vergeblich suchen. Dort aber gehört er zu den auffallendsten Erscheinungen, und dies, obschon er kaum einmal höher als 25 cm wird. Dafür tritt die Pflanze in Polstern auf. Ihre immergrünen Blätter, die an den Zweigenden rosettig gehäuft stehen, kontrastieren zur Blütezeit im Juni oder Juli zu den hellrosa Blüten, die bei näherem Betrachten eine feine Streifung zeigen. Das Steinrösl braucht kalkhaltigen Untergrund und besiedelt nicht selten feinerdereiche Felsspalten. In den nördlichen Kalkketten ist es sehr selten, in den südlichen selten. Es braucht viel Wärme. Wegen seiner Seltenheit genießt es gesetzlichen Schutz. Selbst dem, der eine wohlverdiente und unter Umständen empfindliche Strafe nicht scheut und das Steinrösl allen Verboten zum Trotz ausgräbt, um es in seinem Garten einzupflanzen, sei gesagt, daß es im Tiefland regelmäßig und sehr rasch zugrunde geht. Die Pflanze ist giftig.

1
2
3
4

Familie: Ölweidengewächse – Eleagnaceae

1 Sanddorn – *Hippophae rhamnoides*
In welcher Hinsicht die alten Griechen den Sanddorn (sofern sie diese Pflanze überhaupt meinten) mit Pferden in Verbindung brachten, liegt im dunkeln, obschon es mehrere Deutungsversuche gibt, von denen jedoch keiner befriedigt. Jedenfalls steckt in dem wissenschaftlichen Gattungsnamen „hippos“, und das heißt Pferd. Aufschlußreicher ist hier schon der deutsche Name Sanddorn. Er verweist auf einen bevorzugten Wuchsort dieser Pflanze auf Schottern von Flüssen oder an sandigen Ufern, sei es von Flüssen, Seen oder an der Meeresküste. Der Strauch vermag auf diesen nährstoffarmen „Böden“ nicht zuletzt deshalb gedeihen, weil in seinen Wurzeln Strahlenpilze leben, die den Stickstoff der Luft binden und so auch indirekt dem Sanddorn zugänglich machen können. Neuerdings sind Sanddornpflanzen aus den verschiedensten Gründen Ziersträucher in Gärten oder Anlagen geworden. Einer der Gründe ist ihr herbstlicher Beerenschmuck. Will man ihn haben, dann muß man aufpassen: Sanddorn ist nämlich zweihäusig, und dies bedeutet, es gibt männliche und weibliche Pflanzen. Natürlich tragen nur letztere Früchte und damit Beeren. Diese Beeren sind außerordentlich reich an Vitamin C (500 mg/100 g Früchte). Die Beeren sind eßbar und eignen sich gut zum Entsaften.

Familie: Weiderichgewächse – Lythraceae

2 Blut-Weiderich – *Lythrum salicaria*
Der Blut-Weiderich hat seinen Namen nicht in erster Linie deswegen erhalten, weil er rot blüht, sondern weil er früher als blutstillendes Mittel verwendet wurde. Hier mag er eine gewisse Wirkung haben, weil er Gerbstoffe enthält. Die auffällige Pflanze, die den ganzen Sommer hindurch blüht und meist zwischen 50 und 150 cm an Höhe erreicht, wobei im Blütenstand hundert oder mehr Blüten stehen können, trifft man vor allem auf ausgesprochen nassen Böden, also im Röhricht, auf Naßwiesen, Mooren und in Gräben. Für die Konkurrenzfähigkeit einer Art an so ausgesetzten Wuchsorten ist natürlich wichtig, daß neu auftretende Anlagen im Erbgut möglichst in allen Kombinationen „getestet“ werden. Dies verlangt aber eine möglichst funktionierende Fremdbestäubung, damit die „Durchmischung“, besser die Neukombination der Erbanlagen, auch zustande kommt. Hierfür sorgen beim Blut-Weiderich drei Blütentypen, die sich in Griffel- und Staubblattlänge voneinander unterscheiden. Zwischen den Blüten eines Typs, also eines Exemplars, ist eine Bestäubung daher schon technisch unmöglich.

Familie: Nachtkerzengewächse – Onagraceae

3 Berg-Weidenröschen – *Epilobium montanum*
Unter den Weidenröschen-Arten gibt es viele kleinblütige, die auseinanderzuhalten selbst Fachbotanikern Schweiß kostet. Eines der häufigsten unter ihnen ist das Berg-Weidenröschen, das in feuchten Wäldern aller Art anzutreffen ist und im Sommer blüht. Seine Blütenblätter werden 8–12 mm lang und sind in der Mitte ausgerandet. Sein Stengel ist kahl, und die Blätter stehen oft im Wechsel an ihm. Sie werden 1–2,5 cm breit und zeigen unterseits ein deutliches Adernetz.

4 Wald-Weidenröschen, Stauden-Feuerkraut – *Epilobium angustifolium (Chamaenerion angustifolium)*
Häufig, auffällig, schön und bemerkenswert: Diese Eigenschaften gelten für das Wald-Weidenröschen. Seine Blüten können 2,5–3 cm im Durchmesser erreichen und stehen zahlreich in einer endständigen Traube. Im Grunde will das Wald-Weidenröschen vor allem stickstoffhaltigen Boden und genügend Licht. Dann gedeiht es. Daher findet man es oft massenweise auf Waldlichtungen, an Waldrändern, aber auch an Bahndämmen, ja unmittelbar am Rand von Geleisen. Es erreicht Höhen zwischen 50 und 150 cm und blüht vom Spätsommer bis zum Frühherbst. Bemerkenswert sind vor allem die behaarten Samen, die auch die anderen Arten der Gattung auszeichnen, hier aber wegen ihrer Menge auffallen. Am Wald-Weidenröschen entdeckte im Jahre 1790 der Botaniker Sprengel die Fremdbestäubung.

1
4
2
3

Familie: Doldengewächse – Apiaceae (Umbelliferae)

1 Wald-Sanikel – *Sanicula europaea*
Von manchen Pflanzennamen, den wissenschaftlichen besonders, kennen wir die ersten Ursprünge nicht. Anders hier. Möglicherweise geprägt, jedenfalls erstmalig veröffentlicht hat ihn die Hl. Hildegard, die als Hildegard von Bingen bereits mit 8 Jahren 1106 in ein Benediktinerkloster eintrat, das später Zisterzienserkloster wurde. Sie muß für ihre Zeit eine ungewöhnlich gebildete und belesene Frau gewesen sein, die nicht nur theologische Schriften verfaßte und musisch begabt war. Sie ließ – in einem von ihr mit 50 Jahren gegründeten Kloster bei Bingen – in jede Zelle Wasserleitungen legen und erteilte u.a. bindende Ratschläge zur Zahnpflege. Kaiser Konrad III. und Friedrich Barbarossa holten Rat bei ihr. Zwischen 1151 und 1158 brachte sie in zwei Büchern medizinisches Wissen – nicht zuletzt über Heilpflanzen – zu Papier. In dem „Buch der einfachen Heilmittel nach dem Schöpfungsbericht geordnet" wies sie auf die Wald-Sanikel als eine blutstillende Droge hin. Sie muß die Pflanze für sehr wirksam gehalten haben; denn in dem Namen steckt das lateinische Wort sanare – heilen. Die Pflanze enthält zwar Saponine, einen Bitterstoff und Gerbstoffe, die blutungshemmend wirken. Aus der heutigen Heilkunde ist sie indes verschwunden, da wir bessere Mittel kennen.
Woran ist die Wald-Sanikel kenntlich? Die unscheinbaren Blüten stehen in köpfchenartigen Dolden, die nur winzige Hüllblätter haben. Die Blätter – meist nur am Grunde, seltener am Stengel stehend – sind handförmig geteilt. Wäldern mit feuchtem, mullreichen Lehmboden, die nicht zu dicht stehen, fehlt sie kaum irgendwo.

2 Große Sterndolde – *Astrantia major*
Wegen ihrer ausgeprägten Hüllblätter, die fast wie Blütenblätter auf den unvoreingenommenen Betrachter wirken, erkennt man die Große Sterndolde nicht auf den ersten Blick als ein Doldengewächs. Wo sie vorkommt, bildet sie meist lockere, aber individuenreiche Bestände. Zu suchen braucht man sie nur in Kalkmittelgebirgen und in den Kalkketten der Alpen, trifft sie aber gebietsweise auch hier nicht an. Sie gedeiht in Schluchtwäldern, geht aber auch auf Bergwiesen und will frischen, nährstoffreichen Lehmboden, der aber nicht verdichtet sein darf.

3 Stranddistel – *Eryngium maritimum*
Wer die Stranddistel an einem der wenigen Orte, an denen sie noch die Dünen in nennenswertem Maß besiedelt, in ihrer stacheligen Tracht und ihrem eigentümlichen Blaugrün womöglich im Sommer blühend angetroffen hat, begreift zweierlei: warum man die Pflanze gesetzlich schützt – so mancher Standort wurde wegen „haltbarer Trockensträuße" geplündert – und warum man sie unter den Dünenpflanzen die schönste nennt. An der deutschen Nord- und Ostseeküste kann man die Standorte zählen, an denen sie noch steht. Etwas günstiger sieht es mit ihrer Möglichkeit zum Überleben als interessante Art an den Gestaden des Mittelmeeres aus, vor allem dort, wo sich der Urlauberstrom noch nicht alljährlich in Massen über den Sand ergießt.

4 Wiesen-Kerbel – *Anthriscus sylvestris*
Leicht kenntlich oder gar unverwechselbar ist der Wiesen-Kerbel wahrlich nicht. Es gibt eine ganze Reihe von Arten, die sich – hat man nur ein Exemplar vor sich – nur durch genaues Bestimmen identifizieren lassen. Dennoch kann man ihn kennenlernen: Er tritt nämlich auf all den Wiesen, denen man reichlich stickstoffhaltigen Dünger zugeführt hat, in solchen Massen auf, daß er im späten Frühjahr oder frühen Sommer mit seinen weißen „Schirmen" das Bild dieser Wiesen geradezu prägt.

1
2
3
4

Familie: Doldengewächse – Apiaceae (Umbelliferae)

1 Sichel-Hasenohr – *Bupleurum falcatum*
Zwei Eigenschaften besitzt das Sichel-Hasenohr, die es verhältnismäßig leicht kenntlich machen: die nicht aufgeteilten, ganzrandigen Blätter, die bei mitteleuropäischen Doldengewächsen nur bei zwei Gattungen vorkommen, und die ebenfalls nicht häufigen, gelben Blüten, die man den ganzen Sommer hindurch geöffnet finden kann. Die Dolden sind verhältnismäßig armblütig und tragen deutlich Hüllchenblätter und Hüllblätter unter den Blütenstandstrahlen. In Mitteleuropa kommt das Sichel-Hasenohr ausschließlich auf kalkhaltigen Böden vor, die einigermaßen sommerwarm sein sollten. Es besiedelt sowohl Trockenwälder und trockene Gebüsche, vor allem am Rand oder auf Lichtungen, geht aber auch gelegentlich an Wegränder oder in waldnahe Trockenrasen. Fast immer zeichnen sich die Blätter deutlich durch leicht geschwungene Blattränder aus, wodurch ihr schwach sicheliges Aussehen hervorgerufen wird (Name!).

2 Wiesen-Kümmel – *Carum carvi*
Kümmel ist bestimmt als Gewürz oder Likör erheblich bekannter als als Pflanze. Sie ist eben ausgesprochen unscheinbar, auch wenn sie häufig vorkommt, wenngleich fast nie in Beständen, andererseits aber kaum einem Ort in Mitteleuropa fehlt. Man kann darüber streiten, ob sie im engen Sinn des Wortes eine „Wildpflanze" an all ihren heutigen Standorten ist oder eine verwilderte, die seit der unbestrittenen Wertschätzung der Pflanze irgendwann aus der Kultur ausgebrochen ist. Gleich den meisten Doldengewächsen hat sie eine reichblühende Dolde, die im Frühsommer in Blüte steht, zuweilen nochmals im Herbst, und fein mehrfach gefiederte Blätter. An ihnen indes ist eines unter ähnlichen Arten einmalig und damit ihr sicherstes Kennzeichen: Das unterste Paar von Blattfiedern steht am Grund der Blattscheiden! Die Früchte eignen sich als Gewürz oder zum Ansetzen von Likören wegen ihres hohen Gehalts an dem ätherischen Öl Carvon, dem man in den üblicherweise verwendeten Gewürzmengen durchaus eine verdauungsfördernde Wirkung bestätigen kann. Die oft knollig verdickte Wurzel der Pflanze wurde – in Notzeiten zumal – ähnlich wie Sellerieknollen auch als Gemüse oder Salat gegessen.

3 Giersch – *Aegopodium podagraria*
Die Gicht oder Podagra, die man längst erloschen glaubte, die heute jedoch kein allzu seltenes Krankheitsbild mehr ist und die von ihr Befallenen außerordentlich quält, hat der Pflanze den Namen gegeben. Sie sollte die Schmerzen lindern, wenn man sie auf die erkrankten Körperpartien auflegte. Sie sollte – doch sie konnte nicht. Man hat keinerlei Wirkstoffe in ihr gefunden, die eine arzneiliche oder gar schmerzstillende Wirkung haben könnten. Zugegebenermaßen enthalten die Früchte ätherische Öle wie bei anderen Doldengewächsen auch, aber weniger als bei manch anderer Art. Der Giersch ist an seinen einfach oder doppelt dreiteiligen Blättern und seinem kahlen, hohlen Stengel und nicht zuletzt an seinen typischen Standorten erkennbar: Unkrautbestände vor allem in Gärten und Parkanlagen. Er geht aber auch in feuchte Wälder und Gebüsche; denn er liebt grundwasserfeuchte, nährstoff- und insbesondere stickstoffreiche Böden. Antreffen kann man ihn in Mitteleuropa überall.

4 Alpen-Mutterwurz – *Ligusticum mutellina*
Von einzelnen Stellen am Feldberg, im Südschwarzwald und im Bayerischen Wald abgesehen, braucht man die Alpen-Mutterwurz außerhalb der Alpen nicht zu suchen. Sie kommt auf alpinen Wiesen und Weiden mit genügender Bodenfeuchte vor, wobei sie Höhen von 1500 – 2500 m bevorzugt. Zwar fallen dem Bergwanderer ihre roten Dolden auf. Erstaunt wäre er aber, grübe er die Pflanze aus und sähe, wie umfänglich die unterirdischen Organe verglichen mit den oberirdischen sind. Die Alpen-Mutterwurz genießt als Weidekraut einen legendären Ruf. Nicht zuletzt soll sie zur Güte der Alpenmilch beitragen. Verarbeitet ist sie übrigens auch Bestandteil mancher Kräuterkäse.

4
3
1
2

Familie: Doldengewächse – Apiaceae (Umbelliferae)

1 Wald-Brustwurz – *Angelica sylvestris*
Wenn eine Pflanze – sowohl in der wissenschaftlichen als in der deutschen Benennung – so anspruchsvolle Bedeutungen enthält, muß sie hochgeschätzt worden sein. Allerdings zu Unrecht. Ein Jakob Theodor aus Bergzabern, der zwischen 1588 und 1591 ein voluminöses „Kreuterbuch" in zwei Bänden veröffentlichte, an dem er 36 Jahre gearbeitet haben soll, fixierte erstmals den Namen „Angelica" auf diese Pflanze, weil sie den Menschen von Engeln gezeigt worden sein soll, damit sie sie gebührend nutzen. Tabaernaemontanus – wie sich Jakob Theodor der Zeitsitte gemäß nannte – mag daran geglaubt haben. Wir wissen über die Pflanze besser Bescheid. Sie enthält alle möglichen Inhaltsstoffe, darunter ätherische Öle, die in hoher Konzentration giftig wirken, denen aber eine hervorstechende Heilwirkung nicht zugeschrieben werden kann. Weiter kommen in der Pflanze Furocumarine vor. Es gibt Menschen, die – wenn man ihnen Furocumarine mit Pflanzensaft auf die Haut bringt und diese Stelle dann dem Licht aussetzt – dort mehr oder minder heftige Rötungen und Schwellungen bekommen. Die Wald-Brustwurz liebt feuchten Lehmboden. Wo sie ihn in Wäldern, feuchten Wiesen, an Ufern oder auch in Unkrautbeständen vorfindet, da kann man sie antreffen. An ihren oft 50 cm langen Blättern und ihren bauchigen Blattscheiden sowie an dem hohlen, weißbläulich bereiften Stengel kann man sie einigermaßen gut erkennen.

2 Gemeiner Pastinak – *Pastinaca sativa*
Gewiß ist der Pastinak ein Unkraut, das an Wegen, auf Schuttplätzen und gelegentlich an Getreideäckern oder Bahndämmen gedeiht. Es liebt stickstoffreichen, lehmigen Boden. Aber dieses Unkraut hat manches, was es zu einer „möglichen" Kulturpflanze macht. Seine Wurzel enthält reichlich Eiweiß, Stärke, Pektin und rund 30 mg Vitamin C pro 100 Gramm Frischgewicht. Kein Wunder, daß man sie da und dort als Wildgemüse nutzt oder doch genutzt hat. Extrakte aus der Wurzel wurden und werden manchen „Kräuterschnäpsen" zugesetzt. An den gelben Blüten und den oft nur einfach, gelegentlich auch zweifach gefiederten Blättern mit den verhältnismäßig groben Fiedern ist die Pflanze gut kenntlich.

3 Bärenklau – *Heracleum sphondylium*
Diese Art der Doldengewächse ist möglicherweise in Mitteleuropa diejenige, die die meisten gestaltlich verschiedenen Formen ausbildet. Schon aus diesem Grund ist es sehr schwer, jedes einzelne Exemplar gegenüber selteneren oder eingeschleppten Arten richtig abzugrenzen. Fürs erste ist indessen hinreichend, wenn man zur Identifizierung auf die Randblüten der Dolde achtet: Bei ihnen sind die äußeren Blütenblätter deutlich vergrößert. Überdies ist fast allen Formen ein grober Blattzuschnitt eigen.
Der Bärenklau ist so häufig, daß er vielerorts nach dem ersten Schnitt mit seinen Blüten, die sich Ende Juni öffnen und im Oktober noch angetroffen werden können, das Gesicht der Wiesen prägt. So massenweise ist er meist als Wiesenkraut unwillkommen, weil seine Blätter beim Trocknen zerbröseln und nicht als „Öhmd" geborgen werden können. Jung sind sie besonders als Kaninchenfutter geschätzt und meist örtlich unter einem mehr oder minder ausgefallenen Volksnamen bekannt.

4 Wilde Möhre – *Daucus carota*
Sie ist die Wildform der „Gelben Rübe", Karotte oder Möhre und damit eine der wichtigsten unserer Gemüsepflanzen. Genutzt wird die Wurzel, die – Geschmack hin, Geschmack her – immerhin in hoher Konzentration Provitamin A enthält. Es ist dies ihr roter Farbstoff. Warum manch einer sie weniger schätzt, liegt an dem Gehalt an ätherischen Ölen, der bei Kulturformen sehr gering, hoch hingegen bei der Wildrasse ist. Der Name Möhre kommt übrigens von der häufig fast schwarz oder doch sehr dunkelrot gefärbten Mittelblüte im Gesamtblütenstand, ein sicheres Kennzeichen der Art.

1
2
3
4

Familie: Araliengewächse – Araliaceae

1 Gemeiner Efeu – *Hedera helix*
Kletterer unter den heimischen Pflanzen sind selten, verhältnismäßig vielfältig dagegen die Mittel, mit denen sie das Emporwachsen bewerkstelligen. Der Efeu zum Beispiel bildet Haftwurzeln aus, mit denen er sich an der Unterlage festhält. Sie wachsen aus dem Stengel, und zwar offensichtlich an den Stellen mit Lichtmangel und nicht zu großer Feuchtigkeit. Wäre diese vorhanden, würden sie zu normalen Wurzeln mit all deren Fähigkeiten: Wasser- und Nährsalzaufnahme. So vermögen sie nur zu verankern. Efeupflanzen werden sicherlich sehr alt. So gibt es Pflanzen von mehreren hundert Jahren, deren „Stämme" Dezimeter dick sind, ja es wird von Exemplaren berichtet, die 1000 Jahre erreicht haben sollen. Merkwürdig ist auch das Blühverhalten des Efeus. Jung vermag er noch keine Blüten auszubilden. Erst ab etwa 10 Jahren, umweltabhängig auch etwas früher oder später, wird er blühfähig. Kenntlich wird dies bemerkenswerterweise daran, daß sich die Form der Blätter wesentlich ändert. An nichtblühenden Trieben sind sie charakteristisch 3- bis 5lappig. Jetzt werden sie fast Birnbaumblättern ähnlich. Die Früchte, die sich aus den Blüten entwickeln, schwarze Beeren, sind giftig, ebenso wahrscheinlich auch andere Teile der Pflanze.

Familie: Hartriegelgewächse – Cornaceae

2 Kornelkirsche – *Cornus mas*
Die Gelehrten streiten sich, ob – und wenn ja, welche – Vorkommen der Kornelkirsche in Mitteleuropa „natürlich" sind oder ob es sich um Gartenflüchtlinge handelt. Unstrittig liegt der Verbreitungsschwerpunkt der Art im Mittelmeergebiet und an den Küsten und im Hinterland des Schwarzen Meeres. In früheren Zeiten zumal wußte man die Beeren als Marmeladelieferanten oder kandierte Früchte zu schätzen. Wegen ihres verhältnismäßig geringen Anteils an Fruchtfleisch und der „Arbeitsintensität" beim Herstellen sind diese Verbrauchsarten indessen heute aus der Mode geraten. Dennoch wird die Kornelkirsche in Mitteleuropa heutzutage wohl mehr als je zuvor angetroffen, angepflanzt wie „wild", weil sie in das Zierstrauchsortiment Eingang gefunden hat. Ausschlaggebend war hierfür wohl zweierlei: Ihr überaus frühzeitiger Blühbeginn, der fast mit dem Schwinden der Schnees zusammenfällt, so daß trotz der Unscheinbarkeit der Einzelblüten und der geringen Auffälligkeit eines selbst mit Blüten übersäten Strauchs zu der Zeit Gleichwertiges in Gärten sonst kaum frosthart zu haben ist. Mit ihrem vielfältig in allen tiefen Rottönen gefärbten Herbstlaub gehört sie auch in dieser Jahreszeit zu einer gesuchten Zierde im Garten. Wo sie einigermaßen warm steht und von rascher wachsenden Gehölzen nicht behindert wird, hat sie gute Chancen zu verwildern.

3 Roter Hartriegel – *Cornus sanguinea*
Ihn trifft man überall im Gebüschmantel der Wälder an. Seine oft roten Zweige haben ihm den Namen gegeben. An ihnen und an den bogennervigen Blättern ist er gut kenntlich, auch wenn er nicht – wie im Mai und Juni – blüht. Günstigenfalls erreichen kräftige Pflanzen Höhen von 3–5 m.

Familie: Krähenbeerengewächse – Empetraceae

4 Krähenbeere – *Empetrum nigrum*
Diese Pflanze, die durch ihre nadelförmigen, dicht stehenden Blätter Aufmerksamkeit erregt, trifft man nur in Sandheiden, auf Dünen und dann wieder auf alpinen Matten an. Sie wird 30–50 cm hoch, hat weibliche und männliche Pflanzen, ist also zweihäusig und an ihren schwarzen Beeren, die sie im Herbst trägt, leicht zu erkennen. Hat man sie einmal gesehen, wird man sie so leicht nicht mehr verwechseln. Vom Genuß der Beeren muß man übrigens eindringlich abraten. Sie wie die ganze Pflanze enthalten das Gift Andrometoxin, einmal mehr, einmal weniger.

3
1
2
4

Familie: Wintergrüngewächse – Pyrolaceae

1 Rundblättriges Wintergrün – *Pyrola rotundifolia*
Pflanzen, die im Winter grüne Blätter haben, sind bei uns selten. Um so mehr wird man auf sie aufmerksam. Wie erhalten sie sich in der kalten Jahreszeit am Leben? Dies fragt man sich, sieht man durch Zufall eines der niedrigen Pflänzchen, dessen Blütenstandsstiele zur Blühperiode 25 cm nur vereinzelt überragen, wogegen die Blätter dem Boden mehr oder minder dicht anliegen.
So kann man die Art unter ihren Verwandten sicher erkennen: Am Blütenstandsstiel stehen 8–15 Blüten an allen Seiten, und die Blüten selbst sind offen-glockig. Finden wird man die Art nur auf etwas feuchtem, schwach saurem Lehmboden in Misch- und Nadelwäldern. Wie ihre Verwandten beherbergt sie in ihren Wurzeln symbiotisch Pilze, die sie verdaut und die ihr dadurch Nährstoffe liefern, die sie aber andererseits durch eigenerzeugte organische Substanzen ebenfalls versorgt und so zu ihrem Weiterleben beiträgt. Die Pflanze enthält Arbutin und wurde daher früher in der Volksheilkunde genutzt.

Familie: Fichtenspargelgewächse – Monotropaceae

2 Fichtenspargel – *Monotropa hypopitys*
Diese merkwürdige Pflanze werden nur wenige zu Gesicht bekommen, so selten ist sie. Wer sie aber gesehen hat, wird sie nicht mehr vergessen. Sie kommt ausschließlich in Misch- oder Nadelwäldern mit saurem, mullhaltigem Boden vor. Ihre Stengel fallen durch ihr bleichgelbes Aussehen auf. Anders als bei der Orchidee Nestwurz sind sie aber recht dicht mit Schuppenblättern bestanden und im Blütenstandsbereich deutlich abwärts gekrümmt. Die gelben Blüten, die ihre Blühperiode zwischen Frühsommer und Frühherbst haben, fallen wenig auf. Sie sind glockig, ein weiteres eindeutiges Unterscheidungsmerkmal gegen die Nestwurz. Wie bei dieser werden nämlich die Wurzeln von Pilzfäden durchzogen, die der Pflanze die zum Leben benötigten Stoffe zuführen. Strenggenommen schmarotzt sie auf ihnen. Was die Pilze von ihr bekommen, wissen wir nicht. Früher war sie als Heilpflanze gegen Tierkrankheiten gesucht, ein Umstand, der nicht gerade zur Erhaltung ihrer Wuchsorte beitrug; überdies war eine arzneiliche Wirkung, sofern sie überhaupt bestand, unwesentlich.

Familie: Heidekrautgewächse – Ericaceae

3 Porst – *Ledum palustre*
Es gibt Leute, die den Porst als das „Edelweiß der Moore“ bezeichnet haben. Die Gemeinsamkeit bestünde dann nur in der Seltenheit und in der Idolisierung der Pflanze. In Süddeutschland, wo sie noch vor rund 100 Jahren mit Sicherheit im Schwarzwald vorkam, gilt sie heute als erloschen, und auch im Norddeutschen Tiefland sind große Moore ohne eine einzige Pflanze dieser Art.
Der gesetzliche Schutz, den sie genießt, ist vor allem dann unzureichend, wenn man ihre Standorte durch Trokkenlegen vernichtet. Die Verherrlichung als „Wilder Rosmarin“, ihre Beigabe zur Bieren im Mittelalter vor dem Erlaß des Reinheitsgebots und anderes mehr haben schon früh den Grundstein für ihre Dezimierung gelegt, desgleichen ihre Anwendung in der Volksmedizin. Der Porst enthält das Gift Ledol.

4 Gränke – *Andromeda polyfolia*
Niemand will der Gränke Schönheit absprechen. Doch sieht man daraus, daß Linné ihr den Gattungsnamen Andromeda gegeben hat, wie schlecht es mit auffälligen Pflanzen an ihrem Standort, in Hochmooren nämlich, bestellt ist: Andromeda, die nach der griechischen Sage eine Tochter des Königs Kepheus und der Kassiopeia gewesen sein soll, hat dieser Quelle zufolge an Schönheit sogar mit der Göttin Juno gewetteifert. Die Pflanze, heute recht selten, ist an ihren stark nach unten eingerollten Blättern, die auf der Unterseite bläulich-weiß bereift sind und die nur 1–3 mm breit werden, leicht kenntlich. Der Strauch wird kaum 30 cm hoch und blüht vom Spätfrühling bis in den Frühherbst. Er ist giftig.

4
3
2
1

Familie: Heidekrautgewächse – Ericaceae

1 Rauhblättriger Almrausch – *Rhododendron hirsutum*
Von vereinzelten Orten in den Tälern im Alpenvorland abgesehen, findet man diese herrliche Pflanze nur in den Alpen, genauer in den Ketten, in denen der Untergrund kalkhaltig ist. Sie gehört zu den Pflanzen, die in der Alpenflora geradezu ein Nimbus umgibt. Zu ihrem Schaden. Manche Standorte wurden durch Pflücken schon geplündert. Weitere sind dem rücksichtslosen Bahnen von Abfahrten für Skiläufer zum Opfer gefallen. Der gesetzliche Schutz, den die Pflanze genießt, besteht infolgedessen nicht nur zu Recht, sondern er genügt kaum, obwohl die Art örtlich noch Bestände oberhalb der Baumgrenze bildet. Natürlicherweise sollte sie das tun. Widersprüchlich scheint ihre Frostempfindlichkeit. Aber an ihren natürlichen Standorten und unter natürlichen Bedingungen kann sie mit einer mächtigen winterlichen Schneebedeckung „rechnen", diese stellt einen wirksamen Frostschutz dar.

2 Rostroter Almrausch – *Rhododendron ferrugineum*
Auf den ersten Blick sieht diese Art dem Rauhblättrigen Almrausch täuschend ähnlich. Beim näheren Betrachten, vor allem der Blattunterseite, entdeckt man jedoch einen entscheidenden Unterschied: Sie ist gelb, bei erwachsenen Blättern rostrot punktiert oder überzogen. Auch die Blüte ist üblicherweise etwas intensiver rot gefärbt. Wo es den Rostroten Almrausch gibt, ist der Boden zumindest oberflächlich sauer. Sein Hauptverbreitungsgebiet liegt infolgedessen außerhalb der Kalkalpen in den Ketten mit kristallinem Gestein. Dort bildet er örtlich noch ausgedehnte Bestände, genießt aber aus denselben Gründen wie der Rauhblättrige Almrausch gesetzlichen Schutz. Man braucht kein Fachmann zu sein, um zu sehen, daß es sich hier um nahe verwandte Arten handelt. Sie unterscheiden sich in äußeren Merkmalen, vor allem aber in ihren Ansprüchen an Boden und möglicherweise auch ans Klima. Dadurch vertreten sie sich an entsprechenden Standorten mit anderer Gesteinsunterlage. Diese Erscheinung, die man in den Alpen zwischen den Kalkketten und den Ketten mit kristallinem Gestein oft findet, nennt man „Vikariieren".

3 Zwergrösl – *Rhodothamnus chamaecistus*
Auf entkalkten Böden in den Alpen, und zwar im wesentlichen nur in den Ketten, die östlich des Allgäus liegen, trifft man als kostbare Seltenheit das Zwergrösl an. Obschon es meist nur 10–20 cm hoch wird und selten einmal 40 cm erreicht, fällt es mit seinen bis zu 2 cm im Durchmesser messenden rosenroten Blüten auch in den alpinen Zwergstrauchheiden auf, die es meistens besiedelt. Es genießt gesetzlichen Schutz. Sein Auspflanzen in Steingärten lohnt meist nicht, obgleich die Art dann und wann von Versandgärtnereien angeboten wird. Das immergrüne Pflänzchen erreicht in den Alpen unter günstigen Bedingungen ein Alter von rund 50 Jahren.

4 Felsenröschen, Alpenheide, Niederliegende Alpenazalee – *Loiseloiria procumbens*
Meist bleibt die Alpenheide kleiner als ihre Verwandten, die in den Alpen vorkommen; sie kann aber auch einmal 50 cm erreichen. Sicher aber wächst sie durchschnittlich höher am Berg, und zwar meist über den eigentlichen alpinen Zwergstrauchheiden. Dort bildet sie regelrechte „Strauchrasen". Ihre Blüten sind klein, dafür meist zahlreich ausgebildet, und man kann sie im „Alpensommer" fast immer offen antreffen. Auch die dichtstehenden, lederartigen Blätter erreichen fast nie 1 cm Länge, sondern sind meist stark halb so lang, immergrün und lederig. Durch die Wuchsform, ihre reiche Verzweigung und dichte Beblätterung vermag sie Humus festzuhalten und die Verdunstung aus dem Untergrund wirksam einzudämmen. Das Felsenröschen genießt gesetzlichen Schutz und ist überdies giftig.

1
2
4
3

Familie: Heidekrautgewächse – Ericaceae

1 Moosbeere – *Vaccinium oxycoccos (Oxycocus quadripetalus)*
Was die Höhe anlangt, ist die Moosbeere einer der kleinsten Sträucher. Allerdings kriechen ihre Äste und werden so auch bis fast 1 m lang. Die kleinen, dunkelgrünen, zugespitzten Blätter sind am Rand umgerollt. Sie stehen sehr locker am Stengel. Nichtblühend fällt die Pflanze daher an ihren Wuchsorten, in Hochmooren und sehr sauren Wäldern, meist nicht auf. Blütezeit ist zwischen Juni und August. Dann sieht man am Stengelende kleine, aber entzückende, nickende, rosarote Blüten, deren Blütenblattzipfel zurückgeschlagen sind. Sowohl in den Alpen wie auch in den Hochmooren des Tieflandes kommt die Moosbeere meist in lockeren, aber individuenreichen Beständen vor; doch besiedelt sie nicht jeden potentiellen Standort. Ihre Beeren enthalten reichlich Vitamin C, sind aber erst genießbar, wenn sie wenigstens einmal gehörig durchgefroren waren.

2 Preiselbeere – *Vaccinium vitis-idaea*
Preiselbeeren wachsen nur auf sauren Lehmböden, und zwar vorzugsweise in Mischwäldern, Nadelforsten, gehen aber auch in Hochmoore und in alpine Zwergstrauchheiden. Gegenüber den anderen Arten der Gattung sind sie leicht ohne Blüten und Frucht daran zu erkennen, daß die Blätter an den aufrechten, wenngleich niedrig bleibenden Stäuchlein wintergrün sind, am Rande eingerollt, lederig und unterseits hellblaugrün, oberseits dunkelgrün gefärbt. Die Blüten (Mai – August) sind meist unauffällig, die Beeren rot. Die Preiselbeere kommt, wenn überhaupt, oft in ausgedehnten Beständen vor und ist eine wertvolle und geschätzte Wildfrucht. Die Früchte enthalten neben mehreren organischen Säuren Gerbstoffe, etwas Provitamin A und reichlich Vitamin C. Früher nutzte man auch die Blätter als Tee, weil sie viel Arbutin enthalten.

3 Heidelbeere – *Vaccinium myrtillus*
Die Heidelbeere ist in manchen Wäldern auf sauren Böden bodendekkend, doch geht sie auch in Moore und auf alpine Matten. Man erkennt sie – ohne auf die Früchte zu schauen – an den hellgrünen Blättern, die stets fein gezähnelt sind. Der Saft der Beeren ist blau, im Unterschied zur Rauschbeere, deren Beeren farblosen Saft führen. Die Früchte enthalten nicht unbeträchtliche Mengen an Vitamin C. Vor allem schmecken sie wegen ihres Gehalts an blauem Farbstoff, dem Anthocyan. Deswegen werden sie örtlich von Liebhabern und gewerblich in größerem Maße gesammelt. Durch diese Ernteweise kann man den Gesamtertrag im Gebiet der Bundesrepublik schwer ermitteln. Doch dürfte er in guten Jahren zwischen 5000 und 10 000 Tonnen liegen.

4 Rauschbeere – *Vaccinium uliginosus*
Rauschbeeren wachsen fast nur in Mooren, moorigen Wäldern, gelegentlich auch auf alpinen Matten. Obschon sie meist wesentlich höher als die Heidelbeere werden (diese kaum 50 cm, die Rauschbeere dagegen meist 30 – 100 cm), werden beide Arten zuweilen miteinander verwechselt. Die Rauschbeere hat blaugrüne und stets ganzrandige Blätter, runde anstelle von kantigen Zweigen und Beeren mit farblosem Saft. Die Unterscheidung ist bedeutsam, weil immer wieder berichtet wird, Menschen, die Rauschbeeren in größerer Menge gegessen hätten, bekämen rauschartige Zustände. Entweder enthalten die Früchte einen Wirkstoff, den man noch nicht näher kennt; möglicherweise werden sie aber auch dann und wann von einem äußerlich nicht erkennbaren Pilz befallen, der den Giftstoff bildet und in das Beerenfleisch abgibt.

3
4
2
1

Familie: Heidekrautgewächse – Ericaceae

1 Echte Bärentraube – *Arctostaphylos uva-ursi*
Die Echte Bärentraube erkennt man an den immergrünen, lederigen und unterseits hellgrünen Blättern, die am Rande nicht eingerollt sind. Die Früchte sind rote, mehlige Beeren. Einerseits kommt die Pflanze auf kalkhaltigem Gestein vor allem in den Alpen vor, andererseits auf den Heiden des Tieflands mit sauren Böden. Durchweg scheut sie jedoch nassen Stand, geht also nicht an moorige Stellen, ja sie will es ausgesprochen sommerwarm. Die Bärentraube enthält in ihren Blättern reichlich Arbutin und ist noch heute Bestandteil vieler Blasentees. Merkwürdigerweise wurde sie in der Volksheilkunde entweder lange Zeit nicht beachtet, oder ihre Verwendungsmöglichkeit war wieder in Vergessenheit geraten. Jedenfalls wurde sie erst im 18. und 19. Jahrhundert allgemein in Mitteleuropa als Arzneipflanze verwendet.

2 Heidekraut – *Calluna vulgaris*
Mit dem Heidekraut ist es so eine Sache. Die hier aufgeführte Art ist fast überall in Mitteleuropa anzutreffen, wo der Boden nicht allzu nährstoffreich und infolgedessen wenigstens schwach sauer ist. In Heiden, Nadelforsten und auf manchen Bergwiesen bildet sie Massenbestände, vereinzelter trifft man sie auch in Misch- und Laubwäldern, ja an Wegrainen. Während ihrer Blühperiode zwischen Juni und Oktober fällt sie mit ihren rosaroten, seltener fleischroten Blüten, die meist zahlreich am Ende der Zweige stehen, trotz deren Kleinheit auf. Die Blätter des Heidekrauts werden nur 1–3 mm lang, stehen einander gegenüber und sind meist deutlich in vier Zeilen angeordnet. Da die Kelchblätter blütenblattartig sind und überdies von einem grünen „Außenkelch“ umstanden werden, scheint die Blüte mehr als fünf Blütenblattzipfel zu haben. Das Heidekraut sieht man, wo es in Massen auftritt, nicht gerne, ganz egal, in welcher Pflanzengesellschaft es steht. Seine Nadeln und Zweige verrotten schlecht, tragen zur weiteren Versauerung und damit zur weiteren Verarmung an Nährstoffen bei.

3 Gemeine Glockenheide – *Erica tetralix*
Die Gemeine Glockenheide ist die „Heide“, das „Heidekraut“, das so mancher Dichter besungen hat. Sie kommt in Mitteleuropa in nennenswerten Beständen nur in Gebieten mit sehr hoher Luftfeuchtigkeit vor und besiedelt dort Heiden und Moore. An ihren Standorten wächst sie nicht selten in ausgedehnten Beständen. Dann ist sie eine vorzügliche Bienenweide. Nicht zuletzt ihr verdankt der „Heidehonig“ seinen guten Ruf als besonders wohlschmekkend. Vom viel häufigeren Heidekraut der Gattung *Calluna* kann man sie dadurch unterscheiden, daß zur Blütezeit zwischen Juli und August die Blüten in endständigen, doldigen Köpfchen stehen und bauchig-glockig fast geschlossen sind. Nur mit Mühe kann man an der Blütenöffnung die vier zurückgeschlagenen Blütenblattzipfelchen erkennen, die der Pflanze ihren wissenschaftlichen Artnamen gegeben haben. Auch im nichtblühenden Zustand ist eine Unterscheidung möglich. Die nadelförmigen Blätter werden nämlich 4–7 mm lang und stehen zu 3–4 quirlständig, niemals jedoch streng gegenständig und in vier Zeilen am Zweigchen.

4 Schnee-Glockenheide – *Erica carnea*
Nur wenige werden die Schnee-Glokkenheide an ihren natürlichen Standorten in den Alpen je zu Gesicht bekommen. Dort wächst sie in der Nadelwaldstufe und im alpinen Zwergstrauchgebüsch, gelegentlich auch einmal in den Tälern eines aus den Alpen kommenden Flusses. Aber selbst im Alpengebiet fehlt sie größeren Gebieten, in anderen ist sie selten, und in Beständen kommt sie kaum mehr vor. Andererseits fehlt sie in vielen Spielarten kaum einem Steingarten. Sie stellt keine allzu großen Ansprüche an den Boden, erträgt eher reichlich Licht als Vollschatten und gedeiht fast überall gut, wenn man ihr wuchernde Konkurrenten – gleich welcher Art – vom Leibe hält. Da sie ihre Blüten zum Teil schon unter dem Schnee öffnet, kann man sie bereits im Januar unter günstigen Umständen in vollem Blütenschmuck vor dem Haus stehen haben. Diese Eigenschaft vor allem hat sie zur Zierpflanze gemacht.

4
3
2
1

Familie: Primelgewächse – Primulaceae

1 Wald-Schlüsselblume – *Primula elatior*
Süddeutschen wird es kaum in den Kopf wollen, daß eine so „gemeine" Pflanze wie die Wald-Schlüsselblume gesetzlichen Schutz genießt. So häufig ist sie hier vielerorts. In großen Teilen Frieslands fehlt sie hingegen oder gehört doch zu den großen Seltenheiten. So wechseln auf engem Raum die Häufigkeiten im Vorkommen einer Art. Die Gründe kennen wir nicht exakt. Sicher will die Wald-Schlüsselblume lockeren, etwas feuchten und lehmigen Boden. Man könnte, nimmt man es nicht allzu genau, fast sagen: Wo die Rotbuche gedeiht, da wächst auch die Wald-Schlüsselblume. Wo die Pflanze auf Wiesen in Massen steht, darf man darin nur den Hinweis erblicken, hier sei ursprünglich ein Wald mit Rotbuchen möglich, die Wiese ist – wie bekannt – eine Kulturlandschaft. Von den heimischen Arten der Gattung zeigt diese Art am besten die Berechtigung des wissenschaftlichen Namens „Primula". Sie blüht örtlich schon im März, was nicht ausschließt, daß man noch in den ersten Junitagen, vor allem in kühleren und feuchten Wäldern einzelne Exemplare in Blüte antreffen kann. Bekanntlich steckt in dem Wort „Primus" = der Erste.

2 Wiesen-Schlüsselblume – *Primula veris (Primula officinalis)*
Diese Art ist an ihren goldgelben, im Schlund orange gefleckten und etwas glockigeren Blüten leicht von der Wald-Schlüsselblume zu unterscheiden. Vielerorts blüht sie 1 – 3 Wochen später als diese auf. Doch ist der Unterschied in den Wuchsorten nicht so bedeutend, wie es der deutsche Artname glauben machen will. Zuweilen kommt die Wiesen-Schlüsselblume sogar vorwiegend in warmen Wäldern mit lockerem, kalkhaltigen Boden vor; andererseits bildet sie auf Bergwiesen örtlich ausgedehnte Bestände. Dennoch genießt sie gesetzlichen Schutz. Sie ist eine alte Heilpflanze, deren Wurzeln Saponine enthalten. Ihre Blätter sind reich an Vitamin C und wurden – und werden gelegentlich noch heute – deshalb als Wildsalat gegessen. Im allgemeinen ist dies unbedenklich, wiewohl auch die Blätter keinesfalls frei von Saponinen sind. Bei krankhaften Zuständen im Magen kann dies zu Schädigungen führen.

3 Mehl-Primel – *Primula farinosa*
Unter den rotblühenden, langstieligen Primeln ist die Mehl-Primel die bekannteste. Sie liebt nährstoffarme, aber durchaus nicht kalkfreie Böden. In mittleren Höhenlagen bevorzugt sie als Standorte feuchte Wiesen – die ungenutzt sein sollten – und Moore. Im Hochgebirge geht sie auch in trockenere Matten, ja in Felsspalten. Sie genießt gesetzlichen Schutz. Der „Mehlstaub" ist ein Drüsensekret, das hauptsächlich aus Flavonen besteht.

4 Alpen-Aurikel – *Primula auricula*
An den goldgelben Blüten auf 5 – 25 cm hohem Stiel, die meist einen deutlich hellgelben, wenn nicht gar weißlichen Schlund besitzen, und an den kahlen, dicken, meist mehlig bestäubten Blättern ist die Alpen-Aurikel gut zu erkennen. Im Widerspruch zu ihrem Namen scheint zu stehen, daß sie vereinzelt auch im Südschwarzwald und auf der Fränkischen Alb vorkommt. Doch ist dies eher eine Bestätigung. Man muß in diesen außerhalb der Alpen gelegenen Standorten Überbleibsel des Verbreitungsgebiets sehen, das die Art in den kälteren Vereisungsperioden der „Eiszeit" eingenommen hat. In den Alpen besiedelt die Pflanze Flachmoore, geht aber auch in feuchte Felsspalten und auf steinige Rasen. Zumindest auf letzteren Rasen kann sie wenigstens kurzzeitig der Trockenheit ausgesetzt sein. Sie vermag sie zu überstehen, weil sie in ihren Blättern sowohl reichlich Wasser als auch Nährstoffe speichert. Die Alpen-Aurikel steht unter gesetzlichem Schutz. Wer sie unbedingt im Garten haben will, kann sie unter Umständen von Gärtnereien beziehen. Allerdings werden häufig Bastarde mit der Behaarten Primel angeboten, die die mannigfaltigsten Blütenfarben haben können. Die rotblühende Behaarte Aurikel ist in den Alpen die vikariierende Art zur Alpen-Aurikel (s. Rostroter Almrausch). Trotz der unterschiedlichen Standortansprüche ist eine Kreuzung der Arten noch ohne weiteres möglich, und Aufzucht der Nachkommen gelingt um so besser, je eher man ihnen lästige Konkurrenten vom Leib hält.

3
2
1
4

Familie: Primelgewächse – Primulaceae

1 Heilglöckchen – *Cortusa matthioli*
Im Alpengebiet wird man das Heilglöckchen nur an umgrenzten Gebieten – etwa im oberen Inntal, in Vorarlberg oder in den niederösterreichischen Kalkalpen – vorfinden. Doch wo es vorkommt, fällt es auf. Es wird meist zwischen 10–40 cm hoch, und der doldige Blütenstand enthält 5–12 nickende, ansehnliche Blüten, die man von der zweiten Maihälfte bis in den Juli hinein geöffnet antreffen kann. Auffällig sind auch die rundlichen Blätter mit ihren gesägten Lappen. Wie die ganze Pflanze sind auch sie zerstreut, aber deutlich behaart. Sie bevorzugt Höhenlagen zwischen 1100 und 1900 m und wächst an feucht-schattigen Wald- oder Gebüschstellen. Sowohl der Gattungs- als auch der Artname veweisen auf zwei Botaniker des 16. Jahrhunderts. A. Cortusi starb 1593 und war Italiener. Auch P. Matthioli stammte aus Italien, wirkte aber hauptsächlich in Wien.

2 Alpen-Troddelblume – *Soldanella alpina*
Der Name „Schneeglöckchen" – ganz anders vergeben – würde auch zu fast allen Arten der Gattung passen, und in manchen Alpenorten nennt man sie auch so. Warum? Nicht selten wachsen sie da, wo der Schnee besonders lange liegt, in Schneetälchen oder auf Schneeböden. Wiewohl man sie auch dort antreffen kann, macht diese Art der Gattung hiervon noch am ehesten eine Ausnahme: Sie geht auch in lichte Gebüsche und Wälder, auf Weiden und Matten. Das sie in Höhen zwischen 500 und 3000 m vorkommen kann, ist ihre Aufblühzeit sehr unterschiedlich, günstigstenfalls im April, spätestens im Juli. Die Alpen-Troddelblume hat meist mehr als nur eine Blüte an ihrem 5–15 cm langen Blütenstandsstiel. Die Blüten können verschieden violett getönt, aber auch bläulich sein. Stets ist das „Glöckchen" mindestens bis zur Mitte oder darüber hinaus in Zipfel zerschlitzt.

3 Zwerg-Troddelblume – *Soldanella pusilla*
Wer ein Exemplar dieser Art findet, das mit seinem Blütenstand 10 cm Höhe erreicht, hat schon einen „Riesen" gefunden. Meist bleibt der einblütige Blütenstandsstiel erheblich kürzer, 2–3 cm sind keine Seltenheit. Die Zwerg-Troddelblume findet man nur auf sehr kalkarmen oder gar kalkfreien Böden, und wo unter ihnen Kalkgestein ansteht, ist der Boden meist entkalkt. Diese Art bevorzugt als Wuchsort Schneetälchen, Schneeböden oder sehr kurzrasige Matten und kommt meist nur von 2000–3000 m Höhe vor. Ihre Blüten sind meist eindeutig rötlichviolett. Stets sind die „Glöckchen" auf nur etwa ¼ ihrer Länge in Zipfel gespalten. Da ihre Blühperiode zwischen Mai und August liegt, entwickeln sich die Knospen unter dem abschmelzenden Schnee so weit, daß die Blüten geöffnet oder doch fast geöffnet den Schnee durchstoßen. So sehen sie besonders reizvoll aus.

4 Alpenveilchen – *Cyclamen purpurascens*
Wer das Alpenveilchen in lichten Wäldern der nordöstlichen Kalkalpen noch reichlich gesehen hat, versteht, warum man ihm gesetzlichen Schutz gewähren muß. Diese kalkstete, an lockeren, humosen, nicht zu trockenen und gut mit Luft versorgten Boden gebundene Pflanze ist unbestritten ein Juwel in der Laubwaldstufe der Alpen. Zugegebenermaßen hat man es da und dort auch ausgepflanzt, vielleicht um den Bestand zu erhalten, vielleicht um eine Zierde bewundern zu können. Dergleichen sollte man den amtlich beauftragten Naturschützern überlassen, die meist für ihr Vorgehen zwingende Gründe haben. Es ist bei vielen Arten – auch beim Alpenveilchen, das früher in Gärten als Heilpflanze gezogen wurde und da und dort regelrecht verwildert ist – ohnedies schwer, die ursprüngliche Verbreitung festzustellen. Will man die Geschichte der Besiedlung mit Pflanzen klären, dann stören solch „ungereimte" Vorkommen zuweilen sehr. Alle Alpenveilchenarten krümmen die befruchteten Blütenstiele zur Erde und „säen" so ihre Samen wuchsgünstig aus. Das Alpenveilchen ist giftig.

2
3
1
4

Familie: Primelgewächse – Primulaceae

1 Gilbweiderich – *Lysimachia vulgaris*
„Weiderich" spielt auf die weidenblattähnliche Blattform an, die aber beileibe nicht für alle Arten der Gattung kennzeichnend ist. Hier könnte man eine gewisse Ähnlichkeit erkennen. Schließlich können die Blätter erheblich länger als 10 cm werden und dann 3 cm an der breitesten Stelle überschreiten. Oft stehen sie einander am Stengel gegenüber, zuweilen sitzen aber auch 3–4 in einem Quirl beieinander. Sehr kennzeichnend für die Pflanze, die 60–130 cm hoch werden kann, ist der endständige, rispige Blütenstand, in dessen unterstem Teil noch Blätter stehen. Die goldgelben Blüten messen um 1,5 cm im Durchmesser. Der Gilbweiderich wächst vorzugsweise an feuchten Orten, z.B. an Gräben, im Uferröhricht oder in Flachmooren, seltener in lichten Auwäldern.

2 Pfennig-Gilbweiderich, Pfennigkraut – *Lysimachia nummularia*
Auf feuchten, verdichteten Lehmböden – sei es in Wäldern, an Gräben, auf Wiesen, Weiden oder an Ufern – fehlt die Pflanze fast nirgends in Mitteleuropa. Ihre Stengel kriechen dezimeterweit flach dem Boden angepreßt, und nur, wo sie mit dichtem Bewuchs konkurrieren, richten sie sich etwas auf. Die fast runden, gegenständigen Blätter am Stengel waren mit Recht namengebend, so typisch sind sie. Vor allem im Hochsommer blüht die Pflanze meist reich und fällt dann auf.
Sehr im Gegensatz dazu spielt die Befruchtung, genauer die Samenbildung, bei der Vermehrung der Art offensichtlich eine untergeordnete Rolle. Meist werden gar keine ausgebildet. Vielmehr wurzeln die Triebe immer aufs neue, sterben aber in ihren älteren Teilen langsam ab, so daß sich an einem Wuchsort „Kolonien" selbständiger Pflanzen entwickeln, die einstmals aus einer Mutterpflanze in einer Art von „Ablegern" entstanden sind. Früher verwendete man das Pfennigkraut in der Volksmedizin, weil es in den Blättern Saponine und Gerbstoffe enthält.

Milchkraut – *Glaux maritima*
Pflanzen, die Kochsalz ertragen, sind selten. Noch seltener sind solche, die es offensichtlich brauchen oder doch bei seinem Vorhandensein sich gegenüber Konkurrenten durchzusetzen vermögen. Zu diesen „Kochsalzpflanzen" gehört das Milchkraut. Daher findet man es nur auf salzhaltigen Strandwiesen an den Meeresküsten, selten im Binnenland an Salinen. Im Gegensatz zum Queller meidet es an der Küste die Stellen, die regelmäßig bei Hochwasser überflutet werden. An der eindeutigen „Kochsalzliebe" lassen jedoch zwei Beobachtungen Zweifel aufkommen. Wahrscheinlicher ist, daß die Pflanze in erster Linie hohe Ionenkonzentrationen aushält und unter ihnen erst konkurrenzfähig wird: Samen des Milchkrauts keimen im Salzwasser schlechter als in kochsalzfreier Umgebung. Außerdem kommt das Milchkraut auch auf Böden durch, die hoffnungslos mit Stickstoffsalzen überdüngt sind, und zwar in einem solchen Maße, daß selbst „stickstoffliebende" Pflanzen kümmern oder eingehen. In Südosteuropa trifft man es auch auf Böden, denen Kochsalz fehlt, in denen aber Magnesiumsalze das Pflanzenvorkommen begrenzen.

4 Acker-Gauchheil – *Anagallis arvensis*
„Gauchheil" bedeutet so viel wie „heilt Geisteskranke". Zwar enthält die Pflanze etwas Saponine, möglicherweise in geringer Menge auch das giftige Cyclamin, durch das dem Alpenveilchen Giftigkeit verliehen wird, doch keine dieser Substanzen hat irgendeine Wirksamkeit gegen irgendeine psychische Erkrankung. Infolgedessen wird der Acker-Gauchheil in der amtlichen Arzneikunde auch nicht mehr verwendet. Wer das Pflänzchen mit seinen roten, hinfälligen Blüten und seinen meist niederliegenden Stengeln in Hackfruchtäckern unter den Unkräutern, im Garten oder auf Schuttflächen einmal bewußt gesehen hat, wird es künftighin nicht mehr verwechseln. Anders ist es, wenn er an die wesentlich seltenere blaublütige Form derselben Art gerät. Sie hat nämlich einen „Doppelgänger", besser, ein ähnliche verwandte Art, die im Osten Mitteleuropas an Häufigkeit zunimmt: den Blauen Acker-Gauchheil. Bei ihm berühren oder bedecken sich die Blütenblätter mit ihren Rändern nicht.

3
1
2
4

Familie: Strandnelkengewächse – Plumbaginaceae

1 Strandnelke – *Limonium vulgare*
„Limonium" hat mit Limone nichts zu tun; gleichwohl kommt die Bezeichnung aus dem Griechischen, wo „leimon" eine fette Wiese oder eine Marsch meint. Mit letzterem trifft sie den Wuchsort der Strandnelke haarscharf, wenn man den Begriff auf die begrünten Schlickflächen zwischen überfluteten Quellerbeständen und strandnahen Wirtschaftswiesen beschränkt. Der dickfleischige Bau der Blätter täuscht eine hohe Trockenresistenz der Pflanze vor. In Wirklichkeit ist sie auf feuchte Wuchsorte angewiesen. Die Blütenstände – oft als Schmuck begehrt – sollten zumindest in Mitteleuropa nicht gepflückt werden, weil die Pflanze hier eher an Lebensmöglichkeiten verloren hat.

2 Gemeine Grasnelke *Armeria maritima*
Die in dichten, büscheligen Rosetten wachsende Pflanze beachtet man nur, wenn sie blüht; so sehr ähneln ihre Blätter denen von Gräsern. Blütenstände trifft man vom späten Frühjahr bis zum frühen Herbst mit geöffneten Blüten an. Sie wirken als Ganzes. Denn die einzelnen rötlichen Blüten stehen dicht kopfig gedrängt beieinander, und die Blütenstandsstiele werden immerhin unter günstigen Bedingungen 20–30 cm hoch. Obwohl die Wildstandorte der Art Salzwiesen an den Meeresküsten oder Felsen in den Gebirgen sind, kennt fast jedermann die Pflanze, und zwar aus dem Garten. Dort hat sie längst als Rabattenpflanze Einzug gehalten. Daher gibt es neben den verschiedenen Wildformen noch reichlich Zuchtsorten, die sich in ihren Bodenansprüchen, ihrer Größe und z.T. in ihrer Blütenfärbung voneinander unterscheiden.

Familie: Ölbaumgewächse – Oleaceae

3 Esche – *Fraxinus excelsior*
Eschen findet man in feuchten Laubwäldern, besonders in Auwäldern, fast überall in Mitteleuropa, solche Orte ausgenommen, an denen Spätfröste mit Regelmäßigkeit, Schärfe und vor allem wiederholt auftreten. Auch Luftfeuchtigkeit schätzt der Baum mehr als Trockenheit. Unter guten Bedingungen wird er rund 200 Jahre alt und kann dann bis in Höhen um 40 m gewachsen sein. Bemerkenswert sind bei ihm schon die Knospen. Sie sind meist tiefschwarz, seltener nur schwarzgrau. Aus ihnen treiben im April oder Mai die hüllenlosen Blüten, die in überhängenden Rispen angeordnet sind, und zwar noch ehe die Blätter sich entfaltet haben. Die Blätter sind sehr groß, gefiedert, wobei selbst die Fiederblättchen noch 10–13 cm lang werden können. Sie sind deutlich klein gesägt.
Besonders die jungen Blätter sind außerordentlich frostempfindlich. Nicht selten erfrieren sie alle und fallen dann ab. Da nur einmal „Reserveblätter" in genügender Zahl aus schlafenden Knospen austreiben können, darf sich an Orten, an denen Eschen durchkommen sollen, dieses fatale Ereignis nicht wiederholen. Eschenholz war noch bis vor wenigen Jahrzehnten als Werkholz sehr geschätzt. Dies erklärt auch, weshalb man den Baum forstlich so oft eingebracht hat. Zierformen wie „Hänge-Esche" oder „Einblättrige Esche" trifft man in Parks und in größeren, älteren Gärten nicht allzu selten an.

4 Gemeiner Liguster – *Ligustrum vulgare*
Der Gemeine Liguster ist in Mitteleuropa ein ursprünglicher Bestandteil sonniger Gebüsche und steht dort auch im Gebüschmantel von Wäldern. Als Schnitthecke kennt ihn jedermann, vorzugsweise in einer Form, in der die Blätter im Winter lange Zeit an den Zweigen verbleiben. Für den Schnitt eignet sich der Liguster deshalb, weil seine zahlreichen Seitenknospen nie im Jahr eine „Austriebssperre" haben und infolgedessen immer aufs neue Zweige nachschieben. Andererseits lassen sich nur wenige Holzpflanzen ähnlich leicht vermehren wie Liguster. Zweige, die man in mäßig feuchtes Erdreich steckt, dem Kalk nicht ganz fehlen sollte und die nicht zu „kalt stehen" dürfen, bewurzeln sich meist schon nach kurzer Zeit. Auch freistehend bildet der Liguster ein ungemein verzweigtes und reiches Wurzelwerk. Daher taugt er auch zur Bodenbefestigung an Rainen und als Erstbesiedler auf mäßig trockenen Kalkböden. Die Beeren sind giftig!

3
4
1
2

Familie: Enziangewächse – Gentianaceae

1 Fieberklee – *Menyanthes trifoliata*
Dreigeteilte Blätter werden mit „Klee“ in Verbindung gebracht, der Gattung, bei der solche Blätter vorkommen und die man wohl am besten kennt. Sieht man dreiteilige Blätter indessen in einem Moor oder gar im Verlandungsgürtel eines Sees, erweisen sie sich bei näherem Zusehen als nicht nur recht groß, sondern auch als fleischig, dann braucht man die Blühperiode im Mai und Juni nicht abzuwarten, um an den Blüten zu merken: Hier handelt es sich nicht um Blätter einer Klee-Art, sondern um Blätter des Fieberklees. Sieht man sie indes auf ihrem meist 20–30 cm langen Stengel, rötlichweiß und tiefgefranst, dann merkt man sofort, daß man es mit einer besonders schönen Pflanze zu tun hat. Zwar genießt sie keinen gesetzlichen Schutz, kommt an manchen ihrer Wuchsorte auch in großen Beständen vor, doch ist es gerade die Gefährdung dieser Standorte, die die Pflanze in Mitteleuropa immer seltener werden läßt. Die Herkunft des Namens ist umstritten. Vermutlich hat er mehr mit „Biber“ als mit „Fieber“ zu tun, obschon man in der Volksmedizin das Kraut verwendet hat. Wesentlich enthält es einen Bitterstoff.

2 Echtes Tausendgüldenkraut – *Centaurium minus (Centaurium umbellatum)*
Wie sehr man früher Pflanzen unter Nutz- und Heilzwecken gesehen hat, das verraten uns ihre zum Teil phantasiereichen Namen. Der wissenschaftliche und der deutsche Gattungsname verweisen auf die griechische Sage: Der verwundete Zentaur Chiron soll durch das Kraut geheilt worden sein, daher „Centaurium“. Bei oberflächlicher Betrachtung vermeinte man darin das lateinische Wort „centum“ = hundert zu erkennen und übersetzte im selben Stil zu „Tausend“. Um die Geschichte aber dann doch einigermaßen stimmend zu machen, deutete man die Endsilbe „aurium“ mit „aureum“ = Gold, und das Tausendgüldenkraut war geboren! Bei diesem Namen mußte es natürlich auch wertvoll sein. Glücklicherweise schmeckt es dank mehrerer Bitterstoffe beim Kauen ausgesprochen „gallig“, und was so recht schlecht schmeckt, muß von um so größerer Heilwirkung sein. Unbestritten ist eine gewisse Appetitanregung durch Bitterstoffe, sofern man sie in Maßen und womöglich im alkoholischen Auszug zu sich nimmt. Doch als Wundermittel erwies es sich begreiflichererweise nicht. Dennoch stellte man es gegen Ausgraben und gewerblichen Mißbrauch unter Schutz, wiewohl man es in warmen, etwas sandigen Wäldern und Gebüschen bei genügend Lichtzutritt fast überall, wenngleich nie in Beständen antrifft. Gegenüber anderen Arten der Gattung ist es an den rosettigen Grundblättern eindeutig kenntlich.

3 Fransen-Kleinenzian – *Gentianella ciliata (Gentiana ciliata)*
Auf mageren Wiesen und Weiden, aber auch in lichten, warmen und eher trokkenen Wäldern, vorzugsweise wenn sie nicht völlig entkalkt sind, trifft man den Fransen-Kleinenzian immer wieder einmal an. Damit soll zweierlei ausgedrückt werden: das meist vereinzelte Vorkommen (Bestände gibt es, doch sind sie sehr selten) und das gelegentliche Verschwinden der Pflanze von Plätzen, auf denen sie ehedem war und an denen sie unter Umständen Jahre später prompt erneut auftritt. Kenntlich ist der Fransen-Kleinenzian an seiner 4zipfligen Blüte, deren Zipfel am Rande lange Fransen tragen. Wegen der späten Blühperiode zwischen August und Oktober fällt er meist auf, weil Blüten zu dieser Zeit schon selten werden. Die meisten Exemplare tragen nur eine Blüte, mehrblütige sind selten. Alle Enziane sind geschützt.

4 Deutscher Kleinenzian – *Gentianella germanica (Gentiana germanica)*
Manch einer mag den Deutschen Kleinenzian schon gesehen und ihn wegen der Blühperiode (Mai – Oktober), der Größe (15–30 cm) und vor allem der Vielblütigkeit für eine Glokkenblume gehalten haben, zumal diese Art eben nicht blau, sondern violett blüht. Die Blüten haben fünf Blütenblattzipfel; ausnahmsweise können einige auch nur vier besitzen. Da die Art fast nur auf ungedüngten Magerwiesen und in Flachmooren vorkommt, ist sie heute ziemlich selten geworden und genießt zu Recht Schutz.

2
1
3
4

Familie: Enziangewächse – Gentianaceae

1 Gelber Enzian – *Gentiana lutea*
Mit seiner Höhe von rund 50–150 cm, seinen mächtigen, gegenständigen Blättern und seinen blattachselständigen Blüten, die man zahlreich vor allem in der oberen Stengelregion findet und die meist zwischen Juni und August geöffnet sind, läßt sich der Gelbe Enzian schlechterdings nicht übersehen. Allerdings ist er selten. Außerhalb der Alpen findet man ihn nur örtlich in den Mittelgebirgen, und zwar vorzugsweise auf wenigstens zeitweise feuchten und etwas kalkhaltigen Böden, wie sie manchen trockenen und ungenützten Rasen und Bergwiesen eigen sind. Auch in den Alpen, vor allem in den zentralen Ketten, fehlt er stellenweise. Wo er aber gedeiht, da findet man ihn meist in kleineren oder größeren Beständen. Zunächst: Er genießt und braucht gesetzlichen Schutz. Obwohl eine Pflanze um 10 000 Samen erzeugen kann, die der Wind verweht, wird sie um 10 Jahre alt, bis sie zum ersten Mal blüht. Ehe man die Pflanzen schützte, erreichten viele Exemplare dieses Alter nicht. Denn der Gelbe Enzian enthält in allen Organen, besonders aber in seiner Wurzel, reichlich Bitterstoffe, dazu Gerbstoffe. Deshalb setzte man die Wurzel mit Schnaps an und gewann daraus den „Enzian". Für diesen Zweck baut man die Pflanze heutzutage feldmäßig an.

2 Purpur-Enzian – *Gentiana purpurea*
Blütenlos kann man den Purpur-Enzian vom Gelben Enzian am besten dadurch unterscheiden, daß er erheblich kurzwüchsiger ist. Pflanzen mit 50 cm gehören zu den großwüchsigen, und wenn sie nur 30 cm erreichen, dann sind sie noch keine Zwerge innerhalb der Art. Dennoch ist das einwandfreie Erkennen nur anhand der zumindest außen roten, innen gelben Blüten möglich, die sich je nach der Höhe des Wuchsortes im Juli oder August öffnen. Vorzugsweise wächst er auf alpinen Matten zwischen 1500 und 2500 m, seltener in Gebüschen und Wäldern. Der Purpur-Enzian braucht nährstoffreiche, aber kalkarme und humose Böden. Sein Verbreitungsgebiet reicht von den Seealpen im Westen bis ins Allgäu. Obwohl er gelegentlich noch bestandsbildend auftritt, ist er doch allgemein selten und braucht den gesetzlichen Schutz, den er genießt, zumal er unter „Kennern" als bester „Schnapsenzian" gerühmt wird.

3 Stengelloser Enzian – *Gentiana acaulis*
Fachleute mögen diesen Namen gar nicht; denn für sie werden hier zwei Arten miteinander zusammengefaßt, die sie mit einigem Recht zwar für eng verwandt, aber doch deutlich genug voneinander getrennt halten. Von einigen Ausnahmen im Alpenvorland abgesehen, sind beide rein alpin. Eine Rasse, deren Blüten innen grün gefleckt sind, kommt ausschließlich auf sauren Böden und damit fast nur in den Zentralketten der Alpen vor *(Gentiana kochii)*. Die andere hat reinblaue oder blauviolette Blüten und wächst auf kalkhaltigem Untergrund. Beide Formen (oder wenn man will: Arten) mögen es eher feucht als trocken, bevorzugen Höhen zwischen 1500 und 2500 m und haben am Ende ihres nur wenige Zentimeter langen Stengels (daher „acaulis" = stengellos) eine große Blüte, die immerhin 5–6 cm lang wird. Trotz des oft massenhaften Auftretens ist die Pflanze geschützt.

4 Lungen-Enzian – *Gentiana pneumonanthe*
Wenn man den Lungen-Enzian finden will, muß man in Moorwiesen gehen. Dort steht er im Spätsommer in Blüte und fällt selbst dann auf, wenn er – kleinwüchsig – nur 10 cm Höhe erreicht und dann meist nur eine Blüte trägt, oder aber – großwüchsig – fast einen halben Meter aufgeschossen 10 oder gar mehr Blüten am Stengel hat. Warum die Pflanze gegen Lungenerkrankungen helfen sollte, verstehen wir nicht. Sie enthält nämlich – und nicht einmal in bemerkenswerter Menge – nur die Bitterstoffe, die wir auch bei anderen Enzianarten in teilweise erheblich größerer Konzentration vorfinden. Der gesetzliche Schutz besteht dennoch mit größtem Recht. Die Art ist weniger durch Pflücken als durch Standortvernichtung gefährdet. Trokkenlegung erträgt sie nicht, dann verschwindet sie meist umgehend.

2
1
3
4

Familie: Hundsgiftgewächse – Apocynaceae

1 Immergrün – *Vinca minor*
Gelegentlich trifft man das Immergrün in Laubwäldern mit eher feuchtem und vor allem nährstoffreichem Boden an. Aber ob es sich dabei um ursprünglich wilde oder aber um verwilderte Pflanzen handelt, läßt sich nur in glücklich gelagerten Einzelfällen sicher feststellen. Jedenfalls hat die Art seit langem als Zierpflanze vor allem in der Friedhofsgärtnerei ihren Eingang gefunden, doch eignet sie sich auch auf nicht zu verfestigtem Lehm als Unterwuchs unter Sträuchern und Bäumen. Das Immergrün vermehrt sich hauptsächlich durch Ausläufer, die Wurzeln schlagen und nach einigen Jahren je nach der Gunst des Wuchsortes zu mehr oder weniger dichten „Büschen" heranwachsen. Im Frühling brechen dann daraus zahlreiche Jungsprosse mit ihren leuchtenden, tiefblauen Blüten hervor.

Familie: Schwalbenwurzgewächse – Asclepiadaceae

2 Schwalbenwurz – *Cynanchum vincetoxicum*
Trotz ihrer Höhe von durchschnittlich 30–60 cm (gelegentlich auch wesentlich mehr) darf man die Schwalbenwurz getrost „unscheinbar" nennen. Ihre weißen Blüten (Blühperiode Juni – August) stehen in blattachselständigen Trugdolden, doch erreichen die einzelnen Blütchen kaum mehr als 1 cm im Durchmesser, und oft nicht einmal diese Marke. Dennoch ist sie mit ihren gegenständigen Blättern, die am Grunde herzförmig gebuchtet sind, kaum mit einer anderen mitteleuropäischen Pflanze zu verwechseln. Die Pflanze enthält in allen ihren Organen ein Gift, das wahrscheinlich aus mehreren Einzelstoffen besteht und in seiner Gesamtwirkung etwas an das der Eisenhut-Arten erinnert.

Familie: Windengewächse – Convolvulaceae

3 Zaunwinde – *Calystegia sepium*
Obschon die eigentliche Heimat der Zaunwinde das Röhricht ist, findet man sie auch in feuchten Gebüschen, an Waldrändern, vereinzelt sogar in Sträuchern als Gartenunkraut. Während ihrer Blühperiode (Juni – Oktober) „wirkt" sie selbst da mit ihren 4–6 cm langen weißen Blüten, die sich bei trübem Wetter oder bei Regen schließen. Früher verwendete man vor allem die Wurzel als Volksheilmittel bei Verdauungsbeschwerden. Sie enthält Herzglycoside und Gerbstoffe, und zwar in größerer Menge als die Blätter und der Stengel. Dennoch ist der Gebrauch außer Mode gekommen, weil andere Mittel entweder leichter zugänglich oder doch besser dosierbar und in ihrer möglichen Nebenwirkung berechenbarer sind.

4 Acker-Winde – *Convolvulus arvensis*
Die Acker-Winde gehört zu den lästigsten und am schwersten zu bekämpfenden Unkräutern auf Äckern und in Gärten. Das liegt zum großen Teil an der Lebenszähheit ihrer Wurzel. Selbst wenn man sie von den grünen oberirdischen Organen abtrennt, stirbt sie mehrere Jahre hindurch nicht ab. Das hat dann oft die kuriose Folge, daß plötzlich aus einem flach geteerten Gehweg in der Mitte einer Aufwölbung Triebe der Acker-Winde erscheinen. Dank dieser Eigenschaft schlüpft sie auch immer wieder durch die Maschen der „chemischen Unkrautbekämpfung". Andererseits zählt sie mit ihren oft rötlich überlaufenen Blüten, die selten ganz weiß oder ganz rot sind, während ihrer Blühperiode vom späten Frühjahr bis in den frühen Herbst auch zu den schönsten Pflanzen in der Unkrautflora überhaupt. Hinzu kommt eine Eigenheit der Blüten, die dem flüchtigen Betrachter entgehen muß: Die Blüten der Acker-Winde öffnen sich morgens von 7–8 Uhr und schließen sich am selben Tag, meist schon vor 15 Uhr, dann sind sie verblüht. Das Winden kommt durch ungleiches Wachsen der Stengelflanken zustande. Die Stengelspitze beschreibt – je nach Temperatur – in etwa 1½ Stunden einen Kreis, wobei die Bewegung entgegen der Uhrzeigerrichtung verläuft. Der Kreis kann mehrere Zentimeter Durchmesser haben. Damit steigt natürlich die Wahrscheinlichkeit, einen „Gegenstand" zu erreichen, den die Pflanze dann umwindet und somit rascher in günstige Lichtverhältnisse gelangt.

4
1
2
3

Familie: Boretschgewächse – Boraginaceae

1 Alpen-Wachsblume – *Cerinthe glabra*
Fast alle Angehörigen dieser Familie zeichnen sich durch borstige Behaarung aus. Eine der Ausnahmen ist die Alpen-Wachsblume. Der deutsche Name verweist darauf ebenso wie auf den bläulichen Reif, der die Blätter überzieht. Ursprünglich war die Art nur in den Gebieten der Alpen beheimatet, in denen der Boden kalkhaltig ist und Regen nicht zu selten fällt, die Luftfeuchtigkeit infolgedessen ziemlich hoch bleibt und unzeitige Fröste nach der Schneeschmelze die Ausnahme sind. Heute ist sie innerhalb der Alpen und z.T. im Vorland verschleppt. Früher hat man aus den fleischigen Blättern Gemüse gekocht. Deshalb zog man sie vielfach in Bauerngärten, aus denen sie verwildert ist. Bemerkenswerterweise gibt es eine entfernte Verwandte der Wachsblume im hohen Norden, die im Gegensatz zu ihr blau blüht und vorwiegend am Meeresstrand vorkommt und die noch heute als Wildsalat geschätzt wird (Austernkraut – *Mertensia maritima*). Von weitem sind die Blüten der Wachsblume (Blühperiode Mai – Juli) unauffällig, wenngleich sie auf 30 – 50 cm hohen Blütenstandsstielen stehen können. Betrachtet man sie jedoch aus der Nähe, dann kann man den gelbgrünen Glocken mit ihrem roten Streifen oder Punkt auf jedem Blütenblattzipfel den Reiz nicht absprechen.

2 Rotblauer Steinsame – *Buglossoides purpurocaerulea (Lithospermum purpureo-coeruleum)*
Der Artname verweist auf den Farbwechsel, dem die Blüten unterliegen: Sie blühen rötlich auf und verblühen blau. Verbunden damit ist ein Wechsel im Säuregrad des Zellsafts der Blütenblätter, in dem der Farbstoff gelöst ist; eine Entwicklung, die nicht allzu selten vorkommt, und zwar nicht nur bei den Boretschgewächsen, sondern auch bei manchen Schmetterlingsblütengewächsen, wie z.B. bei der Frühlings-Platterbse. Obschon sich die Art zum Studium dieses Farbwandels besonders gut eignete, wird man sie als Beobachtungsobjekt nicht empfehlen: Sie ist zu selten. Ausgesprochen wärmeliebend, angewiesen auf humusreichen und kalkhaltigen Boden, gedeiht sie vor allem in lichten, warmen Laubwäldern und trockenen Gebüschen, wobei sie allerdings an ihren Wuchsorten nicht selten in kleineren Beständen auftritt. Im Tiefland fehlt sie ganz, und in den Mittelgebirgen sind die Orte, an denen alle ihre Ansprüche gebührend berücksichtigt sind, nicht eben häufig. Da sie zwischen 10 – 50 cm hoch wird und von April bis Juni blühen kann, fällt sie meist auf.

3 Acker-Steinsame – *Buglossoides arvensis (Lithospermum arvense)*
Noch vor wenigen Jahrzehnten war der Acker-Steinsame in Getreidefeldern so häufig, daß man ihn als Zeigerpflanze für Lehmboden benutzen konnte. Noch ist er auf solchem Untergrund nicht gänzlich verschwunden, aber doch merklich seltener geworden. Sein Durchkommen im Gegensatz zu anderen Unkräutern der Getreidefelder liegt auch daran, daß er unter Umständen schon im April blüht und wenigstens notreife Samen gebildet hat, ehe die chemische Unkrautvernichtung einsetzt. In Vergessenheit geraten ist eine seltsame Verwendung dieses Unkrauts: Es enthält in der Wurzelrinde einen roten Farbstoff, der früher von der weiblichen Dorfbevölkerung „kosmetisch" verwendet wurde („Bauernschminke").

4 Natternkopf – *Echium vulgare*
Da der Natternkopf auf trockenen, steinigen Böden gut gedeiht, vor allem, wenn sie nicht bewirtschaftet werden, findet man ihn fast überall in Mitteleuropa an Dämmen, Wegrändern, aufgelassenen Bahnlinien, gelegentlich auch in trockenen Rasen. Das Überdauern an diesen auf den ersten Blick wenig lebensfreundlichen Wuchsorten ist ihm nicht zuletzt deshalb möglich, weil er seine Wurzeln mehr als 2 m in die Tiefe vortreiben kann, in Regionen also, in denen er fast stets genügend Feuchtigkeit und Nährsalze vorfindet. Sein merkwürdiger Name bezieht sich auf den Griffel. Er ist gespalten und ragt weit aus der blauen Blüte (Knospen rot!) hervor. Reiche Phantasie vermag zwischen ihm und einer Schlangenzunge eine Verbindung herzustellen. Auffällig sind an der Pflanze die steifborstigen Haare, die oft auf dunklen Flecken des Stengels sitzen.

1
2
3
4

Familie: Boretschgewächse – Boraginaceae

1 Sumpf-Vergißmeinnicht – *Myosotis palustris*
Hier ist die Rede vom „Sumpf-Mäuseohr". Etwas frei übersetzt heißt der wissenschaftliche Name so. Wie kommt der ganz andersartige deutsche zustande? Bei einem so rauhhaarigen, im Grund unscheinbaren Gewächs, dessen Blüten überdies noch recht leicht abfallen? Hier muß der Volksglaube seine Hand im Spiel gehabt haben. Blau wird ja oft als Farbsymbol für Treue verstanden. Möglicherweise war das Schenken dieser blauen Blume zwischen „Versprochenen" eine stille Aufforderung, an die Bindung zu denken. Oder hat es mit blauen Augen zu tun? Lassen wir die letzten Taufgeheimnisse im dunkeln. Für Botaniker sind die Arten der Gattung voller Probleme. Für sie bleibt nichts, als sich genau die Stellung der Haare am Stengel anzusehen. Beim Sumpf-Vergißmeinnicht müssen sie abstehen, und die Blüten sollten mindestens 5 mm im Durchmesser erreichen. Innerhalb der Art unterscheidet man noch Rassen. Alle wachsen an nassen Stellen, dort findet man sie in Mitteleuropa fast überall leicht.

2 Echtes Lungenkraut – *Pulmonaria officinalis*
Zumindest an manchen Orten in Süddeutschland nennt man die Pflanze auch „Blaue Schlüsselblume". Obschon die Verwandtschaft zwischen beiden Arten nicht eng ist, so ist doch eine oberflächliche Ähnlichkeit im Blütenstand unverkennbar. Ebenso wie die Unterschiede. Das Echte Lungenkraut, das 15–40 cm hoch werden kann, trägt an seinem Blütenstandsstiel stets Blätter. Die untersten Blätter sind am Grunde abgerundet oder herzförmig eingebuchtet und verlaufen nicht allmählich in den Stiel, im Gegensatz zu jenen, die dem Stengel ansitzen. Die Blühperiode dauert meist vom März bis in den Mai. Die Art ist recht formenreich, im Gesamtgebiet eher selten, doch an ihren Standorten meist in lockeren oder dichteren und oft individuenreichen Beständen. Man findet das Echte Lungenkraut in Laub- und Mischwäldern ebenso wie in trockenen Gebüschen und in den angrenzenden, ungenutzten Grasflächen. Es liebt kalkhaltigen, lockeren Boden mit reichlich Humus. Verwandte und recht ähnliche Arten sind erheblich seltener, oft röter getönt, aber selbst für Kenner nur bei genauem Zusehen identifizierbar. Das Echte Lungenkraut enthält neben Schleimstoffen Gerbstoffe, Kieselsäure und Saponine im Kraut, wird aber in der modernen Medizin nicht mehr genutzt.

3 Gemeiner Beinwell – *Symphytum officinale*
Wer den Gemeinen Beinwell beschreiben will, tut sich schwer, weil er weiß, gelb, blau, rot oder violett blühen kann. Seine Höhe kann nur 30 cm betragen, andererseits 100 cm erreichen. Auffällig sind vor allem die leistig am Stengel herablaufenden Blätter und die fast kratzende Rauhhaarigkeit. Früher wurde der Gemeine Beinwell als Heilpflanze angebaut. Vielfach ist er verwildert. Er gedeiht am besten an Ufern, Gräben, auf Schuttplätzen, an Wegen, Waldrändern, gelegentlich auf nassen Wiesen. Ob die Pflanze bei Verletzungen am Bein die Heilung beschleunigte, bleibe dahingestellt. Das Kraut enthält giftige Alkaloide, wird daher vom Vieh gemieden – ein Umstand, der zur Konkurrenzfähigkeit der Art beiträgt.

Familie: Eisenkrautgewächse – Verbenaceae

4 Eisenkraut – *Verbena officinalis*
Vor allem im Tiefland sucht man mancherorts die Art wohl vergeblich, wie sie andererseits in den Mittelgebirgsgegenden kaum einem Gebiet fehlt, vor allem nicht in der Nähe dörflicher Siedlungen. Dort besiedelt sie stickstoffreichen Boden vor allem an Feldwegen oder über alten Dunglagerstätten. In ihrem sparrigen Wuchs prägt sie sich dem Beobachter wohl besser ein als mit ihren unscheinbaren Blüten. Immerhin wird sie meist um 50 cm hoch. Ihre Blühperiode dauert meist vom Juli bis in den Oktober. Früher schätzte man das Eisenkraut als Heilpflanze. Neben anderem enthält es Glycoside und ätherische Öle. Obschon man ihnen gewisse Wirkungen auf Warmblüter – auch auf den Menschen – nicht absprechen kann, verzichtet man heute auf die Verwendung des Eisenkrauts als Arzneipflanze.

1
4
3
2

Familie: Lippenblütengewächse – Lamiaceae (Labiatae)

1 Kriech-Günsel – *Ajuga reptans*
Innerhalb der Lippenblütengewächse, die bei uns heimisch sind, gibt es nur zwei Gattungen, bei denen die Oberlippe fehlt oder doch stark rückgebildet ist: die Günsel und die Gamander. Das erleichtert die Orientierung unter den sonst oft ähnlichen Pflanzen. Alle Günsel haben eine 3lappige Unterlippe. Beim Kriech-Günsel stehen überdies die blauen Blüten (Blühperiode Mai – Juni) in den Achseln von ungeteilten „Hochblättern". Von der grundständigen Blattrosette weg laufen bei fast allen Individuen mehr oder minder lange oberirische Ausläufer. Einen deutlicheren Steckbrief gibt es für wenige Arten. Jedermann vermag den Kriech-Günsel in Mitteleuropa leicht aufzufinden. Er will feuchten, nährstoffreichen Boden. Auf diesem Untergrund besiedelt er Wiesen und lichtere Wälder. In größeren Beständen lohnt es sich zuweilen, nach „Farbmutanten" Ausschau zu halten. Auf einige tausend Pflanzen mit blauen Blüten kommt eine mit rosafarbener Blüte; weiße sind noch seltener. Vor allem die Farbmutanten hat man immer wieder in Gärten gepflanzt, weil sie sich dank ihrer Ausläufervermehrung auf geeigneten Böden gut halten. Die Pflanze enthält reichlich Gerbstoffe und wurde deswegen früher auch arzneilich verwendet.

2 Edel-Gamander – *Teucrium chamaedrys*
An der Blüte kann man Gamander von Günseln leicht unterscheiden: Bei Gamandern hat die Unterlippe fünf Lappen. Den Edel-Gamander trifft man nur im Hoch- und Spätsommer in Blüte. Seine Blüten sind stets rötlich, die Blätter wintergrün und deutlich gekerbt. Die Pflanze kommt fast ausschließlich auf kalkigen, humusreichen Böden am Rande von Gebüschen und Wäldern in warmer Lage vor, seltener in trockenen, ungenutzten Rasen. Im eigentlichen Tiefland fehlt die Art, und auch in den Mittelgebirgen und in den Alpen ist sie ihrer Ansprüche wegen selten, wenngleich sie an ihren Wuchsorten meist in Beständen vorkommt. Bemerkenswerterweise treibt der Wurzelstock des Edel-Gamanders alljährlich zwei Generationen beblätterter Stengel, von denen jedoch nur die zweite zur Blüte gelangt.

3 Kappen-Helmkraut – *Scutellaria galericulata*
Obschon das Kappen-Helmkraut zwischen 10–40 cm an Höhe erreichen kann, von Juni bis gegen Ende August blüht – allerdings meist nur wenige Blüten gleichzeitig öffnet –, obwohl die Blüten um 1,5 cm lang werden können und tiefblau und blauviolett sind, wird diese Pflanze häufig übersehen. Das kommt von ihren typischen Standorten. Meist wächst sie im Röhricht stehender oder fließender Gewässer, geht aber auch auf sonst wenige bewachsene Uferstellen, erträgt sowohl volles Tageslicht als auch reichlich Schatten, sogar zeitweise Überschwemmung. Daß sie dennoch verhältnismäßig selten ist, mag dem Umstand zuzuschreiben sein, daß ihre Samen zwar schwimmfähig sind, aber wohl nur selten durch Wasservögel an neue Standorte verschleppt werden.

4 Gundermann – *Glechoma hederacea*
Der deutsche Name läßt aufhorchen. So imposant, daß man die Pflanze „Mann" nennen müßte, ist sie mit ihrem meist kleinen Wuchs nicht, und wenn ihr Stengel einmal die Halbmetergrenze übertrifft, kriecht er meist am Boden. Des Rätsels Lösung ist eine begründete Vermutung, nicht mehr. In „gund" könnte möglicherweise das gotische Wort für Eiter überliefert sein. In der Tat hat man den Gundermann als Volksheilmittel bis in die Neuzeit hinein gegen schlecht heilende Wunden verwendet. Er enthält neben Gerbstoffen einen Bitterstoff. Für manche Tiere – Pferde z. B. – ist er giftig. Andererseits wird berichtet, man habe früher die Blätter des Gundesmanns als Wildsalat genutzt. Jedenfalls sind Vergiftungen am Menschen aus neuerer (und damit nachprüfbarer) Zeit nicht bekannt geworden. An seiner flachen Oberlippe, den wenigblütigen, blattachselständigen Scheinquirlen und den fast nierenförmig gekerbten Blättern ist der Gundermann gut kenntlich. Er ist überall häufig, gedeiht auf feuchtem, stickstoffhaltigem Boden sowohl in Wäldern als auch in feuchten Wiesen und selbst an Wegrändern. Er blüht im Frühjahr.

4
2
3
1

Familie: Lippenblütengewächse – Lamiaceae (Labiatae)

1 Kleine Braunelle – *Prunella vulgaris*
Wo der Mensch nicht ausgesprochen extreme Klimate besiedelt, da findet sich heute auch die Kleine Braunelle: Sie ist weltweit verschleppt, doch war sie möglicherweise eine ursprünglich auf Europa beschränkte Pflanze. Auf nicht zu feuchtem, nicht zu trockenem, eher lehmigem als steinigem Boden gedeiht sie besonders gut, doch vermag sie sich selbst auf Waldwegen zwischen nicht zu groben Schottersteinen zu halten. Diese Anspruchslosigkeit, besser: diese Konkurrenzfähigkeit unter verschiedenen Bedingungen, waren die Voraussetzungen für ihre weite Verbreitung. In Zierrasen sieht man sie begreiflicherweise nicht gerne. Doch gerade hier hat sie gute Chancen, Fuß zu fassen. Mäht man „kurz", läßt es sich nicht immer vermeiden, Lücken aufzureißen. Diese besiedelt sie mit Vorliebe. Da sie Ausläufer treibt, wird vegetativ rasch aus einer Pflanze eine ganze Kolonie. Gegenüber ihrer selteneren und weit anspruchsvolleren Verwandten, der Großen Braunelle (*P. grandiflora*) kann man sie an der Blütengröße gut unterscheiden. Selbst große Blüten der Kleinen Braunelle messen selten 15 mm, kleine der Großen Braunelle dagegen meist 20 mm oder mehr. Die Kleine Braunelle kann vom Frühjahr bis in den Spätherbst blühend angetroffen werden, und je nach Standort nur wenige Zentimeter hoch werden, andererseits aber auch einmal 25 cm erreichen. Sie ist eine alte Heilpflanze. Früher stellte man aus ihr Gurgelwasser gegen „Halsbräune" (Diphtherie) her; so erklärt sich möglicherweise der Name.

2 Große Braunelle – *Prunella grandiflora*
Zwar wird die „Große" Braunelle auch nicht länger als die Kleine Braunelle; deswegen hieße man sie besser: „Großblütige Braunelle"; denn die Blüten sind oft gut doppelt so groß wie jene der Kleinen. Gerade der Gegensatz zwischen Wuchshöhe und Blütengröße macht den Reiz dieser Pflanze aus. Da zudem die Blüten am Stengelende gehäuft stehen, darf man die Art zu den leider übersehenen Schönheiten unserer Pflanzenwelt rechnen. Allerdings findet man sie nicht überall in Mitteleuropa.
Sie will lockeren, etwas steinigen Boden und siedelt sich gerne auf ungenutzten, trockenen und warmen Rasen an. Auf kalkreichem Boden ist sie wesentlich häufiger als auf kalkarmem, und ob sie auf kalkfreiem vorkommt, ist fraglich.

3 Bunter Hohlzahn – *Galeopsis speciosa*
Unstrittig ist der Bunte Hohlzahn ein „Unkraut". Wer es aber in Mitteleuropa in den östlichen Randgebirgen des Rheintals oder westlich davon sucht, wird sich schwertun, es zu finden. Denn dort kommt es nur vereinzelt, verschleppt und unbeständig vor. Im Osten dagegen steht es auf Waldlichtungen, aber auch an Wegen und Ufern. Die blaßgelbe Blüte trägt auf der Unterlippe einen tiefvioletten Fleck. Wie viele Unkräuter, so vollendet der Bunte Hohlzahn seinen Lebenszyklus in einem Jahr – obwohl er eine Höhe von über einem Meter erreichen kann. Dies ist insofern bemerkenswert, als seine Blühperiode spät im Jahr liegt (Juni – Oktober). Dennoch vermag eine Einzelpflanze meist genügend Samen zur Reife zu bringen.

4 Stechender Hohlzahn, Gemeiner Hohlzahn – *Galeopsis tetrahit*
Der Gemeine Hohlzahn gehört noch heute zu den gefürchteten Unkräutern, die sich nur schwer im Zaum halten lassen. Er besiedelt nicht nur Äcker – wo er unter Umständen erst spät aufläuft und so von chemischen Bekämpfungsmaßnahmen nicht erfaßt wird –, sondern auch Wege, Schuttplätze, Dämme, Waldränder und Kahlschläge. Seine Blühperiode reicht vom Juli bis in den Oktober, seine Größe von kaum handlang bis zu fast einem Meter. Woher die Vielfalt? Der schwedische Botaniker A. Müntzing konnte experimentell eine vernünftige Erklärung dafür erbringen: Der Stechende Hohlzahn ist durch Bastardierung aus zwei anderen Hohlzahnarten entstanden! Damit wird auch seine äußerliche Mannigfaltigkeit verständlich, obschon die Gefahr gering ist, ihn mit einer anderen Art der Gattung zu verwechseln.

3
2
1
4

Familie: Lippenblütengewächse – Lamiaceae (Labiatae)

1 Gold-Taubnessel – *Lamiastrum galeobdolon (Lamium galeobdolon)*
Eine „Brennessel" mit gelben Blüten im späten Frühjahr, die in Wäldern aller Art wächst: Das gibt es nicht. Richtig. Trotz der aufs erste verblüffenden Ähnlichkeit im Bau hat die Taubnessel, der Brennhaare fehlen, keine enge verwandtschaftliche Verbindung zur Brennessel. Hingegen erkennt man sie sogleich als Lippenblütengewächs. Bemerkenswert sind die braunen Saftmale auf der Unterlippe. Die Anzahl der Blüten, die quirlig in den Blattachseln stehen, ist bei den einzelnen Formen, die man innerhalb der Art unterscheiden kann, verschieden. Fast alle bilden spätestens nach der Blühperiode mehr oder minder lange Ausläufer. Gelegentlich trifft man auf Individuen mit „weißgezeichneter" Blattoberseite. Offensichtlich hat sich hier die Oberhaut von den darunterliegenden Zellen abgehoben. Pflanzen, die hierzu neigen, werden neuerdings in Gärten als „Unterwuchs" unter Baum- und Strauchgruppen gepflanzt. Wo der Boden nährstoffreich, nicht zu trocken und wenigstens oberflächlich locker ist, gedeihen sie meist gut. Vor allem im Schatten sind sie anderen Gewächsen gegenüber oft im Vorteil.

2 Weiße Taubnessel – *Lamium album*
Wo es in Mitteleuropa Siedlungen gibt und in deren Nähe Unkrautbestände auf stickstoffreichem Boden, sei es an Wegen, auf Schuttplätzen, an Mauern, Bahndämmen oder an Ufern – da sucht man nach der Weißen Taubnessel meist nicht vergebens. Ihre Blühperiode ist etwas unregelmäßig. Offensichtlich blühen viele Pflanzen etwa vom Höhepunkt des Frühjahrs an bis in den Sommer, manche dann erneut vom Sommer bis in den Herbst. Einzelpflanzen der Weißen Taubnessel findet man selten. Eine Erklärung dafür: ihre Samen werden von Ameisen verschleppt und oft im Umkreis von deren Nestern abgelagert. Die Blüten der Weißen Taubnessel sind nektarreich. Das süße Naß kann jedoch nur von langrüßligen Hummeln „legal" erreicht werden. Andere „Honigsammler" beißen zuweilen den Grund der Blütenröhre an. Die weiße Taubnessel wurde früher in der Volksmedizin genutzt. Sie enthält Schleim- und Gerbstoffe und etwas ätherisches Öl.

3 Gefleckte Taubnessel – *Lamium maculatum*
Unter den rotblühenden heimischen Taubnessel-Arten ist die Gefleckte Taubnessel die Art mit den größten Blüten: Sie können bei ihr 2–3 cm lang werden. Wenn Gruppen dieser Pflanze dennoch selbst zur Blütezeit nicht auffallen, so mag das an zweierlei liegen: Die Blätter werden oft um 5 cm lang, und in deren Achseln stehen bekanntlich die Blüten quirlig. Zum anderen bevorzugt die Gefleckte Taubnessel Wuchsorte an Ufern, in Gebüschen, an Waldrändern oder in krautreichen Wäldern, wo sie trotz ihrer beträchtlichen Höhe (30–80 cm), zwischen anderen Pflanzen stehend, ihre Blüten schlecht zu zeigen vermag. Für die Art bedeutet das keinen Nachteil. Die Blühperiode erstreckt sich je nach Wärme des Standorts vom zeitigen Frühjahr bis in den frühen Herbst. Langrüßlige Hummeln und Tagschmetterlinge befliegen die Blüten. Ameisen verbreiten die Samen. Obschon die Gefleckte Taubnessel in den meisten Gegenden regelmäßig anzutreffen ist, fehlt sie örtlich.

4 Purpur-Taubnessel – *Lamium purpureum*
Besonders auf „offenen" Böden, also in Gärten, Weinbergen, auf Schuttplätzen, an Wegen, seltener in grasigen Rainen, bevorzugt auf Lehm: Da findet man die Purpur-Taubnessel, eines der häufigsten Unkräuter unter den Lippenblütengewächsen. Warum hält es sich so gut? Seine Entwicklungszeit vom Samen bis zur Samenreife verläuft unter günstigen Umständen in 4–5 Monaten. Warme Winter vorausgesetzt, vermag es selbst bei geringem Frost funktionstüchtige Blüten auszubilden. Daher trifft man unter Umständen schon im Januar blühende Pflanzen an, ebenso noch im Dezember. Freilich liegt die Blühperiode hauptsächlich zwischen März und Oktober. Dies aber bedeutet, daß grundsätzlich zwei Generationen in einem Jahr Samen reifen können. Da eine Pflanze meist mehr als 20 Blüten hat, genügt das für eine Ausbreitung selbst dann, wenn – wie hier der Fall – jede Blüte bestenfalls nur vier Samen bildet.

1
2
3
4

Familie: Lippenblütengewächse – Lamiaceae (Labiatae)

1 Heil-Batunge – *Betonica officinalis (Stachys officinalis)*
Die Heil-Batunge enthält in ihren grünen Teilen reichlich Gerbstoffe, daher wurde sie als Gegenmittel gegen Durchfall viel benutzt – wahrscheinlich schon im Altertum. Eine außergewöhnlich wirksame oder vielseitige Arzneipflanze – wie der Name andeutet – ist sie aber leider nicht. Die Fachleute hat an dieser Pflanze mehr interessiert, wie man sie einordnet. Offensichtlich hat sie enge Beziehungen zur Gattung Ziest *(Stachys)*, von der sie sich hauptsächlich dadurch unterscheidet, daß die meisten Blätter bei ihr nicht am Stengel, sondern in einer grundständigen Rosette stehen. Je nach dem „Wert", den man dieser Eigenschaft beimaß, behandelte man die Batunge als eine Art der Gattung Ziest oder aber als eigene Gattung. Kenntlich ist sie während ihrer Blühperiode im Sommer vor allem an den endständigen, kopfig gehäuften und ährig angeordneten Blüten am Stengelende, die nicht zuletzt dadurch auffallen, daß die Pflanze immerhin 30 – 60 cm hoch werden kann. Sie bevorzugt wenigstens zeitweise feuchte Böden an Wiesengräben oder in lichten Wäldern.

2 Berg-Ziest – *Stachys recta*
„Stachys" stammt aus dem Griechischen und heißt „Ähre". Diese Anordnung der Blüten – sitzend an einer Achse – ist indessen für diese Art gar nicht typisch. Ihre Blüten stehen nämlich quirlig in den Achseln von Blättern. Trotz ihrer Länge, die 1 – 2 cm betragen kann und der Höhe der Pflanze von 20 – 60 cm fällt sie an ihren Standorten in trockenen Rasen, Gebüschen oder an warmen Waldrändern verhältnismäßig wenig auf, obschon sie meist in kleineren Beständen wächst. Überdies fehlt sie in Mitteleuropa, d.h. nördlich der Alpen fast allen Gebieten, in denen der Boden nicht kalkhaltig oder gar kalkreich ist, und im eigentlichen Tiefland kommt sie – wenn überhaupt – nur vereinzelt vor. Ihr Verbreitungsschwerpunkt liegt mindestens zum Teil im Mittelmeergebiet. Dort ist sie auch seit dem Altertum bekannt. Wir vermuten mit gutem Grund, daß es diese Pflanze war, die von den römischen Gladiatoren bei ihren Schaukämpfen als Amulett gegen Hieb- und Stichverletzungen getragen wurde.

3 Klebriger Salbei – *Salvia glutinosa*
Nur wer im Voralpengebiet, in den nördlichen Kalkalpen, an einigen wenigen Stellen des Südschwarzwalds, des Hegaus oder der Schwäbischen Alb auf „Pflanzenpirsch" geht, hat Aussicht, diese schöne Pflanze zu finden. Dort gedeiht sie vor allem in und an Wäldern. Sie wird ½ – 1 m hoch, ihre 3 – 4 cm langen Blüten stehen fast traubig gehäuft am Ende des Stengels. Der Stengel ist vor allem im Bereich des Blütenstands recht dicht mit Drüsenhaaren bestanden, die eine klebrige Absonderung enthalten. Faßt man die Pflanze an, merkt man die Klebewirkung sofort.

4 Wiesen-Salbei – *Salvia pratensis*
Obwohl im Tiefland selten, örtlich auch fehlend, in den Mittelgebirgen mit kalkarmem Boden selten, aber fast überall vorhanden und in den Kalkgebieten häufig, ist der Wiesen-Salbei eines der bekanntesten Lippenblütengewächse. Einfach deshalb, weil es kaum eine Verwechslung mit einer anderen Pflanze in Mitteleuropa gibt. So gleichförmig die Art wirkt: Farbmutanten kann man in größeren Beständen, die man auf trockenen Wiesen, an Dämmen oder Wegrändern nicht selten antrifft, immer wieder finden. Am häufigstens sind Exemplare mit tiefvioletten Blüten, doch gibt es auch solche, die mehr oder minder intensivblau, ja hellblau, wenn nicht weißblau sein können. Recht selten trifft man auch Pflanzen, die rosarot blühen. Nach reinweißen Exemplaren hingegen muß man oftmals lange suchen. Noch seltener sind Exemplare, bei denen nur die Unterlippe weiß, die übrigen Teile der Blüte jedoch blau sind. Die Blühperiode beginnt mit Frühjahrsende und geht bis in den Hochsommer. Die Pflanze kann über einen halben Meter hoch wachsen.

2
3
1
4

Familie: Lippenblütengewächse – Lamiaceae (Labiatae)

1 Wirbeldost – *Calamintha clinopodium*
Vor allem im Tiefland gibt es kleinere Gebiete, in denen der Wirbeldost fehlt. Doch selbst da, wo er beheimatet ist, wird er zuweilen übersehen. Die Gründe? Die Blühperiode von Juli bis Oktober und das leichte Abfallen der Blüten. 10–20 Blüten stehen in dichten Quirlen, gelegentlich sitzen 2–4 übereinander. Die Einzelblüten werden recht ansehnlich, sie sind 1,5–2 cm lang. Aber der Wirbeldost wächst meist zwischen anderen Pflanzen, fällt daher nicht auf, obschon er 30–60 cm hoch werden kann. Am ehesten trifft man ihn in Wäldern und da im Grassaum von Wegen, seltener an Wegrainen in vollem Licht.

2 Dost – *Origanum vulgare*
Das Wort „Dost" trifft man in Pflanzennamen häufig dann an, wenn die Einzelexemplare nicht durch einfache Blüten wirken, sondern durch ihren Blütenstand. In diesem Wort steckt eine mittelhochdeutsche Wortwurzel, die etwa „Strauß" bedeutet. So gesehen ist die Bezeichnung gut gewählt. Denn in der Tat wirkt der Dost nicht nur mit der Gesamtheit seiner Blüten (Blühperiode Juli – Oktober, Höhe 30–60 cm), sondern auch durch seine oft rötlichviolett überlaufenen Blätter im Bereich des Blütenstands.
Der Dost wurde als Heilpflanze früher geschätzt und wahrscheinlich auch örtlich im Garten gezogen. Er enthält ätherische Öle (Blätter zerreiben!) und Gerbstoffe. Im Tiefland fehlt die Art wohl ursprünglich, und Einzelvorkommen sind nur als „Verwilderung" zu erklären. Der Dost will warmen, nährstoff- und kalkreichen Boden. Wild besiedelt er in den Kalkmittelgebirgen trockene Wälder und Rasen, geht aber auch an Wegränder. Wo er vorkommt, bildet er meist kleinere oder größere Bestände.

3 Sand-Thymian – *Thymus serpyllum*
Thymian kennt wohl jedermann, der die polsterbildende Pflanze am Wegrand mit ihren zahlreichen, kopfig blühenden Stengeln, die kaum 30 cm hoch werden, zwischen Juli und Oktober einmal gesehen hat. Der Fachmann aber tut sich schwer, wenn er eine genaue Beschreibung geben soll. Denn die Zahl der vielgestaltigen Formen, die es von dieser Pflanzenart gibt, erreicht wohl fast zwei Dutzend, „Übergangsformen" gar nicht gerechnet. Zugegeben, die Unterschiede sind nicht groß, betreffen vor allem Größenmerkmale, Dichtheit des Blütenstands, Blattumriß und dergleichen. Aber möglicherweise entsprechen diesen äußeren Unterschieden auch verschiedene Ansprüche an den Wuchsort. Jedenfalls kann Thymian überall wachsen, wo der Boden locker, nicht gedüngt und einigermaßen warm ist: auf trockenen Rasen, an Wegen, Dämmen, Waldrändern. Mit dem Gewürzthymian ist er verwandt, doch enthält er nicht dieselben Wirkstoffe wie dieser, zumindest nicht im selben Verhältnis. Trotzdem wurde er als Heilpflanze verwendet. Er enthält ätherische Öle und Gerbstoffe.

4 Acker-Minze – *Mentha arvensis*
Minzen sind ein Kapitel für sich, und zwar, weil das runde halbe Dutzend mitteleuropäischer Arten recht häufig miteinander Bastarde bildet. Außerdem ähneln sich die Arten teilweise. Beides trifft auch für die Acker-Minze zu. Dennoch ist sie von den häufigeren Arten mit die am leichtesten kenntliche. Ihr „Doppelgänger", von dem sie nur schwer zu unterscheiden ist, kommt recht selten und fast ausschließlich in besonders warmen Gegenden unter den Erstbesiedlern an Ufern vor. Die Acker-Minze wächst hingegen häufig in Gräben, nassen Wiesen, nassen Äckern, nassen Waldrändern, im Röhricht. Bei ihr stehen die Blüten (Blühperiode Juli – Oktober, Höhe 30–100 cm) nie am Stengelende, sondern stets in dichten Quirlen in den Blattachseln. Den aromatischen Geruch (Blätter zerreiben!) teilt sie mit anderen Arten der Gattung. Die Pflanze enthält ätherische Öle.

2
4
1
3

Familie: Nachtschattengewächse – Solanaceae

1 Tollkirsche – *Atropa belladonna*
„Atropa“ ist eine Wortwurzel aus dem Griechischen (tropein = wenden) und meint, auf die Mythologie bezogen, diejenige der drei Parzen, die den Lebensfaden abschneidet. Damit spielt der wissenschaftliche Gattungsname ebenso auf die Giftigkeit der Pflanze an wie der deutsche Name „Tollkirsche“. Im Grunde verweist auch das widersprüchliche „belladonna“ = schöne Frau auf das Gift, das Atropin. Es ist dies ein Alkaloid, nebem dem noch andere, wie Hyoscyamin und Belladonnin in der Pflanze vorkommen. Hyoscyamin und Atropin sind sehr giftig. Schon der Genuß von 3–4 Tollkirschenbeeren soll zum Tode führen. Atropin vor allem hat u. a. die Wirkung, die Pupillen zu erweitern. Das galt einst als schön, und für diesen Zweck verwendete man das Gift – eine nicht unproblematische Anwendung. Tollkirschen sind im Tiefland selten, oder sie fehlen dort größeren Gebieten. In den Wäldern der Mittelgebirge findet man sie vor allem an lichten Waldstellen, hauptsächlich auf Schlagflächen und Windwürfen. Kenntlich ist die Pflanze an ihren dunkelrotbraunen-grünlichen, glockigen Blüten (Blühperiode Juni – August) und ihren glänzenden, schwarzen, einzelnstehenden Beeren. Sie wird bis über 1½ m hoch und enthält – wenn auch in unterschiedlichen Mengen – in allen ihren Teilen die genannten Gifte.

2 Bittersüßer Nachtschatten – *Solanum dulcamara*
Obschon die Pflanze unter günstigen Bedingungen bis 3 m Länge erreichen kann, fällt sie meist selbst zur Blütezeit kaum auf; denn ihre Blüten bleiben klein und stehen locker angeordnet beieinander (Blühperiode Juni – August). Die leuchtendroten Beeren sind fast ebenso unauffällig. Wuchsorte des Bittersüßen Nachtschattens sind Röhrichte, feuchte Schuttplätze und feuchte Wälder, die nicht allzu dicht und lichtarm sein sollten. Der Bittersüße Nachtschatten enthält giftige Alkaloide. Vor allem nach dem Verzehr der Beeren sind schwere Vergiftungen beschrieben worden, von denen einige tödlich waren.

3 Schwarzer Nachtschatten – *Solanum nigrum*
Wer die Pflanze blühen sieht (Juni – Oktober, Höhe bis 1 m), versteht den Namen nicht, denn die weißen Blüten ähneln unverkennbar denen der Kartoffel, mit der die Art in der Tat nahe verwandt ist. „Schwarz“ bezieht sich auf die Farbe der Beeren, die sich nach Befruchtung der Blüten entwickeln. Sie enthalten – wie alle Teile der Pflanze – giftige Alkaloide. Angeblich soll deren Menge in reifen Früchten gering sein, so daß die Beeren schadlos gegessen werden könnten. Dem stehen aber Berichte gegenüber, wonach gerade nach dem Genuß von Beeren schwere, in einigen Fällen tödliche Vergiftungen aufgetreten sind. Wie sich die Widersprüchlichkeit der Berichte erklärt, ob es giftigere und weniger giftige Sippen gibt oder ob Ungenauigkeiten im Spiel sind, liegt noch im dunkeln. Gesichert ist allerdings, daß die grünen Bestandteile einen höheren Giftgehalt aufweisen als die Beeren, bezieht man ihn auf das Frischgewicht. Der Schwarze Nachtschatten ist ein Unkraut, das in Gärten und vor allem am Rand von Dörfern nicht allzu selten vorkommt.

4 Weißer Stechapfel – *Datura stramonium*
Mit seiner 5–8 cm langen, weißen, trichterigen Blüte (Blühperiode Juni – September, Höhe der Pflanze bis 1 m) ist die Art unverwechselbar, erst recht, wenn sie die namengebenden, stacheligen Kapseln trägt. Allerdings ist sie in den letzten Jahrzehnten sehr selten geworden. Ihr Lebenszyklus vollendet sich in einem Jahr. Ihre Ausbreitungsintensität ist wenig ausgeprägt. Auch die Orte, an denen sie am besten gedeiht: stickstoffreiche Flecke – vorzugsweise ehemalige Dunglagerstätten an warmen Mauern – sind heutzutage fast verschwunden. In den Dörfern gibt es sie nicht mehr, und Aussiedlerhöfe bieten sie nur ausnahmsweise. Der Stechapfel ist – wie viele andere Angehörige der Nachtschattengewächse – stark giftig. Er enthält Alkaloide.

3
2
1
4

Familie: Braunwurzgewächse – Scrophulariaceae

1 Kleinblütige Königskerze – *Verbascum thapsus*
Wenn eine Pflanze wie die Kleinblütige Königskerze bis zu 150 cm hoch werden kann, übersät mit gelben Blüten, von denen kaum eine unter 1,5 cm mißt, aber 2 cm breit werden kann, dann versteht man, warum man ihr „Königswürde" zugesteht. Sie fällt auf, beherrscht – im freien Stand zumal – die Pflanzengestalten, zwischen denen sie steht. Das setzt natürlich einen Wuchsort voraus, der üblicherweise von niedrigeren Pflanzen besiedelt wird. In der Tat findet man die Kleinblütige Königskerze in Unkrautbeständen an Wegen, Dämmen, Rainen, Schuttplätzen, doch geht sie auch an Waldränder, wo sie prompt weniger in Erscheinung tritt. Sie hat es gerne warm, möchte Stickstoffsalze im Boden und einen eher lockeren Boden. Bestände sind seltener als Einzelwuchs. Der Grund könnte darin liegen, daß die Pflanze, deren Lebenszyklus sich in zwei Jahren vollendet, zwar unter Umständen nahezu eine Million Samen bildet, von denen auch viele keimen, aber nur wenige Keimlinge sich gegen ihre Konkurrenten soweit durchsetzen können, daß ihnen die Rosettenbildung vor dem Einzug des Winters gelingt. Die Kleinblütige Königskerze vermag auch Kümmerformen zu bilden, die dann – zumindest auf den ersten Blick – nicht leicht zu erkennen sind. Die Pflanze enthält Saponine und Schleimstoffe.

2 Mehlige Königskerze – *Verbascum lychnitis*
Obschon die Mehlige Königskerze im Tiefland selten ist, da sie sonnigwarme Standorte und kalkhaltigen Boden bevorzugt, fehlt sie auch dort kaum einem größeren Gebiet. Sie siedelt sich nicht allzu selten entlang von Bahnlinien an und kommt dort auch auf Kalksteinschotter durch. In den Mittelgebirgen, vor allem in jenen mit Kalk, darf sie als die verbreitetste Art ihrer Gattung in Mitteleuropa gelten. Ihre Standorte sind meist ausgesprochen trocken: Wegränder, Dämme, trockene Rasen. Immerhin wurzelt die Pflanze außerordentlich tief. Auch die starke Behaarung der Blätter hat eine gewisse Bedeutung für die Besiedlung trockener Standorte. Sie schränkt durch Lichtreflexion nicht nur die Erwärmung, sondern auch die Verdunstung ein, so daß die Pflanze – bezogen auf ihre Blattfläche – mit verhältnismäßig wenig Wasser auskommt. Sie ist mit keiner anderen Art der Gattung zu verwechseln, denn ihre um 15 mm messenden Blüten sind eher weiß als gelb, meist etwas cremefarben.

3 Zymbelkraut – *Cymbalaria muralis*
Die Heimat dieser Pflanze ist das Mittelmeergebiet. Zu uns kam sie als Zierpflanze an Gartenmauern, wo ihr das Klima und der Untergrund zusagten, ist sie häufig verwildert. Sie braucht Wärme, aber nicht unbedingt volle Besonnung, Mauerritzen, die aber nicht allzu trocken sein sollten und die möglichst in der Feinerde oder in dem durchsikkernden Wasser Nährstoffe und Kalk enthalten sollten. Bemerkenswert an der Pflanze ist, daß die befruchteten Blüten im Zuge der Frucht- und Samenreife weg vom Licht und damit in die Spalten hineinwachsen. Damit erhalten die Samen natürlich mit großer Sicherheit ein für sie günstiges Keimbett. Die Pflanze ist mit keiner anderen Art an entsprechenden Standorten in Mitteleuropa zu verwechseln.

4 Leinkraut – *Linaria vulgaris*
Manchenorts ist die Pflanze auch als „wildes, gelbes Löwenmäulchen" bekannt; eine zwar fachlich unhaltbare Bezeichnung, die aber die Pflanze praktisch unverwechselbar macht. Man findet sie meist in Unkrautbeständen an besonders trockenen Standorten: Dämmen, Wegen, Mauern oder Weinbergen. Das hängt mit ihrer Vermehrungsweise zusammen. Jede Pflanze produziert rund 30 000 Samen. Keimt einer, so gelangt die junge Pflanze im ersten Jahr noch nicht zur Blüte. Oberirdisch bleibt sie vielmehr ein Kümmerling. Unter der Erde hingegen treibt sie ihre Wurzeln sowohl in die Tiefe als auch in die Fläche. Aus den Flachwurzeln sprossen im folgenden Jahr dann ebenfalls oberirdische Triebe. Daher findet man die Pflanzen oft in kleineren, aber verhältnismäßig dichten Beständen.

4
2
1
3

Familie: Braunwurzgewächse – Scrophulariaceae

1 Knotige Braunwurz – *Scrophularia nodosa*
Wer diese Pflanze nur im Vorbeigehen betrachtet, wird – falls er sie überhaupt wahrnimmt – ihren Namen nicht verstehen. Nirgends trägt sie Knoten! Diese sitzen als Wurzelstock unter der Erde. Obschon die Pflanze fast $1^1/_2$ m hoch werden kann und dann meist Dutzende von Blüten trägt, die immerhin größer als $^1/_2$ cm werden, fällt sie uns mit ihrem Blütenschmuck nicht auf. Wohl aber den bestäubenden Insekten. Denn die braunroten Blüten werfen ultraviolettes Licht besonders stark zurück.
In Wäldern mit feuchten Böden kommt die Pflanze nicht selten vor, meist allerdings einzeln und nicht in Beständen wachsend. Sie kann mit einer nahe verwandten Art verwechselt werden, der Geflügelten Braunwurz *(S. umbrosa = S. alata)*. Bei ihr laufen häutige Flügel entlang der Kanten des Stengels. Die Art bevorzugt nicht nur feuchte, sondern nasse Wuchsorte und kommt daher fast nur in Gewässernähe vor, seien die Bäche oder Tümpel auch noch so klein. Beide Arten sind zumindest schwach giftig.

2 Persischer Ehrenpreis – *Veronica persica*
Vor 1800 kannte man die Art nur aus botanischen Gärten, doch schon 100 Jahre später fehlte sie kaum einem Akkerbaugebiet irgendwo in Europa. Wie schaffte der Persische Ehrenpreis diese plötzliche Verbreitung? Die Ursachen kennen wir nicht. Doch gibt es Zahlen, die zumindest einen Teil des Weges markieren, den die Art genommen hat. Nachweislich brach die Pflanze um 1805 aus dem Botanischen Garten in Karlsruhe aus. 1815 wurde sie aus Basel, 1839 aus Zürich gemeldet. 1866 fand man sie in Magdeburg. Möglicherweise hatte die Art um dieselbe Zeit über die Türkei den südöstlichen Zipfel Mitteleuropas erreicht. Denn in Schlesien traf man sie ebenfalls schon in der ersten Hälfte des 19. Jahrhunderts an. Kenntlich ist die Art an ihren verhältnismäßig großen Blüten (um 1 cm im Durchmesser). Sie blüht praktisch das ganze Jahr über, besser: Ihr Lebenszyklus kann unter günstigen Bedingungen nur einige Wochen dauern, so daß es fast stets blühbereite Exemplare gibt.

3 Gamander-Ehrenpreis – *Veronica chamaedrys*
Ehrenpreisarten sind nicht leicht zu bestimmen. Zu den leichtkenntlichen gehört der Gamander-Ehrenpreis. Bei ihm stehen die Haare am Stengel fast stets in zwei deutlichen Reihen. Er blüht vor allem im Frühjahr bis in den Frühsommer und wächst oft in kleineren, aber individuenreichen Beständen in Wiesen, an Waldrändern, auf Waldwegen oder an lichteren Stellen im Wald selbst. Versucht man ihn wegen seiner zunächst reizenden Blüten zu pflükken, versteht man auch den da und dort geläufigen Volksnamen „Männertreu“: Die Blüten fallen außerordentlich leicht ab. Der Gamander-Ehrenpreis enthält etwas Aucubin, ein Glycosid, das zumindest für manche Warmblüter giftig ist.

4 Wald-Ehrenpreis – *Veronica officinalis*
Zugegebenermaßen liegt das Hauptverbreitungsgebiet der Art in Mitteleuropa in Wäldern, in denen der Boden zumindest oberirdisch versauert ist, doch geht die Pflanze auch in offene Wiesen, Heiden und in den Alpen auch auf saure Matten. Beim Wald-Ehrenpreis kriecht der Haupttrieb oft mehrere Dezimeter flach am Boden. Von ihm zweigt der blühende Trieb ab. Die Blüten selbst sind stark $^1/_2$ cm breit und meist blauviolett und dunkler geadert. Die derben Blätter sind kurzstielig und gesägt. Blühperiode ist der Sommer.
Auf diese Pflanze war der gängige deutsche Name „Ehrenpreis“ ursprünglich allein gemünzt. Denn man verwendete sie als Heilpflanze. Sie enthält Aucubin, Gerbstoffe und einen Bitterstoff, muß daher als giftverdächtig oder schwach giftig gelten. Vergiftungen sind aber kaum zu befürchten, da selbst in der Volksheilkunde kaum mehr auf die Pflanze zurückgegriffen wird.

2
3
4
1

Familie: Braunwurzgewächse – Scrophulariaceae

1 Acker-Wachtelweizen – *Melampyrum arvense*
Den Namen hat man lange damit erklären wollen, daß Wachteln den Samen besonders gerne fressen. Diese naheliegende Deutung dürfte falsch sein. Der dem Griechischen entlehnte, wissenschaftliche Gattungsname trifft hier wohl besser: „Melas" heißt schwarz, „pyros" = Weizen; damit meint man wohl die Eigenschaft, daß bei vielen Arten der Gattung die Samen im Verlauf der Reife schwarz werden.
Unbestritten gehört der Acker-Wachtelweizen zu den farblich reizvollsten Pflanzen unserer Flora. Noch vor dem Siegeszug der Herbizide als Ackerunkraut gemein, findet man ihn jetzt vornehmlich auf trockenen, ungenutzten Rasen, im Grassaum von Feldgebüschen oder feldnahen Waldrändern, und zwar auch hier selten.
Der Acker-Wachtelweizen braucht kalkhaltigen, humusreichen, sommerwarmen Boden. Möglicherweise war er schon vor Einführen des Ackerbaues in Mitteleuropa da heimisch, wohin er sich heute zurückgezogen hat. Vielleicht kam er auch erst mit der Ackerkultur hierher. Sein Verbreitungsschwerpunkt liegt jedenfalls im südöstlichen Europa. Da seine Samen in besonderem Maße – wie übrigens die ganze Pflanze in geringerer Konzentration – Aucubin enthalten, ist er zumindest für einige Warmblüter giftig.

2 Wiesen-Wachtelweizen – *Melampyrum pratense*
Alle Arten dieser Gattung sind „Halbschmarotzer": Sie zapfen mit ihren Wurzeln andere Pflanzen an und entziehen diesen lebenswichtige Stoffe, obschon sie selbst dank ihres Gehalts an Blattgrün imstande sind, aus anorganischer Substanz mit Hilfe des Sonnenlichts organische aufzubauen.
Der Wiesen-Wachtelweizen gedeiht am besten auf sauren, humushaltigen, lockeren und oft lehmig-sandigen Böden. Dort besiedelt er Heiden und Wälder. Gegenüber anderen ähnlichen Arten erkennt man ihn am besten an seinen Blüten, die 1,2 – 1,8 cm lang werden (Blühperiode Juni – September; Höhe der Pflanze 15 – 30 cm). Entweder sind bei den „Doppelgängern" die Blüten kleiner oder die Blätter im Blütenstand sind violett überlaufen. Die Pflanze enthält Aucubin und ist daher für manche Warmblüter giftig. Braune Flecken am Grund der Blütenröhre zeigen, daß Insekten, die den Nektar auf „normalem" Weg nicht erreichen konnten, „eingebrochen" sind und das süße Naß geholt haben.

3 Augentrost – *Euphrasia officinalis*
Namen wie dieser weisen auf den Gebrauch als Heilpflanze hin. In der Tat enthält Augentrost neben dem für manche Warmblüter giftigen Aucubin noch Gerbstoffe, die schwach entzündungswidrig sind. Doch kennt die Heilkunde bei Bindehautentzündungen wirksamere und gezielter einsetzbare Mittel, zumal unerwünschte Nebenwirkungen von Aucubin kaum verhindert werden können. Keinerlei „Trost", sondern vielmehr Unruhe bereitet die Pflanze den Fachleuten. Unter dem Artnamen, wie ihn erstmals Linné gebraucht hat, werden Sippen von Artrang und solche ungeklärten Ranges zusammengefaßt, die nur genaue Kenner sicher auseinanderhalten können. Alle diese Formen lieben eher magere Rasen und zugleich winterlichen Frost. Deshalb fehlen sie im küstennahen Tiefland oder kommen dort nur vereinzelt vor. Als Halbschmarotzer sind sie unerwünscht, aber meist nicht schädlich, weil ihre Standorte keiner intensiven Nutzung unterliegen. Bereits Düngung mit stickstoffreichem Dünger vertreibt sie, desgleichen mehrmalige Mahd im Jahr.

4 Zahntrost – *Odondites rubra*
Bei Zahnschmerzen auf die Linderung durch Zahntrost zu hoffen, wäre sinnlos. Außerdem ist die Pflanze selten geworden und fast ausschließlich nur noch auf offenen, warmen, schweren Böden in luftfeuchtem Klima anzutreffen. Sie geht auch auf oder an Wege, in Nutzwiesen findet man sie dagegen kaum mehr. Als Halbschmarotzer, wie manche Braunwurzgewächse, hat sie die Eigenheit, bei dichtem Wuchs ihresgleichen anzuzapfen, wodurch kümmerlichere Exemplare entstehen, die nicht zur Blüte kommen. Die Blühperiode liegt erst zwischen August und Oktober. Da die Pflanzen 15 – 40 cm hoch werden können und oft buschig verzweigt sind, fallen sie auf.

3
4
1
2

Familie: Braunwurzgewächse – Scrophulariacea

1 Kleiner Klappertopf – *Rhinanthus minor*
Wer diese Pflanze finden will, darf sie nicht auf wohlgedüngten Wiesen suchen. Sie wächst auf mageren, nährstoff- und kalkarmen Rasen, die zeitweise feucht, zeitweise (eher überwiegend) trocken sein sollten, aber sonst lehmig, lehmig-sandig oder gar torfig sein dürfen. Natürlich findet man sie in der Blühperiode (Mai – Juni) am ehesten. Ihr bestes Kennzeichen ist die gerade Blütenröhre, denn diese kann durchaus 40 cm Länge erreichen und damit in die Bereiche vorstoßen, die „größere" Klappertopfarten üblicherweise erreichen. In den Mittelgebirgen trifft man sie fast überall, im Tiefland hingegen ist sie gebietsweise sehr selten. Ihr Schaden als Halbschmarotzer ist kaum nennenswert, weil ihr regelmäßige Düngung und Mahd, wie sie auf intensiv genutztem Grünland üblich ist, nicht zusagen. Der Kleine Klappertopf enthält Aucubin, das für manche Warmblüter giftig ist.

2 Zottiger Klappertopf – *Rhinanthus alectorolophus*
So häufig der Zottige Klappertopf in den Mittelgebirgen mit wenigstens schwach kalkhaltigem Boden ist: Im Tiefland fehlt er fast überall. Er ist gegenüber anderen Arten an der gekrümmten Blütenröhre und dem behaarten Kelch gut kenntlich. Hauptsächlich besiedelt er trockene Rasen und Wiesen mit nährstoff- und kalkreichem Boden, geht aber auch in Getreideäcker. Dort gehört er zu den Arten, die den Herbiziden verhältnismäßig viel Widerstand leisten. Zur Blüte gelangt der Zottige Klappertopf nur, wenn er eine andere Pflanze mit seinen Wurzeln angezapft hat (Halbschmarotzer). Da er Düngung erträgt, kann er in trockeneren Mähwiesen durchaus Schaden anrichten. Auch in Getreidebeständen muß er vernichtet werden, weil seine großen Samen schwer von den Körnern getrennt werden können und das Mehl wegen des Gehalts an Aucubin verderben könnten. Blühperiode ist Mai – Juli; üblicherweise wird die Pflanze 10 – 50 cm hoch.

3 Alpenhelm – *Bartsia alpina*
Wo man – wie z. B. im Südschwarzwald, den Vogesen oder im Alpenvorland – den Alpenhelm antrifft, ist dies ein „Überbleibsel" aus einer der Vereisungsphasen der Eiszeit. In Mitteleuropa ist der Alpenhelm auf die Alpen beschränkt. Dort bevorzugt er Höhen zwischen etwa 1800 und 2500 m, wobei er eher kalkreiche, moorige Stellen besiedelt. Man findet ihn auch in tieferliegenden alpinen Zwergstrauchheiden, die sich aber auch durch eine lange winterliche Schneebedeckung auszeichnen und daher auch im Frühling relativ feucht bleiben.
Seine Blühperiode liegt im Sommer. Meist wird er nur 5 – 10 cm hoch, fällt aber wegen seiner etwa 2 cm langen, violetten Blüten und den häufig violett überlaufenen Blättern trotzdem auf. Als Halbschmarotzer, der er ist, nimmt er als „Wirt", was gerade in seiner Nähe ist.

4 Wald-Läusekraut – *Pedicularis sylvatica*
Der Gattungsname „Läusekraut" kommt von der früheren Verwendung der Pflanze gegen Läuse bei Tier und Mensch. Sie vertragen das Gift Aucubin nicht, das aber auch für einige Warmblüter giftig ist. Vor allem im Raum der Alpen gibt es von der Gattung viele Arten, die selbst Botanikern Schwierigkeiten bereiten. Zwar kommt das Wald-Läusekraut dort auch vor (und zwar gelegentlich in „untypischem" Wuchs), doch findet man umgekehrt die rein alpinen Arten nicht an den außeralpinen Standorten des Wald-Läusekrauts. Es ist selten genug. Es braucht nämlich sauren und daher meist kalkfreien, sandigen oder torfigen Boden. Nur wo es diesen gibt, besiedelt es Flachmoore, feuchte Wiesen und Waldwege. Die Pflanze ist ein Halbschmarotzer, die vornehmlich Riedgrasgewächse anzapft.

1
2
3
4

Familie: Braunwurzgewächse – Scrophulariaceae

1 Roter Fingerhut – *Digitalis purpurea*
Vor allem wo es Fichtenhorste auf sauren, sandigen Böden gibt, kann man den Roten Fingerhut auffinden. Er ist – als Garten- und als Arzneipflanze – so berühmt, daß man ihn nicht in einer langen Beschreibung vorzustellen braucht. Allerdings war er mit Sicherheit nicht überall, wo er heute wächst, auch ursprünglich zu Hause. Die Westgrenze seines Verbreitungsgebiets dürfte etwa an die westlichen Sandsteintafeln des Schwarzwaldes und von dort nordostwärts bis etwa zum Harz gereicht haben. Der Rote Fingerhut enthält sehr giftige Glycoside, die aber in geringen Dosen wirksame Herzheilmittel (natürlich nur in der Hand des Arztes und in Gestalt standardisierter Präparate!) darstellen. Daher hat man ihn örtlich feldmäßig angebaut. Als Lieferant dieser Drogen wurde er aber seit einigen Jahrzehnten mehr und mehr von einer verwandten Art *(D. lanata)* verdrängt. Geschützt!

2 Gelber Fingerhut – *Digitalis lutea*
Diese reizvolle Pflanze erreicht mit ihren östlichen Vorposten noch das Taubertal, die Schwäbische Alb und das süddeutsche Stufenland, sonst tritt sie östlich der Linie Bodensee-Eifel nur vereinzelt und nicht immer ursprünglich – vielleicht da und dort verwildert – auf. Die Blüten des Gelben Fingerhuts werden nur 2–2,5 cm lang und stehen in einer einseitswendigen Traube. Als Wuchsort bevorzugt er trockene Wälder und Gebüsche sowie lichte Wälder mit steinigem, eher feuchtem Boden. Gleich den anderen Arten der Gattung enthält die Pflanze giftige Glycoside, wenngleich in etwas veränderter Mischung. Trotz dieser Giftigkeit pflanzt man den Gelben Fingerhut zuweilen in Steingärten an, und zwar vor allem an Stellen, in denen Schatten längere Zeit am Tage nicht zu vermeiden ist. Die Pflanze wird allerdings 50–100 cm hoch und sieht zwischen niedrigwüchsigen „Bodendekkern“, denen der Vorzug gegeben werden sollte, meist nicht sehr harmonisch aus. Gesetzlich geschützt!

3 Großblütiger Fingerhut – *Digitalis grandiflora*
Diese Pflanze kann man in warmen, lichten Wäldern, aber auch auf Geröllhalden in den Alpen überall in Mitteleuropa antreffen, wenn der Boden nährstoffreich, aber nicht kalkreich und nicht ausgesprochen sauer-sandig ist. Bei so hohen Ansprüchen wird es verständlich, daß die Pflanze überall sehr selten ist, gebietsweise fehlt, wie sie dann unvermutet bei geeigneten Bedingungen auftauchen kann. Ihre 3–4,5 cm langen gelben Blüten machen sie unverkennbar. Sie enthält giftige Glycoside und ist geschützt.

4 Schuppenwurz – *Lathraea squamaria*
Diese Pflanze, die man nur in feuchten Wäldern und Gebüschen antrifft, ist ebenso selten wie sehenswert. Nicht nur, weil sie von März bis Mai blüht und meist in dichtestem Bestand vorkommt, sondern weil ihre Lebensweise so bemerkenswert ist. Sie ist unverwechselbar, weil die ganze Pflanze rosagelblich und damit offenkundig ein Schmarotzer ist. Sie zapft die Wurzeln von Gehölzen an, und zwar nur die Wasserleitungsbahnen. Dennoch gelangt sie auf diese Weise zu organischen Substanzen. Denn bekanntlich führen diese Bahnen zur Zeit des frühjährlichen Saftsteigens reichlich Zukker und andere lebenswichtige Verbindungen mit sich. So ist es auch verständlich, daß die Schuppenwurz rund 10 Jahre braucht, bis sie „reif“ ist, damit sie blühen kann. Letztlich kann ihr Pflanzenkörper – daher der dichte Stand – so viele Triebe bilden, daß er um 5 kg schwer wird. Solche Pflanzen sind natürlich viele Jahrzehnte alt. Übrigens ist es auch der Steigdruck in den Gefäßen der Wirtspflanze, der die zur Versorgung nötigen Stoffe in die Schuppenwurz hineinpreßt.

1
2
3
4

Familie: Fettkrautgewächse – Lentibulariaceae

1 Alpen-Fettkraut – *Pinguicula alpina*
Der Schweizer Professor Konrad Gesner benannte die Gattung Fettkraut. Ihm schienen die fleischigen und glänzenden Blätter so bemerkenswert, daß er das lateinische Wort von der Wurzel „pinguis" ableitete, die neben „fett" auch fettig, ölig meinen kann, neben der Dicke also auch den Glanz mit einfängt. C. von Linné übernahm von ihm diese bis heute gültige Gattungsbezeichnung. Die Arten der Gattung gleichen sich. Nimmt man die Artaufgliederung sehr genau, so hat man es in Mitteleuropa mit drei Arten zu tun, von denen das Alpen-Fettkraut an seinen weißen Blüten am eindeutigsten kenntlich ist. Es braucht nassen und zugleich lockeren Boden, der steinig sein kann, ja es besiedelt sogar Felsspalten. Kalkhaltiger Untergrund wird eher bevorzugt. Wo man die Pflanze (Blühperiode Mai – Juni) im Alpenvorland antrifft oder gar im Jura, ist dies ein Zeichen eiszeitlicher Wanderung.

2 Echtes Fettkraut – *Pinguicula vulgaris*
Das Echte Fettkraut ist die verbreitetste Art der Gattung. Gegenüber verwandten europäischen Arten, die ebenfalls blau blühen, ist sie an ihren Blüten zu erkennen (Blühperiode Mai bis Juni). Die blauvioletten Blüten werden nur 1 – 1,3 cm lang, und die Lappen der Unterlippe sind deutlich länger als breit. Das Echte Fettkraut ist wie das Alpen-Fettkraut ein „Leimrutenfänger". Kleine Tiere, vor allem Insekten und kleine Spinnen, die über die Blätter kriechen, bleiben auf dem Leim hängen, der von gestielten Drüsen auf der Blattoberfläche ausgeschieden wird. Je mehr sie zu entkommen trachten, desto mehr schleimen sie sich ein, werden bewegungsunfähig und sacken auf die Blattoberfläche ab. Dadurch gelangen sie in den Bereich sitzender Drüsen, die ein eiweißspaltendes Enzym enthalten und bei Beschädigung absondern. Es verdaut die Eiweißstoffe. Die Blätter rollen sich nur schwach und können – anders als beim Sonnentau – die Beutetiere nicht wesentlich am Entkommen hindern. Da Fettkraut-Arten Wurzeln besitzen und demnach grundsätzlich Nährsalze aufnehmen könnten, muß man klären, inwieweit das Fangen von Tieren lebensnotwendig ist.

3 Großer Wasserschlauch – *Utricularia vulgaris*
In Mitteleuropa gibt es rund ein halbes Dutzend Wasserschlauch-Arten, von denen der Große Wasserschlauch nicht nur zu den häufigsten gehört, sondern auch am ehesten kenntlich ist. Er schwimmt frei, seine Blüten sind goldgelb (nie blaßgelb) und 1,3 – 2 cm lang. Die Unterlippe der Blüte ist nie flach, sondern umgeschlagen. Blühperiode ist Juni – September. Der Große Wasserschlauch kommt nur in stehenden, allenfalls sehr langsam fließenden Gewässern vor, die zwar kalkarm, aber doch nährstoffreich und nicht zu kühl sind. Solche Gewässer sind in Mitteleuropa selten, aber wo sie sich finden, da gibt es den Großen Wasserschlauch meist in Beständen. Bemerkenswert ist er – wie die anderen Arten der Gattung – als „kleintierfressende Pflanze". An den Blättern befinden sich „Fangblasen", in denen Unterdruck herrscht. Berührt ein kleines Wassertier (z. B. ein Wasserfloh) die unstabil gelagerte Klapptür, so springt diese nach innen auf. Durch den Sog wird das Tier in das Innere der Blase gestrudelt, durch den Gegenstrom die Tür wieder geschlossen. Anschließend wird das Insekt verdaut. Der Große Wasserschlauch ist auf diese „Spezialernährung" offensichtlich angewiesen. Im Gegensatz zum Fettkraut besitzt er keine echten Wurzeln.

Familie: Kugelblumengewächse – Globulariaceae

4 Gewöhnliche Kugelblume – *Globularia elongata*
Die Gewöhnliche Kugelblume ist an ihrem 1 – 1,5 cm breiten Blütenstandsköpfchen und an ihrem beblätterten Stengel eindeutig kenntlich (Blühperiode Mai – Juli; Höhe 5 – 50 cm). Sie liebt flachgründigen, kalkreichen, felsigen Boden, geht aber auch auf Löß. Obwohl sie in den Alpen an den günstigen Stellen bis fast 2000 m steigen kann, ist sie wärmebedürftig und daher insgesamt selten. Früher nutzte man sie als Heilpflanze. Sie enthält das giftige Glycosid Globularin.

1
2
3
4

Familie: Wegerichgewächse – Plantaginaceae

1 Krähenfuß-Wegerich – *Plantago coronopus*
Wer den Krähenfuß-Wegerich außerhalb des küstennahen Tieflandes antreffen will, muß Glück haben. Er ist dort auf Dünen, an Wegrändern, in offenen und lückigen Rasen oder Steinschuttböden zu Hause, vor allem, wenn sie etwas feucht und salzig sind. Obwohl er den ganzen Sommer über blüht, fällt er wegen der Unscheinbarkeit der Einzelblüten wie der Blütenstände weniger auf als wegen seiner meist dem Boden aufliegenden Blattrosette. Die Rosettenblätter sind – ganz ungewöhnlich für Wegerich-Arten – eindeutig fiederspaltig oder zumindest grob gezähnt. Wo er gelegentlich verschleppt im Binnenlande auftritt, vermag er sich selbst kurzzeitig nur zu halten, wo ihm die Bodenverhältnisse zusagen, also am ehesten in der Nähe von Salzquellen.

2 Breit-Wegerich – *Plantago major*
Der wissenschaftliche Artname „major" = größer spielt an auf die lange Ähre des Breit-Wegerichs. Sie ist wenigstens so lang wie der Blütenstandsstiel, dem sie aufsitzt. Weil die Blühperiode vom Juni bis in den Oktober hinein andauert und danach die Früchtchen noch erkennbar sind, läßt sich an diesem Merkmal die Pflanze meist eindeutig bestimmen. Die Blätter sind sehr breit und deutlich gestielt, wobei der Blattstiel etwa halb so lang oder länger als die Blattfläche ist. Der Breit-Wegerich bevorzugt Unkrautbestände an Wegen, Dämmen, Schuttplätzen, geht aber auch auf Wiesen und Weiden. Er gedeiht auf Böden mit reichlich Stickstoffsalzen besonders gut und ist recht unempfindlich gegen Tritt. Mit dieser Eigenschaft hängt auch die Ausbreitung der Art zusammen: Die reifen Samen bleiben nämlich an den auftretenden Gliedern – Sohlen, Schuhen – haften und werden so verschleppt. Da die Pflanze Schleimstoffe enthält, nutzte man sie früher als Heilpflanze.

3 Weide-Wegerich, Mittlerer Wegerich – *Plantago media*
Am besten erkennt man die Art wohl an der Rosette aus ungestielten, höchstens ganz kurzstieligen Blättern. Blütenstände sind meist nur zwischen Mai und Anfang Juli ausgebildet. Dann sieht man ein weiteres Charakteristikum: Der Blütenstandsstiel ist mindestens 2–5mal so lang wie die Blütenähre. Die Blüten selbst sind unscheinbar. Am ehesten fallen noch die violetten, manchmal fast weißen Staubfäden auf. Im Tiefland ist die Art merklich seltener als in den Mittelgebirgen, wo sie – zum Kummer vieler Zierrasenbesitzer – häufig massenweise auftritt und besonders dann in Konkurrenzvorteil kommt, wenn durch Tritt andere Pflanzen im Rasenverband geschädigt werden. Auf trockeneren, etwas kalkhaltigen Böden kann dann der Weide-Wegerich kleinere, aber individuenreiche Bestände bilden. Ursprünglich hat er wohl trockene Rasen, magere Wiesen und Wegränder besiedelt. Er enthält Schleimstoffe und wurde früher als Heilpflanze genutzt.

4 Spitz-Wegerich – *Plantago lanceolata*
Von den Wegerich-Arten mit lanzettförmigen Blättern unterscheidet sich der Spitz-Wegerich durch seine Blätter, die 5–7 Nerven haben und durch seinen gefurchten Blütenstandsstengel. Der Blütenstand selbst ist kurz, unscheinbar, braun, die Staubfäden sind erst weißlich, dann bräunlich. Blühperiode ist der ganze Sommer bis in den Herbst. Die Pflanze kann weniger als handlang oder bis über ½ m hoch heranwachsen. Neben Wegrändern und Rainen besiedelt die Art auch Wiesen und Weiden. Vor allem auf den beiden letzteren sieht man ihn nicht sonderlich gerne, wenn er in größeren Beständen auftritt. Frisch liefert er ein recht wasserhaltiges Futter. Weidetiere sollen dadurch Durchfall bekommen können. Für die Heutrocknung ist er ebensowenig geeignet. Die dürren Blätter zerbröseln und fallen durch die Zähne der aufsammelnden Rechen oder Lader. Im Volke war der Spitz-Wegerich in früheren Zeiten als Heilpflanze über Gebühr geschätzt. Er enthält Schleimstoffe und in geringen Mengen das für einige Warmblüter giftige Aucubin. „Säfte" aus der Pflanze wurden gegen Husten genauso verordnet wie gegen Durchfälle. Die moderne Arzneimittelforschung konnte indessen keinen Stoff auffinden, der eine wirklich heilende Wirkung hat.

3
2
1
4

Familie: Rötegewächse – Rubiaceae

1 Gemeine Ackerröte – *Sherardia arvensis*
Heute muß man die Gemeine Ackerröte regelrecht suchen. Noch vor weniger als 30 Jahren war sie auf warmen, nicht zu trockenen, lockeren und kalkhaltigen Böden in Getreideäckern, seltener in Hackkulturen sehr häufig. Oft hatten die 4–5 mm langen kleinen Blütchen da, wo die Pflanze bestandsbildend auftrat, einen rötlichen Schimmer über das Grün gelegt. Jedenfalls soll sich so der deutsche Artname erklären. Da die Ackerröte ihren Lebenszyklus in nur einem Jahr durchläuft und bereits im Mai zur Blüte gelangen kann – sie wird nur etwa 30 cm hoch –, wird sie von den Herbiziden voll erfaßt und trotz ihrer verhältnismäßig kleinen Blattfläche vernichtet. Ihre ursprüngliche Heimat war sicher nicht Mitteleuropa, sondern das Mittelmeergebiet. Sie ist wohl mit Saatgut von dort – allerdings in lange zurückliegender Zeit – zu uns gekommen. Es ist sehr zu bezweifeln, ob sie sich in grasigem Ödland, wo man sie gelegentlich antrifft, auf die Dauer wird halten können.

2 Waldmeister – *Galium odoratum (Asperula odorata)*
Die wohlvertrauten Gattungen Asperula = Meister und Galium = Labkraut konnten selbst Fachleute nur mit Mühe trennen. Gründliche Bearbeitungen zeigten, daß das Verbindende das mühsam als trennend Aufgebaute überwog, und folgerichtig vereinte man beide Gattungen zu einer. Unbefriedigend ist jetzt nur deren Artenreichtum, und natürlicherweise ist die Artbestimmung in den seit je kritischen Fällen auch nicht einfacher geworden. Recht leicht war sie gerade beim Waldmeister, und das bleibt auch unter dem „neuen“ wissenschaftlichen Namen so: An dem vierkantigen Stengel stehen 6–8 dunkelgrüne Blätter in einem Quirl. Läßt man die Pflanzen anwelken, duften sie stark nach – Waldmeister! Grund hierfür sind Verbindungen von Cumarin, die beim Welken diesen Stoff freisetzen. Als Aromatikum vor allem für Bowlen hat es einen guten Ruf erlangt. Einen zu guten, wie wir meinen. Denn in größeren Mengen ist Cumarin zumindest nicht bekömmlich. Besonders cumarinreiche Waldmeisterbowlen sind denn auch zu Recht berüchtigt für den im „Kopf verkrallten Kater“, den sie hinterlassen, durchaus ein Anzeichen für eine milde Vergiftung.

3 Echtes Labkraut – *Galium verum*
Mit seinen nicht einmal 1 mm breiten Blättern und der endständigen Rispe, in der unzählige kleine 4zipflige und wohlriechende Blüten stehen (Blühperiode Juni – Oktober, Höhe 15–60 cm) ist das Echte Labkraut unverwechselbar. Es besiedelt trockene Rasen und Raine an Feldwegen ebenso wie Dämme. Besondere Bodenansprüche stellt es nicht. Daher ist es überall zu finden, wenngleich auch in unterschiedlicher Häufigkeit, im Tiefland etwas seltener als in den kalkigen Mittelgebirgen. Das Labkraut wurde früher zur Käsebereitung benutzt. In 100 Gramm Blattgewebe sind nämlich etwa 1 mg Labferment enthalten, das die Milch zum Gerinnen bringt.

4 Wiesen-Labkraut – *Galium mollugo*
Von den weißblühenden Arten der Gattung ist das Wiesen-Labkraut sicher nicht das am leichtesten kenntliche, aber eines der häufigsten, das außerhalb von Wäldern wächst. Man kann es mit einiger Sicherheit ansprechen, wenn es fast bestandbildend auf Wiesen, Weiden oder an Wegrainen vorkommt (Blühperiode Mai – August, Höhe 30–100 cm), wenn der Stengel vierkantig ist und die Spitzen der Blütenblätter haarfein auslaufen. Die Blätter stehen meist zu acht in einem Quirl und werden 2–8 mm breit. Das Wiesen-Labkraut liebt stickstoffreiche, lehmige Böden mit guter Nährstoffversorgung, die eher trocken oder höchstens feucht sein sollten. Es enthält Glycoside und wurde früher in der Volksmedizin als Heilpflanze verwendet. Indessen gibt es für eine spezifische Wirksamkeit kaum nachprüfbare Belege.

4
2
3
1

Familie: Geißblattgewächse – Caprifoliaceae

1 Schwarzer Holunder – *Sambucus nigra*
Der Schwarze Holunder wächst weit öfter in Strauchform denn als kleiner Baum. In beiden Wuchsformen kann er 3–6 m Höhe erreichen. Kenntlich ist er in der Blühperiode an den doldigen, flachen Blütenständen, in denen die gelblichweißen Blüten am Ende der Stengel angeordnet sind. Er blüht im Mai oder Juni. Aus den Blüten entwikkeln sich Beeren, die unreif grün, dann schwarzblau sind. Charakteristisch ist ihr roter Saft.
Der Schwarze Holunder ist eine alte Volksheilpflanze. Wenig wirksam ist ein Tee aus den getrockneten Blüten. Früher wurde die frische Rinde als Abführmittel verwendet. Zumindest bei größeren Gaben sind indessen wiederholt unangenehme Nebenwirkungen, z. B. Erbrechen, beobachtet worden, so daß vom „Hausgebrauch" abzuraten ist. Örtlich war andererseits auch die Frucht für Marmeladen oder Säfte begehrt. Sie enthält verhältnismäßig wenig Vitamin C (10 mg/100 Gramm Fruchtgewicht), daneben organische Säuren und Gerbstoffe.
Ursprünglich ist der Schwarze Holunder in lichten, feuchten Wäldern zu Hause. Heute findet man ihn ebensooft an schuttigen Stellen in Dörfern oder am Rand von Siedlungen, ein Zeichen für die Stickstoffliebe der Pflanze.

2 Trauben-Holunder – *Sambucus racemosa*
Zur Blütezeit bereits unterscheidet sich der Trauben-Holunder auffällig vom Schwarzen Holunder: Er blüht schon im April oder Mai, wird meist nur 1–3,5 m hoch, wächst eigentlich immer als Strauch und besitzt grünlichgelbe, kleine Blüten, die in einer gedrungenen, eiförmigen Rispe angeordnet sind. Seine Beeren reifen schon im Spätsommer und sind dann leuchtendscharlachrot. Als Wuchsorte bevorzugt er Kahlschläge, lichte Waldstellen auf nährstoffreichen, doch eher kalkarmen Böden. In den Mittelgebirgen und in den Alpen besiedelt er auch dann und wann Gesteinsschutthalden. Die Samen des Trauben-Holunders enthalten einen zumindest schwach giftigen Stoff. Auf ihn scheinen die Störungen im Magen und Darm zurückzugehen, die nach dem Genuß der Beeren auftraten (mehr oder minder schwere Brechdurchfälle). Andererseits hat man im Fruchtfleisch selbst bislang Gifte nicht nachweisen können. Es enthält – je nach Jahr und Standort – zwischen 25–60 mg Vitamin C in 100 g Fruchtfleisch, darf also als reich an Vitamin C gelten. Daneben kommen noch Provitamin A und Pektine vor.

3 Rote Heckenkirsche, Gemeine Heckenkirsche – *Lonicera xylosteum*
Zur Blütezeit im Mai und Juni erkennt man den hellrindigen Strauch, der im Unterholz lichter Wälder auf Kalkboden örtlich häufig ist, leicht an seinen paarigen, schmutzigweißen und gelblich verblühenden, zweilippigen Blüten. Aus den Blüten reifen im Verlauf des Spätsommers hellrote Beeren, die paarweise beieinanderstehen. Früher verwendete man – zumindest in Süddeutschland – das verhältnismäßig harte Holz der langrutigen jungen Zweige, um daraus Besen zu binden. Heute wird die rote Heckenkirsche nicht selten in Wildwuchshecken eingebracht. Mit Sicherheit konnte bisher noch kein Gift in den Beeren nachgewiesen werden. Die angeblichen Vergiftungen werden jedoch als so schwer beschrieben, daß die Pflanze so lange zumindest als giftverdächtig bezeichnet werden muß, ehe nicht eindeutig feststeht, daß niemals – auch nicht durch Parasiten – Giftstoffe in den Beeren erzeugt werden können.

4 Gemeiner Schneeball – *Viburnum opulus*
Feuchte Wälder auf nährstoff- und kalkreichen Böden sind die Heimat des Gemeinen Schneeballs. Er ist an seinen 3- bis 5lappigen Blättern, die buchtig gezähnt sind, ebensogut kenntlich wie zur Blütezeit (Mai – Juni) an den doldigen Blütenständen, bei denen die äußeren Blüten vergrößert sind, oder zur Fruchtzeit im Spätsommer und Herbst an den roten Beeren. Die Art besiedelt daneben auch Ufergebüsche und wird deshalb nicht selten auf Hochwasserdämmen angepflanzt, desgleichen als Einzel- oder Heckenstrauch. Die Beeren gelten als zumindest giftverdächtig.

4

1

3

2

Familie: Moschuskrautgewächse – Adoxaceae

1 Moschuskraut – *Adoxa moschatellina*
Wer das Moschuskraut in seiner Blütezeit überhaupt findet, trifft es in der Regel in einem Massenbestand an. Es ist in Mitteleuropa selten, denn es braucht lockeren, etwas feuchten stickstoffhaltigen Lehmboden, der nicht zu sehr entkalkt sein darf und auf dem Wälder mit eher lichtem Baumbestand oder lockerstehenden Büsche stocken sollten. Im Sommer hat es seine oberirdische Organe bereits wieder eingezogen. Der Moschusduft der Blätter ist weniger auffällig, als es der deutsche Namen glauben macht. Hingegen lohnt es sich, den wissenschaftlichen Gattungsnamen zu analysieren. Er entstammt dem Griechischen, in dem „adoxos" sowohl ehrlos als auch unscheinbar bedeutet. Die wissenschaftsgeschichtliche Würze erhält dieser Gattungsname durch den Namengeber, C. von Linné. Bekanntlich hat er die Pflanzen in einem System geordnet, in dem – neben anderem – die Zahl der Blütenblätter eine Rolle spielt. Die Blüten des Moschuskrauts, in einem dichten Köpfchen angeordnet und schon durch ihre geringe Größe, erst recht durch ihre grüne Farbe unscheinbar, tragen fast regelmäßig je nach der Stellung in diesem Köpfchen eine unterschiedliche Anzahl von Blütenblättern. Die seitlichen Blüten haben stets fünf, die oberste hat nur vier Blütenblätter. Bei beiden ist – was für Linné wichtiger war – die Zahl der Griffel gleich der Zahl der Blütenblätter. Damit war scheinbar sein System „nicht griffig", weil es nicht alle vorkommenden Fälle zweifelsfrei einzufangen gestattete. Durch die Benennung wollte Linné aber gerade zeigen, wie wenig ihn eine solche „Kuriosität" beeinflussen konnte.

Familie: Baldriangewächse – Valerianaceae

2 Salat-Rapünzchen – *Valerianella locusta*
Der Fall ist selten: Nahezu jedermann kennt die nichtblühende, fürs Überwintern eingerichtete Pflanze, kaum einer die blühende. Denn hinter dem Namen Salat-Rapünzchen verbirgt sich nichts anderes als der Feld- oder Ackersalat, der den köstlichen Salat im Spätjahr und auch noch im milden Winter und zeitigen Frühjahr liefert. Seit dem Spätmittelalter dürfte die Pflanze „Kulturpflanze" sein. Blühend wirkt sie schon gestaltlich anders. Die Stengel sind gestreckt. An ihnen stehen gegenständig die Blätter, die Blüten sind außerordentlich klein. Stammheimat des Salat-Rapünzchens sind wahrscheinlich Unkrautgesellschaften auf Brachen oder in mageren, eher trockeneren Rasen.

3 Echter Baldrian – *Valeriana officinalis*
Der Echte Baldrian ist an seinem hohen Wuchs (30 – 170 cm, Blühperiode Juli – September) und an seinen unpaarig gefiederten Blättern zu erkennen. Denn endständige, fast doldig angeordnete, hellrote Blüten haben auch andere Baldrian-Arten. Seine Heimat sind feuchte Wälder, nasse Wiesen, Flachmoore und Gräben, in denen Nährstoffe eher reichlich vorhanden sein sollten. Er fehlt in Mitteleuropa nirgends.
Der Echte Baldrian wird noch immer als Heilpflanze gebraucht. Die Wurzel vor allem enthält ätherische Öle und Alkaloide. Auszüge aus der Pflanze sind in größerer Menge zumindest schwach giftig.

4 Kleiner Baldrian – *Valeriana dioica*
Beim Kleinen Baldrian sind die unteren Blätter ungeteilt und nur die oberen fiederteilig. Meist wird er 10 – 20 cm, selten einmal 30 cm hoch. Blühperiode ist Mai – Juni. Man findet ihn – wenn auch selten in auffälligen Beständen – überall in Mitteleuropa, wo es nasse Wiesen, Gräben, Ufer, Flachmoore oder nasse Wälder gibt. Denn er braucht zum guten Gedeihen grundwasserfeuchten, nährstoffreichen Boden. Der Kleine Baldrian scheint die wesentlichen Wirkstoffe des Großen Baldrians ebenfalls zu enthalten, wenngleich auch in geringerer Menge, möglicherweise auch in etwas anderer Zusammensetzung.

2
3
1
4

Familie: Kardengewächse – Dipsacaceae

1 Wilde Karde – *Dipsacus fullonum (Dipsacus sylvestris)*
Was alles ist bei dieser Pflanze stachelig: Der Blütenstand mit den stachelspitzen Spreublättern, darunter die Hüllblätter, am Stengel stehen die Stacheln gleich in Reihen und selbst der Hauptnerv der gegenständigen Blätter ist auf der Unterseite mit Stacheln besetzt. Eine so bizarre Pflanze fällt auch nichtblühend auf, zumal sie recht hoch wird (1 – 2 m). Wuchsorte sind Unkrautbestände an Wegen, Böschungen, Dämmen und auf Schuttplätzen, Orte also, an denen es an Stickstoffsalzen in der Regel nicht mangelt. Zur Blütezeit im Hochsommer kann man die Beobachtung machen, daß die Blüten in der Köpfchenmitte als erste aufblühen. Die Zone der geöffneten Blüten schiebt sich recht gleichmäßig nach oben und unten, so daß durchaus Pflanzen zu finden sind, an deren Köpfchen zwei Ringe offener Blüten stehen. Fälschlicherweise nennt man örtlich die Wilde Karde „Weberkarde". Diese Pflanze, die früher als Nutzpflanze angebaut wurde, gibt es wild im westlichen Mittelmeergebiet. Bei ihr sind die Spreublätter hart und unbiegsam. Deswegen konnte man mit ihr – im Gegensatz zu den Köpfchen der Wilden Karde mit ihren biegsamen Spreublättern – Stoffe „aufkratzen".

2 Acker-Witwenblume – *Knautia arvensis*
Das Geschäft, Pflanzensippen in unterscheidbare, enger oder weiter miteinander verwandte Formenkreise aufzugliedern, ist gar nicht so einfach. Oft gewichtet man dann einige wenige Merkmale besonders stark, obschon sie auf den ersten Blick weniger in Erscheinung treten als andere. Mit den Gattungen Witwenblume und Skabiose ist es z. B. so. Betrachtet man nur die Blüten, vermag man kaum griffige Unterschiede zu finden. Anders hingegen, wenn man im Blütenstand zwischen den Blüten die normalerweise gar nicht sichtbaren Spreublätter sucht. Knautien haben keine, Skabiosen besitzen welche. Auch in der Art, wie die Blütenstiele behaart sind, kann man einigermaßen die Angehörigen der Gattungen voneinander trennen. Unter den Fachleuten herrschte hier allerdings nicht immer Einigkeit. Die Acker-Witwenblume erkennt man recht gut an dem abstehend behaarten Blütenstandsstiel (Blühperiode Juli – Oktober) und daran, daß die obersten Blätter fiederteilig sind. Sie ist in eher trockenen Rasen und Wiesen fast überall häufig, wenngleich man sie in Mähwiesen oder auf Weiden nicht allzu gerne sieht: Sie liefert grobes Futter, das frisch ungern genommen wird, langsam bei der Heubereitung trocknet und obendrein noch zum Zerbröseln neigt.

3 Teufelsabbiß – *Succisa pratensis*
Wo der Boden eher schwach sauer als ausgesprochen basisch ist, wo es Wiesen gibt, die zumindest feucht sind oder gar Flachmoore, da findet man sicher den Teufelsabbiß: seltener trifft man ihn in lichten, feuchten Wäldern. Bei ihm sind die Randblüten nicht größer als die inneren im Köpfchen, der Stengel unter dem Blütenstand ist anliegend behaart, die obersten Blätter sind ungeteilt. Der merkwürdige Name bezieht sich auf den Wurzelstock, der im Herbst wie abgebissen aussieht. Die Pflanze ist als alte Arzneipflanze bekannt, enthält Saponine, Glycoside und Gerbstoffe, wird aber in der modernen Medizin nicht mehr verwendet.

4 Tauben-Skabiose – *Scabiosa columbaria*
Will man die Tauben-Skabiose sicher erkennen, dann muß man auf zweierlei achten: Der Blütenstandsstiel darf nie abstehend behaart sein, sondern die Haare müssen ihm anliegen. Zwischen den Blüten im Köpfchen sieht man beim Auseinanderbiegen schwarzbraune Borsten. Sonst sind wie bei der Acker-Witwenblume die obersten Blätter fiederteilig und die Randblüten im Köpfchen vergrößert. Die Pflanze enthält das Glycosid Scabiosid. Früher versuchte man mit ihm Krätze zu heilen. Darauf deutet der wissenschaftliche Gattungsname (lat. scabies = Grind, Krätze).

4
2
3
1

Familie: Glockenblumengewächse – Campanulaceae

1 Wiesen-Glockenblume – *Campanula patula*
In den Mittelgebirgen und in den Alpentälern kann man im Mai bis zum Heuschnitt feuchte Wiesen finden, auf denen das zarte Violett der Wiesen-Glockenblumen überwiegt. An ungenutzten Rainen und auf Waldlichtungen steht sie bis in den Juni hinein in Blüte. Hingegen tut man sich schwer, will man sie westlich des Rheins oder im Tiefland finden. Zumindest fehlt sie dort gebietsweise. Die Wiesen-Glokkenblume erkennt man gegenüber anderen Arten der Gattung an ihren verhältnismäßig armblütigen Rispen. An ihnen stehen Blüten, die 1,5–2,5 cm lang werden, deren Zipfel hell-blauviolett und deren Stengelblätter länglich sind. Das Abspreizen der Blütenzipfel ist vor allem deswegen möglich, weil die Glocken bis etwa zur Mitte gespalten sind. Wenn auch in geringerem Maße als bei anderen Arten, so kann man doch auch bei der Wiesen-Glokkenblume sehen, daß die geöffneten Blüten sich grob nach der Sonne orientieren.

2 Rundblättrige Glockenblume – *Campanula rotundifolia*
Die Rundblättrige Glockenblume ist wahrscheinlich die häufigste Art der Gattung in Mitteleuropa, aber nicht die am leichtesten kenntliche. Was zeichnet sie aus? Lockerrasiger Wuchs, nur wenig blütenlose Triebe an jeder Pflanze, eher blaue als violette Blüten, sehr schmale, ganzrandige Stengelblätter, glockiger Blütenschnitt, eine Glockenlänge von 1,5–2 cm, wobei die Zipfel höchstens auf ⅓ der Glockenlänge eingeschnitten sind und meist nicht oder nur wenig spreizen, nickende Blüten und rundlich-nierenförmige, gestielte Grundblätter.
Die Rundblättrige Glockenblume blüht den ganzen Sommer über, wird bis 50 cm hoch, gedeiht in Wiesen, auf Heiden, in trockenen Rasen, lichten Wäldern und an Wegen. Es gibt von ihr mehrere, gestaltlich etwas verschiedene Wuchsformen, die aber nur schwer gegeneinander abzugrenzen sind. Im Alpengebiet gibt es Arten, die nur nach genauem Bestimmen sicher gegen sie abgetrennt werden können.

3 Büschel-Glockenblume – *Campanula glomerata*
Zu den auffallendsten, aber auch selteneren Arten der Gattung gehört die Büschel-Glockenblume. Das hängt mit ihren Ansprüchen zusammen. Sie will zunächst einmal kalkhaltigen Boden, der auch reich an Nährstoffen und zugleich warm sein sollte. Wasser kann sie sich aus tieferen Schichten beschaffen, da sie ihre Wurzeln bis zu ½ m absenken kann. Damit fallen als Wuchsorte die kalkarmen oder kalkfreien Mittelgebirge und die feuchteren Gegenden im Tiefland aus. Was macht die Büschel-Glockenblume so anziehend? Der Name deutet es an. Zur Blütezeit (Mai–September) sitzen auf dem 15–70 cm hohen Stengel sechs oder mehr Blüten köpfchenartig am Ende des Stengels. Jede von ihnen wird in der Regel deutlich länger als 2 cm. Meist sind sie tiefblauviolett. Ihr Stengel ist weichhaarig. Wild besiedelt die Büschel-Glockenblume trockene Rasen und Waldränder. Wo sie vorkommt, ist sie nicht selten in lockeren Beständen vertreten. Da der Pflanze zweifellos Zierwert zukommt, wird sie immer wieder von Staudengärtnereien als Steingarten- oder Rabattenpflanze angeboten, und zwar in Formen, die der Wildform meist sehr nahestehen, seltener in Formen mit helleren Blüten.

Familie: Kürbisgewächse – Cucurbitaceae

4 Zaunrübe – *Bryonia dioica*
Kletternde Pflanzen sind in unserer Pflanzenwelt nicht sehr häufig, und unter ihnen gehört die Zaunrübe zu den seltenen. Wie ihr wissenschaftlicher Artname ausweist (dioicus = zweihäusig), gibt es von ihr männliche und weibliche Pflanzen. Man findet sie auf Kalkboden, der locker sein muß, in Gebüschen, an Waldrändern und an Zäunen in warmer Klimalage. Die Pflanze klettert mit dem Stengel. Ihre Blätter sind 5lappig und fühlen sich rauh an. Je nach den Lichtverhältnissen kann sie zwischen ½–3 m lang werden. Sie blüht im Sommer, doch sind die Blüten unauffällig. Eher bemerkt man die Beeren. Die Zaunrübe gilt als alte Heilpflanze. Sie enthält Glycoside, Gerbstoffe und Alkaloide und ist giftig.

3
4
2
1

Familie: Glockenblumengewächse – Campanulaceae

1 Strauß-Glockenblume – *Campanula thyrseoidea*
Zumindest in einer Hinsicht fällt die Strauß-Glockenblume unter den anderen Glockenblumen auf: Sie blüht gelb! Außerdem stehen die Blüten in einer dichten, kolbigen Ähre, und zwar zu 1 – 3 in den Achseln von Tragblättern. Die Blüten selbst sind ungewöhnlich engglockig, werden aber etwa 2 cm lang. Blühperiode ist der Spätsommer; meist wird die Pflanze zwischen 10 – 50 cm hoch. Außerhalb der Alpen trifft man die Strauß-Glockenblume nicht an. Dort kommt sie fast ausschließlich in den Kalkketten vor, und zwar bevorzugt in Höhen zwischen 1500 und 2500 m. Sie besiedelt Matten, Weiden und Felsspalten, geht aber auch auf ruhenden Schutt, seltener auf Flußgerölle. Immer sollte der Untergrund, auf dem sie wächst, locker und gut durchlüftet sein, eher feucht, aber nicht kalt, sondern etwas sonnig und warm.

2 Pfirsichblättrige Glockenblume – *Campanula persicifolia*
Von allen Arten der Gattung ist diese Art wohl am meisten in unseren Gärten vertreten, und zwar sowohl in Formen, die der Wildsippe nahestehen, als auch in solchen, die insbesondere in der Blütenfärbung von ihr abweichen. Ursache dafür ist sicher die ungewöhnlich große Blüte. Sie erreicht selbst bei der Wildform einen Durchmesser, der zwischen 2,5 und 4 cm liegt. Allerdings ist der einseitswendige Blütenstand eher armblütig, und auch die Blühperiode ist im wesentlichen auf die Monate Juni und Juli beschränkt. Wild gedeiht die Pfirsischblättrige Glockenblume in warmen, kalkreichen Wäldern, die eher trockenen und etwas lockeren, jedenfalls aber nährstoffreichen Boden haben sollten. Im Tiefland fehlt sie gebietsweise.

3 Acker-Glockenblume – *Campanula rapunculoides*
Die Acker-Glockenblume zeigt, wie eine nicht an die Kulturlandschaft angepaßte Pflanze in einem bestimmten Nutzpflanzenanbau Fuß fassen kann. Ihre ursprüngliche Heimat ist wahrscheinlich neben dem Mittelmeergebiet Osteuropa. Dort – und natürlich auch in Mitteleuropa – besiedelt sie die Ränder von Wäldern und Gebüschen. Sie liebt kalkhaltigen, nährstoffreichen, tiefgründigen Lehmboden, der eher trocken sein darf; denn sie vermag ihre Wurzeln weit abzusenken. Das macht sie am Rande von Getreidefeldern konkurrenzfähig. Selbst wenn die Grundblätter im Frühjahr durch Herbizide zerstört werden, vermag die Wurzel dank ihrer Nährstoffvorräte meist rechtzeitig einen zweiten Sproß auszutreiben, der dann im Spätsommer noch vor dem Schnitt des Getreides zur Blüte gelangt. Die Erzeugung von organischen Stoffen findet in der erwachsenen Phase der Pflanze vorwiegend, ja ausschließlich in den herz-eiförmigen Stengelblättern statt; denn die Grundblätter sterben ab, wenn sie unter einer gewissen Menge Licht erhalten. Die zahlreichen Blüten stehen in einer einseitswendigen Traube und werden immerhin 2 – 3,5 cm lang. Da die Pflanze zwischen 30 und 60 cm Höhe erreicht, fallen auch einzelne Exemplare auf, zumal das Violett ihrer Blüten zu dem gelbwerdenden Getreide gut kontrastiert.

4 Nesselblättrige Glockenblume – *Campanula trachelium*
Die Nesselblättrige Glockenblume besitzt wohl die größten Blüten unter den mitteleuropäischen Glockenblumen. Sie werden im Durchschnitt 3,5 – 4,5 cm lang und sind an den Zipfeln auffallend lang gewimpert. An dem scharfkantigen Stiel sitzen die brennesselartigen, steifhaarigen Blätter. Im Gegensatz zur Acker-Glockenblume sitzen die Blüten allseitswendig am Stengel. Wild kommt die Nesselblättrige Glockenblume in Wäldern mit etwas feuchtem, lehmigen oder steinigem, doch stets mullhaltigem Boden vor. Wo es solche Wälder gibt, fehlt die Art kaum irgendwo, doch bildet sie ebenso selten Bestände.
Ihre Blütezeit liegt im Hochsommer. Da die Pflanze ½ – 1 m Höhe erreichen kann, fallen auch Einzelexemplare meist auf. Als Gartenpflanze hat sich die Art nicht recht durchsetzen können, weil ihre Standortsansprüche meist nicht genügend berücksichtigt werden können.

3
2
4
1

Familie: Glockenblumengewächse – Campanulaceae

1 Ährige Teufelskralle – *Phyteuma spicatum*
Im Gegensatz zu den meisten Arten der Gattung kommt die Ährige Teufelskralle nicht nur in den Mittelgebirgen und den Alpen, sondern – wenn auch seltener – im Tiefland vor. Üblicherweise ist die Art an ihren gelbweißen, krallenartig gebogenen Blüten gut kenntlich, die in einer langgestreckten Ähre angeordnet sind. Verhältnismäßig selten spielt die Blütenfarbe ins Bläuliche oder ist ein ausgesprochenes Hellblau. Die Grundlblätter sind bei der Ährigen Teufelskralle etwa so lang wie breit und doppelt gekerbt oder gezähnt. Sie braucht nährstoffreichen, eher feuchten Boden, der aber nicht zu verfestigt sein sollte. Einen hohen Humusgehalt liebt sie. Deshalb wächst sie in Wäldern, selten allerdings in Reinbeständen von Nadelholz, geht aber auch auf Bergwiesen. Ihre Wurzel ist stattlich ausgebildet und wurde – zumindest in Notzeiten – als Wildgemüse gegessen.

2 Schwarze Teufelskralle – *Phyteuma nigrum*
An den Exemplaren der Schwarzen Teufelskralle, die gerade vor dem Aufblühen stehen (Blühperiode Mai – Juli; Höhe 20–50 cm), begreift man den Gattungsnamen leicht: Die Blüten sind vor dem Aufblühen nicht nur – wie auch bei der Ährigen Teufelskralle – gekrümmt, sondern im Gegensatz zu dieser tief schwarzblau-violett. Anders ist auch die Form der Grundblätter. Sie sind fast doppelt so lang wie breit und nur einfach gekerbt. Die Schwarze Teufelskralle ist eine Pflanze, die für mittlere Höhenlagen typisch ist. Im Tiefland fehlt sie mindestens gebietsweise, und Angaben über Funde könnten auf einer Verwechslung mit blaublühenden Exemplaren der Ährigen Teufelskralle beruhen. Sie braucht feuchten, aber nicht besonders nährstoffreichen, eher kalkarmen Boden mit guter Humusführung. Dann besiedelt sie Bergwiesen oder in den Tälern auch Laubwälder. Im engeren Alpengebiet findet man sie nicht, obschon sie dort eigentlich zusagende Bedingungen antreffen müßte.

3 Kopfige Teufelskralle – *Phyteuma orbiculare*
Auf den ersten Blick scheint die Kopfige Teufelskralle eindeutig durch ihren kugelförmigen Blütenstand ausgewiesen. Doch muß man, will man Verwechslungen mit ähnlichen Arten der Gattung sicher ausschließen, auch noch die untersten Blätter betrachten. Sie dürfen nie grasartig sein, sondern bestenfalls länglich, wenn nicht herzeiförmig. Ihr Rand ist immer gesägt oder gekerbt. Die Kopfige Teufelskralle fehlt im Tiefland, desgleichen in den Mittelgebirgen, die kalkfreien Boden haben. Andererseits besiedelt sie neben trockenen Rasen und Bergwiesen auch Flachmoore, die jedoch dann nie völlig kalkfrei sind und gut durchlüftet sein müssen. Obschon die Art damit in Mitteleuropa flächenmäßig weit verbreitet ist, trifft man sie doch absolut selten an, weil ihre Ansprüche eben nur an verhältnismäßig wenigen Orten befriedigt werden. Etwas häufiger ist sie in den höheren Lagen der Alb, des Alpenvorlands und der Alpen, wo sie bis weit über die Baumgrenze vordringen kann.

4 Sandknöpfchen – *Jasione montana*
Obwohl die Einzelblüten des Sandknöpfchens selten länger als 1 cm werden und nur millimeterbreit sind, wirken sie doch durch ihre dichte Anordnung in einem flachen, endständigen Köpfchen. Gegen den mageren Untergrund, auf dem die Pflanze wächst – kalkarmen, besser kalkfreien Sanden, schütteren und steinigen Rasen –, kontrastiert der Blütenstand (Blühperiode Juni – September, Höhe 15–50 cm) durchaus reizvoll und auffallend. Der Stengel der Pflanze ist meist reichlich verzweigt und beblättert. Die kleinen Blätter erkennt man beim genauen Betrachten am Rand als gewellt. Das Durchkommen auf solchermaßen „lebensfeindlichen“ Standorten, wie es z.B. Sanddünen sind, meistert das Sandknöpfchen trotz seines nur einjährigen Lebenszyklus vornehmlich deshalb, weil es seine Wurzeln in dem lockeren Untergrund bis auf etwa 1 m Tiefe absenken kann. Dort findet es auch während längerer Trockenzeiten noch die Menge an Wasser, die es zum Überleben braucht.

2
4
3
1

Familie: Korbblütengewächse – Asteraceae (Compositae)

1 Wasserdost – *Eupatorium cannabinum*
Beim Wasserdost wirkt – wie der alte Name ausdrücken will – der Blütenstand als Ganzes. Damit ist weniger das einzelne „Körbchen" gemeint, sondern deren Vielheit am Ende des langaufgeschossenen (70–170 cm) Stengels. Die Blütezeit erstreckt sich von Juni bis fast in den Oktober. Typischer Wuchsort sind Kahlschläge oder lichte Stellen in Laub- und Mischwäldern, Auwäldern und auch im Ufergebüsch, seltener im Röhricht. Der Wasserdost braucht nährstoffreichen, recht stickstoffhaltigen und zumindest feuchten, wenn nicht nassen Lehm- oder Tonboden. Früher genoß die Pflanze ein unangemessen hohes Ansehen als Heilpflanze. Sie enthält einen chemisch noch nicht näher erforschten Bitterstoff und muß als giftverdächtig gelten.

2 Grauer Alpendost – *Adenostyles alliariae*
In den Alpen gibt es eine besondere „Gesellschaft" von Pflanzen da, wo Viehherden nächtigen, gefüttert, gemolken oder aus anderen Gründen oft zusammengetrieben werden: die Lägerflur. Dort ist der Boden mit Nährstoffen, insbesondere mit Stickstoffsalzen angereichert, wegen der häufigen Hanglage oft gut durchsickert, auf jeden Fall feucht. Hier gedeiht örtlich der Graue Alpendost als typische Pflanze in größeren und auffälligen Beständen. Von einer ähnlichen Art unterscheidet er sich dadurch, daß bei ihm die oberen Stengelblätter meist sitzen. Ursprünglich war er wohl eine Pflanze des lichten, feuchten Bergwaldes. Seine Blütezeit liegt im Hoch- und Spätsommer. Je nach Standortgunst wird er zwischen 50 und 150 cm hoch. Zweierlei ist an dieser Pflanze bemerkenswert: Außer ihrem sicher natürlichen Vorkommen (das heute insgesamt weniger Individuen enthalten dürfte) ist sie ein Charakteristikum einer durch den Menschen in den Alpen geschaffenen, eigenen „Pflanzengesellschaft" geworden. Zum anderen findet man den Grauen Alpendost vereinzelt in den süddeutschen Mittelgebirgen (z. B. Südschwarzwald) als ein Überbleibsel einer der Vereisungsperioden, die Pflanzenwanderungen begünstigt haben.

3 Echte Goldrute – *Solidago virgaurea*
Die Echte Goldrute hat – für einen Angehörigen der Familie – nur wenige (5–12) Zungenblüten im Körbchen, die ebenfalls wenige unscheinbare Röhrenblüten umgeben. Obschon zur Blütezeit zwischen Juli und September in dem endständigen, allseitswendigen Blütenstand meist mehr als 10 Körbchen gleichzeitig geöffnet sind und die Pflanze meist 60–100 cm hoch wird, fällt sie dennoch recht wenig auf. Sie wächst an lichten Stellen, vor allem auf Schlägen, aber auch am Rand von Wäldern. Allerdings sollte sie wenigstens zeitweise beschattet werden. Wasser vermag sie den oft trockenen und eher kalkarmen Böden auch an warmen Tagen dadurch zu entnehmen, daß sie oft bis 1 m tief wurzelt. Früher wurde die Pflanze als Volksheilmittel viel verwendet. Sie enthält Saponine, ätherische Öle, Gerbstoffe und einen Bitterstoff.

4 Gänseblümchen – *Bellis perennis*
Diese Pflanze kennt ein jeder. Man hat sie auf Wiesen aller Art – Zierrasen eingeschlossen – an Wegrändern und auf Feldwegen Jahr für Jahr gesehen. Wundern mag sich mancher, der unmittelbar nach der Schneeschmelze im Januar oder Februar offene Blütenkörbchen sieht. Das hat damit zu tun, daß die Art bis zu –15 °C erträgt, wenn die Luft nicht ausgesprochen feucht ist. Bemerkenswerterweise reagiert das Körbchen, das ja ein Blütenstand ist, wie eine Einzelblüte. Es schließt sich sowohl bei feuchter Witterung als auch nachts. Häufig sieht man auch, daß sich die Körbchen nach der Sonne ausrichten. Vom Gänseblümchen gibt es Wildformen, die sich durch mehr oder minder rot überlaufene Zungenblüten auszeichnen. Diese Farbe hat man auch züchterisch bevorzugt bei all den Sippen, die man – mit vergrößertem Körbchen, gefülltem Körbchen, hohem Blütenstandsstiel – als Gartenpflanze herausgezüchtet hat. Die früher geschätzte Heilpflanze enthält in den Blüten Saponine, ätherisches Öl, Gerbstoffe, Bitterstoff und einen Schleimstoff.

4
3
1
2

Familie: Korbblütengewächse – Asteraceae (Compositae)

1 Strand-Aster – *Aster tripolium*
Unbestritten gehört die Strand-Aster zur Zierde der Salzwiesen an den Meeresküsten. Das will auch indirekt ihr wissenschaftlicher Artname sagen, in dem die griechischen Worte „drei“ und „wechseln“ stecken. Bei der Strand-Aster wird damit angespielt auf die rote Hülle der Körbchen, die blauen Zungenblüten und die gelben Röhrenblüten. Zwar werden ihre Blütenkörbchen selten breiter als 2,5 cm, doch sind auf einem Stengel oft mehr als ein halbes Hundert Körbchen zur Blütezeit im Spätsommer geöffnet. Da die Pflanze meist Höhen zwischen 20 und 50 cm erreicht, wirkt sie dadurch äußerst ansehnlich. Gartenliebhaber finden indessen keine Freude an der Pflanze. Sie braucht nämlich kochsalzhaltigen Boden.

2 Berg-Aster – *Aster amellus*
Das äußerliche Gegenstück zur Strand-Aster ist die Berg-Aster, die im Tiefland schon deswegen nicht vorkommt, weil sie trockenen, warmen Kalkboden braucht. Wo sie ihn vorfindet, in den Mittelgebirgen vor allem, besiedelt sie trockene Rasen, lichte, trockene Gebüsche und den Rand von warmen Trockenwäldern. Ihre Körbchen erreichen die ansehnliche Größe von 3–5 cm Durchmesser – ein bemerkenswerter Unterschied zur Strand-Aster. Eigenartigerweise besiedelt diese Aster-Art die Alpen nicht, obschon es dort Stellen gäbe, an denen die Bodenverhältnisse ihr zusagen müßten. Begrenzend scheinen infolgedessen die kürzeren Vegetationszeiten zu sein, die ihr dort blieben. Verständlich ist dies, vergegenwärtigt man sich die relativ spät im Jahr liegende Blühperiode, die von Ende Juli bis Ende September reicht, und der sich ja noch die Samenreife anschließen muß. Um diese Zeit sind auch mittlere Hochtäler der Alpen nicht mehr so frostsicher, wie es nötig wäre. Die sehr streng abstehenden Zungenblüten bei der Berg-Aster machen den wissenschaftlichen Namen verständlich, der sich von dem lateinischen Wort aster = Stern ableitet.

3 Kanadisches Berufkraut – *Conyza canadensis (Erigeron canadensis)*
Die Pflanze kann man trotz ihrer Unscheinbarkeit kaum verwechseln. Sie blüht zwischen Juni und Oktober, wird 30–100 cm hoch und wächst vor allem in den Unkrautbeständen, die man auf Bahnschotter, an Wegen, Mauern und auf Schuttplätzen, aber auch auf Kahlschlägen findet. Die Pflanze wurde erst Mitte des 17. Jahrhunderts aus Nordamerika nach Europa eingeschleppt. Offensichtlich begann sie ihren „Zug“ durch Europa in West- oder Südeuropa. Jedenfalls war sie um 1700 im Zentrum Mitteleuropas entweder nicht vorhanden oder doch so selten, daß niemand sie bemerkte und darüber berichtete. Andererseits war sie um 1900 über ganz Mitteleuropa verbreitet und z.T. schon nach Nordeuropa vorgedrungen. Bemerkenswert ist die Zunahme ihrer Wanderungsgeschwindigkeit mit Störeingriffen in der Landschaft. Als einen solchen muß man z. B. den Bau von Eisenbahnlinien bezeichnen, entlang derer sie sich besonders erfolgreich angesiedelt hat.

4 Katzenpfötchen – *Antennaria dioica*
Die Pflanze ist leicht daran kenntlich, daß nur 3–12 kleine Körbchen (Blühperiode Mai bis Juni) in endständiger, oft doldiger Traube beieinanderstehen. Ihre Blätter sind durchweg ungeteilt. Die untersten stehen in einer mehr oder minder flach dem Boden anliegenden Rosette. Unterseits sind sie weißfilzig, oberseits kahl. Das Katzenpfötchen braucht lockeren, sandigen Boden, der wenig Nährstoffe enthalten sollte. Gerade solche Standorte sind durch die immer intensiver werdende Kultivierung allein in den letzten 50 Jahren fast von Jahr zu Jahr seltener geworden. Natürlich ging in gleichem Maße auch das Katzenpfötchen zurück. Ehemals in entsprechenden Gegenden allgemein bekannte Volksarzneipflanze, ist sie heute gebietsweise schon selten geworden und örtlich sogar verschwunden. Einigermaßen häufig kommt sie noch in mageren Rasen der Mittelgebirge und der Alpen vor, wo ihr der Untergrund natürlich zusagen muß.

3
2
1
4

Familie: Korbblütengewächse – Asteraceae (Compositae)

1 Edelweiß – *Leontopodium alpinum*
Kaum einer Alpenpflanze hat törichte Idolisierung so sehr den Lebensraum beschnitten wie dem Edelweiß. Noch um die Jahrhundertwende galt es im deutschen Alpengebiet zumindest örtlich noch als häufig. Heute muß man es hier mit der Lupe suchen, besser: die wenigen Stellen, an denen es noch in zählbarem Bestand vorkommt, durch die Bergwacht bewachen lassen. Denn der gesetzliche Schutz vermag nichts, wo es um den Beweis von Mut und „Kletterkunst" von zumeist alpin Unerfahrenen geht! Der wirkliche Liebhaber der Bergwelt gehört nämlich in den meisten Fällen auch zu den ernsthaften Verteidigern der Pflanzenwelt, wofür wir alle ihm Dank schulden. An den begangeneren Routen findet man das Edelweiß meist nur noch in schier unerreichbaren Felsspalten, und nur noch an wenigen Stellen der Zentralalpen gedeiht es noch ausgedehnt auf feinerde-armen Felsböden. Die dichtwollige Behaarung der Hochblätter dürfte in erster Linie einen Strahlungsschutz darstellen. Jedenfalls ist sie bei Exemplaren, die man im Flachland gezogen hat, trotz identischer Erbanlagen weniger stark ausgebildet. Obschon Edelweiß ein Glycosid enthält, das bei Kaltblütern giftig wirkt, wurde es als Heilpflanze eigentlich nie benutzt.

2 Wald-Ruhrkraut – *Gnaphalium sylvaticum*
Auf kalkarmen und humosen Waldböden findet man es häufig, vor allem, wenn sie noch sandig-lehmig und nicht zu arm an Stickstoffsalzen sind, wenn Kahlschläge oder Windwurf Licht schaffen, an Wegen durch solche Wälder, aber auch in Heiden und auf sauren Bergwiesen. Dennoch wird es meist übersehen, obschon es 20–40 cm hoch wird und einige Dutzend Blütenkörbchen tragen kann (Blühperiode Juli – September). Denn die weißliche Blütenfarbe macht die Pflanze unscheinbar, die Blütenkörbchen bleiben klein, und die auf der Unterseite weißfilzigen Blätter erwecken nur die Neugier dessen, der die Pflanze ohnedies schon im Auge hat. Für angehende Spezialisten sei angemerkt: es gibt rund ½ Dutzend Arten aus der Gattung in Mitteleuropa, und man kann sie nicht immer auf den ersten Blick unterscheiden. Ein recht brauchbares Erkennungszeichen ist neben der Größe der Pflanze die Einnervigkeit ihrer Blätter, wenigstens was deren Spitzenregion anlangt. In der Volksmedizin hat die Pflanze nie eine Rolle gespielt. Sie enthält auch keinerlei Stoffe, die eine Wirksamkeit gegen irgend etwas versprächen.

3 Dürrwurz-Alant – *Inula conyza*
Im Tiefland ist der Dürrwurz-Alant höchstens vereinzelt zu finden, und auch in den Mittelgebirgen ist er zwar da und dort anzutreffen, doch bildet er auch hier kaum auffallende Bestände. Da er aber fast 1 m hoch werden kann, fällt er auch als Einzelpflanze trotz seiner oft kleinen Köpfchen auf (um 1 cm Durchmesser, Blühperiode Juli und August), zuweilen, weil einige dieser Köpfchen Zungenblüten – wenn auch verkümmert – zeigen, andere nicht. Er besiedelt fast ausschließlich Waldränder und Lichtungen in sonnenwarmer Lage. Seine frühere Verwendung als Heilpflanze ist wegen des Fehlens eindeutiger Wirkungen aufgegeben worden.

4 Rindsauge – *Buphthalmum salicifolium*
Vor allem, wer sich erstmals mit der Fülle der heimischen Pflanzen befaßt, wird ob der Mannigfaltigkeit der Korbblütengewächse verzweifeln können. Zu viele ähneln sich und sind nur schwer zu unterscheiden. Dankbar sieht man dann Arten, die leicht feststellende Merkmale zeigen, an denen man sie erkennt. Das Rindsauge gehört zu ihnen, wild die einzige Art ihrer Gattung in Mitteleuropa. Die Körbchen werden nicht nur 3–6 cm im Durchmesser groß (Blühperiode Juli – August, Höhe 15–50 cm): Die Pflanze führt auch keinen Milchsaft und unterscheidet sich hierdurch von manch ähnlichem Verwandten. Ihr bevorzugter Wuchsort sind trockene Gebüsche und Wälder, die licht sein sollten, sowie trockene Rasen. Sie braucht zum guten Gedeihen kalkhaltigen Boden. Daher ist sie nur in Kalkgebieten anzutreffen, auch dort nicht häufig, doch stets auffallend.

4
1
2
3

Familie: Korbblütengewächse – Asteraceae (Compositae)

1 Kleinblütiges Knopfkraut – *Galinsoga parviflora*
„Südamerikaner", die bei uns heimisch geworden sind, findet man selten. Das Kleinblütige Knopfkraut gehört zu ihnen. Sein Verbreitungsschwerpunkt liegt in Peru. Um 1800 wurde es aus botanischen Gärten in Spanien und Frankreich erstmals beschrieben, war aber damals sicher auch an anderen Orten Europas in Kultur. Jedenfalls fand man die Pflanze erstmals 1805 in Deutschland bei Karlsruhe verwildert vor. Zwei Jahre später wurde sie aus Ostpreußen und Pommern als „wild" gemeldet.
Die Pflanze bestäubt sich selbst; ihre Samen werden sowohl durch den Wind als auch durch Tiere verbreitet. Sie liebt lockeren, ja sandigen Boden, der aber nicht zu arm an Nährstoffen sein sollte, und zieht luftfeuchtes Klima eindeutig trockenerem vor. Obwohl aus Gebirgslagen stammend, leidet sie unter Frösten. Hingegen kann sie in feuchten und warmen Sommern an ihren Standorten gleich zwei oder gar drei Generationen hervorbringen und so auf Unkrautflächen, Schuttplätzen oder in Gärten auffallen, zumal sie sehr spät im Sommer aufblüht und bis zum Wintereintritt blühend angetroffen werden kann. Zum Verwechseln ähnlich ist das Behaarte Knopfkraut (*G. ciliata*), dessen Stengel im Blütenstandsbereich zottig-haarig ist. Auch sind die Blätter bei dieser Art grobzähnig und nicht fein gezähnt, wie dies beim Kleinblütigen Knopfkraut der Fall ist. In Südwestdeutschland ist das Behaarte Knopfkraut örtlich bereits häufiger als das Kleinblütige Knopfkraut, mit dem es die Heimat und die Blühperiode teilt. Verwildert ist es indessen erst seit Mitte des letzten Jahrhunderts bekannt.

2 Sumpf-Schafgarbe – *Achillea ptarmica*
Auf nassen Wiesen, an Ufern und in Gräben, an lichten Waldstellen über Lehm und mit hochstehendem Grundwasser kann man die Sumpf-Schafgarbe – sieht man vom östlichen Alpenvorland ab – fast überall mit einiger Sicherheit antreffen, wenn sie auch kaum irgendwo größere Bestände bildet. Ihre Körbchen fallen auf, da sie bis 1,5 cm im Durchmesser erreichen können. Sie tragen außen 8–13 Zungenblüten. Auffällig sind auch die ungeteilten, schmalen, gesägten Blätter. Früher nutzte man die Sumpf-Schafgarbe als Heilpflanze. Sie enthält in der Wurzel einen noch unerforschten, scharfschmeckenden Stoff.

3 Gemeine Schafgarbe – *Achillea millefolium*
Die Gemeine Schafgarbe gehört zu den verbreitetsten und allgemein bekannten Pflanzen unserer Flora. Auf Wirtschaftswiesen trifft man sie ebenso an wie auf eher trockenerem Rasen, an Wegen, Rainen oder auf Dämmen. Sie nimmt mit recht unterschiedlichen Böden vorlieb, sofern sie nicht zu arm an Stickstoffsalzen sind. Wie ihr deutscher Name sagt, wird sie von Schafen gern gefressen. Sie enthält ätherische Öle. Unter ihnen kommt dem Azulen sicher eine gewisse Heilwirkung zu, und zwar in der Richtung, in der auch Kamille wirkt. Andererseits enthält die Schafgarbe Furocumarine. Menschen, die gegen den Saft der frischen Pflanze empfindlich sind, können im Licht von ihm auf der Haut Entzündungen bekommen.

4 Rainfarn – *Tanacetum vulgare*
Mit Farnen hat die Pflanze nur insoweit zu tun, als ihre Blätter so fein zerteilt sind, daß sie entfernt an die Wedel von Farnkräutern erinnern. Auf Lehmböden trifft man sie in nährstoffreichen Unkrautbeständen an Wegen, Dämmen und auf Schuttplätzen besonders da an, wo das Klima eher feucht als trocken ist, gleichwohl sommerliche Wärme aber nicht fehlt. Der Rainfarn enthält ätherische Öle und Bitterstoffe. Daher wurde er früher auch als Wurmmittel benutzt, eine nicht ganz unbedenkliche Anwendung, da zumindest ein Teil der Inhaltsstoffe giftig ist.

4
3
1
2

Familie: Korbblütengewächse – Asteraceae (Compositae)

1 Acker-Hundskamille – *Anthemis arvensis*
„Kamillen" im weitesten Sinn lassen sich nicht so leicht ansprechen. Arten aus verschiedenen Gattungen ähneln sich zuweilen. Man muß im Wortsinne schon genau hinsehen, will man die entscheidenden Unterschiede entdekken. „Hundskamillen" haben auf dem Blütenboden Spreublätter, die man als feine Schüppchen sehen kann, wenn man Blüten aus dem Körbchen herauszupft. Ihre Blätter sind fiederig geteilt wie bei der Echten Kamille, deren Körbchen indes keine Spreublätter besitzen. Man findet sie auf kalkarmen, stickstoffhaltigen Böden in Unkrautgesellschaften. Ihre Blüten sind geruchlos. Zwar enthält die Pflanze auch ätherische Öle, doch kommt ihnen keine arzneilich brauchbare Wirkung zu.

2 Echte Kamille – *Matricaria chamomilla*
Die Heilkraft der Kamille war vermutlich schon im alten Griechenland bekannt, Jedenfalls beschreibt sie Galen, der von 130 – 200 n. Chr. lebte. Dies ist insofern nicht verwunderlich, weil der Verbreitungsschwerpunkt der Art, die auf lehmigen Böden als schwer bekämpfbares, wenngleich zurückgehendes Ackerunkraut in Mitteleuropa fast noch überall vorkommt, ganz sicherlich im südöstlichen Europa liegt. Der Gehalt an arzneilich wirksamen ätherischen Ölen ist bei Pflanzen aus Südosteuropa fast durchweg höher als bei solchen, die bei uns gesammelt oder angebaut werden. Kenntlich ist die Echte Kamille an ihrem ausgeprägten Duft, dem kegelförmigen, hohlen Blütenkorbboden, dem Spreublätter fehlen, und an den weißen Zungenblüten, die bei älteren Blüten abwärts geschlagen sind. Wirksam sind die ätherischen Öle, vor allem Azulen.

3 Strahllose Kamille – *Matricaria discoidea*
Die Strahllose Kamille ist heute überall in der Welt anzutreffen, wo das Klima nicht subtropisch oder gar tropisch ist. Da sie in ihren Körbchen meist nur gelbliche Röhrenblüten hat, ist sie unverkennbar. In Unkrautbeständen an Wegen, Mauern, auf Dämmen findet sie fast überall ein Plätzchen zum Durchkommen, sofern nur der Untergrund reichlich Stickstoffsalze enthält. Dann erträgt sie auch Tritt. Deswegen findet man sie in Großstädten ebenso wie in Dörfern, wo sie regelrecht zum Erscheinungsbild der „Pflasterritzengemeinschaft" gehört. Dabei vergißt man, daß diese Pflanze in Mitteleuropa sicher nicht heimisch war. Sie tauchte erst im letzten Jahrhundert auf, setzte sich aber in den Siedlungen rasch durch. Neben Insektenbestäubung kommt Selbstbestäubung vor, und die etwas klebrigen „Früchte" werden durch „Lauftiere" und damit auch durch den Menschen verbreitet. Die ursprüngliche Heimat der Pflanze muß man wohl im nordöstlichen Asien suchen. Nebenbei: Zerrieben duftet sie deutlich nach Kamille, wenngleich den ätherischen Ölen, die sie enthält, die gleiche Wirkung fehlt, die jene der Echten Kamille auszeichnen.

4 Strandkamille – *Tripleurospermum inodorum*
Eigentlich muß man fast froh sein, daß diese Art schon durch ihre Wuchshöhe (25 – 60 cm) aus dem Rahmen der übrigen Kamillen auf den ersten Blick herausfällt, bei näherem Hinsehen dann noch einen markigen (also keinesfalls hohlen) Blütenboden besitzt und allerhöchstens schwach duftet. Denn in sich ist die Art außerordentlich vielgestaltig. Obwohl sie eher kalkarmen, aber nicht unbedingt kalkfreien Boden bevorzugt, kommt eine Rasse von ihr ausschließlich in der noch versalzenen Dünenlandschaft am Strand vor. Andere Rassen, zu denen es gestaltlich alle Übergänge gibt, finden wir hingegen eher an Wegen, auf Schuttplätzen und auf Bahnschotter; an einem noch vor wenigen Jahren gerne besiedelten Wuchsort, auf Hackfruchtäckern, sucht man sie indes heute meist vergebens. Vor allem die Binnenrassen sind oft nicht einjährig in ihrem Lebenszyklus, sondern wickeln ihn im Lauf von zwei oder gar mehr Jahren ab. Das hat sie gegen Bekämpfungsmaßnahmen empfindlich sein lassen. Die Strandkamille enthält kaum ätherische Öle und kann daher auch nicht als Heilpflanze gebraucht werden.

3
1
4
2

Familie: Korbblütengewächse – Asteraceae (Compositae)

1 Margerite, Wucherblume – *Chrysanthemum leucanthemum*
Obschon der Name „Wucherblume" sich kaum im Volksmund durchgesetzt hat, so beschreibt er doch treffend wesentliche Eigenschaften der Pflanze, die so bekannt ist, daß man sie nicht mehr vorzustellen braucht. Es gibt von ihr zahlreiche Sippen, denen fast allen gemein ist, daß ihre Angehörigen die Wurzeln oft über einen Meter in die Tiefe treiben können. Das sichert ihr in Trockenzeiten gute Wasserversorgung. Ihre Wurzelstöcke vermögen oftmals zu verzweigen. Oberirdisch bilden sich alsdann Blätter, die vor allem dann dicht am Boden anliegen, wenn dieser entweder scharf beweidet oder häufig gemäht wird. In Trockenzeiten vermag die Wucherblume in Zierrasen ihrem Namen denn auch alle Ehre zur machen: Sie breitet sich vor allem auf Kosten feuchtigkeitsliebender Gräser aus.

2 Beifuß – *Artemisia vulgaris*
In den gemäßigten Zonen zumindest der Nordhalbkugel trifft man den Beifuß siedlungsnah auf verunkrauteten Stellen an Wegrändern, Stapelplätzen, Dämmen, aber auch an Gebüsch- und Waldrändern an. Er ist ursprünglich sicher in Europa und im westlichen Asien beheimatet, und zwar – im Gegensatz zu vielen anderen Arten der Gattung – mit Schwerpunkt im Tiefland und in den Mittelgebirgen. Wenn man die Pflanze einmal wirklich gesehen hat, wird man sie an ihren Standorten leicht wiedererkennen und nicht verwechseln, obschon sie im einzelnen vielgestaltig sein kann; doch führt der typische aromatische Geruch leicht zur Identifizierung. Früher nutzte man den Beifuß wegen seiner ätherischen Öle als Heilpflanze, hat dies bis heute jedoch aufgegeben. Die Pflanze ist schwach giftig.

3 Arnika – *Arnica montana*
Arnika ist wild selten. Das liegt an ihren Standortansprüchen. In erster Linie ist sie eine Pflanze der Mittelgebirge, aber auch der tiefergelegenen Wiesen und Weiden im Hochgebirge, wo sie 2000 m übersteigen kann. Im ausgesprochenen Tiefland ist sie selbst da selten, wo ihr Bodeneigenschaften zusagen. Sie will sauren, sandigen oder torfigen, gelegentlich auch etwas lehmigen Boden, der keinesfalls reich an Nährstoffen sein sollte. Da sie einen gewissen Ruf als Arzneipflanze genießt, steht sie zu Recht unter gesetzlichem Schutz, zumal auch manche ihrer wenigen Standorte, an denen sie meist in größeren oder kleineren Beständen auftritt, gefährdet sind.
So beliebt Arnikatinktur bei allen möglichen Beschwerden auch ist – wobei ihr Wirksamkeit nicht abgesprochen werden soll –: Zumindest im Übermaß kann sie Vergiftungen hervorrufen, wendet man sie innerlich an; äußerliches Auftragen kann zu Entzündungen der Haut führen, wenn man empfindlich ist. An Inhaltsstoffen konnten ätherische Öle und Bitterstoffe aufgefunden werden.

4 Großblütige Gemswurz – *Doronicum grandiflorum*
Der Gattungsname „Gemswurz" deutet schon auf die Heimat der Pflanze: die Alpen. Dort findet man sie vor allem auf kalkhaltigem Schutt, der durchsickert sein muß, meist lange von Schnee bedeckt bleibt, doch meist nicht höher als 1500–2500 m liegt. Vor allem im deutschen Alpengebiet ist die Art nicht ausgesprochen selten, sollte aber – wie übrigens alle Alpenpflanzen – ihrem Standort weder entnommen noch gepflückt werden; der natürliche Kampf ums Überleben ist meist hart und vernichtend genug. Ähnliche Arten der Gattung kommen auf kalkarmem Gestein vor. Für Liebhaber der großblumigen Pflanze sei angemerkt: Eine verwandte Art, die im Alpengebiet sehr selten geworden ist, nämlich die Herzblättrige Gemswurz, ist in den meisten Staudengärtnereien als Steingartenpflanze zu beziehen. Sie erblüht schon im Frühjahr, wogegen die Großblütige Gemswurz erst im Sommer ihre Blüten entfaltet.

2
1
3
4

Familie: Korbblütengewächse – Asteraceae (Compositae)

1 Dreiteiliger Zweizahn – *Bidens tripartitus*
Der Dreiteilige Zweizahn ist recht vielgestaltig: Seine Höhe kann 10 cm betragen, aber an günstigen Stellen auch 1 m erreichen, wenn nicht sogar überschreiten. Da er erst zwischen Juli und Oktober aufblüht, seine Körbchen klein bleiben und meist nur unscheinbare bräunlichgelbe Röhrenblüten enthalten (Zungenblüten sind sehr selten ausgebildet), fällt die Pflanze meist nicht auf. Sie hat einen einjährigen Lebenszyklus und tritt vor allem an Gräben und Ufern auf, da sie auf schlammigem oder doch torfig-nassem Boden am besten gedeiht. Selten geht sie da und dort in vernäßte Hackfruchtäcker oder – wo es sie noch gibt – auf Gänseanger am Dorfweiher. Kenntlich ist die Gattung auch an ihren zweigrannigen Früchten, die Art an den meist dreiteiligen, gegenständigen Blättern.

2 Huflattich – *Tussilago farfara*
Der Huflattich gehört zu den Pflanzen unserer Flora, die als erste im Frühjahr blühen. Schon im Winter sind die Körbchen unterirdisch am Wurzelstock angelegt. Wenn die Wärmesumme einen bestimmten Betrag überschreitet, durchbricht der Blütenschaft die Erde. Je nach Winterverlauf und -länge kann man die Pflanze im Februar oder März, in höheren Lager auch noch später antreffen. Der Blütenstandsschaft trägt keine eigentlichen Blätter, sondern nur spinnwebig behaarte Hochblätter. Das liegt an der unterschiedlichen Grenztemperatur, mit der die Blattknospen austreiben. Sie brauchen mehr Wärme. Wenn Blätter gebildet werden, sind meist die Früchte schon verweht. Lohnend ist auch das Betrachten der blühenden und der verblühten Köpfchen. Die blühenden Köpfchen wenden sich nicht nur in Richtung des stärksten Lichteinfalls, sondern schließen sich bei trübem Wetter und abends. Nach dem Verblühen nicken sie und richten sich erst bei der Fruchtreife wieder auf. Diese „Bewegungen“ sind Ausdruck unterschiedlichen Wachstums der Flanken am Blütenstandsschaft. Huflattich ist eine noch heute wichtige Heilpflanze und als solche Bestandteil vieler Hustenmittel. Sie enthält vor allem im Blatt Schleim- und Gerbstoffe.

3 Rote Pestwurz – *Petasites hybridus*
Die Blütenstandsschäfte der Roten Pestwurz können 30 – 60 cm hoch werden und erscheinen schon im März oder April. Trotzdem übersieht man sie weit häufiger als die fast rhabarbergroßen Blätter, die sie im Verlauf des Sommerhalbjahres ausbildet. Die Blüten in den vergleichsweise kleinen Körbchen sind nämlich recht unscheinbar. Da die Pflanze fast ausschließlich an nassen Standorten vorkommt und fast nirgends fehlt, braucht man nur an Ufern, Gräben und an den nassesten Stellen ungenutzter Talauen zu suchen, will man sie finden.
Der Name Pestwurz erinnert an die Zeiten, in denen die Pest noch in Mitteleuropa grassierte und in denen alles recht schien, was gegen diese Menschheitsgeißel Hilfe versprach. Als Heilpflanze ist das Kraut wertlos, obwohl es im Wurzelstock ätherische Öle, Bitter- und Gerbstoffe enthält.

4 Roter Alpenlattich – *Homogyne alpina*
Zwar wird der Rote Alpenlattich kaum 30 cm hoch; doch ist er als Korbblütengewächs dem nicht ganz unkundigen Alpenwanderer durch seine herz-nierenförmigen Blätter und seine – gemessen an der Höhe des Standorts – recht zeitige Blühperiode (Mai – Juli) wohl vertraut. Er siedelt in Nadelwäldern ebenso wie im Zwergstrauchgestrüpp und geht auf feuchten, lange schneebedeckten Matten über saurem Grund bis etwa 3000 m Höhe. Er kommt dort nicht zuletzt deswegen durch, weil er außer nach Insektenbestäubung auch nach Selbstbestäubung Samen bilden kann. Seine „Früchte“ werden vom Wind verweht. Wo die Art – wie im Südschwarzwald – außerhalb des Alpengebiets angetroffen wird, ist sie Überbleibsel der Vereisungsperioden. Gelegentlich stellt sie sich auch im Alpenvorland ein, ist dort aber meist nicht beständig.

1
2
3
4

Familie: Korbblütengewächse – Asteraceae (Compositae)

1 Hain-Greiskraut – *Senecio nemorensis*
Auf Schlagflächen, Windwürfen oder an Waldrändern der Wälder in den Mittelgebirgen und der Alpen, seltener im Tiefland sieht man im Hoch- und Spätsommer zuweilen größere Bestände einer stattlichen (80 – 200 cm) Pflanze mit gelben Korbblüten, die gerade deswegen auffallen, weil sie nur verhältnismäßig wenige (5 – 10) Zungenblüten enthalten: Das Hain-Greiskraut, das ungeteilte, lanzettförmige Blätter besitzt. Es ist recht vielgestaltig. Wenigstens zwei Sippen kann man recht gut gegeneinander trennen: das Fuchs-Greiskraut (*S. fuchsii*) und das Hain-Greiskraut im engeren Sinn (*S. nemorensis*). Die erstere der beiden ist in den Mittelgebirgen und – wenn überhaupt – in der Ebene zu Hause, die zweite in den höheren Mittelgebirgslagen und in den Alpen. Zuweilen unterscheidet man beide Sippen auch als Arten, doch ist dann da, wo beide nebeneinander vorkommen, eine Trennung nur für Kenner einigermaßen rasch möglich.

2 Raukenblatt-Greiskraut – *Senecio erucifolius*
Die Pflanze gehört nicht nur zu den „Allerweltspflanzen“, wenigstens auf kalkhaltigen Böden, sondern auch zu denen, die man zwar sieht, jedoch nicht zur Kenntnis nimmt, und zu jenen, die einen „Doppelgänger“ besitzen. „Allerweltspflanze“ deswegen, weil außer etwas Kalk und ordentlich Nährstoffen der Boden recht beliebig in Zusammensetzung und Aufbau sein kann: Das Raukenblatt-Greiskraut faßt Fuß und kommt durch – an Wegen, trockenen Rasen, Waldrändern und in Gebüschen. Es blüht vom Hochsommer bis in den Herbst, ist aber trotz seiner rund 1 cm großen und zahlreichen Körbchen und trotz seiner Höhe von 30 – 100 cm unscheinbar.
„Doppelgänger“ ist das Jakobs-Greiskraut, bei dem der Wurzelstock steil in die Erde eindringt, wogegen er beim Raukenblatt-Greiskraut eher unter der Erde „kriecht“. Doch wer gräbt schon zum Bestimmen gerne Pflanzen aus? Bei einiger Kenntnis sieht man auch an den stets vergleichsweise schmaleren Zipfeln der fiederteiligen Blätter, daß man das Raukenblatt-Greiskraut vor sich hat. Es besitzt auch nicht – wie häufig das Jakobs-Greiskraut – einen breiten „Endzipfel“ an jedem Blatt.

3 Gemeines Greiskraut – *Senecio vulgaris*
Das Gemeine Greiskraut gehört zu den Pflanzen, die keine eigentliche „Blütezeit“ haben: Man kann es – einigermaßen günstige Umstände vorausgesetzt – ebenso im Januar, Juli oder Dezember blühend antreffen. Bevorzugt gedeiht es auf Hackfruchtäckern, in Gärten oder auf ehemaligen Kompostlagerstätten. Es will einigermaßen stickstoffreichen Boden, der sonst keinerlei Besonderheiten aufweisen muß. Obschon unscheinbar, weil kaum einmal mit der Maximalhöhe von 50 cm anzutreffen, weil keine strahlenden Zungenblüten den Blick auf die kleinen, nur Röhrenblüten umschließenden schlanken Körbchen lenkt, so hat es doch jedermann gesehen, erkennt es wieder, macht er sich einmal bewußt, welche Art er vor sich hat. Obwohl kaum jemand auf den Gedanken kommen wird, dieses Kraut zu essen, sei darauf hingewiesen: Es enthält giftige Alkaloide.

4 Kleb-Greiskraut – *Senecio viscosus*
Vom Sommer bis in den Herbst trifft man die Pflanze vor allem auf Waldwegen, lichten Stellen in Wald und Gebüsch, aber auch an Wegen, Bahnschotter, Schuttplätzen in Blüte an. Dabei fallen einem recht bald die eingerollten Zungenblüten an den „älteren“ Körbchen auf. Faßt man es an, bemerkt man den klebrigen Stengel und erkennt dann die Art (Höhe der Pflanze 15 – 50 cm). „Greiskraut“ heißt die Gattung, weil – wie am Klebrigen Greiskraut oft sichtbar – sich die ersten Fruchtstände während der Blühperiode entwickeln. Die „Früchtchen“ haben schneeweiße Flughaare. Auf sie bezieht sich der eigenartige Name, der übrigens auch in der wissenschaftlichen Gattungsbezeichnung steckt (senex, lat. = Greis). Verballhornt ist da und dort daraus „Kreuzkraut“ geworden, eine Bezeichnung, die man wegen fehlender „Kreuzblüten“ oder „über Kreuz gestellter Blätter“ nicht versteht.

1
4
2
3

Familie: Korbblütengewächse – Asteraceae (Compositae)

1 Silberdistel – *Carlina acaulis*
Die Silberdistel gehört in vielen Teilen Deutschlands zu den auffälligsten Erscheinungen auf trockenen Rasen mit vorzugsweise kalkhaltigem Untergrund. Eindeutig liegt ihr Verbreitungsschwerpunkt in den entsprechenden Mittelgebirgen und in den Alpen, wo sie bis gegen 2500 m vordringt. Andererseits fehlt sie im Tiefland fast überall. Nicht zuletzt, weil man sie immer wieder zu „Dauersträußen" gepflückt hat, steht sie unter gesetzlichem Schutz. Denn obschon sie an manchen Wuchsorten noch zahlreich vorkommt, so sind doch diese selbst wie auch die Art als solche in den letzten hundert Jahren eher seltener geworden. Was bei der Silberdistel wie „Blütenblätter" aussieht und sicher auch für Insekten einen Anlockapparat darstellt, sind nicht Blüten-, sondern Hochblätter. Sie glänzen weithin silbrigweiß, allerdings nur bei schönem Wetter. Ab etwa Ende Juni kann man „geöffnete" Körbchen antreffen. Bei trockenem Wetter geben die abgestorbenen Hochblätter Wasser ab und biegen sich infolgedessen nach außen; bei feuchter Luft verläuft die Bewegung umgekehrt. Die „Empfindlichkeit" dieser Quellungsbewegung ist so groß, daß Bauern, die die Natur noch zu beobachten wußten, der Pflanze örtlich den Namen „Wetterdistel" gaben.

2 Golddistel – *Carlina vulgaris*
In tieferen Lagen ist zumindest örtlich die Golddistel noch verbreiteter als ihre großkorbige Verwandte, die Silberdistel. Auf den ersten Blick würde man beide Arten nicht in eine enge Verwandtschaft bringen: Die Golddistel wird meist um 30 cm hoch oder höher, und ihre fast stets in Vielzahl vorhandenen Blütenkörbchen erreichen nur Durchmesser zwischen 2 und 3 cm, wohingegen Silberdisteln Körbchendurchmesser zwischen 5 und 15 cm aufweisen. Läßt man sich durch die strohgelbe Farbe der Hochblätter nicht zu sehr ablenken, dann erkennt man allerdings Gemeinsamkeiten rascher. Ihr Lebenszyklus ist einjährig. Gesetzlichen Schutz genießt sie nicht, da sie seltener gepflückt wird. Andererseits werden ihre Wuchsmöglichkeiten an ungenutzten Grasflächen, sommerwarmen und grasigen Wald- und Gebüschrändern und auf Schafweiden langsam, aber bedrohlich geringer – eine der Ursachen, warum man die Art heutzutage seltener findet als noch vor zwei oder drei Jahrzehnten.

3 Filz-Klette – *Arctium tomentosum*
„Kletten" haben ihren Namen von ihren Fruchtständen, in denen die einzelnen Früchte zusammenbleiben. Die Hüllblätter, die im Frucht- wie im Blütenstand stehen, haben eine widerhakige Spitze. An ihr „verhaken" sich vorbeistreichende Tiere und reißen den Fruchtstand vom brüchig gewordenen Stengel ab. Dieses Muster führt denn auch zur Bezeichnung Klettverbreitung, wo es das Verhakungsprinzip in irgendeiner Form benennen soll.
Kletten sind nicht immer mit Sicherheit voneinander zu unterscheiden, weil sie nicht selten miteinander Bastarde bilden. Mit am leichtesten kenntlich ist die Filz-Klette. Bei ihr sind die Hüllblätter zur Blütezeit (Hochsommer) rötlich und dicht mit spinnwebigen Haaren verbunden. Man findet sie vorzugsweise auf kalkhaltigem Untergrund auf Schuttplätzen, an Wegen und an Ufern, durchweg also an Stellen, an denen Stickstoffsalze im Boden eher überdurchschnittlich reichlich vorhanden sind.

4 Kleine Klette – *Arctium minus*
„Klein" darf man bei dieser Pflanze nicht auf ihr Erscheinungsbild beziehen, sondern nur auf die relative Größe ihrer Blütenkörbchen. Sie kann nämlich erheblich höher als 1 m werden; ihre Blütenkörbchen hingegen gelten mit 2 cm Durchmesser schon als sehr groß und mit 1 cm Durchmesser nur als „eher" klein. Blühperiode ist der späte Sommer. Dann trifft man die Art vorzugsweise auf Schuttplätzen, an Wegen und Mauern, kurz in Unkrautbeständen, die keiner Kultur unterliegen, gleichwohl aber auf stickstoffreichen Böden wachsen. Die Kleine Klette enthält in ihrer Wurzel ätherische Öle, Gerb- und Schleimstoffe. Deshalb hat man sie früher als Heilpflanze genutzt.

2
3
4
1

Familie: Korbblütengewächse – Asteraceae (Compositae)

1 Nickende Distel – *Carduus nutans*
„Distel" ist kein umrissener botanischer Begriff. Dieser Volksname enthält eine indogermanische Wurzel, die sowohl „spitz" als auch „stechen" bedeuten kann. Daher findet man den Namensbestandteil „Distel" prompt bei allen möglichen „stacheligen" Pflanzen. Der Botaniker sähe es lieber, nennte man nur Angehörige der Gattung *Carduus* „Distel". Gegen die ähnlichen Kratzdisteln grenzt er sie ab, weil die Flughaare der „echten" Disteln stets ungefiedert sind, während die Kratzdisteln immer gefiederte Flughaare besitzen. Die Nickende Distel könnte mit ihrer Fülle an leuchtendroten Röhrenblüten und ihren spinnwebig verklebten Hüllblättern mit mancher Zierpflanze in Wettstreit treten, gälte sie nicht als lästiges Unkraut. Sie bevorzugt nährstoff-, vor allem stickstoffreichen Boden und braucht Sommerwärme. Wo sie dies vorfindet, stellt sie sich meist ungebeten ein: Eine Zierde an Rainen und ein Schmuck der Schuttplätze, lästig aber auf Weiden, wo sie – von Tieren verschmäht – überhandnehmen kann, oder in Zierrasen, die man dann besser nicht mehr barfuß betritt, wenn sich die überwinternden Blattrosetten erst einmal breitgemacht haben.

2 Acker-Kratzdistel – *Cirsium arvense*
Für Landwirte überall in Europa ist „Distel" schlechthin die Acker-Kratzdistel, ein verhaßtes Unkraut, das trotz der Bekämpfung von Unkraut durch Herbizide noch immer eine erhebliche und zuweilen fatale Rolle spielt. Man findet sie – außer auf Äckern aller Art – auch an Waldrändern, an Ufern, auf Schutt und selbst mitten in Städten auf Verladeplätzen oder nicht geteerten Abstellplätzen von Fabriken. Die Acker-Kratzdistel verdankt dies nicht zuletzt ihrem Vermögen, die Wurzeln bis zu 1½ m in die Tiefe zu treiben; zu Stellen also, die den meisten Pflanzen unzugänglich sind und an denen sie fast stets ausreichend Feuchtigkeit und Nährstoffe vorfindet. Empfindlich ist die Pflanze eigentlich nur gegen zu starke Beschattung, der sie im Verband mit anderen Pflanzen indessen durch gesteigertes Wachstum entgehen kann. 150 cm Höhe sind daher für sie zwar Obergrenze, aber nicht absoluter Rekord. An ihren zartlila Blüten, die zu nur kleinen, wenn auch zahlreichen Köpfchen vereint sind, erkennt man sie leicht, obwohl sie längst nicht so auffällt wie viele ihrer Verwandten.

3 Kohl-Kratzdistel – *Cirsium oleraceum*
Wer bei „Distel" an unberührbar stachelig und an Trockenheit des Standorts denkt, muß bei der Kohl-Kratzdistel umdenken. Sie paßt nicht in dieses Klischee. Ihre Standorte sind nasse Wiesen, Flachmoore und feuchte Wälder. Dort kann sie überall in Massenbeständen auftreten. Bienenzüchtern ist dies eher eine Freude als den Bauern, die das Grünland nutzen wollen. Schließlich liefert die Kohl-Kratzdistel kein Futter, das Tiere übermäßig schätzen. Getrocknet neigt sie überdies zum Zerbröseln. Gleichwohl hat man diese Pflanze in Notzeiten schon genutzt, um aus ihr Gemüse zu kochen (wie der Name schon andeutet), allerdings keines, das sich großer Wertschätzung erfreut: Das Gewebe ist zwar wasserreich, doch auch gekocht grobfaserig. Die Kohl-Kratzdistel blüht im Spätsommer vor dem zweiten Wiesenschnitt.

4 Lanzett-Kratzdistel – *Cirsium vulgare*
Die Lanzett-Kratzdistel findet man an Wegen und auf Schuttplätzen ebenso wie auf Weiden, an Ufern und an ganz lichten Waldstellen. Sie braucht nährstoffreichen, vor allem an Stickstoffsalzen reichen Boden. Gebiete mit ausgesprochen kalten Wintern meidet sie. An ihren schmalen, eiförmigen Blütenkörbchen (Blühperiode Hoch- und Spätsommer), die nur 2–4 cm breit werden, gleichwohl prächtig wirken, ist sie leicht zu erkennen. Auffallend sind auch die sehr stark aufgeteilten und stachelbewehrten Blätter, die unterseits kaum filzig behaart sind, aber am Stengel deutlich etwas herablaufen.

1
2
3
4

Familie: Korbblütengewächse – Asteraceae (Compositae)

1 Wiesen-Flockenblume – *Centaurea jacea*
Die Wiesen-Flockenblume trifft man vor allem in trockenerem Grünland, doch meidet sie auch Naßwiesen nicht völlig, und genauso geht sie an Wegränder und Raine. Ursache hierfür ist sicher eine Sippenvielfalt. Dies drückt sich auch in den verschiedenen Erscheinungsbildern aus, die die Pflanze bietet. So sieht man Exemplare mit aufgebogenem Stengel, die ihr Blütenkörbchen kaum 20 cm über den Boden heben, andererseits solche, die – reich verzweigt – fast 1 m hoch werden. Blühperiode ist vom Frühsommer bis in den Herbst. Ob sich auch hierin eine Sippenverschiedenheit oder aber eine Anpassung, etwa an die Mahd, ausdrückt, muß noch geklärt werden. Erblich unterscheidet sich gewiß die Behaarungsstärke der Blätter. An den bräunlichen, selten gefransten Hüllblättern und den ungeteilten Blättern ist die Art indessen gegenüber selteneren Verwandten aus derselben Gattung leidlich gut kenntlich. Bemerkenswert ist die Sterilität der äußeren Blüten im Körbchen. Sie dienen als Schauapparat für die bestäubenden Insekten.

2 Korn-Flockenblume, Kornblume – *Centaurea cyanus*
So bekannt und alltäglich die „Kornblume“ für Ältere ist, die Jüngeren kennen sie praktisch nicht mehr. Einstmals so verbreitet, daß „kornblumenblau“ nicht nur in Schlagern vorkam, sondern auch ein Farbbegriff war, hat gerade diesem Getreideunkraut mit Einzug der chemischen Unkrautbekämpfung die letzte Stunde an vielen seiner klassischen Standorte geschlagen. Wer etwas Schönheitssinn hat, muß bei allen Nützlichkeitserwägungen bedauern, diese Zierde der Kornfelder künftig entbehren zu müssen. Vielleicht trifft er sie noch auf Schuttflächen in geringer Individuenzahl, auf frisch umbrochenem, zuvor ackerbaulich nicht genutzten Land dank der langen Keimfähigkeit der Samen da und dort in größerer Zahl an: Sonst wird er Zeuge, wie eine Pflanze aus einem „angestammten“ Lebensraum binnen kurzem verschwindet. Er wird sich kaum damit trösten lassen, daß die Art erst ihren Höhepunkt in der und durch die Ackerbaukultur in Mitteleuropa erreicht hat und daß ihr Verbreitungsschwerpunkt ursprünglich im Süden und Osten Europas gelegen haben dürfte.

3 Berg-Flockenblume – *Centaurea montana*
Auch wer nicht in einem Mittelgebirge oder in den Alpen wohnt, obendrein an einem Ort, an dem der Boden kalkreich ist, kann die Berg-Flockenblume kennen. Eben weil sie in den genannten Gegenden mit ihren prachtvollen blauen oder blauvioletten Blütenkörbchen und ihren locker spinnwebig behaarten Blättern zu den Zierden der feuchteren Wälder oder Bergwiesen gehört, auffällig durch ihren horstartigen Wuchs, hat man sie zur Zierpflanze gemacht. Sie wird heute von vielen Staudengärtnereien angeboten, und zwar vielfach in Formen, die der Wildsippe zumindest nahestehen, wenn nicht gleichen. Daher lohnt es nicht, aus falsch verstandener „Naturliebe“ die Pflanze an ihren Wildstandorten auszugraben, weil sie – da in ihrem Bestand nicht unmittelbar gefährdet – keinen gesetzlichen Schutz genießt.

4 Skabiosen-Flockenblume – *Centaurea scabiosa*
Diese prächtige Pflanze verdankt ihren Namen ihren gefiederten Blättern. An ihnen und daran, daß ihre Blütenkörbchen stets mehr als 2 cm, oft 4 – 6 cm im Durchmesser erzielen, ist sie leicht und eindeutig unter ebenfalls violett blühenden mitteleuropäischen Arten kenntlich. Ihre Blühperiode reicht von Juni bis in den September, ihre Höhe kann nur 30 cm betragen, aber auch 1 m beträchtlich übertreffen. Ungenutzte, trockene Rasen, aber auch Raine oder Waldränder sind ihr typischer Wildstandort; in den Alpen geht sie aber auch in felsige Matten. Im Tiefland ist sie selten und fehlt gebietsweise, desgleichen in den Mittelgebirgen mit ausgesprochen kalkarmem oder kalkfreiem Gestein.

2
1
4
3

Familie: Korbblütengewächse – Cichoriaceae (Compositae)

1 Wegwarte – *Cichorium intybus*
Für diese Pflanze hat der Volksmund eine treffende Bezeichnung gefunden: In der Tat sind grasige Wegsäume der bevorzugte Standort dieser bemerkenswerten Pflanze, die kaum einem Gebiet außerhalb der Alpen völlig fehlt. Ihre Blühperiode beginnt im Juli und erstreckt sich bis in den Herbst. Mit geöffneten Körbchen, die übrigens nur Zungenblüten enthalten (weswegen man sie und entsprechend nur mit Zungenblüten ausgestattete „Korbblütengewächse" in eine gesonderte Familie stellt), trifft man sie nur an normal hellen Tagen und nur vor etwa 15 Uhr an: Dann schließen sich die Körbchen wieder. Man könnte in dieser Pflanze den „Urtyp" des harmlosen, kulturbegleitenden „Unkrauts" sehen, sollte es vielleicht auch tun. Schließlich sind es nicht selten solche Unkräuter, die züchterisch zu Nutzpflanzen werden können. So auch hier. Seit dem 17. Jahrhundert baut man eine etwas veredelte Sorte ihrer Wurzelstöcke wegen an. Diese ergeben geröstet die „Cichorie". Eine blattreiche Sippe wird ebenfalls kultiviert, und zwar ähnlich wie Kartoffeln oder Spargel in „Anhäufelkulturen". So zwingt man den noch zarten, austreibenden Sproß, länger unter der Erde und damit unter Lichtabschluß zu wachsen. Das Produkt: „Chicorée".

2 Rainkohl – *Lapsana communis*
Die unscheinbare Pflanze ist recht gut kenntlich, weil sie nur Zungenblüten besitzt, von denen in einem Körbchen die vergleichsweise geringe Zahl von 8–12 zu finden sind. Die Früchtchen (evtl. Blüten herausziehen) tragen keine Haarkrone. An den gefiederten Blättern fällt der sehr große Endzipfel auf. Die Blühperiode erstreckt sich von Juni bis September. Die Pflanze kann mit 10 cm ebenso ihre Endhöhe erreicht haben wie mit 120 cm! Ihre Körbchen schließen sich meist gegen 16 Uhr. Standorte sind lichte Stellen in Gehölzen, aber auch Äcker, Schuttplätze und gelegentlich Gärten. Die Pflanze findet überall da für sie geeignete Wuchsorte, wo Getreideanbau möglich ist.

3 Herbst-Löwenzahn – *Leontodon autumnalis*
Um es gleich vorwegzunehmen: Der „Löwenzahn" der Botaniker ist nicht dieselbe Pflanze, die man überall mit diesem Namen nennt, bei Kindern zuweilen auch als Pusteblume kennt. Unter vielen ähnlichen Korbblütengewächsen hat man diesen Namen zumindest zwei Gattungen gegeben, bei denen die Blätter auffallend grobzähnig sind: Unserer Gattung *Leontodon* und der Pusteblume, Kuhblume, dem „Löwenzahn". Zwischen diesen beiden Gattungen sind die Unterschiede offenkundig: *Leontodon* hat Stengel, die nie hohl sind; die der Pusteblume sind bekannt. Die Artunterschiede der *Leontodon*-Arten sind für Laien schwer zu erkennen: Der Herbst-Löwenzahn (Blühperiode Hochsommer – Herbst) hat verzweigte Stengel, und seine Körbchen nicken vor dem Aufblühen nie. Er kommt in gedüngtem Grünland fast überall vor, wird aber häufig übersehen, obwohl seine Körbchen meist um 2 cm Durchmesser erreichen.

4 Rauher Löwenzahn – *Leontodon hispidus*
Im Gegensatz zu seinem Verwandten, dem Herbst-Löwenzahn, mit dem er die Blühperiode und den Wuchsort etwa teilt, hat der Rauhe Löwenzahn keine verzweigten Stengel, trägt also stets nur ein Körbchen, das meist 2–3 cm im Durchmesser erreicht. Junge Körbchen nicken oftmals, die abgeblühten Stengel rollen sich an der Spitze etwas ein. Wie auch bei verwandten Gattungen, so schließen und öffnen sich die Körbchen im Tagesablauf. Die Öffnungszeit liegt noch in der Morgendämmerung, das Schließen erfolgt am späten Nachmittag zwischen 15 und 16 Uhr.

1
2
3
4

Familie: Korbblütengewächse – Cichoriaceae (Compositae)

1 Habichts-Bitterkraut – *Picris hieracioides*
Trotz seiner großen Blütenkörbchen, die 2–3 cm im Durchmesser erreichen können und die – da der Stengel verzweigt ist – zu mehreren locker beieinanderstehen, fällt das Habichts-Bitterkraut weder in seiner Blühperiode von Juli–Oktober (Höhe 30–150 cm) noch davor auf. Sein Wuchsort liegt vornehmlich in etwas lückigen, trockeneren Rasen und an Rainen. Es liebt Kalk. Gebietsweise ist es selten oder fehlt ganz. Gelegentlich tritt es mehrere Jahre hindurch auf und verschwindet dann wieder.

2 Wiesen-Bocksbart – *Tragopogon pratensis*
Im Grunde ist der Wiesen-Bocksbart unverwechselbar: Er besitzt nicht nur kahle, bläulichgrüne, ganzrandige Blätter, die am Grunde fast stengelumfassend ansitzen, sondern auch einzelne goldgelbe Körbchen, die 4–6 cm im Durchmesser erreichen können. Gleichwohl gibt es von der Art in Mitteleuropa mehrere Sippen, die sich gestaltlich, in ihren Standortsansprüchen und in ihrer Reaktionsweise unterscheiden. Am deutlichsten sieht man dies beim Öffnen bzw. Schließen der Körbchen: Manche Sippen schließen schon vor Mittag, andere erst Stunden danach. Nährstoffreiche Wiesen werden als Standorte bevorzugt, doch geht eine Sippe auch auf Unkrautbestände an Wegränder.
In früheren Zeiten nutzte man die Blätter als Wildgemüse. Ganz im Gegensatz zu diesem Gebrauch steht die Einschätzung des Krauts als mäßig gutes Futter, vor allem, wenn man es zu Heu trocknet. Dabei spielt neben anderem allerdings auch eine Rolle, daß so flächige Organe wie die Blätter des Wiesen-Bocksbarts zum Zerbröseln neigen und deswegen schlecht aufgesammelt werden können.

3 Kuhblume, Pusteblume, Gemeiner Löwenzahn – *Taraxacum officinale*
„Den" Löwenzahn gibt es nicht: Nicht nur, weil ihm dieser Name gar nicht zukommt, da er schon an eine andere Gattung vergeben ist, sondern auch, weil kaum eine Pflanze der anderen gleicht. Schuld ist die hohe Anpassungsfähigkeit der Pusteblume an Umweltbedingungen. Fast jedes Schulbuch weiß von dem klassischen Versuch, in dem man einen Wurzelstock der Pusteblume gehälftet und an wesentlich verschiedenen Wuchsorten – Hochgebirge und Tiefland z.B. – ausgepflanzt hat, mit dem Resultat, daß die erbgleichen Pflanzen äußerlich grundverschieden waren. Neben diesen „modifikativen" Gestaltänderungen gibt es indes auch erbliche: Die Kuhblume pflanzt sich in der Regel nämlich nicht geschlechtlich fort. Vielmehr entwickeln sich keimfähige Samen aus unbefruchteten Zellen, allerdings mit „normaler" Chromosomenausstattung. Natürlich kann ohne Bestäubung und nachfolgende Befruchtung kein Austausch von Erbgut stattfinden. Zufällig entstandene Erbänderungen können mit der Zeit daher nicht allen Individuen eines Kuhblumenbestandes mitgegeben werden, sondern nur den ungeschlechtlich vermehrten Nachkommen der Pflanze, bei der die Erbänderung stattgefunden hat. Folge sind zahllose Kleinrassen, die selbst Spezialisten kaum zu überschauen vermögen. Wahrscheinlich erstreckt sich die so entstandene Mannigfaltigkeit nicht nur auf mehr oder minder sichtbare Äußerlichkeiten, sondern auch auf die Ansprüche, die die Pflanzen an ihren Standort stellen.

4 Alpen-Milchlattich – *Cicerbita alpina*
Diese Pflanze gibt es nicht nur in den Alpen, wie der Name meint, sondern auch in den höchsten Mittelgebirgslagen. Im Südschwarzwald, in der Rhön, im Sauerland und am Vogelsberg. Die Pflanze, die vor allem wegen ihrer Höhe (50–200 cm) und ihren blauvioletten, meist zahlreichen Blütenkörbchen auffällt (Blühperiode Spätsommer), bevorzugt feuchte, lichte Wälder oder Hochstaudenfluren auf Bergwiesen. Bei Bergbauern ist gelegentlich immer noch der Irrglaube anzutreffen, daß die Pflanze die Milchleistung von Kühen erhöhe. Nach heutiger Erkenntnis spricht nichts dafür.

2
1
4
3

Familie: Korbblütengewächse – Cichoriaceae (Compositae)

1 Rauhe Gänsedistel – *Sonchus asper*
Gänsedistel-Arten sind nicht leicht zu unterscheiden, da es bei uns mehrere ähnliche und häufige zugleich gibt. Die Rauhe Gänsedistel hat immer einen ästigen Stengel und mehrere Körbchen. Ihre Blätter sind stachelig, dunkelgrün, buchtig-fiederschnittig. Man trifft sie an den ungenutzten Stellen am Rand menschlicher Siedlungen fast stets an. An den Boden stellt sie nur den Anspruch, reichlich Nährstoffe zu enthalten. Klimaeigenheiten beschränken in Europa das Gedeihen nicht. Wärme und etwas Feuchtigkeit werden ertragen. Exemplare mit schwach ausgeprägten Öhrchen am Blattgrund kann man mit der Kohl-Gänsedistel *(S. oleraceus)* verwechseln. Gänsedisteln kommen typisch in Unkrautgesellschaften auf Schuttplätzen, in Gärten oder auf Hackfruchtäckern vor.

2 Mauerlattich – *Mycelis muralis*
Unter den gelbblühenden Korbblütengewächsen ist der Mauerlattich besonders gut kenntlich, weil in seinen kleinen, wenngleich zahlreichen Körbchen meist nur fünf Zungenblüten stehen. Die Blüten selbst sind auffallend blaßgelb. Der Name ist insoweit unglücklich, weil Mauern zwar mögliche, nicht aber typische oder häufige Wuchsorte der Pflanze sind. Vielmehr bevorzugt sie Standorte in Wäldern, die auf nährstoffreichen, eher schwach feuchten und humusreichen, oft auch steinigen Böden stocken. Volles Tageslicht bekommt ihr nicht, während sie Halbschatten erträgt.

3 Stachel-Lattich – *Lactuca serriola*
Blühend fällt die bemerkenswerte Pflanze, die man außerhalb der Alpen fast überall in siedlungsnahen Unkrautgesellschaften wenigstens vereinzelt antreffen kann, kaum auf: Ihre Blühperiode liegt zwischen Juli und Oktober, und trotz der Höhe von 60–130 cm und den meist zu Dutzenden in einer Rispe stehenden Körbchen ziehen diese, wegen ihrer Kleinheit und der wenig ausgebreiteten hellgelben Zungenblüten, kaum einen Blick auf sich. Eher die scharf gezähnten und auf der Mittelrippe bestachelten Blätter. Sie stehen nämlich nicht, wie man das sonst von Pflanzen gewohnt ist, mehr oder minder mit der Flachseite nach oben vom Stengel ab. Vielmehr sind die Blattränder etwa in Nord-Südrichtung einreguliert. Dadurch wird eine zu starke Bestrahlung und vor allem eine Erhitzung durch die Mittagssonne vermieden (Kompaßpflanze). Erzwingt man unter Versuchsbedingungen das Ausbilden flach stehender Blätter und setzt sie unter vergleichbaren Bedingungen der Sonne aus, dann erhitzen sie sich zwischen rund 4 und 7 °C stärker als steil ansitzende. Die Rolle des „Einstrahleffekts“ kann man auch an Störungen in freier Natur beobachten. Nicht allzu selten wachsen Individuen der Art sehr nahe an Mauern, die die Einstrahlung lange und stark zurückwerfen. Ihre Wirkung kann die der direkten Sonnenwirkung übertreffen. Dann richten sich die Ränder senkrecht zum Mauerverlauf aus. Der Milchsaft des Stachel-Lattichs enthält schwach giftige Bitterstoffe.

4 Blauer Lattich – *Lactuca perennis*
Auf sehr warmen, trockenen und ungenützten Rasen, auf felsigen Partien der Mittelgebirge und zuweilen hier auch in Mauerritzen findet man ein Korbblütengewächs, das mit seinen blauen Körbchen (die 3–4 cm Durchmesser erreichen können und die im Mai oder Juni geöffnet sind) eine der seltenen Kostbarkeiten unserer Flora ist: den Blauen Lattich.
Die bläulichgrünen, kahlen Blätter weisen ihn durch den Gehalt an Milchsaft rasch und eindeutig aus. Die Pflanze genießt keinen gesetzlichen Schutz – trotz ihrer Seltenheit. Es sind auch mehr ihre Standorte, die gefährdet und daher erhaltenswert sind, da gepflückte Exemplare rasch welken und sich infolgedessen nicht als „Straußblumen“ eignen.

2
3
1
4

Familie: Korbblütengewächse – Cichoriaceae (Compositae)

1 Sumpf-Pippau – *Crepis paludosa*
Der Sumpf-Pippau wird zwar 30–120 cm hoch und hat stets mehrere Blütenkörbchen, die doldig-rispig angeordnet und 2–3 cm breit sind. Dennoch gehört er nicht zu den Pflanzen, die „man" kennt. Vor allem im Tiefland, aber auch in kalkarmen Mittelgebirgen fehlt er gebietsweise oder ist dort doch selten. Und dann ist er einfach nicht auf den ersten Blick kenntlich. Schon die Unterscheidung Habichtskraut – Pippau fällt bei ihm nicht leicht. Üblicherweise gelingt sie durch Prüfen der Farbe und Biegsamkeit der Flughaare an reifen oder fast reifen Früchtchen (verblühenden Blüten!). Pippau-Arten haben fast stets weiße und biegsame Flughaare; der Sumpf-Pippau hat schmutzigweiße, die auf Fingerdruck brechen. Hilfreich sind neben Standorteigentümlichkeiten noch die buchtig gezähnten Blätter, die den Stengel fast umfassen, die Blühperiode von Mai – August und die lanzettförmigen Blätter im Bereich der Stengelverzweigung. Wuchsorte sind vor allem nasse Wiesen und Flachmoore in mittleren oder höheren Lagen.

2 Kleinköpfiger Pippau – *Crepis capillaris*
Wo es Rasen, verunkrautete Flächen, ja Wege gibt, die nicht zu sehr begangen oder befahren werden, da stellt sich der Kleinköpfige Pippau mit hoher Regelmäßigkeit ein, sofern das Klima nicht zu lufttrocken, andererseits Regen und Fröste im Frühjahr nicht zu häufig sind. Vom späten Frühjahr bis in den Spätherbst gehört die Pflanze zu den am regelmäßigsten auffindbaren Blühern in Mitteleuropa, sieht man von den höheren Lagen der Mittelgebirge und der Alpen und vom nordwestlichen Tiefland ab. Obschon im Grunde mit einjährigem Lebenszyklus ausgestattet, kann sich unter regelmäßiger Mahd oder entsprechender Beweidung eine Wuchsform herausbilden, die praktisch einer Mehrjährigkeit gleichkommt: Die Pflanzen bilden dann dicht bei dicht Kleinrosetten, die als Ganzes buschig wirken.

3 Wiesen-Pippau – *Crepis biennis*
Der Wiesen-Pippau ist nicht nur eine der häufigsten gelbblühenden Arten aus der Familie der Korbblütengewächse, die nur Zungenblüten besitzen: Er fällt durch seine großen Blütenkörbchen von 3–4 cm Durchmesser (Blühperiode Mai – September), seine Höhe (bis fast 150 cm) und seine Häufigkeit ebenso auf und ist daher – wenn vielleicht auch „namenlos" – weithin bekannt, zumal er kaum einer Wirtschaftswiese außerhalb des engeren Alpengebiets fehlt oder in ihr selten ist. Das steht in einem umgekehrten Verhältnis zu seiner Beliebtheit als Futterkraut. Er trocknet wegen seiner verhältnismäßig dicken Stengel schlecht und ergibt kein wohlschmeckendes, sondern ein bitteres Futter. Allerdings läßt er sich nicht durch Düngen wie manch anderes „Unkraut" bekämpfen. Im Gegenteil. Er liebt Nährstoffe und nimmt daher auf Mähwiesen eher zu. Scheinbar widersinnig ist das Rezept, mit dem er eingedämmt werden kann: Beweidung. Er ist nämlich nicht trittfest. Auch rasch aufeinanderfolgende Mahden schädigen ihn, wie man sie z.B. durchführt, wenn man Grünland als Frischfutterlieferant mit rascher Schnittfolge nutzt.

4 Hasenlattich – *Prenanthes purpurea*
Im Tiefland braucht man den Hasenlattich gar nicht erst zu suchen. Er ist nämlich eine typische Pflanze der feuchteren Wälder in den Mittelgebirgen, geht aber auch auf Bergwiesen und alpine Matten. Was er braucht, ist humusreicher Boden, der eher kalkarm, wenn nicht gar kalkfrei sein sollte. Unter guten Bedingungen kann er dann über 150 cm hoch werden. Kenntlich ist er leicht an den Körbchen, die nur 3–5 rote bis violette Zungenblüten enthalten (Blühperiode Juli – August). Gelegentlich wird behauptet, der Name leite sich davon her, daß Hasen die Pflanze gerne fräßen. Wahrscheinlicher ist jedoch die Deutung, es handle sich um einen Lattich, der für die menschliche Ernährung nicht tauge und den man daher den Tieren überlassen könne.

4
2
1
3

Familie: Korbblütengewächse – Cichoriaceae (Compositae)

1 Kleines Habichtskraut – *Hieracium pilosella*
Das Kleine Habichtskraut macht den Spezialisten große Schwierigkeiten. Wie manch andere Korbblütengewächse vermehrt es sich vorwiegend durch Samen, die ohne Befruchtung mit normalem Chromosomenbestand keimfähig sind. Daher ist es kein Wunder, daß man viele Sippen antrifft, die sich unzweifelhaft ähneln, weil sie nahe verwandt sind, die aber das eine oder andere Merkmal besitzen, das anderen Sippen fehlt. Das kann, muß aber nicht äußerlich sichtbar sein. Es vermag sich auch in den Standortsansprüchen auszudrücken.
Vielfach unterscheidet man zahllose „Kleinarten". Ihnen allen ist aber gemeinsam: Der Stengel ist unverzweigt, trägt also nur ein Körbchen, und von der grundständigen Blattrosette gehen fast immer Ausläufer ab. Nimmt man dies als umfassende Kennzeichnung „Kleines Habichtskraut", dann findet man es vom Tiefland bis in die Alpenmatten in fast allen Rasen, die nicht zu nährstoffreich sind, vor, handle es sich um ungenutzte, trockene Grasflächen, kurzrasige Weiden oder Raine. Örtlich können die Rosetten – als Folge der Ausläuferbildung – dicht bei dicht stehen, und in manchen Sippen durch ausgesprochen lange, vereinzelte Haare auf den Blättern auffallen.

2 Orangerotes Habichtskraut – *Hieracium aurantiacum*
Ursprünglich war das Orangerote Habichtskraut – schon an der Blütenfarbe eindeutig kenntlich – wohl nur im Alpengebiet, im Südschwarzwald und im Bayerischen Wald beheimatet und dort eher selten. Typische Wuchsorte, auf dem es ihm behagt, sind feuchte, saure, humose Böden. Wer die Pflanze jedoch wild gesehen hat, begreift, daß sie Gärtner dazu herausfordern mußte, eine Gartenpflanze aus ihr zu machen. Und dies ist gelungen. In Mitteleuropa gibt es wohl mehr kultivierte Individuen als wilde. Ob sie indes in allen Merkmalen mit den ursprünglichen Sippen übereinstimmen, mag dahingestellt bleiben. Jedenfalls sind sie in ihren Bodenansprüchen zum Teil weit weniger anspruchsvoll als die „bodenständigen" Rassen. Daher trifft man selbst in niedrigeren Mittelgebirgslagen gelegentlich an grasigen, feuchten Waldrändern auf sie und wundert sich, daß sie hier überhaupt konkurrenzfähig sind. Dabei ist es umgekehrt: Mit hoher Wahrscheinlichkeit sind die Wildsippen nur an ihren hochgelegenen Standorten wirklich konkurrenzfähig. Sie geben also vermutlich weit weniger lebenstüchtige Gartenpflanzen ab als die, die der Handel anbietet. Ausgraben lohnt infolgedessen nicht, auch wenn es nicht ausdrücklich verboten ist.

3 Wald-Habichtskraut – *Hieracium sylvaticum (Hieracium murorum)*
Das Wald-Habichtskraut läßt sich wegen seines Formenreichtums nur schwer eindeutig beschreiben. Sein Blütenstandsschaft (Blühperiode Mai – Oktober; Höhe 30 – 60 cm) ist fast stets blattlos oder trägt nur 1 – 2 kleine, unscheinbare Blätter. Die übrigen sind weich, eher dunkelgrün und stehen in einer bodennahen Rosette. Im Gegensatz zu den Stengelblättern sind sie grob gezähnt. Die Art ist überall anzutreffen, und zwar vor allem in Wäldern, aber auch an Wegen und selbst in Mauerritzen.

4 Doldiges Habichtskraut – *Hieracium umbellatum*
Das Doldige Habichtskraut gehört zu den großwüchsigen Vertretern seiner Gattung. Es kann zur Blütezeit im Spätsommer und Herbst etwa 1 m hoch werden. Es ist nicht klebrig. Wie der Name sagt, besitzt es einen verzweigten Stengel, also mehrere Körbchen von ansehnlicher Größe und schmale, am Rande oft eingerollte Blätter. In Heiden, auf mageren Wiesen findet man es ebenso wie in lichten Wäldern, die sich allerdings nicht gerade durch nährstoffreiche Böden auszeichnen dürfen. Frost erträgt es schlecht. Deswegen besiedelt es die höchsten Lagen der Mittelgebirge und entsprechende Höhenstufen in den Alpen nicht mehr.

1
2
3
4

Stamm: Schwämme – Porifera
Klasse: Kalkschwämme – Calcarea (Calcispongiae)
Familie: Sycettidae

1 Rettichkalkschwamm – *Sycon raphanus*
Länge 5–20 mm. Der eiförmige oder runde beborstete Körper ist gelblich bzw. bräunlich gefärbt. Das Skelett besteht aus Kalknadeln. Die Ausströmungsöffnung (Osculum) ist von vielen Wimpern umgeben. Der Schwamm lebt in Salzwasser mit genügend Detritus. Verbreitung: Europäische Küstenwässer.

Klasse: Kieselschwämme – Silicea
Familie: Suberitidae

2 Korkschwamm – *Suberites domuncula*
Durchmesser 40–60 mm, kugelförmig. Oberfläche glatt, Farbe orange. Der Schwamm wächst um die Gehäuse von Meeresschnecken, in denen die Krabbe *Paguristes oculatus* wohnt. Da er recht schnell wächst, vergrößert sich auch die Behausung der Krabbe, so daß sie kein neues Haus suchen muß. Der Schwamm kommt auf sandigem Meeresboden an der Küste stellenweise häufig vor. Verbreitung: Mittelmeer.

Familie: Tedaniidae

3 *Tedania anhelans*
Länge etwa 70 mm. Bräunlich, grünlich oder bläulich. Der Schwamm kommt zahlreich auf schlammig-sandigem Grund bis in eine Tiefe von 2 m vor. Verbreitung: Mittelmeer.

Familie: Süßwasserschwämme – Spongillidae

4 Geweihschwamm – *Spongilla lacustris*
Körper weich. In durchsonntem Wasser grün (die grüne Färbung rührt von Grünalgen her, meist von der Gattung *Pleurococcus*), sonst gelblich grau und braun. Im Frühjahr und Sommer ist der Schwamm sehr häufig zu finden. Er bildet Überzüge auf Steinen, ins Wasser ragenden Ästen usw. Später wächst er heran und bildet strauchartig verzweigte Gebilde von unterschiedlicher Länge aus. Die Größe des ganzen Schwammes hängt von der Ausdehnung der Unterlage ab, auf der er lebt. Die Büschel dieser Schwammart riechen nach Jod oder Schlamm. Vermehrung durch sog. Gemmulae. Das sind kugelförmige Dauerstadien, die nach dem Absterben des Schwammes überwintern und im Frühjahr ein neues Exemplar hervorbringen (außerdem auch geschlechtliche Fortpflanzung). Im Körper dieses Süßwasserschwammes leben oft verschiedenartige Insektenlarven, vor allem der Gattung *Sisyra*, Köcherfliegenlarven (Trichoptera) und eine Reihe weiterer Lebewesen. Verbreitung: Paläarktische, nearktische und afrikanische Region (Süßwasserseen).

5 Klumpenschwamm – *Ephydatia fluviatilis*
Diese Art bildet verschieden starke und lange Überzüge auf Steinen und verschiedenen Pflanzenteilen im Wasser, sie bewohnt ruhige Süß- und Brackwässer und überlebt auch die Winterzeit. Verbreitung: Paläarktische und nearktische Region.

Familie: Badeschwämme – Spongiidae

6 Badeschwamm – *Spongia officinalis*
Körperdurchmesser 15–20 cm (manchmal auch mehr). Gehört zu den bekanntesten Schwämmen. Der weiche Körper wird aus Sponginfasern gebildet. Färbung violett bis schwarz. An der Küste in geringen Tiefen von 10 bis 40 Metern. Der Schwamm sitzt fest auf seiner Unterlage. Wegen seines weichen Skeletts wird er gesammelt, getrocknet und auf dem Markt verkauft. Aus dem gleichen Grund wird auch der verwandte Pferdeschwamm *(Hippospongia communis)* gesammelt. Sein Skelett ist härter, es eignet sich eher zum Abwischen von Schultafeln usw. Verbreitung: Mittelmeer.

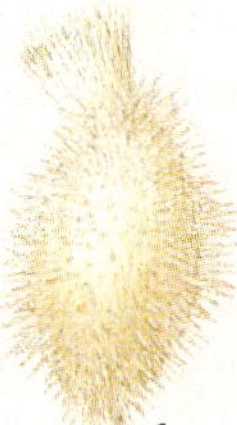
1

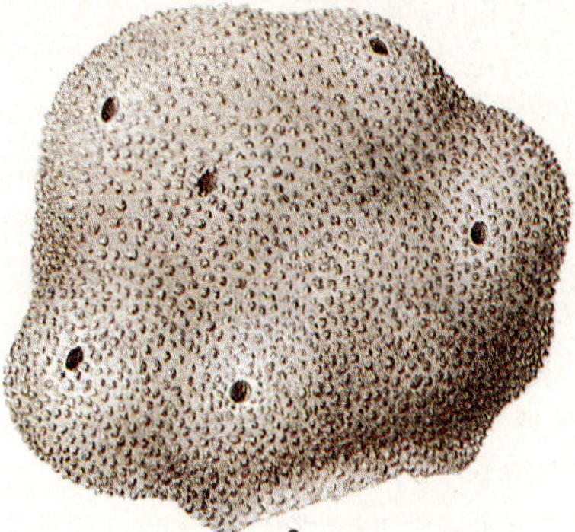
6

3

2

4

5

Stamm: Nesseltiere – Cnidaria
Klasse: Hydroidpolypen und Saumquallen – Hydrozoa
Familie: Hydridae

1 Brauner Süßwasserpolyp – *Pelmatohydra oligactis*
Länge 30 mm, bräunlich gefärbt. Um die einzige Körperöffnung, die gleichzeitig als Mund und als Ausscheideöffnung dient, sitzen einige Fangarme. Sie können sich in der Längsrichtung stark ausdehnen und haben besondere Zellen, in denen die Nesselfäden zusammengerollt sind. Durch Herausschleudern dieser Nesselfäden fängt der Polyp seine Beute, meist Einzeller, Kleinkrebse und andere Kleinlebewesen. Er lebt im Süßwasser. Die ausgewachsenen Tiere erscheinen im Herbst und Winter. Er vermehrt sich sowohl durch Eier als auch durch Knospung. Bei der Knospung entsteht am Körper des Polypen ein knospenartiges Gebilde, das zu einem selbständigen kleinen Polypen heranwächst, sich abtrennt und allein weiterlebt. Verbreitung: Großteil Europas (im Norden bis Finnland und Großbritannien).

2 Grüne Hydra – *Chlorohydra viridissima*
Länge 10–15 mm. Um die Körperöffnung sitzen 6–12 Fangarme. Die grüne Farbe stammt von Algen, mit denen der Polyp in sehr enger Symbiose lebt. Im Süßwasser an hellen Stellen zwischen den Pflanzen, meist in kalten Gewässern. Verbreitung: Vom Balkan über Mitteleuropa bis in den Norden.

Familie: Campanulariidae

3 Glockenpolyp – *Laomedea geniculata*
Die Art bildet ganze Büsche verschieden gestalteter Einzeltiere aus. Ein Busch wird bis zu 40 mm hoch, an ihm sitzen sowohl richtige Polypen als auch Medusen, die sich allmählich loslösen und im Plankton umherschwimmen. Der ganze Busch wird von einer festen Hülle (Theka) umgeben. Die Vermehrung geht recht kompliziert vor sich (das gilt auch für die übrigen Arten). Die Medusen bilden Eier aus, aus denen Polypen hervorgehen. Auf diesen entstehen dann neue Medusen. (Diese Vermehrungsweise heißt Generationswechsel oder Metagenese). Die Art kommt sehr häufig auf Algen und auf dem Grund vor. Verbreitung: Europäische Atlantikküste, Mittelmeer.

Familie: Aglaopheniidae

4 Federpolyp – *Aglaophenia tubulifera*
Die Art bildet Büsche aus, die bis zu 50 mm lang werden und als Ganzes den Eindruck einer Vogelfeder erwekken. Stellenweise kommt sie zahlreich an Felswänden in 1–2 Meter Tiefe vor. Verbreitung: Mittelmeer.

Klasse: Schirm- oder Scheibenquallen – Scyphozoa
Ordnung: Fahnenquallen – Semaeostomae
Familie: Pelagiidae

5 Kompaßqualle – *Chrysaora hyoscella*
Durchmesser 300 mm. Am Rand des relativ flachen Schirms sitzen 32 Lappen und 24 Tentakel. Auf dem weißgelben Schirm sind 16 strahlenförmig angeordnete braune Streifen zu erkennen. Stellenweise zahlreich. Verbreitung: Mittelmeer, europäische Atlantikküsten, auch an der Nordseeküste.

Familie: Ulmariidae

6 Ohrenqualle – *Aurelia aurita*
Durchmesser 400 mm. Die Qualle besitzt zahlreiche kurze Arme, um die Mundöffnung herum sitzen vier lange, flache Mundarme. Häufig; oft treibt sie in Gesellschaften an der Küste. Ihre Nahrung besteht aus Kleinlebewesen (Plankton). Verbreitung: Mittelmeer und europäische Atlantikküsten.

Ordnung: Wurzelmundquallen – Rhizostomae

7 Lungenqualle – *Rhizostoma pulmo*
Schirmdurchmesser 200–800 mm. Die Art hat einen gewölbten weißlichen Schirm mit blauviolettem Rand. An den gekräuselten Teilen der acht Mundarme zahlreiche Nesselzellen. Diese größte europäische Qualle kommt im Winter und Frühjahr häufig an der Küste vor, oft in Gesellschaften. Verbreitung: Mittelmeer.

1
2
3
4
5
6
7

Klasse: Korallentiere – Anthozoa
Unterklasse: Sechsstrahlige Korallentiere – Hexacorallia
Ordnung: Seeanemonen, Seenelken, Seerosen – Actiniaria

1 Wachsrose – *Anemonia sulcata*
Höhe 10–20 cm. Mit vielen Nesselarmen (150–200), die bis zu 100 mm lang werden. Gelbbraun bis leuchtend grün, an der Küste bis in eine Tiefe von ca. 6 Metern. Die Wachsrose sitzt auf Felsen an Stellen mit hinreichendem Licht. Auch in verunreinigten Gewässern ist sie noch lebensfähig. Nahrung sind Weichtiere, Schalentiere und kleine Fische. Verbreitung: Mittelmeer, europäische Atlantikküsten bis zum Ärmelkanal.

2 Schmarotzerrose – *Calliactis parasitica*
Höhe 100 mm. Früher auch unter dem Namen *Adamsia rondeletii* bekannt. Färbung weiß, gelb und braun. Läßt sich auf Gehäusen von Weichtieren (z. B. der Gattung *Murex*) nieder, in denen entweder noch der Erbauer, das Weichtier, oder eine Krabbe lebt. Bekannt ist die Lebensgemeinschaft der Schmarotzerrose und des Einsiedlerkrebses *Pagurus arrosor*. Zieht der Krebs um, nimmt er auch die Rose mit auf die neue Muschel. Dieses Zusammenleben bietet beiden Tieren Vorteile. Der Krebs sorgt für den Ortswechsel der Koralle, sie schützt ihn mit ihren Nesselarmen. Stellenweise häufig, sowohl im Flachwasser als auch in der Tiefe. Verbreitung: Mittelmeer.

3 Saumrose, Seemannsliebchen – *Cereus pedunculatus*
Höhe 60–90 mm. Gelbbraun bis weiß, im oberen Körperdrittel zahlreiche Saugnäpfe. Rund 700 Fangarme sind in 8 Reihen angeordnet, die inneren sind länger als die äußeren. Diese Seeanemone sitzt auf Steinen, Felsen, Muscheln usw. in geringer Tiefe im Küstenwasser, gelegentlich sogar in großer Zahl. Lebendgebärend. Verbreitung: Mittelmeer, europäische Atlantikküste (auch in der Nordsee).

Ordnung: Zylinderrosen – Ceriantharia

4 Zylinderrose – *Cerianthus membranaceus*
Länge 200 mm. Mit röhrenförmig gestrecktem, verschieden gefärbtem Körper (von weiß über braun bis violett), an dessen Vorderende etwa 100 Fangarme in vier Reihen angeordnet sind. Die Zylinderrose besitzt eine große Regenerationsfähigkeit; sie bewohnt Küstengewässer in einer Tiefe von 1–35 Metern. Verbreitung: Mittelmeer.

Unterklasse: Achtstrahlige Korallentiere – Octocorallia
Ordnung: Lederkorallen – Alcyonaria

5 Tote Manneshand – *Alcyonium digitatum*
Bildet bis zu 200 mm große Kolonien, die aus Polypen bestehen, von denen jeder acht verzweigte Arme aufweist. Die Polypen sind weiß und können sich völlig in das Gehäuse zurückziehen. Kolonien je nach Färbung der Gehäuse weißlich, orangefarben oder rot. Die Art kommt auf dem Meeresgrund vor, oft sitzt sie auf Austernschalen. Verbreitung: Europäische Atlantikküsten.

Ordnung: Seefedern – Pennatularia

6 Seefeder – *Pennatula phosphorea*
Länge 200 mm. Bildet Kolonien aus einer Vielzahl von Exemplaren, das Ganze sieht aus wie eine Vogelfeder. Skelett rot, Polypen weiß. Die Art lebt auf sandigem Meeresgrund. Bei Reizung verbreitet sie ein kaltes Licht. Verbreitung: Kosmopolit.

Stamm: Nessellose Hohltiere – Acnidaria
Ordnung: Melonenquallen – Beroidea

7 Melonenqualle – *Beroë cucumis*
Länge 160 mm. Rosa, Vorderende abgerundet, Mundöffnung sehr breit; Fangarme und Nesselzellen fehlen. Die Tiere treiben frei im Meer und fangen andere Hohltiere. Verbreitung: Zirkumpolar.

1
2
3
4
5
6
7

Stamm: Plattwürmer – Plathelminthes
Klasse: Strudelwürmer – Turbellaria
Ordnung: Tricladida

1 Bachplanarie – *Planaria gonocephala*
Länge bis zu 25 mm. Heute wird dieser Strudelwurm häufiger zu Gattung *Dugesia* gestellt. Mit gestrecktem, bräunlichem, schwarzbraunem bzw. graubraunem Körper, an dessen Vorderseite ösenartige Gebilde sitzen. Die Entfernung zwischen den Augen ist etwa gleich groß wie die vom Auge zum Körperrand. Die Bachplanarie lebt in reinem, fließenden Süßwasser, bei Bewegung ändert sich die Körperform dauernd; frißt Kleinlebewesen. Da der Verdauungstrakt keinen After besitzt, werden die unverdauten Nahrungsreste durch die Mundöffnung ausgeschieden. Wie alle verwandten Arten mit großer Regenerationsfähigkeit. Verbreitung: Paläarktische Region.

2 Milchweiße Planarie – *Dendrocoelum lacteum*
Länge 26 mm. Färbung milchig-weiß. Der Abstand zwischen den Augen ist größer als die Entfernung Auge – Körperrand. Liebt saubere, schwach fließende und stehende Süßwasser, dort hält sie sich unter Steinen auf. Auch im Brackwasser anzutreffen. Verbreitung: Europa, im Norden bis Fennoskandinavien.

3 *Polycelis cornuta*
Länge 18 mm. Die Art fällt vor allem durch die beträchtlich langgestreckten ohrenartigen Ansätze auf, sie besitzt zahlreiche, parallel zum vorderen Körperrand angeordnete Augen. Verbreitung: Großteil Europas, fehlt im Norden.

Stamm: Schlauchwürmer – Nemathelminthes
Klasse: Fadenwürmer – Nematodes
Ordnung: Anguilluloidea

4 Essigälchen – *Anguillula aceti*
Länge 0,8 – 2,4 mm. Lebt in altem, gärendem Essig sowie in Baumsäften. Das Weibchen bringt etwa 45 lebende Junge zur Welt. Verbreitung: Kosmopolit.

Ordnung: Pfriemenschwänze – Oxyuroidea

5 Madenwurm – *Enterobius vermicularis*
Das Männchen (Länge: 0,5 – 1 cm) unterscheidet sich vom Weibchen (Länge: 1,5 – 2 cm) durch die Borsten (Spiculi) am geringelten Körperende. Parasit, lebt im menschlichen Dickdarm. Nachts kriecht er heraus und hält sich in der Aftergegend auf, wo er bis zu 12 000 winziger Eier ablegt. Der Mensch kann durch diese Eier, besonders an dem ungewaschenen Obst, infiziert werden. Die Eier bleiben leicht an den Früchten haften, vor allem nach Berührung mit der Erde (dadurch sind vor allem Kinder betroffen). Bei unzureichender Hygiene kann man sich immer wieder von neuem anstecken (Selbstansteckung). Der vom Parasiten durch die Eiablage hervorgerufene Juckreiz verführt zum Kratzen, dabei bleiben Eier an den Fingern haften und werden zur neuen Infektionsquelle. Aus den Eiern entwickeln sich Larven, die sich mehrmals häuten. Die vom Madenwurm hervorgerufene Erkrankung heißt Oxyuritis. In einigen Ländern, in denen nicht hinreichend auf Hygiene geachtet wird, ist dieser Schmarotzer immer noch weit verbreitet. Auch in zivilisierten Ländern kommt er nicht selten bei Kindern vor. Verbreitung: Kosmopolit.

Stamm: Priapswürmer – Priapulida

6 Priapswurm – *Priapulus caudatus*
Länge 30 – 80 mm. Der fleischrote, walzenförmig gestreckte Körper besitzt an seinem Vorderteil, das etwa ein Viertel der Gesamtlänge einnimmt, eine Vielzahl von Kutikularhäkchen. Dieser Priapswurm lebt in der Küstenzone der Meere, dort wühlt er sich in den Schlamm ein. Räuber, stellt allen möglichen Lebewesen nach. Verbreitung: Europäische Nordatlantikküste (fehlt südlich der belgischen Küste), nearktische und neotropische Region.

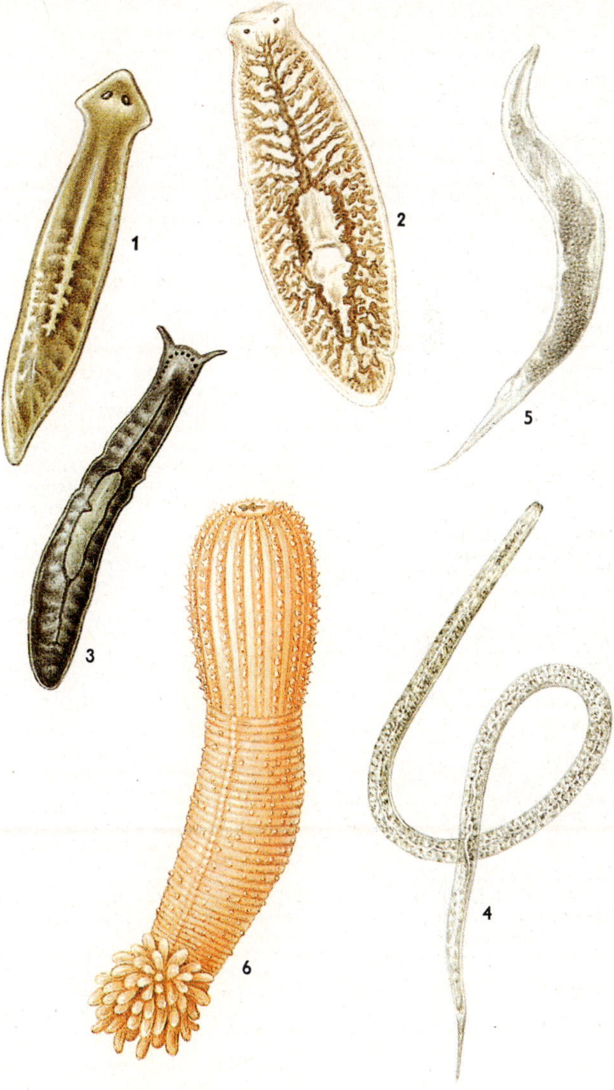
1
2
5
3
6
4

Stamm: Weichtiere – Mollusca
Klasse: Käferschnecken – Polyplacophora
Familie: Käferschnecken – Chitonidae

1 Käferschnecke – *Lepidochiton cinereus*
Länge 10–22 mm. Form oval, mit breitem Fuß. Schale aus acht Plättchen, von denen das erste und das achte sowohl eine radiale als auch konzentrische Skulpturierung aufweisen. Die Platten sind meist grau, grünlich oder auch rötlich. Sie sind gegeneinander beweglich und erlauben dem Tier, sich bei Gefahr zu einer Kugel zusammenzurollen. Meist sitzen Käferschnecken aber fest auf ihrer Unterlage. Ihre Nahrung besteht aus Algen. Verbreitung: Europäische Atlantikküste, häufig an den Küsten Großbritanniens.

Klasse: Schnecken – Gastropoda
Ordnung: Urschnecken – Diotocardia
Familie: Meer- oder Seeohren – Haliotidae

2 Meerohr – *Haliotis tuberculata*
Länge der Schale 80–90 mm, Höhe 60 mm. Schale flach, Oberfläche radial und konzentrisch gerillt. Unten am Schalenrand sind sieben Öffnungen in einer Reihe, durch die das Tier seine Tastsinnesorgane herausstreckt. An der inneren Schalenwandung sitzt eine starke Perlmuttschicht. Der Fuß ist sehr breit und weist eine große Anzahl seitlicher Fasern auf. Das Meerohr lebt in geringer Tiefe auf Steinuntergrund, mit Vorliebe saugt es sich an der Unterseite von Steinen fest. Fortpflanzung im August/September. Nahrung sind vor allem Algen. Diese Schnecke wird hauptsächlich wegen ihrer dicken Perlmuttschicht gesammelt, aber auch gegessen. Einzige Art der Gattung *Haliotis* an den europäischen Küsten. Verbreitung: Mittelmeer, Kanarische Inseln, Azoren, Senegal. In der Nordsee lebt sie nicht.

Familie: Lochschnecken – Fissurellidae

3 Lochschnecke – *Emarginula huzardi*
Schalenlänge 13–20 mm. Die weißlich gefärbte Schale hat die Form eines gestreckten, spitzen Hutes. Sie ist fest und hat zahlreiche radial auseinanderstrebende Rippen, daneben auch feinere konzentrische Rillen. Im Meer auf Untiefen mit hartem Grund, gern unter Steinen. Die Lochschnecke frißt Algen. Verbreitung: Mittelmeer.

Familie: Napfschnecken – Patellidae

4 Gewöhnliche Napfschnecke – *Patella vulgata*
Schalenlänge 50–60 mm. Schalenoberseite bräunlich oder grünlich und stark gerillt, Innenseite perlmuttglänzend braun-weiß gestreift. Die Napfschnecke lebt festsitzend auf Steingrund, den sie nur in der Nacht verläßt, um Pflanzennahrung zu suchen. Eßbar. Verbreitung: Europäische Atlantikküste (einschließlich Großbritannien), Mittelmeer.

Familie: Kreiselschnecken – Trochidae

5 Gemeine Buckelschnecke – *Gibbula divaricata*
Höhe des Gehäuses 23 mm, Breite ca. 19 mm. Der Körper sitzt in dem Gehäuse mit sechs Windungen geschützt. Die Oberfläche der Oberwindungen ist glatt, die unteren sind spiralig gerillt. Gehäuse gelbgrün und karminrot gestreift. Die Art lebt in geringer Meerestiefe zwischen Algen, unter Steinen usw. und ernährt sich von Algen. Verbreitung: Im Mittelmeer häufig.

6 *Monodonta articulata*
Höhe des Gehäuses 30–50 mm, Breite 24–42 mm. Die Schnecke bildet ein sechs-, manchmal auch siebenmal gewundenes mittelgroßes, festes Gehäuse aus, das farblich ziemlich variabel ist und durch einen Kalkdeckel verschlossen wird. Häufig an felsigen Küsten, auch an Felsfundamenten von Hafenbauten. Verbreitung: Mittelmeer, Portugal.

1
2
3
4
5
6

Ordnung: Monotocardia
Familie: Sumpfdeckelschnecken – Viviparidae

1 Sumpfdeckelschnecke – *Viviparus viviparus*
Gehäusehöhe 32–40 mm, Breite 24–30 mm, seit neuerem auch *V. contectus* genannt. Die Spitze des dünnwandigen Gehäuses ist scharf, die Mündung oval und von einem Plättchen verschlossen. Um den asymmetrisch angeordneten Plattenkern ziehen sich deutlich erkennbare konzentrische Ringe, an denen der Zuwachs abzusehen ist. Links oben ist kein Einschnitt zu erkennen. Die Sumpfdeckelschnecke lebt im Süßwasser und bewohnt stehende Gewässer mit reicher Vegetation. Verbreitung: Europa (von Norditalien, Spanien, Portugal bis Südskandinavien, Großbritannien, Ural), Kaukasus.

2 Gebänderte Sumpfdeckelschnecke – *Viviparus fasciatus*
Gehäusehöhe 30–32 mm, Breite 23–24 mm. Ähnelt der Sumpfdeckelschnecke, doch ist das Gehäuse insgesamt schlanker, aus massiverem Material und läuft nicht in eine Spitze aus. Süßwassertier, das sich eher in leicht bewegten Gewässern aufhält. Verbreitung: Großteil Europas, einschließlich Großbritanniens. In Deutschland lebt die Schnecke in den großen Flüssen (Rhein, Main u. a.)

Familie: Strandschnecken – Littorinidae

3 Gemeine Strandschnecke – *Littorina littorea*
Gehäusehöhe 15–40 mm. Die Schnecke besitzt ein spitzes, graues, braun gestreiftes Gehäuse mit 6–7 Windungen. Das Gehäuse ist mit einem Deckel versehen, mit dem sich das Tier bei Ebbe einschließt. Die Schnecke lebt in der Gezeitenzone in Küstennähe auf Steinen, Pflanzen und Hafenbauten, gelegentlich verläßt sie auch das Wasser. Eßbar, wird viel gesammelt. Verbreitung: Europäische Atlantikküste, Ostsee, an die Ostküste der USA verschleppt.

4 Kleine Strandschnecke – *Littorina neritoides*
Gehäusehöhe 4–10 mm, Breite ca. 3 mm. Das Gehäuse hat fünf Windungen und besitzt einen Deckel zum Schutz vor Austrocknung. Die Schnecke lebt an Felsküsten im Salzwasser, sie steigt auch über die Wasseroberfläche empor. Verbreitung: Europäische Atlantikküste, Großbritannien, Nordsee (seit 1950), Mittelmeer, Madeira.

Familie: Wendeltreppenschnecken – Epitoniidae

5 Gemeine Wendeltreppe – *Epitonium clathrus*
Gehäusehöhe ca. 30 mm, Breite 12 mm. Auch *Scala clathrus* genannt. Der Körper ist in einem schönen, reich skulpturierten Gehäuse mit 12–15 Windungen verborgen, auf ihm sitzt ein Schmuck aus stark erhobenen Rippen. Die ovale Öffnung wird von einer Platte verschlossen. Auf schlammigem und sandigem Meeresboden bis zu 100 m Tiefe. Verbreitung: Europäische Atlantikküste, Mittelmeer.

Familie: Pantoffelschnecken – Calyptraeidae

6 Chinesisches Dach – *Calyptraea chinensis*
Gehäusehöhe 7 mm, Durchmesser 29 mm. Die Schnecke hat ein dünnwandiges, milchweißes Gehäuse, dessen Gipfelpunkt genau in der Mitte liegt. Lebt in geringer Tiefe mit Vorliebe an festen Gegenständen. Verbreitung: Europäische Atlantikküste, Mittelmeer.

7 Pantoffelschnecke – *Crepidula fornicata*
Gehäusehöhe 20 mm, Durchmesser bis zu 47 mm. Die Gehäuseform ist vom Untergrund, auf dem das Tier lebt, abhängig. Die junge Schnecke ist beweglich, im Alter bleibt sie an einer Stelle seßhaft. In der Regel sitzt eine ganze Reihe von Tieren aufeinander: unten die Weibchen, in der Mitte Zwitter und oben die Männchen. Die Schnecke lebt nur in geringen Tiefen. Verbreitung: Europa (an den Küsten Großbritanniens seit 1880, mit Austern aus den USA eingeschleppt, an der holländischen Küste seit 1929; später kam es zur Besiedlung weiterer europäischer Küstenstriche am Atlantik), nearktische Region.

1
2
5
4
6
3
7

Familie: Stachelschnecken – Muricidae

1 Stachelschnecke – *Truncularioposis trunculus*
Schalenlänge etwa 100 mm. Schale mit breitem Siphonalkanal. Die Schnecke lebt auf schlammigem Meeresboden und gehört zu den Arten, die als Lieferanten des Purpurfarbstoffes bekannt waren. Verbreitung: Mittelmeer.

2 Austernbohrer – *Ocenebra erinacea*
Gehäusehöhe ca. 60 mm. Mit dickwandigem, gelblich-weiß bis dunkelbraun gefärbtem Gehäuse, dessen Mündung gleichfalls in einen Siphonalkanal ausläuft. Auf der Gehäuseoberseite sitzen zahlreiche mächtige Dorne (von diesem Merkmal stammt der wissenschaftliche Name der Art: *erinaceus* heißt Igel). In geringer Tiefe auf hartem Grund, Fortpflanzung im Mai/Juni. Räuberische Art, die alle möglichen Weich- und Krustentiere überfällt und verzehrt (z. B. Austern). Die Schnecke wird wegen des fleischigen Fußes und wegen des schönen Gehäuses gefangen. Verbreitung: Mittelmeer, Atlantikküste von Westschottland bis zu den Azoren und Madeira.

Familie: Stachelschnecken – Thaididae

3 Nordische Purpurschnecke – *Nucella lapillus*
Gehäusehöhe 35–45 mm. Die Schnecke bildet ein dickwandiges Gehäuse mit einer ovalen, verdickten Mündung, an deren Außenrand Zähnchen sitzen. Räuber, der in der Küstenzone auf Sand- und Steingut lebt. Beute sind andere Weichtiere. Verbreitung: Europäische Atlantikküste bis Norwegen, Nordafrika.

Familie: Kiemenschnecken, Kinkhörner – Buccinidae

4 Kiemenschnecke – *Buccinum undatum*
Gehäusehöhe bis zu 110 mm, Breite 65 mm. Die Schnecke hat ein mächtiges Gehäuse mit großer Mündung, sechs bis acht Windungen und einer reichen Oberflächenskulptur. Auf graugelbem Grund liegt noch eine dunkelbraune organische Schicht. Die Art lebt in der Gezeitenzone auf Sand- und Schlammgrund bis zu einer Tiefe von 200 Metern. Die Gehäuse von Exemplaren aus größerer Tiefe haben eine dünnere Wandung. Diese Schnecke verzehrt sowohl Aas als auch lebende Tiere. Das Weibchen legt seine Eier in einem großen Kokon ab. In einem solchen Kokon finden sich etwa 1000 Eier, doch entwickelt sich nur ein geringer Prozentsatz, da die zuerst geschlüpften Larven die anderen Eier fressen. Recht häufig, wird wegen des fleischigen Fußes gefangen. Verbreitung: Atlantikküste, Nordsee, seltener Mittelmeer.

Familie: Reusenschnecken – Nassariidae

5 Reusenschnecke – *Nassarius reticulatus*
Höhe des Gehäuses etwa 30 mm. Die Schnecke hat ein spitzkegelförmiges Gehäuse, auf dessen Oberfläche sich spiralige Streifen hinziehen. Die Innenwandung der verdickten Mündung ist mit einigen Zähnen besetzt. Bewohnt oft in größerer Anzahl den weichen Meeresboden, doch kommt sie auch an der Felsküste im Tangbewuchs vor. Verbreitung: Mittelmeer, europäische Atlantikküste, Schwarzes Meer.

Familie: Kegelschnecken – Conidae

6 Mittelmeerkegel – *Conus ventricosus*
Gehäusehöhe bis zu 57 mm; auch *C. mediterraneus* genannt. Färbung recht variabel, manchmal braungelb, gelegentlich auch olivbraun. Meist mit weißlichem Band und bräunlicher Punktierung. An Felsküsten zwischen Pflanzen häufig. Verbreitung: Mittelmeer, Westafrika.

1

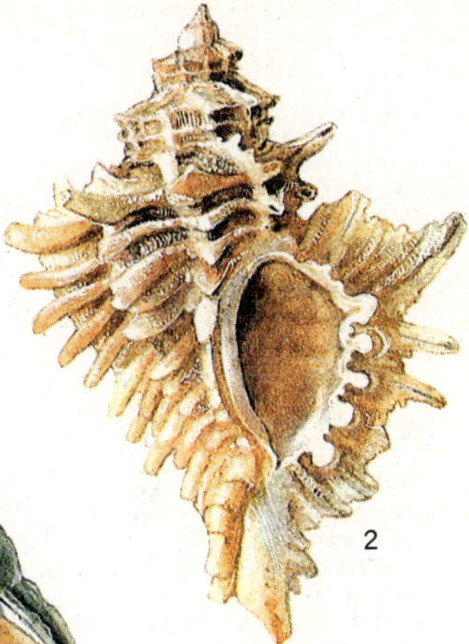

2

3

4

6

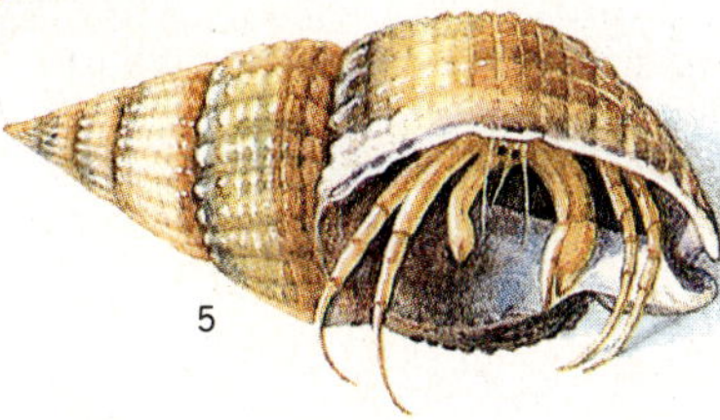

5

Ordnung: Wasserlungenschnecken – Basommatophora Familie: Schlammschnecken – Lymnaeidae

1 Kleine Schlammschnecke – *Lymnaea truncatula*
Gehäusehöhe 7–14 mm, Breite 3,5–6,3 mm. Die Art hat nur ein kleines, langgestrecktes kegelförmiges Haus aus 5–5,5 Windungen, die durch eine tiefe Naht voneinander getrennt sind. Häufig in kleinen Gewässern – Tümpeln, Gräben oder Bewässerungskanälen –, dort lebt sie auf Pflanzen. Gelegentlich kriecht sie auch über die Wasseroberfläche empor oder wühlt sich in den Schlamm ein. Im Körper der Schlammschnecke durchläuft der Leberegel (*Fasciola hepatica*), ein Schafparasit, einen Teil seines sehr komplizierten Lebenszyklus. Ohne den Zwischenwirt, die Schlammschnecke, ist er nicht entwicklungsfähig. Verbreitung: Paläarktische und nearktische Region.

2 Große Schlammschnecke – *Lymnaea stagnalis*
Gehäusehöhe bis zu 60 mm, Breite 22–30 mm. Der Wirbel des Gehäuses ist genauso hoch oder nur etwas höher als die Mündung. Form und Färbung ziemlich variabel. Diese Schlammschnecke lebt in ruhigem Süßwasser, in niedrigen Lagen gegebenenfalls auch im Brackwasser. Verbreitung: Paläarktische und nearktische Region.

3 Ohrschlammschnecke – *Lymnaea auricularia*
Gehäusehöhe 25–30 mm, Breite 20–30 mm. Das breite Gehäuse wird von nur vier Windungen gebildet. Die oberen drei sind klein, die unteren breit. In stehenden Gewässern mit reicher Vegetation, manchmal auch in langsam fließenden Flüssen. Verbreitung: Großteil Europas, Nord- und Ostasien, nach Nordamerika eingeschleppt.

Familie: Posthorn- oder Tellerschnecken – Planorbidae

4 Posthornschnecke – *Planorbarius corneus*
Gehäusehöhe 11–13 mm, Breite 25–33 mm. Oberseite tief eingesenkt. Das dunkelbraune Gehäuse weist oft eine netzartige Zeichnung auf und besteht aus 4,5 bis 5 Windungen. Die Art bewohnt stehende oder langsam fließende Gewässer mit reicher Vegetation. Fehlt in höheren Lagen. Verbreitung: Großteil Europas, Kaukasus, Kleinasien, Ostsibirien.

5 Geränderte Tellerschnecke – *Planorbis planorbis*
Gehäusehöhe 3,5–4 mm, Breite 12–17 mm. Der Körper ist im Gehäuse von 5,5–6 Windungen geborgen, an der Unterseite sitzt ein Kiel. In niederen Lagen in vegetationsreichen stehenden Gewässern. Verbreitung: Paläarktische und nearktische Region.

6 Glänzende Tellerschnecke – *Segmentina nitida*
Gehäusehöhe 1,5–1,8 mm, Breite 5–7 mm. Die Schnecke besitzt ein kleines, flaches Gehäuse aus 4,5–5 Windungen. Die Mündung ist liegend-herzförmig. Häufig, in Tümpeln, Gräben, Teichen und Sümpfen. Verbreitung: Großteil der paläarktischen Region.

Familie: Mützenschnecken – Ancylidae

7 Fluß-Napfschnecke – *Ancylus fluviatilis*
Schalenlänge 4,7–7,3 mm. Die Schale ist oval, ihre Spitze nach rechts hinten ausgezogen. Sie ist dünnwandig und weist radiale Rillen auf. Die Fluß-Napfschnecke kommt auf Steinen in sauberen Bächen, Flüssen und Seen vor, vor allem in Hügel- und Gebirgslandschaften. Durch die fortschreitende Verschmutzung der Wasserläufe ist sie bereits an vielen Standorten verschwunden. Verbreitung: Europa, Kaukasus, Transkaukasien, Nordafrika.

1
2
3
4
5
6
7

Ordnung: Landlungen-schnecken – Stylommatophora
Familie: Pupillidae

1 Moosschraube – *Pupilla muscorum*
Gehäusehöhe 3–4 mm, Breite 1,8–2 mm. Mit kleinem starkwandigen, rotbraunen Gehäuse, an dessen Mündung ein bis zwei Zähnchen sitzen. Häufige Art, die trockene, grasbestandene Hänge vor allem auf Kalkuntergrund bewohnt. Oft unter Steinen. Verbreitung: Eurasien, Nordwestafrika, Nordamerika.

Familie: Vertiginidae

2 Zylindrische Windelschnecke – *Truncatellina cylindrica*
Gehäusehöhe 1,8–2 mm, Breite ca. 1 mm. Das gelbbraune walzenförmige Gehäuse besteht aus 5–6 Windungen, jede Windung ist sehr fein gerillt. In der Gehäusemündung keine Zähnchen. Die Schnecke lebt in trockenen Grassteppen, auf trockenen Wiesen und Felsen; Wälder meidet sie. Verbreitung: Europa bis zum 60. Breitengrad, Kaukasus, Transkaukasien, Kleinasien, Nordafrika.

3 Zwerg-Windelschnecke – *Vertigo pygmaea*
Gehäusehöhe 1,5–2,2 mm, Breite 1,2–1,5 mm. Die Schnecke hat ein braun glänzendes Gehäuse, in dessen Mündung meist 5 Zähne sitzen (manchmal auch nur 4 oder 6). Sie liebt feuchte Standorte – Wiesen, Raine; auch auf Felsen. Verbreitung: Europa (mit Ausnahme des Nordens und Südens), Kaukasus, Transkaukasien, Westasien, Nordamerika.

Familie: Grasschnecken – Valloniidae

4 Stachelschnecke – *Acanthinula aculeata*
Gehäusehöhe 1,8–2,1 mm, Breite 2–2,3 mm. Hornbraunes Gehäuse aus vier Windungen. Auf den letzten beiden Windungen sitzen Rippen, auf denen feine Stacheln sind. In Wäldern unter feuchtem Laub, auf morschendem Holz usw. Verbreitung: Europa (fehlt in Nordskandinavien), Kaukasus, Transkaukasien, Nordafrika.

5 Gerippte Grasschnecke – *Vallonia costata*
Gehäusehöhe 1,3 mm, Durchmesser 2,1–2,7 mm. Die Art hat ein gelbgraues Gehäuse mit deutlich erkennbaren Rippen in radialer Anordnung (auf der letzten Windung bis zu 36). Auf Wiesen und Felsen häufig. Verbreitung: Paläarktische und nearktische Region.

6 Glatte Grasschnecke – *Vallonia pulchella*
Gehäusehöhe 1,3 mm, Durchmesser 2 bis 2,5 mm. Mit weißlich-gelbgrauem Gehäuse von fast kreisrunder Form. An feuchten Orten wie Wiesen, Rainen, unter Steinen usw. Verbreitung: Paläarktische und nearktische Region.

Familie: Vielfraßschnecken – Enidae

7 Große Vielfraßschnecke – *Zebrina detrita*
Gehäusehöhe 20–22 mm, Breite 9–10 mm. Mit glänzend weißem Gehäuse, auf dem manchmal braune Streifen zu sehen sind. Ausgesprochen wärmeliebend, vor allem auf Kalkböden. Verbreitung: Europa (vom Süden bis nach Mitteleuropa, wo die Nordgrenze ihrer Verbreitung verläuft), Iran.

Familie: Bernsteinschnecken – Succineidae

8 Bernsteinschnecke – *Succinea putris*
Gehäusehöhe 16–22 mm, Breite 8–11 mm. Die Mündung des gelblichen Gehäuses hat eine Höhe, die etwa ⅔ der Gesamthöhe entspricht. Das Haus besteht aus 3–4 Windungen. Die Bernsteinschnecke lebt vor allem in niederen Lagen, in Auwäldern, im Schilf und auf Wasserpflanzen. Verbreitung: Europa, West- und Nordasien.

4
2
1
8
3
7
6
5

Familie: Schließmundschnecken – Clausiliidae

1 Feingerippte Schließmundschnecke – *Clausilia dubia*
Gehäusehöhe 12–13 mm, Breite 2,8–3 mm. Gehäuse wie bei vielen weiteren Arten spindelförmig gestreckt. Eine genaue Bestimmung ist nur mit Hilfe eines Vergrößerungsglases möglich, da die Erkennungsmerkmale in der Gehäusemündung untersucht werden müssen. Die Art hat ein Haus mit dichter Querstreifung, über diese Struktur verlaufen auch noch feine Spiralrillen. An feuchten Stellen, an Felsen (gerne in Burgruinen) und in alten Baumstümpfen. Verbreitung: Großteil Europas (Westeuropa, vom Nordbalkan bis Südskandinavien, Großbritannien).

2 *Gracillaria filograna*
Gehäusehöhe 7,5–9 mm, Breite 2–2,2 mm. Das Gehäuse hat 9–10 Windungen, die stark hervortreten und an der Naht durch eine Rille voneinander getrennt sind. Die Rippen des Gehäuses liegen weit voneinander entfernt. Die Art bewohnt feuchte Wälder mit genügend verwesendem Laub; Baumstämmen weicht sie aus. Verbreitung: Südalpen, in den Gebirgen Sachsens und Thüringens, Ostharz, Karpaten, Nordwestbalkan, nach Osten bis Moskau.

3 *Cochlodina orthostoma*
Gehäusehöhe 12–13 mm, Breite 3 mm. Die Schnecke bildet ein braunes Gehäuse aus, über dessen Oberfläche feine Rippen verlaufen, der Gehäusewirbel ist dick. Häufige Art, gerne auf moosüberzogenen Felsen, Bergahorn-Stämmen (*Acer pseudoplatanus*) und Buchen in Laubwäldern. Verbreitung: Europa von den Karpaten über die Ostseeländer bis Finnland, im Osten bis in die Ukraine.

4 Feingefältelte Schließmundschnecke – *Iphigena plicatula*
Gehäusehöhe 10–15 mm, Breite 2,8–3 mm. Über ihr schlankes Gehäuse verlaufen außer den Rippen auch feine Spiralen. Von den Niederungen bis in Gebirgslagen, in Wäldern in altem Laub, auf Baumstämmen, in Sümpfen, an Felsen und Wänden. Verbreitung: Von Norditalien bis Südskandinavien, Ostfrankreich, fehlt in einigen Gebieten der Norddeutschen Tiefebene.

Familie: Diskusschnecken – Endodontidae

5 Gefleckte Diskusschnecke – *Discus rotundatus*
Gehäusehöhe 2,4–2,8 mm, Breite 5,8–7 mm. Auf horngelbem Gehäuse sitzen rotbraune Flecken. Häufige, in Wäldern lebende Art, verkriecht sich im Laub, unter altem Holz, Steinen usw. Auch in alten Burgen. Verbreitung: Großteil Europas (im Norden bis Südskandinavien, Litauen), Nordafrika.

Familie: Glanzschnecken – Zonitidae

6 Gemeine Glanzschnecke – *Vitrea crystallina*
Gehäusehöhe ca. 2 mm, Breite 3–4 mm. Das Gehäuse hat 4,5–5 Windungen, die letzte ist etwa 1,5mal so breit wie die vorhergehende. An feuchten Stellen unter altem Laub, mit Vorliebe in Erlenbeständen, im Moos usw., von den Niederungen bis ins Gebirge. Verbreitung: Großteil Europas, Nordwestafrikas.

Familie: Glasschnecken – Vitrinidae

7 Kugelige Glasschnecke – *Vitrina pellucida*
Gehäusehöhe ca. 3,5 mm, Breite 4,9–6 mm. Glänzend glattes Gehäuse mit drei bis dreieinhalb Windungen. Sehr häufige und weit verbreitete Art. Sowohl in feuchten wie auch trockenen Gebieten – in Wäldern, Steppen, auf Felsen, Wiesen und Kulturflächen, verbirgt sich unter altem Laub, unter Steinen und Moos. Verbreitung: Eurasien (auch auf Island), Nordamerika.

1
2
3
4
5
6
7

Familie: Wegschnecken – Arionidae

1 Rote Wegschnecke – *Arion rufus*
Länge 120–150 mm. Färbung verschieden, es gibt orange- und ziegelrote, braune sowie schwarze Tiere. Der Fußrand ist immer rot. An feuchten Stellen, vor allem in Laubwäldern. Allesfresser, der sich neben pflanzlicher Nahrung auch von Aas ernährt. Verbreitung: Europa vom Nordteil der Pyrenäenhalbinsel bis Südskandinavien, Großbritannien und Island.

2 Braune Wegschnecke – *Arion subfuscus*
Länge 60–70 mm. Ocker- bis orangegelbe Art mit deutlichem, nicht scharf umgrenzten dunklem Streifen auf den Körperseiten. Auf ihrem Schild sitzt eine dunkle Zeichnung in Form einer Lyra. In Laub- und Nadelwäldern. Gern kriecht sie unter die Rinde alter Stämme und sucht dort nach Schimmelpilzen. Frißt auch Waldpilze und Früchte. Verbreitung: Großteil Europas (außer dem Südbalkan, der Pyrenäenhalbinsel und Italien).

Familie: Egelschnecken – Limacidae

3 Ackerschnecke – *Deroceras reticulatum*
Länge 50–60 mm. Grundfarbe hellgrau, gelblich, weiß oder rotbraun, darüber breitet sich eine dunkle netzartige Zeichnung. An feuchten Orten, in Wäldern, auf Wiesen, Feldern und Gärten unter Laub, Steinen und Holzstücken. Allesfresser, der in Gärten und Gewächshäusern Schaden anrichten kann. Diese und verwandte Arten werden von Laien leicht mit den Arten der Familie *Arionidae* verwechselt, doch bestehen zwischen ihnen beträchtliche Unterschiede. So z. B. mündet die Atemöffnung bei den *Arionidae* vor der Schildmitte, bei den *Limacidae* erst hinter der Schildmitte. Die Ackerschnecke wurde früher mit *D. agreste* zu einer Art zusammengefaßt. Verbreitung: Kosmopolit.

4 *Lehmannia macroflagellata*
Ca. 50 mm lang, ähnelt der verwandten Art *L. marginata*, in deren Gesellschaft sie gelegentlich auftritt. Lebt in Bergwäldern, vorwiegend in Laubbeständen (Buchen) und geht auch über die obere Waldgrenze bis zu 2000 m hoch. Verbreitung: Mitteleuropa, Gebirge des Karpaten- und Sudetenbogens.

5 Große Egelschnecke – *Limax maximus*
Länge 120–150 mm. Gehört zu den größten Arten und ist hellgrau bis weißlich gefärbt, über jede Körperseite ziehen sich 1–3 Reihen dunkler Flekken hin. Das Tier scheidet farblosen Schleim aus. In Parks und Gärten, seltener in Wäldern, auch in Kellern. Die Große Egelschnecke lebt von Pflanzengewebe und allen möglichen Lebewesen (frißt Weichtiere). Verbreitung: Europa.

6 *Bielzia coerulans*
Länge 100–120 mm. Körper mit blauer, violetter bis fast schwarzer Färbung, ohne dunkle Zeichnungen. Ihr Rückenkiel ragt hoch auf. Ausgesprochene Gebirgsart, die häufig unter der Rinde alter Bäume, Steinen oder Laub anzutreffen ist. Verbreitung: Karpaten und Sudetengebirge.

1

2

3

4

5

6

Familie: Schnirkelschnecken – Helicidae

1 Weitgenabelte Heideschnecke – *Helicella itala*
Gehäusehöhe 7–8 mm, Breite 15–16 cm, auch unter der Bezeichnung *H. ericetorum* bekannt. Das weißlich-gelbe Gehäuse hat 5¼ bis 5¾ Windungen. Oft einfarbig, doch in der Regel mit hellbraunen, transparenten Streifen. Wärmeliebend, meist an trockenen Hängen, mit Kalksteinunterlage. Verbreitung: West- und Mitteleuropa.

2 Weiße Heideschnecke – *Helicella obvia*
Gehäusehöhe ca. 8 mm, Breite, 16 mm, auch als *H. candicans* beschrieben. Mit weißem Gehäuse, über das sich dunkle, undurchsichtige Streifen hinziehen, die sich manchmal zu ganz dünnen Linien verjüngen oder in eine Reihe von Punkten übergehen. Das Gehäuse besteht aus 5½ bis 5¾ Windungen. Diese Heideschneckenart liebt Wärme und Trockenheit, sie ist daher oft an waldlosen Hängen und Bahndämmen zu finden. Da sie auch kühlere Standorte verträgt, setzt sie sich leicht in neuen Gegenden fest, wenn sie dorthin eingeschleppt wurde. Verbreitung: Südost- und Mitteleuropa, in Deutschland am Oberrhein, in Thüringen und im Harz, seltener in der Norddeutschen Tiefebene.

3 Zweizähnige Laubschnecke – *Perforatella bidens*
Gehäusehöhe 7 mm, Breite 10 mm. Glänzend braunes Gehäuse aus sieben Windungen, der untere Mündungsrand ist mit zwei Zähnchen versehen („bidens"). Die Schnecke lebt in den Niederungen an feuchten Standorten, in Auwäldern, Erlenbeständen usw. Verbreitung: Mittel- und Osteuropa, in Deutschland in Ostholstein und längs des Mains.

4 Rötlich gelippte Laubschnecke – *Monachoides incarnata*
Gehäusehöhe 9–10 mm, Breite 13–16 mm. Gehäuse in der Form eines breiten, flachen Kegels, graugelb bis rötlich-braun mit feinkörniger Oberfläche. Liebt Feuchtigkeit, lebt im Wald unter altem Laub und auf Kräutern, auch auf Kulturland. Verbreitung: West- und Mitteleuropa, Südskandinavien, Nordbalkan. Fehlt in Großbritannien.

5 Einzähnige Laubschnecke – *Trichia unidentata*
Gehäusehöhe 5–6 mm, Breite 7–8 mm. Gehäuse relativ hoch, hornbraun, mit kurzen Härchen bestanden. In der Mündung sitzt ein kräftiger Zahn. Lebt in Berg- und Vorgebirgslandschaften, wo sich in den Wäldern unter Laub und Steinen genug Feuchtigkeit findet. Verbreitung: Nördliche Kalkalpen, die Gebirgszüge Süddeutschlands, Böhmerwald, Riesengebirge usw.

6 Behaarte Laubschnecke – *Trichia hispida*
Gehäusehöhe 4,5–5 mm, Breite 7–8,5 mm. Gehäuse aus 5–6 Windungen, graubraun bis rotbraun von Härchen überzogen, die bis zu 0,3 mm lang werden. Diese Schnecke liebt feuchte Standorte und lebt daher vorwiegend in niederen Lagen auf Wiesen, in erlenbestandenen Tälern und Gärten. Im Moos, Laub, unter Steinen und in altem Mauerwerk. Verbreitung: Europa (im Norden bis zum Polarkreis), Kaukasus.

7 Eingerollte Zahnschnecke – *Helicodonta obvoluta*
Gehäusehöhe 5 mm, Breite 11 mm. Flaches, haarbestandenes Gehäuse, Mündung dreigelappt. Wärmeliebender Waldbewohner auf Kalksteingrund. Unter altem Laub, Steinen und altem Holz. Verbreitung: West- und Mitteleuropa, Nordbalkan, Großbritannien und Italien.

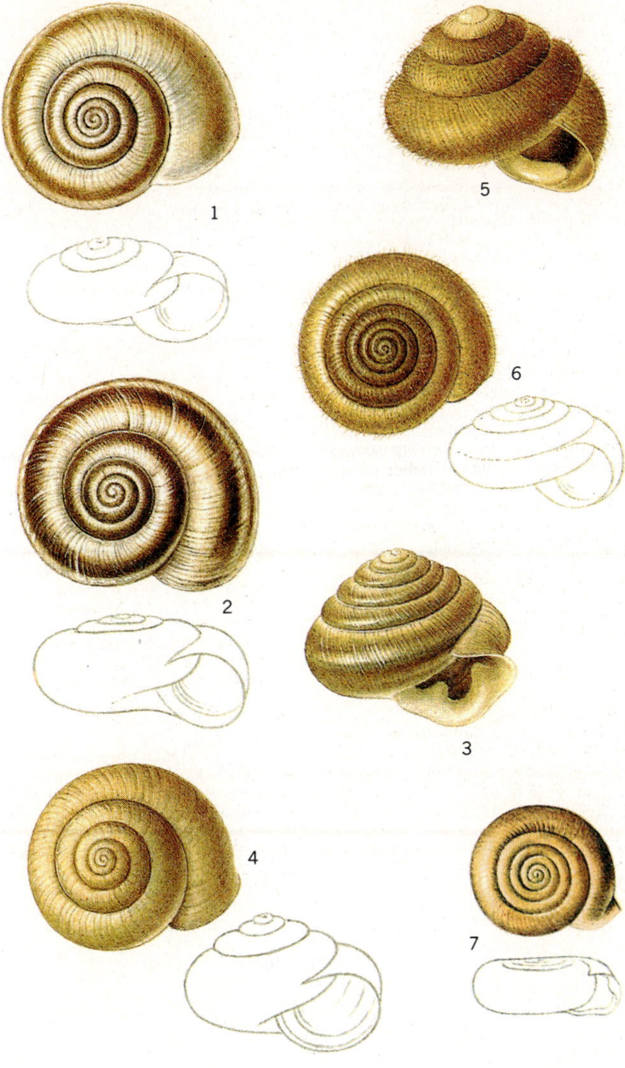
1
5
6
2
3
4
7

Familie: Schnirkelschnecken – Helicidae

1 Steinpicker – *Helicigona lapicida*
Gehäusehöhe 7,5 – 8,5 mm, Breite 16 – 17 mm. Auf dem linsenförmigen graubraunen Gehäuse sitzen rotbraune Flecken. Vorwiegend in Hügellandschaften auf Buchenstämmen, dem Mauerwerk alter Burgen und Felsen. Verbreitung: Europa, von den nördlichen Teilen der Pyrenäenhalbinsel bis Südskandinavien, Großbritannien, Baltenländer.

2 Gefleckte Schnirkelschnecke – *Arianta arbustorum*
Gehäusehöhe 18 – 21 mm, Breite 18 – 25 mm. Relativ großes, hell- oder dunkelbraun gefärbtes Gehäuse mit gelben Flecken und einem dunklen Streifen. Die Mündung ist rundlich und hat einen weißen Rand. Die Schnecke lebt in feuchten Wäldern von den Niederungen bis ins Gebirge; sie wird 5 Jahre alt. Ihre Nahrung besteht aus Blättern und Früchten verschiedener Pflanzen. Verbreitung: Europa: Pyrenäen, Frankreich, Großbritannien, Mitteleuropa nördlich der Alpen, Baltenländer, Ukraine, Skandinavien.

3 Ungenabelte Maskenschnecke – *Isognomostoma isognomostoma*
Gehäusehöhe ca. 6 mm, Breite 10,5 mm. Mit braunem, ziemlich flachem und von relativ langen Haaren überzogenem Gehäuse. Die Zähne und die Lamelle geben der Mündung eine dreilappige Form. Die Schnecke bewohnt Berg- und Vorgebirgswälder und hält sich dort an steinigen Stellen auf, auch unter altem Laub und unter Holzstükken nicht selten. Verbreitung: Mitteleuropäische Gebirge, Pyrenäen.

4 Hain-Bänderschnecke – *Cepaea nemoralis*
Gehäusehöhe 17 – 18 mm, Breite 22 – 23 mm. Die rotbraune bis schwarze Mündung des Gehäuses ist fast genauso hoch wie breit. Die Schnecke lebt vorwiegend in Gärten und Parks, auch in lichten Wäldern. Verbreitung: West- und Mitteleuropa, Südskandinavien, Litauen, Nordbalkan.

5 Garten-Bänderschnecke – *Cepaea hortensis*
Gehäusehöhe 15 – 16 mm, Breite 19 – 21 mm. Das Gehäuse ist dunkel gestreift, die Mündung ist breiter als hoch und hell umrandet. Bewohnt feuchtere Orte in Wäldern und Hainen, gelegentlich auch auf Kulturland. Verbreitung: Mittel- und Westeuropa, Großbritannien, Südskandinavien, Südfinnland, Nordamerika.

6 Weinbergschnecke – *Helix pomatia*
Gehäusehöhe und -breite ca. 40 mm. Gehört zu den bekanntesten Schnekken, ihre leeren Gehäuse finden sich oft in Wäldern und an Rainen. Das Gehäuse ist gelbbraun und mit fünf nicht immer deutlich sichtbaren dunkleren Streifen verziert. Es hat 4,5 – 5 Windungen. Die Schnecke reift erst im dritten und vierten Lebensjahr heran. Hermaphrodit (Zwitter). Ihre Eier messen im Durchmesser etwa 5,5 mm und sind von einer Kalkschale umgeben. Die Weinbergschnecke lebt vorwiegend in wärmeren Lagen in Wäldchen und auch auf Kulturland. Ihre Nahrung bilden alle möglichen Pflanzen. Mancherorts wird sie auch auf Farmen gezüchtet. Verbreitung: West-, Mittel- und Südosteuropa, Südskandinavien, Großbritannien und Baltenländer.

7 Mittelmeer-Weinbergschnecke – *Helix aspersa*
Gehäusehöhe ca. 35 mm, Breite 38 mm. Die Schnecke hat ein gelbes Gehäuse, auf dem fünf dunkle Streifen sitzen. An manche Orte wurde sie mit Gemüse eingeschleppt. Verbreitung: Westeuropa und Mittelmeerraum.

1
2
3
4
5
6
7

Klasse: Grabfüßer – Scaphopoda
Familie: Zahnschnecken – Dentaliidae

1 Meerzahn – *Dentalium dentale*
Schalenlänge 30–50 mm. Das Tier bildet eine gestreckte Schale aus, die die Form eines winzigen Elefantenstoßzahnes hat. Ähnliche Schalen haben auch die verwandten Arten. Außer der Schalengröße (einige Arten haben nicht einmal 5 mm lange Schalen) dient die Oberflächenskulptur als Haupterkennungsmerkmal. Über die weiße, leicht geschwungene Schale dieser Art verlaufen 18–20 Rillen, manchmal weist sie auch rote Streifen auf. Die beiden Schalenenden sind offen. Der Meerzahn lebt auf schlammigem und sandigem Meeresboden, mit dem Fuß gräbt er sich in den Sand ein, nur das spitze Hinterteil steht hervor. Er kommt sogar noch in mehreren hundert Metern Tiefe vor. Nahrung sind hauptsächlich die verschiedenen Arten der einzelligen Foraminiferen, die er mit seinen Fangarmen im Sand aufspürt. Die sich aus den Eiern entwikkelnden Larven treiben frei im Wasser. Verbreitung: Europäische Atlantikküste, Mittelmeer, fehlt in der Ostsee.

2 Elefantenzahnschnecke – *Dentalium vulgare*
Schalenlänge etwa 60 mm. Über die Oberfläche der mattweißen Schale verlaufen zahlreiche Rillen. Das Schalenende ist stumpf abgeschnitten und hat keinen Einschnitt. Die Art lebt bis in eine Tiefe von rund 70 m auf Sedimentböden. Vermehrungszeit ist im April/Mai. Verbreitung: Mittelmeer, Mittelteil der Atlantikküste.

Klasse: Muscheln* – Bivalvia
Ordnung: Kammkiemer – Taxodonta
Familie: Nußmuscheln – Nuculidae

3 Gemeine Nußmuschel – *Nucula nucleus*
Länge 12 mm, Höhe 9 mm, Breite 5,6 mm. Schalenoberseiten gelbweiß, die Innenseiten haben Perlmuttglanz. Der Schalenunterrand ist fein gezahnt. Die Art kommt in großer Zahl in Tiefen über 5 m in Sedimentböden auf dem Grund vor. Verbreitung: Europäische Atlantikküste von Portugal bis Norwegen, Mittelmeer, Schwarzes Meer.

Familie: Nuculanidae

4 *Nuculana minuta*
Länge ca. 14 mm. Das Schalenvorderende ist breit abgerundet, das Hinterende schmal ausgezogen. Auf der Oberfläche sitzen feine Rillen in konzentrischer Anordnung. Lebt bis zu einer Tiefe von 40 m auf weichen Meeresböden. Verbreitung: Nordsee, arktische Meere.

Familie: Archenmuscheln – Arcidae

5 Arche Noah – *Arca noae*
Länge ca. 70 mm, Höhe 30 mm, Breite 36 mm. Die Oberfläche der bootsförmig gestreckten Schalen ist hellgrau bis braun gefärbt, die Innenseiten sind in der Regel dunkelbraun. Auf der Oberseite sind deutlich die erhabenen konzentrischen Ringe auszumachen, die das Schalenwachstum verraten. Hier finden sich jedoch auch radiale Rillen. Der Schalenvorderrand ist lang, gerade und mit einer Reihe gleich großer Zähne ausgestattet. Häufige Art, die in verschieden großen Tiefen (von 0 bis 120 m) auf steinigem und sandigem Grund lebt und sich mit Vorliebe auf den Schalen anderer Weichtiere oder auf Fels niederläßt. Eßbar, wird daher häufig gefangen und auf Fischmärkten angeboten. Verbreitung: Europäische Atlantikküsten (nach Norden bis Großbritannien), Afrika (bis zum Senegal), Mittelmeer. Fehlt im Schwarzen Meer.

* Die Größenangaben beziehen sich auf Muschellänge (Entfernung zwischen Vorder- und Hinterrand), Höhe (Entfernung zwischen Ober- und Unterrand) und Breite (größte Ausdehnung beider aufeinander geklappter Schalenhälften).

3
4
2
5
1

Ordnung: Ungleichmuskler – Anisomyiaria
Familie: Miesmuscheln – Mytilidae

1 Mittelmeer-Miesmuschel – *Mytilus galloprovincialis*
Länge 60 – 80 mm, Höhe 40 mm, Breite 35 mm. Das vordere Schalenende ist spitz. Auf ihrer glatten, blauschwarzen oder gelbbraunen Oberfläche lassen sich deutlich dunklere Streifen ausmachen, die die einzelnen Wachstumsperioden markieren. Schaleninnenfläche blauweiß oder blaugrau. Sehr häufig auf Klippen und an Hafenbauten. An ihrer Unterlage hält sie sich mittels der sog. Byssusfäden fest, auf diese Weise schützt sich die Muschel vor der Brandung. Ihre Nahrung besteht vorwiegend aus Kleinorganismen, sie pflanzt sich im Mai/Juni fort; ihre Larven leben im Plankton. Diese Art gehört zu den seit jeher gefangenen Weichtieren, oft wird sie zusammen mit Austern (*Ostrea*) gezüchtet. In Küstengegenden sehr häufig auf den Märkten angeboten. Verbreitung: Schwarz- und Mittelmeerküste, Großbritannien.

Familie: Steckmuscheln – Pinnidae

2 Edle Steckmuschel – *Pinna nobilis*
Länge 350 – 450 mm. Mit braunroten Schalen, die vorn spitz zulaufen und sich nach hinten keulenförmig erweitern. Die Oberfläche ist vor allem bei jungen Exemplaren mit vielen, in Reihen angeordneten Schuppen bedeckt. Innenseiten mit Perlmuttglanz. Die Tiere halten sich ab drei Meter Tiefe im Küstensand auf, in den sie sich mit der Spitze eingraben und mit Hilfe ihrer Byssusfäden verankern. Das Fleisch dieser Muscheln ist eßbar und von ausgezeichneter Qualität, auf Fischmärkten wird es häufig angeboten. Verbreitung: Mittelmeer.

Familie: Kammuscheln – Pectenidae

3 Jakobsmuschel – *Pecten jacobaeus*
Länge 130 – 150 mm, Höhe 120 mm, Breite 30 mm, meist jedoch kleiner. In der Schalenform ähnelt sie den übrigen Arten dieser Familie. Auf der Oberfläche 14 – 16 radial auseinanderstrebende Rippen. Wie bei anderen Arten auch, weisen die rechte und linke Schale jeweils eine andere Färbung und Form auf. Die eine ist gewölbter, die andere flacher. Die flügelartigen Ansätze seitlich des Wirbels sind bei beiden Schalen symmetrisch. Auf sandigem Meeresgrund ab 25 m Tiefe, eßbar. Verbreitung: Mittelmeer, Kanarische und Kapverdische Inseln.

4 Kleine Pilgermuschel – *Aequipecten opercularis*
Länge 80 mm, Höhe 75 mm, Breite 24 mm. Auf jeder Schale sitzen 18 – 22 erhabene Radialrippen. Die Färbung ist im ganzen recht variabel. Die Muschel lebt auf sandigem Meeresboden, aber auch auf anderem Untergrund. Wie andere Arten auch ist sie ein guter Schwimmer. Eßbar, ihr Fleisch gilt als Delikatesse. Verbreitung: Europäische Atlantikküste, Mittelmeer.

5 Bunte Kammuschel – *Chlamys varia*
Länge 50 – 60 mm, Höhe 60 – 65 mm, Breite 18 mm. Mit farblich variablen Schalen, häufig gelblich-weiß, aber auch braun, rot oder ganz dunkel. Über jede Schale verlaufen 25 – 33 strahlenförmig auseinanderstrebende, mit deutlich erkennbaren Schuppen besetzte Rippen. Die Flügelfortsätze sind asymmetrisch. Meist bis in eine Tiefe von 60 m auf Sandgrund, doch auch in Korallenformationen. Häufig, wird regelmäßig gefangen. Verbreitung: Europäische Atlantikküste von Spanien bis Norwegen, Kapverdische Inseln, Mittelmeer.

1
2
5
3
3a
4

Familie: Feilenmuscheln – Limidae

1 Gewöhnliche Feilenmuschel – *Lima lima*
Länge 35 mm, Höhe 50 mm, Breite 18–22 mm. Die schönen, an der Spitze mit Flügelfortsätzen ausgestatteten starkwandigen, innen und außen porzellanweißen Schalen haben 19–24 Radialrippen, deren abstehende Schuppen in konzentrischen Reihen angeordnet sind. Diese Reihen lassen Aufschlüsse über das Wachstum der Muschel zu. Zwischen den Rippen liegen tiefe, glatte Rillen. Die Feilenmuschel ist häufig auf steinigem Grund; oft zwischen Meeresschwämmen und in Korallenschichten (*Anthozoa*). Verbreitung: Mittelmeer, südwesteuropäische Küsten, Kanarische und Kapverdische Inseln, Nordamerika u. a.

Familie: Zwiebelmuscheln – Anomiidae

2 Sattelmuschel – *Anomia ephippium*
Länge 50–65 mm, Höhe 50–60 mm, Breite 18–20 mm. Schalen dünn, braunrot bis braungelb. Über die Oberfläche verlaufen konzentrische Rillen und Rippen in unregelmäßiger Form. An der Unterschale liegt die Byssusöffnung, an der Innenseite der Oberschale sitzen drei Eindrücke (Unterscheidungsmerkmal). Die Sattelmuschel lebt in geringer Tiefe von 0–30 m an Holz oder anderem Material festgesaugt auf hartem Meeresgrund. Verbreitung: Schwarzes Meer, Mittelmeer, Atlantikküste von den Kapverdischen Inseln bis Norwegen.

Familie: Austern – Ostreidae

3 Europäische Auster – *Ostrea edulis*
Schalendurchmesser 70–150 mm. Die starken, unregelmäßig runden Schalen sind nicht gleich. Die untere sitzt fest auf ihrer Unterlage, meist auf Fels oder Stein. Austern brauchen Seewasser mit hohem Salzgehalt. Sie leben in Gesellschaften, oft bilden sie zusammenhängende Bänke. Die Tiere erreichen ein Alter von zehn Jahren, oft sogar noch mehr. Ihre Nahrung besteht aus Kleinorganismen, die sie aus dem Wasser filtern. Austern sind Zwitter, deren Geschlecht sich im Laufe des Lebens ändert. Erst sind sie Männchen, später Weibchen, dann wieder Männchen usw. Die Larven schwimmen im Wasser, nach einer gewissen Zeit suchen sie einen geeigneten Ort – z. B. einen Felsen oder eine Muschelschale –, auf dem sie sich niederlassen und festwachsen. Die Austern haben in ihrem Verbreitungsareal eine Reihe von Formen hervorgebracht, die früher als selbständige Arten galten. *O. edulis tarentia* (3 a) hat eine quer-ovale Schale mit feinen Lamellen auf der Oberseite. *O. edulis adriatica* (3 b) hat eine quer-eirunde Schale, auf deren Oberseite in dichten Reihen angeordnet große Lamellen sitzen. In Küstengebieten hat die Auster bis auf den heutigen Tag große wirtschaftliche Bedeutung, sie wird gesammelt und auf dem Markt gehandelt. Sie wird aber auch in großen Mengen gezüchtet. Früher bildeten die Austernbänke vor der europäischen Küste einen zusammenhängenden Gürtel, doch hat der planlose Fang die einstmals sehr zahlreichen Austernbestände derart geschädigt, daß sie mancherorts völlig verschwunden sind. Dank der Einschränkung einiger Fangmethoden ist es in den letzten Jahren stellenweise zur allmählichen Erholung der Bestände gekommen. Außer ihrem gefährlichsten Feind, dem Menschen, haben die Austern eine Reihe Feinde unter den verschiedenen Meerestieren, z. B. einige Seesterne u. a. Verbreitung: Europäische Atlantikküste bis zum Polarkreis, nordafrikanische Küste, Schwarzes Meer, Mittelmeer.

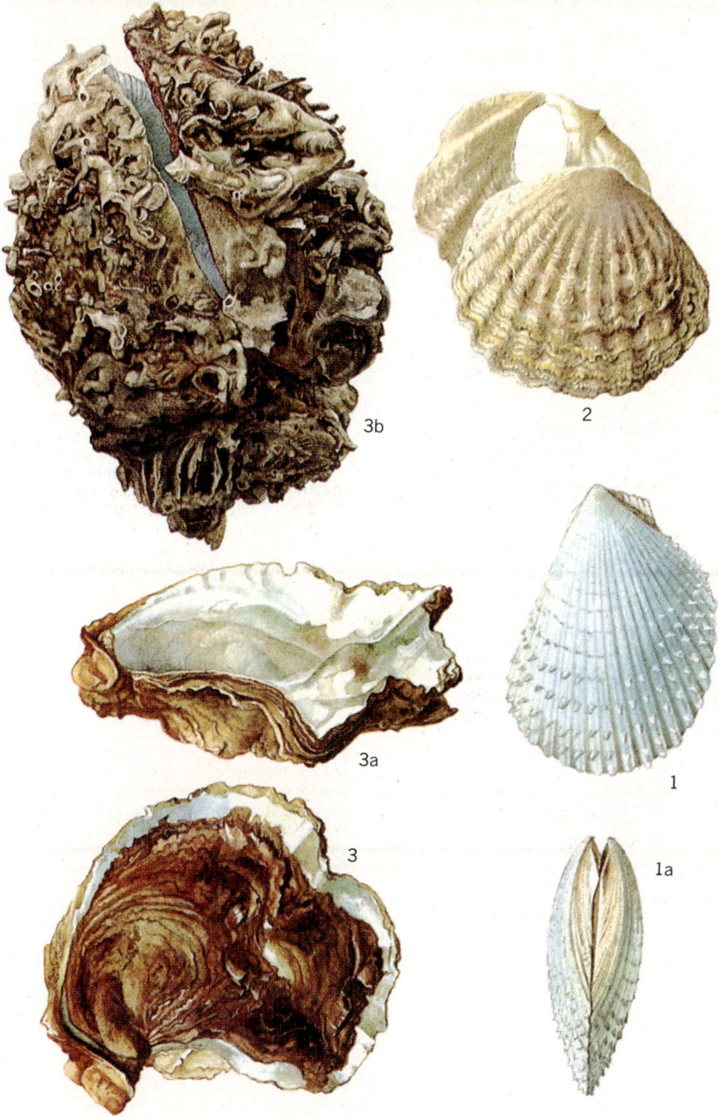
3b
2
1
3a
3
1a

Ordnung: Blattkiemer – Eulamellibranchiata
Familie: Flußmuscheln – Unionidae

1 Aufgeblasene Flußmuschel – *Unio tumidus*
Länge 70–80 mm, Höhe 36–40 mm, Breite 23–26 mm. Die grünbraunen Schalen sind am Vorderrand breit abgerundet, hinten laufen sie spitz zu. Der Unterrand ist gleichfalls abgerundet (dadurch unterscheidet sich die Art u. a. von der Malermuschel *U. pictorum*, deren Schale einen geraden Unterrand hat). Sie lebt in ruhigen stehenden oder langsam fließenden Gewässern (in Teichen, Altwässern). Innerhalb ihres Verbreitungsgebiets bildet sie mehrere geographische Rassen aus. Z. B. bewohnt *U. tumidus depressus (rhenanus)* den Rhein und seine linken Nebenflüsse; sie ist häufig. Verbreitung: Europa (fehlt im Süden und in den Gebirgszonen Mitteleuropas), Transkaukasien, Westsibirien.

2 Teichmuschel – *Anodonta cygnea*
Länge 170–220 mm, Höhe 84–120 mm, Breite 52–60 mm. Die Teichmuschel hat schwache, breit ovale oder gestreckte Schalen und lebt im Schlammgrund von Teichen, Flüssen und Stauseen. Aus ihren Eiern entwikkeln sich wie bei weiteren Arten kleine schmarotzende Larven, sog. Glochidien, die auf Fischen leben. Nach einer gewissen Zeit verlassen sie ihren Wirt und leben frei im Wasser. Verbreitung: Eurasien (fehlt im Mittelmeerraum), Nordamerika.

Familie: Perlmuscheln – Margaritiferidae

3 Flußperlmuschel – *Margaritifera margaritifera*
Länge 120–150 mm, Höhe 50–72 mm, Breite 30–45 mm. Bewohnt saubere Bäche in den Niederungen und in Hügellandschaften und wird 60–80 Jahre alt. Wegen der mancherorts bereits bedrohlichen Wasserverschmutzung geht die Art stark zurück. Bildet echte Perlen. Verbreitung: Europa, Sibirien, Kamtschatka, Nordamerika.

Familie: Astartemuscheln – Astartidae

4 *Astarte sulcata*
Länge 19 mm, Höhe 15 mm, Breite 8 mm. Konzentrisch gerippte Schale, an den Meeresküsten häufig. Verbreitung: Von den Kanarischen Inseln bis Norwegen (im Mittelmeer selten), Nordamerika.

Familie: Kugelmuscheln – Sphaeriidae

5 Gemeine Kugelmuschel – *Sphaerium corneum*
Länge 12–15 mm, Höhe 10–11 mm, Breite 7,5–9 mm. Kommt häufig in stehenden oder langsam fließenden Gewässern vor (auch in Mühlbächen und Sümpfen). Die dünnwandigen Schalen sind konzentrisch gerillt. Verbreitung: Paläarktische Region.

6 Häubchenmuschel – *Musculium lacustre*
Länge 8–9,3 mm, Höhe 6–7,6 mm, Breite 4–4,3 mm. Kommt in schlammigen stehenden und langsam fließenden Gewässern häufig vor. Verbreitung: Paläarktische Region.

7 Erbsenmuschel – *Pisidium amnicum*
Länge 8–10 mm, Höhe 6–7 mm, Breite 4–5 mm. Eine der größten Muscheln dieser Gattung, zu der noch eine ganze Reihe sehr kleiner Arten gehört, deren Bestimmung schwierig ist. Die Schalen dieser Art sind stark gewölbt, dickwandig, gelb oder braun gefärbt. Lebt im feinen Schlamm auf dem Grund von Flüssen und größeren Bächen. Verbreitung: Großteil Europas, Nordasien, Nordafrika.

1
7
6
2
5
3
4

Familie: Dreikantmuscheln – Dreissenidae

1 Wandermuschel – *Dreissena polymorpha*
Länge 20–30 mm, Höhe 13–15 mm, Breite 17–20 mm. Schale spitz, mit einem Kiel versehen, der sich vom Vorder- bis zum Hinterende zieht. Mit Hilfe ihrer Byssusfäden läßt sich die Muschel in Flüssen, Seen und Kanälen auf verschiedenen Gegenständen nieder (auf Steinen, Holzbalken usw.). Häufig, oft in ganzen Kolonien. Verbreitung: Ursprünglich im Einzugsgebiet der Flüsse am Schwarzen Meer und am Kaspisee, eingeschleppt in alle anderen Gebiete (die Flüsse Deutschlands, Österreichs, der ČSFR, Schwedens, Dänemarks usw.).

Familie: Herzmuscheln – Cardiidae

2 Eßbare Herzmuschel – *Cerastoderma edule*
Länge 30–50 mm, Höhe und Breite ca. 30 mm. Über die auffälligen, breit gerippten Schalen verlaufen konzentrische dunkle Streifen. Die Eßbare Herzmuschel lebt flach in den sandigen Grund eingegraben. Im Winter oft auf den Märkten in Küstennähe angeboten, gilt als Delikatesse. Verbreitung: Europäische Meere, Kanarische Inseln, Nordamerika.

3 Große Herzmuschel – *Acanthocardia aculeata*
Länge bis 80 mm, Höhe 75 mm, Breite 50 mm. Über die Schalen verlaufen 20–22 mit auffälligen Dornen besetzte Rippen. Lebt sowohl in der seichteren als auch tieferen Küstenzone. Häufige Art, die gesammelt und auf dem Markt angeboten wird. Verbreitung: Mittelmeer, Atlantikküste von Marokko bis zur Westküste Großbritanniens.

4 Knotige Herzmuschel – *Acanthocardia tuberculata*
Länge 65 mm, Höhe 65 mm, Breite 50 mm. Über die Oberflächen der schmutzig-gelben Schalen mit braunschwarzen, konzentrischen Streifen verlaufen 19–24 abgerundete Rippen. Eßbar, wühlt sich in den Sand oder Schlamm des Grundes ein. Verbreitung: Europäische Atlantik- und Mittelmeerküste, Madeira, Kanarische Inseln.

5 Stachelige Herzmuschel – *Acanthocardia echinata*
Länge 55 mm, Höhe 50 mm, Breite 38 mm. Auf den Schalen sitzen 18–21 Rippen mit Auswüchsen und Dornen. Lebt bis zu einer Tiefe von 360 m auf weichem Meeresboden; eßbar. Verbreitung: Atlantikküste von den Kanarischen Inseln bis Island, Norwegen und Grönland, selten im Mittelmeer.

Familie: Venusmuscheln – Veneridae

6 Braune Venusmuschel – *Callista chione*
Länge 80–110 mm, Höhe 65–85 mm, Breite 41–48 mm. Schmutzig-graue bis braune, fast glatte Schalen mit radialen dunklen Streifen. Lebt in den Sand eingewühlt, nur ihr Sipho ragt heraus. Mit seiner Hilfe strudelt sie Nahrung ein – Algen und Kleinlebewesen. Eßbar, wohlschmeckend. Verbreitung: Mittelmeer, Atlantikküste von den Kanarischen Inseln bis Irland.

7 Rauhe Venusmuschel – *Venus verrucosa*
Länge 40–70 mm, Höhe 39–68 mm, Breite 27–48 mm. Die dickwandigen Schalen haben auf der Oberfläche starke konzentrische Rillen, zu denen hinten und vorn noch radiale Rillen treten. Lebt in den Sand- oder Lehmsandboden eingewühlt. Eßbar. Verbreitung: Mittelmeer, europäische Atlantikküste, Westafrika.

8 Helle Artemis – *Dosinia lupinus*
Länge 25–30 mm, Höhe 25–30 mm, Breite 12–14 mm. Glatte, weißliche bis gelbliche Schalen, an denen nur die Wachstumszonen auszumachen sind. Lebt flach in den Grund eingewühlt, sehr häufig. Verbreitung: Mittelmeer, europäische Atlantikküste bis Nordnorwegen.

3
4
1
3a
4a
2
2a
5
6
7
8

Familie: Engelsflügel – Petricolidae

1 Amerikanische Bohrmuschel – *Petricola pholadiformis*
Länge 60–80 mm, Höhe 25–32 mm, Breite 20–25 mm. Schalen schwach, weißlich mit unregelmäßiger konzentrischer Linierung und Radialrippen an der Vorderseite. Lebt in geringen Tiefen und bohrt sich auch in die Bauten der Meeresringelwürmer (*Annelida*) ein. Verbreitung: Ostküste Nordamerikas, 1890 nach Europa (Großbritannien) eingeschleppt, heute auch an der Westküste Europas (Holland ab 1905), Westküste Afrikas.

Familie: Stumpf- oder Koffermuscheln – Donacidae

2 Gebänderte Stumpfmuschel – *Donax vittatus*
Länge 35 mm, Höhe 14–18 mm, Breite 10–12 mm. Auf weißen bis gelbbraunen Schalen sowohl konzentrische Streifen als auch Radialrippen. Lebt bis zu 35 m tief, ihre Schalen finden sich oft am Strand. Verbreitung: Mittelmeer, europäische Atlantikküste bis Norwegen, Kanarische Inseln, Marokko.

Familie: Pfeffermuscheln – Scrobiculariidae

3 Gemeine Pfeffermuschel – *Scrobicularia plana*
Länge 50–55 mm, Höhe 40 mm, Breite 15 mm. Die schwachen, flachen Schalen sind meist weißlich oder gelblichweiß. Sie wühlt sich etwa 10–15 cm tief in den sandigen Grund ein und streckt nur ihren Sipho heraus, auf diese Weise nimmt sie auch Nahrung auf. Die Schalen findet man oft am Strand. Eßbar. Verbreitung: Mittelmeer, europäische Atlantikküste von Norwegen bis Afrika (Senegal).

Familie: Plattmuscheln – Tellinidae

4 Platte Tellmuschel – *Angulus tenuis*
Länge bis zu 25 mm, Höhe 15–17 mm, Breite 5–6 mm. Auf ihren dünnen, gelblichweißen bis rosa Schalen sind die konzentrischen Streifen gut sichtbar. Schaleninnenseite rosa. An Sandküsten häufig, dient oft größeren Fischen als Nahrung. Verbreitung: Mittelmeer, Schwarzes und Asowsches Meer, europäische Atlantikküste bis Norwegen, Marokko.

Familie: Trogmuscheln – Mactridae

5 Trogmuschel – *Mactra cinerea*
Länge 40–60 mm, Höhe 34–45 mm, Breite 16–28 mm. Weißliche, konzentrisch gestreifte Schalen, die gelegentlich auch radiale Streifen aufweisen. Innenseite weiß. Die Trogmuschel lebt in 20–30 m Tiefe auf sandigen und anderen weichen Meeresböden, oft wird sie von den Wellen auf den Strand geworfen. Gewöhnlich auf den Märkten angeboten. Verbreitung: Mittelmeer, Westküste Europas bis nach Norwegen hinauf.

Familie: Scheiden- oder Messermuscheln – Solenidae

6 Schwertförmige Messerscheide – *Ensis ensis*
Länge 115–160 mm, Höhe 18–21 mm, Breite 12–16 mm. Auffallend langgestreckte und schmale Schalen; sie sind gelbweiß oder grünbraun, glänzen und lassen deutlich die rotbraun gefärbten Zuwachszonen erkennen. Die Schalen haben leicht geschwungene Form, beide Enden sind stumpf gekappt. Die Art lebt auf sandigem oder schlammig-sandigem Boden, in den sie sich ein Stück einwühlt und nur ihre Atemröhren ausstreckt. Sie kann sich aber auch bis zu einem Meter tief eingraben. Eßbar. Verbreitung: Vom Mittelmeer bis in die Nordsee.

7 Schotenförmige Messerscheide – *Ensis siliqua*
Länge 180–200 mm, Höhe 28–33 mm, Breite 10–11 mm. In der Form ähnelt ihre Schale der vorausgehenden Art, nur ist sie länger und gerade. Weißlich mit violetten Streifen. Die Art kommt auf sandigem Grund häufig vor und wird wie auch *E. ensis* auf den Fischmärkten angeboten. Verbreitung: Von Marokko bis Südnorwegen, fehlt im Mittelmeer.

1
4
3
5
2
7
6

Familie: Klaffmuscheln – Myidae

1 Sandklaffmuschel – *Mya arenaria*
Länge 100 – 130 mm, Höhe 60 – 73 mm, Breite 40 – 45 mm. Die ovalen, vorn abgerundeten Schalen sind bräunlich gefärbt. Die Art lebt etwa 20 cm tief in den Sand oder Schlamm des Meeresbodens eingewühlt. Aus diesem Versteck schiebt die Muschel ihren mächtigen Sipho hervor, dessen Länge das Vierfache der Schalenlänge ausmachen kann. Eßbar. Verbreitung: Nordeuropäische Küsten, Nordamerika, ins Schwarze Meer eingeschleppt.

Familie: Bohrmuscheln – Gastrochaenidae

2 Zahnlose Bohrmuschel – *Gastrochaena dubia*
Länge 20 mm, Höhe 10 mm, Breite 8 mm. Die weiß bis braun gefärbten Muschelschalen haben einen sehr kurzen Vorderrand, ihr Hinterrand ist breit abgerundet. Bohrt sich in alle möglichen harten Materialien ein, in Felsen oder in die harten Gehäuse anderer Weichtiere, z. B. von Austern. Aus Kalksteinbruchstücken erstellt sie sich ein Schutzgehäuse für den ganzen Körper, auch für die Röhren (Sipho). Verbreitung: Europäische Atlantikküste, Schwarzes Meer, Mittelmeer.

Familie: Bohrmuscheln – Pholadidae

3 Dattelmuschel – *Pholas dactylus*
Länge 90 – 150 mm, Höhe 33 mm, Breite 20 – 35 mm. Die weißen Schalen mit der gelblichen Haut sind am Vorderende spitz gestreckt und hinten abgerundet, auf ihrer Oberfläche sind zahlreiche konzentrische und radiale Rippen zu sehen. Die Art bohrt Gänge in weichem Gestein und in Holz. Mantel und Sipho scheiden phosphoreszierenden Schleim aus. Eßbar. Verbreitung: Mittelmeer, Schwarzes Meer, europäische Atlantikküste, Kanarische Inseln.

Familie: Schiffsbohrwürmer – Teredinidae

4 Gewöhnlicher Schiffsbohrwurm – *Teredo navalis*
Körperlänge 100 – 200 mm. In seinem Aussehen unterscheidet sich diese Muschel beträchtlich von allen bisher beschriebenen und abgebildeten Arten. Ihre Schalen sind verkümmert und sitzen am verbreiterten Vorderende des schlangenförmigen Körpers. Mit diesen Schalen bohrt sich das Tier ins Holz ein. Seine Nahrung besteht zum einen aus Holzspänen, die bei der Bohrtätigkeit anfallen, zum anderen aus Plankton, das es mit seinem Sipho aufnimmt. Um den ganzen Körper scheidet der Mantel ein dünnes kalkhaltiges Röhrchen aus. Bei Massenauftreten wird die Bohrtätigkeit dieser Weichtiere für Hafenanlagen und Schiffe besonders unangenehm. Vor allem aus vergangenen Zeiten sind Katastrophen bekannt, die von dieser Art hervorgerufen wurden. Verbreitung: Kosmopolit.

Klasse: Kopffüßer oder Tintenfische – Cephalopoda
Familie: Tintenfische – Sepiidae

5 Gemeiner Tintenfisch – *Sepia officinalis*
Länge 30 – 40 cm. Im Frühjahr erscheint der Gemeine Tintenfisch häufig an der Küste, später lebt er in tieferem Wasser. Die Saugnäpfe an den Kopfarmen sind in 4 Reihen angeordnet, an den Fangarmen sitzen 5 – 6 größere Saugnäpfe (dadurch unterscheidet er sich von verwandten Arten). Räuber. Im Körper sitzt eine plattenförmige Innenschale, die sog. Sepiaschale. Bei Gefahr verspritzt das Tier einen dunklen Farbstoff. Der Tintenfisch ist ein guter Schwimmer, er bewegt sich einmal mit Hilfe seiner kleinen Flossen, zum anderen durch das Ausspritzen von Wasser aus seiner Mantelhöhle (Rückstoßprinzip). *S. officinalis fillouxi* lebt in der Nordsee und sucht zur Laichzeit die holländischen Küstengewässer auf. Verbreitung: Vom Mittelmeer bis in die Nordsee.

Familie: Kalmare – Loliginidae

6 Kalmar – *Loligo vulgaris*
50 cm lang. Besitzt wie die Sepia eine Innenschale. Gestreckter Körper mit relativ großen Flossen. Verbreitung: Atlantik, Mittelmeer, gelegentlich auch Nord- und Ostsee.

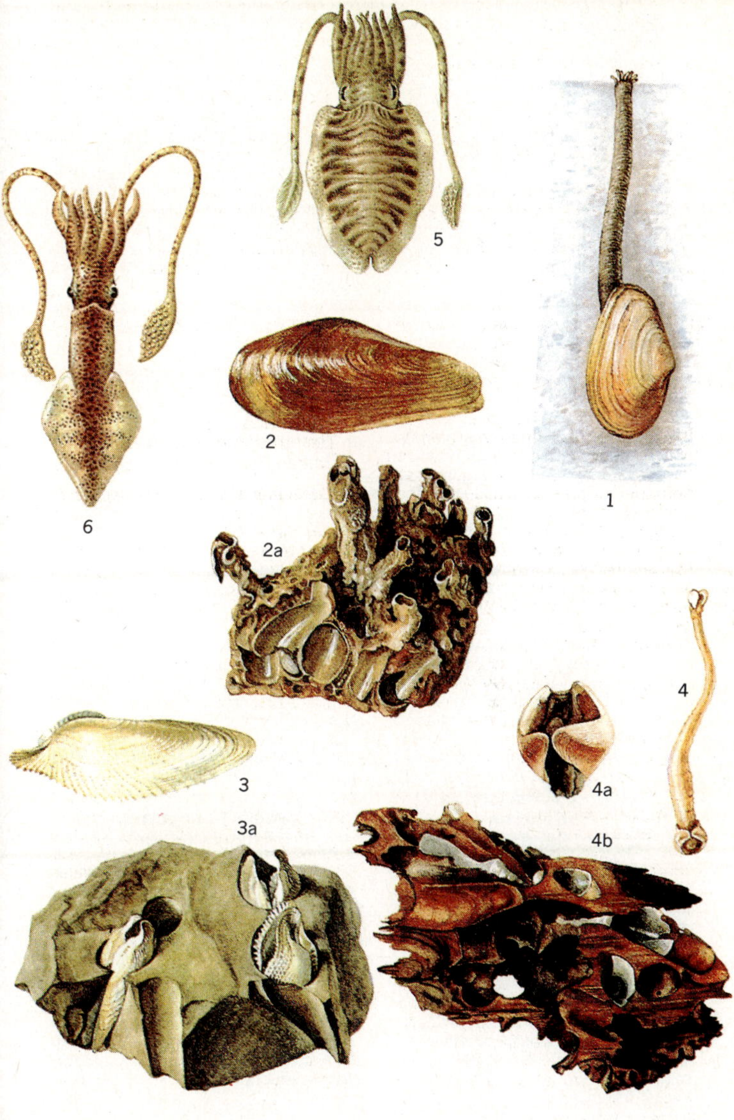
5
6
2
1
2a
4
3
4a
3a
4b

Stamm: Ringel- oder Gliederwürmer – Annelida
Klasse: Vielborster – Polychaeta
Ordnung: Umherirrende – Errantia
Familie: Seemäuse oder Seeraupen – Aphroditidae

1 Gemeine Seemaus – *Aphrodite aculeata*
Länge 100 – 200 mm, Breite 60 mm. Der gestreckt eiförmige Körper ist von einer Vielzahl Härchen besetzt. Die seitlichen Haare glänzen in den Regenbogenfarben, die Rückenhaare bilden einen dichten Überzug, unter dem die Rückenplatten (Parapodienausläufer), der Schutz des weichen Körpers, völlig verschwinden. Auf weichem Meeresboden, ernährt sich von Kleinlebewesen. Verbreitung: Europäische Atlantikküste, Nordsee, Ostsee, Mittelmeer.

Familie: Nereiden – Nereidae

2 Seeringelwurm – *Nereis diversicolor*
Länge 60 – 120 mm, Breite 2 – 6 mm. Der langgestreckte Körper setzt sich aus 70 – 120 Gliedern zusammen. Färbung veränderlich, von Gelb über Orange, Grün bis Rötlich. Der Seeringelwurm lebt im sandig-schlammigen Meeresboden an der Flachküste, wo er sich ein etwa 30 cm tiefes Röhrchen wühlt. Verträgt auch Brackwasser, ernährt sich von Aas. Verbreitung: Europäische Atlantikküste, Nordsee, Ostsee, Mittelmeer.

Ordnung: Festsitzende – Sedentaria
Familie: Sandwürmer – Arenicolidae

3 Köderwurm, Sandpier, Pieraas – *Arenicola marina*
Länge 150 – 400 mm. Körper gelbbraun, olivgrün oder braun, läuft nach hinten spitz zu. Auffällig am Köderwurm sind die roten Kiemen, von denen er in der Regel 13 Paare besitzt. Im weichen Meeresboden in einer bis zu 30 cm tiefen Röhre. Nahrung ist mit Kleinlebewesen durchsetzter Sand. Sehr häufig, seine Standorte lassen sich leicht an den Löchern und den Ausscheidungshäufchen erkennen. Verbreitung: Mittelmeer, europäische Atlantikküste, Nordsee, Ostsee.

Familie: Serpulidae

4 Glatter Kalkröhrenwurm – *Protula tubularia*
Bis zu 50 mm lang; Körper aus 100 – 125 Gliedern. Das Tier sitzt in einer Röhre verborgen, nur einige Dutzend lebhaft gefärbter Fangarme ragen daraus hervor. Oft sitzen diese Röhrchen auf Klippen oder Steinen fest. Verbreitung: Atlantik (auch Nordsee), Ärmelkanal, Mittelmeer.

Klasse: Gürtelwürmer – Clitellata
Ordnung: Wenigborster – Oligochaeta
Familie: Naiden – Naididae

5 Gezüngelte Naide – *Stylaria lacustris*
Länge 5,5 – 18 mm. Körper durchsichtig; im Süßwasser zwischen der Vegetation häufig anzutreffen. Verträgt auch Brackwasser. Verbreitung: Eurasien, Nordamerika.

Familie: Schlammröhrenwürmer – Tubificidae

6 Bachröhrenwurm – *Tubifex tubifex*
Länge 25 – 30 mm. Der Wurm ist rot gefärbt und hält sich gerne in verschmutztem Wasser in aus Schlamm zusammengeklebten Röhren auf. Aquarianer verwenden ihn als Fischfutter. Verbreitung: Fast über die ganze Welt.

Familie: Enchyträen – Enchytraeidae

7 Weiße Enchyträe – *Enchytraeus albidus*
Länge 20 – 40 mm. Die gelblich-weißen Tiere leben im Kompost, an den Ufern von Teichen und Bächen zwischen der Vegetation, unter Steinen, aber auch an der Meeresküste. In Blumentöpfen mit Zierpflanzen befallen sie die feinen Haarwürzelchen. Sie vermehren sich sehr schnell und werden deshalb auch als Futter für Aquarienfische und Ziervögel gezüchtet. Verbreitung: Über die ganze Welt.

1
2
3
4
5
6
7

Familie: Regenwürmer – Lumbricidae

1 Gemeiner Regenwurm – *Lumbricus terrestris*
Länge 90–300 mm, Breite 6–9 mm. Körper aus 110 bis 180 Gliedern, der Hinterleib ist abgeflacht. Der Wurm lebt vor allem in lehmigen Böden, wie alle weiteren Regenwurmarten ist er ein sehr nützliches Tier. Durch das Wühlen von Gängen belüftet er den Boden, auch hat er bedeutenden Anteil an der Humusbildung. Diese Art ist wie verschiedene andere Regenwürmer ein Zwitter, der sich durch Eier vermehrt. Er legt sie in einen Kokon, das Material dazu wird von dem zwischen dem 31. und 37. Glied liegenden Gürtel oder Sattel (Clitellum) ausgeschieden. Verbreitung: Europa, in die übrigen Kontinente eingeschleppt.

2 Roter Waldregenwurm – *Lumbricus rubellus*
Länge 60–150 mm, Breite 4–6 mm. Farbe rotbraun, rot oder rotviolett, der Gürtel erstreckt sich vom 26. bis zum 32. Glied. In mittelfeuchten Humusböden und im Fallaub häufig. Verbreitung: Europa, über die ganze Welt verschleppt.

3 *Allolobophora caliginosa*
Länge 60–170 mm, Breite 4–5 mm. Gehört zu den gängigen und sehr häufig vorkommenden Arten. Färbung ziemlich variabel, graublau, grau, rosa, braun. Auch die Zahl der Körperglieder schwankt, sie bewegt sich zwischen einhundert und über zweihundert Gliedern. Verbreitung: Europa.

4 *Allolobophora rosea*
Länge 25–150 mm, Breite 3–4 mm. Färbung fleischrot, kommt auf trockenen und feuchten Böden vor. Verbreitung: Europa.

5 *Eisenia lucens (E. submontana)*
Länge 90–135 mm, Breite 5–6,5 mm. Auf den Körpergliedern sitzen braune Streifen. Lebt unter der Rinde alter Laubbäume und Baumstümpfe (vorwiegend Buchen), im Holzmulm und Moos in der Vorgebirgs- und Bergregion. Häufige Art, kann phosphoreszieren. Verbreitung: Mitteleuropa, Nordbalkan, UdSSR.

6 *Octolasium lacteum*
Länge 30–180 mm, Breite 2–8 mm. Färbung meist milchig-grau, seltener rotbraun. In allen Bodentypen, fehlt jedoch im Sand. Verbreitung: Ursprünglich Europa, in andere Kontinente eingeschleppt.

Ordnung: Egel – Hirudinea
Familie: Blutegel – Hirudinidae

7 Pferdeegel – *Haemopis sanguisuga*
Länge 60–100 mm. Grünbraun, seitlich am Körper können gelbe Streifen sitzen, doch fehlen die rotbraunen Längsstreifen. Der Pferdeegel ist wie seine Verwandten ein Zwitter und in stehenden und langsam fließenden Gewässern häufig. Räuber, der Kleinlebewesen nachstellt und seine Beute ganz verschlingt. Blut saugt er nicht. Verbreitung: Europa.

Familie: Schlundegel – Herpobdellidae

8 Hundeegel – *Herpobdella octoculata*
Länge 60 mm, Breite 8 mm. Färbung variabel – von Braun bis zu schmutzigem Grün. Auf den Körpergliedern sitzen gelbe bzw. gelbweiße Flecken. Lebt in stehenden und langsam fließenden Gewässern, verträgt auch verschmutztes Wasser. Nahrung sind alle möglichen Wasserlebewesen. Verbreitung: Europa.

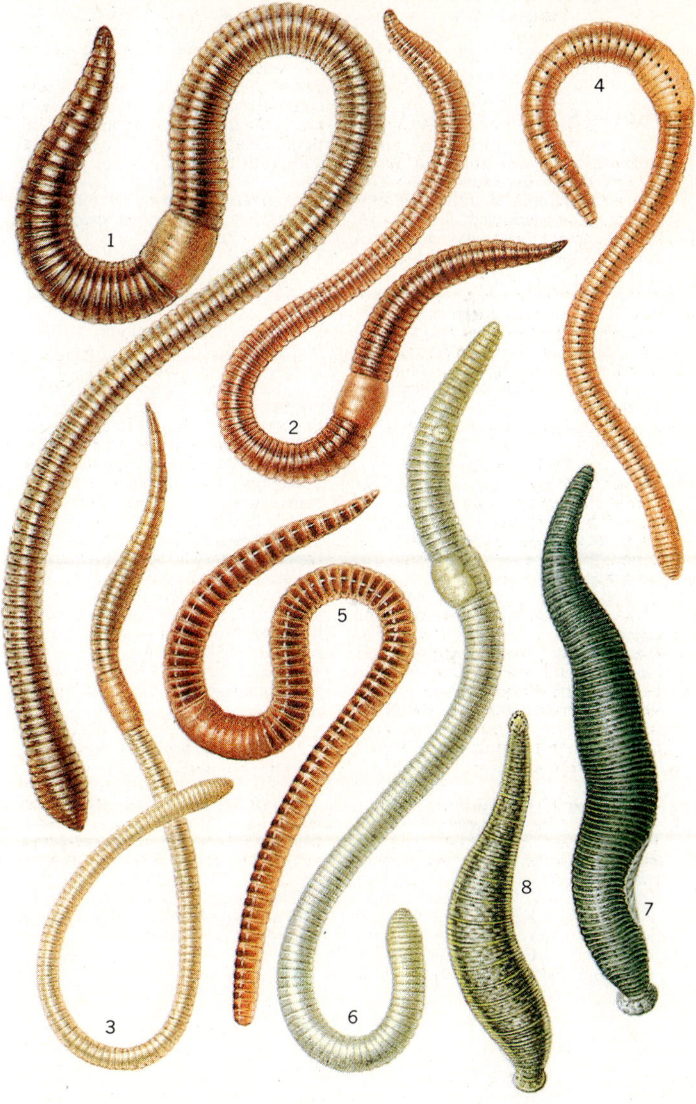
1
2
3
4
5
6
7
8

Stamm: Gliederfüßer – Arthropoda
Klasse: Spinnentiere – Arachnida
Ordnung: Skorpione – Scorpiones
Familie: Skorpione – Chactidae

1 Skorpion – *Euscorpius carpathicus*
Länge 40 mm. Diese braun gefärbte Art ist wie die übrigen Skorpione wärmeliebend. Der Hinterleib ist langgestreckt und am Ende mit einer Giftdrüse ausgestattet. Die Mundwerkzeuge sind Cheliceren und Pedipalpen, die wie die Scheren von Krebsen aussehen. Mit ihnen fängt er die verschiedenen Gliederfüßer, die er dann an die Cheliceren weiterreicht. Verbreitung: vor allem Süd-, Südwest- und Mitteleuropa, Balkan, Kaukasus, Kleinasien, Nordafrika.

Ordnung: Webespinnen – Araneae
Familie: Röhrenspinnen – Eresidae

2 Röhrenspinne – *Eresus niger*
Länge ♂ 8–11 mm, ♀ 9–16 mm. Die Geschlechter unterscheiden sich farblich voneinander. Das Weibchen ist schwarzbraun, das Männchen schwarz, auf der roten Rückseite des Hinterleibs mit vier schwarzen Flecken. Wärmeliebend. Die Weibchen leben gemeinschaftlich in Gängen. Räuberisch, fängt Käfer. Verbreitung: Europa (im Norden bis Dänemark und Großbritannien), transkaspisches Gebiet, Turkestan, Altai.

Familie: Zitterspinnen – Pholcidae

3 Zitterspinne – *Pholcus opilionoides*
Länge 4,5–5 mm. Häufig in Häusern, Ställen und unter Steinen. Das Weibchen trägt den Kokon mit den Eiern in den Cheliceren umher. Verbreitung: Mittel- und Südeuropa (fehlt in Großbritannien), Turkestan, China.

Familie: Jagdspinnen – Sparassidae

4 Grasgrüne Huschspinne – *Micromata roseum*
Länge ♂ 8,5–9,5 mm, ♀ 11–13 mm. Diese Art hat einen grünen Hinterleib, das Männchen ziert ein roter Streifen. Spinnt kein Netz, die Beute wird mit den Vorderbeinen gefangen. Im Frühjahr sehr oft auf den herabgefallenen Blättern auf Waldwiesen, später auf Sträuchern. Verbreitung: Paläarktische Region.

Familie: Krabbenspinnen – Thomisidae

5 Braune Krabbenspinne – *Diaea dorsata*
Länge 5–7 mm. Auffällig durch die grüne Gesamtfärbung des Körpers, nur die Oberseite des Hinterleibs ist braun. Ab Mai finden wir die Spinne häufig in buschbestandenen Eichenwaldungen und Nadelwäldern. Verbreitung: Europa, Kaukasus, Turkestan.

6 Krabbenspinne – *Misumena vatia*
Länge ♂ 4 mm, ♀ 10 mm. Die Art ist sehr oft auf blühenden Margeriten anzutreffen, wo sie auf Insekten lauert. Weibchen von unterschiedlicher Körperfarbe je nach aufgenommener Nahrung. Sucht in der Farbe passende Blüten auf. Die Männchen ändern ihre Farbe nicht. Verbreitung: Paläarktische Region.

Familie: Spring- oder Hüpfspinnen – Salticidae

7 Zebra-Springspinne – *Salticus scenicus*
Länge 4,5–7,5 mm. Auf ihrem Hinterleib sitzen dunkle Streifen, sie kann springen. Wärmeliebend, häufig an sonnenbeschienenen Felsen oder Mauern. Verbreitung: Europa, Sibirien, Nordafrika, Nordamerika.

1
3
5
6
4 ♀
2 ♂
7

Familie: Wolfsspinnen – Lycosidae

1 *Alopecosa aculeata*
Länge ca. 5 mm. Eine Reihe verwandter Arten in Europa. Häufig in Wäldern. Ihre Beute fängt sie mit Hilfe eines Netzes. Das Weibchen stellt für seine Nachkommenschaft einen etwa 6 mm langen grüngelben Kokon her. Verbreitung: Paläarktische und Nearktische Region.

2 Wolfsspinne – *Xerolycosa nemoralis*
Länge 5 – 7 mm. Über den Kopf verläuft ein gerader heller Streif, der mit feinen weißen Härchen durchwachsen ist. Das Weibchen legt etwa 60 Eier in einen weißlichen Kokon ab. Eine an trockenen Standorten häufige Art – in Nadelwäldern, auf Lichtungen, Heideflächen usw. Verbreitung: Paläarktische Region.

Familie: Raubspinnen – Pisauridae

3 Raubspinne – *Pisaura mirabilis*
Länge 11 – 13 mm. Über den länglichen, hellbraun gefärbten Hinterleib verläuft ein doppeltes Zackenband, das sich aus einer Reihe dunkler und heller Punkte zusammensetzt. Vor allem in Niederungen an sonnigen Orten, auf Kräutern und Sträuchern, in Wäldern und Waldsteppen. Vor der Kopulation fängt das Männchen ein Beutetier (eine Fliege o. ä.), spinnt es ein und überreicht es dem Weibchen. Das Weibchen legt seine Eier in einen blaugrünen kugelförmigen Kokon ab. Zunächst trägt es ihn mit den Mundwerkzeugen umher, später spinnt es zwischen den Blättern ein Dach, legt den Kokon darunter ab und bewacht ihn. Verbreitung: Paläarktische Region.

Familie: Trichterspinnen – Agelenidae

4 Wasserspinne – *Argyroneta aquatica*
Länge 8 – 15 mm. Die Wasserspinne lebt in stehenden oder langsam fließenden, sauberen Gewässern mit hinreichender Vegetation. Sie atmet Luftsauerstoff, von dem sie sich jeweils einen gewissen Vorrat an der Oberfläche holt. Die Luftbläschen hält sie in der Behaarung des Hinterleibs und an der Bauchseite des Kopfbruststückes fest. Zwischen den Wasserpflanzen spinnt sie Glocken, in die sie von der Oberfläche Luft bringt. In diesen Glocken halten sich die Tiere auch vorwiegend auf. Zur Eiablagezeit verstärkt das Weibchen die Glocke, spinnt in ihr eine Art Zwischendecke, auf der sie die Eier ablegt, um sie in der Unterhälfte zu bewachen. Verbreitung: Europa (von Norditalien bis Skandinavien), Sibirien, Zentralasien, Neuseeland.

5 Hausspinne – *Tegenaria ferruginea*
Länge 9 – 14 mm. Gehört zu den größten „Hausspinnen" und lebt in der Nähe des Menschen – in Kellern, Schuppen, in Mauerwerk, in Winkeln – überall, wo sie ungestört ist. Zum Beutefang legt sie bis zu ½ Meter lange waagerechte Netze an. Ähnelt der Art *T. domestica*, die wichtigsten Unterscheidungsmerkmale sind die rötliche Hinterleibsoberseite und die längeren Beine. Verbreitung: Europa, Sibirien.

Familie: Streckerspinnen – Tetragnathidae

6 Streckerspinne – *Tetragnatha extensa*
Länge 8,5 – 12 mm. Lebt auf den Blättern von Wasserpflanzen an Teichufern, wo sie Netze baut. Verbreitung: Fast über die ganze Welt.

Familie: Kreuzspinnen oder Radnetzspinnen – Araneidae

7 Kürbisspinne – *Araneus cucurbitinus*
Länge 6,5 – 7,5 mm. Kommt im Mai/Juni auf Sträuchern und Nadelhölzern vor. Man erkennt die Kürbisspinne an den 4 – 5 dunklen Punktpaaren auf dem grünlichen oder gelblichen Hinterleib. Verbreitung: Paläarktische Region.

8 Gartenkreuzspinne – *Araneus diadematus*
Länge ♀ bis zu 17 mm. In der Färbung veränderlich, neben ihr treten mehrere ähnliche, große Arten auf. Oft auf Bäumen und Sträuchern, wo sie ihre Netze anlegt. Verbreitung: Paläarktische und nearktische Region.

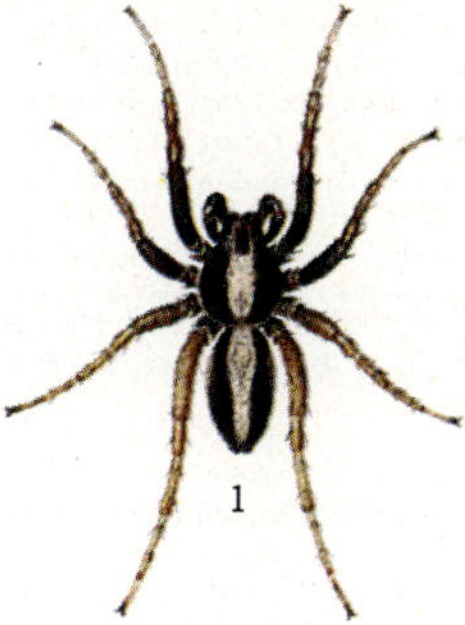
1

8

6

5

2

7

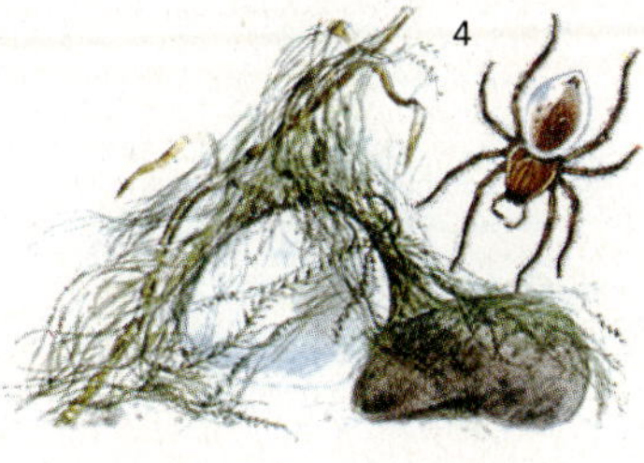
4

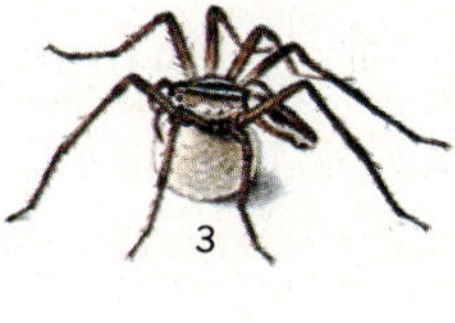
3

Ordnung: Afterskorpione – Pseudoscorpiones
Familie: Chthoniidae

1 Afterskorpion – *Chthonius ischnocheles*
Länge 1,6–2,5 mm. Die Art zeichnet sich einmal durch die scherenförmigen Taster (Pedipalpen), zum anderen durch die großen Cheliceren aus, mit denen sie ihre Beute „zerschneidet". Unter Steinen und in der Waldstreu. Verbreitung: Europa, im Norden bis Dänemark und Schweden.

Familie: Cheliferidae

2 Bücherskorpion – *Chelifer cancroides*
Länge 2,6–4,5 mm. Besitzt mächtig entwickelte Taster (Pedipalpen) und ernährt sich von allen möglichen kleinen Insektenarten. Auch in der freien Natur (unter Baumrinde) oder in Vogelnestern, am häufigsten aber in menschlichen Behausungen. Verbreitung: Kosmopolit.

Ordnung: Weberknechte oder Kanker – Opiliones
Familie: Phalangiidae

3 Weberknecht – *Phalangium opilio*
Länge 6–9 mm. Rücken grau bis rostbraun mit einem dunkleren, zweimal eingeschnürten Längsstreifen. An hellen Standorten (z.B. auf Feldern) lebende Exemplare sind heller gefärbt. Die Art ist überall häufig, auf der Erde, auf Bäumen, Felsen, Telegrafenstangen usw. Ihre Nahrung besteht aus lebenden und toten Lebewesen sowie Pflanzengewebe. Das Weibchen frißt oft das Männchen auf, die Eier überwintern. Ausgewachsene Weberknechte finden wir von Ende Mai bis November. Verbreitung: Europa, Sibirien, Nordafrika, Nordamerika.

4 Wandkanker – *Opilio parietinus*
Länge 5–8 mm. Mit eiförmigem, beim Weibchen grau gefärbten Körper, über dessen Mitte eine nicht besonders deutliche Zeichnung verläuft. Das Männchen ist gelblich. Kulturfolger, der in Schuppen, Kellern, an Zäunen und Mauern lebt. Die Tiere sitzen mit gespreizten Beinen. Erwachsene Weberknechte dieser Art erscheinen von Ende August bis November. Verbreitung: Eurasien und nearktische Region.

Ordnung: Milben – Acari
Familie: Parasitiformes

5 Käfermilbe – *Parasitus coleoptratorum*
Länge ca. 1–1,2 mm. Die Tiere sind orangefarben, ihre Larven sitzen vorwiegend an der Körperunterseite von Mistkäfern (*Geotrupes*). Von ihnen lassen sie sich auf Pferdemist tragen, wo sie Nahrung finden: Fliegenlarven und kleine Würmer. Verbreitung: Europa.

Familie: Zecken – Ixodidae

6 Holzbock – *Ixodes ricinus*
Länge ♀ ca. 4 mm, nach dem Blutsaugen ca. 10 mm. Überall häufige Art. Die jungen Larven klettern auf Sträucher und lassen sich auf ihren ersten Wirt herab, in der Regel ein auf dem Boden nistender Vogel oder eine Eidechse. Drei bis fünf Tage saugen sie Blut, um sich danach auf dem Boden in die Nymphe, ihr nächstes Entwicklungsstadium, zu verwandeln. Auch sie saugt Blut, aber nur von bestimmten Säugetierarten. Nach einiger Zeit verläßt sie das Tier und verwandelt sich auf der Erde in die Imago. Das Weibchen muß vor der Eiablage Blut saugen. Verbreitung: Über die ganze Welt.

Familie: Laufmilben – Trombidiidae

7 Sammetmilbe – *Trombidium holosericeum*
Länge 4 mm. Auffällig rot gefärbt, der Körper ist mit feinen Samthärchen bedeckt. Die Milbe lebt auf der Erde, ihre Larven parasitieren auf Insekten. Verbreitung: Europa.

1
2
3
4
5
6
♂
♀
7

Klasse: Krebstiere – Crustacea
Ordnung: Kiemenfußkrebse – Anostraca
Familie: Chirocephalidae

1 Frühjahrskiemenfuß – *Siphonophanes grubii*
Länge 12–28 mm, davon 3 mm Anhänge. Die Art lebt stellenweise zeitig im Frühjahr in Kleingewässern, die sich bei der Schneeschmelze bilden (an Stellen mit altem Laub). Die ausgewachsenen Tiere leben von Februar bis Mai, oft in der Gesellschaft von Blattfußkrebsen. Verbreitung: Mitteleuropa, Frankreich, Dänemark.

Ordnung: Blattfußkrebse – Notostraca
Familie: Kieferfüße – Triopsidae

2 Kiemenfuß – *Triops cancriformis*
Länge bis zu 10 mm, davon die Hälfte auf die Borsten. Der Körper wird von 32–35 Gliedern gebildet, von denen die letzten 4–7 keine Füße tragen. Dieser Blattfußkrebs hat 48–57 Gliedmaßenpaare. Ein großer Teil des Körpers ist von einer schildartigen Hülle bedeckt, die an der Vorderseite breit abgerundet ist. Der Krebs lebt in Pfützen, gelegentlich in der Gesellschaft der verwandten Art *Lepidurus apus* von April bis September. Verbreitung: Großteil der paläarktischen und nearktischen Region (lebt nicht weiter nördlich als bis zum 60. Breitengrad).

Ordnung: Wasserflöhe – Cladocera
Familie: Daphnidae

3 Gemeiner Wasserfloh – *Daphnia pulex*
♀ 1,5–4,5 mm, ♂ 1,2–1,8 mm. Sehr gängige Art. Körper in einer grob skulpturierten Schale geborgen. Bewohnt Tümpel im Wald, nimmt auch mit dem weniger sauberen Wasser von Fisch- und Dorfteichen vorlieb. Als Nahrung dienen Detritus und verschiedene Algen. Wichtiges Fischfutter. Verbreitung: Paläarktische und nearktische Region.

Ordnung: Ruderfußkrebse – Copepoda
Familie: Schwimmer – Cyclopidae

4 Riesenhüpferling – *Macrocyclops fuscus*
Länge 1,8–4 mm. Gehört ähnlich wie die Wasserflöhe zum Plankton. Bewohnt vegetationsdurchwucherte Gewässer. Verbreitung: Europa.

Ordnung: Flohkrebse – Amphipoda
Familie: Gammaridae

5 Bachflohkrebs – *Gammarus pulex*
Länge 12–15 mm. Heute wird diese Art auch *Rivulogammarus pulex* genannt. Graugelb, der Körper ist seitlich abgeflacht und bogenförmig geschwungen. In fließenden, sauberen Gewässern, unter Steinen in Quellen usw. Verbreitung: Großteil Europas, Kleinasien.

Ordnung: Asseln – Isopoda
Familie: Landasseln – Oniscidae

6 Mauerassel – *Oniscus asellus*
Länge bis zu 18 mm. Dunkelgrau, längs der Körperachse hell gefleckt. Variable Art, die sehr häufig an feuchten Stellen in Wäldern, Häusern, unter Steinen, in feuchtem Laub usw. vorkommt. Verbreitung: Großteil Europas, Nordamerika.

7 Kellerassel – *Porcellio scaber*
Länge bis zu 16 mm. Die Art ist sehr variabel, auf gelblichem Untergrund sitzt eine graue Zeichnung. In der freien Natur wie auch in Häusern lebt sie zahlreich an feuchten Stellen. Verbreitung: Kosmopolit.

Familie: Rollasseln – Armadillidiidae

8 *Armadillidium vulgare*
Länge bis zu 15 mm. Grau gefärbt, gelegentlich gefleckt. Lebt an trockeneren Stellen, unter Steinen, liegenden Stämmen, in altem Mauerwerk. Verbreitung: Fast über die ganze Welt.

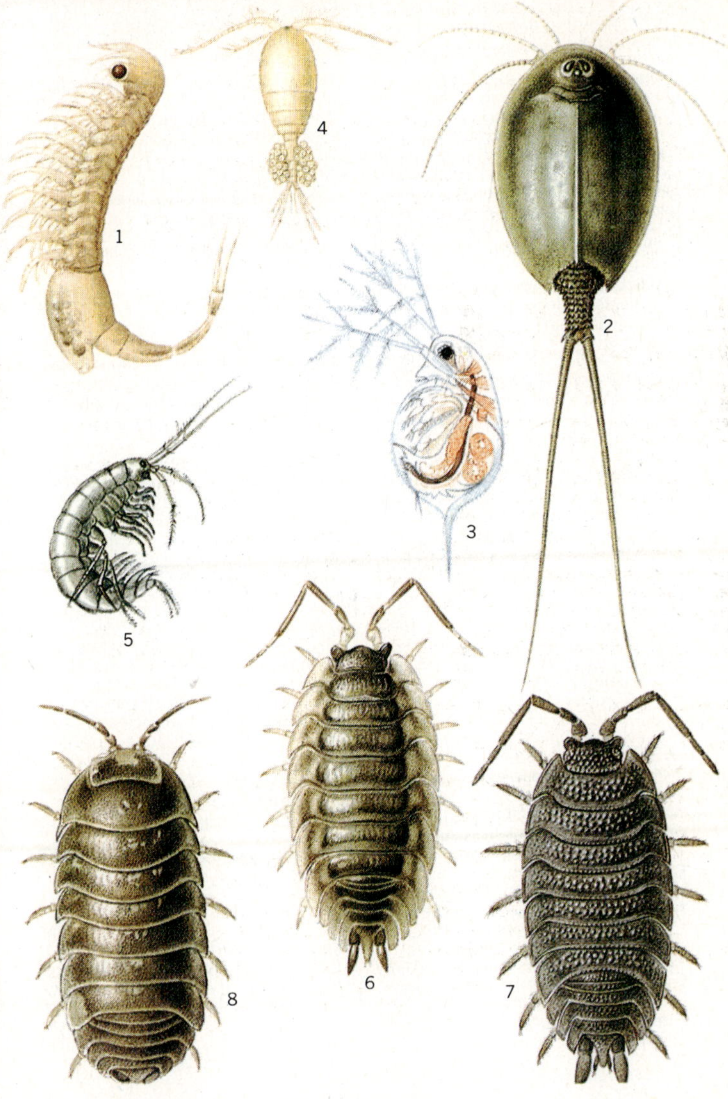
1
4
2
3
5
6
7
8

Ordnung: Zehnfußkrebse – Decapoda

Familie: Garnelen – Crangonidae

1 Nordseegarnele – *Crangon crangon*
Länge 40–50 mm. Graugelb, gelb oder grünlich, auf dem Rücken gelegentlich dunkelbraun. Die Garnele ist ein Nachttier, das sich tagsüber in den Grund einwühlt. Bewohnt die Küstengewässer in einer Tiefe von 10–50 m und kommt oft in großen Mengen vor. Im Sommer zieht sie stromaufwärts und hält sich im Brackwasser der Flußmündungen auf. Ernährt sich von Kleinlebewesen, Algen und Detritus. Das Weibchen legt seine Eier von April bis Juni und im Oktober/November. Man fängt sie in großen Mengen mit Krabbenkuttern und verkauft sie in Delikatessengeschäften, man verwendet sie aber auch als Köder oder als Rohstoff zur „Fischmehl"-Herstellung. Verbreitung: Mittelmeer, Küsten Westeuropas (zahlreich in Nord- und Ostsee), Ostküste Nordamerikas.

Familie: Hummer – Nephropsidae

2 Hummer – *Homarus gammarus*
Länge 300–500 mm, auch *H. vulgaris.* Mächtiger Bewohner von Fels- und Steinküsten bis in eine Tiefe von etwa 40 m. Seine gewaltigen Scheren sind ungleich entwickelt (eine ist dünner). Er jagt nachts, als Nahrung dienen ihm alle möglichen Meerestiere (Weichtiere, Krebse). Das Weibchen legt seine Eier im Juli/August ab. Der Hummer wird gefangen und ist eine begehrte Delikatesse. Stellenweise gingen die Hummerbestände so stark zurück, daß einige Länder den Hummer teilweise unter Schutz stellten. Verbreitung: Mittelmeer, europäische Atlantikküste (auch Nordsee).

Familie: Flußkrebse – Astacidae

3 Edelkrebs – *Astacus astacus*
Länge 120–160 mm. In den letzten Jahren ging sein Bestand in der freien Natur empfindlich zurück. Gründe sind zum einen die zunehmende Wasserverschmutzung (der Edelkrebs braucht sauberes Wasser), zum anderen die Ausbreitung der Krebspest. Lebt in fließenden und stehenden Gewässern, wo er sich in die Ufer einwühlt (unter Baumwurzeln) oder unter Steinen verbirgt. Der Krebs jagt kleinere Tiere (kleine Fischchen, Kaulquappen) und frißt auch Aas. Das Weibchen legt einige Dutzend Eier, die es unter den Hinterleibsgliedern mit sich trägt. Verbreitung: Von Mitteleuropa bis Südskandinavien.

Familie: Einsiedlerkrebse – Paguridae

4 Bernhardskrebs – *Eupagurus bernhardus*
Länge etwa 35 mm. Einsiedlerkrebse haben einen weichen Hinterleib und suchen deshalb leere Gehäuse von Meeresschnecken auf, um so ihren Hinterleib zu schützen. Mit dem Vorderteil schauen sie aus dem Gehäuse hervor. Der Bernhardskrebs lebt auf sandigem und steinigem Meeresboden, gelegentlich steigt er in beachtliche Tiefen hinab. Er ernährt sich von Kleinlebewesen und verschiedenen Abfallteilchen (Detritus). Verbreitung: europäische Atlantikküste (bis in die Nordsee).

Familie: Schwimmkrabben – Portunidae

5 Blaukrabbe – *Portunus holsatus*
Länge etwa 40 mm. Gehört zu den mittelgroßen Krebsarten und hat einen glatten, graugrün gefärbten Panzer. Lebt an der Meeresküste sowie in tieferem Wasser und ist stellenweise zahlreich. Verbreitung: Europäische Atlantikküste (Nordsee).

Familie: Felsenkrabben – Grapsidae

6 Wollhandkrabbe – *Eriocheir sinensis*
Länge etwa 75 mm. Mit großen, vor allem bei den Männchen dicht behaarten Scheren. Meereskrabbe, die stromaufwärts in die Flüsse wandert, doch vermehrt sie sich nur in Salzwasser. Verbreitung: Gelbes Meer. Zu Beginn dieses Jahrhunderts wurde sie nach Europa eingeschleppt und verbreitet sich stromaufwärts in den Flüssen Elbe, Ems und Weser.

1
3
4
2
5
6

Klasse: Tausend- oder Doppelfüßer – Diplopoda Familie: Bandfüßer – Polydesmidae

1 *Polydesmus complanatus*
Länge 15–23 mm, Breite 2,3–3,2 mm. Gängige Art. An feuchten Orten z. B. in Erlenbeständen oder unter der Rinde alter Baumstümpfe in verschiedenen Laubwäldern. Verbreitung: Mitteleuropa, nach Norden bis Mittelschweden.

Familie: Blaniulidae

2 *Blaniulus guttulatus*
Länge 7,5–16 mm, Breite 0,4–0,7 mm. Der Körper wird von einigen Dutzend Gliedern gebildet, die bis zu 103 Beinpaare tragen. Die Tiere sind glänzend weißlich bis gelbgrau. Auf den Metazoniten (d. h. auf der hinteren Gliedhälfte) sitzen karminrote Flecken. Die Art hat keine Punktaugen, sie lebt im Erdreich, in Gärten und Gewächshäusern, Pflanzenfresser. Im Garten sucht sie schadhaftes Obst (Erdbeeren, Falläpfel). Kein Schädling! Verbreitung: Großteil Europas (im Norden bis Skandinavien, Großbritannien), Nordamerika (Kanada).

Familie: Schnurfüßer – Iulidae

3 Erdschnurfüßer – *Iulus terrestris*
Länge 17–23 mm, Breite 1,5–2,1 mm. Diese Art hat bis zu 89 Beinpaare. Der Körper ist langgestreckt, schwarz oder schwarzbraun, an den Seiten heller. Die Beine sind gelbweiß gefärbt, am Kopf befinden sich 42 Punktaugen. An feuchten Stellen sind Erdschnurfüßer häufig: im abgefallenen Laub in Gärten und Wäldern, unter Steinen usw. Verbreitung: Europa (von der Balkanhalbinsel bis Skandinavien im Norden, Litauen, Estland).

4 *Schizophyllum sabulosum*
Länge 15–47 mm, Breite 1,6–4 mm. Gängige Art, die leicht an den beiden aus gelbroten Flecken gebildeten Längsstreifen zu erkennen ist. Am letzten Körperglied ist ein Schwänzchen auszumachen. Das Tier zeigt sich von Frühjahr bis Herbst an allen möglichen Standorten im Wald, auf Kalkstein- und Sandböden, unter Steinen und auf Baumästen. Verbreitung: Europa.

Klasse: Hundertfüßer – Chilopoda Familie: Steinläufer – Lithobiidae

5 Brauner Steinläufer – *Lithobius forficatus*
Länge 20–32 mm. Liebt dunkle, feuchte Orte. Unter Steinen, Rinde und alten Holzstücken sehr häufig. Wird der Steinläufer gestört, verschwindet er blitzschnell im Dunkeln. Räuber, der verschiedene Gliederfüßer (auch Angehörige der eigenen Art), Regenwürmer usw. jagt. Das Weibchen legt seine gelblichweißen Eier einzeln ab. Die junge Larve hat nur sieben Beinpaare, ihre Zahl nimmt bei jeder Häutung zu. Auch ausgewachsene Steinläufer häuten sich, doch bekommen sie keine weiteren Beine mehr hinzu. Verbreitung: Über die ganze Welt.

Familie: Erdläufer – Geophilidae

6 Erdläufer – *Geophilus longicornis*
Länge 20–40 mm. Diese häufige Art hat bis zu 57 Beinpaare. Das Weibchen ist für seine Brutpflege bekannt. Es hüllt die Eier in ein besonderes Sekret ein, anschließend wird das ganze Gelege eingepackt, und das Muttertier ringelt sich spiralförmig darum. So schützt es seine Eier vor Infektionen und Feinden. Während dieser Zeit nimmt das Weibchen keine Nahrung auf. Bis zur zweiten Häutung sorgt es für die jungen Larven, dann sind sie selbständig. Die Entwicklung zum ausgewachsenen Tier dauert zwei Jahre. Verbreitung: Über die ganze Welt.

Tausendfüßer – Hundertfüßer

Klasse: Insekten – Insecta
Ordnung: Doppelschwänze – Diplura
Familie: Campodeidae

1 *Campodea fragilis*
Länge 3,5 mm. Blinde Art. Am Körperende sitzen zwei Borsten, die kürzer als der Körper sind. An feuchten Orten im Erdreich, unter Holz und Steinen, gelegentlich auch in Ameisenhaufen. Verbreitung: Kosmopolit.

Ordnung: Springschwänze – Collembola
Familie: Poduridae

2 **Schwarzer Wasserspringer** – *Podura aquatica*
Länge 1,1–1,5 mm. Sehr häufige Art. Bei der Schneeschmelze im Frühjahr sehr zahlreich auf der Wasseroberfläche. Verbreitung: Eurasien, Nordamerika.

Ordnung: Fischchen – Zygentoma
Familie: Silberfischchen – Lepismidae

3 **Silberfischchen** – *Lepisma saccharina*
Länge 7–10 mm. In Mitteleuropa in Wohnungen, Speisekammern, Lagerräumen, Bibliotheken (Kulturfolger), in Südeuropa auch in der freien Natur häufig. Sehr schnell laufendes Nachttier, dessen Körper mit feinen silbriggrauen Schuppen bedeckt ist. Verbreitung: Über die ganze Welt.

Ordnung: Eintagsfliegen – Ephemeroptera
Familie: Eintagsfliegen – Ephemeridae

4 **Eintagsfliege** – *Ephemera danica*
Körperlänge 15–24 mm, Borsten 14–40 mm. Mit bräunlichen Flügeln, auf denen dunklere Flecken sitzen. Die Imago fliegt in größter Zahl im Juni, aber auch schon im Mai und sogar noch im August. Die Larven entwickeln sich in fließenden Gewässern hügeliger Gebiete. Verbreitung: Großteil Europas.

Ordnung: Libellen – Odonata
Familie: Prachtlibellen – Calopterygidae

5 **Blauflügel-Prachtlibelle** – *Calopteryx virgo*
Seejungfer. Körperlänge 50 mm, Spannweite 70 mm. Die Flügel des Männchens sind glänzend blaugrün, die des Weibchens bräunlich. In Ruhe liegen sie über dem Hinterleib und sind mit der Oberseite zueinander gekehrt. Die Geschlechter lassen sich auch an dem sog. Flügelmal am vorderen Flügelrand unterscheiden – nur die Weibchen besitzen es. Die Imago fliegt von Mai bis September in der Nähe von Bächen und Flüssen. Die Seejungfer ist aber kein ausdauernder Flieger, häufig läßt sie sich auf der Ufervegetation nieder. Das Weibchen legt etwa 300 Eier in das Gewebe verschiedener Wasserpflanzenarten ab, z. B. Pfeilkraut, Wasserliesch, Igelkolben u. a. Die Larven leben im Wasser. Wachsen sie heran, verlassen sie das Wasser und verwandeln sich in die Imago. Ihre Entwicklung dauert zwei Jahre, die Larve überwintert zweimal. Verbreitung: Eurasien.

6 **Gebänderte Prachtlibelle** – *Calopteryx splendens*
Länge 50 mm, Spannweite 70 mm. In Körperform und Größe ähnelt sie der vorhergehenden Art, doch haben die Männchen auf Vorder- und Hinterflügeln einen breiten blau bzw. blaugrün gefärbten Streifen. Die Flügel der Weibchen sind hellgrün transparent und besitzen ein Flügelmal. Die Art fliegt an fließenden Gewässern von April bis Mitte September und steigt bis ins Gebirge auf. Die Larve erreicht eine Länge von 20 mm; sie überwintert zweimal. Ihre Entwicklung dauert zwei Jahre. Verbreitung: Europa, Vorderasien, Nordafrika.

1
3
5 ♂
2
6 ♂
4
6 ♀

Familie: Schlanklibellen – Coenagrionidae

1 Frühe Adonislibelle – *Pyrrhosoma nymphula*
Länge 35 mm, Spannweite 45 mm. Schwarzrot gefärbt, auf der schwarzen Brust zwei rote Längsstreifen, auf der rötlichen Grundfarbe des Hinterleibs eine schwarze Zeichnung. Die Imago fliegt von April bis August über stehenden oder langsam fließenden Gewässern. Das Weibchen legt seine Eier in verschiedene Pflanzen am Wasserrand ab, in der Regel wird es dabei vom Männchen begleitet. Die Larvenentwicklung dauert ein Jahr. Verbreitung: Europa und Kleinasien.

Familie: Edellibellen – Aeschnidae

2 Blaugrüne Mosaikjungfer – *Aeschna cyanea*
Länge 65 – 80 mm, Spannweite 95 – 110 mm. Eine der häufigsten Arten der ganzen Familie und ein ausgezeichneter Flieger. Das Männchen hat deutlich sichtbar ausgeschnittene Hinterflügel, auf der Oberseite der letzten Hinterleibsglieder blaue Flecken, auf den übrigen Gliedern grüne. Die Flügel des Weibchens sind nicht ausgeschnitten, alle Hinterleibsflecken sind grün. Die Blaugrüne Mosaikjungfer fliegt vom Frühjahr bis Anfang November um Teiche, Seen und Tümpel. Sie entfernt sich auch vom Wasser und fliegt sogar bis in die Städte. Die Eier überwintern, die Larvenentwicklung dauert zwei Jahre. Verbreitung: Großteil Europas, Kleinasien und Nordafrika.

Familie: Flußjungfern – Gomphidae

3 Gemeine Keiljungfer – *Gomphus vulgatissimus*
Länge 45 – 50 mm, Spannweite 60 – 70 mm. Von Mai bis Juli an Gewässern, auf Wiesen, Lichtungen und Waldwegen. Das Weibchen fliegt dicht über der Wasseroberfläche, um gelegentlich den Hinterleib einzutauchen und Eier abzulegen, die auf den Grund sinken. Verbreitung: Europa und Kleinasien.

Familie: Segellibellen – Libellulidae

4 Vierfleck – *Libellula quadrimaculata*
Länge 40 – 50 mm, Spannweite 70 – 85 mm. An jedem Flügelknoten sitzt ein dunkler Fleck (insgesamt an allen Flügeln vier Flecken, Name!). Von Mai bis August sehr häufig an stehenden Gewässern. Die Larve überwintert zweimal. Verbreitung: Eurasien, Nordamerika.

5 Blutrote Heidelibelle – *Sympetrum sanguineum*
Länge 35 – 40 mm, Spannweite 50 – 60 mm. Bis Oktober an stehenden Gewässern. Sucht warme Standorte auf Uferwiesen, an Gebüschen usw. auf. Ihre Entwicklung ist einjährig. Verbreitung: Eurasien, Nordafrika.

Ordnung: Stein- oder Uferfliegen – Plecoptera
Familie: Perlidae

6 Steinfliege – *Perla burmeisteriana*
Länge 17 – 28 mm, Spannweite 55 – 58 mm. Dunkler Vorder- und heller Hinterleib; die Imago fliegt an Gewässern. Verbreitung: Mittel- und Südeuropa, Balkan, Westeuropa.

Ordnung: Ohrwürmer – Dermaptera
Familie: Labiidae

7 Kleiner Ohrwurm – *Labia minor*
Länge 5 – 9 mm. Von Frühjahr bis Herbst zahlreich auf Feldern, Wiesen, an Waldrändern und in Mistbeeten; fliegt tagsüber. Verbreitung: Nahezu über die ganze Welt.

Familie: Eigentliche Ohrwürmer – Forficulidae

8 Gemeiner Ohrwurm – *Forficula auricularia*
Länge 14 – 23 mm. Tagsüber unter Steinen, Holzstücken, Laub, alten Lumpen usw. verborgen, häufig in Häusern. Er nimmt pflanzliche und tierische Nahrung zu sich, oft frißt er Blattläuse. Im Winter legt das Weibchen in einer unterirdischen Kammer mehrere Dutzend Eier ab, hält sie sauber und schützt sie, auch pflegt es die jungen Larven. Verbreitung: Über die ganze Welt.

2
1
3
8
5
6
4
7

Ordnung: Schaben – Blattodea
Familie: Schaben – Blattidae

1 Gemeine Waldschabe – *Ectobius lapponicus*
Länge 7–10 mm. In Wäldern häufig. Das Weibchen legt seine Eier in einen etwa 3 mm langen Kokon. Verbreitung: Europa, Westsibirien.

2 Gemeine Küchenschabe – *Blatta orientalis*
Länge 18–30 mm. Wärmeliebendes Nachttier, das in menschlichen Behausungen lebt und sich dort von allen möglichen Resten ernährt. Das Männchen hat beide Flügelpaare, die jedoch kürzer als der Hinterleib sind, beim Weibchen sind nur Flügelstummel entwickelt. Das Weibchen legt seine Eier in einen 7–12 mm langen Kokon (Oothek) ab. Nach dem Schlüpfen durchläuft die Larve bis zu zehn Entwicklungsstufen. Die Imago lebt etwa ein Jahr lang. Die Schaben sind keine ausgesprochenen Schädlinge, sie werden aber dadurch lästig, daß sie Nahrungsmittel verunreinigen und Krankheitserreger übertragen können. Verbreitung: Weltweit.

Ordnung: Langfühlerschrecken – Ensifera
Familie: Singschrecken – Tettigoniidae

3 Großes Heupferd – *Tettigonia viridissima*
Länge 28–42 mm. Von Juli bis Oktober auf Sträuchern, Feld- und Wiesenpflanzen, abends klettert das Tier auf Bäume. Seine Nahrung besteht aus vielerlei Insekten. Mit seiner mächtigen Legeröhre legt das Weibchen etwa 100 Eier ins Erdreich ab, wo diese auch überwintern. Die Männchen zirpen Tag und Nacht. Verbreitung: Europa, Kaukasus, Kleinasien, Sibirien und Nordafrika.

4 Warzenbeißer – *Decticus verrucivorus*
Länge 24–44 mm. Auf Wiesen, Feldern, Heideflächen usw., seine Nahrung besteht aus Insekten, gelegentlich auch aus Pflanzengewebe. Die Imago kommt von Juni bis September vor, die Eier überwintern. Verbreitung: Eurasien.

Familie: Grillen – Gryllidae

5 Feldgrille – *Gryllus campestris*
Länge 20–26 mm. Die Feldgrille lebt von Mai bis Juli und hält sich in Kammern auf, die sie an warmen, trockenen Stellen, z. B. auf Wiesen und an Rainen aushebt. Sie ernährt sich von kleinen Insekten und Pflanzengewebe; die Eiablage des Weibchens dauert mehrere Tage. Die Larven leben zunächst gemeinschaftlich, später legt jede ihr eigenes Kämmerchen an, in dem sie auch überwintert. Während der Vermehrungszeit stridulieren die Männchen besonders intensiv. Verbreitung: Mittel- und Südeuropa, Südteil Großbritanniens, Westasien, Nordafrika.

6 Waldgrille – *Nemobius sylvestris*
Länge 7–10 mm. Von Juni bis September im Laub der Wälder. Meist überwintern die Larven. Verbreitung: Europa (die Nordgrenze der Verbreitung läuft durch Mitteleuropa), Nordafrika.

Familie: Maulwurfsgrillen – Gryllotalpidae

7 Maulwurfsgrille, Werre – *Gryllotalpa gryllotalpa*
Länge 35–50 mm. Die Art hat sich dem unterirdischen Leben angepaßt (das vordere Beinpaar wurde zu Grabfüßen ausgebildet), zur Paarung kommt sie jedoch an die Oberfläche. Das Männchen trägt zwei lange Borsten am Hinterleib, bei beiden Geschlechtern sind die Unterflügel länger als der Hinterleib. Die Imago lebt von April bis Oktober auf Wiesen und in Gärten, sie ist ein guter Flieger und Schwimmer. Meist ernährt sie sich von verschiedenen Insekten, im Notfall nimmt sie jedoch auch pflanzliches Gewebe. Die Weibchen legen ihre Eier in einer Erdhöhle ab. Sie betreiben Brutpflege bei Eiern und frisch geschlüpften Larven. Die Entwicklung dauert zwei Jahre, sowohl Larven als auch Imago können überwintern. Verbreitung: Europa, Westasien, Nordafrika.

6
4
2 ♂
2 ♀
1
5
3
7

Ordnung: Kurzfühlerschrecken – Caelifera
Familie: Dornschrecken – Tetrigidae

1 Säbeldornschrecke – *Tetrix subulata*
Länge 7–10 mm. Zahlreich an feuchten und auch trockeneren Standorten zwischen Niederungen und Gebirgen, wie alle Kurzfühlerschrecken ein Pflanzenfresser. Verbreitung: Europa, Sibirien, Nordafrika und Nordamerika.

Familie: Knarrschrecken – Catantopidae

2 Schönschrecke – *Calliptamus italicus*
Länge 14–34 mm. Bewohnt trockene Wiesen- und Brachflächen, die Imago lebt von Juli bis September. Verbreitung: Hauptsächlich Süd- und Mitteleuropa, Klein- und Vorderasien (Syrien), Nordafrika.

Familie: Feldheuschrecken – Acrididae

3 Schnarrschrecke – *Psophus stridulus*
Länge 23–32 mm. Die Imago tritt von Juni bis Oktober vorwiegend im Berggelände auf Wiesen und Lichtungen auf. Beide Geschlechter können stridulieren, am auffälligsten ist ihre Stridulation jedoch beim Flug des Männchens. Wegen der Schnarrtöne, die diese Art von sich gibt, gab ihr der schwedische Naturwissenschaftler C. Linné den Namen. In den letzten Jahren wurde sie in der Natur immer seltener. Verbreitung: Europa (fehlt in Skandinavien und Großbritannien), Sibirien.

4 Europäische Wanderheuschrecke – *Locusta migratoria*
Länge 33–65 mm. In ihrem Verbreitungsgebiet hat die Art mehrere geographische Rassen ausgebildet, die sich in der Färbung voneinander unterscheiden. Bei jeder Rasse lassen sich zwei Phasen feststellen: die Solitärphase, d.h. standortstreue Phase, und die Migrationsphase, d.h. Wanderphase. Kommt es zur Übervölkerung, wird aus der standortstreuen die Wanderphase und umgekehrt. Die Existenz dieser beiden Lebensphasen ist auch bei einer Reihe weiterer Arten bekannt, die vor allem in den Subtropen und Tropen zu den gefürchtetsten Schädlingen gehören. Früher galt diese Art in Europa als bedeutender Schädling (in Afrika bis heute), da sie ein Pflanzenfresser mit einem erheblichen Nahrungsbedarf ist. Die Wanderheuschrecken traten in dichten Schwärmen auf, deren Einfall in einer Landschaft die gesamte Ernte vernichtete. Die Geschichte Europas berichtet über zahlreiche Heuschreckenplagen, deren Bekämpfung so gut wie aussichtslos war. Die mitteleuropäische Heimat der Wanderheuschrecke war die Donaugegend, hier kam es zur Vermehrung der Tiere und zur Ausbreitung über die angrenzenden Landstriche. In der Gegenwart stellt sie kein Problem mehr dar, ihr sporadisches Auftreten hat nur noch lokalen Charakter. Verbreitung: Europa mit Ausnahme des Nordens, große Teile Asiens und Afrikas, Madagaskar.

5 Blauflüglige Ödlandschrecke – *Oedipoda caerulescens*
Länge 15–28 mm. Die Unterflügel sind meist blau mit einem breiten dunklen Streifen unterhalb der Spitze (es finden sich aber auch Exemplare mit gelben bzw. rötlichen Flügeln). Darin ist sie einigen weiteren Arten ähnlich, z.B. *Sphingonotus caerulans.* Von Juli bis September kommt sie an trockenen Stellen, auf Heide- und Steppenflächen, trockenen Hängen usw. vor. Verbreitung: Europa (fehlt jedoch in Großbritannien), Klein- und Vorderasien, Nordafrika.

6 Grashüpfer – *Stenobothrus lineatus*
Länge 16–25 mm. Lebt auf Wiesen, Heiden, Waldwegen u.ä. und zeichnet sich durch große Farbvariabilität aus. Das Männchen striduliert nur leise. Verbreitung: Europa bis zum Süden Schwedens und Großbritanniens, Westasien, Sibirien.

1
2
4
5 ♀
3
5 ♂
6

Ordnung: Wanzen – Heteroptera
Familie: Baumwanzen – Pentatomidae

1 Streifenwanze – *Graphosoma lineatum*
Länge 9–11 mm. Auf der Rückenseite des Körpers sitzen charakteristische schwarze Streifen auf rotem Grund. Die Art ist wärmeliebend und hält sich auf erblühten Doldenblütlern und anderen Pflanzen auf. Verbreitung: Süd- und Mitteleuropa, Klein- und Vorderasien.

2 Spitzling – *Aelia acuminata*
Länge 7–9,5 mm. Häufige Art, die im April aus den Winterverstecken kommt. Sie lebt auf Gräsern einschließlich Getreide und legt dort im Frühjahr ihre Eier auf die Blätter ab. Die Larven verwandeln sich im August zur Imago. Verbreitung: Eurasien und Nordafrika.

3 Baumwanze – *Palomena viridissima*
Länge 12–14 mm. Ähnelt der verwandten Art *P. prasina*, doch ist ihr 3. Fühlerglied etwa um ein Viertel kürzer als das 2., während bei *P. prasina* diese Glieder gleich lang sind. Lebt auf Sträuchern und Bäumen, die Imago überwintert. Verbreitung: Europa (im Norden seltener, fehlt in Großbritannien), Asien (einschließlich Nordindien).

4 Kohlwanze – *Eurydema oleracea*
Länge 5–7 mm. Farblich sehr variabel, die Grundfarbe ist metallisch grün bzw. bläulich, die Flecken auf der Rückenseite sind meist rot oder gelb, weiß oder orange. Lebt auf verschiedenen Kreuzblütlern, die Imago überwintert. Verbreitung: Eurasien.

5 Räuberische Schildwanze – *Picromerus bidens*
Länge 11–14 mm. Im Juli/August in Laubwäldern. Dort jagt sie Larven der verschiedenen Insekten, z.B. Schmetterlingsraupen, Blattkäferlarven u.a. Die Eier überwintern. Verbreitung: Paläarktischer Bereich.

Familie: Lederwanzen – Coreidae

6 *Mesocerus marginatus*
Länge 12–14 mm. Die Art lebt an feuchten Standorten vor allem auf Sauerampfer, Brombeeren, Greiskraut u.a. Verbreitung: Europa, Klein- und Zentralasien.

Familie: Feuerwanzen – Pyrrhocoridae

7 Feuerwanze – *Pyrrhocoris apterus*
Länge 7–12 mm. Gehört zu den ersten Frühjahrsinsekten, bei günstiger Witterung zeigt sie sich bereits mit Winterausgang. Am Fuß von Baumstämmen in Parks, Alleen usw., meist findet sich eine große Anzahl von Tieren beieinander. Ernährt sich von toten und lebenden Gliederfüßern, aber auch von Pflanzensäften. Verbreitung: Eurasien, Nordafrika, Mittelamerika u.a.

Familie: Sichelwanzen – Nabidae

8 Sichelwanze – *Nabis rugosus*
Länge 6–7 mm. Gehört zu den auf Grasflächen sehr häufigen Arten. Die Imago überwintert unter dem Gras. Verbreitung: Paläarktischer Bereich.

Familie: Bettwanzen – Cimicidae

9 Gemeine Bettwanze – *Cimex lectularius*
Länge 3,5–8 mm. Sehr bekannte lästige Art, die Menschenblut, seltener auch Tierblut saugt. Sie kann einige Monate lang hungern. Um den Einstich, durch den die Bettwanze Blut gesaugt hat, bildet sich ein juckender roter Fleck. Die Wanzen saugen in der Nacht, tagsüber halten sie sich hinter Bildern, unter der Tapete usw. versteckt in unsauberen, schlecht gepflegten Wohnungen, Hotels u. Kasernen auf. Das Weibchen legt nach und nach 100–200 Eier, doch muß es vorher Blut gesaugt haben. Verbreitung: Kosmopolit.

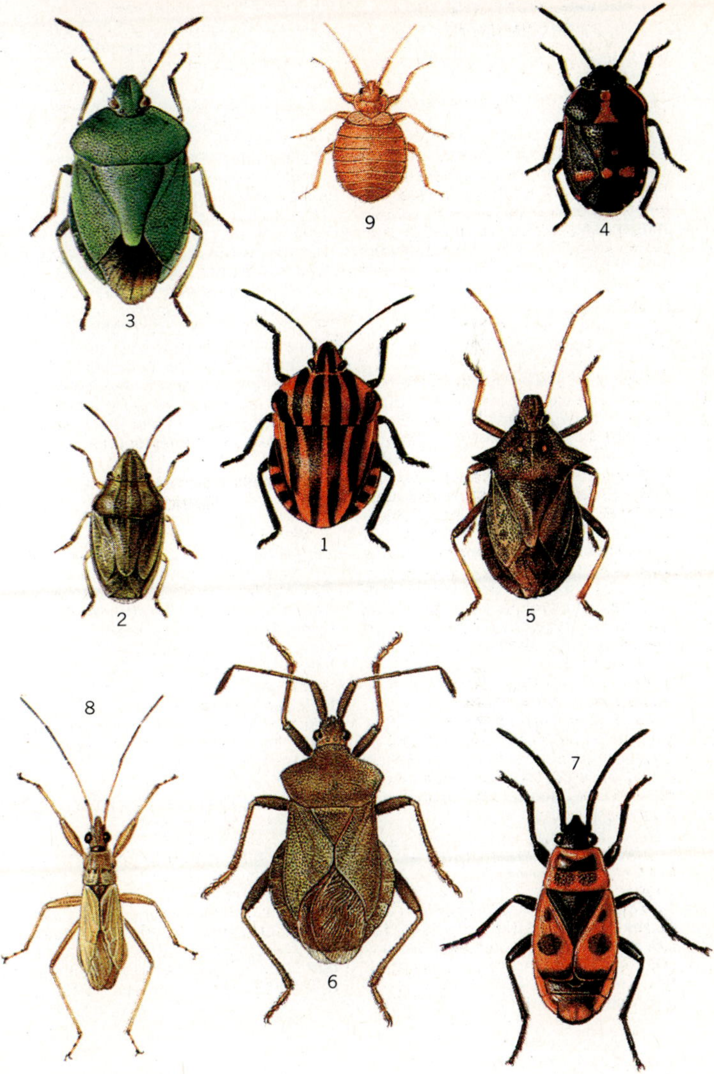

3
9
4
1
2
5
8
6
7

Familie: Blumenwanzen – Anthocoridae

1 Blumenwanze – *Anthocoris nemorum*
Länge 3–4,5 mm. In Laubwäldern und Gärten sehr häufig. Sie stellt verschiedenen Insekten nach, z.B. Schildläusen und anderen Kerbtieren, etwa Milben, doch saugt sie gelegentlich auch Pflanzensäfte. Die Imago überwintert, sie erscheint zeitig im Frühjahr auf blühenden Weidengewächsen. Im Laufe eines Jahres 1–3 Generationen. Verbreitung: Großteil Europas, Kleinasien, Nordasien, Nordafrika.

Familie: Weich- oder Blindwanzen – Miridae

2 Lindenwanze – *Phytocoris tiliae*
Länge 6,1–6,9 mm. Die Art lebt auf verschiedenen Gehölzen, z.B. Eiche, Linde, Esche und Apfel. Sie jagt verschiedene kleine Insektenlarven, Milben usw. Die Imago tritt im Juli/August auf. Verbreitung: Europa (außer dem hohen Norden), Nordafrika.

3 Gemeine Wiesenwanze – *Lygus pratensis*
Länge 5,8–6,7 mm. Sehr häufige Art, die ihre Winterverstecke schon zeitig im Frühjahr verläßt. Im Laufe eines Jahres 1–2 Generationen. Verbreitung: Paläarktischer Bereich.

4 *Deraeocoris ruber*
Länge 6,5–7,5 mm. In der Farbe recht variable Art, die auf Laubhölzern und Kräutern lebt. Imago und Larve jagen Schildläuse und andere kleine Insekten. Die Eier überwintern. Verbreitung: Europa, Nordafrika, Nordamerika.

Familie: Wasserläufer – Gerridae

5 Wasserläufer – *Gerris gibbifer*
Länge 10–13 mm. Die Art lebt auf der Oberfläche von Tümpeln und Pfützen. Während eines Jahres zwei Generationen. Sie hat große Ähnlichkeit mit einigen weiteren, in der gleichen Umgebung vorkommenden Arten. Die Imago überwintert. Verbreitung: Europa (fehlt im Norden bzw. kommt selten vor), Vorderasien, Nordafrika.

Familie: Rückenschwimmer – Notonectidae

6 Gemeiner Rückenschwimmer – *Notonecta glauca*
Länge 14–16 mm. Der Rückenschwimmer hat einen kurzen, kräftigen Stachel, mit dem er fühlbar zustechen kann. Er bewohnt stehende Gewässer wie z.B. Teiche, Tümpel oder Pfützen, wo er zwischen den Pflanzen umherschwimmt. Das Weibchen legt seine Eier vom Winter bis zum Frühling in die Stiele von Wasserpflanzen. Die Imago erscheint im Sommer. Innerhalb seines ausgedehnten Verbreitungsgebietes hat die Art verschiedene geographische Formen ausgebildet. Verbreitung: Europa, Kaukasus, Nordafrika.

Familie: Skorpionwanzen – Nepidae

7 Wasserskorpion – *Nepa cinerea*
Länge 18–22 mm. Räuberisch lebende Art. Ihre Vordergliedmaßen sind zu Greifwerkzeugen umgestaltet. Am Körperende sitzt eine ziemlich lange Atemröhre. Der Wasserskorpion bewohnt stehende und langsam fließende Gewässer im Uferschlamm. Die Imago überwintert. Nach der Überwinterung legt das Weibchen seine Eier in Stengel und Blätter von Wasserpflanzen ab. Verbreitung: Großteil des europäischen Kontinents.

Familie: Schwimmwanzen – Naucoridae

8 Schwimmwanze – *Ilyocoris cimicoides*
Länge 15 mm. In stehenden und schwach fließenden Gewässern, die Imago überwintert. Im April und Mai legt das Weibchen seine Eier ins Gewebe der Wasserpflanzen. Verbreitung: Großteil Europas, Kaukasus.

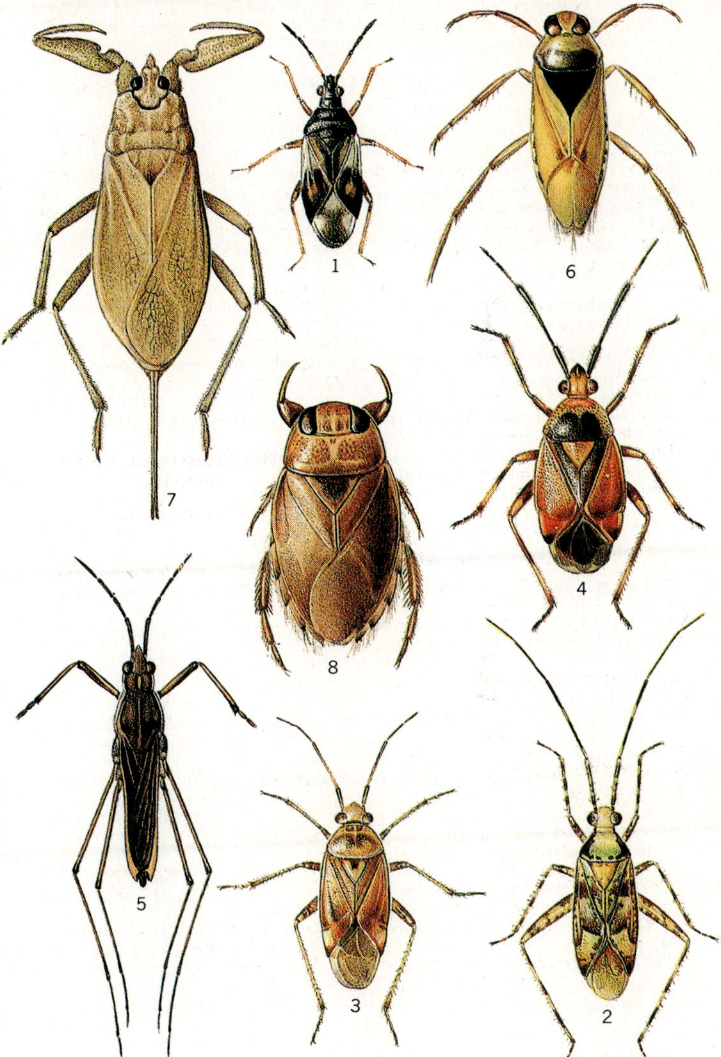
1
6
7
4
8
5
3
2

Ordnung: Gleichflügler – Homoptera
Unterordnung: Zikaden – Cicadinea
Familie: Singzikaden – Cicadidae

1 Blutrote Zikade – *Tibicen haematodes*
Länge 26–38 mm, Vorderflügelspannweite 75–85 mm. Gehört zu den größten europäischen Arten und lebt mit Vorliebe in Weinbergen. Das Männchen striduliert sehr durchdringend. Süd- und Mitteleuropa, Kaukasus.

Familie: Schaumzikaden – Cercopidae

2 Blutzikade – *Cercopis vulnerata*
Länge 9,5–11 mm. Ähnelt der Schaumzikadenart *C. sanguinolenta*: im Juni/Juli häufig auf verschiedenen Pflanzen. Ihre von einer schaumigen Masse umgebenen Larven leben an den Pflanzenwurzeln. Verbreitung: Fast ganz Europa.

Familie: Zwergzikaden – Iassidae (Cicadellidae)

3 Zwergzikade – *Cicadella viridis*
Länge 5–9 mm. Im Juli/August kommt diese Art zahlreich auf feuchten Standorten wie Wiesen, Waldschneisen usw. vor. Verbreitung: Paläarktische und nearktische Region.

Unterordnung: Blattläuse – Aphidinea
Familie: Röhrenläuse – Aphididae

4 Schwarze Kirschlaus – *Myzus cerasi*
Länge 2 mm. Lebt auf Kirschblättern. Auf dem befallenen Blatt sitzen die Läuse dicht nebeneinander und saugen. Infolgedessen krümmt sich das Blatt. Die wichtigsten Feinde der Kirschlaus sind die Marien- und Weichkäfer. Verbreitung: Kosmopolit.

Familie: Tannenläuse – Adelgidae

5 Grüne Fichtengallenlaus – *Sacchiphantes viridis*
Länge 1,7–2 mm. Sie bildet an jungen Fichtentrieben zapfenförmige Gallen, die aus einer Vielzahl kleiner Kammern bestehen. In ihnen entwickeln sich die Larven. Verbreitung: Europa.

Unterordnung: Schildläuse – Coccinea
Familie: Röhrenschildläuse – Ortheziidae

6 Nesselröhrenschildlaus – *Orthezia urticae*
Länge des Weibchens 2,5–3,5 mm, mit Eiersack 8–10 mm. Lebt vorwiegend auf Brennesseln. Das Männchen besitzt ein Flügelpaar, das Weibchen ist flügellos, sein Körper ist von Wachslappen umgeben, die eine recht ausgedehnte Körperbedeckung ausbilden können. Verbreitung: Europa, Klein- und Mittelasien, Sibirien, Mongolei und Algerien.

Familie: Cryptococcidae

7 Buchenwollaus – *Cryptococcus fagisuga*
Länge 0,8–1 mm. In großen Kolonien auf Buchenstämmen. Die gelblich gefärbten Weibchen und ihre Larven verschwinden unter den weißlichen Wachsgebilden. Verbreitung: Europa, Kleinasien, Armenien, Nordamerika.

Familie: Deckelschildläuse – Diaspididae

8 Weidenschildlaus – *Chionaspis salicis*
Länge 1,9–2,5 mm. Lebt auf ganz verschiedenen Pflanzen, wie z.B. auf Esche, Vogelbeere, Heidelbeere u.a. Das flache rote Weibchen sitzt unter weißlichem Schild, dort legt es auch seine Eier ab. Verbreitung: Paläarktische Region.

Unterordnung: Blattflöhe – Psyllinea

9 Apfelblattsauger – *Psylla mali*
Länge 3,5 mm. Lebt auf Apfelbäumen. Die flachen Larven scheiden große Mengen Honigtau ab und verkleben so Blätter und Blüten. Verbreitung: Nahezu die ganze Welt.

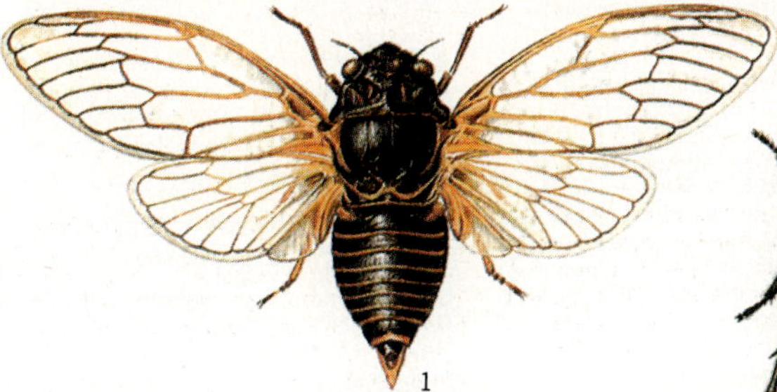
1

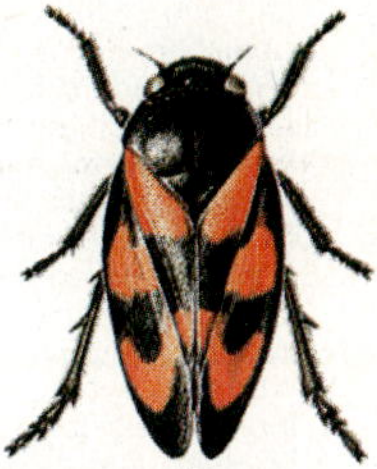
2

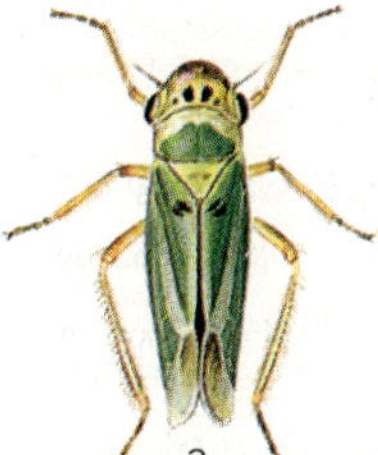
3

4

5

6

7

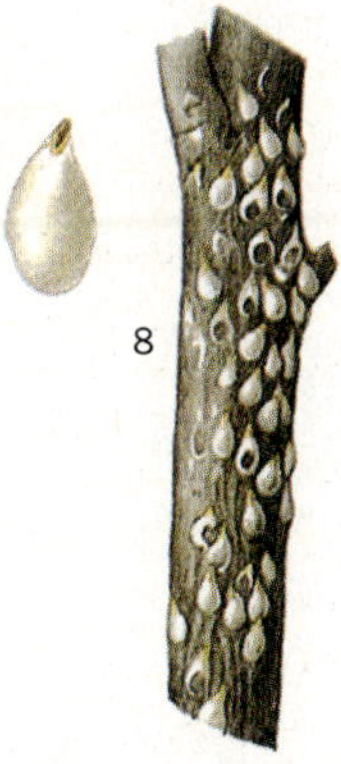
8

9

Ordnung: Schlammfliegen – Megaloptera
Familie: Wasserflorfliegen – Sialidae

1 Schlammfliege – *Sialis lutaria*
Länge 10–15 mm, Spannweite 25 mm. In Ruhe stehen die Flügel dachartig über dem Körper zusammengeklappt. Die Schlammfliege fliegt schwerfällig und hält sich auf der Ufervegetation in Gewässernähe auf. Das Weibchen legt seine Eier auf Wasserpflanzen oder Steine ab. Die Larve lebt im Wasser und ernährt sich von Kleinlebewesen. Die ausgewachsene Larve verläßt das Wasser, beginnt mit der Tracheenatmung und verpuppt sich im Erdreich. Ihre Entwicklung ist zweijährig. Verbreitung: Ganz Europa (mit Ausnahme des Südostens), Sibirien.

Ordnung: Kamelhalsfliegen – Raphidioptera
Familie: Kamelhalsfliegen – Raphidiidae

2 Kamelhalsfliege – *Raphidia notata*
Länge ca. 15 mm, Spannweite der Vorderflügel 25–29 mm. Sie hat große Ähnlichkeit mit einigen weiteren Arten, in deren Gesellschaft sie auch auftritt. Beide Geschlechter haben eine auffallend lange Vorderbrust, das Weibchen besitzt eine lange, dünne Legeröhre. Sie lebt in Wäldern auf Sträuchern und auf der Vegetation des Unterwuchses. Die Larven haben einen ziemlich flachen Körper, sie leben auf Blättern sowie unter Baumrinde. Imago und Larven sind Räuber, ihre Bedeutung für die Forstwirtschaft ist nicht gering. Verbreitung: Nord- und Mitteleuropa, fehlt auf dem Balkan und auf der Iberischen Halbinsel.

Ordnung: Echte Netzflügler – Planipennia
Familie: Florfliegen – Chrysopidae

3 Florfliege – *Chrysopa perla*
Länge 10 mm, Spannweite 25–30 mm. Von Mai bis September häufig in den Wäldern. Färbung blaugrün, die Längsadern der Flügel sind grün. Imago und Larve leben räuberisch, sie fressen Blattläuse. Verbreitung: Europa.

4 Gelbe Florfliege – *Chrysopa flava*
Länge 15 mm, Spannweite 35–45 mm. Von Juni bis September in Wäldern und Gärten. Verbreitung: Europa, Nordafrika, Nordamerika.

Familie: Bachhafte – Osmylidae

5 *Osmylus chrysops*
Länge 25 mm, Spannweite 37–52 mm. Die Imago fliegt nachts um fließende Gewässer, die amphibisch lebende, räuberische Larve überwintert. Verbreitung: Europa (im Norden bis Südschweden).

Familie: Ameisenjungfern – Myrmeleonidae

6 Geflecktflügelige Ameisenjungfer – *Myrmeleon formicarius*
Länge 35 mm, Spannweite 65–75 mm. Im Aussehen ähnelt die Ameisenjungfer den Libellen. Die Imago fliegt nur abends in den Nadelwäldern sandiger Gegenden von Juni bis August. Die Larve („Ameisenlöwe") hebt eine ziemlich große Grube aus, auf deren Grund sie auf Beute, meist Ameisen, lauert. Sie überwintert ein- bis zweimal und verpuppt sich in einem Kokon im Sand. Verbreitung: Großteil Europas, im Norden bis Südnorwegen und Schweden, fehlt in Großbritannien.

Familie: Schmetterlingshafte – Ascalaphidae

7 Schmetterlingshaft – *Ascalaphus libelluloides*
Länge 20–25 mm, Spannweite 45–53 mm. Von allen übrigen Gleichflüglern unterscheidet sich die Art durch ihre langen, in eine keulenförmige Verdikkung auslaufenden Fühler. Sie ist sehr wärmeliebend und ein ausgezeichneter Flieger. Die Imago tritt von Juni bis August auf. Verbreitung: Südwestteile Europas (die Nordgrenze ihrer Verbreitung verläuft durch Böhmen), Nordwestafrika.

1
2
3
4
7
5
6

Ordnung: Käfer – Coleoptera
Familie: Sandlaufkäfer – Cicindelidae

1 Feld-Sandlaufkäfer – *Cicindela campestris*
Länge 12–15 mm. Vielerorts häufig auf Wald- und Feldwegen, Rainen und Sandflächen. Fliegt bereits zeitig im Frühjahr aus, legt jedoch nie größere Entfernungen im Flug zurück. Wie seine Verwandten Fleischfresser, der Larven und Imagines aller möglichen Insekten nachstellt. Auch seine Larve lebt räuberisch. In lehmigen Böschungen legt sie eine mehrere Dezimeter lange Röhre an, in deren Eingang sie sich aufhält. Diesen Eingang zu ihrer Behausung kann sie durch eine bestimmte Kopfhaltung verschließen. Ihre Beute schleppt sie in die Röhre, um sie dort zu verzehren. Die ausgewachsene Larve verpuppt sich am Röhrengrund. Verbreitung: Ganz Europa, Sibirien, Nordafrika.

Familie: Laufkäfer – Carabidae

2 Körniger Schaufelläufer – *Cychrus caraboides*
Länge 15–23 mm. Lebt in feuchten Wäldern von der Niederung bis ins Gebirge und geht bis zu 2000 m hoch. Räuber, hält sich unter liegendem Holz, Steinen oder unter der Rinde von Baumstümpfen versteckt. Seine Beute kaut und schluckt er nicht einfach. Zunächst scheidet er zersetzenden Magensaft auf sie aus, um dann diese verflüssigte Nahrung aufzusaugen. Auf die gleiche Weise fressen auch andere Laufkäferarten. Verbreitung: Großteil Europas.

3 Goldleiste – *Carabus violaceus*
Länge 18–34 mm. Mit auffallendem schmalen violetten, grünlichen bzw. blaugrünen Randstreifen um Schild und Flügeldecken. Stellenweise überall anzutreffen, vor allem in feuchten Wäldern, gelegentlich auch auf Feldern und in Gärten. Dringt bis ins Gebirge vor. Verbreitung: Fast ganz Europa, Kaukasus, Westsibirien.

4 Gartenlaufkäfer – *Carabus hortensis*
Länge 23–30 mm. Ein gutes Erkennungsmerkmal sind die deutlich sichtbaren goldfarbenen Punkte auf den Flügeldecken. Feuchtigkeitsliebende Art, die nachts in Wäldern und Gärten jagt, tagsüber versteckt bleibt. Verbreitung: Großteil Europas, nach Süden bis Griechenland, nach Osten bis zum Ural. In einigen Landschaften Westeuropas kommt er nicht vor, in Deutschland fehlt er z. B. in Westfalen, Hessen, Baden.

5 Goldlaufkäfer – *Carabus auratus*
Länge 20–27 mm. Ähnelt durch seine Metallfärbung dem Goldglänzenden Laufkäfer (*C. auronitens*), doch unterscheidet er sich von ihm durch die Rippenstruktur auf den Flügeldecken. Bewohnt Felder und Gärten, wo er allen möglichen, sogar verhältnismäßig großen Insekten nachstellt, z. B. Maikäfern, Kartoffelkäferlarven usw. Da der erwachsene Käfer überwintert, erscheint er schon zeitig im Frühjahr. Verbreitung: vorwiegend West-, z.T. auch Mitteleuropa. In Osteuropa ersetzt ihn der Goldglänzende Laufkäfer.

6 Körnerwarze – *Carabus cancellatus*
Länge 18–27 mm. Der Käfer lebt in Feldern und Wäldern, wo er und seine Larve beträchtliche Bedeutung für die Bekämpfung aller möglichen Schädlinge haben. In einigen Landstrichen aber durch Insektenvertilgungsmittel seltener geworden. Sehr leicht mit einer der verwandten Arten zu verwechseln. Verbreitung: Großteil Europas (fehlt jedoch wie viele weitere große Laufkäferarten in Großbritannien), Sibirien.

7 Glatter Laufkäfer – *Carabus glabratus*
Länge 22–32 mm. Bewohnt feuchte Wälder, in denen er bis hoch ins Gebirge aufsteigt. Im Gegensatz zu vielen anderen Laufkäfern jagt er auch tagsüber. Verbreitung: Ganz Europa bis zum Ural.

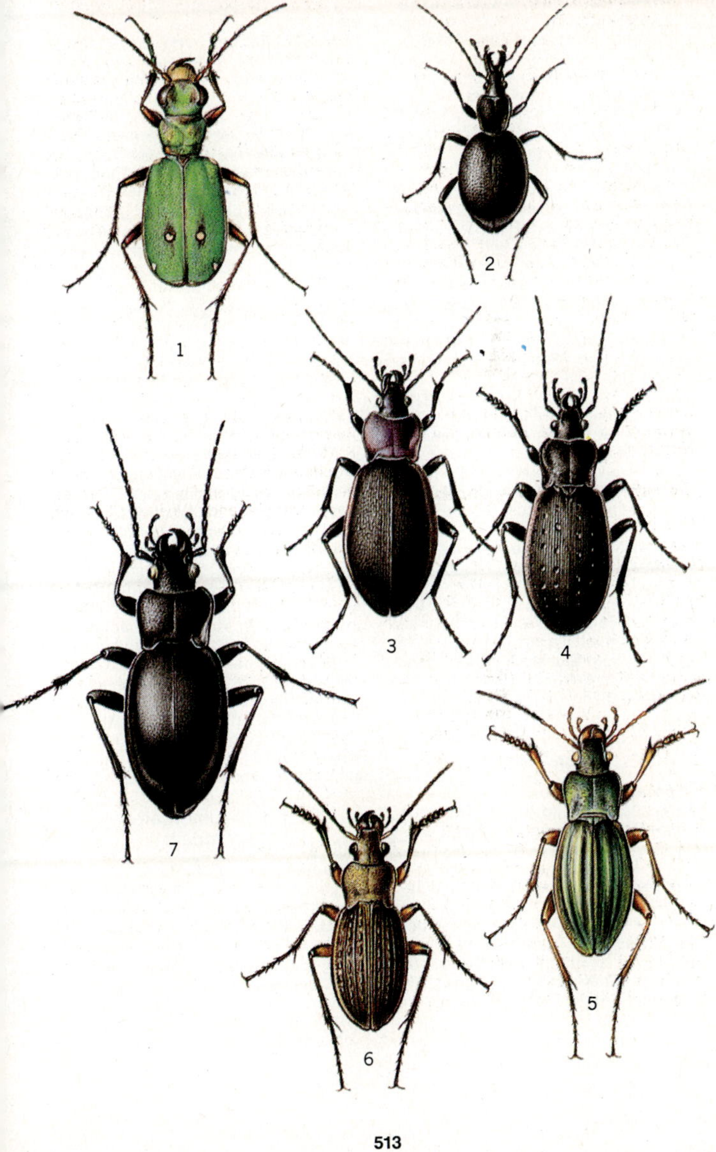
1
2
3
4
7
5
6

Familie: Laufkäfer – Carabidae

1 Eilkäfer – *Notiophilus biguttatus*
Länge 5 mm. Eine der sehr häufigen kleinen Laufkäferarten, von denen es in den Wäldern Europas eine Vielzahl gibt. Besitzt wie seine Verwandten auffallend große Augen. Verbreitung: Paläarktische Region.

2 Putzkäfer – *Agonum sexpunctatum*
Länge 7–9 mm. Mit oft recht variabler Metallfärbung. Neben Exemplaren mit grün gefärbtem Schild und goldroten Decken gibt es auch solche, deren Schild blau ist und deren Decken bronzen bzw. blauviolett bis schwarz sind. Vorwiegend im Gebirgsvorland, auch im Gebirge unter Steinen an Rainen, Feldwegen und Wäldern. Verbreitung: Großteil Europas, Sibirien.

3 Grabkäfer – *Pterostichus niger*
Länge 16–21 mm. In Wäldern, Feldern und Gärten häufig. Die europäische Fauna kennt eine ganze Reihe ähnlicher, schwarz gefärbter Arten. Verbreitung: Europa, Kaukasus, Sibirien.

4 Behaarter Schnelläufer – *Harpalus rufipes*
Länge 14–16 mm. Auf den Flügeldekken sitzt eine dichte gelbliche Behaarung. Auf Feldern, Wegen und unter Steinen kommt die Art überall vor. In der älteren Literatur auch *H. pubescens* genannt. Verbreitung: Paläarktische Region.

Familie: Schwimmkäfer – Dytiscidae

5 *Graptodytes pictus*
Länge 2,3 mm. In pflanzenreichen Tümpeln. Verbreitung: Großteil Europas.

6 Schlammschwimmer – *Ilybius fenestratus*
Länge 11–12 mm. Häufiger Bewohner von Altwässern, Tümpeln und Waldquellen. Verbreitung: Nordteile Südeuropas, Mittel- und Nordeuropa bis Lappland, Sibirien, Nordamerika.

7 Furchenschwimmer – *Acilius sulcatus*
Länge 16–18 mm. Wie die übrigen Schwimmkäfer weist auch der Furchenschwimmer beträchtliche Unterschiede zwischen Männchen und Weibchen auf: Das Männchen hat Saugnäpfe an den Vorderfüßen, die Flügeldecken des Weibchens sind gefurcht. Er lebt vorwiegend in Tümpeln, Teichen und ruhigen Flußarmen, auch in zeitweilig entstehenden größeren Pfützen; sogar verschmutztes Wasser macht ihm nicht viel aus. Imago und Larve sind Räuber. Sie atmen durch Tracheen und müssen wie alle Schwimmkäfer Luftsauerstoff an der Wasseroberfläche schöpfen. Verbreitung: Von Mittelitalien und Nordspanien bis nach Nordeuropa, Transkaukasien, Sibirien, Nordafrika.

8 Gemeiner Gelbrandkäfer – *Dytiscus marginalis*
Länge 35 mm. Bewohnt am liebsten Fischteiche, doch auch Gartenbassins, in die er auf dem Luftweg gelangt. Der Gelbrandkäfer jagt Kleinlebewesen, verschmäht aber auch Aas nicht. In Fischteichen richtet er keinen Schaden an, da ihm nur kranke und schwächliche Fischchen zum Opfer fallen. Die räuberische Larve hat einen großen flachen Kopf mit mächtigen Beißwerkzeugen. Die ausgewachsene Larve verläßt das Wasser, gräbt sich am Ufer ins Erdreich ein und verpuppt sich dort in einem Kokon. Der erwachsene Käfer lebt bis zu anderthalb Jahren. Verbreitung: Großteil Europas (fehlt meist auf dem Balkan), Kaukasus, Sibirien, Japan, Nordamerika.

Familie: Taumelkäfer – Gyrinidae

9 Taumelkäfer – *Gyrinus natator*
Länge 5–7 mm. Sein Auge ist durch eine Scheidewand in zwei Teile unterteilt. Mit dem unteren Teil beobachtet er das Leben im Wasser, mit dem oberen nimmt er den Bereich über der Wasseroberfläche wahr. Häufig auf der Oberfläche von Fischteichen anzutreffen. Verbreitung: Europa, Sibirien, Mongolei, Nordafrika.

1
2
5
9
3
6
7 ♂
7 ♀
8 ♂
8 ♀
4

Familie: Hydraenidae

1 *Hydraena riparia*
Länge 2,2–2,4 mm. Kleiner, länglicher Wasserkäfer mit auffallend entwickelten Tastern, die mächtiger als die hinter ihnen sitzenden Fühler sind. In den europäischen Gewässern noch eine Reihe ähnlicher Arten. Verbreitung: Mittelitalien, Mittel- und Nordeuropa.

Familie: Kolbenwasserkäfer – Hydrophilidae

2 Großer Kolbenwasserkäfer – *Hydrous piceus*
Länge 34–47 mm. Bewohnt hauptsächlich stehende Gewässer – Teiche, Flußaltwässer, Tümpel im Wald usw., wo er genug Algen und andere Wasserpflanzen vorfindet. Pflanzen sind nämlich die einzige Nahrung des erwachsenen Käfers. Seine Larve lebt räuberisch und ernährt sich von Kleinlebewesen. Ähnlich wie die Schwimmkäfer, die aber nicht mit den Kolbenwasserkäfern verwandt sind, atmen sie Luftsauerstoff, doch schöpfen sie ihn an der Wasseroberfläche auf eine andere Art. Dazu dienen die kurzen, keulenförmig endenden Fühler. Zur Zeit der Eiablage spinnt das Weibchen ein Körbchen, in das es seine Eier ablegt. Das Körbchen wird an einem freischwimmenden Blatt befestigt, es endet in einem eigenartigen Kamin. In diesen Behälter werden etwa 50 Eier eingebracht, das Ganze treibt frei auf der Wasseroberfläche. Die Larven entwickeln sich im Wasser. Nach dem Heranwachsen begeben sie sich ans Ufer und verpuppen sich in der Erde. Noch bis vor kurzem galt der Kolbenwasserkäfer als bedeutender Schädling der Fischbrut. Man nahm an, daß er mit seinem scharfen, an der unteren Körperseite der Imago entwickelten Kiele die kleinen Fische tötet. Daher wurde der Käfer erbarmungslos verfolgt, so daß er heute an vielen Orten bereits Seltenheit besitzt; an zahlreichen Standorten, an denen er früher häufig vorkam, ist er völlig verschwunden. In den europäischen Gewässern lebt auch eine verwandte Art – *H. aterrimus*, nur um ein Geringes kleiner als der Große Kolbenwasserkäfer. Verbreitung: Paläarktische Region.

3 Kleiner Kolbenwasserkäfer – *Hydrophilus caraboides*
Länge 14–18 mm. Stellenweise zahlreich auftretende Art in Altwässern, Teichen und Tümpeln, wo eine reiche Wasserflora genügend Nahrung bietet. Im Unterschied zu vielen anderen, vor allem den kleinen Kolbenwasserkäferarten, die nur auf dem Grund oder zwischen den Pflanzen umherkriechen, ist er ein guter Schwimmer. Verbreitung: Paläarktische Region.

4 *Sphaeridium scarabaeoides*
Länge 5,7 mm. Seine morphologischen Merkmale reihen ihn zwar unter die Kolbenwasserkäfer ein, doch lebt er nicht im Wasser. Er hält sich auf dem Trockenen auf, wo er frischen Kuhmist aufzusuchen pflegt. Verbreitung: Paläarktische und nearktische Region.

Familie: Stutzkäfer – Histeridae

5 *Hister cadaverinus*
Länge 4–7 mm, seit neuerem auch *H. impressus* genannt. Gehört zu den häufigsten Vertretern seiner Familie. Ernährt sich von Aas, doch locken ihn auch verwesende Pflanzenreste (alte Waldpilze usw.) und gärende Säfte an, die aus frischen Baumstümpfen, verletzten oder gefällten Bäumen quellen. Verbreitung: Großteil der paläarktischen Region.

6 *Hister quadrinotatus*
Länge 6–8 mm. Auf jeder Flügeldecke mit je zwei roten Flecken, die beiden vorderen liegen an der Außenecke der Decke, gelegentlich gehen die Flecken auch ineinander über. Der Käfer lebt im Viehdung und kommt mancherorts zahlreich vor. Verbreitung: Europa, Kaukasus, Vorderasien.

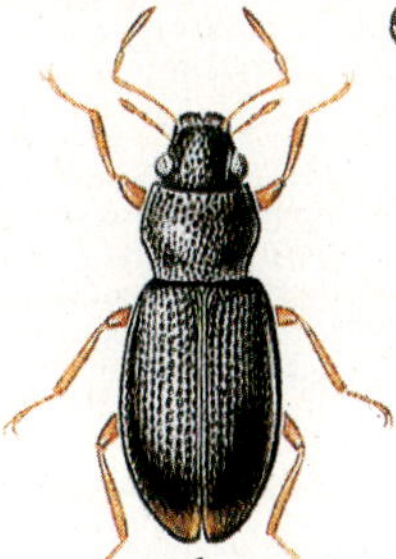

1

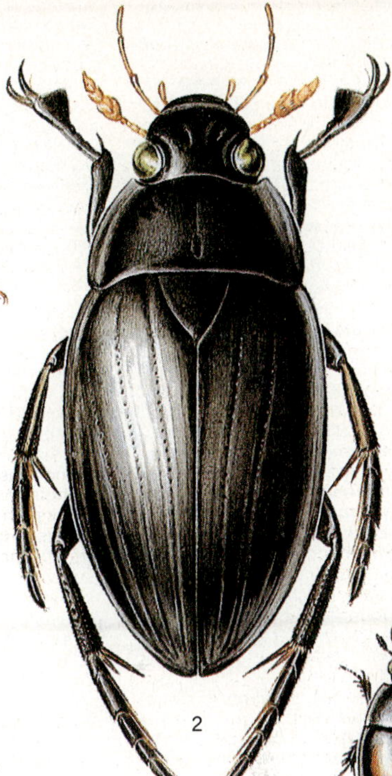

2

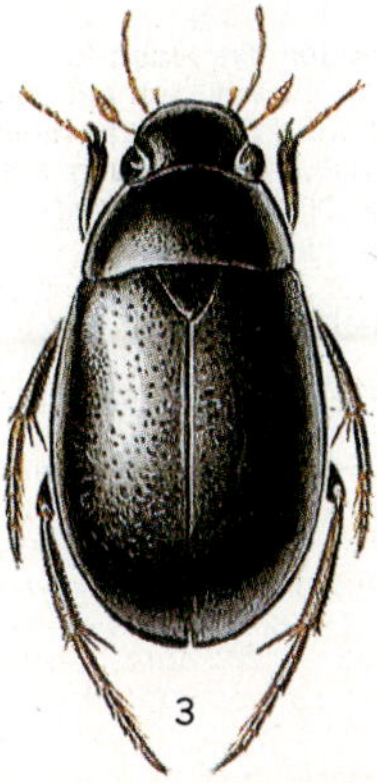

3

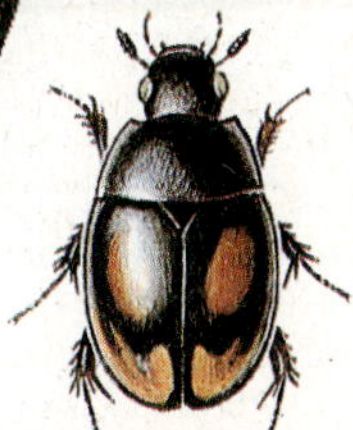

4

5

6

Familie: Aaskäfer – Silphidae

1 Gemeiner Totengräber – *Necrophorus vespillo*
Länge 10–24 mm. Gehört zu den Totengräbern, auf deren Flügeldecken orangefarbene Flecken sitzen; diese Arten sind einander ziemlich ähnlich. Totengräber suchen die Kadaver kleiner Tiere auf und begraben sie, um auf diese Weise die Nahrung für die nächste Generation sicherzustellen. Das Weibchen glättet die vergrabene Tierleiche unablässig und verarbeitet sie zu einer „Nahrungskugel". In unmittelbarer Nähe dieser Kugel legt es dann einen Gang an, in dem es etwa 10 Eier ablegt. Die Totengräberlarven schlüpfen bereits nach ein paar Tagen, sie riechen die nahe Nahrungsquelle und kriechen zu ihr hin, doch sind sie nicht in der Lage, sich selbständig zu sättigen. Sie warten, bis ihnen das Muttertier einen Tropfen der Nahrungsflüssigkeit in den Mund schiebt. Erst später nehmen sie selbständig Nahrung auf, nach jeder Häutung werden sie erneut von der Mutter gefüttert. Nach etwa einer Woche verpuppen sie sich, nach weiteren zwei Wochen wird aus der Puppe die Imago. Verbreitung: Großteil der paläarktischen Region, nearktische Region.

2 Schwarzer Totengräber – *Necrophorus humator*
Länge 18–28 mm. An seinen Fühlerenden sitzen rote Keulen. Dadurch unterscheidet er sich von dem Großen Totengräber *N. germanicus*, dessen Fühler in schwarze Keulen auslaufen. Verbreitung: Europa, Kaukasus, Vorderasien, Nordafrika.

3 Rothalsige Silphe – *Oeceoptoma thoracica*
Länge 12–16 mm. Die Art ist leicht an dem rotfarbigen Schild zu erkennen. Sehr häufig auf toten Tieren, verwesenden Pflanzenstoffen (auf alten Waldpilzen) und in Exkrementen. Verbreitung: Europa, Sibirien, Japan.

4 Rübenaaskäfer – *Blitophaga opaca*
Länge 9–12 mm. Dieser Käfer wird gelegentlich zu den Schädlingen gerechnet, da er sich auch von Zuckerrüben ernährt. Meist ist er aber harmlos, da seine Hauptnahrung aus verschiedenen Gräsern und Unkräutern besteht. Mancherorts bereits selten. Die Imago erscheint im zeitigen Frühjahr. Verbreitung: Ganz Europa, Nord- und Mittelasien, Nordamerika.

Familie: Kurzflügler – Staphylinidae

5 *Oxyporus rufus*
Länge 7–12 mm. Der Käfer erscheint zwar schon ab Mai in den Wäldern, doch ist er am häufigsten im Juli/August, wenn die Pilze wachsen. In ihren Fruchtständen entwickeln sich nämlich seine Larven. Der Käfer selbst ist Fleischfresser und stellt in den Pilzen allen möglichen Insektenlarven nach, er nagt sich dort Gänge von Körperbreite. Oft ist er an der Hutunterseite oder zwischen den Lamellen eines Pilzes zu finden. Verbreitung: Großteil Europas, Kaukasus, Sibirien.

6 Großer Kurzflügler – *Staphylinus caesareus*
Länge 17–25 mm. Ähnelt anderen Kurzflüglerarten mit braunen Decken. Ernährt sich von verschiedenen Larven, auch fliegt er tote Tierkörper sowie verwesende pflanzliche Stoffe an. Vom Frühjahr an zu finden. In höher gelegenen Landstrichen ist er häufiger, in den Niederungen fehlt er ganz oder kommt dort nur selten vor. Verbreitung: Europa, Nordamerika.

7 *Creophilus maxillosus*
Länge 15–25 mm. Wie hunderte anderer Kurzflüglerarten lebt er räuberisch. Er hält sich auf Misthaufen, Abfällen oder Aas auf, wo er Insektenlarven nachstellt. Verbreitung: Paläarktische, nearktische und orientalische Region.

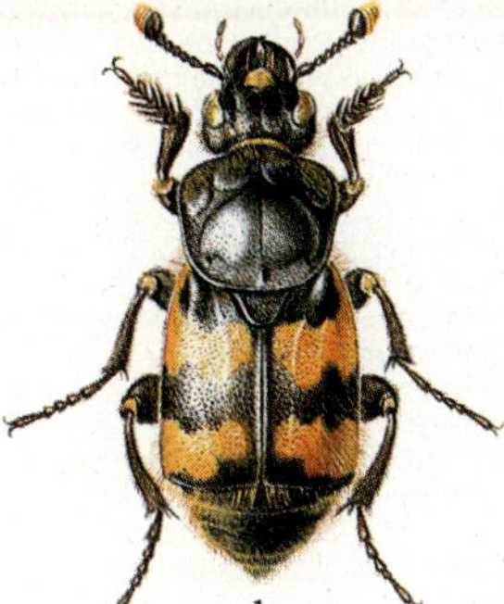

1

2

4

3

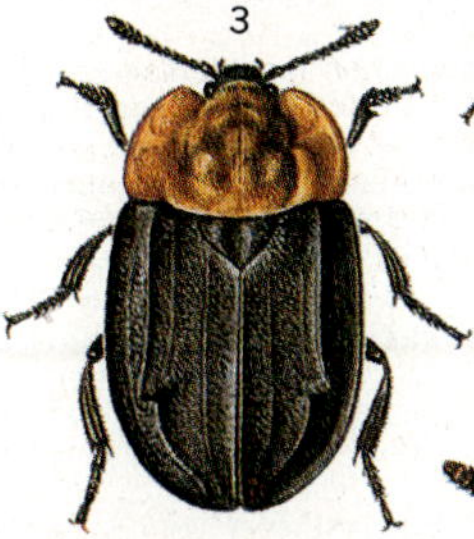

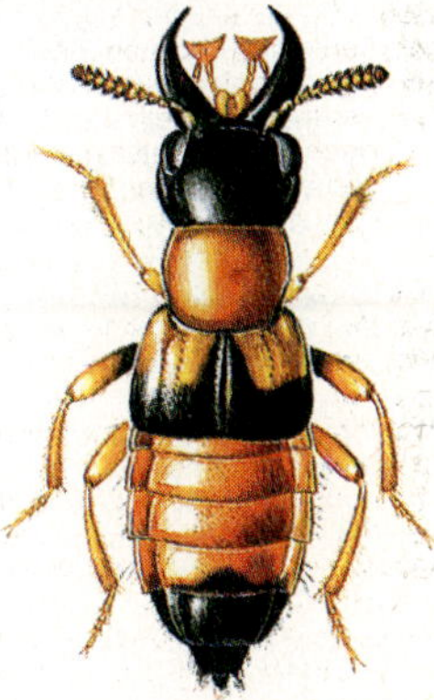

5

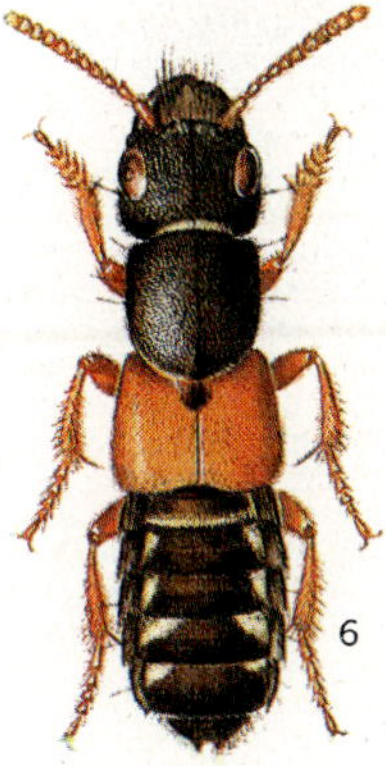

6

7

Familie: Hirschkäfer – Lucanidae

1 Hirschkäfer – *Lucanus cervus*
Länge des Männchens einschl. Oberkiefer bis zu 75 mm, Weibchen 25–40 mm. Gehört zu den größten Käfern der europäischen Fauna. Die Weibchen sind mit funktionsfähigen Kiefern ausgestattet, bei den Männchen haben sich riesige, verästelte, mit kleinen Zähnchen besetzte Mandibeln entwikkelt, doch sind sie nicht zum Beißen da, da der Käfer den aus verletzten Bäumen rinnenden Saft saugt. Diese Kiefer dienen vielmehr als Waffe bei den Paarungskämpfen zweier Männchen um ein Weibchen. Bei einigen Männchen finden sich auch weniger entwickelte Kiefer (sog. *capreolus*-Form). Die Weibchen bohren sich in die Stümpfe verschiedener Eichen ein, gelegentlich auch in andere Laubbäume (Buche, Ulme usw.), um dort Eier zu legen. Die Larve ernährt sich vom Holz des Baumstumpfes, sie ist ziemlich massig und fett. Ihre Entwicklung dauert sehr lange, manchmal bis zu 5 Jahre. Die ausgewachsene Larve erreicht eine Länge von ca. 100 mm. Sie erstellt sich eine feste Wiege, in der sie sich verpuppt. Der Käfer schlüpft im Herbst und überwintert in seiner Wiege. Er erscheint erst im Laufe des folgenden Juni und lebt nur bis Juli. In den letzten beiden Jahrzehnten ist der Hirschkäfer selten geworden, da sehr viele ursprüngliche Standorte alter Eichen zerstört wurden. Verbreitung: Großteil Europas.

2 Kopfhornschröter – *Sinodendron cylindricum*
Länge 12–16 mm. Gleichfalls mit auffälligem Geschlechtsdimorphismus. Das Männchen trägt auf dem Kopf ein nach hinten gebogenes Horn, das Weibchen nur einen kleinen Buckel. Der Käfer bewohnt Laubwälder in Vorgebirgs- und Gebirgslage, die Imago lebt im Juni/Juli. Verbreitung: Europa, Sibirien.

3 Rehschröter – *Systenocerus caraboides*
Länge 10–14 mm. Metallglänzend grün, blaugrün, blauviolett bis blauschwarz. Die Käfer fliegen an sonnigen Frühlingstagen; mancherorts ist ihr Vorkommen häufig, besonders in Eichen- und Buchenwäldern. Verbreitung: West- und Mitteleuropa.

Familie: Blatthornkäfer – Scarabaeidae

4 Dungkäfer – *Aphodius fimetarius*
Länge 5–8 mm. Vom zeitigen Frühjahr an in Pferde- und Rinderkot, dort legt das Weibchen auch seine Eier ab. Die ausgewachsenen Larven bohren sich in die Erde ein, wo sie sich verpuppen. Verbreitung: Eurasien, Nordafrika, Nordamerika.

5 Großer Roßkäfer – *Geotrupes stercorarius*
Länge 16–22 mm. Wie viele verwandte Arten für seine Brutpflege bekannt. Die Käfer heben einen ca. 50 cm langen senkrechten Schacht aus, zu dem das Weibchen Seitengänge anlegt. Jeder ist etwa 20 cm lang und endet in einem Kämmerchen. Diesen Gang füllt der Käfer mit Mist an, das Weibchen legt in der Kammer ein Ei. Die Larven ernähren sich vom angesammelten Dung, von dem mehr als genug vorhanden ist. Die Entwicklung zieht sich über zwei Vegetationsperioden hin. Verbreitung: Paläarktische Region.

6 Frühlingsmistkäfer – *Geotrupes vernalis*
Länge 12–20 mm. Auch er baut ein Nest, doch in anderer Anordnung als der Große Roßkäfer. Den Hauptteil bildet eine trichterförmige Grube, von deren Spitze waagerechte, ca. 20 cm lange, mit Dung gefüllte Gänge ausgehen. Erst dann wird ein senkrechter Schacht angelegt, der von der Trichterspitze einen halben Meter in die Tiefe führt. In ein Kämmerchen am Grund dieses Schachtes legt das Weibchen ein einziges Ei ab. Am Ende wird alles mit Dung vollgestopft. Die weiße Larve verzehrt allmählich diese angesammelten Vorräte. Wie die anderen Arten vertilgt der Mistkäfer Exkremente und trägt zur Humusbildung bei. Verbreitung: Europa, Kleinasien.

1 ♀
1 ♂
2 ♀
2 ♂
3
4
5
6

Familie: Blatthornkäfer – Scarabaeidae

1 *Serica brunnea*
Länge 8–10 mm. Fliegt von Juni (im Süden ab Mai) bis August. Tagsüber hält er sich unter Rinde, Steinen und im Moos verborgen, mit der Dämmerung fliegt er aus und tritt in größeren Gesellschaften auf. Er fliegt zum Licht, daher fliegt er nicht selten durch ein erleuchtetes Fenster in Wohnungen. Das Weibchen legt seine Eier einige Zentimeter tief in die Erde. Sandboden wird bevorzugt, doch wird auch mit der Gartenerde auf Beeten usw. vorliebgenommen. Die Larven ähneln den Engerlingen des Maikäfers, doch sind sie kleiner. Die Entwicklung dauert ein Jahr. Verbreitung: Großteil Europas (im Norden bis über den Polarkreis hinaus), Südsibirien, Nordafrika.

2 Junikäfer – *Amphimallon solstitiale*
Länge 14–18 mm. Abends und nachts fliegende Art, die sich im Juni oft in größeren Schwärmen auf Wiesen, an Waldrändern und Bäumen in Parks und Alleen zeigt. Die Entwicklung dauert drei Jahre. Verbreitung: Paläarktische Region.

3 Feld-Maikäfer – *Melolontha melolontha*
Länge 20–30 mm. Einst einer der bekanntesten großen Käfer, der jedoch heute nach intensiver Bekämpfung vielerorts selten geworden ist oder nur noch sporadisch erscheint. In einigen europäischen Landschaften kann er aber auch heute noch Schaden anrichten. Der Fächerfühler des Männchens besteht aus wesentlich größeren Blättern als beim Weibchen, außerdem sind es bei ihm sieben (beim Weibchen sechs). Das Weibchen legt die Eier in die Erde. Aus ihnen schlüpfen Larven (Engerlinge), die sich von den Würzelchen verschiedener Pflanzen ernähren. Ihre Entwicklung zieht sich über zwei bis drei Jahre hin. Die Imago schlüpft im Herbst, überwintert in der Erde und kommt im Frühjahr zum Vorschein. Jahre mit größeren Maikäfervorkommen werden als Maikäferjahre bezeichnet. Verbreitung: Großteil Europas, fehlt jedoch z. B. in Spanien und Süditalien.

4 Julikäfer – *Anomala dubia*
Länge 12–15 mm. Der Käfer fliegt an Standorten mit Sand- oder Lehmsanduntergrund. Häufigstes Auftreten im Juli, an wärmeren Tagen zeigt er große Aktivität. Verbreitung: Von Süditalien bis Südschweden und Südfinnland.

5 Gartenlaubkäfer – *Phyllopertha horticola*
Länge 8–11 mm. Sehr häufig in Gärten, an Waldrändern, Rainen usw. meist im Juni. Gern sucht er erblühte Rosen auf, deren Blumenkronblätter er befrißt. Verbreitung: Europa, Sibirien, Mongolei.

6 Zottiger Rosenkäfer – *Tropinota hirta*
Länge 8–11 mm. Schon ab April auf den Blütenständen von Korbblütlern (zunächst auf Habichtskraut, später auf Margeriten). Seine Larven leben in der Erde und fressen alte Graswurzeln an, so daß sie keinen Schaden anrichten. Verbreitung: Europa, Klein- und Vorderasien, Nordamerika, dorthin eingeschleppt.

7 Rosenkäfer – *Cetonia aurata*
Länge 14–20 mm. In den Frühlingsmonaten auf blühenden Heckenrosen, Holunder- und Zwergholunderblütenständen usw. Sein Flug ist eigenartig, da er nicht die Flügeldecken öffnet, sondern die Hautflügel unter ihnen hervorschiebt. Die Larven entwickeln sich meist in morschen Buchen- und Eichenstümpfen wie auch im Gartenkompost. Larven aus den Nestern der Waldameise gehören zur Art *Potosia cuprea*, Rosenkäferlarven finden sich nur selten in Ameisenhaufen. Die Entwicklung dauert ein Jahr. Verbreitung: Europa außer den nördlichsten Gebieten, Klein- und Vorderasien, Sibirien.

1
2
3
6
4
7
5

Familie: Pillenkäfer – Byrrhidae

1 Pillenkäfer – *Byrrhus pilula*
Länge 7,5–11 mm. Bei Gefahr kann er sich vollendet totstellen: Er legt Fühler und Beine in die Ritzen an der Körperunterseite und verwandelt sich so in eine unbewegliche Kugel. In Wäldern und Feldern häufige Art. Verbreitung: Paläarktische Region.

Familie: Prachtkäfer – Buprestidae

2 Mattglänzender Blütenprachtkäfer – *Anthaxia nitidula*
Länge 5–7 mm. In warmen Gebieten ziemlich häufige Art. Fliegt reife Blütenstände von Habichtskraut, Heckenrosen usw. an. Larvenentwicklung in vertrocknenden Obstbäumen. Verbreitung: Mittel- und Südeuropa (fehlt im Norden), Kleinasien, Nordafrika.

3 Ländlicher Prachtkäfer – *Buprestis rustica*
Länge 12–18 mm. Manchmal recht häufig in lichten Nadelwäldern. Verbreitung: Nordteil Südeuropas, Mittel- und Nordeuropa, Kaukasus, Südsibirien.

4 Gefleckter Eichenprachtkäfer – *Agrilus biguttatus*
Länge 10 mm. Von Mai bis Juli auf jungem Eichengestrüpp auf Lichtungen, am Waldrand und an Baumstümpfen wie auch auf gefällten Eichenstämmen. Die Larven entwickeln sich unter der Rinde absterbender Äste oder Stämme. Verbreitung: Europa (im Norden seltener), Kaukasus, Kleinasien, Iran, Nordafrika.

5 Kleiner Zwergprachtkäfer – *Trachys minutus*
Länge 3–3,5 mm. Stellenweise sowohl auf Blüten als auch an Weidenlaub häufige Art. Die Larven leben in den Blättern und legen dort Gänge an. Verbreitung: Europa mit Ausnahme des Nordens, Kaukasus, Kleinasien, Sibirien.

Familie: Schnellkäfer – Elateridae

6 Mausgrauer Schnellkäfer – *Adelocera murina*
Länge 11–17 mm. Auf Flügeldecken und Schild sitzen feine weißliche und gelbe Schuppen, deren Menge die Gesamtfärbung des Käfers bestimmt. Manche Exemplare sind so dicht beschuppt, daß sie fast weiß aussehen. Die Imago zeigt sich von Frühjahr bis Herbst in Wäldern, Gärten, auf Wiesen und Feldern, sie geht bis ins Gebirge. Die wie bei den anderen Schnellkäfern „Drahtwurm“ genannte Larve ernährt sich von den Haarwurzeln aller möglichen Pflanzen. Verbreitung: Europa, Kaukasus, Sibirien, Nordamerika.

7 *Athous vittatus*
Länge 8–10 mm. Meist sitzen auf den Flügeldecken Streifen, die jedoch bei manchen Exemplaren nicht entwickelt sind; dann sind die Decken einfarbig gelb- oder dunkelbraun. Häufiger Käfer, der die Laubwälder der Niederungen, in Hügellandschaften und manchmal auch im Gebirge bewohnt. Verbreitung: Europa, Kaukasus, Kleinasien.

8 Erzschnellkäfer – *Corymbites aeneus*
Länge 10–17 mm. Glänzt metallisch, der Ton ist jedoch ziemlich variabel, in der Regel grünlich oder kupfern, manchmal auch blau, blauviolett und schwarz. Die Imago zeigt sich vom zeitigen Frühjahr bis in den Spätherbst auf Pflanzen an Rainen, Feldwegen, auf Wiesen usw. Die Larven leben in der Erde. Gelegentlich Kulturpflanzenschädling. Verbreitung: Europa, Sibirien.

9 Purpurschnellkäfer – *Corymbites purpureus*
Länge 8–14 mm. Über die roten Flügeldecken verlaufen charakteristische erhabene Längsrippen, daher mit keiner anderen Art zu verwechseln. Im Gebirgsvorland schon vom zeitigen Frühjahr an auf verschiedenen Laubsträuchern. Gelegentlich recht häufig. Verbreitung: Mittel- und Südeuropa, Asien (Iran, Himalaja u.a.).

1
2♂
2♀
3
4
5
6
7
8
9

Familie: Leuchtkäfer – Lampyridae

1 Gelbhals-Johanneswürmchen – *Lampyris noctiluca*
Das Männchen ist 11–12 mm lang, das Weibchen 16–18 mm. Die Geschlechter unterscheiden sich beträchtlich. Das Männchen hat Hautflügel und Dekken, kann also fliegen, das Weibchen ist ungeflügelt und kriecht nur am Boden. Beide haben an der Körperunterseite ein kompliziertes Leuchtorgan, das ein durchdringendes Licht von der Wellenlänge 518–656 nm ausstrahlt. Das Licht entsteht durch einen komplizierten chemischen Prozeß bei Anwesenheit von Sauerstoff. Die ebenfalls leuchtenden Larven erreichen eine Länge von 23 mm, sie leben im Gras und sind Fleischfresser. Verbreitung: Mittelmeerraum bis Mittelskandinavien, Kaukasus, Sibirien, China.

Familie: Weichkäfer – Cantharidae

2 Gemeiner Weichkäfer – *Cantharis fusca*
Länge 11–15 mm. Der Gemeine Weichkäfer lebt auf Blüten und Blättern, wo er Blattläusen nachstellt. Auch seine schwarz gefärbten Larven sind Räuber. Sie überwintern; es kommt vor, daß Regen und Wind sie aus ihren Winterverstecken treiben, dann erscheinen sie auf dem Schnee. Verbreitung: Europa von Nordspanien und Italien bis Südskandinavien.

3 *Rhagonycha fulva*
Länge 7–10 mm. Von ähnlich hell gefärbten Arten vor allem durch die dunklen Fühler und durch die dunklen Flügeldeckenenden unterschieden. Oft erscheinen die Käfer im Spätsommer auf blühenden Doldenpflanzen auf den Wiesen. Sie jagen Blattläuse und kleinere Insektenlarven. Verbreitung: Europa, der hohe Norden ausgenommen, Kaukasus, Vorderasien.

Familie: Rotdeckenkäfer – Lycidae

4 *Dictyopterus aurora*
Länge 7–13 mm. Im Unterwuchs des Waldes und auf Baumstumpfen an Standorten in Gebirge und Vorgebirge. Verbreitung: Europa, über Sibirien erreicht er Korea und Japan.

Familie: Speck- und Pelzkäfer – Dermestidae

5 Speckkäfer – *Dermestes lardarius*
Länge 7–9,5 mm. Ursprünglich lebte der Speckkäfer in der freien Natur, auch heute findet man ihn noch in den Nestern einiger Vögel. Allmählich wurde aus ihm aber ein Begleiter des Menschen, in dessen Nähe er sich heute meist aufhält – in Wohnungen, Lagerräumen, Museen, Taubenschlägen und Bienenstöcken. Der Käfer selbst ist unschädlich, doch suchen seine behaarten Larven als Nahrung alle möglichen Erzeugnisse menschlicher Tätigkeit auf (Textil, Leder, naturwissenschaftliche Sammlungen usw.). Verbreitung: Kosmopolit. Durch den Menschen ist er auch in die Regionen gekommen, in denen er ursprünglich fehlte.

6 Pelzkäfer – *Attagenus pellio*
Länge 4–5,5 mm. Ebenfalls ein Kulturfolger, der sich in Wohnungen und Lagerräumen aufhält. Erscheint schon im Februar/März. Später zahlreich auf Blüten. Die Larven tragen am Hinterleib einen Schwanz aus langen Borsten, sie sind gefürchtete Schädlinge für Leder, Textilien und naturwissenschaftliche Sammlungen. Verbreitung: Über die ganze Welt.

7 Teppichkäfer – *Anthrenus scrophulariae*
Länge 3–4,5 mm. Der Käfer ist von feinen, farbigen Schuppen bedeckt, die seine Färbung ausmachen. Die Imago ist völlig unschädlich und lebt auf Blüten. Außer der Vegetationszeit hält sich die Art oft in Wohnungen auf, wo sich ihre Larven entwickeln. Sie befallen Pelze, Teppiche, Textilien, Federn und naturwissenschaftliche Sammlungen. Der schlimmste Feind solcher Sammlungen ist aber nicht diese Art, sondern der Wollkrautblütenkäfer (*A. verbasci*). Verbreitung: Großteil Europas, Vorderasien, Nordamerika usw.

1 ♂

1 ♀

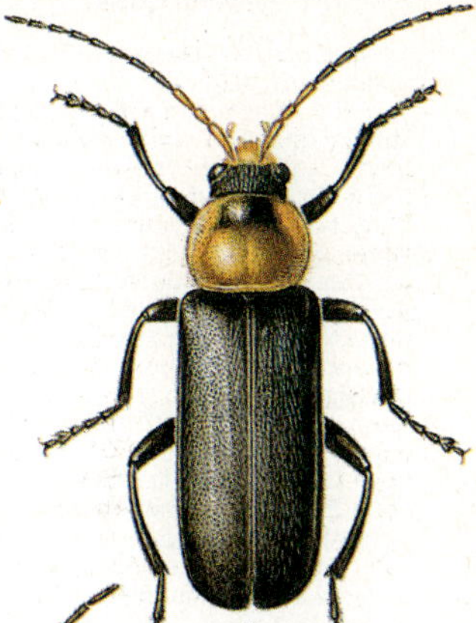

2

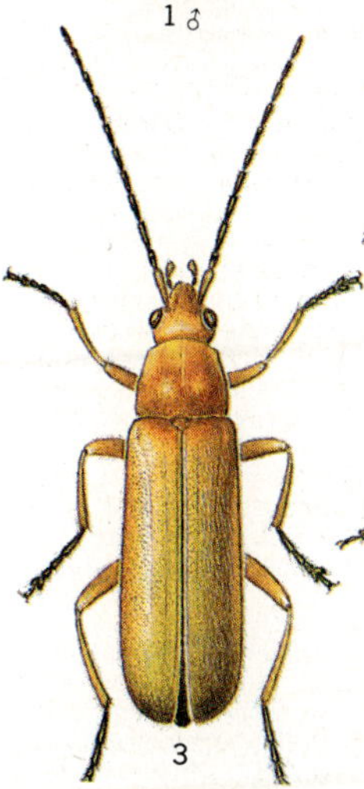

3

4

5

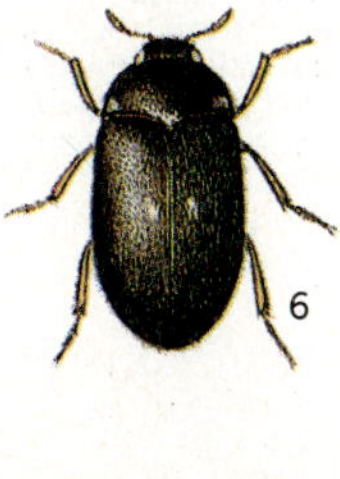

6

7

Familie: Poch- oder Klopfkäfer – Anobiidae

1 Gemeiner Holzwurm – *Anobium punctatum*
Länge 3–5 mm. Die Käfer entwickeln sich im alten Holz von Fußböden, Möbeln, Dachbalken und Schnitzereien. Sie erzeugen ein eigenartiges Tickgeräusch, das vor allem in der nächtlichen Stille durchdringend zu hören ist. Der ausgeschlüpfte Käfer verläßt das Holz durch eine kleine Öffnung, in deren Nähe das Weibchen später seine Eier ablegt. Den jungen Larven dient die Öffnung als Eingang zu ihrem späteren Lebensbereich. Sie nagen im Holz, das ihre einzige Nahrung darstellt, feine Gänge. Die schwer verdauliche Zellulose verdauen sie mit Hilfe symbiotischer Organismen, die in ihrem Körper in Darmsäckchen sitzen. Verbreitung: Paläarktische, nearktische und australische Region.

Familie: Diebskäfer – Ptinidae

2 Kräuterdieb – *Ptinus fur*
Länge 2–4,3 mm. Bekannt wegen der beträchtlichen Unterschiede in Körperform und Färbung beider Geschlechter. Meist lebt er in Wohnungen, Ställen, auf Dachböden oder in Landklosetts, auch in Vogelnestern. Verbreitung: Paläarktische und nearktische Region.

Familie: Buntkäfer – Cleridae

3 Ameisenbuntkäfer – *Thanasimus formicarius*
Länge 7–10 mm. Von Frühjahr bis Herbst auf Meterholz und gefällten Stämmen, wo er Borkenkäfern nachstellt. Sehr nützliche Art, die sehr viele Insektenschädlinge vertilgt. Verbreitung: Eurasien und Nordafrika, nach Nordamerika eingeführt.

Familie: Zipfelkäfer – Malachiidae

4 Zipfelkäfer – *Malachius bipustulatus*
Länge 5–6 mm. Den ganzen Sommer über häufig auf Gräsern und anderen blühenden Pflanzen anzutreffen. Bei Gefahr schiebt er seitlich aus dem Körper rote Säckchen hervor. Verbreitung: Europa, Kleinasien, Sibirien.

Familie: Werftkäfer – Lymexylonidae

5 Bohrkäfer – *Hylecoetus dermestoides*
Länge 6–18 mm. Die Imago lebt nur 2–4 Tage. Die Larven entwickeln sich in Eichen- oder Buchenholz, meist in Baumstümpfen, in denen sie enge, lange Gänge bohren. Ihre Nahrung besteht aber nicht aus Holz, sondern aus Ambrosiapilzen. Verbreitung: Mittel- und Nordeuropa, Sibirien.

Familie: Glanzkäfer – Nitidulidae

6 Rapsglanzkäfer – *Meligethes aeneus*
Länge 1,5–2,7 mm. Sehr zeitig im Frühjahr auf verschiedenen Blüten. Später zieht er auf Raps um und ernährt sich von dessen Blütenknospen und jungen Blättern. Die Weibchen legen ihre Eier in die Rapsblüten, die ausgewachsenen Larven verpuppen sich im Erdboden. Verbreitung: Paläarktische und nearktische Region.

7 *Pocadius ferrugineus*
Länge 2,8–4,5 mm. In Stäublingspilzen, dort spielt sich seine ganze Entwicklung ab. Verbreitung: Europa, Kaukasus.

8 Rindenglanzkäfer – *Glischrochilus quadripunctatus*
Länge 3–6,5 mm. Sowohl unter Baumrinde als auch auf verletzten Stämmen, aus denen Saft quillt. Hauptnahrung sind Borkenkäfer. Verbreitung: Europa, Sibirien.

9 *Pityophagus ferrugineus*
Länge 4–6,5 mm. Dieser Käfer lebt unter Baumrinde und jagt Borkenkäfer. Verbreitung: Nadelwälder Europas, vor allem vom Nordbalkan an nach Norden, Kaukasus.

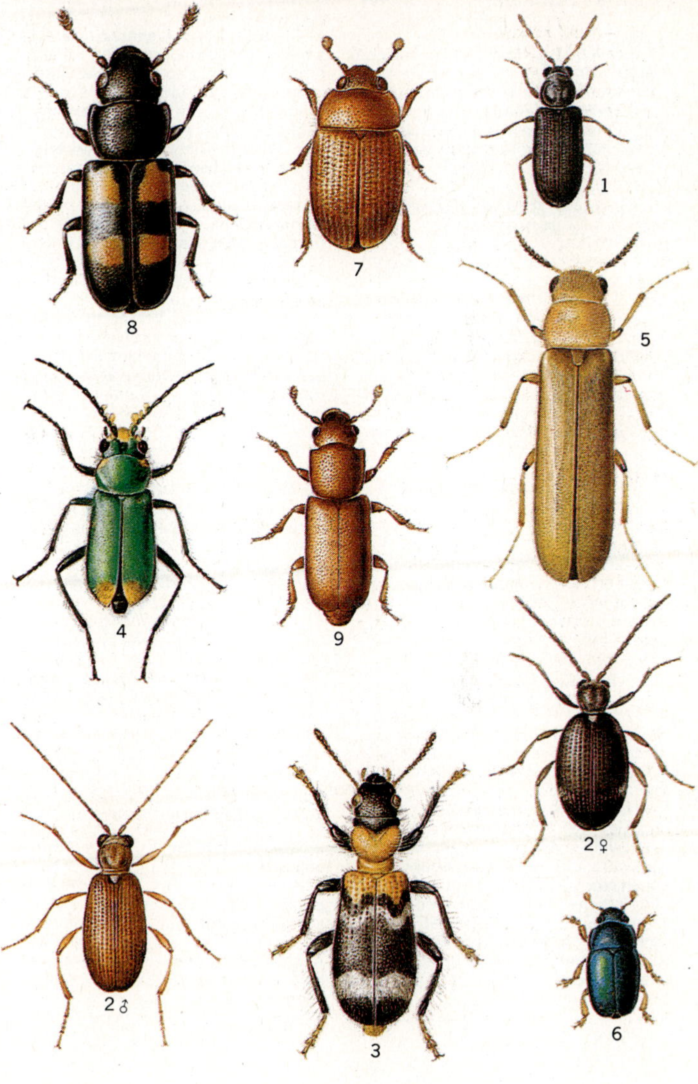
8
7
1
5
4
9
2 ♂
3
2 ♀
6

Familie: Plattkäfer – Cucujidae

1 Plattkäfer – *Uleiota planata*
Länge 4,5–5,5 mm. Mit auffallend langen Fühlern, die er bei Gefahr nach vorn streckt, dabei verharrt er regungslos. Unter der Rinde verschiedener Baumarten, zumeist auf Laubbäumen. Verbreitung: Südteil der paläarktischen Region.

Familie: Blütenfresser – Byturidae

2 Himbeerkäfer – *Byturus tomentosus*
Länge 3,2–4 mm. Als Imago ist er weitaus weniger bekannt als im Larvenstadium. Die längliche Larve, der „Himbeerwurm", kommt vor allem in Himbeer-, weniger in Brombeerfrüchten vor. Die Imago sitzt auf Himbeer- und Brombeerblüten. Verbreitung: Paläarktischer Bereich außer dem Norden.

Familie: Glattkäfer – Phalacridae

3 Glattkäfer – *Olibrus aeneus*
Länge 2,5–2,8 mm. Häufig im Spätsommer auf blühender Kamille, der Nährpflanze seiner Larven. Verbreitung: Europa von Norditalien bis Lappland, Sibirien.

Familie: Marienkäfer – Coccinellidae

4 Zweipunkt – *Adalia bipunctata*
Länge 3,5–5,5 mm. Zeichnet sich durch beträchtliche Farbunterschiede aus. Neben den typischen roten Exemplaren mit schwarzen Punkten gibt es Formen (4 a), bei denen die rote Farbe auf zwei Punkte zurückgeht und das Schwarz überwiegt. Oft überwintern sie in menschlichen Behausungen. Ab Juli erscheint die neue Generation. Käfer und Larve sind Räuber, die beachtliche Mengen von Blattläusen vertilgen. Verbreitung: Großteil der paläarktischen Region, nach Nordamerika eingeführt.

5 Siebenpunkt – *Coccinella septempunctata*
Länge 5,5–8 mm. Gehört zu den bekanntesten und nützlichsten Käferarten. Imago und Larve leben auf blattlausbefallenen Pflanzen. Die Larve ist graublau, schwarz und gelb bis orangefarben gefleckt, sie verpuppt sich auf Blättern. Die Imago überwintert, häufig sitzen die Tiere in ganzen Gesellschaften unter Rinde, Steinen, in Grasbüscheln usw. Die Käfer zeigen sich zeitig im Frühjahr. Verbreitung: Europa, Asien, Nordafrika.

6 Augenmarienkäfer – *Anatis ocellata*
Länge 8–9 mm. Körperform und Fleckenzahl sind sehr veränderlich. Von den Niederungen bis ins Gebirge meist in Nadelwäldern, jagen dort Blattläuse. Die Larve ist rot gefleckt. Verbreitung: Europa, Kaukasus, Sibirien, Japan, nach Nordamerika eingeführt.

7 *Thea vigintiduopunctata*
Länge 3–4,5 mm. Der Käfer ist von den übrigen Arten leicht durch seine leuchtend gelbe Färbung und die 22 kleinen Pünktchen auf den Flügeldecken zu unterscheiden. Er kommt auch in Gebirgslandschaften vor. Verbreitung: Südteil der paläarktischen Region.

8 *Chilocorus renipustulatus*
Länge 4–5 mm. Auf jeder Flügeldecke sitzt ein rundlicher roter Fleck. Darin ähnelt er der Art *Ch. bipustulatus*, bei der die roten Felder auf den Decken jedoch von mehreren länglichen Flecken gebildet werden. Nützling. Verbreitung: paläarktische Region.

Familie: Stäublingskäfer – Endomychidae

9 Stäublingskäfer – *Endomychus coccineus*
Länge 4–6 mm. Der Käfer bewohnt Buchenwälder, oft kommt er in Gesellschaften unter der Rinde gefällter Bäume vor, wo Schimmel wuchert. Auch in Baumpilzen zu finden. Verbreitung: Europa (im Süden nur in höheren Lagen).

1
2
3
4a
4
5
7
6
9
8

Familie: Rindenkäfer – Colydiidae

1 Rindenkäfer – *Ditoma crenata*
Länge 2,6–3,5 mm. Häufig unter der Rinde alter Baumstümpfe, meist in Gesellschaften. Der Käfer ernährt sich von kleinen Insektenlarven, z. B. Borkenkäferlarven. Verbreitung: Paläarktische Region.

Familie: Schwarzkäfer – Tenebrionidae

2 Mehlkäfer – *Tenebrio molitor*
Länge 15 mm. Seine ganze Entwicklung findet im Mehl statt. Das Weibchen legt einige hundert Eier, die es mit einem klebrigen Schutzsekret umhüllt. Nach 1–2 Wochen schlüpfen die Larven aus, sie wachsen rasch. Der Volksmund nennt sie Mehlwürmer, sie werden auch als Futter für verschiedene Tiere gezüchtet. Verbreitung: Kosmopolit.

Familie: Wollkäfer – Lagriidae

3 Wollkäfer – *Lagria hirta*
Länge 7–10 mm. In feuchterer Umgebung auf der Vegetation von Wiesen, Rainen und an Bächen. Verbreitung: Europa, Sibirien.

Familie: Feuerkäfer – Pyrochroidae

4 Scharlachroter Feuerkäfer – *Pyrochroa coccinea*
Länge 14–15 mm. Im Gegensatz zu *P. serraticornis* mit schwarzem Kopf und schwarzem Schildchen. Die Käfer erscheinen im Mai/Juni auf Blüten, Baumstümpfen und gefällten Bäumen. Die Larve ist ziemlich flach und lebt unter der Rinde von totem Holz, Stümpfen usw. Verbreitung: Von den Nordteilen Südeuropas bis Südskandinavien.

Familie: Stachelkäfer – Mordellidae

5 Stachelkäfer – *Variimorda fasciata*
Länge 6–9 mm. Von den verwandten Arten unterscheidet er sich durch die graubraune Zeichnung auf den Flügeldecken. Lebt auf Blüten. Verbreitung: Europa, Kaukasus, Kleinasien, Iran usw.

Familie: Öl- oder Blasenkäfer – Meloidae

6 Ölkäfer, Maiwurm – *Meloe violaceus*
Länge 10–32 mm. Mit komplizierter Verwandlung. Das Weibchen legt eine große Anzahl Eier ab, da viele junge Larven bereits unmittelbar zu Beginn ihres Lebens umkommen. Die geschlüpfte Ölkäferlarve wird Triungulin genannt, da sie an den Füßen drei Krallen hat. Früher wurde sie sogar für eine selbständige Tierart gehalten. Der Triungulin kriecht in eine Blüte und wartet auf die Ankunft seines künftigen Wirts, eine Erdbiene. In ihrer Behaarung wird er ins Bienennest getragen, wo er sich weiter verwandelt. Im Laufe der Entwicklung entsteht die sog. Scheinpuppe, ein puppenähnliches Ruhestadium. Aus ihr geht eine weitere Larve hervor, die sich wiederum verpuppt. Aus der Puppe schlüpft dann der Käfer. Die Scheinpuppe stellt ein zusätzliches Entwicklungsstadium dar, aus diesem Grund wird die ganze Verwandlung Überverwandlung bzw. Hypermetamorphose genannt. Der Körper der Ölkäfer enthält das giftige Cantharidin, das zerstörend auf die Nierenfunktion wirkt. Wesentlich mehr davon enthält die sog. Spanische Fliege *Lytta vesicatoria* aus der gleichen Familie. Verbreitung: Europa, Sibirien.

Familie: Scheinbockkäfer – Oedemeridae

7 *Oedemera podagrariae*
Länge 8–10 mm. Mit nach hinten auseinanderlaufenden Flügeldecken, die die Hautflügel sehen lassen. Das Männchen hat auffällig entwickelte Schenkel. Im Sommer halten sich die Käfer in Blüten auf, ihr Aussehen ähnelt verblüffend den Bockkäfern. Verbreitung: Großteil Europas, Kleinasien, Sibirien.

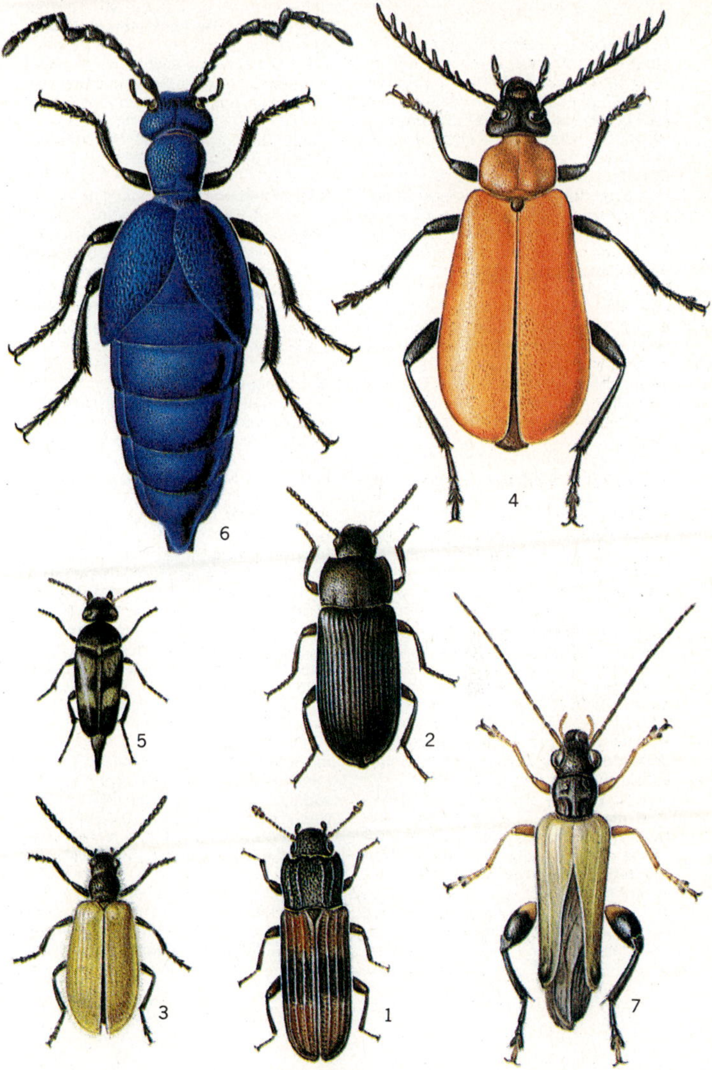
6
4
5
2
3
1
7

Familie: Bockkäfer – Cerambycidae

1 Sägebock – *Prionus coriarius*
Länge 18–45 mm. Wie auch andere Bockkäfer weist der Sägebock auffälligen Geschlechtsdimorphismus auf. Die Fühler sind zwar bei Männchen und Weibchen relativ kurz, doch hat das Männchen 12 kräftige, stark gesägte Glieder, die Fühler des Weibchens bestehen nur aus 11 weniger kräftigen und weniger gesägten Gliedern. Der Käfer läßt Knarrgeräusche hören, sie entstehen durch Reibung der Flügeldecken an einer Schenkelleiste des hinteren Beinpaares. Die Käfer bewohnen alte Laub- und Nadelwälder, in denen sie während der Dämmerung von Frühjahr bis Herbst fliegen, am häufigsten sind sie im August. Das Weibchen legt seine Eier in Stämme und alte Baumstümpfe. Die Larve erreicht eine Länge von ca. 50 mm und verpuppt sich in Stubben. Die Käfer werden von vielen Nachttieren gejagt, in Wäldern mit Sägebockvorkommen findet man zur Zeit ihres Fluges oft Flügeldecken auf den Wegen. Verbreitung: Großteil Europas, Kaukasus, Vorderasien, Westsibirien, Nordafrika.

2 Zangenbock – *Rhagium inquisitor*
Länge 10–21 mm. In Nadelwäldern von den Niederungen bis ins Gebirge, die Imago ist mancherorts häufig auf Holz und Blüten. Die Larve lebt unter der Fichtenrinde, hier verpuppt sie sich auch in einer von Holzspänen umgebenen Wiege. Der Käfer schlüpft darin im Herbst, verläßt sie aber erst im Frühjahr. Verbreitung: Europa, Westsibirien, Nordamerika.

3 Rothalsbock – *Leptura rubra*
Länge 10–19 mm. Die beiden Geschlechter unterscheiden sich durch Körperform, Größe und Färbung. Das Männchen ist schlanker, kleiner, hat schmutzig-gelb gefärbte Decken und einen schwarzen Schild. Das Weibchen ist größer, gedrungener und orangerot. Auch ihre Fühler sind unterschiedlich. Sehr häufige Art, die im Sommer auf Baumstümpfen, Blüten, gefällten Stämmen und Meterholz fliegt. Die Larven entwickeln sich meist in alten Baumstümpfen, in denen sie ihre Gänge nagen und sich verpuppen. Die Imago nagt sich durch eine kreisrunde Öffnung ins Freie. Verbreitung: Europa, Sibirien, Nordafrika.

4 Schmalbock – *Strangalia maculata*
Länge 14–20 mm. Auf seinen gelblichen Decken sitzen verschieden große dunkle Flecken. Die Imago kommt von Mai bis August häufig auf den Blüten der Waldwiesen vor. Entwicklung meist in Laubhölzern. Verbreitung: Europa, Kaukausus, Transkaukasien, Syrien, Iran.

5 *Strangalia melanura*
Länge 6–9,5 mm. Von Mai bis September häufig auf Blüten zu finden, die Larven entwickeln sich im Holz. Verbreitung: Europa, Kaukasus, Transkaukasien, Sibirien, Mongolei.

6 Waldbock – *Spondylis buprestoides*
Länge 12–24 mm. Mit auffallend gedrungenem Körper, mächtigen Kiefern und kurzen Fühlern. Tagsüber versteckt sich der Waldbock unter der Rinde von Baumstümpfen, unter liegenden Stämmen usw., abends fliegt er aus. Seine Larve lebt in alten Kiefernstümpfen. Verbreitung: Europa, Kleinasien, Sibirien, China, Japan.

7 Fichtensplintbock – *Tetropium castaneum*
Länge 9–18,5 mm. Bewohnt Fichtenwälder, die Imago fliegt von Mai bis Juli. Das Weibchen legt 80–120 Eier unter die Schuppen der Fichtenrinde. Zunächst lebt die Larve unter der Rinde, später bohrt sie sich ins Holz ein, schließlich nagt sie in einer Tiefe von 2–4 cm eine Kammer, um sich darin zu verpuppen. Meist befällt der Käfer erkrankte Bäume. Verbreitung: Eurasien.

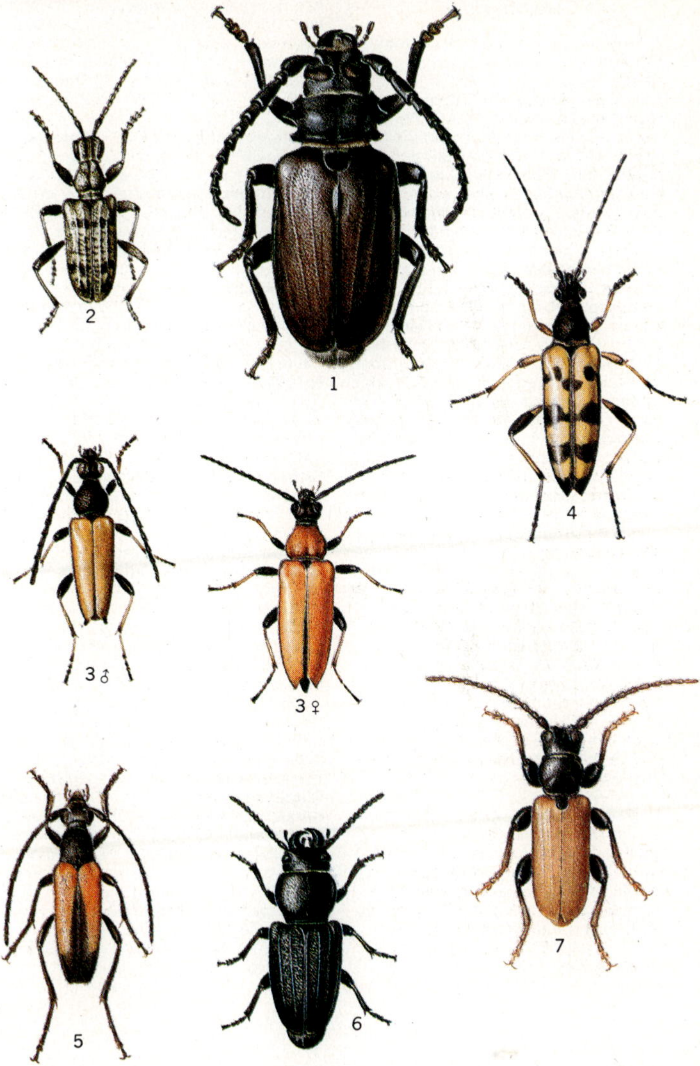
2
1
4
3 ♂
3 ♀
7
5
6

Familie: Bockkäfer – Cerambycidae

1 Großer Eichen- oder Heldbock – *Cerambyx cerdo*
Länge 24–53 mm. Gehört zu den größten europäischen Käfern und bewohnt alte Laub-, vor allem Eichenwälder. Der Käfer erscheint im Juni/Juli. Die Imago fliegt in der Dämmerung und nachts unter ziemlicher Geräuschentwicklung. Tagsüber halten sich die Tiere unter der Rinde und in Gängen in altem Holz versteckt. Das Weibchen legt ca. 80 Eier in die Eichenrinde. Die junge Larve beißt sich durch die harte Rinde in den Bast und ins Holz, wo sie sich verpuppt. Sie erreicht eine Länge von 70–90 mm, ihre Entwicklung dauert drei bis fünf Jahre. Der Käfer schlüpft im Sommer aus, wartet aber die nächste Vegetationszeit in der Kammer ab. Gegenwärtig geht die Art stark zurück, da ihre ursprünglichen Standorte immer mehr abnehmen. Verbreitung: Europa.

2 Kurzdeckenbock – *Molorchus minor*
Länge 6–16 mm. Der Kurzdeckenbock und einige verwandte Arten sind eine Ausnahme unter den Bockkäfern; sie haben verkürzte Flügeldecken, die nur einen Teil des Hinterleibes bedecken. Von April bis Juli kommen die Käfer häufig auf blühenden Pflanzen vor, meist auf Doldenblütlern. Die Larven entwickeln sich in schwächeren, abgestorbenen Stämmen und Ästen von Fichte und Kiefer, dort legen sie gewundene Gänge an. Verbreitung: Europa, Kaukasus, Transkaukasien, Klein- und Vorderasien, Sibirien, Japan.

3 Moschusbock – *Aromia moschata*
Länge 13–34 mm. Meist grün bis blaugrün, gelegentlich überwiegt der Blauton. Die Imago verströmt Moschusduft, sie sitzt auf Blüten und gefällten Bäumen. Entwicklung meist in Weidenholz. Verbreitung: Europa, Sibirien, Japan.

4 Hausbock – *Hylotrupes bajulus*
Länge 7–21 mm. Sommerliche, die Sonne liebende Art; Nadelwaldbewohner, dessen Larve einige Jahre im Holz lebt. Der Käfer zeigt sich gelegentlich auch auf Dachböden und in Wohnungen, wohin er aus Balken oder Möbeln gelangen kann. Verbreitung: Kosmopolit.

5 Blauer Scheibenbock – *Callidium violaceum*
Länge 8–16 mm. Meist mit blauen Decken, sie können aber auch grün oder rotviolett sein. Die Käfer leben von Mai bis August in Fichtenwäldern. Ihre Larven entwickeln sich unter der Rinde, vor dem Verpuppen dringen sie ins Holz ein. Oft schlüpfen Käfer im Gebälk von Dachstühlen aus, was das Auftreten mehrerer Generationen zur Folge haben kann, da die Larven auch in totem Holz leben können. Verbreitung: Paläarktische Region.

6 Rothaarbock – *Pyrrhidium sanguineum*
Länge 8–12 mm. Bereits im April auf Eichenmeterholz, in das die Weibchen ihre Eier ablegen. Der Käfer ist leicht an dem roten Samtüberzug am ganzen Körper zu erkennen. Verbreitung: Mittel- und Südeuropa, Kaukausus, Klein- und Vorderasien, Nordafrika.

7 Eichenwidderbock – *Plagionotus arcuatus*
Länge 6–20 mm. Seine Färbung ähnelt dem Farbtyp der Wespen, in ihrer Form sind die gelben Flecken und Streifen auf den Flügeldecken recht variabel. Die Imago fliegt im Mai/Juni emsig in Eichenwäldern umher und sucht gefällte Stämme auf. Das Weibchen legt etwa 30 Eier, die es mit der Legeröhre in Rindenspalten einbringt. Die Larve dringt in den Bast ein und nagt hier bis zu 2 m lange Gänge, die sie mit Spänen auffüllt. Die ausgewachsene Larve erreicht eine Länge von 40 mm. Sie überwintert, um im Frühling ins Holz vorzudringen, wo sie sich in einer Tiefe von einigen Zentimetern verpuppt. Verbreitung: Europa, Transkaukasien, Kleinasien, Nordafrika.

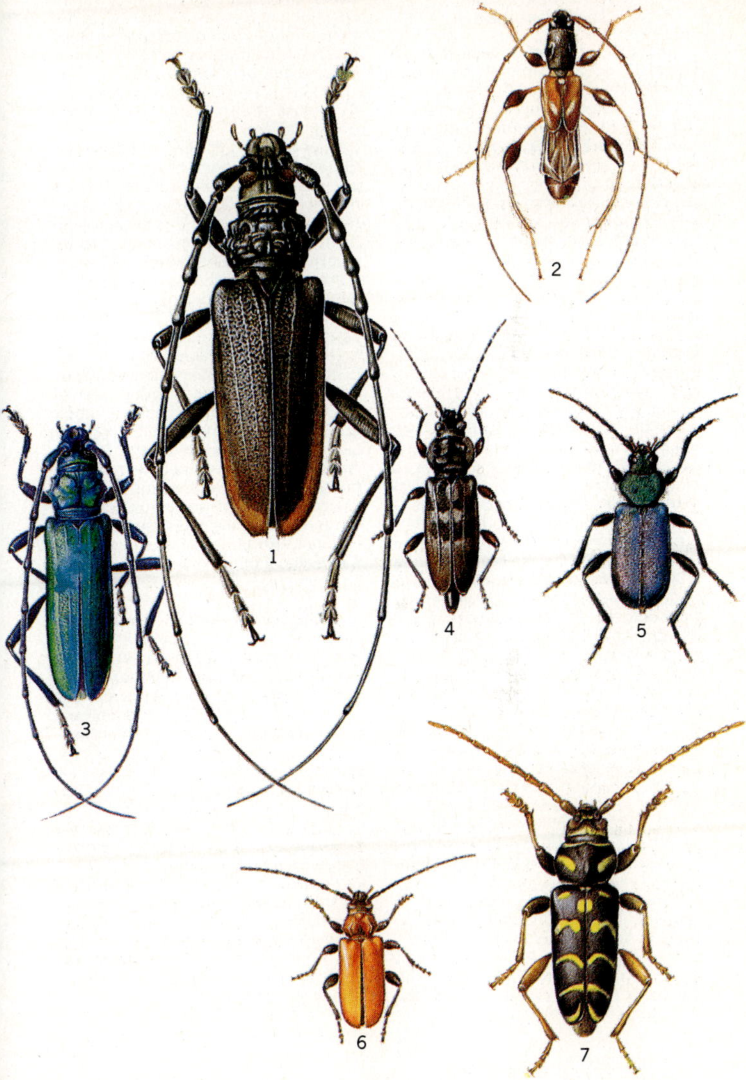

1
2
3
4
5
6
7

Familie: Bockkäfer – Cerambycidae

1 Erdbock – *Dorcadion pedestre*
Länge 11–17 mm. Unterscheidet sich von den meisten Bockkäfern nicht nur durch seinen gedrungenen Körper mit den kurzen Fühlern, sondern auch durch seinen Entwicklungsablauf. Seine Larve lebt nämlich nicht im Holz, sondern an den Wurzeln verschiedener Gräser. Die Imago kommt in sandigen Gegenden von April bis Juni häufig vor. Verbreitung: Ostteil Mitteleuropas, Balkan.

2 Zimmermannsbock – *Acanthocinus aedilis*
Länge 12–20 mm. Zeigt auffälligen Geschlechtsdimorphismus. Der Körper des Weibchens endet in der stumpf abgeschnittenen Legeröhre, seine Fühler messen etwa das Anderthalbfache der Körperlänge. Die Fühler des Männchens können fünfmal so lang wie der Körper werden. Er gehört zu den zeitigsten Bockkäfern, schon im März/April ist er auf liegenden Kiefernstämmen zu finden. Durch seine Färbung verschmilzt er völlig mit der Farbe des Stammes. Das Weibchen legt im Frühjahr etwa 40 Eier in die Kiefernrinde, wobei es zuerst mit den Beißwerkzeugen eine Vertiefung nagt, in die es dann die Legeröhre schiebt. Die Larve lebt unter der Rinde von Baumstämmen und Meterholz, unter der sie ihre krummen Gänge nagt. Die ausgewachsene Larve verpuppt sich in der Rinde oder im Holz in einer Wiege, die sie sich zuvor angelegt hat. Eine Zimmermannsbockpuppe ist leicht an den in Schlingen zusammengelegten Fühlern zu erkennen. Die Imago schlüpft im Herbst und überwintert in der Wiege. Verbreitung: Europa, Sibirien, Ostasien (Korea, Mongolei usw.).

3 Splintbock – *Liopus nebulosus*
Länge 6–10 mm. Unauffälliger, häufiger Bockkäfer der Laubwälder, dessen Imago bereits im April nach dem Schlüpfen aus der Puppe erscheint. Die Larve entwickelt sich in schwachen, trockenen Stämmen und starken Ästen von Laubbäumen, vorwiegend Hainbuchen, Eichen, Buchen u.a. Sie nagt unter der Rinde gewundene Gänge, die sie mit Spänen auffüllt. Verbreitung: Mittel- und Nordeuropa.

4 Kleiner Pappelbock – *Saperda populnea*
Länge 9–15 mm. Im Mai/Juni auf Espen und Pappeln, manchmal auch auf Weiden. Die Äste solcher Bäume tragen beulenartige Gebilde, deren Urheber die Larven sind. Bei der Eiablage beißt das Weibchen einige flache Querfurchen in die Zweigrinde, dann höhlt es eine Vertiefung aus. Das Gebilde umrahmt es noch und gibt ihm die Form eines nach oben offenen Hufeisens. Dann schiebt es den Legebohrer hinein und legt in jedes Hufeisen ein Ei ab. Die Larve lebt im Pflanzengewebe, das durch diese Reizung schnell wächst. Allmählich, manchmal auch erst im zweiten Jahr, beißt sich die Larve ins Zweiginnere durch. Die am Zweig entstandene Beule verholzt mit der Zeit. Die Larve verpuppt sich im Inneren, der Käfer kommt durch eine runde Öffnung ins Freie. Verbreitung: Großteil Europas, Transkaukasien, Kleinasien, Sibirien, Korea, Nordafrika, Nordamerika.

5 Linienbock – *Oberea oculata*
Länge 15–21 mm. Leicht an seinem gestreckten, schmalen Körper und den zwei Punkten auf dem Schild zu erkennen. Die Imago hält sich von Juni bis September auf Weiden- und Salweidenbeständen auf. Die Larven entwikkeln sich in jungen Zweigen, in denen sie einen engen, etwa 3 cm langen Gang nagen. Verbreitung: Europa und Sibirien.

6 Pflaumenbock – *Tetrops praeusta*
Länge 3–5 mm. Von April bis Juli auf verschiedenen Blüten. Die Larve entwickelt sich in den Zweigen von Rosen, Weißdorn und verschiedenen Obstbäumen. Die befallenen Zweige trocknen vom Ende her ein, ihre Rinde fällt ab. Verbreitung: Europa, Transkaukasien, Kleinasien, Nordafrika.

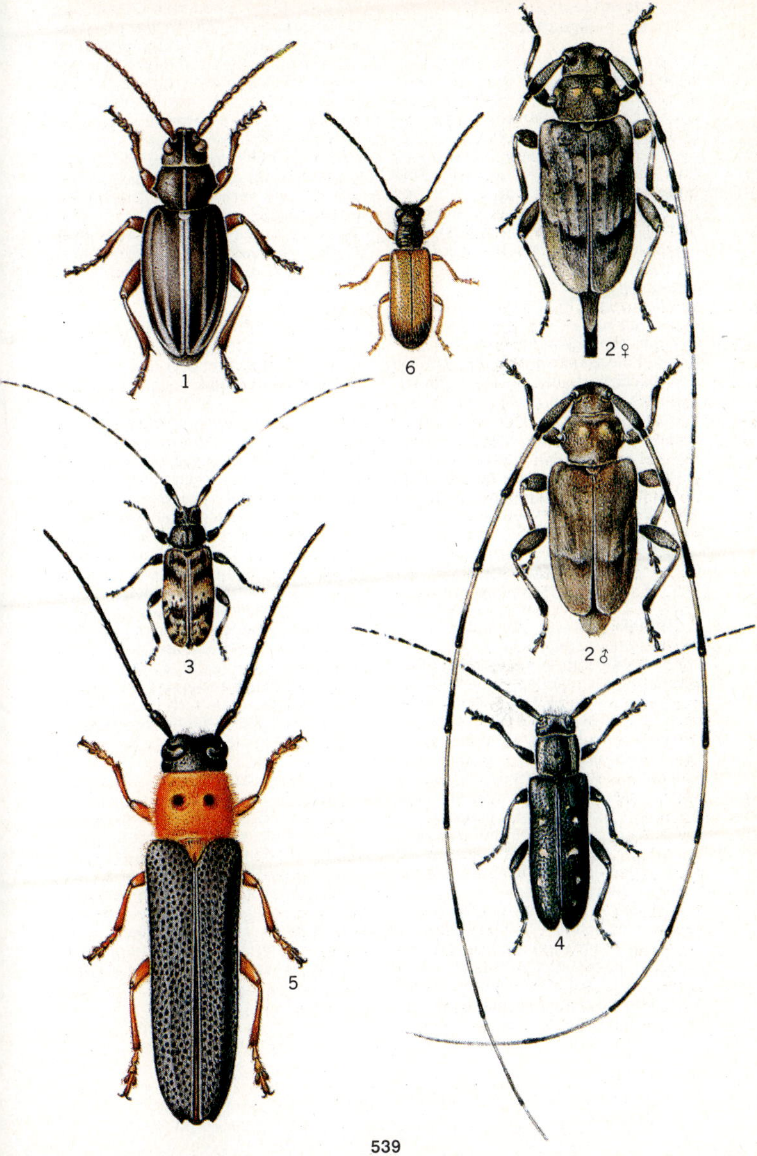
1
6
2 ♀
3
2 ♂
4
5

Familie: Samenkäfer – Bruchidae

1 Erbsenkäfer – *Bruchus pisorum*
Länge 4–5 mm. Bekannter Erbsenschädling. Die Käfer, die im Frühjahr in Gärten und auf Feldern erscheinen, haben den Winter entweder in Erbsensamen in Haushalten oder Lagerräumen oder aber einfach draußen in den Wäldern überlebt. Sie ernähren sich von Staubgefäßen und jungen Blütenkronblättern. Das Weibchen legt seine Eier auf die jungen Erbsenschoten und versieht sie mit einem festen Schutzüberzug, damit sie nicht vom Regen weggespült werden. In jedem Erbsenkorn kann sich nur eine einzige Larve entwickeln, die sich durch die Schotenwand in die Erbse einbohren muß. Sie ist zunächst rosa und hat Beine, im Samenkorn verändern sich nach der Häutung ihre Farbe und Form: Sie ist jetzt weiß und beinlos. Später verpuppt sich die Larve im Samenkorn. Verbreitung: Die Heimat des Käfers war wohl der Mittelmeerraum, mit seiner Wirtspflanze wurde er über die ganze Welt verbreitet.

Familie: Blattkäfer – Chrysomelidae

2 Rothalsiges Getreidehähnchen – *Oulema melanopus*
Länge 4–4,8 mm. In manchen Gegenden Getreideschädling, anderswo nur in geringer Anzahl. Der Käfer kommt vor allem auf Hafer und Gerste vor, auf diesen Pflanzen ist er schon im Frühjahr anzutreffen. Die Nahrung des Käfers und seiner Larve besteht aus den Blättern der Wirtspflanze. Das Weibchen legt seine Eier längs des Hauptnervs auf diese Blätter ab. Verbreitung: Europa, Sibirien, Nordafrika und Nordamerika; dorthin wurde er als Schädling eingeschleppt.

3 Lilienhähnchen – *Lilioceris lilii*
Länge 6–8 mm. Der Käfer weist große Ähnlichkeit mit der verwandten Art *L. merdigera* auf, doch unterscheidet er sich durch die Farbe des Kopfes (*L. merdigera* hat einen roten Kopf). Der Käfer kommt in Gärten auf Liliengewächsen vor, meist auf der Weißen Lilie, von deren Blättern sich Käfer und Larve ernähren. Das Weibchen beginnt bereits im April mit der Eiablage und fährt damit bis zum Herbst fort; einige Weibchen überwintern und legen im nächsten Frühling erneut Eier. Die ausgewachsene Larve verläßt ihre Wirtspflanze und verkriecht sich zum Verpuppen in die Erde. Im Laufe eines Jahres erscheinen in der Regel zwei, manchmal auch drei Generationen. Verbreitung: Europa, Asien, Nordafrika.

4 *Smaragdina cyanea*
Länge 4,5–6,5 mm. Von Mai bis Juli vor allem auf Sauerampfer häufige Art. Verbreitung: Europa.

5 Fallkäfer – *Cryptocephalus sericeus*
Länge 7–8 mm. Der Kopf sitzt bei diesem Käfer und seinen verwandten Arten unter dem Schild verborgen, so daß er am besten von der Seite zu erkennen ist. Auf diese Eigenschaft weist schon der wissenschaftliche Name dieser Gattung hin; kryptos – verborgen und kephalé – Kopf. Der Käfer ist gewöhnlich metallisch grün, gelegentlich auch goldglänzend, purpurrot oder blau. Den Sommer über findet man ihn häufig auf den Blütenständen von Habichtskraut (*Hieracium*), auf blühender Schafgarbe und anderen Pflanzen auf Wiesen und Rainen. Verbreitung: Europa von Norditalien bis in den Norden des Kontinents, Kleinasien, Sibirien.

6 *Cryptocephalus moraei*
Länge 3–5 mm. Auf schwarz glänzendem Grund befinden sich gelbe Flekken, die an der Naht der beiden Flügeldecken ineinander übergehen können und dann einen gelben Querstreifen bilden. Auch kommt es vor, daß sich nur die hinteren oder vorderen Flecken miteinander verbinden. Der Käfer kommt häufig auf Blüten an sonnigen Standorten vor. Verbreitung: Europa.

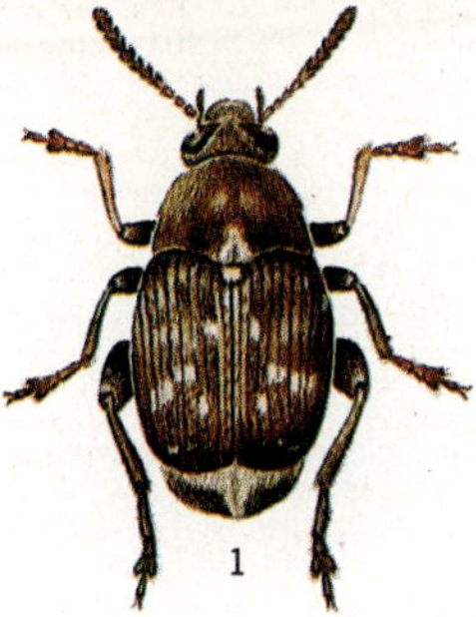
1

2

3

4

5

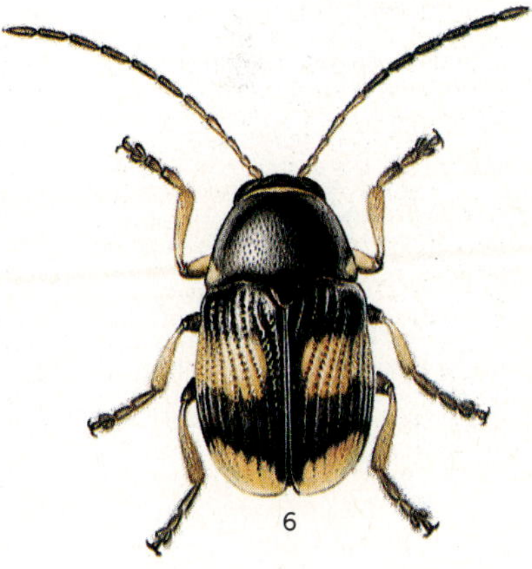
6

Familie: Blattkäfer – Chrysomelidae

1 *Chrysomela coerulans*
Länge 6,5–9 mm. Herrlich blau bis blaugrün glänzend. Käfer und Larven leben auf Minze an Bächen und auf feuchten Wiesen in Vorgebirgs- und Gebirgslandschaften. Verbreitung: Süd- und Mitteleuropa, Klein- und Mittelasien, Südchina.

2 *Chrysomela staphylea*
Länge 6,5–9 mm. Der Käfer zeigt sich die ganze Vegetationszeit über häufig auf Lippenblütlern, oft läuft er auf Feldwegen herum. Verbreitung: Paläarktische und nearktische Region.

3 *Dlochrysa fastosa*
Länge 5–6,5 mm. Ein wirklich herrlicher (fastosus = herrlich) Käfer, ein Pflanzenfresser wie die anderen Blattkäfer auch. Häufig auf Hanfnessel, Taubnessel und Brennessel. Verbreitung: Eurasien.

4 *Plagiodera versicolora*
Länge 2,5–4,5 mm. In der Regel blau, gelegentlich auch blaugrün oder kupferfarben. Käfer und Larven zeigen sich auf dem Laub von Weiden und Pappeln (die Larven skelettieren Blätter). Verbreitung: Großteil der paläarktischen Region, Nordamerika und ein Teil der orientalischen Region.

5 Erzfarbiger Erlenblattkäfer – *Melasoma aenea*
Länge 6,5–8,5 mm. Gleichfalls farbvariabel. Meist ist er grün, doch gibt es auch blaue und goldrote Exemplare. Käfer und Larven leben auf Erlenblättern. Verbreitung: Europa (fehlt im Mittelmeerraum), Sibirien, Mongolei, Nordchina, Japan.

6 Weidenblattkäfer – *Phyllodecta vulgatissima*
Länge 4–5 mm. Erscheint sehr zeitig im Frühjahr und kommt noch bis in den Herbst hinein durchweg häufig auf Weidenblättern vor, auf denen auch seine Larven leben. Verbreitung: Nord- und Mitteleuropa, Sibirien, Korea, Nordamerika.

7 Kartoffelkäfer, Coloradokäfer – *Leptinotarsa decemlineata*
Länge 8–9 mm. Erst seit etwa 100 Jahren nimmt der Kartoffelkäfer seinen Platz in der europäischen Tierwelt ein. Eine Zeitlang war er in Kartoffelanbaugebieten das Schreckgespenst aller Bauern. Die Heimat dieses Käfers liegt auf dem nordamerikanischen Kontinent; Käfer und Larven ernährten sich von wilden Nachtschattengewächsen. Nachdem im vergangenen Jahrhundert die Kartoffel auch hier intensiver kultiviert worden war, stellte der Käfer seine Ernährungsgewohnheiten um und wechselte überall da, wo er eingeschleppt wurde, auf diese neue Pflanze über. Dabei verschmäht er auch andere Nachtschattengewächse nicht wie z. B. Tollkirsche (*Atropa belladonna*), Stechapfel (*Datura stramonium*), Tabak (*Nicotiana tabacum*) u. a. Immer häufiger ist er in Europa in großer Entfernung von landwirtschaftlichen Nutzflächen zu finden (z. B. im Riesengebirgs-Nationalpark, in der Hohen Tatra). Der Käfer überwintert. Das Weibchen beginnt mit der Eiablage zeitig im Frühjahr und setzt sie den ganzen Sommer über fort. Die Gelege klebt es an den Blättern der Wirtspflanze fest. Die Larven haben eine ganz typische Färbung: Sie sind leuchtend rot und haben zwei schwarze Punktreihen an den Körperseiten (7 a). Nach der dritten Häutung werden sie orangefarben. Schließlich verläßt die Larve ihre Wirtspflanze, um sich im Erdboden zu verpuppen. Der Käfer schlüpft bereits nach zwei Wochen, doch ruht er vor dem Ausfliegen noch eine Woche unter der Erde aus. In Mitteleuropa entstehen je nach Klimabedingungen ein bis zwei Generationen jährlich. Verbreitung: Durch den Menschen über die ganze Welt verschleppt.

1
2
3
4
5
6
7
7a

Familie: Blattkäfer – Chrysomelidae

1 Rainfarn-Blattkäfer – *Galeruca tanaceti*
Länge 6,5–11 mm. Kommt die ganze Vegetationszeit über häufig vor, ziemlich schwerfällig kriecht er auf Wald- und Feldwegen dahin. Verbreitung: Westteil der paläarktischen Region.

2 Blauer Erlenblattkäfer – *Agelastica alni*
Länge 6–7 mm. Vom Frühjahr an häufig auf Erlen anzutreffen, dort erscheinen auch später seine Larven. Als Nahrung dienen dem Käfer und seiner Larve Blätter, die Larven skelettieren das Laub. Die Imago überwintert. Verbreitung: Ursprünglich paläarktische Region, nach Nordamerika eingeschleppt.

3 *Phyllobrotica quadrimaculata*
Länge 5–7 mm. An feuchten Stellen, an Sumpfrändern usw. Meist sitzen auf seinen Decken vier schwarze Flecken, bei manchen Exemplaren fehlen aber die Flecken an den Flügeldeckenbasen. Durch eine Reihe von Merkmalen, vor allem durch diese Flecken, unterscheidet er sich von der verwandten Art *P. adusta*, die nur zwei dunkle Flecken an den Deckenspitzen besitzt. Verbreitung: Europa.

4 Grüner Schildkäfer – *Cassida viridis*
Länge 7–10 mm. Lebende Exemplare sind leuchtend grün, bei Tieren in entomologischen Sammlungen verblaßt das Grün allmählich und geht ins Gelbliche über. In Ruhe versteckt der Käfer Fühler und Beine unter Schild und Decken. Pflanzenfresser, der sich bevorzugt auf Lippenblütlern aufhält. Das Weibchen legt seine Eier in Gruppen von 8 bis 15 auf die Blätter ab. Es umhüllt die Eier mit einem Schutzsekret und bedeckt das Gelege noch mit einer weiteren Schicht. Farblich ähnelt die Larve der Imago. Auf ihrem Körper haben sich harte Haare entwickelt, am Hinterleib sitzt eine Gabel. Sie verpuppt sich auf dem Blatt, die Imago schlüpft nach ca. einer Woche, sie überwintert. Verbreitung: Großteil der paläarktischen Region.

Familie: Rüsselkäfer – Curculionidae

5 Mittlerer Schwarzer Rüsselkäfer – *Otiorrhynchus niger*
Länge 6,5–10 mm. In Fichtenwäldern von Gebirgs- und Vorgebirgslandschaften. Das Weibchen legt seine Eier in den Boden, die Larven ernähren sich von allen möglichen Würzelchen. Verbreitung: Mittel- und Südeuropa.

6 Glanzrüßler – *Polydrosus sericeus*
Länge 6–8 mm. Farblich sehr schön. Diese Schönheit wird aber erst unter einer Präparierlupe oder unter dem Mikroskop deutlich, wenn man die grüngolden glänzenden Schuppen erkennt. Häufiger Käfer, der sich im Mai/Juni auf verschiedenen Laubbaumarten zeigt, sehr oft auf Birken, die auch andere Rüsselkäferarten beherbergen. Verbreitung: Von Südeuropa bis Südskandinavien, Sibirien.

7 Fichtenrüßler – *Polydrosus mollis*
Länge 6–8,5 mm. Ähnelt der vorangegangenen Art, nur sind seine Schuppen rotbraun-kupfern, gelegentlich auch grünlichgrau. Im Frühjahr zeigt sich die Imago häufig auf jungen Zweigen von Laubbäumen oder Sträuchern. Mit dem kräftigen Rüssel, an dessen Ende die Kiefer sitzen, bohren die Fichtenrüßler Blattknospen an, um sich vom Inhalt zu ernähren. Auch auf jungen Fichten- und Tannentrieben anzutreffen. In Mitteleuropa sind keine Männchen bekannt, darum wird angenommen, daß sich die Art durch Jungfernzeugung (Parthenogenese) vermehrt. Verbreitung: Vom Balkan bis Nordeuropa, Sibirien.

1
2
3
4
5
6
7

Familie: Rüsselkäfer – Curculionidae

1 Großer Brauner Rüsselkäfer – *Hylobius abietis*
Länge 7,3–13,5 mm. Bekannter und häufiger Bewohner von Kiefernwäldern. Seine Imago kann ein Alter von zwei bis drei Jahren erreichen. Sie überwintert unter gefällten Stämmen, im Laub, in Baumstümpfen usw. Die Nahrung des Käfers besteht aus der Rinde junger Kiefern, die er ringförmig abnagt. Im Sommer wechseln die Käfer auf alte Bäume über, wo sie an der Rinde der Zweige nagen. Die Larven entwickeln sich in Kiefernstümpfen, in denen sie sich auch nach dem Überwintern verpuppen. Verbreitung: Europa, Sibirien, Japan.

2 *Liparus glabrirostris*
Länge 14–21 mm. Gehört zu den größten Rüsselkäfern der europäischen Fauna. Bewohnt Vorgebirgs- und Gebirgsgegenden; mit Vorliebe auf Pestwurzblättern an Bächen und Waldrändern. Eine ähnliche Art ist *L. germanus*. Verbreitung: Mittel- und Südwesteuropa, Norditalien.

3 Apfelblütenstecher – *Anthonomus pomorum*
Länge 3,4–4,3 mm. Der Käfer kommt in Obstgärten vor, wo seine Larve häufiger als er selbst anzutreffen ist. Sie lebt in vertrockneten Knospen von Apfelblüten. Der geschlüpfte Käfer verläßt dieses Versteck, in dem er sich entwickelt hat, und lebt im Laub, das ihm als Nahrung dient. Verbreitung: Großteil Europas, in Nordafrika Algerien, nach Nordamerika eingeschleppt.

4 Eichelbohrer – *Curculio venosus*
Länge 5–7,5 mm. Auf Eichen, wo sich seine Larven in vorzeitig abfallenden Eicheln entwickeln. Sie verpuppen sich in der Erde. Verbreitung: Europa, Kaukasus, Kleinasien.

5 Braunwurzrüßler – *Cionus scrophulariae*
Länge 4–5 mm. Im Sommer oft auf Braunwurz zu finden. Von den verwandten Arten durch den hell gefärbten Schild und zwei dunkle Flecken inmitten der Flügeldecken unterschieden. Verbreitung: Europa, Kaukasus, Klein- und Vorderasien, Turkestan.

Familie: Roller – Attelabidae

6 Pappelblattroller – *Byctiscus populi*
Länge 3,8–6 mm. Metallisch grün, auch blau oder schwarz. Das Männchen unterscheidet sich vom Weibchen durch zwei nach vorn gekehrte Stacheln auf dem Schild. Er ist auf Espen und Pappeln, seltener auf anderen Laubbäumen anzutreffen. Die Larven entwickeln sich in Blättern, die das Weibchen zu einer Röhre „zusammennäht". Verpuppung in der Erde. Verbreitung: Eurasien.

7 Birkenblattroller – *Deporaus betulae*
Länge 2,5–4 mm. Auf Birken häufig. Die Männchen unterscheiden sich durch ihre kräftigen Schenkel von den Weibchen. Die Weibchen nähen aus Blättern Behälter, in die sie ihre Eier ablegen und in denen sich später auch die Larven entwickeln. Verbreitung: Großteil Europas, Sibirien, Mongolei, Nordafrika.

Familie: Borkenkäfer – Scolytidae

8 Großer Waldgärtner – *Blastophagus piniperda*
Länge 3,5–4,8 mm. Lebt unter der Kiefernrinde, wo das Weibchen einen 10–12 cm langen Muttergang nagt. Die Imago überwintert, zeitig im Frühjahr fliegt sie aus und sucht gefällte Kiefernstämme auf. Verbreitung: Paläarktische Region.

9 Buchdrucker – *Ips typographus*
Länge 4,2–5,5 mm. Der bekannteste Vertreter der ganzen Familie, auch wenn mancherorts andere Arten häufiger auftreten. Er kommt in größerer Zahl vor allem auf Wind- oder Schneebrüchen vor. Er sucht etwa sechzigjährige Fichten auf, jüngere Bäume befällt er nur bei Überhandnahme. Die Männchen sind polygam. Das Fraßbild besteht aus zwei und mehr Muttergängen (je nach Anzahl der Weibchen). Verbreitung: Europa, Kleinasien, Sibirien, Korea, Nordchina.

2
4
3
5
1
7
6
9
8

Ordnung: Hautflügler – Hymenoptera
Familie: Buschhorn-Blattwespen – Diprionidae

1 Kiefernbuschhorn-Blattwespe – *Diprion pini*
Länge 7–10 mm. Bewohnt Kiefernwälder mit schwachen oder kränklichen Bäumen. Die Weibchen halten sich meist im Gezweig auf, die Männchen fliegen umher. Ein Weibchen legt ungefähr 150 Eier in die Kiefernnadeln ab. Zu diesem Zweck ritzt es die Nadel mit dem Legebohrer auf, in einer Reihe bringt es ca. 20 Eier ein. Die Larven leben auf den Kiefernnadeln und ernähren sich von ihnen. Diese Blattwespe bringt ein bis zwei Generationen hervor. Die Larven der zweiten Generation verpuppen sich entweder in Rindenspalten oder verkriechen sich in den Boden. Vor der Verpuppung überwintern sie ein- bis zweimal. Verbreitung: Mittel- und Nordeuropa, Spanien, Nordafrika.

Familie: Blattwespen – Tenthredinidae

2 *Tenthredo zonula*
Länge 9–10 mm. Wichtigstes Erkennungsmerkmal ist das erste gelbe Fühlerglied. Im Frühsommer sehr häufig auf erblühten Doldenpflanzen. Verbreitung: Europa, Kleinasien, Nordafrika.

3 Grüne Blattwespe – *Rhogogaster viridis*
Länge 10–13 mm. Leuchtend grün, oft sitzt auf dem Hinterleib ein dunkler Streif. Ähnelt der Art *R. picta*, hat aber keine schwarzen Flecken an den Seiten. Die Larve ist ein Pflanzenfresser, die Imago lebt räuberisch. Häufig in Wäldern, an Feldrändern und in Gärten. Verbreitung: Ganz Europa, gemäßigte Zone Asiens, bis Japan.

4 Kirschblattwespe – *Caliroa cerasi*
Länge 5 mm. Die Kirschblattwespe entwickelt sich auf Kirschbäumen, wo das Weibchen seine Eier unter die Blatthaut ablegt. Die schwarzen Larven, die die Blätter skelettieren, riechen nach Tinte. Sie verpuppen sich in der Erde. Verbreitung: Eurasien, Nord- und Südafrika, Nordamerika, Australien.

Familie: Holzwespen – Siricidae

5 Kiefern-Holzwespe – *Sirex juvencus*
Länge 14–30 mm. Ähnelt der Fichten-Holzwespe (*S. noctilio*), hat aber orangefarbene Fühler. Die Larven entwickeln sich meist in Fichten- oder Kiefernstämmen. Verbreitung: ganz Europa, Japan, Nordafrika, nearktische und australische Region.

Familie: Schlupfwespen – Ichneumonidae

6 Holzschlupfwespe – *Rhyssa persuasoria*
Länge 18–35 mm. Gehört zu den größten europäischen Schlupfwespenarten. Weibchen mit einem 30–35 mm langen Legebohrer. Die Art lebt in den Wäldern, dort fliegen die Weibchen auf gefällten Stämmen umher, in denen die Larven von Pflanzenwespen der Gattung *Urocerus, Xeris, Sirex* u.a. leben. Mit dem Legebohrer dringen sie durch das Holz zur Larve vor und legen ein Ei in ihren Körper. Die Schlupfwespenlarve entwickelt sich auf Kosten der anderen Wespenlarve. Verbreitung: Europa, Nordamerika.

7 Schwarze Schlupfwespe – *Pimpla instigator*
Länge 10–24 mm. Die Larven dieser und vieler verwandter Arten entwickeln sich in Schmetterlingslarven. Verbreitung: Europa, Nordafrika.

8 *Ophion luteus*
Länge 15–20 mm. Mit seitlich abgeflachtem Hinterleib. Häufig in Gärten und fliegt auch durch geöffnete Fenster in erleuchtete Räume. Das Weibchen legt seine Eier in verschiedene Schmetterlingsraupen, z.B. der Nonne (*Lymantria monacha*). Verbreitung: Ganze paläarktische Region.

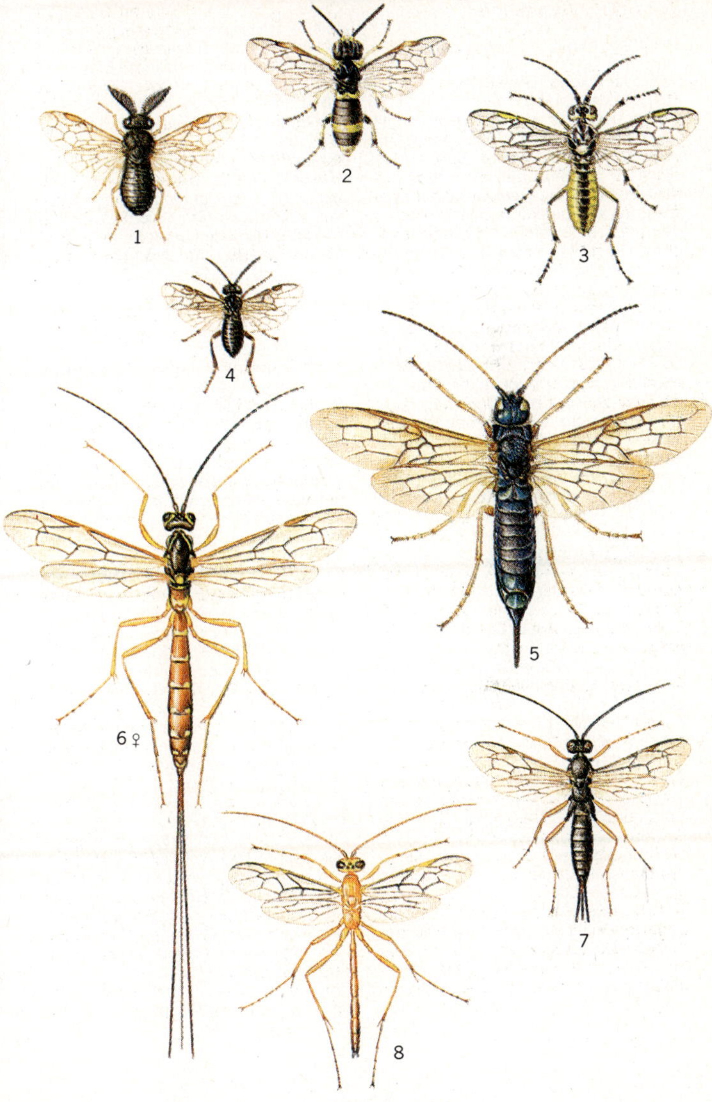
1
2
3
4
5
6 ♀
7
8

Familie: Gallwespen – Cynipidae

1 Schwammgallwespe – *Biorhiza pallida*
Geschlechtliche Generation 1,7–2,8 mm, ungeschlechtliche Generation 3,5–6 mm. Wie alle Gallwespen mit kompliziertem Entwicklungszyklus sowie beträchtlichen Formunterschieden zwischen geschlechtlicher und ungeschlechtlicher Generation. Bildet zwei Gallentypen: einen an den Wurzeln, den anderen an den Zweigen von Eichen. Die Gallen an den Zweigen sind recht auffällig, sie werden bis zu 40 mm groß und haben die Form von Kartoffeln. In dieser Galle entsteht die geschlechtliche Generation, Männchen und Weibchen erscheinen im Laufe des Juni. Das meist ungeflügelte Weibchen kriecht nach der Befruchtung in die Erde und legt seine Eier an Eichenhaarwurzeln ab. Hier entsteht ein ganz anderer, kugeliger Gallentyp, in dem sich ausschließlich Weibchen entwikkeln. Sie erscheinen im Winter des folgenden Jahres, klettern zu den Knospen an den Zweigen hinauf und legen dort ihre Eier. Dort entwickeln sich dann wieder die bereits erwähnten kartoffelförmigen Gallen. Verbreitung: Europa, Kleinasien, Nordafrika.

2 Eichengallwespe – *Cynips quercusfolii*
Geschlechtliche Generation 2,3–2,5 mm, ungeschlechtliche Generation 3,4–4 mm. Erzeugt Galläpfel an den Eichenblättern. Sie haben die Form grüner, gelblicher oder rötlicher Kügelchen und sitzen einzeln oder in Gesellschaften an der Eichenblattunterseite. In ihnen entstehen Weibchen. Im Herbst fallen die Gallen mit dem Blatt zu Boden, von November bis Februar schlüpfen die Weibchen, die ihre Eier in die Knopsen legen. Dort entwickeln sich kleine Gallen mit Männchen und Weibchen. Im Mai/Juni legen die Weibchen dieser Generation ihre Eier auf Blattunterseiten, und es entstehen wieder die schon beschriebenen Galläpfel. Früher dienten die Galläpfel zur Tintenherstellung. Verbreitung: Europa, Kleinasien.

3 *Andricus lignicolus*
Ungeschlechtliche Generation 4–4,5 mm. Auf jungen Eichentrieben. Dort entstehen harte Gallen, in denen sich agame Weibchen (aus ihren Eiern entwickelt sich die nächste Generation ohne Befruchtung) entwickeln. Verbreitung: Europa, Kleinasien.

4 *Andricus fecundator*
Geschlechtliche Generation 1,5–1,9 mm, ungeschlechtliche Generation 4,3–4,8 mm. Gehört gleichfalls zu den charakteristischen Bewohnern von Eichenbeständen und bringt zwei Gallentypen hervor. In den zapfenartigen, an den Zweigen sitzenden Gallen entstehen agame Weibchen, die im Spätherbst und Frühjahr auftreten. Sie legen ihre Eier in Blütenknospen. Ihre Nachkommen – die geschlechtliche Generation, entwickeln sich in kleinen Gallen in den Blüten. Sie reifen im Mai heran, im Juni schlüpft die Imago. Verbreitung: Europa, Vorderasien.

5 Eichenlinsengallwespe – *Neuroterus quercusbaccarum*
Geschlechtliche Generation 2,5–2,9 mm, ungeschlechtliche Generation 2,5–2,8 mm. Die geschlechtlichen Weibchen legen Eier an der Blattunterseite ab, dort entstehen linsenförmige Gallen. Im Herbst fallen sie ab, im März darauf schlüpfen nur Weibchen aus. Die legen ihre Eier in Blütenknospen, wo kugelige Gallen enstehen, in denen sich die geschlechtliche Generation entwickelt. Männchen und Weibchen schlüpfen im Juni, die Entwicklung dauert ein Jahr. Verbreitung: Europa, Kleinasien, Nordafrika.

6 Gemeine Rosengallwespe – *Diplolepis rosae*
Länge 3,7–4,3 mm. Bringt einen einzigen Gallentyp an Heckenrosen hervor, den sog. Schlafapfel oder Moosrose. Die Größe ist unterschiedlich, erst ist sie grün, später kommen Gelb- und Rottöne hinzu. Die Galle hat mehrere Kammern, meist schlüpfen Weibchen aus, Männchen sind sehr selten. Außer der Rosengallwespe bewohnen noch viele andere Hautflügler diese Galle. Verbreitung: Europa.

1 ♀
3
1
5
2 ♀
4
2
6 ♀

Familie: Dolchwespen – Scoliidae

1 Dolchwespe – *Scolia quadripunctata*
Länge 10–18 mm. An ihrem Hinterleib eine unterschiedliche Anzahl gelber Flecken, meist vier, doch können es auch mehr bzw. weniger sein. Die Imago fliegt auf Blüten und ernährt sich von Nektar. Die Nahrung der Larve besteht aus dem Körpergewebe verschiedener Blatthornkäferlarven, z. B. der Gattung *Epicometis, Cetonia, Anisoplia* u. ä. Verbreitung: Europa außer dem Norden, Kaukasus, Transkaukasien, Iran, Ägypten, Algerien.

Familie: Spinnenameisen – Mutillidae

2 Spinnenameise – *Mutilla europaea*
Länge 10–15 mm. An den fleckenlosen, bläulichen Vordergliedern des Hinterleibs leicht von verwandten Arten zu unterscheiden. Das Männchen hat Flügel, das Weibchen ist flügellos. Ihre Larven leben in Hummelnestern. Verbreitung: Paläarktische Region.

Familie: Goldwespen – Chrysidae

3 Feuergoldwespe – *Chrysis ignita*
Länge 7–10 mm. Die herrliche metallische Färbung ist recht variabel. Der Vorderkörper ist blaugrün bis blau, der Hinterleib golden, goldrot oder purpurn. Die Imago sitzt auf blühenden Doldenpflanzen oder an sonnenbeschienenen Hauswänden auf dem Land. Ihre Larven entwickeln sich als Parasiten in Wespen- und Bienenlarven. Verbreitung: Großteil der paläarktischen Region.

Familie: Ameisen – Myrmicidae

4 *Manica rubida*
Die Arbeiterin mißt 5–9 mm, die Art kommt in den Bergen und Gebirgslandschaften vor, sie nistet unter Steinen und im Boden. Sie kann empfindlich stechen. Verbreitung: Ganze paläarktische Region.

Familie: Ameisen – Fomicidae

5 Glänzendschwarze Holzameise – *Lasius fuliginosus*
Länge 3–5 mm. Nistet in hohlen Bäumen und baut dort sog. Kartonnester, die in ihrer Struktur einem Meeresschwamm ähneln. Von diesem Nest aus führen gut unterhaltene Wege ins Freie. Verbreitung: Eurasien, Nordamerika.

6 Rote Waldameise – *Formica rufa*
Länge 6–11 mm. Vorkommen in Fichtenwäldern. Das eigentliche Nest liegt unter der Erde, darüber wird ein großer Haufen Nadeln und anderer Kleinteile zusammengetragen. In diesem Bau lebt die Arbeiterkaste neben den geschlechtlichen Tieren (Männchen und Weibchen). Das Weibchen ist nicht in der Lage, ein eigenes Nest zu gründen (einige andere Ameisen können das). Entweder kriecht das Weibchen in ein fremdes Nest der Waldameise, also der eigenen Art, oder in das Nest einer versklavten Ameisenart (*Formica fusca*). In diesem Nest leben eine Zeitlang die Populationen beider Arten, allmählich überwiegt aber die Rote Waldameise. *F. rufa* vertilgt eine große Menge aller möglichen Schädlingslarven, sie ist ein wichtiger Faktor bei der Erhaltung des natürlichen Gleichgewichts. Diese Ameise reagiert sehr empfindlich auf alle Chemikalien, aus diesem Grund ging sie in den letzten Jahren vielerorts zurück. Verbreitung: Europa (fehlt im Süden), Kaukasus, Sibirien, Nordamerika.

7 Roßameise – *Camponotus ligniperda*
Länge 7–14 mm. Gehört zu den größten Ameisen der europäischen Fauna und ähnelt der Art *C. herculeanus.* Das Weibchen legt sein Nest allein ohne Hilfe einer anderen Art an. Die Nester entstehen entweder in Baumstümpfen oder in lebendem Nadelholz, meist in Fichten. Die Kammern werden längs der Jahresringe genagt. Verbreitung: Mittel- und Nordeuropa.

1
2 ♂
3
5
7
6
7 ♀
4

Familie: Wegwespen – Pompilidae

1 Dunkle Wegwespe – *Anoplius fuscus*
Länge 7–20 mm. Auf erblühten Dolden mancherorts häufig. Die Larven ernähren sich von Spinnen, die das Weibchen fängt, betäubt und in das unterirdische Nest schleppt. Verbreitung: Ganz Europa.

Familie: Pillenwespen – Eumendidae

2 Pillenwespe – *Eumenes pomiformis*
Länge 10–16 mm. Die Art *E. subpomiformis* sieht sehr ähnlich aus. Die gelbe Zeichnung auf der dunklen Grundfarbe des Körpers ist ziemlich veränderlich. Das Weibchen ist als ausgezeichneter Baumeister bekannt. Es klebt für seine Nachkommenschaft Nester zusammen, die wie enghalsige Gefäße aussehen, und bringt sie auf Pflanzen, Zweigen oder unter der Rinde an. Für die Larven stellt sie einen Vorrat kleiner Raupen bereit. Sehr gerne suchen Goldwespen diese Nester der Pillenwespe auf, um dort unbemerkt ein Ei abzulegen. Die daraus entstehende Larve lebt dann auf Kosten der Pillenwespenlarven. Da diese Art während eines Jahres mehrere Generationen hervorbringt, ist die Imago von Frühjahr bis Herbst anzutreffen. Verbreitung: Paläarktische und nearktische Region.

3 *Oplomerus spinipes*
Länge 9–12 mm. Das Weibchen fängt für seine Nachkommen Rüsselkäfer der Gattung *Phytonomus*. Ihr Nest liegt in geringer Tiefe in lehmigen Wänden, an seinem Eingang findet sich ein aus Erdklümpchen zusammengeklebter Vorbau. Das Ei hängt an einem Faden von der Decke. Verbreitung: Ganz Europa, Kleinasien, Sibirien, Nordafrika.

Familie: Soziale Faltenwespen – Vespidae

4 Hornisse – *Vespa crabro*
Länge 19–35 mm. Die Hornisse bewohnt ein geräumiges Nest, in dem nach und nach ein ganzer Hornissenstaat entsteht, der wie bei anderen Wespen einjährig ist. Diesen Staat begründet im Frühjahr ein befruchtetes Weibchen, die Königin, nach der Überwinterung. Zunächst beschäftigt sie sich selbst mit dem Bau der ersten Zellen und füttert die Larven, später übernehmen das die Arbeiterinnen. Sie bauen neue Waben, füttern die Larven und halten das Nest sauber. Als Larvenfutter dienen alle möglichen Insektenlarven. Gegen Sommerausgang erscheinen auch Männchen im Nest, die erste Ankündigung des Untergangs, da im Herbst der größte Teil der Population umkommt. Nur befruchtete Weibchen überwintern. Verbreitung: Paläarktische und nearktische Region.

5 Deutsche Wespe – *Paravespula germanica*
Länge 10–19 mm. Sehr häufige Art, nistet unter der Erde, oft in verlassenen Maulwurfs- oder Mäusenestern usw. Während des höchsten Entwicklungsstandes kann ein Nest bis zu 3000 Bewohner haben. Wie die Hornisse, jagt auch die Deutsche Wespe Fliegen, Raupen usw., um ihre Larven damit zu füttern. Sie sammelt auch Nektar und zeigt sich im Herbst zahlreich auf reifen Früchten. Verbreitung: Paläarktische und nearktische Region.

6 Gemeine Wespe – *Paravespula vulgaris*
Länge 11–20 mm. Sieht der Deutschen Wespe ähnlich, doch unterscheidet sie sich von ihr durch einen dunklen Streifen auf dem Kopfschild (Clypeus), dort hat die Deutsche Wespe nur drei Punkte. Auch sie nistet im Boden. Verbreitung: Paläarktische Region (vor allem im nördlicheren Teil), Nordamerika.

7 Feldwespe – *Polistes nimpha*
Länge 12 mm. Baut ein kleines Nest, das mit einem Stiel an einer Pflanze befestigt wird. Von der ähnlichen *P. gallicus* unterscheidet sie sich durch die schwarze Unterseite des letzten Hinterleibsgliedes (bei *P. gallicus* gelb). Verbreitung: Paläarktische Region.

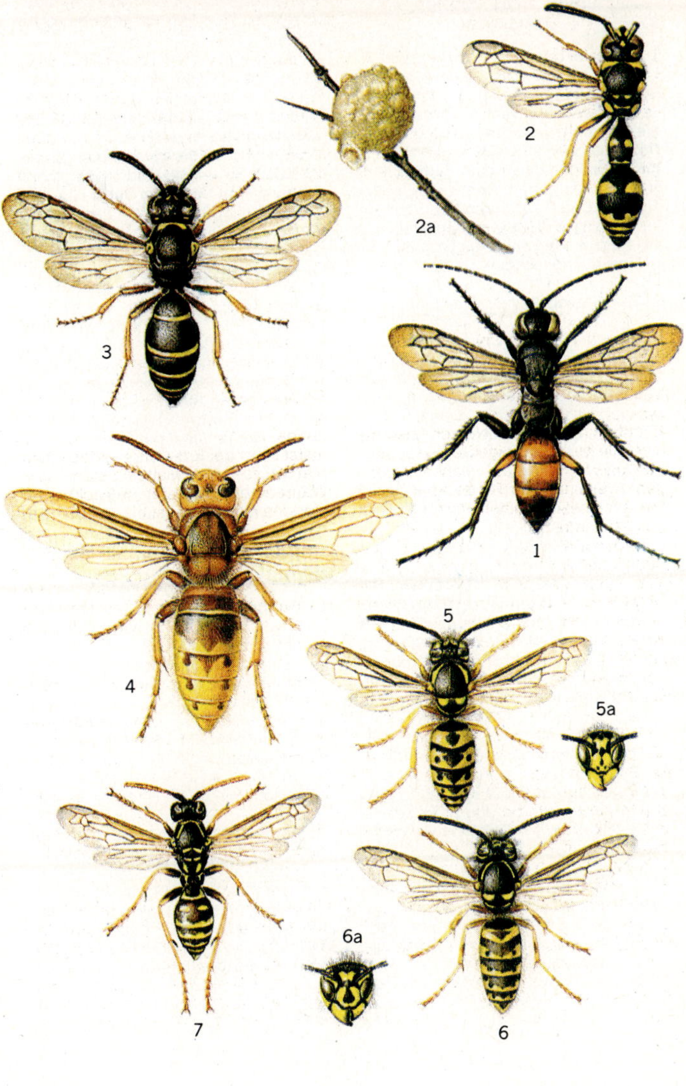
2
2a
3
1
5
4
5a
7
6a
6

Familie: Grabwespen – Sphecidae

1 Grabwespe – *Crabro cribrarius*
Länge 11–17 mm. Im Sommer auf den Blüten von Doldenpflanzen. Wie andere Grabwespenarten, macht auch sie eine komplizierte Entwicklung durch. Das Weibchen jagt alle möglichen Fliegenarten, um sie zu betäuben und ins Nest zu schleppen. Dort lagert sie sie als Nahrung für die künftigen Larven. Ihr Nest baut die Art in altem Holz und im Boden. Verbreitung: Großteil der paläarktischen Region.

2 Bienenwolf – *Philanthus triangulum*
Länge 12–18 mm. Der Bienenwolf hält sich vorwiegend an warmen Orten auf, an denen das Weibchen ein Nest (2 a) anlegt. Es gräbt einen 20–100 cm langen Hauptgang, von dem Seitengänge abzweigen, jeder endet in einem Kämmerchen. Ein Nest hat fünf bis sieben Kammern, in denen sich die Larven entwickeln. Die Larve liegt nicht auf dem Boden, sondern ist waagerecht an der Zellenwand befestigt, wodurch sie vor Feuchtigkeit und Schimmel geschützt ist. Die Larven ernähren sich ausschließlich von Honigbienen. Die Bienenwolfweibchen überfallen die Bienen beim Saugen an den Blüten, betäuben sie und schleppen sie, mit den Beinen ihre Beute umklammernd, ins Nest. Zur Ernährung einer männlichen Larve genügen zwei Bienen, eine weibliche Bienenwolflarve verbraucht drei. Die Nachkommenschaft eines Weibchens braucht ca. 20 Bienen. Nistet der Bienenwolf nicht, so überfällt er die Bienen nur als Nahrungsquelle – er saugt sie aus und läßt sie an Ort und Stelle liegen. Verbreitung: Paläarktische Region mit Ausnahme des Nordens.

3 Sandknotenwespe – *Cerceris arenaria*
Länge 9–17 mm. Gehört zu den größten einiger Dutzend verwandter Arten, bewohnt sandige Standorte. Für seine künftige Brut jagt das Weibchen verschiedene Rüsselkäferarten (*Curculionidae*). Verbreitung: Großteil Europas.

4 Wegwespe – *Ammophila sabulosa*
Länge 16–28 mm. Bis in den Spätherbst an sandigen Standorten auf Blüten. Das Weibchen legt für die zukünftigen Larven ein Nest im Sand an. Dort hinein schleppt es eine Raupe, legt das Ei auf sie und verbirgt den Eingang zum Nest sehr sorgfältig. Verbreitung: Großteil der paläarktischen Region.

Familie: Bienen – Apidae

5 Sandbiene – *Andrena armata*
Länge 12 mm. Durch ihre bräunlichrote Behaarung sehr auffällig. Sie fliegt bereits zeitig im Frühjahr zu Beginn der Obstbaumblüte. Ihr Nest legt sie an Feldwegen an, nicht selten erscheint sie auch in Parks und Gärten der Großstädte. Hier ergänzt bzw. ersetzt sie in gewissem Maße die Tätigkeit der Honigbiene, die sich auf den städtischen Grünflächen seltener zeigt. Verbreitung: Stellenweise in Europa; von Großbritannien über den Nordwesten bis Mitteleuropa und Bulgarien, in Südeuropa nur in höheren Lagen.

6 Trugbiene – *Panurgus calcaratus*
Länge 8–9 mm. Überall vorkommende, auffällige Biene, die sich mit Vorliebe in Löwenzahnblütenständen aufhält. Zwischen den einzelnen Teilblüten kriecht sie in seitlicher Lage umher, so daß ihr ganzer Körper dicht mit Pollenstaub bedeckt ist. Verbreitung: Fast ganz Europa.

7 Schmalbiene – *Halictus quadricinctus*
Länge 15–16 mm. Im Herbst schlüpft die Imago aus der Puppe, sie hält sich auf Blüten auf. Die Männchen sterben noch im gleichen Jahr, die befruchteten Weibchen überwintern und erscheinen erneut im Frühjahr auf den Blüten. Sie nisten in Lehmwänden. Verbreitung: Europa.

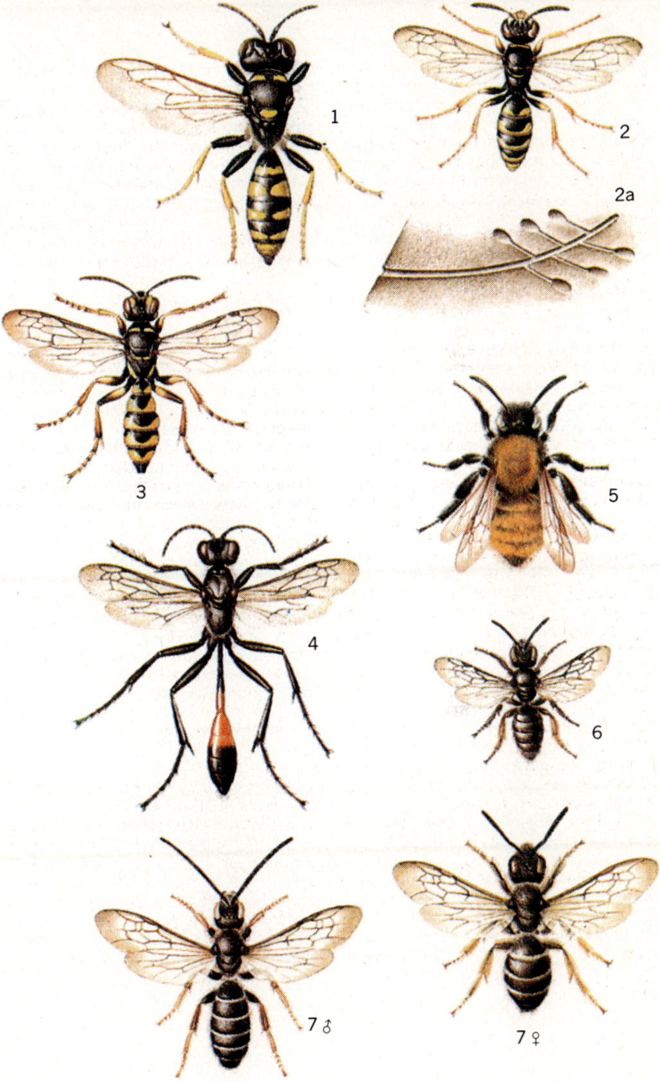
1
2
2a
3
5
4
6
7 ♂
7 ♀

Familie: Bienen – Apidae

1 *Melitta leporina*
Länge 11 – 13 mm. Im Juli/August recht häufig auf den Blüten von Klee und Luzerne. Ihr nur wenige Kammern enthaltendes Nest legt sie unter der Erde an. Diese sind mit Pollen gefüllt, von dem sich später die Larven ernähren. Die Larve verpuppt sich in einem Kokon. Verbreitung: Nord- und Mitteleuropa.

2 Hosenbiene – *Dasypoda hirtipes*
Länge 13 – 15 mm. Im Juli/August in den Blütenständen von Habichtskraut, Witwenblume usw. Ihr Nest liegt unter der Erde und besteht aus einer Reihe Zellen. In jede paßt das Weibchen eine Pollenkugel ein. Die Kugel liegt nicht auf dem Grund, sondern ruht auf drei „Beinen", damit sie nicht von unten zu schimmeln anfängt. Auf die Pollenkugel legt das Weibchen ein Ei ab, die Larve ernährt sich vom gesammelten Blütenstaub. Verbreitung: Großteil der paläarktischen Region.

3 Holzbiene – *Xylocopa violacea*
Länge 21 – 24 mm. Ähnelt weitgehend ihrer verwandten Art *X. valga*. Gehört zu den größten europäischen Bienenarten. Die Imago überwintert. Im Frühjahr legt das Weibchen ein Nest in einem alten Stamm oder Ast an. Zunächst nagt sie einen kurzen Gang ins Holzinnere, dann einen senkrecht verlaufenden, 15 – 30 cm langen Gang, den sie durch Querwände in ca. 15 Kämmerchen unterteilt. In jedes kommt ein Pollenvorrat für die künftige Larve. Die ausgewachsene Larve verpuppt sich in ihrem Kämmerchen, hier schlüpft auch die Imago aus. Sie nagt sich entweder durch die Seitenwand eine Öffnung oder wartet, bis die Bienen über ihr ausschlüpfen, wenn das Holz zu dick ist. Verbreitung: Südeuropa, Südteil Mitteleuropas (Oberrhein, Slowakei).

4 *Bombus pomorum*
Länge ♀ 20 – 24 mm. Wie andere Hummeln gehört auch sie zu den sozial lebenden Insekten. Das Nest baut ein Weibchen nach der Überwinterung. Zunächst klebt es allein die ersten Zellen für Nahrungsvorräte und Eier zusammen. Später schlüpfen Arbeiterinnen aus, die etwas kleiner sind und die Arbeiten am Nestausbau und die Larvenfütterung übernehmen. Im Herbst treten die Männchen auf, danach geht das ganze Nest bis auf die befruchteten Weibchen zugrunde. Die Königinnen fliegen im Frühjahr auf blühende Taubnesseln, Schlüsselblumen, Ziest usw., die Männchen findet man im Herbst häufig auf Kleefeldern. Verbreitung: Mitteleuropa, Sibirien.

5 Steinhummel – *Bombus lapidarius*
Länge ♀ 20 – 25 mm. Von anderen Arten unterscheidet sie sich durch ihre Färbung. Das Weibchen fliegt schon im April aus seinem Winterversteck. Sein Nest legt es oft in Gestein oder unter der Erde an, in Mauerritzen, in Hauswänden auf dem Land usw. In ihrem Nest entwickelt sich auch die Schmarotzerhummel (*Psithyrus rupestris*), die kein eigenes Nest anlegen kann. Verbreitung: Eurasien.

6 Erdhummel – *Bombus terrestris*
Länge 24 – 28 mm. Die Erdhummel nistet tief im Erdreich. Das Weibchen fliegt zeitig im Frühjahr die Kätzchen blühender Weidengewächse an. Verbreitung: Europa, Klein- und Nordasien, Nordafrika.

7 Honigbiene – *Apis mellifera*
Länge 14 – 18 mm. Lebt in Kolonien von 40 000 – 70 000 Tieren. An ihrer Spitze steht eine einzige Königin, die Eier legt. Um Nestbau, Sauberhaltung und Larvenfütterung kümmern sich die Arbeiterinnen. Bienen leben nicht lange, führen aber während ihres Lebens verschiedene Aufgaben aus – Pollen sammeln, Larven füttern, den Bienenstock sauberhalten usw. Im Sommer erscheinen die Drohnen, d. h. die Männchen. Verbreitung: Über die ganze Welt.

5

4

3

7

2

6

1

Ordnung: Köcherfliegen – Trichoptera
Familie: Rhyacophilidae

1 *Rhyacophila vulgaris*
Länge 7–9 mm, Spannweite 24–32 mm. Entwickelt sich in schnell fließenden Gewässern, die Imago fliegt erst vom Spätsommer bis in den Oktober. Verbreitung: Europa außer dem Norden.

Familie: Leptoceridae

2 *Leptocerus cinereus*
Länge 7–7,5 mm, Spannweite 20–24 mm. An langsam fließenden Gewässern und Teichen von Juni bis in den Herbst. Die Larven stellen Köcher her. Verbreitung: Paläarktische und nearktische Region.

Familie: Frühlingsfliegen – Phryganeidae

3 Große Köcherfliege – *Phryganea grandis*
Länge 15–21 mm, Spannweite 40–60 mm. Abends an stehenden Gewässern von den Niederungen bis in die Berge hinauf. Die sich im stehenden Wasser entwickelnde Larve baut sich einen bis zu 40 mm langen Köcher aus Pflanzenteilchen. Zunächst lebt sie am Grund, später zwischen Wasserpflanzen, ihre Nahrung sind Insektenlarven. Verbreitung: Paläarktische und nearktische Region.

Ordnung: Schmetterlinge* – Lepidoptera
Familie: Wurzelbohrer – Hepialidae

4 Hopfenspinner – *Hepialus humuli*
Länge 20–35 mm. Von Juni bis August an feuchten Stellen, auf Wiesen und in Wäldern. Männchen und Weibchen unterscheiden sich voneinander nicht nur in der Größe, sondern auch in der Flügelfärbung. Die Weibchen legen ihre Eier im Flug ab. Die Raupe entwickelt sich unter der Erde und ernährt sich von den Wurzeln verschiedener Pflanzen wie Huflattich, Löwenzahn, Sauerampfer usw., in der Erde verpuppt sie sich auch. Verbreitung: Großteil der paläarktischen Region (im Norden bis zum Polarkreis), Mittlerer Osten.

Familie: Langhornmotten – Adelidae

5 *Adela degeerella*
7–8 mm. Der Schmetterling bewegt sich in langsamem, ruckartigem Flug durch den Wald. Das Männchen besitzt außerordentlich lange Fühler. Verbreitung: Europa, Transkaukasien.

Familie: Holzbohrer – Cossidae

6 Blausieb – *Zeuzera pyrina*
18–35 mm. Männchen kleiner als das Weibchen. Das Weibchen hat Fadenfühler, die Fühler des Männchens sind in der ersten Hälfte gefiedert. Die Raupen entwickeln sich in den Ästen und Stämmen der Laubhölzer, sie überwintern ein- bis zweimal. Verbreitung: Süd- und Mitteleuropa, gemäßigte Zone Asiens, Nordafrika.

Familie: Widderchen – Zygaenidae

7 Esparsetten-Widderchen – *Agrumaenia carniolica*
12–15 mm. Färbung und die Punktzahl auf den Flügeln schwanken. Die Schmetterlinge fliegen an sonnigen Orten von Juni bis August. Die Raupe lebt ab August auf Hornklee (*Lotus corniculatus*) und Esparsette (*Onobrychis viciifolia*). Nach der Überwinterung verpuppt sie sich in einem pergamentartigen Kokon. Verbreitung: Europa, im Norden bis nach Litauen, fehlt in Großbritannien. Auch in Transkaukasien, Kleinasien und im Iran anzutreffen.

8 Erdeichel-Widderchen – *Zygaena filipendulae*
14–18 mm. Mit einer Reihe farblich verschiedener Formen (in Deutschland lebt z.B. die Bergform *Z. filipendulae germanica*). Die Imago fliegt im Juli/August von den Niederungen bis in die Gebirge. Die Raupen ernähren sich von Schmetterlingsblütlern. Verbreitung: Europa, Transkaukasien.

* Die Zahlenangaben gelten für die Vorderflügellänge.

4 ♂
7
8
4 ♀
1
2
5
6
3

Familie: Sackspinner – Psychidae

1 *Apterona crenulella*
Die Art kommt vor allem in der parthenogenetischen Form *helix* vor, doch ist in Südeuropa noch eine andere, zweigeschlechtliche Form bekannt. Ihre Raupen bauen sich Gehäuse, die kleinen Schneckenhäusern ähneln, oft auf Zweigen. Verbreitung: Großteil Europas und Westasiens.

Familie: Echte Motten – Tineidae

2 Tapetenmotte – *Trichophaga tapetzella*
6–8 mm. Kulturfolger, ihre Raupen gehören zu den lästigen Schädlingen in Wollstoffen, Filz usw. Verbreitung: Kosmopolit.

3 Kleidermotte – *Tineola bisselliella*
4–8 mm. Erscheint meist im Frühjahr in den Wohnungen, nicht selten in größerer Anzahl. Die Imago selbst ist unschädlich, doch gilt ihre Anwesenheit in der Wohnung als Zeichen, daß sich ihre Raupen irgendwo über Textilien, Pelze usw. hergemacht haben. Verbreitung: Über die ganze Welt.

Familie: Langhornminiermotten – Lyonetiidae

4 Schlangenminiermotte – *Lyonetia clerkella*
3–4 mm. Gehört zu den gängig vorkommenden kleinen Schmetterlingsarten. Ihre Raupen entwickeln sich in den Blättern vieler Laubbäume, dort legen sie schlangenartig gewundene Gänge an, die sie mit dunklen Exkrementen anfüllen. Ist die Raupe ausgewachsen, verläßt sie das Blattinnere und verpuppt sich auf der Oberfläche. Im Laufe eines Jahres erscheinen drei Schmetterlingsgenerationen. Die Imago der dritten Generation überwintert. Verbreitung: Großteil der paläarktischen Region.

Familie: Glasflügler – Sesiidae

5 Hornissenschwärmer – *Aegeria apiformis*
15–20 mm. Bei Pappelalleen in Wassernähe, denn das Pappelholz liefert seinen Raupen Nahrung. Die Raupe entwickelt sich zwei Jahre. Das erste Jahr verbringt sie unter der Rinde, im zweiten Jahr dringt sie ins Holz der unteren Stammteile und der Wurzeln ein. Verbreitung: Ursprünglich paläarktische Region, nach Nordamerika eingeschleppt.

Familie: Gespinstmotten – Yponomeutidae

6 Apfelbaumgespinstmotte – *Yponomeuta padellus*
9–10 mm. Sommerart. Im Juli bringt sie ihre Gelege auf Weißdorn- und Pflaumenzweigen an, dann bedeckt sie sie mit einer Schutzschicht, unter der sich auch die jungen Raupen aufhalten. Sie schlüpfen noch im Herbst aus. Nach der Überwinterung ernähren sie sich erst von Knospen, später von Blättern. Sie bilden Nester, in denen sie sich gemeinsam verpuppen. Verbreitung: Paläarktische Region.

Familie: Wickler – Tortricidae

7 Apfelwickler – *Laspeyresia pomonella*
7–9 mm. Schädling in Apfelanbaugebieten. Der Schmetterling ist unschädlich; seine rosafarbenen Raupen, die in den Früchten von Apfel- und Birnbäumen leben, können unangenehm werden. Sie erreichen eine Länge von ungefähr 20 mm, dann verlassen sie die Frucht und suchen ein Winterversteck auf. Im Laufe eines Jahres erscheinen in der Regel zwei Generationen, manchmal auch mehr. Verbreitung: Kosmopolit.

8 Eichenwickler – *Tortrix viridana*
9–11 mm. Von Juni bis August in Eichenkronen, das Weibchen legt seine Eier auf junge Zweige. Nach der Überwinterung schlüpfen kleine Raupen aus, die zunächst in die Knospen kriechen, später an den Blättern fressen. Dabei können sie das Blatt bis auf das Geäder abfressen. Sie beschränken sich nicht nur auf Eichen. Verbreitung: Großteil Europas, Kleinasien.

2

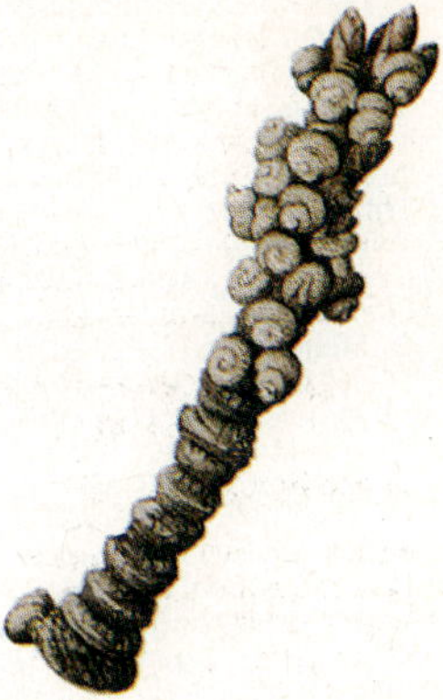

1

3

4

6

5

8

7

Familie: Geistchen – Alucitidae

1 *Orneodes desmodactyla*
5–6 mm. Beide Flügelpaare sind zu 24 federähnlichen Gebilden umgestaltet. Die Imago fliegt von Juni bis August. Die Larve ernährt sich von Ziestblüten. Verbreitung: Südeuropa und der Südteil Mitteleuropas.

Familie: Zünsler – Pyralidae

2 Mehlmotte – *Ephestia kuehniella*
10–12 mm. Vor allem in Mühlen, Lagerräumen und auch in Haushalten, die Raupe lebt im Mehl. Sie schadet weniger dadurch, daß sie Mehl frißt, als durch ihre Kokons, die das Mehl verunreinigen. Als Nahrung dienen der Raupe auch andere Lebensmittel, Textilien usw. Verbreitung: Kosmopolit, nach Europa im vergangenen Jahrhundert eingeschleppt.

3 Mehlzünsler – *Pyralis farinalis*
8–12 mm. Über die blaßgrauen Hinterflügel verlaufen zwei gewundene Querstreifen. Die Raupe lebt in Mühlen, Getreidelagern, Bäckereien usw., wo sie sich von Mehl, Getreide und Stroh ernährt. Stellenweise häufig, doch als Schädling nicht mehr so berüchtigt wie früher. Verbreitung: Eurasien, Nordamerika, Australien.

Familie: Dickkopffalter – Hesperiidae

4 Rostfarbiger Dickkopffalter – *Ochlodes venatus*
14–17 mm. Er fliegt in einer einzigen Generation (im Süden auch in zwei bis drei) von Juli bis August. Im Unterschied zu dem Kommafleck (*Hesperia comma*) haben die Männchen im schwarzen Kommastrich des Vorderflügels keine Silberlinie. Die Raupe ernährt sich von Süßgräsern (*Poaceae*). Überwintert. Verbreitung: Eurasien.

5 Kleiner Malvendickkopf – *Pyrgus malvae*
10–11 mm. Schmetterlinge fliegen in zwei Generationen (April–August). Am häufigsten auf Lichtungen, an Waldrändern und Feldwegen von den Niederungen bis ins Gebirge. Seine Raupen leben an Himbeersträuchern, Erdbeerpflanzen, Kriechendem Fingerkraut (*Potentilla reptans*) u.a. Sie halten sich in zusammengerollten Blättern verborgen. Verbreitung: Eurasien.

6 Brauner Laubwiesendickkopf – *Carterocephalus palaemon*
13–14 mm. Nur eine Generation, die Imago fliegt ab Mai an Waldrändern, Wegen und auf feuchten Wiesen. Geht bis ins Gebirge hinauf (in den Alpen bis 1500 m). Die Raupe lebt auf Gräsern der Gattungen *Bromus, Agropyrum,* ferner auf Spitzwegerich (*Plantago lanceolata*); sie überwintert. Verbreitung: Europa (stellenweise häufig, anderswo nicht vorhanden oder selten, wie z.B. Norddeutschland, Nordwest- und Südeuropa), Asien bis zum Amur, Nordamerika.

7 Grauer Dickkopf – *Erynnis tages*
13–14 mm. Fliegt in ein bis zwei Generationen auf sonnigen Wegen, Lichtungen, manchmal auch in Gärten. Seine Raupe ernährt sich von Hornklee (*Lotus corniculatus*), Bunter Kronwicke (*Coronilla varia*), Feld-Mannstreu (*Eryngium campestre*) usw., sie überwintert. Verbreitung: Hauptsächlich Süd- und Mitteleuropa, Großbritannien, seltener im Norden des Kontinents – Norddeutschland, Litauen usw. Auch in Nordasien angetroffen.

1

2

3

4

5

6

7

Familie: Ritterfalter – Papilionidae

1 Schwalbenschwanz – *Papilio machaon*
34 – 45 mm. In den meisten Gegenden Europas zwei Generationen, im Norden und im Gebirge nur eine, dafür aber in den südlicheren Gebieten z.T. noch eine dritte. Die Imago tritt von April bis August auf, in der dritten Generation auch noch im September/Oktober. Der Schwalbenschwanz nimmt in der Natur zahlenmäßig spürbar ab. Er geht bis in die Gebirge hinauf, mit Vorliebe fliegt er auf den höchsten Punkten einer Landschaft – auf Hügelgipfeln, um trigonometrische Punkte usw. Seine Raupe ist sehr farbenfroh, sie lebt auf Fenchel, Kümmel, Wilder Möhre und in Zitrusanbaugebieten auch auf Zitruspflanzen. In seinem Verbreitungsareal hat der Schmetterling mehrere geographische Rassen hervorgebracht (z. B. in Europa ssp. *gorganus*, in Großbritannien ssp. *britannicus* usw.). Verbreitung: Großteil Europas (in Großbritannien selten), gemäßigte Zone Asiens, Nordafrika, Nordamerika.

2 Segelfalter – *Iphiclides podalirius*
35 – 45 mm. Vom Frühling bis in den September an Waldrändern, auf Feldern und in Gärten. Meist auf sonnigen Hängen mit einer Kalksteinunterlage. Wirtspflanzen seiner Raupen sind Schlehe, Weißdorn und Obstbäume. Er wird immer seltener, da seine bevorzugten Standorte immer mehr zerstört werden (Raine mit Schlehen und Weißdorn). Er bringt eine bis zwei Generationen jährlich hervor. Verbreitung: Großteil Europas (fehlt im Norden und in Großbritannien, auch wenn er auf seinen Flügen dorthin gelangen kann), Transkaukasien, Kleinasien, Iran, Westchina.

3 Osterluzeifalter – *Zerynthia polyxena*
22 – 30 mm. Fliegt im April/Mai an warmen Standorten dicht über dem Boden umher. Die Nährpflanzen seiner Raupen sind verschiedene Osterluzeigewächse, ab Mai sind sie darauf zu finden. Nach etwa vier Wochen verpuppen sie sich, die Puppen überwintern. In der Literatur wird die Art auch unter dem Namen *Z. hypsipyle* geführt. Verbreitung: Süd-und Südosteuropa, Balkan und Kleinasien. Die Nordgrenze seiner Verbreitung verläuft in Mitteleuropa durch Österreich und den Süden der Tschechoslowakei.

4 Apollo – *Parnassius apollo*
34 – 50 mm. Fliegt bedächtig und schwerfällig in Berglandschaften, meist an Hängen und auf Wiesen auf Disteln. Die Schmetterlinge erscheinen im Juli/August. Ihre Raupen leben auf Hauswurz und Weißer Fetthenne. Die Raupe überwintert, im Frühjahr verpuppt sie sich. Große Farbvariabilität, bisher sind über 600 verschiedene Formen beschrieben worden. Der Schmetterling ist heute sehr selten geworden, in einigen Gebieten ist er in der letzten Zeit ausgestorben (Böhmen). Verbreitung: Europa von den Pyrenäen über die Alpen in die Karpaten, Kaukasus, Altai.

5 Schwarzer Apollo – *Parnassius mnemosyne*
27 – 32 mm. Von Mai bis Juli auf Wiesen, an Bächen und Wegen von den Niederungen bis ins Bergland. Die Raupen ernähren sich von Lerchensporn, sie zeigen sich aber nur an Sonnentagen. Auch dieser Schmetterling wird immer seltener und droht zu verschwinden. Verbreitung: Europa, Kaukasus, Mittelasien.

1
2
5
3
4

Familie: Weißlinge – Pieridae

1 Großer Kohlweißling – *Pieris brassicae*
29–34 mm. Am häufigsten in Gärten, auf Feldern und Wiesen. Das Weibchen unterscheidet sich vom Männchen durch die schwarzen Flecken auf den Vorderflügeln, beim Männchen sind nur die Flügelvorderecken schwarzgefärbt. Je nach den Umweltbedingungen entstehen 2–5 Generationen, in Mitteleuropa meist nur zwei jährlich (April/Mai, Juli/August). Das Weibchen legt 200–300 Eier auf die Blattunterseite der Nährpflanzen, vor allem Kreuzblütler. Die erwachsenen Raupen suchen ein geeignetes Versteck auf, um sich dort zu verpuppen. Die Puppe ist hellgrün mit dunklen Flecken. Verbreitung: Großteil der paläarktischen Region.

2 Kleiner Kohlweißling – *Pieris rapae*
20–26 mm. Fliegt von Frühjahr bis Herbst, da er zwei bis drei Generationen hervorbringt. Die Vertreter der Frühjahrsgeneration sind kleiner als die Sommergeneration, auch ist die Zeichnung auf ihren Flügeln weniger ausdrucksvoll. Wirtspflanzen der Raupen sind die verschiedenen Kreuzblütler. Die Puppen überwintern. Verbreitung: Eurasien, Nordafrika, nach Nordamerika und Australien eingeschleppt.

3 Rapsweißling – *Pieris napi*
20–25 mm. Sehr häufige und farblich recht variable Art; sie fliegt in zwei, im Süden in drei Generationen auf Feldern, Lichtungen, an Waldrändern, in Gärten usw. Die Raupe ernährt sich von Kreuzblütlern, deren Blätter sie zunächst in der Mitte, später vom Rand her abfrißt. Verbreitung: paläarktische und nearktische Region.

4 Baumweißling – *Aporia crataegi*
32–35 mm. Von Mai bis Juli in nur einer Generation. Früher waren seine Raupen gefürchtete Obstbaumschädlinge, heute ist die Art stellenweise selten oder ausgestorben. Verbreitung: Großteil Europas, gemäßigte Zone Asiens, Korea, Japan, Nordafrika.

5 Aurorafalter – *Anthocharis cardamines*
21–25 mm. Die Männchen haben auf dem Vorderflügel einen großen orangefarbenen Fleck, die Weibchen einen schwarzen. In Mitteleuropa fliegen die Schmetterlinge in einer Generation von April bis Juni und gehen bis ins Gebirge. Die Raupe ernährt sich von den Blättern der verschiedenen Kreuzblütler, auf deren Unterseite das Weibchen seine Eier ablegt. Die Raupen verpuppen sich in der Regel auf den Pflanzen. Verbreitung: Paläarktische Region.

6 Wandergelbling – *Colias croceus*
22–28 mm. Zugschmetterling. In Europa bilden die Alpen seine Grenze, auf ihrer Nordseite zeigt er sich nur vorübergehend. Fliegt im April/Mai nach Mitteleuropa ein und bringt hier 2–3 Generationen hervor. Seine Raupen ernähren sich von den Blättern der Schmetterlingsblütler. Im Herbst kehrt ein Teil der Schmetterlinge nach Süden zurück, die übrigen, auch die Raupen, kommen um. Verbreitung: Großteil Europas, im Norden gelegentlich auch in Schweden und Finnland, Klein- und Vorderasien, Nordafrika, Kanarische Inseln, Madeira.

7 Zitronenfalter – *Gonepteryx rhamni*
27–30 mm. Erscheint bald im Frühjahr. Das Männchen ist leuchtend gelb, das Weibchen grünlich-weiß. Wirtspflanze der Raupen ist der Faulbaum. Die neue Generation schlüpft im Sommer. Die Schmetterlinge fliegen nur kurze Zeit, dann fallen sie in Sommerschlaf. Erneut erscheinen sie im Herbst, um dann in den Winterverstecken zu verschwinden. Verbreitung: Europa, Klein- und Vorderasien, Ostsibirien, Nordafrika.

4
5
6
7 ♂
1 ♀
7 ♀
1 ♂
3 ♂
2 ♀

Familie: Bläulinge – Lycaenidae

1 Brombeerzipfelfalter – *Callophrys rubi*
15–17 mm. Fällt vor allem durch seine grün gefärbte Flügelunterseite auf. Die Schmetterlinge fliegen im Frühling von März bis Juni, in Nordafrika bringen sie noch eine zweite unvollständige Generation hervor. Sie gehen bis in die Gebirge hinauf. Die Raupe lebt auf verschiedenen Pflanzen, die Puppe überwintert. Verbreitung: Europa bis hoch nach Nordskandinavien, Sibirien, Kleinasien, Nordafrika.

2 Kleiner Feuerfalter – *Lycaena phlaeas*
14–16 mm. Auf Wiesen und Feldern, in Gärten, Parks und auf Friedhöfen. Die Art bildet ein bis zwei (im Süden auch mehr) Generationen. Als Nährpflanzen der Raupen dienen Sauerampfer (*Rumex acetosa*), Dost (*Origanum vulgare*), Knöterich u. a. Verbreitung: Europa, gemäßigte Zone Asiens, Japan, Nordafrika, Äthiopien, Nordamerika.

3 Dukatenfalter – *Heodes virgaureae*
18–20 mm. Beide Flügelpaare des Männchens sind orangefarben mit einem schwarzen Rand, die des Weibchens sind auch sonst dunkel gemustert. Die Schmetterlinge fliegen in einer Generation von Juni bis August zwischen Niederungen und Gebirgen. Meist zeigen sie sich in lichten Wäldern, auf Schneisen, Lichtungen und Wiesen, wo sie blühendes Greiskraut, Wasserdost (*Eupatorium cannabinum*) usw. aufsuchen. Die Eier überwintern. Die Raupen schlüpfen im April, bis Juni leben sie auf ihrer Nährpflanze, dem Sauerampfer. Verbreitung: Europa (fehlt in Großbritannien, Süditalien, Südgriechenland, usw.), Klein- und Mittelasien, Ferner Osten.

4 Schwefelvögelchen – *Heodes tityrus*
15–17 mm. Hier unterscheiden sich wie bei vielen verwandten Arten die Geschlechter in der Färbung voneinander. Die Schmetterlinge bringen zwei (im Süden auch teilweise eine dritte) Generationen hervor (April – Mai, Juli – August). Auf Wiesen und Feldern ziemlich häufig, in den Alpen bis zu 2000 m. Die Raupen leben auf den verschiedenen Sauerampferarten und auf Besen-Ginster. Verbreitung: Europa (fehlt in Großbritannien, auf zahlreichen Mittelmeerinseln und in Skandinavien), Transkaukasien, Altai, Kleinasien.

5 Dunkelbläuling – *Cyaniris semiargus*
16–18 mm. Die Flügeloberseite des Männchens ist blauviolett, die des Weibchens braun. Die Schmetterlinge fliegen Ende Juni/Juli in Hügellandschaften auf Waldwegen umher. Sie gehen auch in die Gebirge hinauf (in den Alpen bis rund 2500 m). Nahrung der Raupen sind in der Regel Klee, Wundklee, Steinklee usw. Sie verpuppen sich erst nach dem Überwintern. Verbreitung: Europa (sehr selten in Spanien und Portugal, in Großbritannien ausgestorben), gemäßigte Zone Asiens, Mongolei, Marokko.

6 Hauhechel-Bläuling – *Polyommatus icarus*
14–18 mm. Sehr häufige Art. Beide Geschlechter unterscheiden sich beträchtlich in der Färbung ihrer Flügel. Je nach Lage der Landschaft entsteht eine (Norden) bis drei Generationen (Süden). Der Schmetterling fliegt von den Niederungen bis ins Gebirge. Die Nahrung der Raupen besteht aus Klee, Hauhechel und Ginster. Verbreitung: Paläarktische Region.

6 ♀
5 ♀
5 ♂
6 ♂
1
1a
3a
3 ♀
3 ♂
4
2
2a

Familie: Fleckenfalter – Nymphalidae

1 Großer Schillerfalter – *Apatura iris*
35–40 mm. Der verwandten Art *Apatura ilia* recht ähnlich. Im Juli/August in feuchten Wäldern. Die Weibchen halten sich in Höhe der Baumkronen auf, die Männchen lassen sich gern auf Wegen nieder, um dort Wasser aus Pfützen zu saugen. Sie besuchen auch Exkremente. Wirtspflanzen der Raupen sind die verschiedenen Weidenarten, meist Salweiden. Die Raupen überwintern. Verbreitung: Europa (in Großbritannien und Skandinavien nur stellenweises Vorkommen, nach Finnland kommt er auf seinen Flügen, fehlt auf dem Südbalkan und in Süditalien), gemäßigte Zone Asiens, Japan.

2 Blauschwarzer Eisvogel – *Limenitis reducta*
26–31 mm. Wärmeliebende Art, die sonnenbeschienene Hänge aufsucht. Je nach geographischer Lage des Standortes kommen eine, zwei oder auch drei Generationen zustande, in Mitteleuropa kennt man nur eine Generation. Die Raupen ernähren sich von Geißblatt; sie überwintern und verpuppen sich im Frühjahr. Verbreitung: vorwiegend Süd- und Mitteleuropa, fehlt im Norden. Die Nordgrenze seiner Verbreitung bildet der 50. Breitengrad. Kaukasus, Transkaukasien, Vorderasien.

3 Veilchen-Perlmutterfalter – *Clossiana euphrosyne*
21–25 mm. Vom verwandten *C. selene* unterscheidet er sich am deutlichsten durch Anordnung und Anzahl der Perlmuttflecken auf der Flügelunterseite. In Nordeuropa und in höheren Lagen bringt er nur eine Generation hervor, in wärmeren Gegenden zwei (April–Juni, Juli – September). Er lebt auf den Blüten von Waldwiesen, Lichtungen, Waldrändern usw. Seine Raupen findet man auf Veilchen, sie überwintern. Verbreitung: Europa (fehlt nur auf einigen Mittelmeerinseln), gemäßigte Zone Asiens, Kamtschatka.

4 Feuriger Perlmutterfalter – *Fabriciana adippe*
29–34 mm. Von Juni bis August häufig auf den Blüten von Lichtungen, Schneisen und Waldwegen. Er bringt nur eine Generation hervor. Die Art steigt auch ins Gebirge auf. Verbreitung: Europa; fehlt im hohen Norden sowie auf einigen Mittelmeerinseln. Gemäßigte Zone Asiens, Japan, Nordafrika.

5 Kaisermantel, Silberstich – *Argynnis paphia*
33–38 mm. Häufigstes Vorkommen im Juli/August auf blühenden Disteln, Stechdisteln und Brombeersträuchern. Lebt auf Lichtungen, an Waldwegen und -rändern u. ä. Die Männchen haben eine rostbraune Flügeloberseite mit schwarzer Zeichnung, die Flügel der Weibchen sind auf der Oberseite hellgrau-grünlich glänzend mit einer dunklen Zeichnung, die sich von der Zeichnung der Männchen unterscheidet. Auf der Flügelunterseite sitzen silbrige Perlmuttstreifen. Auf den Mittelmeerinseln (Sardinien, Korsika, Elba u. a.) entstand eine Form mit reduzierten Silberstreifen. Wie andere Arten auch, weist dieser Schmetterling eine Reihe vielgestaltiger Farbformen auf, z. B. die dunkle f. *valesina*. Das Weibchen legt seine Eier vorwiegend auf Kiefern- und Fichtenstämme, manchmal auch auf Veilchen, die Nährpflanzen der Raupen. Die Raupen überwintern und verpuppen sich im Mai oder Juni. Verbreitung: Europa (fehlt in den Nordteilen Großbritanniens, Nordskandinavien und Südspanien), gemäßigte Zone Asiens, Japan, Algerien.

1

3

4

5

4a

2

Familie: Fleckenfalter – Nymphalidae

1 Distelfalter – *Vanessa cardui*
27–31 mm. Fliegt auf trockenen Wiesen, Steppen und Feldern, meidet Wälder. Zugschmetterling, der Anfang April aus dem Süden nach Mitteleuropa kommt. Im Laufe des Sommers bringt er hier eine neue Generation hervor, die im Herbst wieder in den Süden zurückkehrt. Der Zug dieser Art wurde vor allem in Großbritannien beobachtet. Seine Raupe lebt meist auf Brennesseln, Stech- und anderen Disteln, gelegentlich auch auf Huflattichblättern. Verbreitung: Fast über die ganze Welt, fehlt nur in Südamerika.

2 Admiral – *Vanessa atalanta*
27–30 mm. Von Frühjahr bis Herbst an Blüten an Waldrändern, auf Lichtungen, Wiesen, in Parks und Gärten. Zum Sommerausgang läßt er sich auch auf überreifem Obst nieder, um süßen Saft zu saugen. Nach Mitteleuropa kommt er aus dem Süden geflogen. Zwar überwintert er hier und da nördlich der Alpen, doch kommt die überwiegende Zahl der Tiere hier um. Nährpflanzen der Raupen sind vorwiegend Brennesseln. Verbreitung: Europa (fehlt in Nordskandinavien), Kleinasien, Nordafrika, Nord- und Mittelamerika.

3 Trauermantel – *Nymphalis antiopa*
35–45 mm. Nach der Überwinterung erscheint die Imago der Vorjahrsgeneration zeitig im Frühjahr. Ihre Nachkommen leben von Juni bis Herbst. Dieser große und schöne Falter fliegt an sonnigen Stellen an Waldrändern, Waldwegen, auf Lichtungen, um Gewässer sowie in Gärten. Er geht auch ins Gebirge hinauf. Seine Raupe ernährt sich von Weiden-, Birken-, Ulmen- und Pappellaub usw. Verbreitung: Europa außer Südspanien, den Mittelmeerinseln und Irland; gemäßigte Zone Asiens, Nordamerika.

4 Großer Fuchs – *Nymphalis polychloros*
29–33 mm. Die Imago verläßt ihr Winterversteck schon im zeitigen Frühjahr, ihre Nachkommen erscheinen von Juni bis September. Sie fliegen in Laubwäldern, in Parks und Gärten, suchen Blüten auf und Bäume, aus denen Saft quillt. Die Raupen ernähren sich von den Blättern aller möglichen Laubbäume. Verbreitung: Europa (fehlt in Irland, dem größten Teil Großbritanniens und Nordskandinavien), Kleinasien, Himalaja, Nordafrika.

5 Kleiner Fuchs – *Aglais urticae*
23–28 mm. Verläßt bereits im März seine Winterverstecke (Höhlen, Keller, Dachböden). Die Nachkommen der überwinternden Exemplare fliegen ab Juni, manchmal sind sie noch an schönen Oktobertagen anzutreffen. Vorkommen von den Niederungen bis zu den Berggipfeln. Auf Lichtungen, Wiesen, an Waldrändern, in Parks und auf Feldern. Die Raupe lebt auf der Brennnessel. Verbreitung: Europa, gemäßigte Zone Asiens, Japan.

6 Tagpfauenauge – *Inachis io*
27–35 mm. Im Frühling kommen die Schmetterlinge aus ihren Winterquartieren und wärmen sich in der Sonne. Die neue Generation fliegt von Juli bis September. Die Raupe lebt auf Brennnesseln. Verbreitung: Europa (fehlt in Nordskandinavien), gemäßigte Zone Asiens, Japan.

7 C-Falter – *Polygonia c-album*
22–25 mm. Auf der Unterseite seiner Hinterflügel sitzt eine weiße Zeichnung, die wie der Buchstabe C aussieht. Die Imago überwintert, sie fliegt ab März. Ihre Raupen leben auf Brennesseln, Roter und Schwarzer Johannisbeere, Hopfen, Ulmen usw. Verbreitung: Europa (fehlt in Nordskandinavien und dem Nordteil Großbritanniens), gemäßigte Zone Asiens, China, Japan, Nordafrika.

7
6
3
5
1
2
4

Familie: Augenfalter – Satyridae

1 Damenbrett – *Melanargia galathea*
23–28 mm. Auf der weißlichen oder gelblichen Grundfarbe der Flügel sitzen variable dunkle Flecken und Streifen. Die Art hat eine Reihe farblicher Abweichungen und geographischer Rassen hervorgebracht. Die Schmetterlinge treten im Juni/Juli auf, mancherorts auch noch im August. Sie sitzen auf Witwenblumen an Waldrändern und Waldwegen, auf buschbestandenen Hängen und Bahndämmen. Das Weibchen legt seine Eier im Flug oder sonst frei auf Pflanzen ab, die Larven ernähren sich von Gräsern. Sie überwintern und verpuppen sich im Mai/Juni. Verbreitung: Europa außer Skandinavien, Norddeutschland und dem Norden Großbritanniens. Ferner Kaukasus, Nordiran, Nordafrika.

2 Wiesen-Schwärzling – *Erebia medusa*
23–24 mm. Fliegt im Mai/Juni (in den Bergen etwas später) auf Lichtungen und Waldwiesen. In den Gebirgen geht er bis zu 2000 m hoch. Seine überwinternden Raupen ernähren sich von Gräsern, im folgenden Frühjahr verpuppen sie sich. Verbreitung: Europa (fehlt im Norden, Südwesten sowie in großen Teilen Italiens), Kleinasien.

3 Ochsenauge – *Maniola jurtina*
22–28 mm. Die Imago fliegt von Juni bis August sowohl in den Niederungen als auch in den Bergen auf Wiesen und Feldern, am Waldrand und auf Lichtungen. Die Raupen leben auf Gräsern, sie überwintern. Verbreitung: Europa (außer dem hohen Norden), Klein- und Vorderasien, Nordafrika.

4 Waldbrettspiel – *Pararge aegeria*
22–25 mm. Er fliegt an Waldrändern, Waldwegen und auf Lichtungen zwischen Niederungen und Gebirgen. Die Art bildet einige geographische Formen aus. Die Raupe lebt auf Gräsern. Verbreitung: Europa (außer Nordskandinavien), Klein- und Mittelasien, Nordafrika.

Familie: Glucken – Lasiocampidae

5 Ringelspinner – *Malacosoma neustrium*
13–20 mm. Von Juni bis August in Laubwäldern und Obstgärten. Das Weibchen legt seine Eier dicht nebeneinander ringartig um dünne Zweige. Die Raupen fressen die Blätter aller möglichen Bäume und werden stellenweise zu Schädlingen. Verbreitung: Paläarktische Region (mit Ausnahme des nördlichen Teils).

6 Eichenspinner – *Lasiocampa quercus*
26–37 mm. In mehreren Formen in Eichen- und Mischwäldern, der Schmetterling fliegt vorwiegend im Juli/August. Raupen oder Puppen überwintern (ein- bis zweimal). Verbreitung: Süd- und Mitteleuropa, Kleinasien, Transkaukasien, Sibirien.

7 Kiefernspinner – *Dendrolimus pini*
25–36 mm. Kommt in heller und dunkler Färbung vor. Die Schmetterlinge erscheinen ab Ende Juni und fliegen bis August in Kiefernwäldern. Die Weibchen bringen ihre Gelege mit ca. 50 Eiern auf der Rinde von Kiefernästen an, seltener auf Stämmen oder Nadeln. Die Raupen ernähren sich von Kiefernnadeln. Es wird berichtet, daß eine Raupe im Laufe ihrer Reifung etwa 900 Kiefernnadeln verzehrt. Ihre Entwicklung dauert ein bis zwei Jahre. Eier, Raupen und Puppen dieses Schmetterlings werden von Hautflüglern vertilgt. Verbreitung: Großteil Europas, China, Japan.

1
2
3
4
5
6
7

Familie: Wiesenspinner – Lemoniidae

1 Wiesenspinner – *Lemonia dumi*
25–29 mm. Die Imago fliegt von August bis November an Waldrändern und auf Wiesen. Aus den weißen, schwarz gesprenkelten Eiern schlüpfen Raupen, die sich von Korbblütlern ernähren. Sie sind braun und wollig; seitlich am Körper sitzen längliche schwarze Flekken. Sie erreichen eine Länge von 60–70 mm und verpuppen sich unter dem Laub oder in der Erde. Verbreitung: Europa vom Balkan bis Südskandinavien und bis zum Ural.

Familie: Pfauenspinner – Saturniidae

2 Großes Nachtpfauenauge – *Saturnia pyri*
60–72 mm. Größter europäischer Schmetterling, in der Färbung ziemlich variabel. Das Männchen läßt sich leicht durch seine gekämmten Fühler vom Weibchen unterscheiden. Die Imago fliegt nachts im April/Mai, in Wein-und Obstgärten, manchmal auch in Parks. Während ihrer verschiedenen Lebensabschnitte ist die Raupe verschieden gefärbt. Sie lebt auf Obstbäumen und Eschen, wächst bis zu einer Länge von 120 mm heran und verpuppt sich dann in Astgabeln oder auf dem Boden. Die Puppe überwintert. Verbreitung: Vor allem die südlichen Teile Europas, fehlt in Großbritannien (Die Nordgrenze des Verbreitungsgebiets liegt in Mitteleuropa), Kleinasien, Vorderasien (Iran).

3 Kleines Nachtpfauenauge – *Eudia pavonia*
28–40 mm. Bei den Weibchen sind alle Flügel annähernd gleich gefärbt, die Männchen haben gelb-orangene Hinterflügel. Die Fühler der Männchen sind gekämmt. Das Kleine Nachtpfauenauge kann sich auch mit verwandten Arten kreuzen. Die Schmetterlinge kommen von April bis Juni vor. Zwar werden sie zu den Nachtfaltern gerechnet, doch fliegen die Männchen an warmen Sonnentagen. Die Raupen leben von Mai bis August meist auf Schlehen, Rosen, Heidelbeerpflanzen, Himbeersträuchern, Weiden und Heidekraut. Sie erreichen eine Länge von 60 mm, dann verpuppen sie sich in einem bräunlichen oder weißlichen Kokon. Verbreitung: Europa, paläarktischer Teil Asiens.

Familie: Sichelflügler – Drepanidae

4 Sichelspinner – *Platypteryx falcataria*
16–18 mm. Vom Frühjahr bis August in Laubwäldern, auf Lichtungen, Heideflächen und an Bächen. Im Norden bildet er eine Generation aus (im Mai/Juni), im Süden noch eine zweite im Juli/August. Die Raupen ernähren sich von Birken- oder Erlenlaub. Sie werden 25–30 mm lang. Die Puppe überwintert. Verbreitung: Europa, im Norden bis Skandinavien.

Familie: Wollrückenspinner – Thyatiridae

5 Roseneule – *Thyatira batis*
18–19 mm. Auf den ersten Blick an den rosa Flecken auf den Flügeln zu erkennen. Die Imago fliegt in ein bis zwei Generationen von Mai bis Juli auf Lichtungen, an Waldrändern, in Gärten und Parks. Die Raupen ernähren sich von Himbeer- und Brombeersträuchern. Verbreitung: Europa bis Skandinavien, Finnland, Estland, Transkaukasien, Sibirien, Korea, Westchina, Japan, Nordindien.

1
2
3 ♀
3 ♂
4
5

Familie: Spanner – Geometridae

1 Grünes Blatt – *Hipparchus papilionarius*
21 – 29 mm. Die Imago fliegt von Juni bis August an den Rändern von Laub- oder Mischwäldern. Verbreitung: Mittel- und Nordeuropa, Kleinasien, Sibirien, Japan.

2 *Scopula ornata*
11 – 12 mm. Die Art kommt von April bis August in zwei, gegebenenfalls auch drei Generationen an trockenen Standorten vor. Ihre Raupen ernähren sich von Feldthymian, Dost, Ehrenpreis, Schafgarbe usw. Verbreitung: Europa vom Süden bis nach Skandinavien, Asien, am Amur, Nordafrika.

3 *Idaea aversata*
14 – 15 mm. Die typische Form hat einen breiten dunklen Streifen auf den Flügeln, bei der abgebildeten Form *spoliata* fehlt er. Wie viele andere Spanner bringt auch diese Art von Mai bis September zwei Generationen hervor. Die Schmetterlinge bewohnen lichte Wälder und Lichtungen. Die allesfressende Raupe kann über längere Zeit hinweg hungern. Verbreitung: Europa (außer dem hohen Norden und einigen Gegenden auf der Iberischen Halbinsel), Transkaukasien, Klein- und Vorderasien.

4 Grauspanner – *Aplocera plagiata*
18 – 23 mm. Auf trockenen, warmen Hängen, auf Steppenflächen und an Waldrändern; dort von Mai bis Oktober in zwei Generationen. Stellenweise häufig. Die Raupen ernähren sich von Johanniskraut (*Hypericum perforatum*). Verbreitung: Großteil der paläarktischen Region.

5 Schwarzfleckenspanner – *Lomaspilis marginata*
12 – 14 mm. Auf den Flügeln mit variabler Zeichnung. Die Imago kommt von April bis August in einer, mancherorts auch noch in einer zweiten Teilgeneration an Waldrändern, Flußufern, auf Uferwiesen usw. vor. Die Raupen ernähren sich von den Blättern verschiedener Weiden, Salweiden, Haselsträucher, Espen, Birken usw. Verbreitung: Europa, Mittelasien, Südostsibirien.

6 Großer Frostspanner – *Erannis defoliaria*
22 – 26 mm. Bildet mehrere Farbformen aus. Die Schmetterlinge erscheinen ab Ende September und fliegen bis Anfang Dezember, sie leben in Wäldern und Gärten. Die Raupen ernähren sich vom Laub aller möglichen Hölzer. Verbreitung: Von Norditalien bis Südskandinavien, Transkaukasien.

7 Birkenspanner – *Biston betularius*
21 – 32 mm. Am bekanntesten und am häufigsten ist die fast schwarze Form *carbonaria* aus der Umgebung von Industriestädten. Eine weitere Form – *ochrearia* – hat eine ockergelbe Flügelgrundfarbe. Die Schmetterlinge fliegen in den Mai- und Juninächten. Ihre Raupen befressen die Blätter von Eichen, Pappeln, Ulmen, Birnen, Rosen, Schlehen usw. Verbreitung: Eurasien.

8 Kiefernspanner – *Bupalus piniarius*
19 – 22 mm. Bewohnt Kiefern- oder Nadelmischwälder. Die Imago fliegt von April bis Juli. Hin und wieder treten die Raupen als Schädlinge in Nadelholzkulturen auf. Die Puppe überwintert. Verbreitung: Nord- und Mitteleuropa, Transkaukasien, Sibirien.

1
2
3
5
4
6
8
7

Familie: Schwärmer – Sphingidae

1 Abendpfauenauge – *Smerinthus ocellatus*
33–44 mm. Auf dem Hinterflügel sitzt ein auffallendes dunkles Auge mit einer helldunklen Umrandung. Der Schmetterling bewohnt Auwälder, dort fliegt er in den späten Abendstunden, nicht selten sogar bis zur Morgendämmerung. Die Imago lebt von Mai bis Juli, im Süden auch noch als zweite Generation im Oktober. Die Raupe ernährt sich von Weiden-, Pappel-, Linden-, Schlehen- sowie verschiedenem Obstbaumlaub. Bis zum Ende der Vegetationszeit erreicht sie eine Länge von ca. 90 mm, dann verpuppt sie sich im Erdboden. Die Puppe ist glänzend dunkelbraun. Verbreitung: Großteil Europas, Transkaukasien, Kleinasien.

2 Lindenschwärmer – *Mimas tiliae*
30–40 mm. Seine Färbung variiert vom Grünlichen über Rotbraun bis ins Dunkle; auch der sich über den Vorderflügel ziehende breite Streif kann in zwei selbständige große Flecken zerfallen. Auch heute noch relativ häufig. In Mitteleuropa von April bis Juli eine einzige Generation, im Süden von August bis Oktober noch eine zweite. Die Schmetterlinge halten sich in Lindenalleen, an Waldrändern und in Parks auf, sie steigen bis ins Gebirge auf. Aus den grünen Eiern schlüpfen Raupen, die sich vorwiegend von Lindenblättern, aber auch von anderem Laub ernähren. Reifen sie heran, verkriechen sie sich in die Erde, um sich dort in einem festen Kokon zu verpuppen und zu überwintern. Verbreitung: Großteil der paläarktischen Region.

3 Totenkopf – *Acherontia atropos*
45–60 mm. Erhielt seinen Namen vom griechischen Fluß der Unterwelt. Der deutsche Name bezieht sich auf die helle Brustzeichnung des Schmetterlings, die wie ein Totenkopf aussieht. Die Art stammt aus den Tropen, von wo sie ganz normal nach Südeuropa kommt. Nach Mitteleuropa gelangt sie weniger häufig. Die Schmetterlinge kommen gelegentlich in erleuchtete Räume geflogen, auch Bienenkörbe fliegen sie an, um sich am Honig gütlich zu tun. Die Weibchen suchen Kartoffelfelder auf, sie legen auf dem Kartoffelkraut (sowie auf anderen Nachtschattengewächsen) ihre Eier ab. Die Raupe frißt Kartoffelblätter. Bis zum Herbst wächst sie heran, dann verkriecht sie sich im Boden, stellt einen großen Kokon her und verpuppt sich darin. Viele Puppen überleben aber den Winter nicht und gehen zugrunde. Verbreitung: Afrika und Madagaskar, fliegt weit nach Norden bis nach Europa, Transkaukasien, Iran usw.

4 Kiefernschwärmer – *Hyloicus pinastri*
33–45 mm. Auf den grauen Vorderflügeln sitzen braune Flecken und drei kommaähnliche Gebilde, doch ist diese Zeichnung sehr variabel, die Kommas können fehlen. Viele Exemplare haben ganz dunkle Flügel (sog. melanistische Formen). Dieser Schwärmer bewohnt Kiefernwälder, seine Raupen fressen Kiefernnadeln. Sie verpuppen sich am Fuß der Stämme, entweder in der Erde oder auf der Oberfläche. Verbreitung: Gemäßigte Zonen Eurasiens.

5 Labkrautschwärmer – *Celerio galii*
32–35 mm. Bringt in der Regel zwei Generationen hervor (Mai – Juni, August – Oktober). In seiner Färbung ähnelt er etwas der Art *C. euphorbiae*, mit der er sich auch kreuzt. Seine Raupen sind zwar Allesfresser, doch halten sie sich mit Vorliebe auf Labkraut auf. Verbreitung: Gemäßigte Zone Eurasiens (fliegt nur selten nach Großbritannien und Irland ein), nearktische Region.

1
2
5
4
3

Familie: Schwärmer – Sphingidae

1 Ligusterschwärmer – *Sphinx ligustri*
44–50 mm. Fliegt ab Mai in der Dämmerung um blühende Fliederbüsche, aus den Blüten saugt er Nektar. Nachts fliegt er Lichtquellen an, tagsüber sitzt er auf Baumstämmen oder Zäunen. Seine Eier sind hellgrün. Die Raupe schlüpft nach etwa 10 Tagen aus, meist ernährt sie sich von Liguster- (*Ligustrum vulgare*), Flieder- oder Schneebeerenblättern. Wenn sie auf der Pflanze sitzt, hebt sie wie eine Sphinx ihren Vorderkörper. Nach vier bis sechs Wochen ist sie 10–12 cm lang, sie verkriecht sich in die Erde, verpuppt sich in einem Kokon, und die Puppe überwintert. Verbreitung: Europa (außer den Polargebieten und Irland), gemäßigte Zonen Asiens.

2 Mittlerer Weinschwärmer – *Deilephila elpenor*
25–32 mm. Fliegt im Mai/Juni, die zweite Teilgeneration auch noch im August spätabends und nachts um die Blü- ten von Petunien, Phlox, Seifenkraut, Natternkopf (*Echium vulgare*) usw. Saugt im Flug Nektar aus den Blüten und läßt sich auch durch entsprechende Köder anlocken. Das Weibchen legt etwa 100 glänzend grüne Eier einzeln an die Unterseite der Nährpflanzen ab, vor allem auf Weidenröschen, Labkraut, Weinreben (*Vitis vinifera*) u. a. Eine ausgewachsene Raupe mißt 7–8 cm. Sie verwandelt sich in eine gelbbraune, dunkel gesprenkelte Puppe. Verbreitung: Paläarktische Region.

3 Skabiosenschwärmer – *Hemaris tityus*
19–21 mm. Mit durchsichtigen Flügeln. Der Schmetterling fliegt tagsüber, meist um die Mittagszeit auf Wiesen und Hängen mit reichem Blütenbestand. 1–2 Generationen (Mai/Juni, Juli/August). Die Raupe lebt bevorzugt auf Knautie und Skabiose. Verbreitung: Europa außer dem hohen Norden, Altai.

Familie: Zahnspinner – Notodontidae

4 Großer Gabelschwanz – *Cerura vinula*
28–36 mm. Von Ende April bis Anfang Juli auf Wiesen, an Bächen und in Parks. Im Norden (Fennoskandinavien) dunkel gefärbte Formen. Die auffällige, mächtige Raupe wird 7–8 cm lang. Sie ernährt sich von Weiden-, Pappeln- und Espenlaub und verpuppt sich in einem festen Kokon aus Holzspänchen. Darin überwintert sie auch. Verbreitung: Paläarktische Region.

5 Mondvogel – *Phalera bucephala*
24–32 mm. Ähnelt der Art *P. bucephaloides*, die jedoch an den Vorderflügelenden größere gelbe Flecken hat, daneben einen weiteren auffälligen gelben Fleck in der vorderen Hälfte des Vorderflügels. Die Imago fliegt in einer, im Süden auch in zwei Generationen in Auwäldern und Parks. Ihre Nahrung sucht die Raupe auf Laubbäumen. Sie wird etwa 60 mm lang, verpuppt sich in der Erde und überwintert so. Verbreitung: Europa (außer dem hohen Norden), Kleinasien, Sibirien, Nordostafrika.

Familie: Prozessionsspinner – Thaumetopoeidae

6 Eichenprozessionsspinner – *Thaumetopoea processionea*
13–18 mm. Lebt in Eichenwäldern. Die Imago fliegt am häufigsten im Juli/August, die Eier überwintern. Die Raupen schlüpfen im Frühjahr und leben gemeinsam in einem Nest, das sie in den Zweigen spinnen. Nachts verlassen sie es und kriechen in einer langen Reihe über Äste und Stämme zu den Blättern, die ihnen als Nahrung dienen. Verbreitung: Mittel- und Südeuropa (fehlt in Südbayern, im Nordteil der Norddeutschen Tiefebene u. a.), Kleinasien.

1
3
6
2
5
4

Familie: Trägspinner – Lymantriidae

1 Streckfuß, Rotschwanz – *Dasychira pudibunda*
21–29 mm. Auf den hellgrauen Vorderflügeln sitzt eine dunklere veränderliche Zeichnung. Die Schmetterlinge fliegen von April bis Juni (evtl. auch bis Juli) an den Rändern von Laubwäldern, in Parks und Gärten. Von Juli bis Oktober erscheinen die Raupen auf allen möglichen Laubbäumen. Im Herbst verpuppt sich die Raupe in einem Gespinst, in das viele Raupenhaare eingearbeitet sind. Die Puppe überwintert. Verbreitung: Hauptsächlich Mittel- und Westeuropa, Transkaukasien, über Sibirien bis Japan.

2 Bürstenbinder – *Orgyia antiqua*
11–15 mm. Das Männchen ist geflügelt, das Weibchen gedrungen und hat nur Flügelstummel. Im Norden lebt im Juli/August nur eine Generation, weiter nach Süden 2–3 (Juli – Oktober). Nährpflanzen der Raupen sind viele Laubgehölze. Die Raupen werden bis zu 30 mm lang. Verbreitung: Großteil Europas, Transkaukasien, Sibirien, Nordchina, Japan, Nordamerika.

3 Goldafter – *Euproctis chrysorrhoea*
17–22 mm. Meist haben beide Geschlechter weiße Flügel, gelegentlich erscheinen auf den Vorderflügeln kleine dunkle Punkte. Die Schmetterlinge fliegen von Juni bis September in Gärten. Die Weibchen legen ihre Eier auf Blattober- und -unterseiten sowie auf die Äste von Laubbäumen. Die Raupen bleiben nach dem Schlüpfen beieinander und spinnen sich im Winter ein, um sich dann weiter zu entwickeln. Sie verpuppen sich in einem dünnen Kokon. Verbreitung: Europa (im Norden bis Schweden und Litauen), Kaukasus, Transkaukasien, Kleinasien, Nordafrika.

4 Pappelspinner – *Leucoma salicis*
22–26 mm. Im Juni/Juli in Pappelalleen, in Parks und an weiden- und pappelumstandenen Gewässern, den Nährpflanzen seiner Raupen. Verbreitung: Europa, Klein- und Mittelasien, Sibirien, Nordafrika.

5 Nonne – *Lymantria monacha*
19–27 mm. Hinterflügel fast einfarbig bräunlich, auf den Vorderflügeln sitzen reiche und variable dunkle Zeichnungen. Sehr oft kommen auch melanistische Formen vor. Die Imago lebt von Juni bis September. Sie kommt vor allem in Nadelmonokulturen vor, gelegentlich auch in Laubwäldern. Bei Überhandnehmen können die Raupen Kahlfraß schaffen. In der heutigen Zeit halten sich solche Kalamitäten in Grenzen, in vielen Landschaften ist die Art gänzlich verschwunden. Verbreitung: Von Westen über Mitteleuropa nach Osten, Transkaukasien, Sibirien, Japan.

6 Schwammspinner – *Lymantria dispar*
18–36 mm. Im Sommer in Laubwäldern und gelegentlich auch in Gärten. Das Weibchen bedeckt sein Gelege mit einer Haarschicht, das Ganze ähnelt etwa einem Baumpilz. Die Raupen ernähren sich von den Blättern verschiedener Bäume. Verbreitung: Großteil Europas (gegenwärtig in Großbritannien ausgestorben), Transkaukasien, Klein-, Vorder- und Zentralasien, Sibirien, China, Japan, Nordafrika. Nach Nordamerika 1868 eingeschleppt, stellenweise ein bedeutender Schädling.

2
6 ♀
6 ♂
5
4
3
1

Familie: Bärenspinner – Arctiidae

1 Siebbär – *Coscinia cribraria*
15–21 mm. Von Juni bis August auf Heideflächen und Kiefernlichtungen. Die Raupe ernährt sich von kleineren Pflanzen, z.B. Löwenzahn, Wegerich, Heidekraut usw. Verbreitung: Europa, gemäßigte Zonen Asiens.

2 Purpurbär – *Rhyparia purpurata*
20–26 mm. Die Art bildet einige Farbvarietäten, die sich in der Färbung der Hinterflügel (rot, gelblich, orange, alle mit dunklen Flecken) sowie in der Zeichnung auf den Vorderflügeln voneinander unterscheiden. Die Schmetterlinge fliegen im Juni/Juli auf feuchten Wiesen, die Weibchen legen kleine gelbliche Eier. Die sich von kleineren Kräutern (Labkraut) bzw. Gehölzen (Erika) ernährenden Raupen erreichen eine Länge von etwa 45 mm. Sie verpuppen sich nach dem Überwintern. Verbreitung: Europa (im Westen weniger häufig), Kleinasien, Nordasien, Transkaukasien, Japan.

3 Brauner Bär – *Arctia caja*
26–37 mm. Der Schmetterling ist in einigen Farbformen bekannt. Die Vorderflügel sind gelblichweiß bis ocker und tragen eine dunkle (evtl. auch gelbbraune) Zeichnung, die Hinterflügel haben auf zinnoberrotem bzw. ockergelbem Untergrund dunkle Flekken. Die Imago fliegt im Juli/August, im Süden noch in einer zweiten Teilgeneration. Die haarige, mit vorne rostbraunen Haaren bewachsene Raupe ernährt sich von Himbeersträuchern, Heidelbeeren, Erika, Schlehen usw. Verbreitung: Fast ganz Europa, Klein- und Vorderasien, Sibirien, Japan, Pamir, Nordamerika.

4 Schwarzer Bär – *Arctla vlllica*
28–32 mm. Im Juni/Juli an sonnigen Standorten. Auch er bildet mehrere Farbabweichungen aus. Die Raupe ernährt sich von vielerlei Kräutern, Taubnesseln, Schafgarben, Erdbeerstauden usw. Verbreitung: Europa (mancherorts derzeit am Verschwinden), Vorderasien.

5 Schönbär – *Callimorpha dominula*
21–27 mm. Auf den Vorderflügeln sitzt je ein orangefarbener Fleck verschiedener Größe, manchmal ist er gar nicht ausgebildet. Die Schmetterlinge fliegen tagsüber auf Waldwiesen und an Gewässern. Nährpflanzen der Raupen sind Taubnessel, Brennessel, Hahnenfuß, Vergißmeinnicht u.a. Verbreitung: Europa (fehlt jedoch in einigen Teilen West- und Nordeuropas), Ural, Kaukasus, Transkaukasien.

6 Russischer Bär – *Euplagia quadripunctaria*
26–30 mm. Liebt steinige Felshänge und Täler (vor allem mit Kalksteinuntergrund), dort fliegt er im August. Die allesfressende Raupe überwintert. Verbreitung: Europa außer dem hohen Norden, Klein-, Vorder- und Westasien.

7 Jakobskrautbär – *Thyria jacobaeae*
18–21 mm. Erhielt seinen Namen von der Nährpflanze seiner Raupen, dem Jakobs-Greiskraut (*Senecio jacobaea*). Die Raupe frißt jedoch auch Blätter von Pestwurz oder Huflattich. Im Herbst verpuppt sie sich und überwintert. Die Schmetterlinge erscheinen von Juli bis September an feuchteren Orten. Verbreitung: Europa, Westasien bis zum Altai.

5
3
4
1
6
7
2

Familie: Eulen – Noctuidae

1 Saateule – *Scotia segetum*
16–21 mm. In Größe und Färbung sehr veränderliche Art. Die Hinterflügel sind weißlich bis grau, auf den Vorderflügeln sitzt die Zeichnung auf hellgrauem, graubraunem oder auch schwarzbraunem Grund. Je nach Klimabedingungen fliegt sie in einer oder zwei Generationen. Die Imago erscheint bis Oktober/November auf Feldern und in Gärten. Das Weibchen legt einige hundert Eier. Die Raupen sind Allesfresser, sie leben auf Gräsern, Gemüse usw., sie werden 50 mm lang. Verbreitung: Eurasien, Sibirien, Nordamerika.

2 Gemeine Graseule – *Scotia exclamationis*
17–19 mm. Auf dem Vorderflügel sitzt neben dem dunklen nierenförmigen Fleck eine weitere längliche Zeichnung, die wie ein Ausrufungszeichen aussieht (daher der lateinische Artname). Die Färbung variiert von Hellgrau bis Grauschwarz. Zwei Generationen treten auf, das Weibchen legt etwa 800 Eier. Die Raupen sind Allesfresser und häufig auf Gräsern zu finden. Verbreitung: Eurasien.

3 Hausmutter – *Noctua pronuba*
26–29 mm. Auffällig durch die orangefarbenen, mit einem breiten dunklen Streif gesäumten Hinterflügel. Im Norden kommt nur eine Generation zustande, weiter nach Süden zwei bis drei. Gelegentlich kann die Imago noch zu Anfang November erscheinen. Das Weibchen legt einige hundert Eier in Gruppen auf kleinere Pflanzen. Die Raupen sind Allesfresser, sie erreichen eine Länge von 50–60 mm. Verbreitung: Paläarktische Region.

4 Kohleule – *Mamestra brassicae*
19–23 mm. Auf Feldern und in Gärten sehr häufige Art, sie fliegt nachts. Die Raupen ernähren sich u.a. von Gemüse, Erbsen, Salat, daher können sie Schäden anrichten. Verbreitung: Eurasien.

5 Pfeileule – *Apatele psi*
16–21 mm. Auf ihren Vorderflügeln trägt sie eine Zeichnung in Form des griechischen Buchstabens Psi, daher ihre wissenschaftliche Benennung. In ein bis zwei Generationen ist sie bis in den September hinein ziemlich häufig. Ihre Raupen fressen Blätter verschiedener Gehölze. Verbreitung: Großteil Eurasiens (außer dem Norden).

6 Graswurzeleule – *Apamea monoglypha*
22–26 mm. Auf ihren Vorderflügeln sitzt nicht weit vom Rand eine helle Zeichnung, in der der Buchstabe W auszumachen ist. Die Imago fliegt vom Juni bis September, ihre Raupe lebt auf den verschiedenen Gräsern, manchmal auch auf Getreide. Verbreitung: Europa (fehlt im Norden), Vorderasien, Sibirien.

7 Gammaeule – *Autographa gamma*
17–21 mm. Auf den Vorderflügeln findet sich eine auffallende, helle Zeichnung, die dem griechischen Buchstaben Gamma ähnelt. Häufig vom Frühjahr bis November auf Feldern, Wiesen und in Gärten. Die Imago fliegt bei Tag und bei Nacht, die Schmetterlinge kommen im Frühjahr aus dem Süden und Südosten nach Mitteleuropa geflogen. Hier bringen sie 1–2 Generationen hervor, die wieder in den Süden zurückfliegen. Die Raupe ist ein Allesfresser, bei Überhandnahme kann sie zum Schädling an verschiedenen Kulturpflanzen werden. Verbreitung: paläarktische und nearktische Region, Äthiopien.

8 Großes Eichenkarmin – *Catocala sponsa*
30–33 mm. Die Art bewohnt bevorzugt Eichenwälder, sucht aber auch Parks und Gärten auf. Die Imago zeigt sich von Ende Juli bis September. Die Nahrung der Raupen besteht aus Eichenlaub, die Raupen werden bis zu 70 mm lang. Verbreitung: Europa.

3
1
2
6
7
4
5
8

Ordnung: Schnabelfliegen – Mecoptera
Familie: Skorpionsfliegen – Panorpidae

1 Gemeine Skorpionsfliege – *Panorpa communis*
Länge 20 mm, Spannweite 25–30 mm. Ähnelt einigen weiteren Arten. Das Männchen hat wie diese am Hinterleibsende sklerotisierte Gonopodien, die wie Zangen aussehen. Die Imago fliegt von Frühjahr bis Herbst in großer Zahl auf der Vegetation um Gewässer im Unterwuchs der Wälder. Imago und Larven leben räuberisch. Verbreitung: Europa.

Ordnung: Zweiflügler – Diptera
Familie: Schnaken oder Stelzmücken – Tipulidae

2 Kohlschnake – *Tipula oleracea*
Länge 15–23 mm. Im Laufe eines Jahres entstehen zwei Generationen. Das Weibchen legt seine Eier in den Boden ab, dort leben später auch die Larven. Sie ernähren sich von Würzelchen und verpuppen sich im Erdreich. Verbreitung: Europa, im Norden bis Mittelskandinavien, in Westeuropa häufiger; Nordafrika.

Familie: Stechmücken – Culicidae

3 Wiesenmücke – *Aedes vexans*
Länge 4 mm. Gehört zu den häufigsten Mückenarten und zeigt sich von Mai bis in den Herbst in Flußnähe. Gern sucht sie Häuser auf. Ihre Weibchen sind sehr aggressiv, sie saugen Blut. Während eines Jahres bringt diese Art mehrere Generationen hervor. Ihre Larven leben an den Ufern von Teichen, in Tümpeln, Pfützen usw. Verbreitung: Eurasien und Nordamerika; dort ist sie der Überträger der Encephalitis St. Louis.

Familie: Gallmücken – Cecidomyidae

4 Große Buchenblattgallmücke – *Mikiola fagi*
Länge 4–5 mm. Unauffällige kleine Mücke, die schon im März/April fliegt. Ihre Larven erzeugen die wohlbekannten Gallen, die oft in Gesellschaften auf der Oberseite von Buchenblättern sitzen. Sie sind grün, gelblich oder rötlich, ca. 4–12 mm lang und haben Kegelform. Verbreitung: Europa.

Familie: Waffenfliegen – Stratiomyidae

5 Chamäleonfliege – *Stratiomys chamaeleon*
Länge 14–15,5 mm. Lebt auf feuchteren Wiesen und Rainen, wo sie alle möglichen Blüten aufsucht. Das Weibchen legt seine Eier auf die Blattunterseite von Wasserpflanzen ab. Die räuberischen Larven leben im Wasser. Verbreitung: Mittel- und Südeuropa, Transkaukasien, Sibirien.

Familie: Bremsen – Tabanidae

6 *Tabanus brominus*
Länge 11,5–16 mm. Viele andere Arten sehen ähnlich aus. Die Weibchen lassen sich an der charakteristischen Stirnzeichnung zwischen den Augen erkennen. Die Augen der Männchen liegen dicht beieinander, die Zeichnung ist nicht entwickelt. Die Imago tritt von Juni bis August sehr häufig auf Wiesen in Wassernähe auf. Die Weibchen saugen Menschen- und Tierblut, die Männchen ernähren sich von Pflanzensäften. Verbreitung: Europa.

7 Regenbremse – *Haematopota pluvialis*
Länge 8–12 mm. Fliegt von Frühjahr bis Herbst auf Wegen und in Wäldern, besonders vor Gewittern sehr aggressiv. Die Weibchen fallen warmblütige Lebewesen an (einschließlich Menschen), stechen und saugen Blut. Die Art lebt auch in Gebirgsgegenden – in den Alpen und in der Tatra. Verbreitung: Paläarktische Region.

8 *Chrysops caecutiens*
Länge 7,5–11 mm. Von anderen Arten kann man sie ziemlich leicht durch die Zeichnung auf dem Hinterleib unterscheiden, im Sommer ist sie an feuchten Orten häufig. Die Weibchen suchen Menschen, Rinder und Pferde auf, um ihr Blut zu saugen. Verbreitung: Europa, Sibirien.

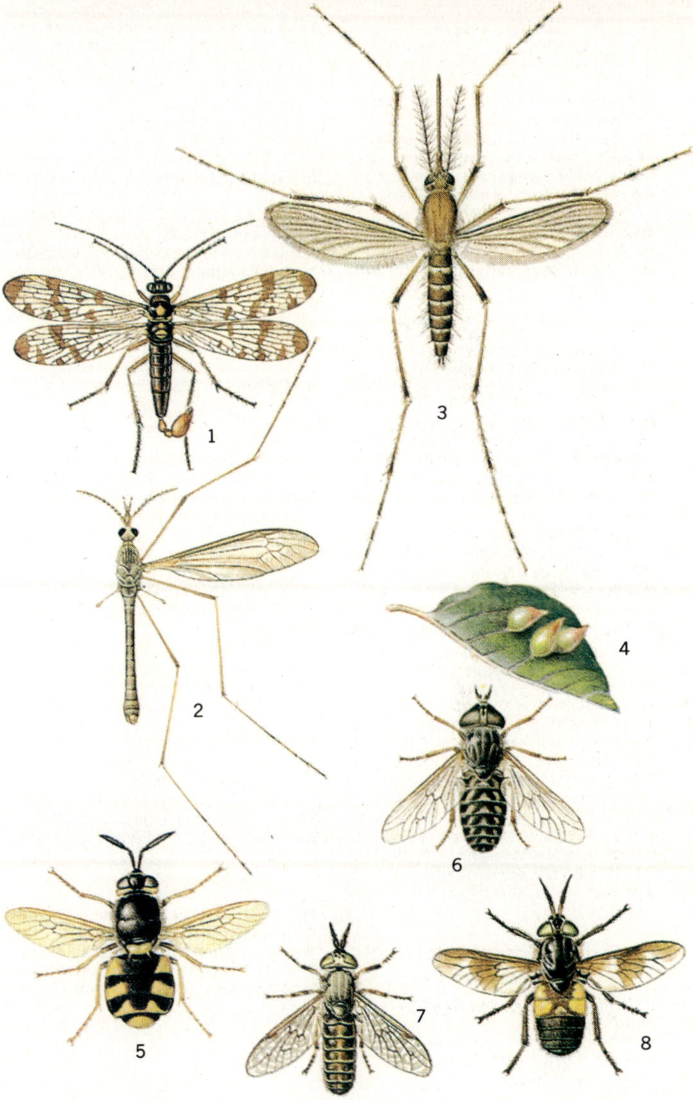
1
3
2
4
6
5
7
8

Familie: Schnepfenfliegen – Rhagionidae

1 Schnepfenfliege – *Rhagio scolopaceus*
Länge 13–18 mm. Gemeinsam mit einigen verwandten Arten ähnelt sie den Schnabelfliegen. Oft sitzt sie mit dem Kopf abwärts auf Baumstämmen oder Holzstücken, wobei sie ihren Vorderleib schräg nach oben aufrichtet. Die Imago erscheint von Mai bis August. Die Larven leben im Erdreich, ihre Nahrung besteht aus Insekten und verwesenden Stoffen. Verbreitung: Großteil Europas.

Familie: Raubfliegen – Asilidae

2 Hornissenjagdfliege – *Asilus crabroniformis*
Länge 16–30 mm. Von Juni bis September in den Wäldern, wo sie im Flug alle möglichen Insekten erbeutet. Mit ihrer Beute läßt sie sich irgendwo nieder, um sie zu verzehren. Verbreitung: Paläarktische Region.

3 Mordfliege – *Laphria flava*
Länge 16–25 mm. Lauert im Wald auf Stämmen oder Pflanzen auf Beute, am häufigsten ist die Imago im Juni/Juli. Verbreitung: Ganz Europa.

Familie: Wollschweber – Bombyliidae

4 Wollschweber – *Bombylius major*
Länge 8–13 mm. Ähnelt einer Hummel-Arbeiterin. Zeitig im Frühjahr, im April/Mai, fliegt die Imago auf blühenden Pflanzen umher, um aus den Blüten Nektar zu saugen. Sie ist ein ausgezeichneter Flieger und besitzt einen langen Rüssel. Ihre Larven entwickeln sich in den Nestern einiger Erdbienen (Gattungen *Andrena, Colletes* u.a.). Verbreitung: Paläarktische und nearktische Region.

Familie: Schwebfliegen – Syrphidae

5 Schlammfliege – *Eristalis tenax*
Länge 15–19 mm. Ihr gedrungener Körper und die dunkle Färbung erinnern an eine Biene. Sie fliegt vom Frühjahr bis in den Spätherbst und sitzt auf Blüten. Ihre Larven entwickeln sich in Misthaufen, Jauchegruben, Landklosetts usw. Sie sind grau und haben einen gedrungenen Körper, an dessen Ende ein 20–30 mm langes Röhrchen sitzt, das zum Atmen in sauerstoffloser Umgebung dient. Verbreitung: Kosmopolit.

6 *Myiatropa florea*
Länge 12–16 mm. Viele Exemplare haben eine ausdrucksvolle Zeichnung auf der Brust, die oft mit der Brustzeichnung des bekannten Totenkopf-Nachtfalters verglichen wird. Bei vielen Exemplaren ist diese Zeichnung aber kaum auszumachen. Die Art zeigt sich fast die ganze Vegetationszeit über auf Blüten. Verbreitung: Großteil der paläarktischen Region.

7 *Volucella pellucens*
Länge 15–16 mm. Sitzt von April bis Oktober auf Blüten. Ihre Larven entwikkeln sich in den Nestern der Deutschen Wespe und der Gemeinen Wespe. Nach dem Untergang des Wespenstaates verkriecht sich die Larve im Erdreich, überwintert dort und verpuppt sich im Frühjahr. Verbreitung: Eurasien.

8 *Scaeva pyrastri*
Länge 14–19 mm. Sie sieht einigen weiteren Arten ziemlich ähnlich, z.B. *S. selenitica*, mit denen sie in der freien Natur leicht verwechselt werden kann. Die Imago sitzt mit Vorliebe auf den doldigen Blütenständen von Möhrengewächsen. Sie kommt von den Niederungen bis in die Gebirge vor. Verbreitung: Großteil Eurasiens, Nordafrika, Nordamerika.

9 *Epistrophe balteata*
Länge 11–12 mm. Fliegt an verschiedenen Standorten – in Gärten, Parks und Wäldern zahlreich. Sitzt auf Blüten und sorgt für die Bestäubung. Verbreitung: Paläarktische und australische Region.

1
4
3
2
8
6
9
5
7

Familie: Bohr- und Fruchtfliegen – Tephritidae

1 Kirschenfliege – *Rhagoletis cerasi*
Länge 3,5–5 mm. Bekannte Fliege, die sich in Kirschengärten und Kirschbaumalleen aufhält. Die Imago zeigt sich von Mai bis oft noch in den Juli. Die Larve entwickelt sich in der Kirschfrucht und dringt langsam bis zum Kern vor. Sie kann bis zu 6 mm lang werden (im Volksmund wird sie Wurm genannt), dann verläßt sie die Frucht und dringt in den Boden ein, um sich dort zu verpuppen. Die Puppe überwintert. Ein Mittel im Kampf gegen die Kirschenfliege ist das rechtzeitige Pflücken der Früchte. Verbreitung: Europa (fehlt in Großbritannien), Kaukasus.

Familie: Taufliegen – Drosophilidae

2 Taufliege – *Drosophila melanogaster*
Länge 2 mm. Den verwandten Arten ziemlich ähnlich. Gemeinsam mit ihnen in Feldern, Gärten und Haushalten, wo sie faulende Abfälle, Fruchtsäfte und offene Weinflaschen anfliegt. Mit dieser Art wurden Vererbungsversuche durchgeführt. Verbreitung: Über die ganze Welt.

Familie: Blumenfliegen – Anthomyidae

3 Kohlfliege – *Delia brassicae*
Länge 5,5–7,5 mm. Im Laufe eines Jahres entstehen 2–3 Generationen. Aus den überwinternden Puppen schlüpfen im Frühjahr die Fliegen. Das Weibchen legt seine Eier in Gruppen auf den Boden, auf wilde oder gezüchtete Kreuzblütler. Die Larven leben in der Erde, fressen an den Wurzeln und dringen schließlich in die Pflanzen ein, um sich dort zu verpuppen. Schädling. Verbreitung: Europa und Nordamerika.

Familie: Kotfliegen – Scatophagidae

4 Gelbe Dungfliege – *Scatophaga stercorarium*
Länge 9–11 mm. Die Geschlechter unterscheiden sich in der Färbung. Die Männchen sind mit honiggelben Haaren bewachsen, die Weibchen sind graugrün. Die Imago hält sich auf Misthaufen und an Jaucherinnsalen auf, sie erscheint von den Niederungen bis in die Gebirge und ernährt sich von allerlei Insekten. Die Larven leben im Mist. Verbreitung: Paläarktische und nearktische Region.

Familie: Echte Fliegen – Muscidae

5 Große Stubenfliege – *Musca domestica*
Länge 7–9 mm. Überwintert als Imago und fliegt schon im März. Im Unterschied zu anderen synanthropen (in der Nähe des Menschen lebenden) Arten sticht diese Fliege nicht, sie ernährt sich von aller möglichen flüssigen Nahrung. Das Weibchen legt etwa 150 Eier vorwiegend auf stark riechende pflanzliche und tierische Stoffe ab, dort entwickeln sich dann die Larven. Sie verpuppen sich in der Erde. Da diese Art mehrere Generationen hervorbringt, ist sie überall häufig und kann die ganze Vegetationszeit hindurch lästig werden. Verbreitung: Über die ganze Welt.

6 Wadenstecher – *Stomoxys calcitrans*
Länge 5,5–7 mm. Vor allem auf dem Land verbreitet. Kann im Unterschied zur Stubenfliege empfindlich stechen, ihr stechender Mundapparat ist gut zu erkennen. Ihre Nahrung besteht aus Säugetierblut, auch vor dem Menschen macht sie nicht halt. Die Eier legt das Weibchen in Exkrementen ab. Im Laufe eines Jahres entstehen viele Generationen, nach Süden nimmt ihre Anzahl zu. Verbreitung: Kosmopolit.

7 Kleine Stubenfliege – *Fannia canicularis*
Länge 5–7 mm. Auch Lampenfliege genannt, da sie in den Wohnungen um Beleuchtungskörper kreist. Von Frühjahr bis Winter kommt sie sehr häufig vor. Verbreitung: Über die ganze Welt.

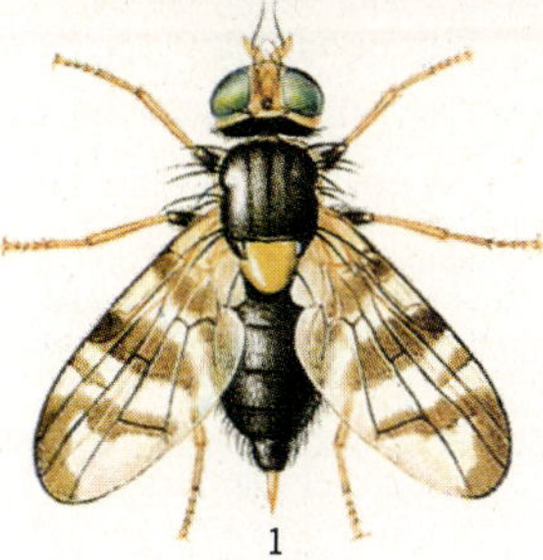

1

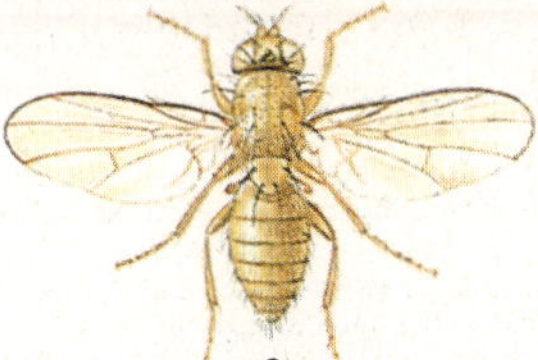

2

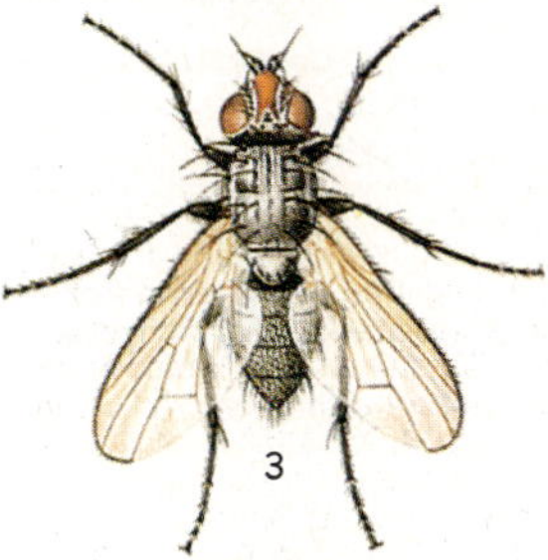

3

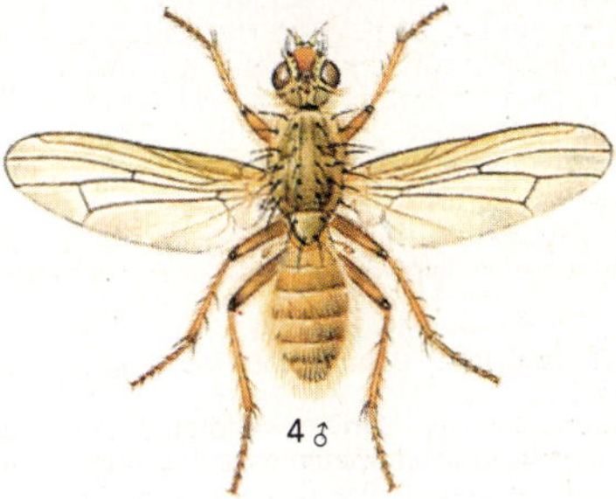

4 ♂

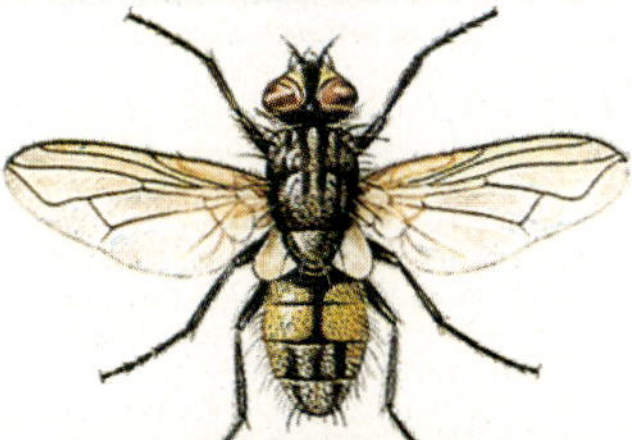

5

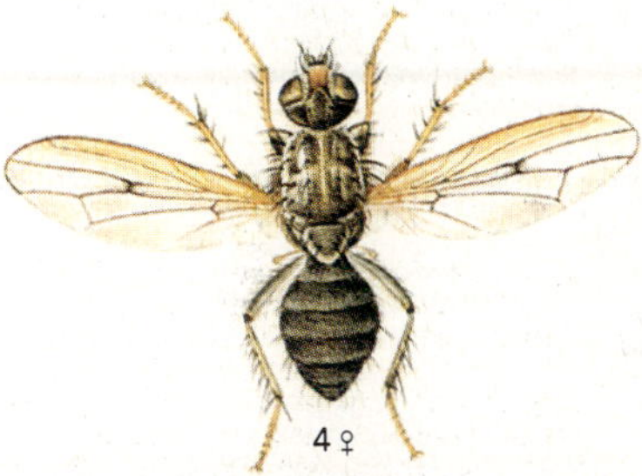

4 ♀

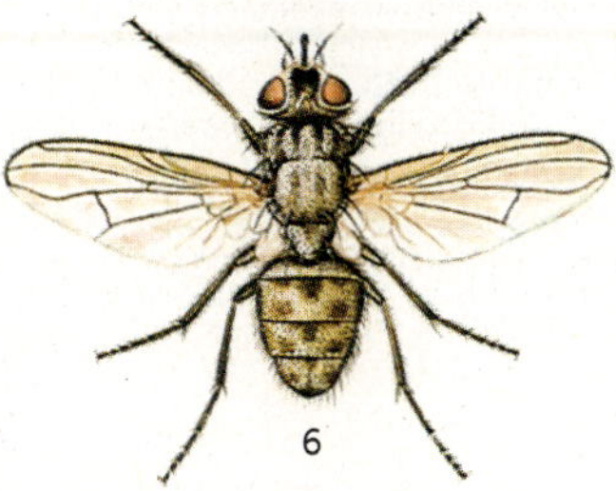

6

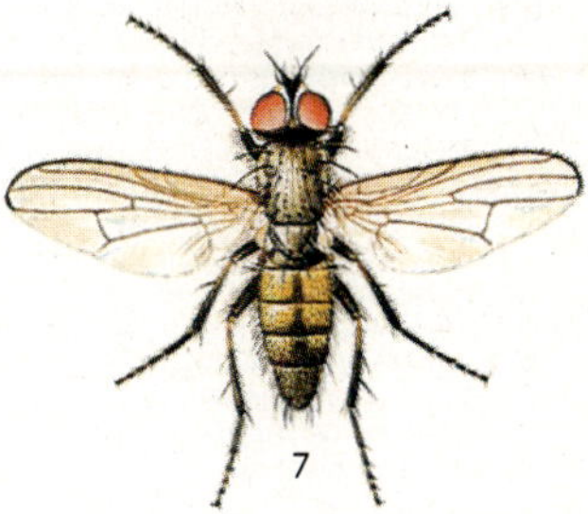

7

Familie: Magendasseln – Gastrophilidae

1 Magendassel – *Gastrophilus intestinalis*
Länge 12–15 mm. Pferde- und Eselparasit. Das Weibchen legt seine Eier auf die vorderen Körperpartien der Wirtstiere ab. Wenn sich das Tier das Fell beleckt, geraten die Eier auf die Zunge, wo dann bald die Larven ausschlüpfen. Zunächst lebt die Larve auf der Zunge, dann im Magen ihres Wirtes, dort vollendet sich ihre Entwicklung. Mit den Exkrementen gerät sie wieder ins Freie, sie verpuppt sich im Kot oder in der Erde. Verbreitung: Kosmopolit.

Familie: Lausfliegen – Hippoboscidae

2 Hirschlausfliege – *Lipoptena cervi*
Länge 5,2–5,8 mm. Lebt nicht nur auf Hirschen, wie ihr Name vermuten läßt. Sie sucht auch Rehböcke, Dachse und in der Regel auch den Menschen heim. Blutsaugender Parasit. Die frisch geschlüpfte Imago besitzt zwei Flügel (Länge 6 mm), die aber abbrechen, wenn die Lausfliege ihren Wirt gefunden hat. Verbreitung: Paläarktische Region.

Familie: Schmeißfliegen – Calliphoridae

3 Schmeißfliege – *Calliphora vicina*
Länge 6–13 mm. Vor allem in der Nähe des Menschen. Das Weibchen legt etwa 600 Eier auf tote Organismen ab. Die Larven schlüpfen bald aus und dringen in den Kadaver ein, der ihnen Nahrung bietet. Verbreitung: Großteil des Erdballs.

4 Kaisergoldfliege – *Lucilia caesar*
Länge 6–11 mm. Sie und einige verwandte oder ähnliche Arten zeichnen sich durch eine metallisch grüngoldene Färbung aus. Fliegt vom Frühjahr bis in den Spätherbst, in menschlicher Nähe häufig zu finden. Sitzt auf Exkrementen, sucht aber auch Blüten auf, um aus ihnen Nektar zu saugen. Die Larven entwickeln sich in faulenden Stoffen. Verbreitung: Großteil der paläarktischen Region.

Familie: Fleischfliegen – Sarcophagidae

5 Graue Fleischfliege – *Sarcophaga carnaria*
Länge 13–15 mm. Fällt durch die karierte, einem Schachbrett nicht unähnliche Zeichnung auf, die verwandten Arten sehen ähnlich aus. Sehr häufig, oft sitzt sie auf Blüten. Die Weibchen legen Eier, aus denen gleich Larven schlüpfen, in die Röhreneingänge von Regenwürmern oder in deren Ausscheidungshäufchen. Die Larven leben auf dem Regenwurm in der Gürtelgegend (Clitellum). Verbreitung: Europa und Afrika.

Familie: Raupenfliegen – Tachinidae

6 *Tachina fera*
Länge 11–14 mm. Ihre Entwicklung spielt sich in den Raupen von Nonne (*Lymantria monacha*) und Schwammspinner (*L. dispar*) ab. Verbreitung: Paläarktische Region.

7 *Phryxe vulgaris*
Länge 5–8 mm. Wie andere Raupenfliegen eine nützliche Art. Die Imago sitzt auf Blüten, die Larven entwickeln sich in den Raupen von Faltern. Verbreitung: Europa.

Familie: Hautdasselfliegen – Hypodermatidae

8 Große Rinderdasselfliege – *Hypoderma bovis*
Länge 13–15 mm. Rinderparasit, dessen Weibchen die Eier auf den hinteren Körperteilen der Wirte ablegen. Die Larven bohren sich in den Körper ein und leben unter der Haut. Verbreitung: Paläarktische und nearktische Region.

Ordnung: Flöhe – Siphonaptera
Familie: Pulicidae

9 Menschenfloh – *Pulex irritans*
Länge 2–3,5 mm. Lebt auf dem Menschen sowie einigen gezüchteten und wild lebenden Tieren, auf denen er Blut saugt. Das Weibchen legt etwa 400 Eier. Verbreitung: Kosmopolit.

2a
2
1
4
3
5
7
8
6
9

Stamm: Kranzfühler – Tentaculata Klasse: Moostierchen – Bryozoa Familie: Bicellariidae

1 *Bugula neritina*
Bis zu 100 mm hoch. Sieht überhaupt nicht wie ein Tier aus, sondern ähnelt eher einem verzweigten Seegrasbüschel. Die Art lebt in zahlenstarken Kolonien. Alle Lebewesen zusammen bilden strauchähnliche Zoarien, das Einzellebewesen in diesem Gebilde heißt Zooid. Lebt im Meerwasser, setzt sich vor allem an Schiffsrümpfen und Bojen fest, sowohl im seichten als auch im tiefen Wasser. Verbreitung: Atlantik, Nordsee, Ärmelkanal, Mittelmeer.

Stamm: Kiemenlochtiere – Branchiotremata Familie: Eichelwürmer – Ptychoderidae

2 Keulen-Eichelwurm – *Balanoglossus clavigerus*
Länge 250 mm. Körper wurmartig gestreckt, gelbbraun, vorne sitzt die sog. Eichel. Die Tiere leben vereinzelt in den Küstengewässern, dort wühlen sie sich im sandigen Grund einen hufeisenförmigen Gang. Darin liegen sie so, daß der Kopf zu einem Gangende zeigt, das Körperende zum anderen. Frißt sand- und schlickvermischten Detritus, unverdaute Reste werden mit dem Sand ausgeschieden und an den Röhreneingängen aufgehäuft. Bei Ebbe läßt sich die Anwesenheit dieser Tiere zum einen an den Gangöffnungen, zum andern an den Ausscheidungshäufchen feststellen. Verbreitung: Mittelmeer, stellenweise zahlreich.

Stamm: Stachelhäuter – Echinodermata Klasse: Seewalzen oder Seegurken – Holothurioidea Familie: Seegurken – Holothuriidae

3 Röhrenholothurie – *Holothuria tubulosa*
Länge 250–350 mm. Braunviolett bis braunrot, am Körper sitzt eine Vielzahl von Auswüchsen. Lebt im Mittelmeer in einer Tiefe bis zu 100 m auf hartem Grund zwischen der Vegetation. Tritt häufig in großer Zahl auf.

Klasse: Seeigel – Echinoidea Familie: Echinidae

4 Eßbarer Seeigel – *Echinus esculentus*
Durchmesser ca. 160 mm. Körper fast kugelförmig, Schale rot. An ihrer Oberfläche sitzen viele Stacheln. Lebt in der Küstenzone bis in eine Tiefe von 50 m auf Klippen und zwischen Algen, stellenweise zahlreich. Verbreitung: Atlantik (von Portugal bis in die Nordsee).

Klasse: Seesterne – Asteroidea Familie: Asteriidae

5 Kammseestern – *Astropecten aurantiacus*
Durchmesser des Körpers etwa 500 mm. Oberseite orangefarben, Unterseite gelb. Lebt auf sandigem Meeresgrund in einer Tiefe von 1–100 m. Stellenweise zahlreich. Verbreitung: Mittelmeer.

6 Gemeiner Seestern – *Asterias rubens*
Durchmesser des Körpers etwa 300 mm. Rotbraun bzw. dunkelviolett. Meist mit 5 breiten Armen, doch können auch mehrere vorhanden sein. Wie die anderen Seesternarten ernährt er sich von allen möglichen Weichtieren. Sehr häufig in Tiefen von 0–200 m. Verbreitung: Westküste Afrikas und Europas vom Senegal bis Grönland, Nordamerika.

Klasse: Schlangensterne – Ophiuroidea Familie: Ophiodermatidae

7 Brauner Schlangenstern – *Ophioderma longicauda*
Körperdurchmesser etwa 25 mm. Sehr schön gefärbt; bewohnt Felsküsten, an denen er sich in Tiefen von 0–70 m unter Steinen aufhält. Mancherorts recht zahlreich. Verbreitung: Mittelmeer.

1
2
3
4
5
6
7

Stamm: Chordatiere – Chordata
Unterstamm: Wirbeltiere – Vertebrata
Klasse: Rundmäuler – Cyclostomata
Ordnung: Inger oder Blindfische – Myxiniformes
Familie: Myxinidae

1 Atlantischer Inger – *Myxine glutinosa*
Länge 25 – 40 mm, ausnahmsweise bis zu 50 mm. Aalförmiger Körper, verkümmerte Augen und vier fleischige Zirren an der Mund- und Nasenöffnung. Die Haut ist nackt, ein Flossensaum ist nur an der Schwanzpartie entwickelt. Nachttier, das in einer Tiefe von 20 – 800 m auf dem Schlickgrund lebt. Ernährt sich von der Meeresbodenfauna, fällt aber auch kranke oder in Netzen gefangene Fische an, in deren Körper er sich einbohrt, um ihre Eingeweide zu fressen. Der von seiner Haut ausgeschiedene Schleim schützt den Atlantischen Inger vor den Magensäften des Wirtstieres. Verbreitung: Beide Atlantikküsten.

Ordnung: Neunaugen – Petromyzoniformes
Familie: Neunaugen – Petromyzonidae

2 Meerneunauge – *Petromyzon marinus*
Länge bis zu 1 m. Größtes im Meer lebendes Neunauge, das zum Laichen in die Flüsse wandert. Vermehrt sich von März bis Juni in den flachen Flußoberläufen. Die Larven haben hautbedeckte Augen, zahnlose, zweilippige Mäuler; die erwachsenen Neunaugen hingegen haben ein trichterförmiges, mit kleinen Hornzähnen besetztes Maul und eine mächtige Zunge, die als Saugkolben dient. Im Meer schmarotzen sie auf Fischen, sie saugen aus ihnen Körperflüssigkeit und Muskelmasse. Verbreitung: Europäische Küsten von Skandinavien bis Ostitalien, in der Ostsee selten, fehlt im Schwarzen Meer. An der nordamerikanischen Küste häufig, eine kleinere Süßwasserrasse lebt in den Großen Seen.

3 Kaspineunauge – *Caspiomyzon wagneri*
Länge bis zu 55 cm. Ähnelt dem Meerneunauge. Verbreitung: Kaspisches Meer, wandert zur Laichzeit in die Flüsse Ural, Terek, Wolga, Kura u. a. Laicht von September bis November auf Sandbänken in den Flußbetten.

4 Donauneunauge – *Eudontomyzon danfordi*
Länge 20 – 30 cm. Auf Fischen schmarotzendes Süßwasserneunauge; es saugt sich an ihnen fest und ernährt sich von Blut und Muskulatur. Verbreitung: Donauzuflüsse sowie Schwarzmeerzuflüsse südlich der Donau, kommt im eigentlichen Donaustrom nicht vor. Laicht an flachen Stellen in Flüssen und Bächen.

5 Flußneunauge – *Lampetra fluviatilis*
Länge 40 cm. Verläßt von September bis November das Meer und zieht weit flußaufwärts in die Oberläufe. Laicht von Februar bis Mai, während des Zuges nimmt es keine Nahrung auf, nach dem Laichen stirbt das Tier. Das Larvalstadium dauert 2 – 3 Jahre, die Larven leben in Schlammbänken in ruhigen Bachwindungen und fressen organische Stoffe. Verbreitung: Europäische Küsten von Südnorwegen bis Südeuropa, eine Süßwasserform lebt im Ladoga- und Onegasee.

6 Bachneunauge – *Lampetra planeri*
Länge 15 – 19 cm. Nicht schmarotzendes Süßwasserneunauge. Laicht im Mai/Juni in Bergbächen. Beim Laichen formt das Tier runde Gruben in den Grund. Das Weibchen saugt sich am Grund fest und legt seine Eier in die Grube ab, das Männchen umschlingt das Weibchen und befruchtet die Eier. Nach dem Laichen sterben die erwachsenen Exemplare, die Larven leben 4 – 5 Jahre in Sand-Humus-Anschwemmungen, wo sie sich von Detritus und Kieselalgen ernähren. Verbreitung: Nord- und Ostseezuflüsse, Nordostitalien, Albanien.

1
3
5
6
4
2

Klasse: Knorpelfische – Chondrichthyes
Unterklasse: Plattenkiemer – Elasmobranchii
Ordnung: Haiartige – Selachii
Familie: Isuridae

1 Heringshai – *Lamna nasus*
Länge 1,5 – 3,5 m, Gewicht 100 – 150 kg. Schneller und ausdauernder lebendgebärender Hai, der an der Meeresoberfläche hauptsächlich Heringe und Makrelen, aber auch kleinere Haiarten, Schollen, Dorsche und Tintenfische jagt. Verbreitung: Atlantikküsten Europas und Nordamerikas, Mittelmeer, atlantische Nordküste Afrikas.

Familie: Alopiidae

2 Fuchshai – *Alopias vulpinus*
Länge bis 6 m. Brauner, grauer bis schwarzer Hai mit einem auffallend langen Oberlappen der Schwanzflosse. Unternimmt oft sehr lange Züge durch das Meer, wobei er meist an der Oberfläche schwimmt. In der Hauptsache jagt er Hochseefische in großen Schwärmen. Bei der Jagd umkreist er den Schwarm in immer enger werdenden Kreisen und schlägt dabei mit dem Schwanz. Er bringt 2 – 4 Junge zur Welt. Dem Menschen wird er nicht gefährlich. Verbreitung: Atlantik- und Mittelmeerküste.

Familie: Marderhaie – Triakidae

3 Glatthai – *Mustelus mustelus*
Länge bis 2 m. Lebendgebärender Hai, der sich in einer Tiefe von 20 – 100 m aufhält. Seine Hauptnahrung besteht aus Krabben, Hummern, Langusten und kleineren, am Boden lebenden Fischen. Aus diesem Grund sind seine Kiefer wie bei den Rochen mit flachen Zähnen ausgerüstet. Verbreitung: Europäische Küsten mit Ausnahme von Ostsee und Schwarzem Meer. An den europäischen Küsten findet sich auch die verwandte Art *M. asterias.*

Familie: Blauhaie – Carcharhinidae

4 Blauhai – *Prionace glauca*
Länge bis zu 4 m. Typischer Hochseebewohner, der oft weite Reisen unternimmt. Frißt in Schwärmen ziehende Fische. Die Art ist lebendgebärend, ein frisch geborener Blauhai ist 50 – 60 cm lang. Der Blauhai gehört zu den Haien, die dem Menschen gefährlich werden können, doch wird seine Gefährlichkeit oft übertrieben dargestellt. In Japan wird er in größeren Mengen zum Verzehr gefangen. Verbreitung: In der nördlichen Nordsee regelmäßig, aber nicht häufig.

Familie: Dornhaie – Squalidae

5 Dornhai – *Sqalus acanthias*
Länge bis zu 1,2 m. Lebendgebärender Hai mit spitzen, giftigen Dornen vor jeder der beiden Rückenflossen. Lebt in großen, oft in die Tausende gehenden Schwärmen und jagt Heringe, Makrelen, Krebse usw. Verbreitung: Häufigste Haiart in der Nordsee von beachtlicher wirtschaftlicher Bedeutung.

Familie: Katzenhaie – Scyliorhinidae

6 Kleingefleckter Katzenhai – *Scyliorhinus caniculus*
Länge bis zu 1 m. Nachttier, das kleinere Fische, Krebse usw. jagt; eierlegend. Verbreitung: Tangbestandene Sandküsten und -bänke an den europäischen und nordafrikanischen Küsten in einer Tiefe von 10 – 85 m. Der mit ihm verwandte Großgefleckte Katzenhai (*S. stellaris*) ist nur südlich des Golfs von Biskaya häufig.

Familie: Meerengel – Squatinidae

7 Meerengel – *Squatina squatina*
Länge 1 – 2,5 m. Hai mit rochenähnlichem Körper. Überwintert in tieferem Wasser, im Sommer sucht er flachere Küstengewässer auf, wo sein Weibchen 10 – 25 Junge zur Welt bringt. Seine Hauptnahrung bilden am Grund lebende Fische, Krustentiere usw. Verbreitung: Europäische Atlantikküsten, Mittelmeer.

1
2
3
7
5
4
6

Ordnung: Rochenartige – Rajiformes
Familie: Zitterrochen – Torpedinidae

1 Zitterrochen – *Torpedo marmorata*
Länge bis zu 1,5 m. An jeder Kopfseite des Zitterrochens sitzt ein elektrisches Organ, das eine Spannung von 45–220 Volt erzeugt. Bringt lebende Junge zur Welt, bei denen Außenkiemen entwickelt sind. Seine Nahrung besteht in der Hauptsache aus kleinen Fischen, Krustentieren und anderen Wirbellosen. Verbreitung: Häufig vor allem in flachen Küstengewässern südlich der Britischen Inseln bis ins Mittelmeer, afrikanische Nordwestküste.

Familie: Echte Rochen – Rajidae

2 Nagelrochen – *Raja clavata*
Länge 70–120 cm. Charakteristisch sind die vielen Dornen an der Körperoberseite. Ernährt sich von Wasserkrustentieren sowie kleineren Fischen. Im Sommer legt das Weibchen Eier, die in eigenartige, vierzipfelige, ca. 6 cm lange Behälter eingeschlossen sind. Nach 4–5 Monaten schlüpfen aus ihnen die jungen Rochen. Verbreitung: An den Küsten aller europäischen Meere. Wirtschaftlich wichtig, Verwendung finden Fleisch und Leber.

Unterklasse: Seedrachen – Holocephali
Familie: Seekatzen – Chimaeridae

3 Seekatze, Seeratte – *Chimaera monstrosa*
Länge über 1 m, Gewicht 2,5 kg. Großäugiger Tiefseefisch, lebt am Grund in einer Tiefe von 200–500 m. Der erste harte Dorn der Rückenflosse bildet einen widerhakenbesetzten Giftstachel. Ernährt sich von kleineren Meereslebewesen und ist ovipar, das Weibchen legt in der Regel zwei Eier, die den Haifischeiern ähneln. Verbreitung: Europäische und amerikanische Atlantikküste.

Klasse: Knochenfische – Osteichthyes
Überordnung: Knorpelganoide – Chondrostei
Ordnung: Störartige – Acipenseriformes
Familie: Störe – Acipenseridae

4 Stör – *Acipenser sturio*
Länge 3 m, Gewicht über 300 kg. Großer Wanderfisch, der sich von wirbellosen Meerestieren und kleineren, am Grund lebenden Fischen ernährt. Im April/Mai zieht er stromaufwärts. Laicht an tiefen Stellen in reißendem Flußwasser und setzt dabei bis zu 2,5 Millionen Eier ab. Die erwachsenen Fische und ihre Brut halten sich nur kurze Zeit im Süßwasser auf. Verbreitung: Meere längs der europäischen Küsten. Im vorigen Jahrhundert wanderten die Störe im Rhein bis Basel, durch die Elbe und Moldau bis nach Prag, in der Oder bis Breslau und in der Weichsel bis Krakau. Sie kommen auch im Donaudelta vor, nur selten wandern sie weiter donauaufwärts. Zu ihrem Verschwinden trugen intensiver Fang, Verunreinigung der Flüsse und das Entstehen vieler Wasserbauten bei. Seine wirtschaftliche Bedeutung ist heute in Europa gering (mit Ausnahme des Schwarzmeergebiets).

5 Sterlet – *Acipenser ruthenus*
Länge 50–60 cm. Kleine Störart mit langem Maul, die sich von Wirbellosen am Grund ernährt. Laichzeit Mai/Juni. Der Sterlet wird stellenweise nebenbei in Fischteichen gehalten. Verbreitung: Ins Schwarze und Kaspische Meer mündende Flüsse. In der Donau dringt er bis Linz vor.

6 Hausen – *Huso huso*
Länge 5–6 m, Gewicht über 1 t. Größte Art aus der Störverwandtschaft; Wanderfisch, der den größten Teil seines Lebens im Meer verbringt und im Bett großer Ströme laicht. Wird nicht nur wegen des wohlschmeckenden Fleisches, sondern auch wegen der großen Rogenmenge geschätzt, aus der der bekannte schwarze Kaviar hergestellt wird. Verbreitung: Häufig im Wassergebiet des Schwarzen, Kaspischen und Asowschen Meeres.

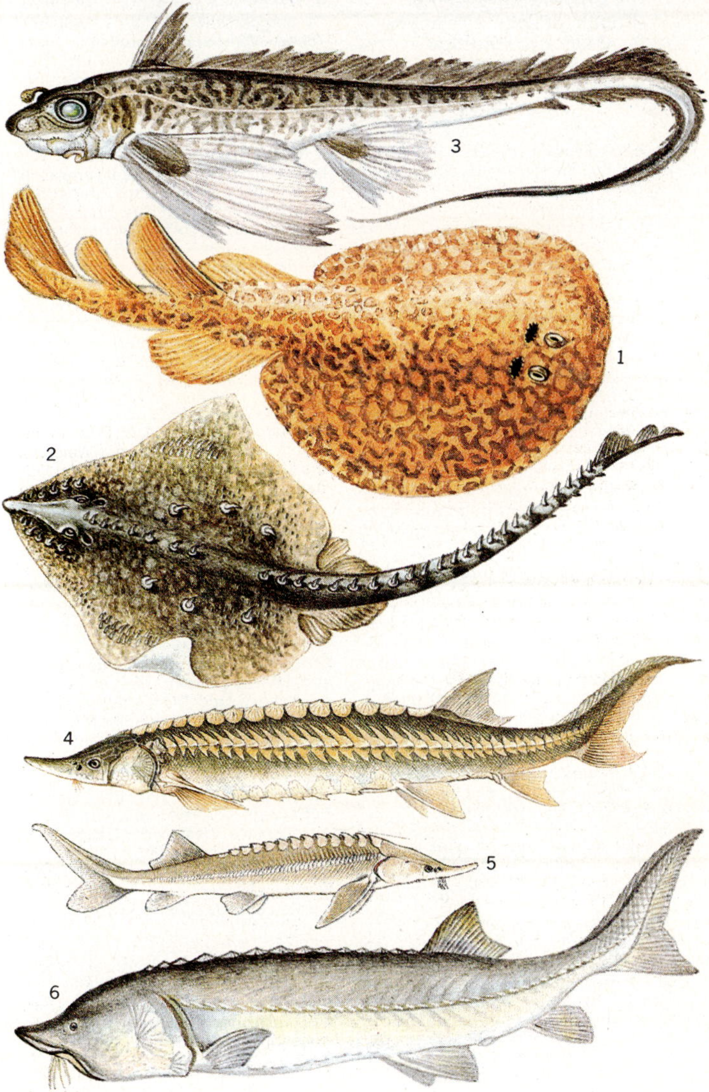
3
1
2
4
5
6

Überordnung: Echte Knochenfische – Teleostei
Ordnung: Aalartige – Anguilliformes
Familie: Echte Aale – Anguillidae

1 Aal – *Anguilla anguilla*
Länge bis zu 150 cm, Gewicht 4 kg. Körper lang, schlangenartig ohne Bauchflossen, mit winzigen, tief in die Haut verwachsenen Schuppen. Laicht im Atlantik im Bereich des Sargassomeeres, die geschlüpften Larven sehen wie durchsichtige Weidenblätter aus. Mit dem Golfstrom kommen sie im Verlauf einiger Jahre nach Europa geschwommen, vor der Küste wird aus ihnen ein kleiner, schlangenförmiger Aal (Glasaal). Die Weibchen ziehen weit flußaufwärts, die Männchen verbleiben in Mündungsnähe. Eine Reihe von Jahren verbringen die Aalweibchen im Süßwasser, dann kehren sie in den Atlantik zurück, um nach dem Laichen zu sterben. Sie ernähren sich von Krustentieren, kleineren Fischen und Wasserinsekten. Verbreitung: ganz Europa.

Familie: Muränen – Muraenidae

2 Muräne – *Muraena helena*
Länge ca. 1 m. Langer, schlanker Fisch, der in der Küstenzone zwischen Korallen lebt und sich in Hohlräumen oder Unterwasserhöhlen verbirgt. Seine Nahrung besteht hauptsächlich aus Fischen. Schon im Alten Rom wurden Muränen in Seewasseraquarien gehalten. Die Muräne hat scharfe Zähne, an deren Basis Giftdrüsen sitzen. Obwohl ihr Gift gefährlich ist, wird sie gern gefangen. Verbreitung: Mittelmeer.

Ordnung: Heringsartige – Clupeiformes
Familie: Heringe – Clupeidae

3 Hering – *Clupea harengus*
Länge 25–35 cm, in Ausnahmen auch 40 cm. Schlanker Hochseefisch, der sich in Riesenschwärmen zusammenfindet. Tagsüber halten sich die Schwärme in tieferen Wasserschichten auf, nachts kommen sie an die Oberfläche. Gehört zu den wirtschaftlich wichtigsten Seefischen überhaupt. Im Atlantik belaufen sich die jährlichen Fangergebnisse auf 2–3 Millionen Tonnen. Verbreitung: Hauptsächlich im Nordatlantik an Stellen, wo sich das Wasser der warmen südlichen Ströme mit den kälteren nördlichen Strömungen mischt.

4 Sprotte – *Sprattus sprattus*
Länge 16,5 cm. Kleiner Seefisch, der in großen Schwärmen auftritt. Laicht von Januar bis Juli an der Küste, seine Brut ist pelagisch. Heute unterscheidet man eine Reihe von Rassen. Die Sprotten vertragen beträchtliche Schwankungen im Salzgehalt des Wassers, sie dringen in Brackwasser und Flußmündungen vor. Der Fisch ist wirtschaftlich von Bedeutung, vor allem ein- bis zweijährige, ca. 10 cm lange Tiere werden gefangen. Verbreitung: Europäische Meere.

5 Sardine – *Arengus minor*
Länge 25–26 cm. Pelagischer Schwarmfisch. Ernährt sich von Planktonkrustentieren, pelagischen Eiern, kleiner Fischbrut usw. Laicht in der offenen See, nach dem Laichen ziehen die Sardinen in Riesenschwärmen an die Küsten der Nahrung nach, im Sommer nach Norden, im Winter nach Süden. Wird zu Konserven verarbeitet.

6 Maifisch – *Alosa alosa*
Länge 70 cm. Laicht im Mai/Juni oft weit stromaufwärts, seine Eier schweben über dem Grund. Die 8–12 cm langen Jungfische ziehen wieder ins Meer zurück. Hier verbringen sie eine Reihe von Jahren und ernähren sich von Krustentieren. Wenn sie 30–40 cm lang sind, wandern sie zum Laichen ins Süßwasser. Verbreitung: Europäische Atlantikküste, Westteil der Ostsee und des Mittelmeeres. Gehörte früher zu den wirtschaftlich bedeutenden Flußfischen (auf dem Zug), heute in den meisten europäischen Flüssen selten.

7 Finte – *Alosa fallax*
Länge 50 cm. Wanderfisch, der jedoch nur die Flußunterläufe besucht, Laichzeit Juni/Juli. Seine Biologie ähnelt der des Maifisches. Verbreitung: Europäische Mittelmeerküste, Atlantik, Ostsee.

1
2
3
4
5
6
7

Familie: Sardellen – Engraulidae

1 Europäische Sardelle – *Engraulis encrasicholus*
Länge selten über 16 cm. Seefisch mit einer auffallend tiefliegenden Maulspalte. Lebt in großen Schwärmen in der offenen See und ernährt sich von Zooplankton. Sucht während der Laichzeit im Sommer die Küsten auf. Im Winter zieht sich die Sardelle in größere Tiefen zurück. Ihr Fleisch hat einen bitteren Beigeschmack. Der Fisch ist wirtschaftlich wichtig, man kennt ihn eingesalzen, in Gemüsesaft eingemacht oder als Anchovis, auch wird er in Öl gelegt. Verbreitung: Europäische Atlantikküste, Mittelmeer und Schwarzes Meer.

Ordnung: Lachsartige – Salmoniformes
Familie: Lachsfische – Salmonidae

2 Lachs – *Salmo salar*
Länge 1,5 m. Gewicht über 50 kg. Mächtiger Seefisch, der in den Sommer- und Herbstmonaten zum Laichen weit flußaufwärts zieht. In dieser Zeit haben die Männchen auffällig hakenartig gebogene Unterkiefer. In den Flußoberläufen schlagen die Weibchen tiefe Löcher in den Grund, um dort hinein die Eier abzusetzen, die die Männchen dann befruchten. Die jungen Lachse bleiben zwei bis drei Jahre in den Flüssen. Im Süßwasser ernähren sie sich ausschließlich von kleinen wirbellosen Tieren, im Meer nur von Fischen. Verbreitung: Die Lachse ziehen in die europäischen Flüsse von der Petschoramündung bis zu den Flüssen Nordwestspaniens, häufig sind sie auch in den Flüssen Islands, Grönlands und Nordamerikas. Infolge der Wasserverschmutzung und Flußregulierung sind sie in unserem Jahrhundert aus den meisten größeren europäischen Flüssen verschwunden. Bis heute findet man sie noch häufig in Skandinavien, Schottland und Irland.

3 Meerforelle – *Salmo trutta trutta*
Länge über 1 m. Zieht wie der Lachs zum Laichen weit flußaufwärts. Versuche haben ergeben, daß Meerforellen, denen das Entkommen aus dem Süßwasser ins Meer unmöglich ist, sich zu kleinen Bachforellen entwikkeln, junge Bachforellen im Meer hingegen zu großen wandernden Meerforellen werden. Biologie, Verbreitung und Bedeutung der Meerforelle wie beim Lachs.

4 Bachforelle – *Salmo trutta* m. *fario*
Typischer Fisch der europäischen Gebirgsbäche, Flüsse und Seen mit einer charakteristischen bunten und variablen Färbung. Seine Größe ist von der Umgebung abhängig; in nahrungsarmen Gebirgswässern wird die Forelle nur 20 cm lang, im Flachland, wo sich nahrungsreiche Flüsse und Stauseen finden, wird sie über 60 cm lang und kann ein Gewicht von 2 kg und mehr erreichen. Sie ernährt sich von Wasserinsekten und kleinen wirbellosen Wassertieren, große Forellen stellen auch Fischen und anderen kleinen Wirbeltieren nach. Verbreitung: In den Wasserläufen der Gebirge und Gebirgsvorländer ganz Europas. Stellenweise auch in kälteren Fischteichen ausgesetzt. Fast in ganz Europa kann die künstliche Forellenzucht auf eine mehrere hundert Jahre alte Tradition zurückblicken.

5 Regenbogenforelle – *Salmo gairdneri irideus*
Stammt aus dem Westen der USA. Nach Europa erst gegen Ende des vorigen Jahrhunderts gebracht und in Bäche, Stauseen und Fischteiche mit hinreichendem Durchfluß ausgesetzt. In Europa wird sie über 60 cm lang und 4–5 kg schwer.

6 Huchen – *Hucho hucho*
Länge bis zu 120 cm, Gewicht 50 kg. Laicht im Frühjahr bei einer Wassertemperatur zwischen 6 und 8 °C. Die Jungfische ernähren sich von Wasserinsekten, bei einer Länge von 5–6 cm beginnen sie kleinere Fische zu jagen. Erwachsene Fische fressen ausschließlich Fische oder andere Wirbeltiere. Der Huchen ist ein empfindlicher Indikator für Wasserverschmutzung, deshalb ist er in den letzten Jahren aus vielen Flüssen verschwunden. Mancherorts wird er künstlich abgelaicht. Wertvoller und begehrter Sportfisch, der schnell wächst. Verbreitung: Gebirgswässer von der Donau und Donauzuflüssen.

1

2

3 ♂

4

5

6

Familie: Lachsfische – Salmonidae

1 Wandersaibling – *Salvelinus alpinus*
Länge 50–70 cm, Gewicht ca. 2 kg, in Ausnahmen bis zu 4 kg. Seefisch, der sich von niederen Wassertieren, ins Wasser gefallenen Insekten und kleinen Fischen ernährt. Zum Laichen zieht er ins Süßwasser, doch gibt es in vielen Bergseen und in den Seen des Nordens ortsständige, nicht wandernde Süßwasserformen. Der Saibling laicht im Herbst, seine Jungen bleiben 3–4 Jahre im Süßwasser. Verbreitung: Nördliche Meere. In den Seen Skandinaviens, der Britischen Inseln sowie in den Gletscherseen der Alpen leben zahlreiche lokale geographische Rassen.

2 Bachsaibling – *Salvelinus fontinalis*
Länge etwa 50 cm, Gewicht über 1 kg. Stammt aus Nordamerika und wurde gegen Ende des 19. Jahrhunderts in die europäischen Gewässer eingeführt. Biologisch ähnelt er der Bachforelle und dem Wandersaibling, mit beiden kreuzt er sich nicht selten. Verbreitung: In einige europäische Bergbäche, Flüsse und Seen ausgesetzt.

Familie: Maränen – Coregonidae

3 Große Maräne – *Coregonus lavaretus maraena*
Länge etwa 50–70 cm, Gewicht 3–4 kg, in Ausnahmen 130 cm und über 10 kg. Tiefenfisch, der nur im November zum Laichen ins Flachwasser kommt. Seine Nahrung besteht aus Plankton, Insektenlarven und kleinen Fischen. Die Maräne stammt aus dem Miedwie-See in Polen (Pommern), gegen Ende des vorigen Jahrhunderts wurde sie in viele europäische Fischteiche eingebracht, heute gehört sie mancherorts zu den wirtschaftlich wichtigen Fischen.

Familie: Stinte – Osmeridae

4 Stint – *Osmerus eperlanus*
Länge 30 cm. Seefisch, der zur Laichzeit weit hinauf in die Flüsse wandert. Laicht im März/April in den Nebenarmen der Flüsse. Die 4–5 cm langen Jungfische ziehen ins Meer zurück. Sie leben im tiefen Wasser, wo sie sich von Plankton und Kleinfischen ernähren. Der Stint hat stellenweise wirtschaftliche Bedeutung. Verbreitung: Europäische Küste von Skandinavien bis zum Bottnischen Meerbusen.

Familie: Äschen – Thymallidae

5 Äsche – *Thymallus thymallus*
Länge 50 cm, Gewicht über 1 kg. In den Vorgebirgsläufen der Flüsse mit Sand- und Kiesgrund lebender Schwarmfisch. Ernährt sich von wirbellosen Wassertieren und auf die Oberfläche gefallenen Insekten. Zur Laichzeit von März bis Mai zieht er flußauf, die Männchen legen Nester an, in denen sie nach und nach mit mehreren Weibchen laichen. Verbreitung: Nord- und mitteleuropäische Flüsse, Pogebiet in Norditalien, fehlt in Südeuropa und Nordskandinavien.

Familie: Hechte – Esocidae

6 Hecht – *Esox lucius*
Länge 150 cm, Gewicht 35 kg. Raubfisch, der sich von Jugend auf von Fischlaich, später auch von größeren Fischen und anderen Wirbeltieren ernährt. Lebt in Flußunterläufen, verwachsenen Tümpeln und Flußaltwässern, dringt aber oft hoch hinauf bis in die Forellenzone. Laicht zeitig im Frühjahr auf überschwemmten Wiesen. Hat große wirtschaftliche Bedeutung, oft wird er in Karpfenteiche ausgesetzt. Verbreitung: Ganz Europa außer den südlichen Gebieten.

Familie: Umberfische – Umbridae

7 Hundsfisch – *Umbra krameri*
Länge 8–10 cm. Bräunlich-roter unregelmäßig gefleckter Fisch, der in sauberem, vegetationsreichem Wasser lebt, z. B. in Bewässerungskanälen, Tümpeln und Altwässern. Seine Nahrung besteht aus wirbellosen Kleintieren. Im März baut das Weibchen ein Sandnest, in das es seine Eier absetzt. Bis zum Schlüpfen bewacht es den Laich. Verbreitung: Tote Donauarme von Wien bis zur Mündung, Donauzuflüsse, Dnjestr- und Prutunterlauf, Platten- und Neusiedler See.

1
2 ♂
3
4
5
6
7

Familie: Sternoptychidae

1 *Argyropelecus olfersi*
Länge 9–10 cm. Tiefseefisch mit hohem, seitlich abgeflachten Körper und großen, teleskopartig schräg aufwärts gerichteten Augen. In Augennähe und an den Seiten sitzen viele Leuchtorgane (Photophoren). Er lebt in Tiefen zwischen 350 und 700 m. Im tiefen Wasser noch etwa 12 eng verwandte Arten. Verbreitung: Vor allem in den tropischen und gemäßigten Meereszonen häufig, die Fische sind eine wichtige Nahrung für Thunfische und andere in der Tiefe jagende Fische.

Familie: Alepisauridae

2 *Alepisaurus ferox*
Länge fast 2 m. Vertreter dieser Tiefseefischfamilie gehören zu den größten Raubfischen der Tiefsee. Sie haben eine lange, hohe Rückenflosse, hinter der eine kleine Fettflosse sitzt. Das große Maul ist mit langen, scharfen, gebogenen Zähnen besetzt. Ihre Nahrung besteht hauptsächlich aus anderen Tiefseefischen. Relativ oft geraten sie in die oberen Wasserschichten und werden von Fischern gefangen. Das Studium ihres Mageninhalts ist sehr aufschlußreich, dabei wurden nicht selten bisher unbekannte Fischarten aus der Tiefsee entdeckt.

Familie: Idiacanthidae

3 *Idiacanthus fasciola*
Länge ♂ 3–4 cm, ♀ bis zu 30 cm. Bei diesen Fischen zeigt sich ein auffälliger Geschlechtsdimorphismus. Die Männchen haben verkümmerte Zähne, Verdauungs- und Leuchtorgane; diese sind bis auf eine Photophore über den Augen zurückgebildet. Sie leben nur kurze Zeit, bald nach dem Laichen sterben sie. Die Weibchen sind langlebig. Ihre Larven sehen den ausgewachsenen Fischen überhaupt nicht ähnlich, sie haben lange Stielaugen. Lange Zeit wurden sie für eine selbständige Art gehalten.

Familie: Chauliodontidae

4 *Chauliodus sloani*
Länge höchstens 25 cm. Tiefseefisch mit riesigen scharfen Zähnen, der sich durch seine interessante vertikale Wanderung auszeichnet: Nachts steigt er manchmal bis an die Wasseroberfläche empor, tagsüber lebt er in einer Tiefe zwischen 450 und 2800 m. Räuber, der Fische erbeutet, die fast genauso groß sind wie er. Verbreitung: Die Tiefen aller Meere vom Äquator bis zum Pol.

Familie: Borstenmäuler – Gonostomatidae

5 Borstenmaul – *Cyclothone signata*
Länge etwa 5 cm. Vertreter einer Familie, die zu den häufigsten Tiefseefischen gehört. Er hat silberne Augen und Reihen von Leuchtorganen an den Seiten. Über seine Biologie ist bisher nicht viel bekannt. Es ist interessant, daß aus seinen planktongroßen, nur 0,8 mm messenden Eiern Fischchen schlüpfen, die der Heringsbrut ähneln. Erst beim Übergang vom Larvalstadium zum Jungfisch entstehen die Leuchtorgane.

Familie: Laternenfische – Myctophidae

6 Laternenfisch – *Myctophum punctatum*
Länge etwa 10 cm. Dieser Tiefseefisch ist ein Vertreter einer großen, fast 150 Arten umfassenden Familie. Er pflanzt sich im Winter fort, seine Larven halten sich in der Nähe der Oberfläche auf, bis sie eine Länge von etwa 2 cm erreicht haben. Erst dann wechseln sie in größere Tiefen über, und ihre Leuchtorgane entwickeln sich. Wie viele weitere Arten dieser Familie gehört er zur Nahrung verschiedener wirtschaftlich wichtiger Fische. Verbreitung: Tiefe Wasser des Atlantiks und des Mittelmeeres.

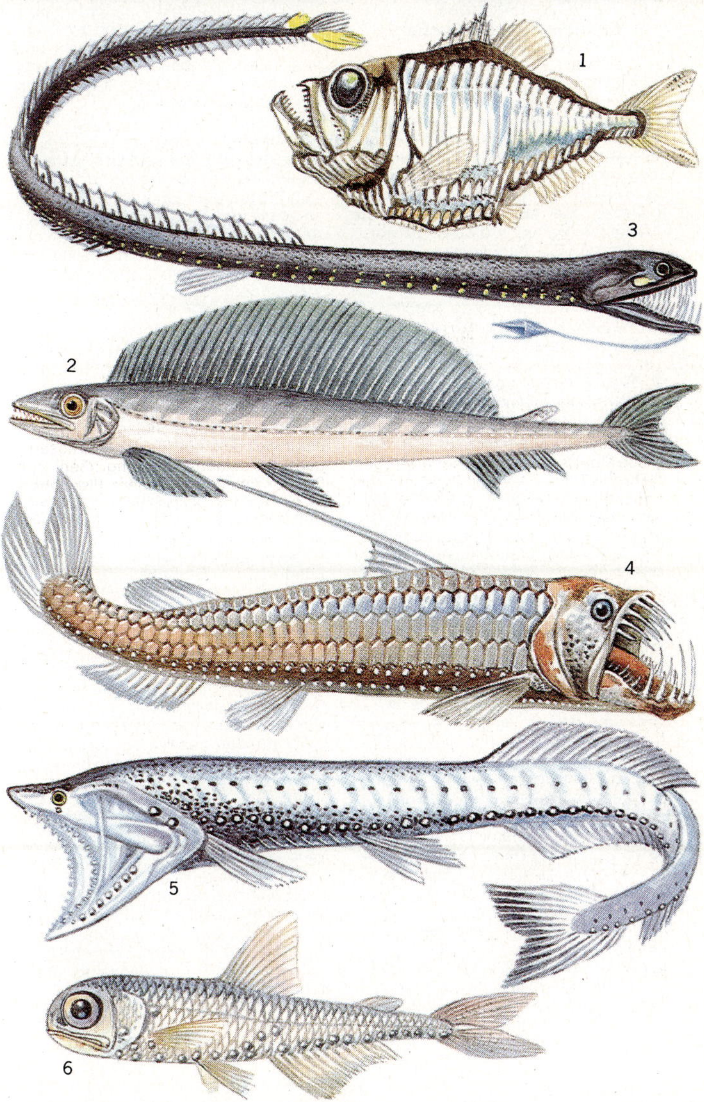
1
3
2
4
5
6

Ordnung: Karpfenartige – Cypriniformes
Familie: Karpfenfische – Cyprinidae

1 Plötze – *Rutilus rutilus*
Länge 40 cm, Gewicht 1 kg. Einer der häufigsten Fische in allen Süßwassertypen mit Ausnahme der Forellenbäche in den Bergen. Die Plötze ernährt sich von wirbellosen Wassertieren, größere Fische fressen auch Wasserpflanzen. Sie laicht im April/Mai, die Männchen haben in dieser Zeit einen sichtbaren Laichausschlag. Verbreitung: Alle Süßwässer Europas mit Ausnahme der Inseln im südlichen Mittelmeer, Nordschottlands und Nordnorwegens. Lebt auch im Brackwasser und in der Ostsee.

2 Pigo – *Rutilus pigus*
Länge 50 cm, Gewicht 2 kg. Fisch aus tieferem Wasser, der sich von der Plötze durch die größere Schuppenzahl der Seitenlinie und durch die dunkel ausgekleidete Bauchhöhle unterscheidet. Er laicht im April/Mai. Verbreitung: Norditalienische Seen (Lago Maggiore, Lago Lugano u. a.), Pogebiet. Im Donauober- und Mittellauf sowie in den Zuflüssen kommt die Unterart *R. pigus virgo* vor.

3 Frauen- oder Perlfisch – *Rutilus (Pararutilus) frisii meidingeri*
Länge 40 cm, Gewicht 1,5 kg. Körper walzenförmig mit kleinem Maul und runder vorstehender Schnauze. Wanderfisch, der in einigen Alpenseen häufig vorkommt. Ernährt sich von Muscheln, Würmern, Insektenlarven, Wasserpflanzen und kleinen Fischen. Verbreitung: Im oberen Donaugebiet, im Chiemsee, Traunsee, Attersee und Mondsee. Der Frauenfisch ist eine Unterart von *Rutilus* (*Pararutilus*) *frisii*, die in den nordwestlichen Schwarzmeerzuflüssen lebt.

4 Moderlieschen – *Leucaspius delineatus*
Länge 7–9 cm. Kleiner, schlanker Fisch mit einem seitlich abgeflachten Körper, der in großen Schwärmen in stehenden und langsam fließenden verwachsenen Gewässern lebt. Ernährt sich von Plankton. Laichzeit ist im April/Mai, die Eier werden an den Stengeln von Wasserpflanzen abgelegt und vom Männchen bewacht. Verbreitung: Ganz Mittel- und Osteuropa, im Norden bis Südschweden.

5 Bitterling – *Rhodeus sericeus*
Länge 9 cm. Hohes, seitlich abgeflachtes Fischchen, das häufig im stehenden Wasser von Flußunterläufen, Altwässern und Tümpeln vorkommt. Ernährt sich von Planktonkrebsen, Insektenlarven und Würmern. Der Bitterling laicht von April bis Juni; in der Zeit wächst dem Weibchen eine lange Legeröhre, mit der es die Eier einzeln in die Kiemenhöhlen von Wassermuscheln absetzt, über die das Männchen dann den Samen ausstößt. Hier entwickeln sich die Eier, bis aus ihnen ein kleiner Fisch geworden ist, der mit dem Strom des ausgestoßenen Wassers aus der Kiemenhöhle der Muschel gespült wird. Verbreitung: Ganz Europa mit Ausnahme von Dänemark und Skandinavien, den Britischen Inseln und den südeuropäischen Halbinseln.

6 Nase – *Chondrostoma nasus*
Länge 40 cm, Gewicht 1 kg. Fisch mit einem typischen tiefsitzenden Maul, dessen Lippen von einer Hornhaut bedeckt und scharfkantig sind. Ernährt sich von Algenbelag, den er mit seinem hornigen Maul von den Steinen abkratzt. Lebt oft in großen Schwärmen in Gebirgsflüssen und Seen. Verbreitung: Nur in den südlichen Ostseezuflüssen sowie in den nördlichen und westlichen Schwarzmeerzuflüssen. In Europa leben 17 verwandte Arten.

7 Elritze – *Phoxinus phoxinus*
Länge 6–10 cm. Schwarmfisch in sauberen Bergbächen und Flußoberläufen mit Sand- oder Steingrund. Ernährt sich von verschiedenen kleinen Wirbellosen. Laichzeit von April bis Juli. Verbreitung: Ganz Europa von Nordspanien und Norditalien an; fehlt in Nordschottland, den Inseln im südlichen Mittelmeerraum sowie im nördlichsten Skandinavien.

1
2
3
7 ♀
4
7 ♂
5
6

Familie: Karpfenfische – Cyprinidae

1 Hasel – *Leuciscus leuciscus*
Länge 30 cm. Fisch mit einem fast kreisrunden Körperquerschnitt, kleinem Maul und eingeschnittener Afterflosse. Lebt in der Strömung sauberer Berg- und Flachlandflüsse und -bäche, wo er sich von Insekten ernährt. Die Jungfische der Hasel fressen auch andere Wirbellose. Laicht von März bis Mai auf Wasserpflanzen. Verbreitung: Ganz Europa mit Ausnahme der Mittelmeerhalbinseln, Schottlands, und der nördlichsten Teilen Skandinaviens.

2 Aland – *Leuciscus idus*
Länge 50 cm, Gewicht über 2 kg. Seitlich stark abgeflachter Fisch mit verhältnismäßig hohem Körper. Bevorzugt kleinere Gewässer, oft hält er sich an der Oberfläche auf. Der Aland ernährt sich von Insekten und Grundlebewesen, größere Exemplare erbeuten auch Fische. Laicht auf Pflanzen und Steinen in Ufernähe, zur Laichzeit haben die Männchen Laichausschlag an Kopf und Körper. Verbreitung: Europa vom Rhein bis zum Ural, fehlt in England, Frankreich, der Schweiz, Norwegen sowie in den Gebieten südlich der Alpen und der Donau.

3 Döbel – *Leuciscus cephalus*
Länge 80 cm. Gewicht über 3 kg. Körper lang walzenförmig mit großen grau oder rot umrahmten Schuppen. Lebt in allen Typen von fließenden Gewässern von der unteren Forellenzone abwärts bis in die Niederungen, aber auch in stehenden Gewässern. Sucht seichtes Wasser mit hartem Grund auf und frißt Wirbellose, kleine Fische, Frösche und Krebse. Im Frühjahr laicht er, beide Geschlechter haben dann sichtbaren Laichausschlag. Verbreitung: Europa von Südschottland und England bis zum Ural. Fehlt in Irland, Dänemark, Nordskandinavien sowie auf den Mittelmeerinseln.

4 Rotfeder – *Scardinius erythrophthalmus*
Länge über 30 cm, Gewicht 1 kg. Häufig in den Buchten der Flußunterläufe, in toten Armen und geschlossenen Tümpeln, also dort, wo sich ein üppiger Wasserpflanzenbewuchs findet. Die Rotfeder schwimmt in kleineren Schwärmen. Jungfische von einer Körperlänge bis zu 7 cm ernähren sich von Plankton, größere Fische vorwiegend von Wasserpflanzen. Sie laicht auf der Vegetation. Verbreitung: Ganz Europa mit Ausnahme der Pyrenäenhalbinsel, Schottlands, Westnorwegens, Nord- und Mittelschwedens sowie der Krim.

5 Rapfen – *Aspius aspius*
Länge 70–80 cm, Gewicht 6–8 kg. Fisch mit langem Körper und breitem Maul, der in Flußunterläufen und toten Armen häufig vorkommt. Ernährt sich von kleinen Fischen, jagt auch auf die Oberfläche gefallene Insekten. Der Rapfen laicht von April bis Juni auf steinigem Grund in der Strömung. Verbreitung: Europa östlich der Elbe in den Zuflüssen von Nordsee, Ostsee, Schwarzem und Kaspischem Meer. Fehlt in Frankreich, auf den Britischen Inseln, auf der Pyrenäenhalbinsel sowie im Süden der Balkanhalbinsel.

6 Schleie – *Tinca tinca*
Länge 50–60 cm, Gewicht 5–6 kg. Gedrungener Fisch mit kleinen Schuppen und auffallend kleinen Augen. Die Bauchflossen des Männchens sind länger und mächtiger als die des Weibchens. Lebt am Grund in langsam fließenden Flüssen, Altwässern und Buchten mit schlammigem Grund sowie in vegetationsreichen Gewässern. Seine Hauptnahrung bildet die Tierwelt am Grund. Verträgt auch sauerstoffarme Gewässer. Verbreitung: Ganz Europa mit Ausnahme der Nordgebiete Skandinaviens und der UdSSR, Schottlands, Dalmatiens und der Krim. Wird als wertvoller Beifisch in Karpfenteiche gesetzt.

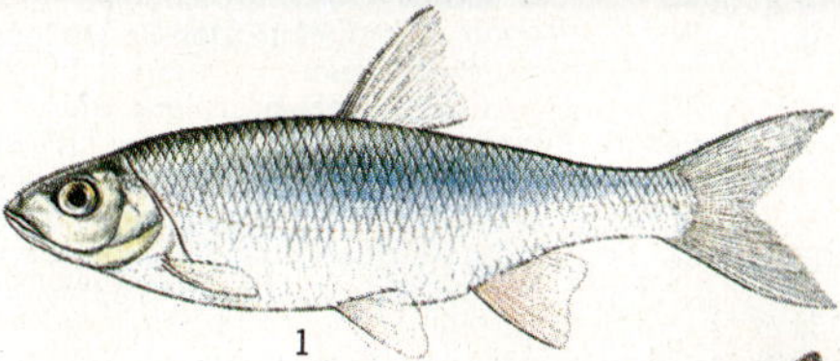

1

2

3

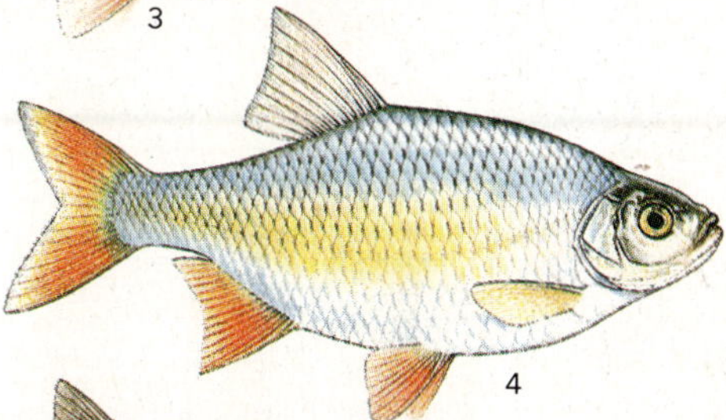

4

5

6

Familie: Karpfenfische – Cyprinidae

1 Gründling – *Gobio gobio*
Länge 10–20 cm. Körper spindelförmig, gestreckt mit großen Schuppen und kurzer Rücken- sowie Afterflosse. Am Maul sitzen zwei kurze Barteln, die Kehle ist ungeschuppt. Der Gründling lebt am Grund aller Süßwassertypen, Laichzeit ist im Mai/Juni, er laicht an seichten Stellen. Beliebter Köderfisch für den Raubfischfang. Verbreitung: Ganz Europa mit Ausnahme der Pyrenäenhalbinsel, Süditaliens, Griechenlands, Norwegens, Nordschottlands und Nordskandinaviens.

2 Steingreßling – *Gobio uranoscopus*
Länge 12–15 cm. Ähnelt dem Gründling, doch hat er lange, bis weit hinter die Augen reichende Barteln, Augen, die näher am Scheitel sitzen, und eine geschuppte Kehle. Er sucht Flußabschnitte mit starker Strömung auf, dort lebt er am Grund. Verbreitung: Ober- und Mittellauf der Donau sowie ihre Zuflüsse, Flüsse der Karpatoukraine, der Slowakei, Rumäniens u. a.

3 Flußbarbe – *Barbus barbus*
Länge 1 m. Lebt am Grund der schnellströmenden Flußoberläufe. Hier findet sie sich in Schwärmen zusammen und ernährt sich von der Grundfauna sowie von Wasserpflanzen. Laichzeit ist im Mai/Juni. Verbreitung: West- und Mitteleuropa, fehlt in Irland, Dänemark, Skandinavien und Italien. Die kleinere, nur ca. 30 cm lange verwandte Art *B. meridionalis* ist stellenweise vom Norden der Pyrenäenhalbinsel über Albanien, Griechenland und auf dem Peloponnes anzutreffen. In der Oder, Weichsel, Donau, Dnjestr, Vardar und den südbulgarischen Flüssen lebt die Unterart *B. meridionalis petenyi.*

4 Ukelei – *Alburnus alburnus*
Länge 15 cm. Hinter den Bauchflossen bildet der Bauch einen ungeschuppten Kiel. Die Ukelei lebt an tiefen Stellen der langsam fließenden Mittel- und Unterläufe größerer Flüsse. Tagsüber hält sie sich an der Wasseroberfläche auf und fängt ins Wasser gefallene Insekten. Im Mai laicht sie auf den Wasserpflanzen. Verbreitung: Im Norden von den Pyrenäen und Alpen über ganz Europa bis zum Ural. In Irland, Schottland, Nordskandinavien, auf der Pyrenäen- und Apenninhalbinsel sowie in Dalmatien kommt sie nicht vor.

5 Schneider – *Alburnoides bipunctatus*
Länge 14 cm. Der Fisch ähnelt der Ukelei, hat aber einen höheren Körper und einen dunklen Doppelstreifen, der wenigstens am Vorderkörper die Seitenlinie umsäumt. Er lebt an seichten Stellen in der Strömung der Flußoberläufe zusammen mit der Elritze. Seine Nahrung besteht aus Insekten und deren Larven. Laichzeit ist im Mai/Juni. Verbreitung: Von Frankreich bis zum Kaspischen Meer, fehlt südlich der Alpen und Pyrenäen, in Dänemark, Nordeuropa und auf den Britischen Inseln.

6 Güster – *Blicca bjoerkna*
Länge 35 cm, Gewicht 1 kg. Fisch mit einem ziemlich hohen und seitlich abgeflachten Körper, häufig am Grund von Flußunterläufen, toten Armen und Tümpeln, in Buchten und Teichen. Er ernährt sich von Planktonorganismen, Algen und Larven von Wasserinsekten. Die Güster laicht von April bis Juni auf Wasserpflanzen. Verbreitung: Europa vom Alpen- und Pyrenäennordhang bis Südskandinavien, Ostengland und in den Schwarzmeerzuflüssen nördlich der Donau.

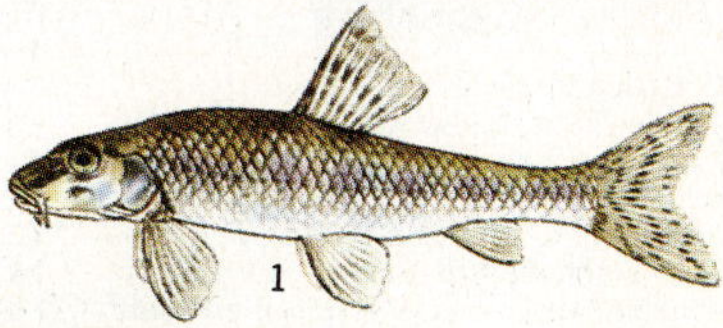

1

2

3

4

5

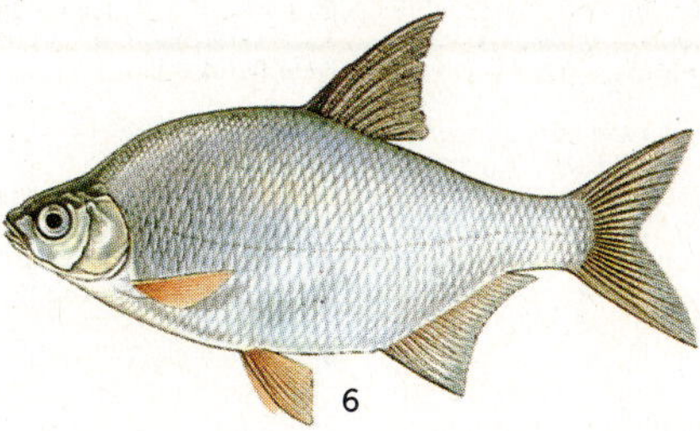

6

Familie: Karpenfische – Cyprinidae

1 Brachsen, Blei – *Abramis brama*
Länge 75 cm, Gewicht in Ausnahmefällen über 10 kg. In schwach fließenden oder stehenden Wassern von Stromunterläufen, Talsperren und Seen häufiger Fisch. Der Brachsen hat ein rüsselartig vorstreckbares Maul und lebt am Grund, oft in stark verkrautetem Wasser. Seine Nahrung bilden Plankton- und Bodenorganismen. Er laicht abends und nachts in der Zeit von Ende April bis Mai, dann finden sich an den Ufern riesige Schwärme zusammen. Die Männchen bekommen starken Laichausschlag. Verbreitung: ganz Europa nördlich der Pyrenäen und Alpen, fehlt im Süden sowie im Westen der Balkanhalbinsel. Auch in West-und Nordskandinavien kommt der Brachsen nicht vor.

2 Zope – *Abramis ballerus*
Länge 45 cm, Gewicht etwa 1,5 kg. Hochrückiger, seitlich abgeflachter, dem Blei ähnlicher Fisch, der aber ein schräg nach oben gerichtetes Endmaul hat. Lebt in kleineren Schwärmen und ernährt sich hauptsächlich von Plankton, vor allem von Wasserflöhen. Laicht im April/Mai zwischen Wasserpflanzen. Verbreitung: Flußunterläufe und Seen im Nord- und Ostseegebiet von der Elbe bis zur Newa und in den Flüssen Südschwedens und Finnlands. Im Schwarzmeergebiet von der Donau bis zum Uralfluß. In der Donau dringt er bis Oberösterreich vor.

3 Zobel – *Abramis sapa*
Länge 30 cm, Gewicht 700–800 g. Ähnelt den vorhergehenden *Abramis*-Arten, doch ist er rammsnasig und hat ein halb unterständiges Maul. Ernährt sich von der Bodenfauna, in geringerem Maße auch von pflanzlichen Stoffen. Man kennt wandernde und ortsfeste Populationen dieser Art, beide laichen im April/Mai in den Flußbetten, die Wanderfische ziehen danach ins Meer. Verbreitung: Zuflüsse des Schwarzen, Kaspischen und Asowschen Meeres, auch in der Donau und ihren Nebenflüssen.

4 Karpfen – *Cyprinus carpio*
Länge 120 cm, Gewicht über 30 kg. Dieser beliebteste Fisch der europäischen Fischzuchtkultur stammt aus dem Gebiet um das Schwarze und Kaspische Meer. Die ursprüngliche wilde Form hat einen langen, geschuppten, walzenförmigen Körper, sie lebt in der Donau und einigen ihrer Zuflüsse. Die Zuchtformen des Karpfens sind hochrückig. Laichzeit ist im Mai/Juni, die Brut ernährt sich zunächst von Zooplankton, ab einer Körperlänge von 2 cm auch von der Bodenfauna. Der Karpfen ist in Europa der wichtigste Süßwassernutzfisch, seine Kulturrassen werden in Teichen gezogen, in Flüsse, Stauseen und wärmere Seen ausgesetzt.

5 Lederkarpfen – *Cyprinus carpio*
Bei den in Teichen gezüchteten Karpfen findet man alle möglichen Spielarten in der Beschuppung. Die häufigsten Teichkarpfen sind die „Lederkarpfen", deren Körper nur unregelmäßig von verschieden großen Schuppen bedeckt ist. Die „Zeilenkarpfen" haben eine Reihe Schuppen längs der Seitenlinie, eine ähnliche Reihe findet sich an der Rückenflossenbasis. Der „Spiegelkarpfen" hat entweder gar keine Schuppen oder nur vereinzelte Schuppen unter der Rückenflosse sowie an den Basen der übrigen Flossen.

6 Graskarpfen – *Ctenopharyngodon idella*
Länge über 1 m, Gewicht 32 kg. Ursprünglich ein Fisch des Amur-Mittel- und Unterlaufs, seiner Nebenflüsse sowie der nordchinesischen Gewässer. Vor einigen Dutzend Jahren kam es zu seiner Akklimatisierung in den europäischen Fischteichen. Der Graskarpfen ernährt sich vor allem von Wasserpflanzen, in Fischteichen wird er auch mit Futterpflanzen wie Luzerne und Klee gefüttert.

7 Silberkarpfen – *Hypophthalmichthys molitrix*
Länge bis zu 1 m, Gewicht etwa 10 kg. Karpfenfisch aus Ostasien, der sich in den letzten Jahrzehnten allmählich in den europäischen Gewässern akklimatisiert hat. Seine Nahrung besteht fast ausschließlich aus pflanzlichem Plankton, und dabei wächst er sehr schnell.

1
4
2
5
3
6
7

Familie: Karpfenfische – Cyprinidae

1 Ziege – *Pelecus cultratus*
Länge bis zu 60 cm, Gewicht etwa 1 kg. Typischer Fisch der oberen Wasserschichten, tägsüber hält er sich im tieferen Wasser auf, nachts kommt er an die Oberfläche. Ernährt sich vorwiegend von auf der Wasseroberfläche schwimmenden Insekten, doch stellt er auch dem Laich anderer Arten nach. Laicht von Mai bis Juli, seine Eier sind pelagisch. Verbreitung: Vor allem im Brackwasser von Ostsee, Schwarzem und Kaspischem Meer sowie im Aralsee häufig.

2 Zährte – *Vimba vimba*
Länge 30–40 cm, Gewicht über 1 kg. Halbwanderfisch aus den Unterläufen langsam fließender Ströme, seine Nahrung besteht hauptsächlich aus den Wirbellosen des Grundes. Die Zährte laicht im Mai/Juni auf steinigem Grund in der Strömung. Verbreitung: Weser, Elbe und weitere Flüsse bis zur Newa, Südfinnland, Schweden. Bildet eine Reihe von geographischen Rassen.

3 Karausche – *Carassius carassius*
Länge 40 cm, Gewicht etwa 1 kg. Die Karausche sieht wie ein kleiner Karpfen aus, nur hat sie keine Barteln am Maul. In der Hauptsache besteht ihre Nahrung aus wirbellosen Kleintieren des Gewässergrundes. Lebt in alten Quellen, Tümpeln, Sümpfen, Mooraugen usw., gegen Sauerstoffmangel ist sie ziemlich widerstandsfähig. Verbreitung: Von England über Nordostfrankreich in allen Flußsystemen, die in Nord- und Ostsee münden. Aus Ostasien stammt die verwandte Silberkarausche (*C. auratus*), die sich gegenwärtig über Ost-, Mittel- und Nordeuropa ausbreitet. Der in Bassins gehaltene sog. Goldfisch ist eine heimische Abart der ostasiatischen Goldkarausche (*C. auratus auratus*) aus China, Korea und Japan.

Familie: Schmerlen – Cobitidae

4 Schlammpeitzger – *Misgurnus fossilis*
Länge 35 cm, Gewicht 150 g. Langer Fisch mit dunklen Längsstreifen und 10 Barteln um das Maul, der am Grund schlammiger stehender Gewässer, in Flußschleifen und Teichen lebt. Enthält das Wasser zu wenig Sauerstoff, schluckt der Schlammpeitzger Luft, der die reichdurchblutete Darmschleimhaut Sauerstoff entnimmt. Laicht im Mai, die Brut hat fadenförmige Außenkiemen, die aber bald verwachsen. Verbreitung: Europäische Flüsse von der Seine bis zur Newa und von der Donau bis zur Wolga. Fehlt in den Zuflüssen des nördlichen Eismeeres, in England, Skandinavien, Finnland und in Südeuropa.

5 Schmerle – *Noemacheilus barbatulus*
Länge 10–18 cm. Überwiegend Nachtfisch mit dunkel marmoriertem, walzenförmigem Körper und 6 Barteln um das Maul. Gewöhnlich unter Steinen oder Wurzeln verborgen; lebt am Grund fließender Gewässer, Teiche und Seen. Ernährt sich von Wasserinsektenlarven und anderen wirbellosen Tieren. Sie laicht im Mai auf Sand oder Steinen an seichten Stellen. Verbreitung: Süßwasser in ganz Europa mit Ausnahme von Schottland, Nordskandinavien, Süd- und Mittelitalien sowie Griechenland.

6 Steinbeißer – *Cobitis taenia*
Länge 6–10 cm. Schlankes Fischchen mit seitlich abgeflachtem Kopf und Körper. Am unterständigen Maul sitzen 6 Barteln, unter dem Auge ein aufrichtbarer Knochendorn. Der Steinbeißer wühlt sich in den Grund stehender oder langsam fließender Gewässer ein, seine Nahrung besteht aus wirbellosen Grundlebewesen. Laichzeit ist im April/Mai. Verbreitung: ganz Europa mit Ausnahme Norwegens, Nordschwedens, Finnlands und der UdSSR, Schottlands, Irlands und des Peloponnes.

7 *Sabanajewia aurata*
Ähnelt der vorangegangenen Art, auf den Seiten sitzen 8–15 viereckige dunkle Flecken, an der Schwanzpartie befindet sich ein ledriger Kiel. Die Männchen haben auffallend stark gewölbte Seiten. Lebt zwischen den Steinen und Kies in tieferem, rasch fließendem Wasser. Laicht im April/Mai in sandigen und steinigen Flußabschnitten, bildet einige geographische Rassen. Verbreitung: Don- und Donaugebiet, Balkanflüsse.

1

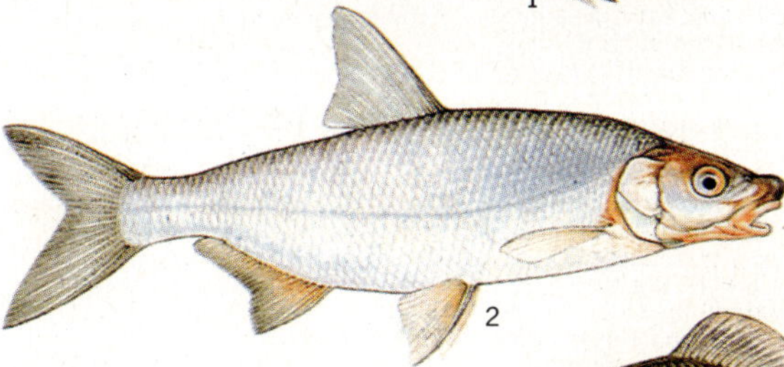

2

3

4

5

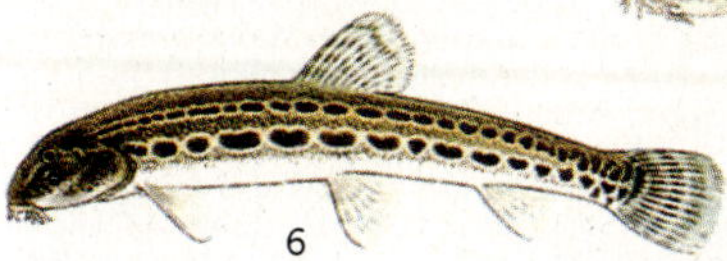

6

7

Ordnung: Welsartige – Siluriformes
Familie: Echte Welse – Siluridae

1 Wels – *Silurus glanis*
Länge bis zu 3 m, Gewicht bis 300 kg; in Europa gewöhnlich eine Länge von rund 2 m und über 50 kg schwer. Damit gehört der Wels zu den größten Süßwasserfischen Europas. Bewohner großer Flüsse, Stauseen und Seen, dort hält er sich tagsüber in der Tiefe am Grund auf. Nachts aktiv, geht unter der Wasseroberfläche auf Nahrungssuche, frißt Fische, kleine Säugetiere und Wasservögel. Der Wels laicht von Mai bis Juli im Flachwasser, wo das Weibchen aus Wasserpflanzen und Wurzeln ein ungestaltes Nest anlegt. Nach dem Ablaichen bewacht das Männchen Laich und Larven. Die Jungtiere wachsen sehr schnell. Verbreitung: Europäische Flüsse vom Oberrhein nach Osten, Elbe, Oder, Weichsel, Schwarzmeer- und Kaspiseezuflüsse.

Familie: Katzenwelse – Ictaluridae

2 Katzenwels – *Ictalurus nebulosus*
Nordamerikanischer Fisch, der um die Jahrhundertwende in europäischen Gewässern ausgesetzt wurde, wo er sich bei günstigen Bedingungen massenhaft vermehrt hat. Allesfresser, der pflanzliche und tierische Nahrung zu sich nimmt. Laichzeit ist von April bis Juni, das Männchen bewacht Laich und Larven. In Europa erreicht der Katzenwels eine Länge von 25–30 cm und ein Gewicht von ca. 1,5 kg, in seiner Heimat wird er 2 kg schwer.

Ordnung: Armflosserartige – Lophiiformes
Familie: Seeteufel – Lophiidae

3 Seeteufel – *Lophius piscatorius*
Länge 1,7 m, Gewicht 40 kg. Der Fisch lebt am Meeresgrund von der Küstenzone bis in eine Tiefe von rund 1000 m, dort ernährt er sich von Fischen, auf die er reglos in seinem Versteck lauert. Dabei lockt er sie mit dem zu einer „Angel" ausgebildeten ersten Rückenflossenstrahl, der direkt vor dem riesigen Maul hängt. Er laicht von April bis Juli in etwa 400 m Tiefe, wobei er über eine Million Eier ausstößt, die auf einem Schaumteppich liegen, auf dem sie frei im Wasser treiben und langsam zur Oberfläche aufsteigen. Die Larven ähneln dem erwachsenen Fisch überhaupt nicht. Verbreitung: Europäische Küsten mit Ausnahme von Ostsee und Schwarzem Meer.

Ordnung: Dorschartige – Gadiformes
Familie: Dorsche – Gadidae

4 Dorsch, Kabeljau – *Gadus morrhua*
Länge 150 cm, Gewicht 40 kg. Lebt in großen Schwärmen und ernährt sich von Heringen und anderen kleinen Seefischen. Der Dorsch laicht vorwiegend im zeitigen Frühjahr. Er hat große wirtschaftliche Bedeutung; sein Fleisch wird als Fischfilet konserviert, seine Leber mit Öl zu Konserven verarbeitet. Verbreitung: An der europäischen Atlantikküste sowie auf hoher See häufig.

5 Leng – *Molva molva*
Länge 180 cm, Gewicht 30 kg. Größter Vertreter dieser Gattung, Nahrung sind alle möglichen kleineren Seefische. Gehört zu den wirtschaftlich wichtigen Fischen. Verbreitung: Nordostatlantik in einer Tiefe zwischen 100 und 600 m.

6 Quappe – *Lota lota*
Länge 1 m, Gewicht 20 kg. Der einzige Süßwasservertreter der Dorschfamilie. Die Quappe lebt am Grund unter unterhöhlten Ufern in der Forellen-, Äschen- und Barbenregion der europäischen Flüsse, stellenweise auch in Seen und Teichen. Räuberischer Nachtfisch, der sich vorwiegend von Fischen und Fröschen ernährt. Laicht im Winter, hat fast eine Million Eier. Mancherorts, vor allem im Norden, hat die Quappe wirtschaftliche Bedeutung. Verbreitung: Fast ganz Europa nördlich von Balkan und Pyrenäen.

5
1
3
6
2
4

Familie: Seehechte – Merlucciidae

1 Seehecht – *Merluccius merluccius*
Länge 1 m, Gewicht 10 kg. Stattlicher Seefisch, der tagsüber am Grund lebt, nachts an die Oberfläche aufsteigt, um dort Heringe, Sprotten, Makrelen und andere Fische zu jagen, vor allem solche, die sich in großen Schwärmen zusammenfinden. Laicht im Frühjahr, seine Eier sind pelagisch. Die wirtschaftliche Bedeutung des Fisches ist beträchtlich. Verbreitung: Europäische Meere mit Ausnahme von Schwarzem Meer und Ostsee, häufige Art.

Familie: Gebärfische – Zoarcidae

2 Aalmutter – *Zoarces viviparus*
Länge 30–50 cm. Häufig am Meeresgrund in Küstennähe, kommt auch oft im Brackwasser vor. Ernährt sich von Wasserkrebsen, Würmern und auch Kleinfischen. Das Weibchen bringt lebende Junge zur Welt. Verbreitung: Nordeuropäische Küstenzonen von Nordnorwegen bis zum Ärmelkanal im Süden.

Familie: Schlangenfische – Ophidiidae

3 Schlangenfisch – *Ophidium barbatum*
Länge 25 cm. Seefisch, der sich auf sandigem Grund aufhält, in den er sich manchmal bis zum Kopf einwühlt. Tagsüber ist er nicht aktiv, nachts geht er auf Nahrungssuche. Frißt Wirbellose, d.h. Meereskrebse, Krabben, Polypen und Weichtiere, größere Exemplare überfallen auch Kleinfische. Verbreitung: Häufig im Mittelmeer und an der Atlantikküste bis Großbritannien, auch im Schwarzen Meer.

Familie: Nadelfische – Carapidae

4 Fierasfer – *Carapus acus*
Länge bis zu 20 cm. Seitlich abgeplatteter Seefisch. Sein After liegt ziemlich weit vorne, noch vor den Brustflossen unterhalb der Kehle. Er laicht im Sommer, die Eier sind elliptisch und sehr klein. Der Fisch schmarotzt in Seegurkenkörpern (*Holothuria*) und frißt an ihren Geschlechtsorganen. Beschädigt er dabei seinen Wirt allzu sehr, stößt ihn dieser zusammen mit den eigenen Organen, die sehr schnell regeneriert werden, aus. Verbreitung: Im Mittelmeer häufig.

Ordnung: Ährenfische – Atheriniformes
Familie: Fliegende Fische – Exocoetidae

5 Meerschwalbe – *Exocoetus volitans*
Länge 18 cm. Mit mächtigen, langen Brustflossen und einem auffällig verlängerten Schwanzflossen-Unterlappen. Schwimmt gewöhnlich schwarmweise dicht unter der Oberfläche dahin, bei Gefahr segelt er mit gespreizten Flossen durch die Luft, wobei er die Luftströmung ausnutzt. Oft erreichen solche Flüge eine Weite von 200 m. Der Fisch laicht das ganze Jahr über in der offenen See, seine Eier schwimmen an die Oberfläche empor. Verbreitung: Alle tropischen Gewässer, auch im Westteil des Mittelmeeres.

6 Hornhecht – *Belone belone*
Länge 80–100 cm, Gewicht 1 kg. Hornhechtschwärme leben im offenen Meer, im Sommer und Herbst auch in der Küstenzone, vor allem im Mittelmeer. Seine Hauptnahrung sind Meereskrebschen, Tintenfische und kleine Fische. Seine frei schwimmenden Eier haben Anhänge, mit denen sie sich an ins Wasser getauchten Gegenständen festhalten. Die Knochen des Hornhechts sind grün gefärbt. Verbreitung: Nordsee, Ostsee, Mittelmeer, Schwarzes Meer.

5
1
2
3
4
6

Ordnung: Peters- oder Eberfischartige – Zeiformes Familie: Petersfische – Zeidae

1 Heringskönig – *Zeus faber*
Länge 70 cm, Gewicht 20 kg. Fisch der offenen See mit fahnenartig ausgezogenen Strahlen der ersten Rückenflosse. Ernährt sich von Fischen und wirbellosen Meerestieren, Laichzeit ist während der Sommermonate. Auf den Märkten begehrter und geschätzter Fisch. Verbreitung: Ostatlantik von der norwegischen Küste bis ins Mittel- und Schwarze Meer.

Ordnung: Stichlingsartige – Gasterosteiformes Familie: Stichlinge – Gasterosteidae

2 Dreistachliger Stichling – *Gasterosteus aculeatus*
Länge 4–10 cm. Kleiner Fisch mit frei stehenden Stacheln vor der Rückenflosse und Knochenplättchen an den Seiten. Zur Laichzeit von April bis Juni baut das Männchen aus Pflanzenteilen ein Nest, in dem es nach dem Ablaichen die Eier und auch noch einige Zeit die geschlüpften Larven bewacht. Die Jungtiere ernähren sich anfangs von winzigem Zooplankton, später von Würmern und Insektenlarven. Verbreitung: Zirkumpolare Art der kalten und gemäßigten Zone auf der Nordhalbkugel. In Europa vom Schwarzen Meer, Süditalien und der Pyrenäenhalbinsel bis zur Nordküste Norwegens. Lebt im Brack- und Süßwasser; an vielen Orten ausgesetzt.

Familie: Seenadeln – Syngnathidae

3 Seepferdchen – *Hippocampus hippocampus*
Länge 10–15 cm. Bekanntes Seefischchen, das sich an tangbewachsenen Stellen nicht nur im Meer, sondern auch im Brackwasser aufhält. Ernährt sich von kleinem Meeresplankton, das es mit einem Wasserstrom in sein langes, röhrenförmiges Maul saugt. Das Seepferdchen laicht im Frühjahr und Sommer, das Männchen übernimmt vom Weibchen die befruchteten Eier in seine Bauchtasche, die die völlig entwickelten Jungfische nach 4–5 Wochen verlassen. Verbreitung: Mittelmeer, verwandte Arten finden sich im Schwarzen Meer und im Nordostatlantik.

4 Große Seenadel – *Syngnathus acus*
Sucht wie das Seepferdchen tangbewachsene Stellen in Küstennähe sowie im Brackwasser großer Flußmündungen auf, für gewöhnlich in einer Tiefe bis zu 15 m. Der Fisch laicht im Frühling und Sommer, das Männchen bewahrt Eier und Jungtiere in einer besonderen Bauchfalte etwa 5 Wochen lang auf. Verbreitung: Häufig im Nordostatlantik von der Biskaya bis zur Westküste der Britischen Inseln, im Mittelmeer lebt die Unterart *S. acus rubescens*, im Schwarzen Meer die etwa 35 cm lange *S. typhle*. Verwandt ist die im Atlantik häufige 15–17 cm lange Kleine Seenadel (*S. rostellatus*).

Ordnung: Panzerwangen – Scorpaeniformes Familie: Drachenköpfe – Scorpaenidae

5 Großer Rotbarsch – *Sebastes marinus*
Länge 1 m, Gewicht 15 kg. In der offenen See sowie in der Küstenzone in Tiefen zwischen 100 und 400 m. Der Rotbarsch bringt lebende Junge zur Welt und ist ein wichtiger Nutzfisch. Verbreitung: Im Nordatlantik an den Küsten Europas und Nordamerikas häufig.

Familie: Groppen – Cottidae

6 Westgroppe – *Cottus gobio*
Länge 15 cm. Recht unbeweglicher Süßwasserfisch, der sich von Insektenlarven und Kleinfischen ernährt. Laicht im April/Mai an der Unterseite von Steinen, das Männchen bewacht die Eier. Verbreitung: Europa; saubere Gebirgsbäche und -flüsse von England und den Pyrenäen bis zum Kaspischen Meer, fehlt in Südeuropa.

7 Ostgroppe – *Cottus poecilopus*
Länge 15 cm. Unterscheidet sich von der vorangegangenen Art durch seine quergestreiften Bauchflossen. Verbreitung: Einzugsgebiet des Nördlichen Eismeeres von Skandinavien nach Osten, Ostseezuflüsse, Donau- und Dnjestrgebiet.

1
2
3
4
5
6
7

Familie: Groppen – Cottidae

1 Seeskorpion – *Myoxocephalus scorpius*
Länge 30–50 cm. Der in der Küstenzone lebende Seeskorpion dringt gelegentlich auch in die Flußmündungen vor. Ernährt sich vorwiegend von Meereskrebschen und Kleinfischen. Laicht im Winter, das Weibchen setzt seine Eier in Hohlräumen zwischen Steinen ab, wo sie das Männchen bewacht. Verbreitung: Nordostatlantik von der Biskaya über Island und Grönland bis ins Nördliche Eismeer.

2 Großer Scheibenbauch – *Liparis liparis*
Länge 15–18 cm. Vorwiegend in Tangfeldern, seine Nahrung besteht aus wirbellosen Meerestieren, vor allem Krebsen. Laichzeit ist im Winter. Verbreitung: In der Ostsee und in den flachen Küstengewässern des Nordatlantiks häufig.

3 Seehase – *Cyclopterus lumpus*
Länge 60 cm. Die Bauchflossen des Fisches sind zu einem Saugnapf verwachsen. Lebt am Grund vom flachen Wasser bis in eine Tiefe von 300 m. Mit Winterausgang und bei einsetzendem Frühjahr zieht er ins Flachwasser, um in der Brandungszone zu laichen. Die Eier werden zwischen Kieseln und Steinen abgesetzt, das Männchen bewacht den Laich 1–2 Monate lang. Verbreitung: An beiden Atlantikküsten häufig, in Europa von der portugiesischen Küste an nach Norden.

Ordnung: Kugelfischartige – Tetraodontiformes
Familie: Mondfische – Molidae

4 Mondfisch – *Mola mola*
Länge 3 m. Hochseefisch mit flachem, kurzem und hohem Rumpf, hoher Rücken- und Afterflosse. Bewegt sich gewöhnlich dicht unter der Wasseroberfläche. Seine Nahrung sind vor allem Meereskrebse, Tintenfische, Fische und auch Tang. Gehört zu den fruchtbarsten Fischen, seine Weibchen legen bis zu 300 Millionen Eier. Die Larven ähneln den erwachsenen Tieren nicht, auf ihrem Körper sitzen als Schutz gegen Feinde zahlreiche lange Stacheln. Verbreitung: Tropenmeere, auch in den gemäßigten Zonen.

Ordnung: Barschfische – Perciformes
Familie: Zackenbarsche – Serranidae

5 Schriftbarsch – *Serranelus scriba*
Länge 25 cm. Im Flachwasser über Klippen oder Sandgrund, häufig auch in Tangfeldern. Seine Nahrung besteht aus kleinen Fischen, Meereskrebsen und anderen Wirbellosen. Wie bei anderen Arten dieser Familie ist der Schriftbarsch ein Zwitter, in dem männliche und weibliche Geschlechtszellen gleichzeitig reifen. Laichzeit ist im zeitigen Frühjahr. Verbreitung: Nordostatlantik, Mittelmeer, Schwarzes Meer.

Familie: Pfeilhechte – Sphyraenidae

6 Pfeilhecht, Mittelmeer-Barrakuda – *Sphyraena barracuda*
Länge 1 m. Schlanker, hechtähnlicher Seefisch, ein unersättlicher Räuber. Es ist bekannt, daß Pfeilhechte sogar badende Menschen angefallen haben. Die Jungfische finden sich in großen Schwärmen zusammen, die älteren Tiere halten sich als Einzelgänger in Küstennähe auf, wo sie kleineren Fischen nachstellen. Verbreitung: Atlantikküste bis zur Biskaya im Norden, Mittelmeer, Schwarzes Meer.

Familie: Stachelmakrelen – Carangidae

7 Bastardmakrele, Stöcker – *Trachurus trachurus*
Länge 40 cm. Seefisch, der in großen Schwärmen in geringerer Wassertiefe lebt. Nur in den Sommermonaten an der Küste anzutreffen. Ernährt sich von kleineren Fischen, Krebsen und Tintenfischen, Laichzeit ist im Sommer. Als Nutzfisch von Bedeutung. Verbreitung: Atlantik, Nordsee, westliche Ostsee, Mittelmeer, Schwarzes Meer; meist in großer Entfernung von der Küste.

7
5
4
1
2
3
6

Familie: Echte Barsche – Percidae

1 Flußbarsch – *Perca fluviatilis*
Länge 50 cm. Gewicht 4 kg. Der Barsch gehört zu den häufigsten Süßwasserfischen, er lebt in Buchten an vegetationsreichen Ufern, in Flußmittel- und -unterläufen, toten Flußarmen, Seen, Teichen und Talsperren. Die kleinen Barsche ernähren sich von Wirbellosen, größere Tiere fressen meist kleinere Fische. Die Jungtiere bleiben in Schwärmen zusammen, die erwachsenen werden zu Einzelgängern. Der Flußbarsch laicht im April/Mai, er wikkelt seinen Laich in langen Bändern um Gegenstände im Wasser. Verbreitung: Ganz Europa mit Ausnahme von Schottland, der Pyrenäenhalbinsel, Italien, dem Westen der Balkanhalbinsel sowie Nordnorwegen.

2 Zander – *Stizostedion lucioperca*
Länge über 1 m, Gewicht 12 und mehr kg. Der Zander lebt am Grund tieferer Flußpartien mit Sand- oder Lehmbett. Auch in Fischteichen gezüchtet und in Stauseen, Seen und Flüsse ausgesetzt. Laicht im April/Mai an seichteren Stellen in Nestern an den bloßliegenden Wasserpflanzenwurzeln, der Laich wird vom Männchen bewacht. Der Zander ist ein wichtiger Süßwassernutzfisch mit begehrtem Fleisch. Der verwandte Wolgazander (*S. volgense*) bleibt kleiner und lebt in den Schwarzmeer- und Kaspiseezuflüssen von der Donau bis zum Uralfluß.

3 Kaulbarsch – *Gymnocephalus cernua*
Länge 10–15 cm. Der Kaulbarsch lebt häufig in Flußunterläufen, Talsperren und Teichen. Seine Nahrung besteht aus kleinen Fischen und Wirbellosen. Laicht von April bis Juni auf dem Gewässergrund. Verbreitung: Ganz Europa von England über Nordostfrankreich nach Osten; fehlt in Irland, Schottland, Nordnorwegen, auf der Pyrenäen- und Apenninhalbinsel sowie in den südlichen und westlichen Teilen der Balkanhalbinsel.

4 Schrätzer – *Gymnocephalus schraetser*
Länge bis zu 24 cm. Lebt in tiefen, schnellfließenden und sandigen Flußabschnitten des Donaugebiets von Bayern bis zum Donaudelta. Stellenweise auch im Donaustrom selbst häufig. Seine Nahrung besteht aus Wirbellosen und kleineren Fischen.

5 Zingel – *Zingel zingel*
Länge 50 cm. Der Zingel lebt am Grund tieferer fließender Gewässer und ernährt sich dort von Wirbellosen und kleinen Fischen. Tagsüber hält er sich unter Holz oder Steinen verborgen. Laicht im April/Mai auf dem Kiesgrund des Flußbetts. Verbreitung: Donau- und Dnjestrsystem.

6 Streber – *Zingel streber*
Länge 12–20 cm. Ähnelt dem Zingel. Nachtfisch, der sich am Grund in der Strömung tieferer Flußpartien aufhält und sich von allen möglichen wirbellosen Tieren ernährt. Seine Laichzeit ist im Frühjahr. Verbreitung: Donau, Dnjestr sowie Zuflüsse dieser Schwarzmeerflüsse. In der Donau dringt er bis Österreich und Bayern vor.

Familie: Grundeln – Gobiidae

7 Marmorierte Grundel – *Proterorhinus marmoratus*
Länge 7–11 cm. Seine Bauchflossen sind zu einem Saugnapf zusammengewachsen, die Nasenöffnungen zu einer relativ langen Röhre ausgebildet. Mancherorts zahlreich in der Vegetation verwachsener Bewässerungskanäle. Nahrung sind kleine Insektenlarven und andere Wirbellose. Die Art lebt am Grund. Verbreitung: Brackwasser und Flüsse, die ins Schwarze Meer münden.

1
2
3
4
5
6
7

Familie: Grundeln – Gobiidae

1 Sandgrundel, Sandküling – *Pomatoschistus minutus*
Länge 10 cm. Kleine, auf Sandgrund an der Meeresküste häufige Grundel; ihre Jungfische leben oft in Flußmündungen. Wie bei allen Grundeln sind auch hier die Bauchflossen zu einem Saugnapf umgebildet. Der Fisch lebt am Grund und ernährt sich von kleinen Wirbellosen. Laicht von März bis Juli. Verbreitung: An der Atlantikküste von Spanien bis Norwegen, im Mittel- und Schwarzen Meer häufig.

2 Schwarzgrundel – *Gobius niger*
Länge 15 cm. Die Schwarzgrundel hält sich auf Sand- oder Schlickgrund von der Küste bis in eine Tiefe von über 50 m auf, auch zeigt sie sich in den Flußmündungen. Laichzeit ist im Frühjahr. Verbreitung: Küsten von Ostatlantik, Ostsee, Mittelmeer, Schwarzem Meer. Im Mittel- und Schwarzen Meer wird sie von Berufsfischern gefangen.

Familie: Leierfische – Callionymidae

3 Gefleckter Leierfisch – *Callionymus maculatus*
Länge bis zu 14 cm. Über sandigem Meeresboden von der Küste bis in eine Tiefe von rund 300 m, seine Nahrung besteht aus Meerwürmern, Krebsen usw. Laichzeit ist im Frühjahr. Verbreitung: Nordostatlantik und Mittelmeer. An den europäischen Küsten leben viele verwandte, oft recht bunt gefärbte Arten, die sich durch ausdrucksvollen Geschlechtsdimorphismus auszeichen.

Familie: Sonnenfische – Centrarchidae

4 Forellenbarsch – *Micropterus salmoides*
Länge 35–40 cm, Gewicht über 2 kg. Nordamerikanischer Süßwasserfisch, der seit den achtziger Jahren des 19. Jahrhunderts auch in Europa in Karpfenteichen und einigen Alpenseen gezüchtet wird. In langsam fließenden oder stehenden verwachsenen Gewässern. In der Laichzeit (Mai/Juni) kümmert sich das Männchen um Eier und Brut. In der Jugend ernährt sich der Forellenbarsch von Plankton, später von Insektenlarven und kleinen Fischen. Stammt aus den USA und Südkanada.

5 Gemeiner Sonnenfisch – *Lepomis gibbosus*
Länge 15–20 cm. Wurde zusammen mit dem Forellenbarsch nach Europa gebracht und an verschiedenen Stellen ausgesetzt. Die Art lebt in verwachsenen Seen und Flußschleifen. Im Mai/Juni laicht der Sonnenfisch am Grund in schalenförmigen Vertiefungen, das Männchen bewacht das Nest. Oft finden sich ganze Kolonien dieser Nester beieinander. Stammt aus Nordamerika. Verbreitung: Von Dakota bis zum Golf von Mexiko; verwandte Arten leben auf den Antillen sowie in Mittel- und Südamerika.

Familie: Meerbrassen – Sparidae

6 Goldbrasse – *Sparus auratus*
Länge bis zu 70 cm. Die Goldbrasse lebt in den oberen Wasserschichten, nur in Ausnahmen kommt sie in größeren Tiefen als 30 m vor. Sie sucht in kleineren Gruppen zwischen Klippen Schutz. Ihre Nahrung besteht aus Meereskrebsen und Stachelhäutern, die sie mit ihren starken Zähnen zermalmt. Vermehrung findet in der Winterzeit in größerer Tiefe statt. Wichtiger Nutzfisch. Verbreitung: Ostatlantik von der Biskaya an nach Süden, Mittelmeer.

7 Graubarsch, Seekarpfen – *Pagellus centrodontus*
Länge 40–50 cm. Seefisch, der in großen Schwärmen in tieferen Wasserschichten zwischen 150 und 500 m lebt. Wichtiger Nutzfisch. Verbreitung: Ostatlantik von Irland an nach Norden, ausnahmsweise auch in der Nordsee.

1
2
3
5
4
7
6

Familie: Meerbrassen – Sparidae

1 Ringelbrasse *Diplodus annularis*
Länge 12–20 cm. Gehört zu den häufigsten Fischen vor Felsküsten, oft auch im Brackwasser. Die Ringelbrasse laicht von April bis Juni, ihre Eier treiben frei im Wasser. Ihre Hauptnahrung sind kleine Meereskrebse, Würmer usw. Verbreitung: Im Mittelmeer, Ostatlantik und im Schwarzen Meer häufig.

2 Zahnbrasse – *Dentex dentex*
Länge über 1 m. Räuberischer Seefisch, dessen Nahrung in der Hauptsache aus Fischen besteht. Hält sich über klippenreichem Meeresboden in einer Tiefe von 10–200 m auf. Im Frühjahr in Küstennähe, im Winter in tieferen Wasserschichten. Die Zahnbrasse gehört zu den begehrten Nutzfischen. Verbreitung: Ostatlantik bis zur Biskaya im Norden, seltener vor der britischen Küste; in größeren Mengen im Mittelmeer.

Familie: Umberfische – Sciaenidae

3 Umberfisch – *Umbrina cirrhosa*
Länge bis zu 1 m. Als Einzelgänger über Sand- oder Schlickgrund zwischen Klippen, wo er sich von Krebsen, Stachelhäutern und kleinen Fischen ernährt. Laichzeit ist im Juni. Verbreitung: Im Ostatlantik, Mittelmeer und Schwarzen Meer häufig.

Familie: Schwertfische – Xiphiidae

4 Schwertfisch – *Xiphias gladius*
Länge fast 5 m. Mächtiger Fisch mit einem charakteristischen speerartigen Oberkiefer, in allen tropischen und wärmeren Meeren häufig. Lebt als Einzelgänger von der Oberfläche bis in eine Wassertiefe von etwa 600 m. Schneller Schwimmer, der allen möglichen Schwarmfischen nachstellt. Stößt er auf einen Fischschwarm, schlägt er schnell mit seinem Schwert um sich, um anschließend die verwundeten und getöteten Tiere zu verschlingen. Er laicht im Sommer, seine Eier sind pelagisch. Sein Fleisch ist sehr schmackhaft, deshalb wird er in Südeuropa intensiv mit Netz und Angel gefangen. Verbreitung: Relativ selten in Nordostatlantik, Nordsee und westlicher Ostsee, ziemlich häufig im Mittelmeer.

Familie: Thunfische – Thunnidae

5 Gewöhnlicher Thunfisch – *Thunnus thynnus*
Länge bis zu 3 m. In den Sommermonaten in Küstennähe an der Wasseroberfläche, im Winter in tieferem Wasser. Ernährt sich in der Hauptsache von Fischen und Kopffüßern, Jungtiere fressen Plankton. Der Thunfisch laicht im Sommer, die Eier sind pelagisch. Wichtiger Nutzfisch, auch bei Sportanglern beliebte Beute. Verbreitung: Im Atlantik und Mittelmeer häufig.

6 Gestreifter Thunfisch – *Katsuwonus palamis*
Länge 60–90 cm. Verwandter des Gewöhnlichen Thunfischs, unter dem Namen Bonito bekannt. Der Bonito lebt in Schulen auf dem offenen Meer, er laicht das ganze Jahr über. Einer der wichtigsten Nutzfische, wird auch gerne mit der Angel gefangen. Verbreitung: Häufig im Atlantik bis in die britischen Gewässer, im Mittelmeer und Schwarzen Meer.

Familie: Pelamiden – Scomeromoridae

7 Pelamide – *Sarda sarda*
Länge 80 cm. Lebt an der Wasseroberfläche in Küstennähe in großen Schulen, Laichzeit von November bis Juli. Hauptnahrung sind Schwarmfische, Kopffüßer und andere größere Meeresorganismen. Vor dem Laichen weite Züge. Wichtiger Nutzfisch. Verbreitung: Wärmere Atlantikteile, Mittelmeer.

2
3
1
4
5
6
7

Familie: Makrelen – Scombridae

1 Atlantische Makrele – *Scomber scombrus*
Länge 50 cm. Schneller und ausdauernder Schwimmer, der in großen Schwärmen auftritt. Den Sommer über halten sich die Makrelenschwärme in geringerer Entfernung vor der Küste auf, im Winter wandern sie ins tiefe Wasser ab. Sie fressen Meereskrebse, kleine Fische und alle mögliche lebende Nahrung. Ihre Laichzeit ist im Frühjahr und Sommer. Die Makrele ist einer der wichtigsten Nutzfische. Verbreitung: Nordatlantik und Mittelmeer, dringt auch ins Schwarze Meer vor.

Familie: Meeräschen – Mugilidae

2 Großköpfige Meeräsche – *Mugil cephalus*
Länge 50 cm. Der Fisch lebt in kleineren Schwärmen in Küstennähe und zieht gern stromaufwärts in Flüsse. Seine Nahrung besteht aus kleinen Grundlebewesen sowie Pflanzenteilchen. Die Männchen werden nicht so groß wie die Weibchen, die Laichzeit ist bald nach Frühjahrsbeginn. Verbreitung: An allen europäischen Küsten und Flußunterläufen vom Kleinen Belt bis ins Mittel- und Schwarze Meer.

Familie: Petermännchen – Trachinidae

3 Großes Petermännchen – *Trachinus draco*
Länge 40 cm. Der Fisch lebt von der Küste bis in eine Tiefe von rund 100 m auf sandigem Grund, in den er sich gern einwühlt. An seinen Kiemendekkeln sitzen scharfe, mit Giftdrüsen ausgestattete Stacheln, auch an den harten, spitzen Strahlen der ersten Rückenflosse sitzen Giftdrüsen. Badende können sich daran leicht gefährliche Verletzungen zuziehen. Das beste Mittel gegen die Wirkung des Giftes ist, das verletzte Glied längere Zeit in heißem Wasser zu baden, die Wärme mildert die Giftwirkung (Arzt aufsuchen!). Das Große Petermännchen laicht im Frühjahr, seine Eier sind pelagisch. Verbreitung: Häufig an den Küsten von Nordostatlantik, Mittelmeer und Schwarzem Meer.

Familie: Lippfische – Labridae

4 Meerjunker – *Coris julis*
Länge über 25 cm. Lebt bis in eine Tiefe von etwa 120 m auf tangbewachsenen Klippen, im Winter sucht er größere Tiefen auf. Nur tagsüber aktiv, stellt kleinen Meereskrebschen, Weichtieren usw. nach. Der Meerjunker laicht im Sommer, seine Eier sind pelagisch. Seine Färbung ändert sich im Laufe seines Lebens: Die jungen Weibchen haben am Unterrand des Kiemendekkels einen blauen Fleck; Fische, die über 20 cm lang sind, haben auf olivbrauner Grundfarbe einen gelben Streifen auf den Seiten. Verbreitung: Nordostatlantik bis zur britischen Südküste im Norden, auch im Mittelmeer anzutreffen.

5 Klippenbarsch – *Ctenolabrus rupestris*
Länge 18 cm. Lebt vorwiegend zwischen Klippen und ernährt sich von der Fauna des Meeresbodens. Laichzeit ist in den Sommermonaten, die Eier sind pelagisch. Verbreitung: Nordostatlantik, Mittel- und Schwarzes Meer; häufige Art.

6 Kuckuckslippfisch – *Labrus ossifagus*
Länge 35 cm. Männchen und Weibchen weichen in der Färbung stark voneinander ab, dazu sind sie recht farbvariabel. Während des Sommers zeigen sie sich häufig in einer Tiefe von 10 m in den Uferklippen, dort heben sie Gruben für ihren Laich aus. Im Winter ziehen sie sich in die Tiefe zurück. Ihre Nahrung besteht aus kleinen Wirbellosen des Grundes. Verbreitung: Nordostatlantikküste, Mittelmeer.

7 Goldmaid – *Crenilabrus melops*
Länge 15–25 cm. In seiner Färbung ziemlich veränderlicher Fisch. Laicht vom zeitigen Frühjahr bis zum Sommer und legt seine Eier in aus Tang erstellte Nester ab. Verbreitung: Häufig an allen europäischen Küsten bis nach Norwegen im Norden, Mittelmeer.

1
2
3
4
5
6
7

Familie: Seewölfe – Anarrhichadidae

1 Gestreifter Seewolf, Katfisch – *Anarrhichas lupus*
Länge 120 cm. Lebt in Tiefen zwischen 100 und 300 m, Jungtiere halten sich in seichterem Wasser auf. Der Katfisch ernährt sich von Meereskrebsen, Weichtieren und Stachelhäutern. Verbreitung: Nordteil des Nordostatlantiks vom äußersten Norden bis zu den britischen und französischen Küsten, Nordsee und westliche Ostsee.

Familie: Unbeschuppte Schleimfische – Blenniidae

2 Schleimlerche – *Blennius pholis*
Die Art lebt an felsigen Küsten und wühlt sich gern in Sand oder Schlick ein. Allesfresser. Seine Eier legt der Fisch unter Steine oder in Felsritzen ab, das Männchen bewacht sie und führt ihnen durch Flossenschlagen frisches Wasser zu. Eine Reihe verwandter Arten lebt an den Küsten aller europäischen Meere. Verbreitung: Nordostatlantik von der portugiesischen Küste an nach Norden.

Ordnung: Plattfische – Pleuronectiformes
Familie: Schollen – Pleuronectidae

3 Weißer Heilbutt – *Hippoglossus hippoglossus*
Länge 2,5 – 3,5 m. Größte Plattfischart, auf sandigem oder felsigem Grund zwischen 50 und 2000 m Tiefe. Die Nahrung des Heilbutts besteht aus Fischen, Sepien und verschiedenen Krebstieren. Laicht in einer Tiefe von 300 – 1000 m von Dezember bis April. Verbreitung: Nordostatlantik vom Weißen Meer bis zum Golf von Biskaya; kommt auch in der Nordsee, relativ selten sogar in der Ostsee vor. Sein Fleisch ist sehr schmackhaft, aus diesem Grund ist seine wirtschaftliche Bedeutung beträchtlich.

4 Scholle, Goldbutt – *Pleuronectes platessa*
Länge 25 – 90 cm. Die Scholle ist dem Salzgehalt des Wassers gegenüber sehr tolerant, daher kann man sie oft auch im Brackwasser antreffen, sie zieht sogar ins Süßwasser der Flüsse. In der Jugend ernährt sie sich von kleinen wirbellosen Meerestieren (Würmer, Krebse usw.), erwachsene Schollen fressen größere Nahrung, z. B. Muscheln. Sie laicht im Winter in großen Tiefen. Verbreitung: Im Nordostatlantik häufig, Westteil des Mittelmeeres, Nordsee.

Familie: Seezungen – Soleidae

5 Seezunge – *Solea solea*
Länge 30 – 60 cm. Die Seezunge lebt in flachen Küstengewässern, in der Regel 10 – 60 m tief, in Ausnahmefällen aber auch in einer Tiefe von rund 180 m. Nachtfisch, dessen Beute aus Muscheln, Würmern, Krebsen sowie kleineren Grundfischen besteht. Laichzeit ist in den Wintermonaten. Wichtiger Nutzfisch, wegen seines schmackhaften Fleisches beliebt. Verbreitung: Europäische Küsten des Nordostatlantiks von Schottland bis zum Mittelmeer, südliche Nordsee, östliche Ostsee, dringt auch bis in den Südwesten des Schwarzen Meeres vor.

1
2
3
4
5

Klasse: Lurche – Amphibia
Ordnung: Schwanzlurche – Caudata
Familie: Echte Salamander und Molche – Salamandridae

1 Feuersalamander – *Salamandra salamandra*
Länge 15–20 cm, auf dem Balkan bis zu 33 cm. Im Hügelland und im Gebirge bis zu einer Höhe von über 1000 m, in Laubwäldern an sauberen, sauerstoffreichen Bächen. Seine Nahrung besteht aus Würmern, Schnecken und allen möglichen Insekten. Fortpflanzung im März/April, wenn die Tiere ihre Winterverstecke auf dem Trockenen verlassen. Die Weibchen bringen bis zu 60 lebende Junge zur Welt. Sie besitzen Außenkiemen und leben 2–3 Monate im Wasser; dann metamorphisieren sie und leben an Land. Verbreitung: Mittel- und Südeuropa, in Europa gibt es einige Unterarten.

2 Alpensalamander – *Salamandra atra*
Länge 14–16 cm. Bewohner schattiger Wälder an Bergbächen in einer Höhe von 800–2000 m. Im Unterschied zur vorangegangenen Art gebärt er keine Wasserlarven, sondern meist zwei völlig entwickelte Junge, die gleich nach der Geburt mit dem Landleben anfangen. Verbreitung: Alpen, Französischer Jura, jugoslawische und albanische Gebirge.

3 Kammolch – *Triturus cristatus*
Länge 18 cm. Größter europäischer Molch, in stehenden oder kaum fließenden Gewässern mit üppigem Wasserpflanzenbewuchs häufig. Pflanzt sich im März/April fort, das Weibchen legt 200–400 einzelne Eier auf Wasserpflanzen oder ins Wasser ragende Gräser ab. Nach zwei bis drei Wochen schlüpfen die mit Außenkiemen ausgestatteten Jungen. Etwa drei Monate verbringen sie im Wasser, dann kommt es zur Verwandlung (Metamorphose). Außer der Paarungszeit leben die ausgewachsenen Molche auf dem Trockenen unter Stämmen, Steinen oder Moos, sie ernähren sich von Würmern, Schnecken und Insektenlarven. Verbreitung: Niedere Lagen in Mittel- und Südeuropa.

4 Teichmolch – *Triturus vulgaris*
Länge 10–11 cm. Der Teichmolch ist der häufigste europäische Molch, er lebt in niederen Lagen. Fortpflanzung im April/Mai, die Weibchen legen 200–300 Eier auf Wasserpflanzen oder andere Gegenstände im Wasser ab. Die Larven schlüpfen 2–3 Wochen nach der Eiablage. Verbreitung: Ganz Europa, mit mehreren geographischen Rassen.

5 Bergmolch – *Triturus alpestris*
Länge 8–11 cm. Typische Gebirgsart. Die Tiere verlassen im zeitigen Frühjahr ihre Winterverstecke und suchen stehende oder auch fließende Gewässer auf, um sich dort von März bis Mai fortzupflanzen. Bald nach der Paarung verlassen die erwachsenen Molche das Wasser und leben auf dem Trockenen weiter. Die Larven haben Außenkiemen und verwandeln sich nach zwei bis drei Monaten, in den höchsten Lagen überwintern sie auch im Wasser und metamorphisieren erst im nächsten Frühjahr. Bei dieser Art sind Fälle von Neotenie bekannt, d.h. die Tiere entwickeln sich nicht immer bis zum Erwachsenenstadium und können sich noch im Larvalstadium fortpflanzen. Verbreitung: Gebirge Mittel- und Südeuropas, häufig.

6 Karpatenmolch – *Triturus montandoni*
Länge 7–10 cm. Häufig in den Karpaten-Bergwäldern mit vegetationsreichen Seen und langsam fließenden Gewässern. Die Molche leben von März bis Juni im Wasser, nach der Paarung gehen sie aufs Trockene, doch überwintern sie im Wasser. Fortpflanzung in der zweiten Aprilhälfte und Anfang Mai, die Eier werden auf Wasserpflanzen festgeklebt. Männchen kleiner als die Weibchen. Verbreitung: Nordmähren, Slowakei, Ungarn, rumänische Karpaten.

1
2
5♂
3♂
3♀
4♂
6♂

Ordnung: Frösche – Ecaudata
Familie: Scheibenzüngler – Discoglossidae

1 Rotbauchunke – *Bombina bombina*
Länge 4,5 cm. In niederen Lagen in sauberen stehenden Gewässern. Ihre Nahrung besteht aus Kleinlebewesen. Mehrmals jährlich legen die Weibchen ihre Eier einzeln oder in kleinen Gelegen auf Wasserpflanzen oder überschwemmtes Gras ab. Verbreitung: Mittel- und Osteuropa bis Südskandinavien im Norden, im Süden bis Wien, Nordjugoslawien, Rumänien und Bulgarien, berührt den Süden der UdSSR und Kleinasien.

2 Gelbbauchunke – *Bombina variegata*
Länge 5 cm. Vor allem in den Bergen häufige Art, die sich von wirbellosen Wassertieren, vor allem von Mückenlarven ernährt. Sie überwintert auf dem Trockenen in allen möglichen Verstekken, die ganze warme Jahreszeit über lebt sie im Wasser. Verbreitung: Mittel- und Südeuropa mit Ausnahme der Pyrenäenhalbinsel; einige Unterarten innerhalb des Verbreitungsgebiets.

3 Geburtshelferkröte – *Alytes obstetricans*
Länge 4–5 cm. Vorwiegend in gebirgigen Gegenden lebender Nachtfrosch. Die Geburtshelferkröte pflanzt sich vom zeitigen Frühjahr bis in den Spätsommer fort; das Männchen lockt die Weibchen mit seiner glockenartigen Stimme. Nach der Paarung wickelt sich das Männchen die Eierschnur um die Hintergliedmaßen und trägt sie einige Wochen ständig mit sich herum, wobei es darauf achtet, daß die Eier nicht austrocknen. Kurz vor dem Schlüpfen der Kaulquappen sucht das Männchen das Wasser auf. Die Kaulquappen überwintern im Wasser, sie metamorphisieren erst im kommenden Jahr. Verbreitung: Westteil Mittel- und Südeuropas.

Familie: Krötenfrösche – Pelobatidae

4 Knoblauchkröte – *Pelobates fuscus*
Länge 5–8 cm. Vorwiegend nachts aktiver Frosch, dessen Nahrung aus Würmern, Schnecken usw. besteht; tagsüber verkriecht er sich. Bevorzugt sandige Gegenden und kann sich sehr flink in den Boden eingraben. Zur Überwinterung zieht sie sich tief ins Erdreich zurück, oft sogar 2 m unter die Oberfläche. Sie pflanzt sich von März bis Mai im Wasser fort. Es kommt häufig vor, daß sich ihre Kaulquappen, d.h. Larven, nicht rechtzeitig zu Kröten entwickeln und in diesem Stadium überwintern, wobei sie bis zu 17 cm lang sein können. Verbreitung: Von Mitteleuropa bis nach Osten.

Familie: Kröten – Bufonidae

5 Erdkröte – *Bufo bufo*
Länge 12 cm, im Süden sogar 20 cm. Nachttier, das sich tagsüber unter Steinen usw. verbirgt; ernährt sich von Insekten, Würmern, Schnecken und Spinnen. Meist verläßt die Erdkröte Anfang März ihr Winterversteck und geht zur Fortpflanzung ins Wasser. Die Kaulquappen leben 3–4 Monate im Wasser, bis sie sich in kleine Kröten verwandeln, die nur langsam wachsen. Die Männchen sind kleiner als die Weibchen. Verbreitung: Ganz Europa, Asien, Nordwestafrika von den Niederungen bis in die Berge.

6 Kreuzkröte – *Bufo calamita*
Länge 6–8 cm. Nachttier, das sich von verschiedenen Wirbellosen ernährt. Die Art bewohnt Niederungen und auch höhere Lagen. Die Kreuzkröte bewegt sich nicht springend, sondern schreitend, da ihre Hinterbeine kürzer sind als bei den anderen Kröten. Im Mai pflanzt sie sich im Wasser fort, sie überwintert tief in der Erde. Verbreitung: Ganz Europa von der Pyrenäenhalbinsel bis Südskandinavien im Norden, im Osten bis in den Westen der UdSSR.

7 Wechselkröte – *Bufo viridis*
Länge 10 cm. Die Art ist Tag und Nacht aktiv und frißt Insekten, Weichtiere, Würmer und andere Wirbellose. Diese Kröte erträgt Trockenheit und sogar Salzwasser. Fortpflanzung von April bis Ende Mai, die Kaulquappen leben 2–3 Monate im Wasser. Die Männchen locken zur Paarungszeit mit ihrer charakteristischen, melodischen Stimme. Verbreitung: Mittel- und Südeuropa, Nordafrika, ganz Asien.

1

2

3

4

5

7

6

Familie: Laubfrösche – Hylidae

1 Laubfrosch – *Hyla arborea*
Länge 4–5 cm. In feuchter Umgebung mit üppiger Vegetation, zur Fortpflanzungszeit im Mai im Wasser. Die Kaulquappen metamorphisieren nach drei Monaten, die kleinen Frösche verlassen das Wasser, sie klettern auf Bäume und Sträucher. Sie ernähren sich von kleinen Insekten, die sie oft im Sprung erbeuten. Der Laubfrosch zeichnet sich durch Mimikry aus, er kann seine Färbung völlig seinem Untergrund anpassen. Den Winter übersteht er unter Steinen, in Löchern, auch auf dem Grund stehender Gewässer usw. versteckt. Verbreitung: In ganz Europa häufig (außer den Britischen Inseln), Nordwestafrika, Asien.

Familie: Echte Frösche – Ranidae

2 Teich- oder Wasserfrosch – *Rana esculenta*
Länge 10–12,5 cm. Bauch dunkel gefleckt. Lebt an stehenden sowie fließenden Gewässern tiefer und mittlerer Lagen. Ausgezeichneter Schwimmer, der sich von Insekten, Würmern, kleinen Fischen usw. ernährt; seine Beute fängt er im Wasser und auf dem Trokkenen. Fortpflanzung zeitig im Frühjahr, die Kaulquappen metamorphisieren nach über 4 Monaten in etwa 2 cm lange Frösche. Überwintert im Grundschlamm. Verbreitung: Ganz Europa von England und Frankreich bis in die UdSSR, von Schweden bis Sizilien.

3 Seefrosch – *Rana ridibunda*
Länge 17 cm. Wärmeliebende Art, die seichte Ufer größerer stehender Gewässer in tiefen Lagen aufsucht. Der einfarbige Bauch ist dunkelgrau gepunktet. Als Nahrung dienen verschiedene Wirbellose, kleine Fische, gelegentlich auch andere kleine Wirbeltiere. Fortpflanzung im April/Mai, die Kaulquappen metamorphisieren nach 3–4 Monaten. Der Frosch überwintert im Grundschlamm. Verbreitung: Von Nordafrika bis Süd- und Mitteleuropa, kommt auch in Westasien vor.

4 Grasfrosch – *Rana temporaria*
Länge 10 cm. Sehr häufiger Frosch der niederen und auch höheren Lagen, in den Alpen kommt er noch über 3000 m vor. Er frißt verschiedene Wirbellose. In den Niederungen pflanzt er sich im März fort, im Gebirge im April/Mai. Die Verwandlung der Kaulquappen erfolgt nach 2–3 Monaten. Gewöhnlich überwintert er im Grundschlamm, selten auf dem Trockenen. Verbreitung: Mittel- und Nordeuropa, ganz Asien.

5 Moorfrosch – *Rana arvalis*
Länge 7,5 cm. Der Frosch hat einen zugespitzten Kopf. Bewohnt Moor- und Sumpfgebiete vor allem in den Niederungen, wo er sich gewöhnlich nahe am Wasser aufhält. Seine Nahrung besteht aus Insekten, Spinnen, Schnecken usw. Im März bzw. April pflanzt er sich fort, die Kaulquappen verwandeln sich nach 2–3 Monaten. Während der Paarungszeit hat das Männchen einen bläulichen Rücken, an der 1. Zehe der Vorderfüße wachsen dunkle Schwielen. Bei anderen Angehörigen dieser Familie sind die Unterschiede zwischen den Geschlechtern nicht so stark. Verbreitung: Von Nordwestfrankreich bis Sibirien in der gemäßigten und nördlichen Zone bis zum Polarkreis. Fehlt im Mittelmeer- und Schwarzmeergebiet.

6 Springfrosch – *Rana dalmatina*
Länge 7–9 cm. Lebt in den lichten Laubwäldern der Niederungen. Von allen Fröschen hat der Springfrosch die längsten Hinterbeine, vom Grasfrosch unterscheidet er sich auch noch durch die hellere, oft braun-rötliche Färbung. Bei Gefahr flieht er in hohen, 2–3 m langen Sprüngen. Den Sommer über lebt er auf dem Trockenen, entfernt sich ziemlich weit vom Wasser und frißt alle möglichen Wirbellosen. Pflanzt sich ab Mitte März/Anfang April fort und sucht dann in größerer Zahl Waldtümpel auf. Die Kaulquappen verwandeln sich nach 2–3 Monaten. Überwintert gewöhnlich im Schlamm auf dem Gewässergrund. Verbreitung: Süd- und Mitteleuropa bis Südskandinavien im Norden.

1

3

6

2

4

5

Klasse: Kriechtiere – Reptilia
Unterklasse: Schildkröten – Testudinata
Ordnung: Halsbergerschildkröten – Cryptodira
Familie: Sumpfschildkröten – Emydidae

1 Europäische Sumpfschildkröte – *Emys orbicularis*
Länge 30 cm. Ernährt sich von Wirbellosen und Kleinfischen. Bewohnt stehende oder langsam fließende Gewässer im Tiefland, meist im Überschwemmungsgebiet großer Flüsse. Erwachsene Tiere leben stets im Wasser oder in der unmittelbaren Nähe, tagsüber sonnen sie sich gern am Ufer, doch sind sie sehr scheu. Den Winter überleben sie in den Gewässergrund eingegraben, Ende März/April kommen sie hervor, um sich im Mai fortzupflanzen. Die Eier werden auf dem Land im Sand vergraben, der anschließend mit dem Bauchschild festgedrückt wird. Nach etwa 100 Tagen schlüpfen die 1,5–2 cm langen Jungen. Verbreitung: Nordafrika, Mittel- und Südeuropa, Westasien.

2 Kaspische Wasserschildkröte – *Clemmys caspica*
Länge 30 cm. Sowohl in reißenden Bächen als auch in stehenden Tümpeln häufig. Die pflanzliche und tierische Nahrung fressende Schildkröte pflanzt sich von März bis Juni fort, wobei sie 5–10 längliche Eier in Gruben ablegt, die das Weibchen mit den Hinterbeinen wühlt. Die Jungen schlüpfen nach 70–100 Tagen. Verbreitung: Von Nordafrika über Südeuropa bis Westasien; in Europa gibt es mehrere Unterarten.

Familie: Landschildkröten – Testudinidae

3 Maurische Landschildkröte – *Testudo graeca*
Länge 30 cm. Pflanzenfresser, der buschbestandene Gelände in den Niederungen und am Fuße der Gebirge bewohnt. Kommt in den ersten warmen Märztagen hervor und beginnt gleich mit der Fortpflanzung. Das Weibchen legt seine Eier in Erdlöcher ab, die es selbst aushebt; die Jungen schlüpfen nach 10–12 Wochen. Verbreitung: Südeuropa, Nordafrika, Südwestasien.

4 Griechische Landschildkröte – *Testudo hermanni*
Länge 25 cm. Ähnelt der vorhergehenden Art, doch unterscheidet sie sich von ihr durch die dornartige Schwanzspitze und zwei Schildchen über dem Schwanz im Rückenpanzer (die Maurische Landschildkröte hat nur eins). Diese hat seitlich der Schwanzwurzel je eine größere Schuppe, dieses Merkmal fehlt bei *Testudo hermanni*. Ihre Biologie entspricht der der vorangehenden Art. Verbreitung: West- und Ostteil Südeuropas.

5 Breitrandschildkröte – *Testudo marginata*
Länge bis zu 35 cm. Pflanzenfresser, lebt an trockenen, sonnigen Macchiahängen, oft auch in wasserlosen Bachbetten. Gewöhnlich erwachen die Tiere im März aus der Winterstarre, um bald darauf mit der Fortpflanzung zu beginnen. Die frisch geschlüpften Jungen sind etwa 3 cm lang. In den letzten Jahren verschwand die Art infolge von Landschaftskultivierung und Veränderung ihrer natürlichen Biotope an vielen Stellen, an denen sie früher häufig vorkam. Verbreitung: Südostgriechenland, Sardinien, dort wurde sie vermutlich ausgesetzt.

Ordnung: Seeschildkröten – Chelonidae
Familie: Lederschildkröten – Dermochelyidae

6 Lederschildkröte – *Dermochelys coriacea*
Länge 2 m, Gewicht 600 kg. Charakteristische Hochseeschildkröte, deren Nahrung hauptsächlich aus Meerestieren besteht. Nur zur Fortpflanzung sucht sie im Mai/Juni das Trockene auf, dann vergräbt sie 90–150 Eier von ca. 5 cm Größe im Sand. Nach rund zwei Monaten schlüpfen die jungen Schildkröten aus. Verbreitung: Atlantik, Pazifik, Indischer Ozean, auch im Mittelmeer.

1
2
4
3
5
6

Unterklasse: Schuppenkriechtiere – Squamata
Ordnung: Eidechsen – Sauria
Familie: Haftzeher – Gekkonidae

1 Ägäischer Nacktfinger-Gecko – *Gymnodactylus kotschyi*
Länge 10 cm. Nachtgecko, den man außerhalb seines Verstecks nur am Morgen oder am späten Nachmittag antreffen kann. Lebt in großen Steinhaufen, Felswänden und Mauern. Frißt alle möglichen Wirbellosen, gern hält er sich an Hauswänden in der Nähe von Lichtquellen auf, um herbeifliegende Insekten zu fangen. Verbreitung: Südeuropa und Westasien, mit einigen Unterarten.

2 Mauergecko – *Tarentola mauritanica*
Länge 16 cm. Nachtgecko, den man im Frühjahr auch tagsüber außerhalb des Verstecks antreffen kann, im Sommer wird er nur abends und nachts aktiv. Dank der Saugnäpfe an den Zehen kann sich der Gecko auch auf glatten senkrechten Flächen sicher und gewandt bewegen. Im Frühjahr legt er unter Steine und in Mauerritzen seine Eier ab, aus denen nach 4 Monaten 3–5 cm lange Junge schlüpfen. Verbreitung: In den westlichen Mittelmeerländern häufig, in Südosteuropa nur stellenweise (z.B. Dalmatien, Griechenland, Kreta, Ionische Inseln).

3 Europäischer Halbfinger-Gecko – *Hemidactylus turcicus*
Länge 8–10 cm. Sucht sonnige und warme Gegenden auf, wo er sich in Felsritzen, an Mauern und unter Steinen aufhält. Das Weibchen legt 2 Eier, aus denen nach etwa 3 Monaten die Jungen schlüpfen. Verbreitung: Mittelmeerraum, Nordafrika, Vorderindien, durch den Menschen auch auf den amerikanischen Kontinent gebracht.

Familie: Chamäleons – Chamaeleonidae

4 Europäisches Chamäleon – *Chamaeleo chamaeleon*
Länge 23–28 cm. Im Laub auf den Zweigen von Bäumen und Sträuchern, dort bewegt es sich in seiner typischen langsamen Weise. Bekannt ist sein Farbwechsel von fast Weiß über Braun bis Schwarz. Seine Augen bewegen sich unabhängig voneinander, sie können verschiedene Gegenstände gleichzeitig beobachten. Die lange Zunge kann hervorgeschnellt werden, sie dient zur Insektenjagd oder anderem Beutefang. Mit dem Greifschwanz hält sich das Tier an den Zweigen fest. Das Chamäleon pflanzt sich im Herbst fort, die Weibchen legen etwa 30 längliche Eier und vergraben sie in der Erde. Im folgenden Sommer, also nach rund 200 Tagen, schlüpfen die Jungtiere aus. Einziger Vertreter dieser Tropenfamilie, der auch in den wärmsten Gebieten Europas vorkommt. Verbreitung: Südspanien, Portugal, auf Kreta, Chios, Samos, Nordafrika, Syrien, auf der arabischen Halbinsel, Kleinasien.

Familie: Glattechsen – Scincidae

5 Johannisechse – *Ablepharus kitaibelii*
Länge 10–11 cm. Diese Echse findet sich häufig auf trockenen, sonnigen Hügeln mit steinigem Boden, oft hält sie sich im Laub Weichhaariger Eichen auf. Ihre Nahrung besteht aus allerlei Insekten und deren Larven. Im Unterschied zu den meisten Glattechsen pflanzt sich die Johannisechse durch Eier fort. Die Art wird in mehrere Unterarten aufgeteilt. Verbreitung: Balkanländer, Ägäisinseln, Westasien. Nördlichste Verbreitung bis in die Südslowakei.

6 Erzschleiche – *Chalcides chalcides*
Länge über 40 cm. Die Erzschleiche bewohnt grasbestandene Hänge, wo sie sich unter Steinen, in Mauern und unter Laub verborgen hält. Sie ernährt sich von Insekten, Spinnen und anderen Wirbellosen. Das Weibchen bringt 10–15 lebende Junge zur Welt. Die Art überwintert tief im Boden vom Frühherbst bis zum späten Frühjahr. Verbreitung: Häufig in Nordwestafrika und Südwesteuropa.

2
3
4
1
6
5

Familie: Halsbandeidechsen – Lacertidae

1 Smaragdeidechse – *Lacerta viridis*
Länge 40 – 50 cm. An sonnigen, trockenen Stellen mit reicher Buschvegetation von den Niederungen bis in höhere Lagen (Südeuropa) häufige Art. Nahrung sind alle möglichen Insekten, kleine Eidechsen und sogar Mäuse. Im Frühjahr legt das Weibchen 6 – 20 Eier ab, aus denen nach 2 – 3 Monaten 3 – 4 cm lange bräunliche Junge schlüpfen. Wie auch die anderen Vertreter der Gattung *Lacerta* wirft die Smaragdeidechse bei Gefahr ihren Schwanz ab. Verbreitung: Mitteleuropa, in den südlichen Gebieten von Nordspanien und Frankreich bis Kleinasien.

2 Zauneidechse – *Lacerta agilis*
Länge über 20 cm. In warmen Niederungen, Hügellandschaften und auch Gebirgen. Von Mai bis Ende Juni legt das Weibchen 5–15 Eier, die es in Gruben von 6–7 cm Tiefe eingräbt. Nach 8 Wochen schlüpfen die 3 – 4 cm langen Jungen. Die Zauneidechse frißt Insekten und andere Wirbellose, auch junge Eidechsen. Verbreitung: Fast ganz Europa mit Ausnahme der nördlichsten Teile, dem Süden der Balkanhalbinsel, Italiens und der Pyrenäenhalbinsel. In einigen geographischen Rassen auch in Mittelasien häufig.

3 Wald- oder Mooreidechse – *Lacerta vivipara*
Bewohnt feuchtere Gegenden, im Norden vor allem die Niederungen, im Süden mehr die Gebirge. Ihre Nahrung besteht in der Hauptsache aus Insekten und anderen Wirbellosen. Verbreitung: Fast ganz Europa von den Pyrenäen bis zum 70. Breitengrad, ganz Asien bis zum Stillen Ozean.

4 Mauereidechse – *Lacerta muralis*
Länge 20 – 25 cm. Die Art bevorzugt felsige oder steinige Biotope und frißt hauptsächlich Insekten. Sie pflanzt sich im Mai/Juni fort, im selben Jahr oft noch ein- bis zweimal. Aus den 2–8 abgelegten Eiern schlüpfen nach 8 Wochen Junge. Verbreitung: Häufig in den warmen Teilen Süd- und Mitteleuropas, Kleinasien.

5 Perleidechse – *Lacerta lepida*
Länge 50–90 cm. Größte und dabei sehr gewandte Eidechse, lebt im Tief- und Hügelland in lichten, sonnigen Gegenden mit Felsen, Steinhaufen, Gebüsch und Obstbäumen. Bei Bedrohung kann sie empfindlich beißen. Ihre Nahrung besteht aus Wirbellosen und kleineren Wirbeltieren. Fortpflanzung im April/Mai, das Weibchen legt oft über 20 Eier, aus denen nach 3 Monaten die Jungen schlüpfen. Verbreitung: Nordwestafrika, Pyrenäenhalbinsel, Südfrankreich, Nordwestitalien.

6 Krimeidechse – *Lacerta taurica*
Länge 20 cm. Sehr flinke, kleine Eidechse, die trockene Stein- und Grasgebiete bewohnt. Fortpflanzung im Mai, das Weibchen legt 2– 6 Eier. Verbreitung: Südosteuropa, kommt auch in Ungarn, Rumänien, auf der Balkanhalbinsel, den Ionischen und Ägäischen Inseln sowie in den europäischen Teilen der Türkei vor.

4
2
1
3
5
6

Familie: Halsbandeidechsen – Lacertidae

1 Wüstenrenner – *Eremias arguta deserti*
Länge 20 cm. Bei Gefahr kann sich diese Eidechse blitzschnell in den Sand einwühlen. Ihre Nahrung besteht aus Spinnen, Ameisen und anderen Insekten und sonstigen Wirbellosen. Ein- bis zweimal im Sommer legt sie 3–12 Eier. Verbreitung: Von den Sandgebieten Ostrumäniens (Küstendünen) bis in die Südgebiete der UdSSR.

2 Spanischer Sandläufer – *Psammodromus hispanicus*
Länge 10–20 cm. Sehr flinke und scheue Eidechse, die in trockenen Felsgegenden sowie in den vegetationsärmeren Dünengebieten an der Küste lebt. Verbreitung: Pyrenäenhalbinsel, Südfrankreich. Die nahe verwandte Natteraugeneidechse *Ophisops elegans* lebt in Südosteuropa und Westasien.

Familie: Schleichen – Anguidae

3 Blindschleiche – *Anguis fragilis*
Länge 45 cm, die Männchen sind etwas kleiner als die Weibchen. Die Blindschleiche lebt in Niederungen und Bergen in feuchteren Gegenden unter Steinen, Stämmen sowie im Fallaub. Ihre Nahrung bilden Regenwürmer, Nacktschnecken, Spinnen und verschiedene Insekten. Im April tauchen die Blindschleichen aus ihren Winterverstecken auf. Die Jungen werden im Juli/August im Stadium des Schlüpfens aus den Eiern geboren, die Eihülle reißt gewöhnlich beim Austritt aus der Kloake auf. Ab Oktober beginnt die Winterstarre, oft finden sich die Tiere in größerer Anzahl etwa 50 cm unter der Erdoberfläche zusammen. Verbreitung: Fast ganz Europa mit Ausnahme von Irland, im Norden bis zum 66. Breitengrad, nach Osten bis in die Nordtürkei und den Iran, auch in Nordafrika.

4 Scheltopusik – *Ophisaurus apodus*
Länge über 1 m. Verwandter der Blindschleiche, der auf sonnigen Wiesen und Feldern, in buschbestandenem Gelände sowie in der Nähe von Felsen im Bergvorland lebt. Ernährt sich von Schnecken, Mäusen, Wühlmäusen, Eidechsen, kleinen Vögeln und deren Eiern. Fängt er eine größere Beute, dreht er sich mehrmals schnell um die eigene Achse, um sie so zu betäuben oder zu töten; ähnlich verhält sich auch die Blindschleiche. Der Scheltopusik pflanzt sich im Juni/Juli fort, das Weibchen legt 8–10 längliche Eier, aus denen gegen Ende August die Jungen schlüpfen. Verbreitung: Balkan, Krim, Kleinasien, Syrien, Iran, Transkaspische Region, Turkestan.

Ordnung: Schlangen – Serpentes
Familie: Blindschlangen – Typhlopidae

5 Wurmschlange – *Typhlops vermicularis*
Länge 20–35 cm. Kleine, rosafarbene Erdschlange, die auf den ersten Blick wie ein großer Regenwurm aussieht. Vorne sitzen zwei kleine, schwarze Augen, am Schwanzende ein spitzer Dorn. Die Schlange ernährt sich von kleinen Wirbellosen, vor allem von Ameisen und ihren Puppen. Sie lebt in der Erde und unter Steinen, wo sie ihre Gänge wühlt. Das Weibchen legt im Mai gewöhnlich 6 kleine Eier ab. Verbreitung: Von Südjugoslawien über den ganzen Balkan bis Mittelasien, auch auf vielen griechischen Inseln.

Familie: Riesenschlangen – Boidae

6 Westliche Sandboa – *Eryx jaculus*
Länge 80 cm. In warmen Gegenden an steinigen Standorten, gewöhnlich ist sie unter Steinen oder in Erdlöchern versteckt. Die Schlange kann sich sehr schnell in den Boden einwühlen, nur in den Morgen- und späten Nachmittagsstunden kriecht sie aus dem Boden hervor, um Eidechsen und Mäusen, ihrer wichtigsten Beute, nachzustellen. Sie umschlingt und erwürgt ihre Beute mit dem Körper. Die Sandboa pflanzt sich im Juni/Juli fort, das Weibchen bringt in der Regel 5–12 lebende Junge zur Welt. Verbreitung: Südosteuropa, Westasien, Nordafrika.

1
2
3
4
5
6

Familie: Nattern – Colubridae

1 Ringelnatter – *Natrix natrix*
Länge 1–1,5 m. An Gewässern häufige Schlange, die sich von Lurchen, vor allem Fröschen, kleinen Nagetieren, Fischen und Insekten ernährt. Pflanzt sich im Juli/August fort, das Weibchen legt unter Laub, ins Moos und ähnliche Verstecke 6–30 Eier ab. Nach zwei Monaten schlüpfen die 10–15 cm langen Jungen aus. Die Ringelnatter überwintert von November bis Ende März unter großen Steinen, in Löchern oder anderen unterirdischen Verstecken. Verbreitung: Ganz Nordwestafrika und Westasien.

2 Würfelnatter – *Natrix tesselata*
Länge 150 cm. Diese Natter kommt vor allem in der Nähe fischreicher Süßwässer vor, Fische bilden ihre Hauptnahrung. Die Schlange ist tag- und nachtaktiv, sie schwimmt sehr gewandt und jagt geschickt Fische. Fortpflanzung im Juni/Juli, das Weibchen legt seine Eier ins Fallaub ab. Verbreitung: Von Nordostfrankreich über Deutschland und ganz Europa, Asien bis Nordwestindien und Westchina. Im Süden bis Ägypten, im Norden etwa bis zum 50. Breitengrad; stellenweise (Deutschland, UdSSR) auch bis zum 54. Breitengrad.

3 Glattnatter, Schlingnatter – *Coronella austriaca*
Länge höchstens 75 cm. Bewohnt trokkene, sonnige, steinige, bewachsene Hänge, in Südeuropa bis 2200 m hoch, im Norden in tieferen Lagen. Die Schlingnatter ernährt sich von Eidechsen, Blindschleichen, kleinen Schlangen, Nagetieren, Vögeln und Insekten, sie ist sehr beißlustig. Im August bzw. September legt das Weibchen Eier, aus denen sofort ca. 12–15 cm lange Junge schlüpfen. Verbreitung: Fast ganz Europa mit Ausnahme der Südteile von Pyrenäen- und Apenninhalbinsel sowie Irland. Im Norden bis Südskandinavien.

4 Pfeilnatter – *Coluber jugularis*
Länge 2–3 m. Die Pfeilnatter ist die größte europäische Schlange, die steppenartige und buschbestandene Orte bewohnt. Sie ist tagaktiv und ernährt sich von verschiedenen kleinen Säugetieren, Vögeln, Eidechsen und Schlangen. Im Juni/Juli pflanzt sie sich fort, das Weibchen legt 7–15 ovale Eier in Erdlöcher, Felsritzen usw. ab. Verbreitung: Südosteuropa, Westasien.

5 Balkan-Zornnatter – *Coluber gemonensis*
Länge 120–140 cm. In trockenen Gegenden mit niederem Buschbestand und in lichten, sonnigen Eichenbeständen. Frißt Nagetiere, Eidechsen, Jungvögel, kleine Schlangen und Insekten. Verbreitung: Balkanhalbinsel, vor allem an der Adriaküste, Südgriechenland, Peloponnes, auch auf Kreta und den griechischen Inseln Euboea und Kythera.

6 Schlanknatter – *Coluber najadum*
Länge 120–130 cm. Sehr flinke, schmucke Schlange mit charakteristischer Zeichnung auf dem Vorderkörper. Ernährt sich fast nur von Eidechsen, nur gelegentlich auch von Insekten. Die Schlanknatter kommt von den Niederungen bis ins Gebirgsvorland vor, sie liebt buschbestandene Orte in Bachnähe. Die Weibchen legen in der Regel nur 3–5 Eier in Erdlöcher, Felsspalten oder unter Steine ab. Verbreitung: Balkanhalbinsel, Kleinasien, Syrien, Nordwestiran.

2
6
1
5
4
3

Familie: Nattern – Colubridae

1 Hufeisennatter – *Coluber hippocrepis*
Länge 1,7 m. Klettert sehr geschickt auf Bäume und Dächer, auch auf Dachrinnen. Frißt kleine Vögel und Mäuse. Im Frühling und Frühsommer legt das Weibchen Eier in die Erde, in Felsenritzen, unter Steine und Blätter. Verbreitung: Pyrenäenhalbinsel, Sardinien, Spanien, Portugal, Nordwestafrika.

2 Äskulapnatter – *Elaphe longissima*
Länge 1,6 – 2 m. Die Äskulapnatter ist eine schlanke Schlange, die geschickt in Baum- und Strauchwipfeln umherklettert. Sie bewohnt sonnigwarme buschbestandene Hänge; in Mitteleuropa in niederen Lagen, im Süden auch bis zu 2000 m in den Bergen. Die Schlange frißt kleine Nager, Vögel und Eidechsen. Das Weibchen legt im Juni/Juli 5 – 8 Eier in morsche Stämme, unter Laub und in Löcher, nach 2 Monaten schlüpfen die 20 cm langen Jungen. Verbreitung: Von Nordostspanien bis zum Balkan, Nordteil Kleinasiens, Kaukasus, Nordiran. In Mitteleuropa stellenweise in Frankreich, Deutschland, Schweiz, Norditalien, Österreich, Polen, Tschechoslowakei und Ungarn.

3 Vierstreifennatter – *Elaphe quatuorlineata*
Länge 1,5 – 2 m. Diese Natter lebt auf sonnigen, buschbestandenen Hängen und in lichten Wäldern, sie bevorzugt steiniges Gelände mit vielen Verstekken. Sie frißt kleine Säuger, Vögel und Vogeleier. Das tag- und nachtaktive Tier pflanzt sich vom Frühjahr bis zum Herbst fort; die Weibchen legen meist im Juli/August 6 – 12 längliche Eier, die Jungen schlüpfen im September/Anfang Oktober. Verbreitung: Südosteuropa, Westasien.

4 Leopardnatter – *Elaphe situla*
Länge etwa 1 m. Eine der farbenprächtigsten europäischen Schlangen. Mit Vorliebe sucht sie trocken-warme, steinige Stellen mit Dornengebüschen in den Bergen und Gebirgsvorlandschaften auf. In ihr unterirdisches Winterversteck geht sie Ende Oktober, im April kommt sie daraus hervor. Ihre Nahrung besteht aus kleinen Nagern, Vögeln und Eidechsen, in der Dämmerung, den frühen Morgen- und Vormittagsstunden geht sie auf die Jagd. Im Juli/August legt das Weibchen 2 – 5 relativ große Eier unter Steinen, in trockenem, morschem Holz oder Laub ab. Verbreitung: Süditalien, Sizilien, im Westen der Balkanhalbinsel, auf den nördlichen Sporaden und Kykladen, Kreta, in Kleinasien, Kaukasus, Krim.

5 Europäische Eidechsennatter – *Malpolon monspessulanus*
Länge über 2 m. Sehr schnelle Schlange, die hinten im Kiefer Giftzähne hat, mit denen sie ihre Beute betäubt oder tötet. Lebt in warmen, sonnig-trockenen Gegenden mit niederem Bewuchs und Dornensträuchern, auch bei Steinhaufen in der Nähe von Kulturflächen und in Ruinen. Die Schlange jagt kleine Säuger, Vögel, Schlangen und Eidechsen. Das Weibchen legt im Juli/August 14 – 18 längliche Eier, die Jungen schlüpfen im September/Oktober. Verbreitung: Südeuropa, Nordafrika, Westasien.

6 Europäische Katzennatter – *Telescopus fallax*
Länge 1 m. Die Katzennatter hat hinten im Kiefer Giftzähne, sie lebt in trockenen Steingebieten mit niederwüchsiger Buschvegetation. Abends und nachts wird sie aktiv, ihre Nahrung bilden vorwiegend Eidechsen und kleine Säugetiere. Die Jungen fressen vor allem Insekten und kleine Eidechsen. Verbreitung: Balkanhalbinsel, Griechenland, Nahost.

2
5
3
1
4
6

Familie: Ottern – Viperidae

1 Kreuzotter – *Vipera berus*
Länge etwa 1 m, die Männchen sind kleiner als die Weibchen. Bekannte Giftschlange, deren Biß vor allem für Kinder lebensgefährlich werden kann. Ihre Nahrung besteht vorwiegend aus kleinen Nagern, oft auch aus Eidechsen, Lurchen, kleinen Vögeln und Insekten. Die Schlange lebt an feuchten, doch sonnigen Stellen in der Nähe von Bächen im Wald, auf Lichtungen, steinigen, bewachsenen Hängen und in Gebäudenähe in Höhen über 500 m, in den Bergen bis zu 2000 m hoch. In Südeuropa ist sie bis zu 3000 m Höhe anzutreffen. Die Kreuzotter pflanzt sich im August/Anfang September fort, das Weibchen bringt lebende Junge zur Welt (die Eihülle zerreißt beim Passieren der Kloake). Verbreitung: Ganz Europa mit Ausnahme der südlichen Mittelmeerinseln und Irlands. Im Norden kommt sie bis zum 67. Breitengrad vor.

2 Höllennatter – *Vipera berus* m. *prester*
Schwarze Kreuzotterform. Außer den gewöhnlich grauen oder braunen Kreuzottern mit schwarzer oder brauner Zeichnung auf dem Rücken kommen in den Bergen oft auch ganz schwarze Tiere mit gelber Schwanzunterseite vor. Rostrote Kreuzottern mit braunem Zickzackband auf dem Rükken werden als morpha *chersea* bezeichnet.

3 Europäische Hornviper – *Vipera ammodytes*
Länge bis zu 1 m. Starke Giftschlange mit einem typischen Horn auf der Nase, bewohnt sonnig-trockene Standorte. Ihre Nahrung besteht aus kleinen Nagern, gelegentlich auch aus Vögeln und Eidechsen. Ende August/September legt das Weibchen 4–20 Eier, aus denen gleich 15–20 cm lange Jungtiere schlüpfen. Innerhalb ihres Areals bildet die Art mehrere Unterarten aus, die sich in Größe, Schuppenzahl sowie in der Färbung von Rücken und Schwanzspitze voneinander unterscheiden. Verbreitung: Südosteuropa, Westasien.

4 Aspisviper – *Vipera aspis*
Länge 70–75 cm. Lebt in Hügel- und Gebirgslandschaften bis zu 2600 m an sonnig-trockenen Stellen mit Steinhaufen, an eingefallenen Mauern usw. Ihr Winterversteck verläßt die Aspisviper Ende März, im April beginnt die Paarung. Ende August/Anfang September legt das Weibchen 4–18 Eier, aus denen sofort Junge schlüpfen. Sie ernähren sich zunächst von jungen Eidechsen, später fast ausschließlich von kleinen Säugetieren. Verbreitung: Häufig in den Zentral- und Ostgebieten Südeuropas. Außer der Stammart *V. aspis aspis*, die in Nordwestitalien, Frankreich, der Nordschweiz und im Südschwarzwald häufig ist, gibt es noch mehrere Unterarten.

5 Levanteotter – *Vipera lebetina*
Länge bis zu 1,5 m. In felsiger Umgebung, auch teilweise in den trockenliegenden Betten von Bergbächen mit üppiger Randvegetation. Im Unterschied zu den übrigen europäischen Ottern legt das Weibchen Eier (15–20), aus denen erst nach 4–5 Wochen Junge schlüpfen, und zwar im August/September. Die Levanteotter ernährt sich von kleinen Nagetieren, Vögeln, Eidechsen und Schlangen; ihre Beute tötet sie durch Giftbiß. Von allen europäischen Giftschlangen kann sie dem Menschen am gefährlichsten werden. Verbreitung: Nordwestafrika, einige griechischen Kykladeninseln, Zypern, West- und Mittelasien. Ihre kleinste Unterart *V. lebetina schweizeri* lebt auf den Kykladeninseln Milos, Kimolos, Siphnos und Polinos, eine andere auf Zypern, im Irak eine weitere usw.

4
2
1
3
5

Klasse: Vögel – Aves
Ordnung: Seetaucher – Gaviiformes
Familie: Seetaucher – Gaviidae

1 Prachttaucher – *Gavia arctica*
Länge ca. 70 cm. Der Prachttaucher ernährt sich vorwiegend von Fischen, aber auch von Muscheln, verschiedenen kleinen Krebsen und Insekten. Er lebt im Seengebiet von Tundra und Waldtundra, wo er in unmittelbarer Wassernähe an den Ufern, oft auf Inseln nistet. Im Mai/Juni legt das Weibchen gewöhnlich zwei Eier, beide Eltern brüten und füttern. Wenn die Seen zufrieren, d.h. von Oktober bis April, suchen die Taucher südlichere Gegenden auf und überwintern an Strömen und Seen, auch an den Küsten von Nordsee, Mittelmeer und Schwarzem Meer. Verbreitung: Nordeuropa, Asien, Nordamerika.

Ordnung: Lappentaucher – Podicipediformes
Familie: Lappentaucher – Podicipedidae

2 Haubentaucher – *Podiceps cristatus*
Länge 48 cm. Der Haubentaucher gibt stehenden Gewässern gegenüber Flüssen den Vorzug und gehört zu den häufigen Teichbewohnern. Er ernährt sich vorwiegend von kleineren Fischen und verschiedenen Insektenlarven. Sein aus Pflanzenteilen erstelltes Nest liegt oft im Schilf verborgen, wo es von April bis Juni auf dem Wasser liegt. Das Weibchen legt 3–4 grünliche Eier, beide Eltern brüten und füttern. Die Jungen sind dunkel gestreift und werden von den Eltern im Rückengefieder getragen. Die europäischen Vögel überwintern in Süd- und Westeuropa, sie ziehen nachts. Verbreitung: ganz Europa mit Ausnahme des hohen Nordens, Asien, Afrika, Australien.

3 Zwergtaucher – *Podiceps ruficollis*
Länge ca. 27 cm. Dieser kleinste Lappentaucher ist ein an langsam fließenden Gewässern und Teichen häufiger Vogel, doch ist er sehr scheu und lebt im Schilf verborgen. Seine Nahrung sucht er auf der Wasseroberfläche und unter Wasser, sie besteht aus allen möglichen Insekten und deren Larven. Im Schilf bauen die Zwergtaucher aus Pflanzenresten ihre Schwimmnester, von April bis Juni legt das Weibchen 5–6 hellgrüne Eier, die von beiden Eltern bebrütet werden, auch füttern beide abwechselnd. Der Vogel nistet zweimal jährlich. Verbreitung: Ganz Europa, gemäßigte Zone Asiens, Afrika, Australien.

4 Schwarzhalstaucher – *Podiceps nigricollis*
Länge 30 cm. Lebt auf der Oberfläche verwachsener Teiche, Seen, Tümpel und toter Flußarme, wo er sich von Wasserinsekten und deren Larven ernährt. Sein Nest erstellt er aus Pflanzenteilen, oft nistet er in großen Kolonien von mehreren hundert Paaren. Im Mai/Juni legt das Weibchen 3–4 grünliche Eier, beide Eltern brüten und füttern. Vor dem Winter unternehmen die Vögel relativ kurze Züge nach Süden, die mitteleuropäischen Tiere überwintern in Südeuropa. Verbreitung: Ganz Europa mit Ausnahme des hohen Nordens, Asien bis Westsibirien, Nordamerika, Afrika.

Ordnung: Röhrennasen – Procellariiformes
Familie: Sturmvögel – Procellariidae

5 Eissturmvogel – *Fulmarus glacialis*
Länge 47 cm. Wandervogel, der sich außer zur Nistzeit nur auf dem offenen Meer aufhält. Seine Nahrung besteht aus Fischen, Krebsen usw. Zur Nistzeit lebt er oft in großen Kolonien an Felsküsten, wo das Weibchen im Mai/Juni ein einziges großes weißes Ei in eine kleine, manchmal mit Gras und Flaum ausgepolsterte Vertiefung legt. Die in ein dichtes Dunengefieder gehüllten Jungen bleiben einige Wochen im Nest. Verbreitung: Nordatlantik, Nordpazifik, Nördliches Eismeer.

5

2

4

3

1

Ordnung: Ruderfüßer – Pelecaniformes
Familie: Kormorane – Phalacrocoracidae

1 Kormoran – *Phalacrocorax carbo*
Länge 80–90 cm. Der Kormoran bewohnt sowohl Süßwasser als auch Meere. Er frißt große Mengen von Fischen, die er tauchend jagt. Der Vogel nistet in großen Kolonien, sein Nest baut er aus Zweigen und Ästchen in Baumkronen, auf dem Boden und auf Felsen. Von April bis Juni legt das Weibchen gewöhnlich 2–3 Eier, beide Eltern brüten und füttern. Im September ziehen die Vögel aus Mitteleuropa in den Mittelmeerraum, um Anfang März zurückzukehren. Verbreitung: Vom nordamerikanischen Osten über Europa bis Ostasien, Afrika, Australien, Neuseeland.

Familie: Tölpel – Sulidae

2 Baßtölpel – *Sula bassana*
Länge 94 cm. Seine Lebensweise bindet ihn ans Meer, nur selten ist er auch im Binnenland zu sehen. Er frißt Seefische, auf die er als Stoßtaucher aus einer Höhe von 20–30 m mit geschlossenen Flügeln hinunterstößt. Vor dem Aufprall bei diesem Sturzflug schützt ihn ein Luftpolster unter der Haut. Der Baßtölpel nistet in großen Kolonien, sein aus Wasserpflanzen erstelltes Nest befindet sich auf Küstenfelsen. Von April bis Juni legt das Weibchen normalerweise ein Ei, das beide Eltern abwechselnd bebrüten, auch füttern beide. Verbreitung: Atlantikküsten und -inseln, Britische Inseln, Island.

Familie: Pelikane – Pelecanidae

3 Rosapelikan – *Pelecanus onocrotalus*
Länge 160 cm. Der Vogel ernährt sich ausschließlich von Fischen, er nistet kolonieweise. Sein Nest besteht aus einem riesigen Schilfhaufen mit einem Durchmesser bis zu 1,5 m, der 1–1,5 m über die Wasseroberfläche hinausragt. Von April bis Juni legt das Weibchen 2–3 große Eier, das Gelege wird vorwiegend vom Weibchen bebrütet. Nach 33 Tagen schlüpfen die jungen Pelikane, sie werden von den Eltern nur zweimal täglich gefüttert. Die Vögel überwintern in Kleinasien, Ägypten, Südwestasien und Indien. Verbreitung: Warme Zone Asiens, Nordostafrika, in Europa nur zwischen Donaumündung und Asowschem Meer.

Ordnung: Schreitvögel – Ciconiiformes
Familie: Reiher – Ardeidae

4 Graureiher – *Ardea cinerea*
Länge etwa 90 cm. In Seen- und Teichgebieten häufiger Vogel, der sich vorwiegend von Fischen, seltener von Amphibien ernährt, aber auch kleine Säuger, Weichtiere und Insekten fängt, in Ausnahmen sogar Jungvögel frißt. Er nistet oft in großen Kolonien in Baumkronen. Das Nest wird aus starken Zweigen gebaut, die Oberschicht besteht aus feinerem Material. Von März bis Mai legt das Weibchen meist 4–5 Eier, die beide Eltern bebrüten. Zunächst füttern sie die Jungvögel in den Schnabel, später würgen sie ihnen die Nahrung aufs Nest. Die Reiher aus Mitteleuropa überwintern in Südeuropa, die westeuropäischen Reiher sind überwiegend Standvögel. Verbreitung: Europa (im Norden bis zu den Orkneys), Süd- und Ostasien, Mittel- und Südasien (bis Japan).

5 Purpurreiher – *Ardea purpurea*
Länge 79 cm. Bewohnt meist reich mit Schilf bestandene Gewässer und frißt Fische, Frösche, kleine Säuger und Insekten. Der Purpurreiher nistet meist in Kolonien, sein Nest baut er im dichten Schilf oder Röhricht. Im April/Mai legt das Weibchen 3–6 Eier, die beide Eltern abwechselnd bebrüten. Die Jungen werden etwa 6 Wochen von den Eltern gefüttert. Die europäischen Vögel überwintern teils in Südeuropa, zum größten Teil jedoch in Afrika. Verbreitung: Süd- und Osteuropa, in Mitteleuropa relativ selten. Südasien, Afrika.

3
1
5
2
4

Familie: Reiher – Ardeidae

1 Seidenreiher – *Egretta garzetta*
Länge 56 cm. Kleiner, silbrigweißer Reiher, der die Sümpfe der Niederungen bewohnt. Seine Nahrung besteht aus Fischen, Amphibien und Insekten. Er nistet oft mit anderen Reiherarten zusammen in Kolonien, sein Nest baut er auf Bäumen und Büschen. Im Mai/Juni legt das Weibchen 3–5 Eier, beide Eltern brüten und füttern. Verbreitung: Fast ganz Südeuropa, Mittel- und Südasien, Süd- und Zentralafrika, Madagaskar, Sundainseln, Philippinen, Nordaustralien.

2 Rohrdommel – *Botaurus stellaris*
Länge 76 cm. In ausgedehnten Schilfbeständen sowie niedrigen Weiden- und Erlengebüschen in der Nähe mäßig großer, sauberer, seichter Wasserflächen. Die Nahrung besteht aus Insekten, Fröschen, Fischen und kleinen Säugern. Bei Bedrohung nimmt die Rohrdommel die charakteristische Pfahlstellung ein: Bei gestrecktem Hals wird der Schnabel senkrecht nach oben gerichtet. Meist nistet die Rohrdommel im Schilf, das Weibchen legt im April/Mai 3–5 Eier, es brütet und füttert allein. Verbreitung: Europa bis Schweden, Asien bis Japan, Afrika. Die europäischen Populationen überwintern von England über Frankreich bis Griechenland, Nord- und Äquatorialafrika sind ihre südlichsten Winterquartiere.

3 Zwergdommel – *Ixobrychus minutus*
Länge 36 cm. Kleinste europäische Reiherart. Lebt im Schilf an stehenden Gewässern. Ernährt sich von Insekten und Larven, kleinen Fischen und Lurchen. Ihr Nest baut sie im Schilf dicht über dem Boden. Im Mai/Juni legt das Weibchen 4–6 Eier, die das Männchen bebrütet; beide Partner betreiben Brutpflege. Verbreitung: Europa außer Großbritannien, Asien (bis Sibirien), Nordwest- und Südafrika. Die europäischen Tiere überwintern in Afrika.

4 Nachtreiher – *Nycticorax nycticorax*
Länge ca. 60 cm. Im Gebüsch von Teich- und Seeufern sowie im Ufergebüsch von Flüssen und Tümpeln. Sein Nest hat der Nachtreiher in den Bäumen, gelegentlich auch im Schilf, meist finden sich große Kolonien. Die Vögel ernähren sich von kleinen Fischen, Lurchen, Insekten und Larven. Die Weibchen legen im Mai/Juni normalerweise 3–5 Eier, die von beiden Eltern abwechselnd bebrütet werden, auch betreiben beide Brutpflege. Die in Mitteleuropa nistenden Vögel überwintern im tropischen Afrika. Verbreitung: Südeuropa, wärmere Gegenden Mitteleuropas, Südostasien, Afrika, Amerika.

Familie: Störche – Ciconiidae

5 Weißstorch – *Ciconia ciconia*
Länge bis zu 102 cm. Der Weißstorch lebt in offenen, an Wasserflächen reichen Landschaften mit Baumgruppen oder einzelstehenden Bäumen, auf denen er gern nistet. Oft baut er sein Nest auch auf Dächern, alten Kaminen usw. Das Weibchen legt Ende April/Anfang Mai 3–6 Eier, die beide Eltern abwechselnd bebrüten, doch sitzt in der Nacht meist das Weibchen. Die Eltern füttern die Brut mit Fischen, Fröschen, kleinen Säugern, Insekten und Würmern. Die Störche Europas überwintern in Ost-, Zentral- und Südafrika, die Tiere aus Asien gewöhnlich im indischen Süden. Ihre Brutplätze verlassen sie gewöhnlich im August, um Ende März/Anfang April zurückzukehren. Verbreitung: Europa (außer Italien, Großbritannien und Nordskandinavien); Mittel- und Ostasien, Japan, Nordafrika.

5
2
3
1
4

Familie: Störche – Ciconiidae

1 Schwarzstorch – *Ciconia nigra*
Länge 96 cm. In waldreichen Niederungen, oft aber auch in den Bergen. Seine Nahrung bilden vorwiegend Fische und Lurche, doch fängt er auch Kleinsäuger, Kriechtiere und Insekten. Sein Nest legt er in alten Bäumen dicht am Stamm an, gelegentlich auch auf Felsen. Das Weibchen legt Ende April/Mai 3–5 Eier, beide Eltern brüten und füttern. Verbreitung: Pyrenäenhalbinsel, Mitteleuropa, im Osten bis China und Sachalin.

Ordnung: Entenvögel – Anseriformes
Familie: Entenvögel – Anatidae

2 Stockente – *Anas platyrhynchos*
Länge ♂ 57 cm, ♀ 49 cm. Die Stockente lebt auf fließenden und stehenden Gewässern aller Art, oft auch inmitten von Großstädten. Ihre Nahrung bilden Pflanzen, verschiedene wirbellose Wasserbewohner und kleine Wirbeltiere. Ihr Nest baut die Ente auf dem Ufergras in Wassernähe, unter Gebüsch und auch auf Bäumen. Im März/April legt das Weibchen 7–11 Eier, die es allein ausbrütet. Beim Verlassen des Geleges bedeckt es die Eier mit Flaum. Unmittelbar nach dem Schlüpfen folgen die Jungen der Mutter, sie können bereits gut schwimmen und tauchen. Verbreitung: In ganz Europa häufig, Nordafrika, Asien, Nordamerika.

3 Krickente – *Anas crecca*
Länge ♂ 36 cm, ♀ 34 cm. Die Krickente hält sich mit Vorliebe auf dicht bewachsenen Gewässern auf, ihre Nahrung bilden Pflanzen und Tiere. Sie baut ihr Nest am Boden, oft weit vom Wasser weg auf Wiesen, Feldern usw. Das Weibchen legt im Mai 8–10 Eier, die es allein bebrütet, auch führt es die Jungen allein. Im Herbst sammeln sich die Krickenten in riesigen Schwärmen. Sie sind schnelle Flieger, die auf dem Zug bis zu 100 Stundenkilometer erreichen. Die europäischen Tiere überwintern in Südeuropa und Nordafrika. Verbreitung: Europa außer der Apennin-, Pyrenäen- und Balkanhalbinsel, paläarktisches Asien, nearktische Region.

4 Knäkente – *Anas querquedula*
Länge ♂ 40 cm, ♀ 36 cm. Bewohnt dicht verwachsene Gewässer und nistet im dichten Ried, Gebüsch und Gras. Ihre Nahrung besteht aus Pflanzen und wirbellosen Wassertieren. Als Nistplätze sucht sie sich vorwiegend Niederungen und Hügelgebiete aus, selten ist sie höher anzutreffen. Von April bis Juni legt das Weibchen 7–12 Eier, die es allein ausbrütet, auch die Brut pflegt es allein. Im Winter ziehen die Knäkenten nach Nord- und Zentralafrika. Verbreitung: Fast die ganze paläarktische Region, fehlt auf den Inseln im südlichen Mittelmeer, in Schottland, Irland und in Nordskandinavien.

5 Schnatterente – *Anas strepera*
Länge ♂ 51 cm, ♀ 48 cm. Die Art lebt auf seichten, stehenden oder langsam fließenden Gewässern mit großer, freier Fläche und ernährt sich von Wasserpflanzen und Kleinlebewesen. Im Mai/Juni legt die Ente in ihr sorgfältig in Ufernähe verborgenes Erdnest 7–12 Eier, das Brutgeschäft wird nur vom Weibchen betrieben. Die Tiere ziehen im Herbst aus Mitteleuropa nach Südeuropa und Nordafrika. Verbreitung: Europa; von Südengland und Mitteleuropa nach Osten über Mittelasien bis ins Amurgebiet, Island, Nordamerika, seltener Nordafrika.

6 Pfeifente – *Anas penelope*
Länge ♂ 49 cm, ♀ 44 cm. Die Pfeifente sucht weitläufige Wasserflächen mit Ufervegetation auf, wo sie sich vorwiegend von Pflanzen ernährt. Sie nistet gewöhnlich im Mai/Juni, meist in Wassernähe; ihr Nest ist sehr gut am Boden verborgen. Das Brutgeschäft obliegt dem Weibchen. Verbreitung: Paläarktische Region; in Nordwesteuropa meist als Standvogel, die Tiere aus Nord- und Osteuropa überwintern an den Küsten von Nord- und Ostsee, im Mittelmeerraum und Nordafrika.

2 ♂
5 ♂
1
4 ♂
3 ♂
6 ♂

Familie: Entenvögel – Anatidae

1 Spießente – *Anas acuta*
Länge ♂ 70 cm, ♀ 57 cm. Auf vegetationsreichen Stauseen des Binnenlandes. Die Nahrung der Spießente besteht aus wirbellosen Wasserkleintieren und Pflanzen. Zur Brutzeit sucht sie Seen in trockeneren, offenen Landschaften, die Waldtundra, Sümpfe und Moore auf. Auf dem Zug hält sie sich oft am Meer auf. Das Weibchen legt von April bis Juni 7–11 Eier, es besorgt das ganze Brutgeschäft. Verbreitung: Skandinavien, Norden der UdSSR, Nordamerika.

2 Löffelente – *Anas clypeata*
Länge ♂ 51,5 cm, ♀ 47,5 cm. Die Löffelente lebt auf stark verschilften stehenden Gewässern und frißt sowohl pflanzliche als auch tierische Nahrung. Ihr Nest legt sie meist auf Uferwiesen an. Im April/Mai legt das Weibchen 7–10 Eier, die es allein bebrütet, auch die Jungen führt es allein. Die mitteleuropäischen Löffelenten überwintern im Mittelmeerraum sowie im Westen in Frankreich, Holland usw. Verbreitung: West- und Nordeuropa (mit Ausnahme Nordskandinaviens), Nord- und Mittelasien (im Osten bis Kamtschatka), im Westen Nordamerikas.

3 Kolbenente – *Netta rufina*
Länge ♂ 57 cm, ♀ 51 cm. Die Kolbenente bewohnt ausgedehnte Süßwasserseen und Teiche, deren Ufervegetation reicher oder ärmer sein kann, doch müssen die Gewässer durch Inseln gegliedert sein. Sie zeigt sich auf seichtem Salz- bzw. Brackwasser. Sie ernährt sich vorwiegend von Pflanzen und nur in geringem Ausmaß auch von kleinen Wasserlebewesen. Ihr Nest baut sie am Boden aus trockenen und frischen Halmen, Zweigen und Laub. Den Nestrand erhöht sie durch eine Flaumfederschicht. Im Mai/Juni legt das Weibchen 6–12 Eier, die es allein ausbrütet. Verbreitung: Süden der paläarktischen Region, gebietsweise auch an einigen Stellen in Mittel- und Osteuropa.

4 Bergente – *Aythya marila*
Länge ♂ 45 cm, ♀ 40 cm. Das Bergentenweibchen kann man von der sehr ähnlichen Reiherente an dem großen weißen Fleck um die Schnabelwurzel unterscheiden. Nahrung sind viele Wassertiere und Pflanzen. Ihr Nest baut die Bergente im Gebüsch oder dichten Gras. Im Mai/Juni legt das Weibchen 7–9 Eier, es brütet und führt die Jungen ohne das Männchen. Verbreitung: Island, Schottland, Skandinavien, Nordgebiete der UdSSR, Nordamerika. In Mitteleuropa zeigt sie sich nur als Wintergast, in strengen Wintern in größerer Zahl.

5 Reiherente – *Aythya fuligula*
Länge ♂ 42 cm, ♀ 38 cm. Nach dem II. Weltkrieg hat sich diese Art in Mitteleuropa derart vermehrt, daß sie stellenweise zu den häufigsten Enten zählt. Sie frißt überwiegend tierische Nahrung. Auf größeren Binnengewässern mit Ufervegetation nistet sie im Mai/Juni, oft in größeren Gesellschaften gemeinsam mit Möwen und Seeschwalben. Das Weibchen legt Ende Mai/Juni 8–10 Eier, die es allein bebrütet und nach dem Schlüpfen der Jungen auch allein führt. Vor dem Winter ziehen die Reiherenten nach Westeuropa und ans Mittelmeer, oft überwintern sie auch auf großen Flüssen in den Großstädten. Verbreitung: Mittel- und Nordeuropa, Nordasien (bis Sachalin im Osten).

1

2 ♂

4

3 ♂

5

Familie: Entenvögel – Anatidae

1 Tafelente – *Aythya ferina*
Länge ♂ 46 cm, ♀ 42 cm. Typischer Vertreter der sog. Tauchenten, die ihre Nahrung hauptsächlich unter Wasser suchen. Zur Brutzeit überwiegt pflanzliche Nahrung, auf dem Zug und an den Winterplätzen tierische. Ihr Nest baut die Tafelente in dichter Ufervegetation oder auf kleinen Inseln, gewöhnlich dicht am Wasser. Im Mai/Juni legt das Weibchen 7–10 auffallend große Eier, auf denen es allein sitzt, die Brutpflege obliegt ebenfalls dem Weibchen allein. Die Tiere Mitteleuropas ziehen ans westliche Mittelmeer. Verbreitung: Mittel- und Osteuropa, Britische Inseln, Südskandinavien, Mittelasien (bis zum Baikalsee).

2 Moorente – *Aythya nyroca*
Länge ♂ 42 cm, ♀ 40 cm. Die Art bewohnt stehende, üppig bewachsene Gewässer mit freien Wasserflächen, sie ernährt sich von Pflanzen und Tieren. Ihr Erdnest baut sie in Wassernähe, im Mai/Juni legt das Weibchen 7–11 Eier, es brütet und führt die Jungen allein. Die mitteleuropäischen Populationen überwintern oft an den Nistplätzen, die osteuropäischen Vögel ziehen ans Mittelmeer, nach Nordafrika und Vorderasien. Verbreitung: Osteuropa, Südwestasien, in Mittel- und Westeuropa nur stellenweise.

3 Schellente – *Bucephala clangula*
Länge ♂ 45 cm, ♀ 41 cm. Diese Ente des Nordens lebt fast ausschließlich von tierischer Nahrung, vor allem von Weichtieren und Insekten. Ihr Nest legt sie in hohlen Bäumen an. Im April/Mai legt das Weibchen 4–14 Eier, das ganze Brutgeschäft versieht es allein. Die Nistbäume finden sich noch in 2 km Entfernung vom Wasser. Schon am zweiten Tag springen die Jungenten auf den Lockruf der Mutter auch aus hochliegenden Nestern auf den Boden hinunter. Gleich nach dem Schlüpfen können sie schon sehr gut tauchen. Verbreitung: Nordeuropa, Nordasien, Nordamerika. In Mitteleuropa brütet sie nur stellenweise.

4 Eiderente – *Somateria mollissima*
Länge ♂ 62 cm, ♀ 56 cm. Zur Brutzeit auf steinigem, sandigem oder vegetationsarmem Boden an Küsten, auf Inseln oder Binnenseeufern, außerhalb dieser Zeit weit weg vom Festland auf der offenen See. In der Hauptsache ernährt sie sich von Weichtieren. Die Eiderente nistet für gewöhnlich in großen Kolonien in Wassernähe in ungeschützter Umgebung auf dem Boden. Im Mai/Juni legt das Weibchen 4–6 Eier, die es allein bebrütet. Nach dem Schlüpfen der Jungen schließt sich das Muttertier oft anderen Familien an, so daß größere Gesellschaften entstehen. Im Winter suchen die Tiere die europäische Westküste auf, in besonders kalten Jahren auch den Mittelmeerraum. In den letzten Jahren hat sich die Eiderente immer häufiger auch in Mitteleuropa gezeigt. Verbreitung: Nordeuropa, Grönland, Nordamerika.

5 Mittelsäger – *Mergus serrator*
Länge ♂ 60 cm, ♀ 52 cm. An der Küste und an Binnenwässern, frißt vorwiegend Salz- und Süßwasserfische, Krebse und Wasserinsekten. Ende Mai/Juni nistet die Ente auf dem Boden, oft in großer Entfernung vom Wasser, doch stets im Verborgenen. Das Weibchen legt 7–12 Eier und bebrütet sie auch allein. Oft schließen sich die Jungtiere mehrerer Familien zusammen und werden von einem einzigen Weibchen geführt. Wie die anderen Sägerarten auch ist die Art Wintergast auf den nicht gefrierenden fließenden Gewässern Mitteleuropas. Verbreitung: Skandinavien, Island, Südküste Grönlands, Irland, Schottland, Nordasien, Nordamerika.

1 ♂

2

3 ♂

4 ♂

5

Familie: Entenvögel – Anatidae

1 Brandente, Brandgans – *Tadorna tadorna*
Länge ♂ 66 cm, ♀ 62 cm. Lebt in den Dünen flacher Sand- oder Schlickküsten, an Flußmündungen und an salzigen Binnenseen. Die Nahrung besteht fast ausschließlich aus Meeresweichtieren. Die Brandente legt ihr Daunennest in mindestens 1 m langen Erdlöchern (Kaninchenlöcher usw.) an, gelegentlich auch unter Büschen, zwischen Steinen oder in Baumhöhlungen. Im Mai/Juni legt das Weibchen 7 – 15 Eier, auf denen es sitzt, während das Männchen wacht. Beide Eltern widmen sich der Brutpflege. Verbreitung: Küsten von Nordsee, Ostsee, Mittelmeer, Schwarzem Meer, Kaspisee. Im Binnenland nur selten.

2 Graugans – *Anser anser*
Länge ♂ 83 cm, ♀ 71 cm. Die Graugans hat einen einfarbigen, fleisch- oder orangeroten Schnabel; sie hält sich meist an großen stehenden Gewässern auf Inseln und im Schilf auf, in Schottland auch in den Mooren und auf kleinen Meeresinseln. Die Graugans nimmt ausschließlich pflanzliche Nahrung an. Die Tiere leben in festen Paaren zusammen. Im März/April legt das Weibchen 4 – 6 Eier, die es bebrütet, während das Männchen sich in der Nähe aufhält. Beide Eltern widmen sich den Jungen. Die Graugans ist in Schottland ein Standvogel, die nord- und mitteleuropäischen Populationen überwintern am Mittelmeer. Verbreitung: Paläarktische Region.

3 Zwerggans – *Anser erythropus*
Länge ♂ 59 cm, ♀ 52 cm. Die Zwerggans lebt in der Umgebung von Flüssen und Seen in Tundra und Waldtundra, auch auf Hochflächen und in Niederungen an größeren Gewässern. Nahrung sind meist grüne Pflanzenteile und Samen. Sie nistet Ende Mai/Juni auf kleinen Anhöhen, unter niederwüchsigen Büschen und an felsigen Stellen. Die Zwerggans legt 4 – 5 Eier, beide Eltern treiben Brutpflege. Auf dem Zug überfliegt sie Mitteleuropa und überwintert im Südosten des Kontinents an den Küsten von Schwarzem Meer und Kaspisee, in Turkestan und im Iran. Auf dem Zug ist sie die in Mitteleuropa seltenste Gans. Verbreitung: Nordeuropa, Asien (bis zum Anadyr-Golf im Osten).

4 Saatgans – *Anser fabalis*
Länge ♂ 80 cm, ♀ 73 cm. Schnabel schwarz mit einer gelben bzw. rosa Zeichnung. Bewohnt Sumpfwälder und Tundren, doch nie in größerer Entfernung vom Wasser. Die Art hält in Schwärmen zusammen, nur zur Nistzeit leben die Tiere paarweise. Ihre Nahrung besteht aus Pflanzen. Im Juni/ Juli legt das Weibchen 4 – 5 Eier. Während das Weibchen brütet, wacht das Männchen. Die geschlüpften Junggänse werden von beiden Eltern gepflegt. Auf dem Zug rasten Riesenschwärme dieser Gänse auf den europäischen Binnengewässern, in milden Wintern wählen sie sogar Mitteleuropa als Winterplatz. In kälteren Jahren ziehen sie weiter nach Süden. Verbreitung: Nordskandinavien, Nordasien.

5 Ringelgans – *Branta bernicla*
Länge ♂ 59 cm, ♀ 56 cm. Die Ringelgans lebt fast ausschließlich an den arktischen Küsten, vor allem an den Flußmündungen; in größerer Entfernung vom Meer höchstens in der Tundra um Seen und Flüsse. Die Art ernährt sich fast ausschließlich von Moosen, Flechten und Gräsern, ausnahmsweise auch von Meereskrebsen und -muscheln. Sie nistet in Kolonien auf den Schären vor der Küste, in Fjorden und in der Tundra, stets nahe am Wasser. Im Juni legt das Weibchen 3 – 5 Eier, es brütet, während das Männchen wacht. Wie bei den anderen Arten beteiligen sich beide Eltern an der Aufzucht. Im Winter ziehen die europäischen Vögel in das Nordostseegebiet, im Binnenland erscheinen nur selten vereinzelte Vögel dieser Art, oft fliegen sie in Schwärmen anderer Nordlandgänse mit. Verbreitung: Inseln und Festland rings um die Arktis.

2

1 ♂

5

4

3

Familie: Entenvögel – Anatidae

1 Kanadagans – *Branta canadensis*
Länge ♂ 99 cm, ♀ 93 cm. Diese nordamerikanische Art ist ein Bewohner der Seen und Sümpfe der nördlichen Tundren, Küstensümpfe, Prärien und Halbwüsten. Ernährt sich hauptsächlich von grünen Pflanzenteilen und Körnern. Wurde nach England, Schweden und Dänemark eingeführt, wo sie stellenweise verwilderte. Die Kanadagans nistet auf kleinen Inseln oder dicht am Ufer, gelegentlich auch auf alten Bäumen. Ende April legt das Weibchen 5–6 Eier, die es allein bebrütet, während das Männchen in der Nähe wacht. In Europa erscheint der Vogel nur auf dem Zug oder als Wintergast von Anfang Oktober bis Ende März.

2 Höckerschwan – *Cygnus olor*
Länge ♂ 159 cm, ♀ 155 cm. Hals charakteristisch S-förmig gebogen, an der Basis des orangeroten Schnabels sitzt ein schwarzer Höcker, den die einfarbig grauen Jungschwäne noch nicht besitzen. Der Höckerschwan frißt überwiegend Wasser- und Schlammpflanzen, tierische Nahrung nimmt er nur hin und wieder an. Er nistet auf kleinen Inseln und im Schilf, wo er ein haufenförmiges Nest anlegt. Im April/Mai legt das Weibchen 5–9 Eier, die es allein bebrütet. Das Männchen wacht, es geht jeden Eindringling an, der sich in die Nähe des Nestes wagt, und scheut auch nicht vor Menschen zurück. Der Höckerschwan hat sich heute in Europa kräftig vermehrt und in einigen Ländern fast überhandgenommen. Im Winter versammeln sich die Tiere auf offenen Gewässern und an den Küsten. Verbreitung: Ganze paläarktische Region; er nistet in der gemäßigten Zone von Dänemark bis ins Ussurigebiet im Stillen Ozean.

3 Singschwan – *Cygnus cygnus*
Länge ♂ 150 cm, ♀ 147,5 cm. Die erwachsenen Vögel haben eine charakteristische Schnabelfärbung: An der Wurzel ist der Schnabel gelb, die gelbe Farbe läuft nach vorn schräg abwärts in einen Keil aus, die Spitze ist schwarz. Der Singschwan bewohnt offene Wasserflächen und Sümpfe in Tundren, an Flußmündungen und Gebirgsseen. Seine Nahrung besteht fast ausschließlich aus pflanzlichen Stoffen. Er nistet auf kleinen Inseln in Seen, auch an trockeneren Stellen in Sümpfen. Im Mai/Juni legt das Weibchen 5–6 Eier, die es ausbrütet; das Männchen wacht und beteiligt sich an der Erziehung der Jungen. Singschwäne überwintern an den Küsten von Nordsee, Ostsee, Schwarzem und Mittelmeer. Mitteleuropa durchziehen sie nur sehr selten in der Zeit von Anfang Oktober bis April. Verbreitung: Island, Nordskandinavien, Nordasien (im Osten bis Kamtschatka und Sachalin).

4 Zwergschwan – *Cygnus bewickii*
Länge ♂ 119 cm, ♀ 116 cm. Ähnelt dem Singschwan, unterscheidet sich aber durch Größe und Schnabelfärbung. An der Wurzel ist der Schnabel gelb, doch reicht die gelbe Fläche nicht unter die Nasenlöcher und endet in einem Bogen fast senkrecht zur Schnabellängsachse. Bewohnt stehende Gewässer und Sümpfe in Tundren und Flußmündungen, nistet auf kleinen Inseln oder in Ufernähe. Im Mai/Juni legt das Weibchen 3–5 Eier, die es allein ausbrütet. Verbreitung: Der Zwergschwan überwintert in Skandinavien, auf den Britischen Inseln, an Nord- und Ostsee. In Nordwestdeutschland und Nordfrankreich zählt er in der Zeit von Anfang Oktober bis Anfang April zu den häufigsten Schwänen. Im Sommer erscheint er in den nördlichsten Gebieten der Sowjetunion im Osten von der Halbinsel Kola bis zur Lenamündung. In den arktischen Gebieten Nordamerikas lebt eine andere Art, *C. columbianus.*

1
4
3
2

Ordnung: Greifvögel – Accipitriformes
Familie: Aegypiidae

1 Gänsegeier – *Gyps fulvus*
Länge 100 cm. Im Flug breite, gerade Flügel mit fingerartig gespreizten Schwungfedern. Seine Nahrung besteht überwiegend aus Aas, das er normalerweise aus großer Höhe, wo er ausdauernd kreist, ausfindig macht. Der Gänsegeier nistet im Februar/März auf Felsen. Das Weibchen legt in den mächtigen Horst ein Ei, beim Brüten und Füttern wechselt es sich mit dem Männchen ab (wie auch die übrigen Geier). Die südeuropäischen Geier überwintern z.T. an den Nistplätzen, teilweise ziehen sie in wärmere Länder. Mittel- und Westeuropa überfliegen nur ganz selten verirrte Exemplare. Verbreitung: Mittelmeerraum, Balkanhalbinsel, Nordwest- und Nordafrika, Südwestasien.

2 Mönchsgeier – *Aegypius monachus*
Länge 103 cm. Bewohnt offene Landschaften von den Niederungen bis in die Gebirge, seine Nahrung besteht aus Aas. Der Mönchsgeier horstet in der Zeit von Februar bis April, fast ausschließlich in Bäumen, das Weibchen legt nur ein Ei. Verbreitung: Südeuropa (Pyrenäenhalbinsel, Sardinien, Sizilien, Balkan), warme Zone Asiens (von Vorderasien bis China). Gelegentlich verfliegen sich Tiere weit nach Norden – nach Nordfrankreich, Deutschland, Dänemark und Polen.

Familie: Greife – Accipitridae

3 Steinadler – *Aquila chrysaetos*
Länge 82 cm. Die Läufe sind bis zu den Zehen befiedert. Bewohnt weite Flachlandwälder (Asien), in Europa in die Gebirge abgedrängt. Schlägt Säugetiere bis zu Lammgröße (in den Bergen meist Murmeltiere), aber auch kleine Nager, selbst Aas wird nicht verschmäht. Der Steinadler nistet im März/April, seinen Horst baut er in den Felsen oder auf hohen Bäumen. Das Weibchen legt in der Regel zwei Eier, die die Eltern abwechselnd bebrüten. Wie bei den anderen Greifvögeln beteiligen sich beide Eltern an der Aufzucht der Brut. Die Jungadler werden im dritten Lebensjahr erwachsen. Standvogel. Verbreitung: Großteil Europas, Asiens, Nordwestafrikas, Nordamerika.

4 Kaiseradler – *Aquila heliaca*
Länge 75 – 80 cm. Die Art bewohnt offene, laubwaldbedeckte Landschaften und ausgedehnte Niederungen. Der Kaiseradler schlägt kleine und mittelgroße Säuger. Von März bis Mai legt das Weibchen meist zwei Eier, das Brutgeschäft führt es zum überwiegenden Teil auch aus, doch füttern beide Eltern. Die Tiere horsten auf Bäumen, Buchenwälder bevorzugen sie. Standvogel. Verbreitung: Südwest- und Südosteuropa, Klein- und Mittelasien.

5 Schreiadler – *Aquila pomarina*
Länge 63 cm. Als Nahrung dienen ihm Kleinsäuger, die er oft zu Fuß am Boden schlägt. Der Schreiadler legt seinen Horst in hohen Bäumen an. Im April/Mai legt das Weibchen 1 – 2 Eier, die es meist allein ausbrütet. Zugvogel, der in Ostafrika überwintert. Verbreitung: Südosteuropa, Kleinasien, Transkaukasien, Nordiran, Nordburma.

1
1
2
4
3
5

Familie: Greife – Accipitridae

1 Mäusebussard – *Buteo buteo*
Länge 51–56 cm. Der Mäusebussard lebt in Landschaften, in denen Wälder mit Feldern und Wiesen abwechseln. Lebt in der Hauptsache von Wühlmäusen. Er nistet gewöhnlich auf hohen Waldbäumen, wo er einen großen Horst anlegt. Das Weibchen legt im April/Mai 2–3 Eier. Beide Eltern brüten und füttern die Jungen. Die Art tritt als Stand-, Zug- und Strichvogel auf. Die ziehenden Tiere entfernen sich im Winter weit vom Brutgebiet, manchmal aus Mitteleuropa bis nach Norditalien. In Mitteleuropa überwintern die Tiere aus den nördlichen Gebieten des Kontinents. Verbreitung: Ganz Europa mit Ausnahme des nördlichsten Skandinaviens, Asien.

2 Sperber – *Accipiter nisus*
Länge 28–38 cm, wie bei allen Greifen sind die Männchen kleiner als die Weibchen. Der Sperber ernährt sich von Kleinvögeln, die er im blitzschnellen Tiefflug schlägt, auch zwischen den Bäumen bewegt er sich sehr elegant. Er hält sich in dichten Waldbeständen auf und horstet auch dort, gelegentlich genügen ihm auch Büsche oder Parks. Seinen Horst legt er immer auf einem Baum an, man entdeckt ihn leicht an den verstreuten Federn, da das Weibchen sich zur Brutzeit mausert. Im Mai legt es 4–6 Eier, die es allein bebrütet, doch füttern beide Eltern. Strichvogel, einige Tiere fliegen über den Winter bis nach Südwesteuropa. Verbreitung: Ganz Europa, Nordafrika, paläarktisches Mittelasien.

3 Habicht – *Accipiter gentilis*
Länge 48–58 cm. Alt- und Jungvögel unterscheiden sich deutlich in der Färbung. Während erwachsene Vögel eine quergestreifte Bauchseite haben, ist diese bei den jungen Tieren längs getupft. Auch hier ist das Männchen kleiner als das Weibchen. Der Habicht bewohnt Waldgebiete, doch lebt er weitgehend im Verborgenen. Der Habicht ist ein Standvogel und schlägt Beute bis zu Hühner- und Kaninchengröße. Beide Eltern bauen in der Regel am Stamm eines Nadelbaums hoch über dem Boden den mächtigen Horst. Im April legt das Weibchen 3–4 Eier, die es meist selbst bebrütet, während das Männchen – wie der Sperber – für Nahrung sorgt. Verbreitung: Europa, Asien, Nordamerika.

4 Rotmilan – *Milvus milvus*
Länge 62 cm. Der Rotmilan bewohnt in den Niederungen alle Waldtypen. Sein Schwanz ist ziemlich lang und tief gegabelt. Er ernährt sich von kleinen Wirbeltieren, Insekten und Aas. Er horstet auf Bäumen, beim Bau verwendet er gelegentlich auch Papier- oder Stoffetzen und anderes auffälliges Material. Im April/Mai legt das Weibchen 3–4 Eier. Es brütet meist allein, an der Fütterung beteiligen sich beide Altvögel. In den südlicheren Gegenden Standvogel, aus dem Norden zieht er über den Winter ans Mittelmeer. Verbreitung: ganz Europa, jedoch nirgends häufig; Vorderasien, Nordwestafrika.

5 Schwarzmilan – *Milvus migrans*
Länge 57 cm. Schwanz nur wenig gegabelt. Bewohnt in den Niederungen alle Waldtypen in der Nähe stehender und fließender Gewässer. Seine Nahrung besteht vor allem aus kleinen Fischen, auch verendeten, kleine Wirbeltiere schlägt er ebenfalls. Im April/Mai legt das Weibchen 2–4 Eier. Meist brütet das Weibchen, doch füttert auch das Männchen. Im Winter zieht der Schwarzmilan nach Äquatorialafrika, einige Tiere überwintern auch im Mittelmeerraum. Verbreitung: Europa mit Ausnahme des Nordens, Großteil Asiens, Afrika, Australien.

1
2
3
5
4

Familie: Greife – Accipitridae

1 Seeadler – *Haliaeëtus albicilla*
Länge ♂ 77 cm, ♀ 90 cm. Im Gegensatz zum Steinadler hat er ungefiederte Läufe, einen Keilschwanz und einen mächtigen gelben Schnabel. Alte Vögel haben einen weißen Schwanz, bei jungen ist er braun, oft weiß gefleckt. Der Seeadler frißt Fische, aber auch Vögel, Säuger und Aas. Er horstet in Wäldern und Baumgruppen um Seen und Flüsse, im Süden der UdSSR auch in trockenen Steppengebieten. Im Februar/März legt das Weibchen 1–3 Eier, beide Eltern brüten und füttern. Verbreitung: Europa, fast ganz Nord- und Mittelasien, Südwestgrönland.

2 Rohrweihe – *Circus aeruginosus*
Länge 52 cm. Wie alle Weihen ein schlanker, langflügeliger und langschwänziger Vogel, der wie die anderen Geschlechtsdimorphismus in Färbung und Größe (♂ ist kleiner) aufweist. Im Unterschied zu den übrigen Weihen hat er aber keinen weißen Steiß. Die Rohrweihe kommt an stehenden Gewässern mit dichtem Röhrichtbewuchs vor, manchmal auch auf sumpfigen Wiesen. Sie ernährt sich von kleineren Vögeln (Jungmöwen) und Säugern. Der Vogel nistet meist direkt auf dem Wasser auf einem Rohrhaufen. Im April/Mai legt das Weibchen 4–5 Eier, wie bei den anderen Weihen brütet nur das Weibchen und wird dabei vom Männchen gefüttert. Nach dem Schlüpfen jagen beide Eltern, doch nur das Weibchen füttert. In Südeuropa Stand-, im Norden Zugvogel. Verbreitung: Ganz Europa (außer dem nördlichsten Skandinavien), Mittel- und Ostasien, Nordafrika, Australien.

3 Kornweihe – *Circus cyaneus*
Länge 47 cm. Die Kornweihe bewohnt Moraste und Sümpfe, ausgedehnte Moore und weite nasse Wiesen, ihre Hauptnahrung bilden kleine Nager. Ihr Erdnest baut sie aus Gras, Heidekraut, Zweigen usw. Von April bis Juni legt das Weibchen 4–5 Eier. Zugvogel, dessen europäische Populationen am Mittelmeer, in Nordafrika und Vorderasien überwintern. Verbreitung: Fast ganz Europa, Mittelsibirien, Nordamerika.

4 Wiesenweihe – *Circus pygargus*
Länge 46 cm. Der Vogel bewohnt feuchte Niederungen, Sümpfe mit Schilf- und Riedbestand, Moraste. In der Hauptsache ernährt er sich von kleinen Nagern, Fröschen, Eidechsen und Vögeln, die er am Boden schlägt. Die Wiesenweihe baut ihr Nest am Boden, im Mai/Juni legt das Weibchen 4–5 Eier. Verbreitung: Europa (außer dem Norden, Irland, Süditalien, Balkanhalbinsel), Asien (bis zum Jenissei, im Süden bis in den Nordiran, Turkestan), berührt Nordafrika.

5 Steppenweihe – *Circus macrourus*
Länge 43–48 cm. Diese Weihe lebt in offenen, trockenen Landschaften, meist in Steppen. Sie ernährt sich genauso wie die Kornweihe, ihr Erdnest baut sie im Mai, bis Juni legt das Weibchen 4–5 Eier. Zugvogel, der in Afrika und Südasien überwintert, Mittel- und Westeuropa werden in den Herbstmonaten nur überquert. Verbreitung: Osteuropa, Südwestasien.

6 Wespenbussard – *Pernis apivorus*
Länge 50–57 cm. Im Flug vom Mäusebussard an den Streifen auf dem langen Schwanz und an dem schmalen, vorgestreckten Kopf zu unterscheiden. In der Partie zwischen Schnabelansatz und Auge keine Federn, sondern feine Borsten. Der Wespenbussard lebt in Wäldern mittlerer Höhenlagen bis zu 1000 m, seine Hauptnahrung sind Bienen, Hummeln und vor allem Wespen, die er geschickt fängt. Mit den Fängen scharrt er die Brut aus dem Boden. Er horstet auf Bäumen, den Horstrand belegt er mit grünen Zweigen. Ende Mai/Juni legt das Weibchen 2 Eier. Beide Eltern brüten abwechselnd, auch füttern sie gemeinsam. Der Wespenbussard ist ein Zugvogel, der in Afrika überwintert. Auf dem Zug oft in großen Schwärmen. Verbreitung: Fast ganz Europa, fast ganz Asien.

1
2
6
5
3
4

Familie: Fischadler – Pandionidae

1 Fischadler – *Pandion haliaëtus*
Länge 55 cm. Der Fischadler hat einen charakteristisch gebauten Fuß – die Außenzehe kann nach hinten geklappt werden, so daß die Beute von vorn und hinten durch je zwei Zehen ergriffen wird. An den Zehensohlen sitzen stachelartige Gebilde, die ein Entgleiten der Beute verhindern. Der Vogel ist an das Wasser gebunden, seine Hauptnahrung bilden Fische. Seinen Horst baut er in Baumkronen. Im April/Mai legt das Weibchen meist drei Eier, die es allein ausbrütet, während das Männchen für Nahrung sorgt. Zugvogel, überwintert im tropischen und südlichen Afrika. Verbreitung: Fast ganz Europa und Asien, Sundainseln, Australien, Mittel- und Nordamerika.

Ordnung: Falken – Falconiformes
Familie: Falken – Falconidae

2 Baumfalke – *Falco subbuteo*
Länge 30 – 36 cm. Wie alle Falken hat er an der Oberkieferkante eine Kerbe. Der Baumfalke hält sich in offenen Landschaften mit lichten Wäldern, Hainen und Büschen auf. Er ernährt sich vorwiegend von Insekten und kleinen Vögeln. Der schnelle und gewandte Flieger horstet auf Bäumen. Das Weibchen legt normalerweise im Juni 2 – 4 Eier, beide Eltern brüten und füttern. Zugvogel, der in Ost- und Südafrika überwintert. Verbreitung: Ganz Europa, fast das ganze paläarktische Asien.

3 Wanderfalke – *Falco peregrinus*
Länge 40 – 48 cm. Wie bei den anderen Falken ist das Männchen kleiner als das Weibchen. Liebt offene Landschaften von den Niederungen bis in die Gebirge mit lichten Wäldern, Hainen und Gebüschen. Im Norden bewohnt er auch Tundren und Felsgebiete an der Küste und im Binnenland. Frißt Vögel bis zu Krähen- und Taubengröße. Der Wanderfalke horstet auf Felsen oder Bäumen, gelegentlich auch am Boden. Im Süden bereits Anfang März, im Norden ab Mai. Das Weibchen legt 3 – 4 Eier, auf denen beide Eltern abwechselnd sitzen. Stand- bzw. Strichvogel. Verbreitung: Fast über die ganze Welt, er wird in Europa jedoch immer seltener.

4 Gerfalke – *Falco rusticolus*
Länge 51 – 56 cm. Im Gegensatz zum Wanderfalken ohne Bart. Der Gerfalke lebt in offenen Landschaften sowie in den Bergen mit Felsen und Wäldern. Er horstet im Fels, das Weibchen legt im April/Mai 3 – 4 Eier, die es überwiegend allein bebrütet. Verbreitung: Nordeuropa, Island, Grönland, arktische Gebiete Asiens und Nordamerikas. Selten verirrt er sich nach West- oder Mitteleuropa.

5 Merlin – *Falco columbarius*
Länge 27 – 30 cm. Kleinster europäischer Falke, der sich vorwiegend in Tundren und Waldtundren aufhält. Seine Nahrung besteht aus kleinen, im Flug geschlagenen Vögeln und kleinen Nagern. Er horstet am Boden oder auf Bäumen. Im Mai/Juni legt das Weibchen 4 – 5 Eier, beide Eltern brüten und füttern. Der Vogel überwintert in Nordafrika und Südasien. In Mittel- und Westeuropa erscheint er im Winter als Durchzügler. Verbreitung: Nordeuropa, Asien, Nordamerika.

6 Turmfalke – *Falco tinnunculus*
Länge 32 – 35 cm. Bewohnt Landschaften, in denen kleine Wälder und Büsche mit Wiesen und Feldern abwechseln. Ernährt sich in der Hauptsache von kleinen Säugern, das macht ihn für die Feldwirtschaft sehr nützlich. Der Turmfalke horstet in verlassenen Krähennestern, auf Feldern und in Gebäuden. Im April/Mai legt das Weibchen 5 – 7 Eier, die es 28 – 31 Tage bebrütet, das Männchen versorgt Weibchen und auch Junge mit Nahrung. In Nordeuropa Zugvogel, im Süden Standvogel. Verbreitung: Ganz Europa, Asien außer dem hohen Norden, Afrika.

1
4
5
2
3
6 ♂

Familie: Falken – Falconidae

1 Rotfußfalke – *Falco vespertinus*
Länge 30 cm. Männchen und Weibchen unterscheiden sich deutlich in der Färbung. Die Vögel leben gruppenweise in Niederungen, Steppen und Waldsteppen, ihre Hauptnahrung sind Insekten. Im Mai/Juni legt das Weibchen 4–5 Eier, auch das Männchen brütet und füttert. Verbreitung: Osteuropa, Mittelsibirien, Ostasien. In West- und Mitteleuropa nistet der Vogel nur selten und unregelmäßig.

Ordnung: Hühnervogel – Galliformes
Familie: Rauhfußhühner – Tetraonidae

2 Alpenschneehuhn – *Lagopus mutus*
Länge 34 cm. Der Vogel bewohnt die Hochgebirge zwischen oberer Baumgrenze und ewigem Schnee. Sein Winterkleid ist weiß, im Sommer ist sein Gefieder graubraun mit weißen Flügeln. Im Winter sind seine Beine auch zwischen den Zehen befiedert, so daß die Füße wie Schneeschuhe wirken. Das Schneehuhn ernährt sich vorwiegend von Pflanzen. Es nistet am Boden, im Mai/Juni legt das Weibchen 8–12 Eier, die es selbst bebrütet. Die Junghühner schließen sich den Alten in großen Schwärmen an. Standvogel, in den Bergen Europas Eiszeitrelikt. Verbreitung: Zirkumpolare Art bis Spitzbergen und auf anderen Arktisinseln, Alpen, Pyrenäen.

3 Birkhuhn – *Lyrurus tetrix*
Länge ♂ über 61 cm, ♀ ca. 42 cm. Wie alle Hühnervögel mit auffallendem Geschlechtsdimorphismus in Größe und Färbung. Bewohnt Waldlandschaften an Waldrändern, auf Lichtungen, Heideflächen und Mooren. Seine Nahrung besteht aus Knospen, Samen, kleinen Insekten, Würmern, Schnecken usw. Zur Balzzeit versammeln sich die Hähne auf den Balzplätzen (Lichtungen, Heiden, Wiesen an Waldrändern), wo sie vor Sonnenaufgang ihre typischen Kämpfe austragen. Die Balz endet kurz nach Sonnenaufgang. Im Mai/Juni legt das Weibchen 7–12 Eier in ein Bodennest, es brütet und füttert die Jungen allein. Verbreitung: Lichte Taiga Nordeuropas und Asiens, Gebirge West- und Mitteleuropas.

4 Auerhuhn – *Tetrao urogallus*
Länge ♂ 94 cm, ♀ 67 cm. Das Auerhuhn bewohnt die Wälder des Nordens, im Süden zeigt es sich in ausgedehnten Bergwäldern. Ernährt sich von Insekten, Laub, Nadeln und Knospen von Bäumen. Mit charakteristischem Balzruf, bei dem das Männchen auf einem Baum sitzt. Die Vögel nisten am Boden, das Weibchen legt von April bis Juni 5–8 relativ große Eier, das Brutgeschäft betreibt es allein. Verbreitung: Mitteleuropa (nur in großen Bergwäldern häufig), häufig in Nordeuropa und Nordasien bis zum Baikalsee.

5 Haselhuhn – *Tetrastes bonasia*
Länge ♂ 37 cm, ♀ 34 cm. Männchen und Weibchen unterscheiden sich fast nicht voneinander. Das Haselhuhn bewohnt Mischwälder mit dichtem Unterholz, wo es sich den ganzen Tag auf dem Boden bewegt. Standvogel, der sich im Sommer von Insekten, Würmern, Kräutern und deren Samen ernährt, im Winter ausschließlich von Samen, Früchten, Knospen usw. lebt. Der Vogel nistet am Boden, das Weibchen legt im Mai/Juni 7–10 Eier, die es allein bebrütet. An der Aufzucht beteiligt sich auch der Hahn. Verbreitung: Europa außer dem Süden, Mittel- und Nordasien.

Familie: Eigentliche Hühner – Phasianidae

6 Steinhuhn – *Alectoris graeca*
Länge 35 cm. Das Steinhuhn lebt an trockenen, warmen, steinigen Hängen. Der Standvogel nistet am Boden, von April bis Juni legt das Huhn 9–15 Eier. Verbreitung: Alpen, Apennin- und Balkanhalbinsel, Südwest- und Mittelasien, im Osten bis China.

4
6
5
1 ♀
1 ♂
3
2

Familie: Eigentliche Hühner – Phasianidae

1 Rebhuhn – *Perdix perdix*
Länge 29 cm. In Feld- und Wiesenlandschaften der Niederungen und Hügel. Ernährt sich meist von grünen Pflanzen, im Sommer auch von Insekten und anderen kleinen Wirbellosen. Das Rebhuhn nistet am Boden, im Mai/Juni legt die Henne 12–20 Eier, die sie allein bebrütet, an der Aufzucht beteiligt sich auch der Hahn. Bis zum Winter bleibt die Familie als Schwarm zusammen. Stand- und wichtiger Jagdvogel. Verbreitung: Ganz Europa bis Südskandinavien, Klein- und Mittelasien.

2 Jagdfasan – *Phasianus colchicus*
Länge ♂ 79 cm, ♀ 60 cm. Seine Heimat liegt nicht in Europa, sondern in Mittel- und Ostasien. Mit auffallendem Geschlechtsdimorphismus. Bewohnt Hügellandschaften und Niederungen, offene Landschaften mit Feldern und Waldbeständen sowie lichte Wälder und Ufer. Seine Nahrung sind vorwiegend Insekten und Larven, Grünpflanzen und Samen. Im Mai/Juni legt die Henne in ihr Erdnest 8–15 Eier, das Brutgeschäft versieht sie allein. Standvogel, wichtiges Federwild. Verbreitung: Warme und gemäßigte Zonen Europas (bis Südskandinavien), fehlt im Westen der Iberischen Halbinsel, in der Südspitze Italiens, auf Sizilien und in Griechenland; Südteil des paläarktischen Asiens.

3 Wachtel – *Coturnix coturnix*
Länge 17 cm. Kleinster europäischer Hühnervogel, lebt in Steppen und Feldern der Niederungen. In ihr Erdnest legt die Henne im Mai/Juni 9–13 Eier. Brut und Aufzucht betreibt sie allein. Die Wachtel ist der einzige ziehende Hühnervogel Europas, sie überwintert in Afrika. Verbreitung: Gemäßigte und warme Zone Europas, Asiens (im Osten bis Japan).

Ordnung: Kranichvögel – Gruiformes
Familie: Kraniche – Gruidae

4 Kranich – *Grus grus*
Länge ♂ 122 cm, ♀ 113 cm. Der Kranich lebt in Mooren und einsamen Sümpfen in den Wäldern. Seine Nahrung besteht vorwiegend aus Pflanzen. Bei der Balz führen beide Partner eine Art Tanz auf. Ihr großes, flaches Nest legen die Vögel an trockenen Stellen an, im Mai/Juni legt das Weibchen zwei Eier. Beide Eltern betreiben das Brutgeschäft. Zugvogel, der im Herbst in großen Schwärmen nach Afrika zieht. Verbreitung: Skandinavien, Norddeutschland, Polen, europäische UdSSR, Asien bis Ostsibirien.

Familie: Trappen – Otididae

5 Großtrappe – *Otis tarda*
Länge ♂ 102 cm, ♀ 80 cm. Die Großtrappe ist der mächtigste europäische Vogel. Sie bewohnt die weiten Felder, Wiesen und Steppen des Flachlandes. Ihre Nahrung besteht aus Pflanzen, vor allem aus weichen Trieben. Im Herbst finden sich die Tiere in großen Schwärmen zusammen. Ihr Balzspiel ist sehr eindrucksvoll. Im Mai/Juni legt das Weibchen in eine flache Grube meist zwei Eier, Brut und Aufzucht besorgt es allein. Verbreitung: Südliche Teile Europas und der Steppenstreifen über Mittelasien bis zum Stillen Ozean.

2 ♂
5 ♂
3
4
1

Ordnung: Kranichvögel – Gruiformes
Familie: Rallen – Rallidae

1 Bläßhuhn – *Fulica atra*
Länge 38 cm. Auf schilfumstandenen, stehenden Gewässern häufiger Vogel, fließende Gewässer sucht er nur zum Überwintern auf. Das Bläßhuhn ernährt sich vorwiegend von Wasserpflanzen, zu denen es oft hinabtaucht. Es nistet im Schilf; sein Nest aus Wasserpflanzen schwimmt auf der Oberfläche und ist an Schilfhalmen befestigt. Von März bis Juni legt das Weibchen 7–15 Eier, oft brüten die Bläßhühner zweimal jährlich. Beide Eltern widmen sich dem Brutgeschäft. Die Tiere leben teils als Stand-, teils als Zugvögel. Die mitteleuropäischen Vögel überwintern entweder an den Nistplätzen oder fliegen nach West- und Südeuropa bzw. Afrika. Verbreitung: Fast ganz Europa (mit Ausnahme des Nordens), Großteil Asiens, Nordwestafrika, Australien.

2 Teichhuhn – *Gallinula chloropus*
Länge 33 cm. Das Teichhuhn lebt auf reich verwachsenen Gewässern, seine Nahrung besteht aus Pflanzen und Insekten. Das Huhn lebt paarweise, sein Nest baut es in der dichten Ufervegetation. Von April bis Juli legt die Henne 7–10 Eier, meist nistet sie zweimal im Jahr. Beide Eltern brüten und ziehen die Jungen auf. Je nach Nistplatz ist das Teichhuhn ein Standvogel (Süden) oder Zugvogel; die Tiere aus dem Norden überwintern in Südeuropa. Verbreitung: Fast über die ganze Welt (fehlt in Australien und im europäischen Norden).

3 Wasserralle – *Rallus aquaticus*
Länge 28 cm. An dicht verschilften Ufern stehender Gewässer, auf nassen Wiesen, in Sümpfen und Mooren. Seine Nahrung bilden Insekten, Larven usw., aber auch Pflanzensamen. Sein Nest aus flachen Blättern ist stets gut verborgen. Die Wasserralle nistet wahrscheinlich zweimal jährlich, von April bis August legt das Weibchen 6–11 Eier, beide Eltern widmen sich dem Brutgeschäft und der Aufzucht. Teils überwintert die Wasserralle in den Brutgebieten, teils in Nordafrika und im Mittelmeerraum. Verbreitung: Europa (außer dem Norden), Asien (im Osten bis Japan), Nordwestafrika.

4 Tüpfelsumpfhuhn – *Porzana porzana*
Länge 23 cm. Lebt in Sümpfen und in der Ufervegetation stehender Gewässer im Verborgenen. Sein Nest legt es manchmal im Schilf, meist aber in Ried- und Grasbüscheln an. Von Mai bis Juli legt das Weibchen 7–11 Eier, es nistet zweimal im Jahr. Beide Partner beteiligen sich am Brutgeschäft. Gehört zu den Zugvögeln, überwintert meist am Mittelmeer und in Afrika. Verbreitung: Außer den Nordgebieten in ganz Europa, Asien (im Osten bis zum Jenissei).

5 Wachtelkönig – *Crex crex*
Länge 27 cm. Lebt im Unterschied zu den anderen Rallen auf dem Trockenen. Bewohnt feuchte Wiesen von den Niederungen bis ins Hügelland, gelegentlich auch in den Bergen. Als Nest dient eine ausgepolsterte Grube an einer trockenen Stelle. Im Juni/Juli legt das Weibchen 7–12 Eier, beide Eltern brüten und ziehen die Jungen auf. Zugvogel, der im Mittelmeerraum überwintert, hauptsächlich aber im tropischen und südlichen Afrika. Verbreitung: Europa (außer dem Norden, der Pyrenäen- und Apenninhalbinsel), Asien (bis zum Baikalsee).

1
2
4
3
5

Ordnung: Watvögel, Möwen und Alke – Charadriiformes
Familie: Austernfischer – Haematopodidae

1 Austernfischer – *Haematopus ostralegus*
Länge 43 cm. Bewohnt Küsten und Inseln, Flußmündungen usw. Gelegentlich auch auf Feldern und Wiesen an den Ufern von Binnengewässern. Der Austernfischer ernährt sich von Muscheln. Er nistet an der Küste, sein Nest besteht aus einer flachen Grube, die oft mit Weichtierschalen und anderem Material ausgekleidet ist. Im Mai/Juni legt das Weibchen 3–4 Eier. Stand- bzw. Strichvogel. Verbreitung: Küsten aller Kontinente.

Familie: Regenpfeifer – Charadriidae

2 Kiebitz – *Vanellus vanellus*
Länge 32 cm. Der Kiebitz lebt auf nassen Wiesen, in Morästen, abgelassenen Fischteichen, auf Feldern, an Fluß- und Teichufern. Seine Nahrung besteht aus Pflanzen. Von März bis Mai legt das Weibchen vier Eier, es nistet in einer flachen, grasgepolsterten Grube. Beim Brüten und in der Brutpflege wechseln sich die Eltern ab. Die Vögel aus Nordeuropa ziehen im Herbst nach Süden, die west- und südeuropäischen Tiere überwintern in ihren Brutgebieten. Verbreitung: Europa (außer Nordskandinavien), gemäßigte Zone Asiens.

3 Steinwälzer – *Arenaria interpres*
Länge 23 cm. An Steinküsten und auf Felsinseln häufiger Vogel. Von Mai bis Juni legt das Weibchen vier Eier in eine Erdgrube. Beide Eltern sitzen auf den Eiern, die Aufzucht übernimmt das Männchen. Der Vogel überwintert teilweise im Nordseeraum, größtenteils aber an den Küsten Afrikas und Südwesteuropas. Verbreitung: Nordeuropa, Sibirien und angrenzende Inseln, Grönland, Nordgebiete der Neuen Welt.

4 Sandregenpfeifer – *Charadrius hiaticula*
Länge 19 cm. Bewohnt flache Sand- oder Kiesküsten sowie Ufer von Binnengewässern. Nahrung sind alle möglichen Insekten und Würmer. Er nistet in einer flachen, meist nicht ausgepolsterten Grube, in die das Weibchen im Mai/Juni vier Eier legt. Beim Brüten lösen die Eltern einander ab, um die Aufzucht der Jungen kümmert sich meist das Männchen. Im Winter halten sich die Sandregenpfeifer an den Küsten des Mittelmeeres, Afrikas und Südwestasiens auf. Verbreitung: Nördlicheres Europa und Asien, Nordamerika, Grönland.

5 Flußregenpfeifer – *Charadrius dubius*
Länge 15 cm. An kahlen Ufern von Binnengewässern und an der Küste. Seine Nahrung besteht aus kleinen Wirbellosen. Bei der Jagd beklopft er mit schnellen Fußtritten den Boden, um so die Beute hervorzulocken. Er nistet zweimal jährlich von Mai bis Juni, sein Nest besteht aus einer spärlich mit Gras gepolsterten flachen Grube. Das Weibchen legt vier Eier, beim Brüten und bei der Brutpflege wechseln sich die Eltern ab. Zugvogel, überwintert im Mittelmeerraum und in Afrika. Verbreitung: Europa (mit Ausnahme des Nordens), Großteil Asiens, Nordwestafrika.

6 Goldregenpfeifer – *Pluvialis apricaria*
Länge 28 cm. Dieser Bewohner von Tundren, Nordlandsümpfen und Mooren ernährt sich wie die übrigen Regenpfeifer von Pflanzen. Er nistet am Boden; als Nest dient eine mit Pflanzenteilen ausgepolsterte Grube. Von April bis Juli legt das Weibchen vier Eier, beim Brüten wird es vom Männchen gelegentlich abgelöst. Beide Eltern bewachen ihr Nest sorgsam. Die Art nistet meist zweimal im Jahr. Der Goldregenpfeifer ist ein Zugvogel, der im Mittelmeerraum und in Südwestasien überwintert. Verbreitung: Britische Inseln, Island, Skandinavien, südliche Ostseeküste, Norden der UdSSR bis zur Jenisseimündung.

1
2
3
4
5
6

Familie: Regenpfeifer – Charadriidae

1 Mornellregenpfeifer – *Eudromias morinellus*
Länge 22 cm. Der Mornellregenpfeifer nistet in den Stein- und Sumpftundren des Nordens, als Eiszeitrelikt kommt er auch in den Hochgebirgen vor. Seine Nestgrube polstert er mit Moos, Gras und anderem Pflanzenmaterial aus. Im Juni/Juli legt das Weibchen drei Eier. Das Männchen brütet und füttert. Zugvogel, überwintert in Nordafrika sowie Vorderasien. Verbreitung: Das Areal gliedert sich in Inseln. In Europa sind es die Gebirge Schottlands und Skandinaviens, die Kärntener Alpen, die rumänischen Karpaten, in Asien Nord- und Nordostsibirien, Ural, die Taimirhalbinsel und die Hochgebirge Zentralasiens.

Familie: Schnepfenvögel – Scolopacidae

2 Waldschnepfe – *Scolopax rusticola*
Länge 34 cm. Vor allem in Laub- und Mischwäldern häufig. Nahrung sind verschiedene Wirbellose. Die Waldschnepfe fängt die Beute einmal an der Erdoberfläche, zum andern stößt sie ihren spitzen Schnabel ins weiche Erdreich, faßt dort Würmer wie mit einer Pinzette und zieht sie heraus. Ihre Nistgrube ist mit altem Laub ausgekleidet, der Vogel nistet von April bis Juni. Das Weibchen legt vier Eier, die Fürsorge für Gelege und Junge obliegt ihm allein. Die Waldschnepfe brütet zweimal im Jahr. Zugvogel, der in West- und Südeuropa sowie am Mittelmeer überwintert. Verbreitung: Großteil Europas, (in Skandinavien bis zum Polarkreis), Asien (im Osten bis Sachalin und Japan), isolierte Brutplätze auf Atlantikinseln, im Kaukasus und Himalaja.

3 Bekassine – *Gallinago gallinago*
Länge 27 cm. In Sumpfgebieten, an Teichen und auf feuchten Wiesen häufig. Ihre Brutbiologie entspricht der der Waldschnepfe. Den Winter über zieht sie nach Afrika, teilweise bleibt sie auch im Brutgebiet. Verbreitung: Ähnlich der Waldschnepfe, nur geht sie weiter nach Norden; Nordamerika.

4 Brachvogel – *Numenius arquata*
Länge 58 cm. Größter europäischer Regenpfeifer, er bewohnt feuchte Wiesen und nicht allzu wasserreiche Sümpfe; in Osteuropa und Asien lebt er auch in trockenen Steppen, hält sich aber stets unweit vom Wasser auf. Er ernährt sich von Insekten, Würmern und Weichtieren, die er mit seinem langen Schnabel aus dem Schlamm holt. Im April/Mai legt das Weibchen vier Eier, beide Eltern brüten und füttern. Die meisten Brachvögel ziehen, sie überwintern am Mittelmeer und in Afrika. Verbreitung: In Europa wie die vorigen Arten, in Asien nach Osten bis zum Amur.

5 Uferschnepfe – *Limosa limosa*
Länge 40 cm. Wiesenbewohner in Wassernähe, der seine aus Insekten, Würmern und Weichtieren bestehende Nahrung wie die folgenden Arten im Schlamm fängt. Die Uferschnepfe nistet in dichter Vegetation am Boden, ihre Nistgrube polstert sie mit trockenem Gras aus. Im April/Mai legt das Weibchen vier Eier, beide Eltern brüten und füttern. Der Zugvogel überwintert am Mittelmeer. Verbreitung: In Mittel- und Westeuropa inselweise, von Nordfrankreich nach Osten über ganz Asien zusammenhängend bis Kamtschatka.

6 Schwarzwasserläufer – *Tringa erythropus*
Länge 31 cm. Der Vogel bewohnt in der Regel sumpfige Stellen. Er nistet im Mai/Juni, das Weibchen legt vier gefleckte Eier. Der Schwarzwasserläufer überwintert am Mittelmeer, in Mitteleuropa zeigt er sich regelmäßig auf dem Zug. Verbreitung: Nordskandinavien, Nordsibirien.

3
1
2
4
5
6

Familie: Schnepfenvögel – Scolopacidae

1 Rotschenkel – *Tringa totanus*
Länge 28 cm. Häufigster europäischer Wasserläufer, bewohnt nasse Sumpfgebiete, Torfmoore und Wiesen um Seen, Teiche und Flüsse. Der Vogel ernährt sich von Insekten, Würmern und Weichtieren. Er nistet im April/Mai; das Weibchen legt vier Eier in die sorgfältig in der Ufervegetation verborgene Nistgrube. Beim Brüten und Füttern lösen die Eltern einander ab. Der Rotschenkel überwintert am Mittelmeer und der europäischen Westküste, in Nord- und gelegentlich auch in Zentralafrika. Verbreitung: Fast ganz Europa, Asien bis zum Amur.

2 Waldwasserläufer – *Tringa ochropus*
Länge 23 cm. Bewohnt alte Waldbestände an feuchten Stellen sowie Wasserläufe mit unterspülten Ufern. Frißt Wasserinsekten und Spinnen. Der Waldwasserläufer nistet auf Bäumen in verlassenen Nestern anderer Vogelarten, oft hoch über dem Boden. Das Weibchen legt von April bis Juni vier Eier, auf denen es meist allein sitzt. Der Vogel überwintert teils in Westeuropa und am Mittelmeer, meist in Afrika. Verbreitung: Osteuropa, Südskandinavien, Kaukasus, Asien (bis Ostsibirien).

3 Bruchwasserläufer – *Tringa glareola*
Länge 20 cm. Lebt vorwiegend in Tundren und Sumpfwäldern. Nahrung sind Wasserinsekten und Spinnen. Der Vogel nistet in einer Erdgrube, die sorgfältig in der Vegetation verborgen liegt und mit Laub sowie anderem Pflanzenmaterial ausgepolstert wird. Im Mai/Juni legt das Weibchen vier Eier, beide Eltern brüten und füttern. Der Bruchwasserläufer ist ein Zugvogel, der südlich des Mittelmeeres bis Südafrika seine Winterplätze hat und auch in Südasien überwintert. Auf dem Zug erscheint er oft an den Ufern von Binnengewässern in ganz Europa. Verbreitung: Nordeuropa, Nordasien (im Osten bis Kamtschatka und ins Amurgebiet).

4 Flußuferläufer – *Tringa hypoleucos*
Länge 20 cm. An flachen, buschbestandenen, schlammigen und sandigen Ufern von Seen und Teichen, doch bevorzugt er eigentlich fließende Gewässer. Sein Nest besteht aus einer mit Pflanzenteilen ausgepolsterten Grube, die gut in der Ufervegetation verborgen liegt. Im Mai/Juni legt das Weibchen vier Eier, meist brütet das Männchen und betreibt auch die Brutpflege. Zugvogel, überwintert teilweise am Mittelmeer und in Westeuropa, zum größten Teil aber in Afrika, auf Madagaskar, in Südasien bis Australien. Verbreitung: Europa und Asien bis zu den japanischen Inseln. In Nordamerika lebt der verwandte Drosseluferläufer (*Actitis macularia*).

5 Knutt – *Calidris canutus*
Länge 26 cm. Der Vogel bewohnt trokkene, felsige Niederungen und Grastundren, er ist einer der am weitesten nördlich nistenden Vögel. Nahrung sind kleine Strandtiere. Er nistet im Juni, seine Brutbiologie ähnelt dem Alpenstrandläufer. Zugvogel, der im Mittelmeerraum, am Schwarzen Meer, in Australien, Südamerika, Südasien und Westafrika überwintert. Manchmal bleibt er auch nur an der Nordseeküste. Verbreitung: Arktis.

1
2
3
4
5

Familie: Schnepfenvögel – Scolopacidae

1 Alpenstrandläufer – *Calidris alpina*
Länge 19 cm. Der Vogel lebt stets an Wasserrändern, in Mitteleuropa auf Uferwiesen und in Sümpfen, im Norden in der Tundra. Seine Nahrung besteht aus kleinen Wirbellosen und Samen. Von April bis Juni legt das Weibchen vier Eier. Die Nistgrube ist gut in der Vegetation versteckt und mit Pflanzenmaterial ausgepolstert. Beide Eltern sitzen abwechselnd auf den Eiern und füttern gemeinsam. Die europäischen Vögel überwintern im südlichen Nordseeraum und an den westeuropäischen Küsten, vor allem aber am Mittelmeer und in Nordafrika. Verbreitung: Norden Europas, Asiens, Amerikas.

Kampfläufer – *Philomachus pugnax*
Länge ♂ 25 cm, ♀ 23,5 cm. Die durch starken Geschlechtsdimorphismus auffallende Art bewohnt feuchte Tieflandwiesen, Sümpfe und weiter im Norden Tundren; auf dem Zug zeigt sie sich auch an Teichufern in West- und Mitteleuropa. Die Nahrung des Kampfläufers besteht aus Würmern, Insekten, oft auch aus Samen. In der Balz finden sich die Männchen zahlreich auf den Balzplätzen ein, wo sie regelrechte Turniere austragen. Das Nest ist eine nur spärlich ausgepolsterte Grube. Im Mai/Juni legt das Weibchen vier Eier, das ganze Brutgeschäft betreibt es allein. Die Art überwintert im tropischen sowie südlichen Afrika, manchmal auch am Mittelmeer, in Ausnahmefällen sogar in West- und Mitteleuropa. Verbreitung: Ostsee- und Nordseeküste von Frankreich an nach Norden, Nordasien.

Familie: Säbelschnäbler – Recurvirostridae

3 Säbelschnäbler – *Recurvirostra avosetta*
Länge 43 cm. An der Küste und an Brackwasser, an Flußmündungen usw. Er ernährt sich von Insekten, Weichtieren und Krebsen, die er im Flachwasser fängt, indem er mit dem Schnabel seitlich hin- und herfährt. Die Tiere nisten kolonieweise, die Nistgruben werden mit etwas Pflanzenmaterial ausgekleidet. Von April bis Juni legt das Weibchen vier Eier, beide Eltern sitzen und betreiben Brutpflege. Die Tiere aus dem Norden sind Zugvögel und überwintern in Afrika und Südasien, die südeuropäischen Populationen verbringen den Winter oft im Brutgebiet. Verbreitung: West- und Südeuropa, Nord- und Ostseeküste, im Binnenland vom Neusiedler See bis in die Mongolei und nach Indien, stellenweise in den afrikanischen Tropen.

4 Stelzenläufer – *Himantopus himantopus*
Länge 38 cm. Bewohnt seichtes Salz- und Süßwasser mit schlammigem Grund und frißt Insekten, kleine Weichtiere sowie Würmer. Meist nisten die Vögel in größeren Gesellschaften, die Nistgruben in Wassernähe werden mit Pflanzen ausgepolstert. Gewöhnlich legt das Weibchen im Mai vier Eier, beim Brüten und bei der Aufzucht wechseln sich die Eltern ab. In den nördlicheren Breiten Zugvogel, der in Afrika und Südasien überwintert. Verbreitung: Süd-, Mittel- und Westeuropa, seltener in Mittel- und Südasien, Afrika, nearktische, neotropische und australische Region.

5 Odinshühnchen – *Phalaropus lobatus*
Länge 17 cm. Dieser Nordlandvogel bewohnt nasse Grasplätze an Fluß- und Seeufern, Meeresküsten und Sümpfen. Seine Nahrung besteht vorwiegend aus Insekten und Krebsen. Der Geschlechtsdimorphismus des Odinshühnchens ist umgekehrt entwickelt: Das Weibchen ist größer, farbenprächtiger und wählt den Nistplatz selbst. Im Mai legt es in eine mit Pflanzen ausgekleidete Grube vier Eier, die das Männchen ausbrütet; das Männchen zieht auch die Jungen auf. Zugvogel, überwintert in Westafrika, am Indischen Ozean, in der Malaiischen Inselwelt und auf den Molukken. Verbreitung: Nordeuropa, hoher Norden Asiens und Nordamerikas.

2
1
3
4
5

Familie: Triele – Burhinidae

1 Triel – *Burhinus oedicnemus*
Länge 41 cm. Der Triel bewohnt ausgedehnte Felder, Sandflächen und vegetationsarme Steppen. Seine Nahrung fängt er nachts: Insekten, Weichtiere und kleine Wirbeltiere. Von April bis Juni legt das Weibchen zwei Eier in eine ungepolsterte Sandgrube, beide Eltern beteiligen sich am Brutgeschäft. Der Vogel nistet zweimal im Jahr. Den Winter verbringt der Triel in West- und Südeuropa sowie in Nordwest- und Ostafrika. In Südeuropa erweist er sich oft als Standvogel. Verbreitung: Gemäßigte Zone Europas, Südwest- und Südasien, Nordafrika.

Familie: Möwen – Laridae

2 Mantelmöwe – *Larus marinus*
Länge 74 cm. Nistet in Kolonien an den Felsküsten der Ozeane sowie an den Ufern einiger Binnenseen. Die Mantelmöwe ernährt sich von verschiedenen Wirbeltieren und Wirbellosen, auch Aas verschmäht sie nicht. Das Nest baut sie aus Pflanzenmaterial. Im Mai/Juni legt das Weibchen 2–3 Eier, beide Eltern brüten und füttern, wie übrigens alle Möwen. Verbreitung: Nordeuropa, Spitzbergen, Grönland, Labrador. Oft streifen die Tiere bis weit nach Süden.

3 Silbermöwe – *Larus argentatus*
Länge 56 cm. Die Silbermöwe lebt an der Meeresküste und an Binnenseeufern, ihre Nahrung besteht aus allen möglichen Meerestieren, Vogeleiern, Vögeln, Aas und Abfällen. Sie nistet in riesigen Kolonien, ihre Nester legen die Tiere auf Felsen, Kies, im Gras, Schilf und auch auf Hausdächern an. In das pflanzengepolsterte Nest legt das Weibchen im Mai/Juni drei Eier. In der gemäßigten und warmen Zone Europas Standvogel, die nördlichen Populationen suchen über Winter die Küsten Afrikas auf, dabei zeigen sie sich oft im Binnenland. Verbreitung: Küsten der ganzen Nordhalbkugel, Ufer einiger Binnenseen.

4 Sturmmöwe – *Larus canus*
Länge 41 cm. Der Vogel lebt an den Küsten der Ozeane, an Binnenseen, Sümpfen und in Sumpftundren. Er ernährt sich von verschiedenen Wirbeltieren und Insekten. Auch die Sturmmöwe nistet in riesigen Kolonien, ihre Brutbiologie entspricht der Silbermöwe. Die nordeuropäischen Vögel überwintern zum größten Teil an den Küsten von Nord- und Ostsee, die Vögel Mitteleuropas sind zum Teil ortsständig, zum Teil ziehen sie über den Winter ans Mittelmeer. Verbreitung: Nordeuropa (von England und Irland nach Norden), Mittelasien, Nordwesten Nordamerikas.

5 Zwergmöwe – *Larus minutus*
Länge 30 cm. Die kleinste Möwe, sie bewohnt vegetationsreiche Süßwasserufer sowie Meeresküsten. Ihre Nahrung besteht vorwiegend aus Insekten. Die Zwergmöwe nistet in Kolonien, oft gemeinsam mit Lachmöwen und Trauerseeschwalben. Das Nest ist aus Pflanzenteilen gebaut und sitzt auf Felsen, in Riedbüscheln oder geknicktem Rohr, auf Sandflächen usw. Im Mai/Juni legt das Weibchen 2–3 Eier. Die Tiere überwintern größtenteils im Mittelmeerraum, am Schwarzen Meer und in Westeuropa. Verbreitung: Stellenweise an Nord- und Ostseeküste (von der finnischen Küste über die europäischen Teile der UdSSR bis Sibirien).

3
1
2
5
4

Familie: Möwen – Laridae

1 Lachmöwe – *Larus ridibundus*
Länge 37 cm. Bekannteste und häufigste Möwenart Europas; bewohnt stehende, von dichter Vegetation umgebene Binnengewässer sowie die Meeresküste. Die Lachmöwe ernährt sich von Insekten, Würmern und Kleinfischen. Ihre Brutkolonien finden sich an ähnlichen Plätzen wie die der Zwergmöwe, die Nester werden aus Pflanzenmaterial gebaut. Das Weibchen legt von April bis Juni drei Eier. Die Art überwintert oft auf Gewässern in Großstädten, in Häfen usw. teils in Westeuropa, teils in Südasien und Nordafrika. Verbreitung: Fast ganz Europa (mit Ausnahme von Pyrenäen-, Apennin- und Balkanhalbinsel), Asien bis Kamtschatka.

2 Dreizehenmöwe – *Rissa tridactyla*
Länge 40 cm. Die Art nistet an Felsküsten, außerhalb der Brutzeit lebt sie auf offener See. Nahrung sind kleine Fische, Krebse usw. Ihre großen Nistkolonien finden sich oft in der Gesellschaft anderer Seevogelarten. Im Mai/Juni legt das Weibchen 2–3 Eier. Die nordatlantische Population überwintert vorwiegend zwischen dem 40. und 60. Breitengrad auf dem Atlantik, in Nord- und Ostsee sowie auch im Mittelmeer. Verbreitung: Nordküste Skandinaviens, Britische Inseln, Dänemark, Frankreich, Hebriden, Nordküste Asiens und Nordamerikas.

Familie: Raubmöwen – Stercorariidae

3 Schmarotzerraubmöwe – *Stercorarius parasiticus*
Länge 46 cm. Charakteristisch ist die verlängerte mittlere Schwanzfeder. Die Tiere ernähren sich meist von Fischen und kleinen Nagern, oft verfolgen sie andere Seevögel, um ihnen ihre Beute abzujagen. Die Art nistet in der Tundra, gewöhnlich an der Küste oder in der Nähe von Flüssen und Seen, doch stets in starkzähligen Kolonien. Die Nistgruben werden nicht gepolstert. Im Mai/Juni legt das Weibchen zwei Eier, die Eltern wechseln sich beim Brüten und Füttern ab. Zugvogel, überwintert an den Küsten Südamerikas, Westafrikas, Australiens und am Persischen Golf. Verbreitung: Zirkumarktisch.

4 Skua – *Stercorarius skua*
Länge 59 cm. Der Vogel ernährt sich von Fischen, anderen Seevögeln abgejagter Beute, Eiern und Jungen aller an der See brütender Vögel. Brütet entweder einzeln oder in kleinen Kolonien, für gewöhnlich unmittelbar am Meer. Ihre Brutbiologie entspricht der anderer Raubmöwen. Im Winter erscheint die Art weit im Süden, manchmal bei Gibraltar und in Italien. Verbreitung: Nordatlantikküste und anliegende Polarmeere.

Familie: Seeschwalben – Sternidae

5 Trauerseeschwalbe – *Chlidonias niger*
Länge 25 cm. Die einzige Seeschwalbe, die auch im Sommerkleid mit Ausnahme der Unterschwanzdecken ganz schwarz ist. Wie alle Seeschwalben hat sie einen langen Gabelschwanz. Bewohnt Binnengewässer und ernährt sich vor allem von Insekten, aber auch von Kleinfischen. Nistet kolonienweise, ihr Nest aus Wasserpflanzen baut sie auf treibendem Rohr oder anderen im Wasser treibenden Pflanzen. Im Mai/Juni legt das Weibchen drei Eier, beim Brüten und Füttern lösen sich beide Eltern ab. Die Trauerseeschwalbe ist ein ausgesprochener Zugvogel, der im tropischen Afrika überwintert. Verbreitung: Europa (im Norden bis Südfinnland), Klein- und Mittelasien, Westsibirien, Nordamerika.

6 Flußseeschwalbe – *Sterna hirundo*
Länge 35 cm. Bewohnt Süßwasserufer, Schlamminseln und Meeresküsten. Ihre Nahrung besteht aus kleinen Fischen, Krebsen und Insekten. Genistet wird kolonienweise, oft in der Gesellschaft von Möwen. Ihr Nest baut sie aus trockenen Pflanzen, dort hinein legt das Weibchen von Mai bis Juli drei Eier. Beide Eltern widmen sich dem Brutgeschäft. Zugvogel, überwintert im Mittelmeerraum und in Afrika. Verbreitung: Fast ganz Europa, Asien, Nordamerika.

6
1
5
3
2
4

Familie: Seeschwalben – Sternidae

1 Küstenseeschwalbe – *Sterna paradisaea*
Länge 38 cm. Diese Seeschwalbe bewohnt Strände, kleine Inseln und Tundren um Binnengewässer. Ihre Nahrung besteht aus Fischen, Krebsen und in geringem Maße auch aus Insekten. Sie nistet in Kolonien, das Weibchen legt meist nur zwei Eier in die ungepolsterte Nistgrube. Beide Eltern brüten und füttern. Die Vögel fliegen dicht über dem Wasserspiegel dahin; bisher ist noch nicht beobachtet worden, ob sie sich auch auf ihm niederlassen. Zugvogel, unternimmt weite Züge nach Süden; aus den nördlichsten Gebieten Europas fliegen die Vögel entlang der Küsten Westafrikas, Nord- und Südamerikas bis in die Antarktis. Verbreitung: Zur Nistzeit im äußersten Norden Europas, Asiens und Nordamerikas.

2 Brandseeschwalbe – *Sterna sandvicensis*
Länge 40 cm. An vegetationsarmen Flachküsten sowie auf der Küste vorgelagerten Inseln. Die Brandseeschwalbe ernährt sich von Fischen und nistet in Kolonien. Im Mai/Juni legt das Weibchen 2–3 Eier in die nur spärlich mit ein paar Halmen gepolsterte Nistgrube im Sand. Dem Brutgeschäft widmen sich beide Eltern. Zugvogel, überwintert an den Küsten West- und Südafrikas, am Roten Meer und Persischen Golf. Verbreitung: Südschweden, Britische Inseln, Frankreich, Dänemark, Holland, Mittelmeerraum, Schwarzes und Kaspisches Meer, Ostküste Nordamerikas. Selten verirrt sich ein Vogel ins Binnenland.

Familie: Alken – Alcidae

3 Tordalk – *Alca torda*
Länge 42 cm. Der Vogel bewohnt Klippen an der Küste und auf einsamen Inseln, seine Nahrung bilden Fische und Krebse. Der Tordalk nistet in Kolonien, meist sitzen die Nester unter einem Felsüberhang, in einer Spalte oder Höhlung. Das Weibchen legt von April bis Juni ein Ei direkt auf den Felsuntergrund, beim Brüten und Füttern lösen beide Eltern einander ab. Die Art überwintert an der westlichen Ostseeküste, an der Nordsee, im westlichen Mittelmeer und in Nordwestafrika. Verbreitung: Nordatlantik, Island, Spitzbergen, Skandinavien, Irland, Großbritannien, im Osten Nordamerikas, Grönland. Südlichste Nistplätze in der Bretagne.

4 Trottellumme – *Uria aalge*
Länge 43 cm. Der Vogel ernährt sich vorwiegend von Fischen, aber auch von Krebsen, Muscheln und Insekten. Nistet in großen Kolonien an Felsküsten und auf Inseln, oft zusammen mit dem Tordalk. Das Weibchen legt im Mai/Juni ein Ei direkt auf den Fels, beide Eltern brüten und füttern. Sind die Jungen 25 Tage alt, springen sie von den Felsen herunter und begeben sich mit ihren Eltern aufs Meer. Nach dem Brüten unternehmen die Vögel weite Züge, oft bis an die Küste Westafrikas und ins westliche Mittelmeer. Verbreitung: Nordatlantik, Nordpazifik, Nördliches Eismeer. Reicht weit in den Süden bis nach Portugal.

5 Gryllteiste – *Cepphus grylle*
Länge 35 cm. Die Gryllteiste lebt auf dem Küstenstreifen, gelegentlich auch auf vegetationsbestandenen Inseln. Meist ernährt sie sich von kleinen Fischen, doch auch von Krebsen und Würmern. Die Tiere nisten allein oder in kleinen Kolonien. Von Mai bis Juni legt das Weibchen normalerweise zwei Eier in Felsritzen, Hohlräume unter Steinen usw., doch führen Gryllteisten meist nur ein Junges. Beide Eltern brüten und füttern. Die Art überwintert an Nord- und Ostseeküste, manchmal auch an der französischen Atlantikküste. Verbreitung: Zirkumpolar im hohen Norden.

3
1
2
5
4

Familie: Alken – Alcidae

1 Papageitaucher – *Fratercula arctica*
Länge 30 cm. Mit auffallendem Schnabel, der zur Nistzeit besonders groß und bunt ist. Ernährt sich von Fischen, Muscheln, Krebsen usw. und bewohnt Grasflächen an der Küste und auf Inseln. Hier nistet er kolonieweise in selbstangelegten Nistgruben, in die die Weibchen im Mai/Juni ein Ei legen. Beide Eltern brüten und füttern. Seine Winterplätze liegen an Nordsee, Nordatlantik, an der Nordwestküste Afrikas, im westlichen Mittelmeer, ausnahmsweise auch an der Ostsee. Verbreitung: Nordatlantik, Norden Nordamerikas, Grönland, südlichste Nistplätze in der Bretagne.

Ordnung: Tauben – Columbiformes
Familie: Tauben – Columbidae

2 Hohltaube – *Columba oenas*
Länge 33 cm. Die Hohltaube bewohnt alte Laub- oder Mischwälder, in denen sie genügend natürliche Höhlen vorfindet, sie ernährt sich von Samen. Nistet 2- bis 3mal jährlich. Von April bis Juli legt das Weibchen in das in einer Baumhöhle befindliche Nest zwei Eier, beide Eltern brüten und füttern. Zuerst werden die Jungen mit einer quarkähnlichen Ausscheidung, die sich im Kropf der Alten bildet, gefüttert, später würgen ihnen die Eltern Früchte und Samenkörner aus dem Kropf direkt in den Schlund. Ähnlich verhalten sich auch andere Tauben. In West- und Südeuropa Standvogel; in Mitteleuropa überwintert die Hohltaube gelegentlich, doch zieht sie meist nach Südeuropa. Verbreitung: Europa (außer Nordskandinavien), Westasien (bis zum Irtysch), Nordwestafrika.

3 Felsentaube – *Columba livia*
Länge 33 cm. Von ihr stammen alle Haustaubenrassen ab. Sie bewohnt vegetationsarme Felsgebiete an der Küste und im Binnenland, ihre Nahrung besteht aus Sämereien. Der Vogel nistet auf hohen Felsenklippen, besonders gern in Höhlen, wo oft Riesenschwärme nisten. Das Weibchen legt von April bis Juli meist zwei Eier, doch brütet es 2- bis 3mal im Jahr. Verbreitung: Südeuropa, Nordafrika, Vorder-, Klein- und Südasien (bis Japan).

4 Ringeltaube – *Columba palumbus*
Länge 40 cm. Größte europäische Taube, bewohnt alle Waldtypen, auch größere Parks und Gärten. Wichtiges Erkennungsmerkmal ist der weiße Flügelbug, der im Flug wie ein weißer Streifen aussieht und sowohl bei Jungtieren als auch alten Vögeln vorhanden ist. Alte Tiere haben zu beiden Seiten des Halses weiße Flecken. Nahrung sind vor allem Eicheln und Bucheckern, aber auch Beeren und kleine Schnecken. Die Ringeltaube baut ihr Nest in Bäumen, gelegentlich benutzt sie auch Nester von Krähen oder Greifvögeln. Sie nistet 2- bis 3mal jährlich, von April bis August legt das Weibchen zwei Eier. Die nordeuropäischen Populationen überwintern in West- und Mitteleuropa sowie in Vorderasien, die südeuropäischen Ringeltauben sind meist Standvögel. Verbreitung: Europa (außer dem Norden), West- und Südasien, Nordwestafrika.

5 Turteltaube – *Streptopelia turtur*
Länge 27 cm. Die Turteltaube bewohnt lichte Misch- und Laubwälder sowie Büsche und ernährt sich von Sämereien. Ihr Schwanz hat einen schmalen weißen Endstreif, der auch im Flug sichtbar ist. Sie nistet nicht hoch auf Bäumen oder in Büschen. Von Mai bis Juli legt das Weibchen zwei Eier, es nistet 2mal im Jahr. Zugvogel, überwintert teils im Mittelmeerraum, teils in Nordafrika. Verbreitung: Europa (außer Skandinavien), Westasien, Nordafrika.

6 Türkentaube – *Streptopelia decaocto*
Länge 28 cm. An ihrem Schwanz sitzt ein breiter weißer Endstreif. Bewohnt Parks, Gärten, Laub- und Mischwälder. Ihre Nahrung besteht aus Beeren, Sämereien und Pflanzenteilen. Die Türkentaube nistet von März bis Oktober auf Bäumen und Gebäuden. Das Weibchen legt 3- bis 4mal im Jahr zwei Eier. Standvogel. Verbreitung: Ursprünglich Süd- und Ostasien, Balkanhalbinsel. Seit 1930 dringt sie nach Norden und Westen vor.

4
1
2
3
5
6

Ordnung: Eulen – Strigiformes
Familie: Schleiereulen – Tytonidae

1 Schleiereule – *Tyto alba*
Länge 34 cm. Um die Augen- und Schnabelpartie sitzt ein auffälliger herzförmiger Schleier. Hält sich in menschlicher Nähe auf und nistet auf Türmen, in Ruinen, Scheunen usw. Ihre Nahrung besteht aus Wühlmäusen und anderen kleinen Säugern, Vögeln und Insekten. Die Nistzeit beginnt im April und zieht sich manchmal bis in den Juli hin. In Jahren mit Massenvorkommen von Wühlmäusen nistet die Schleiereule auch im Herbst und Winter. Das Weibchen legt 4–7 (oder mehr) Eier auf die bloße Unterlage, beide Eltern brüten und füttern. Stand- oder Strichvogel. Verbreitung: Ganz Europa (bis Südskandinavien), Vorder- und Südasien, Afrika, ein Teil Nordamerikas, Südamerika, Australien.

Familie: Eulen – Strigidae

2 Uhu – *Bubo bubo*
Länge 66–71 cm. Das Weibchen ist etwas größer als das Männchen. Diese größte europäische Eule bewohnt Niederungen und Berggegenden mit Felspartien oder Steinhängen. Findet sie keine Felsformationen vor, nistet sie in hohlen Bäumen oder in Horsten verschiedener Greifvögel. Der Uhu ernährt sich von Säugern und Vögeln bis zur Größe von Dachsen und Auerhühnern. Er jagt ausschließlich nachts. Von März bis Mai legt das Weibchen 2–4 Eier direkt auf den Felsgrund, es brütet allein, während das Männchen jagt und Nahrung herbeischafft. Beide Eltern betreiben Brutpflege. Stand- oder Strichvogel. Verbreitung: Fast ganz Europa, fast ganz Asien, Nordamerika.

3 Schneeule – *Nyctea scandiaca*
Länge 57 cm. Bewohnt Tundren in den Niederungen und in den Bergen, als Nahrung dienen ihr kleine Säuger, vor allem Lemminge. Die Schneeule nistet am Boden, von April bis Juni legt das Weibchen 3–8 Eier. Es brütet allein, doch füttern beide Eltern. Standvogel, weicht nur in besonders harten Wintern nach Süden aus. Verbreitung: Zirkumarktisch.

4 Waldkauz – *Strix aluco*
Länge 38 cm. Vorwiegend in Laubwäldern mit alten Bäumen, in Parks, Alleen und großen Gärten. Typisch sind seine dunkelbraunen Augen (wie auch beim Habichtskauz). Der Waldkauz ernährt sich hauptsächlich von Nagern und anderen kleinen Säugern, Vögeln und größeren Insekten. Nistet in Höhlen und alten Greifenhorsten, gelegentlich auch in Gebäuden und Erdlöchern. Im März/April legt das Weibchen 3–4 weiße Eier, auf denen es allein sitzt, doch füttert auch das Männchen. Der Waldkauz nistet 1- bis 2mal im Jahr. Standvogel. Verbreitung: Europa (mit Ausnahme von Irland, Island und Nordskandinavien), Westsibirien, Südasien, Nord- und Nordwestafrika.

5 Habichtskauz – *Strix uralensis*
Länge 61 cm. Dieser Kauz lebt in alten Waldgebieten der Niederungen und Gebirge. Dort nistet er in Baumhöhlen und verlassenen Greifenhorsten. In seiner Ernährungsweise gleicht er dem Waldkauz, er jagt oft am hellen Tag. Von März bis Mai legt das Weibchen 3–4 Eier. Es brütet allein, beide Eltern füttern. Standvogel. In harten Wintern ziehen die Vögel oft in die nähere Umgebung von Städten und Dörfern. Verbreitung: Nordeuropa, Sibirien bis Sachalin und Japan. Isolierte Brutplätze finden sich in den Alpen, Karpaten und anderen europäischen Gebirgen.

1
5
2
4
3

Familie: Eulen – Strigidae

1 Sperlingskauz – *Glaucidium passerinum*
Länge 16,5 cm. Kleinste europäische Eule, bewohnt alte Nadelwälder in Niederungen und Gebirgen. Ihre Nahrung besteht aus kleinen Säugern und Singvögeln, oft jagt sie auch am Tag. Der Sperlingskauz hat eine melodische Pfeifstimme. Er nistet in Baumhöhlen, sehr gern bezieht er von Spechten angelegte Nisthöhlen. Im April/Mai legt das Weibchen 4–6 Eier, die es allein bebrütet, während das Männchen Nahrung herbeischafft. In Mitteleuropa Standvogel, die nordeuropäischen Sperlingskäuze ziehen über den Winter in klimatisch mildere Gegenden. Verbreitung: Nordeuropa und Asien bis ins Amurgebiet. Inselweise auch in einigen mittel- und südeuropäischen Gebirgsmassiven.

2 Steinkauz – *Athene noctua*
Länge 22 cm. In Parks, Gärten, Friedhöfen, Alleen und Wäldchen. Seine Nahrung besteht aus kleinen Säugern, Vögeln und Insekten. Der Steinkauz nistet in Höhlen von Bäumen, Mauern, in Nistkästen und Kaninchenlöchern. Im April/Mai legt das Weibchen 4–5 Eier. Das Weibchen brütet, das Männchen bringt Nahrung herbei. Beide Eltern füttern die Jungen. Stand- und Strichvogel. Verbreitung: Fast ganz Europa, Asien (bis Nordchina, Indien, Irak), Nordafrika.

3 Waldohreule – *Asio otus*
Länge 36 cm. Die Art sieht wie ein Miniatur-Uhu aus. Vorwiegend in Nadel- und Mischwäldern, seltener in Laubwäldern. Die Waldohreule ernährt sich von kleinen Säugetieren, vor allem von Wühlern und Mäusen. Sie nistet in verlassenen Krähen-, Elstern- und auch Eichhörnchennestern. Von März bis Juni legt das Weibchen 4–6 Eier, die es allein bebrütet. Das Männchen bringt erst dem Weibchen, später auch den Jungen Nahrung. Die Art nistet 2mal im Jahr. Je nach Futterbedingungen Stand-, Strich- oder Zugvogel, oft lange Züge nach Süden oder Südwesten. Verbreitung: Europa (mit Ausnahme der nördlichsten Gebiete), Zentralsibirien, Nordwestafrika, Nordamerika.

4 Sumpfohreule – *Asio flammeus*
Länge 37 cm. Bewohnt offene Landschaften, Tundren, Sümpfe, Steppen, doch sucht sie überall sumpfige Stellen auf. Ihre Nahrung besteht aus kleinen Säugern, die sie hauptsächlich tagsüber jagt. Als einzige Eule baut die Sumpfohreule ein eigenes Nest am Boden im Schilf, Gras oder in Feldkulturen. Im April/Mai legt das Weibchen 4–7 Eier, die es allein bebrütet, während das Männchen erst das Weibchen, später auch die Jungen mit Nahrung versorgt. Die Art ist ein Strich- oder Zugvogel, das hängt von den Futterbedingungen ab. Oft weite Züge ins tropische Afrika und nach Südasien. Verbreitung: Fast ganz Europa, Mittel- und Nordasien, Nordamerika, Zentralteil Südamerikas.

5 Rauhfußkauz – *Aegolius funereus*
Länge 25 cm. Der Rauhfußkauz bewohnt tiefe Nadelwälder in Niederungen und Gebirgen, er hat bis an die Krallen dicht befiederte Läufe. Seine Nahrung besteht aus kleinen Säugern und Singvögeln. Nistet gern in Höhlungen, besonders in alten Spechtnestern. Von März bis Mai legt das Weibchen 4–6 Eier und bebrütet sie allein, während das Männchen Nahrung herbeischafft. Im Herbst verlassen die Vögel die Berge und ziehen sich in tiefere Lagen zurück. Verbreitung: Mitteleuropa (inselweise in Gebirgen), Nordeuropa, Asien, Nordamerika.

3
2
1
4
5

Ordnung: Kuckucke – Cuculiformes
Familie: Kuckucke – Cuculidae

1 Kuckuck – *Cuculus canorus*
Länge 33 cm. Den charakteristischen Ruf bringt nur das Männchen hervor. Der Vogel bewohnt lichte Mischgehölze mit reichem Unterholz, seine Nahrung besteht aus Insekten. Nistparasit, von Mai bis Juli legt das Weibchen immer ein Ei in das Nest anderer Vögel. In Größe und Färbung ähneln die Eier oft denen der Pflegeeltern. Insgesamt legt der Kuckuck 15–20 Eier, und die Jungen schlüpfen nach $12^1/_2$ Tagen. Daher schlüpfen Kuckucksjunge gleichzeitig oder sogar früher als die Nestgeschwister. In einer Reflexhandlung drängen sie Eier oder Junge der Pflegeeltern aus dem Nest, entledigen sich so der Futterkonkurrenten und bleiben im Nest allein. Zugvogel, der im tropischen und südlichen Afrika überwintert. Verbreitung: Ganz Europa, Asien, fast ganz Afrika.

Ordnung: Ziegenmelker – Caprimulgiformes
Familie: Ziegenmelker – Caprimulgidae

2 Ziegenmelker – *Caprimulgus europaeus*
Länge 27 cm. Der Vogel bewohnt lichte und trockene Nadel- und Mischwälder, vor allem Kiefernbestände, Waldränder und Moore. Dämmerungs- und Nachtvogel, der sich von Nachtinsekten, hauptsächlich Nachtschmetterlingen ernährt. Von Mai bis Juli legt das Weibchen zwei Eier direkt auf den Boden, ein Nest wird nicht gebaut. Beide Eltern brüten und füttern. Der Zugvogel überwintert in Südasien und Afrika. Verbreitung: Fast ganz Europa, Asien (bis zum Baikalsee und Afghanistan), Nordwestafrika.

Ordnung: Rackenvögel – Coraciiformes
Familie: Hopfe – Upupidae

3 Wiedehopf – *Upupa epops*
Länge 28 cm. Der Wiedehopf lebt in offenen Landschaften mit Baumgruppen, auch in Gärten und in der Nähe menschlicher Ansiedlungen. Seine Nahrung besteht aus Insekten. Der Vogel nistet in Hohlräumen in Bäumen, Mauern und Steinhaufen. Von Mai bis Juli legt das Weibchen 6–8 Eier, manchmal nisten die Tiere 2mal im Jahr. Nur das Weibchen sitzt auf dem Gelege, das Männchen sorgt für Nahrung. Sind die Jungen 15 Tage alt, hilft ihm auch das Weibchen beim Füttern. Die Jungen und die nistenden Weibchen scheiden aus der Schwanzdrüse eine übelriechende Flüssigkeit ab, die sie bei Gefahr gegen den Feind verspritzen. Zugvogel, überwintert im tropischen Afrika. Verbreitung: Fast ganz Europa, Mittel- und Südasien, fast ganz Afrika.

Familie: Racken – Coraciidae

4 Blauracke – *Coracias garrulus*
Länge 30 cm. Die Blauracke bewohnt offene Landschaften mit Baumgruppen, lichte Wälder und baumbestandene Ufer. Sie ernährt sich in der Hauptsache von Insekten, weniger von Mäusen und Eidechsen. Im Mai/Juni legt das Weibchen 4–5 Eier, beide Eltern brüten und füttern. Zugvogel, überwintert in Ostafrika. Verbreitung: Großteil Europas, Südwestasien, Nordwestafrika.

Familie: Eisvögel – Alcedinidae

5 Eisvogel – *Alcedo atthis*
Länge 16,5 cm. An stehenden und fließenden Gewässern, wo er sich von kleinen Fischen und Wasserinsekten ernährt. Der Eisvogel nistet in einem Bau, den er in der sandigen oder lehmigen Uferböschung anlegt. Von April bis Juli legt das Weibchen 6–7 Eier, im ganzen nistet der Vogel 2mal im Jahr. Beide Eltern brüten und füttern. Teilweise Zugvogel. Verbreitung: Großteil Europas und Asiens, Nordafrika.

1
2
3
4
5

Familie: Bienenfresser – Meropidae

1 Bienenfresser – *Merops apiaster*
Länge 28 cm. Der Vogel bewohnt übersichtliche Landstriche an Flüssen und Bächen. Als Nahrung dienen ihm fliegende Insekten, vor allem Schmetterlinge und Libellen. Bienenfresser nisten kolonienweise in Löchern, die sie sich in Sand- oder Lehmböschungen bzw. Steilufern ausheben. Im Juni/Juli legt das Weibchen 4–7 Eier, beide Eltern brüten und füttern. Zugvogel, überwintert in Afrika. Verbreitung: Mittel-, Süd- und Südosteuropa, Vorder- und Südwestasien, Nordwestafrika.

Ordnung: Spechte – Piciformes
Familie: Spechte – Picidae

2 Wendehals – *Jynx torquilla*
Länge 16 cm. Der Wendehals bewohnt in Niederungen und Hügellandschaften lichte Wälder, Alleen, Parks und größere Gärten. Nahrung sind hauptsächlich Ameisen und ihre Larven, aber auch andere Insekten. Er nistet in Höhlen, die er aber nicht selbst meißelt. Auf den bloßen Höhlengrund legt das Weibchen im Mai/Juni 7–10 Eier, beide Eltern brüten und füttern. Zugvogel, überwintert im tropischen Afrika sowie in Indien. Verbreitung: Fast ganz Europa, Asien (bis Japan), Algerien.

3 Schwarzspecht – *Dryocopus martius*
Länge 45 cm. Größter Specht Europas, zwischen Niederungen und Gebirgen in weiten Nadelwäldern. Seine Nahrung sind im Holz lebende Insekten sowie Ameisen und ihre Larven. Zum Nisten sucht sich der Schwarzspecht mächtige, alte Bäume aus, in deren Holz er mit dem Schnabel eine tiefe Höhle meißelt. Im April/Mai legt das Weibchen 4–5 Eier, beide Eltern brüten. Standvogel, die jungen Tiere wandern. Verbreitung: Fast ganz Europa, Asien (bis Japan und Kamtschatka).

4 Grünspecht – *Picus viridis*
Länge 32 cm. Der Grünspecht lebt in Laubwäldern, Parks, Baumgärten, Alleen und größeren Gärten. Er ernährt sich vorwiegend von Ameisen, weniger von anderen Insekten. Seine Nisthöhle legt er in Laubbäumen an, dort hinein bringt das Weibchen im April/Mai 5–7 Eier, beide Eltern brüten und füttern. Standvogel, höchstens Strichvogel. Verbreitung: Fast ganz Europa außer Island, Nord-Schottland und nördliche Teile Skandinaviens; lebt auch in Vorderasien und Nordwestafrika.

5 Grauspecht – *Picus canus*
Länge 25 cm. Der Grauspecht bewohnt von den Niederungen bis in die Gebirge lichte Laub- und Mischwälder sowie große stille Parks, seltener als der Grünspecht. In wärmeren Gebieten Standvogel, in Nordeuropa Strichvogel. Verbreitung: Großteil Europas (fehlt z. B. im Westen), Mittel-, Ost- und Südostasien.

4 ♂
5 ♂
2
3 ♂
1

Familie: Spechte – Picidae

1 Buntspecht – *Dendrocopos major*
Länge 23 cm. Vorwiegend in Nadelwäldern, aber auch in Alleen, Baumgärten usw. Seine Nahrung besteht aus unter der Rinde und im Holz lebenden Insekten, Nadelbaumsamen und Nüssen. Der Buntspecht meißelt seine Nisthöhle in Bäumen mit weichem oder morschendem Holz (wie die anderen Arten auch). Im Mai/Juni legt das Weibchen 5–6 Eier, beide Eltern brüten und füttern. Ortsständig, nur in Nordeuropa Zugvogel, der in südlicheren Gebieten überwintert. Verbreitung: Fast ganz Europa, Großteil Asiens (bis Kamtschatka und Südostchina), Nordwestafrika.

2 Kleinspecht – *Dendrocopos minor*
Länge 14,5 cm. Kleinste Spechtart, sie lebt in Laub- und Mischwäldern, größeren Gärten und Parks vor allem in Niederungen, seltener im Hügelland. Der Kleinspecht ernährt sich hauptsächlich von Käfern und ihren Larven, weniger von Ameisen, im Winter auch von Samen. Er nistet in ausgemeißelten Baumhöhlen. Im April/Mai legt das Weibchen 5–6 Eier, beide Eltern brüten und betreiben Brutpflege. In gemäßigtem Klima Standvogel, die nordeuropäischen Populationen überwintern in Mitteleuropa. Verbreitung: Fast ganz Europa (außer Irland und Schottland), Asien (bis Kamtschatka und Nordjapan), Nordwestafrika.

3 Mittelspecht – *Dendrocopos medius*
Länge 21,5 cm. Lebt in den Laubwäldern der Niederungen, in denen er genügend alte, hohle Bäume findet, in Parks und großen, alten Gärten. Nadelwälder meidet er. Nahrung wie beim Buntspecht. Der Mittelspecht nistet in Höhlen, die andere Arten gemeißelt haben. Von April bis Juni legt das Weibchen 5–6 weiße Eier, beide Eltern brüten und füttern. Stand- bzw. Strichvogel. Verbreitung: Ganz Europa (außer dem Süden der Pyrenäenhalbinsel, den Britischen Inseln und Nordskandinavien), Vorderasien.

Ordnung: Singvögel – Passeriformes
Familie: Lerchen – Alaudidae

4 Haubenlerche – *Galerida cristata*
Länge 17 cm. Im Nacken mit charakteristischem Federschopf. Die Haubenlerche ist ursprünglich ein Steppenvogel, dem die Kultursteppe (Felder) zupaß kommt. Ihre Nahrung besteht aus Sämereien, grünen Pflanzenteilen und Insekten. Die Lerche baut ihr Nest aus Halmen, Gräsern, Würzelchen, Haaren und Federn am Boden. Von April bis Juli legt das Weibchen 3–5 Eier, die Art nistet 2mal im Jahr. Nur das Weibchen brütet, an der Brutpflege beteiligt sich auch das Männchen. Standvogel, der in der Nähe seines Nistplatzes überwintert. Verbreitung: Fast ganz Europa (mit Ausnahme der Britischen Inseln, dem größten Teil Skandinaviens und den Nordgebieten der europäischen UdSSR), Asien (bis Korea, Westpakistan und Arabien), Nordafrika.

5 Heidelerche – *Lullula arborea*
Länge 15 cm. Die Heidelerche bewohnt ausgedehnte Flächen mit niederem Bewuchs und schütterem Gras, z.B. Heiden, Lichtungen in Kiefernwäldern usw. Sie singt sehr schön, vor allem bei Nacht. Ihr Nest besteht aus einem tiefen Kessel im Erdboden, der mit Wurzeln, Moos, Haaren usw. ausgepolstert ist. Von April bis Juni legt das Weibchen 4–5 Eier. Das Weibchen brütet, beide Eltern füttern. Die Heidelerche nistet 2mal im Jahr. Teils überwintern die Tiere in Westeuropa, überwiegend jedoch im Mittelmeerraum. Verbreitung: Fast ganz Europa (außer Irland, Schottland, Nordskandinavien und den europäischen Teilen der UdSSR), Vorderasien, Nordwestafrika.

1
2
3
4
5

Familie: Lerchen – Alaudidae

1 Feldlerche – *Alauda arvensis*
Länge 18 cm. In Niederungen und Gebirgen bewohnt die Feldlerche Felder, Wiesen und andere unbewaldete Flächen. In Nahrungsgewohnheiten und Biologie entspricht sie der Haubenlerche. Die Art überwintert in Südeuropa, vereinzelt überwintern Exemplare der Mittel- und westeuropäischen Populationen im Brutgebiet. Verbreitung: Fast ganz Europa, Asien, Nordwestafrika.

Familie: Schwalben – Hirundinidae

2 Rauchschwalbe – *Hirundo rustica*
Länge 18 cm. Die Rauchschwalbe ist von den Niederungen bis zur oberen Waldgrenze in den Gebirgen in der Nähe menschlicher Siedlungen anzutreffen. Ihre Hauptnahrung, Insekten, fängt sie meist im Flug. Rauchschwalben nisten in Gesellschaften in Gebäuden oder außen dicht unter der Dachkante. Das Nest hat die Form einer Viertelkugel, es wird aus speichelvermengten Lehmbröckchen sowie Gras- und Strohhalmen zusammengemauert. Von Mai bis August legt das Weibchen 4–5 Eier. Es brütet allein, doch hilft beim Füttern auch das Männchen. Die Rauchschwalbe nistet 2- bis 3mal im Jahr. Zugvogel. Verbreitung: Fast ganz Europa (außer dem hohen Norden), Asien, Nordafrika, Nordamerika.

3 Mehlschwalbe – *Delichon urbica*
Länge 13 cm. Die Mehlschwalbe lebt in menschlichen Ansiedlungen, in größerer Zahl auch in Großstädten. Ihre Nahrung besteht aus Insekten. Die Tiere nisten in Kolonien, ihr Nest besteht aus einer geschlossenen Viertelkugel und sitzt außen an Gebäuden unter der Dachkante. Von Mai bis August legt das Weibchen fünf Eier, beide Eltern brüten und füttern. Die Mehlschwalbe nistet 2mal im Jahr. Zugvogel, überwintert in Afrika und Asien. Verbreitung: Nordwestafrika, in Europa und Asien deckt sich ihr Areal nahezu mit dem der Rauchschwalbe.

4 Uferschwalbe – *Riparia riparia*
Länge 12 cm. Lebt in offenen Landschaften mit stehenden oder fließenden Gewässern und ernährt sich von Insekten, die sie im Flug fängt. Die Uferschwalbe nistet kolonienweise, ihre Nester legt sie in den Wänden von Lehm- und Sandgruben sowie in den Uferböschungen von Bächen und Flüssen an. Dort gräbt sie einen tiefen Gang, der in die mit Federn ausgepolsterte Nistkammer mündet. Von Mai bis Juli legt das Weibchen 5–6 Eier, die Tiere nisten 2mal jährlich. Beide Eltern brüten und füttern. Zugvogel. Verbreitung: Nahezu identisch mit dem Verbreitungsgebiet der Rauchschwalbe, auch die Winterplätze stimmen überein.

Familie: Stelzen – Motacillidae

5 Schafstelze – *Motacilla flava*
Länge 16,5 cm. Der Vogel bewohnt in den Niederungen nasse Wiesen und Felder. Nie hat er eine schwarze Kehle. Seine Nahrung besteht aus Insekten. Bodenbrüter. Von Mai bis Juli legt das Weibchen 5–6 Eier, die es allein bebrütet, doch füttert auch das Männchen. Die Schafstelze brütet 2mal im Jahr. Zugvogel, überwintert in den Tropen Afrikas und Asiens. Verbreitung: Fast ganz Europa (außer dem hohen Norden), Teile Nordafrikas, Asien (nördlich des Himalaja), Alaska. In ihrem Verbreitungsgebiet ca. 22 geographische Rassen.

6 Gebirgsstelze – *Motacilla cinerea*
Länge 18 cm. In unmittelbarer Nähe von Flüssen und Bächen im Gebirge, im Gebirgsvorland und auch in den Niederungen. Das Männchen hat eine schwarze Kehle. Die Nahrung besteht aus Insekten, die Gebirgsstelze nistet in Uferhöhlen. Von April bis Juli legt das Weibchen 5–6 Eier, beim Brüten und in der Brutpflege wechseln sich beide Eltern ab. Die Art nistet 2mal im Jahr, die Tiere überwintern in Südeuropa und Nordafrika. Verbreitung: Fast ganz Europa, Asien (nördlich des Himalaja), Nordwestafrika.

6 ♂
5
1
4
2 ♂
3 ♂

Familie: Stelzen – Motacillidae

1 Bachstelze – *Motacilla alba*
Länge 18 cm. Die Bachstelze lebt in offenem Gelände, meist am Wasser. Nicht selten nisten die Tiere in der Nähe von Gehöften, dort finden sie in den Ställen immer hinreichend Insekten, ihre Nahrung. Ihr Nest aus Zweigen, Laub, Wurzeln und Moos baut die Bachstelze in allen möglichen Höhlungen. Von April bis August legt das Weibchen 5–6 Eier, die Bachstelze brütet 2mal im Jahr. Auf den Eiern sitzt nur das Weibchen, beide Eltern füttern. Zugvogel, überwintert im Mittelmeerraum, in Afrika und Vorderasien. Verbreitung: Ganz Europa, fast ganz Asien, Afrika.

2 Brachpieper – *Anthus campestris*
Länge 16,5 cm. Der Vogel lebt in offenen sandigen Gegenden, auf Brachland und weiträumigen Feldern, seine Nahrung besteht aus Insekten. Der Bodenbrüter baut ein Nest aus Wurzeln und Moos. Von Mai bis Juli legt das Weibchen 4–5 Eier, die es allein bebrütet, bei der Brutpflege hilft auch das Männchen. Zugvogel, überwintert in Nord- und Zentralafrika sowie in Südasien. Verbreitung: Europa (außer den Britischen Inseln, Skandinavien und dem Norden der europäischen UdSSR), Südgebiete der UdSSR, sibirische Steppen, Mittelasien, Nordafrika.

3 Wasserpieper – *Anthus spinoletta*
Länge 16 cm. Der Wasserpieper ist im Hochgebirge oberhalb der Waldgrenze sowie an der Meeresküste anzutreffen, er ernährt sich überwiegend von Insekten. Der Bodenbrüter nistet unter Grasbüscheln, Steinen oder Krüppelsträuchern. Von Mai bis Juli legt das Weibchen 4–6 Eier, die es allein bebrütet, beide Eltern füttern. Die meisten Tiere überwintern im Süden. Verbreitung: Europa, Asien, Nordamerika.

4 Baumpieper – *Anthus trivialis*
Länge 15 cm. Der Baumpieper bewohnt lichte Wälder von den Niederungen bis ins Gebirge. Insektenfresser, das Nest aus Pflanzenteilen ist unter Rasenplaggen verborgen. Das Weibchen legt von Mai bis Juli fünf Eier. Es brütet allein, doch füttern beide Eltern. Der Baumpieper überwintert in Afrika und am Mittelmeer. Verbreitung: Fast ganz Europa, Asien (bis Nordostsibirien), Nordteil Kleinasiens.

Familie: Seidenschwänze – Bombycillidae

5 Seidenschwanz – *Bombycilla garrulus*
Länge 18 cm. Der Vogel lebt in den Wäldern des Nordens mit reichem Unterholz. Im Sommer ernährt sich der Seidenschwanz hauptsächlich von Mükken, im Winter von allerlei Beeren. Er baut sein Nest aus Flechten, Moosen, Zweigen und Gräsern auf Bäumen. Im Mai/Juni legt das Weibchen 4–6 Eier, es brütet allein, doch füttert auch das Männchen. Strich- und Zugvogel. In Mitteleuropa fast das ganze Jahr über, gewöhnlich in großen Schwärmen. Verbreitung: Am nördlichen Polarkreis.

Familie: Würger – Laniidae

6 Neuntöter – *Lanius collurio*
Länge 18 cm. Häufigste Würgerart. Der Vogel bewohnt offene, trockene Landstriche mit Buschbestand, Waldränder, Gärten usw. Seine Nahrung besteht aus Insekten, selten fängt er auch kleine Wirbeltiere, Beeren nimmt er gleichfalls selten an. Der Neuntöter nistet 1–2 m über dem Boden im Gebüsch. Von Mai bis Juli legt das Weibchen 4–6 Eier, die es allein bebrütet; beide Eltern füttern. Überwintert in Asien und Afrika. Verbreitung: Fast ganz Europa, Großteil Asiens.

4
5 ♂
1 ♂
3
6 ♂
2

Familie: Würger – Laniidae

1 Raubwürger – *Lanius excubitor*
Länge 25 cm. Dieser größte europäische Würger bewohnt offene Landschaften mit Sträuchern, Gärten usw. Seine Nahrung besteht aus Insekten und kleinen Wirbeltieren, oft spießt er seine Beute in Nestnähe auf Dornen. Der Raubwürger nistet auf Bäumen und hohen Dornensträuchern. Von April bis Juni legt das Weibchen 5 – 7 Eier, es brütet allein, beide Eltern füttern. Verbreitung: Europa (außer den Britischen Inseln, Italien und dem Balkan), Asien, Nordafrika, Nordamerika.

Familie: Wasseramseln – Cinclidae

2 Wasseramsel – *Cinclus cinclus*
Länge 18 cm. Die Wasseramsel lebt an Wildbächen und Flüssen im Gebirge und Bergvorland, sie ernährt sich von Insekten, Krebsen und Schnecken. Jagt ihre Beute unter Wasser, wobei sie über den Grund läuft und sich gegen den Strom mit den Flügeln weiterhilft. Nach dem Auftauchen fließt das Wasser von dem eingefetteten Gefieder sofort ab. Das Nest aus Moos und Wasserpflanzen wird unmittelbar am Wasser in Höhlungen gebaut. Von April bis Juli legt das Weibchen 4 – 6 Eier, beide Eltern brüten und füttern. Der Vogel nistet 2mal im Jahr. Stand- und Strichvogel. Verbreitung: In kleinen, verstreuten Gebieten fast über ganz Europa. Vorder- und Mittelasien, Afrika.

Familie: Zaunkönige – Troglodytidae

3 Zaunkönig – *Troglodytes troglodytes*
Länge 9,5 cm. Der Zaunkönig bewohnt Wälder, Parks und Gärten mit reichem Unterholz und Strauchbestand. Er ernährt sich von Insekten. Sein Nest befindet sich in Gebüsch, unter Bachufern, in Reisighaufen usw. Von Mai bis Juli legt das Weibchen 5 – 7 Eier; es brütet allein, beim Füttern hilft auch das Männchen. Die nördlichen Populationen sind Zugvögel. Verbreitung: In ca. 38 Rassen über die ganze nördliche Halbkugel.

Familie: Braunellen – Prunellidae

4 Heckenbraunelle – *Prunella modularis*
Länge 18 cm. Die Heckenbraunelle lebt in Laub- und Mischwäldern, in Parks mit dichtem Unterholz usw. Im Sommer ernährt sie sich vorwiegend von Insekten, im Winter von kleinen Sämereien. Von April bis Juli legt das Weibchen 4 – 5 Eier, die eine charakteristische, fleckenlose, blaugrüne Farbe aufweisen. Der Vogel nistet 2mal jährlich, das Weibchen brütet allein, beide Eltern füttern. Die Heckenbraunelle baut ihr Nest dicht über dem Boden im Gebüsch, stets ist es sorgsam verborgen. Ihre Winterplätze liegen in West- und Südeuropa, Nordafrika, Kleinasien, Kaukasus. Verbreitung: Fast ganz Europa, Kleinasien. In den europäischen Gebirgen lebt die verwandte Alpenbraunelle (*P. collaris*), seltener Irrgast ist die Steinbraunelle (*P. montanella*) aus Sibirien.

Familie: Grasmücken – Sylviidae

5 Schlagschwirl – *Locustella fluviatilis*
Länge 15 cm. Der Vogel lebt an Flußufern und Altwässern, auf feuchten, verwachsenen Wiesenflächen usw. Seine Nahrung besteht aus Insekten, sein Nest baut er am Boden oder dicht darüber. Von Mai bis Juli legt das Weibchen 4 – 5 Eier, der Schlagschwirl brütet 2mal im Jahr. Er überwintert in den Tropen Afrikas. Verbreitung: Europa (von Ostdeutschland nach Norden bis Südschweden, nach Süden bis ans Schwarze Meer), Westsibirien.

6 Feldschwirl – *Locustella naevia*
Länge 13 cm. Bewohnt buschbestandene Flußufer. Weiden- und Erlenbüsche inmitten sumpfiger Wiesen usw. Seine Nahrung bilden Insekten. Lebt im Verborgenen, Bodenbrüter. Vom Mai bis Juli legt das Weibchen 5 – 6 Eier, beide Eltern brüten und füttern. Die Art nistet 1- bis 2mal im Jahr, sie überwintert in Südeuropa, Nordafrika und Südwestasien. Verbreitung: Europa (im Norden bis Südskandinavien), Südwestsibirien.

4 ♂
1 ♂
5
6
2
3

Familie: Grasmücken – Sylviidae

1 Drosselrohrsänger – *Acrocephalus arundinaceus*
Länge 19 cm. Größter europäischer Rohrsänger. Lebt verborgen im Röhricht an Seen und Teichen. Seine Nahrung besteht aus Insekten. Das Nest ist ein kunstvoll aus Gräsern geflochtener Korb und hängt an starken Rohrstengeln. Von Mai bis Juli legt das Weibchen 4–5 Eier, beide Eltern brüten und füttern. Verbreitung: Europa (außer Skandinavien und den Britischen Inseln), Südwestasien, Nordwestafrika.

2 Teichrohrsänger – *Acrocephalus scirpaceus*
Länge 13 cm. In Europa häufigster Rohrsänger, er lebt am Wasser im Röhricht, auch in größerer Entfernung von Gewässern in Büschen. Seine Nahrung besteht aus Insekten, sein Nest ähnelt dem des Drosselrohrsängers. Das Weibchen legt von Mai bis Juli 4–5 Eier, beide Eltern brüten und füttern. Die Art nistet 1- bis 2mal im Jahr und überwintert im tropischen Afrika. Verbreitung: Europa (außer Schottland, Irland, Großteil Skandinaviens), Südwestasien, Nordwestafrika.

3 Gelbspötter – *Hippolais icterina*
Länge 13 cm. Der Gelbspötter bewohnt Parks, Gärten, Laubwälder usw., er ernährt sich von Insekten, Beeren und Obst. Das Nest sitzt entweder auf einer Astschulter am Stamm oder in einer Astgabelung, von außen ist es mit Birkenrinde verkleidet, innen mit feinem Material ausgepolstert. Im Mai/Juni legt das Weibchen fünf Eier, beide Eltern brüten und füttern. Der Gelbspötter überwintert im tropischen und südlichen Afrika. Verbreitung: Europa (von Zentralfrankreich nach Osten), Westsibirien.

4 Sperbergrasmücke – *Sylvia nisoria*
Länge 15 cm. Lebt auf sonnigen Hängen, an buschgesäumten Wegen, Waldrändern, Bächen, in Parks und Gärten, ihr Nest baut sie in Sträuchern. Im Mai/Juni legt das Weibchen 5–6 Eier, beide Eltern brüten und füttern. Zugvogel, überwintert in Ostafrika, Südarabien. Verbreitung: Mitteleuropa, Asien (bis in die Mongolei, Iran).

5 Mönchsgrasmücke – *Sylvia atricapilla*
Länge 14 cm. Bewohnt Nadelwälder, aufgelockerte Büsche, Parks von den Niederungen bis ins Gebirge. Ihre Nahrung sind Insekten, Beeren und Obst. Die Mönchsgrasmücke baut ihr Nest im Gebüsch. Von Mai bis Juli legt das Weibchen 5–6 Eier, es brütet 2mal im Jahr. Beide Eltern brüten und füttern. Der Vogel überwintert in Südeuropa und Afrika bis zum Äquator. Verbreitung: Europa (außer Nordskandinavien), Westsibirien, Vorderasien, Nordwestafrika, Atlantikinseln.

6 Dorngrasmücke – *Sylvia communis*
Länge 14 cm. Der Vogel bewohnt Büsche, Haine, verwachsene Raine, Klettengestrüpp usw., seine Nahrung sind Insekten und Beeren. Das Nest ist ein lockeres Bauwerk aus Pflanzenmaterial und sitzt nicht hoch über dem Boden. Von Mai bis Juli legt das Weibchen 4–6 Eier, der Vogel nistet 2mal jährlich. Beide Eltern brüten und füttern. Den Winter verbringt die Dorngrasmücke südlich der Sahara. Verbreitung: Fast ganz Europa (außer Nordskandinavien), Asien (bis zum Baikal), Nordwestafrika, Mittelmeerinseln.

5 ♂
3
1
2
4 ♂
6

Familie: Grasmücken – Sylviidae

1 Zaungrasmücke – *Sylvia curruca*
Länge 14 cm. Die Art bewohnt buschige Raine, Gehege, Waldränder, Parks und Gärten, ihre Nahrung besteht aus Insekten und Beeren. Von Mai bis Juli legt das Weibchen in der Regel fünf Eier, die Eltern brüten und füttern gemeinsam. Die Zaungrasmücke überwintert im tropischen Afrika. Verbreitung: Europa (mit Ausnahme von Pyrenäenhalbinsel, Süditalien, Irland, Nordskandinavien), Asien (bis Ostsibirien und Nordchina).

2 Zilpzalp – *Phylloscopus collybita*
Länge 11 cm. Der Zilpzalp zeigt sich in Wäldern mit dichtem Unterholz, er ernährt sich von Insekten. Der braunschwarzfüßige Vogel erhielt den Namen nach seinem charakteristischen Ruf. Er baut sein Nest entweder am Boden oder dicht darüber im Gebüsch. Von April bis Juli legt das Weibchen 6–7 Eier, die es allein bebrütet, während das Männchen bei der Brutpflege hilft. Der Zilpzalp brütet 1- bis 2mal im Jahr, er überwintert am Mittelmeer, in Vorderasien und Nordafrika. Verbreitung: Europa, Asien bis Ostsibirien, Vorderasien, Nordwestafrika.

3 Fitis – *Phylloscopus trochilus*
Länge 11 cm. Ähnelt dem Zilpzalp, hat aber braune Füße. Der Fitis lebt in allen Waldtypen, in Parks, oft in Weidenbeständen. Bodenbrüter, ernährt sich von Insekten. Von April bis Juni legt das Weibchen 6–7 Eier. Es brütet allein, beide Eltern füttern. Den Winter verbringt der Vogel in Vorderasien und Südafrika. Verbreitung: Nordteil der paläarktischen Region.

4 Waldlaubsänger – *Phylloscopus sibilatrix*
Länge 13 cm. Größter Laubsänger, bewohnt lichte Laub- und Mischwälder in den Niederungen und bevorzugt Buchenschläge. Nahrung sind Insekten und Beeren; Bodenbrüter. Im Mai/Juni legt das Weibchen 6–7 Eier. Es brütet allein, beide Eltern füttern. Verbreitung: Großteil Europas, Westsibirien.

Familie: Goldhähnchen – Regulidae

5 Wintergoldhähnchen – *Regulus regulus*
Länge 9 cm, Gewicht 5–6 g. Kleinster europäischer Vogel, bewohnt in der Hauptsache Fichten- und Tannenwälder. Seine Nahrung besteht aus Insekten und Spinnen. Der Baumbrüter baut ein nach oben weitgehend geschlossenes Schalennest. Das Weibchen legt im Mai/Juni 8–10 Eier. Es brütet allein, doch füttert auch das Männchen mit. Der Vogel nistet 2mal im Jahr. Standvogel, im Winter streicht er meist nur ab. Verbreitung: Fast ganz Europa, Mittel- und Ostsibirien, Korea, Mandschurei, Nordamerika, isolierte Gebiete im paläarktischen Asien.

Familie: Fliegenschnäpper – Muscicapidae

6 Grauschnäpper – *Muscicapa striata*
Länge 14 cm. Der Grauschnäpper lebt in Parks an Stellen mit lichtem Bewuchs, an Waldrändern, in Alleen usw., häufig in der Nähe des Menschen. Er pflegt an erhöhten Stellen zu sitzen, um hin und wieder schräg hinauf zu einer Insektenbeute zu fliegen und danach an seinen alten Platz zurückzukehren. Er nistet in Höhlungen, oft unter Dächern. Von Mai bis Juli legt das Weibchen fünf Eier, beide Eltern brüten und füttern. Der Grauschnäpper nistet 1- bis 2mal im Jahr, den Winter verbringt er in den Tropen und Südgebieten Afrikas. Verbreitung: Ganz Europa, Asien (bis zum Baikal), Nordwestafrika.

3
6 ♂
1
5 ♂
4
2

Familie: Fliegenschnäpper – Muscicapidae

1 Trauerschnäpper – *Ficedula hypoleuca*
Länge 13 cm. In durchsonnten, lichten Laubwäldern, Auenwäldern, Parks, Gärten usw., wo sich genügend hohle Bäume finden. Der Trauerschnäpper ernährt sich von fliegenden Insekten, im Spätsommer frißt er auch Beeren. Er nistet in Baumhöhlen und Brutkästen, wo das Weibchen im Mai/Juni 5–8 Eier legt. Es brütet allein, doch füttern beide Eltern. Zugvogel, überwintert in Nord- und Zentralafrika. Verbreitung: Großteil Europas (außer einigen Gebieten im Süden), Westsibirien, Nordwestafrika.

2 Halsbandschnäpper – *Ficedula albicollis*
Länge 13 cm. Vom Trauerschnäpper durch den weißen Streifen um den Hals und die rein weißen Schwanzunterdecken unterschieden. Auch er ernährt sich von fliegenden Insekten. In Biotop und Biologie stimmt er mit dem Trauerschnäpper überein. Der Halsbandschnäpper überwintert in den Tropen Afrikas. Verbreitung: Europa (von Ostfrankreich über Polen bis in das Gebiet von Charkow/UdSSR, Italien, Sizilien, Balkan), Westsibirien, Kaukasus, Krim, Türkei, Iran, Palästina.

Familie: Drosselvögel – Turdidae

3 Braunkehlchen – *Saxicola rubetra*
Länge 13 cm. Der Vogel bewohnt ausgedehnte Hügellandschaften mit buschbestandenen, bachdurchzogenen Wiesenflächen. Er ernährt sich von Insekten, sein Nest verbirgt er sorgfältig am Boden. Im Mai/Juni legt das Weibchen 5–6 Eier; es brütet allein, beide Eltern füttern. Das Braunkehlchen überwintert in Äquatorialafrika. Verbreitung: Europa (außer dem Süden der Apenninhalbinsel, Pyrenäen- und Balkanhalbinsel), Westsibirien, Südwestafrika.

4 Steinschmätzer – *Oenanthe oenanthe*
Länge 14 cm. Der Vogel bewohnt Steinbrüche, Lehmgruben, Felsen und Geröllhalden in den Bergen. Seine Nahrung besteht aus Insekten, Spinnen und kleinen Schnecken. Der Bodenbrüter baut sein Nest gelegentlich auch in Hohlräumen dicht über dem Erdboden. Im Mai/Juni legt das Weibchen 5–6 Eier, die es allein bebrütet, doch füttern beide Eltern. Zugvogel, überwintert in den afrikanischen Tropen. Verbreitung: Ganz Europa, Asien, Nordamerika, Grönland.

5 Gartenrotschwanz – *Phoenicurus phoenicurus*
Länge 14 cm. Bewohnt Laub- und Mischwälder, Gärten und Parks überall, wo er Höhlen und Nistkästen vorfindet. Mit Vorliebe sitzt er an erhöhten Stellen. Charakteristisch für den Rotschwanz ist seine Beweglichkeit, er knickst und hält den Schwanz in steter Bewegung. Seine Nahrung besteht aus Insekten und Beeren. Er nistet 2mal im Jahr, von Mai bis Juli legt das Weibchen 6–7 Eier, die es allein bebrütet, doch betreiben beide Eltern Brutpflege. Überwintert im tropischen Afrika und Südarabien. Verbreitung: Europa (außer Süditalien und Griechenland), Nordwestafrika, Asien (im Osten bis zum Baikal), Vorderasien.

6 Hausrotschwanz – *Phoenicurus ochruros*
Länge 14 cm. Ursprünglich Felsbewohner der Hochgebirge, heute häufig in menschlichen Siedlungen. Als Nahrung dienen Insekten und Beeren. Der Hausrotschwanz nistet in Nischen unter dem Dach, in Mauerlöchern usw. Von April bis Juni legt das Weibchen 5–6 Eier. Es brütet allein, beide Eltern füttern. In Süd- und Westeuropa gehört die Art zu den Standvögeln, die Populationen Mittel- und Osteuropas ziehen über den Winter ans Mittelmeer und nach Nordafrika. Verbreitung: Mittel- und Südeuropa, Vorder- und Mittelasien, Nordwestafrika.

3
1
2
4
5
6

Familie: Drosselvögel – Turdidae

1 Rotkehlchen – *Erithacus rubecula*
Länge 14 cm. Das Rotkehlchen lebt im dichten Unterholz des Waldes, in Gebüsch usw., also an Stellen, an denen stets Dämmerlicht herrscht. Aus diesem Grund hat es relativ große Augen. Es frißt Insekten, Spinnen, Würmer und Beeren. Als Bodenbrüter nistet es am Boden in Mulden, unter Wurzeln, auch in Mauerlöchern usw. Von April bis Juni legt das Weibchen 5–6 Eier, die es allein bebrütet. Beide Eltern füttern, die Art nistet 2mal im Jahr. Das Rotkehlchen überwintert in Nordafrika, Kleinasien, Süd- und Mitteleuropa. Verbreitung: Europa (außer den Nordgebieten Skandinaviens und der europäischen UdSSR), Vorder- und Kleinasien, Kaukasus, Nordwestafrika.

2 Nachtigall – *Luscinia megarhynchos*
Länge 17 cm. Bewohnt Laub- und Mischwälder der Niederungen mit viel Unterholz und trockenem Fallaub auf dem Boden, Parks und größere, vernachlässigte Gärten. Der ausgezeichnete Sänger läßt sich tagsüber, oft am Mittag und nachts hören. Seine Nahrung besteht aus Insekten und Beeren. Die Nachtigall baut ihr Nest entweder direkt auf dem Boden oder dicht darüber. Im Mai/Juni legt das Weibchen 4–6 Eier. Es brütet allein, doch füttert auch das Männchen. Überwintert in Südarabien und den afrikanischen Tropen. Verbreitung: West- und Mitteleuropa, Nordwestafrika, Vorder- und Mittelasien.

3 Blaukehlchen – *Luscinia svecica*
Länge 14 cm. Der Vogel lebt in Sumpf- und Morastgebieten mit Schilf- und Buschvegetation, in der Überschwemmungszone von Flußtälern usw. Nahrung sind Insekten und Beeren. Das Blaukehlchen baut sein Nest im Gebüsch auf dem Boden oder dicht darüber. Von April bis Juni legt das Weibchen 5–6 Eier. Zugvogel, überwintert in Nord- und Nordostafrika. Verbreitung: Fast ganz Europa, Asien. In Europa treten zwei Rassen auf: *L. svecica cyanecula* (Abbildung): West-, Mittel- und Südeuropa, Nord- und Mittelasien; *L. svecica svecica*: Nordeuropa, UdSSR.

4 Steinrötel – *Monticola saxatilis*
Länge 19 cm. Der Vogel bewohnt nackte, besonnte Felsen von den Niederungen bis in die Gebirge, verlassene Steinbrüche und Ruinen. Seine Nahrung besteht aus Insekten, Spinnen, Schnecken und Beeren. Der Steinrötel nistet in Felsritzen und Spalten an unzugänglichen Stellen. Im Mai/Juni legt das Weibchen 4–5 Eier. Es brütet allein, beide Eltern füttern. Zugvogel, überwintert in den afrikanischen Tropen. Verbreitung: Südteil Europas (im Norden bis Polen), Nordwestafrika, Vorder-, Zentral- und Ostasien.

5 Singdrossel – *Turdus philomelos*
Länge 23 cm. Die Singdrossel lebt in unterholzreichen Wäldern, größeren Gärten und Parks. Sie nistet auf Bäumen und Sträuchern. Ihr Nest baut sie aus verschiedenen Pflanzenteilen, die Innenseite schmiert sie mit speichelvermengtem Lehm, Tierkot und Mulm aus, so daß ein glattwandiger Kessel entsteht. Von April bis Juni legt das Weibchen 4–6 Eier. Es brütet allein, beide Eltern füttern. Die Singdrossel nistet 2mal im Jahr. Sie überwintert in West- und Südeuropa, Nordafrika und Kleinasien. Verbreitung: Großteil Europas, Vorder- und Westasien.

1
2
3
5
4
♂
♀

Familie: Drosselvögel – Turdidae

1 Misteldrossel – *Turdus viscivorus*
Länge 27 cm. Größte europäische Drossel. Die Art bewohnt Nadel- sowie Mischwälder von den Niederungen bis in die Berge, in Westeuropa oft auch große Parks. Ihre Nahrung besteht aus Insekten, Schnecken, Würmern und Beeren. Das Nest der Misteldrossel sitzt hoch in Bäumen. Von April bis Juni legt das Weibchen 4–5 Eier, die es allein bebrütet, doch füttern beide Eltern. Der Vogel nistet 2mal jährlich. Die Populationen des Südens sind Standvögel, die Vögel des Nordens überwintern in Südwesteuropa und Nordwestafrika. Verbreitung: Europa (außer Nordnorwegen), Nordwestafrika, Vorder- und Ostasien.

2 Wacholderdrossel – *Turdus pilaris*
Länge 26 cm. Die Wacholderdrossel lebt vorwiegend in Nadelwäldern, manchmal auch in größeren Parks. Sie ernährt sich von Insekten, Regenwürmern, Schnecken, Beeren und Obst. Der Vogel nistet kolonienweise in Bäumen, er brütet 2mal im Jahr. Von April bis Juni legt das Weibchen 5–6 Eier, auf denen es allein sitzt. Beide Eltern füttern. Zugvogel, überwintert in West- und Südeuropa. Verbreitung: Nordeuropa und Asien, doch ist das Verbreitungsareal nicht regelmäßig besiedelt.

3 Amsel – *Turdus merula*
Länge 26 cm. Noch im vorigen Jahrhundert war die Amsel ein Waldbewohner, heute gehört sie zu den häufigsten Vögeln in den Zentren großer Städte, in Gärten, Parks usw. Sie baut ihr Nest auf Bäumen, Sträuchern, in Mauernischen usw. Ihre Brutbiologie und ihre Futtergewohnheiten stimmen mit der Wacholderdrossel überein. Die Amsel nistet 2- bis 3mal im Jahr. Die nordeuropäischen Amseln ziehen im Winter nach Südeuropa, die west- und mitteleuropäischen Tiere sind meist Standvögel. Verbreitung: Großteil Europas (außer Skandinavien, Island und der europäischen UdSSR), Nordwestafrika, Vorder- und Südostasien.

4 Ringdrossel – *Turdus torquatus*
Länge 24 cm. Diese Drossel lebt in buschbestandenen Felsgegenden, lichten Bergnadelwäldern, Latschenkiefernbeständen und an dünn bewachsenen Berghängen, ihre Nahrung gleicht der der Amsel. Die Ringdrossel nistet auf niedrigen Bäumen und am Boden. Von April bis Juni legt das Weibchen 4–5 Eier. Beide Eltern brüten und füttern. Zugvogel, überwintert im Mittelmeerraum. Verbreitung: Inselweise über Großbritannien, Pyrenäen, Alpen, Karpaten, Skandinavien, Kaukasus, Kleinasien.

Familie: Drosselmeisen – Timaliidae

5 Bartmeise – *Panurus biarmicus*
Länge 17 cm. Bewohnt ausgedehnte Schilfflächen an Fluß-, See- und Brackwasserufern und ernährt sich von Insekten, im Winter auch von Sämereien. Die Bartmeise baut ihr Nest im dichten Schilf knapp über dem Wasser. Von April bis Juli legt das Weibchen 5–7 Eier, im ganzen nistet der Vogel 2mal im Jahr. Beide Eltern brüten und füttern. Im Süden ist die Bartmeise ortsständig, im Norden Strichvogel. Verbreitung: Stellenweise in Europa, Südwest- und Ostasien.

2
1
3 ♂
5 ♂
5 ♀
4

Familie: Schwanzmeisen – Aegithalidae

1 Schwanzmeise – *Aegithalos caudatus*
Länge 14 cm (davon 7,5 cm Schwanz). Bewohnt Laub- und Mischwälder, Gärten und Parks. Ernährt sich von kleineren Insekten und nistet nicht besonders hoch im Gebüsch. Ihr Nest ist ein geschlossener, eiförmiger Bau mit seitlichem Schlupfloch, es ist aus Moos, Spinnweben und Flechten gebaut und von außen durch Zweige und Rindenstückchen getarnt. Von April bis Juni legt das Weibchen 6–12 Eier, die es allein bebrütet, während beide Eltern füttern. Die Schwanzmeise nistet 2mal im Jahr. Standvogel. Verbreitung: Europa (außer den nördlichsten Gebieten), Vorderasien, Sibirien (bis Kamtschatka und China).

Familie: Beutelmeisen – Remizidae

2 Beutelmeise – *Remiz pendulinus*
Länge 11 cm. Der Vogel lebt an Busch- und schilfbestandenen Ufern stehender und fließender Gewässer. Die Beutelmeise ernährt sich von Insekten, im Winter von Samen. Ihr Nest, einen geschlossenen kugeligen Bau aus Gras, zarten Pflanzenfasern und Tierhaaren mit seitlichem Schlupfrohr legt sie meist auf Zweigen an, die über das Wasser ragen. Im Mai/Juni legt das Weibchen 6–8 Eier, es nistet 2mal im Jahr. Das ganze Brutgeschäft obliegt dem Weibchen. Standvogel. Verbreitung: Großteil Europas, Mittelasiens, Südsibiriens, Mittelchina, Japan.

Familie: Meisen – Paridae

3 Kohlmeise – *Parus major*
Länge 14 cm. Bewohner von Wäldern aller Art, Parks und Gärten von den Niederungen bis ins Gebirge. Die Nahrung besteht aus Insekten, ölhaltigen Samen und Obst. Die Kohlmeise baut ihr Nest in allen möglichen Höhlungen, nicht nur in natürlichen, sondern auch in Mauerlöchern, Rissen im Gebälk usw. Von April bis Juni legt das Weibchen 8–10 Eier, es brütet allein, doch füttert auch der Partner. Die Kohlmeise überwintert meist im Brutgebiet; gelegentlich zieht sie auch in südlicher Richtung um. Verbreitung: Fast über die ganze paläarktische Region.

4 Blaumeise – *Parus caeruleus*
Länge 12 cm. Die Blaumeise lebt in Hainen, Parks, Gärten, lichten Mischwäldern usw. und ernährt sich von Insekten, Beeren, im Winter vorwiegend von ölhaltigen Sämereien. Als Höhlenbrüter baut sie ihr Nest in Baumhöhlen und anderen Hohlräumen. Die Blaumeise nistet 2mal im Jahr. Von April bis Juni legt das Weibchen 10–12 Eier, die es allein bebrütet, beide Eltern füttern. Standvogel. Verbreitung: Europa (bis Mittelskandinavien und Südfinnland), Nordwestafrika, Vorderasien.

5 Tannenmeise – *Parus ater*
Länge 11 cm. Die Tannenmeise bewohnt Nadelwälder und Nadelholzschläge in Mischwäldern, doch weicht sie ausgedehnten Waldungen aus. Sie ernährt sich von Insekten, im Winter frißt sie Nadelbaumsamen. Ihr Nest baut sie in Baumhöhlen, Löchern unter Stümpfen und Wurzeln, in Felsritzen und Nistkästen. Von April bis Juni legt das Weibchen 8–10 Eier, die es allein bebrütet, während auch der Partner füttert. Die Tannenmeise nistet 2mal jährlich. Die west- und mitteleuropäischen Populationen sind ortsständig, die Tiere aus Nordeuropa überwintern in Mitteleuropa. Verbreitung: Europa (außer dem Norden), Asien (im Osten bis Kamtschatka und Südostchina), Vorderasien, Nordwestafrika.

1

2

3

4

5

Familie: Meisen – Paridae

1 Lasurmeise – *Parus cyanus*
Länge 14 cm. Die Lasurmeise lebt verborgen in dichtem Gestrüpp, in Moorgegenden, Tundren, Wäldern mit dichtem Unterholz usw. Brutbiologie und Ernährung wie bei der Blaumeise. Meist Stand-, gelegentlich auch Strichvogel. In Mittel- und Westeuropa seltener Wintergast.

2 Sumpfmeise – *Parus palustris*
Länge 12 cm. Bewohnt Laub- und Mischwälder, Parks und große Gärten. Nahrung sind Insekten und deren Eier, im Winter Sämereien. Höhlenbrüter, sie nistet in Baumlöchern und Nistkästen. Im April/Mai legt das Weibchen 7–10 Eier, die es allein bebrütet; beide Eltern treiben Brutpflege. Die Sumpfmeise nistet 2mal im Jahr. Verbreitung: Europa (von England und Südskandinavien an nach Osten), Kaukasus, Ostasien.

3 Weidenmeise – *Parus montanus*
Länge 12 cm. Bewohnt vorwiegend Nadelwälder in den Niederungen und Gebirgen, ernährt sich wie die Sumpfmeise. Höhlenbrüter. Das Weibchen legt im Mai 6–8 Eier, auf denen es allein sitzt, doch füttert auch das Männchen. Die Weidenmeise brütet 1- bis 2mal im Jahr. Standvogel. Verbreitung: Nordeuropa, Nordamerika, Nordasien.

4 Haubenmeise – *Parus cristatus*
Länge 12 cm. Bewohnt Nadelwälder von den Niederungen bis in die Gebirge, in Westeuropa auch Laubwälder. Ihre Nahrungsgewohnheiten entsprechen denen der Sumpfmeise. Höhlenbrüter, der 2mal im Jahr nistet. Das Weibchen legt von April bis Juni 7–10 Eier, die es allein bebrütet, doch betreiben beide Eltern Brutpflege. Überwiegend ortsständig, nur gelegentlich Strichvogel. Verbreitung: Europa (bis Westsibirien).

Familie: Kleiber - Sittidae

5 Kleiber – *Sitta europaea*
Länge 14 cm. Bewohner lichter Wälder, Parks und großer Gärten mit mächtigen, alten Bäumen. Der Kleiber ist ein ausgezeichneter Kletterer, der sich mit gleicher Sicherheit auf- wie abwärts bewegt. Dabei stützt er sich im Unterschied zu den Spechtvögeln nicht mit dem Schwanz am Baumstamm ab, beim Abwärtssteigen klettert er mit dem Kopf voran. Er ernährt sich von Insekten, deren Eiern, ölhaltigen Samen und Beeren. Als Höhlenbrüter nistet er in Baumlöchern, deren Schlupflöcher er mit Lehm und Speichel zumauert, wenn sie zu groß sind. Im April/Mai legt das Weibchen 6–8 Eier, die es allein ausbrütet, das Männchen beteiligt sich aber an der Brutpflege. Standvogel. Verbreitung: Fast ganz Europa (außer Irland, Nordschottland und den Nordgebieten Skandinaviens), Sibirien, Südasien, Nordwestafrika.

1
4
2
5
3

Familie: Baumläufer – Certhiidae

1 Waldbaumläufer – *Certhia familiaris*
Länge 13 cm. Bewohnt weite Nadel- und Mischwälder, seine Nahrung besteht aus Insekten, Insekteneiern und -larven. Der Vogel nistet in Höhlungen, Spalten, hinter abstehender Rinde usw. Von April bis Juli legt das Weibchen 5–7 Eier, die es allein bebrütet. Beide Eltern füttern. Standvogel, nistet 2mal im Jahr. Verbreitung: Europa (im Norden bis zum 60. bzw. 61. Breitengrad), Asien (bis zum 57. Breitengrad), Südteil Nordamerikas.

2 Gartenbaumläufer – *Certhia brachydactyla*
Länge 13 cm. Der Vogel ähnelt der vorausgegangenen Art, das gilt auch für Brutbiologie und Nahrungsgewohnheiten, doch nistet er nur einmal jährlich. Standvogel. Verbreitung: Süd-, Mittel- und Westeuropa, Tunesien, Algerien, Kleinasien, Mittelmeerinseln.

Familie: Ammern – Emberizidae

3 Schneeammer – *Plectrophenax nivalis*
Länge 17 cm. Der Vogel lebt in Tundren, Felsgebieten an der Meeresküste und in den Gebirgen des Nordens bis zur Schneegrenze. Seine Nahrung besteht aus Insekten und Sämereien. Er baut sein Nest am Boden in Felsritzen, zwischen Steinen usw. Im Juni/Juli legt das Weibchen 5–6 Eier, die es allein bebrütet. Im Winter verläßt die Schneeammer den hohen Norden und zieht nach Süden an die Ostsee- und Nordseeküste. Verbreitung: Nordeuropa, arktisches Asien, Nordamerika.

4 Grauammer – *Emberiza calandra*
Länge 18 cm. Die Grauammer bewohnt offene, trockene Landstriche in den Niederungen, baum- und buschbestandene Felder und Wiesen. Bodenbrüter, ernährt sich von Sämereien und Insekten. Im Mai/Juni legt das Weibchen 4–5 Eier. Es brütet allein, doch füttern beide Eltern. Stand- oder Strichvogel, einige Populationen überwintern in Südeuropa. Verbreitung: Europa (im Osten bis in die Ukraine), Klein- und Mittelasien, stellenweise in Nordafrika.

5 Goldammer – *Emberiza citrinella*
Länge 17 cm. Häufigste Ammernart, sie bewohnt offene Feld- und Wiesenlandschaften, buschbestandene Raine, Gehölze und Laubwaldränder. Ihre Nahrung besteht aus Samen, Beeren, Insekten. Die Goldammer nistet am Boden oder dicht darüber. Von April bis Juli legt das Weibchen 4–5 Eier, beide Eltern brüten und füttern. Die Goldammer nistet 2mal im Jahr. Die nordeuropäischen Populationen suchen im Winter die südlicheren Teile des Areals auf. Verbreitung: Europa (von Mittelspanien, Norditalien und dem Balkan nach Norden), Westsibirien.

6 Rohrammer – *Emberiza schoeniclus*
Länge 15 cm. In feuchten Gegenden, vor allem in Sumpfgebieten mit Röhricht und im Uferschilf. Die Rohrammer ernährt sich von Insekten, Weichtieren, Krebsen und Sämereien. Sie nistet an trockenen Stellen auf dem Boden. Von Mai bis Juli legt das Weibchen 5–6 Eier, die es meist allein bebrütet, doch beteiligt sich das Männchen an der Brutpflege. Die Rohrammer nistet 1- bis 2mal im Jahr. Standvogel, nur in den nördlicheren Breiten Strichvogel. Verbreitung: Europa (mit Ausnahme Griechenlands und der Mittelmeerinseln), Großteil Asiens.

1
2
3
4
5
6

Familie: Ammern – Emberizidae

1 Spornammer – *Calcarius lapponicus*
Länge 15 cm. Insekten und Samen fressender Bewohner von Tundren und Berggipfeln oberhalb der Baumgrenze. Die Spornammer baut ihr Nest am Boden zwischen niederwüchsigen Pflanzen und Krüppelgehölzen des Nordens. Von Mai bis Juli legt das Weibchen 4–6 Eier. Überwintert in klimatisch milderen Gebieten, die nicht zu weit entfernt liegen; in Mitteleuropa relativ selten. Verbreitung: Arktis, Skandinavien, Kamtschatka.

Familie: Finken – Fringillidae

2 Kernbeißer – *Coccothraustes coccothraustes*
Länge 17 cm. In lichten Laubwäldern, Parks und großen Gärten. Charakteristisch für den Kernbeißer ist der mächtige kegelförmige Schnabel. Er ernährt sich hauptsächlich von Sämereien, mit Vorliebe knackt er Kirschkerne auf. Meist nistet er hoch in Bäumen. Im Mai/Juni legt das Weibchen 4–6 Eier, beide Eltern brüten und füttern. Überwiegend Standvogel, doch ziehen die Populationen des Nordens zum Überwintern oft bis in den Mittelmeerraum. Verbreitung: Europa, Asien, Nordwestafrika.

3 Buchfink – *Fringilla coelebs*
Länge 15 cm. Der Buchfink bewohnt alle Waldtypen, Remisen, Parks und auch Gärten in unmittelbarer Nähe des Menschen, seine Nahrung besteht aus Samen und Insekten. Er nistet in Bäumen oder Sträuchern, von April bis Juni legt das Weibchen 4–6 Eier. Das Weibchen brütet, an der Brutpflege beteiligt sich auch das Männchen. Buchfinken nisten 2mal jährlich, sie sind zum größten Teil Zugvögel und überwintern in Südeuropa, doch bleiben viele Tiere – vor allem Männchen – den Winter über in der Nähe der Brutgebiete. Verbreitung: Ganz Europa, Westsibirien, Vorderasien, Nordwestafrika.

4 Bergfink – *Fringilla montifringilla*
Länge 15 cm. Bewohnt die Birken- und Fichtenwälder des Nordens, seine Nahrung besteht aus Insekten, Samen und Beeren. Brutbiologie wie beim Buchfink. Der Bergfink überwintert teils in Südskandinavien, vorwiegend aber in Mittel- und Südeuropa. Die Vögel ziehen in großen Scharen. Verbreitung: Nordeuropa, Nordasien (bis Kamtschatka).

5 Grünling – *Carduelis chloris*
Länge 15 cm. Bewohner buschbestandener Parklandschaften, alter Gärten, kleinerer Mischwälder usw., seine Nahrung besteht aus Samen und Beeren. Der Grünling nistet 2mal im Jahr, als Baumbrüter hat er sein Nest auf Bäumen und Sträuchern. Von Mai bis Juni legt das Weibchen 5–6 Eier, die es allein ausbrütet, doch füttern beide Eltern. Zum Teil Standvogel, zieht auch über den Winter in südlichere Gegenden. Verbreitung: Europa (mit Ausnahme Nordskandinaviens), Vorderasien, Nordwestafrika.

6 Stieglitz, Distelfink – *Carduelis carduelis*
Länge 12 cm. Der auffallend bunte Vogel ist ein Bewohner offener Landschaften mit einzelnen Bäumen, Parks, lichter Waldungen und Weinberge. Er ernährt sich von Sämereien, vor allem Distelsamen und Insekten. Der Stieglitz klettert sehr gewandt auf Pflanzen umher, häufig auf Disteln. Sein Nest baut er in Bäumen, wobei er Laubbäume bevorzugt. Von Mai bis Juli legt das Weibchen 5–6 Eier. Es brütet allein, beim Füttern hilft auch das Männchen. Der Vogel nistet 2mal jährlich. Der Stieglitz liebt Ortswechsel, oft ziehen die nördlichen Populationen über Winter nach West- und Mitteleuropa oder sogar bis in den Mittelmeerraum. Verbreitung: Europa (im Norden bis Südschweden), Westasien, Nordwestafrika.

1
2
3
4
6
5

Familie: Finken – Fringillidae

1 Hänfling – *Carduelis cannabina*
Länge 13 cm. Der Hänfling bewohnt trockene Brachflächen, Weiden mit Wacholderbüschen, Friedhöfe, Parks usw., er ernährt sich von Sämereien. Sein Nest baut er meist in Bodennähe auf niedrigen Bäumen oder Sträuchern. Von April bis Juli legt das Weibchen in der Regel fünf Eier, die es allein bebrütet. Beide Eltern füttern. Teils Strich-, teils Zugvogel, die Vögel überwintern in Norditalien und Südfrankreich. Verbreitung: Europa (bis Südschweden und Finnland), Westsibirien, Vorderasien, Nordwestafrika.

2 Girlitz – *Serinus serinus*
Länge 12 cm. Der Vogel stammt aus dem Mittelmeerraum, von dort ausgehend hat er sich mit Beginn des 19. Jahrhunderts nach Norden verbreitet. Der Girlitz lebt in der Nähe menschlicher Ansiedlungen, in Gärten, Parks und an den Rändern von Laub- bzw. Mischwäldern. Seine Nahrung besteht aus Samen. Er baut sein Nest in Bäumen und Sträuchern, von Mai bis Juli legt das Weibchen 4–5 Eier. Das Weibchen brütet allein, doch füttert auch das Männchen. Der Girlitz nistet 2mal im Jahr. Im Norden seines Areals Zugvogel, er überwintert in Süd-, Mittel- und Westeuropa, in den übrigen Gebieten Standvogel. Verbreitung: Europa (mit Ausnahme eines Großteils Skandinaviens), Kleinasien, Nordwestafrika.

3 Fichtenkreuzschnabel – *Loxia curvirostra*
Länge 17 cm. Ausgesprochener Fichtenwaldbewohner der Berge und Gebirgsvorländer, stellenweise auch in den Niederungen. Der Vogel ernährt sich von den Samen der Nadelgehölze. Er nistet das ganze Jahr über, vor allem von Januar bis April, sein Nest baut er auf Nadelbäumen. In das zur Isolierung gegen Frost sehr sorgsam mit einer dicken Materialschicht ausgepolsterte Nest legt das Weibchen vier Eier, die es allein bebrütet. Beide Eltern füttern. Meist Standvogel, oft auf der Nahrungssuche unregelmäßige Invasionen nach Süden. Verbreitung: Europa, Nordasien, Nordwestafrika, Nord- und Mittelamerika.

4 Gimpel – *Pyrrhula pyrrhula*
Länge 15 cm, nördliche Rasse 17 cm. Die Brust des Männchens ist auffällig rot, die des Weibchens graubraun. Der Gimpel bewohnt Nadel- und Mischwälder mit dichtem Unterholz, Parks, selten auch Gärten; seine Nahrung besteht aus Samen. Er baut sein Nest nicht besonders hoch in den Kronen von Nadelbäumen, von Mai bis Juli legt das Weibchen 4–5 Eier. Der Vogel nistet 2mal im Jahr. Die nördlichen Populationen dieses Standvogels überwintern in Mittel- und Südeuropa. Verbreitung: Fast ganz Europa (vom Norden der Pyrenäenhalbinsel und Norditalien bis Nordskandinavien), Nordasien (bis Japan und Kamtschatka).

Familie: Webervögel – Ploceidae

5 Schneefink – *Montifringilla nivalis*
Länge 18 cm. Bewohnt Felsgebiete an der Grenze des ewigen Eises in den Hochgebirgen, oft in der Nähe von Gletschern. Seine Nahrung besteht aus Samen und Insekten, sein Nest baut er in Felsritzen oder im Geröll unter Steinen. Der Vogel nistet 1- bis 2mal im Jahr, das Weibchen legt von Mai bis Juli 5–6 Eier. Beide Eltern brüten und füttern. Der Schneefink bleibt im Brutgebiet auch über den Winter, nur zieht er sich in tiefere Lagen zurück. Verbreitung: Hochgebirge Europas und Asiens.

6 Haussperling – *Passer domesticus*
Länge 15 cm. Lebt in Gesellschaft des Menschen sowohl auf dem Land als auch in der Großstadt. Er ernährt sich von Samen, Knospen und Insekten. Im Unterschied zum Feldsperling mit Geschlechtsdimorphismus. Der Haussperling nistet in allen möglichen Schlupfwinkeln wie Mauerlöcher usw. Er nistet 2- bis 3mal jährlich, von April bis August legt das Weibchen 5–6 Eier. Beide Eltern brüten und füttern. Standvogel. Verbreitung: Über die ganze Welt.

1
2
4
3
5
6

Familie: Webervögel – Ploceidae

1 Feldsperling – *Passer montanus*
Länge 14 cm. Beide Geschlechter sind gleich gefärbt. Der Vogel bewohnt Fluren mit parkartigem Baumbestand und Gärten auf dem Land, er ernährt sich wie der Haussperling. Der Feldsperling baut sein Nest in allen möglichen Höhlungen sowie in Nistkästen. Er nistet 2- bis 3mal im Jahr, von April bis August legt das Weibchen 5–6 Eier. Beide Eltern brüten und füttern. Strichvogel. Verbreitung: Fast ganz Europa (mit Ausnahme der südlichen und westlichen Balkangebiete, Nordschwedens und Nordfinnlands), Nordasien.

Familie: Stare - Sturnidae

2 Star – *Sturnus vulgaris*
Länge 21 cm. Ursprünglich Bewohner von Laubwäldern mit hohlen Bäumen, heute nistet der Star auch in waldlosen Gebieten. Baut sein Nest in Mauerlöchern, unter Dächern und in Nistkästen. Seine Nahrung besteht aus Insekten, Würmern, Schnecken und Obst. Der Star nistet 1- bis 2mal im Jahr, das Weibchen legt von April bis Juli 5–6 Eier. Beide Eltern brüten und füttern. In West- und Südeuropa ortsständig, sonst Zugvogel, der in West- und Südwesteuropa sowie am Mittelmeer überwintert. Verbreitung: Europa (mit Ausnahme der Pyrenäenhalbinsel, Südfrankreich und der Westküste der Balkanhalbinsel), Asien (bis zum Baikal).

Familie: Pirole – Oriolidae

3 Pirol – *Oriolus oriolus*
Länge 24 cm. Der Vogel bewohnt Haine und Laubwälder in den Niederungen und im Hügelland, manchmal auch aufgelockerte Kiefernschläge und große Parks. Seine Nahrung besteht aus Insekten und verschiedenen Früchten. Das korbartige Nest hängt hoch in der Baumkrone in einer Astgabel dünner Außenzweige. Im Mai/Juni legt das Weibchen 3–5 Eier, beide Eltern brüten und füttern. Zugvogel, überwintert in Zentral- und Südafrika. Verbreitung: Europa (bis Südskandinavien, fehlt auf den Britischen Inseln), West- und Südasien, Nordwestafrika.

Familie: Rabenvögel – Corvidae

4 Eichelhäher – *Garrulus glandarius*
Länge 34 cm. Der Eichelhäher lebt in allen Waldtypen von den Niederungen bis in die Gebirge. Seine Nahrung besteht aus Eicheln, Bucheckern, Beeren, Insekten, Würmern, Vogeleiern und kleinen Wirbeltieren. Hoch in den Baumkronen baut er sein Nest. Im Mai/Juni legt das Weibchen 5–6 Eier, beide Eltern brüten und füttern. Stand- oder Strichvogel. Verbreitung: Europa (bis Mittelskandinavien), Asien, Nordwestafrika.

5 Tannenhäher – *Nucifraga caryocatactes*
Länge 32 cm. Bewohner der Taiga und der Bergnadelwälder, der sich oft bis über die obere Waldgrenze hinausbegibt. Seine Nahrung sind die Samen der Nadelhölzer, Beeren, Obst, Insekten, Schnecken usw. Besonders liebt er die Nüsse der Zirbelkiefer, oft vergräbt er sie im Boden und hilft so bei der Verbreitung des Waldes im Hochgebirge mit. Sein Nest baut er in den Kronen der Nadelbäume, im März/April legt das Weibchen 3–4 Eier, die es allein bebrütet. Beide Eltern füttern. Stand- bzw. Strichvogel, der sich aber auch auf invasionsartige Wanderungen begeben kann. Im Winter geht er aus den höchsten Gebirgslagen in geringere Höhen hinunter. Verbreitung: Skandinavien, europäische Teile der UdSSR, Alpen, Karpaten, Balkangebirge, Sibirien, Mittelasien.

1
2
3 ♂
4
5

Familie: Rabenvögel – Corvidae

1 Elster – *Pica pica*
Länge 46 cm, die Hälfte davon Schwanz. Die Elster bewohnt offene Parklandschaften, Obstgärten, buschbestandenes Brachland, Wälder inmitten der Felder mit hohen Bäumen und Parks. Der Vogel baut sein überdachtes großes Nest sowohl niedrig in Büschen als auch hoch oben in den Baumkronen. Im April/Mai legt das Weibchen 5–7 Eier, die es allein bebrütet. Beide Eltern füttern. Standvogel. Verbreitung: Ganz Europa, Großteil Asiens, Nordwestafrika, Nordamerika.

2 Dohle – *Corvus monedula*
Länge 33 cm. Bewohner offener Landschaften mit alten Baumgruppen, menschlicher Ansiedlungen, Felsgelände. Seine Nahrung besteht aus Insekten, Würmern, Schnecken, kleinen Wirbeltieren und Sämereien. Meist nistet die Dohle in großen Kolonien, sie baut ihr Nest in alle möglichen Ritzen und Hohlräumen. Im April/Mai legt das Weibchen 5–6 Eier. Es brütet allein, doch füttert auch das Männchen. Die Populationen aus Nord- und Osteuropa überwintern meist in Westeuropa oder am Mittelmeer: im Westen und Süden Europas ist die Dohle Standvogel. Verbreitung: Europa (bis Mittelskandinavien), Westasien, Nordwestafrika.

3 Kolkrabe – *Corvus corax*
Länge 63 cm. Der Kolkrabe ist der größte Rabenvogel, er bewohnt die Buschtundra des Nordens, Meeresküsten, offene Landschaften mit Gehölzen und Büschen; in südlicheren Breiten lebt er in Gebirgen und Niederungen. Er ernährt sich von Insekten, Wirbeltieren, Aas, Obst usw. Sein Nest baut er hoch in Baumkronen oder Felswänden. Im März/April legt das Weibchen 4–6 Eier, die es allein bebrütet; beide Eltern füttern. Stand- und Strichvogel. In West- und Mitteleuropa ist er sehr selten, häufiger nur in den Alpen und Karpaten. Verbreitung: Fast ganz Europa, Asien, Nord- und Ostafrika, Nord- und Mittelamerika.

4 Saatkrähe – *Corvus frugilegus*
Länge 46 cm. Der Vogel bewohnt landwirtschaftliche Nutzflächen mit Baumgruppen, in den letzten Jahren auch menschliche Ansiedlungen. In den Bergen fehlt die Art. Alte Tiere haben um den Schnabel nackte, weiße Haut. Die Nahrung der Saatkrähe besteht aus Insekten, Würmern, kleinen Wirbeltieren, Beeren, Obst usw., ihre Nester finden sich in mehr oder weniger großen Kolonien hoch in den Baumkronen. Im März/April legt das Weibchen 3–5 Eier, auf denen es allein sitzt, doch füttert auch das Männchen. In Osteuropa Zugvogel, in Mittel- und Westeuropa Stand- bzw. Strichvogel. Verbreitung: Europa (von den Britischen Inseln nach Osten), Ostasien.

5 Rabenkrähe – *Corvus corone corone*
Länge 47 cm. Die Rabenkrähe lebt in offenen Feld- und Weidelandschaften mit verstreuten Gehölzen und Baumgruppen, in zusammenhängenden Waldungen, lichten Hainen und Parks. Ihre Nahrung besteht aus kleinen Wirbeltieren, Vogeleiern, Insekten, Würmern, Aas, Obst usw. Im April/Mai legt das Weibchen in der Regel fünf Eier, die es allein bebrütet, beide Eltern füttern. Stand- oder Strichvogel. Verbreitung: Westeuropa bis zur Elbe und Moldau, bis Wien und über die Alpen bis Norditalien, Nord- und Mittelasien bis Kamtschatka und Japan.

6 Nebelkrähe – *Corvus corone cornix*
Länge 47 cm. Die Nebelkrähe unterscheidet sich von der vorangegangenen Unterart durch ihre graue Färbung, in ihrer Biologie stimmt sie mit der Rabenkrähe überein. Verbreitung: Osteuropa, Ostsibirien.

1
3
5
4
2
6

Klasse: Säugetiere – Mammalia
Ordnung: Insektenfresser – Insectivora
Familie: Igel – Erinaceidae

1 Europäischer Igel – *Erinaceus europaeus*
Länge 30 cm. Der Igel lebt in dichten Wäldern mit Unterholz, auf buschbestandenen Wiesen, in alten Gärten, Parks, in Städten und auf dem Land, er geht auch in die Gebirge hinauf (in den Alpen bis zu 2000 m). Seine Nahrung bilden verschiedene Insekten, Schnecken, Würmer, Spinnen und auch kleinere Wirbeltiere. Er baut sich ein Nest im Gebüsch und polstert es mit Moos und Heu aus. Dort wirft er 7–10 Junge, auch überwintert er im Nest in richtigem Winterschlaf. Verbreitung: Westeuropa, im Osten bis zum Oderunterlauf, Böhmen und den Alpen.

2 Weißbrustigel – *Erinaceus concolor*
Die Art stimmt in Größe und Lebensweise mit *E. europaeus* überein, bis vor kurzem galt sie als eine seiner geographischen Rassen. Vom Europäischen Igel unterscheidet sie sich durch auffällige Zweifarbigkeit in der Jugend und einen weißen Fleck auf der Brust. Die dunkle Kopffärbung zwischen Nasenpartie und Augen bildet bei diesem Igel keine zusammenhängende brillenförmige Zeichnung wie bei *E. europaeus*. Verbreitung: von Mitteleuropa nach Osten bis Nordostchina, Korea und in die Ussurigegend in der UdSSR.

Familie: Spitzmäuse – Soricidae

3 Waldspitzmaus – *Sorex araneus*
Körperlänge 65–85 mm, Schwanz 32–47 mm. Meist an feuchteren Orten, die ihr genügend Nahrung bieten. Sie frißt Insekten, Schnecken, Würmer und Spinnen. Ihr Tagesverbrauch entspricht dem eigenen Körpergewicht. Das Tier lebt entweder in einem selbst angelegten Bau oder häufiger in verlassenen Löchern anderer kleiner Säuger. Im Winter sucht es menschliche Behausungen auf. In das Erdnest bringt die Waldspitzmaus ein Polster aus Gras oder anderem weichen Pflanzenmaterial, dort wirft das Weibchen 2- bis 4mal jährlich 5–10 Junge. Verbreitung: Fast ganz Europa und Asien.

4 Alpenspitzmaus – *Sorex alpinus*
Körperlänge 62–80 mm, Schwanz 54–75 mm. Die Art lebt vorwiegend in der Bergwald- und Knieholzregion der Hochgebirge mit feuchtem Mikroklima, die Tiere halten sich in der Nähe von Gebirgsbächen und Quellen auf. Wie die anderen Spitzmäuse ist auch sie ein nachtaktives Tier. Das Weibchen bringt 1- bis 2mal jährlich einen Wurf von 6–8 Jungen zur Welt. Die Nahrung besteht aus Insekten, Würmern und Weichtieren. Verbreitung: In den meisten höheren Gebirgen Europas, in den Alpen sogar bis in eine Höhe von 3335 m.

5 Zwergspitzmaus – *Sorex minutus*
Körper 45–66 mm, Schwanz 32–46 mm, Gewicht 3–5 g. Kleinster europäischer Insektenfresser, bewohnt feuchte Nadel- und Mischwälder von den Niederungen bis zur oberen Waldgrenze in den Bergen. Dort gräbt die Zwergspitzmaus ihre nicht sehr tiefen Erdlöcher, in denen das Weibchen 1- bis 3mal im Jahr 4–10 Junge wirft. Die Nahrung bilden vorwiegend Insekten, Spinnen, Würmer und Weichtiere, auch ölhaltige Pflanzensamen werden gefressen. Verbreitung: In einigen Rassen über Europa und den paläarktischen Teil Asiens.

6 Wasserspitzmaus – *Neomys fodiens*
Körper 70–96 mm, Schwanz 47–77 mm. Die Wasserspitzmaus lebt an den Ufern von Bächen, Flüssen, Seen und Teichen von den Niederungen bis in die Gebirge. Ihren Bau gräbt sie in Ufernähe, ein Eingang mündet immer unter Wasser. Die Nistkammer wird mit Gras und Moos ausgepolstert. Fortpflanzung von April bis Ende August/September, die Weibchen haben 2–4 Würfe von 4–7, gelegentlich auch 11 Jungen. Dieser ausgezeichnete Schwimmer wird nachts aktiv, dann jagt er Wasserinsekten, Weichtiere, kleine Fische und Frösche. Verbreitung: Ganz Europa, in den Alpen bis zu 2500 m hoch, Asien bis zum Ussuri.

1
2
4
3
6
5

Familie: Spitzmäuse – Soricidae

1 Hausspitzmaus – *Crocidura russula*
Körper 64–95 mm, Schwanz 33–46 mm. Die Art lebt vorwiegend in menschlichen Behausungen, auf Feldern, Friedhöfen und in Gärten. Im Gebirge geht sie bis zu 1600 m hoch. Ihre Nahrung besteht aus Insekten, im Notfall frißt sie auch Pflanzensamen. Sie pflanzt sich von April bis September fort, 2- bis 4mal jährlich hat sie 3–10 Junge. Verbreitung: Südlicheres Europa (im Norden bis Mittel- und Süddeutschland, Polen), in den wärmeren Gebieten Asiens bis Korea und Japan im Osten. Kommt auch in Afrika vor, hauptsächlich im Nordwesten des Kontinents, aber auch in Kenia, im Sudan und in Angola.

2 Gartenspitzmaus – *Crocidura suaveolens*
Körper 53–83 mm, Schwanz 25–44 mm. Lebt auf buschbestandenen Lichtungen in steppenartigen Niederungen, in Parks und menschlichen Behausungen. Ihre Nahrung besteht aus verschiedenen Wirbellosen und kleineren Wirbeltieren, auch Aas nimmt sie an. Diese Spitzmaus nistet in Erdlöchern von Nagern, 2- bis 4mal jährlich wirft hier das Weibchen 2–6 blinde, nackte Junge. Wachsen sie heran, führt sie das Muttertier 4–5 Wochen mit sich herum. Dabei halten sich die Jungen am Schwanzfell fest – das erste an der Mutter, die übrigen aneinander, so daß die Familie eine lebende Kette bildet. Verbreitung: Ganz Europa bis zur Ostsee im Norden, in der gemäßigten Zone Asiens bis China und Korea, kommt in Nordwestafrika, möglicherweise auch im Osten und Südwesten des Kontinents vor.

3 Feldspitzmaus – *Crocidura leucodon*
Körper 63–90 mm, Schwanz 28– 39 mm. Eine auf Feldern und in der Nähe menschlicher Behausungen häufige Art, die ihre Erdlöcher meist in buschbestandenem Gelände anlegt. Das Weibchen hat 2- bis 3mal im Jahr 3–9 Junge, die es ähnlich wie die Gartenspitzmaus mitführt, auch ist ihre Ernährung ähnlich. Verbreitung: Mittel- und Südeuropa bis zur Ostsee im Norden, im paläarktischen Asien mehrere geographische Rassen.

4 Etrusker-Spitzmaus – *Suncus etruscus*
Körper 36–52 mm, Schwanz 24–29 mm, Gewicht 1,5–2,5 g. Diese Spitzmaus ist der kleinste Säuger der Welt, sie lebt an feuchten Stellen in Wassernähe. Als Nahrung dienen ihr Insekten und andere Wirbellose. Das Weibchen wirft 5- bis 6mal im Jahr 2–5 Junge. Verbreitung: Mittelmeerraum, Transkaukasien, Turkmenien.

Familie: Maulwürfe – Talpidae

5 Bisamrüßler – *Desmana moschata*
Körper ca. 215 mm, Schwanz 170 mm. Lebt in der Nähe großer Ströme, vor allem an dicht bewachsenen Flußarmen. Seine Nahrung besteht aus Insekten, Weichtieren, Krebsen, Fischen und Pflanzen. Der Bisamrüßler hält sich in einem Bau auf, dessen Eingang unter Wasser liegt. Zweimal jährlich wirft das Weibchen 1–5 Junge. Die Art steht als Pelztier unter Naturschutz. Verbreitung: Ursprünglich am Unterlauf von Wolga und Don sowie im Gebiet des Uralflusses in der UdSSR; an einigen Stellen der europäischen UdSSR-Gebiete vom Menschen ausgesetzt.

6 Pyrenäen-Desman – *Galemys pyrenaicus*
Körper 110–135 mm, Schwanz 130 mm. Die Art lebt an Gewässerrändern, vor allem an Stellen mit üppiger Ufervegetation. Dort legen die Tiere ihre Baue an, deren Eingänge unter Wasser münden, die Nistkammer liegt jedoch stets über der Wasseroberfläche im Trockenen. Über die Biologie des Tieres ist nicht viel bekannt, es wird intensiv gejagt, und so geht seine Zahl immer mehr zurück. Verbreitung: Fluß- und Bachufer in den Pyrenäen, auch anderswo in Nordspanien und Portugal.

6
3
4
5
1
2

Familie: Maulwürfe – Talpidae

1 Europäischer Maulwurf – *Talpa europaea*
Körper 130–170 mm, Schwanz 23–28 mm. Bis in eine Höhe von 2000 m lebt der Maulwurf häufig an feuchten Stellen auf Wiesen, Lichtungen, in Gärten und an den Rändern von Auwäldern. In der Hauptsache ernährt er sich von Regenwürmern, Schnecken und Engerlingen. Der Maulwurf lebt unter der Erde, mit seinen schaufelartigen Vorderfüßen gräbt er sich ein ganzes Gangsystem, wobei er die dabei anfallende Erde an die Oberfläche stößt (Maulwurfshaufen!). Das Weibchen hat einmal im Jahr 4–5 Junge. Verbreitung: Europa von Südschweden bis Spanien, Italien, Sizilien und Nordgriechenland, von Großbritannien bis zum Ural und Kaukasus; Asien bis zum Baikalsee und dem Einzugsgebiet des Lenastroms.

Ordnung: Flattertiere – Chiroptera
Familie: Dreizehenhufeisennasen – Rhinolophidae

2 Kleine Hufeisennase – *Rhinolophus hipposideros*
Körper 38–45 mm, Spannweite 190–250 mm. Tagsüber halten sich die Tiere in größerer Anzahl auf Dachböden, in Kirchtürmen, Ruinen, Höhlen usw. versteckt, mit der Dämmerung fliegen sie aus. Wie alle Fledermäuse ernähren sie sich von Insekten, die sie im Flug fangen. Sie pflanzen sich im Mai/Juni fort, gewöhnlich haben sie 1–2 Junge. Verbreitung: Großteil Europas, Nordafrika, Vorder- und Mittelasien.

3 Große Hufeisennase – *Rhinolophus ferrumequinum*
Körper 58–70 mm, Spannweite 330–400 mm. In wärmeren Gegenden hält sich diese Fledermaus tagsüber in Höhlen, unterirdischen Stollen, Felslöchern und Ruinen auf. Im Winter bilden die Tiere oft große Kolonien, im Sommer leben sie einzeln oder in kleinen Grüppchen. Nach Einbruch der Dämmerung jagen sie in langsamem Flug nicht hoch über dem Erdboden. Mitte Juni bringt das Weibchen normalerweise ein Junges zur Welt. Verbreitung: Europa, die Nordgrenze bilden Großbritannien, Mitteldeutschland, Österreich, die Slowakei und die Karpatoukraine; Asien bis China und Japan, Nordwestafrika.

Familie: Glattnasen – Vespertilionidae

4 Großer Abendsegler – *Nyctalus noctula*
Körper 60–80 mm, Spannweite 320–460 mm. Bewohnt Parks und Wälder mit genügend alten, hohen Bäumen in den Niederungen und im Hügelland, dort findet er im Sommer tagsüber Unterschlupf. In hohlen Bäumen und anderen Schlupfwinkeln überwintert er auch, doch unternimmt er vorher oft lange Züge in südlicher Richtung. Ende Mai wirft das Weibchen zwei Junge. Verbreitung: ganz Europa (im Norden bis Südschweden und Finnland), asiatische Teile der UdSSR, Nordchina, Nordwestafrika.

5 Langohrfledermaus – *Plecotus auritus*
Körper 47–51 mm, Spannweite 220–260 mm. Diese Art hält sich gern in der Nähe menschlicher Behausungen auf; in der Dunkelheit gehen die Tiere auf ihren nicht besonders hohen und nicht schnellen Flug. Sie jagen an Waldrändern, in Parks, Gärten und im Waldinneren. Im Mai bzw. Juni hat das Weibchen für gewöhnlich 1–2 Junge. Die Weibchen leben den Sommer über in kleinen Kolonien von 5–20 Tieren, die Männchen sind Einzelgänger. Verbreitung: Nordeuropa in Niederungen und Gebirgen (in den Alpen bis 1850 m), in südlicheren Gebieten nur in den Bergen; Asien bis nach Japan.

6 Großes Mausohr – *Myotis myotis*
Körper 60–80 mm, Spannweite 350–430 mm. Eine der häufigsten Fledermäuse, deren Vorkommen in erster Linie an Gebäude von Menschenhand, seltener an Höhlen gebunden ist. Die Weibchen verbringen den Sommer in großen Kolonien, im Mai/Juni hat das Weibchen ein Junges. Verbreitung: Europa (am weitesten im Osten in der Ukraine), Türkei, Libanon, Syrien, Nordafrika.

2
5
3
4
6
1

Familie: Glattnasen – Vespertilionidae

1 Wasserfledermaus – *Myotis daubentoni*
Körper 40–51 mm, Spannweite 250 mm. Diese Fledermaus lebt in unmittelbarer Wassernähe. Tags hält sie sich in hohlen Bäumen, Mauerritzen und auf Dachböden verborgen, den Winter bringt sie meist in Höhlen und verlassenen Stollen zu. Im Sommer bilden die Weibchen große Kolonien, gewöhnlich gebären sie im Juni ein Junges. Sie ernähren sich von Insekten, die sie dicht über der Wasseroberfläche fangen. Verbreitung: Ganz Europa bis Mittelskandinavien im Norden, Asien bis Korea und Japan im Osten.

2 Mopsfledermaus – *Barbastella barbastellus*
Körper 42–52 mm, Spannweite 240–275 mm. Im Sommer dienen hohle Bäume, Mauer- und Verputzritzen als Unterschlupf. Verläßt in der Dämmerung ihr Versteck und geht auf Lichtungen und zwischen den Waldbäumen auf Insektenjagd. Im Juni wirft das Weibchen ein, ausnahmsweise zwei Junge. Überwintert in Höhlen, verlassenen Stollen, Ruinenkellern usw. Verbreitung: Ganz Europa (im Norden bis Südschweden und Norwegen), Westteile der UdSSR, Kleinasien, Nordwestafrika.

3 Zwergfledermaus – *Pipistrellus pipistrellus*
Körper 33–45 mm, Spannweite 180–230 mm. In Niederungen und höher gelegenen Gebieten häufig, in den Alpen bis zu 2000 m. Ursprünglich ein Baumtier, ist die Art heute sehr oft an menschliche Behausungen gebunden, wo sie im Sommer hinter losem Verputz, Fensterläden, hinter Bildern und in Mauerritzen schläft. Im Sommer in großen Kolonien. Die Weibchen werfen 1–2 Junge, die schon nach zwei Monaten völlig selbständig leben. Verbreitung: Ganz Europa außer dem hohen Norden, Asien, Nordwestafrika.

Ordnung: Primaten, Herrentiere – Primates
Familie: Tieraffen – Cercopithecidae

4 Magot – *Macaca sylvanus*
Länge 75 cm. Einziger europäischer Affe, lebt in Herden nicht selten in der Nähe menschlicher Behausungen. Das Leittier ist immer das stärkste Männchen. Die Magots sind Pflanzenfresser, doch verzehren sie auch Eier und Kleinlebewesen. Die Weibchen haben manchmal ein, meist aber zwei Junge, die im Alter von $4^1/_2$ Jahren erwachsen werden. Die Affen leben an Orten, an denen die Temperatur unter den Nullpunkt sinkt und gewöhnen sich gut an rauheres Klima. Mehrmals wurden Versuche unternommen, diese Affen auch in Mitteleuropa anzusiedeln, seit 1969 leben sie in den Vogesen in einem Reservat, wohin sie aus dem marokkanischen Atlas gebracht wurden. Verbreitung: Ursprünglich Nordafrika, von da aus gelangten sie nach Gibraltar in Südspanien. Der Bestand der dort lebenden Tiere wird von Zeit zu Zeit durch aus Afrika eingeführte Affen ergänzt.

Ordnung: Raubtiere – Carnivora
Familie: Marder – Mustelidae

5 Mauswiesel – *Mustela nivalis*
Körper 130–240 mm, Schwanz 50–70 mm. Das Weibchen ist stets kleiner als das Männchen (wie bei den meisten Raubtieren). Das Mauswiesel lebt in Wäldern, auf Lichtungen, Feldern, in Gärten und in menschlichen Behausungen, es geht hoch in die Berge, in den Alpen bis zu 2700 m. Meist bewohnt es Baue von Mäusen und Wühlern, aber auch liegende hohle Bäume und alle möglichen Verstecke in der Nähe von Gebäuden. Die Tiere haben gewöhnlich 4–7 Junge, ihre Hauptnahrung sind Mäuse und Wühler, aber auch größere Tiere wie Ziesel, Kaninchen und Bodenbrüter. Verbreitung: Ganz Europa außer Irland, Asien bis Korea und Japan, Nordafrika, Nordamerika.

6 Großes Wiesel, Hermelin – *Mustela erminea*
Körper 240–290 mm, Schwanz 80–90 mm. Sehr anpassungsfähige Art ohne festes Biotop, sowohl in Niederungen als auch in Gebirgen (Alpen bis 3000 m) zu finden. Im Winter verfärbt sich das Fell bis auf die Schwanzspitze weiß. Verbreitung: Ganz Europa, Großteil Asiens, Nordwestafrika, Nordamerika.

3
5
6
2
1
4

Familie: Marder – Mustelidae

1 Nerz – *Lutreola lutreola*
Körper 320–400 mm, Schwanz 120–190 mm. Der Nerz lebt an Bächen und Flüssen mit dichter krautiger Ufervegetation, als Nachttier verbringt er den Tag in Erdlöchern am Ufer. Er frißt kleinere Wasserwirbeltiere und Wirbellose (Weichtiere, Krebse usw.). Paarung im März/April, im Mai/Juni hat das Weibchen 2–7 Junge. Verbreitung: Mehrere geographische Rassen in Frankreich, Österreich, Polen, Finnland, Ungarn, Jugoslawien, Rumänien, europäische UdSSR, Westsibirien.

2 Iltis – *Putorius putorius*
Körper 400–440 mm, Schwanz 130–190 mm. Der Iltis hält sich mit Vorliebe in der Nähe menschlicher Behausungen auf, er kommt von den Niederungen bis in die Berge, in den Alpen bis zu 2000 m vor. Aufgrund seiner Anpassungsfähigkeit ist er in Wäldern, auf Feldern und an Gewässern zu finden. Seine Nahrung besteht aus kleinen und mittelgroßen Säugern bis zu Hasengröße, Bodenbrütern usw. Oft tötet er die Hühner in den Ställen und frißt die Eier. Bei Gefahr scheidet er aus der Schwanzdrüse eine übelriechende Flüssigkeit ab. Im Mai/Juni hat das Weibchen 4–5 Junge, die Familie bleibt bis zum folgenden Frühjahr beieinander. Verbreitung: Ganz Europa, Asien, Nordwestafrika.

3 Dachs – *Meles meles*
Körper 600–850 mm, Schwanz 110–180 mm. Waldbewohner von den Niederungen bis ins Gebirge. An geschützten Stellen legt er seinen langen, tiefen Bau an, dessen Kessel er mit Moos auspolstert. Hier hält er seine Winterruhe, im Sommer dient ihm der Bau als Tagesversteck, nachts wird er aktiv. Seine Nahrung bilden alle möglichen pflanzlichen und tierischen Stoffe. Paarung im Juli, die Jungen kommen aber erst von Februar bis April des folgenden Jahres auf die Welt. Das Weibchen hat bis zu fünf, meist aber zwei Junge. Verbreitung: Ganz Europa (außer dem hohen Norden), Großteil Asiens.

4 Baummarder, Edelmarder – *Martes martes*
Körper 480–530 mm, Schwanz 230–280 mm. Das überwiegend nachtaktive Tier bewohnt Wälder von den Niederungen bis in die Gebirge. Tagsüber verbirgt es sich in Baumhöhlen, alten Vogel- und Eichhornnestern. Der ausgezeichnete Kletterer ernährt sich meist von kleinen Nagern, Vögeln, Eiern, verschiedenen Insekten und süßen Früchten, doch greift er gelegentlich auch größere Tiere an wie Kaninchen und Hasen. Im April wirft das Weibchen 2–6 Junge. Verbreitung: Ganz Europa; Westsibirien bis zum Unterlauf von Ob und Irtysch, Kaukasus, Transkaukasien, Großteil Asiens.

5 Steinmarder – *Martes foina*
Körper 450–500 mm, Schwanz 250–270 mm. Vom Baummarder unterscheidet er sich durch einen weißen Fleck auf Kehle und Brust, der auch auf die Vorderbeine übergreift. Dieser Fleck ist beim Baummarder meist gelb und endet in einem Keil zwischen den Vordergliedmaßen. Die Tiere bewohnen Waldränder, Felsen, Ruinen usw., in ihrer Biologie entsprechen sie dem Baummarder, doch sind sie auch tagsüber aktiv. Beide Arten sind wichtige Pelztiere. Verbreitung: Ganz Europa außer Skandinavien, Großbritannien und dem Norden der europäischen UdSSR; Asien bis Nordchina und Mongolei.

6 Vielfraß – *Gulo gulo*
Körper 700–830 mm, Schwanz 160–250 mm. Der Vielfraß lebt in der Taiga und Waldtundra. Seine Hauptnahrung sind die nördlichen Nager, z. B. Lemminge, doch reißt er auch Hasen, Füchse, Marder, verschiedene Vögel und fängt Fische. Auch Pflanzenkost verschmäht er nicht, so liebt er süße Früchte. Nicht selten schlägt er auch großes Wild, z. B. Rehe oder Hirschkälber, auf die er in den Bäumen lauert. Verbreitung: Nordgebiete Europas, Asiens und Nordamerikas.

5
2
4
1
6
3

Familie: Marder – Mustelidae

1 Fischotter – *Lutra lutra*
Körper 650–800 mm, Schwanz 350–500 mm. An Flüssen und Bächen, an deren Ufern er seine einfachen Höhlen anlegt. Kommt von der Meeresküste bis in eine Höhe von 2500 m vor (Alpen), nachts wird er aktiv. Seine Nahrung bilden zum größten Teil Fische, seltener Krebse. Das Weibchen wirft 2–5 Junge im Jahr. Der Fischotter ist ein wertvolles Pelztier. Verbreitung: In etwa 10 geographischen Rassen über ganz Eurasien.

Familie: Bären – Ursidae

2 Braunbär – *Ursus arctos*
Länge 170–250 cm, Schwanz 1–14 cm, Widerristhöhe 100–110 mm. Gewicht 150–300 kg. Der Braunbär ist das größte europäische Raubtier, gegenwärtig lebt er in den Misch- und Nadelwäldern der Berge und Gebirgsvorlandschaften, in denen er genügend geeignete Schlupfwinkel vorfindet. Gewöhnlich frißt der Bär gemischte Nahrung, doch kann er in gewissen Fällen zum ausschließlichen Fleischfresser werden, der sowohl großes Wild als auch weidende Schafe und Rinder reißt. Den Winter verbringt er in unechtem Winterschlaf (Winterruhe) in seiner Höhle. Während dieser Zeit bringt die Bärin 1–2 Junge zur Welt (Dezember – Februar). Verbreitung: In einigen geographischen Rassen über Europa, Asien und Nordamerika.

3 Eisbär – *Thalarctos maritimus*
Körperlänge über 250 cm, Gewicht 400–600 kg. Lebt in der von ewigem Schnee und Eis bedeckten nördlichen Polarregion. Seine Hauptnahrung besteht aus Seehunden, vor allem ihren Jungen. Mitten im Winter bringt die Bärin in einer Schneehöhle, deren Wände durch den warmen Atem des Tieres vereisen und gut die Wärme halten, ihre Jungen zur Welt. In solchen in den Schnee gegrabenen Höhlen verschlafen die Tiere auch den klimatisch härtesten Teil des Polarwinters. Vielerorts ging der Bestand durch Abschuß stark zurück. Verbreitung: Häufiger nur noch in Grönland, an der amerikanischen und asiatischen Küste.

Familie: Schleichkatzen – Viverridae

4 Ginsterkatze – *Genetta genetta*
Körper 470–580 mm, Schwanz 410–480 mm. Auf felsigen Hängen mit dichtem Buschwerk. Nachtraubtier, das den Tag in hohlen Bäumen oder Felslöchern verschläft. Ihre Beute besteht aus kleinen Wirbeltieren, bevorzugte Nahrung sind Wanderratten. Das Weibchen wirft 1- bis 2mal jährlich 2–4 Junge. Verbreitung: Afrika, in Europa auf der Pyrenäenhalbinsel und in Frankreich.

Familie: Hunde – Canidae

5 Wolf – *Canis lupus*
Körper 100–165 cm, Schwanz 35–50 cm. Rudeltier, das den Sommer über im Familienverband lebt, im Winter schließen sich mehrere Familien zu einem großen Rudel zusammen, dessen Leittier immer das stärkste Männchen ist. Im Sommer frißt der Wolf kleinere Tiere und verschiedene Früchte, im Winter jagt das Rudel große Beute. Von März bis Mai wirft die Wölfin in ihrem Bau normalerweise 4–6 Junge, von denen sie in den ersten Tagen keinen Schritt weicht; das Männchen versorgt sie dabei mit Futter. Heute kommen Wölfe in Mitteleuropa nur noch selten und nur in den Bergen vor, in Osteuropa leben sie auch in den Niederungen. In Westeuropa sind die Wölfe heute so gut wie völlig ausgerottet, nur stellenweise findet man sie noch in den Pyrenäen und im Apennin. Verbreitung: Skandinavien, Karpaten, Balkanhalbinsel, in Asien bis Korea und Japan, Nordamerika.

6 Goldschakal – *Canis aureus*
Körper 85–105 cm, Schwanz 20–24 cm. Der Schakal lebt paarweise oder in kleinen Gruppen meist in dichtem Bewuchs an Gewässern und in Niederungen. Nach Sonnenuntergang gehen die Tiere auf die Jagd, sie fressen Nager, Lurche, Fische, Aas, Insekten und Früchte. Im April/Mai wirft das Weibchen im Bau, den es sich vorher gräbt, 4–9 Junge. Verbreitung: Südosteuropa, Asien, Afrika.

1
2
3
4
5
6

Familie: Hunde – Canidae

1 Rotfuchs – *Vulpes vulpes*
Körper 65–76 cm, Schwanz 35–44 cm. Der Fuchs lebt hauptsächlich in Wäldern, Unterholz und Gebüschen auf dem Feld, oft an Stellen, an denen sich Felslöcher finden. Er lebt einzeln oder im Familienverband. Paarung im Januar/Februar, Anfang August wirft das Weibchen in dem mit Haaren ausgepolsterten Bau 3–8 Junge. Als Nahrung dienen verschiedene Wirbeltiere, aber auch Insekten, Würmer, Weichtiere und Obst. Verbreitung: Paläarktische Region (außer dem hohen Norden), nearktische Region.

2 Polarfuchs, Weißfuchs – *Alopex lagopus*
Körper 50–70 cm, Schwanz etwa 30 cm. In zwei Formen – die eine ist im Sommer hellbraun, im Winter weiß, die andere das ganze Jahr über graublau. Der Polarfuchs lebt in kleineren Gesellschaften und ernährt sich von kleinen Nagern, aufs Trockene geratenen Fischen, Früchten und im hohen Norden auch von den Beuteüberresten der Eisbären. Das Weibchen wirft meist im Mai in seiner warm ausgepolsterten Höhle 4–8 Junge. Verbreitung: Nordpolargebiet und Tundren in Asien und Nordamerika.

3 Korsak, Steppenfuchs – *Alopex corsac*
Körper 50–60 cm, Schwanz ca. 30 cm. Ähnelt dem Rotfuchs, hat aber relativ längere Beine. Dieser typische Steppen-, Halbwüsten- und Wüstenbewohner ernährt sich vorwiegend von kleinen Steppennagern, Vögeln und ihren Eiern, gelegentlich auch von größeren Tieren wie z.B. Hasen, Zieseln und Murmeltieren. In verlassenen Dachs- oder Fuchsbauen wirft das Weibchen 2–11 Junge. Verbreitung: Vorwiegend Asien, nur in der Ukraine dringt er bis nach Europa vor.

4 Marderhund – *Nyctereutes procynoides*
Körper 65–80 cm, Schwanz 15–25 cm. Sucht bachdurchzogene Laubwälder, Buschlandschaften und Kultursteppen auf. Dort lebt er paarweise bzw. im Familienverband. Nachtaktiv, den Tag verbringt er meist in selbstgegrabenen Erdlöchern verborgen oder in verlassenen Bauen von Dachsen und Füchsen. Im Mai hat das Weibchen 6–8 Junge, die beide Eltern pflegen. Er frißt Wirbeltiere bis zur Kaninchengröße, Vogeleier, verschiedene Wirbellose, Obst und andere Früchte. Verbreitung: Sein ursprüngliches Areal erstreckt sich über das Amur-Ussurigebiet in der UdSSR, China und Japan. In den dreißiger Jahren wurde er als Pelztier in die europäischen Teile der Sowjetunion eingeführt, von wo aus er nach Finnland, Schweden, Polen, in die Tschechoslowakei, nach Deutschland, Rumänien und Ungarn gelangte.

Familie: Echte Katzen – Felidae

5 Wildkatze – *Felis silvestris*
Körper 79–94 cm, Schwanz 29–35 cm. Die Wildkatze bewohnt warme Nadelwälder, seltener Mischwälder im Hügel- und Bergland. Außer zur Paarungszeit sind die Tiere Einzelgänger, die sich tagsüber in hohlen Bäumen, Felsspalten, Dachs- und Fuchslöchern usw. verborgen halten. Die Wildkatze jagt in der Regel abends und nachts, ihre Beute besteht aus kleinen Säugern, Vögeln und Kriechtieren, in Ausnahmefällen reißt sie auch größere Stücke, z.B. Kaninchen. Im April/Mai hat das Weibchen 2–6 Junge, die es etwa einen Monat säugt und dann mit Fleisch füttert. Verbreitung: Europa, Asien, Afrika.

6 Luchs – *Lynx lynx*
Körper 90–130 cm, Schwanz 15–20 cm. Bewohnt ausgedehnte Berg- und Vorgebirgswälder, sein Lager hat er in Dickungen, Felsen, Baumhöhlen usw. In der Dämmerung geht er auf Jagd. Der Luchs erbeutet kleinere und größere Säuger (sogar Rehe), Vögel, gelegentlich auch Kriechtiere und Lurche. Das Weibchen wirft im Mai/Juni 2–3 Junge. Verbreitung: In Westeuropa ist der Luchs heute praktisch ausgerottet, er kommt in Mittel- und Osteuropa sowie in Asien vor.

1
2
3
4
5
6

Ordnung: Robbenverwandte – Pinnipedia
Familie: Walrosse – Odobaenidae

1 Walroß – *Odobaenus rosmarus*
Länge ♂ 4,5 m, Gewicht über 1000 kg, Weibchen bedeutend kleiner. Das Walroß hält sich an den Küsten der Polarmeere auf, meist leben die Tiere paarweise. Sie ernähren sich von Muscheln, Krebsen, Fischen und auch Seehundjungen. Gewöhnlich haben sie nur ein Junges, eine Walroßfamilie bildet einen festen Verband; in Gefahr verteidigen beide Eltern ihr Junges. Verbreitung: Grönland, Spitzbergen, Nordsibirien, Nordamerika.

Familie: Hundsrobben – Phocidae

2 Seehund – *Phoca vitulina*
Länge 165–180 cm, in Ausnahmen bis zu 2 m, Weibchen kleiner als die Männchen. Den größten Teil ihres Lebens verbringen die Tiere im Wasser, doch ruhen sie gern an Sand- oder Lehmstränden aus. Der ausgezeichnete Schwimmer schläft sogar im Wasser und entfernt sich bis zu 50 km von der Küste. Seine Nahrung setzt sich hauptsächlich aus Fischen, Krebsen, Muscheln und anderen Wirbellosen zusammen. Paarung im August, dann finden sich an den Küsten große Herden zusammen. Nach elf Monaten bringt das Weibchen ein Junges zur Welt, das gleich nach der Geburt schwimmen und tauchen kann. Verbreitung: Nordatlantikküsten, an den Küsten von Nordsee, Ostsee und Schwarzem Meer selten. Seehunde wandern oft Hunderte von Kilometern flußaufwärts.

3 Ringelrobbe – *Pusa hispida*
Länge 150–185 cm. Die Robbe ernährt sich von Wirbellosen und Fischen. Im März/April wirft das Weibchen meist nur ein Junges, das ca. 20 Tage nach der Geburt ein sehr buschiges Fell hat, mit dem es nicht ins Wasser kann. Erst nach dem Fellwechsel können die Jungen schwimmen. Verbreitung: Europa in der östlichen Ostsee, weiter im Westen nimmt ihre Zahl ab, in der Nordsee nur sehr selten; Nordküsten Europas, Asiens, Nordamerikas, Arktis, Saima- und Ladogasee.

Ordnung: Nagetiere – Rodentia
Familie: Hörnchen – Sciuridae

4 Eichhörnchen – *Sciurus vulgaris*
Körper 200–236 mm, Schwanz 165–200 mm. Das Eichhörnchen lebt in Wäldern, Parks und Gärten oft in der unmittelbaren Nähe des Menschen. Den größten Teil seines Lebens verbringt es auf Bäumen, wo es sich von Samen, Haselnüssen, Obst, der Rinde junger Triebe, Knospen und, bei Mangel an pflanzlicher Nahrung, auch von Insekten, Vogeleiern und Jungvögeln ernährt. Am Boden sammelt es Waldfrüchte und Pilze. Das Eichhörnchen legt sich einen Wintervorrat an, den es unter der Erde oder in Baumlöchern verbirgt. Es haust in einem Baumnest, in dem das Weibchen 2mal jährlich 3–8 Junge wirft. Verbreitung: In einer Reihe von Unterarten über die ganze paläarktische Region.

5 Alpenmurmeltier – *Marmota marmota*
Körper 53–73 cm, Schwanz 13–16 cm. Die Tiere bewohnen die Berge oberhalb der Waldgrenze, vor allem die Wiesen der subalpinen und alpinen Stufe sowie Geröllfelder. Sie leben in Familien, gegebenenfalls in Kolonien zusammen. Das Murmeltier legt einen tiefen Bau an, in dem es schläft, sich bei Gefahr versteckt und auch überwintert. Sein Winterschlaf dauert über ein halbes Jahr, seine Nahrung besteht aus Pflanzen. Verbreitung: In Europa Alpen und Karpaten.

6 Ziesel – *Citellus citellus*
Körper 195–240 mm, Schwanz 60–70 mm. Das Ziesel bewohnt Kultursteppen, Wiesen und auch Waldlichtungen. Es lebt in Kolonien, die Tiere graben einen ca. 2 m tiefen, schräg verlaufenden Gang mit einer seitlichen Kammer, die sie mit Gras auspolstern. Tagtiere, die in der warmen Jahreszeit aktiv sind und den Winter verschlafen. Ihre Nahrung besteht aus Grassamen und Getreidekörnern, grünen Pflanzenteilen und auch Insekten. Paarung im April/Mai, Ende Mai/Juni wirft das Weibchen 6–8 Junge. Verbreitung: Eurasien und Nordamerika.

2
1
3
6
5
4

Familie: Hörnchen – Sciuridae

1 Flughörnchen – *Pteromys volans*
Körper 135–205 mm, Schwanz 90–140 mm. An den Seiten zwischen Vorder- und Hinterbeinen sitzt ein breiter Hautsaum. Die Tiere leben in Mischwäldern mit Espenvorkommen, in Höhlungen dieser Bäume legen sie in 3–4 m Höhe ihr Nest an. Ihre Hauptnahrung bilden Baumsamen, doch fressen sie auch Grassamen, Erdbeeren, Pilze sowie Baum- und Strauchknospen. Tagsüber halten sie sich im Nest verborgen, nachts gehen sie auf Nahrungssuche. Ein bis zweimal jährlich haben sie 2–4 Junge. Verbreitung: In Europa nur in Skandinavien, Finnland und den europäischen Teilen der UdSSR, ihr Hauptvorkommen liegt in Nordasien.

Familie: Biber – Castoridae

2 Europäischer Biber – *Castor fiber*
Körper 70–100 cm, Schwanz 30–35 cm. Der Biber bewohnt stehende und fließende Gewässer in lichten Wäldern, seine Familien bzw. Kolonien leben in Erdhöhlen, die sie in den Ufern so anlegen, daß der Eingang unter Wasser liegt, oder in den sog. Biberburgen. Biber legen regelrechte Staudämme an, um den Wasserspiegel zu heben. Zum Bau verwenden sie Lehm, Steine und Baumstämme, die sie mit ihren scharfen Nagezähnen fällen und an den Bauplatz transportieren. Ihre Nahrung besteht aus Wasserpflanzen und Baumrinde. Im April/Mai hat das Weibchen 2–4 Junge. Verbreitung: Früher war der Biber über die Waldgebiete ganz Europas verbreitet, heute ist er dort ausgerottet. Neu ausgesetzt und wiedereingebürgert.

Familie: Wühler – Cricetidae

3 Hamster – *Cricetus cricetus*
Körper 210–340 mm, Schwanz 25–65 mm. In den Kultursteppen der Niederungen und Hügelgebiete häufiges einzelgängerisches Nachttier, das in tiefen Erdbauen lebt, die aus Nist- und Vorratskammer bestehen. Den Winter verbringt der Hamster in echtem Winterschlaf. Er frißt Körner, grüne Pflanzenteile und Wirbellose, auch kleine Nager und Jungvögel. Das Weibchen wirft 2- bis 3mal jährlich 4–12 Junge. Verbreitung: Europa von Frankreich nach Osten, Asien bis zum Jenissei.

4 Berglemming – *Lemmus lemmus*
Körper 130–150 mm, Schwanz 15–19 mm. Flach unter der Erde legt er ein kompliziertes System von Gängen an und baut sein kugeliges Nest aus zernagten Pflanzenteilen. Der Lemming ist den ganzen Winter über munter, seine Nahrung besteht aus Pflanzen. Das Weibchen wirft 3mal jährlich 4–10 Junge. Regelmäßig alle vier Jahre kommt es zu einer Massenvermehrung der Tiere, und sie wandern aus ihren Biotopen aus, wobei die meisten ihren Feinden zum Opfer fallen oder in Flüssen und im Meer ertrinken. Verbreitung: Skandinavische Gebirge und Tundren, Finnland, Nordteil der UdSSR.

5 Ostschermaus – *Arvicola terrestris*
Körper 120–211 mm, Schwanz 60–130 mm. Dieser gute Schwimmer und Taucher bewohnt feuchte Stellen an den Ufern stehender und fließender Gewässer, feuchte Auenwiesen und nasse Bergwiesen. Tagtier, das unterirdische Baue gräbt bzw. sich überirdische Kugelnester in Weidenwurzeln oder Riedgrasbüscheln baut. Die Tiere fressen Wasserpflanzen, Baumwurzeln, Gemüse usw. 3- bis 5mal jährlich haben sie 2–8 Junge. Verbreitung: Fast ganz Europa, asiatische Teile der UdSSR.

6 Bisamratte – *Ondatra zibethicus*
Körper 260–400 mm, Schwanz 190–250 mm. Bewohnt die Ufer fließender und stehender Gewässer. Die Art stammt aus Nordamerika, 1905 wurde sie nach Mittelböhmen eingeführt und verbreitete sich von dort aus über weite Teile Europas. Die Tiere leben paar- bzw. familienweise in ihren unterirdisch in den Ufern angelegten Gängen, deren Eingang unter Wasser liegt. Gelegentlich bauen sie auch über der Erde große kuppelförmige Nester. Sie fressen sowohl pflanzliche wie tierische Nahrung. Zur Fortpflanzung kommt es 3- bis 4mal im Jahr, sie haben 7–8 Junge. Verbreitung: Großteil Europas, asiatische UdSSR, Mongolei, China.

2
5
6
1
4
3

Familie: Wühler – Cricetidae

2 Kleinwühlmaus – *Pitymys subterraneus*
Körper 80–105 mm, Schwanz 26–40 mm. Dieser Bewohner von Waldrändern, buschbestandenen Bachufern und verschiedenen feuchten, krautbestandenen Geländen in höheren Lagen und Gebirgen lebt in unterirdischen Gängen. Das Weibchen hat 3- bis 5mal jährlich 2–3 Junge. Die Kleinwühlmaus ernährt sich von Kräutern, verschiedenen Früchten, Samen, Pilzen usw. Verbreitung: Fast ganz Europa mit Ausnahme Nordskandinaviens und des Nordens der europäischen UdSSR sowie einiger Mittelmeerinseln.

2 Schneemaus – *Microtus nivalis*
Körper 110–143 mm, Schwanz 43–68 mm. Die Schneemaus bewohnt Matten zwischen Felsgeröll auf der alpinen und subalpinen Höhenstufe, selten tiefer (in den Alpen in 2300 m Höhe). Ihre Nahrung besteht nur aus Pflanzen. Sie lebt in einem unterirdischen Gangsystem, ihr Nest aus trockenem Gras legt sie unter Steinen oder in Felsritzen an. Die Tiere sind auch tagsüber sowie den ganzen Winter aktiv. Das Weibchen wirft 2- bis 3mal im Jahr (im Juni und August) 5–6 Junge. Verbreitung: Gebirge in Europa und Kleinasien.

3 Feldmaus – *Microtus arvalis*
Körper 90–120 mm, Schwanz 35–40 mm. Eine auf den Feldern von den Niederungen bis ins Gebirge sehr häufige Maus, die in unterirdischen Gängen kolonienweise lebt. Dort hat sie auch ihre Vorratskammer und ihr Nest. Die Feldmaus frißt Körner, grüne Pflanzenteile und Wurzeln, auch Kleintiere. In der Vorratskammer legen sie ihren Wintervorrat an. Die Art ist sehr fruchtbar: Ein Weibchen hat 3- bis 7mal im Jahr 4–10 Junge, die schon nach sechs Wochen fortpflanzungsfähig sind. Daher nehmen die Feldmäuse in warmen, ertragreichen Jahren leicht überhand. Verbreitung: Fast ganz Europa und Asien außer den Nordgebieten.

4 Waldmühlmaus, Rötelmaus – *Clethrionomys glareolus*
Körper 85–110 mm, Schwanz 35–55 mm. Dieser typische Waldbewohner braucht keinen tiefen Wald, eine Baumgruppe oder Büsche genügen. Bevorzugt werden Stellen mit dichtem Buschbestand. Diese Maus lebt in zwei Nestern, von denen das eine als Unterschlupf, das andere als Kinderstube dient. Die Rötelmaus ernährt sich vorwiegend von Pflanzen, Pilzen, Insektenlarven usw. Das Weibchen hat 3- bis 4mal im Jahr einen Wurf von 3–5 Jungen. Verbreitung: Europa mit Ausnahme der südlichsten Teile, Westsibirien, Kleinasien.

Familie: Blindmäuse – Spalacidae

5 Westblindmaus – *Spalax leucodon*
Körper 150–240 mm, der Schwanz ist verkümmert. Diese Maus ist völlig blind, ihre zurückgebildeten Augen sind hautbedeckt. Die Art bewohnt trockene Ebenen und Gebirge; Tiere aus den Bergen sind gewöhnlich kleiner als die Artgenossen aus dem Tiefland. Die Maus lebt im Boden, mit ihrem starken Kopf und den mächtigen Schneidezähnen wühlt sie lange Gänge. Die dabei aufgworfenen Haufen sind kleiner als Maulwurfshaufen. Die Weibchen werfen 1mal im Jahr 1–4 Junge, ihre Nahrung besteht aus Wurzeln und Pflanzenstielen. Verbreitung: Ungarn, Balkan, Westukraine, Transkaukasien, Kleinasien.

Familie: Langschwanzmäuse – Muridae

6 Zwergmaus – *Micromys minutus*
Körper 82–108 mm, Schwanz 70–100 mm. Das gesellige, überwiegend tagaktive Tier zeigt sich häufig in feuchten Niederungen an Sumpfrändern, nassen Wiesen, Bach- und Teichufern. Die Zwergmaus baut sich ein kugelförmiges Nest mit nur einem Eingang aus den Halmen von Gräsern, Wasser- und Uferpflanzen und befestigt es in einer Höhe von 30–70 cm über dem Boden an Grashalmen. Ihre Nahrung besteht sowohl aus pflanzlichen als auch tierischen Stoffen. Sie ist ein gewandter Kletterer und hat 2mal im Jahr 3–7 Junge. Verbreitung: ganz Europa (außer den nördlichsten Gebieten), in Asien bis Japan und Nordvietnam im Osten.

1
2
3
6
4
5

Familie: Langschwanzmäuse – Muridae

1 Brandmaus – *Apodemus agrarius*
Länge 80–115 mm, Schwanz 65–92 mm. An den Rändern von Wäldern, Büschen und Hainen häufige Art, die in feuchterer Umgebung lebt und große, zusammenhängende Waldkomplexe meidet. Legt im Erdreich Gänge mit Nest und Vorratskammer an, ihre Nahrung besteht aus Samen und verschiedenen Wirbellosen, z. B. Insekten, Würmern usw. Die Brandmaus pflanzt sich 3- bis 4mal im Jahr fort, jeder Wurf hat 5–7 Junge. Verbreitung: West-, Mittel- und Osteuropa (weder in Großbritannien noch Frankreich festgestellt), Asien bis China und Korea im Osten.

2 Gelbhalsmaus – *Apodemus flavicollis*
Körper 98–116 mm, Schwanz 90–127 mm. In Wäldern, vor allem an feuchteren Stellen, lebt die Gelbhalsmaus in Erdlöchern, oft auch in Baumhöhlen; im Winter dringt sie auch in menschliche Behausungen ein. Ausgezeichneter Kletterer und Springer, frißt mit Vorliebe ölhaltige Samen, Insekten, Würmer, nur selten grüne Nahrung. Das Weibchen hat 2- bis 4mal im Jahr 4–8 Junge. Verbreitung: Ganz Europa bis in den hohen Norden (Shetlandinseln, Hebriden, Skandinavien), Asien bis Korea und China.

3 Waldmaus – *Apodemus sylvaticus*
Körper 82–108 mm, Schwanz 70–100 mm. An Waldrändern, in Hainen, auf Friedhöfen, in Parks und Gärten häufiges nachtaktives Tier. Im Winter oft in menschlichen Behausungen. Ihre Ernährung gleicht der der Gelbhalsmaus. Die Waldmaus lebt in Erdlöchern, gelegentlich baut sie sich auch an der Erdoberfläche Nester aus Moos und Gras oder legt sie in Vogelnestern oder sonst auf Bäumen an. Das Weibchen wirft 2- bis 4mal im Jahr, in einem Wurf finden sich 2–9 Junge. Verbreitung: Ganz Europa, Asien, Nordafrika.

4 Kleine Waldmaus – *Apodemus microps*
Körper 77–101 mm, Schwanz 55–95 mm. Diese Maus lebt an Waldrändern, in kleineren Baumkomplexen sowie buschbestandenen Lichtungen an warmen Stellen vorwiegend in Niederungen, weniger im Hügelland und nur ganz selten in höheren Lagen. Sie ernährt sich von pflanzlichen Stoffen und Kleinlebewesen. Verbreitung: Südosten der europäischen UdSSR und angrenzende Steppen, berührt auch die Tschechoslowakei.

5 Hausmaus – *Mus musculus*
Körper 72–100 mm, Schwanz 67–95 mm. Kulturfolger! Lebt den Sommer über auf Feldern, in menschlichen Behausungen und deren Umgebung, im Winter zieht sie sich von den Feldern gleichfalls in Häuser, Strohmieten und Wirtschaftsgebäude zurück. Die Maus lebt in Familien oder größeren Gesellschaften in unterirdischen Löchern, sie ernährt sich von Körnern, verschiedenen Abfällen usw. 4- bis 8mal im Jahr bringt das Weibchen 4–8 Junge zur Welt, die bereits im Alter von anderthalb Monaten erwachsen sind. Verbreitung: Ursprünglich in den Steppenlandschaften Asiens und Südeuropas, heute Kosmopolit.

6 Hausratte, Dachratte – *Rattus rattus*
Körper 158–252 mm, Schwanz 190–240 mm. Oft mit der Wanderratte verwechselt, doch bewohnt sie trockenere Stellen in höherliegenden Gebäudeteilen. Sie ist schlanker und kleiner, meist grau oder schwarz. In ihrer Ernährung ist sie wählerischer als die Wanderratte, sie bevorzugt pflanzliche Nahrung, hauptsächlich Samen, Getreide, Obst usw. Das Weibchen wirft 3- bis 6mal im Jahr 5–10 Junge, die im Alter von drei Monaten geschlechtsreif werden. Verbreitung: Herkunft im tropischen Asien, als Kulturfolger in einer Reihe von geographischen Rassen über den größten Teil der Erde verbreitet.

1
6
4
5
2
3

Familie: Langschwanzmäuse – Muridae

1 Wanderratte – *Rattus norvegicus*
Körper 190–270 mm, Schwanz 130–230 mm. Von der ähnlich aussehenden Hausratte unterscheidet sie sich u.a. durch den kürzeren, starken Schwanz und die kurzen Ohren. Lebt in Gebäuden am Wasser, in der Kanalisation, in Kellern, Ställen, Lagerräumen usw., familienweise oder in größeren Gesellschaften. Allesfresser, geht im Dunkeln auf Nahrungssuche, lästiger Schädling. Das Weibchen hat 3- bis 6mal im Jahr 6–10 Junge, die schon nach 2–3 Monaten fortpflanzungsfähig werden. Verbreitung: Ursprünglich im paläarktischen Asien beheimatet, durch den Menschen über die ganze Welt verbreitet.

Familie: Bilche – Gliridae

2 Siebenschläfer – *Glis glis*
Körper 130–180 mm, Schwanz 100–150 mm. Mit seinem langen, buschigen Schwanz ähnelt der Siebenschläfer einem kleinen grauen Eichhorn. Das nachtaktive, familienweise oder in kleinen Gesellschaften lebende Tier kommt in Laubwäldern, besonders in Buchenbeständen, Parks, Gärten und auf Friedhöfen vor. Sein Moosnest legt der Siebenschläfer in hohlen Bäumen, Mauerlöchern, in Dachstühlen, Nistkästen oder in der Erde an. Hier hält er sich tagsüber verborgen und verbirgt sich hier auch im Winterschlaf. Ernährt sich von Samen, Nüssen, jungen Trieben von Bäumen, Rinde und Insekten. Einmal jährlich wirft das Weibchen 3–6 Junge. Verbreitung: ganz Europa mit Ausnahme des Nordens, Asien.

3 Gartenschläfer – *Eliomys quercinus*
Körper 105–147 mm, Schwanz 80–135 mm. An seinem Schwanzende sitzt eine charakteristische Quaste. Er lebt in Gärten, Parks und Laubwäldern von den Niederungen bis ins Gebirgsvorland. Das Nachttier baut sein Nest in hohlen Bäumen, im Boden und in Felsritzen. Seine Nahrung bilden kleine Wirbeltiere, Wirbellose, Samen, Früchte usw. Im Mai/Juni wirft das Weibchen 2–8 Junge. Verbreitung: Mittel- und Südeuropa, Nordafrika; die europäische Nordgrenze verläuft durch Nordpolen, Norddeutschland und den Mittelteil der europäischen UdSSR.

4 Baumschläfer – *Dryomys nitedula*
Körper 80–150 mm, Schwanz 70–100 mm. Bewohnt Laubwälder, seltener Misch- oder Nadelwälder von den Niederungen bis 1500 m hoch. Das Nachttier legt sein Nest in Baumhöhlen, auf Bäumen und Sträuchern an. Der Baumschläfer lebt von Nüssen, Obst und Wirbellosen. Im Mai/Juni wirft sein Weibchen 3–6 Junge. Verbreitung: Europa von Italien, der Schweiz und Deutschland nach Osten bis weit nach Asien hinein. Fehlt in Westeuropa und Skandinavien.

5 Haselmaus – *Muscardinus avellanarius*
Körper 75–86 mm, Schwanz 55–77 mm. Das in kleinen Kolonien lebende Nachttier bewohnt Laub- und Mischwälder, seltener Nadelwälder. Die Haselmaus baut zwei Nesttypen: Das runde Sommernest mißt 3–5 cm im Durchmesser und wird auf Bäumen, Sträuchern, auf den Dachböden von Heuschobern und Berghütten angelegt, das Winternest befindet sich am Boden. Die Nahrung besteht aus Baumsamen, Haselnüssen, Obst, Waldfrüchten, Insekten usw. Das Weibchen hat 1- bis 2mal im Jahr 3–5 Junge. Verbreitung: Europa, Kleinasien.

Familie: Hüpfmäuse – Zapodidae

6 Birkenmaus – *Sicista betulina*
Körper 50–75 mm, Schwanz 76–108 mm. Bewohnt Bergwiesen und -felder, in den mitteleuropäischen Bergen Eiszeitrelikt. Das Nachttier baut sein Nest aus Moos und Gras auf dem Boden oder in Baumhöhlen dicht darüber. Die Maus ernährt sich von Grassamen, Früchten und Insekten, Fortpflanzung im Juni/Juli, das Weibchen hat dann 2–6 Junge. Verbreitung: Nord-, Mittel- und Osteuropa, Sibirien, Kaukasus.

5
6
1
2
4
3

Familie: Springmäuse – Dipodidae

1 Pferdespringer – *Allatactaga jaculus*
Körper 190 – 250 mm, Schwanz ca. 280 mm. Bewohner von Steppen und Halbsteppen. Nachttier, das sich tags in unterirdischen Bauen versteckt hält. Vier Bautypen: Die sog. Dauerbaue haben eine Wohn- und ein bis zwei Vorratskammern, zwei weitere Typen dienen als Gelegenheitsverstecke für den Tag und für die Nacht, letztere haben einen kurzen Gang. Der vierte Typ ist der Winterbau, er liegt bis zu 2 m tief und dient zum Überwintern. Der Pferdespringer frißt Samen und Pflanzenteile sowie Insekten. Verbreitung: Asien, im Osten bis zum Altai, in Europa nur in der Ukraine.

Familie: Stachelschweine – Hystricidae

2 Nordafrikanisches Stachelschwein – *Hystrix cristata*
Körper 57 – 68 cm, Schwanz 50 – 68 mm. Die Art lebt in dichten Gebüschen auf trockenen Ebenen am Fuß der Berge. Tags verbergen sich die Tiere in ihren Löchern, in der Dämmerung gehen sie auf Nahrungssuche, sie leben von pflanzlicher Nahrung. Im Mai wirft das Weibchen 1 – 4 Junge, die kurze, am Körper anliegende Stacheln haben. Die Stacheln des erwachsenen Tieres werden 30 – 40 cm lang. Verbreitung: Nordafrika, hin und wieder auch in Italien und auf Sizilien.

Familie: Biberratten – Myocastoridae

3 Nutria, Biberratte – *Myocastor coypus*
Körper 40 – 80 cm, Schwanz 40 – 50 cm. Zwischen den Zehen der Hinterfüße sitzen Schwimmhäute. Die Art lebt an fließenden, evtl. auch stehenden Gewässern mit üppiger Wasserpflanzenvegetation. In die Ufer gräbt sich das Tier nicht sehr tiefe Höhlen, deren Eingänge zur Hälfte unter Wasser liegen. Als Nahrung dienen Wasserpflanzen, 2mal jährlich bringt das Weibchen 5 – 12 Junge zur Welt. Verbreitung: Ursprünglich Südamerika, nach dem Ersten Weltkrieg als Zuchttier nach Europa eingeführt. Heute an manchen Stellen wild.

Ordnung: Hasentiere – Lagomorpha
Familie: Pfeifhasen – Ochotonidae

4 Zwergpfeifhase – *Ochotona pusilla*
Körper 150 mm, Schwanz verkümmert. Die Tiere leben in Tälern mit üppiger Vegetation und gehen bis hoch in die Berge hinauf. Sie leben in Kolonien und legen etwa metertiefe Baue an, die in einer Wohnkammer enden. Sie halten keinen Winterschlaf, kommen aber den Winter über nicht aus dem Bau, sie zehren von ihrem angesammelten Wintervorrat. Verbreitung: Vorwiegend in Asien: Wolgaoberlauf, Südural, Nordkasachstan, Nordburma, Assam, Kaschmir, China. Berührt auch Osteuropa.

Familie: Hasen – Leporidae

5 Feldhase – *Lepus europaeus*
Körper 550 – 650 mm, Schwanz 65 – 100 mm. Bewohnt Kultursteppen und Waldränder in Niederungen und Hügellandschaften. Lebt einzeln und ernährt sich von Pflanzen. Im Winter frißt der Hase die Rinde von jungen Sträuchern und Bäumen ab. Das Weibchen wirft 3- bis 4mal jährlich in einem flachen Lager (Sasse) meist 2 – 3 Junge. Verbreitung: Ursprünglich in ganz Europa außer dem Norden, Großteil Asiens, in Nordamerika ausgesetzt.

6 Schneehase – *Lepus timidus*
Körper 460 – 610 mm, Schwanz 40 – 80 mm. Nordlandhase mit dunklem Sommer- und weißem Winterpelz, seine Lebensweise gleicht der des Feldhasen. Das Weibchen wirft 2- bis 3mal im Jahr im Schnitt 6 – 8 Junge. In der Eiszeit kam der Schneehase auch in den südlicheren Teilen Europas vor, wo er als Eiszeitrelikt in einigen Gebirgen bis heute überlebte und verschiedene geographische Rassen ausbildete. Eine lebt in den Bergen Schottlands, eine weitere in Irland usw. In den Alpen lebt eine relativ kleine Rasse ab 1300 m, oft sind die Tiere bis zu 3500 m hoch anzutreffen.

4
2
1
3
5
6

Familie: Hasen – Leporidae

1 Kaninchen – *Oryctolagus caniculus*
Körper 350 – 450 mm, Schwanz 40 – 73 mm. Das Kaninchen bewohnt trockene Waldränder, buschbestandene Wiesen und ähnliche Biotope von den Niederungen bis in eine Höhe von rund 600 m, im Süden geht es auch höher hinauf. Oft leben die Tiere in großen Kolonien und legen ein unterirdisches Gangsystem an, in dem sie ständig wohnen. Erst in der Dämmerung gehen sie auf die Weide. Ihre Nahrung besteht aus Pflanzen. Das Weibchen wirft 4- bis 7mal im Jahr 4 – 12 Junge. Verbreitung: Stammt aus Nordwestafrika und Spanien, durch den Menschen über ganz Mittel- und Osteuropa, Australien und Neuseeland verbreitet.

Ordnung: Paarhuftiere – Artiodactyla
Familie: Schweine – Suidae

2 Wildschwein – *Sus scrofa*
Körper 110 – 180 cm, Schwanz 15 – 20 cm, Widerristhöhe 85 – 115 cm. Bewohnt meist Eichen- und Buchenwälder in der Nachbarschaft von Feldern und Wiesen vor allem im Hügelland und Gebirge. Die Tiere leben in Rotten zusammen und sind vor allem nachts aktiv. Tagsüber liegen sie an sumpfigen, buschgeschützten Stellen gerne in Schlammbädern (Suhlen). Allesfresser. Im März bringt die Bache auf einem vorbereiteten Lager 4 – 12 längsgestreifte Frischlinge zur Welt. Verbreitung: Ganz Europa, Asien, Nordafrika (bis zum Sudan).

Familie: Hirsche – Cervidae

3 Elch – *Alces alces*
Körper 250 – 270 cm, Schwanz 12 – 13 cm, Widerristhöhe bis zu 235 cm. Der Elch lebt in feuchten Laubwäldern der niederen Lagen. Den Sommer verbringen Muttertiere und Junge im Familienverband, den Winter in kleinen Rudeln, die von einem älteren Weibchen geführt werden. Die alten Männchen werden zu Einzelgängern. Sie ernähren sich von Laub, Trieben und Rinde von Bäumen und Sträuchern. Verbreitung: Skandinavien, Polen, UdSSR, fast ganz Nordasien, Nordamerika.

4 Damhirsch – *Dama dama*
Körper 130 – 160 cm, Schwanz 16 – 19 cm, Widerristhöhe 85 – 110 cm. Bewohner von tiefliegenden Laubwäldern und weiten Wiesenflächen. Herdentier; gewöhnlich leben die Weibchen mit den Jungen und die Männchen in getrennten Rudeln. Das Weibchen bringt normalerweise im Juni 1 – 2 Junge zur Welt. Damhirsche fressen Kräuter, Laub, Baumrinde, Eicheln, Kastanien, Bucheckern usw. Verbreitung: Ursprünglich Mittelmeerraum und Kleinasien, seit dem Mittelalter nach West- und Mitteleuropa eingeführt und in Wildgehegen gehalten, wo sich die Art akklimatisiert hat.

5 Rothirsch – *Cervus elaphus*
Körper 165 – 250 cm, Schwanz 12 – 15 cm, Widerristhöhe 150 – 165 cm. Bewohner waldiger Gegenden in Hügel- und Berglandschaften. In kleineren Rudeln, getrennt nach Weibchen mit Jungtieren und Männchen. Frißt Kräuter, Laub, junge Triebe, Baumrinde, Bucheckern, Eicheln, verschiedene Feldfrüchte und Obst. Die Paarung (Hirschbrunft), bei der die Männchen oft erbitterte Kämpfe austragen, findet von Ende August bis Oktober statt und dauert meist vier Wochen. Im Juni gebären die Weibchen meist 1 – 2 Junge. Wichtiges Jagdwild. Verbreitung: In einer Reihe geographischer Rassen in Europa bis Mittelskandinavien im Norden, in Asien bis zur Japansee, Nordwestafrika, Nordamerika.

6 Reh – *Capreolus capreolus*
Körper 95 – 135 cm, Schwanz 2 – 3 cm, Widerristhöhe 65 – 75 cm. Waldbewohner von den Niederungen bis in die Berge, bewohnt stellenweise auch offene Landschaften mit Feldkulturen. In der warmen Jahreszeit leben die Tiere familienweise (Muttertiere mit Jungen), im Winter bilden sich größere Rudel. Die Männchen leben meist als Einzelgänger. Die Brunft verläuft von Mitte Juli bis Mitte August, die Jungen kommen im Mai/Juni des folgenden Jahres zur Welt. Nahrung sind Kräuter, Laub, Nadeln, Knospen und Baumrinde. Verbreitung: Fast ganz Europa, paläarktisches Asien.

2
1
4
3
5
6

Familie: Hirsche – Cervidae

1 Ren – *Rangifer tarandus*
Körper 130–220 cm, Schwanz 7–20 cm, Widerristhöhe 110–120 cm. Im Unterschied zu allen übrigen Hirscharten tragen sowohl Männchen als auch Weibchen ein Geweih. Das Ren ist ein Bewohner der weiten waldlosen Tundren des Nordens und der Nordlandwälder. Lebt in Herden, die im Sommer kleiner sind, im Winter oft viele tausend Tiere zählen. Ihre Nahrung besteht aus Kräutern, jungen Zweigen und Blättern arktischer Gehölze, in der Not auch aus Flechten. Brunft im Herbst, im Mai/Juni des folgenden Jahres haben die Weibchen 1–2 Junge. Rentiere werden in halbwilden Herden wegen ihres Fleisches, des Felles und der Milch gehalten, auch dienen sie als Zugtiere. Verbreitung: Nordeuropa, Nordasien, Nordamerika.

Familie: Rinder – Bovidae

2 Europäisches Mufflon – *Ovis musimon*
Körper 110–130 cm, Schwanz 5–10 cm, Widerristhöhe bis zu 95 cm. Die Art bewohnt Misch- oder Laubwälder mit Lichtungen und Wiesen, wo sie warme, sonnige Südhänge aufsucht. Die Tiere leben in kleinen, von einem alten Weibchen geführten Herden, sie fressen Pflanzen, Laub und Baumrinde, Kastanien, Eicheln usw. Im März/April haben die Weibchen 1–2 Junge. Verbreitung: Ursprünglich im Mittelmeerraum, wo sie sich noch auf Korsika und Sardinien halten, von dort in viele west- und mitteleuropäische Länder, nach Jugoslawien und auf die Krim eingeführt und akklimatisiert.

3 Gemse – *Rupicapra rupicapra*
Körper 110–130 cm, Schwanz 7–8 cm, Widerristhöhe 70–80 cm. Die Gemse bewohnt Hochgebirge bis an die Grenze des ewigen Schnees und Eises, sie lebt in Herden, die aus Weibchen und Jungtieren bestehen. Die Männchen leben meist gesondert in kleinen Gruppen oder einzeln. Die sehr gewandten Kletterer ernähren sich von Pflanzen. Paarung im November/Dezember, im Mai/Juni bringen die Weibchen 1–2 Junge zur Welt. Verbreitung: Kantabrisches Gebirge, Pyrenäen, Alpen, Apennin, Karpaten, Hochgebirge des Balkans, Kaukasus, Gebirge Kleinasiens.

4 Wisent – *Bison bonasus*
Körper 310–350 cm, Schwanz 50–60 cm, Widerristhöhe 185–200 cm. In Laub- und Mischwäldern mit viel Unterholz und Waldwiesen. Die von einem Männchen geführten Herden gehen gewöhnlich erst in der Dämmerung auf die Weide. Sie ernähren sich von Gras und Kräutern, Laub, Trieben und Gehölzrinde. Im August findet die Paarung statt, die Männchen tragen Rivalenkämpfe um die Weibchen aus. Im Mai/Juni bringt das Weibchen ein Junges zur Welt. Verbreitung: Einst in vielen europäischen Wäldern, doch wurde der Wisent schon im Mittelalter ausgerottet, kommt heute nur noch in Reservationen einiger Länder vor (Polen, UdSSR), sonst in Wildparks und zoologischen Gärten.

5 Steinbock – *Capra ibex*
Körper 130–135 cm, Schwanz ca. 13 cm, Widerristhöhe 65–80 cm. Bewohnt die Hochgebirge von der oberen Waldgrenze bis zur Schneegrenze. Steinböcke leben in Herden aus Weibchen, Jungtieren und jungen Männchen, die alten Männchen leben getrennt in kleinen Rudeln oder als Einzelgänger. Die Tiere bewegen sich äußerst gewandt in den Felsen. Ihre Nahrung sind Hochgebirgspflanzen, im Winter auch Moos. Das Weibchen hat im Juni 1–2 Junge. Verbreitung: In mehreren geographischen Rassen in den Gebirgen Europas (Alpen, Kaukasus), des paläarktischen Asiens und in Afrika (Ägypten, Sudan, Äthiopien).

5
1
4
3
2

Familie: Rinder – Bovidae

1 Saiga-Antilope – *Saiga tatarica*
Körper 130–135 cm, Schwanz 8–12,5 cm, Widerristhöhe ♂ bis zu 79 cm, ♀ 60 cm. Steppentier, das in Herden in den Niederungen und auf Hochflächen lebt. Seine Nahrung sind Pflanzen, die Tiere gehen entweder in den frühen Morgenstunden oder nachmittags auf die Weide. Während der sommerlichen Trockenperiode unternimmt die Saiga-Antilope weite Wanderungen, um Wasser und Nahrung zu finden. Brunft im November/Dezember, die Männchen versammeln dann eine größere Anzahl Weibchen um sich. Die Zweikämpfe der Männchen sind äußerst hart, nicht selten enden sie mit dem Tod eines der Rivalen. Im Mai/Juni hat das Weibchen normalerweise zwei, gelegentlich nur ein Junges. Verbreitung: In der Vergangenheit in weiten Gebieten von den Karpaten bis zur Mongolei und Nordostchina, heute in Europa nur in der Ukraine, in Asien noch an mehreren Stellen.

2 Bezoarziege – *Capra aegagrus*
Körper 100–110 cm, Schwanz 20 cm, Widerristhöhe 95–100 cm. Dieser vorzügliche Kletterer bewohnt Felsgegenden, die von Baum- und Buschbeständen durchschnitten sind. Weibchen und Jungtiere finden sich in kleinen Herden zusammen, alte Männchen sind Einzelgänger, in jüngeren Jahren leben auch sie in kleinen Gruppen. Die Nahrung besteht aus Pflanzen, im Winter nehmen sie auch Moos und Latschenkiefernnadeln an. Im April/Mai wirft das Weibchen 1–3 Junge. Verbreitung: Gebirge Griechenlands, Kleinasiens, Kaukasus, Vorderasien, Westindien. Versuchsweise wurde die Bezoarziege auch in einigen anderen Gebirgen und niedrigeren Hügellandschaften angesiedelt (Pawlowhügel in Südmähren).

3 Iberischer Steinbock – *Capra pyrenaica*
Körper 145–160 cm, Schwanz 12 cm, Widerristhöhe ♂ 75 cm, ♀ 65 cm. Ähnelt in der Lebensweise dem Steinbock der Alpen und des Kaukasus. Die Tiere halten in Herden zusammen, alte Böcke werden zu Einzelgängern. Verbreitung: Pyrenäen.

Ordnung: Waltiere – Cetacea
Unterordnung: Bartenwale – Mysticeti
Familie: Furchenwale – Balaenopteridae

4 Finnwal – *Balaenoptera physalus*
Länge 18,8–25 m. In jeder Oberkieferhälfte sitzen 320–420 Barten, die beim Nahrungsfang wie ein Sieb funktionieren. Bewohner der arktischen Meere, schwimmt im Winter weit nach Süden bis in die subtropischen und tropischen Meere. Die Art bildet Schulen von 6–10 Tieren, ihre Nahrung besteht aus kleinen Fischen und Wirbellosen. Das Weibchen bringt ein etwa 4 m langes Junge zur Welt. Wird ein Finnwal verfolgt, schwimmt er mit einer Geschwindigkeit von über 30 km/h davon. Er kann lange unter Wasser bleiben, oft bis zu 15 Minuten. Er wird gejagt, seine Bestände sinken mit jedem Jahr weiter ab. Verbreitung: In allen europäischen Meeren, dringt auch regelmäßig ins Mittelmeer ein.

Familie: Glattwale – Balaenidae

5 Grönlandwal – *Balaena mysticetus*
Länge 15–21 m, in Ausnahmen bis zu 24 m. In jeder Oberkieferhälfte sitzen 300–360 Barten von 350 cm Länge. Typischer Bewohner der Treibeiszone in den arktischen Meeren. Seine Nahrung besteht aus wirbellosen Meerestieren sowie kleineren Fischen. Die Jungen kommen in den arktischen Gewässern zur Welt, das Weibchen hat stets nur ein Junges. Weibchen und Jungtiere leben in Schulen getrennt von den Männchen. Der Grönlandwal ist ein wesentlich langsamerer Schwimmer als der Finnwal, kann aber 30–60 Minuten unter Wasser bleiben. Früher war die Art in den arktischen Gewässern ziemlich häufig, hat aber durch den intensiv betriebenen Fang stark abgenommen. Verbreitung: Selten an der europäischen Nordküste.

1
2
3
4
5

Unterordnung: Zahnwale – Odontoceti
Familie: Delphine – Delphinidae

1 Gemeiner Delphin – *Delphinus delphis*
Länge 180–260 cm. Die Tiere leben in mehr oder weniger großen Schulen. Ausgezeichnete Schwimmer, die in einer Stunde bis zu 35 km zurücklegen. Ihre Hauptnahrung sind Fische, doch fressen sie auch Kopffüßer, Muscheln, Quallen und andere Wirbellose des Meeres. Verbreitung: An der ganzen europäischen Atlantikküste häufig, Mittelmeer, Schwarzes Meer, Indischer Ozean, nördlicher Pazifik. Fehlt in den Polarmeeren.

2 Großtümmler – *Tursiops truncatus*
Länge 2,5 m. Die Tiere leben in Schulen, ihre Nahrung sind hauptsächlich Fische. Das Weibchen gebärt gewöhnlich ein Junges, nur selten zwei. Dauer der Trächtigkeit 12 Monate, bis zum Alter von einem Jahr sorgt das Muttertier für das Junge. Der Großtümmler ist der am häufigsten in Ozeanarien gehaltene Wal, er wurde zum Gegenstand intensiver Forschungen. Das Gehirn des ausgewachsenen Tieres ist relativ groß, es wiegt 1500–1800 g. Verbreitung: Küstengewässer des Atlantiks in den tropischen und gemäßigten Zonen bis zu den britischen und nordfranzösischen Küsten im Norden, auch im Mittelmeer nicht selten.

3 Großer Schwertwal – *Orcinus orca*
Länge ♂ oft bis zu 10 m, ♀ 3,80–4,60 m. In jedem Kiefer sitzen 20–28 sehr kräftige, scharfe Zähne. Schwertwale leben in Schulen zusammen, sie gehören mit zu den räuberischsten Meerestieren. Sie erbeuten Wale, Delphine, Robben und Fische. Sie jagen stets im Verband, wobei die einzelnen Tiere zweckgerichtet zusammenarbeiten. Verbreitung: Alle Meere und Ozeane, vor allem auf der Nordhalbkugel. Häufiges Vorkommen an der europäischen Atlantikküste, in seltenen Fällen gerieten Tiere weit stromaufwärts ins Binnenland.

4 Grindwal – *Globicephala melaena*
Länge 6–7 m. Räuber, der sich oft in riesigen, von einem alten, erfahrenen Männchen geführten Schulen zusammenschließt. Die Weibchen gebären alle 2–3 Jahre ein Junges. Verbreitung: Nördliches Eismeer, Nordatlantik, Nordpazifik, bei den Faeroer-, Shetland- und Orkneyinseln, dringt sogar ins Mittelmeer ein.

5 Pottwal – *Physeter macrocephalus*
Länge bis zu 25 m. Die Art bildet Schulen von 15–20 Tieren, früher, als es noch sehr viel mehr Pottwale gab, waren Schulen von mehreren hundert Exemplaren keine Seltenheit. Seine Nahrung besteht in der Hauptsache aus Kopffüßern und Fischen. Bei der Jagd steigt er in große Tiefen hinab, um dort den Tiefseekalmaren nachzustellen. Das etwa 3,5–4 m lange Pottwaljunge saugt etwa ein halbes Jahr Muttermilch. Der Pottwal gehört zu den am meisten gefangenen Walen, da sich sein Körper nahezu restlos verarbeiten läßt. Sehr begehrt ist auch Ambra, eine dunkle, wachsähnliche Masse aus den Därmen kranker oder toter Tiere, die zur Parfümherstellung verwendet wird. Verbreitung: Vorwiegend tropische Meere, weite Züge nach Norden und Süden. Oft an der europäischen Küste, hin und wieder dringen Tiere sogar ins Mittelmeer vor.

2

1

3

4

5

Literaturhinweise

Pflanzen

Aichele, D.: Was blüht denn da? Wildwachsende Blütenpflanzen Mitteleuropas. Franckh-Kosmos, Stuttgart 1990

Aichele, D.: Was blüht denn da? Der Fotoband. Franckh-Kosmos, Stuttgart 1991

Aichele, D., H.-W. Schwegler: Blumen der Alpen. Franckh-Kosmos, Stuttgart 1987

Aichele, D., H.-W. Schwegler: Blumen in Wald und Flur. Franckh-Kosmos, Stuttgart 1987

Aichele, D., H.-W. Schwegler: Unsere Gräser. Süßgräser, Sauergräser, Binsen. Franckh-Kosmos, Stuttgart 1991

Aichele, D., H.-W. Schwegler: Unsere Moos- und Farnpflanzen. Franckh-Kosmos, Stuttgart 1984

Aichele, D. und R., H.-W. und A. Schwegler: Welcher Baum ist das? Bäume, Sträucher, Ziergehölze. Franckh-Kosmos, Stuttgart 1987

Baumann, H., S. Künkele: Die Orchideen Europas. Franckh-Kosmos, Stuttgart 1988

Bon, M.: Pareys Buch der Pilze. Paul Parey, Berlin 1988

Godet, J.-D.: Godet Pflanzenführer. Pflanzen Europas. Mosaik, München 1990

Godet, J.-D.: Godet Gehölzführer. Bäume und Sträucher. Mosaik, München 1991

Grey-Wilson, C., M. Blamey: Pareys Bergblumenbuch. Paul Parey, Berlin 1980

Haeupler, H., P. Schönfelder: Atlas der Farn- und Blütenpflanzen der BRD. Eugen Ulmer, Stuttgart 1989

Hanf, M.: Farbatlas Feldflora. Wildkräuter und Unkräuter. Eugen Ulmer, Stuttgart 1990

Humphries, C.J., J.R. Press, D.A. Sutton: Der Kosmos-Baumführer. Europäische Laub- und Nadelbäume. Franckh-Kosmos, Stuttgart 1990

Kremer, B.P.: Welches Blatt ist das? Bäume und Sträucher Mitteleuropas. Franckh-Kosmos, Stuttgart 1989

Kremer, B.P.: Welche Heilpflanze ist das? Franckh-Kosmos, Stuttgart 1987

Kremer, B.P.: Duft- und Aromapflanzen. Franckh-Kosmos, Stuttgart 1988

Laux, H.E.: Eßbare Pilze und ihre giftigen Doppelgänger. Franckh-Kosmos, Stuttgart 1991

Phillips, R.: Das Kosmosbuch der Gräser, Farne, Moose, Flechten. Franckh-Kosmos, Stuttgart 1987

Phillips, R., D. Carter: Kosmos-Atlas Bäume. Franckh-Kosmos, Stuttgart 1992

Phillips, R.: Der Kosmos-Pilzatlas. Franckh-Kosmos, Stuttgart 1990

Schönfelder, P. und I.: Der Kosmos-Heilpflanzenführer. Europäische Heil-und Giftpflanzen. Franckh-Kosmos, Stuttgart 1991

Schönfelder, P. und I.: Die Kosmos-Mittelmeerflora. Franckh-Kosmos, Stuttgart 1990

Schönfelder, P. und I.: Was blüht am Mittelmeer? Franckh-Kosmos, Stuttgart 1990

Steinbach, G. (Hrsg.): Beeren, Wildgemüse, Heilkräuter. Steinbachs Naturführer. Mosaik, München

Steinbach, G. (Hrsg.): Strauchgehölze. Steinbachs Naturführer. Mosaik, München

Witt, R.: Wildsträucher in Natur und Garten. Franckh-Kosmos, Stuttgart 1989

Tiere

Arnold, E.N., J.A. Burton: Pareys Reptilien- und Amphibienführer Europas. Paul Parey, Berlin 1983

Baehr, B. und M.: Welche Spinne ist das? Kleine Spinnenkunde für jedermann. Franckh-Kosmos, Stuttgart 1987

Bruun, B., H. Delin, L. Svensson: Der Kosmos-Vogelführer. Die Vögel Deutschlands und Europas. Franckh-Kosmos, Stuttgart 1991

Burton, R.: Vogelflug. Aerodynamik – Anatomie – Anpassung. Franckh-Kosmos, Stuttgart 1991

Chinery, M.: Pareys Buch der Insekten. Paul Parey, Berlin 1987

Delin, H., L. Svensson: Der Kosmos-Vogelatlas. Franckh-Kosmos, Stuttgart 1989

Dierl, W.: Welcher Käfer ist das? Die häufigsten Käfer Mitteleuropas. Franckh-Kosmos, Stuttgart 1987

Gerstmeier, R.: Welcher Schmetterling ist das? Falter, die am Tage fliegen. Franckh-Kosmos, Stuttgart 1988

Gosler, A. (Hrsg.): Die Vögel der Welt. Franckh-Kosmos, Stuttgart 1991
Gruber, U.: Die Schlangen Europas. Franckh-Kosmos, Stuttgart 1991
Harde, K.W., F. Severa: Der Kosmos-Käferführer. Die mitteleuropäischen Käfer. Franckh-Kosmos, Stuttgart 1988
Harris, A., L. Tucker, K. Vinicombe: Vogelbestimmung für Fortgeschrittene. Ähnliche Arten auf einen Blick. Franckh-Kosmos, Stuttgart 1991
Jones, D.: Der Kosmos-Spinnenführer. Mitteleuropäische Spinnen und Weberknechte. Franckh-Kosmos, Stuttgart 1987
Jurzitza, G.: Welche Libelle ist das? Die Arten Mittel- und Südeuropas. Franckh-Kosmos, Stuttgart 1988
Kerney, M.P., R.A.D. Cameron, J.H. Jungbluth: Die Landschnecken Nord- und Mitteleuropas. Paul Parey, Berlin 1983
Martin, A.R.: Das große Bestimmungsbuch der Wale und Delphine. Mosaik, München 1991
Mebs, T.: Eulen und Käuze. Franckh-Kosmos, Stuttgart 1987
Mebs, T.: Greifvögel Europas. Franckh-Kosmos, Stuttgart 1988
Merz, E., H. Pfletschinger: Die Raupen unserer Schmetterlinge. Franckh-Kosmos, Stuttgart 1986
Novak, I., F. Severa: Der Kosmos-Schmetterlingsführer. Franckh-Kosmos, Stuttgart 1991
Phillips, R., D. Carter: Kosmos-Atlas Schmetterlinge. Europäische Tag- und Nachtfalter. Franckh-Kosmos, Stuttgart 1991
Pott, E.: Vögel in Wald, Park und Garten. Franckh-Kosmos, Stuttgart 1989
Pott, E.: Vögel an Bach und Weiher. Franckh-Kosmos, Stuttgart 1988
Schober, W., E. Grimmberger: Die Fledermäuse Europas. Franckh-Kosmos, Stuttgart 1987
Singer, D.: Hase, Fuchs und Igel. Säugetieren auf der Spur. Franckh-Kosmos, Stuttgart 1988
Singer, D.: Die Vögel Mitteleuropas. Franckh-Kosmos, Stuttgart 1988
Steinbach, G. (Hrsg.): Weichtiere. Steinbachs Naturführer. Mosaik, München 1990
Steinbach, G. (Hrsg).: Einzeller und Wirbellose. Steinbachs Naturführer. Mosaik, München 1991
Steinbach, G. (Hrsg).: Süßwasserfische. Steinbachs Naturführer. Mosaik, München 1984
Tauscher, H.: Unsere Heuschrecken. Franckh-Kosmos, Stuttgart 1983
Trommer, G.: Greifvögel. Eugen Ulmer, Stuttgart 1983
Zahradnik, J.: Der Kosmos-Insektenführer. Franckh-Kosmos, Stuttgart 1989

Weitere Naturführer

Campbell, A.C.: Der Kosmos-Strandführer. Franckh-Kosmos, Stuttgart 1987
Dreyer, E. und W.: Der Kosmos-Waldführer, Ökologie, Gefährdung, Schutz. Franckh-Kosmos, Stuttgart 1990
Engelhardt, W.: Was lebt in Tümpel, Bach und Weiher? Pflanzen und Tiere unserer Gewässer. Franckh-Kosmos, Stuttgart 1990
Janke, K., B.P. Kremer: Das Watt. Lebensraum, Tiere und Pflanzen. Franckh-Kosmos, Stuttgart 1990
Janke, K., B.P. Kremer: Düne, Strand und Wattenmeer. Tiere und Pflanzen unserer Küsten. Franckh-Kosmos, Stuttgart 1989
Streble, H.: Was find ich am Strande? Pflanzen und Tiere der Strände, Deiche, Küstengewässer. Franckh-Kosmos, Stuttgart 1990

Register

A

B

D

E

F

G

H

I

J

K

L

M

N

O

P

Q

R

S

T

U

V

W

Das richtige Verhalten im Gelände

Immer mehr Menschen beschäftigen sich in ihrer Freizeit mit der Natur, finden im Erleben von Landschaften den Ausgleich zur Hektik des Alltags.
Den direkten Kontakt zur Natur zu suchen ohne sie gleichzeitig zu beeinträchtigen, ist nicht immer einfach. Der Naturschutzbund Deutschland (vormals Deutscher Bund für Vogelschutz) hat daher vor einigen Jahren zehn Grundregeln für das richtige Verhalten im Gelände aufgestellt, die hier in leicht abgewandelter Form wiedergegeben werden:

1. Wo immer man Wege verläßt, sollte bedacht werden, ob und in welchem Maße Tiere gestört oder Pflanzen geschädigt werden könnten. So ist es selbstverständlich, daß der Naturbeobachter während der Brutzeit dichte Vegetation (z.B. Schilfbestände) meidet und rastende Zugvögel an ihren Nahrungs- und Ruheplätzen nicht stört.

2. Gerade in Schutzgebieten sollte man beim Beobachten seltener Tierarten oder in der Nähe von Brutkolonien immer größten Abstand halten und im Zweifel lieber auf die Beobachtung verzichten und zurückgehen.

3. Jedermann ist verpflichtet, sich an Verbote und Schutzverordnungen zu halten; die Mitgliedschaft in einem Naturschutzverband gewährt hier keinerlei Vorrechte, selbst dann nicht, wenn das Reservat dem betreffenden Verband gehört.

4. Der verantwortungsvolle Naturfreund verhält sich nicht nur in Schutzgebieten, sondern auch in freier Landschaft vorbildlich! Notfalls sollte er andere Naturbeobachter diplomatisch darauf aufmerksam machen, wenn sie sich naturschädigend verhalten.

5. Fremde Grundstücke sollten nur mit der Erlaubnis des Besitzers oder der zuständigen Stelle betreten werden.

6. Wer in Schutzgebieten beobachten will, sollte sich vorher telefonisch erkundigen, ob und in welcher Jahreszeit ein Besuch, gegebenenfalls mit Führung, möglich ist.

7. Informationen über Nist- und Brutplätze seltener oder empfindlicher Arten sollten stets nur an Fachleute weitergegeben werden, um die Existenz dieser Arten nicht unnötig zu gefährden.

8. Aufgrund unvollständiger Angaben über Vorkommen und Bestandsentwicklung können Tier- und Pflanzenarten oftmals nicht ausreichend geschützt werden. Wer seine Beobachtungen aufzeichnet und den Naturschutzstellen zugänglich macht, hilft der Natur.

9. Im Ausland muß man ebenfalls Rücksicht auf die Natur nehmen; Unkenntnis der Sprache und gesetzlicher Vorschriften sind keine Ausrede für falsches Verhalten in fremden Ländern.

10. Für den Naturfotografen gilt dasselbe wie für Naturfreunde ohne Kamera. Im Zweifelsfall sollte er lieber auf eine Aufnahme verzichten als zu nah an ein Tier heranzugehen. Auch beim Fotografieren von Pflanzen dürfen nicht alle umgebenden Gewächse niedergetreten werden.